金属材料速查手册

李成栋　赵 梅　刘光启　等编著

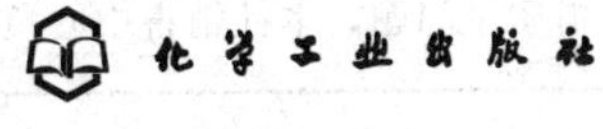

化学工业出版社
·北京·

本手册是根据现行全能标准体系编写的金属材料品种、牌号、性能、应用的大型实用工具书，以常用数据资料为主线，采用图表结合的形式。其主要内容包括基础资料以及各种金属材料（铁及铁合金、结构钢、专用结构钢、工模具钢、不锈钢及耐热钢、粉末冶金材料、铝及铝合金、铜及铜合金和其他非铁金属材料）的品种、牌号、特性、力学性能、热处理工艺和用途等。全书共分三篇 11 章，内容全面，数据齐全，实用性强。书末附有钢铁和非铁金属牌号索引两个附录，查找尤其便捷。

本手册可供机械、冶金、建筑、轻工、化工、电力、军工等行业的技术、管理和营销人员使用，也可供相关专业师生教学参考使用。

图书在版编目（CIP）数据

金属材料速查手册/李成栋等编著．—北京：化学工业出版社，2018.3（2024.5重印）
ISBN 978-7-122-31245-7

Ⅰ.①金…　Ⅱ.①李…　Ⅲ.①金属材料-手册　Ⅳ.①TG14-62

中国版本图书馆 CIP 数据核字（2017）第 322884 号

责任编辑：张兴辉　　　文字编辑：陈　喆
责任校对：边　涛　　　装帧设计：王晓宇

出版发行：化学工业出版社（北京市东城区青年湖南街 13 号　邮政编码 100011）
印　　装：三河市延风印装有限公司
850mm×1168mm　1/32　印张 31½　字数 917 千字
2024 年 5 月北京第 1 版第 7 次印刷

购书咨询：010-64518888　　　售后服务：010-64518899
网　　址：http://www.cip.com.cn
凡购买本书，如有缺损质量问题，本社销售中心负责调换。

定　　价：138.00 元

FOREWORD 前言

本手册是一部综合性金属材料工具书，涉及金属材料及其制品的品种、牌号、特性、力学性能、热处理工艺和用途等方面。按照内容的不同分为 11 章：金属材料一般常识、常用计算、铁及铁合金、结构钢、专用结构钢、工模具钢、不锈钢及耐热钢、粉末冶金材料、铝及铝合金、铜及铜合金和其他非铁金属。书末附有全书介绍的各种金属牌号索引，便于读者查阅使用。

粉末冶金材料一章中，对过滤元件和硬质合金材料的分类、牌号、用途进行了归纳介绍，填补了同类书的空白。

本手册内容选择强调常用、实用，力求新颖、准确，全部采用现行国家或行业标准，相关数据多以图表呈现以便于查阅，非常适宜从事冶金、金属材料、材料加工、机械制造、建筑工程及相关专业的技术、生产、管理、施工等部门人员，以及物资购销和科研人员、高校师生使用。

参加本手册编写工作的还有孙传浩、张磊、鲁曼曼、朱士伟、周熠智等硕士研究生，以及刘蕾、张玲玲、田伟、高建、赵国庆、王云胜、孙伟强、刘延国、黄学文、王守智、王鹏、李健、王修河、张旭、安恪传、赵杰等技术人员。

在本手册编写过程中，参阅了大量的参考文献和国家标准，得到了相关专家、科研技术人员的鼎力相助，也得到了众多同仁的帮助和指导，在此谨向相关文献作者和上述热心人士表示衷心的感谢。

由于编著者水平和时间所限，书中难免存在疏漏或不妥之处，恳请广大读者在使用中赐教和批评指正。

编著者

篇章目录

CONTENTS 目录

第1篇 基础资料

第2篇 钢铁及其合金

第3篇 非铁金属及其合金

附录

第1篇

基础资料

第1章 金属材料一般常识

金属材料是指金属元素或以金属元素为主构成的具有金属特性的材料的统称，包括纯金属、合金、金属间化合物和特种金属材料等，具有不透明、有金属光泽、有良好的导热导电性和力学性能等特性的物质。

1.1 金属材料的一般分类

1.1.1 按颜色

按照传统习惯，通常把金属材料分为黑色金属材料和非铁金属材料。

① 黑色金属材料　指铁、铁合金和钢，常称为钢铁材料，包括含碳小于2%的碳钢，以及各种用途的结构钢、不锈钢、耐热钢、高温合金、精密合金等。其中，铸铁和钢均为铁碳合金，其区别是含碳量和内部组织结构不同。

a. 熟铁或纯铁　含碳量小于0.0218%的铁碳合金，熟铁软，塑性好，容易变形，强度和硬度均较低，用途不广。

b. 钢　含碳量在0.0218%～2.11%的铁碳合金；依所含成分

则可分为碳钢、低合金钢和高合金钢等，性能优良，用途广泛。

c.生铁或铸铁　含碳量在2.11%～6.69%的铁碳合金。含碳量高，硬而脆，几乎没有塑性。含硅、锰、镍或其他元素量特别高的生铁，叫铁合金，常用作炼钢的原料。

② 非铁金属材料　包括除铁、铬和锰以外的所有金属及其合金，如Cu、Al、Sn、Pb、Mg、Zn以及过渡金属Ni、Co、Cr、Mo、W、V、Nb等。通常可分为轻金属、重金属、贵金属、半金属、稀有金属和稀土金属等，非铁合金的强度和硬度一般比纯金属高，并且电阻大、电阻温度系数小。其中用得最多的是铝及铝合金和铜及铜合金。

③ 特种金属材料　包括各种新型不同用途的结构金属材料和功能金属材料。其中有通过快速冷凝工艺获得的非晶态金属材料，以及准晶、微晶、纳米晶金属材料等；还有隐身、抗氢、超导、形状记忆、耐磨、减振阻尼等特殊功能合金以及金属基复合材料等。

本手册主要介绍常用的黑色金属和非铁金属材料，并增加了粉末冶金和金属基复合材料的有关内容，以适应实际生产的需要。

1.1.2　按化学成分

① 纯金属材料　指主要由一种金属元素所组成、杂质很少的金属材料，比如纯铜。金属纯度通常分为工业纯和化学纯两种。

② 合金材料　指由一种基体金属元素和一种以上的金属元素和/或非金属元素所组成的金属材料。由于合金元素的加入可提高和改善基体纯金属的性能，所以金属材料多以合金材料形式应用。

表1.1　钢材按化学成分分类

名　称	说　明
非合金钢	Si、Mn和其他元素的含量都在GB/T 13304相应规定范围界限以内的钢。通常包括碳素钢和规定电磁等特殊性能的非合金钢
碳素钢	C含量一般为0.02%～2%的铁碳合金。其中含有限量的Si、Mn和P、S及其他微量残余元素。一般统称为非合金钢，但碳素钢的内涵没有非合金钢广泛，不包括具有特殊性能的非合金钢
低碳钢	C含量小于0.25%的碳素钢
中碳钢	C含量为0.25%～0.60%的碳素钢

续表

名　称	说　明
高碳钢	C 含量大于 0.60%的碳素钢
微合金化钢	指微合金化低合金高强度钢，是在低碳钢或低合金高强度钢中加入一种或多种能形成碳化物、氮化物或碳氮化物的微量合金元素的钢。常用的微合金元素为 Nb、V 和 Ti，加一种或多种，如加入多种，其总含量一般不大于 0.22%
低合金钢	至少应有一种合金元素的含量在 GB/T 13304 相应规定界限范围内，合金元素总含量大于 5%的钢。低合金钢包括可焊接的低合金高强度结构钢、低合金耐候钢、钢筋用低合金钢、铁道用低合金钢、矿用低合金钢及其他低合金钢等
合金钢	至少应有一种合金元素含量在 GB/T 13304 相应规定界限范围内的钢。合金钢通常包括合金结构钢、合金弹簧钢、合金工具钢、轴承钢等
高合金钢	合金元素含量大于 10%的合金钢。高合金钢通常包括不锈钢、耐热钢、铬不锈轴承钢、高速工具钢及部分合金工具钢、无磁钢等

1.1.3 按用途及使用特性

黑色金属材料按用途及使用特性可分为生铁和钢，非铁金属的分类见第 9～11 章。

生铁按用途分为炼钢生铁和铸造生铁两种。后者按用途又可分为普通铸造用生铁、球墨铸铁用生铁、铸造用低合金耐磨生铁等。

钢材按用途及使用特性分类见表 1.2。

表 1.2　钢材按用途及使用特性分类

名　称		说　明
结构钢	碳素结构钢	用于建筑、桥梁、船舶、车辆及其他结构，必须有一定的强度，必要时要求冲击性能和焊接性能的碳素钢
	低合金高强度结构钢	用于建筑、桥梁、船舶、车辆、压力容器及其他结构，碳含量（熔炼分析）一般不大于 0.20%，合金元素含量总和一般不大于 2.5%，屈服强度不小于 295MPa，具有较好的冲击韧性和焊接性的低合金钢
	优质碳素结构钢	与普通碳素结构钢比较，S、P 及非金属夹杂物含量较低的钢，按 C 含量和用途不同分为低碳钢、中碳钢和高碳钢 3 类，主要用于制造机械零部件和弹簧等
	合金结构钢	在碳素结构钢的基础上加入适当的合金元素，主要用于制造截面尺寸较大的机械零件的钢。具有合适的淬透性，经相应热处理后有较高的强度、韧性和疲劳强度，较低的脆性转变温度。这类钢主要包括调质钢、表面硬化钢和冷塑性成型钢

续表

名称		说明
易切削钢		在钢中加入S、P、Pb、Se、Sb、Ca等元素（加入一种或一种以上），明显地改善切削性能，以利于机械加工自动化的钢
冷机械加工用钢		供切削机床（如车、铣、刨、磨等）在常温下切削加工成零件的钢
冷镦钢和铆螺钢		用于在常温下进行镦粗，制造铆钉、螺栓和螺母用的钢。在钢牌号前面加字母"ML"表示。除了化学成分和力学性能外，还要求表面脱碳层和冷顶锻性能等。主要是优质碳素结构钢和合金结构钢
轴承钢		滚动轴承的滚珠、滚柱、内圈、外圈所用的合金钢。要求具有高疲劳强度和耐磨性、纯洁度和组织均匀性。按其成分和用途可分为高碳Cr轴承钢、渗碳轴承钢、不锈轴承钢和高温轴承钢四类
弹簧钢		制造各种弹簧和弹性元件的钢。要求具有优异的力学性能（特别是弹性极限、强度极限和屈强比）、疲劳性能、淬透性、物理化学性能（耐热、耐低温、耐腐蚀）、加工成形性能。按化学成分可分为碳素弹簧钢、合金弹簧钢和特殊弹簧钢
热处理钢	渗碳钢	用于表面渗碳的钢，包括碳钢和合金钢。一般含C量为0.10%～0.25%。表面渗碳后经过淬火和低温回火，提高表面硬度，而心部具有足够的韧性
	氮化钢	含有Cr、Al、Mo、Ti等元素，经渗氮处理后，使表面硬化的钢
	保证淬透性钢	按相关标准规定的端淬法进行端部淬火，保证距离淬火端一定距离内硬度的上下限在一定范围内的钢。这类钢的牌号常用"H"（保证淬透性带的符号）表示
	调质钢	中碳或低碳结构钢先经过淬火后再经过高温回火处理，获得较高的强度和冲击韧性等更好的综合力学性能的钢
非调质钢		在中碳钢中添加V、Nb、Ti等微量元素，通过控制轧制（或锻制）温度和冷却工艺，产生强化相，使塑性变形与固态相变相结合，获得与调质钢相当的良好综合性能的钢
超高强度钢		屈服强度和抗拉强度分别超过1200MPa和1400MPa的钢。其主要特点是具有很高的强度，足够的韧性，能承受很大应力，同时具有很大的比强度，使结构尽可能地减轻自重
焊接用钢		用于对钢材进行焊接的钢（包括焊条、焊丝、焊带）。对化学成分要求比较严格。要控制C含量、限制S、P等有害元素。按化学成分，焊接用钢可以分为非合金钢、低合金钢和合金钢3类
深冲用钢		具有优良冲压成形性能的钢。通常为Al镇静的低碳钢，一般通过降低C、Si、Mn、S、P含量，控制Al含量范围和加工工艺，以获得最佳深冲性能。按冲压级别分为深冲钢和超深冲钢

续表

名　称		说　明
压力加工用钢		供压力加工(如轧、锻、拉拔等)经过塑性变形制成零件或产品用的钢。按加工前钢是否先经加热分为热压力加工用钢和冷压力加工用钢
建筑结构用钢	建筑结构用钢	用于建造高层和重要建筑结构的钢。要求具有较高的冲击韧性、足够的强度、良好的焊接性能、一定的屈强比,必要时还要求厚度方向性能
	混凝土钢筋钢	用于混凝土构件钢筋的钢。要求具有一定的强度和焊接性能、冷弯性能,常采用低合金钢和碳素钢,有热轧钢筋和冷轧钢筋,外形有带肋和光圆两种
	桥梁钢	用于建造铁路和公路桥梁的钢。要求具有较高的强度和足够的韧性、低的缺口敏感性、良好的低温韧性、抗时效敏感性、抗疲劳性能和焊接性能。主要用钢为Q235q、Q345q、Q370q、Q420q等低合金高强度钢
工模具钢	刃具模具用非合金钢	T7～T9一般用于要求韧性稍高的工具(如冲头、錾子等),T8Mn淬透性较好,可用于制造断面较大的工具;T10用于要求中等韧性、高硬度的工具(如手工锯条、丝锥、板牙等),也可用作要求不高的模具;T11、T12用于制造量具、锉刀、钻头、刮刀等。高级优质碳素工具钢适于制造重要的、要求较高的工具
	量具刃具用钢	用于制造形状复杂、变形小、耐磨性高、低速切削的刀具,如螺纹工具、板牙、丝锥、铰刀、齿轮铣刀,以及机用冲模、打印模等模具等
	耐冲击工具用钢	可承受较大冲击性动载荷,如冲击钻、电动冲击扳手等
	轧辊用钢	是轧钢机上的重要零件,利用其滚动时产生的压力来轧碾钢材,承受轧制时的动静载荷、磨损,要能耐高温
	高速工具钢	主要用于制造高效率的切削刀具。由于其具有红硬性高、耐磨性好、强度高等特性,也用于制造性能要求高的模具、轧辊、高温轴承和高温弹簧等
	冷作模具用钢	是在常温下使金属材料变形的模具用钢,用于制造冲裁模、冷挤压模、冷镦模、拉伸模等
	热作模具用钢	用于热模锻压力机和模锻模具,包括模块、镶块及切边工具。锤锻模受强烈的冲击载荷;模锻压力机速度缓慢,冲击载荷较轻,但由于模具与热坯接触时间长,工作温度较高,热疲劳也较严重
	塑料模具用钢	除以往用的调质型模具钢45、55和合金工具钢40Cr、CrWMo、Cr12MoV等以外,还有近期开发的耐蚀钢、马氏体时效合金钢和硬质合金钢

续表

名称		说明
耐大气腐蚀钢		加入Cu、P、Cr、Ni等元素提高耐大气腐蚀性能的钢。这类钢分为高耐候钢和焊接结构用耐候钢
压力容器用钢		用于制造石油化工、气体分离和气体储运等设备的压力容器的钢。要求具有足够的强度和韧性、良好的焊接性能和冷热加工性能。常用的钢主要是低合金高强度钢和碳素钢
锅炉用钢		用于制造过热器、主蒸汽管、水冷壁管和锅炉汽包的钢。要求具有良好的室温和高温力学性能、抗氧化和抗碱性腐蚀性能、足够的持久强度和持久断裂塑性。主要用钢有珠光体耐热钢(铬-钼钢)、奥氏体耐热钢(铬-镍钢)、优质碳素钢(20号钢)和低合金高强度钢
船体用钢		焊接和其他性能良好,适用于修造船舶和舰艇壳体主要结构的钢。舰艇钢要求具有更高的强度,更好的韧性、抗爆性和抗深水压溃性
低温用钢		用于制造在−20℃以下使用的压力设备和结构,要求具有良好的低温韧性和焊接性的钢。根据使用温度不同,主要用钢有低合金高强度钢、镍钢和奥氏体不锈钢
管线用钢		石油天然气长距离输送管线用钢。要求具有高强度,高韧性,优良的加工性、焊接性和抗腐蚀性等综合性能的低合金高强度钢
Z向性能钢		保证厚度方向性能,不易沿厚度方向产生裂纹,抗层状撕裂的钢。按厚度方向断面收缩率,这类钢分为Z15、Z25、Z35三个级别
CF钢(水电钢)		合金元素含量少,碳含量和碳当量、焊接裂纹敏感指数都很低,纯洁度很高,强度高,主要应用于水电站压力管道。在焊接前不用预热、焊接后不热处理的条件下,不会出现焊接裂纹
锚链用钢		用于制作船舶锚链的圆钢。要求具有较高的强度和韧性。主要用含Mn的低碳钢或中碳钢
矿用钢		以煤炭强化开采为主的矿山用钢,包括巷道支护、液压支架管、槽帮钢、圆环链、刮板钢等。主要采用耐磨低合金钢
车辆用钢	汽车用钢	主要包括车身、车架和车轮用钢,要求有良好的成形性能、焊接性能、耐蚀性能及涂装性能等
	车辆用钢	用于制造铁道货车和客车车厢的钢。要求具有足够的强度、韧性和良好的耐蚀性。主要使用含有P、Cu、Cr、Ni的高耐候低合金钢
	车轮钢	用于制造铁道车轮的钢。要求具有较高的强度、韧性、抗疲劳性、耐磨性和抗热裂性。主要采用低合金钢和碳素钢
	车轴钢	用于制造铁道机车车轴的钢。要求钢具有良好的冲击韧性和很高的抗拉强度。通常采用含Mn量较高的中碳钢

续表

名称		说明
钢轨钢		用于制造重轨、轻轨、起重机轨和其他专用轨的钢。要求具有足够的强度、硬度、耐磨性和冲击韧性。主要采用含 Mn 较高的高碳钢(轻轨为中碳钢)和含 Mn、Si、V、Cu 的低合金钢
IF 钢(无间隙原子钢)		在含 C 量不大于 0.01%的低碳钢中加入适量的 Ti、Nb,使其吸收钢中间隙原子 C、N,形成碳化物、氮化物粒子,深冲性能极佳的钢
双相钢		一种低合金高强度可成形的钢。显微组织由软的铁素体晶粒基体和硬的弥散马氏体颗粒组成,具有较高的强度和塑性以及较好的成形性能
阀门钢		以 Cr 及 Si、Ni、Mo 为主要合金元素,主要作内燃机进气阀、排气阀用的耐热钢
叶片钢		以 Cr 及 Mo、Ni、W、V 等为主要合金元素,制造汽轮机叶片用的钢。根据工作温度不同,要求常温力学性能及高温瞬时力学性能和持久强度及塑性、蠕变强度等
不锈钢		Cr 含量不小于 10.5%的不锈钢和耐酸钢的总称。不锈钢是指在大气、蒸汽和水等弱腐蚀介质中不生锈的钢。耐酸钢是指在酸、碱、盐等侵蚀性较强的介质中能抵抗腐蚀作用的钢
耐热钢		在高温下具有较高的强度和良好的化学稳定性的合金钢。包括抗氧化钢(或称为耐热不起皮钢)和热强钢两类。抗氧化钢一般要求较好的化学稳定性,但承受的载荷较低。热强钢则要求较高的高温强度和相当的抗氧化性
电工用钢	无磁钢	以 C、Mn、Cr、Ni、N 等为主要合金成分,具有稳定的奥氏体组织,没有磁性或磁性极低的合金钢
	电工用硅钢	主要用于各种变压器、电动机和发动机铁芯,C 含量极低,Si 含量一般在 0.5%～1.5%的 SiFe 软磁材料。分为晶粒取向 Si 钢和晶粒无取向 Si 钢两类
	晶粒取向硅钢	通过形变和再结晶退火使晶粒发生择优取向,晶粒取向沿着轧制方向排列,轧制方向的磁性明显优于垂直轧制方向。一般含 Si 量约 3.2%
	晶粒无取向硅钢	沿轧制方向和垂直轧制方向具有大致相同的磁性能的 Si 钢
	电工用纯　铁	用于制造电磁元件,C 和其他杂质元素含量都很低,具有磁感强度和磁导率高、矫顽力低等特性的非合金化的铁基软磁材料

1.1.4 按冶炼方法和脱氧程度

根据冶炼方法和设备的不同，钢可分为转炉钢和电炉钢两大类（平炉钢已被淘汰）。

① 转炉钢　转炉的炉体可以转动，用钢板作外壳，里面用耐火材料作内衬。转炉炼钢时不需要再额外加热，因为铁水本来就是高温的，它内部还在继续着放热的氧化反应。这种反应来自铁水中硅、碳以及吹入氧气。因为不需要再用燃料加热，故而降低了能源消耗，所以被普遍应用于炼钢。

② 电炉钢　是指在电炉中以废钢、合金料为原料，或以初炼钢制成的电极为原料，用电加热方法使炉中原料熔化、精炼制成的钢。电炉钢用电炉冶炼的主要是合金钢。按照电加热方式和炼钢炉型的不同，电炉钢可分为电弧炉钢、非真空感应炉钢、真空感应炉钢、电渣炉钢、真空电弧炉钢（亦称真空自耗炉钢）、电子束炉钢等。

表1.3　按冶炼方法和脱氧程度分类

名称		说明
按冶炼方法	转炉钢	用转炉冶炼的钢。按炉衬耐火材料性质分为碱性转炉钢和酸性转炉钢。按气体(氧气)吹入炉内的方式分为顶吹转炉钢、底吹转炉钢、侧吹转炉钢和顶底复合吹转炉钢等
	电炉钢	利用电加热的方法在电炉中冶炼的钢。按加热方式和炉型的不同,电炉钢分为电弧炉钢、真空电弧炉钢(真空自耗炉钢)、非真空感应炉钢、真空感应炉钢、电渣炉钢和电子束炉钢等
	感应炉钢	利用感应电热效应在感应炉中冶炼的钢。在非真空感应炉中冶炼的钢叫作非真空感应炉钢;在真空感应炉中冶炼的钢叫作真空感应炉钢
	电弧炉钢	在电弧炉中利用电极电弧高温冶炼的钢。电弧炉比其他炼钢炉工艺灵活性大,能有效地除去硫、磷等杂质,炉温容易控制,设备占地面积小,适于熔炼优质合金钢
	真空自耗钢	用真空自耗工艺冶炼的钢。在真空下利用电弧供热,将预制的成分符合要求的自耗电极重熔,进行精炼。钢的纯度高、成分均匀、偏析少
	电渣重熔钢	采用把转炉、电炉或感应炉冶炼的钢铸造或锻压成电极,通过电渣炉中的熔渣电阻热进行二次重熔的精炼工艺炼出的钢
	炉外精炼钢	将电炉或转炉初炼过的钢液,放到钢包或其他专用容器中,进行脱气、脱氧、脱硫、脱碳、去除夹杂物和进行成分微调等精炼工艺冶炼的钢

续表

名称		说明
按脱氧程度	镇静钢	浇注前钢液进行充分脱氧，浇注和凝固过程中钢液平静无沸腾的钢。镇静钢组织致密，偏析小，成分均匀
	半镇静钢	脱氧程度介于镇静钢与沸腾钢之间的半脱氧的钢。浇注时有微弱沸腾现象，钢的收得率比镇静钢高，偏析比沸腾钢小
	沸腾钢	未经脱氧或进行轻度脱氧的钢。钢液在浇注时和没有凝固前，在锭模中发生碳氧反应，排出一氧化碳，产生强烈的沸腾现象。这类钢没有集中缩孔，钢的收得率高，但成分偏析大，质量不均匀

1.1.5 按金相组织分类

表 1.4　按金相组织分类

名称	说明
奥氏体型钢	固溶退火后在常温下其组织为奥氏体的钢
奥氏体-铁素体型钢	固溶退火后在常温下为奥氏体与铁素体双相组织的钢
铁素体型钢	在所有温度下均为稳定的铁素体组织的钢
马氏体型钢	在高温奥氏体化后冷却到常温能形成马氏体组织的钢
沉淀硬化型钢	通过添加少量的 Al、Ti、Cu 等元素，经热处理后这些元素的化合物在钢的基体上沉淀析出而使基体硬化的钢
珠光体型钢	高温奥氏体(经退火)缓慢冷却到 A_1(共析转变线)以下温度得到珠光体组织的钢
贝氏体型钢	高温奥氏体以一定的冷却速度过冷到 M_s 点(奥氏体开始转变为马氏体的温度)以上一定温度，然后等温一定时间得到贝氏体组织的钢
莱氏体型钢	具有莱氏体组织的钢。高温下莱氏体是奥氏体和渗碳体的共晶体，常温下莱氏体是珠光体和渗碳体的混合物
共析钢	含 C 量为共析成分(一般碳含量为 0.80%)的珠光体组织的钢
亚共析钢	含 C 量低于共析钢成分(一般碳含量为 0.02%～0.8%)的铁素体和珠光体钢
过共析钢	含 C 量高于共析成分(一般碳含量为 0.8%～2.0%)的珠光体和渗碳体组织的钢

1.1.6 按材料形状

工业上使用的金属材料按形状，可分为板材、带材、棒材、丝材、管材和型材等多种。

1.2 金属材料的物理性能

金属材料的物理性能是指在重力、温度、电磁场等物理因素作用下，材料所表现的性能或固有属性。

1.2.1 一般性能

① 色泽 当白光照射到不透明的物体表面时，一部分波长的光被物体吸收，一部分波长的光被反射出来，被反射的光波是什么颜色的，人们肉眼见到的就是什么颜色。

绝大多数金属都呈现银白色光泽（但金呈黄色、铜呈赤红、铯呈浅黄、铋为淡红、铅为淡蓝）。应该注意的是，金属的光泽只在整块时才能表现出来，粉末状时，除个别金属（如镁、铝）外，大部分金属都呈灰色或黑色。

② 密度 物质单位体积的质量称为密度，常用单位是 g/cm^3 或 kg/m^3。根据相对密度的大小，可将金属分为轻金属（相对密度小于4.5，如Al、Mg等及其合金）和重金属（相对密度大于4.5，如Cu、Fe、Pb、Zn、Sn等及其合金）。

1.2.2 热性能

① 熔点 材料在缓慢加热时由固态转变为液态，并有一定潜热吸收或放出时的转变温度称为熔点，常用单位是℃或K。熔点低的金属（如Pb、Sn等）可以用来制造钎焊的钎料、保险丝和铅字等；熔点高的金属（如Fe、Ni、Cr、Mo等）可以用来制造高温零件等。

② 线胀系数 固态物质的温度改变1℃时，其长度的变化与它在0℃时的长度之比，用 α 表示。

③ 体胀系数 由于温度变化1℃时所引起体积的变化量与其0℃时体积之比，用 β 表示。体胀系数约是其线胀系数的3倍。

④ 比热容 比热容是单位质量物质的热容量，即单位质量物体改变单位温度时的吸收或释放的内能，通常用符号 C 表示，常用单位是J/(kg·K) 或J/(kg·℃)。

⑤ 热导率 材料传导热量的能力，常用单位是W/(m·K)。热导率越大，导热性越好。纯金属的导热性比合金好，银、铜的导热性最好，铝次之；非金属中，碳（金刚石）的导热性最好。

1.2.3 电性能

① 导电性　材料传导电流的能力称为导电性，电阻率越小，其导电性越好。纯金属中银的导电性最好，其次是铜、铝。工程中为减少电能损耗常采用纯铜或纯铝作为输电导体；采用导电性差的材料作为加热元件。

② 电阻率　是表示各种物质电阻特性的物理量，即长度为 1m、横截面积是 $1mm^2$ 的某种材料在常温（20℃）下导线的电阻，它与温度有关，与导体的长度、横截面积等因素无关。电阻率在国际单位制中的单位是 Ω·m，常用单位为 Ω·cm。

③ 电阻温度系数　是表示温度改变 1℃时电阻值的相对变化值，单位为 ppm/℃（即 $10^{-6}℃^{-1}$）。

1.2.4 磁性能

① 磁性　磁性是物质放在不均匀的磁场中会受到磁力的作用。如把铁靠近磁铁时，这些原磁体在磁铁的作用下，整齐地排列起来，使靠近磁铁的一端具有与磁铁极性相反的极性而相互吸引。而铜、铝等金属没有原磁体结构，所以不能被磁铁所吸引。具有显著磁性的材料称为磁性材料。

② 磁导率　是表示磁性强弱的物理量，是磁场中的线圈流过电流后，产生磁通的阻力或者是其在磁场中导通磁力线的能力，常用符号 μ 表示，常用单位是 H/m。

③ 铁损　铁损包括磁滞损耗和涡流损耗以及剩余损耗，单位为 W/kg。前者是指铁磁材料作为磁介质，在一定励磁磁场下产生的固有损耗；涡流损耗是指感应电流在铁芯电阻上产生的损耗；后者是指除上述两者以外的损耗（由于所占比例较小，可忽略不计）。

④ 矫顽力　使磁化至技术饱和的永磁体的磁感应强度降低至零所需要的反向磁场强度称为磁感矫顽力，它表征永磁材料抵抗外部反向磁场或其他退磁效应的能力，其单位与磁场强度单位相同，为 A/m。

1.2.5 一些金属元素的部分物理性能

由于金属材料的种类繁多，表 1.5 仅列出一些金属元素的部分物理性能。

表 1.5 一些金属元素的部分物理性能

元素符号	名称	色泽	密度 /(g/cm^3)	熔点 /℃	线胀系数 /$10^{-4}℃^{-1}$	电导率 /%	抗拉强度 R_m/MPa	伸长率 A/%	断面收缩率 Z/%	布氏硬度 (HB)
Ag	银	银白	10.49	960.5	0.189	100	180	50	90	25
Al	铝	银白	2.70	660.2	0.236	60	80～110	32～40	70～90	25
Au	金	金黄	19.32	1063	0.142	71	140	40	90	20
Be	铍	钢灰	1.85	1285	0.115	27	310～450	2	—	120
Bi	铋	白	9.8	271.2	0.134	1.4	5～20	—	—	9
Cd	镉	苍白	8.65	321	0.310	22	65	20	50	20
Co	钴	钢灰	8.9	1492	0.125	26	250	5	—	125
Cr	铬	灰白	7.19	1855	0.062	12	200～280	9～17	9～23	110
Cu	铜	红	8.9	1083	0.165	95	200～240	45～50	65～75	40
Fe	铁	灰白	7.87	1539	0.118	16	250～330	25～55	70～85	50
Ir	铱	银白	22.4	2454	0.065	32	230	2	—	170
Mg	镁	银白	1.74	650	0.257	36	200	11.5	12.5	36
Mn	锰	灰白	7.43	1244	0.230	0.9	脆	—	—	210
Mo	钼	银白	10.2	2625	0.049	31	700	30	60	160
Nb	铌	钢灰	8.57	2468	0.071	12	300	28	80	75
Ni	镍	白	8.9	1455	0.135	23	400～500	40	70	80
Pb	铅	灰白	11.34	327.4	0.293	7.7	15	45	90	5
Pt	铂	银白	21.45	1772	0.089	17	150	40	90	40
Sb	锑	银白	6.68	630.5	0.113	4.1	5～10	0	0	45
Sn	锡	银白	7.3	231.9	0.230	14	15～20	40	90	5
Ta	钽	钢灰	16.6	2996	0.065	12	350～450	25～40	86	85
Ti	钛	暗灰	4.51	1677	0.090	3.4	380	36	64	115
V	钒	淡灰	6.1	1910	0.083	6.4	220	17	75	264
W	钨	钢灰	19.3	3400	0.043	29	1100	—	—	350
Zn	锌	苍灰	7.14	419.5	0.395	27	120～170	40～50	60～80	35
Zr	锆	浅灰	6.49	1852	0.059	3.8	400～450	20～30	—	125

1.3 金属材料的力学性能

1.3.1 术语

① 应力　试验期间任一时刻的作用力 F_m 除以试样原始横截面积 S_0 之商，单位为 MPa（N/mm^2），包括正应力、切应力、轴向应力和横向应力等。

② 弹性模量　低于比例极限的应力与相应应变的比值，一般用符号“E”表示。

③ 剪切模量　切应力与切应变成线性比例关系范围内切应力与切应变之比，一般用符号“G”表示。

④ 泊松比　低于材料比例极限的轴向应力所产生的横向应变与相应轴向应变的负比值，一般用符号“μ”表示。

⑤ 最大扭矩　屈服阶段之后所能承受的最大扭矩，对于无明显屈服（连续屈服）的金属材料，为试验期间的最大扭矩。

1.3.2 强度

强度是金属在一定温度条件下承受外力作用时，抵抗变形和断裂的极限能力，可分为抗拉强度、抗压强度、抗弯强度、抗扭强度、屈服强度等。

① 抗拉强度 R_m　表示金属在静拉伸条件下的最大承载能力（对于脆性材料，它反映了材料的断裂抗力），单位为 MPa（N/mm^2）。以下未注明单位时同此。

② 抗压强度 R_{mc}　指材料在压裂前所能承受的最大应力值。对于脆性材料，指试样压至破坏过程中的最大压缩应力；对于在压缩中不以粉碎性破裂而失效的塑性材料，抗压强度则取决于规定应变和试样几何形状。

③ 抗剪强度 R_τ　指材料在剪断前所能承受的最大应力值。

④ 抗弯强度 R_{bb}　指材料在弯断前所能承受的最大应力值，即弯曲试验中试样破坏时拉伸侧表面的最大正应力。

⑤ 抗扭强度 τ_b　指材料在扭断前所能承受的最大剪切应力值。

⑥ 屈服强度 R_e　指当金属材料呈现屈服现象时，在试验期间达到塑性变形发生而力不增加的应力点，应区分上屈服强度和下屈服强度。

上屈服强度 R_{eH}：试样发生屈服而力首次下降前的最高应力，对应上屈服力 F_{eH}；

下屈服强度 R_{eL}：试样在屈服期间，不计初始瞬时效应时的最低应力，对应下屈服力 F_{eL}。

⑦ 规定非比例延伸强度 R_p　指非比例延伸率等于规定的引伸计标距百分率时的应力，使用的符号应附以下脚注说明所规定的百分率，例如 $R_{p0.2}$，表示规定非比例延伸率为 0.2%时的应力。

⑧ 疲劳强度 σ_N　很多机械零件在交变应力作用下工作一段时间后会发生断裂，而交变应力大小和断裂循环次数之间的有一定的关系。在实际工作中，常把循环次数达到某一数值（常用钢材的循环基数为 10^7，非铁金属和某些超高强度钢的循环基数为 10^8）时不发生断裂的最高应力称为疲劳强度。

1.3.3 塑性

塑性表示金属材料在外力作用下产生永久变形而不破坏的最大能力，通常以伸长率 A 和试样断面收缩率 Z 表示。

① 断后伸长率 A　材料受拉力作用断裂时，试棒伸长的长度（L_u-L_0）与原来长度 L_0 的百分比（%）。

GB/T 228.1—2010 规定，拉伸试样分比例试样和非比例试样两种。比例试样的原始标距 L_0 与原始横截面积 S_0 的关系是 $L_0=k\sqrt{S_0}$。比例系数 $k=5.65$ 时称为短比例试样（国际上使用的比例系数），$k=11.3$ 时称为长比例试样。对于后者，其断后伸长率应标成 $A_{11.3}$。

对于非比例试样，符号 A 应附以下脚注说明所使用的原始标距，mm。例如，A_{80mm} 表示原始标距（L_0）为 80mm 的断后伸长率。

② 断面收缩率 Z　材料在拉伸断裂后、断面最大缩小面积（S_0-S_u）与原始断面积 S_0 的百分比（%）。断后伸长率和断面收缩率越大，表示材料的延性越好。

GB/T 228.1—2010《金属材料　拉伸试验　第1部分：室温试验方法》中的力学性能名称和符号与 GB/T 228—2002 标准有所不同，但是与 GB/T 228—1987 相比差异很大。为了大家在参考其他资料时方便，现将金属材料力学性能名称和符号新旧对照列于表 1.6。

表 1.6　力学性能新旧符号对照

GB/T 228.1—2010		GB/T 228—1987	
性能名称	符　号	性能名称	符　号
断面收缩率	Z	断面收缩率	Ψ
断后伸长率	A $A_{11.3}$ A_{xmm}	断后伸长率	δ_5 δ_{10} δ_{mm}
断裂总伸长率	A_t	—	—
最大力总伸长率	A_{gt}	最大力下的总伸长率	δ_{gt}
最大力非比例伸长率	A_g	最大力下的非比例伸长率	δ_g
屈服点延伸率	A_e	屈服点伸长率	δ_s
抗拉强度	R_m	抗拉强度	σ_b
屈服强度 　上屈服强度 　下屈服强度	— R_{eH} R_{eL}	屈服点 　上屈服点 　下屈服点	σ_s σ_{sU} σ_{sL}
规定非比例延伸强度①	R_p(例如 $R_{p0.2}$)	规定非比例伸长应力	σ_p(例如 $\sigma_{p0.2}$)
规定总延伸强度	R_t(例如 $R_{t0.5}$)	规定总伸长应力	σ_t(例如 $\sigma_{t0.5}$)
规定残余延伸强度	R_τ(例如 $R_{\tau0.2}$)	规定残余伸长应力	σ_τ(例如 $\sigma_{\tau0.2}$)

①在 GB/T 228—2002 中称为“规定塑性延伸强度”。

1.3.4　硬度

硬度是材料抵抗变形，特别是压痕或划痕形成的永久变形的能力。常用的有布氏硬度、洛氏硬度和维氏硬度。

① 布氏硬度 HB　布氏硬度有 HBS 和 HBW 两种表示方法。

HBS 表示压头为淬硬钢球，用于测定布氏硬度值在 450 以下的材料，如软钢、灰铸铁和非铁金属等。

HBW 表示压头为硬质合金，用于测定布氏硬度值在 650 以下的材料。

布氏硬度的表示方法：HBS 或 HBW 之前的数字为硬度值，

后面按顺序用数字表示试验条件：压头的球体直径/试验载荷/试验载荷保持的时间（10～15s不标注）。

例如：170HBS10/1000/30表示用直径10mm的钢球，在9807N（1000kgf）的试验载荷作用下，保持30s时测得的布氏硬度值为170。而530HBW5/750表示用直径5mm的硬质合金球，在7355N（750kgf）的试验载荷作用下，保持10～15s时测得的布氏硬度值为530。

② 洛氏硬度HR 材料抵抗通过硬质合金或钢球压头，或对应某一标尺的金刚石圆锥体压头，施加试验力所产生永久压痕变形的度量，其值没有单位。洛氏硬度有三种：HRA（金刚石圆锥压头），适用范围为20～88；HRB（ϕ1.588mm钢球压头），适用范围为20～100；HRC（金刚石圆锥压头），适用范围为20～70。

③ 维氏硬度HV 材料抵抗通过金刚石正四棱锥体压头，施加试验力所产生永久压痕变形的度量单位［HV＝0.102×试验力(N)/永久压痕的表面积（mm^2）］。

这种方法可用于测定很薄金属材料的表面层硬度，测量范围为5～1000。例如640HV30/20表示用30kgf（294.2N）保持20s，测定的维氏硬度值为640（MPa）。它具有布氏、洛氏法的主要优点，而克服了它们的基本缺点，但不如洛氏法简便。

1.3.5 韧性

韧性表示材料在塑性变形和断裂过程中吸收能量的能力，有断裂韧性与冲击韧性之分。

① 断裂韧性是材料阻止宏观裂纹失稳扩展能力的度量，也是材料抵抗脆性破坏的韧性参数。它是材料固有的特性，只与材料本身、热处理及加工工艺有关，而和裂纹本身的大小、形状及外加应力大小无关。常用断裂前物体吸收的能量或外界对物体所做的功表示。

② 冲击韧性表示金属材料在冲击载荷作用下抵抗破坏的能力，用摆锤弯曲冲击试验测定。将质量为m的摆锤提升到h_1高度，摆锤由此高度下落时将试样冲断，并升到h_2高度，冲断试样所消耗的功为$A_k=mg(h_1-h_2)$，J。金属的冲击韧性α_k就是冲断试样时在缺口处单位面积所消耗的功，即$\alpha_k=A_k/A$（J/cm^2）（A为试样

缺口处原始截面积，cm^2）。

冲击试验中常用到冲击吸收能量，是指规定形状和尺寸的试样，在摆锤刀刃冲击试验力一次作用下折断时所吸收的能量。U 形缺口时用 KU_x 表示，V 形缺口时用 KV_x 表示（其中“x”表示刀刃宽度，可为 2mm 或 8mm），单位为 J。

1.3.6 弹性

弹性是指物体在外力作用下发生形变，当外力撤销后能恢复原来大小和形状的性质。在固体力学中弹性是指当应力被移除后，材料恢复到变形前的状态。线性弹性材料的形变与外加的载荷成正比。在一定的限度以内，物体所受的外力撤销后，能够恢复原来的大小和形状；在限度以外则不能恢复原状，这个限度叫弹性极限。

1.4 金属材料的化学性能

金属材料在室温或高温下抵抗各种介质化学侵蚀的能力称为金属材料的化学性能。

① 抗腐蚀性是金属材料抵抗各种介质（大气、酸、碱、盐）浸蚀的能力。

② 抗氧化性是金属材料抵抗氧化性气氛腐蚀作用的能力。如果金属与空气中的氧进行化合而形成致密氧化层，那么金属就得到了保护，抗氧化性就好，反之亦然。

③ 热稳定性是金属材料在高温下的化学稳定性，对于在高温下工作的零部件尤为重要。

1.5 金属材料的工艺性能

金属的工艺性能是指金属的可机加工性，如可切削性、可铸性、可锻性、可冲压性、可焊性和可热处理性等。

① 可切削性　指金属材料被刀具切削加工后而成为合格工件的难易程度。其指标有加工后工件的表面粗糙度、允许的切削速度以及刀具的磨损程度等。

② 可铸性　指金属材料能用铸造的方法获得合格铸件的性能，主要包括流动性，收缩性和偏析。

③ 可锻性　指金属材料在压力加工（锤锻、轧制、拉伸、挤压等）时，能改变形状而不产生裂纹的性能。

④ 可冲压性 金属材料承受冲压变形加工而不破裂的能力。

⑤ 可焊性 主要是指在一定的焊接工艺条件下，获得优质焊接接头的难易程度。它包括焊接后材料的结合性能和使用性能。

⑥ 可热处理性 热处理是通过对金属加热、保温和冷却，改变固态金属的组织，以得到所需要的组织结构和性能的一种工艺。它只改变材料的使用性能和工艺性能，而不改变零件的形状和尺寸。有常规热处理和化学热处理两大类。可热处理性的主要项目有淬透性、二次硬化和回火脆性等。

1.6 黑色金属材料的热处理

1.6.1 金相组织

金相组织是反映金属或合金在某种化学成分和外界条件时内部结构的资料。

表 1.7 金相组织的组织及特性

名称	组织及特性	说明
铁素体（F）	碳在 α-Fe 中的固溶体，呈体心立方晶格	溶碳能力最小，最大为 0.02%；硬度和强度低，而塑性和韧性很好。因此，含铁素体多的钢材（软钢）多用来做可压、挤、冲板与耐冲击震动的机件。这类钢有超低碳钢，如 0Cr13、1Cr13、硅钢片等
奥氏体（γ/A）	碳在 γ 铁中的固溶体，呈面心立方晶格	最高溶碳量为 2.06%，在一般情况下，具有高的塑性，但强度和硬度低，奥氏体组织除了在高温转变时产生以外，在常温时亦存在于不锈钢、高铬钢和高锰钢中，如奥氏体不锈钢等
渗碳体（C）	铁和碳的化合物（Fe_3C），呈复杂的八面体晶格	含碳量为 6.67%、硬度很高、耐磨，但脆性很大。因此，渗碳体不能单独应用，而总是与铁素体混合在一起。碳在铁中溶解度很小，所以在常温下，钢铁组织内大部分的碳都是以渗碳体或其他碳化物形式出现
珠光体（P）	铁素体与渗碳体机械混合物。其片层组织的粗细随奥氏体过冷程度而异	奥氏体在约 600℃ 分解成的组织称为细珠光体，在 500～600℃ 分解转变成用光学显微镜不能分辨其片层状的组织称为极细珠光体，它们的硬度较铁素体和奥氏体高，而较渗碳体低；其塑性较铁素体和奥氏体低，而较渗碳体高。正火后的珠光体比退火后的珠光体组织细密，弥散度大，故其力学性能较好，但其片状渗碳体在钢材承受负荷时会引起应力集中，故不如索氏体

续表

名称	组织及特性	说　明
莱氏体(L)	奥氏体与渗碳体的共晶混合物	铁合金溶液含碳量在2.06%以上时，缓慢冷到1130℃便凝固出莱氏体；当温度达到共析温度莱氏体中的奥氏转变为珠光体。因此，在723℃以下莱氏体是珠光体与渗碳体机械混合物(共晶混合)。 莱氏体硬(＞700HB)而脆，组织较粗，不能进行压力加工，如白口铁。铸态含有莱氏体组织的钢有高速工具钢和Cr12型高合金工具钢等。一般有较高的耐磨性和较好的切削性
马氏体(M)	碳溶于α-Fe的过饱和的固溶体，显微组织呈针叶状淬火后获得的不稳定组织	将中、高碳钢加热到一定温度(形成奥氏体)后经迅速冷却(淬火)，得到的能使钢变硬、增强的一种淬火组织。在相变过程中，原子不扩散，化学成分不改变，但晶格发生变化，同时新旧相间维持一定的位向关系并且具有切变共格的特征。具有很高的硬度，而且随含碳量增加而提高，但含碳量超过0.6%后的硬度值基本不变
贝氏体	将钢件奥氏体化，快冷到一定温度区间保温所得	低合金钢在中温等温下获得的，一种高温转变及低温转变相异的组织，具有较高的强韧性，硬度相同时贝氏体组织的耐磨性明显优于马氏体
上贝氏体	550～350℃范围内形成的贝氏体称为上贝氏体，金相组织呈羽毛状	光镜下分辨不清楚铁素体与渗碳体两相，渗碳体分布在铁素体条之间，碳含量低时，碳化物沿条间呈不连续的粒状或链珠状分布，碳含量高时，碳化物呈杆状甚至连续状分布。电镜下：条状铁素体大致平行，铁素体条间分布与铁素体轴相平行的细条状渗碳体，铁素体条内有较高的位错密度，为一束大致平行的自奥氏体晶界长入奥氏体晶内的铁素体。脆性，硬度较高
下贝氏体	是过冷奥氏体在400～240℃等温度转变后的产物，呈黑色针状形态	其中的铁素体呈针状，而碳化物呈现极小的质点以弥散状分布在针状铁素体内，具有较高的硬度(约为40～55HRC)、良好的塑性和很高的冲击韧性，其综合力学性能比索氏体更好。因此，在要求较大的韧性和高强度相配合时，常以含有适当合金元素的中碳结构钢等温淬火获得贝氏体，以改善钢的力学性能，并减小内应力和变形

1.6.2　铁碳合金相图

铁碳合金相图，是表示不同成分的铁碳合金在极缓慢加热（或极缓慢冷却）情况下，不同温度时所具有的状态或组织的图形，是研究碳钢和铸铁成分、温度、组织和性能之间关系的理论基础，也是制定各种热加工工艺的依据。

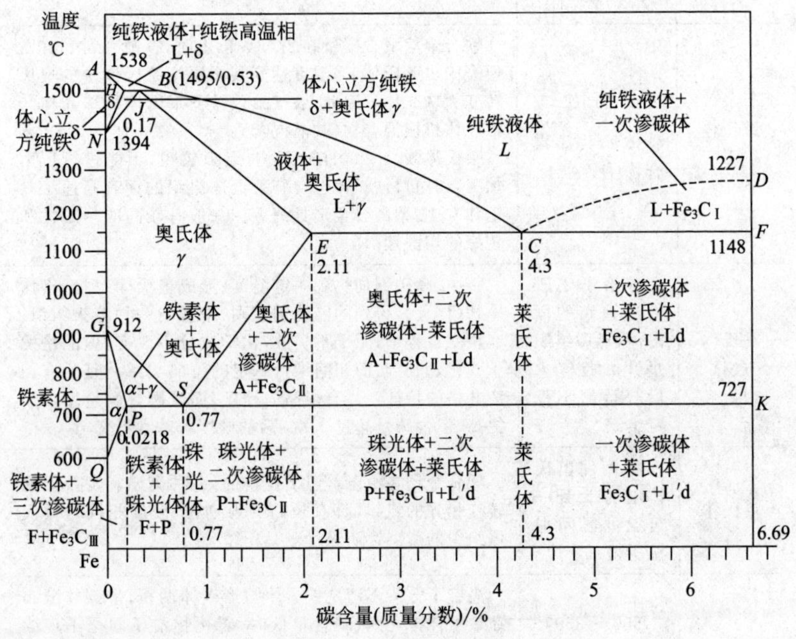

图 1.1 铁碳合金相图

1.6.3 相图中的特征点

A：纯铁的熔点，1538℃，*C*=0.0%；

B：发生包晶反应时液相的成分，1495℃，*C*=0.53%；

C：共晶点，1148℃，*C*=4.3%；

D：渗碳体的熔点，1227℃，*C*=6.69%；

E：C在γ-Fe中的最大溶解度，1148℃，*C*=2.11%；

F：共晶渗碳体的成分，1148℃，*C*=6.69%；

G：纯铁的α-Fe$\rightleftharpoons$γ-Fe同素异构转变点，912℃，*C*=0.0%；

H：C在δ-Fe中的最大溶解度，1495℃，*C*=0.09%；

J：包晶点，1495℃，*C*=0.17%；

K：渗碳体，727℃，*C*=6.69%；

N：纯铁的δ-Fe$\rightleftharpoons$γ-Fe同素异构转变点，1394℃，*C*=0.0%；

Q：碳在 α-Fe 中的最大溶解度，室温，C=0.0008%；

P：碳在 α-Fe 中的最大溶解度，727℃，C=0.218%；

S：共析点，727℃，C=0.77%。

1.6.4　主要特征线

ACD 线：液相线，在此线的上方所有的铁碳合金均为液体，称为液相区，用 *L* 表示。线上的点对应不同成分合金的结晶开始温度。*AC* 线以下结晶出奥氏体，在 *CD* 线以下结晶出渗碳体。

AECF 线：固相线，在此线的下方所有的铁碳合金均为固体，线上的点对应不同成分合金的结晶终了温度。

在 *ACD* 线与 *AECF* 线之间是结晶区，即过渡区。此区域液相与固相并存。*AEC* 区内为液相合金和固相奥氏体，*CDF* 区内为液相合金与固相渗碳体。

GS 线：从 *A* 中析出 *F* 的开始线，又称 A_3 线。奥氏体向铁素体的转变是铁发生同素异构转变的结果。

ES 线：*C* 在 *A* 中溶解度曲线，又称 A_{cm} 线。在 *AGSE* 区内为单相奥氏体。

ECF：共晶线，温度为 1148℃。

PSK 线：共析线，又称 A_1 线，温度为 727℃。

1.6.5　热处理状态代号

表 1.8　热处理状态代号

代号	热处理状态名称	代号	热处理状态名称
A_{c1}	加热时下临界点温度	P	球光体
A_{c3}	加热时亚共析钢上临界点温度	B	贝氏体
A_{ccm}	加热时过共析钢上临界点温度	M	马氏体
A_{r1}	冷却时下临界点温度	LD	莱氏体
A_{r3}	冷却时亚共析钢上临界点温度	Fe_3C	渗碳体
A_{rcm}	冷却时过共析钢上临界点温度	S	索氏体
M_f	马氏体转变终了温度	L	液相
M_s	马氏体转变开始温度	G	石墨
A	奥氏体	C	碳化物
F	铁素体	GS	A3 线

1.6.6　常规热处理

常规热处理采用物理方法改变材料的力学性能。

表1.9　常规热处理方法

类别	方　法	目　的
退火	把金属材料加热到适当的温度，保持一定的时间，然后缓慢冷却	降低硬度，提高塑性，以利切削加工或压力加工，减少残余应力，提高组织和成分的均匀化
正火	将钢材或钢件加热到到一定温度，保持适当时间后，在静止的空气中冷却	提高低碳钢的力学性能，改善切削加工性，细化晶粒，消除组织缺陷
淬火	将钢件加热到钢的下临界点温度以上某一温度，保持一定的时间，然后以适当的冷却速度，获得马氏体（或贝氏体）组织	使钢件获得马氏体组织，提高工件的硬度、强度和耐磨性，为后道热处理做好组织准备等
回火	将钢件经淬硬后，再加热到某一温度，保温一定时间，然后冷却到室温（常用钢回火后硬度与回火温度的关系见表1.10）	消除淬火时所产生的应力，使其具有高硬度和耐磨性，同时具有所需要的塑性和韧性等
调质	将钢材（一般是中碳结构钢和中碳合金结构钢）进行淬火＋高温回火，可获得回火索氏体组织	使钢铁零件获得一定的强度、硬度和良好的塑性、韧性
固溶处理	将合金加热到高温单相区恒温保持，使过剩相充分溶解到固溶体中后快速冷却，以得到过饱和固溶体	主要是改善材料的塑性和韧性，为沉淀硬化处理作好准备等
沉淀硬化	金属在过饱和固溶体中溶质原子偏聚区和/或由之脱溶出微粒弥散分布于基体中	主要是获得很高的强度
时效处理	将合金工件经固溶处理、冷塑性变形或铸造、锻造后，放在在较高温度、处理较长时间（人工时效）或室温环境（自然时效）下一定的时间	消除工件的内应力，稳定组织和尺寸，改善力学性能等
振动时效	通过专业的振动时效设备，使被处理的工件产生共振，从而消除和均化工件内部的残余应力	防止工件在加工和使用过程中变形和开裂，保证工件尺寸精度的稳定性
深冷处理	将工件放在－200～－100℃环境中，促使淬火后的残留奥氏体最大限度转变为马氏体。常用于高碳高铬工具钢和高速工具钢	提高工件的耐磨性、尺寸稳定性和使用寿命

表 1.10　常用钢回火后硬度与回火温度的关系

钢号	淬火工艺		淬火硬度（HRC）	回火后硬度（HRC）与对应的回火温度[②]/℃						
	温度/℃	冷却介质		30～35	35～40	40～45	45～50	50～55	50～60	>60
40Cr	840	油	>50	510	470	420	340	200	>160	—
30CrMnSi	890	油	>45	530	500	430	340	180	—	—
50CrV	860	油	>50	560	500	450	380	280	180	—
42CrMo	840	油	>50	580	500	400	300	—	180	—
40CrNiMo	860	油	>50	580	540	480	420	320	—	—
GCr15	840	油	>60	580	530	480	420	380	270	<180
9Mn2V	800	油	>60	—	—	500	400	320	250	<180
9SiCr	850	油	>60	620	580	520	450	380	300	200
CrWMn	850	油	>60	600	540	480	420	350	280	170
Cr12MoV	950～1040	油硝盐	>58	740	670	620	570	530	380	<180
5CrMnMo	840	油	>50	580	520	470	380	250	<200	—
5CrNiMo	850	油	>50	640	550	450	380	280	<200	—
5CrW2Si	860～890	油	>55	570	480	420	360	<300	—	—
3Cr2W8V	1050～1100	水[①]	>55	—	700	630	540	<200	—	—
20Cr13	980～1050	油空冷	>55	560	520	450	<400	—	—	—
30Cr13	980～1030	油空冷	>55	600	570	540	<500	—	—	—
40Cr13	980～1050	油空冷	>55	610	580	550	500	<400	—	—
95Cr18	1040～1070	油	>55	—	—	—	580	530	220	<150
42Cr9Si2	950～1070	油	>55	—	670	600	540	480	420	<300

①冷却介质水是指 5%～10% NaCl 水溶液。

②回火温度根据硬度要求的中值偏上确定。

1.6.7 化学热处理

化学热处理是将金属工件置于一定温度的活性介质中保温，渗入一种或几种元素，以改变其化学成分、组织和性能的热处理工艺。

表1.11　常见的化学热处理工艺

类别		方　法	备注
渗碳	气体渗碳	选用煤油或甲醇作渗碳剂，燃烧时使气体碳原子渗入到钢表面层。用量可根据具体情况进行调整	使低碳钢工件表层有高硬度和耐磨性，而中心部分保持原有韧性和塑性
	液体渗碳	介质以氰化钠(NaCN)为主成分	能渗碳又能氰化
	固体渗碳	渗碳剂为木炭(或其他供碳剂)、碳酸钡(或其他催渗剂)、碳酸钙(填充剂)和适量黏结剂。工件放在填充粒状渗碳剂的密封箱中加温	周期长能耗大，劳动条件差，渗碳质量较难控制，通常只用于小批量、小零件的、渗碳层要求薄的工件
离子渗氮		在低真空(2kPa)含氮气氛中，利用工件(阴极)和阳极之间产生的辉光放电进行渗氮	可适用于合金结构钢、不锈耐酸钢、耐热钢、合金工具钢、高速工具钢和球墨铸铁等
碳氮共渗(氰化)		可在气体、液体或固体中进行。同时向钢的表层渗入碳和氮。以中温和低温气体碳氮共渗应用较广。前者用于提高钢的硬度、耐磨性和疲劳强度	低温气体碳氮共渗以渗氮为主，主要目的是提高钢的耐磨性和抗咬合性

此外，化学热处理还有渗硼、渗硫、渗铝、渗铬、渗硅、氧氮化、硫氰共渗和碳、氮、硫、氧、硼五元共渗及碳（氮）化钛覆盖等。

1.6.8 真空热处理

真空热处理是真空技术与热处理技术相结合的热处理技术，其真空环境低于一个大气压（包括从低真空到超高真空）。与常规热处理相比，可实现工件无氧化、无脱碳、表面光洁，并有脱脂等作用，可大大提高热处理质量。

1.7 合金元素在钢铁材料中的作用

1.7.1 合金元素在合金钢中的作用

表1.12　合金元素在合金钢中的作用

元素	在合金钢中的作用
C	钢中含碳量增加，屈服点和抗拉强度升高，但塑性和冲击性降低，当碳量超过0.23%时，钢的焊接性能变坏，因此用于焊接的低合金结构钢，含碳量一般不超过0.20%。含碳量高还会降低钢的耐大气腐蚀能力，在露天料场的高碳钢就易锈蚀；此外，碳能增加钢的冷脆性和时效敏感性

续表

元素	在合金钢中的作用
Si	能显著提高钢的弹性极限、屈服点和抗拉强度。在调质结构钢中加入1.0%～1.2%的硅，强度可提高 15%～20%。硅和钼、钨、铬等结合，有提高抗腐蚀性和抗氧化的作用，可制造耐热钢。含硅 1%～4%的低碳钢，具有极高的磁导率，用于电器工业做矽钢片。硅量增加，会降低钢的焊接性能
Mn	含 0.70%以上碳素钢，较一般钢量的钢不但有足够的韧性，且有较高的强度和硬度，提高钢的淬性，改善钢的热加工性能。含锰 11%～14%的钢有极高的耐磨性；含锰量增高，减弱钢的抗腐蚀能力，降低焊接性能
P	磷会增加钢的冷脆性，使焊接性能变坏，降低塑性和冷弯性
S	硫使钢产生热脆性，降低钢的延展性和韧性，对焊接性能也不利，降低耐腐蚀性。在钢中加入 0.08%～0.20%的硫，可以改善切削加工性
Cr	铬在结构钢和工具钢中，能显著提高强度、硬度和耐磨性，但同时降低塑性和韧性。铬在不锈钢中能提高抗氧化性和耐腐蚀性
Ni	镍能提高钢的强度，而又保持良好的塑性和韧性，对酸碱有较高的耐腐蚀能力，在高温下有防锈和耐热能力
Mo	钼能使钢的晶粒细化，提高淬透性和热强性能，在高温时保持足够的强度和抗蠕变能力。结构钢中加入钼，能提高力学性能，还可以抑制合金钢由于淬火而引起的脆性。在工具钢中可提高红硬性
Ti	钛能使钢的内部组织致密，细化晶粒力；降低时效敏感性和冷脆性。改善焊接性能。在 Cr18Ni9 奥氏体不锈钢中加入适当的钛，可避免晶间腐蚀
V	含 0.5%的钒可细化组织晶粒，提高强度和韧性。钒与碳形成的碳化物，在高温高压下可提高抗氢腐蚀能力
W	钨与碳形成碳化钨有很高的硬度和耐磨性。在工具钢中加钨，可显著提高红硬性和热强性，作切削工具及锻模具用
Nb	铌能细化晶粒和降低钢的过热敏感性及回火脆性，提高强度，但塑性和韧性有所下降。在普通低合金钢中加铌，可提高抗大气腐蚀及高温下抗氢、氮、氨腐蚀能力；可改善焊接性能；在奥氏体不锈钢中加铌，可防止晶间腐蚀现象
Co	钴是稀有的贵重金属，多用于特殊钢和合金中，如热强钢和磁性材料
Cu	铜能提高强度和韧性，特别是大气腐蚀性能，但在热加工时容易产生热脆；含量超过 0.5%时显著降低塑性。铜含量小于 0.50%对焊接性无影响
Al	钢中含少量铝，可细化晶粒，提高冲击韧性。铝还具有抗氧化性和抗腐蚀性能，铝与铬、硅合用，可显著提高钢的高温不起皮性能和耐高温腐蚀的能力。其缺点是影响钢的热加工性能、焊接性能和切削加工性能
B	钢中含微量硼就可改善钢的致密性和热轧性能，提高强度
N	氮能提高钢的强度、低温韧性和焊接性，增加时效敏感性
RE	钢中含稀土元素，可以改变钢中夹杂物的组成、形态、分布和性质，从而改善了钢的各种性能，如韧性、焊接性、冷加工性能
O	氧与钢中某些元素形成氧化物夹杂，使钢易发生热裂、脆性和实效等现象

1.7.2 合金元素对钢工艺性的影响

表 1.13 合金元素对钢工艺性的影响

元素名称	强度	弹性	冲击韧性	屈服强度	硬度	伸长率	断面收缩率	低温韧性	高温强度
Mn①	↑	↑	—	↑	↑	—	—	↑	—
Mn②	↑			↓	↓↓↓	↑↑↑	—	↑	
Cr	↑↑	↑	↓	↑↑	↑↑	↓	↓		↑
Ni①	↑		—	↑	↑	—	—	↑↑	↑
Ni②	↑		↑↑↑	↓	↓↓	↑↑↑	↑↑	↑↑	↑↑↑
Si	↑	↑↑↑	↓	↑↑	↑	↓			
Cu	↑		—	↑↑	↑	—	—		↑
Mo	↑		↓	↑	↑	↓	↓		↑↑
Co	↑		↓	↑	↑	↓	↓		↑↑
V	↑	↑	↓	↑	↑	—	—	↑	↑↑
W	↑		—	↑	↑	↓	↓		↑↑↑
Al	↑		↓	↑	↑		↓	↑	
Ti	↑		↓					↑	↑
S			↓			↓	↓		
P	↑		↓↓↓	↑	↑	↓	↓		

续表

元素名称	耐磨性	可切削性	可锻性	渗碳性	渗氮性	抗氧化	耐蚀性	冷却速度	
Mn①	↓↓	↓	↑	—	—	—		↓	
Mn②		↓↓↓	↓↓↓			↓↓		↓↓	
Cr	↑		↓	↑↑	↑↑	↓↓↓	↑↑↑	↓↓↓	
Ni①	↓↓	↓	↓			↓		↓↓	
Ni②		↓↓↓	↓↓↓			↓↓	↑↑	↓↓	
Si	↑	↓	↓	↓	↓		↑	↓	
Cu		—	↓↓↓			—	↑		
Mo	↑↑	↓	↓	↑↑↑	↑↑↑	↑↑		↓↓	
Co	↑↑↑	—	↓			↓		↑↑	
V	↑↑		↓	↑↑↑↑	↑	↓	↑	↓↓	
W	↑↑↑	↓↓	↓↓	↑↑	↑	↓↓		↓↓	
Al			↓↓		↑↑↑	↓↓			
Ti		↑	↓	↑	↑	↑	↑		
S		↑↑↑	↓↓↓				↓		
P		↑↑	↓						

①在珠光体钢中。

②在奥氏体钢中。

注：一表示无影响，↓表示降低，↑表示提高，空白处表示“不明”。

1.7.3 微量元素对铸钢组织及性能的影响

表 1.14 微量元素对铸钢组织及性能的影响

微量元素	对铸钢组织及性能的影响
Ti、Nb、V	都可以较好地改善铸钢的铸态组织。Ti、Nb 的含量以 0.05%左右为最佳，V 的含量以 0.16%为最佳。三种元素中以 Ti 的作用最佳，它不仅可以有效细化晶粒，消除魏氏组织，使沿晶析出的铁素体不明显，晶内块状铁素体增加，同时还大幅提高等轴晶的比例
Ti、Al	生成的 Ti 的氧化物和氮化物，Al 的氧化物，Ti、Al 的复合氧化物和硫化物等，它们的尺寸比较细小(大都在 3μm 以下)，形状大多呈球状(仅 TiN 呈四边形)，其最佳含量为：Ti 为 0.050%～0.07%，Al 为 0.01%左右。此时经 900℃奥氏体化，保温 60min 的正火是获得晶内针状铁素体的最佳热处理工艺
其他	Ti、Al、O、S、Mn 的复合夹杂物和 Ti_2O_3 夹杂物有很好的形核作用，而原始组织中的 MnS 和硅酸盐夹杂物对周围铁素体组织无影响。夹杂物的颗粒宜在 3μm 以下

1.7.4 合金元素在铸铁中的作用

表 1.15 各种元素对铸铁组织性能的影响

元素	对铸铁组织和性能的影响
C	在灰铸铁中，碳含量为 2.7%～3.8%，主要以片状石墨形式存在，高碳时金相组织为铁素体和粗大的片状石墨，机械强度和硬度较低，但挠度较好；低碳时金相组织为珠光体和细小的片状石墨，机械强度和硬度较高，但挠度较差。由于灰铸铁的成分位于共晶点附近，因此具有良好的铸造性能。对于亚共晶范围的灰铸铁，增加碳含量能提高流动性；反之，对于过共晶范围的灰铸铁，只有降低碳含量才能提高流动性 在球墨铸铁中，碳含量高时，析出的石墨数量多，石墨球数多而球径小，圆整度增加，缩松体积和面积减小，使铸件致密(但是含 C 量过高则作用不明显，反而出现严重的石墨漂浮，且为保证球化所需要的残余 Mg 量要增多)

续表

元素	对铸铁组织和性能的影响
Si	增加硅含量会增加石墨的数量，也会使石墨粗大。所以硅的质量分数以1.1%～2.7%为宜。一般碳硅含量低可获得较高的机械强度和硬度，但流动性稍差。当薄壁铸件出现白口时，可提高碳硅含量使之变灰；当厚壁铸件出现粗大的石墨时，应适当降低碳硅含量，以达到提高机械强度和硬度的目的。Si能提高共析转变温度，且在球墨铸铁中使铁素体增加的作用比灰铸铁要大 灰铸铁中C、Si都是强烈促进石墨化的元素。提高碳当量促使石墨片变粗、数量增多，强度和硬度下降。降低碳当量可以提高灰铸铁力学性能。但是降低碳当量会导致铸造性能降低、铸件断面敏感性增加、硬度上升、加工困难等问题
Mn	在灰铸铁中，锰含量增加会增大基体组织中的珠光体数量，故锰的质量分数要控制在0.5%～1.4%。其主要作用，一是中和硫的有害作用，二是稳定和细化珠光体。在此含量范围内，锰含量增加，铸铁的强度、硬度增加，而塑性和韧性降低 在球墨铸铁中，Mn的作用是形成碳化物和珠光体。对于厚大断面铸件，锰是偏析倾向特别显著的元素，是强烈稳定奥氏体的元素，对稳定珠光体的作用也很显著，在生产珠光体球墨铸铁时，可以利用锰稳定珠光体的作用消除石墨球周围的铁素体(牛眼)组织
S	硫可稳定渗碳体，阻止石墨化。硫少量溶于铁素体及渗碳体，可降低碳在液态铸铁中的溶解度，大部分以FeS和MnS、CeS的形式存在并分布于晶界上。硫化亚铁能降低铸铁的强度，促进铸铁的收缩，并引起铸铁的过硬和裂纹形成。硫化锰对铸铁的强度无多大影响，但使铁液流动性变差。对于灰铸铁，硫的质量分数控制在低于0.15%。S在QT中是反石墨化元素，属于有害杂质
P	磷使铸铁的共晶点左移，能溶于液态铸铁中，并降低碳在液态铸铁中的溶解度，但在固态铸铁中的溶解度有限，并随着碳含量的增加和温度的降低而减少。对石墨化的影响不大；使铸铁的强度、塑性下降，硬度提高；增加铸铁的流动性和可铸性，但会使铸铁的缩孔、缩松以及开裂倾向增加。对于灰铸铁，磷的质量分数控制在低于3.0%。磷在球墨铸铁中虽不影响球化，但可以溶解在铁液中减低铁碳合金的共晶含碳量，故是有害元素

续表

元素	对铸铁组织和性能的影响
Cu	铜使组织致密,并细化和改善石墨的均匀分布,既能降低铸铁的白口倾向,又能降低奥氏体转变临界温度,细化和增加珠光体,对断面敏感性有利。铜具有强化铸铁铁素体和珠光体的倾向,因此能增加铸铁的强度,铸铁的抗拉强度、抗弯强度几乎与所含铜量成比例地增加,在低碳铸铁中尤为显著。在一般铸铁中,铜的质量分数在3.0%～3.5%以下可使硬度增加;但当铸铁具有形成白口倾向时,或存在着游离碳化物的硬点时,则加入铜会使硬度降低。常用量小于1.0%
Cr	反石墨化作用属中强,共析转变时稳定珠光体;是缩小γ区的元素,含Cr 20%时,γ区消失。用量为0.15%～30%。其用量小于1.0%仍属灰铸铁(可能有少量自由Fe_3C出现),但力学性能有所提高
Sn	为增加珠光体量而加入,一般用量小于0.1%时可提高铸铁强度,大于0.1%时有可能使铸铁出现脆性和反球化作用;由于共晶团边界易形成$FeSn_2$的偏析化合物,因此有韧性要求时,注意Sn量的控制
Mo	Mo小于0.6%时,稳定碳化物的作用比较温和,主要是细化珠光体,亦能细化石墨;Mo小于0.8%时对铸铁的强化作用较大;用Mo作合金化时,含磷量一定要低,否则会出现P-Mo四元共晶,增加脆性;含Mo量达到1.8%～2.0%时,可抑制珠光体的转变,而形成针状基体;能使“C”曲线右移,并有形成两个“鼻子”的作用,故易得贝氏体
Ni	镍溶于液体铁及铁素体;共晶期间促进石墨化,其作用相当于Si的1/3;降低奥氏体转变温度,扩大奥氏体区,能细化并增加珠光体;含Ni小于3.0%,组织呈珠光体型,可提高强度,主要用作耐磨材料;含Ni 3%～8%,组织呈马氏体型,主要用作耐磨材料;含Ni大于12%,组织呈奥氏体型,主要用作耐腐蚀材料等。对石墨粗细影响较小
Sb	锑强烈促进珠光体形成;含量0.002%～0.01%时,对球墨铸铁有使石墨球细化的作用,尤其对大断面球墨铸铁件有效;其干扰球化的作用可用稀土元素中和;灰铸铁中的加入量为小于0.02%,球墨铸铁中的加入量为0.002%～0.010%

表 1.16　合金元素对灰铸铁组织和性能的影响

元素	含量/%	组织	力学性能	使用性能			工艺性能	
				耐磨	耐热	耐蚀	切削性	铸造性能
Ni	0.5～2.0，常与Cr、Cu、Mo合用	促进石墨化，消除白口和游离渗碳体；细化石墨；稳定且细化珠光体，促成索氏体	强度↑ 硬度↑ 冲击韧度↑	↑	↑	↑	优于同硬度和强度的非合金铸铁	减少缩松，提高铸件致密性。断面壁厚差大时尤有效
Cu	0.5～2.0，常与Ni、Cr、Mo、V合用	弱石墨化；细化珠光体和石墨；减少薄断面白口，改善大断面组织敏感性	强度↑ 硬度↑ 韧度↑ 低碳者↑↑	↑	↑	↑。尤耐弱酸和大气腐蚀	改善	改善流动性，提高铸件致密度
Cr	0.2～1.0，常与Cu、Mo、Ni合用	强阻碍石墨化，促成碳化物；细化石墨；细化且稳定珠光体；促成白口	提高强度、硬度；Cr约＞0.5%，降低塑性、韧性	↑↑。与Cu、Mo、Ni合用更好	↑。铬越多越显著	↑。铬越多越显著	↓。少量影响不大	Cr＞1.0%，降低流动性；增加收缩，增大白口
Mo	0.3～1.0，常与Ni、Cu、Cr合用	细化石墨；强稳定、增加、细化珠光体；温和促成碳化物；改善大断面组织均匀性	强度、硬度、冲击韧度、疲劳强度、＜550℃高温性能和大断面性能↑↑	↑↑	↑	稍改善	改善	减少收缩，改善热处理性能

续表

元素	含量/%	组织	力学性能	使用性能			工艺性能	
				耐磨	耐热	耐蚀	切削性	铸造性能
V	0.1～0.4，常与Ti合用	阻碍石墨化；细化、均化石墨；细化珠光体；强烈促成碳化物；消除大断面的铁素体和枝晶组织	少量V，强度↑↑，硬度↑↑，冲击韧性↑	↑↑。与Cu、Ti合用更好	350～650℃的抗生长性↑		少量V不降低可切削性；难磨削	降低流动性，增加收缩，促进白口、麻口
Ti	0.05～0.15，常与V合用	微量，促进石墨化，细化石墨和晶粒；减少白口和硬点；过量，形成D型石墨TiC、TiCN	脱氧、净化和孕育作用大于合金化作用，适量Ti提高强度	↑	抗生长性↑	耐酸性↑	少量Ti改善可切削性	改善流动性
B	0.02～1.0	细化但减少石墨；促成碳化物；在含磷铸铁中形成复合共晶，硬度(HV)>1000	强度↑ 塑性↓ 冲击韧度↓	↑	影响不大		降低	脱氧、去硫；增大白口倾向
Sn	0.04～0.10	减少或消除铁素体，稳定且细化珠光体；改善断面均匀性	强度和硬度↑。碳当量高时效果好	↑	↑	改善	改善	Sn 0.05%～0.1%，保持铸造性能良好
Sb	0.03～0.08	减少或消除，强促成、稳定细化珠光体	强度↑ 硬度↑	↑	>700℃时寿命↑		稍差	稍差

注：↑表示提高，↑↑表示显著提高；↓表示降低。

1.7.5 合金元素在非铁合金中的作用

（1）在铝合金中的作用

表 1.17　合金元素在铝合金中的作用

元素	在合金中的作用
Si	硅能显著提高铝合金的流动性，改善抗拉强度（硅含量 8%～15%）、硬度和高温时强度，而使延伸率降低，更重要的是能提高铝合金的耐磨性能，但是它使铝合金的加工性能变差 硅在 Al-Mg-Si 系锻铝中和在 Al-Si 系焊条及铝硅锻造合金中，均作为合金元素加入，在其他铝合金中，则是常见的杂质元素
Cu	铜影响铸造铝合金的强度和硬度，降低铝合金的耐蚀性并增加应力腐蚀开裂敏感性。在铝合金中固溶进铜，可以提高力学性能，改善切削性。不过，耐蚀性降低，容易发生热间裂痕
Mg	镁能够为铝合金提供基体强化并提高加工石化。它能提高耐蚀性和焊接性或使铝合金有极高的强度。硅与镁结合形成镁二硅相可以实现铝合金强化 铝镁合金的耐蚀性最好。作为杂质的镁，在 Al-Cu-Si 材料中，Mg_2Si 使铸件变脆，所以一般标准在 0.3%以内，镁对铝的强化是明显的，镁每增加 1%，抗拉强度大概升高 34MPa
Ni	能提高铝合金的热硬性，主要得益于镍铝化合物
Sn	用于铸造铝合金可以降低轴承和衬套的摩擦系数并提高耐磨性能
Ti	微量钛可提高合金的力学性能和耐蚀性，但电导率下降。含量不超过 0.015%的钛可以有效地细化铝合金晶粒（有硼存在则减小到 0.01%）
B	硼可用来细化初生铝晶粒（与钛同时采用时效果更好）
Cr	铬在铝中会形成一些金属间化合物，阻碍再结晶的形核和长大过程，对合金有一定的强化作用，还能改善合金韧性和降低应力腐蚀开裂敏感性，但会增加淬火敏感性。铬是 Al-Mg-Si 系、Al-Mg-Zn 系、Al-Mg 系合金中常见的添加元素，在铝合金中的添加量一般不超过 0.35%，并随合金中过渡元素的增加而降低
Mn	当锰的添加量超过 0.5%时，铝合金的抗拉强度和屈服强度均增加，同时不损失塑性。此外还能提高铝合金的低周疲劳性能和耐蚀性 加入 1%以下的锰，能够起到强化效果。因而加锰后可降低镁含量，同时可降热裂倾向，另外锰还能够使 Mg_5Al_8 化合物均匀沉淀，改善抗蚀性和焊接性能 锰能改善含铜、硅合金的高温强度。若超过一定限度，易生成 Al-Si-Fe-Mn 四元化合物，形成硬点并降低导热性。锰能阻碍铝合金的再结晶过程，提高再结晶温度，并能显著细化再结晶晶粒
Zn	锌只在 7×××系铝合金中添加。在其他铝合金中它是杂质元素，高温脆性大，但与汞形成强化 $HgZn_2$ 对合金产生明显强度作用 在铝中同时加入锌和镁，则构成强化相 $MgZn_2$，对合金产生明显的强化效果。$MgZn_2$ 含量从 0.5%提高到 12%时，可显著增加抗拉强度和屈服强度。镁的含量超过形成 $MgZn_2$ 相所需、超硬铝合金中锌和镁的比例控制在 2.7 左右时，应力腐蚀开裂抗力最大

续表

元素	在合金中的作用
Fe	铁在 Al-Cu-Mg-Ni-Fe 系锻铝合金中，是作为合金元素加的，在其他铝合金中，则是常见的杂质元素。铁在铝合金中会导致形成金属间化合物，降低铝合金的力学性能。含量超过一定临界值以后会极大地损害铝合金的塑性，同时降低成品率；铸铝中铁含量过高时会使铸件产生脆性
Sr	用锶元素进行变质处理能改善合金的塑性加工性和最终产品质量。因为锶的变质有效时间长、效果和再现性好等优点，近年来在 Al-Si 铸造合金中取代了钠的使用。对挤压用铝合金中参加 0.015%～0.03%锶，使铸锭中 β-AlFeSi 相变为 α-AlFeSi 相，减少了铸锭均匀化时间 60%～70%，提高材料力学功能和塑性加工性；改善制品表面粗糙度。在高硅(10%～13%)变形铝合金中加入 0.02%～0.07%锶，可使初晶减少至最低限度，力学功能也有一定提高。在过共晶 Al-Si 合金中加入锶，能减小初晶硅粒子尺寸，改善塑性加工性能
Zr	锆也是铝合金的常用添加剂，一般加入量为 0.1%～0.3%。锆和铝形成 $ZrAl_3$ 化合物，可阻碍再结晶过程，细化再结晶晶粒。锆亦能细化锻造组织，但比钛的效果小。有锆存在时，会降低钛和硼细化晶粒的效果。在 Al-Zn-Mg-Cu 系合金中，宜用锆来代替铬和锰细化再结晶组织
RE	稀土元素加入铝合金中，使铝合金熔铸时增加成分过冷，细化晶粒，减少二次晶距，减少合金中的气体和夹杂，并使夹杂相趋于球化。还可降低熔体表面张力，增加流动性，有利于浇注成锭，对工艺功能有着显着的影响。各种稀土参加量约为 0.1%(原子分数)为好。混合稀土(La-Ce-Pr-Nd 等混合)的增加，使 Al-0.65%Mg-0.61%Si 合金时效 GP 区构成的临界温度降低。含镁的铝合金，能激发稀土元素的变质作用
杂质元素	钒在铝合金中构成 VAl_{11} 难熔化合物，在熔铸过程中起细化晶粒效果，但比钛和锆的作用小。钒也有细化再结晶组织、提高再结晶温度的作用 钙在铝合金中固溶度极低，与铝形成 $CaAl_4$ 化合物，钙又是铝合金的超塑性元素，大约 5%钙和 5%锰的铝合金具有超塑性。钙和硅形成 CaSi，不溶于铝，因为减小了硅的固溶量，可稍微提高工业纯铝的导电性能。钙能改善铝合金切削功能。$CaSi_2$ 不能使铝合金热处理强化。微量钙有利于去除铝液中的氢 铅、锡、铋元素是低熔点金属，它们在铝中固溶度不大，略降低合金强度，但能改善切削功能。铋在凝结进程中膨胀，对补缩有利。高镁合金中加入铋可防止钠脆 锑首要用作锻造铝合金中的变质剂，变形铝合金很少运用。仅在 Al-Mg 变形铝合金中代替铋防止钠脆。锑元素加入某些 Al-Zn-Mg-Cu 系合金中，改善热压与冷压工艺性能 铍在变形铝合金中可改善氧化膜的结构，削减熔铸时的烧损和夹杂。铍是有毒元素，能使人产生过敏性中毒。因而，接触食物和饮料的铝合金中不能含有铍。焊接材料中的铍含量一般控制在 8μg/mL 以下。用作焊接基体的铝合金也应控制铍的含量 钠在铝中几乎不溶解，最大固溶度小于 0.0025%，钠的熔点低(97.8℃)，合金中存在钠时，在凝固过程中吸附在枝晶表面或晶界，热加工时，晶界上的钠形成液态吸附层，发生脆性开裂时，形成 NaAlSi 化合物，无游离钠存在，不发生“钠脆”。当镁含量超 2%时，镁夺取硅，析出游离钠，发生“钠脆”。因此高镁铝合金不允许使用钠盐熔剂。避免“钠脆”的方法有氯化法，使钠构成 NaCl 排入渣中，加铋使之生成 Na_2Bi 进入金属基体；加锑生成 Na_3Sb 或加入稀土亦可起到相同的效果

(2) 在镁合金中的作用

表1.18 合金元素在镁合金中的作用

元素	在镁合金中的作用
Al	含量在10%以下能提高强度并产生沉淀硬化。含量在4%以下的镁合金在盐水中的抗蚀性能较低。在镁合金铸件中增大缩松倾向
Ag	在Mg-Zr-RE合金中的含量至3%时,可提高沉淀硬化效应和强度
B	用作硼化表面硬化处理
Be	微量时($5\times10^{-6}\sim15\times10^{-6}$)可降低镁合金的表面氧化倾向,同时改善铸造性能并细化晶粒组织
Ca	晶粒细化剂
Cu	由于会损害镁的抗蚀性能,应将其控制到很低
Fe	降低抗蚀性能。可加入Mn消除其有害影响。通常Fe的含量应尽量低
Ga	显著改善抗蚀性能
Ge	显著改善抗蚀性能
H	在Mg-Zn-RE合金中,可利用氢化物的硬化作用
Li	含量低时可改善抗蚀性能。为降低合金密度,Li含量可达9%
Mg	基本元素
Mn	用来控制铁含量的影响时,Mn/Fe质量比应在30以上。改善抗蚀性能。对提高拉伸强度作用不大。会降低疲劳强度
Ni	剧烈降低镁合金的抗蚀性能,为此需将Ni含量控制在很低水平(0.001%～0.002%)
RE(Ce、La、Pr、Nd)	为重要的晶粒细化剂。提高强度,保持韧性,改变蠕变抗力和疲劳强度。改善铸造性能,减少疏松。在Mg-Zn-Zr合金中减少开裂倾向
Si	在合金液中溶解度高,其含量在熔炼及后继工艺过程中基本稳定。极化处理时,表面变灰色
Th	含量至3%可提高高温蠕变抗力和疲劳强度。改善铸造性能,减少疏松。与Zn、Zr一起改善焊接性能。通常不采用
Y	含量可至5.5%,改善抗蚀性能
Zn	含量可至6%,提高强度,与Al和Mn一起提高沉淀硬化效应。与Zr一起可获得很细的晶粒组织和热态下的强度。改善变形合金的冷加工性能。若不同时加RE或Tb,则加Zn会降低焊接性能

续表

元素	在镁合金中的作用
Zr	含量可至0.8%。细化晶粒，提高强度，改善高温强度。与Al、Mn一起促成沉淀硬化。改善变形合金的热加工性能

(3) 在钛合金中的作用

表1.19 合金元素在钛合金中的作用

元素	在钛合金中的作用
Al	铝在钛合金中是稳定α相的主要合金元素。固溶态的铝提高钛合金的抗拉强度、蠕变强度和弹性模量。含铝量在6%以上会形成Ti_3Al，从而引起脆化
Zr	Zr与Ti形成连续固溶体，提高室温至中温时的强度。较弱的β相稳定元素。含量超过5%～6%时，会降低韧性和蠕变抗力
Y	在高性能合金中需将含量控制在0.005%以下
V	含量2%～20%，稳定β相
Sn	含量2%～6%。比铝较弱的α相稳定元素。与铝一起加入可提高强度，避免脆化。在β相中也有很大溶解度
Ti	基本元素
Si	0.05%～0.10% Si改善蠕变抗力
N	＞800℃时，钛合金强烈吸氮，引起脆化。间隙固溶元素，提高强度，降低韧性。为改善断裂韧性，应将N、O、H含量控制最低。可用于渗氮硬化处理
O	商品纯度合金中，氧含量对强度最具决定作用。钛合金在＞700℃时强烈吸收O，引起脆化。氧可间隙地溶于钛中，提高强度，降低韧性。通常控制在实际的最低值。稳定α相。某些牌号合金中故意加入氧与铁作为强化措施
Pd	含量约0.2%能显著改善合金在弱还原性或还原/氧化波动气氛中的抗蚀性能
Ni	0.6%～0.9% Ni与0.2%～0.4% Mo一起，改善商品纯合金的抗蚀性能
Nb	稳定β相元素，改善高温抗氧化性能
Mn	当前商品钛合金中不含Mn，有试验表明，2%～4% Mn能改善性能
Mo	含量在2%～20%时是重要的β相稳定元素。提高硬化倾向和短时、高温强度。同时含有0.2%～0.4% Mo与0.6%～0.9% Ni，可改善纯钛的抗蚀能力，代替更昂贵的含钯钛合金

续表

元素	在钛合金中的作用
Fe	稳定 β 相的元素。降低蠕变能力
Ga	稳定 α 相的元素
Ge	稳定 α 相的元素
H	钛在＞130℃时强烈吸收 H，H 在钛中扩散很快，引起脆化。其含量控制在超低水平可改善断裂韧性
C	稳定 α 相的元素，扩大 α 相和 β 相之间的转变温度范围，对某些合金使热处理温度范围扩大。由于 C 在钛合金中有脆化作用，一般含量应尽量低。可应用于表面硬化
Cu	一般含量 2%～6%，稳定 β 相，强化 α 相和 β 相。产生沉淀硬化效应

1.8　钢铁及合金材料的统一数字代号（GB/T 17616—2013）

为了便于钢铁及合金产品的设计、生产、使用、标准化和现代化计算机管理，我国于 1998 年就颁布了 GB/T 17616《钢铁及合金牌号统一数字代号体系》，代号 ISC（iron and steel code 的缩写），主要按钢铁及合金的基本成分、特性和用途，同时照顾到我国现有的习惯分类方法以及各类产品牌号实际数量情况。由于各类钢铁及合金材料的发展和新型材料的出现，2013 年又对原版标准作了一些必要的修改。这种表示方法与钢铁牌号同时有效。

统一数字代号由固定的 6 位符号组成，左边首位用大写的拉丁字母作前缀，后接五位阿拉伯数字，字母和数字之间不留间隙。每一个统一数字代号只对应于一个产品牌号，其结构形式如下：

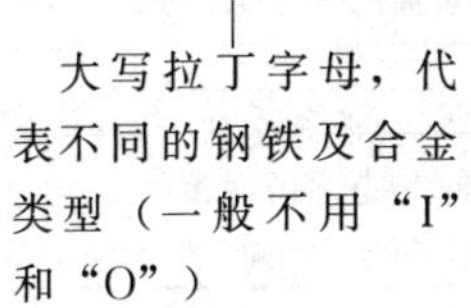

□
第 1 位阿拉伯数字，代表各类型钢铁及合金细分类

□□□□
第 2～5 位阿拉伯数字，代表不同分类内的编组和同一编组内的不同牌号的区别顺序号（各类型材料编组不同）

表 1.20 钢铁及合金材料的类型与统一数字代号

类 型	前缀+统一数字代号	主要包含种类
铁合金和生铁 (ferro alloy and pig iron)	F×××××	铁合金包括锰铁及合金(包括金属锰)、硅铁及合金、铬铁及合金、钒铁、钛铁、铌铁及合金、稀土铁合金、钼铁、钨铁及合金、硼铁、磷铁及合金等;生铁包括炼钢生铁、铸造用生铁、球墨基体锰较高的铸造生铁、球墨铸造用生铁、铸造用磷铜钛低合金耐磨生铁、脱碳低磷粒铁、低碳铸造生铁、合金生铁等
非合金钢 (unalloy steel)	U×××××	非合金结构钢、非合金铁道用钢、非合金易切削钢(不包括非合金工具钢、电磁纯铁、原料纯铁、焊接用非合金钢、非合金铸钢等)
低合金钢 (low alloy steel)	L×××××	低合金一般结构钢、低合金专用结构钢、低合金钢筋钢、低合金耐候钢等
合金结构钢 (alloy structural steel)	A×××××	合金结构钢和合金弹簧钢(但不包括焊接用合金钢、合金铸钢、粉末冶金合金结构钢)
轴承钢 (bearing steel)	B×××××	高碳铬轴承钢、渗碳轴承钢、高温轴承钢、不锈轴承钢、碳素轴承钢、无磁轴承钢、石墨轴承钢等
工模具钢 (tool and mould steel)	T×××××	非合金工模具钢、合金工模具钢、高速工具钢(不包括粉末冶金工具钢)
不锈钢和耐热钢 (stainless steel and heat resisting steel)	S×××××	铁素体型钢、奥氏体-铁素体型钢、奥氏体型钢、马氏体型钢、沉淀硬化型钢五个分类(不包括焊接用不锈钢、不锈钢铸钢、耐热钢铸钢、粉末冶金不锈钢和耐热钢等)
耐蚀合金和高温合金 (heat resisting and corrosion resisting alloy)	H×××××	变形耐蚀合金和变形高温合金,不包括铸造高温合金和铸造耐蚀合金、粉末冶金高温合金和耐蚀合金、焊接用高温合金和耐蚀合金、弥散强化高温合金、金属间化合物高温材料
电工用钢和纯铁 (electrical steel and iron)	E×××××	电磁纯铁、冷轧无取向硅钢、冷轧取向硅钢、无磁钢等
铸铁、铸钢及铸造合金 (cast iron,cast steel and cast alloy)	C×××××	铸铁、非合金铸钢、低合金铸钢、合金铸钢、不锈耐热铸钢、铸造永磁钢和合金、铸造高温合金和耐蚀合金等

续表

类 型	前缀＋统一数字代号	主要包含种类
粉末及粉末冶金材料（powders and powder metallurgy materials）	P×××××	粉末冶金结构材料、摩擦材料和减摩材料、多孔材料、工具材料、难熔材料、耐蚀材料和耐热材料、电工材料、磁性材料、其他材料和铁、锰等金属粉末等
快淬金属及合金（quick quench metals and alloys）	Q×××××	快淬软磁合金、快淬永磁合金、快淬弹性合金、快淬膨胀合金、快淬热双金属、快淬精密电阻合金、快淬焊接合金、快淬耐蚀耐热合金等
焊接用钢及合金（steel and alloy for welding）	W×××××	焊接用非合金钢、焊接用低合金钢、焊接用合金钢、焊接用不锈钢、焊接用高温合金和耐蚀合金、钎焊合金等
金属功能材料（metallic functional materials）	J×××××	软磁合金、变形永磁合金、弹性合金、膨胀合金、热双金属、电阻合金等（不包括电工用硅钢和纯铁、铸造永磁合金、粉末烧结磁性材料）
杂类材料（miscellaneous materials）	M×××××	杂类非合金钢（原料纯铁、非合金钢球钢等）、杂类低合金钢、杂类合金钢（锻制轧辊用合金钢、钢轨用合金钢等）、冶金中间产品（五氧化二钒、钒渣、氧化钼等）、杂类铸铁产品用材料（灰口铸铁管、球墨铸铁管、铸铁轧辊、铸铁焊丝、铸铁丸和铸铁砂等）、杂类非合金铸钢产品用材料（一般非合金铸钢、含锰非合金铸钢、非合金铸钢丸等）、杂类合金铸钢产品用材料（合金钢、半钢、石墨钢、高铬钢、高速钢、半高速钢）等

1.9 金属材料的交货状态

表 1.21 钢铁材料的交货状态

名称	说 明
热轧（锻）状态	钢材在热轧或锻造后（终止温度一般为800～900℃）不再对其进行专门热处理，在空气中自然冷却后直接交货。由于表面覆盖有一层氧化铁皮，因而具有一定的耐蚀性，储运保管的要求不像冷拉（轧）状态交货的钢材那样严格，大中型型钢、中厚钢板可以在露天货场或经苫盖后存放
冷拉（轧）状态	经冷拉、冷轧等冷加工成型的钢材，不经任何热处理而直接交货的状态。由于钢材尺寸精度高、表面质量好、表面粗糙度低，并有较高的力学性能，且表面没有氧化皮，存在很大的内应力，极易遭受腐蚀或生锈，故一般均需在库房内保管，并应注意控制库房内的温湿度

续表

名称	说明
正火状态	钢材出厂前经正火热处理。由于钢材的组织、性能均匀，因而有较高的综合力学性能，并有利于改善低碳钢的魏氏组织和过共析钢的渗碳体网状，可为成品的进一步热处理做好组织准备。碳素结构钢、合金结构钢钢材常采用正火状态交货。某些低合金高强度钢如 14MnMoVBRE、14CrMnMoVB 钢为了获得贝氏体组织，也要求正火状态交货
退火状态	钢材出厂前经退火热处理。消除和改善了前道工序遗留的组织缺陷和内应力，并为后道工序做好组织和性能上的准备。合金结构钢、保证淬透性结构钢、冷镦钢、轴承钢、工具钢、汽轮机叶片用钢、铁素体型不锈耐热钢的钢材常用退火状态交货
高温回火状态	出厂前经高温回火热处理的状态。内应力消除较彻底，塑性和韧性好。碳素结构钢、合金结构钢、保证淬透性结构钢钢材均可采用高温回火状态交货。某些马氏体型高强度不锈钢、高速工具钢和高强度合金钢，由于有很高的淬透性以及合金元素的强化作用，常在淬火（或正火）后进行一次高温回火，使钢中碳化物适当聚集，得到碳化物颗粒较粗大的回火索氏体组织（与球化退火组织相似），因而有很好的切削加工性能
固溶处理状态	出厂前经固溶处理的状态，主要适用于奥氏体型不锈钢材。通过固溶处理，得到单相奥氏体组织，以提高钢的韧性和塑性，为进一步冷加工（冷轧或冷拉）创造条件，也可为进一步沉淀硬化做好组织准备

表 1.22 非铁金属及其合金压延材的交货状态

名称	代号	说明
软状态	M	材料在冷加工后经过退火的状态，塑性高而强度和硬度都低
硬状态	Y	材料在冷加工后未经退火软化的状态，强度、硬度高而塑性、韧性低。非铁金属材料还具有特硬状态（代号为 T）
半硬状态	Y_1、Y_2 Y_3、Y_4	材料状态介于软状态和硬状态之间。表示材料在冷加工后，有一定程度的退火。按加工变形程度和退火温度的不同，又可分为 3/4 硬、1/2 硬、1/3 硬、1/4 硬等几种，其代号依次为 Y_1、Y_2、Y_3、Y_4
热作（轧、挤）状态	R	材料为热挤压状态。无加工硬化现象，其特性与软状态相似，但尺寸允许偏差和表面精度要求要比软状态低

1.10 金属材料的涂色标记

生产中为了表明金属材料的牌号、规格等，常做一定的标记，如涂色、打印、挂牌等。金属材料的涂色标志是表示钢号、钢种的，涂在材料一端的端面或端部。具体的涂色标记见表 1.23～表 1.25。

表 1.23　钢铁材料的涂色标记

钢种	牌　号	标　记
优质碳素结构钢	Q235	红　色
	05～15	白　色
	20～25	棕色+绿色
	30～40	白色+蓝色
	45～85	白色+棕色
	15Mn～40Mn	白色二条
	45Mn～70Mn	绿色三条
合金结构钢	锰　钢	黄色+蓝色
	硅锰钢	红色+黑色
	锰钒钢	蓝色+绿色
	铬　钢	绿色+黄色
	铬硅钢	蓝色+红色
	铬锰钢	蓝色+黑色
	铬锰硅钢	红色+紫色
	铬钒钢	绿色+黑色
	铬锰钛钢	黄色+黑色
	铬钨钒钢	棕色+黑色
	钼　钢	紫　色
	铬钼钢	绿色+紫色
	铬锰钼钢	绿色+白色
	铬钼钒钢	紫色+棕色
	铬硅钼钒钢	紫色+棕色
	铬铝钢	铝白色
	铬钼铝钢	黄色+紫色
	铬钨钒铝钢	黄色+红色
	硼　钢	紫色+蓝色
	铬钼钨钒钢	紫色+黑色
铬轴承钢	GCr6	绿色条+白色一条
	GCr9	白色一条+黄色一条
	GCr9SiMn	绿色二条
	GCr15	蓝色一条
	GCr15SiMn	绿色一条+蓝色一条
高速工具钢	W12Cr4V4Mo	棕色一条+黄色一条
	W18Cr4V	棕色一条+蓝色一条
	W9Cr4V2	棕色二条
	W9Cr4V	棕色一条
不锈耐酸钢（铝为宽色条，余为窄色条）	铬　钢	铝色+黑色
	铬钛钢	铝色+黄色
	铬锰钢	铝色+绿色
	铬钼钢	铝色+白色
	铬镍钢	铝色+红色
	铬锰镍钢	铝色+棕色
	铬镍钛钢	铝色+蓝色
	铬镍铌钢	铝色+蓝色
	铬钼钛钢	铝色+白色+黄色
	铬钼钒钢	铝色+红色+黄色
	铬镍钼钛钢	铝色+紫色
	铬钼钒钴钢	铝色+紫色
	铬镍铜钛钢	铝色+蓝色+白色
	铬镍钼铜钛钢	铝色+黄色+绿色
	铬镍钼铜铌钢	铝色+黄色+绿色
耐热不起皮钢及电热合金（前为宽色条，后为窄色条）	铬硅钢	红色+白色
	铬钼钢	红色+绿色
	铬硅钼钢	红色+蓝色
	铬　钢	铝色+黑色
	铬钼钒钢	铝色+紫色
	铬镍钛钢	铝色+蓝色
	铬铝硅钢	红色+黑色
	铬硅钛钢	红色+黄色
	铬硅钼钛钢	红色+紫色
	铬硅钼钒钢	红色+紫色
	铬铝钢	红色+铝色
	铬镍钨钼钛钢	红色+棕色
	铬镍钨钼钢	红色+棕色
	铬镍钨钛钢	铝色+白色+红色

表1.24 生铁的涂色标记

钢种	牌号	标记	钢种	牌号	标记
铸造用生铁	Z34	绿色一条	炼钢用生铁	L04	白色一条
	Z30	绿色二条		L08	黄色一条
	Z26	红色一条		L10	黄色二条
	Z22	红色二条	球墨铸铁用生铁	Q10	灰色一条
	Z18	红色三条		Q12	灰色二条
	Z14	蓝色一条		Q16	灰色三条

表1.25 非铁金属材料的涂色标记

锭种	牌号	颜色	锭种	牌号	颜色
铝锭	Al 99.90	三道红色横线	镍板	特号镍	红色
	Al 99.85	二道红色横线		一号镍	蓝色
	Al 99.70A	一道红色横线		二号镍	黄色
	Al 99.70	一道红色竖线	铸造碳化钨管	二号管	绿色
	Al 99.60	二道红色竖线		三号管	黄色
	Al 99.50	三道红色竖线			
	Al 99.70E	一道绿色竖线		四号管	白色
	Al 99.65E	二道绿色竖线		六号管	浅蓝色
锌锭	特一号(Zn-0)	红色二条	铅锭	一号(Pb-1)	红色二条
	一号(Zn-1)	红色一条		二号(Pb-2)	红色一条
	二号(Zn-2)	黑色二条		三号(Pb-3)	黑色二条
	三号(Zn-3)	黑色一条		四号(Pb-4)	黑色一条
	四号(Zn-4)	绿色二条		五号(Pb-5)	绿色二条
	五号(Zn-5)	绿色一条		六号(Pb-6)	绿色一条

1.11 金属材料硬度、强度及其换算

1.11.1 碳钢和合金钢的硬度与强度换算值（GB/T 1172—1999）

表 1.26　碳钢和合金钢的硬度与强度换算值

硬度								抗拉强度 R_m/MPa								
洛氏		表面洛氏			维氏	布氏（$F/D^2=30$）		碳钢	铬钢	铬钒钢	铬镍钢	铬钼钢	铬镍钼钢	铬锰硅钢	超高强度钢	不锈钢
HRC	HRA	HR15N	HR30N	HR45N	HV	HBS	HBW									
20.0	60.2	68.8	40.7	19.2	226	225	—	774	742	736	782	747	—	781	—	740
20.5	60.4	69.0	41.2	19.8	228	227	—	784	751	744	787	753	—	788	—	749
21.0	60.7	69.3	41.7	20.4	230	229	—	793	760	753	792	760	—	794	—	758
21.5	61.0	69.5	42.2	21.0	233	232	—	803	769	761	797	767	—	801	—	767
22.0	61.2	69.8	42.6	21.5	235	234	—	813	779	770	803	774	—	809	—	777
22.5	61.5	70.0	43.1	22.1	238	237	—	823	788	779	809	781	—	816	—	786
23.0	61.7	70.3	43.6	22.7	241	240	—	833	798	788	815	789	—	824	—	796
23.5	62.0	70.6	44.0	23.3	244	242	—	843	808	797	822	797	—	832	—	806
24.0	62.2	70.8	44.5	23.9	247	245	—	854	818	807	829	805	—	840	—	816
24.5	62.5	71.1	45.0	24.5	250	248	—	864	828	816	836	813	—	848	—	826
25.0	62.8	71.4	45.5	25.1	253	251	—	875	838	826	843	822	—	856	—	837
25.5	63.0	71.6	45.9	25.7	256	254	—	886	848	837	851	831	850	865	—	847
26.0	63.3	71.9	46.4	26.3	259	257	—	897	859	847	859	840	859	874	—	858

续表

硬度								抗拉强度 R_m/MPa								
洛氏		表面洛氏			维氏	布氏 ($F/D^2=30$)		碳钢	铬钢	铬钒钢	铬镍钢	铬钼钢	铬镍钼钢	铬锰硅钢	超高强度钢	不锈钢
HRC	HRA	HR 15N	HR 30N	HR 45N	HV	HBS	HBW									
26.5	63.5	72.2	46.9	26.9	262	260	—	908	870	858	867	850	869	883	—	868
27.0	63.8	72.4	47.3	27.5	266	263	—	919	880	869	876	860	879	893	—	879
27.5	64.0	72.7	47.8	28.1	269	266	—	930	891	880	885	870	890	902	—	890
28.0	64.3	73.0	48.3	28.7	273	269	—	942	902	892	894	880	901	912	—	901
28.5	64.6	73.3	48.7	29.3	276	273	—	954	914	903	904	891	912	922	—	913
29.0	64.8	73.5	49.2	29.9	280	276	—	965	925	915	914	902	923	933	—	924
29.5	65.1	73.8	49.7	30.5	284	280	—	977	937	928	924	913	935	943	—	936
30.0	65.3	74.1	50.2	31.1	288	283	—	989	948	940	935	924	947	954	—	947
30.5	65.6	74.4	50.6	31.7	292	287	—	1002	960	953	946	936	959	965	—	959
31.0	65.8	74.7	51.1	32.3	296	291	—	1014	972	966	957	948	972	977	—	971
31.5	66.1	74.9	51.6	32.9	300	294	—	1027	984	980	969	961	985	989	—	983
32.0	66.4	75.2	52.0	33.5	304	298	—	1039	996	993	981	974	999	1001	—	996
32.5	66.6	75.5	52.5	34.1	308	302	—	1052	1009	1007	994	987	1012	1013	—	1008
33.0	66.9	75.8	53.0	34.7	313	306	—	1065	1022	1022	1007	1001	1027	1026	—	1021
33.5	67.1	76.1	53.4	35.3	317	310	—	1078	1034	1036	1020	1015	1041	1039	—	1034
34.0	67.4	76.4	53.9	35.9	321	314	—	1092	1048	1051	1034	1029	1056	1052	—	1047

续表

硬度								抗拉强度 R_m/MPa								
洛氏		表面洛氏			维氏	布氏 ($F/D^2=30$)		碳钢	铬钢	铬钒钢	铬镍钢	铬钼钢	铬镍钼钢	铬锰硅钢	超高强度钢	不锈钢
HRC	HRA	HR 15N	HR 30N	HR 45N	HV	HBS	HBW									
34.5	67.7	76.7	54.4	36.5	326	318	—	1105	1061	1067	1048	1043	1071	1066	—	1060
35.0	67.9	77.0	54.8	37.0	331	323	—	1119	1074	1082	1063	1058	1087	1079	—	1074
35.5	68.2	77.2	55.3	37.6	335	327	—	1133	1088	1098	1078	1074	1103	1094	—	1087
36.0	68.4	77.5	55.8	38.2	340	332	—	1147	1102	1114	1093	1090	1119	1108	—	1101
36.5	68.7	77.8	56.2	38.8	345	336	—	1162	1116	1131	1109	1106	1136	1123	—	1116
37.0	69.0	78.1	56.7	39.4	350	341	—	1177	1131	1148	1125	1122	1153	1139	—	1130
37.5	69.2	78.4	57.2	40.0	355	345	—	1192	1146	1165	1142	1139	1171	1155	—	1145
38.0	69.5	78.7	57.6	40.6	360	350	—	1207	1161	1183	1159	1157	1189	1171	—	1161
38.5	69.7	79.0	58.1	41.2	365	355	—	1222	1176	1201	1177	1174	1207	1187	1170	1176
39.0	70.0	79.3	58.6	41.8	371	360	—	1238	1192	1219	1195	1192	1226	1204	1195	1193
39.5	70.3	79.6	59.0	42.4	376	365	—	1254	1208	1238	1214	1211	1245	1222	1219	1209
40.0	70.5	79.9	59.5	43.0	381	370	370	1271	1225	1257	1233	1230	1265	1240	1243	1226
40.5	70.8	80.2	60.0	43.6	387	375	375	1288	1242	1276	1252	1249	1285	1258	1267	1244
41.0	71.1	80.5	60.4	44.2	393	380	381	1305	1260	1296	1273	1269	1306	1277	1290	1262
41.5	71.3	80.8	60.9	44.8	398	385	386	1322	1278	1317	1293	1289	1327	1296	1313	1280
42.0	71.6	81.1	61.3	45.4	404	391	392	1340	1296	1337	1314	1310	1348	1316	1336	1299

续表

硬度								抗拉强度 R_m/MPa								
洛氏		表面洛氏			维氏	布氏 ($F/D^2=30$)		碳钢	铬钢	铬钒钢	铬镍钢	铬钼钢	铬镍钼钢	铬锰硅钢	超高强度钢	不锈钢
HRC	HRA	HR 15N	HR 30N	HR 45N	HV	HBS	HBW									
42.5	71.8	81.4	61.8	45.9	410	396	397	1359	1315	1358	1336	1331	1370	1336	1359	1319
43.0	72.1	81.7	62.3	46.5	416	401	403	1378	1335	1380	1358	1353	1392	1357	1381	1339
43.5	72.4	82.0	62.7	47.1	422	407	409	1397	1355	1401	1380	1375	1415	1378	1404	1361
44.0	72.6	82.3	63.2	47.7	428	413	415	1417	1376	1424	1404	1397	1439	1400	1427	1383
44.5	72.9	82.6	63.6	48.3	435	418	422	1438	1398	1446	1427	1420	1462	1422	1450	1405
45.0	73.2	82.9	64.1	48.9	441	424	428	1459	1420	1469	1451	1444	1487	1445	1473	1429
45.5	73.4	83.2	64.6	49.5	448	430	435	1481	1444	1493	1476	1468	1512	1469	1496	1453
46.0	73.7	83.5	65.0	50.1	454	436	441	1503	1468	1517	1502	1492	1537	1493	1520	1479
46.5	73.9	83.7	65.5	50.7	461	442	448	1526	1493	1541	1527	1517	1563	1517	1544	1505
47.0	74.2	84.0	65.9	51.2	468	449	455	1550	1519	1566	1554	1542	1589	1543	1569	1533
47.5	74.5	84.3	66.4	51.8	475	—	463	1575	1546	1591	1581	1568	1616	1569	1594	1562
48.0	74.7	84.6	66.8	52.4	482	—	470	1600	1574	1617	1608	1595	1643	1595	1620	1592
48.5	75.0	84.9	67.3	53.0	489	—	478	1626	1603	1643	1636	1622	1671	1623	1646	1623
49.0	75.3	85.2	67.7	53.6	497	—	486	1653	1633	1670	1665	1649	1699	1651	1674	1655
49.5	75.5	85.5	68.2	54.2	504	—	494	1681	1665	1697	1695	1677	1728	1679	1702	1689
50.0	75.8	85.7	68.6	54.7	512	—	502	1710	1698	1724	1724	1706	1758	1709	1731	1725

续表

硬度								抗拉强度 R_m/MPa								
洛氏		表面洛氏			维氏	布氏 ($F/D^2=30$)		碳钢	铬钢	铬钒钢	铬镍钢	铬钼钢	铬镍钼钢	铬锰硅钢	超高强度钢	不锈钢
HRC	HRA	HR 15N	HR 30N	HR 45N	HV	HBS	HBW									
50.5	76.1	86.0	69.1	55.3	520	—	510	—	1732	1752	1755	1735	1788	1739	1761	—
51.0	76.3	86.3	69.5	55.9	527	—	518	—	1768	1780	1786	1764	1819	1770	1792	—
51.5	76.6	86.6	70.0	56.5	535	—	527	—	1806	1809	1818	1794	1850	1801	1824	—
52.0	76.9	86.8	70.4	57.1	544	—	535	—	1845	1839	1850	1825	1881	1834	1857	—
52.5	77.1	87.1	70.9	57.6	552	—	544	—	—	1869	1883	1856	1914	1867	1892	—
53.0	77.4	87.4	71.3	58.2	561	—	552	—	—	1899	1917	1888	1947	1901	1929	—
53.5	77.7	87.6	71.8	58.8	569	—	561	—	—	1930	1951	—	—	1936	1966	—
54.0	77.9	87.9	72.2	59.4	578	—	569	—	—	1961	1986	—	—	1971	2006	—
54.5	78.2	88.1	72.6	59.9	587	—	577	—	—	1993	2022	—	—	2008	2047	—
55.0	78.5	88.4	73.1	60.5	596	—	585	—	—	2026	2058	—	—	2045	2090	—
55.5	78.7	88.6	73.5	61.1	606	—	593	—	—	—	—	—	—	—	2135	—
56.0	79.0	88.9	73.9	61.7	615	—	601	—	—	—	—	—	—	—	2181	—
56.5	79.3	89.1	74.4	62.2	625	—	608	—	—	—	—	—	—	—	2230	—
57.0	79.5	89.4	74.8	62.8	635	—	616	—	—	—	—	—	—	—	2281	—
57.5	79.8	89.6	75.2	63.4	645	—	622	—	—	—	—	—	—	—	2334	—
58.0	80.1	89.8	75.6	63.9	655	—	628	—	—	—	—	—	—	—	2390	—

续表

硬　　　度								抗　拉　强　度 R_m/MPa								
洛　氏		表面洛氏			维氏	布氏（$F/D^2=30$）		碳钢	铬钢	铬钒钢	铬镍钢	铬钼钢	铬镍钼钢	铬锰硅钢	超高强度钢	不锈钢
HRC	HRA	HR 15N	HR 30N	HR 45N	HV	HBS	HBW									
58.5	80.3	90.0	76.1	64.5	666	—	634	—	—	—	—	—	—	—	2448	—
59.0	80.6	90.2	76.5	65.1	676	—	639	—	—	—	—	—	—	—	2509	—
59.5	80.9	90.4	76.9	65.6	687	—	643	—	—	—	—	—	—	—	2572	—
60.0	81.2	90.6	77.3	66.2	698	—	647	—	—	—	—	—	—	—	2639	—
60.5	81.4	90.8	77.7	66.8	710	—	650	—	—	—	—	—	—	—	—	—
61.0	81.7	91.0	78.1	67.3	721	—		—	—	—	—	—	—	—	—	—
61.5	82.0	91.2	78.6	67.9	733	—	—	—	—	—	—	—	—	—	—	—
62.0	82.2	91.4	79.0	68.4	745	—	—	—	—	—	—	—	—	—	—	—
62.5	82.5	91.5	79.4	69.0	757	—	—	—	—	—	—	—	—	—	—	—
63.0	82.8	91.7	79.8	69.5	770	—	—	—	—	—	—	—	—	—	—	—
63.5	83.1	91.8	80.2	70.1	782	—	—	—	—	—	—	—	—	—	—	—
64.0	83.3	91.9	80.6	70.6	795	—	—	—	—	—	—	—	—	—	—	—
64.5	83.6	92.1	81.0	71.2	809	—	—	—	—	—	—	—	—	—	—	—
65.0	83.9	92.2	81.3	71.7	822	—	—	—	—	—	—	—	—	—	—	—
65.5	84.1	—	—	—	836	—	—	—	—	—	—	—	—	—	—	—
66.0	84.4	—	—	—	850	—	—	—	—	—	—	—	—	—	—	—

续表

硬度								抗拉强度 R_m/MPa								
洛氏		表面洛氏			维氏	布氏（$F/D^2=30$）		碳钢	铬钢	铬钒钢	铬镍钢	铬钼钢	铬镍钼钢	铬锰硅钢	超高强度钢	不锈钢
HRC	HRA	HR 15N	HR 30N	HR 45N	HV	HBS	HBW									
66.5	84.7	—	—	—	865	—	—	—	—	—	—	—	—	—	—	—
67.0	85.0	—	—	—	879	—	—	—	—	—	—	—	—	—	—	—
67.5	85.2	—	—	—	894	—	—	—	—	—	—	—	—	—	—	—
68.0	85.5	—	—	—	909	—	—	—	—	—	—	—	—	—	—	—

1.11.2　低碳钢的硬度与强度换算值

表 1.27　低碳钢的硬度与强度换算值（GB/T 1172—1999）

硬度							抗拉强度 R_m/MPa
洛氏	表面洛氏			维氏	布氏(HBS)		
HRB	HR15T	HR30T	HR45T	HV	$F/D^2=10$	$F/D^2=30$	
60.0	80.4	56.1	30.4	105	102	—	375
60.5	80.5	56.4	30.9	105	102	—	377
61.0	80.7	56.7	31.4	106	103	—	379
61.5	80.8	57.1	31.9	107	103	—	381
62.0	80.9	57.4	32.4	108	104	—	382
62.5	81.1	57.7	32.9	108	104	—	384

续表

硬度							抗拉强度 R_m /MPa
洛氏	表面洛氏			维氏	布氏(HBS)		
HRB	HR15T	HR30T	HR45T	HV	$F/D^2=10$	$F/D^2=30$	
63.0	81.2	58.0	33.5	109	105	—	386
63.5	81.4	58.3	34	110	105	—	388
64.0	81.5	58.7	34.5	110	106	—	390
64.5	81.6	59.0	35.0	111	106	—	393
65.0	81.8	59.3	35.5	112	107	—	395
65.5	81.9	59.6	36.1	113	107	—	397
66.0	82.1	59.9	36.6	114	108	—	399
66.5	82.2	60.3	37.1	115	108	—	402
67.0	82.3	60.6	37.6	115	109	—	404
67.5	82.5	60.9	38.1	116	110	—	407
68.0	82.6	61.2	38.6	117	110	—	409
68.5	82.7	61.5	39.2	118	111	—	412
69.0	82.9	61.9	39.7	119	112	—	415
69.5	83.0	62.2	40.2	120	112	—	418
70.0	83.2	62.5	40.7	121	113	—	421
70.5	83.3	62.8	41.2	122	114	—	424
71.0	83.4	63.1	41.7	123	115	—	427
71.5	83.6	63.5	42.3	124	115	—	430

续表

硬度							抗拉强度 R_m /MPa
洛氏	表面洛氏			维氏	布氏(HBS)		
HRB	HR15T	HR30T	HR45T	HV	$F/D^2=10$	$F/D^2=30$	
72.0	83.7	63.8	42.8	125	116	—	433
72.5	83.9	64.1	43.3	126	117	—	437
73.0	84.0	64.4	43.8	128	118	—	440
73.5	84.1	64.7	44.3	129	119	—	444
74.0	84.3	65.1	44.8	130	120	—	447
74.5	84.4	65.4	45.4	131	121	—	451
75.0	84.5	65.7	45.9	132	122	152	455
75.5	84.7	66.0	46.4	134	123	155	459
76.0	84.8	66.3	46.9	135	124	156	463
76.5	85.0	66.6	47.4	136	125	158	467
77.0	85.1	67.0	47.9	138	126	159	471
77.5	85.2	67.3	48.5	139	127	161	475
78.0	85.4	67.6	49.0	140	128	163	480
78.5	85.5	67.9	49.5	142	129	164	484
79.0	85.7	68.2	50.0	143	130	166	489
79.5	85.8	68.6	50.5	145	132	168	493
80.0	85.9	68.9	51.0	146	133	170	498
80.5	86.1	69.2	51.6	148	134	172	503

续表

硬度							抗拉强度 R_m /MPa
洛氏	表面洛氏			维氏	布氏(HBS)		
HRB	HR15T	HR30T	HR45T	HV	$F/D^2=10$	$F/D^2=30$	
81.0	86.2	69.5	52.1	149	136	174	508
81.5	86.3	69.8	52.6	151	137	—	513
82.0	86.5	70.2	53.1	152	138	—	518
82.5	86.6	70.5	53.6	154	140	—	523
83.0	86.8	70.8	54.1	156	—	—	529
83.5	86.9	71.1	54.7	157	—	—	534
84.0	87.0	71.4	55.2	159	—	—	540
84.5	87.2	71.8	55.7	161	—	—	546
85.0	87.3	72.1	56.2	163	—	—	551
85.5	87.5	72.4	56.7	165	—	—	557
86.0	87.6	72.7	57.2	166	—	—	563
86.5	87.7	73.0	57.8	168	—	—	570
87.0	87.9	73.4	58.3	170	—	—	576
87.5	88.0	73.7	58.8	172	—	—	582
88.0	88.1	74.0	59.3	174	—	—	589
88.5	88.3	74.3	59.8	176	—	—	596
89.0	88.4	74.6	60.3	178	—	—	603
89.5	88.6	75.0	60.9	180	—	—	609

续表

硬度							抗拉强度 R_m /MPa
洛氏	表面洛氏			维氏	布氏(HBS)		
HRB	HR15T	HR30T	HR45T	HV	$F/D^2=10$	$F/D^2=30$	
90.0	88.7	75.3	61.4	183	—	176	617
90.5	88.8	75.6	61.9	185	—	178	624
91.0	89.0	75.9	62.4	187	—	180	631
91.5	89.1	76.2	62.9	189	—	182	639
92.0	89.3	76.6	63.4	191	—	184	646
92.5	89.4	76.9	64.0	194	—	187	654
93.0	89.5	77.2	64.5	196	—	189	662
93.5	89.7	77.5	65.0	199	—	192	670
94.0	89.8	77.8	65.5	201	—	195	678
94.5	89.9	78.2	66.0	203	—	197	686
95.5	90.1	78.5	66.5	206	—	200	695
95.0	90.2	78.8	67.1	208	—	203	703
96.0	90.4	79.1	67.6	211	—	206	712
96.5	90.5	79.4	68.1	214	—	209	721
97.0	90.6	79.8	68.6	216	—	212	730
97.5	90.8	80.1	69.1	219	—	215	739
98.0	90.9	80.4	69.6	222	—	218	749
98.5	91.1	80.7	70.2	225	—	222	758
99.0	91.2	81.0	70.7	227	—	226	768
99.5	91.3	81.4	71.2	230	—	229	778
100.0	91.5	81.7	71.7	233	—	232	788

1.11.3 铜合金的硬度与强度换算值（GB/T 3771—1983）

表 1.28 铜合金硬度与强度换算值（Ⅰ）

硬度							抗拉强度 R_m/MPa			
布氏	维氏	洛氏		表面洛氏			黄铜		铍青铜	
HB30D^2	HV	HRB	HRF	HR15T	HR30T	HR45T	板	棒	板	棒
90.0	90.5	53.7	87.1	77.2	50.8	26.7	—	—	—	—
92.0	92.6	54.2	87.4	77.4	51.2	27.2	—	—	—	—
94.0	94.7	54.8	87.7	77.6	51.6	27.7	—	—	—	—
96.0	96.8	55.5	88.1	77.8	52.0	28.4	—	—	—	—
98.0	98.9	56.2	88.5	78.0	52.5	29.1	—	—	—	—
100.0	101.0	57.1	89.1	78.3	53.2	30.1	—	—	—	—
102.0	103.1	58.0	89.6	78.6	53.8	31.0	—	—	—	—
104.0	105.1	58.9	90.1	78.9	54.4	31.9	—	—	—	—
160.0	107.2	60.0	90.7	79.2	55.1	32.9	—	—	—	—
108.0	109.3	61.0	91.3	79.6	55.8	33.9	—	—	—	—
110.0	111.4	62.1	91.9	79.9	56.5	35.0	379	392	—	—
112.0	113.5	63.2	92.6	80.3	57.4	36.2	382	397	—	—
114.0	115.6	64.3	93.2	80.6	58.1	37.2	386	403	—	—
116.0	117.7	65.4	93.8	81.0	58.8	38.2	390	408	—	—
118.0	119.8	66.6	94.5	81.4	59.6	39.4	394	414	—	—
120.0	121.9	67.7	95.1	81.7	60.3	40.5	398	420	—	—
122.0	124.0	68.8	95.8	82.1	61.2	41.7	402	425	—	—
124.0	126.1	69.9	96.4	82.5	61.9	42.7	407	431	—	—
126.0	128.2	71.0	97.0	82.8	62.6	437	412	437	—	—

续表

硬度							抗拉强度 R_m/MPa			
布氏	维氏	洛氏		表面洛氏			黄铜		铍青铜	
HB30D^2	HV	HRB	HRF	HR15T	HR30T	HR45T	板	棒	板	棒
128.0	130.3	72.1	97.7	83.2	63.4	44.9	417	443	—	—
130.0	132.4	73.1	98.2	83.5	64.0	45.8	422	449	—	—
132.0	134.5	74.1	98.8	83.8	64.7	46.8	428	456	—	—
134.0	136.6	75.1	99.4	84.1	65.5	47.9	434	462	—	—
136.0	138.6	76.1	100.0	84.5	66.2	48.9	440	468	—	—
138.0	140.7	77.0	100.5	84.8	66.8	49.8	446	475	—	—
140.0	142.8	77.9	101.0	85.0	67.4	50.6	453	481	—	—
142.0	144.9	78.8	101.5	85.3	67.9	51.5	460	488	—	—
144.0	147.0	79.7	102.0	85.6	68.5	52.3	467	495	—	—
146.0	149.1	80.5	102.5	85.8	69.1	53.2	474	502	—	—
148.0	151.2	81.2	102.9	86.1	69.6	53.9	482	509	—	—
150.0	153.3	82.0	103.3	86.3	70.1	54.6	489	516	—	—
152.0	155.4	82.7	103.7	86.6	70.6	55.3	498	523	—	—
154.0	157.5	83.3	104.1	86.8	71.0	56.0	506	530	—	—
156.0	159.6	84.0	104.5	87.0	71.5	56.6	514	537	—	—
158.0	161.7	84.6	104.8	87.2	71.9	57.2	523	545	—	—
160.0	163.8	85.2	105.2	87.4	72.3	57.9	532	552	—	—
162.0	165.9	85.8	105.5	87.6	72.7	58.4	541	560	—	—
164.0	168.0	86.3	105.8	87.7	73.1	58.9	551	567	—	—
166.0	170.1	86.8	106.1	87.9	73.4	59.4	561	575	—	—
168.0	172.1	87.4	106.4	88.1	73.8	59.9	571	583	—	—
170.0	174.2	87.9	106.7	88.2	74.1	60.4	581	591	556	662

续表

硬度							抗拉强度 R_m/MPa			
布氏	维氏	洛氏		表面洛氏			黄铜		铍青铜	
HB30D^2	HV	HRB	HRF	HR15T	HR30T	HR45T	板	棒	板	棒
172.0	176.3	88.4	107.0	88.4	74.5	61.0	591	599	562	667
174.0	178.4	88.8	107.2	88.5	74.7	61.3	602	607	569	673
176.0	180.5	89.3	107.5	88.7	75.1	61.8	613	615	576	678
178.0	182.6	89.8	107.8	88.9	75.4	62.3	624	624	582	683
180.0	184.7	90.3	108.1	89.0	75.8	62.8	636	632	589	689
182.0	186.8	90.8	108.4	89.2	76.1	63.4	648	640	596	694
184.0	188.9	91.3	108.7	89.4	76.5	63.9	659	649	603	700
186.0	191.0	91.8	109.0	89.5	76.9	64.4	672	658	609	705
188.0	193.1	92.3	109.2	89.7	77.1	64.7	684	666	616	711
190.0	195.2	92.8	109.5	89.8	77.5	65.3	697	675	623	717
192.0	197.3	93.3	109.8	90.0	77.8	65.8	710	684	630	722
194.0	199.4	93.9	110.2	90.2	78.3	66.5	723	693	637	728
196.0	201.5	94.4	110.4	90.3	78.5	66.8	736	702	643	734
198.0	203.5	95.0	110.8	90.6	79.0	67.5	750	712	650	740
200.0	205.6	95.6	111.1	90.7	79.4	68.0	764	721	657	746
202.0	207.7	96.2	111.5	90.9	79.8	68.7	—	—	664	752
204.0	209.8	96.8	111.8	91.2	80.2	69.2	—	—	671	758
206.0	211.9	97.5	112.2	91.4	80.7	69.9	—	—	678	764
208.0	214.0	98.1	112.6	91.6	81.1	70.6	—	—	685	770
210.0	216.1	98.8	113.0	91.8	81.6	71.3	—	—	692	776

注：本表只适用于黄铜（H62、HPb59-2 等）和铍青铜。

表 1.29 铜合金硬度与强度换算值（Ⅱ，续铍青铜部分）

硬度							抗拉强度 R_m/MPa	
布氏	维氏	洛氏		表面洛氏			表面洛氏	
$HB30D^2$	HV	HRC	HRA	HR15N	HR30N	HR45N	板材	棒材
212.0	218.2	18.0	59.2	67.9	38.9	17.3	699	782
214.0	220.3	18.4	59.4	68.2	39.2	17.8	706	789
216.0	222.4	18.8	59.6	68.4	39.6	18.3	713	795
218.0	224.5	19.1	59.8	68.5	39.9	18.6	720	801
220.0	226.6	19.5	60.0	68.8	40.3	19.1	727	808
222.0	228.7	19.9	60.2	69.0	40.7	19.6	734	814
224.0	230.8	20.2	60.3	69.2	40.9	19.9	741	820
226.0	232.9	20.6	60.5	69.4	41.3	20.4	748	827
228.0	235.0	20.9	60.7	69.6	41.6	20.7	755	833
230.0	237.0	21.3	60.9	69.8	42.0	21.2	762	840
232.0	239.1	21.7	61.1	70.0	42.4	21.6	769	847
234.0	241.2	22.0	61.3	70.2	42.6	22.0	776	853
236.0	243.3	22.4	61.5	70.4	43.0	22.5	783	860
238.0	245.4	22.7	61.6	70.6	43.3	22.8	790	867
240.0	247.5	23.0	61.8	70.8	43.6	23.2	797	874
242.0	249.6	23.4	62.0	71.0	44.0	23.7	804	880
244.0	251.7	23.7	62.1	71.1	44.3	24.0	812	887
246.0	253.8	24.1	62.3	71.3	44.6	24.4	819	894
248.0	255.9	24.4	62.5	71.5	44.9	24.8	826	901
250.0	258.0	24.7	62.6	71.7	45.2	25.1	833	908
252.0	260.1	25.1	62.8	71.9	45.6	25.6	840	915

续表

硬度							抗拉强度 R_m/MPa	
布氏	维氏	洛氏		表面洛氏			表面洛氏	
HB30D^2	HV	HRC	HRA	HR15N	HR30N	HR45N	板材	棒材
254.0	262.2	25.4	63.0	72.1	45.9	26.0	848	922
256.0	264.3	25.7	63.1	72.3	46.2	26.3	855	929
258.0	266.4	26.0	63.3	72.4	46.4	26.7	862	936
260.0	268.5	26.4	63.5	72.6	46.8	27.1	869	943
262.0	270.5	26.7	63.6	72.8	47.1	27.4	877	951
264.0	272.6	27.0	63.8	73.0	47.4	27.8	884	958
266.0	274.7	27.3	64.0	73.2	47.7	28.2	891	965
268.0	276.8	27.6	64.1	73.3	48.0	28.6	899	972
270.0	278.9	27.9	64.3	73.5	48.2	28.9	906	980
272.0	281.0	28.2	64.4	73.7	48.5	29.2	913	987
274.0	283.1	28.6	64.6	73.9	48.9	29.6	921	994
276.0	285.2	28.9	64.8	74.1	49.2	30.0	928	1002
278.0	287.3	29.2	64.9	74.2	49.5	30.3	936	1009
280.0	289.4	29.5	65.1	74.4	49.8	30.7	943	1017
282.0	291.5	29.8	65.2	74.6	50.0	31.1	950	1024
284.0	293.6	30.1	65.4	74.7	50.3	31.4	958	1032
286.0	295.7	30.4	65.5	74.9	50.6	31.8	965	1039
288.0	297.8	30.7	65.7	75.1	50.9	32.1	973	1047
290.0	299.9	31.0	65.8	75.2	51.2	32.5	980	1054
292.0	301.9	31.2	65.9	75.4	51.4	32.7	988	1062
294.0	304.0	31.5	66.1	75.5	51.7	33.1	995	1070

续表

硬度							抗拉强度 R_m/MPa	
布氏	维氏	洛氏		表面洛氏			表面洛氏	
HB30D^2	HV	HRC	HRA	HR15N	HR30N	HR45N	板材	棒材
296.0	306.1	31.8	66.2	75.7	51.9	33.4	1003	1077
298.0	308.2	32.1	66.4	75.9	52.2	33.8	1010	1085
300.0	310.3	32.4	66.5	76.0	52.5	34.1	1018	1093
302.0	312.4	32.7	66.7	76.2	52.8	34.4	1026	1100
304.0	314.5	33.0	66.9	76.4	53.1	34.8	1033	1108
306.0	316.6	33.2	67.0	76.5	53.3	35.0	1041	1116
308.0	318.7	33.5	67.1	76.7	53.6	35.4	1048	1124
310.0	320.8	33.8	67.3	76.8	53.8	35.7	1056	1131
312.0	322.9	34.1	67.4	77.0	54.1	36.1	1064	1139
314.0	325.0	34.3	67.5	77.1	54.3	36.3	1071	1147
316.0	327.1	34.6	67.7	77.3	54.6	36.7	1079	1155
318.0	329.2	34.9	67.8	77.4	54.9	37.0	1087	1163
320.0	331.3	35.2	68.0	77.6	55.2	37.4	1094	1171
322.0	333.4	35.4	68.1	77.7	55.4	37.6	1102	1179
324.0	335.4	35.7	68.2	77.9	55.6	38.0	1110	1187
326.0	337.5	36.0	68.4	78.1	55.9	38.3	1117	1195
328.0	339.6	36.2	68.5	78.2	56.1	38.5	1125	1203
330.0	341.7	36.5	68.6	78.3	56.4	38.9	1133	1210
332.0	343.8	36.7	68.7	78.5	56.6	39.1	1141	1218
334.0	345.9	37.0	68.9	78.6	56.9	39.5	1149	1227
336.0	348.0	37.3	69.0	78.8	57.1	39.8	1156	1235

续表

硬度							抗拉强度 R_m/MPa	
布氏	维氏	洛氏		表面洛氏			表面洛氏	
HB30D^2	HV	HRC	HRA	HR15N	HR30N	HR45N	板材	棒材
338.0	350.1	37.5	69.1	78.9	57.3	40.1	1164	1243
340.0	352.2	37.8	69.3	79.1	57.6	40.4	1172	1251
342.0	354.3	38.0	69.4	79.2	57.8	40.6	1180	1259
344.0	356.4	38.3	69.5	79.3	58.1	41.0	1188	1267
346.0	358.5	38.5	69.7	79.5	58.3	41.2	1196	1275
348.0	360.6	38.8	69.8	79.6	58.6	41.6	1204	1283
350.0	362.7	39.0	69.9	79.8	58.8	41.8	1211	1291
352.0	364.8	39.3	70.1	79.9	59.0	42.2	1219	1299
354.0	366.9	39.5	70.2	80.1	59.2	42.4	1227	1307
356.0	368.9	39.9	70.4	80.2	59.6	42.9	1235	1316
358.0	371.0	40.2	70.5	80.4	59.9	43.2	1243	1324
360.0	373.1	40.4	70.6	80.5	60.1	43.4	1251	1332
362.0	375.2	40.6	70.7	80.7	60.3	43.7	1259	1340
364.0	377.3	40.9	70.9	80.8	60.6	44.0	1267	1348
366.0	379.4	41.1	71.0	80.9	60.8	44.2	1275	1356
368.0	381.5	41.3	71.1	81.0	60.9	44.5	1283	1365
370.0	383.6	41.5	71.2	81.1	61.1	44.7	1291	1373
372.0	385.7	41.7	71.3	81.3	61.3	44.9	1299	1381
374.0	387.8	42.0	71.4	81.4	61.6	45.3	1307	1389
376.0	389.9	42.2	71.5	81.5	61.8	45.5	1315	1397
378.0	392.0	42.4	71.6	81.7	62.0	45.8	1324	1406

续表

硬度							抗拉强度 R_m/MPa	
布氏	维氏	洛氏		表面洛氏			表面洛氏	
HB30D^2	HV	HRC	HRA	HR15N	HR30N	HR45N	板材	棒材
380.0	394.1	42.7	71.8	81.8	62.3	46.1	1332	1414
382.0	396.2	42.9	71.9	81.9	62.5	46.3	1340	1422
384.0	398.3	43.2	72.0	82.1	62.7	46.7	1348	1430
386.0	400.3	43.4	72.1	82.2	62.9	46.9	1356	1438
388.0	402.4	43.6	72.2	82.3	63.1	47.2	1364	1447
390.0	404.5	43.9	72.4	82.5	63.4	47.5	1372	1455
392.0	406.6	44.1	72.5	82.6	63.6	47.7	1381	1463
394.0	408.7	44.3	72.6	82.7	63.8	48.0	1389	1471
396.0	410.8	44.6	72.8	82.9	64.1	48.3	1397	1480
398.0	412.9	44.8	72.9	83.0	64.3	48.6	1405	1488
400.0	415.0	45.0	73.0	83.1	64.4	48.8	1413	1496
402.0	417.1	45.3	73.1	83.3	64.7	49.1	1422	1504
404.0	419.2	45.5	73.2	83.4	64.9	49.4	1430	1512
406.0	421.3	45.7	73.3	83.5	65.1	49.6	1438	1521
408.0	423.4	45.9	73.4	83.6	65.3	49.8	1447	1529
410.0	425.5	46.2	73.6	83.8	65.6	50.2	1455	1537
412.0	427.6	46.4	73.7	83.9	65.8	50.4	1463	1545
414.0	429.7	46.6	73.8	84.0	66.0	50.7	1472	1553
416.0	431.8	46.8	73.9	84.1	66.2	50.9	1480	1562
418.0	433.8	47.0	74.0	84.3	66.4	51.1	1488	1570
420.0	435.9	47.3	74.1	84.4	66.6	51.5	1497	1578

注：本表只适用于铍青铜。

1.12 常用计量单位

表 1.30 SI 单位制

量的名称	单位名称	单位符号	SI 制表示式
长度	米	m	
面积	平方米	m^2	
体积	立方米	m^3	
容积	立方米	m^3	$1m^3=1000L$
	升	L	
时间	秒	s	
速度	米/秒	m/s	
转速	转/分	r/min	1r/min=0.016667r/s
角加速度	弧度/秒^2	rad/s^2	
频率	赫[兹]	Hz	$1Hz=1s^{-1}$
密度	千克/米^3	kg/m^3	
力;重力	牛[顿]	N	$1N=1kg\cdot m/s^2$
力矩	牛·米	N·m	
压力、压强、应力	帕[斯卡]	Pa	$1Pa=1N/m^2$
体积流量	米^3/秒	m^3/s	
质量	千克(公斤)	kg	
质量流量	千克/秒	kg/s	
能量、功、热量	焦[耳]	J	1J=1N·m
功率;辐射通量	瓦[特]	W	1W=1J/s
热容	焦/开	J/K	
比热容	焦/(千克·开)	J/(kg·K)	
传热系数	瓦/(米^2·开)	$W/(m^2\cdot K)$	
电位、电压、电动势	伏[特]	V	1V=1W/A
电场强度	伏/米	V/m	
电流密度	安/米^2	A/m^2	
电阻	欧[姆]	Ω	1Ω=1V/A
电阻率	欧·米	Ω·m	
电容	法[拉]	F	1F=1C/V
电感	亨[利]	H	1H=1Wb/A
平面角	弧度	rad	
温度	开[尔文]	K	
电流	安[培]	A	
角度	度	°	

表 1.31　可与国际单位制并用的法定单位

量的名称	单位名称	单位符号	与 SI 制的关系
时间	分	min	1min=60s
	时	h	1h=60min=3600s
	天	d	1d=24h=86400s
体积	升	L	$1L=1dm^3=(1/1000)m^3$
质量	吨	t	1t=1000kg
温度	摄氏度	℃	1℃=1K,0℃←→273.15K
平面角	度	°	$1°=(\pi/180)rad=0.017453rad$
	分	′	$1'=(1/60)°=(\pi/10800)rad$
	秒	″	$1''=(1/60)'=(\pi/648000)rad$
转速	转/分	r/min	1r/min=0.016667r/s
线密度	特[克斯]	tex	1tex=1g/km
能量、功	瓦·时	W·h	1W·h=3600J
级差	分贝	dB	1dB=0.1B

表 1.32　工业上常见的非法定单位

量的名称	单位名称	单位符号	与 SI 制的关系
重力	千克力	kgf	1kgf=9.807N
	吨力	tf	1tf=9807N
压力	工程大气压	$at(kgf/cm^2)$	$1kgf/cm^2=98.07kPa$
	标准大气压	atm	1atm=101325Pa
	毫米汞柱	mmHg	1mmHg=133.32Pa
	毫米水柱	mmH_2O	$1mmH_2O=9.807Pa$
热　量	卡	cal	1cal=4.187J
能、功、热	千克力·米	kgf·m	1kgf·m=9.807J
功率	千克力·米/秒	kgf·m/s	1kgf·m/s=9.807W
	米制马力	HP	1HP=735.5W=75kgf·m/s
温度	华氏度	℉	1K=5/9(℉+459.67) 1℃=9/5℉

表 1.33　计量单位的词头

符号	名称	倍数	符号	名称	倍数	符号	名称	倍数
E	艾	10^{18}	—	万	10^4	m	毫	10^{-3}
P	拍	10^{15}	k	千	10^3	μ	微	10^{-6}
T	太	10^{12}	h	百	10^2	n	纳	10^{-9}
G	吉	10^9	da	十	10^1	p	皮	10^{-12}
—	亿	10^8	d	分	10^{-1}	F	飞	10^{-15}
M	兆	10^6	c	厘	10^{-2}	a	阿	10^{-18}

注：亿和万仅用于我国文字和口语中。

1.13 技术标准代号和编号

1.13.1 我国标准的代号和编号

《中华人民共和国标准化法》将标准划分为四个层次：国家标准、行业标准、地方标准、企业标准。各层次之间有一定的依从关系和内在联系。

① 国家标准 代号为GB和GB/T，其含义分别为强制性国家标准和推荐性国家标准，它是四级标准体系中的主体，其他各级标准不得与之相抵触。

每一种技术标准都有其相应的代号和编号，代号一律用大写的汉语拼音字母（一般为两个字母）表示其类别，编号由两组阿拉伯数字组成，第一组为顺序编号，第二组表示其批准年份，两组之间用横线分开。如“GB 3197—2001”中“GB”代表“国标”，“3197”为该标准的批准顺序号，“2001”为颁布实施的年份；“GB/T 17452—1998”，“GB/T”代表“推荐性国标”，“17452”为编号，发布的年号为1998年。

② 行业标准 行业标准用各行业名称的汉语拼音缩写表示，部分行业的标准代号见表1.34。

表1.34 部分行业的标准代号

代号	BB	CB	CECS	CH	CJ	DL	DZ	EJ	FZ
行业	包装	船舶	工程建设	测绘	城建	电力	地质	核工业	纺织
代号	GJB	GY	HB	HG	HY	JB		JC	JG
行业	军用	广电	航空	化工	海洋	机械、电工、仪器		建材	建筑
代号	JJG	JR	JT	JY	LD	LY	MH	MT	MZ
行业	计量	金融	交通	教育	劳动及安全	林业	民航	煤炭	民政
代号	NJ	NY	QB	QC	QJ	SC	SD	SH	SJ
行业	农机	农业	轻工	汽车	航天	水产	水电	石化	电子
代号	SL	SN	SY	TB	WB	WJ	YB	YD	YS
行业	水利	商检	石油天然气	铁道	物资	兵工民品	黑色冶金	通信	非铁冶金

③ 地方标准　地方标准的编号，由地方标准代号、地方标准顺序号和年号三部分组成。也分强制性标准和推荐性标准，其代号由汉语拼音字母“DB”加上省、自治区、直辖市行政区划代码前两位数再加斜线组成。部分省、自治区、直辖市代码见表 1.35。

表 1.35　部分省、自治区、直辖市代码

代码	省、区、市名	代码	省、区、市名	代码	省、区、市名
11	北京市	34	安徽省	52	贵州省
12	天津市	35	福建省	53	云南省
13	河北省	36	江西省	54	西藏自治区
14	山西省	37	山东省	61	陕西省
15	内蒙古自治区	41	河南省	62	甘肃省
21	辽宁省	42	湖北省	63	青海省
22	吉林省	43	湖南省	64	宁夏回族自治区
23	黑龙江省	44	广东省	65	新疆维吾尔自治区
31	上海市	45	广西壮族自治区	71	台湾省
32	江苏省	46	海南省	81	香港
33	浙江省	51	四川省	91	澳门

④ 企业标准　Q＋企业代号

此外，还有“国家标准化指导性技术文件”，其代号为“GB/Z”，供使用者参考。

1.13.2　部分国外标准代号

表 1.36　部分国外标准代号

<table>
<tr><td>代号</td><td colspan="2">ISO</td><td colspan="2">IEC</td><td colspan="2">IAEA</td><td>ANSI</td><td>AISI</td></tr>
<tr><td>名称</td><td colspan="2">国际标准化组织</td><td colspan="2">国际电工委员会</td><td colspan="2">国际原子能机构</td><td>美国</td><td>美国钢铁</td></tr>
<tr><td>代号</td><td colspan="2">ASTM</td><td>AS</td><td>BS</td><td>CSA</td><td>DIN</td><td>EN</td><td>GOST</td></tr>
<tr><td>名称</td><td colspan="2">美国材料与试验</td><td>澳大利亚</td><td>英国</td><td>加拿大</td><td>德国</td><td>欧洲</td><td>俄罗斯</td></tr>
<tr><td>代号</td><td>IS</td><td>JIS</td><td>KS</td><td>NF</td><td>NZS</td><td>SFS</td><td>S. I</td><td>ГОСТ</td></tr>
<tr><td>名称</td><td>印度</td><td>日本</td><td>韩国</td><td>法国</td><td>新西兰</td><td>芬兰</td><td>以色列</td><td>前苏联</td></tr>
</table>

第2章 常用计算

2.1 平面基本几何图形的面积

表 2.1 平面基本几何图形的面积

名称	图 形	符 号	面积 S
任意三角形	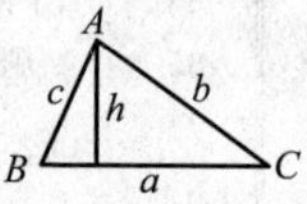	a,b,c—三边长 h—a 边上的高 s—周长的一半，$s=\frac{a+b+c}{2}$ A,B,C—内角	$S=\frac{1}{2}ah=\frac{1}{2}ab\sin C$ $=\sqrt{s(s-a)(s-b)(s-c)}$ $=\frac{a^2\sin B\sin C}{2\sin A}$
直角三角形	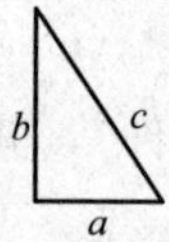	a—直角边长 b—直角边长 c—斜边长 $c^2=a^2+b^2$	$S=\frac{1}{2}ab$
任意四边形	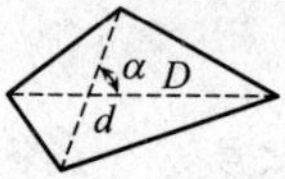	d,D—对角线长 α—对角线夹角	$S=\frac{1}{2}dD\sin\alpha$
平行四边形	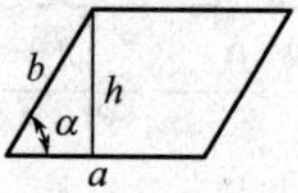	a,b—边长 h—a 边上的高 α—两边夹角	$S=ah=ab\sin\alpha$
菱形	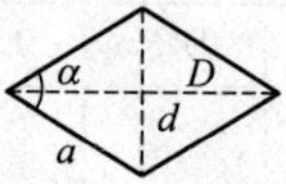	a—边长 α—夹角 D—长对角线长 d—短对角线长	$S=\frac{Dd}{2}=a^2\sin\alpha$
长方形	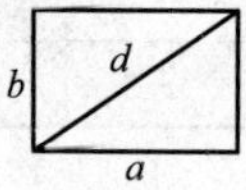	a—长边边长 b—短边边长 d—对角线长	$S=ab$ $(a=\sqrt{d^2-b^2})$ $(b=\sqrt{d^2-a^2})$

续表

名称	图　形	符　号	面积 S
正方形		a—边长 d—对角线长	$S=a^2$ $(a=0.7071d)$
梯形		a—上底长 b—下底长 h—高 m—中位线长	$S=\frac{a+b}{2}h=mh$
正多边形		a—边长 s—对边宽	$n=3$　$S=0.433a^2$ $n=4$　$S=1.000a^2=1.000s^2$ $n=5$　$S=1.720a^2$ $n=6$　$S=2.598a^2=0.866s^2$ $n=7$　$S=3.634a^2$ $n=8$　$S=4.282a^2=0.8284s^2$ $n=9$　$S=6.180a^2$ $n=10$　$S=7.694a^2=0.8123s^2$ $n=11$　$S=9.366a^2$ $n=12$　$S=11.20a^2=0.8041s^2$
圆		r—半径 d—直径	$S=\pi r^2=\frac{\pi}{4}d^2$
椭圆		D—长轴 d—短轴	$S=\frac{\pi Dd}{4}$
圆环		R—外圆半径 r—内圆半径 D—外圆直径 d—内圆直径	$S=\pi(R^2+r^2)$ $=\frac{1}{4}\pi(D^2-d^2)$ $=\pi\delta(D-d)$ $=\pi(d\delta+\delta 2)$
扇形		l—弧长，$l=\frac{\alpha}{180°}\pi r$ r—半径 α—圆心角	$S=\frac{\alpha}{360°}\pi r^2$ $=0.008727r^2\alpha$

续表

名称	图形	符号	面积 S
抛物线形	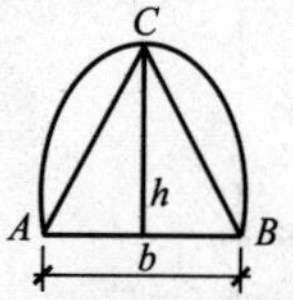	b—底边长 h—高 l—曲线长 F—$\triangle ABC$ 的面积 S—抛物线形面积	$l=\sqrt{b^2+1.3333h^2}$ $S=\frac{2}{3}bh=\frac{4}{3}F$

2.2 立体基本几何图形的表面积和体积

表 2.2 立体基本几何图形的表面积和体积

名称	图形	符号	表面积 S，体积 V
正方体	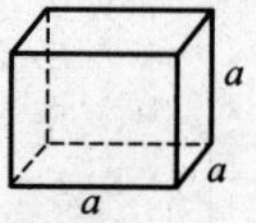	a—棱长	$S=6a^2$ $V=a^3$
长方体	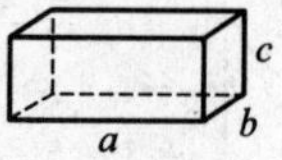	a—长度 b—宽度 c—高度	$S=2(ab+bc+ca)$ $V=abc$
棱柱	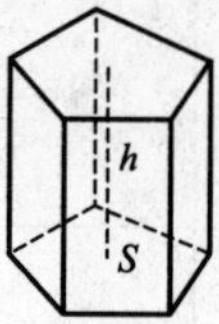	S—底面积 h—高度	$V=Sh$
棱锥	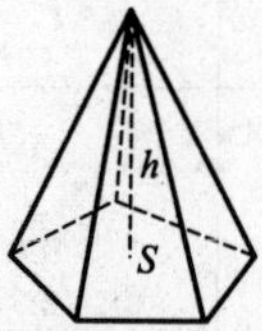	S—底面积 h—高度	$V=\frac{1}{3}Sh$
棱台	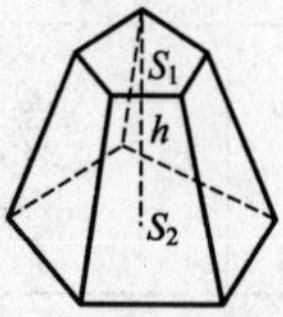	S_1—上底面积 S_2—下底面积 h—高度	$V=\frac{1}{3}h(S_1+S_2+\sqrt{S_1S_2})$

续表

名称	图　形	符　号	表面积 S，体积 V
圆柱		r—底半径 h—高度 S—表面积 S'—侧面积	$S=\pi r(2h+r)$ $V=\pi r^2 h$ $S'=2\pi rh$
空心圆柱		R—外半径 r—内圆半径 h—高度	$V=\pi h(R^2-r^2)$
直圆锥		S—表面积 S'—侧面积 r—底半径 h—高度 l—母线长	$S=\pi r(r+1)$ $V=\frac{1}{3}\pi r^2 h$ $S'=\pi rl$
圆台		r—上底半径 R—下底半径 h—高度 S—表面积 S'—侧面积	$S'=\pi l(r+R)$ $S=\pi(r^2+R^2)+S'$ $V=\frac{1}{3}\pi h(R^2+Rr+r^2)$ $l=\sqrt{(R-r)^2+h^2}$
球		r—半径 d—直径	$V=\frac{4}{3}\pi r^2=\frac{1}{6}\pi d^2$ $S=4\pi r^2$

2.3　金属型材的截面积

表 2.3　金属型材的截面积

型材类别	简　图	符　号	计算公式
钢板、扁钢、带钢		b—宽度 t—厚度	$S=bt$

续表

型材类别	简图	符号	计算公式
圆钢	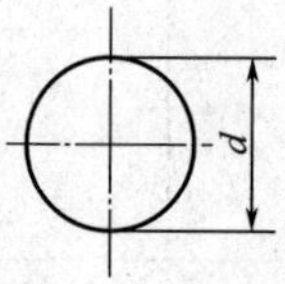	d—直径	$S=0.7854d^2$
圆角扁钢	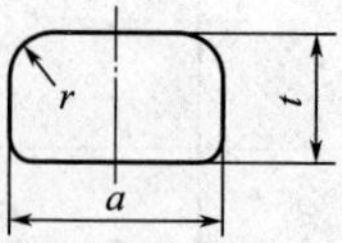	a—宽度 t—厚度 r—圆角半径	$S=at-0.8584r^2$
圆角方钢	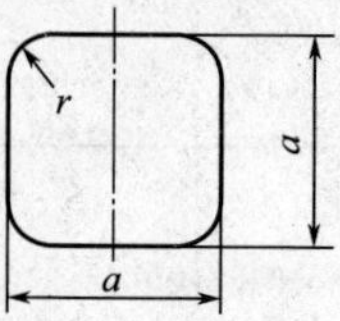	a—边宽 r—圆角半径	$S=a^2-0.8584r^2$
六角钢	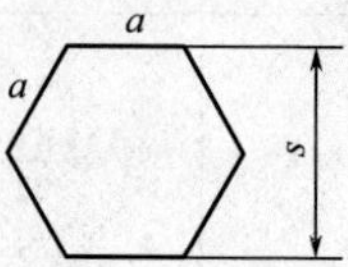	s—对边距离 a—边宽	$S=0.866a^2=2.598s^2$
八角钢	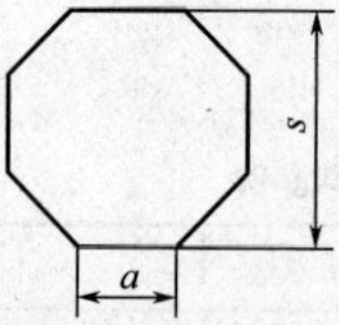	s—对边距离 a—边宽	$S=0.8284a^2=4.8283s^2$

续表

型材类别	简　图	符　　号	计算公式
等边角钢	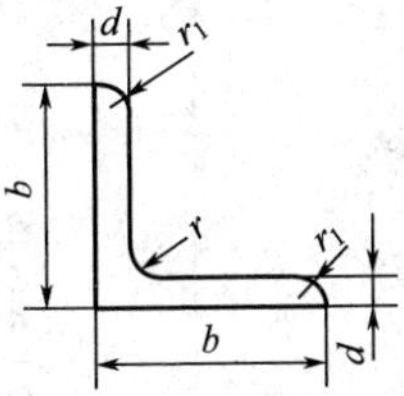	d—边厚 b—边宽 r—内圆角半径 r_1—边端圆角半径	$S=d(2b-d)+0.2146(r^2-2r_1{}^2)$
不等边角钢	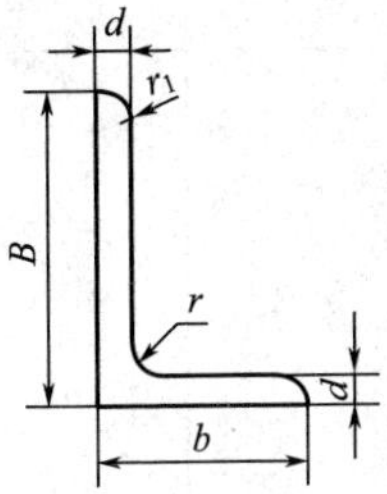	d—边厚 B—长边宽 b—短边宽 r—内圆角半径 r_1—边端圆角半径	$S=d(B+b-d)+0.2146(r^2-2r_1{}^2)$
工字钢	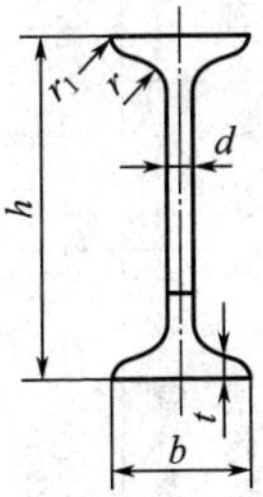	h—高度 b—腿宽 d—腰厚 t—平均厚度 r—内圆角半径 r_1—边端圆角半径	$S=hd+2t(b-d)+0.8584(r^2-r_1^2)$
槽钢	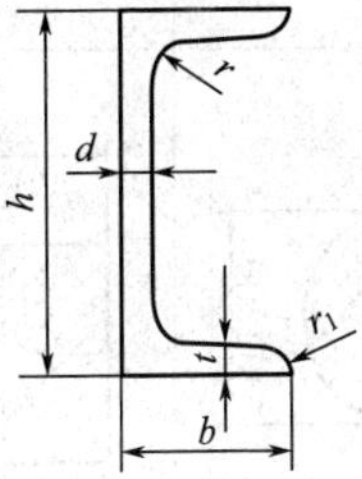	h—高度 b—腿宽 d—腰厚 t—平均厚度 r—内圆角半径 r_1—边端圆角半径	$S=hd+2t(b-d)+0.4292(r^2-r_1^2)$

2.4 金属型材理论线质量

表 2.4 金属型材理论线质量计算公式

简　图	材　料	线质量/(kg/m)	计算举例
边长(a) 厚度(t)	钢板、扁钢	$W=0.00785bt$	边宽 40mm、厚 5mm 的扁钢：$W=0.00785\times40\times5$kg/m=1.57kg/m
	铝　板	$W=0.00271bt$	
	紫铜板	$W=0.0089bt$	
	黄铜板	$W=0.0085bt$	
	铅　板	$W=0.01137bt$	
直径(d)	圆钢	$W=0.006165d^2$(不锈钢 $W=0.00623d^2$)	直径 80mm 的圆钢：$W=0.006165\times80^2$kg/m=39.46kg/m(钢丝与线材雷同)
	螺纹钢	$W=0.00617d^2$	
	圆铝	$W=0.00220d^2$	
	圆紫铜	$W=0.00698d^2$	
	圆黄铜	$W=0.00668d^2$	
边长(a) 边长(a)	方钢	$W=0.00785a^2$	边宽 40mm 的方钢：$W=0.00785\times40^2$kg/m=12.56kg/m
	方铝	$W=0.0028a^2$	
	方紫铜	$W=0.0089a^2$	
	方黄铜	$W=0.0085a^2$	

续表

简图	材料	线质量/(kg/m)	计算举例
对边距离(s)	六角钢 六角铝 六角紫铜 六角黄铜	$W=0.0068s^2$ $W=0.00242s^2$ $W=0.0077s^2$ $W=0.00736s^2$	对边距离 50mm 的六角钢：$W=0.006798\times50^2$kg/m=17kg/m
s	八角钢	$W=0.0065s^2$ s—对边距离	对边距离 50mm 的八角钢：$W=0.0065\times50^2$kg/m=16.25kg/m
a, b, t	等厚矩形管	$W=0.0157(a+b-2t)t$ a,b—矩形管的两边长 t—矩形管壁厚 对于方管：$W=0.0314(a-t)t$	边长 60mm、壁厚 4mm 的方管：$W=0.0314\times(60-4)\times4$kg/m=7.03kg/m
外径D 壁厚S	钢管 铝管 紫铜管 黄铜管 铅管	$W=0.02466S(D-S)$ [不锈钢 $W=0.02493S(D-S)$] $W=0.00879S(D-S)$ $W=0.028S(D-S)$ $W=0.0267S(D-S)$ $W=0.0355S(D-S)$	外径 60mm、壁厚 4mm 的无缝钢管：$W=0.02466\times4\times(60-4)$kg/m=5.52kg/m

续表

简图	材料	线质量/(kg/m)	计算举例
	等边角钢	$W=0.00785\times[d(2b-d)+0.215(R^2-2r^2)]$ b—边宽 d—边厚 R—内弧半径 r—端弧半径 [忽略弧面影响时为： $W=0.00785\times d(2b-d)$] (不锈钢等边角钢：$W=0.015bd$)	4mm × 20mm 等边角钢：据 GB 9787，$R=3.5$，$r=1.2$，故 $W=0.00785\times[4\times(2\times20-4)+0.215(3.5^2-2\times1.2^2)]$kg/m=1.15kg/m
	不等边角钢	$W=0.00785[d(B+b-d)+0.215(R^2-2r^2)]$ B—长边宽 b—短边宽 d—边厚 R—内弧半径 r—端弧半径 [忽略弧面影响时为： $W=0.00785(B+b-d)$]	30mm×20mm×4mm 不等边角钢：据 GB 9788，30×20×4，$R=3.5$，$r=1.2$，故 $W=0.00785\times[4\times(30+20-4)+0.215\times(3.5^2-2\times1.2^2)]$kg/m=1.46kg/m

续表

简　图	材　料	线质量/(kg/m)	计算举例
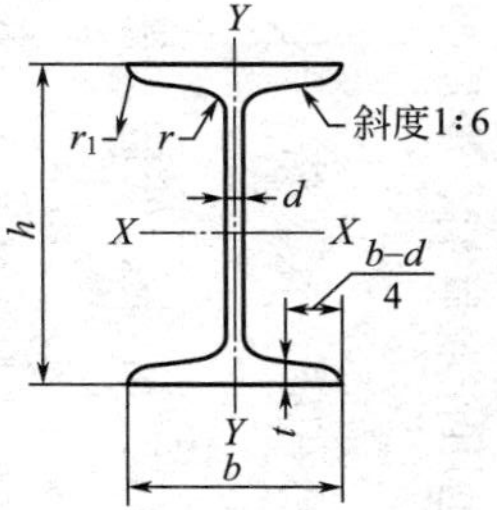	工字钢	$W=0.00785[hd+2t(b-d)+0.8584(r^2-r_1^2)]$ 或 $W=0.00785d[h+e(b-d)]$（经验法） h—高度　b—腿宽 d—腰厚　t—平均腿厚 R—内弧半径　r—端弧半径 e——般型号及有后缀 a 者，$=3.34$ 有后缀 b 者，$=2.65$ 有后缀 c 者，$=2.26$	250mm×118mm×10mm 的 25b 工字钢：据 GB 706，该工字钢 $d=10$，$R=10$，$r=5$，$t=13$，故 $W=0.00785\times[250\times10+2\times13\times(118-10)+0.8584\times(10^2-5^2)]$kg/m=42.17kg/m 或用经验系数法：$W=0.00785\times10\times[250+2.65\times(118-10)]$kg/m=42.09kg/m
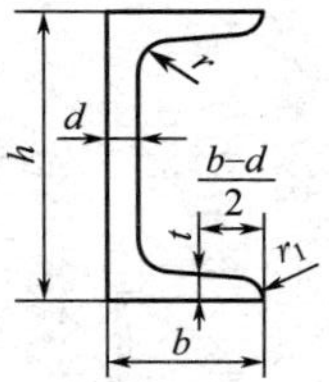	槽钢	$W=0.00785[hd+2t(b-d)+0.349(R^2-r^2)]$ 或 $W=0.00785\times d[h+f(b-d)]$ h—高度　b—腿宽　d—腰厚 t—平均腿厚　R—内弧半径 r—端弧半径 f——般型号及有后缀 a 者，$=3.26$ 有后缀 b 者，$=2.44$ 有后缀 c 者，$=2.24$ （不锈钢槽钢：$W=0.030bd$）	80mm×43mm×5mm 的槽钢：从 GB 707 中查出该槽钢 $t=8$，$R=8$，$r=4$，故 $W=0.00785\times[80\times5+2\times8\times(43-5)+0.349\times(8^2-4^2)]$kg/m=8.04kg/m

注：1. 公式中尺寸单位为 mm，面积单位为 m^2。

2. 用公式计算的理论质量与实际质量有 0.2%～0.7%的误差。

第2篇

钢铁及其合金

第3章 铁及铁合金

铁包括生铁和纯（熟）铁。生铁是含碳量大于2.1%的铁碳合金，工业生铁含碳量一般在2.5%～4%，并含Si、Mn、S、P等元素，可用于炼钢和铸造。纯铁是含碳量小于0.0218%、含铁在90%以上的铁碳合金。

铸铁是含碳2%～4%的铁碳合金，大都用于加工铸铁件，一般有良好的切削加工性。具有耐磨性和消震性良好、价格低等特点。

铁合金是指除碳以外的非金属或金属元素与铁组成的合金，用于钢铁及其他金属冶炼和铸造等。也用作脱氧剂、变质剂以及作为合金元素。铁合金的分类方法有：

① 按铁合金中主元素分　主要有硅、锰、铬、钒、钛、钨、钼等系列铁合金。

② 按铁合金中含碳量分　有高碳、中碳、低碳、微碳、超微碳等品种。

③ 按生产方法分　有高炉铁合金，电炉铁合金，炉外法（金

属热法）铁合金，真空固态还原铁合金，电解法铁合金，此外还有氧化物压块与发热铁合金等特殊铁合金。

④ 按合金元素种类多少分　含有两种或者两种以上合金元素的多元铁合金，有硅铝合金、硅钙合金、锰硅铝合金、硅钙铝合金、硅钡钙合金等。

表 3.1　铁和铁合金的名称和命名符号

类别	产品名称	采用汉字及符号	
		采用汉字	采用字母
生铁（GB/T 221—2008）	炼钢用生铁	炼	L
	铸造用生铁	铸	Z
	球墨铸铁用生铁	球	Q
	冷铸车辆用生铁	冷	L
	耐磨生（粒）铁	耐磨	NM
	脱碳低磷粒铁	脱粒	TL
	含钒生铁	钒	F
纯铁（GB/T 221—2008）	电磁纯铁	电铁	DT
	原料纯铁	原铁	YT
铸铁（GB/T 5612—2008）	灰铸铁	灰铁	HT
	耐热灰铸铁	灰铁热	HTR
铸铁（GB/T 5612—2008）	耐蚀灰铸铁	灰铁蚀	HTS
	球墨铸铁	球铁	QT
	抗磨球墨铸铁	球铁磨	QTM
	蠕墨铸铁	蠕铁	RuT
	可锻铸铁	可铁	KT
	白口铸铁	白铁	BT
铸钢（GB/T 5613—2014）	铸造碳钢	铸钢	ZG
	焊接结构用铸钢	铸钢焊	ZGH
	耐热铸钢	铸钢热	ZGR
	耐蚀铸钢	铸钢蚀	ZGS
	耐磨铸钢	铸钢磨	ZGM

3.1 纯铁

3.1.1 原料纯铁（GB/T 9971—2004）

用于电热合金、精密合金（包括软磁材料、硬磁材料、弹性合金、膨胀合金等）、低碳超低碳不锈钢及粉末冶金等用途的原料纯铁钢坯、棒材、扁钢及热轧盘条。

其牌号通常由两部分组成：第一部分是表示原料纯铁的符号

"YT"，第二部分是以阿拉伯数字表示不同牌号的顺序号。例如YT1、YT2、YT3。

表 3.2 原料纯铁的公称尺寸和外形适用标准

种 类	适用标准	种 类	适用标准
初轧坯	YB/T 001	棒材	GB/T 702—2008
连铸方坯和矩形坯	YB/T 2011	扁钢	GB/T 702—2008
连铸板坯	YB/T 2012	热轧盘条	GB/T 14981—2009

3.1.2 电磁纯铁（GB/T 6983—2008）

用于电磁纯铁热轧圆棒、锻制圆棒、冷拉圆棒、热轧盘条、热轧板（带）、冷轧薄板（带），也用于最终用途的电磁纯铁连铸方坯、连铸矩形坯、连铸板坯和初轧坯。

其牌号通常由三部分组成：①用"DT"表示电磁纯铁；②用阿拉伯数字表示不同牌号的顺序号；③用"A""C""E"表示不同电磁质量等级性能。例如DT4A。

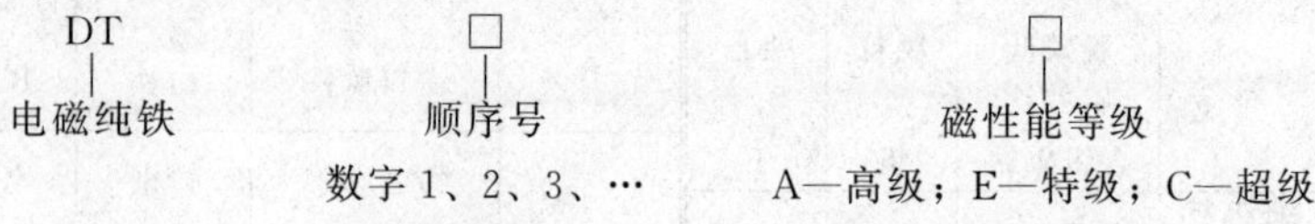

表 3.3 电磁纯铁的尺寸、外形及表面质量适用标准

种类	适用标准		种类	适用标准	
	尺寸、外形及允许偏差标准	表面质量标准		尺寸、外形及允许偏差标准	表面质量标准
连铸方坯和矩形坯	YB/T 2011	YB/T 2011	锻制圆棒	GB/T 908	GB/T 699
连铸板坯	YB/T 2012	YB/T 2012	热轧板(带)	GB/T 709	GB/T 711
初轧坯	YB/T 001	YB/T 004	冷拉圆棒	GB/T 905	GB/T 3078
热轧圆棒	GB/T 702	GB/T 699	冷轧薄板(带)	GB/T 708	GB/T 13237
热轧盘条	GB/T 14981	GB/T 701			

表 3.4　电磁纯铁的电磁性能

磁性等级	牌号	矫顽力 H_c /(A/m) ≤	矫顽力时效增值 ΔH_c /(A/m) ≤	最大磁导率 μ_m /(H/m) ≥	磁感应强度 B/T ≥
普通级	DT4	96.0	9.6	0.0075	B_{200}—1.20；B_{300}—130
高级	DT4A	72.0	7.2	0.0088	B_{500}—1.40；B_{1000}—1.50
特级	DT4E	48.0	4.8	0.0113	B_{2500}—1.62；B_{5000}—1.71
超级	DT4C	32.0	4.0	0.0151	B_{10000}—1.80

注：B_{200}、B_{300}、B_{500}、…、B_{10000} 分别表示磁场强度为 200A/m、300A/m、500A/m、…、10000A/m 时的磁感应强度。

3.2　生铁（GB/T 20932—2007）

生铁是直接由高炉中生产出的粗制铁，可进一步精炼成钢、熟铁或工业纯铁，或再熔化铸造成专门的形状。生铁是含 C>2%，且 Mn≤30.0%、Si≤8.0%、P≤3.0%、Cr≤10.0%、其他合金元素总量≤10.0%的铁-碳合金。既可以液态铁水的形式交货，也可以铸锭及类似的固体块或颗粒等固态铸铁的形式交货。生铁坚硬、耐磨、铸造性好，但不能锻压。按用途来分，生铁分炼钢生铁、铸造生铁、球墨铸铁用生铁、脱碳低磷粒铁、含钒生铁和耐磨生铁。按化学成分分类的方法见表 3.5。

3.2.1　牌号和分类

生铁的牌号采用规定的符号和阿拉伯数字表示（GB/T 221—2008）：

□（字母）

L—炼钢用生铁
Z—铸造用生铁
Q—球墨铸铁用生铁
F—含钒生铁
TL—脱碳低磷生铁
NM—耐磨生铁

□□（数字）

表示主要元素平均含量（以千分之几计）的阿拉伯数字。炼钢用、铸造用、球墨铸铁用和耐磨生铁为硅元素平均含量，脱碳低磷粒铁为碳元素平均含量，含钒生铁为钒元素平均含量。

例如，含硅量为 0.85%～1.25%的炼钢用生铁，其牌号表示为 L10；含钒量不小于 0.40%的含钒生铁，其牌号表示为 F04。

表 3.5 生铁的分类和化学成分

分类			缩写名	C/%	Si/%	Mn/%	P/%	S/%
非合金生铁	炼钢生铁（L）	低磷	Pig-P2	(3.3～5.5)	≤1.25	≤6.0	≤0.25	≤0.07
		高磷	Pig-P20	(3.0～5.5)		≤2.0	≥1.5～2.5	≤0.08
		普通含磷	Pig-P3	(3.3～5.5)		≤6.0	>0.25～0.40	≤0.07
	铸造生铁（Z）	名称由缩写名代替	Pig-P1Si				≤0.12	
			Pig-P3Si				>0.12～0.5	
			Pig-P6Si	(3.3～4.5)	1.25～4.0 (1.5～3.5)	≤1.5	>0.5～1.0 (0.5～0.7)	≤0.06
			Pig-P12Si				>1.0～1.4	
			Pig-P17Si				>1.4～2.0	
		球墨基体	Pig-Nod		≤3.0	≤0.1		
		球墨基体锰较高[①]	Pig-NoMn	(3.5～4.6)	<4.0	>0.1～0.8	≤0.08	≤0.045
		低碳	Pig-LC	>2.0～3.5	≤3.0	>0.4～1.5	≤0.30	≤0.06
	其他非合金生铁		Pig-SPU	包括不能分在上述类别中的非合金生铁				
合金生铁	镜铁		Pig-Mn	(4.0～6.5)	≤1.5	>6.0～30.0	≤0.30 (≤0.20)	≤0.05
	其他合金生铁		Pig-SPA	包括硅的质量分数>4.0%～8.0%和锰的质量分数在>6.0%～30.0%，不能被划为镜铁的生铁等				

①通常用于珠光体球墨铸铁或可锻铸铁。

注：() 内的值表明该元素的实际含量通常所处的范围。

3.2.2　炼钢用生铁（YB/T 5296—2011）

炼钢生铁中的碳主要以化合物的形式存在，其断面呈白色，通常又叫白口铁。这种生铁性能坚硬而脆，一般都用作炼钢的原料，如用作平炉、转炉热装炼钢的原料。

表 3.6　炼钢用生铁的牌号和化学成分

牌号		L03	L07	L10
化学成分		质量分数/%		
C		≥3.50		
Si		≤0.35	>0.35~0.70	>0.70~1.25
Mn	1 组	≤0.40		
	2 组	>0.40~1.00		
	3 组	>1.00~2.00		

牌号		L03	L07	L10
化学成分		质量分数/%		
P	特级	≤0.100		
	1 级	>0.100~0.150		
	2 级	>0.150~0.250		
	3 级	>0.250~0.400		
S	1 类	≤0.030		
	2 类	>0.030~0.050		
	3 类	>0.050~0.070		

注：1. 需方对硅或砷含量有特殊要求时，由供需双方协商确定。

2. 采用高磷矿石或含铜矿石冶炼时，生铁磷含量允许分别≤0.85%或≤0.30%。

3. 交货状态：小块单重 2~7kg，大块单重不大于 40kg（铁块上应有 2 道厚度小于 45mm 的凹槽）。铁块表面要洁净（允许附有石灰和石墨）。

3.2.3　铸造用生铁（GB/T 718—2005）

铸造生铁含 Si 较高，碳（一般为 1.25%~4.25%）以片状石墨的形式存在，其断口为灰色，通常又叫灰口铁。由于石墨质软，具有润滑作用，因而铸造生铁具有良好的切削、耐磨和铸造性能。但它的抗拉强度不够，故不能锻轧，只能用于制造各种铸件，如铸造各种机床床座、铁管等。

表 3.7　铸造用生铁的牌号和化学成分

牌号	代号	C	Si	Mn	S	P
铸 14	Z14	≥3.30	≥1.25~1.60	1 组≤0.50 2 组>0.50~0.90 3 组>0.90~1.30	1 类≤0.03 2 类≤0.04 3 类≤0.05	1 级≤0.060 2 级>0.060~0.100 3 级>0.100~0.200 4 级>0.200~0.400 5 级>0.400~0.900
铸 18	Z18		>1.60~2.00			
铸 22	Z22		>2.00~2.40			

续表

牌号	代号	C	Si	Mn	S	P
铸 26	Z26	≥3.30	>2.40～2.80	1 组≤0.50 2 组>0.50～0.90 3 组>0.90～1.30	1 类≤0.03 2 类≤0.04 3 类≤0.05	1 级≤0.060 2 级>0.060～0.100 3 级>0.100～0.200 4 级>0.200～0.400 5 级>0.400～0.900
铸 30	Z30		>2.80～3.20			
铸 34	Z34		>3.20～3.60			

注：交货状态：小块单重 2～7kg（超范围铁块之和，每批中应不超过总重量的 10%），大块单重不大于 40kg（铁块上应有 1～2 道深度不小于铁锭厚度 2/3 的凹槽）。铁块表面要洁净（允许附有石灰和石墨）。

3.2.4 铸造用高纯生铁（JB/T 11994—2014）

表 3.8 铸造用高纯生铁的成分

级别	化 学 成 分(质量分数)/%					
	C	Si	Ti	Mn	P	S
C1	≥3.3	≤0.40	≤0.010	≤0.05	≤0.020	≤0.015
C2	≥3.3	≤0.70	≤0.030	≤0.15	≤0.030	≤0.020

注：交货状态：铸造用高纯生铁块的单重在 2～9kg，此范围外的生铁块重量之和应不超过总重的 5%。

3.2.5 铸造用磷铜钛低合金耐磨生铁（YB/T 5210—1993）

适用于生产内燃机汽缸套、火车车轮闸瓦、球磨机铁球、轧辊、拉丝机塔轮和车床床身导轨等耐磨机件。

表 3.9 铸造用磷铜钛低合金耐磨生铁的牌号和化学成分

牌 号		NMZ34	NMZ30	NMZ26	NMZ22	NMZ18	NMZ14
C/%		≥3.30					
Si/%		>3.2～3.6	>2.8～3.2	>2.4～2.8	>2.00～2.40	>1.60～2.00	>1.25～1.60
Mn/%		1 组：≤0.50；2 组：>0.50～0.90；3 组：>0.90					
S/%	1 类	≤0.03					≤0.04
	2 类	≤0.04					≤0.05
	3 类	≤0.05					≤0.05

续表

牌　号	NMZ34	NMZ30	NMZ26	NMZ22	NMZ18	NMZ14
P/%	A级:0.35～0.60;B级:>0.60～0.90;C级:>0.90					
Cu/%	A级:0.30～0.70;B级:>0.70					
Ti/%　—	≥0.06					

注：1.牌号中“NMZ”符号为汉字“耐磨铸”三字的汉语拼音第一个字母的组合，牌号中的数字代表平均硅含量的千分之几。

2.交货状态：小块单重2～7kg（超范围铁块之和，每批中应不超过总重量的10%）。

3.2.6　球墨铸铁用生铁（GB/T 1412—2005）

球墨铸铁是低硫低磷的铸造生铁，其中的碳为球形石墨，力学性能远高于灰口铁而接近于钢，具有优良的铸造、切削加工和耐磨性能，有一定的弹性，广泛用于制造曲轴、齿轮、活塞等高级铸件以及多种机械零件。适用于经球化处理的铸铁件。

表3.10　球墨铸铁用生铁的牌号和化学成分　%

牌　号		Q10	Q12	牌　号		Q10、Q12
C		≥3.40		P	1级	≤0.050
Si		0.50～1.00	1.00～1.40		2级	>0.050～0.060
Ti	1档	≤0.050			3级	>0.060～0.080
	2档	>0.050～0.080		S	1类	≤0.020
Mn	1组	≤0.20			2类	>0.020～0.030
	2组	>0.20～0.50			3类	>0.030～0.040
	3组	>0.50～0.80			4类	≤0.045

注：交货状态：小块单重2～7kg（超范围铁块之和，每批中应不超过总重量的10%），大块单重不大于40kg（铁块上应有1～2道深度不小于铁锭厚度2/3的凹槽）。铁块表面要洁净（允许附有石灰和石墨）。

3.2.7　脱碳低磷粒铁（YB/T 068—1995）

脱碳低磷粒铁具有低碳低磷、可以代替部分废钢、低硫和微量有害元素含量较低的质量特点；海绵铁可作为电弧炉炼钢的优质原料，能降低能耗、缩短冶炼时间并提高钢的质量。适用于电弧炉炼钢。

表 3.11 脱碳低磷粒铁的牌号和化学成分

牌号		TL10	TL14	TL18
化学成分（质量分数）/%	C	≤1.20	>1.20～1.60	>1.60～2.00
	Si	≤1.25		
	Mn	≤0.80		
	P	≤0.06		
	S	≤0.05		

注：交货状态：粒度为 3～15mm（超范围粒铁之和，每批中应不超过总重量的5%）。

3.2.8 含钒生铁（YB/T 5125—2006）

用于提炼钒、炼钢或铸造。

表 3.12 含钒生铁的化学成分（质量分数） %

牌号	F02	F03	F04	F05
V	≥0.20	≥0.30	≥0.40	≥0.50
C	≥3.50(不作为产品判定依据)			
Ti	≤0.60			
Si	≤0.80			
P	1级≤0.100,2级≤0.150,3级≤0.250			
S	1类≤0.050,2类≤0.070,3类≤1.000			

注：交货状态：块状。可以生产大小两种块度的铁块。小块生铁的块重应为 2～7kg，大块生铁的块重应不大于 40kg，并有凹口，凹口处厚度应不大于 45mm。

3.3 铁合金

由 Fe 元素不小于 1%和一种以上（含一种）金属或非金属元素组成的合金，在钢铁和铸造工业中作为合金添加剂、脱氧剂、脱硫剂和变性剂使用。一般为含硅、锰、镍或其他元素量特别高的生铁，故称为铁合金，如钒铁、锰铁、钼铁、钛铁、铬铁、钨铁、铌铁、硼铁、硅铁、磷铁等，常用作炼钢的原料。在炼钢时加入某些合金生铁，可以改善钢的某些性能。

表 3.13　铁合金的牌号表示方法（GB/T 7738—2008）

产品名称	第一部分（用汉语拼音字母表示产品名称、用途、工艺方法和特性）	第二部分（用“Fe”表示含铁元素的铁合金产品）	第三部分（表示主元素或化合物及其质量分数）	第四部分（表示主要杂质元素及其最高质量分数或组别）	示　例
钒铁		Fe	V40	A	FeV40-A
锰铁		Fe	Mn68	C7.0	FeMn68C7.0
金属锰	J		Mn97	A	JMn97-A
	JC		Mn98		JCMn98
钼　铁		Fe	Mo60	A	FeMo60-A
钛　铁		Fe	Ti30	A	FeTi30-A
铬　铁		Fe	Cr65	C1.0	FeCr65C1.0
	ZK	Fe	Cr65	C0.010	ZKFeCr65C0.010
金属铬	J		Cr99	A	JCr99-A
钨　铁		Fe	W78	A	FeW78-A
铌　铁		Fe	Nb60	B	FeNb60-B
硅　铁		Fe	Si75	Al1.5-A	FeSi75Al1.5-A
	T	Fe	Si75	A	TFeSi75-A
稀土硅铁合金		Fe	SiRE23		FeSiRE23
稀土镁硅铁合金		Fe	SiMg8RE5		FeSiMg8RE5
硅锰合金		Fe	Mn64Si27		FeMn64Si27
硅钡合金		Fe	Ba30Si35		FeBa30Si35
硅铝合金		Fe	Al52Si5		FeAl52Si5
硅钡铝合金		Fe	Al34Ba6Si20		FeAl34Ba6Si20
硅钙合金			Ca31Si60		Ca31Si60
硅钙钡铝合金		Fe	Al16Ba9 Ca12Si30		FeAl16Ba9 Ca12Si30
硅铬合金		Fe	Cr30Si40	A	FeCr30Si40-A
硼　铁		Fe	B23	C0.1	FeB23C0.1
磷　铁		Fe	P24		FeP24
五氧化二钒			$V_2O_5$98		$V_2O_5$98
电解金属锰	DJ		Mn	A	DJMn-A
钒　渣	FZ		FZ1		FZ1
钒氮合金			VN12		VN12
氮化钼铁	Y		Mo55.0	A	YMo55.0-A
氮化金属锰	J		MnN	A	JMnN-A
氮化铬铁		Fe	NCr3	A	FeNCr3-A
氮化锰铁		Fe	MnN	A	FeMnN-A

注：金属 Cr、金属 Mn、V_2O_5 不是铁合金，人们习惯上把这几种产品和铁合金一起列表以便于查询。金属 Mn 也列于锰铁中。

3.3.1　硅铁（GB/T 2272—2009）

在炼钢工业中用作脱氧剂和合金剂；在铸铁工业中用作孕育剂和球化剂；在铁合金生产中用作还原剂。

表 3.14 硅铁的化学成分

牌号	化学成分(质量分数)/%								
	Si	Al	Ca	Mn	Cr	P	S	C	Ti
	≤								
FeSi90Al1.5	87.0～95.0	1.5	1.5	0.4	0.2	0.04	0.02	0.2	—
FeSi90Al3.0		3.0							
FeSi75Al10.5-A	74.0～80.0	0.5	1.0	0.4	0.5	0.035	0.02	0.1	—
FeSi75Al10.5-B	72.0～80.0	0.5	1.0	0.5	0.5	0.04		0.2	
FeSi75Al1.0-A	74.0～80.0	1.0	1.0	0.4	0.3	0.035		0.1	
FeSi75Al1.0-B	72.0～80.0	1.0	1.0	0.5	0.5	0.04		0.2	
FeSi75Al1.5-A	74.0～80.0	1.5	1.0	0.4	0.3	0.035		0.1	
FeSi75Al1.5-B	72.0～80.0	1.5	1.0	0.5	0.5	0.04		0.2	
FeSi75Al12.0-A	74.0～80.0	2.0	1.0	0.4	0.3	0.035	0.02	0.1	—
FeSi75Al12.0-B		2.0	—	0.5	0.5	0.04			
FeSi75-A		—	—	0.4	0.3	0.035			
FeSi75-B		—	—	0.4	0.3	0.04			
FeSi65	65.0～72.0	—	—	0.6	0.5	0.04	0.02	—	—
FeSi45	40.0～47.0			0.7	0.5	0.04			
TFeSi75-A	74.0～80.0	0.03	0.03	0.1	0.1	0.02	0.004	0.02	0.015
TFeSi75-B		0.1	0.03	0.1	0.03	0.03	0.004	0.02	0.04
TFeSi75-C①		0.1	0.1	0.1	0.1	0.04	0.005	0.03	0.05
TFeSi75-D②		0.2	0.05	0.2	0.1	0.04	0.01	0.02	0.04
TFeSi75-E		0.5	0.5	0.4	0.1	0.04	0.02	0.05	0.05
TFeSi75-F③		0.5	0.5	0.4	0.1	0.03	0.003	0.01	0.02
TFeSi75-G		1.0	0.05	0.15	0.1	0.04	0.003	0.015	0.04

①含 Mg、Cu、V、Ni 分别为 0.1%、0.1%、0.05%、0.4%。
②含 Mg、Cu、V、Ni 分别为 0.02%、0.1%、0.01%、0.04%。
③含 Cu、Ni 均为 0.1%。

表 3.15 硅铁交货状态的规格要求

级别	规格/mm	筛上筛下物之和/%	级别	规格/mm	筛上筛下物之和/%
一般块状	未经人工破碎	小于20mm×20mm的数量≤8	中粒度	20～200	≤10
			小粒度	10～100	≤10
大粒度	50～350	≤10	最小粒度	10～50	≤10

3.3.2 锰铁（GB/T 3795—2014）

锰铁是锰和铁组成的铁合金，分为高碳锰铁（含碳为7%～8%）、中碳锰铁（含碳1.0%～1.5%）、低碳锰铁（含碳02%～0.7%）、微碳锰铁（含碳0.05%～0.15%）和金属锰、镜铁、硅锰合金等几种。

锰铁主要用于炼钢作脱氧剂、脱硫剂及合金添加剂，作为合金剂加入钢中，能改善钢的力学性能，增加钢的强度，延展性、韧性及耐磨能力。高碳锰铁还可用于生产中低碳锰铁。

表 3.16 锰铁的牌号和化学成分

类别	牌号	化学成分(质量分数)/%						
		Mn	C	Si≤		P≤		S≤
				Ⅰ	Ⅱ	Ⅰ	Ⅱ	
微碳	FeMn90C0.05	87.0～93.5	0.05	0.5	1.0	0.03	0.04	0.02
	FeMn84C0.05	80.0～87.0						
	FeMn90C0.10	87.0～93.5	0.10	1.0	2.0	0.05	0.10	0.02
	FeMn84C0.10	80.0～87.0						
	FeMn90C0.15	87.0～93.5	0.15	1.0	2.0	0.08	0.10	0.02
	FeMn84C0.15	80.0～87.0						
低碳	FeMn88C0.2	85.0～92.0	0.2	1.0	2.0	0.10	0.30	0.02
	FeMn84C0.4	80.0～87.0	0.4			0.15		
	FeMn84C0.7	80.0～87.0	0.7			0.20		
中碳	FeMn82C1.0	78.0～85.0	1.0	1.5	2.5	0.20	0.35	0.03
	FeMn82C1.5	78.0～85.0	1.5					
	FeMn78C2.0	75.0～82.0	2.0	1.5	2.5	0.20	0.40	0.03
高碳	FeMn78C8.0	75.0～82.0	8.0				0.33	
	FeMn74C7.5	70.0～77.0	7.5	2.0	3.0	0.25	0.38	0.03
	FeMn68C7.0	65.0～72.0	7.0	2.5	4.5		0.40	

表 3.17　锰铁交货规格要求

粒度级别	粒度/mm	允许偏差/% ≤		粒度级别	粒度/mm	允许偏差/% ≤	
		筛上物	筛下物			筛上物	筛下物
1	20～250	3	7	3	10～50(或70)	3	7
2	50～150	3	7	4	0.097～0.45	5	30

注：中碳锰铁可以粉状交货。

3.3.3　铬铁（GB/T 5683—2008）

适用于炼钢中作为合金加入剂。

表 3.18　铬铁的牌号和化学成分

类别	牌　号	化学成分(质量百分数)/%									
		Cr			C	Si		P		S	
		范围	Ⅰ	Ⅱ		Ⅰ	Ⅱ	Ⅰ	Ⅱ	Ⅰ	Ⅱ
			≥		≤						
微碳铬铁	FeCr69C0.03	60.0～70.0			0.03	1.0		0.03		0.025	
	FeCr55C0.03		60.0	52.0	0.03	1.5	2.0	0.03	0.04	0.03	
	FeCr69C0.06	60.0～70.0			0.06	1.0		0.03		0.025	
	FeCr55C0.06		60.0	52.0	0.06	1.5	2.0	0.04	0.06	0.03	
	FeCr69C0.10	63.0～70.0			0.10	1.0		0.03		0.025	
	FeCr55C0.10		60.0	52.0	0.10	1.5	2.0	0.04	0.06	0.03	
	FeCr65C0.15	63.0～70.0			0.15	1.0		0.03		0.025	
	FeCr55C0.15		60.0	52.0	0.15	1.5	2.0	0.04	0.06	0.03	

续表

类别	牌号	化学成分(质量百分数)/%									
		Cr			C	Si		P		S	
		范围	Ⅰ	Ⅱ		Ⅰ	Ⅱ	Ⅰ	Ⅱ	Ⅰ	Ⅱ
			≥		≤						
低碳铬铁	FeCr69C0.25	60.0~70.0			0.25	1.5		0.03		0.25	
	FeCr55C0.25		60.0	52.0	0.25	2.0	3.0	0.04	0.06	0.03	0.05
	FeCr69C0.50	60.0~70.0			0.50	1.5		0.03		0.025	
	FeCr55C0.50		60.0	52.0	0.50	2.0	3.0	0.04	0.06	0.03	0.05
中碳铬铁	FeCr65C1.0	60.0~70.0			1.0	1.5		0.03		0.025	
	FeCr55C1.0		60.0	52.0	1.0	2.5	3.0	0.04	0.06	0.03	0.05
	FeCr69C2.0	60.0~70.0			2.0	1.5		0.03		0.025	
	FeCr55C2.0		60.0	52.0	2.0	2.5	3.0	0.04	0.06	0.03	0.05
	FeCr69C4.0	60.0~70.0			4.0	1.5		0.03		0.025	
	FeCr55C4.0		60.0	52.0	4.0	2.5	3.0	0.04	0.06	0.03	0.05
高碳铬铁	FeCr67C6.0	60.0~72.0			6.0	3.0		0.03		0.04	0.06
	FeCr55C6.0		60.0	52.0	6.0	3.0	5.0	0.04	0.06		
	FeCr67C9.5	60.0~72.0			9.5	3.0		0.03			
	FeCr55C10.0		60.0	52.0	10.0	3.0	5.0	0.04	0.06		
真空法微碳铬铁	ZKFeCr65C0.010	—	65.0		0.010	1.0	2.0	0.025	0.03	0.03	
	ZKFeCr65C0.020				0.020						
	ZKFeCr65C0.010				0.010				0.035	0.04	
	ZKFeCr65C0.030				0.030						
	ZKFeCr65C0.050				0.050						
	ZKFeCr65C0.100				0.100						

交货状态：每块重量不得大于15kg，尺寸小于20mm×20mm铬铁块的重量不超过铬铁总重量的5%。内部及其表面不得有肉眼显见的非金属夹杂物，但铸锭表面允许有少量涂料存在。

3.3.4 钒铁（GB/T 4139—2012）

含V量在48.0%～82.0%范围内的Fe和V的合金，是钢铁工业重要的合金添加剂，用于提高钢的强度、韧性、延展性和耐热性。

表3.19 钒铁的化学成分

牌号	化学成分(质量分数)/%						
	V	C	Si	P	S	Al	Mn
		≤					
FeV50-A	48.0～55.0	0.40	2.0	0.06	0.04	1.5	—
FeV50-B		0.60	3.0	0.10	0.06	2.5	—
FeV50-C		5.0	3.0	0.10	0.06	0.5	—
FeV60-A	58.0～65.0	0.40	2.0	0.06	0.04	1.5	—
FeV60-B		0.60	2.5	0.10	0.06	2.5	—
FeV60-C		3.0	1.5	0.10	0.06	0.5	—
FeV80-A	78.0～82.0	0.15	1.5	0.05	0.04	1.5	0.50
FeV80-B		0.30	1.5	0.08	0.06	2.0	0.50
FeV80-C	75.0～80.0	0.30	1.5	0.08	0.06	2.0	0.50

表3.20 钒铁的规格要求

粒度组别	粒度/mm	小于下限粒度/%	大于上限粒度/%
		≤	
1	5～15	5	5
2	10～50	5	5
3	10～100	5	5

3.3.5 钼铁（GB/T 3649—2008）

主要用途是在炼钢中作为钼元素的加入剂，使钢具有均匀的细晶组织，并提高钢的淬透性，有利于消除回火脆性。在高速钢中，钼可代替一部分钨。钼同其他合金元素配合在一起广泛地应用于生产不锈钢、耐热钢、耐酸钢和工具钢，以及具有特殊物理性能的合金。钼加于铸铁里可增大其强度和耐磨性。

表 3.21　钼铁的牌号和化学成分

牌　号	化学成分(质量分数)/%							
	Mo	Si	S	P	C	Cu	Sb	Sn
		≤						
FeMo70	65.0～75.0	2.0	0.08	0.05	0.10	0.5		
FeMo60-A	60.0～65.0	1.0	0.08	0.04	0.10	0.5	0.04	0.04
FeMo60-B		1.5	0.10	0.05	0.10	0.5	0.05	0.06
FeMo60-C		2.0	0.15	0.05	0.15	1.0	0.08	0.08
FeMo55-A	55.0～60.0	1.0	0.10	0.08	0.15	0.5	0.05	0.06
FeMo55-B		1.5	0.15	0.10	0.20	0.5	0.08	0.08

表 3.22　钼铁合金的规格要求

等级	粒度/mm	粒度偏差/%		等级	粒度/mm	粒度偏差/%	
		筛上物≤	筛下物≤			筛上物≤	筛下物≤
1	10～150	5	5	3	10～50	5	5
2	10～100			4	3～10		

3.3.6　钛铁（GB/T 3282—2012）

用作炼钢中的脱氧剂、除气剂。钛的脱氧能力大大高于硅、锰，并可减少钢锭偏析，改善钢锭质量，提高收得率；用作合金剂。是特殊钢种的主要原料，它可增大钢的强度、抗腐蚀性和稳定性。广泛用于不锈钢、工具钢等。并可改善铸铁性能。用于铸造工业以提高铸铁的耐磨性、稳定性、加工性等；钛铁又是钛钙型电焊条涂料的原料。

表 3.23　钛铁的牌号及化学成分

牌号	化学成分(质量分数)/%							
	Ti	C	Si	P	S	Al	Mn	Cu
		≤						
FeTi30-A	25.0～35.0	0.10	4.5	0.05	0.03	8.0	2.5	0.10
FeTi30-B		0.20	5.0	0.07	0.04	8.5	2.5	0.20

续表

牌号	化学成分(质量分数)/%							
	Ti	C	Si	P	S	Al	Mn	Cu
		≤						
FeTi40-A	>35.0～45.0	0.10	3.5	0.05	0.03	9.0	2.5	0.20
FeTi40-B		0.20	4.0	0.08	0.04	9.5	3.0	0.40
FeTi50-A	>45.0～55.0	0.10	3.5	0.05	0.03	8.0	2.5	0.20
FeTi50-B		0.20	4.0	0.08	0.04	9.5	3.0	0.40
FeTi60-A	>55.0～65.0	0.10	3.0	0.04	0.03	7.0	1.0	0.20
FeTi60-B		0.20	4.0	0.06	0.04	8.0	1.5	0.20
FeTi60-C		0.30	5.0	0.08	0.04	8.5	2.0	0.20
FeTi70-A	>65.0～75.0	0.10	0.50	0.04	0.03	3.0	1.0	0.20
FeTi70-B		0.20	3.5	0.06	0.04	6.0	1.0	0.20
FeTi70-C		0.40	4.0	0.08	0.04	8.0	1.0	0.20
FeTi80-A	>75.0	0.10	0.50	0.04	0.03	3.0	1.0	0.20
FeTi80-B		0.20	3.5	0.05	0.04	6.0	1.0	0.20
FeTi80-C		0.40	4.0	0.08	0.04	7.0	1.0	0.20

表3.24 钛铁的规格要求

粒度级别	粒度/mm	小于下限粒度/% ≤	大于上限粒度/% ≤	粒度级别	粒度/mm	小于下限粒度/% ≤	大于上限粒度/% ≤
1	5～100	5	5	4	<20	—	3
2	5～70	5	5	5	<2	—	3
3	5～40	5	5				

3.3.7 微碳锰铁（YB/T 4140—2005）

微碳锰铁能优化合金，改善钢的内在质量，降低炼钢合金成本。不但适用于低碳合金结构钢，尤其适用于高质量的品种钢。

表 3.25 微碳锰铁的牌号和化学成分

牌号	化学成分（质量分数）/%				
	Mn	C ≤	Si ≤	P ≤	S ≤
FeMn90C0.05	87.0～93.5	0.05	0.5	0.03	0.02
FeMn84C0.05	80.0～87.0		1.0	0.04	
FeMn90C0.10	87.0～93.5	0.10	0.5	0.03	
FeMn84C0.10	80.0～87.0		1.0	0.04	
FeMn90C0.15	87.0～93.5	0.15	1.5	0.03	
FeMn84C0.15	80.0～87.0		2.0	0.04	

注：交货状态：块状，最大块重应不超过10kg，小于10mm×10mm的重量不应超过总重量的5%。

3.3.8 金属锰（GB/T 2774—2006）

是电解金属锰制造四氧化三锰的主体材料，也是生产不锈钢、高强度低合金钢、铝锰合金、铜锰合金等材料的重要合金元素，亦是电焊条、铁氧体、永磁合金元素，也是工业用锰盐不可缺少的原料。

表 3.26 金属锰的牌号和化学成分

牌号		化学成分（质量分数）/%					
		Mn ≥	C ≤	Si ≤	Fe ≤	P ≤	S ≤
电硅热法生产	JMn98	98.0	0.05	0.3	1.5	0.03	0.02
	JMn97-A	97.0	0.05	0.4	2.0	0.03	0.02
	JMn97-B	97.0	0.08	0.6	2.0	0.04	0.03
	JMn96-A	96.5	0.05	0.5	2.3	0.03	0.02
	JMn96-B	96.0	0.10	0.8	2.3	0.04	0.03
	JMn95-A	95.0	0.15	0.5	2.8	0.03	0.02
	JMn95-B	95.0	0.15	0.8	3.0	0.04	0.03
	JMn93	93.5	0.20	1.5	3.0	0.04	0.03
电解重熔生产	JCMn98	98.0	0.04	0.3	1.5	0.02	0.04
	JCMn97	97.0	0.05	0.4	2.0	0.03	0.04
	JCMn95	95.0	0.06	0.5	3.0	0.04	0.05

注：交货状态：块状，最大块重应不超过10kg，小于10mm×10mm的重量不得超过总重量的5%（如用户需要可提供10～50mm、10～40mm等不同粒度范围的产品，其筛上物和筛下物的允许量可由供需双方商定）。

3.3.9 电解金属锰（YB/T 051—2015）

适用于冶炼特种钢、化工、电子材料及有色合金等作为锰元素添加剂。

其牌号通常由三部分组成：

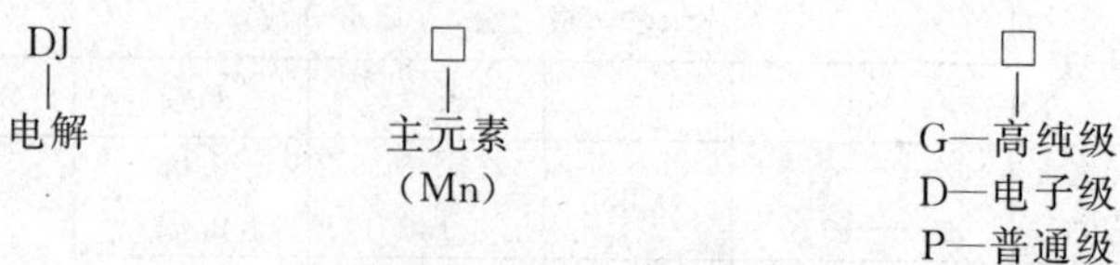

表 3.27　电解金属锰的牌号和化学成分（质量分数）　　%

牌号	DJMnG	DJMnD	DJMnP
锰(Mn)　≥	99.9	99.8	99.7
碳(C)　≤	0.01	0.02	0.03
硫(S)　≤	0.04	0.04	0.05
磷(P)　≤	0.001	0.002	0.002
硅(Si)　≤	0.002	0.005	0.01
硒(Se)　≤	0.0003	0.06	0.08
铁(Fe)　≤	0.006	0.03	0.03
钾(以 K_2O 计)≤	—	0.005	—
钠(以 Na_2O 计)≤	—	0.005	—
钙(以 CaO 计)≤	—	0.015	—
镁(以 MgO 计)≤	—	0.02	—

注：1. 锰含量由减量法减去产品中表列杂质含量总和得到，即

$$w(\mathrm{Mn})=100\%-[w(\mathrm{C+S+P+Si+Se+Fe})]$$

2. 交货状态：以片状交货，小于 ϕ3mm 的重量应不超过总重量的 15%；以粉状交货时，具体要求由供需双方另行协商。

3. 外观：呈银白色或灰色，不允许发黑，产品中不允许有外来夹杂物。

3.3.10　锰硅合金（GB/T 4008—2008）

主要作为钢铁生产的脱氧剂和合金剂的中间料，也是中低碳锰铁生产的主要原料。

表 3.28　锰硅合金的牌号和化学成分

牌　号	化学成分(质量分数)/%						
	Mn	Si	C≤	P≤			S≤
				Ⅰ	Ⅱ	Ⅲ	
FeMn64Si27	60.0～67.0	25.0～28.0	0.5	0.10	0.15	0.25	0.04
FeMn67Si23	63.0～70.0	22.0～25.0	0.7				
FeMn68Si22	65.0～72.0	20.0～23.0	1.2				
FeMn62Si23	60.0～65.0	20.0～25.0	1.2				
FeMn68Si18	65.0～72.0	17.0～20.0	1.8				
FeMn62Si18	60.0～65.0	17.0～20.0	1.8				
FeMn68Si16	65.0～72.0	14.0～17.0	2.5				

续表

牌号	化学成分(质量分数)/%						
	Mn	Si	C≤	P≤			S≤
				Ⅰ	Ⅱ	Ⅲ	
FeMn62Si17	60.0～65.0	14.0～20.0	2.5	0.20	0.25	0.30	0.05

表 3.29 锰硅合金的规格要求

粒度级别	粒度/mm	粒度偏差/%		粒度级别	粒度/mm	粒度偏差/%	
		筛上物 ≤	筛下物 ≤			筛上物 ≤	筛下物 ≤
1	20～300	5	5	3	10～100	5	5
2	10～150	5	5	4	10～50	5	5

3.3.11 富锰渣（YB/T 2406—2015）

富锰渣是一种中间产品，可以单独生产，也可以是酸性渣法（或偏酸性渣法）生产高碳锰铁时的副产品。主要用作生产硅锰合金和金属锰的原料，或生产电炉锰铁、中低碳锰铁、冶炼高炉锰铁的配料。

表 3.30 富锰渣的牌号和化学成分

牌号	化学成分(质量分数)/%									
	Mn	Mn/Fe			P/Mn			S/Mn		
		Ⅰ	Ⅱ	Ⅲ	Ⅰ	Ⅱ	Ⅲ	Ⅰ	Ⅱ	Ⅲ
		≥			≤					
FMnZh41	≥40.0	35	25	10	0.0003	0.0015	0.003	0.010	0.030	0.080
FMnZh38	36.0～<40.0									
FMnZh34	32.0～<36.0									
FMnZh30	28.0～<32.0	25	15	8						
FMnZh26	24.0～<28.0									
FMnZh22	20.0～<24.0	8	4	2						
FMnZh18	16.0～<20.0									

注：交货块度为 10～250mm，其中大于 250mm 的量不得超过总量的 5%，小于 10mm 的不得超过总量的 5%。不得夹杂铁块等杂物，泡沫渣含量不得超过总量的 2%。

3.3.12 氮化铬铁（YB/T 5140—2012）

用作炼钢中氮（铬）元素添加剂。

表 3.31 氮化铬铁的牌号和化学成分

牌 号	化学成分(质量分数)/%					
	Cr	N	C	Si	P	S
	⩾		⩽			
FeNCr3-A	60.0	3.0	0.03	1.50	0.030	0.040
FeNCr3-B		5.0	0.03	2.50		
FeNCr6-A		3.0	0.06	1.50		
FeNCb6-B		5.0	0.06	2.50		
FeNCr10-A		3.0	0.10	1.50		
FeNCr10-B		5.0	0.10	2.50		
FeNCr15-B		4.5	0.15	2.50		

注：1. A 类适用于渗氮后的重熔产品，不包括吸附氮量；B 类适用于固态渗氮合金。

2. 氮化铬铁应呈块状交货，每块重不得大于 15kg，尺寸小于 10mm 氮化铬铁的量不得超过总重量的 10%。

3.3.13 低钛高碳铬铁（YB/T 4154—2015）

用作炼钢中的合金元素添加剂。

表 3.32 低钛高碳铬铁的牌号和化学成分

牌 号	化学成分(质量分数)/%					
	Cr	Ti	C	Si	P	S
		⩽				
FeCr65C10.0Ti0.010	60.0～70.0	0.010	10.0	1.0	0.04	0.04
FeCr55C10.0Ti0.010	52.0～<60.0					
FeCr65C10.0Ti0.015	60.0～70.0	0.015				
FeCr55C10.0Ti0.015	52.0～<60.0					
FeCr65C10.0Ti0.020	60.0～70.0	0.020				
FeCr55C10.0Ti0.020	52.0～<60.0					
FeCr65C10.0Ti0.025	60.0～70.0	0.025				
FeCr55C10.0Ti0.025	52.0～<60.0					
FeCr65C10.0Ti0.030	60.0～70.0	0.030				
FeCr55C10.0Ti0.030	52.0～<60.0					

注：交货状态：块状，每块重量不应大于 15kg，尺寸小于 20mm 者，重量不超过总重量的 5%。内部及其表面不应有目视显见的非金属夹杂物。

3.3.14　硅铬合金（GB/T 4009—2008）

在炼钢及铸造时作还原剂和合金剂，精炼铬铁时作还原剂。

表 3.33　硅铬合金的牌号和化学成分

牌　号	化学成分(质量分数)/%					
	Si ≥	Cr ≥	C ≤	P ≤		S ≤
				Ⅰ	Ⅱ	
FeCr30Si40-A	40.0	30.0	0.02	0.02	0.04	0.01
FeCr30Si40-B	40.0	30.0	0.04			
FeCr30Si40-C	40.0	30.0	0.06			
FeCr30Si40-D	40.0	30.0	0.10			
FeCr32Si35	35.0	32.0	1.0			

表 3.34　硅铬合金的规格要求

种类	粒度/mm	粒度偏差/%	
一般粒度	10～200	筛上物≤5	筛下物≥10
中粒	10～100		
小粒	10～50		

3.3.15　硅钙合金（YB/T 5051—2016）

用于炼钢作复合脱氧剂、脱硫剂、合金元素添加剂和铸铁生产中作孕育剂、球化剂。硅钙合金按钙、硅和杂质含量的不同分为 5 个牌号，其化学成分应符合表 3.35 规定。

表 3.35　硅钙合金的化学成分

牌号	化学成分(质量分数)/%								
	Ca	Si	C		Al	P	S	O	Ca+Si
			Ⅰ	Ⅱ					
	≥		≤						≥
Ca31Si60	31	58～65	0.5	0.8	1.4	0.04	0.04	2.5	90
Ca28Si50	28								
Ca24Si50	24								
Ca20Si55	20	55～60							—
Ca16Si55	16								

注：1. 合金粉剂中水分小于 0.5%。

2. 交货状态：块状或粉状。块状供货时，小于 15mm×15mm 的碎块重量不得超过该批重量的 10%；粉状供货时，最大粒度不得超过 3mm，小于 0.1mm 粒度不得超过该批重量的 15%。

3.3.16　稀土硅铁合金（GB/T 4137—2015）

用作铸钢、铸铁的脱氧、脱硫剂，钢、铁生产中作添加剂、合金剂，也是生产球化剂、蠕化剂、孕育剂的基础材料。

表 3.36 稀土硅铁合金的牌号及化学成分

产品牌号		化学成分/%						
字符	数字	RE	Ce/RE ≥	Si	Mn ≤	Ca ≤	Ti ≤	Al ≤
RESiFe-23Ce	195023	21.0≤RE<24.0	46.0	≤44.0	2.5	5.0	1.5	1.0
RESiFe-26Ce	195026	24.0≤RE<27.0		≤43.0				
RESiFe-29Ce	195029	27.0≤RE<30.0		≤42.0	2.0			
RESiFe-32Ce	195032	30.0≤RE<33.0		≤40.0	2.0	4.0	1.0	
RESiFe-35Ce	195035	33.0≤RE<36.0		≤39.0				
RESiFe-38Ce	195038	36.0≤RE<39.0		≤38.0				
RESiFe-41Ce	195041	39.0≤RE<42.0	46.0	≤37.0	2.0	4.0	1.0	
RESiFe-13Y	195213	10.0≤RE<15.0	45.0	48.0≤Si<50.0	6.0	2.5	1.5	
RESiFe-18Y	195218	15.0≤RE<20.0		48.0≤Si<50.0				
RESiFe-23Y	195223	20.0≤RE<25.0		43.0≤Si<48.0				
RESiFe-28Y	195228	25.0≤RE<30.0		43.0≤Si<48.0		2.0	1.0	
RESiFe-33Y	195233	30.0≤RE<35.0		40.0≤Si<45.0				
RESiFe-38Y	195238	35.0≤RE<40.0		40.0≤Si<45.0				

注：1. Fe 为余量。

2. 交货状态：粒度范围为 0～5mm、＞5～50mm、＞50～150mm。小于下限和大于上限的各不超过总重量的 5%。

3. 产品外观：应呈块状，不粉化，断面应呈银灰色。表面及断面均不得带有夹杂物。

3.3.17　稀土镁硅铁合金（GB/T 4138—2015）

是一种良好的孕育球化剂，脱氧、脱硫的效果较强。是生产球化剂、蠕化剂、孕育剂使用的轻稀土镁硅铁合金，也用作钢、铁生产中的添加剂、合金剂。

表 3.37　稀土镁硅铁合金的化学成分

<table>
<tr><th colspan="2">产品牌号</th><th colspan="9">化学成分/%</th></tr>
<tr><th rowspan="2">字符</th><th rowspan="2">数字</th><th rowspan="2">RE</th><th rowspan="2">Ce/RE
≥</th><th rowspan="2">Mg</th><th rowspan="2">Ca</th><th>Si</th><th>Mn</th><th>Ti</th><th>MgO</th><th>Al</th></tr>
<tr><th colspan="5">≤</th></tr>
<tr><td colspan="11">轻稀土镁硅铁合金</td></tr>
<tr><td>REMgSiFe-01CeA</td><td>195101A</td><td rowspan="4">0.5≤RE<2.0</td><td rowspan="13">46</td><td>4.5≤Mg<5.5</td><td rowspan="2">1.0≤Ca<3.0</td><td rowspan="8">45.0</td><td rowspan="8">1.0</td><td rowspan="13">1.0</td><td>0.5</td><td rowspan="13">1.0</td></tr>
<tr><td>REMgSiFe-01CeB</td><td>195101B</td><td>5.5≤Mg<6.5</td><td>0.6</td></tr>
<tr><td>REMgSiFe-01CeC</td><td>195101C</td><td>6.5≤Mg<7.5</td><td rowspan="2">1.0≤Ca<2.5</td><td>0.7</td></tr>
<tr><td>REMgSiFe-01CeD</td><td>195101D</td><td>7.5≤Mg<8.5</td><td>0.8</td></tr>
<tr><td>REMgSiFe-03CeA</td><td>195103A</td><td rowspan="4">2.0≤RE<4.0</td><td rowspan="2">6.0≤Mg<8.0</td><td>1.0≤Ca<2.0</td><td rowspan="2">0.7</td></tr>
<tr><td>REMgSiFe-03CeB</td><td>195103B</td><td>2.0≤Ca<3.5</td></tr>
<tr><td>REMgSiFe-03CeC</td><td>195103C</td><td rowspan="6">7.0≤Mg<9.0</td><td>1.0≤Ca<2.0</td><td rowspan="6">0.8</td></tr>
<tr><td>REMgSiFe-03CeD</td><td>195103D</td><td>2.0≤Ca<3.5</td></tr>
<tr><td>REMgSiFe-05CeA</td><td>195103A</td><td rowspan="2">4.0≤RE<6.0</td><td>1.0≤Ca<2.0</td><td rowspan="5">44.0</td><td rowspan="5">2.0</td></tr>
<tr><td>REMgSiFe-05CeB</td><td>195103B</td><td>2.0≤Ca<3.0</td></tr>
<tr><td>REMgSiFe-07CeA</td><td>195107A</td><td rowspan="3">6.0≤RE<8.0</td><td>1.0≤Ca<2.0</td></tr>
<tr><td>REMgSiFe-07CeB</td><td>195107B</td><td>2.0≤Ca<3.0</td></tr>
<tr><td>REMgSiFe-07CeC</td><td>195107C</td><td>9.0≤Mg<11.0</td><td>1.0≤Ca<3.0</td><td>1.0</td></tr>
</table>

续表

产品牌号		化学成分/%								
字符	数字	RE	Ce/RE ≥	Mg	Ca	Si ≤	Mn ≤	Ti ≤	MgO ≤	Al ≤
重稀土镁硅铁合金										
REMgSiFe-01YA	195301A	0.5≤RE<1.5	40	3.5≤Mg<4.5	1.0≤Ca<2.5	48	1	0.5	0.65	1.0
REMgSiFe-01YB	195301B			5.5≤Mg<6.5						
REMgSiFe-02YA	195301A	1.5≤RE<2.5		3.5≤Mg<4.5						
REMgSiFe-02YB	195302B			4.5≤Mg<5.5						
REMgSiFe-02YC	195302C			5.5≤Mg<6.5						
REMgSiFe-03YA	195303A	2.5≤RE<3.5		5.5≤Mg<6.5						
REMgSiFe-03YB	195303B			6.5≤Mg<7.5					0.75	
REMgSiFe-03YC	195303C			7.5≤Mg<8.5					0.85	
REMgSiFe-04Y	195304	3.5≤RE<4.5		5.5≤Mg<6.5		46			0.65	
REMgSiFe-05Y	195305	4.5≤RE<5.5		6.0≤Mg<8.0	1.0≤Ca<3.0				0.8	
REMgSiFe-06Y	195306	5.5≤RE<6.5								
REMgSiFe-07Y	195307	6.5≤RE<7.5		7.0≤Mg<9.0					1.0	
REMgSiFe-08Y	195308	7.5≤RE<8.5								

注：1. Fe 为余量。

2. 交货状态：产品粒度范围为 5～15mm、5～25mm、5～30mm 和 8～40mm。小于下限和大于上限的都不应超过总重量的 5%。

3. 产品外观应呈块状、不粉化、断面应呈银灰色。表面及断面均不得带有夹渣物。

3.3.18　硅钡合金（YB/T 5358—2008）

在炼钢中用作脱氧剂、脱硫剂，在铸造中用作孕育剂。

表3.38　硅钡合金的牌号和化学成分

<table>
<tr><th rowspan="2">牌　号</th><th colspan="7">化学成分(质量分数)/%</th></tr>
<tr><th>Ba ≥</th><th>Si ≥</th><th>Al ≤</th><th>Mn ≤</th><th>C ≤</th><th>P ≤</th><th>S ≤</th></tr>
<tr><td>FeBa30Si35</td><td>30.0</td><td rowspan="2">35.0</td><td rowspan="7">3.0</td><td rowspan="7">0.40</td><td rowspan="4">0.30</td><td rowspan="7">0.040</td><td rowspan="7">0.04</td></tr>
<tr><td>FeBa25Si35</td><td>25.0</td></tr>
<tr><td>FeBa20Si45</td><td>20.0</td><td rowspan="2">45.0</td></tr>
<tr><td>FeBa15Si45</td><td>15.0</td></tr>
<tr><td>FeBa10Si55</td><td>10.0</td><td rowspan="2">55.0</td><td rowspan="3">0.20</td></tr>
<tr><td>FeBa5Si55</td><td>5.0</td></tr>
<tr><td>FeBa2Si65</td><td>2.0</td><td>65.0</td></tr>
</table>

注：交货状态：硅钡合金产品交货粒度为10～200mm，其中小于10mm的不超过总量的5%。产品表面洁净，不应有目视可见的非金属夹杂物。

3.3.19　硅铝合金（YB/T 065—2008）

用作炼钢中的脱氧剂、发热剂。

表3.39　硅铝合金的牌号和化学成分

<table>
<tr><th rowspan="3">牌　号</th><th colspan="9">化学成分(质量分数)/%</th></tr>
<tr><th rowspan="2">Si ≥</th><th rowspan="2">Al ≥</th><th rowspan="2">Mn ≥</th><th colspan="2">C ≤</th><th colspan="2">P ≤</th><th rowspan="2">S ≤</th><th rowspan="2">Cu ≤</th></tr>
<tr><th>Ⅰ</th><th>Ⅱ</th><th>Ⅰ</th><th>Ⅱ</th></tr>
<tr><td>FeAl50Si5</td><td>5.0</td><td>50.0</td><td rowspan="5">0.20</td><td rowspan="4">0.20</td><td rowspan="4">0.20</td><td rowspan="4">0.020</td><td rowspan="4">0.020</td><td rowspan="4">0.02</td><td rowspan="4">0.05</td></tr>
<tr><td>FeAl45Si5</td><td>5.0</td><td>45.0</td></tr>
<tr><td>FeAl40Si15</td><td>15.0</td><td>40.0</td></tr>
<tr><td>FeAl35Si15</td><td>15.0</td><td>35.0</td></tr>
<tr><td>FeAl30Si25</td><td>25.0</td><td>30.0</td><td rowspan="2">0.20</td><td rowspan="2">1.20</td><td rowspan="2">0.020</td><td rowspan="2">0.040</td><td>0.02</td><td rowspan="2">—</td></tr>
<tr><td>FeAl25Si25</td><td>25.0</td><td>25.0</td><td rowspan="4">0.40</td><td>0.03</td></tr>
<tr><td>FeAl20Si35</td><td>35.0</td><td>20.0</td><td rowspan="2">0.40</td><td rowspan="2">0.80</td><td rowspan="2">0.030</td><td rowspan="2">0.060</td><td rowspan="2">0.03</td><td rowspan="2">—</td></tr>
<tr><td>FeAl15Si35</td><td>35.0</td><td>15.0</td></tr>
<tr><td>FeAl10Si40</td><td>40.0</td><td>10.0</td><td>0.40</td><td>0.40</td><td>0.030</td><td>0.080</td><td>0.03</td><td>—</td></tr>
</table>

注：交货状态：硅钡合金产品交货粒度为10～250mm，其中小于10mm的不超过总量的5%。产品表面洁净，不应有目视可见的非金属夹杂物。

3.3.20 硅钡铝合金（YB/T 066—2008）

用作炼钢中的脱氧剂、脱硫剂。

表 3.40 硅钡铝合金的牌号和化学成分

牌号	化学成分/%						
	Si ≥	Ba ≥	Al ≤	Mn ≤	C ≤	P ≤	S ≤
FeAl35Ba6Si20	20.0	6.0	35.0	0.30	0.20	0.030	0.02
FeAl30Ba6Si20	20.0	6.0	30.0				
FeAl25Ba9Si30	30.0	9.0	25.0				
FeAl15Ba12Si30	30.0	12.0	15.0	0.30	0.20	0.040	0.03
FeAl10Ba15Si40	40.0	15.0	10.0				

注：交货状态：硅钡合金产品交货粒度为10～200mm，其中小于10mm的不超过总量的5%。产品表面洁净，不应有目视可见的非金属夹杂物。

3.3.21 硅钙钡铝合金（YB/T 067—2008）

硅钙钡铝合金是钡系合金中最好的脱氧剂和脱硫剂。使钢中的氧降到最低，同时形成的含钙、钡、硅、铝的复杂氧化物易从钢液中上浮，纯净钢液，提高钢的耐冲击韧性和加工性能。

表 3.41 硅钙钡铝合金的牌号和化学成分

牌号	化学成分/%							
	Si ≥	Ca ≥	Ba ≥	Al ≤	Mn ≤	C ≤	P ≤	S ≤
FeAl16Ba9Ca12Si30	30.0	12.0	9.0	16.0	0.40	0.40	0.040	0.02
FeAl12Ba9Ca9Si35	35.0	9.0	9.0	12.0				
FeAl8Ba12Ca6Si40	40.0	6.0	12.0	8.0				

注：交货状态：硅钡合金产品交货粒度为10～200mm，其中小于10mm的不超过总量的5%。产品表面洁净，不应有目视可见的非金属夹杂物。

3.3.22 硼铁（GB/T 5682—2015）

根据含碳量，可分为低碳（C≤0.05%～0.1%，9%～25%B）和中碳（C≤2.5%，4%～19%B）两种。硼铁是炼钢生产中的强脱氧剂及硼元素加入剂，可显著提高淬透性而取代大量合金元素，还可改善力学性能、冷变形性能、焊接性能及高温性能等。低铝、低碳硼铁是非晶态合金的主要原材料。也用于合金结构钢、弹簧钢、低合金高强度钢、耐热钢、不锈钢等。

表 3.42　硼铁的牌号和化学成分

<table>
<tr><th rowspan="3">类别</th><th rowspan="3" colspan="2">牌　号</th><th colspan="6">化学成分(质量分数)/%</th></tr>
<tr><th rowspan="2">B</th><th>C</th><th>Si</th><th>Al</th><th>S</th><th>P</th></tr>
<tr><th colspan="5">≤</th></tr>
<tr><td rowspan="4">低碳</td><td colspan="2">FeB22C0.05</td><td>21.0～25.0</td><td rowspan="2">0.05</td><td rowspan="4">1.0</td><td rowspan="4">1.5</td><td rowspan="12">0.010</td><td rowspan="4">0.050</td></tr>
<tr><td colspan="2">FeB20C0.05</td><td>19.0～<21.0</td></tr>
<tr><td colspan="2">FeB18C0.1</td><td>17.0～<19.0</td><td rowspan="2">0.10</td></tr>
<tr><td colspan="2">FeB16C0.1</td><td>14.0～<17.0</td></tr>
<tr><td rowspan="8">中碳</td><td colspan="2">FeB20C0.15</td><td>19.0～21.0</td><td>0.15</td><td>1.0</td><td>0.50</td><td>0.050</td></tr>
<tr><td rowspan="2">FeB20C0.5</td><td>A</td><td rowspan="2">19.0～21.0</td><td rowspan="4">0.50</td><td rowspan="4">1.5</td><td rowspan="4">0.05</td><td rowspan="4">0.10</td></tr>
<tr><td>B</td></tr>
<tr><td rowspan="2">FeB18C0.5</td><td>A</td><td rowspan="2">17.0～<19.0</td></tr>
<tr><td>B</td></tr>
<tr><td colspan="2">FeB16C1.0</td><td>15.0～17.0</td><td rowspan="3">1.0</td><td rowspan="3">2.5</td><td rowspan="3">0.50</td><td>0.10</td></tr>
<tr><td colspan="2">FeB14C1.0</td><td>13.0～<15.0</td><td rowspan="2">0.20</td></tr>
<tr><td colspan="2">FeB12C1.0</td><td>9.0～<13.0</td></tr>
</table>

注：1.硼铁可以呈块状或粉末状交货，粉末粒度为<5mm，块状粒度为5～100mm。交付时满足规定粒度要求的产品量应占交付产品总量的90%以上。

2.硼铁表面和断面处不得有非金属夹杂物。

3.3.23　磷铁（YB/T 5036—2012）

用于炼钢及铸造中作磷元素添加剂。还可以生产磷酸盐，广泛用于轧辊、汽车缸套、发动机滚轴及大型铸造件以增加机械部件抗腐蚀性和耐磨性。

磷铁按磷含量和杂质含量的不同，分为6个牌号，其化学成分应符合表3.43的规定。

表 3.43　磷铁的牌号和化学成分

<table>
<tr><th rowspan="4">牌号</th><th colspan="10">化学成分(质量分数)/%</th></tr>
<tr><th rowspan="3">P</th><th rowspan="2">Si</th><th colspan="2">C</th><th colspan="2">S</th><th rowspan="2">Mn</th><th colspan="2">Ti</th></tr>
<tr><th>Ⅰ</th><th>Ⅱ</th><th>Ⅰ</th><th>Ⅱ</th><th>Ⅰ</th><th>Ⅱ</th></tr>
<tr><th colspan="9">≤</th></tr>
<tr><td>FeP29</td><td>28.0～30.0</td><td rowspan="2">2.0</td><td rowspan="3">0.20</td><td rowspan="3">1.00</td><td rowspan="3">0.05</td><td rowspan="3">0.50</td><td rowspan="3">2.0</td><td rowspan="3">0.70</td><td rowspan="3">2.00</td></tr>
<tr><td>FeP26</td><td>25.0～<28.0</td></tr>
<tr><td>FeP24</td><td>23.0～<25.0</td><td>3.0</td></tr>
<tr><td>FeP21</td><td>20.0～<23.0</td><td rowspan="3">3.0</td><td rowspan="3" colspan="2">1.0</td><td rowspan="3" colspan="2">0.5</td><td>2.0</td><td rowspan="3" colspan="2">—</td></tr>
<tr><td>FeP18</td><td>17.0～<20.0</td><td>2.5</td></tr>
<tr><td>FeP16</td><td>15.0～<17.0</td><td>2.5</td></tr>
</table>

注：1.交货状态为块状，最大块重不超过30kg，小于20mm的块度，其数量不得超过该批总重量的10%。

2.表面不应有目视显见的非金属夹杂物。

3.4 铸铁和铸铁件

铸铁由生铁、废钢和铁合金按比例配合冶炼而成；按化学成分可分为普通铸铁和合金铸铁（耐蚀、耐热、耐磨铸铁），按生产方法和组织性能可分灰铸铁、蠕墨铸铁、球墨铸铁、可锻铸铁、合金铸铁和特殊性能铸铁。

表 3.44 铸铁的牌号表示方法（GB/T 5612—2008）

铸铁名称		代　号	牌号示例
灰铸铁		HT	HT100，H215
蠕墨铸铁		RuT	RuT400，RuT260
球墨铸铁		QT	QT400-17，QT500-7A
可锻铸铁	黑心可锻铸铁	KTH	KTH300-06，TH350-10
	白心可锻铸铁	KTB	KTB350-04，TB450-07
	珠光体可锻铸铁	KTZ	KTZ450-06，KTZ700-02
特殊性能铸铁	耐磨铸铁	MT	MTCu1PTi-150
	抗磨球墨铸铁	KmTQ	KmTQMn6
	冷硬铸铁	LT	LTCrMoR
	耐蚀铸铁	ST	STSi15R
	耐热铸铁	RT	RTCr2
	耐蚀球墨铸铁	QTS	QTSNi20Cr2
	耐热球墨铸铁	QTR	QTRSi5
	冷硬球墨铸铁	QTL	QTLCrMo
	抗磨球墨铸铁	QTM	QTMMn8-300
	奥氏体球墨铸铁	QTA	QTANi30Cr3
	奥氏体铸铁	AT	L-NiMn137，Ni22(ISO)
	奥氏体灰铸铁	HTA	HTANi20Cr2
	冷硬灰铸铁	HTL	HTLCr1Ni1Mo
	耐蚀灰铸铁	HTS	HTSNi2Cr
	耐热灰铸铁	HTR	HTRCr
	耐磨灰铸铁	HTM	HTMCu1CrMo
	抗磨白口铸铁	BTM	BTMCr15Mo
	耐热白口铸铁	BTR	BTRCr16
	耐蚀白口铸铁	BTS	BTSCr28

注：1. 牌号中常规碳、锰、硫、磷等元素的代号及含量，只有在有特殊作用时才标注，其含量大于或等于 1%时用整数表示，小于 1%时一般不标注。

2. 牌号中代号后面的一组数字，表示抗拉强度值；有两组数字时，第一组表示抗拉强度值，第二组表示伸长率。

3.4.1 灰铸铁（GB/T 9439—2010）

含碳量较高（2.7%～4.0%），其基体组织有三类：铁素体，铁素体-珠光体，珠光体。其特征是强度和塑性较低，有良好的铸造性、减振性、耐磨性、切削加工性和低的缺口敏感性。

表 3.45　灰铸铁的常用牌号及用途

牌号	铸件壁厚/mm		最小抗拉强度 $R_{m,min}$（强制性值）/MPa		铸件本体预期抗拉强度 $R_{m,min}$	应用举例
	>	≤	单铸试棒/MPa	附铸试棒或试块		
HT100	5	40	100	—	—	强度较低。用作盖、外罩、油盘、手轮、手把、支架等
HT150	5	10	150	—	155	强度中等。用作端盖、泵体、轴承座、阀壳、管子及管路附件、手轮、一般机床底座、床身及其他复杂零件、滑座、工作台等
	10	20		—	130	
	20	40		120	110	
	40	80		110	95	
	80	150		100	80	
	150	300		90	—	
HT200	5	10	200	—	205	强度较高。用作气缸、齿轮、底架、机体、飞轮、齿条、衬筒、一般机床铸有导轨的床身及中等压力（8MPa 以下）油缸、液压泵和阀的壳体等
	10	20		—	180	
	20	40		170	155	
	40	80		150	130	
	80	150		140	115	
	150	300		130	—	
HT225	5	10	225	—	230	强度高。用作阀壳、油缸、气缸、联轴器、机体、齿轮、齿轮箱外壳、飞轮、衬筒、凸轮轴承座
	10	20		—	200	
	20	40		190	170	
	40	80		170	150	
	80	150		155	135	
	150	300		145	—	
HT275	10	20	275	—	250	
	20	40		230	220	
	40	80		205	190	
	80	150		190	175	
	150	300		175	—	

续表

牌号	铸件壁厚/mm		最小抗拉强度 $R_{m,min}$(强制性值)/MPa		铸件本体预期抗拉强度 $R_{m,min}$	应用举例
	>	≤	单铸试棒/MPa	附铸试棒或试块		
HT300	10	20	300	—	270	强度高，耐磨性好。用作齿轮、凸轮、车床卡盘、剪床、压力机的机身、导板、六角自动车床及其他重负荷机床铸有导轨的床身、高压油缸、液压泵和滑阀的壳体等
	20	40		250	240	
	40	80		220	210	
	80	150		210	195	
	150	300		190	—	
HT350	10	20	350	—	315	
	20	40		290	280	
	40	80		260	250	
	80	150		230	225	
	150	300		210	—	

表 3.46 灰铸铁的硬度等级和铸件硬度

硬度等级	铸件主要壁厚/mm		铸件上的硬度范围(HBW)	
	>	≤	min	max
H155	5	10	—	185
	10	20	—	170
	20	40	—	160
	40	80	—	155
H175	5	10	140	225
	10	20	125	205
	20	40	110	185
	40	80	100	175
H195	4	5	190	275
	5	10	170	260
	10	20	150	230
	20	40	125	210
	40	80	120	195
H215	5	10	200	275
	10	20	180	255
	20	40	160	235
	40	80	145	215

续表

硬度等级	铸件主要壁厚/mm		铸件上的硬度范围(HBW)	
	>	≤	min	max
H235	10	20	200	275
	20	40	180	255
	40	80	165	235
H255	20	40	200	275
	40	80	185	255

注：1. 黑体数字表示与该硬度等级所对应的主要壁厚的最大和最小硬度值。
2. 在供需双方商定的铸件某位置上，铸件硬度差可以控制在40HBW硬度值范围内。

3.4.2 蠕墨铸铁（GB/T 26655—2011）

通常是铸造以前加蠕化剂（镁或稀土）随后凝固而制得，力学性能介于灰铸铁和球墨铸铁之间，其铸造性能、减振性和导热性都优于球墨铸铁，与灰铸铁相近，在高温下有较高的强度，氧化生长较小，组织致密，热导率高，断面敏感性小。石墨形态介于片状和球状石墨之间。蠕墨铸铁的石墨形态在光学显微镜下看起来像片状，但其片较短而厚、头部较圆（形似蠕虫）。所以可以认为蠕虫状石墨是一种过渡型石墨。

表 3.47 单铸试样的力学性能（GB/T 26655—2011）

牌　号	抗拉强度 $R_{m,min}$ /MPa	屈服强度 $R_{p0.2,min}$ /MPa	伸长率 A_{min}/%	典型的布氏硬度范围（HBW）	主要基体组织
RuT300	300	210	2.0	140～210	铁素体
RuT350	350	245	1.5	160～220	铁素体＋珠光体
RuT400	400	280	1.0	180～240	珠光体＋铁素体
RuT450	450	315	1.0	200～250	珠光体
RuT500	500	350	0.5	220～260	珠光体

注：布氏硬度为指导值，供参考。

表 3.48 附铸试样的力学性能（GB/T 26655—2011）

牌　号	主要壁厚 t/mm	抗拉强度 $R_{m,min}$ /MPa	屈服强度 $R_{p0.2,min}$ /MPa	伸长率 A_{min}/%	典型的布氏硬度范围（HBW）	主要基体组织
RuT300A	t≤12.5	300	210	2.0	140～210	铁素体
	12.5<t≤30	300	210			
	30<t≤60	275	195			
	60<t≤120	250	175			

续表

牌号	主要壁厚 t/mm	抗拉强度 $R_{m,min}$ /MPa	屈服强度 $R_{p0.2,min}$ /MPa	伸长率 A_{min}/%	典型的布氏硬度范围（HBW）	主要基体组织
RuT350A	$t \leqslant 12.5$	350	245	1.5	160～220	铁素体+珠光体
	$12.5 < t \leqslant 30$	350	245			
	$30 < t \leqslant 60$	325	230			
	$60 < t \leqslant 120$	300	210			
RuT400A	$t \leqslant 12.5$	400	280	1.0	180～240	珠光体+铁素体
	$12.5 < t \leqslant 30$	400	280			
	$30 < t \leqslant 60$	375	260			
	$60 < t \leqslant 120$	325	230			
RuT450A	$t \leqslant 12.5$	450	315	1.0	200～250	珠光体
	$12.5 < t \leqslant 30$	450	315			
	$30 < t \leqslant 60$	400	280			
	$60 < t \leqslant 120$	375	260			
RuT500A	$t \leqslant 12.5$	500	300	0.5	220～260	珠光体
	$12.5 < t \leqslant 30$	500	350			
	$30 < t \leqslant 60$	450	315			
	$60 < t \leqslant 120$	400	280			

注：1. 牌号后面的“A”表示附铸试样。
2. 布氏硬度为指导值，供参考。

3.4.3 球墨铸铁（GB/T 1348—2009）

因浇铸前在铁水中加入球化剂和墨化剂，促使碳呈球状石墨而得名，它兼有铸铁和钢的性能，具有较高的强度，耐磨性、抗氧化性和消震性高于钢，用于铸造一些受力复杂，强度、韧性、耐磨性要求较高的零件，在机械工业上有着广泛的用途。

表 3.49 球墨铸铁的常用牌号和力学性能（单铸试样）

材料牌号	抗拉强度 $R_{m,min}$ /MPa	屈服强度 $R_{p0.2,min}$ /MPa	伸长率 A_{min}/%	布氏硬度（HBW）	主要基体组织
QT350-22L	350	220	22	≤160	铁素体
QT350-22R	350	220	22	≤160	
QT350-22	350	220	22	≤160	
QT400-18L	400	240	18	120～175	

续表

材料牌号	抗拉强度 $R_{m,min}$ /MPa	屈服强度 $R_{p0.2,min}$ /MPa	伸长率 A_{min}/%	布氏硬度(HBW)	主要基体组织
QT400-18R	400	250	18	120～175	铁素体
QT400-18	400	250	18	120～175	
QT400-15	400	250	15	120～180	
QT450-10	450	310	10	160～210	
QT500-7	500	320	7	170～230	铁素体＋珠光体
QT550-5	550	350	5	180～250	
QT600-3	600	370	3	190～270	
QT700-2	700	420	2	225～305	珠光体
QT800-2	800	480	2	245～335	珠光体或索氏体
QT900-2	900	600	2	280～360	回火马氏体或屈氏体＋索氏体

注：字母“L”表示该牌号有低温（－20℃或－40℃）下的冲击性能要求；字母“R”表示该牌号有室温（23℃）下的冲击性能要求。

表3.50 球墨铸铁的常用牌号和力学性能、基体组织

材料牌号	铸件壁厚/mm	抗拉强度 $R_{m,min}$ /MPa	屈服强度 $R_{p0.2,min}$ /MPa	伸长率 A_{min} /%	布氏硬度(HBW)	主要基体组织
QT350-22AL	≤30	350	220	22	≤160	铁素体
	＞30～60	330	210	18		
	＞60～200	320	200	15		
QT350-22AR	≤30	350	220	22	≤160	铁素体
	＞30～60	330	220	18		
	＞60～200	320	210	15		
QT350-22A	≤30	350	220	22	≤160	铁素体
	＞30～60	330	210	18		
	＞60～200	320	200	15		
QT400-18AL	≤30	380	240	18	120～175	铁素体
	＞30～60	370	230	15		
	＞60～200	360	220	12		
QT400-18AR	≤30	400	250	18	120～175	铁素体
	＞30～60	390	250	15		
	＞60～200	370	240	12		

续表

材料牌号	铸件壁厚/mm	抗拉强度 $R_{m,min}$/MPa	屈服强度 $R_{p0.2,min}$/MPa	伸长率 A_{min}/%	布氏硬度(HBW)	主要基体组织
QT400-18A	≤30	400	250	18	120～175	铁素体
	>30～60	390	250	15		
	>60～200	370	240	12		
QT400-15A	≤30	400	250	15	120～180	铁素体
	>30～60	390	250	14		
	>60～200	370	240	11		
QT450-10A	≤30	450	310	10	160～210	铁素体
	>30～60	420	280	9		
	>60～200	390	260	8		
QT500-7A	≤30	500	320	7	170～230	铁素体+珠光体
	>30～60	450	300	7		
	>60～200	420	290	5		
QT550-5A	≤30	550	350	5	180～250	铁素体+珠光体
	>30～60	520	330	4		
	>60～200	500	320	3		
QT600-3A	≤30	600	370	3	190～270	珠光体+铁素体
	>30～60	600	360	2		
	>60～200	550	340	1		
QT700-2A	≤30	700	420	2	225～305	珠光体
	>30～60	700	400	2		
	>60～200	650	380	1		
QT800-2A	≤30	800	480	2	245～335	珠光体或索氏体
	>30～60	供需双方商定				
	>60～200					
QT900-2A	≤30	900	600	2	280～360	回火马氏体或索氏体+屈氏体
	>30～60	供需双方商定				
	>60～200					

注：从附铸试样测得的力学性能并不能准确地反映铸件本体的力学性能，但与单铸试棒上测得的值相比更接近于铸件的实际性能值。

表 3.51　球墨铸铁的用途

牌号	特　性	用　　途
QT400-18 QT400-15	焊接性切削加工性塑性韧性（↓） 抗拉强度、硬度、耐磨性（↑）	适用于制作农机具，汽车拖拉机的牵引杠、轮毂、驱动桥壳体、离合器壳等；通用机械的阀盖、支架；压缩机气缸、输气管以及铁路垫板、电动机壳、齿轮箱等
QT450-10		用途同 QT400-18
QT500-7		适用于制造内燃机的机油泵齿轮、汽轮机中温气缸隔板、水轮机的阀门体、铁路机车车辆轴瓦、机器座架、传动轴、链轮、飞轮、电动机架、千斤顶座等
QT600-3 QT700-2 QT800-2		适用于制造内燃机的曲轴、凸轮轴、气缸套、连杆、进排气门座；脚踏脱粒机齿条、轻负荷齿轮、畜力犁铧；机床主轴；空调机、气压机、冷冻机、制氧机及泵的曲轴、缸体、缸套；球磨机齿轴、矿车轮、桥式起重机大小车滚轮等
QT900-2		适用于翻造农机具，如犁铧、耙片、低速农用轴承套圈；汽车零件，如弧齿锥齿轮、转向节、传动轴；拖拉机减速齿轮；内燃机零件，如凸轮轴、曲轴等

表 3.52　中锰球墨铸铁的力学性能（YB/T 036.2—1992）

牌号	锰含量/%	砂型（ϕ30mm 试棒）		金属型（ϕ50mm 试棒）		冲击吸收功/J	硬度(HRC)
		抗弯强度 R_m/MPa	挠度 300/mm	抗弯强度 R_m/MPa	挠度 /300mm		
MQTMn6	5.5～6.5	510	3.0	390	2.5	8	44
MQTMn7	6.5～7.5	470	3.5	440	3.0	9	41
MQTMn8	7.5～9.0	430	4.0	490	3.5	10	38

3.4.4 可锻铸铁（GB/T 9440—2010）

可锻铸铁由一定化学成分的铁液浇注成白口坯件，再经退火而成，有较高的强度、塑性和冲击韧度，可以部分代替碳钢。因其化学成分和热处理工艺的不同，可分为黑心可锻铸铁、珠光体可锻铸铁和白心可锻铸铁。

表 3.53 黑心可锻铸铁和珠光体可锻铸铁的力学性能

牌号	试样直径[①] /mm	抗拉强度 $R_{m,min}$/MPa	屈服强度 $R_{p0.2,min}$ /MPa	伸长率 A_{min} ($L_0=3d$)/%	布氏硬度 (HBW)
KTH275-05[②]	12或15	275	—	5	≤150
KTH300-06[②]		300	—	6	
KTH330-08		330	—	8	
KTH350-10		350	200	10	
KTH370-12		370	—	12	
KTZ450-06		450	270	6	150～200
KTZ500-05		500	300	5	165～215
KTZ550-04		550	340	4	180～230
KTZ600-03		600	390	3	195～245
KTZ650-02[③,④]		650	430	2	210～260
KTZ700-02		700	530	2	240～290
KTZ800-01[③]		800	600	1	270～320

①如果需方没有明确要求，供方可以任意选取两种试棒直径中的一种；试样直径代表同样壁厚的铸件，如果铸件为薄壁件时，供需双方可以协商选取直径 6mm 或者 9mm 试样。

②KTH275-05 和 KTH300-06 为专门用于保证压力密封性能，而不要求高强度或者高延展性的工作条件的。

③油淬加回火。

④空冷加回火。

表 3.54 白心可锻铸铁的力学性能

牌　号	试样直径 d /mm	抗拉强度 $R_{m,min}$ /MPa	屈服强度 $R_{p0.2,min}$ /MPa	伸长率 A_{min} ($L_0=3d$) /%	布氏硬度 (HBW_{max})
KTB350-04	6	270	—	10	230
	9	310	—	5	
	12	350	—	4	
	15	360	—	3	
KTB360-12	6	280	—	16	200
	9	320	170	15	
	12	360	190	12	
	15	370	200	7	

续表

牌　号	试样直径 d /mm	抗拉强度 $R_{m,min}$ /MPa	屈服强度 $R_{p0.2,min}$ /MPa	伸长率 A_{min} ($L_0=3d$) /%	布氏硬度 (HBW_{max})
KTB400-05	6	300	—	12	220
	9	360	200	8	
	12	400	220	5	
	15	420	230	4	
KTB450-07	6	330	—	12	220
	9	400	230	10	
	12	450	260	7	
	15	480	280	4	
KTB050-04	6	—	—	—	250
	9	490	310	5	
	12	550	340	4	
	15	570	350	3	

注：1.所有级别的白心可锻铸铁均可以焊接。

2.对于小尺寸的试样，很难判断其屈服强度，屈服强度的检测方法和数值由供需双方在签订订单时商定。

3.如果需方没有明确要求，供方可以任意选取两种试棒直径中的一种。

表3.55　可锻铸铁的特性及用途

牌　号	特　性	用　途
KTH300-06	有一定的韧性、适当的强度，气密性好	适用于制造承受静载荷及低动载荷、要求气密性好的零件，如管道弯头、三通、管件等配件，中低压阀门及瓷瓶铁帽等
KTH330-08	有一定的韧性和强度	适用于制造承受静载荷和中等动载荷的工作零件，如犁刀、犁柱、车轮壳、机床用钩型扳手、铁道扣扳及钢丝绳轧头等
KTH350-10 KTH370-12	有较高的韧性和强度	适用于制造在较高的冲击、振动及扭转负荷下工作的零件，如汽车、拖拉机上的前后轮毂、差速器壳、转向节壳、制动器等，农机犁刀、犁柱以及铁道零件，船用电动机壳等
KTZ450-06 KTZ550-04 KTZ650-02 KTZ700-02	韧性较低，但强度大，耐磨性和加工性能好	可代替低碳、中碳、低合金钢及非铁合金，制造承受较高载荷、耐磨损，并要求有一定韧性的重要工作零件，如曲轴、连杆、齿轮、摇臂、凸轮轴、万向节头、活塞环、轴套、犁刀、传动链条等

续表

牌号	特性	用途
KTB350-04 KTB380-12 KTB400-05 KTB450-07	薄壁件仍有较好的韧性；有非常优良的焊接性，可与钢钎焊；加工性好，但工艺复杂，生产周期长，强度及耐磨性较差	适用于制造厚度在15mm以下的薄壁铸件和焊接后不需进行热处理的铸件。在机械制造工业中很少应用这类铸铁

3.4.5 耐热铸铁（GB/T 9437—2009）

在砂型铸造或导热性与砂型相仿的铸型中浇注而成，其工作温度在1100℃以下。

表3.56 耐热铸铁件的力学性能

铸铁牌号	抗拉强度 $R_{m,min}$/MPa	硬度(HBW)	铸铁牌号	抗拉强度 $R_{m,min}$/MPa	硬度(HBW)
HTRCr	200	189～288	QTRSi4Mo1	550	200～240
HTRCr2	150	207～288	QTRSi5	370	228～302
HTRCr16	340	400～450	QTRAl4Si4	250	285～341
HTRSi5	140	160～270	QTRAl5Si5	200	302～363
QTRSi4	420	143～187	QTRAl22	300	241～364
QTRSi4Mo	520	188～241			

表3.57 耐热铸铁的室温短时抗拉强度

铸铁牌号	在下列温度时的最小抗拉强度 R_m/MPa				
	500℃	600℃	700℃	800℃	900℃
HTRCr	225	144	—	—	—
HTRCr2	243	166	—	—	—
HTRCr16	—	—	—	144	88
HTRSi5	—	—	41	27	—
QTRSi4	—	—	75	35	—
QTRSi4Mo	—	—	101	46	—
QTRSi4Mo1	—	—	101	46	—
QTRSi5	—	—	67	30	—
QTRAl4Si4	—	—	—	82	32
QTRAl5Si5	—	—	—	167	75
QTRAl22	—	—	—	130	77

表 3.58　耐热铸铁的使用条件和应用

铸铁牌号	在空气炉气中的最高温度和特性	应用举例
HTRCr	550℃，具有高的抗氧化性和体积稳定性	适用于急冷急热的薄壁、细长件，用于炉条、高炉支梁式水箱、金属型、玻璃模等
HTRCr2	600℃，具有高的抗氧化性和体积稳定性	适用于急冷急热的薄壁、细长件，用于煤气炉内灰盆、矿山烧结车挡板等
HTRCr16	900℃，具有高的室温及高温强度，高的抗氧化性，但常温脆性较大，耐硝酸腐蚀	可在室温及高温下作抗磨件使用，用于退火罐、煤粉烧嘴、炉栅、水泥焙烧炉零件、化工机械等零件
HTRSi5	700℃，耐热性较好，承受机械和热冲击能力较差	用于炉条、煤粉烧嘴、锅炉用梳形定位析、换热器针状管、二硫化碳反应瓶等
QTRSi4	650℃，力学性能、抗热性较 RQTSi5 好	用于玻璃窑烟道闸门、玻璃引上机墙板、加热炉两端管架等
QTRSi4Mo	680℃，高温力学性能较好	用于内燃机排气歧管、罩式退火炉导向器、烧结机中后热筛板、加热炉吊梁等
QTRSi4Mo1	800℃，高温力学性能好	
QTRSi5	800℃，常温及高温性能明显优于 RTSi5	用于煤粉烧嘴、炉条、辐射管、烟道闸门、加热炉中间管架等
QTRAl4Si4	900℃，耐热性良好	适用于高温轻载荷下工作的耐热件，用于烧结机箆、炉用件等
QTRAl5Si5	1050℃，耐热性良好	
QTRAl22	1100℃，具有优良的抗氧化能力、较高的室温和高温强度，韧性好，抗高温硫蚀性好	适用于高温（1100℃）、载荷较小、温度变化较缓的工件。用于锅炉用侧密封块、链式加热炉炉爪、黄铁矿焙炉零件等

3.4.6　耐蚀铸铁（GB/T 8491—2009）

耐蚀铸铁是在铸铁中加入硅、铝、铬等元素，可使铸铁表面形成致密的氧化膜，并提高铸铁的电极电位，阻止和延缓铸铁的腐蚀。现在使用最多的是高硅耐蚀铸铁。它的含碳量低于 1%，含硅量约为 14%～18%，耐蚀性能很好，在硝酸和硫酸中耐蚀能力相当于1Cr18Ni9不锈钢，可用作各种规格的泵、阀、管接头、管道和印染、化纤设备。

常用高硅耐蚀铸铁硬度和用途见表3.59。

表3.59 常用高硅耐蚀铸铁硬度及用途

牌号	硬度(HBS)	用途举例
STSi11Cu2CrR	<42	卧式离心泵、潜水泵、阀门、旋塞、塔罐、冷却排水管、弯头等化工设备和零部件等
STSi15R	<48	各种离心泵、阀类、旋塞、管道配件、塔罐、低压容器及各种非标准零部件
STSi17R		
STSi15Mo3R		
STSi15Cr4R	—	在外加电流的阴极保护系统中，大量用作辅助阳极铸件

表3.60 常用高硅耐蚀灰铸铁的性能和应用

牌号	性能和适用条件	应用举例
HTSSi11Cu2CrR	具有较好的力学性能，可以用一般的机械加工方法进行生产。在浓度≥10%的硫酸、浓度≤46%的硝酸或由上述两种介质组成的混合酸、浓度≥70%的硫酸加氯、苯、苯磺酸等介质中具有较稳定的耐蚀性能，但不允许有急剧的交变载荷、冲击载荷和温度突变	卧式离心机、潜水泵、阀门、旋塞、塔罐、冷却排水管、弯头等化工设备和零部件等
HTSSi15R	在氧化性酸(例如各种温度和浓度的硝酸、硫酸、铬酸等)、各种有机酸和一系列盐溶液介质中都有良好的耐蚀性，但在卤素的酸、盐溶液(如氢氟酸和氯化物等)和强碱溶液中不耐蚀。不允许有急剧的交变载荷、冲击载荷和温度突变	各种离心泵、阀类、旋塞、管道配件、塔罐、低压容器及各种非标准零部件等
HTSSi15Cr4R	具有优良的耐电化学腐蚀性能，并有改善抗氧化性条件的耐蚀性能。高硅铬铸铁中的铬可提高其钝化性和点蚀击穿电位，但不允许有急剧的交变载荷和温度突变	在外加电流的阴极保护系统中，大量用作辅助阳极铸件
HTSSi15Cr4MoR	适用于强氯化物的环境	—

3.4.7 奥氏体合金铸铁件(GB/T 26648—2011)

铁水成分以铁、碳、镍为主，添加硅、锰、铜和铬等元素，在砂型或导热性与砂型相当的铸型中铸造，室温组织以奥氏体基体为主并具有稳定性，有一般工程用和特殊用途两大类。

表 3.61　奥氏体铸铁的力学性能

材料牌号		抗拉强度 R_m /MPa ≥	屈服强度 $R_{p0.2}$ /MPa ≥	伸长率 A /% ≥	冲击功（V形缺口）/J ≥	布氏硬度（HBW）
一般工程用	HTANi15Cu6Cr2	170	—	—	—	120～215
	QTANi20Cr2	370	210	7	13①	140～205
	QTANi20Cr2Nb	370	210	7	13①	140～200
	QTANi22	370	170	20	20	130～170
	QTANi23Mn4	440	210	25	24	153～180
	QTANi35	370	210	20	—	130～180
	QTANi35Si5Cr2	370	200	10	—	130～170
特殊用途	HTANi13Mn7	140	—	—	—	120～150
	QTANi13Mn7	390	210	15	16	120～150
	QTANi30Cr3	370	210	7	—	140～200
	QTANi30Si5Cr5	390	240	—	—	170～250
	QTANi35Cr3	370	210	7	—	140～190

①非强制要求。

表 3.62　奥氏体铸铁的特性和主要用途

牌　号		特　性	主要用途
一般工程用	HTANi15Cu6Cr2	有良好的耐腐蚀性，尤其是在碱、稀酸、海水和盐溶液内；有良好的耐热性、承载性。热膨胀系数高，含低铬时无磁性	泵、阀、炉子构件、衬套、活塞环托架、无磁性铸件
	QTANi20Cr2	有良好的耐腐蚀性和耐热性，较强的承载性，较高的热膨胀系数，含低铬时无磁性，若增加 1%（质量分数）Mo 可提高高温力学性能	泵、阀、压缩机、衬套、涡轮增压器外壳、排气歧管、无磁性铸件
	QTANi20Cr2Nb	适用于焊接产品，其他性能同 QTANi20Cr2	同 QTANi20Cr2
	QTANi22	伸长率较高，比 QTANi20Cr2 的耐蚀性和耐热性低，热膨胀系数高；－100℃仍具韧性，无磁性	泵、阀、压缩机、衬套、涡轮增压器外壳、排气歧管、无磁性铸件

续表

牌号		特性	主要用途
一般工程用	QTANi23Mn4	伸长率特别高，−196℃仍具韧性，无磁性	适用于−196℃的制冷工程用铸件
	QTANi35	热膨胀系数最低，耐热冲击	要求尺寸稳定性好的机床零件、科研仪器、玻璃模具
	QTANi35Si5Cr2	抗热性好，其伸长率和抗蠕变性能力高于QTANi35Cr3，若增加1%（质量分数）Mo抗蠕变能力会更强	燃气涡轮壳体。排气歧管、涡轮增压器外壳
特殊用途	HTANi13Mn7	无磁性	无磁性铸件，如涡轮发电机端盖、开关设备外壳、绝缘体法兰、终端设备、管道
	QTANi13Mn7	无磁性，与HTANi13Mn7性能相似，力学性能有所改善	无磁性铸件，如涡轮发电机端盖、开关设备外壳、绝缘体法兰、终端设备、管道
	QTANi30Cr3	力学性能与QTANi20Cr2Nb相似，但耐腐蚀性较好，中等热膨胀系数，优良的耐热冲击性，增加1%（质量分数）Mo，具有良好的耐高温性	泵、锅炉、阀门、过滤器零件、排气歧管、涡轮增压器外壳
	QTANi30Si5Cr5	优良的耐腐蚀性和耐热性，中等热膨胀系数	泵、排气歧管、涡轮增压器外壳、工业熔炉铸件
	QTANi35Cr3	与QTANi35相似，增加1%（质量分数）Mo，具有良好的耐高温性	燃气轮机外壳，玻璃模具

表3.63 推荐的热处理工艺

目的	热处理工艺
消除应力	①升温速率不大于150℃/h，加热到625～650℃。保温2h。 ②截面厚度每增加25mm，保温时间增加1h。 ③降温速率不大于100℃/h，炉内冷却至200℃出炉空冷
高温稳定化	①升温速率不大于150℃/h，加热到905～1040℃。保温3～5h ②截面厚度每增加25mm，保温时同增加1h。 ③达到规定的保温时间后出炉空冷

注：对于超过500℃以上工作温度的工件需进行高温稳定化热处理。

3.4.8　抗磨白口铸铁件（GB/T 8263—2010）

用于冶金、建材、电力、建筑、船舶、煤炭、化工和机械等行业的抗磨损零部件。

表 3.64　抗磨白口铸铁件的硬度

牌号	铸态或铸态去应力处理		硬化态或硬化态去应力处理		软化退火态	
	HRC ≥	HBW ≥	HRC ≥	HBW ≥	HRC ≤	HBW ≤
BTMNi4Cr2-DT BTMNi4Cr2-GT	53	550	56	600	—	—
BTMCr9Ni5 BTMCr2	50 45	500 435	56 —	600 —	—	—
BTMCr8 RTMCr12-DT	46 —	450 —	56 50	600 500	41	400
BTMCr12-GT BTMCr15、20、26	46	450	58	650	41	400

注：1. 洛氏硬度值（HRC）和布氏硬度值（HBW）之间没有精确的对应值，因此，这两种硬度值应独立使用。

2. 铸件断面深度 40%处的硬度应不低于表面硬度值的 92%。

表 3.65　抗磨白口铸铁件热处理规范

牌　号	软化退火处理	硬化处理		回火处理
		保　温	出炉冷却	
BTMNi4Cr2-DT BTMNi4Cr2-GT	—	430～470℃，4～6h	空冷或炉冷	250～300℃保温 8～16h，出炉空冷或炉冷
BTMCr9Ni5	—	800～850℃ 6～16h		
BTMCr8 RTMCr12-DT BTMCr12-GT BTMCr15	920～960℃保温，缓冷至 700～750℃保温，缓冷至 600℃以下出炉空冷或炉冷	940～980℃ 900～980℃ 900～980℃ 920～1000℃	以合适的方式快速冷却	200～550℃保温，出炉空冷或炉冷
BTMCr20 BTMCr26	960～1060℃保温，缓冷至 700～750℃保温，缓冷至 600℃以下出炉空冷或炉冷	950～1050℃ 960～1060℃		

注：1. 热处理规范中保温时间主要由铸件壁厚决定。

2. BTMCr2 经 200～650℃去应力处理。

3.4.9 铬锰钨系抗磨铸铁件（GB/T 24597—2009）

用于冶金、建材、电力等行业在磨料磨损条件下使用。

表 3.66 铬锰钨系抗磨铸铁件淬硬深度

牌号	淬硬深度/mm	牌号	淬硬深度/mm
BTMCr18Mn3W2	100	BTMCr12Mn3W2	80
BTMCr18Mn3W	80	BTMCr12Mn3W	65
BTMCr18Mn2W	65	BTMCr12Mn2W	50

注：淬硬深度指在风冷硬化条件下，铸件心部硬度分别达到 58HRC 以上（BTMCr18Mn3W2、BTMCr18Mn3W、RTMCr18Mn2W）或 56HRC 以上（BTMCr12Mn3W2、BTMCr12Mn3W、BTMCr12Mn2W）的铸件厚度 1/2 处至铸件表曲的距离。

表 3.67 铬锰钼系抗磨铸铁件的硬度

牌号	硬度(HRC)		牌号	硬度(HRC)	
	软化退火态	硬化态		软化退火态	硬化态
BTMCr18Mn3W2	≤45	≥60	BTMCr12Mn3W2	≤40	≥58
BTMCr18Mn3W	≤45	≥60	BTMCr12Mn3W	≤40	≥58
BTMCr18Mn2W	≤45	≥60	BTMCr12Mn2W	≤40	≥58

注：铸件断面深度 40%部位的硬度应不低于表面硬度值的 96%。

3.4.10 耐磨损球墨铸铁件（JB/T 11843—2014）

牌号表示方法：

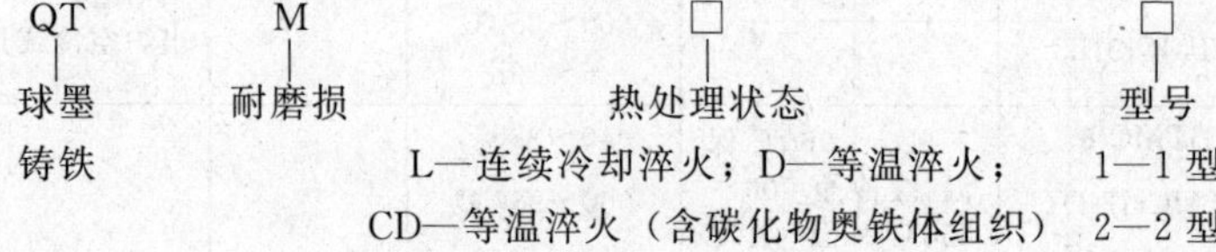

表 3.68 耐磨损球墨铸铁件的牌号和硬度

牌　号	名　　称	表面硬度(HRC)
QTML-1	奥铁体连续冷却淬火球墨铸铁件	≥50
QTML-2	马氏体连续冷却淬火球墨铸铁件	≥52
QTMD-1	奥铁体等温淬火球墨铸铁件	≥43
QTMD-2	奥铁体低温等温淬火球墨铸铁件	≥48
QTMCD	含碳化物奥铁体等温淬火球墨铸铁件	≥56

3.4.11 铸铁轧辊（GB/T 1504—2008）

轧辊（包括工作层为铸铁材质的复合轧辊）用于加工金属材料。

表 3.69 表面硬度和辊颈抗拉强度

分类	材质类别		材质代码	硬度(HSD)		抗拉强度 R_m/MPa	推荐用途
				辊身	辊颈		
冷硬铸铁	铬钼冷硬		CC	58～70	32～48	≥150	小型型钢、热轧薄版平整轧机、线材
	镍铬钼冷硬	Ⅰ	CCⅠ	60～70	32～50		
		Ⅱ	CCⅡ	62～75	35～52		
	镍铬钼冷硬离心复合	Ⅰ	CCⅢ	65～80	32～45	≥350	
		Ⅱ	CCⅣ	80～85	32～45		
无限冷硬铸铁	铬钼无限冷硬		IC	50～70	35～55	≥150	小型型钢、窄带钢轧机
	镍铬钼无限冷硬	Ⅰ	ICⅠ	55～72	35～55		
		Ⅱ	ICⅡ	55～72	35～55		
		Ⅲ	ICⅢ	65～78	32～45	≥350	
		Ⅳ	ICⅣ	70～83	32～45		中厚板、平整、热带钢轧机
		Ⅴ	ICⅤ	77～85	32～45		

续表

分类	材质类别		材质代码	硬度(HSD)		抗拉强度 R_m/MPa	推荐用途
				辊身	辊颈		
球墨铸铁	铬钼球墨半冷硬		SGⅠ	40～55	32～50	≥320	型钢轧机
	铬钼球墨无限冷硬		SGⅡ	50～70	35～55		线材、型钢、窄带钢轧机
	铬钼铜球墨无限冷硬		SGⅢ	55～70	35～55		
	镍铬钼铜球墨无限冷硬	Ⅰ	SGⅣ	55～70	35～55		
		Ⅱ	SGⅤ	60～70	35～55		
	珠光体球墨	Ⅰ	SGPⅠ	45～55	35～55	≥450	方/板坯初轧机、大中型型钢、线材、窄带钢轧机
		Ⅱ	SGPⅡ	55～65	35～55		
		Ⅲ	SGPⅢ	62～72	35～55		
	贝氏体球墨离心复合	Ⅰ	SGAⅠ	55～78	32～45	≥350	
		Ⅱ	SGAⅡ	60～80	32～45		
	高铬离心复合	Ⅰ	HCrⅠ	60～75	32～45	≥350	热带钢、轧辊、平整、中厚板轧机，冷带钢轧机、型钢万能轧机辊环
		Ⅱ	HCrⅡ	65～80	32～45		
		Ⅲ	HCrⅢ	75～90	32～45		

注：1.球墨铸铁轧辊中含有稀土元素时，Mg残量不得小于0.03%。

2.在满足轧机使用条件下，符合轧辊或辊环芯部可采用球墨铸铁材质。

3.4.12　冷硬铸铁辊筒（HG/T 3108—2012）

冷硬铸铁辊筒用于橡胶塑料压延机，开炼机中炼胶机、压片机、热炼机、破胶机和精炼机。分为普通冷硬铸铁辊筒（HTLG-P）、合金冷硬铸铁辊筒（HTLG-H）和离心复合冷硬铸铁辊筒（HTLG-LF），“HTL”为 GB/T 5612 中规定的冷硬灰铸铁代号，“G”表示“辊筒”，“P”表示“普通”，“H”表示“合金”，“LF”表示“离心复合”。

表 3.70　机械加工后的辊筒白口深度及表面硬度

项目		辊筒直径/mm			
		≤250	>250～400	>400～500	>500
白口深度/mm		3～13	4～20	4～22	5～24
工作表面硬度(HSD)	普通冷硬铸铁辊筒	65～72			
	合金冷硬铸铁辊筒	68～78			
	离心复合冷硬铸铁辊筒	70～78			
轴颈表面硬度(HSD)	普通冷硬铸铁辊筒	26～36			
	合金冷硬铸铁辊筒	35～48			
	离心复合冷硬铸铁辊筒	32～45			

注：1. 当辊筒轴颈采用钢套结构时，钢套表面硬度（HSD）不低于 30。
2. 当辊筒工作面端面采用钻孔结构时，白口深度为 5～20mm。
3. 在辊筒工作面加工成沟槽后，沟底的白口深度下限为 3mm。
4. 离心复合冷硬铸铁辊筒的合金层深度为 15～24mm。

3.4.13　高铬铸铁衬板（JC/T 691—2010）

用于建材工业水泥管磨机或其他行业用高铬铸铁衬板及过流件，有 CBCr15、CBCr20 和 CBCr26 三种材料。

高铬铸铁衬板的代号是：

衬板的硬度：均≥58HRC。

3.4.14　低铬合金铸铁磨段（YB/T 093—2005）

用于冶金工业湿式磨机作磨矿介质。

低铬合金铸铁磨段的代号是：

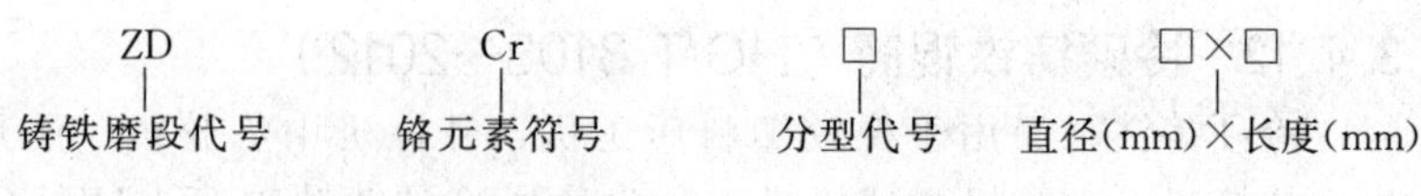

表 3.71　低铬合金铸铁磨段的质量

<table>
<tr><th colspan="2">项　目</th><th colspan="4">技 术 要 求</th></tr>
<tr><td colspan="2">硬　度</td><td colspan="4">低铬合金铸铁磨段的表面洛氏硬度,公称直径<35mm 时,洛氏硬度应不小于 48HRC;直径≥35mm 时,洛氏硬度应不小于 45HRC。
低铬多元合金铸铁磨段的表面洛氏硬度应为 50HRC 以上</td></tr>
<tr><td colspan="2">破碎率</td><td colspan="4">应不大于 1%</td></tr>
<tr><td colspan="2">内部质量</td><td colspan="4">在通过柱心的剖切面上不允许有缩孔、气孔、夹渣</td></tr>
<tr><td rowspan="5">铸造表面缺陷</td><td>不允许</td><td colspan="4">有裂纹和影响使用性能的夹渣、砂眼、气孔、铁豆、冷隔等</td></tr>
<tr><td rowspan="4">允许(≤)</td><td rowspan="2">尺寸
(直径×长度)/mm</td><td rowspan="2">多肉、少肉
/mm</td><td colspan="2">缩　陷</td></tr>
<tr><td>深度/mm</td><td>面积/mm²</td></tr>
<tr><td>20×25、25×35</td><td>2</td><td>2</td><td>4</td></tr>
<tr><td>30×40、30×45、
35×45、45×50、50×60</td><td>3</td><td>3</td><td>6</td></tr>
</table>

铸铁磨段的公称直径和长度

公称直径/mm	20	25	30	30	35	45	50
公称长度/mm	25	35	40	45	45	50	60

注：圆台铸铁磨段的锥度 1∶(8～12)。

3.4.15　合金铸铁磨球(YB/T 092—2005)

用于冶金工业湿式(或干式)球磨机作磨矿介质，有铬系铸铁磨球和球墨铸铁磨球两大类。铬系合金铸铁磨球又可按铬含量分为为 3 小类：

① 高铬铸铁磨球　铬含量≥10%，共晶碳化物主要为(Cr,Fe)7C3。

② 中铬铸铁磨球　铬含量 5%～10%，共晶碳化物主要为 $(Cr,Fe)_7C_3$ 和 $(Cr,Fe)_3C$。

③ 低铬铸铁磨球　铬含量 1.0%～5.0%，共晶碳化物主要为

$(Cr,Fe)_3C$。

其代号表示方法是：

ZQ（铸铁磨球代号）　Cr（铬元素符号）　□（分类代号）　□（分型代号）　□（公称直径）

同类铸铁磨球按热处理方法分为淬火后回火铸铁磨球（A）和不淬火、仅回火铸铁磨球（B）两种型号。

合金球墨铸铁磨球按主要基体组织分为贝氏体球（墨铸）铁磨球（B）和马氏体球（墨铸）铁磨球（M）两类。其代号表示方法是：

ZQ（铸铁磨球代号）　□（分类代号）　□（公称直径）

表 3.72　铬系铸铁磨球的力学性能

代　号	表面硬度（HRC）	冲击试验 A_k/J	冲击疲劳寿命（落球次数）
ZQCrGA	≥56	≥3	≥8000
ZQCrGB	≥49		
ZQCrZA	≥51	≥3	≥8000
ZQCrZB	≥48		
ZQCrDA	≥48	≥2	≥8000
ZQCrDB	≥45		

注：1. 落球冲击疲劳试验采用直径 100mm 的铸铁磨球；在标准高度 3.5m 试验机上的试验结果。

2. 冲击韧性和冲击疲劳寿命指标，如用户有需要，由供需双方自行商定。

表 3.73　球墨铸铁磨球的力学性能

名　　称	代号	表面硬度（HRC）	冲击试验 A_k/J	冲击疲劳寿命（落球次数）
贝氏体球墨铸铁磨球	ZQB	≥50	≥8	≥10000
马氏体球墨铸铁磨球	ZQM	≥52	≥8	≥10000

注：同表 3.72。

表 3.74 磨球的质量要求

项目	质量要求						
表面质量	不允许有缺陷：裂纹和明显可见的气孔、夹渣、缩松、冷隔、皱皮等铸造缺陷						
	允许有的缺陷						
	公称直径/mm	浇口处多肉/mm	粘砂面积/mm^2	局部残留飞边/mm	深度/mm	单孔面积/mm^2	总面积/mm^2
	20～35	1.5	16	1.5	1.5	12	25
	40～60	2.0	25	2.0	2.0	16	35
	70～90	2.5	36	3.0	2.5	20	50
	100～125	3.0	49	3.0	2.5	25	65
内部质量	在通过浇口中心和球心的剖切面上不允许有缩孔、缩松、气孔、夹渣和其他孔洞缺陷						

3.5 铸钢件

铸钢是用于生产铸件的铁基合金（含碳小于 2%）的总称，其性能虽不及锻钢，但成本较低，适用于外形较复杂的零件，可分为以下 4 类：焊接结构用铸钢、耐热铸钢、耐蚀铸钢和耐磨铸钢。

3.5.1 牌号表示方法

根据 GB/T 5613—2014，铸钢的牌号的表示方法有 2 种：

① 以强度表示 在"ZG"后面加屈服强度值和抗拉强度值两组数字组成，如 ZG270-500 表示屈服强度为 270MPa、抗拉强度为 500MPa 的铸钢。

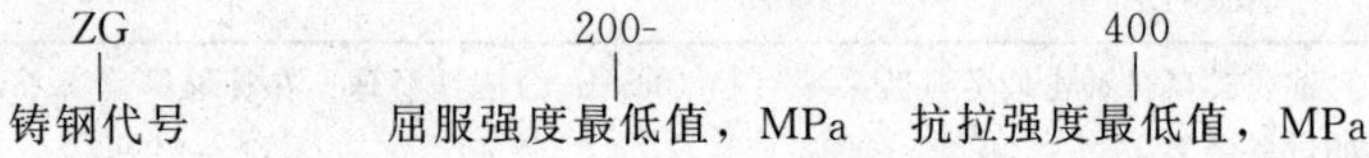

② 以化学成分表示 在"ZG"后面加上表示含碳量和所含合金元素的符号、数字组成，共有 3 个类型：

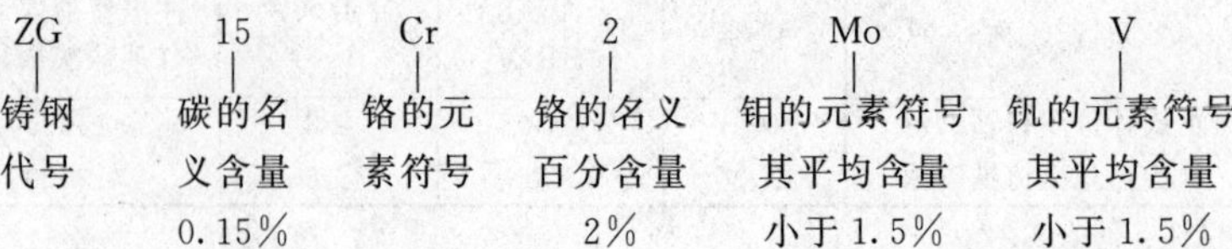

ZGS	06	Cr	19	Ni	10
耐蚀铸钢代号	碳的名义含量0.06%	铬的元素符号	铬的名义百分含量19%	镍的元素符号	镍的名义含量10%

ZGM	120	Mn	13	Cr	2	RE
耐磨铸钢代号	碳的名义含量1.20%	锰的元素符号	锰的名义百分含量13%	铬的元素符号	铬的名义百分含量2%	稀土元素平均含量小于1.50%

3.5.2　一般工程用铸造碳钢（GB/T 11352—2009）

表3.75　一般工程用铸造碳钢的特性和用途

类别	牌　号	特　性	用　途
低碳	ZG200-400	有良好的塑性、韧性和焊接性	用于受力不大、要求韧性的各种机械零件，如机座、变速器壳等
	ZG230-450	有一定的强度和较好的塑性，韧性、焊接性好，切削加工性尚可	用于受力不大、要求韧性好的各种机械零件，如砧座、外壳、轴承座、底板、阀体、犁柱等
中碳	ZG270-500	有较高的强度和较好的塑性，铸造性、焊接性、切削加工性好	用途广泛，用作轧钢机机架、轴承座、连杆、箱体、曲拐、缸体等
	ZG310-570	有较高强度，切削加工性良好，塑性、韧性较低	用于负荷较高的零件，如大齿轮、缸体、制动轮、辊子等
高碳	ZG340-640	高强度、硬度和耐磨性，切削加工性中等，焊接性较差，流动性好，裂纹敏感性较大	用作齿轮、棘轮等

表 3.76 一般工程用铸造碳钢件的力学性能

牌 号	规定非比例延伸强度 $R_{p0.2}$/MPa	抗拉强度 R_m/MPa	伸长率 A/%	根据合同选择		
				收缩率 Z/%	冲击性能	
					A_k/J	a_k/(J/cm^2)
ZG200-400	200	400	25	40	30	6.0
ZG230-450	230	450	22	32	25	4.5
ZG270-500	270	500	18	25	22	3.5
ZG310-570	310	570	15	21	15	3
ZG340-640	340	640	10	18	10	2

3.5.3 一般工程与结构用低合金铸钢（GB/T 14408—2014）

广泛用于铁路机车、货车和客车的部件中，在汽车、船舶、蒸汽机、内燃机以及兵工、化工、拖拉机、水压机等都广泛使用。

表 3.77 低合金铸钢的力学性能

牌号	规定非比例延伸强度 $R_{p0.2}$ /MPa ≥	抗拉强度 R_m /MPa ≥	伸长率 A/% ≥	收缩率 Z/% ≥	冲击吸收能量 KV/J ≥
ZGD270-480	270	480	L8	35	25
ZGD290-510	290	510	16	35	25
ZGD345-570	345	570	14	35	20
ZGD410-620	410	620	13	35	20
ZGD535-720	535	720	12	30	18
ZGD650-830	650	830	10	25	18
ZGD730-910	730	910	8	22	15
ZGD840-1030	840	1030	6	20	15
ZGD1030-1240	1030	1240	5	20	22
ZGD1240-1450	1240	1450	4	15	18

3.5.4 大型低合金钢铸件（JB/T 6402—2006）

适用于砂型铸造或导热性与砂型相仿的铸型中浇注出的铸件。

表 3.78 大型低合金钢铸件的力学性能

材料牌号	热处理状态	R_{eH}	R_m	A	Z	KU	KV	KDVM	HB ≥
		MPa ≥		% ≥		J ≥			
ZG20Mn	正火＋回火	285	495	18	30	39	—	—	145
	调质	300	500～650	24	—	—	45	—	150～190
ZG30Mn	正火＋回火	300	558	18	30	—	—	—	163
ZG35Mn	正火＋回火	345	570	12	20	24	—	—	—
	调质	415	640	12	25	27	—	27	200～240
ZG40Mn	正火＋回火	295	640	12	30	—	—	—	163
ZG40Mn2	正火＋回火	395	590	20	40	30	—	—	179
	调质	685	835	13	45	35	—	35	269～302
ZG45Mn2	正火＋回火	392	637	15	30	—	—	—	179
ZG50Mn2	正火＋回火	445	785	18	37	—	—	—	—
ZG35SiMnMo	正火＋回火	395	640	12	20	24	—	—	—
	调质	490	690	12	25	27	—	27	—
ZG35CrMnSi	正火＋回火	345	690	14	30	—	—	—	217
ZG20MnMo	正火＋回火	295	490	16	—	39	—	—	156
ZG30Cr1MnMo	正火＋回火	392	686	15	30	—	—	—	—
ZG55CrMnMo	正火＋回火	不规定		—	—	—	—	—	—

续表

材料牌号	热处理状态	R_{eH}	R_m	A	Z	KU	KV	KDVM	HB ≥
		MPa ≥		% ≥		J ≥			
ZG40Cr1	正火＋回火	345	630	18	26	—	—	—	212
ZG34Cr2Ni2Mo	调质	700	950～1000	12	—	—	32	—	240～290
ZG15Cr1Mo	正火＋回火	275	490	20	35	24	—	—	140～220
ZG20CrMo	正火＋回火	245	460	18	30	30	—	—	135～180
	调质	245	460	18	30	24	—	—	—
ZG35Cr1Mo	正火＋回火	392	588	12	20	23.5	—	—	—
	调质	510	686	12	25	31	—	27	201
ZG42Cr1Mo	正火＋回火	343	569	12	20	—	30	—	—
	调质	490	690～830	11	—	—	—	21	200～250
ZG50Cr1Mo	调质	520	740～880	11	—	—	—	34	200～260
ZG65Mn	正火＋回火	不规定		—	—	—	—	—	—
ZG28NiCrMo	—	420	630	20	40	—	—	—	—
ZG30NiCrMo	—	590	730	17	35	—	—	—	—
ZG35NiCrMo	—	660	830	14	30	—	—	—	—

注：需方无特殊要求时，KU、KV、KDVM由供方任选一种；且硬度不作验收依据。

3.5.5 焊接结构用碳素钢铸件（GB/T 7659—2010）

适用于一般工程结构上，焊接性好的碳素钢铸件。

表 3.79 焊接结构用碳素钢铸件的室温力学性能（单铸试块）

牌号	拉伸性能(min)			根据合同选择(min)	
	上屈服强度 R_{eH}/MPa	抗拉强度 R_m/MPa	断后伸长率 A/%	断面收缩率 Z/% ≥	冲击吸收功 KV_2/J
ZG200-400H	200	400	25	40	45
ZG230-450H	230	450	22	35	45
ZG270-480H	270	480	20	35	40
ZG300-500H	300	500	20	21	40
ZG340-550H	340	550	—15	21	36

注：当无明显屈服时，测定规定非比例延伸强度 $R_{p0.2}$。

3.5.6 承压钢铸件（GB/T 16253—1996）

适用于承压钢铸件，包括按《压力容器安全技术监察规程》要求生产的压力容器用承压钢铸件和其他承压钢铸件。

表 3.80 承压钢铸件的热处理和力学性能

钢种	牌号	力学性能①						热处理②③				
		σ_s④	R_m	A_e	Z	KV_2		类型	奥氏体化温度/℃	冷却	回火温度/℃	冷却
		MPa		%		℃	J					
碳素钢	ZG240-450A	240	450～600	22	35	室温	27	A	890～980	f	—	—
								N(+T)		a	600～700	—
								(Q+T)		l		
	ZG240-450AG							N(+T)		a		a、f
								Q+T		l		
	ZG240-450B	240	450～600	22	35	室温	45	A	890～980	f	—	—
								N(+T)		a	600～700	a、f
								(Q+T)		l		
	ZG240-450BG							N(+T)		a		
								Q+T		l		
	ZG240-450BD				—	−40	27	N(+T)		a	600～700	a、f
								Q+T		l		
	ZG280-520	280	520～670⑤	18	30	室温	35	A	890～980	f	—	—
								N(+T)		a	600～700	a、f
								(Q+T)		l		
	ZG280-520G							N(+T)		a		
								Q+T		l		
	ZG280-520D				—	−35	27	(N+T)		a		
								Q+T		l		

续表

钢种	牌号	力学性能①						热处理②③				
		σ_s④	R_m	A_e	Z	KV_2		类型	奥氏体化温度/℃	冷却	回火温度/℃	冷却
		MPa		%		℃	J					
铁素体和马氏体合金钢	ZG19MoG	250	450～600	21	35	室温	25	N+T Q+T	900～960	a l	630～710	a、f
	ZG29Cr1MoD	370	550～700	16	30	−45	27	(N+T) Q+T	850～910	a l	640～690	a、f
	ZG15Cr1MoG	290	490～640	18	35	室温	27	N+T Q+T	900～960	a l	650～720	a、f
	ZG14MoVG	320	500～650	17	30	室温	13	N+T	950～1000	a	680～750	a、f
	ZG12Cr2Mo1G	280	510～660	18	35	室温	25	N+T	930～970	a	680～750	a、f
	ZG16Cr2Mo1G	390	600～750	18	35	室温	40	(N+T) Nac+T Q+T	930～970	a ac l	680～750	a、f
	ZG20Cr2Mo1D				—	−50	27	(N+T) Nac+T Q+T		a ac l		
	ZG17Cr1Mo1VG	420	590～740	15	35	室温	24	Nac+T Q+T	940～980	ac l	680～750	a、f
	ZG16Cr5MoG	420	630～780	16	35	室温	25	N+T	930～990	a	620～750	a、f
	ZG14Cr9Mo1G						20	N+T				

续表

钢种	牌号	力学性能[①]						热处理[②③]				
		σ_s[④]	R_m	A_e	Z	KV_2		类型	奥氏体化温度/℃	冷却	回火温度/℃	冷却
		MPa		%		℃	J					
铁素体和马氏体合金钢	ZG14Cr12Ni1MoG	450	620～770	14	30	室温	20	N+T	950～1050	a	620～750	a
	ZG08Cr12Ni1MoG	360	540～690	18	35	室温	35	N+T	1000～1050[⑥]	a	650～720	a、f
	ZG08Cr12Ni4Mo1G	550	750～900	15	35	室温	45	N+T	950～1050	a	570～620	a、f
	ZG08Cr12Ni4Mo1D				—	−80	27	Nac+T		ac		
								(N+T)		a		
	ZG23Cr12Mo1NiVG	540	740～880	15	20	室温[⑦]	21	N+T	1020～1070	a	680～750	a、f
	ZG14Ni4D	300	460～610	20	—	−70	27	Q+T	820～870	l	590～660	a[⑧]
	ZG24Ni2MoD	380	520～670	20	—	−35	27	Q+T	900～950	l	600～670	a[⑧]
	ZG22Ni3Cr2MoAD	450	620～800	16	—	−80	27	(N+T)	900～950	a	580～650	a[⑧]
								Nac+T		ac		
								Q+T		l		
	ZG22Ni3Cr2MoBD	655	800～950	13	—	−60	27	(N+T)	900～950	a	580～650	a[⑧]
								Nac+T		ac		
								Q+T		l		

续表

钢种	牌号	力学性能①						热处理②③				
		σ_s④	R_m	A_e	Z	KV_2		类型	奥氏体化温度/℃	冷却	回火温度/℃	冷却
		MPa		%		℃	J					
奥氏体不锈钢	ZG03Cr18Ni10	210	440～640	30	—	—	—	S	1010 1100	1⑨	—	—
	ZG07Cr20Ni10								1040 1100			
	ZG07Cr20Ni10G	230	470～670	30	—	—	—	S		1⑨	—	—
	ZG07Cr19Ni11Mo2G								≥1050			
	ZG07Cr18Ni10D	210	440～640	30	—	−195	45	S	1040 1100	1⑨	—	—
	ZG08Cr20Ni10Nb			25	—	—	—	S				
	ZG07Cr19Ni11Mo2	210	440～640	30	—	—	—	S	≥1050	1⑨	—	—
	ZG03Cr19Ni11Mo2											
	ZG08Cr19Ni11Mo2Nb	210	440～640	25	—	—	—	S	≥1050	1⑨	—	—
	ZG03Cr19Ni11Mo3			30								
	ZG07Cr19Ni11Mo3											

①除规定范围者外，均为最小值。

②热处理类型符号的含义：A表示退火（加热到 AC_3 以上，炉冷）；N表示正火（加热到 AC_3 以上，空冷）；Q表示淬火（加热到 AC_3 以上，液体淬火）；T表示回火；Nac表示（加热到 AC_3 以上，快速空冷）；S表示固溶处理。括号内的热处理方法只适用于特定情况。

③冷却方式符号的含义：a表示空冷；f表示炉冷；l表示液体淬火或液冷；ac表示快速空冷；

④屈服点，新标准中没有此代号。

⑤如满足最低屈服强度要求，则抗拉强度下限允许降至500MPa。

⑥冷却到100℃以下后，可采用亚临界热处理：820～870℃，随后空冷。

⑦该铸钢一般用于温度超过525℃的场合。

⑧如需方不限制，也可用液冷。

⑨根据铸件厚度情况，也可快速空冷。

3.5.7 耐磨铸钢及其铸件（GB/T 26651—2011）

适用于冶金、建材、电力、建筑、铁路、船舶、煤炭、化工和机械等行业的耐磨钢铸件。

表 3.81 耐磨铸钢及其铸件的力学性能

牌号	表面硬度 (HRC)≥	冲击吸收能量 KV_2/J ≥	冲击吸收能量 KN_2/J ≥
ZG30Mn2Si	45	12	—
ZG30Mn2SiCr	45	12	—
ZG30CrMnSiMo	45	12	—
ZG30CrNiMo	45	12	—
ZG40CrNiMo	50	—	25
ZG42Cr2Si2MnMo	50	—	25
ZG45Cr2Mo	50	—	25
ZG30Cr5Mo	42	12	—
ZG40Cr5Mo	44	—	25
ZG50Cr5Mo	46	—	15
ZG60Cr5Mo	48	—	10

注：1. V、N 分别代表 V 形缺口和无缺口试样。
2. 铸件断面深度 40%处的硬度应不低于表面硬度值的 92%。

3.5.8 耐磨耐蚀钢铸件（GB/T 31205—2014）

用于冶金、建材、电力、建筑、化工和机械等行业的以磨料磨损为主的湿态腐蚀磨料磨损工况易磨蚀零部件。其他类型的耐磨耐蚀钢铸件可参照执行。

耐磨耐蚀钢铸件牌号表示方法：

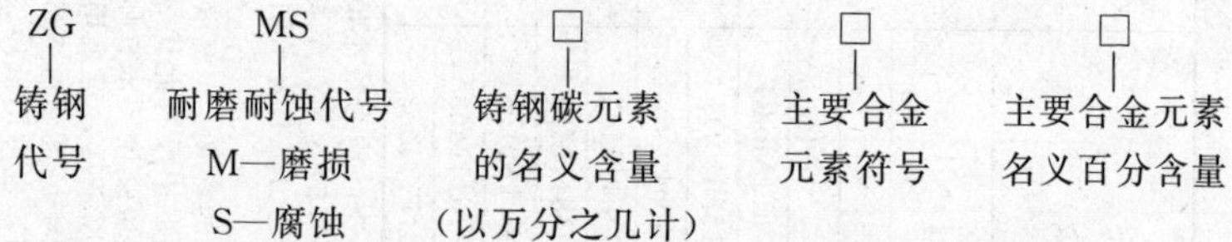

表 3.82 耐磨耐蚀钢铸件的硬度和冲击吸收能量

牌号	表面硬度		冲击吸收能量		
	HRC	HBW	KV_2	KU_2	KN_2
ZGMS30Mn2SiCr	≥45	—	≥12	—	—

续表

牌　　号	表面硬度		冲击吸收能量		
	HRC	HBW	KV_2	KU_2	KN_2
ZGMS30CrMnSiMo	≥45	—	≥12	—	—
ZGMS30CrNiMo	≥45	—	≥12	—	—
ZGMS40CrNiMo	≥50	—	—	—	≥25
ZGMS30Cr5Mo	≥42	—	≥12	—	—
ZGMS50Cr5Mo	≥46	—	—	—	≥15
ZGMS60Cr2MnMo	≥30	—	—	—	≥25
ZGMS85Cr2MnMo	≥32	—	—	—	≥15
ZGMS25Cr10MnSiMoNi	≥40	—	—	—	≥50
ZGMS110Mn13Mo1	—	≤300	—	≥118	—
ZGMS120Mn13	—	≤300	—	≥118	—
ZGMS120Mn13Cr2	—	≤300	—	≥90	—
ZGMS120Mn13Ni3	—	≤300	—	≥118	—
ZGMS120Mn18	—	≤300	—	≥118	—
ZGMS120Mn18Cr2	—	≤300	—	≥90	—

注：1. V、U、N 分别代表 V 形缺口、U 形缺口和无缺口试样。

2. 奥氏体锰钢铸件之外的铸件断面深度 40%处的硬度应不低于表面硬度值的 92%。

3.5.9　耐磨损复合材料铸件（GB/T 26652—2011）

用于冶金、建材、电力、建筑、船舶、化工、煤炭和机械等行业的耐磨损复合材料铸件。按铸造工艺分为 3 个类别：镶铸合金复合材料、双液铸造双金属复合材料和铸渗合金复合材料。

（1）牌号

耐磨损复合材料铸件代号用“铸”和“复”二字的汉语拼音的第一个大写正体字母“ZF”表示。

表 3.83　耐磨损复合材料铸件的牌号及组成

牌号	名　　称	复合材料组成	铸件耐磨损增强体材料
ZF-1	镶铸合金复合材料Ⅰ铸件	硬质合金/铸钢或铸铁	硬质合金
ZF-2	镶铸合金复合材料Ⅱ铸件	抗磨白口铸铁块/铸钢或铸铁	抗磨白口铸铁
ZF-3	双液铸造双金属复合材料	抗磨白口铸铁层/铸钢或铸铁层	抗磨白口铸铁
ZF-4	铸渗合金复合材料铸件	硬质相颗粒/铸钢或铸铁	硬质合金、抗磨白口铸铁、WC 和(或)TiC 等金属陶瓷

（2）硬度

表 3.84 耐磨损复合材料铸件硬度

名 称	牌号	铸件耐磨损增强体硬度(HRC)	铸件耐磨损增强体硬度(HRA)
镶铸合金复合材料Ⅰ铸件	ZF-1	≥56(硬质合金)	≥79(硬质合金)
镶铸合金复合材料Ⅱ铸件	ZF-3	≥56(抗磨白口铸铁)	—
双液铸造双金属复合材料铸件	ZF-3	≥56(抗磨白口铸铁)	—
铸渗合金复合材料铸件	ZF-4	≥62(硬质合金)	≥82(硬质合金)
		≥56(抗磨白口铸铁)	—
		≥62(WC 和/或 TiC 等金属陶瓷)	≥82(WC 和/或 TiC 等金属陶瓷)

注：硬度 HRC 和 HRA 中任选一项。

3.5.10 一般用途耐热钢和合金铸件（GB/T 8492—2014）

适合在一般工程中不同耐热条件下广泛应用的铸造耐热钢和耐热合金铸件的种类。

表 3.85 一般用途耐热钢和合金铸件的力学性能

牌 号	规定非比例延伸强度 $R_{p0.2}$/MPa	抗拉强度 R_m /MPa	伸长率 A /%	最高使用温度/℃
ZG40Cr9Si2	—	550	—	800
ZG30Cr18MNi2Si2N	—	490	8	950
ZG35Cr24Ni7SiN	340	540	12	1100
ZG30Cr26Ni5	—	590	—	1050
ZG30Cr20Ni10	235	490	23	900
ZG35Cr26Ni12	235	490	8	1100
ZG35Cr28Ni16	235	490	8	1150
ZG40Cr25Ni20	235	440	8	1150
ZG40Cr30Ni20	245	450	8	1150
ZG35Ni24Cr18Si2	195	390	5	1100
ZG30Ni35Cr15	195	440	13	1150
ZG45Ni35Cr26	235	440	5	1150
ZGCr28	—	—	—	1050

表 3.86 一般用途耐热钢和合金铸件的特点及用途

牌 号	性能特点	用途举例
ZG40Cr9Si2	高温强度低，抗氧化最高至800℃，长期受载件的工作温度低于700℃	用于坩埚、炉门、底板等构件
ZG30Cr18MNi2Si2N	高温强度和抗热疲劳性较好	用于炉罐、炉底板、料筐、传送带导轨、支承架、吊架等炉用构件
ZG35Cr24Ni7SiN	抗氧化性好	用于炉罐、炉辊、通风机叶片、热滑轨、炉底板、炉窑等构件
ZG30Cr26Ni5	使用温度可达650℃，轻载时可达1050℃，在650～870℃易析出σ相	可用于矿石焙烧炉和不需要高温强度的高硫环境下工作的炉用构件
G30Cr20Ni10	基本上不形成σ相	可用于炼油厂加热炉、水泥干燥窑、矿石焙烧炉和热处理炉构件
ZG35Cr26Ni12	高温强度高，抗氧化性能好，适当调整其成分，可使组织内含有一些铁素体	广泛用作多类型炉子构件，但不宜用于温度急剧变化的地方
ZG35Cr28Ni16	力学性能同单相ZG40Cr25Ni12，具有较高温度的抗氧化性	同ZG40Cr25Ni12、ZG40Cr25Ni20
ZG40Cr25Ni20	具有较高的蠕变和持久强度，抗高温气体腐蚀能力强	常用作炉辊、钢坯滑板、热处理炉炉辊、乙烯裂解管及需要较高蠕变强度的零件
ZG40Cr30Ni20	在高温含硫气体中耐蚀性好	用于气体分离装置、焙烧炉衬板
ZG35Ni24Cr18Si2	耐高温，有一定的强度	可作加热炉传送带、螺杆、紧固件等高温承载零件
ZG30Ni35Cr15	抗热疲劳性好	用于渗碳炉构件、热处理炉板、导轨、铜焊夹具、搪瓷窑构件及周期加热的紧固件
ZG45Ni35Cr26	抗氧化及抗渗碳性良好，高温强度高	用于乙烯裂解管、辐射管、弯管、接头、管支架、炉辊以及热处理用夹具等
ZGCr28	抗氧化性能好	用于无强度要求的炉用构件以及含有硫化物、重金属蒸气的焙烧炉构件等

3.5.11 一般用途耐蚀钢铸件（GB/T 2100—2002）

适合在各种不同腐蚀场合广泛应用的合金铸钢件的种类。

表 3.87 一般用途耐蚀钢铸件力学性能

牌号	试验应力 $R_{p0.2,min}$ /MPa	抗拉强度 $R_{m,min}$ /MPa	A_{min} ($L_0=5.65\sqrt{S_0}$) /%	KV_{min} /J	最大厚度 /mm
ZG15Cr12	450	620	14	20	150
ZG20Cr13	440(R_s)	610	16	58(KU)	300
ZG10Cr12NiMo	440①	590	15	27	300
ZG06Cr12Ni4(QT1)	550①	760	15	45	300
ZG06Cr12Ni4(QT2)	8308	440	12	35	300
ZG06Cr16Ni5Mo	540①	760	15	60	300
ZG03Cr18Ni10	180①	440	30	80	150
ZG03Cr18Ni10N	230①	510	30	80	150
ZG07Cr19Ni9	180①	440	30	60	150
ZG08Cr19Ni10Nb	180①	440	25	40	150
ZG03Cr19Ni11Mo2	180①	440	30	80	150
ZG03Cr19Ni11Mo2N	230①	510	30	80	150
ZG07Cr19Ni11Mo2	180①	440	30	60	150
ZG08Cr19Ni11Mo2Nb	180①	440	25	40	150
ZG03Cr19Ni11Mo3	180①	440	30	80	150
ZG03Cr19Ni11Mo3N	230①	510	30	80	150
ZG07Cr19Ni11Mo3	180①	440	30	60	150
ZG03Cr26Ni5Cu3Mo3N	450	650	18	50	150
ZG03Cr26Ni5Mo3N	450	650	13	50	150
ZG03Cr14Ni14Si4	245(R_s)	490	$A_5=60$	270(KU)	150

①$R_{p1.0}$ 的最低值高于 25MPa。

表 3.88 一般用途耐蚀钢铸件的热处理

热处理	工艺
ZG15Cr12	奥氏体化 950～1050℃，空冷：650～750℃回火，空冷
ZG20Cr13	950℃退火，1050℃油淬，750～800℃，空冷

续表

热处理	工艺
ZG10Cr12NiMo	奥氏体化 1000～1050℃，空冷；620～720℃回火，空冷或炉冷
ZG06Cr12Ni4(QT1)	奥氏体化 1000～1100℃，空冷；570～620℃回火，空冷或炉冷
ZG06Cr12Ni4(QT2)	奥氏体化 1000～1100℃，空冷；500～530℃回火，空冷或炉冷
ZG06Cr16Ni5Mo	奥氏体化 1020～1070℃，空冷；580～630℃回火，空冷或炉冷
ZG03Cr18Ni10 ZG03Cr18Ni10N ZG07Cr19Ni9 ZG08Cr19Ni10Nb	1050℃固溶处理；淬火。随厚度增加，提高空冷速度
ZG03Cr19Ni11Mo2 ZG03Cr19Ni11Mo2N ZG07Cr19Ni11Mo2 ZG08Cr19Ni11Mo2Nb	1080℃固溶处理；淬火。随厚度增加，提高空冷速度
ZG03Cr19Ni11Mo3(N) ZG07Cr19Ni11Mo3	1120℃固溶处理；淬火。随厚度增加，提高空冷速度
ZG03Cr26Ni5Cu3Mo3N ZG03Cr26Ni5Mo3N	1120℃固溶处理；水淬。高温固溶处理之后，水淬之前，铸件可冷至 1040～1010℃，以防止复杂形状铸件的开裂
ZG03Cr14Ni14Si4	1050～1100℃固溶；水淬

表 3.89　一般用途耐蚀钢铸件的特点及用途

牌号	性能特点	用途举例
ZG15Cr12	铸造性能较好，具有良好的力学性能，在大气、水、弱腐蚀介质（如盐水溶液、稀硝酸及某些浓度不高的有机酸）和温度不高的情况下，均有良好的耐蚀性	可用于承受冲击载荷、要求韧性高的铸件，如泵壳、阀、叶轮、水轮机转轮或叶片、螺旋桨等
ZG20Cr13	基本性能与 ZG15Cr12 相似，由于含碳量比 ZG15Cr12 高，故具有更高的硬度，但耐蚀性较低，焊接性能较差	与 ZG15Cr12 相似，可用作较高硬度的铸件，如热油油泵、阀门等

续表

牌　号	性　能　特　点	用途举例
ZG10Cr12NiMo	铸造性能较差，晶粒易粗大，韧性较低，但在氧化性酸中具有良好的耐蚀性，如温度不太高的工业用稀硝酸、大部分有机酸（醋酸、蚁酸、乳酸）及有机酸盐水溶液，但在草酸中不耐蚀	主要用于硝酸生产和食品、化纤工业设备，一般在退火后使用，不宜用于 304kPa 以上或受冲击的零件
ZG06Cr12Ni4(QT1)	铸造工艺性能与 ZG10Cr12NiMo 相似，晶粒易粗大，韧性较低，在磷酸与沸腾的醋酸等还原性介质中，具有良好的耐蚀性	主要用于沸腾温度下各种浓度的醋酸介质中不受冲击的铸件，代替部分 ZG03Cr19Ni11Mo2N 和 ZG06Cr12Ni4
ZG06Cr12Ni4(QT2)	铸造性能差，热裂倾向大，韧性低，但在浓硝酸介质中具有很好的耐蚀性，在 1100℃ 的高温下仍有很好的抗氧化性	主要用于不受冲击载荷的高温泵、阀等，也可用于制造次氯酸钠及磷酸设备和高温抗氧化耐热零件
ZG03Cr18Ni10	超低碳不锈钢，冶炼要求高，在氧化性介质（如硝酸）中具有良好的耐蚀性及良好的抗晶间腐蚀性能，焊后不出现刀口腐蚀	主要用于化学、化肥、化纤及国防工业上重要的耐蚀铸件和铸焊结构件等
ZG03Cr18Ni10N	铸造性能比含钛的同类型不锈耐酸钢好，具有良好的耐蚀性，固溶处理后具有良好的抗晶间腐蚀性能，但在敏化状态下的抗晶间腐蚀性能会显著下降	主要用于硝酸、有机酸、化工石油等工业用泵阀等铸件
ZG07Cr19Ni9	与 ZG03Cr18Ni10N 相似，由于含碳量比 ZG03Cr18Ni10N 高，故其耐蚀性和抗晶间腐蚀性能较低	与 ZG03Cr18Ni10N 相同
ZG08Cr18Ni10Nb	由于含有稳定的元素钛，提高了抗晶间腐蚀能力，但铸造性能比 ZG03Cr18Ni10N 差，易使铸件产生夹杂、缩松、冷隔等铸造缺陷	主要用于硝酸、有机酸等化工、石油、原子能工业的泵、阀、离心机铸件
ZG03Cr19Ni11Mo2	与 ZG08Cr18Ni10Nb 相似，由于含碳量较高，故抗晶间腐蚀性能比 ZG08Cr18Ni10Nb 稍低	同 ZG07Cr19Ni19

续表

牌　号	性 能 特 点	用途举例
ZG03Cr19Ni11Mo2N	铸造性能与 ZG03Cr19Ni11Mo2 相似，由于含钼，明显提高了对还原性介质和各种有机酸、碱、盐类的耐蚀性，抗晶间腐蚀较好	主要制造常温硫酸、较低浓度的沸腾磷酸、蚁酸、醋酸介质中用的铸件
ZG07Cr19Ni11Mo2	同 ZG03Cr19Ni11Mo2N，但由于含碳量较高，故其耐蚀性较差	用于制造低酸性介质中用的铸件
ZG08Cr19Ni11Mo2N	具有良好的铸造性能、力学性能和加工性能，在 60℃以下各种浓度硫酸介质和某些有机酸、磷酸、硝酸等酸液中均具有很好的耐蚀性	主要用于制作硫酸、硫铵、磷酸、硝酸等工业用的泵、叶轮等铸件
ZG03Cr19Ni11Mo3	铸造工艺较稳定，力学性能好，在硝酸及若干有机酸中具有良好的耐蚀性	可部分代替 ZG07Cr19Ni9 及 ZG08Cr19Ni10Nb 铸件
ZG03Cr19Ni11Mo3N	是节镍的铬锰氮不锈耐酸铸钢，其耐蚀性与 ZG07Cr19Ni11Mo2 基本相同，而在硫酸和含氧离子的介质中具有比它更好的耐蚀和抗点蚀性能，抗晶间腐蚀较好，有良好的冶炼和铸造及焊接性能	主要用于代替 ZG07Cr19Ni11Mo2 在硫酸、维尼纶、聚丙烯腈等介质中的泵、阀和离心机铸件
ZG07Cr19Ni11Mo3N	在大多数化工介质中的耐蚀性能相当或优于 ZG03Cr19Ni11Mo2，尤其是在腐蚀与磨损兼存的条件下比 ZG1Cr18Ni9Ti 更优，力学性能和铸造性能好，但气孔敏感性比 ZG07Cr19Ni11Mo2 大	主要用于代替 ZG03Cr19Ni11Mo2 在硝酸、有机酸等化工工业中的泵、阀、离心机等铸件
ZG03Cr25Ni5Mo3N	在 40%（质量分数）以下的硝酸、10%（质量分数）盐酸（30℃）和浓缩醋酸介质中具有良好的耐蚀性，是强度高、韧性好、较耐磨的沉淀型马氏体不锈铸钢	主要用于化工、造船、航空等具有一定耐蚀性的耐磨和高强度的铸件

3.5.12　大型高锰钢铸件（JB/T 6404—1992）

适用于在砂型中铸造的高锰钢铸件。新标准 JB/T 6404—2017 尚未公布，读者可留意最新更新。

表 3.90 水韧处理后高锰铸钢试样的力学性能

牌 号	R_m/MPa ≥	KU/J ≥	HB ≤
ZGMn13-1	637	—	229
ZGMn13-2	637	184	
ZGMn13-3	686	184	
ZGMn13-4	735	184	
ZGMn13Cr	490	—	—
ZGMn13Cr2	655～1000	—	220

3.5.13 奥氏体锰钢铸件（GB/T 5680—2010）

用于冶金、建材、电力、建筑、铁路、国防、煤炭、化工和机械等行业的受不同程度冲击负荷的耐磨损铸件。

共有 10 个牌号：ZG120Mn7Mo1、ZG110Mn13Mo1、ZG100Mn13、ZG120Mn13、ZG120Mn13Cr2、ZG120Mn13W1、ZG120Mn13Ni3、ZG90Mn14Mo1、ZG120Mn17、ZG120Mn17Cr2。

表 3.91 奥氏体锰钢铸件的技术要求

项 目	技 术 要 求
热处理	当铸件厚度小于 45mm 且含碳量少于 0.8%时，ZG90Mn14Mo1 可以不经过热处理而直接供货。厚度大于或等于 45mm 且含碳量高于或等于 0.8%的 ZG90Mn14Mo1 以及其他所有牌号的铸件，必须进行水韧处理（水淬固溶处理），铸件应均匀地加热和保温，水韧处理温度不低于 1040℃，且须快速入水处理，铸件入水后水温不得超过 50℃
硬度	室温条件下铸件硬度应不高于 300HBW（供需双方另有约定除外）
金相组织、力学性能、弯曲性能和无损探伤检验	经供需双方商定，室温条件下可对锰钢铸件、试块和试样做金相组织、力学性能（下屈服强度、抗拉强度、断后伸长率、冲击吸收能）、弯曲性能和无损探伤检验，可选择其中一项或多项作为产品验收的必检项目
表面质量	不允许有裂纹和影响使用性能的夹渣、夹砂、冷隔、气孔、缩孔、缩松、缺肉等铸造缺陷；浇口、冒口、毛刺、粘砂等应清除干净，浇口、冒口打磨残余量应符合供需双方认可的规定；表面粗糙度应按 GB/T 6060.1 选定，并在图样或订货合同规定
尺寸和重量偏差	铸件的几何形状，尺寸和重量偏差应符合图样或订货合同规定；如图样和订货合同中无规定，铸件尺寸偏差应达到 GB/T 6414—1999 中 CT11 级的规定；铸件重量偏差应达到 GB/T 11351 中 MT11 级的规定

续表

项　目	技 术 要 求
焊补	焊补前须将铸件缺陷部位清理干净，焊补后应不影响铸件的使用和外观质量铸件经较大范围焊补后，是否再次进行水韧处理，应由供需双方商定 重大焊补（为焊补面准备的坡口深度超过壁厚的 40%或 25mm)，须经需方事先同意，且应有焊补位置和范围等记录，施焊条件由供方确定。需方如果对焊前准备、焊条材质、焊补工艺、焊后处理有要求，应与供方协商，焊补后均应按照检验铸件的同一标准进行检验
矫正	铸件如产生变形，允许在水韧处理后和室温下对铸件矫正

3.5.14　大型不锈钢铸件（JB/T 6405—2006）

为一般用途的大型不锈钢砂型铸件。

表 3.92　不锈钢铸件热处理规范

材料牌号	热处理规范
ZG15Cr13① ZG20Cr13① ZG30Cr13①	①正火和淬火（加热到≥995℃，空冷）＋回火（≥595℃） ②在≥790℃退火
ZG12Cr18Ni9Ti	加热到≥1040℃，保持足够时间，水淬或采用能达到验收条件的其他方式
ZG06Cr13Ni4Mo、ZG06Cr13Ni5Mo ZG06Cr13Ni6Mo、ZG06Cr16Ni5Mo	软化退火（应＞600℃）＋正火和淬火（AC_3 点以上）＋二次回火（AC_1 点上下）
ZG08Cr19Ni9、ZG08Cr19Ni11Mo3 ZG12Cr22Ni12	加热到≥1040℃，保持足够时间，水淬或用其他快冷方式
ZG20Cr25Ni20	加热到≥1093℃，保持足够时间，水淬或用其他快冷方式
ZG12Cr17Mn9Ni4Mo3Cu2N	加热到 1100～1150℃，保持足够时间，水淬或用其他快冷方式
ZG12Cr18Mn13Mo2CuN	

①清除缺陷时铸件预热温度 200℃，其他为室温。

表 3.93　不锈钢铸件力学性能

材料牌号	R_m /MPa ≥	R_{eH} /MPa ≥	A_5 /% ≥	Z /% ≥	KV /J ≥	HB
ZG15Cr13	620	450	18	30	—	≤241
ZG20Cr13	588	392	16	35	—	170～235

续表

材料牌号	R_m /MPa ≥	R_{eH} /MPa ≥	A_5 /% ≥	Z /% ≥	KV /J ≥	HB
ZG30Cr13	690	485	15	25	—	≤269
ZG12Cr18Ni9Ti	440	195	25	32	—	—
ZG06Cr13Ni4Mo	750	550	15	35	50	≥220
ZG06Cr13Ni5Mo	750	550	15	35	50	≥220
ZG06Cr13Ni6Mo	750	550	15	35	50	≥220
ZG06Cr16Ni5Mo	785	588	15	35	40	≥220
ZG08Cr19Ni9	485	205	35	—	—	—
ZG08Cr19Ni11Mo3	520	240	25	—	—	—
ZG12Cr22Ni12	485	195	35	—	—	—
ZG20Cr25Ni20	450	195	30	—	—	—
ZG12Cr17Mn9Ni4Mo3Cu2N	588	294	25	35	—	—
ZG12Cr18Mn13Mo2CuN	588	294	30	40	—	—

注：所列 ZG06Cr13Ni4Mo、ZG06Cr13Ni5Mo、ZG06Cr13Ni6Mo、ZG06Cr16Ni5Mo 材料牌号在 0℃的冲击值应为 KV≥21J。

3.5.15 大型耐热钢铸件（JB/T 6403—1992）

为在砂型中铸造的普通工程用耐热钢铸件，不包括特殊用途的耐热钢铸件，有 16 个牌号。新标准 JB/T 6403—2017 尚未公布，读者可留意最新更新。

表 3.94 耐热铸钢的力学性能

牌号	R_m/MPa	A_e/%	热处理状态
ZG40Cr9Si2	550	—	950℃退火
ZG30Cr18Mn12Si2N	490	8	①
ZG35Cr24Ni7SiN	540	12	—
ZG35Ni24Cr18Si2	390	5	—
ZG30Ni35Cr15	440	13	—
ZG45Ni35Cr26	440	5	—
ZG20Cr20Mn9Ni2SiN	790	40	调质
ZG08Cr18Ni12Mo2Ti	490	30	1150℃水淬
ZG20Cr26Ni5	590	—	—
ZG30Cr20Ni10	490	23	—
ZG35Cr26Ni12	490	8	—
ZG35Cr28Ni16	490	8	—
ZG40Cr25Ni20	440	8	—
ZG40Cr30Ni20	450	8	—
ZG30Cr25Ni20	510	48	调质
ZG40Cr22Ni4N	730	10	调质

①1100～1150℃油冷、水冷或空冷。

3.5.16　铸钢轧辊（GB/T 1503—2008）

表 3.95　表面硬度和用途

材质类别	材质代码	表面硬度(HSD)		推荐用途
		辊身	辊颈	
合金钢	AS40	45～55①	≤45	热轧带钢支承辊、粗轧辊；板钢粗轧辊；带钢冷轧及平整支承锅
	AS50	60～70	≤45	
	AS60	35～45①	≤45	型钢、棒线材粗轧机；轨梁、型钢万能开坯机；热轧带钢破磷辊、粗轧辊；中班粗轧辊；带锅支承辊、立辊
	AS60Ⅰ	35～45	≤45	
	AS65	35～45	≤45	
	AS65Ⅰ	35～45	≤45	
	AS70	32～42	≤42	中小型型钢、棒线材粗轧机
	AS70Ⅰ	35～45	≤45	
	AS70Ⅱ	35～45	≤45	
	AS75	35～45	≤45	方/板坯初轧机；大中型型钢、轨梁、型钢万能开坯机；热轧带钢破鳞机和粗轧机
	AS75Ⅰ	32～42	≤45	
半钢	AD140	35～45	≤45	中小型型钢、棒线材粗轧、中轧机架；无缝钢管粗轧机；带钢支承钢、立辊
	AD140Ⅰ	35～45	≤45	
	AD160	35～45 40～50	≤45	
	AD160	40～50①	≤50	型钢、棒线材粗轧；大型中型型钢、轨梁、钢坯轧机、型钢万能轧机；热轧板带钢粗轧辊、支承辊、立辊
	AD180	45～55①	≤50	
	AD190	55～65	≤50	
	AD200	50～60①	≤50	
石墨钢	GS140	36～46	≤46	型钢、棒线材轧机；钢坯轧机；热轧板带钢粗轧辊、立辊；型钢万能轧机
	GS150	40～50	≤50	
	GS160	45～55	≤50	
	GS190	50～60①	≤50	
高铬钢	HCrS	70～85	35～45	热轧带钢粗轧辊、立辊；型钢万能轧机
高速钢	HSS	75～95	30～45	热轧带钢、棒材精轧辊；型钢万能轧机；高速线材预精轧
半高速钢	S-HSS	75～85 80～98	30～45	热轧带钢粗轧工作辊；冷轧带钢工作辊、中间辊

①其上下限范围可增大 10。如 45～55 可为 55～65。其他类同。

注：1. 高速钢：Co≤8.00％、Nb≤5.00％。

2. 铸钢符合轧辊芯部可采用球墨铸铁、石墨钢、低合金钢或锻钢等材质。

3. 表中同栏有两组表面硬度的轧辊，根据用途选择。

表 3.96　材质代码与钢号、力学性能

材质类别	材质代码	原国标钢号	抗拉强度 R_m/MPa
合金钢	AS60	ZU60CrMnMo	≥650
	AS65 Ⅰ	ZU65CrNiMo	≥650
	AS70	ZU70Mn	≥600
	AS70 Ⅰ	ZU70Mn2	≥600
	AS70 Ⅱ	ZUT70Mn2Mo	≥680
	AS75	ZU75CrMo	≥680
	AS75 Ⅰ	ZU75CrNiMnMo	≥700
半钢	AD140	ZUB140CrMo	≥590
	AD140 Ⅰ	ZUB140CrNiMo	≥590
	AD160	ZUB160CrMo	≥490
	AD160 Ⅰ	ZUB160CrNiMo	≥490
石墨钢	GS140	ZUS140SiCrMo	≥540
	GS150	ZUS150SiCrNiMo	≥500

3.5.17　工程结构用中、高强度不锈钢铸件（GB/T 6967—2009）

为工程结构用中高强度马氏体不锈钢铸件，共有9个牌号。

表 3.97　不锈钢铸件力学性能

铸钢牌号		屈服强度 $R_{p0.2}$ /MPa ≥	抗拉强度 R_m /MPa ≥	伸长率 A_5/% ≥	断面收缩率 Z /% ≥	冲击吸收功 KV /J ≥	布氏硬度（HBW）
ZG15Cr13		345	540	18	40	—	163～229
ZG20Cr13		390	590	16	35	—	170～235
ZG15Cr13Ni1		450	590	16	35	20	170～241
ZG10Cr13Ni1Mo		450	620	16	35	27	170～241
ZG06Cr13Ni4Mo		550	750	15	35	50	221～294
ZG06Cr13Ni5Mo		550	750	15	35	50	221～294
ZG06Cr16Ni5Mo		550	750	15	35	50	221～294
ZG04Cr13Ni4Mo	HT1①	580	780	18	50	80	221～294
	HT2②	830	900	12	35	35	294～350

续表

铸钢牌号		屈服强度 $R_{p0.2}$ /MPa ≥	抗拉强度 R_m /MPa ≥	伸长率 A_5/% ≥	断面收缩率 Z /% ≥	冲击吸收功 KV /J ≥	布氏硬度 (HBW)
ZG04Cr13Ni5Mo	HT1①	580	780	18	50	80	221～294
	HT2②	830	900	12	35	35	294～350

①回火温度应在 600～650℃。

②回火温度应在 500～550℃。

注：1. ZG15Cr13、ZG20Cr13、ZG15Cr13Ni1 铸钢的力学性能适用于壁厚小于或等于 150mm 的铸件。

2. ZG10Cr13Ni1Mo、ZG06Cr13Ni4Mo、ZG06Cr16Ni5Mo、ZG04Cr13Ni14Mo、ZG04Cr13Ni5Mo 的铸钢适用于壁厚小于或等于 300mm 的铸件。

3. ZG04Cr13Ni4Mo（HT2）、ZG04Cr13Ni5Mo（HT2）用于大中型铸焊结构铸件时，供需双方应另行商定。

第4章 结构钢

结构钢是指符合特定强度和可成形性等级的钢，一般多用于制造各种工程结构和机械零部件，用以承受各种载荷，所以它的强度是一个重要指标。结构钢可以细分为碳素结构钢、优质碳素结构钢、低合金高强度结构钢、合金结构钢、保证淬透性结构钢、非调质机械结构钢、易切削钢、耐候结构钢、轴承钢和弹簧钢等。

表 4.1 钢铁材料的名称、用途、特性和工艺方法命名符号（GB/T 221—2008，注明者除外）

类别	产品名称	采用汉字及符号	
		汉字	字母
碳素结构钢和低合金结构钢	碳素结构钢和低合金结构钢	屈（屈服强度值）	Q
	脱氧方式（第三位）		
	沸腾钢	沸	F
	半镇静钢	半镇	b
	镇静钢	镇	Z
	特殊镇静钢	特镇	TZ
	锅炉和压力容器用钢	容	R[①]
	低温压力容器用钢	低容	DR[①]
	锅炉用钢（管）	锅	G[①]
	桥梁用钢	桥	Q[①]
	耐候钢	耐候	NH[①]
	高耐候钢	高耐候	GNH[①]
	汽车大梁用钢	梁	L[①]
	高性能建筑结构用钢	高建	GJ[①]
	低焊接裂纹敏感性钢	—	CF[①]
	保证淬透性钢	—	H[①]
	矿用钢	矿	K[①]
	船用钢	采用国际符号	

续表

类别	产品名称	采用汉字及符号	
		汉字	字母
机加用钢	易切削钢	易	Y
	非调质机械结构钢	非	F
	冷镦钢(铆螺钢)	铆螺	ML
	焊接用钢	焊	H
工模具钢	非合金工具钢	碳	T
	合金工具钢	—	—
	非合金模具钢	—	SM
	合金模具钢	—	—
轴承钢	碳素轴承钢	(滚)	G
	渗碳轴承钢	(滚)	G
	高碳铬轴承钢	(滚)	G
	高碳铬不锈轴承钢	(滚)	G
	高温轴承钢	(滚)	G
铁道及车轴用钢	钢轨钢	轨	U
	机车车轴用钢	机轴	JZ
	车辆车轴用钢	辆轴	LZ
专用钢	热轧光圆钢筋	—	HPB
	热轧带肋钢筋	—	HRB
	细晶粒热轧带肋钢筋	—	HRBF
	冷轧带肋钢筋	—	CRB
	预应力混凝土用螺纹钢筋	—	PSB
	焊接气瓶用钢	焊瓶	HP
	管线用钢	—	L
	船用锚链钢	船锚	CM
	煤机用钢	煤	M
粉末冶金材料(GB/T 4309—2009)	结构材料类	—	F0
	摩擦材料类和减摩材料类	—	F1
	多孔材料类	—	F2
	工具材料类	—	F3
	难熔材料类	—	F4
	耐蚀材料和耐热材料类	—	F5
	电工材料类	—	F6
	磁性材料类	—	F7
	其他材料类	—	F8

续表

类别	产品名称	采用汉字及符号	
		汉字	字母
铁合金产品（GB/T 7738—2008）	金属锰(电硅热法)、金属铬	金	J
	金属锰(电解重熔法)	金重	JC
	真空法微碳铬铁	真空	ZK
	电解金属锰	电金	DJ
	钒渣	钒渣	FZ
	氧化钼块	氧	Y
高温合金和金属间化合物高温材料（GB/T 14992—2005）	变形高温合金	高合	GH
	等轴晶铸造高温合金	—	K
	定向凝固柱晶高温合金	定柱	DZ
	单晶高温合金	定单	DD
	焊接用高温合金丝	焊高合	HGH
	粉末冶金高温合金	粉高合	FGH
	弥散强化高温合金	弥高合	MGH
	金属间化合物高温材料	金高	JG
耐蚀合金(GB/T 15007—2008)	变形耐蚀合金	耐蚀	NS
	焊接用变形耐蚀合金丝	焊耐蚀	HNS
	铸造耐蚀合金	铸耐蚀	ZNS

①牌号尾（其余为牌号头）。

4.1 碳素结构钢（GB/T 700—2006）

通常用于焊接、铆接、栓接工程结构用热轧钢板、钢带、型钢和钢棒。钢材一般以热轧、控轧或正火状态交货，且一般以交货状态使用。

这类钢主要保证力学性能，通常在热轧状态使用，一般无须进行热处理。

4.1.1　碳素结构钢的牌号

碳素结构钢分通用和专用两大类，通用碳素结构钢的牌号前缀用屈服强度的拼音字母“Q”，加屈服强度数值，必要时后面可标出表示质量等级、方法的符号和产品用途、特性和工艺方法：

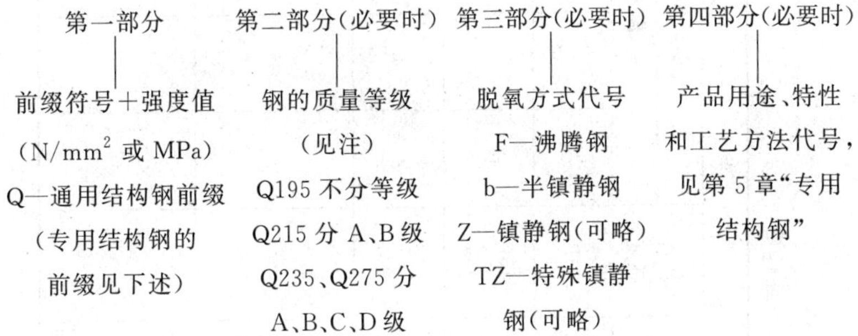

注：A 级只要求保证化学成分和力学性能，B 级还要求做常温冲击试验，C、D 级另外要求做重要焊接结构试验（D 级为优质，其余为普通级）。

专门用途的结构钢的前缀表示方法是：热轧光圆钢筋—HPB；热轧带筋钢筋—HRB；细晶粒热轧带肋钢筋—HRBF；冷轧带肋钢筋—CRB；预应力混凝土用螺纹钢筋—PSB；焊接气瓶用钢—HP；管线用钢—L；船用锚链钢—CM；煤机用钢—M。

若要在钢号最后附加产品用途、特性和工艺方法，用汉字（黑体）拼音首字母表示：R—锅炉和压力容器用钢；G—锅炉用钢（管）；DR—低温压力容器用钢；Q—桥梁用钢；NH—耐候钢；GNH—高耐候钢；L—汽车大梁用钢；GJ—高性能建筑结构用钢；CF—低焊接裂纹敏感性钢；H—保证淬透性钢；K—矿用钢；船用钢—采用国际符号。

4.1.2 碳素结构钢的力学性能

表 4.2 碳素结构钢的力学性能

牌号	质量等级	统一数字代号[①]	拉伸试验											
			上屈服强度 R_{eH}/MPa ≥						抗拉强度 R_m/MPa	断后伸长率 A/% ≥				
			厚度(或直径)							厚度(或直径)				
			≤16	>16~40	>40~60	>60~100	>100~150	>150~200		≤40	>40~60	>60~100	>100~150	>150~200
Q195	—	U11952	195	185	—	—	—	—	315~430	33	—	—	—	—
Q215	A B	U12152 U12155	215	205	195	185	175	165	335~450	31	30	29	27	26
Q235	A B C D	U12352 U12355 U12358 U12359	235	225	215	215	195	185	370~500	26	25	24	22	21
Q275	A B C D	U12752 U12755 U12758 U12759	275	265	255	245	225	215	410~540	22	21	20	18	17

续表

牌号	等级	冲击试验(V形缺口)		冷弯试验180,宽度 B/厚度 $a=2$		
		温度/℃	冲击吸收功(纵向)/J ≥	试样方向	钢材厚度或直径/mm	
					≤60	60～100
					压头直径 d	
Q195	—	—	—	纵	0	—
Q215	A	—	—	纵	0.5a	1.5a
	B	+20	27	横	a	2a
Q235	A	—	—	纵	a	2a
	B	+20	27	横	1.5a	2.5a
	C	0				
	D	−20				
Q275	A	—	—	纵	1.5a	2.5a
	B	+20	27	横	2a	3a
	C	0				
	D	−20				

①表中为镇静钢、特殊镇静钢和沸腾钢牌号的统一数字代号是：Q195F-U11950，Q215AF-U12150，Q215BF-U12153，Q235AF-U12350，Q235BF-U123531，Q275AF-U12750。

表4.3　碳素结构钢的特性和用途

牌号	特性	用途举例
Q195	含碳量低，有一定的强度，塑性、韧性、压力加工性能和焊接性能好	用于冷、热轧薄钢板及以其为原料制成的镀锌、镀锡及塑料复合薄钢板，大量用于屋面板、装饰板、通用除尘管道、包装容器、铁桶、仪表壳、开关箱、防护罩、火车车厢等；也可制作农业机械如打谷机、压碎机、犁片及一些焊接件
Q215	性能与Q195基本相同，强度比Q195高一些，塑性略差一些	用途与Q195基本相同。此外还大量用作焊接钢管、镀锌焊管、炉撑、地脚螺钉、螺栓、圆钉、木螺钉、冲制铁铰链等五金零件
Q235	含碳量适中，有较高的强度和硬度，塑性稍低，综合性能较好，用途最广泛。大多数在热轧状态下使用	常轧制成盘条或圆钢、方钢、扁钢、角钢、工字钢、槽钢、窗框钢等型钢和中厚钢板。大量用于建筑及工程结构，制作钢筋或建造厂房房架、高压输电铁塔、桥梁、车辆、锅炉、容器、船舶等，也大量用作对性能要求不太高的机械零件，如农业机械上的犁、锄，一般机械上的螺栓、连杆、心轴、拉杆，也可用作不重要的焊接件。C、D级钢还可作某些专业用钢使用
Q255	强度比Q235稍有提高，有一定的耐磨性，但塑性低，一般在热轧状态下使用	制作要求有较高强度和一定耐磨性的机械零件，如制造机械上重要的轴、车轮、钢轨、拖拉机犁，也用作铆接和焊接结构等，应用不如Q235广泛
Q275	强度、耐磨性比Q255高，塑性比Q255低	用途与Q255基本相同，用于制造轴类、农业机具、耐磨零件、钢轨接头夹板、垫板、车轮、轧辊等

4.2　优质碳素结构钢（GB/T 699—2015）

优质碳素结构钢的有害杂质较少，其强度、塑性、韧性均比碳素结构钢好。主要用于制造较重要的机械零件。

分类：钢材按使用加工方法分为压力加工用钢（UP）、热压力加工用钢（UHP）、顶锻用钢（UF）、冷拔坯料用钢（UCD），切削加工用钢（UC）。按表面种类分为压力加工表面（SPP）、酸洗（SA）、喷丸（SS）、剥皮（SF）、磨光（SP）。

4.2.1　优质碳素结构钢的牌号

优质碳素结构钢的牌号通常由五部分组成（GB/T 221—2008）：

第一部分	第二部分（必要时）	第三部分（必要时）	第四部分（必要时）	第五部分（必要时）
以两位阿拉伯数字表示平均碳含量（以万分之几计）	较高含锰量者（0.7%～1.2%）加元素符号Mn	钢材材质 A—高级优质钢 E—特级优质钢 （优质钢不标）	脱氧方式 F—沸腾钢 b—半镇静钢 Z—镇静钢（可略）	产品用途、特性和工艺方法代号，见第5章“专用结构钢”

4.2.2 优质碳素结构钢的性能和用途

表 4.4 优质碳素结构钢的力学性能

牌号	统一数字代号	试样毛坯尺寸/mm	推荐热处理/℃			力学性能					钢材交货状态硬度(HBS10/3000)≤	
			正火	淬火	回火	R_m/MPa	R_{eL}/MPa	A/%	Z/%	KU_2/J		
						≥					未热处理	退火
08	U20082	25	930	—	—	325	195	33	60	—	131	—
10	U20102		930	—	—	335	205	31	55	—	137	—
15	U20152		920	—	—	375	225	27	55	—	143	—
20	U20202		910	—	—	410	245	25	55	—	156	—
25	U20252		900	870	600	450	275	23	50	71	170	—
30	U20302		880	860	600	490	295	21	50	63	179	—
35	U20352		870	850	600	530	315	20	45	55	197	—
40	U20402		860	840	600	570	335	19	45	47	217	187
45	U20452		850	840	600	600	355	16	40	39	229	197
50	U20502		830	830	600	630	375	14	40	31	241	207
55	U20552		820	—	—	645	380	13	35	—	255	217
60	U20602		810	—	—	675	400	12	35	—	255	229
65	U20652		810	—	—	695	410	10	30	—	255	229
70	U20702		790	—	—	715	420	9	30	—	269	229

续表

牌号	统一数字代号	试样毛坯尺寸/mm	推荐热处理/℃			力学性能					钢材交货状态硬度(HBS10/3000)≤	
			正火	淬火	回火	R_m/MPa	R_{eL}/MPa	A/%	Z/%	KU_2/J	未热处理	退火
						≥						
75	U20752	试样	—	820	480	1080	880	7		—	285	241
80	U20802					1080	930	6	30	—	285	241
85	U20852					1130	980	6		—	302	255
15Mn	U21152	25	920	—	—	410	245	26	55	—	163	—
20Mn	U21202		910	—	—	450	275	24	50	—	197	—
25Mn	U21252		900	870	600	490	295	22	50	71	207	—
30Mn	U21302		880	860	600	540	315	20	45	63	217	187
35Mn	U21352		870	850	600	560	335	18	45	55	229	197
40Mn	U21402		860	840	600	590	355	17	45	47	229	207
45Mn	U21452		850	840	600	620	375	15	40	39	241	217
50Mn	U21502		830	830	600	645	390	13	40	31	255	217
60Mn	U21602		810	—	—	695	410	11	35	—	269	229
65Mn	U21652		830	—	—	735	430	9	30	—	285	229
70Mn	U21702		790	—	—	785	450	8	30	—	285	229

表 4.5　常用的优质碳素结构钢热处理硬度和用途

<table>
<tr><th>钢组</th><th>牌号</th><th>热处理</th><th>硬度(HBS)</th><th>用途举例</th></tr>
<tr><td rowspan="9">普通锰含量钢</td><td rowspan="2">15</td><td>正火</td><td>≤148</td><td rowspan="2">塑性、韧性、焊接性能和冷压性能均极好，但强度较低，用于制造受力不大、韧性要求较高的零件、紧固件、冲压件以及不要求热处理的低负荷零件，例如螺栓、螺钉、拉条、法兰盘等</td></tr>
<tr><td>正火
回火</td><td>99～143</td></tr>
<tr><td rowspan="2">20</td><td>正火</td><td>≤156</td><td rowspan="2">用于制造不经受很大应力而要求很高韧性的机械零件，例如杠杆、轴套、螺钉、起重钩等。还可用于制造表面硬度高而心部有一定强度和韧性的渗碳零件</td></tr>
<tr><td>正火
回火</td><td>103～156</td></tr>
<tr><td rowspan="2">45</td><td>正火</td><td>197～241</td><td rowspan="3">用于制造要求强度较高，韧性中等的零件，通常在调质、正火状态下使用，表面淬火硬度一般在40～50HRC，例如齿轮、齿条、链轮、轴、键、销、压缩机及泵的零件和轴辊等。可代替渗碳钢制造齿轮、轴、活塞销(经过高频淬火或火焰表面淬火)等</td></tr>
<tr><td>正火
回火</td><td>156～217</td></tr>
<tr><td>55</td><td>正火
回火</td><td>217～255</td></tr>
<tr><td>60</td><td>正火
回火</td><td>229～255</td><td>具有相当高的强度和弹性，但淬火时有产生裂纹的倾向，仅小型零件才能施行淬火，大型零件多采用正火。用于制造轴、弹簧、垫圈、离合器、凸轮等。冷变形时塑性较低</td></tr>
<tr><td rowspan="2">较高锰含量钢</td><td>20Mn</td><td>正火</td><td>≤197</td><td>为高锰低碳渗碳钢。可用于制造凸轮轴、齿轮、联轴器、铰链、拖杆等。此钢焊接性能尚可</td></tr>
<tr><td>60Mn</td><td>正火</td><td>229～269</td><td>强度较高，淬透性比碳素弹簧钢好，脱碳倾向性小，但有过热敏感性，容易产生淬火裂纹，并有回火脆性，适于制造螺旋弹簧、板簧、各种扁圆弹簧、弹簧环和片以及冷拔钢丝和发条等</td></tr>
</table>

4.3 低合金高强度结构钢（GB/T 1591—2008）

该钢种包括一般结构和工程用低合金高强度结构钢钢板、钢带、型钢、钢棒等。尺寸、外形、质量及允许偏差应符合相应标准的规定。钢材以热轧、控轧、正火、正火轧制或正火加回火、热机械轧（TMCP）或热机械轧制加回火状态交货。

碳的含量一般≤0.18%～0.20%，可用来制造大多数要求不高的机械零件和一般工程构件，如钢板、圆钢、方钢、工字钢、角钢、钢筋等，加入的元素以锰为主（1.7%～2.0%），并辅以硅、钒、铬、镍、铜、钼等，一般合金元素总量<3%。它们都是镇静钢或特殊镇静钢，其牌号中没有表示脱氧方法的符号。

4.3.1 低合金高强度结构钢的牌号

低合金高强度结构钢通常分为通用钢和专用钢两大类。其通用钢有镇静钢和特殊镇静钢，一般采用代表钢屈服强度的符号“Q”、屈服强度数值和代表产品用途的符号等表示（牌号尾部不加表示脱氧方法的符号），其方法同普通碳素结构钢。

表 4.6 普通碳素结构钢和低合金结构钢的牌号示例

产品名称	第一部分		第二部分	第三部分	示例
碳素结构钢	最小屈服强度	235MPa	A 级	沸腾钢	Q235AF
低合金高强度结构钢		345MPa	D 级	特殊镇静钢	Q345D
热轧光圆钢筋	屈服强度特征值	335MPa	—	—	HPB235
热轧带肋钢筋			—	—	HRB335
细晶粒热轧带肋钢筋			—	—	HRBF335
冷轧带肋钢筋	最小抗拉强度	550MPa	—	—	CRB550
预应力混凝土用螺纹钢筋		830MPa	—	—	PSB830

4. 3. 2　低合金高强度结构钢的力学性能

表 4.7　低合金高强度结构钢的力学性能

<table>
<tr><th rowspan="3">牌号</th><th rowspan="3">质量等级</th><th rowspan="3">统一数字代号</th><th colspan="9">下屈服强度 R_{eL}/MPa</th><th colspan="2">抗拉强度 R_m/MPa</th></tr>
<tr><th colspan="11">公称厚度(或直径,边长)</th></tr>
<tr><th>≤16</th><th>>16~40</th><th>>40~63</th><th>>63~80</th><th>>80~100</th><th>>100~150</th><th>>150~200</th><th>>200~250</th><th>>250~400</th><th>≤40</th><th>>40~63</th></tr>
<tr><td rowspan="5">Q345</td><td>A</td><td>L03451</td><td rowspan="5">345</td><td rowspan="5">335</td><td rowspan="5">325</td><td rowspan="5">315</td><td rowspan="5">305</td><td rowspan="5">285</td><td rowspan="5">275</td><td rowspan="5">265</td><td rowspan="3">—</td><td rowspan="5">470~630</td><td rowspan="5">470~630</td></tr>
<tr><td>B</td><td>L03452</td></tr>
<tr><td>C</td><td>L03453</td></tr>
<tr><td>D</td><td>L03454</td><td rowspan="2">265</td></tr>
<tr><td>E</td><td>L03455</td></tr>
<tr><td rowspan="5">Q390</td><td>A</td><td>L03901</td><td rowspan="5">390</td><td rowspan="5">370</td><td rowspan="5">350</td><td rowspan="5">330</td><td rowspan="5">330</td><td rowspan="5">310</td><td rowspan="5">—</td><td rowspan="5">—</td><td rowspan="5">—</td><td rowspan="5">490~650</td><td rowspan="5">490~650</td></tr>
<tr><td>B</td><td>L03902</td></tr>
<tr><td>C</td><td>L03903</td></tr>
<tr><td>D</td><td>L03904</td></tr>
<tr><td>E</td><td>L03905</td></tr>
<tr><td rowspan="5">Q420</td><td>A</td><td>L04201</td><td rowspan="5">420</td><td rowspan="5">400</td><td rowspan="5">380</td><td rowspan="5">360</td><td rowspan="5">360</td><td rowspan="5">340</td><td rowspan="5">—</td><td rowspan="5">—</td><td rowspan="5">—</td><td rowspan="5">520~680</td><td rowspan="5">520~680</td></tr>
<tr><td>B</td><td>L04202</td></tr>
<tr><td>C</td><td>L04203</td></tr>
<tr><td>D</td><td>L04204</td></tr>
<tr><td>E</td><td>L04205</td></tr>
</table>

续表

牌号	质量等级	统一数字代号	下屈服强度 R_{eL}/MPa									抗拉强度 R_m/MPa	
			公称厚度(或直径,边长)										
			≤16	>16~40	>40~63	>63~80	>80~100	>100~150	>150~200	>200~250	>250~400	≤40	>40~63
Q460	C	L04603	460	440	420	400	400	380	—	—	—	550~720	550~720
	D	L04604											
	E	L04605											
Q500	C	L05003	500	480	470	450	440	—	—	—	—	610~770	600~760
	D	L05004											
	E	L05005											
Q550	C	L05503	550	530	520	500	490	—	—	—	—	670~830	620~810
	D	L05504											
	E	L05505											
Q620	C	L06203	620	600	590	570	—	—	—	—	—	710~880	690~880
	D	L06204											
	E	L06205											
Q690	C	L06903	690	670	660	640	—	—	—	—	—	770~940	750~920
	D	L06904											
	E	L06905											

续表

牌号	质量等级	抗拉强度 R_m/MPa					断后伸长率 A/% ≥					
		公称厚度(或直径,边长)					公称厚度(或直径,边长)					
		>63~80	>80~100	>100~150	>150~250	>250~400	≤40	>40~63	>63~100	>100~150	>150~250	>250~400
Q345	A、B	470~630	470~630	450~600	450~600	—	20	19	19	18	17	—
	C	470~630	470~630	450~600	450~600	—	21	20	20	19	18	—
	D、E	470~630	470~630	450~600	450~600	450~600	21	20	20	19	18	17
Q390	A、B、C、D、E	490~650	490~650	470~620	—	—	20	19	19	18	—	—
Q420	A、B、C、D、E	520~680	520~680	500~650	—	—	19	18	18	18	—	—

续表

牌号	质量等级	抗拉强度 R_m/MPa					断后伸长率 A/% ≥					
		公称厚度(或直径,边长)					公称厚度(或直径,边长)					
		>63~80	>80~100	>100~150	>150~250	>250~400	≤40	>40~63	>63~100	>100~150	>150~250	>250~400
Q460	C D E	550~720	550~720	530~700	—	—	17	16	16	16	—	—
Q500	C D E	590~750	540~730	—	—	—	17	17	17	—	—	—
Q550	C D E	600~790	590~780	—	—	—	16	16	16	—	—	—
Q620	C D E	670~860	—	—	—	—	15	15	15	—	—	—
Q690	C D E	730~900	—	—	—	—	14	14	14	—	—	—

表 4.8 夏比（V形）冲击试验的试验温度和冲击吸收能

<table>
<tr><th rowspan="3">型号</th><th rowspan="3">质量等级</th><th rowspan="3">统一数字代号</th><th rowspan="3">试验温度/℃</th><th colspan="3">冲击吸收能(KV_2)[①]/J</th></tr>
<tr><th colspan="3">公称厚度(直径、边长)</th></tr>
<tr><th>12～150mm</th><th>>150～250mm</th><th>>250～400mm</th></tr>
<tr><td rowspan="4">Q345</td><td>B</td><td>L03452</td><td>20</td><td rowspan="4">≥34</td><td rowspan="4">≥27</td><td rowspan="2">—</td></tr>
<tr><td>C</td><td>L03453</td><td>0</td></tr>
<tr><td>D</td><td>L03454</td><td>−20</td><td rowspan="2">27</td></tr>
<tr><td>E</td><td>L03455</td><td>−40</td></tr>
<tr><td rowspan="4">Q390</td><td>B</td><td>L03902</td><td>20</td><td rowspan="4">≥34</td><td rowspan="4">—</td><td rowspan="4">—</td></tr>
<tr><td>C</td><td>L03903</td><td>0</td></tr>
<tr><td>D</td><td>L03904</td><td>−20</td></tr>
<tr><td>E</td><td>L03905</td><td>−40</td></tr>
<tr><td rowspan="4">Q420</td><td>B</td><td>L04202</td><td>20</td><td rowspan="4">≥34</td><td rowspan="4">—</td><td rowspan="4">—</td></tr>
<tr><td>C</td><td>L04203</td><td>0</td></tr>
<tr><td>D</td><td>L04204</td><td>−20</td></tr>
<tr><td>E</td><td>L04205</td><td>−40</td></tr>
<tr><td rowspan="3">Q460</td><td>C</td><td>L04603</td><td>0</td><td rowspan="3">≥34</td><td rowspan="3">—</td><td rowspan="3">—</td></tr>
<tr><td>D</td><td>L04604</td><td>−20</td></tr>
<tr><td>E</td><td>L04605</td><td>−40</td></tr>
<tr><td rowspan="3">Q500、Q550
Q620、Q690</td><td>C</td><td>L0×××3[②]</td><td>0</td><td>≥55</td><td rowspan="3">—</td><td rowspan="3">—</td></tr>
<tr><td>D</td><td>L0×××4[②]</td><td>−20</td><td>≥47</td></tr>
<tr><td>E</td><td>L0×××5[②]</td><td>−40</td><td>≥31</td></tr>
</table>

①冲击试验取纵向试样。

② "×××" 分别与牌号中的数字相对应。

表 4.9 低合金高强度结构钢的180°弯曲试验

<table>
<tr><th rowspan="2">牌号</th><th rowspan="2">弯曲方向</th><th colspan="2">钢材厚度(直径,边长)</th></tr>
<tr><th>≤16mm</th><th>>16～100mm</th></tr>
<tr><td>Q345、Q390
Q420、Q460</td><td>宽度不小于600mm扁平材,拉伸试验取横向试样;宽度小于600mm的扁平材、型材及棒材取纵向试样</td><td>$d=2a$</td><td>$d=3a$</td></tr>
</table>

注：d 为压头直径，a 为试棒厚度（直径）。

表 4.10 低合金高强度结构钢的特性和用途

牌号	主要特性	应用举例
Q295	具有良好的塑性和较好的韧性、冷弯性、焊接性及一定的耐蚀性	冲压用钢、用于制造冲压件或结构件;也可制造拖拉机轮圈、螺旋焊管、各类容器

续表

牌号	主要特性	应用举例
Q295	塑性、韧性、可焊性均好，薄板材料冲压性能和低温性能均好	低压锅炉锅筒、钢管、铁道车辆、输油管道、中低压化工容器、薄板冲压件
	与09Mn2性能相近。低温和中温力学性能也好	低压锅炉板、船、车辆的结构件。低温机械零件
Q345	含Nb镇静钢，性能与14MnNb钢相近	起重机、鼓风机、化工机械等
	耐大气腐蚀钢，低温冲击韧性好，可焊性、冷热加工性都好	潮湿多雨地区和腐蚀气氛环境的各种机械
	工作温度为−70℃低温用钢	冷冻机械，低温下工作的结构件
	性能与18Nb钢相近	工作温度为−20～450℃的容器及其他结构件
	综合力学性能好，低温性能、冷冲压性能、焊接性能和可切削性能都好	矿山、运输、化工等各种机械
	性能与16Mn钢相似，冲击韧性和冷弯性能比16Mn好	同16Mn钢
Q390	耐海水及大气腐蚀性好	抗大气和海水腐蚀的各种机械
	性能优于16Mn	高压锅炉锅筒、石油、化工容器、高应力起重机械、运输机械构件
	性能与15MnV基本相同	与15MnV钢相同
	综合力学性能比16Mn钢高，焊接性、热加工性和低温冲击韧性都好	大型焊接结构，如容器、管道及重型机械设备
Q420	综合力学性能、焊接性能良好。低温冲击韧性特别好	与16MnNb钢相同
	强度虽高，但韧性、塑性较低。焊接时，脆化倾向大。冷热加工性尚好，但缺口敏感性较大	大型船舶、桥梁、电站设备、起重机械、机车车辆、中压或高压锅炉及容器及其大型焊接构件等
Q460	强度最高，在正火或淬火加回火状态有很高的综合力学性能，全部用铝补充脱氧	质量等级有C、D、E级，可保证钢的良好韧性的备用钢种。用于各种大型工程结构及要求强度高、载荷大的轻型结构

4.4 合金结构钢（GB/T 3077—2015）

合金结构钢是在优质碳素钢的基础上加入合金元素而成，其特点是由于合金元素与铁、碳以及合金元素之间的相互作用，改变了钢的内部组织结构，从而提高和改善钢的性能。

合金结构钢的分类，和优质碳素结构钢一样，按冶金质量分为优质钢、高级优质钢（A）和特级优质钢（E）三种；按使用加工方法分为两类：①压力加工用钢（UP)、热压力加工用钢（UHP)、顶锻用钢（UF)、冷拔坯料用钢（UCD)，②切削加工用钢（UC)。

热轧和锻制圆钢和方钢的尺寸、外形、重量应分别符合 GB/T 702 和 GB/T 908 的有关规定；其他形状钢材的尺寸、外形、重量应符合相关标准的有关规定。

4.4.1 合金结构钢的牌号

合金结构钢的牌号通常由四部分组成（GB/T 221—2008)：

第一部分	第二部分	第三部分	第四部分（必要时）
以两位阿拉伯数字表示平均碳含量（以万分之几计）	合金元素平均含量＜1.50%时，仅标明元素符号 2—1.50%～2.49% 3—2.50%～3.49% 4—3.50%～4.49% 5—4.50%～5.49% ……	钢材材质 A—高级优质钢 E—特级优质钢 （优质钢不标）	产品用途、特性和工艺方法代号，见第5章“专用结构钢”

表 4.11 合金结构钢的牌号表示示例

产品名称	第一部分（碳含量）	第二部分（合金元素含量）	第三部分（钢材材质）	第四部分（用途等）	牌号示例
合金结构钢	0.22～0.29	Cr:1.50～1.80 Mo:0.25～0.35 V:0.15～0.30	高级优质钢		25Cr2MoVA
锅炉和压力容器用钢	≤0.22	Mn:1.20～1.60 Mo:0.45～0.65 Nb:0.025～0.050	特级优质钢	锅炉和压力容器用钢	18MnMoNbER

4.4.2 合金结构钢的力学性能

表 4.12 合金结构钢的力学性能

钢组	牌号	统一数字代号	试样毛坯尺寸/mm	热处理				
				淬火			回火	
				加热温度/℃		冷却剂	加热温度/℃	冷却剂
				第一次淬火	第二次淬火			
Mn	20Mn2	A00202	15	850	—	水、油	200	水、空
				880	—	水、油	440	水、空
	30Mn2	A00302	25	840	—	水	500	水
	35Mn2	A00352	25	840	—	水	500	水
	40Mn2	A00402	25	840	—	水、油	540	水
	45Mn2	A00452	25	840	—	油	550	水、油
	50Mn2	A00502	25	820	—	油	550	水、油
MnV	20MnV	A01202	15	880	—	水、油	200	水、空
SiMn	27SiMn	A10272	25	920	—	水	450	水、油
	35SiMn	A10352	25	900	—	水	570	水、油
	42SiMn	A10422	25	880	—	水	590	水
SiMnMoV	20SiMn2MoV	A14202	试样	900	—	油	200	水、空
	25SiMn2MoV	A14262	试样	900	—	油	200	水、空
	37SiMn2MoV	A14372	25	870	—	水、油	650	水、空
B	40B	A70402	25	840	—	水	550	水
	45B	A70452	25	840	—	水	550	水
	50B	A70502	20	840	—	油	600	空

续表

钢组	牌号	统一数字代号	试样毛坯尺寸/mm	热处理				
				淬火			回火	
				加热温度/℃		冷却剂	加热温度/℃	冷却剂
				第一次淬火	第二次淬火			
MnB	40MnB	A71402	25	850	—	油	500	水、油
	45MnB	A71452	25	840	—	油	500	水、油
MnMoB	20MnMoB	A72202	15	880	—	油	2000	油、空
MnVB	15MnVB	A73152	15	860	—	油	200	水、空
	20MnVB	A73202	15	860	—	油	200	水、空
	40MnVB	A73402	25	850	—	油	520	水、油
	20MnTiB	A74202	15	860	—	油	200	水、空
	25MnTiBRE	A74252	试样	860	—	油	200	水、空
Cr	15Cr	A20152	15	880	780～820	水、油	200	水、空
	15CrA	A20153	15	880	770～820	水、油	180	油、空
	20Cr	A20202	15	880	780～820	水、油	200	水、空
	30Cr	A20302	25	860	—	油	500	水、油
	35Cr	A20352	25	860	—	油	500	水、油
	40Cr	A20402	25	850	—	油	520	水、油
	45Cr	A20452	25	840	—	油	520	水、油
	50Cr	A20502	25	830	—	油	520	水、油
CrSi	38CrSi	A21382	25	900	—	油	600	水、油

续表

钢组	牌号	统一数字代号	试样毛坯尺寸/mm	热处理				
				淬火			回火	
				加热温度/℃		冷却剂	加热温度/℃	冷却剂
				第一次淬火	第二次淬火			
CrMo	12CrMo	A30122	30	900	—	空	650	空
	15CrMo	A30152	30	900	—	空	650	空
	20CrMo	A30202	15	880	—	水、油	500	水、油
	30CrMo	A30302	25	880	—	水、油	540	水、油
	30CrMoA	A30303	15	880	—	油	540	水、油
	35CrMo	A30352	25	850	—	油	550	水、油
	42CrMo	A30422	25	850	—	油	560	水、油
CrMoV	12CrMoV	A31122	30	970	—	空	750	空
	35CrMoV	A31352	25	900	—	油	630	水、油
	12Cr1MoV	A31132	30	970	—	空	750	空
	25Cr2MoVA	A31253	25	900	—	油	640	空
	25Cr2Mo1VA	A31263	25	1040	—	空	700	空
CrMoAl	38CrMoAl	A33382	30	940	—	水、油	640	水、油
CrV	40CrV	A23402	25	880	—	油	650	水、油
	50CrVA	A23503	25	860	—	油	500	水、油
CrMn	15CrMn	A22152	15	880	—	油	200	水、空
	20CrMn	A22202	15	850	—	油	200	水、空
	40CrMn	A22402	25	840	—	油	550	水、油

续表

钢组	牌号	统一数字代号	试样毛坯尺寸/mm	热处理				
				淬火			回火	
				加热温度/℃		冷却剂	加热温度/℃	冷却剂
				第一次淬火	第二次淬火			
CrMnSi	20CrMnSi	A24202	25	880	—	油	480	水、油
	25CrMnSi	A24252	25	880	—	油	480	水、油
	30CrMnSi	A24302	25	880	—	油	520	水、油
	30CrMnSiA	A24303	25	880	—	油	540	水、油
	35CrMnSiA	A24353	试样	加热到880℃，于280～310℃等温淬火				
				950	890	油	230	空、油
CrMnMo	20CrMnMo	A34202	15	850	—	油	200	水、空
	40CrMnMo	A34402	25	850	—	油	600	水、油
CrMnTi	20CrMnTi	A26202	15	880	870	油	200	水、空
	30CrMnTi	A26302	试样	880	850	油	200	水、空
CrNi	20CrNi	A40202	25	850	—	水、油	460	水、油
	40CrNi	A40402	25	820	—	油	500	水、油
	45CrNi	A40452	25	820	—	油	530	水、油
	50CrNi	A40502	25	820	—	油	500	水、油
	12CrNi2	A41122	15	860	780	水、油	200	水、空
	12CrNi3	A42122	15	860	780	油	200	水、空
	20CrNi3	A42202	25	830	—	水、油	480	水、油
	30CrNi3	A42302	25	820	—	油	500	水、油
	37CrNi3	A42372	25	820	—	油	500	水、油
	12Cr2Ni4	A43122	15	860	780	油	200	水、空
	20Cr2Ni4	A43202	15	880	780	油	200	水、空

续表

钢组	牌号	统一数字代号	试样毛坯尺寸/mm	热处理				
				淬火			回火	
				加热温度/℃		冷却剂	加热温度/℃	冷却剂
				第一次淬火	第二次淬火			
CrNiMo	20CrNiMo	A50202	15	850	—	油	200	空
	40CrNiMoA	A50403	25	850	—	油	600	水、油
CrMnNiMo	18CrMnNiMoA	A50183	15	830		油	200	空
CrNiMoV	45CrNiMoVA	A51453	试样	860		油	460	油
CrNiW	18Cr2Ni4WA	A52183	15	950	850	空	200	水、空
	25Cr2Ni4WA	A52253	25	850		油	550	水、油

表 4.13 钢材的纵向力学性能和硬度

钢组	牌号	试样毛坯尺寸/mm	力学性能					退火或高温回火硬度(HB100/3000)≤
			抗拉强度 R_m/MPa	屈服强度/MPa	断后伸长率 A/%	断面收缩率 Z/%	冲击吸收功 KU_2/J	
			≥					
Mn	20Mn2	15	785	590	10	40	47	187
	25Mn2	15	785	590	10	40	47	187
	30Mn2	25	785	635	12	45	63	207
	35Mn2	25	835	685	12	45	55	207
	40Mn2	25	885	735	12	45	55	217
	45Mn2	25	885	735	10	45	47	217
	50Mn2	25	930	785	9	40	39	229

续表

钢组	牌号	试样毛坯尺寸/mm	力学性能					退火或高温回火硬度（HB100/3000）≤
			抗拉强度 R_m/MPa	屈服强度/MPa	断后伸长率 A/%	断面收缩率 Z/%	冲击吸收功 KU_2/J	
			≥					
MnV	20MnV	15	785	590	10	40	55	187
SiMn	27SiMn	25	980	835	12	40	39	217
	35SiMn	25	885	735	15	45	47	229
	42SiMn	25	885	735	15	40	47	229
SiMnMoV	20SiMn2MoV	试样	1380	—	10	45	55	269
	25SiMn2MoV	试样	1470	—	10	40	47	269
	37SiMn2MoV	25	980	835	12	50	63	269
B	40B	25	785	635	12	45	55	207
	45B	25	835	685	12	45	47	217
	50B	20	785	540	10	45	39	207
MnB	40MnB	25	980	785	10	45	47	207
	45MnB	25	1030	835	9	40	39	217
MnMoB	20MnMoB	15	1080	885	10	50	55	207
MnVB	15MnVB	15	885	635	10	45	55	207
	20MnVB	15	1080	885	10	45	55	207
	40MnVB	25	980	785	10	45	47	207
	20MnTiB	15	1130	930	10	45	55	187
	25MnTiBRE	试样	1380	—	10	40	47	229

续表

钢组	牌号	试样毛坯尺寸/mm	力学性能					退火或高温回火硬度（HB100/3000）≤
			抗拉强度 R_m/MPa	屈服强度/MPa	断后伸长率 A/%	断面收缩率 Z/%	冲击吸收功 KU_2/J	
			≥					
Cr	15Cr	15	735	490	11	45	55	179
	15CrA	15	685	490	12	45	55	179
	20Cr	15	835	540	10	40	47	179
	30Cr	25	885	685	11	45	47	187
	35Cr	25	930	735	11	45	47	207
	40Cr	25	980	785	9	45	47	207
	45Cr	25	1030	835	9	40	39	217
	50Cr	25	1080	930	9	40	39	229
CrSi	38CrSi	25	980	835	12	50	55	255
CrMo	12CrMo	30	410	265	24	60	110	179
	15CrMo	30	440	295	22	60	94	179
	20CrMo	15	885	685	12	50	78	197
	30CrMo	25	930	785	12	50	63	229
	30CrMoA	15	930	735	12	50	71	229
	35CrMo	25	980	835	12	45	63	229
	42CrMo	25	1080	930	12	45	63	217

续表

钢组	牌号	试样毛坯尺寸/mm	力学性能					退火或高温回火硬度(HB100/3000)≤
			抗拉强度 R_m/MPa	屈服强度/MPa	断后伸长率 A/%	断面收缩率 Z/%	冲击吸收功 KU_2/J	
			≥					
CrMoV	12CrMoV	30	440	225	22	50	78	241
	35CrMoV	25	1080	930	10	50	71	241
	12Cr1MoV	30	490	245	22	50	71	179
	25Cr2MoVA	25	930	785	14	55	63	241
	25Cr2Mo1VA	25	735	590	16	50	47	241
CrMoAl	38CrMoAl	30	980	835	14	50	71	229
CrV	40CrV	25	885	735	10	50	71	241
	50CrVA	25	1280	1130	10	40	—	255
CrMn	15CrMn	15	785	590	12	50	47	179
	20CrMn	15	930	735	10	45	47	187
	40CrMn	25	980	835	9	45	47	229
CrMnSi	20CrMnSi	25	785	635	12	45	55	207
	25CrMnSi	25	1080	885	10	40	39	217
	30CrMnSi	25	1080	885	10	45	39	229
	30CrMnSiA	25	1080	835	10	45	39	229
	35CrMnSiA	试样	1620	1280	9	40	31	241
	35CrMnSiA	试样	1620	1280	9	40	31	241
CrMnMo	20CrMnMo	15	1180	885	10	45	55	217
	40CrMnMo	25	980	785	10	45	63	217

续表

钢组	牌号	试样毛坯尺寸/mm	力学性能					退火或高温回火硬度(HB100/3000)≤
			抗拉强度 R_m/MPa	屈服强度/MPa	断后伸长率 A/%	断面收缩率 Z/%	冲击吸收功 KU_2/J	
			≥					
CrMnTi	20CrMnTi	15	1080	850	10	45	55	217
	30CrMnTi	试样	1470	—	9	40	47	229
CrNi	20CrNi	25	785	590	10	50	63	197
	40CrNi	25	980	785	10	45	55	241
	45CrNi	25	980	785	10	45	55	255
	50CrNi	25	1080	835	8	40	39	255
	12CrNi2	15	785	590	12	50	63	207
	12CrNi3	15	930	685	11	50	71	217
	20CrNi3	25	930	735	11	55	78	241
	30CrNi3	25	980	785	9	45	63	241
	37CrNi3	25	1130	980	10	50	47	269
	12Cr2Ni4	15	1080	835	10	50	71	269
	20Cr2Ni4	15	1180	1080	10	45	63	269
CrNiMo	20CrNiMo	15	980	785	9	40	47	197
	40CrNiMoA	25	980	835	12	55	78	269
CrMnNiMo	18CrMnNiMoA	15	1180	885	10	45	71	269
CrNiMoV	45CrNiMoVA	试样	1470	1330	7	35	31	269
CrNiW	18Cr2Ni4WA	15	1180	835	10	45	78	269
	25Cr2Ni4WA	25	1080	930	11	45	71	269

注：1. 此为用热处理毛坯制成试样测定的结果，表中所列热处理温度允许调整范围：淬火±15℃，低温回火±20℃，高温回火±50℃。

2. 钢在淬火前可先经正火，正火温度应不高于其淬火温度，铬锰钛钢第一次淬火可用正火代替。

3. 拉伸试验时试样钢上不能发现屈服，无法确定屈服强度情况下，可以测规定残余伸长应力 $R_{p0.2}$。

表 4.14 常用合金结构钢的热处理

牌号	试样毛坯尺寸/mm	淬火			回火	
		加热温度/℃		冷却剂	加热温度/℃	冷却剂
		一淬	二淬			
20Mn2	15	850	—	水、油	200	水、空
		880	—	水、油	440	水、空
30Mn2	25	840	—	水	500	水
35Mn2	25	840	—	水	500	水
40Mn2	25	840	—	水、油	540	水
45Mn2	25	840	—	油	550	水、空
50Mn2	25	820	—	油	550	水、油
20MnV	15	880	—	水、油	200	水、空
27SiMn	25	920	—	水	450	水、油
35SiMn	25	900	—	水	570	水、油
42SiMn	25	880	—	水	590	水
20SiMn2MoV	试样	900	—	油	200	水、空
25SiMn2MoV	试样	900	—	油	200	水、空
37SiMn2MoV	25	870	—	水、油	600	水、空
40B	25	840	—	水	550	水
45B	25	840	—	水	550	水
50B	20	840	—	油	600	空
40MnB	25	850	—	油	500	水、油
45MnB	25	840	—	油	500	水、油
20MnMoB	15	880	—	油	200	油
15MnVB	15	860	—	油	200	水
20MnVB	15	860	—	油	200	水
40MnVB	25	850	—	油	520	水
20MnTiB	15	860	—	油	200	水
25MnTiBRE	试样	860	—	油	200	水
15Cr	15	880	780～820	水、油	200	水
15CrA	15	880	770～820	水、油	180	油
20Cr	15	880	780～820	水、油	200	水
30Cr	25	860	—	油	500	水
35Cr	25	860	—	油	500	水
40Cr	25	850	—	油	520	水
45Cr	25	840	—	油	520	水
50Cr	25	830	—	油	520	水

续表

牌号	试样毛坯尺寸/mm	淬火			回火	
		加热温度/℃		冷却剂	加热温度/℃	冷却剂
		一淬	二淬			
38CrSi	25	900	—	油	600	水
12CrMo	30	900	—	空	650	空
15CrMo	30	900	—	空	650	空
20CrMo	15	880	—	水、油	500	水、油
30CrMo	25	880	—	水、油	540	水、油
30CrMoA	15	880	—	油	540	水、油
35CrMo	25	850	—	油	550	水、油
42CrMo	25	850	—	油	560	水、油
12CrMoV	30	970	—	空	750	空
35CrMoV	25	900	—	油	630	水、油
12Cr1MoV	30	970	—	空	750	空
25Cr2MoVA	25	900	—	油	640	空
25Cr2Mo1VA	25	1040	—	空	700	空
38CrMoAl	30	940	—	水、油	640	水、油
40CrV	25	880	—	油	650	水、油
50CrVA	25	860	—	油	500	水、油
15CrMn	15	880	—	油	200	水、空
20CrMn	15	850	—	油	200	水、空
40CrMn	25	840	—	油	550	水、油
20CrMnSi	25	880	—	油	480	水、油
25CrMnSi	25	880	—	油	480	水、油
30CrMnSi	25	880	—	油	520	水、油
30CrMnSiA	25	880	—	油	540	水、油
35CrMnSiA	试样	950	890	油	230	空、油
20CrMnMo	15	850	—	油	200	空、水
40CrMnMo	15	850	—	油	600	水、油
20CrMnTi	15	880	870	油	200	空、水
30CrMnTi	试样	880	850	油	200	空、水
20CrNi	25	850	—	水、油	460	水、油
40CrNi	25	820	—	油	500	水、油
45CrNi	25	820	—	油	530	水、油
50CrNi	25	820	—	油	500	水、油
12CrNi2	15	860	780	水、油	200	空、水

续表

牌号	试样毛坯尺寸/mm	淬火			回火	
		加热温度/℃		冷却剂	加热温度/℃	冷却剂
		一淬	二淬			
12CrNi3	15	860	780	油	200	空、水
20CrNi3	25	830	—	水、油	480	水、油
30CrNi3	25	820	—	油	500	水、油
37CrNi3	25	820	—	油	500	水、油
12Cr2Ni4	15	860	780	油	200	空、水
20Cr2Ni4	15	880	780	油	200	空、水
20CrNiMo	15	850	—	油	200	空
40CrNiMoA	25	850	—	油	600	水、油
18CrMnNiMoA	15	830	—	油	200	空
45CrNiMoVA	试样	960	—	油	460	油
18Cr2Ni4WA	15	950	850	空	200	空、水
25Cr2Ni4WA	25	850	—	油	550	水、油

注：1. 表中所列热处理温度允许调整范围：淬火±15℃，低温回火±20℃，高温回火±50℃。

2. 硼钢在淬火前可先正火，正火温度应不高于淬火温度，铬锰钛钢第一次淬火可用正火代替。

3. 拉伸试验时试样上不得有屈服，无法测定屈服强度时，可测残余伸长应力。

表 4.15　常用合金结构钢的用途

牌号	用途举例
20Mn2	一般用作较小截面的零件，与 20Cr 钢相当，可作渗碳小齿轮、小轴、钢套、活塞销、柴油机套筒、气门顶杆等；也可作调质钢用，如冷镦螺栓或较大截面的调质零件
20Mn2B	代替 20Cr 钢制造尺寸较大、形状较简单、受力不复杂的渗碳零件，如轴套、齿轮、汽车汽阀挺杆、楔形销、转向滚轮轴、调整螺栓等；用在小截面时，性能与 20CrMnTi、15CrMnMo、12Cr2Ni4A 等钢相似
20MnV	相当于 20CrNi 钢，可用于制造锅炉、高压容器、管道等
20SiMn2MoV	可代替 12CrNi4 钢
25SiMn2MoV	可代替 25CrNi4 钢作调质零件
27SiMn	作高韧性和耐磨热冲压零件、拖拉机的履带销，也可作铸件用
30Mn2	经调质后用作小截面的紧固件、变速箱齿轮、轴、冷镦螺栓、对心部强度要求较高的渗碳件等

续表

牌号	用途举例
30Mn2MoW	可代替30CrNi4Mo及25CrNiW钢,制造轴、杆类调质件
35Mn2	用作连杆、心轴、曲轴、操纵杆、螺钉、冷镦螺栓等。在制造小断面的零件时,可与40Cr钢互用
35SiMn	用作中等速度、中负荷或高负荷而冲击不大的零件,如传动齿轮、心轴、连杆、蜗杆、车轴、发动机、飞轮、汽轮机的叶轮,400℃以下的重要紧固件。这种钢除了要求低温(-20℃以下)冲击韧性很高的情况外,可全部代替40Cr作调质钢,亦可部分代替40CrNi钢
37SiMn2MoV	用于制造连杆、曲轴、电车轴、发动机轴等,亦可用于表面淬火的零件
40B	可用作齿轮、转向拉杆、轴、凸轮等;在制造要求不高的零件时,可与40Cr钢互代
40Mn2	用作重负荷下工作的调质零件,如轴、螺杆、蜗杆、活塞杆、操纵杆、连杆、承载螺栓等。直径40mm以下的小断面重要零件,可代替40Cr
45Mn2	用来制造较高应力与磨损条件下的零件,在用作直径60mm以下零件时,与40Cr钢相当,在汽车、拖拉机和一般机械制造中,用于万向接头轴、车轴、连杆盖、摩擦盘、蜗杆、齿轮、齿轮轴、电车和蒸汽机车车轴、车轴箱、重载荷机械以及冷拉的螺栓、螺帽等
40MnB	用作汽车转向臂、转向节、转向轴、半轴、蜗杆、花键轴、刹车调整臂等,也可代40Cr钢制造较大截面的零件
42SiMn	可代40Cr、40CrNi钢作轴类零件,也可用来制造载面较大及表面淬火的零件
45B	用作拖拉机曲轴柄,在制造小尺寸而要求不高的零件时,可代40Cr钢
45Mn2	用来制造较高应力与磨损条件下的零件,在用作直径60mm以下零件时,与40Cr钢相当,在汽车、拖拉机和一般机械制造中,用于万向接头轴、车轴、连杆盖、摩擦盘、蜗杆、齿轮、齿轮轴、电车和蒸汽机车车轴、车轴箱、重载荷机械以及冷拉的螺栓、螺帽等
45MnB	可代40Cr、45Cr钢制造较耐磨的中、小截面调质零件,如机床齿轮、钻床主轴、拖拉机拐轴、曲轴齿轮、惰轮、分离叉、花键轴和套等
50B	用于制造齿轮、转向轴拉杆、轴、凸轮、轴柄等
50Mn2	用作在高应力承受强烈磨损条件下工作的零件,如万向接轴、齿轮、曲轴、连杆、各类小轴等;重型机械的主大型轴、大型齿轮、汽车上传动花键轴及承受大冲击负荷的心轴等;也可用作板簧及平卷簧

4.5 非调质机械结构钢（GB/T 15712—2008）

本钢种包括非调质机械结构钢热轧钢材和银亮钢材。按使用方法分为直接切削加工用非调质机械结构钢（UC）和热压力加工用非调质机械结构钢（UHP）两种。

热轧钢材的尺寸、外形应符合 GB/T 702 的有关规定，尺寸精度要求应于合同中注明，否则按 2 级精度执行；银亮钢材的尺寸、外形及其允许偏差应符合 GB/T 3207 的有关规定，尺寸精度要求应于合同中注明，否则按 11 级精度执行。

4.5.1 非调质机械结构钢的牌号

非调质机械结构钢牌号通常由四部分组成（GB/T 221—2008）：

第一部分	第二部分	第三部分	第四部分(必要时)	牌号示例
F—非调质机械结构钢表示符号	C：0.32%～0.39% 以两位阿拉伯数字表示平均碳含量（以万分之几计）	V：0.06%～0.13% 合金元素含量，以化学元素符号及阿拉伯数字表示，表示方法同合金结构钢第二部分	S：0.035%～0.075% 改善切削性能的非调质机械结构钢加硫元素 S 的含量	F35VS

4.5.2 非调质机械结构钢的力学性能

表 4.16　直接切削加工用非调质机械结构钢力学性能

牌号	统一数字代号	钢材直径或边长/mm	抗拉强度 R_m /MPa ≥	下屈服强度 R_{eL} /MPa ≥	断后伸长率 A/% ≥	断后收缩率 Z/% ≥	冲击吸收能量 KU_2/J
F35VS	L22358	≤40	590	390	18	40	≥47
F40VS	L22408	≤40	640	420	16	35	≥37
F45VS	L22468	≤40	685	440	15	30	≥35
F30MnVS	L22308	≤60	700	450	14	30	实测
F35MnVS	L22378	≤40	735	460	17	35	≥37
		40～60	710	440	15	33	≥35

续表

牌号	统一数字代号	钢材直径或边长/mm	抗拉强度 R_m /MPa ≥	下屈服强度 R_{eL} /MPa ≥	断后伸长率 A/% ≥	断后收缩率 Z/% ≥	冲击吸收能量 KU_2/J
F38MnVS	L22388	≤60	800	520	12	25	实测
F40MnVS	L22428	≤40	785	490	15	33	≥32
		40～60	760	470	13	30	≥28
F45MnVS	L22478	≤40	835	510	13	28	≥28
		40～60	810	490	12	28	≥25
F49MnVS	L22498	≤60	≥780	≥450	≥8	≥20	实测

4.6 易切削结构钢（GB/T 8731—2008）

易切削结构钢是利用钢中某些元素的作用改善钢的切削加工性能，以适于在自动机床上进行高速切削的钢种。常用改善切削加工性的元素有 S、Pb、Ca 等，其中以 S 最常用，S 在钢中形成 MnS 夹杂，质脆并有一定润滑作用，因而切屑易于碎断，工件表面光洁度高，减少刀具磨损，提高切削速度。虽然钢中含 S、P 较多，但在这类钢中是作为有益元素加入或保存下来，因此，属于优质钢。用作生产标准件（如小型螺丝、螺母）、油泵、机床光杠、丝杠等，一般不需热处理。

该钢种适用于机械切削加工用条钢、盘条、钢丝、钢板及钢带等钢材。分压力加工用钢（UP）和切削加工用钢（UC）。钢材以热轧、热锻或冷轧、冷拉、银亮等状态交货（交货状态应在合同中注明）。根据需方要求也可按其他状态交货。

4.6.1 易切削结构钢的牌号

易切削结构钢牌号通常由三部分组成：

Y	第二部分	第三部分
易切削钢符号	以两位阿拉伯数字表示平均碳含量（以万分之几计）	易切削元素符号 加硫和加硫磷易切削钢，不加元素符号 S、P。牌号尾部加 S 时表示含该钢种含有较高的硫含 Mn 量较高（1.20%～1.55%）的易切削钢，要标明“Mn”

例：含碳量为 0.15% 的易切削钢，其牌号表示为“Y15”。含碳量为 0.42%～0.50%、钙含量为 0.002%～0.006% 的易切削结构钢，其牌号表示为“Y45Ca”。含碳量为 0.40%，含锰量为 1.20%～1.55% 的易切削钢，其牌号表示为“Y40Mn”。

表 4.17　易切削钢应符合的标准

类　别	应符合的标准	类　别	应符合的标准
热轧钢板和钢带	GB/T 709	热轧钢六角、八角棒	GB/T 702
冷轧钢板和钢带	GB/T 708	冷拉圆钢、方钢、六角钢	GB/T 905
锻制钢棒	GB/T 908	冷拉圆钢丝、方钢丝、六角钢丝	GB/T 342
热轧圆盘条	GB/T 14981		

4.6.2　易切削结构钢的硬度和力学性能

表 4.18　热轧状态易切削钢条钢和盘条的硬度和力学性能

牌　号	统一数字代号	布氏硬度① (HBW) ≤	抗拉强度 R_m/MPa	断后伸长率 A/% ≥	断后收缩率 Z/% ≥
硫系易切削钢条钢和盘条					
Y08	U71082	163	360～570	25	40
Y12	U71122	170	390～540	22	36
Y15	U71152	170	390～540	22	36
Y20	U71202	175	450～600	20	30
Y30	U71302	187	510～655	15	25
Y35	U71352	187	510～655	14	22
Y45	U71452	229	560～800	12	20
Y08MnS	—	165	350～500	25	40
Y15Mn	L20159	170	390～540	22	36
Y35Mn	L20359	229	530～790	16	22
Y40Mn	L20409	229	590～850	14	20
Y45Mn	L20459	241	610～900	12	20
Y45MnS	—	241	610～900	12	20
铅系易切削钢条钢和盘条					
Y08Pb	U72082	165	360～570	25	40
Y12Pb	U72122	170	360～570	22	36
Y15Pb	U72152	170	390～540	22	36
Y45MnSPb		241	610～900	12	20

续表

牌号	统一数字代号	布氏硬度①(HBW)≤	抗拉强度 R_m/MPa	断后伸长率 A/%≥	断后收缩率 Z/%≥
锡系易切削钢条钢和盘条					
Y08Sn		165	350～500	25	40
Y15Sn		165	390～540	22	36
Y45Sn		241	600～745	12	26
Y45MnSn		241	610～850	12	26
钙系易切削钢条钢和盘条(热轧状态)					
Y45Ca	U773452	241	600～745	12	26

钙系易切削钢条钢和盘条(经热处理毛坯制成)

牌号	统一数字代号	下屈服强度 R_{eL}/MPa≥	抗拉强度 R_m/MPa	断后伸长率 A/%≥	断后收缩率 Z/%≥	冲击吸收能量 KV_2/J≥
Y45Ca	U773452	355	600	16	40	39

①交货时硬度。

表4.19 冷拉状态易切削钢条钢和盘条的硬度和力学性能

牌号	抗拉强度 R_m/MPa 公称尺寸/mm			断后伸长率 A/%≥	布氏硬度(HBW)
	8～20	>20～30	>30		
硫系易切削钢条钢和盘条					
Y08	480～810	460～710	360～710	7.0	140～217
Y12	530～755	510～735	490～685	7.0	152～217
Y15	530～755	510～735	490～685	7.0	152～217
Y20	570～785	530～745	510～705	7.0	167～217
Y30	600～825	560～765	540～735	6.0	174～223
Y35	625～845	590～785	570～765	6.0	176～229
Y45	695～980	655～880	580～880	6.0	196～255
Y08MnS	480～810	460～710	360～710	7.0	140～217
Y15Mn	530～755	510～735	490～685	7.0	152～217
Y45Mn	695～980	655～880	580～880	6.0	196～255
Y45MnS	695～980	655～880	580～880	6.0	196～255

续表

牌号	抗拉强度 R_m/MPa			断后伸长率 A/% ≥	布氏硬度（HBW）
	公称尺寸/mm				
	8～20	＞20～30	＞30		
铅系易切削钢条钢和盘条					
Y08	480～810	460～710	360～710	7.0	140～217
Y12	530～755	510～735	490～685	7.0	152～217
Y15	530～755	510～735	490～685	7.0	152～217
Y20	570～785	530～745	510～705	7.0	167～217
Y30	600～825	560～765	540～735	6.0	174～223
Y35	625～845	590～785	570～765	6.0	176～229
Y45	695～980	655～880	580～880	6.0	196～255
Y08MnS	480～810	460～710	360～710	7.0	140～217
Y15Mn	530～755	510～735	490～685	7.0	152～217
Y45Mn	695～980	655～880	580～880	6.0	196～255
Y45MnS	695～980	655～880	580～880	6.0	196～255
锡系易切削钢条钢和盘条					
Y08	480～810	460～710	360～710	7.0	140～217
Y12	530～755	510～735	490～685	7.0	152～217
Y15	530～755	510～735	490～685	7.0	152～217
Y20	570～785	530～745	510～705	7.0	167～217
Y30	600～825	560～765	540～735	6.0	174～223
Y35	625～845	590～785	570～765	6.0	176～229
Y45	695～980	655～880	580～880	6.0	196～255
Y08MnS	480～810	460～710	360～710	7.0	140～217
Y15Mn	530～755	510～735	490～685	7.0	152～217
Y45Mn	695～980	655～880	580～880	6.0	196～255
Y45MnS	695～980	655～880	580～880	6.0	196～255
钙系易切削钢条钢和盘条					
Y45Ca	695～920	655～855	635～835	6.0	196～255
Y40Mn 冷拉条钢（高温回火状态）					
Y45Mn	590～785			≥17	179～229

表 4.20　易切削钢的牌号、加工特性、硬度和用途

牌号	屈服点 σ_s /MPa ≥	抗拉强度 R_m /MPa ≥	延伸率 A /%	硬度（HB）	加工特性	用途
Y12	390～450	490～735	22	热轧≤170 冷拉 152～217	切削性较 15 钢明显改善，力学性能有明显的各向异性，冷拉钢材纵向力学性能接近冷拉 15 钢	常代替 15 钢制造对力学性能要求不高的零件，如螺栓、销钉、轴、管接头外套等

续表

牌号	屈服点 σ_s /MPa ≥	抗拉强度 R_m /MPa ≥	延伸率 A /%	硬度(HB)	加工特性	用途
Y12Pb	390～450	490～735	22	热轧≤170 冷拉152～217	被切削加工性好,不存在性能上的方向性,并有较高的力学性能	常用于制造较重要的机械零件、精密仪表零件等
Y15	390～540	490～755	22	热轧≤170 冷拉152～217	切削性明显高于Y12,生产效率比Y12高,攻丝时丝锥寿命比Y12提高两倍以上	攻丝性能特别好,用于制造不重要的标准件,如螺栓、螺母、管接头、弹簧座等
Y15Pb	390～540	490～755	22	热轧≤170 冷拉152～217	切削加工性能较Y15更好	常用于制造较重要的机械和精密仪表零件
Y20	—	450～600	20	热轧≤175 冷拉167～217	切削性能优于20钢而低于Y12,但力学性能高于Y12。成品可进行渗碳处理	用来制造表面硬、中心韧性高的仪器仪表零件及轴类耐磨件
Y30	—	510～655	15	热轧≤187 冷拉174～223	切削性能优于30钢,热处理工艺基本相同,淬裂敏感相当或稍差,可根据零件外形、复杂程度选择淬火介质	用于制造强度较高的非热处理标准件,也可制造热处理件。小零件可调质
Y35	—	570～765	14	热轧≤187 冷拉176～229	同Y30钢,可调质处理	制造要求抗拉强度的部件,一般以冷拉状态使用
Y40Mn	590～735	590～785	14	热轧≤207 冷拉179～229	有较好的切削性能,与45钢相比,可提高刀具寿命和生产效率,强度和硬度较高	适于加工要求刚性高的零件,如丝杠、光杆、齿条和花键轴等

续表

牌号	屈服点 σ_s /MPa ≥	抗拉强度 R_m /MPa ≥	延伸率 A /%	硬度（HB）	加工特性	用途
Y45Ca	600～745	600～745	12	热轧 226	有优良的切削性能，适合于高速切削加工，正常加工时，速度比 45 钢提高一倍以上。热处理后具有良好的力学性能	用于制造较重要零件，如齿轮轴、花键轴及拖拉机传动轴等，也常用于自动机床上加工高强度螺栓、螺母

4.7　耐候结构钢（GBT 4171—2008）

耐候结构钢可分为高耐候钢和焊接耐候钢，是介于普通钢和不锈钢之间的低合金钢系列，由普通碳素钢添加少量铜、磷、铬、镍等耐腐蚀元素（也可添加少量的钼、钒、钛、锆等细化晶粒元素）而成，具有优质钢的强韧、塑延、成型、焊割、磨蚀、高温、抗疲劳等特性；其耐候性为普通碳素钢的 2～8 倍，涂装性为普碳钢的 1.5～10 倍。主要用于铁道、车辆、桥梁、塔架等长期暴露在大气中使用的钢结构。

4.7.1　耐候性结构钢的牌号

耐候性结构钢牌号的标记方法是：

Q	□□	□□□	□□
屈服强度中“屈”字汉语拼音的首位字母	（G）NH—（高）耐候的汉语拼音首字母	钢的屈服强度下限值	质量等级 A、B、C、D、E

表 4.21　耐候性结构钢的分类、牌号及用途

类别	牌号	生产方式	用　途
高耐候钢	Q295GNH、Q355GNH	热轧	车辆、集装箱、建筑、塔架或其他结构件等结构用，与焊接耐候钢相比具有较好的耐大气腐蚀性能
	Q265GNH、Q310GNH	冷轧	
焊　接耐候钢	Q235NH、Q295NH、Q355NH、Q415NH、Q460NH、Q500NH、Q550NH	热轧	车辆、桥梁、集装箱、建筑或其他结构件等结构用，与高耐候钢相比具有较好的焊接性

4.7.2 耐候性结构钢的力学性能

表 4.22 耐候性结构钢的力学性能

牌号	统一数字代号	下屈服强度 R_{eL}/MPa ≥				抗拉强度 R_m/MPa	断后伸长率 A/% ≥				180°弯曲试验时的压头直径		
		≤16	>16~40	>40~60	>60		≤16	>16~40	>40~60	>60	≤6	>6~16	>16
Q235NH	L52350	235	225	215	215	360~510	25	25	24	23	a	a	2a
Q295NH	L52950	295	285	275	255	430~560	24	24	23	22	a	2a	3a
Q355NH	L53550	355	345	335	325	490~630	22	22	21	20	a	2a	3a
Q415NH	L54150	415	405	395	—	520~680	22	22	20	—	a	2a	3a
Q460NH	L54600	460	450	440	—	570~730	20	20	19	—	a	2a	3a
Q500NH	L55000	500	490	480	—	600~760	18	16	15	—	a	2a	3a
Q550NH	L55500	550	540	530	—	620~780	16	16	15	—	a	2a	3a
Q265GNH	L52651	265	—	—	—	≥410	27	—	—	—	a	—	—
Q295GNH	L52951	295	285	—	—	430~560	24	24	—	—	a	2a	3a
Q310GNH	L53101	310	—	—	—	≥450	26	—	—	—	a	—	—
Q355GNH	L53551	355	345	—	—	490~630	22	22	—	—	a	2a	3a

4.7.3 结构用高强度耐候焊接钢管用钢（YB/T 4112—2013）

用于建筑结构中使用的桩柱、塔架、支柱、网架结构及其他结构，其钢管的通常长度应为3000~12500mm。

钢的化学成分（熔炼分析）应符合GB/T 4171《耐候结构钢》的Q265GNH、Q295GNH、Q310GNH、Q355GNH，Q235NH、Q295NH、Q355NH、Q415NH、Q460NH的规定；化学成分的

允许偏差应符合 GB/T 222 的有关规定。

表 4.23 结构用高强度耐候焊接钢管用钢的力学性能

牌号	统一数字代号	屈服强度 R_{eL}/MPa ≥ 壁厚/mm ≤16	屈服强度 R_{eL}/MPa ≥ 壁厚/mm >16～40	屈服强度 R_{eL}/MPa ≥ 壁厚/mm >40～60	抗拉强度 R_m /MPa	断后伸长率 A/% ≥	焊接接头强度 R_m /MPa ≥	冲击试验 质量等级	冲击试验 试验温度 /℃	冲击试验 冲击吸收能量 KV_2/J
Q265GNH	L52651	265	—	—	410～540	21	410	B C	20 0	≥47 ≥34
Q295GNH	L52951	295	—	—	430～560	20	430	B C	20 0	≥47 ≥34
Q310GNH	L53101	310	—	—	450～590	20	450	B C	20 0	≥47 ≥34
Q355GNH	L53551	355	—	—	490～630	18	490	B C	20 0	≥47 ≥34
Q235NH	L52350	235	225	215	360～510	21	360	B C	20 0	≥47 ≥34
Q295NH	L52950	295	285	275	430～560	20	430	B C	20 0	≥47 ≥34
Q355NH	L53550	355	345	335	490～630	18	490	B C	20 0	≥47 ≥34
Q415NH	L54150	415	405	395	520～680	18	520	B C	20 0	≥47 ≥34
Q460NH	L54600	460	450	440	570～730	16	570	B C	20 0	≥47 ≥34

4.8　结构用高强度调质钢板（GB/T 16270—2009）

钢板的尺寸、外形和重量应符合GB/T 709的规定。

4.8.1　结构用高强度调质钢板的牌号

牌号标记方法是：

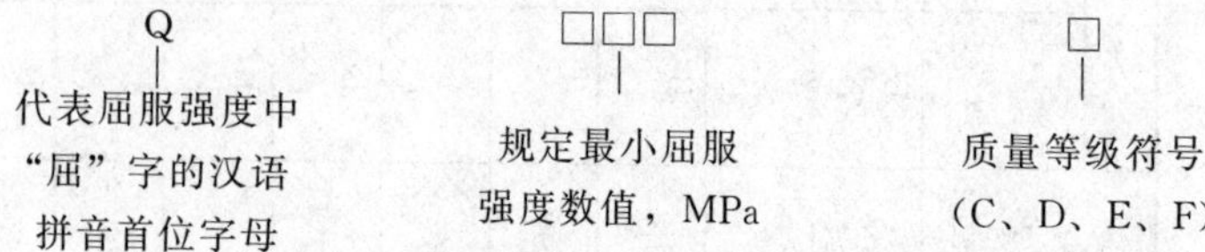

4.8.2　结构用高强度调质钢板的力学及工艺性能

表4.24　结构用高强度调质钢板的力学及工艺性能

牌号	统一数字代号	拉伸试验(横向试样)							冲击试验(纵向试样)			
		上屈服强度 R_{eH}/MPa ≥			抗拉强度 R_m/MPa			断后伸长率 A/%	冲击吸收能量 KV_2/J			
		厚度/mm			厚度/mm				试验温度/℃			
		≤50	>50～100	>100～150	≤50	>50～100	>100～150		0	−20	−40	−60
Q460C Q460D Q460E Q460F	L04603 L04604 L04605 L04606	460	440	400	550～720		500～670	17	47	47	34	34
Q500C Q500D Q500E Q500F	L05003 L05004 L05005 L05006	500	480	440	590～770		540～720	17	47	47	34	34
Q550C Q550D Q550E Q550F	L05503 L05504 L05505 L05506	550	530	490	640～820		590～770	16	47	47	34	34
Q620C Q620D Q620E Q620F	L06203 L06204 L06205 L06206	620	580	560	700～890		650～830	15	47	47	34	34

续表

牌号	统一数字代号	拉伸试验(横向试样)							冲击试验(纵向试样)			
		上屈服强度 R_{eH}/MPa ≥			抗拉强度 R_m/MPa			断后伸长率 A/%	冲击吸收能量 KV_2/J			
		厚度/mm			厚度/mm				试验温度/℃			
		≤50	>50～100	>100～150	≤50	>50～100	>100～150		0	−20	−40	−60
Q690C Q690D Q690E Q690F	L06903 L06904 L06905 L06906	690	650	630	770～940	760～930	710～900	14	47	47	34	34
Q800C Q800D Q800E Q800F	L08003 L08004 L08005 L08006	800	740	—	840～1000	800～1000	—	13	34	34	27	27
Q890C Q890D Q890E Q890F	L08903 L08904 L08905 L08906	890	830	—	940～1100	880～1100	—	11	34	34	27	27
Q960C Q960D Q960E Q960F	L09603 L09604 L09605 L09606	960	—	—	980～1150	—	—	10	34	34	27	27

4.9　保证淬透性结构钢（GB/T 5216—2014）

此类钢材具备足够的淬透性，保证结构件通过淬火获得良好的力学性能。

按钢类分为优质碳素结构钢和合金结构钢，按冶金质量分为优质钢和高级优质钢（后者在牌号后加“A”），按使用加工方法分为压力加工用钢和切削加工用钢。

4.9.1　保证淬透性结构钢的牌号

保证淬透性钢的代号为“H”，按淬透性级别分为基准带（LH）、上 2/3 带（HH）、下 2/3 带（HL）。

保证淬透性结构钢的尺寸、外形、重量及其允许偏差：热轧圆钢和方钢应符合 GB/T 702 的规定；热锻圆钢和方钢应符合 GB/T 908 的规定；其他品种应符合相应标准或供需双方协议。

4.9.2 保证淬透性结构钢的硬度

表 4.25 保证淬透性结构钢退火或高温回火状态的硬度

牌号	统一数字代号	硬度(HBW)	牌号	统一数字代号	硬度(HBW)
45H	U59455	≤197	16CrMnH	A22165	≤207
20CrH	A20205	≤179	20CrMnH	A22205	≤217
28CrH	A20285	≤217	20CrMnMoH	A34205	≤217
40CrH	A20405	≤207	20CrMnTiH	A26205	≤217
45CrH	A20455	≤217	17Cr2Ni2H	A42175	≤229
40MnBH	A71405	≤207	20CrNi3H	A42205	≤241
45MnBH	A71455	≤217	12Cr2Ni4H	A43125	≤269
20MnVBH	A73205	≤207	20CrNiMoH	A50205	≤197
20MnTiBH	A74205	≤187	18Cr2Ni2MoH	A50185	≤229

注：未列入的牌号如果以退火或高温回火状态交货，其钢材的硬度由供需双方协商。

4.10 冷镦和冷挤压用钢（GB/T 6478—2015）

本钢种适用于直径为 5～40mm 的冷镦和冷挤压用非合金钢、合金钢热轧盘条和直径为 12～100mm 的冷镦和挤压用非合金钢、合金钢热轧圆钢。

4.10.1 冷镦和冷挤压钢的牌号

其牌号通常由三部分组成。第一部分：冷镦钢（铆螺钢）表示符号“ML”；第二部分：以阿拉伯数字表示平均碳含量，优质碳素结构钢同优质碳素结构钢第一部分，合金结构钢同合金结构钢第一部分；第三部分：合金元素含量，以化学元素符号及阿拉伯数字表示，其方法同合金结构钢第二部分。

表 4.26 冷镦钢牌号表示示例

产品名称	第一部分	第二部分	第三部分	牌号示例
冷镦钢	ML	C：0.26%～0.34%	Cr：0.80%～1.10% Mo：0.15%～0.25%	ML30CrMo

冷镦和冷挤压用钢按使用状态，分为非热处理型、表面硬化型和调质型。

热轧圆钢和热轧盘条的尺寸、外形及重量应分别符合 GB/T 702 和 GB/T 14981 的规定；其他规格热轧盘条的尺寸、外形、重量及允许偏差由供需双方协商。

4.10.2　冷镦和冷挤压钢的力学性能

表 4.27　表面硬化型及调质型冷镦和冷挤压用钢的硬度

牌号	统一数字代号	淬火温度/℃	硬度(HRC)
ML20Cr	A20204	900±5	23～38
ML37Cr	A20374	850±5	25～43
ML40Cr	A20404	850±5	41～58
ML35Mn	U41352	870±5	≤28
ML20B	A70204	880±5	≤37
ML28B	A70284	850±5	22～44
ML35B	A70354	850±5	24～52
ML15MnB	A71154	880±5	≥28
ML20MnB	A71204	880±5	20～41
ML35MnB	A71354	850±5	36～55
ML15MnVB	A73154	880±5	≥30
ML20MnVB	A73204	880±5	≥32
ML37CrB	A20378	850±5	30～54

表 4.28　冷镦和冷挤压用钢的力学性能

类别	牌号	统一数字代号	抗拉强度 R_m/MPa ≥	断后收缩率 Z/% ≥
非热处理型	ML04Al	U40048	440	60
	ML08Al	U40088	470	60
	ML10Al	U40108	490	55
	ML15Al	U40158	530	50
	ML15	U40152	530	50
	ML20Al	U40208	580	45
	ML20	U40202	580	45

续表

类别	牌号	统一数字代号	抗拉强度 R_m/MPa ≥	断后收缩率 Z/% ≥
表面硬化型及调质型（退火态）①	ML10Al	U40108	450	65
	ML15Al	U40158	470	64
	ML15	U40152	470	64
	ML20Al	U40208	490	63
	ML20	U40202	490	63
	ML20Cr	A20204	560	60
	ML25Mn	U41252	540	60
	ML30Mn	U41302	550	59
	ML35Mn	U41352	560	58
	ML37Cr	A20374	600	60
	ML40Cr	A20404	620	58
	ML20B	A70204	500	64
	ML28B	A70284	530	62
	ML35B	A70354	570	62
	ML20MnB	A71204	520	62
	ML35MnB	A71354	600	60
	ML37CrB	A20378	600	60

①热轧状态交货的钢材一般不做力学性能检验。

注：表面硬化型及调质型钢材直径不大于 12mm 时，断面收缩率可降低 2%。

4.11 锻件用结构钢（GB/T 17107—1997）

4.11.1 锻件用结构钢

包括冶金、矿山、船舶、工程机械等设备中经整体热处理后取样测定力学性能的一般锻件，不包括电站设备中高温高速转动的主轴、转子、叶轮和压力容器等锻件。

锻件用结构钢可分为碳素结构钢和合金结构钢，前者包括 15～50 号碳钢，后者包括锰钢、硅锰钢、铬钢、铬钼钢等。

（1）锻件用碳素结构钢的力学性能

表 4.29　锻件用碳素结构钢的力学性能

牌号	统一数字代号	热处理状态	截面尺寸（直径或厚度）/mm	试样方向	力学性能 ≥					硬度(HB)
					R_m /MPa	R_{eL} /MPa	A /%	Z /%	KU /J	
15	U20152	正火＋回火	300～500	纵向	300	145	24	45	43	97～143
20	U20202	正火或正火＋回火	≤100	纵向	340	215	24	50	43	103～156
			100～250		330	195	23	45	39	
			250～500		320	185	22	40	39	
			500～1000		300	175	20	35	35	
25	U20252	正火或正火＋回火	≤100	纵向	420	235	22	50	39	112～170
			100～250		390	215	20	48	31	
			250～500		380	205	18	40	31	
30	U20302	正火或正火＋回火	≤100	纵向	470	245	19	48	31	126～179
			100～300		460	235	19	46	27	
			300～500		450	225	18	40	27	
			500～800		440	215	17	35	28	
35	U20352	正火或正火＋回火	≤100	纵向	510	265	18	43	28	149～187
			100～300		490	255	18	40	24	
			300～500		470	235	17	37	24	
			500～750		450	225	16	32	20	
			750～1000		430	215	15	28	20	
		调质	≤100	纵向	550	295	19	48	47	156～207
			100～300		530	275	18	40	39	
		正火＋回火	100～300	切向	470	245	13	30	20	—
			300～500		450	225	12	28	20	
			500～750		430	215	11	24	16	
			750～1000		410	205	10	22	16	

续表

牌号	统一数字代号	热处理状态	截面尺寸（直径或厚度）/mm	试样方向	力学性能 ≥					硬度(HB)
					R_m /MPa	R_{eL} /MPa	A /%	Z /%	KU /J	
40	U20402	正火＋回火	≤100	纵向	550	275	17	40	24	143～207
			100～250		530	265	17	36	24	
			250～500		510	255	16	32	20	
			500～1000		490	245	15	30	20	
		调质	≤100	纵向	615	340	18	40	39	196～241
			100～250		590	295	17	35	31	189～229
			250～500		560	275	17	—	—	163～219
45	U20452	正火或正火＋回火	≤100	纵向	590	295	15	38	23	170～217
			100～300		570	285	15	35	19	163～217
			300～500		550	275	14	32	19	163～217
			500～1000		530	265	13	30	15	156～217
		调质	≤100	纵向	630	370	17	40	31	207～302
			100～250		590	345	18	35	31	197～286
			250～500		590	345	17	—	—	187～255
		正火＋回火	100～300	切向	540	275	10	25	16	—
			300～500		520	265	10	23	16	—
			500～750		500	255	9	21	12	—
			750～1000		480	245	8	20	12	—

续表

牌号	统一数字代号	热处理状态	截面尺寸（直径或厚度）/mm	试样方向	力学性能 ≥					硬度(HB)
					R_m /MPa	R_{eL} /MPa	A /%	Z /%	KU /J	
50	U20502	正火＋回火	≤100	纵向	610	310	13	35	23	—
			100～300		590	295	12	33	19	—
			300～500		570	285	12	30	19	—
			500～750		550	265	12	28	15	—
		调质	≤16	纵向	700	500	14	30	31	—
			16～40		650	430	16	35	31	—
			40～100		630	370	17	40	31	—

(2) 锻件用合金结构钢的力学性能

表 4.30　锻件用合金结构钢的力学性能

牌号	统一数字代号	热处理状态	截面尺寸（直径或厚度）/mm	试样方向	力学性能 ≥					硬度(HB)
					R_m/MPa	R_{eL}/MPa	A/%	Z/%	KU/J	
30Mn2	A00302	调质	≤100	纵向	685	440	15	50	—	—
			100～300		635	410	16	45	—	—
35Mn2	A00352	正火＋回火	≤100	纵向	620	315	18	45	—	207～241
			100～300		580	295	18	43	23	207～241
		调质	≤100	纵向	745	590	16	50	47	229～269
			100～300		690	490		45		

续表

牌号	统一数字代号	热处理状态	截面尺寸（直径或厚度）/mm	试样方向	力学性能 ≥					硬度(HB)
					R_m/MPa	R_{eL}/MPa	A/%	Z/%	KU/J	
45Mn2	A00452	正火＋回火	≤100	纵向	690	355	16	38	—	187～241
			100～300		670	335	16	35	—	187～241
20SiMn	A10202	正火＋回火	≤600	纵向	470	265	15	30	39	—
			600～900		450	255	14	30	39	—
			900～1200		440	245	14	30	39	—
			≤300	切向	490	275	14	30	27	—
			300～500		470	265	13	28	23	—
			500～750		440	245	11	24	19	—
			750～1000		410	225	10	22	19	—
35SiMn	A10352	调质	≤100	纵向	785	510	15	45	47	229～286
			100～300		735	440	14	35	39	217～265
			300～400		685	390	13	30	35	215～255
			400～500		635	375	11	28	31	196～255
42SiMn	A10422	调质	≤100	纵向	785	510	15	45	31	229～286
			100～200		735	460	14	35	23	217～269
			200～300		685	440	13	30	23	217～255
			300～500		635	375	10	28	20	196～255
50SiMn	A10502	调质	≤100	纵向	835	540	15	40	39	229～286
			100～200		735	490	15	35	39	217～269
			200～300		685	440	14	30	31	207～255

续表

牌号	统一数字代号	热处理状态	截面尺寸（直径或厚度）/mm	试样方向	力学性能 ≥					硬度（HB）
					R_m/MPa	R_{eL}/MPa	A/%	Z/%	KU/J	
20MnMo	A72202	调质	≤300	纵向	500	305	14	40	39	—
			300～500		470	275	14	40	39	—
			≤300	切向	500	305	14	32	31	—
			300～500		470	275	13	30	31	—
20MnMoNb		调质	100～300	纵向	635	490	15	45	47	187～229
			300～500		590	440	15	45	47	187～229
			500～800		490	345	15	45	39	—
			100～300	切向	610	430	12	32	31	—
			300～500		570	400	12	30	24	—
42MnMoV			100～300	纵向	765	590	12	40	31	241～286
			300～500		705	540	12	35	23	229～269
			500～800		635	490	12	35	23	217～241
50SiMnMoV		调质	100～300	纵向	885	735	12	40	31	269～302
			300～500		885	635	12	38	31	255～286
			500～800		835	610	12	35	23	241～286
37SiMn2MoV	A14372	调质	100～200	纵向	865	685	14	40	31	269～302
			200～400		815	635	14	40	31	241～286
			400～600		765	590	14	40	31	229～269
15Cr	A20152	正火＋回火	≤100	纵向	390	195	26	50	39	111～156
			100～300		390	195	23	45	35	111～156

续表

牌号	统一数字代号	热处理状态	截面尺寸（直径或厚度）/mm	试样方向	力学性能≥					硬度(HB)
					R_m/MPa	R_{eL}/MPa	A/%	Z/%	KU/J	
20Cr	A20202	正火＋回火	≤100	纵向	430	215	19	40	31	123～179
			100～300		430	215	18	35	31	123～167
		调质	≤100	纵向	470	275	20	40	35	137～179
			100～300		470	245	19	40	31	137～197
30Cr	A20302	调质	≤100	纵向	615	395	17	40	43	187～229
35Cr	A20352	调质	100～300	纵向	615	395	15	35	39	187～229
40Cr	A20402	调质	≤100	纵向	735	540	15	45	39	241～286
			100～300		685	490	14	45	31	241～286
			300～500		685	440	10	35	23	229～269
			500～800		590	345	8	30	16	217～255
50Cr	A20502	调质	≤100	纵向	835	540	10	40	—	241～286
			100～300		785	490	10	40	—	241～286
12CrMo	A30122	正火＋回火	≤100	纵向	440	275	20	50	55	≤159
			100～300		440	275	20	45	55	≤159
15CrMo	A30152	淬火＋回火	≤100	切向	440	275	20	—	55	116～179
			100～300		440	275	20	—	55	116～179
			300～500		430	255	19	—	47	116～179
25CrMo	A30252	调质	17～40	纵向	780	600	14	55	—	—
			40～100		690	450	15	60	—	—
			100～160		640	400	16	60	—	—

续表

牌号	统一数字代号	热处理状态	截面尺寸（直径或厚度）/mm	试样方向	力学性能 ≥					硬度(HB)
					R_m/MPa	R_{eL}/MPa	A/%	Z/%	KU/J	
30CrMo	A30302	调质	≤100	纵向	620	410	16	40	49	196～240
			100～300		590	390	15	40	44	196～240
35CrMo	A30352	调质	≤100	纵向	735	540	15	45	47	207～269
			100～300		685	490	15	40	39	207～269
			300～500		635	440	15	35	31	207～269
			500～800		590	390	12	30	23	—
			100～300	切向	635	440	11	30	27	—
			300～500		590	390	10	24	24	—
			500～800		540	345	9	20	20	—
42CrMo	A30422	调质	≤100	纵向	900	650	12	50	—	—
			100～160		800	550	13	50	—	—
			160～250		750	500	14	55	—	—
			250～500		690	460	15	—	—	—
			500～750		590	390	16	—	—	—
50CrMo	A30502	调质	≤100	纵向	900	700	12	50	—	—
			100～160		850	650	13	50	—	—
			160～250		800	550	14	50	—	—
			250～500		740	540	14	—	—	—
			500～750		690	490	15	—	—	—

续表

牌号	统一数字代号	热处理状态	截面尺寸（直径或厚度）/mm	试样方向	力学性能≥					硬度(HB)
					R_m/MPa	R_{eL}/MPa	A/%	Z/%	KU/J	
34CrMo1	A30352	调质	100～300	纵向	765	590	15	40	47	—
			300～500		705	540	15	40	39	—
			500～750		665	490	14	35	31	—
			750～1000		635	440	13	35	31	—
16CrMn	A22162	渗碳＋淬火＋回火	≤30	纵向	780	590	10	40	—	—
			30～63		640	440	11	40	—	—
20CrMn	A22202	渗碳＋淬火＋回火	≤30	纵向	980	680	8	35	—	—
			30～63		790	540	10	35	—	—
20CrMnTi	A26202	调质	≤100	纵向	615	395	17	45	47	—
20CrMnMo	A34202	渗碳＋淬火＋回火	≤30	纵向	1080	785	7	40	—	—
			30～100		835	490	15	40	31	—
35CrMnMo	A34352	调质	＞100～300	纵向	785	590	14	45	43	207～269
			300～500		735	540	13	40	39	207～269
			500～800		685	490	12	35	31	207～269
40CrMnMo	A34402	调质	≤100	纵向	885	735	12	40	39	—
			100～250		835	640	12	30	39	—
			250～400		785	530	12	40	31	—
			400～500		735	480	12	35	23	—

续表

牌号	统一数字代号	热处理状态	截面尺寸（直径或厚度）/mm	试样方向	力学性能 ≥					硬度(HB)
					R_m/MPa	R_{eL}/MPa	A/%	Z/%	KU/J	
20CrMnMoB		调质	≤100	纵向	900	785	13	40	39	277～331
			100～300		880	735	13	40	39	225～302
			300～500		835	685	13	40	39	241～286
			500～800		785	635	13	40	39	241～286
			100～300	切向	845	735	12	35	39	269～302
			300～600		805	685	12	35	39	255～286
30CrMn2MoB		调质	100～300	纵向	880	715	12	40	31	255～302
			300～500		835	665	12	40	31	255～302
			500～800		785	615	12	40	31	241～286
32Cr2MnMo		调质	100～300	纵向	830	685	14	45	59	255～302
			300～500		785	635	12	40	49	255～302
			500～750		735	590	12	35	30	241～286
30CrMnSi	A24302	调质	≤100	纵向	735	590	12	35	35	235～293
			100～300		685	460	13	35	35	228～269
35CrMnSi	A24352	调质	≤100	纵向	785	640	12	35	31	241～293
			100～300		685	540	12	35	31	223～269
12CrMoV	A31122	正火＋回火	≤100	纵向	470	245	22	48	39	143～179
			100～300		430	215	20	40	39	123～167

续表

牌号	统一数字代号	热处理状态	截面尺寸（直径或厚度）/mm	试样方向	力学性能≥					硬度(HB)
					R_m/MPa	R_{eL}/MPa	A/%	Z/%	KU/J	
12Cr1MoV	A31132	正火＋回火	≤100	纵向	440	245	19	50	39	123～167
			100～300		430	215	19	48	39	123～167
			300～500		430	215	18	40	35	123～167
			500～800		430	215	16	35	31	123～167
24CrMoV	A31242	调质	100～300	纵向	735	590	16	—	47	—
			300～500		685	540	16	—	47	—
35CrMoV	A31352	调质	100～200	切向	880	745	12	40	47	—
			200～240		860	705	12	35	47	—
30Cr2MoV	A31302	调质	≤150	纵向	830	735	15	50	47	219～277
			150～250		735	590	16	50	47	219～277
			250～500		635	440	16	50	47	219～277
28Cr2Mo1V	A31292	调质	≤100	纵向	835	735	15	50	47	269～302
			100～300		735	635	15	40	47	269～302
			300～500		685	565	14	35	47	269～302
40CrNi	A40402	调质	≤100	纵向	735	590	14	45	47	223～277
			100～300		685	540	13	40	39	207～262
			300～500		635	440	13	35	39	197～235
			500～800		615	395	11	30	31	187～229

续表

牌号	统一数字代号	热处理状态	截面尺寸（直径或厚度）/mm	试样方向	力学性能 ≥					硬度(HB)
					R_m/MPa	R_{eL}/MPa	A/%	Z/%	KU/J	
40CrNiMo	A50402	淬火+回火	≤80	纵向	980	835	12	55	78	—
			80～100		980	835	11	50	74	—
			100～150		980	835	10	45	70	—
			150～250		980	835	9	40	66	—
		调质	100～300	纵向	785	640	12	38	39	241～293
			300～500		685	540	12	33	35	207～262
34CrNi1Mo		调质	≤100	纵向	850	735	15	45	55	277～321
			100～300		765	635	14	40	47	262～311
			300～500		685	540	14	35	39	235～277
			500～800		635	490	14	32	31	212～248
34CrNi3Mo		调质	≤100	纵向	900	785	14	40	55	269～341
			100～300		850	735	14	38	47	262～321
			300～500		805	685	13	35	39	241～302
			500～800		755	590	12	32	32	241～302
15Cr2Ni2		渗碳+淬火+回火	≤30	纵向	880	640	9	40	—	—
			30～63		780	540	10	40	—	—
20Cr2Ni4	A43202	调质	试样毛坯尺寸 ϕ15	纵向	1175	1080	10	45	62	—
17Cr2Ni2Mo		渗碳+淬火+回火	≤30	纵向	1080	790	8	35	—	—
			30～63		980	690	8	35	—	—

续表

牌号	统一数字代号	热处理状态	截面尺寸（直径或厚度）/mm	试样方向	力学性能 ≥					硬度(HB)
					R_m/MPa	R_{eL}/MPa	A/%	Z/%	KU/J	
30Cr2Ni2Mo		调质	≤100	纵向	1100	900	10	45	—	—
			100～160		1000	800	11	50	—	—
			160～250		900	700	12	50	—	—
			250～500		830	635	12	—	—	—
			500～1000		780	590	12	—	—	—
34Cr2Ni2Mo		调质	≤100	纵向	1000	800	11	50	—	—
			100～160		900	700	12	55	—	—
			160～250		800	600	13	55	—	—
			250～500		740	540	14	—	—	—
			500～1000		690	490	15	—	—	—
15CrNiMoV		调质	100～300	纵向	685	585	15	60	110	190～240
			300～500		635	535	14	55	100	190～240
34CrNi3MoV		调质	≤100	纵向	900	785	14	40	47	269～321
			100～300		855	735	14	38	39	248～311
			300～500		805	685	13	33	31	235～293
			500～800		735	590	12	30	31	212～262
37CrNi3MoV		调质	≤100	纵向						

4.11.2 大型锻件用碳素结构钢（JB/T 6397—2006）

用于一般用途的碳素结构钢锻件，不适用于有专门技术要求或特殊用途的锻件。

（1）大型碳素结构钢锻件的力学性能

表 4.31　大型碳素结构钢锻件的力学性能

材料牌号	统一数字代号	热处理状态	级别	截面尺寸(直径或厚度)/mm	R_m/MPa	R_{eL}/MPa	A/%	Z/%	KU/J	KDVM/J	硬度(HB)
						≥					
10	U20102	—	—	≤80	≥340	205	31	55	—	—	—
				>80～250	≥320	195	30	52			
				>250～500	≥320	185	30	52			
15	U20152	—	—	≤100	≥340	210	26	53	—	—	—
				>100～250	≥320	205	25	50			
				>250～500	≥320	195	25	45			
20	U20202	正火或正火+回火	1	≤100	340～470	215	24	53	54		105～156
				>100～250	320～470	205	23	50	49		
				>250～500	320～470	195	22	45	49		
			2	≤100	400～350	230	27	53	43	48	112～156
				>100～250	380～520	210	25	50	39	48	
				>250～500	380～520	210	25	45	39	41	
				>500～1000	380～520	205	24	45	35	38	
25或30	U20252或U20302	正火或正火+回火	1	≤100	410～540	235	20	50	49		120～155
				>100～250	390～520	225	19	48	39		
				>250～500	390～520	215	18	40	39		
			2	≤100	420～570	235	22	50	39	—	126～170
				>100～250	390～530	215	20	48	31		
				>250～500	380～520	205	18	40	31		
				>500～1000	380～520	205	17	35	27		

续表

材料牌号	统一数字代号	热处理状态	级别	截面尺寸(直径或厚度)/mm	R_m/MPa	R_{eL}/MPa	A/%	Z/%	KU/J	KDVM/J	硬度(HB)
						≥					
35或40	U20352或U20402	正火或正火+回火	1	≤100	490~630	255	18	43	34	—	140~172
				>100~250	450~590	240	17	40	29		
				>250~500	450~590	220	16	37	29		
			2	≤100	480~670	270	19	43	38	—	143~187
				>100~250	460~650	245	17	40	38		
				>250~500	460~610	245	17	37	34		
				>500~1000	460~610	245	17	30	31		
		调质		≤16	630~780	430	17	35	40	—	—
				>16~40	600~750	370	19	40	40		—
				>40~100	550~700	320	20	45	40		196~241
				>100~250	490~640	295	22	40	40		189~229
				>250~500	490~640	275	21	—	38		163~219
45或50	U20452或U20502	正火或正火+回火	1	≤100	570~710	295	14	38	29	—	170~207
				>100~250	550~690	280	13	35	24		
				>250~500	550~690	260	12	32	24		
			2	≤100	580~770	305	17	—	—	31	163~217
				>100~250	560~750	275	15			31	
				>250~500	560~720	275	15			27	
				>500~1000	560~720	275	15			24	
		调质		≤16	700~850	500	14	30	31	30	—
				>16~40	650~800	430	16	35	31	30	—
				>40~100	630~780	370	17	40	31	30	207~302
				>100~250	590~740	345	18	35	31	30	197~269
				>250~500	590~740	345	17	—	—	27	187~255

续表

材料牌号	统一数字代号	热处理状态	级别	截面尺寸(直径或厚度)/mm	R_m/MPa	R_{eL}/MPa	A/%	Z/%	KU/J	KDVM/J	硬度(HB)
						≥					
55 或 60	U20552 或 U20602	正火或 正火+回火	1	≤100	670～830	325	9	—	—	—	200～241
			2	≤100	650～920	380	14	—	—	—	200～240
				>100～250	630～880	375	12				
				>250～500	630～830	375	12				
				>500～1000	630～830	345	12				
		调质	—	≤16	800～950	550	12	25	—	—	—
				>16～40	750～900	500	14	30			—
				>40～100	700～850	430	15	35			217～321
				>100～250	630～780	365	17	—			207～302
				>250～500	630～780	335	16	—			197～269
40Mn	U21402	正火或 正火+回火		<250	590	350	17	45	47	—	207
50Mn	U21502			<250	645	390	13	40	31	—	217
60Mn	U21602			<250	695	410	11	35	—	—	229

注：锻件只要求硬度时，同一锻件的硬度偏差不超过 40HB，同一批锻件的硬度相对差不超过 50HB。但当锻件同时要求拉伸、冲击时，其硬度绝对值不作为验收依据。

(2) 大型合金结构钢锻件（JB/T 6396—2006）

用于大型高强度碳素结构钢锻件。

表 4.32 大型合金结构钢锻件的力学性能

牌号	统一数字代号	热处理状态	截面尺寸/mm	R_m/MPa	$R_{p0.2}$(R_{eL})/MPa ≥	A_s/% ≥	Z/% ≥	KU(KV)/J ≥	KDVM/J ≥	硬度(HB)
20Cr	A20202	一淬+回火	15(试样)	835	(540)	10	40	47	—	≥250
		二淬+回火	30(试样)	635	(390)	12	40	47	—	≥190
		渗碳+淬+回[①]	≤60	635	(390)	13	40	39	—	≥190
20CrMnMo	A34202	渗碳+淬+回[①]	≤30	1080	(785)	7	40		—	≥320
		二淬+回火	≤100	835	(490)	15	40	31	—	≥250
20CrMnTi	A26202	渗碳+淬+回[①]	15(试样)	1080	(835)	10	45	55	—	≥320
16CrMn	A22162	渗碳+淬火+回火	≤30	780～1080	590	10	40	—	34	235～320
			31～63	640～930	440	11	40	—	34	190～280
20CrMn	A22202	渗碳+淬火+回火	≤30	980～1270	680	8	35	—	34	290～375
			31～63	790～1080	540	10	35	—	34	240～320
15Cr2Ni2		渗碳+淬火+回火	≤30	880～1180	640	9	40	—	41	265～350
			31～63	780～1080	540	10	40	—	41	235～320
17Cr2Ni2Mo		渗碳+淬火+回火	≤30	1080～1320	790	8	35	—	—	320～390
			31～63	980～1270	690	8	35	—	—	290～375
20SiMn	A01202	正火+回火	≤600	470	(265)	15	30	39		143～187
			601～900	450	(255)	14	30	39		135～179
			901～1200	440	(245)	14	30	39		135～179
35SiMn	A01352	调质	≤100	735	(510)	15	45	47		235～286
			101～300	735	(440)	14	35	39		217～269
			301～400	685	(390)	13	30	35		207～255
			401～500	635	(375)	11	28	31		196～255

续表

牌号	统一数字代号	热处理状态	截面尺寸/mm	R_m/MPa	$R_{p0.2}$(R_{eL})/MPa ≥	A_s/% ≥	Z/% ≥	KU(KV)/J ≥	KDVM/J ≥	硬度(HB)
42SiMn	A01422	调质	≤100	784	(509)	15	45	39		235～286
			101～200	735	(461)	14	42	29		217～269
			201～300	686	(441)	13	40	29		207～255
			301～500	637	(372)	10	40	25		196～255
28CrNi2MoV		调质	≤500	780～930	(635)	14	—	—	41	235～280
			501～1000	740～890	(590)	15	—	—	41	220～265
			1001～1500	690～840	(540)	16	—	—	41	205～250
20MnMo	A72202	调质	100～300	500	(305)	14	40	39	—	147～187
			301～500	470	(275)	14	40	39	—	138～179
35CrMo	A30352	调质	≤100	735	(540)	15	45	47	—	217～269
			101～300	685	(490)	15	45	39	—	207～255
			301～500	635	(440)	15	35	31	—	196～255
			501～800	590	(390)	12	30	23	—	176～241
18MnMoNb (20MnMoNb)		正火＋回火	≥500	510	(315)	14	40	39	—	156～207
		调质	100～300	635	(490)	15	45	47	—	196～255
			301～500	590	(440)	15	45	47	—	176～241
			501～800	490	(345)	15	45	39	—	147～207
42MnMoV		调质	100～300	760	(590)	12	40	31	—	229～286
			301～500	705	(540)	12	35	23	—	217～269
			501～800	635	(490)	12	35	23	—	196～241
20Cr2Ni4	43202	调质	15(试样)	1175	(1080)	10	45	62		≥350

续表

牌号	统一数字代号	热处理状态	截面尺寸/mm	R_m/MPa	$R_{p0.2}$(R_{eL})/MPa ≥	A_s/% ≥	Z/% ≥	KU(KV)/J ≥	KDVM/J ≥	硬度(HB)
34CrNi3Mo		调质	≤100 101～300 301～500	900 855 805	785 735 685	14 14 13	40 38 35	54 47 31	— — —	269～321 255～302 741～286
40CrNiMo	A50402	淬火＋回火	<80 81～100 101～150 151～250	980 980 980 980	(835) (835) (835) (835)	12 11 10 9	55 50 45 40	78 74 70 66	— — — —	295～341 295～341 295～341 295～341
18Cr2Ni4W	A52182	淬火＋回火	81～100 101～150 151～250	1180 1180 1180 1180	(835) (835) (835) (835)	10 9 8 7	45 40 35 30	73 74 70 66	— — — —	≥350 ≥350 ≥350 ≥350
40CrMnMo	A34402	调质	≤100 101～300 301～500 501～800	885 835 785 735	(735) (640) (570) (490)	12 12 12 12	45 42 40 35	39 39 31 23	— — — —	269～321 250～302 235～286 217～269
38CrMoAl	A33382	调质	30(试样)	980	(835)	14	50	70	—	295～341
40Cr	A20402	调质	≤100 101～300 301～500 501～800	735 685 635 590	(540) (490) (440) (345)	15 14 10 8	45 45 35 30	39 31 23 16	— — — —	217～269 207～255 196～215 176～241
50Cr	20502	调质	≤100 101～300	835 785	(540) (490)	10 10	40 40	— —	— —	250～302 235～286

续表

牌号	统一数字代号	热处理状态	截面尺寸 /mm	R_m /MPa	$R_{p0.2}$ (R_{eL}) /MPa ≥	A_s /% ≥	Z /% ≥	KU(KV) /J ≥	KDVM /J ≥	硬度(HB)
25CrMo	30252	调质	17～40	780～930	590	14	55	—	55	229～286
			41～100	690～830	460	15	60	—	55	207～255
			100～160	640～780	410	16	60	—	48	196～255
42CrMo	30422	调质	≤100	900～1100	650	12	50	(35)	40	269～321
			101～160	800～950	550	13	50	(35)	40	241～302
			161～250	750～900	500	14	50	(35)	40	225～269
			251～500	690～840	460	15	—	—	38	207～255
			501～750	590～740	390	16	—	—	38	176～241
50CrMo	A30502	调质	≤100	900～1100	700	12	50	(30)	35	269～321
			101～160	850～1000	650	13	50	(30)	35	255～302
			161～250	800～950	550	14	50	(30)	35	214～302
			251～500	740～890	540	14	—	—	31	225～269
			501～750	690～840	490	15	—	—	31	207～255
30Cr2Ni2Mo		调质	≤100	1100～1300	900	10	45	(35)	40	325～369
			101～160	1000～1200	800	11	50	(45)	50	302～341
			161～250	900～1100	700	12	50	(45)	50	269～321
			251～500	830～980	635	12	—	—	45	250～302
			500～1000	780～930	590	12	—	—	45	229～286
34Cr2Ni2Mo		调质	≤100	1000～1200	800	11	50	(45)	50	302～341
			101～160	900～1100	700	12	55	(45)	50	269～321
			161～250	800～950	600	13	55	(45)	50	241～302
			251～500	740～890	540	14	—	—	41	225～269
			501～1000	690～840	490	15	—	—	41	207～255

①渗碳＋淬火＋回火。

4.11.3 大型锻件用优质碳素结构钢和合金结构钢（GB/T 32289—2015）

① 锻材公称尺寸圆钢直径＞250～1500mm，方钢边长＞250～1300mm，扁钢厚度大＞250～1000mm，且宽度＞250～1700mm。

② 分类与代号按冶金质量等级分为优质钢、高级优质钢（牌号后加“A”）和特级优质钢（牌号后加“E”）；按表面种类分为压力加工表面（SPP）、磨光（SP）和剥皮（SF）；按热处理状态分为退火（A）、高温回火（T）、正火（N）和正火＋回火（N＋T）；按使用加工方法分为热压力加工用钢（UHP）和切削加工用钢（UC）。

③ 交货状态通常以退火状态交货（根据需方要求，并在合同中注明，也可以按其他状态交货）。

④ 力学性能锻材的交货硬度应符合GB/T 699、GB/T 3077的规定。

⑤ 牌号及化学成分（熔炼分析）应符合GB/T 699、GB/T 3077的规定。

表4.33 优质碳素结构钢锻材成品化学成分允许偏差

元素	规定化学成分上限/%	横截面积/cm²				
		≤1300	＞1300～2600	＞2600～5200	＞5200～10400	＞10400
		超过上限或低于下限的允许偏差量(质量分数)/%				
C	≤0.25	0.03	0.03	0.04	0.05	0.05
	0.26～0.55	0.04	0.04	0.05	0.06	0.06
	＞0.55	0.05	0.05	0.06	0.07	0.07
Si	≤0.37	0.03	0.04	0.04	0.05	0.06
	＞0.37	0.06	0.06	0.07	0.07	0.09
Mn	≤0.90	0.04	0.05	0.06	0.07	0.08
	＞0.90	0.06	0.07	0.08	0.08	0.09
P	≤0.050	0.008	0.010	0.010	0.015	0.015
S	≤0.050	0.005	0.005	0.006	0.006	0.006
	＞0.050	0.010	0.10	0.015	0.015	0.015

表 4.34　合金结构钢锻材成品化学成分允许偏差

元素	规定化学成分上限/%	横截面积/cm²				
		≤1300	>1300～2600	>2600～5200	>5200～10400	>10400
		超过上限或低于下限的允许偏差量(质量分数)/%				
C	≤0.25	0.03	0.03	0.04	0.05	0.05
	0.26～0.55	0.04	0.04	0.05	0.06	0.06
	>0.55	0.05	0.05	0.06	0.07	0.07
Si	≤0.37	0.03	0.04	0.04	0.05	0.06
	>0.37	0.06	0.06	0.07	0.07	0.09
Mn	≤0.90	0.04	0.05	0.06	0.07	0.08
	>0.90	0.06	0.07	0.08	0.08	0.09
P	≤0.050	0.008	0.010	0.010	0.015	0.015
S	≤0.035	0.005	0.005	0.006	0.006	0.006
	>0.035	0.010	0.010	0.015	0.015	0.015
Ni	≤1.00	0.03	0.03	0.03	0.03	0.03
	1.01～2.00	0.05	0.05	0.05	0.05	0.05
	2.01～5.30	0.07	0.07	0.07	0.07	0.07
Cr	≤0.90	0.04	0.04	0.05	0.05	0.06
	0.91～2.10	0.06	0.06	0.07	0.07	0.08
	2.11～10.00	0.10	0.12	0.14	0.15	0.16
Mo	≤0.20	0.02	0.02	0.02	0.03	0.03
	0.21～0.40	0.03	0.03	0.03	0.04	0.04
	0.41～1.15	0.04	0.05	0.06	0.07	0.08
	1.16～5.50	0.06	0.08	0.10	0.12	0.12
V	≤0.10	0.01	0.01	0.01	0.01	0.01
	0.11～0.25	0.02	0.02	0.02	0.02	0.02
	0.26～0.50	0.03	0.03	0.03	0.03	0.03
	0.51～1.25	0.04	0.04	0.04	0.04	0.04
Ti	≤0.85	0.05	0.05	0.05	0.05	0.05
W	≤1.00	0.05	0.05	0.06	0.06	0.07
	1.01～4.00	0.09	0.10	0.12	0.12	0.14

续表

元素	规定化学成分上限/%	横截面积/cm²				
		≤1300	>1300~2600	>2600~5200	>5200~10400	>10400
		超过上限或低于下限的允许偏差量(质量分数)/%				
Al	≤0.16~0.50	0.05	0.06	0.07	0.07	0.08
	0.51~2.00	0.10	0.10	0.12	0.12	0.14
Cu	≤1.00	0.03	0.03	0.03	0.03	0.03
	>1.00	0.05	0.05	0.05	0.05	0.05
B	0.0008~0.0050	上偏差:0.0005;下偏差:0.0001				

4.12 轴承钢

轴承钢一般可分为5类：碳素轴承钢、渗碳轴承钢、高碳铬轴承钢、不锈轴承钢和高温轴承钢（后者多用于制造航空发动机轴承，在专用钢中叙述）。适用于制作轴承套圈和滚动体用高碳铬轴承钢热轧或锻制圆钢、盘条、冷拉（轧）圆钢（直条或盘状）和钢管。

4.12.1 碳素轴承钢（GB/T 28417—2012）

碳素轴承钢是用于制造汽车轮毂轴承单元的热轧棒材。

热轧棒材的尺寸应符合GB/T 701—2008中第2组的规定。钢材通常长度为3000~9000mm，经供需双方协商，也可供应其他长度的钢材，定尺或倍尺长度应在合同中注明。

钢材应在规定长度范围内以定尺长度交货，每捆中最长与最短钢材的长度差应不大于1000mm。

碳素轴承钢的牌号有G55、G55Mn和G70Mn。

4.12.2 渗碳轴承钢（GB/T 3203—2016）

渗碳轴承钢的牌号表示方法是：在头部加符号“G”，采用合金结构钢的牌号表示方法。高级优质渗碳轴承钢，在牌号尾部加“A”。例如：碳含量为0.17%~0.23%、铬含量为0.35%~0.65%、镍含量为0.40%~0.70%、钼含量为0.15%~0.30%的高级优质渗碳轴承钢，其牌号表示为“G20CrNiMoA”。

渗碳轴承钢的牌号有7个。当按高级优质钢供货时，其硫、磷含量应不大于0.020%，并在牌号后面标以字母“A”。

表 4.35 渗碳轴承钢的纵向力学性能

<table>
<tr><th rowspan="3">牌号</th><th rowspan="3">毛坯直径/mm</th><th colspan="3">淬火</th><th colspan="2">回火</th><th colspan="4">力学性能</th></tr>
<tr><th colspan="2">温度/℃</th><th rowspan="2">冷却剂</th><th rowspan="2">温度/℃</th><th rowspan="2">冷却剂</th><th>抗拉强度 R_m/MPa</th><th>断后伸长率 A/%</th><th>断后收缩率 Z/%</th><th>冲击吸收能量 KU_2/J</th></tr>
<tr><th>一次</th><th>二次</th><th colspan="4">≥</th></tr>
<tr><td>G20CrMo</td><td>15</td><td rowspan="3">860～900</td><td rowspan="2">770～810</td><td rowspan="7">油</td><td rowspan="4">150～200</td><td rowspan="7">空气</td><td>880</td><td>12</td><td rowspan="5">45</td><td rowspan="5">63</td></tr>
<tr><td>G20CrNiMo</td><td>15</td><td>1180</td><td>9</td></tr>
<tr><td>G20CrNi2Mo</td><td>25</td><td>780～820</td><td>980</td><td>13</td></tr>
<tr><td>G20Cr2Ni4</td><td>15</td><td>850～890</td><td>770～810</td><td>1180</td><td>10</td></tr>
<tr><td>G10CrNi3Mo</td><td>15</td><td rowspan="3">860～900</td><td>770～810</td><td rowspan="2">180～200</td><td>1080</td><td>9</td></tr>
<tr><td>G20Cr2Mn2Mo</td><td>15</td><td>790～830</td><td>1280</td><td>9</td><td rowspan="2">40</td><td rowspan="2">55</td></tr>
<tr><td>G23Cr2Ni2Si1Mo</td><td>15</td><td>790～830</td><td>150～200</td><td>1180</td><td>10</td></tr>
</table>

注：表中所列力学性能适用于公称直径≤80mm 的钢材。公称直径 81～100mm 的钢材，允许其断后伸长率、断面收缩率及冲击吸收能量，较表中的规定分别降低 1%（绝对值）、5%（绝对值）及 5%；公称直径 101～150mm 的钢材，允许其断后伸长率、断面收缩率及冲击吸收能量，较表中的规定分别降低 3%（绝对值）、15%（绝对值）及 15%；公称直径大于 150mm 的钢材，其力学性能指标由供需双方协商。

4.12.3　高碳铬轴承钢（GB/T 18254—2016）

钢材长度：热轧圆钢的交货长度为3000～7000mm；锻制圆钢的交货长度为2000～4000mm；冷拉（轧）圆钢的交货长度为3000～6000mm；钢管的交货长度为3000～5000mm。盘条的盘重应≥500kg。

钢材尺寸：热轧圆钢应符合GB/T 702第2组的规定（经供需双方协商并在合同中注明，亦可按第1组规定交货）；锻制圆钢应符合GB/T 908第1组的规定；盘条应符合GB/T 14981中B级精度的规定（经供需双方协商并在合同中注明，也可按C级精度规定交货）；冷拉圆钢（盘条或盘状）应符合GB/T 3078中h11级的规定（经供需双方协商并在合同中注明，亦可按其他级别规定交货）。

（1）高碳铬轴承钢牌号

高碳铬轴承钢牌号通常由三部分组成：

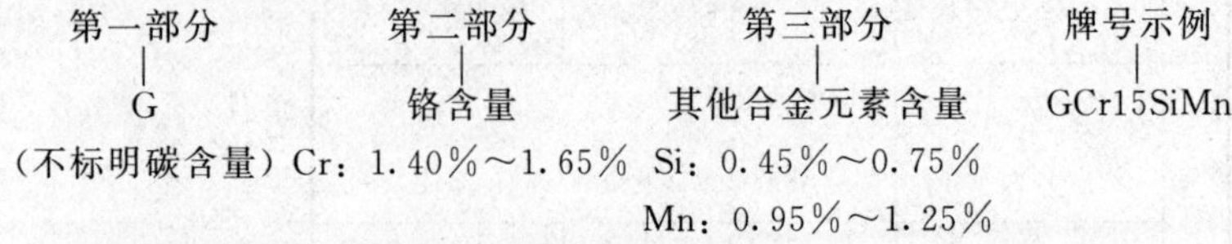

高碳铬轴承钢牌号（统一数字代号）有：GCr4（B00040）、GCr15（B00150）、GCr15SiMn（B01150）、GCr15SiMo（B03150）、GCr18Mo(B02180)。

（2）高碳铬轴承钢管的尺寸

表4.36　高碳铬轴承钢管的尺寸

钢管种类	生产方法	尺寸		尺寸范围/mm
热轧钢管	阿塞尔法轧制＋剥皮	外径		55～148
				>148～170
		壁厚		4～8
				>8～34
	阿塞尔法热轧管	外径		60～75
				>75～100
				>100～170
		壁厚/mm	外径<80mm	<8
			外径≥80mm	≥8

续表

钢管种类	生产方法	尺　寸	尺寸范围/mm
冷拉(轧)钢管		外径/mm	≤65

(3) 高碳铬轴承钢硬度

表 4.37　高碳铬轴承钢退火状态的硬度

轴承钢	GCr4 (B00040)	GCr15 (B00150)	GCr15SiMn (B01150)	GCr15SiMo (B03150)	GCr18Mo (B02180)
硬度 (HBW)	179～207	179～207	179～217	179～217	179～207

4.12.4　铁路货车用轴承钢 (YB/T 4100—1998)

铁路货车滚动轴承有渗碳轴承钢和冷拉轴承钢两种，前者为G20CrNi2MoA (B12213)，后者为传统牌号 GCr15 (B00150)，均采用电炉并经电解重熔法冶炼，钢质纯洁、致密性好、综合性能优良。

钢棒交货的通常长度不小于 3000mm，长度上限根据需方要求在合同中注明。

(1) 交货状态

渗碳轴承钢钢棒以热轧或退火状态交货，以退火状态交货的钢棒硬度应不大于 229HBS 10/3000；热轧不退火钢棒每米弯曲度应不大于 5mm，总弯曲度应不大于 10mm；退火钢棒每米弯曲度应不大于 4mm，总弯曲度不大于 10mm。

冷拉轴承钢钢棒以退火状态交货，其布氏硬度应符合下表规定：

表 4.38　铁路货车冷拉轴承钢钢棒以退火状态交货时的布氏硬度值

布氏硬度 (HBS 10/3000)	一组	二组
	179～207	201～235

注：订货时供需双方要协商并在合同中注明组别，未注明者按一组交货。

(2) 力学性能

表 4.39　铁路货车渗碳轴承钢用热处理毛坯制成的试样测定钢棒纵向力学性能

试样毛坯直径/mm	热处理工艺		力学性能 ≥			
	淬　火	回　火	抗拉强度 R_m /MPa	断后伸长率 A /%	断面收缩率 Z /%	冲击吸收功 KV /J
25	(880±20)℃油冷 (800±20)℃油冷	170～200℃ 空冷	980	13	45	63

注：力学性能适用于直径等于 80mm 的钢棒。尺寸 81～100mm 的钢棒，允许其伸长率、断面收缩率及冲击吸收功较表中的规定分别降低 1 个单位、5 个单位及 5%；尺寸 101～130mm 的钢棒，允许其伸长率、断面收缩率及冲击吸收功较表中的规定分别降低 2 个单位、10 个单位及 10%。

（3）热处理制度和硬度

表 4.40　铁路货车渗碳轴承钢的热处理制度和硬度

牌　号	热处理制度	距下列末端距离处的硬度(HRC)	
		1.5mm	9mm
G20CrNi2MoA	(920±20)℃正火 (920±20)℃水冷	41～48	≥30

4.12.5　高碳铬轴承钢无缝钢管（YB/T 4146—2006）

该钢种适用于制作滚动轴承零件用热轧（挤压）和冷拔（轧）高碳铬轴承钢无缝钢管。热轧（挤压）钢管的外径范围为 48～194mm，壁厚范围为 5.0～30mm；通常长度为 3000～12000mm。冷拔（轧）钢管的外径范围为 14～120mm，壁厚范围为 2.0～15mm；通常长度为 3000～9000mm。每批钢管允许交付长度≥2000mm 的短尺钢管，其质量应不超过总质量的 5%，并单独包装。

表 4.41　高碳铬轴承钢无缝钢管外径和壁厚　　　　mm

钢管种类	钢管尺寸		钢管种类	钢管尺寸	
热轧(挤压)钢管	外径 D	48～194	冷拔(轧)钢管	外径 D	14～120
	壁厚 S	5.0～30		壁厚 S	2.0～15.0

注：1. 钢管直径分普通级和高级两种公差。

2. 以球化退火状态交货的热轧（挤压）钢管，布氏硬度应为 179～217HBW。以退火状态交货的冷拔（轧）钢管，布氏硬度应为 179～237HBW。同一批钢管的布氏硬度值差应≤20HBW。

4.12.6 高碳铬不锈轴承钢（GB/T 3086—2008）

适用于公称直径为5～160mm的热轧、锻制、冷拉、剥皮及磨光圆钢，和公称直径为5～40mm的盘条和公称直径为1～16mm的钢丝。

钢材按使用加工方法分为压力加工用钢（UP）和切削加工用钢（UC）两种。钢棒的使用加工方法应在合同中注明，否则按切削加工用钢供货。

牌号表示方法：在头部加符号“G”，采用不锈钢和耐热钢的牌号表示方法。例如：碳含量为0.90%～1.00%、铬含量为17.0%～19.0%的高碳铬不锈轴承钢，其牌号表示为G95Cr18；碳含量为0.75%～0.85%、铬含量为3.75%～4.25%、钼含量为4.00%～4.50%的高温轴承钢，其牌号表示为G80Cr4Mo4V。

（1）钢材的尺寸及外形

表4.42 钢材的尺寸及外形

钢材品种	尺寸、外形、长度及允许偏差
热轧圆钢	应符合GB/T 702—2008的有关规定，具体要求应在合同中注明，未注明时GB/T 702—2008标准2组执行
锻制圆钢	应符合GB/T 908—2008标准1组规定
热轧盘条	应符合GB/T 14981—2009的有关规定，更体要求应在合同中注明，未注明时按GB/T 14981—2009标准B级执行
冷拉圆钢	应符合GB/T 905—1994的有关规定，具体要求应在合同中注明，未注明时按GB/T 905—1994标准11级执行
钢丝	应符合GB/T 342—1997标准表3的规定
剥皮和磨光钢材	应符合GB/T 3207—2008的有关规定，具体要求应在合同中注明，未注明时按GB/T 3207—2008标准11级执行

（2）钢的力学性能

表4.43 高碳铬不锈轴承钢的力学性能

直径	力学性能	
	退火状态	磨光状态
≤16mm	抗拉强度590～835MPa	可波动+10%
>16mm	布氏硬度197～255HBW	可波动+10%

（3）交货状态

热轧（锻制）退火、退火剥皮、磨光和冷拉退火状态，交货状态应在合同中注明。

4.12.7 高温轴承钢（YB/T 4105、4106、4107—2000）

高温轴承钢多用于制造航空发动机用轴承，共有三个标准，其中 YB/T 4105—2000 为航空发动机用高温轴承钢，YB/T 4106—2000 为航空发动机用高温渗碳轴承钢，YB/T 4107—2000 为航空发动机用高碳铬轴承钢。

表 4.44 钢材的尺寸

牌号	尺寸
GCr15 (B00150)	轧材:按 CB/T 702 中第 1 组规定; 锻材:按 GB/T 908 中第 1 组规定; 冷拉材:按 GB/T 905 中 h11 级规定,经供需双方协商可按其他级别规定交货;
(8)Cr4Mo4V (B20440)	轧材:直径为 10～140mm 按 GB/T 702 中 1 组规定; 锻材:直径为 55～140mm 按 GB/T 908 中 1 组规定; 冷拉材:直径为 8～30mm 按 GB/T 900 中 h11 级规定;经双方协商,可按其他级别交货;
G13Cr4Mo4Ni4V (B20443)	轧材:直径为 10～140mm 按 GB/T 702 中 1 组的规定; 锻材:直径为 55～140mm 按 GB/T 908 中 1 组的规定; 冷拉材:直径为 8～30mm 按 GB/T 905 中 h11 级的规定。经供需双方协商,可按其他级别交货;

注：各牌号钢丝尺寸的允许尺寸：1.4～3mm 为－0.06mm，＞3～6mm 为－0.08mm，＞6～10mm 为－0.10mm，＞10～16mm 为－0.12mm。

表 4.45 航空发动机用轴承钢的布氏硬度（HBW）

牌号	热轧退火材	冷拉材	锻材
GCr15	179～207①	—	—
(8)Cr4Mo4V	197～241②	—	—
G13Cr4Mo4Ni4V	255	269	双方协议

①10/3000（压痕直径为 4.2～4.5mm）。

②10/3000（压痕直径为 3.9～4.3mm）。小于 10mm 的钢材硬度测定法由供需双方协议。

表 4.46 航空发动机用轴承钢的脱碳层厚度 mm

GCr15（热轧及锻制退火钢材）		8Cr4Mo4V（热轧及锻制退火钢材）	
钢材公称尺寸	脱碳层厚度	钢材公称尺寸	脱碳层厚度
5～15	0.22	10～15	0.52
>15～30	0.45	>15～30	0.75
>30～50	0.65	>30～50	0.95
>50～70	0.85	>50～70	1.30
>70～100	1.00	>70～100	1.50
>100～150	1.25	>100～150	2.00

4.12.8 部分常用滚动轴承钢的特性和用途

表 4.47 常用滚动轴承钢的特性和用途（Ⅰ）

牌 号	特 性	用途举例
GCr9（B00090）	耐磨性和淬透性均比 GCr6 钢高，可切削性尚好，冷变形塑性中等；但焊接性差，对白点形成也比较敏感，热处理时有回火脆性倾向	用于制造滚动轴承上小尺寸钢球和滚子，也可用于制造要求高耐磨性、高弹性极限、高接触疲劳强度的其他零件
GCr15（B00150）	为高碳铬轴承钢的代表钢种，综合性能良好，淬火和回火后，硬度高且均匀，耐磨性能好，接触疲劳强度高。钢的冷、热加工性好，球化退火后有良好的可切削性，但对白点形成较敏感，有回火脆性倾向	用于制造壁厚≤12mm、外径≤250mm 的各种轴承套圈和尺寸范围比较宽的滚动体，如钢球、滚针和各种滚子；也可制造钢球直径≤50mm 和圆锥、球面滚子直径≤22mm 及所有尺寸的滚针；还可用于制造量具、模具、木工刀具模具、量具及其他要求高耐磨、高接触疲劳强度的零件
GCr18（B21809）	淬火后具有高硬度、高耐磨性和较好的耐蚀性、耐高、低温的尺寸稳定性。可锻、但焊接性能差	可制作在海水、河水、蒸馏水、硝酸、蒸气以及海洋等腐蚀介质中工作的轴承、在－253～350℃以下工作的耐高、低温轴承。还可用作高质量的刀具和其他耐磨损、耐腐蚀的零件

表 4.48 常用滚动轴承钢的特性和用途（Ⅱ）

牌 号	特 性	用途举例
GCr9SiMn (B01090)	力学性能与耐磨性与 GCr15 钢相近，但有较高的淬透性和良好的工艺性能，焊接性差，冷变形塑性中等，对白点形成敏感，有回火脆性倾向	适用于代替 GCr15 钢制造大尺寸的轴承套圈
GCr15SiMn (B01150)	在 GCr15 钢中增加了 Si、Mn 合金元素，淬透性和弹性极限、耐磨性也比 GCr15 好。冷加工塑性中等，可切削性稍差，对白点形成亦较敏感，有回火脆性倾向	用于制造壁厚＞12mm、外径＞280mm 的轴承套圈；钢球直径＞50mm、圆锥、圆柱和球面滚子直径＞22mm 及所有尺寸的滚针；还可用于制造模具、量具以及其他要求高硬度且耐磨的零件。轴承零件的工作温度小于 180℃
GCr15SiVMo (B03150)	在 GCr15 钢中增加了 Si、Mo 合金元素，综合性能良好，淬透性高，耐磨性好，接触疲劳寿命高，其他性能与 GCr15SiMn 相近	用于制造大尺寸的轴承套圈、滚珠、滚柱，还用于制造模具、精密量具以及其他要求硬度高而耐磨的零件
GCr18VMo (B02180)	成分相当于瑞典 SKF24 轴承钢，淬透性高，其他性能与 GCr15 钢相似	用于制造各种壁厚≤20mm 的大尺寸轴承套圈
G20CrMo (B10200)	为低合金渗碳轴承钢。渗碳后表面硬度高、耐磨性好，心部强韧性好	适用于制造汽车、拖拉机上承受冲击载荷的轴承零部件。也用于汽车齿轮等
G10CrNi3Mo (B12100) G20CrNiMo (B12200) G20CrNi2Mo (B12210)	低合金渗碳轴承钢。经渗碳或碳氮共渗后表面硬度高，具有高耐磨性，接触疲劳寿命明显高于 GCr15，淬透性好于 G20CrMo，心部强韧性好	制造承受高冲击载荷的轴承，汽车、铁路货车的轴承和其他中小型轴承；也可制造汽车、拖拉机齿轮、活塞杆等。G10CrNi3Mo 用于制造高冲击载荷的大型轴承（如轧钢机轴承）
(G)9Cr18 (B21800) (G)9Cr18Mo (B21810)	为高碳马氏体型不锈钢。具有高硬度和高耐磨性，在大气、水及某些酸类和盐类的水溶液中具有优良的不锈与耐蚀性，加工性极优，经热处理后硬度可达 58HRC	主要用于制造在海水、河水以及海洋性腐蚀介质中工作的轴承，工作温度可达 250～350℃，还可做某些仪器、仪表上的微量轴承、弹簧、滚动轴承套圈及滚动体和高档刀具

4.13 弹簧钢

4.13.1 一般用途弹簧钢（GB/T 1222—2007）

本钢种适用于直径或边长≤100mm 的弹簧钢圆钢和方钢（棒材）、厚度≤40mm 的弹簧钢扁钢、直径≤25mm 的弹簧钢盘条[不包括油淬火-回火弹簧钢丝用盘条（YB/T 5365）]。各种类型的弹簧钢要符合相应的标准规定，且具体要求应在合同中注明。钢材可以热处理或非热处理状态交货（要求热处理状态交货时应在合同中注明）。根据供需双方协议，并在合同中注明，钢材可以剥皮、磨光或其他表面状态交货。

热轧棒材、锻制棒材和冷拉棒材的尺寸及外形应分别符合 GB/T 702、GB/T 908 和 GB/T 905 的有关规定；盘条的尺寸应符合 GB/T 14981 中的有关规定。

（1）弹簧钢的牌号

① 优质碳素弹簧钢的牌号表示方法同优质碳素结构钢。

表 4.49　优质碳素弹簧钢牌号表示示例

产品名称	第一部分（平均 C）/%	第二部分（Mn）/%	第三部分（材质）	第四部分（脱氧方式）	第五部分（用途、特性等）	牌号示例
优质碳素弹簧钢	0.62～0.70	0.90～1.20	优质钢	镇静钢	—	65Mn
保证淬透性用钢	0.42～0.50	0.50～0.85	高级优质钢	镇静钢	H	45AH

② 合金弹簧钢的牌号表示方法同合金结构钢。尺寸、外形及允许偏差，规格和交货状态同优质碳素弹簧钢。

表 4.50　合金弹簧钢的牌号表示示例

第一部分（碳含量）/%	第二部分（合金元素含量）/%	第三部分（钢材材质）	第四部分（用途等）	牌号示例
0.56～0.64	Si：1.60～2.00 Mn：0.70～1.00	优质钢	—	60Si2Mn

（2）弹簧钢的热处理制度和力学性能

表 4.51 弹簧钢的热处理制度和力学性能

牌号	统一数字代号	热处理制度[①]		力学性能 ≥				
		淬火温度 /℃	回火温度 /℃	抗拉强度 R_m/MPa	屈服强度 R_{eL} /MPa	断后伸长率		断面收缩率 Z/%
						A/%	$A_{11.3}$/%	
65	U20652	840	500	980	785	—	9	35
70	U20702	830	480	1030	835	—	8	30
85	U20852	820	480	1130	980	—	6	30
65Mn	U21652	830	540	980	785	—	8	30
55SiMnVB	A77552	860	460	1375	1225	—	5	30
60Si2Mn	A11602	870	480	1275	1180	—	5	25
60Si2MnA	A11603	870	440	1570	1375	—	5	20
60Si2CrA	A21603	870	420	1765	1570	6	—	20
60Si2CrVA	A28603	850	410	1860	1665	6	—	20
55SiCrA	A21553	860	450	1450～1750	1300[②]	6	—	25
55CrMnA	A22553	830～860	460～510	1225	1080[②]	9	—	20
60CrMnA	A22603	830～860	460～520	1225	1080[②]	9	—	20
50CrVA	A23503	850	500	1275	1130	10	—	40
60CrMnBA	A22613	830～860	460～520	1225	1080[②]	9	—	20
30W4Cr2VA	A27303	1050～1100	600	1470	1325	7	—	40
28MnSiB	A72628	900	320	1180	1275	—	5	25

①淬火介质为油，但对本表末行 28MnSiB 为水或油。

②$R_{p0.2}$。

注：除规定热处理温度上下限外，表中热处理温度允许偏差为淬火，±20℃；回火，±50℃。根据需方特殊要求，回火可按±30℃进行。

表 4.52　弹簧钢的交货硬度（GB/T 1222—2007）

牌号	交货状态	硬度(HBW)≤
65、70	热轧	285
85、65Mn	热轧	302
60Si2Mn、60Si2MnA、50CrVA、55SiMnVB、55CrMnA、60CrMnA	热轧	321
60Si2CrA、60Si2CrVA、60CrMnBA、55SiCrA、30W4Cr2VA	热轧	供需协商
60Si2CrA、60Si2CrVA、60CrMnBA、55SiCrA、30W4Cr2VA	热轧+热处理	321
所有牌号	热轧+热处理	321

表 4.53　常用弹簧钢的特性和用途

牌　号	主要特性	应用举例
65 70 85	可得到很高强度、硬度、屈强比，但淬透性小，耐热性不好，承受动载和疲劳载荷的能力低	多用于工作温度不高的小型弹簧或不太重要的较大弹簧。如汽车、拖拉机、铁道车辆及一般机械用的弹簧
65Mn	成分简单，淬透性和综合力学性能、脱碳等工艺性能均比碳钢好，但对过热比较敏感，有回火脆性，淬火易出裂纹	价格较低，用量很大。制造各种小截面扁簧、圆簧、发条等，亦可制气门弹簧、弹簧环、减振器和离合器簧片、刹车簧等
55Si2Mn 60Si2Mn 60Si2MnA	硅含量高（最高 2.00%），强度高，弹性好。抗回火稳定性好。易脱碳和石墨化。淬透性不高	是主要的弹簧钢类，用于制造汽车、机车、拖拉机的板簧、螺旋弹簧，汽缸安全阀簧等各种弹簧，以及一些在高应力下工作的重要弹簧、磨损严重的弹簧
55Si2MnB	因含硼，其淬透性明显改善	轻型、中型汽车的前后悬挂弹簧、副簧
55Si2MnB	我国自行研制的钢号，淬透性、综合力学性能、疲劳性能均较 60Si2Mn 钢好	主要制造中、小型汽车的板簧，使用效果好，亦可制其他中等截面尺寸的板簧、螺旋弹簧

续表

牌 号	主要特性	应用举例
60Si2CrA60Si2CrVA	高强度弹簧钢。淬透性高,热处理工艺性能好。因强度高,卷制弹簧后应及时处理消除内应力	制造载荷大的重要大型弹簧。60Si2CrA可制汽轮机汽封弹簧、调节弹簧、冷凝器支承弹簧、高压水泵碟形弹簧等。60Si2CrVA钢还制作极重要的弹簧,如常规武器取弹钩弹簧、破碎机弹簧
55CrMnA 60CrMnA	淬透性好,热加工性能、综合力学性能、抗脱碳性能也较好	大截面的各种重要弹簧,如汽车、机车的大型板簧、螺旋弹簧等
60CrMnMoA	在现有各种弹簧钢中淬透性最高。力学性能、抗回火稳定性等亦好	大型土木建筑、重型车辆、机械等使用的超大型弹簧。钢板厚度可达35mm以上,圆钢直径可超过60mm
50CrVA	碳含量较小,塑性、韧性较其他弹簧钢好。淬透性高,疲劳性能也好;含少量钒提高弹性、强度、屈强比和弹减抗力,细化晶粒,减小脱碳倾向	各种重要的螺旋弹簧,特别适宜作工作应力振幅高、疲劳性能要求严格的弹簧,如阀门弹簧、喷油嘴弹簧、气缸胀圈、安全阀簧等
60CrMnBA	淬透性比60CrMnA高,其他各种性能相似	尺寸更大的板簧、螺旋弹簧、扭转弹簧等
30W4Cr2VA	高强度耐热弹簧钢。淬透性很好。高温抗松弛和热加工性能也很好	工作温度500℃以下的耐热弹簧,如汽轮机主蒸汽阀弹簧、汽封弹簧片、锅炉安全阀弹簧、400t锅炉碟形阀弹簧等

4.13.2 重型机械用弹簧钢(JB/T 6399—1992)

用于截面积较大的弹簧和弹性零件。

表 4.54　重型机械用弹簧钢的力学性能

牌号	统一数字代号	淬火温度（油冷）/℃	回火温度/℃	下屈服强度 R_{eL}/MPa	抗拉强度 R_m/MPa	断后伸长率		断面收缩率 Z/%
						A/%	$A_{11.3}$/%	
65	U20652	840	500	784	980	—	9	35
70	U20702	830	480	833	1029	—	8	30
65Mn	U21652	830	540	784	980	—	8	30
60Si2Mn	A11602	870	480	1176	1274	—	5	25
60Si2MnA	A11603	870	440	1372	1568	—	5	20
60Si2CrA	A21603	870	420	1568	1764	6	—	20
60Si2CrVA	A28603	850	410	170	190	6	—	20
50CrVA	A23503	850	500	1127	1274	10	—	20

表 4.55　重型机械用弹簧钢的交货状态及硬度

牌号	交货状态	硬度(HBW)	牌号	交货状态	硬度(HBW)
65、70	不热处理	285	50CrVA	不热处理	321
65Mn	不热处理	302	60Si2CrA	热处理	321
60Si2Mn、60Si2MnA	不热处理	302	60Si2CrVA	热处理	321

4.13.3　弹簧钢热轧钢板（GB/T 3279—2009）

弹簧钢热轧钢板的厚度不大于 15mm。厚度 3～15mm 钢板的尺寸、外形应符合 GB/T 709—2006 的规定；厚度＞0.35mm、＜3mm 钢板的宽度尺寸为 600～1500mm。

表 4.56　弹簧钢热轧钢板的力学性能

牌　号	统一数字代号	厚度＜3mm		厚度为 3～15mm	
		抗拉强度 R_m/MPa ≤	断后伸长率 $A_{11.3}$/% ≥	抗拉强度 R_m/MPa ≤	断后伸长率 $A_{11.3}$/% ≥
85	U20852	800	10	785	10
65Mn	U21652	850	12	850	12
60Si2Mn	A11602	950	12	930	12
60Si2MnA	A11603	950	13	930	13
60Si2CrVA	A28603	1100	12	1080	12
50CrVA	A23503	950	12	930	12

4.13.4 弹簧钢、工具钢冷轧钢带（YB/T 5058—2005）

用于制造弹簧、刀具、带尺等制品，钢带宽度小于600mm。钢带的尺寸、外形、重量应符合GB/T 15391的相应规定。

表4.57 弹簧钢、工具钢冷轧钢带的分类

<table>
<tr><th rowspan="2">按边缘状态</th><th colspan="2">按厚度精度</th><th colspan="2">按宽度精度</th><th colspan="2">按表面质量</th><th colspan="3">按软硬程度</th></tr>
<tr><th>普通</th><th>较高</th><th>普通</th><th>较高</th><th>普通</th><th>较高</th><th>冷硬</th><th>退火</th><th>球化退火</th></tr>
<tr><td>不切边 EM
切边 EC</td><td>PT. A</td><td>PT. B</td><td>PW. A</td><td>PW. B</td><td>FA</td><td>FB</td><td>H</td><td>TA</td><td>TG</td></tr>
</table>

表4.58 弹簧钢、工具钢冷轧钢带力学性能

<table>
<tr><th rowspan="2">牌　号</th><th rowspan="2">统一数字代号</th><th rowspan="2">钢带厚度/mm</th><th colspan="2">退火钢带</th><th rowspan="2">冷硬钢带抗拉强度/MPa</th></tr>
<tr><th>抗拉强度/MPa ≥</th><th>断后伸长率/% ≥</th></tr>
<tr><td>65Mn</td><td>U21652</td><td>≤1.5</td><td>635</td><td>20</td><td rowspan="3">735～1175</td></tr>
<tr><td>T7,T7A
T8,T8A</td><td>T00070,T00073
T00080,T00083</td><td>>1.5</td><td>735</td><td>15</td></tr>
<tr><td>T8Mn,T8MnA
T9,T9A
T10,T10A
T11,T11A
T12,T12A
85</td><td>T01080,T01083
T00090,T01093
T00100,T01103
T00110,T01113
T00120,T01123
U20852</td><td rowspan="5">0.10～3.00</td><td>735</td><td>10</td></tr>
<tr><td>T13,T13A</td><td>T00130,T01133</td><td>880</td><td>—</td><td>—</td></tr>
<tr><td>Cr06</td><td>T30060</td><td>930</td><td>—</td><td rowspan="3">785～1175</td></tr>
<tr><td>60Si2Mn
60Si2MnA,50CrVA</td><td>A11602
A11603,A23503</td><td>880</td><td>10</td></tr>
<tr><td>70Si2CrA</td><td>A21703</td><td>830</td><td>8</td></tr>
</table>

注：厚度不大于0.2mm的退火钢带伸长率指标不作为交货条件。

4.13.5 热处理弹簧钢带（YB/T 5063—2007）

热处理弹簧钢带的厚度不大于1.50mm、宽度不大于100mm。钢带的尺寸外形应符合GB/T 15391的相应规定。

① 分类　按边缘状态分有切边（EC）和不切边（EM），按尺寸精度分有普通厚度精度（PT.A）、较高厚度精度（PT.B）、普

通宽度精度（PW. A）、较高宽度精度（PW. B），接力学性能分有Ⅰ组强度钢带（Ⅰ）、Ⅱ组强度钢带（Ⅱ）和Ⅲ组强度钢带（Ⅲ），按表面状态分有抛光钢带（SB）、光亮钢带（SL）、经色调处理钢带（SC）和灰暗色钢带（SD）。

② 原料　钢带应采用 T7A、T8A、T9A、T10A、65Mn、60Si2MnA、70Si2CrA 钢轧制。T7A、T8A、T9A、T10A 的化学成分应符合 GB/T 1299 的规定。

表 4.59　热处理弹簧钢带的抗拉强度

强度级别	抗拉强度 R_m/MPa	强度级别	抗拉强度 R_m/MPa	强度级别	抗拉强度 R_m/MPa
Ⅰ	1270～1560	Ⅱ	＞1560～1860	Ⅲ	＞1860

注：根据需方要求，经双方协议，Ⅲ级强度的钢带，其强度值可以规定上限。

4.14 电工钢带（片）

分类：电工钢按成分可分为低碳低硅（碳含量很低，硅含量小于0.5%）电工钢和硅钢两类；按最终加工成型的方法可分为热轧硅钢和冷轧硅钢两大类；按磁各向异性可分为取向电工钢和无取向电工钢。

热轧硅钢均为无取向硅钢，而冷轧电工钢则有取向与无取向之分。无取向电工钢用于制造电机转子等；取向电工钢用于制造变压器等。

冷轧电工钢带按工艺分有半工艺和全工艺两种。前者是生产厂没有进行最终退火，而后者则是已经退火的电工钢带。无取向钢带含硅量为0.5%～3.0%，工艺要求比取向硅钢片低，B_s 值要高于取向硅钢带；钢片供应态厚度多为 0.35mm 和 0.5mm。取向钢带含硅量在3.0%以上，它要求含碳量必须为0.03%～0.05%，钢中氧化物夹杂含量低，且必须含抑制剂（为阻止初次晶粒长大和促进二次再结晶的发展），其铁损要比无取向钢带低很多。

4.14.1 半工艺冷轧无取向电工钢带（GB/T 17951.2—2014）

半工艺无取向电工钢是由冶金生产厂生产出符合冲片性能要求、用户在冲片后进行消除应力退火而形成满足磁性要求的电工钢。该品种多用于生产低碳低硅（≤1.5%Si）电工钢，是适应微、小电机以及压缩机等高效率、节能要求而发展的。

① 尺寸 公称厚度，0.35mm 和 0.50mm；公称宽度，一般不大于 1300mm（切边或毛边）。

② 牌号表示方法

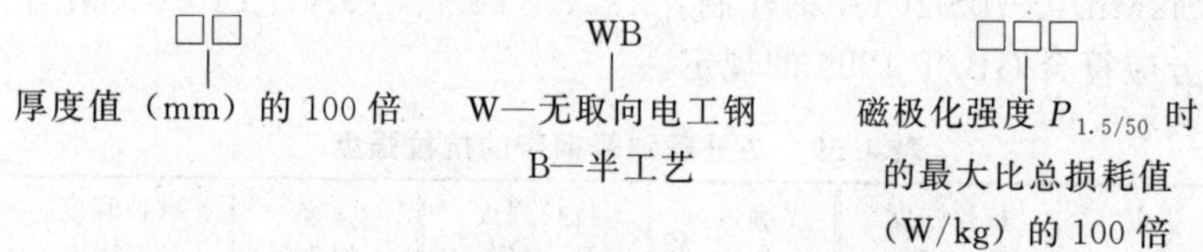

③ 磁特性值和参考热处理温度

表 4.60 磁特性值和参考热处理温度

牌号	公称厚度/mm	参考热处理温度（±10℃）/℃	最大比总损耗 $P_{1.5}$/(W/kg)		下列 H 值(A/m)时的最小磁极化强度 J/T			常规密度/(g/mm³)
			50Hz	60Hz	2500	5000	10000	
50WB340	0.50	840	3.40	4.32	1.54	1.62	1.72	7.65
50WB390			3.90	4.97	1.56	1.64	1.74	7.70
50WB450		790	4.50	5.67	1.57	1.65	1.75	7.75
50WB560			5.60	7.03	1.58	1.66	1.76	7.80
50WB660			6.60	8.38	1.58	1.68	1.77	7.85
50WB890			8.90	11.30	1.60	1.69	1.78	7.85
50WB1050			10.50	13.34	1.62	1.70	1.79	7.85
65WB390	0.65	840	3.90	5.07	1.54	1.62	1.72	7.65
65WB450			4.50	5.86	1.56	1.64	1.74	7.70
65WB520		790	5.20	6.72	1.57	1.65	1.75	7.75
65WB630			6.30	8.09	1.58	1.66	1.76	7.80
65WB800			8.00	10.16	1.62	1.70	1.79	7.85
65WB1000			10.00	12.70	1.60	1.68	1.78	7.85
65WB1200			12.00	15.24	1.57	1.65	1.77	7.85

注：1. 磁特性值为测试试样在脱碳气氛中消除应力热处理之后测得的值。

2. 在 5000A/m 交变磁场（峰值）、频率为 50Hz 时，规定的最小磁极化强度值 J_{5000}（峰值）应符合本表规定。

3. 在磁极化强度为 1.5T、频率为 50Hz 时，规定的最大比总损耗值 $P_{1.5/50}$ 应符合本表规定。

4. 比总损耗和磁极化强度的各向异性应由供需双方协商，并在合同中注明。

4.14.2 全工艺冷轧无取向电工钢带（片）（GB/T 2521.1—2016）

① 牌号表示方法

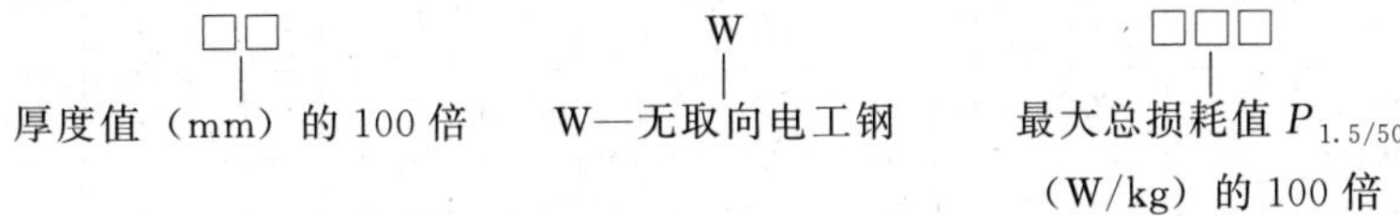

② 尺寸　公称厚度：0.35mm、0.50mm和0.65mm；公称宽度：不大于1250mm（切边或毛边）。

表4.61　钢带（片）的磁性能和技术特性

牌号	公称厚度/mm	约定密度/(kg/dm^3)	最大比总损耗 P/(W/kg)		最小磁极化强度 J(50Hz或60Hz)/T			比总损耗的各向异性 T/%	最小弯曲次数	最小叠装系数
			$P_{1.5/50}$	$P_{1.5/50}$	J_{2500}	J_{5000}	J_{10000}			
35W210		7.60	2.10	2.65	1.49	1.62	1.70		2	
35W230		7.60	2.30	2.90	1.49	1.62	1.70		2	
35W250		7.60	2.50	3.14	1.49	1.62	1.70		2	
35W270	0.35	7.65	2.70	3.36	1.49	1.62	1.70	±17	2	0.95
35W300		7.65	3.00	3.74	1.49	1.62	1.70		3	
35W360		7.65	3.60	4.55	1.51	1.63	1.72		5	
35W440		7.70	4.40	5.60	1.53	1.65	1.74		5	
50W230		7.60	2.30	3.00	1.49	1.62	1.70	±17	2	
50W250		7.60	2.50	3.21	1.49	1.62	1.70	±17	2	
50W270		7.60	2.70	3.47	1.49	1.62	1.70	±17	2	
50W290		7.60	2.90	3.71	1.49	1.62	1.70	±17	2	
50W310		7.65	3.10	3.95	1.49	1.62	1.70	±14	3	
50W350	0.50	7.65	3.50	4.45	1.50	1.62	1.70	±12	5	0.97
50W400		7.70	4.00	5.10	1.53	1.64	1.73	±12	5	
50W170		7.70	4.70	5.90	1.54	1.65	1.71	±10	10	
50W600		7.75	6.00	7.55	1.57	1.67	1.76	±10	10	
50W800		7.80	8.00	10.10	1.60	1.70	1.78	±10	10	
50W1000		7.85	10.00	12.60	1.62	1.73	1.81	±8	10	

续表

牌号	公称厚度/mm	约定密度/(kg/dm³)	最大比总损耗 P/(W/kg)		最小磁极化强度 J(50Hz或60Hz)/T			比总损耗的各向异性 T/%	最小弯曲次数	最小叠装系数
			$P_{1.5/50}$	$P_{1.5/50}$	J_{2500}	J_{5000}	J_{10000}			
65W310	0.65	7.60	3.10	4.08	1.49	1.63	1.70	±15	2	0.97
65W350		7.60	3.50	4.57	1.49	1.63	1.70	±14	2	
65W400		7.65	4.00	5.20	1.52	1.65	1.72	±14	2	
65W470		7.65	4.70	6.13	1.53	1.65	1.73	±12	5	
65W530		7.70	5.30	6.84	1.54	1.65	1.74	±12	5	
65W600		7.75	6.00	7.71	1.56	1.68	1.76	±10	10	
65W800		7.80	8.00	10.26	1.60	1.70	1.78	±10	10	

4.14.3　高磁感冷轧无取向电工钢带（片）（GB/T 25046—2010）

高磁感取向硅钢表面涂以应力涂层，使钢板中产生拉应力，通过细化磁畴使铁损和磁致伸缩明显降低。磁性高，可节省大量电能。

（1）型号表示方法

高磁感冷轧无取向电工钢带（片）型号表示方法是：

第一部分：公称厚度（mm）的100倍

第二部分：种类代号　W—无取向电工钢　G—高磁感

第三部分：磁极化强度在1.5T和频率在50Hz，以W/kg为单位及相应厚度产品的最大比总损耗的100倍

（2）磁特性和工艺特性

表4.62　高磁感冷轧无取向电工钢带（片）的磁特性和工艺特性

牌　号	统一数字代号	公称厚度/mm	理论密度/(kg/dm³)	最大比总损耗 $P_{1.5/50}$/(W/kg)	最小磁极化强度 B_{5000}/T	最小弯曲次数	最小叠装系数	硬度(HV_5)
35WG230	E33523	0.35	7.65	2.30	1.66	2	0.95	—
35WG250	E33525			2.50	1.67	2		
35WG300	E33530		7.70	3.00	1.69	3		
35WG360	E33536			3.60	1.70	5		
35WG400	E33540		7.75	4.00	1.71	5		
35WG440	E33544			4.40	1.71	5		

续表

牌　号	统一数字代号	公称厚度/mm	理论密度/(kg/dm³)	最大比总损耗 $P_{1.5/50}$/(W/kg)	最小磁极化强度 B_{5000}/T	最小弯曲次数	最小叠装系数	硬度(HV_5)
50WG250	E35025	0.50	7.65	2.50	1.67	2	0.97	—
50WG270	E35027			2.70	1.67	2		
50WG300	E35030			3.00	1.67	3		
50WG350	E35035		7.70	3.50	1.70	5		
50WG400	E35041			4.00	1.70	5		
50WG470	E35047		7.75	4.70	1.72	10		≥120
50WG530	E35053			5.30	1.72	10		≥105
50WG600	E35060			6.00	1.72	10		
50WG700	E35070		7.80	7.00	1.73	10		≥100
50WG800	E35080			8.00	174	10		
50WG1000	E35090		7.85	10.00	1.75	10		≥100
50WG1300	E35093			13.00	1.76	10		

4.14.4　中频用电工钢薄带（YB/T 5224—2014）

① 公称厚度　0.05～0.20mm。

② 供应状态　退火，卷状。

③ 牌号标记方法　厚度＋特征字符＋最大比总损耗值。

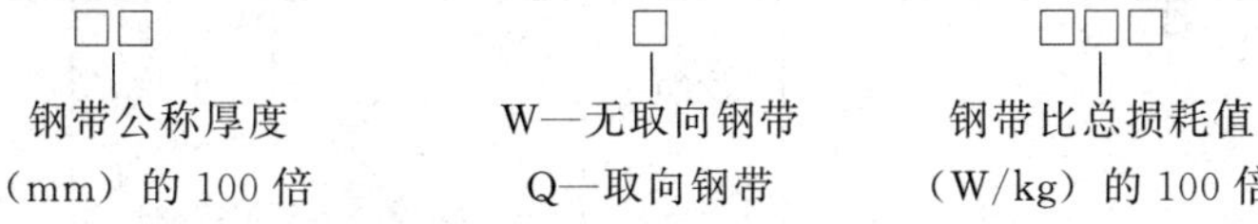

④ 磁性和工艺特性

表 4.63　冷轧取向电工钢带的磁性和工艺特性

牌　号	公称厚度/mm	最大比总损耗 P/(W/kg)			最小磁极化强度 J（H＝800A/m）		最小叠装系数	最小弯曲次数
		$P_{1.0/400}$	$P_{1.5/400}$	$P_{1.0/1000}$	T	频率/Hz		
5Q1900	0.05	—	14.5	19.0	1.70	1000	0.89	3
5Q2000		—	15.0	20.0	1.70			
5Q2200		—	16.0	22.0	1.64			
5Q2400		—	17.0	24.0	1.60			

续表

牌号	公称厚度/mm	最大比总损耗 P/(W/kg)			最小磁极化强度 J (H=800A/m)		最小叠装系数	最小弯曲次数
		$P_{1.0/400}$	$P_{1.5/400}$	$P_{1.0/1000}$	T	频率/Hz		
10Q1450	0.10	—	14.5	—	1.78	400	0.92	3
10Q1500		—	15.0	—	1.73			
10Q1600		—	16.0	—	1.68			
10Q1700		—	17.0	—	1.64			
15Q1600	0.15	—	16.0	—	1.70	400	0.93	
15Q1650		—	16.5	—	1.73			
15Q1700		—	17.0	—	1.73			
15Q1800		—	18.0	—	1.73			
20Q760	0.20	7.6	—	—	1.73	400	0.94	3
20Q820		8.2	—	—	1.72			
20Q900		9.0	—	—	1.68			
20Q1000		10.0	—	—	1.64			

注：公称厚度为0.05mm系列牌号 $P_{1.5/400}$ 为参考值，不作交货依据。

表4.64 冷轧无取向电工钢带的磁性和工艺特性

牌号	公称厚度/mm	最大比总损耗 P/(W/kg)		最小磁极化强度 J/T	最小叠装系数	最小弯曲次数
		1.0T	频率/Hz	H=2000A/m,50Hz		
5W4500	0.05	45	1000	—	0.89	2
10W1300	0.10	13	400	—	0.92	
15W1400	0.15	14	400	1.40	0.93	
20W1500	0.20	15	400	1.40	0.94	
20W1700	0.20	17	400	1.40	0.94	

4.15 热轧钢板和钢带

优质碳素结构钢钢板和钢带，按成形方法可以分为热轧和冷轧；按厚度可分为厚钢板（带）和薄钢板（带）。

4.15.1 热轧钢板和钢带的尺寸（GB/T 709—2006）

（1）品种和规格

热轧钢板和钢带有单轧钢板、连轧钢板和钢带、纵切钢带。热轧钢带按外形可分为条状钢带（TD）和卷状钢带（JD），按钢带边缘可分为切边钢带（Q）和不切边钢带（BQ）。优质碳素结构钢热轧薄钢板和钢带，按拉延级别可分为最深（Z）、深（S）和普通（P）拉延级三级。

表 4.65 热轧钢板和钢带的品种和规格 mm

<table>
<tr><th rowspan="2">品种</th><th colspan="2">厚度 t</th><th colspan="2">宽度</th><th colspan="2">长度</th></tr>
<tr><th>公称值</th><th>级差</th><th>公称值</th><th>级差</th><th>公称值</th><th>级差</th></tr>
<tr><td>单轧钢板</td><td>3～400</td><td>$t<30$ 0.5
$t\geqslant30$ 1.0</td><td>600～4800</td><td>10
或 50</td><td rowspan="3">2000～
20000</td><td rowspan="3">50 或 100</td></tr>
<tr><td>连轧钢板
和钢带</td><td>0.8～25.4</td><td>0.1</td><td>600～2200</td><td>10</td></tr>
<tr><td>纵切钢带</td><td>—</td><td>—</td><td>120～900</td><td>—</td></tr>
</table>

（2）分类和代号

表 4.66 热轧钢板和钢带的尺寸精度分类及代号

<table>
<tr><th rowspan="2">按边缘状态</th><th rowspan="2">按厚度偏差</th><th colspan="2">按厚度精度</th><th colspan="2">按不平度精度</th></tr>
<tr><th>普通</th><th>较高</th><th>普通</th><th>较高</th></tr>
<tr><td>不切边 EM
切边 EC</td><td>N 类、A 类
B 类、C 类</td><td>PT. A</td><td>PT. B</td><td>PF. A</td><td>PF. B</td></tr>
</table>

注：厚度偏差：N 类，正偏差和负偏差相等；A 类，按公称厚度规定负偏差；B 类，固定负偏差为 0.3mm；C 类，固定负偏差为零，按公称厚度规定正偏差。

（3）钢板和钢带尺寸

① 钢板公称厚度 4～400mm，厚度小于 30mm 的钢板可为 0.5mm 倍数的任何尺寸，厚度不小于 30mm 的钢板可为 1mm 倍数的任何尺寸。

钢板公称宽度 600～4800mm，可为 10mm 或 50mm 倍数的任何尺寸。

钢板公称长度（包括剪切钢板）2000～20000mm，可为 50mm 或 100mm 倍数的任何尺寸。

② 钢带（包括剪切钢板）公称厚度 0.8～25.4mm，可为 0.1mm 倍数的任何尺寸。

钢带公称宽度 600～2200mm，可为 10mm 倍数的任何尺寸。

纵剪钢带公称宽度 120～900mm。

4.15.2　热轧碳素结构钢和低合金结构钢钢带（GB/T 3524—2015）

① 分类　按钢带边缘状态分不切边钢带（EM）和切边钢带（EC）。

② 规格　厚度不大于12.00mm、宽度50～600mm。

③ 材料牌号　Q195、Q215、Q235、Q255、Q275、Q295、Q345。

④ 化学成分　碳素结构钢的化学成分符合GB/T 700，低合金结构钢的化学成分符合GB/T 1591或相应标准。

⑤ 钢带长度　不小于50m，允许交付长度30～50m的钢带，其重量不得大于该批交货总重量的3%。

⑥ 力学性能

表4.67　钢带拉伸和冷弯试验

牌号	统一数字代号	下屈服强度 R_{eL} /MPa ≥	抗拉强度 R_m /MPa	断后伸长率 A/% ≥	180°冷弯试验（a＝试样厚度，d＝压头直径）
Q195	U11952	(195)①	315～430	33	$d=0$
Q215	U12152	215	335～450	31	$d=0.5a$
Q235	U12352	235	375～500	26	$d=a$
Q255	U12552	255	410～550	24	—
Q275	U12752	275	490～630	20	—
Q295	U12952	295	390～570	23	$d=2a$
Q345	U13452	345	470～630	21	$d=2a$

①仅供参考，不作交货条件。

注：1.进行拉伸和弯曲试验时，钢带应取纵向试样。

2.钢带采用碳素结构钢和低合金结构钢的A级钢轧制时，冷弯试验合格，抗拉强度上限可不作交货条件，采用B级钢轧制的钢带抗拉强度可以超过表中规定的上限50MPa。

4.15.3　热轧碳素结构钢和低合金结构钢钢板和钢带（GB/T 3274—2017）

适用于厚度不大于400mm的碳素结构钢和低合金结构钢热轧钢板和钢带，其尺寸、外形、重量及允许偏差应符合GB/T 709的规定，牌号和化学成分（熔炼分析）应符合GB/T 700和GB/T

1591的规定。

交货状态：材质可以是热轧、控轧或经热处理的，边缘可以是切边或不切边的。

表 4.68 热轧钢板和钢带的质量和性能

项目		要 求
质量	表面质量	①断面不应有目视可见分层，表面不应有结疤、裂纹、折叠、夹杂、气泡和氧化铁皮压入等对使用有害的缺陷。 ②表面允许有不影响使用的薄层氧化铁皮、铁锈和轻微的麻点、划痕等局部缺陷，其凹凸度不得超过钢板和钢带厚度公差之半，并应保证钢板和钢带允许的最小厚度。 ③在保证钢板的允许最小厚度前提下，钢板表面可以有平缓无棱角的缺陷清理处。 ④允许钢带带缺陷交货，但有缺陷部分不得超过每卷钢带总长度的6%
	内在质量	当需方不允许钢板和钢带内部有分层等缺陷时，应在订货时提出无损检测要求，其检测方法和合格级别由供需双方协商确定
性能	力学性能	①厚度小于3mm的钢板和钢带的抗拉强度和断后伸长率应符合GB/T 700、GB/T 1591的规定，断后伸长率允许比GB/T 700或GB/T 1591的规定降低5%(绝对值)。 ②厚度不小于3mm的钢板和钢带的力学和工艺性能应符合GB/T 700、GB/T 1591的规定
	工艺性能	钢板和钢带应做180°弯曲试验，试样弯曲压头直径应符合GB/T 700、GB/T 1591的规定。如供方能保证冷弯试验合格，可不作检验

4.15.4 热轧优质碳素结构钢钢板和钢带（GB/T 711—2017）

适用于厚度不大于100mm、宽度不小于600mm的优质碳素结构钢热轧钢板和钢带，其尺寸、外形、重量及允许偏差应符合GB/T 709的规定。

牌号：08、08Al、10、15、20、25、30、35、40、45、50、55、60、65、70；20Mn、25Mn、30Mn、35Mn、40Mn、45Mn、50Mn、55Mn、60Mn、65Mn、70Mn共26种。

交货状态：钢带及剪切钢板以热轧状态交货，55及以下牌号的单张轧制钢板交货状态为热轧或热处理，60及以上牌号的按热处理交货。钢带通常不切边交货，钢板应切边交货（或供需双方协议)。

若以酸洗状态交货时，则通常涂油供货。

表 4.69 热轧钢板和钢带的力学性能

牌号	抗拉强度 R_m/MPa	断后伸长率 A/%	牌号	抗拉强度 R_m/MPa	断后伸长率 A/%
	≥			≥	
08	325	33	65①	695	10
08Al	325	33	70①	715	9
10	335	32	20Mn	450	24
15	370	30	25Mn	490	22
20	410	28	30Mn	540	20
25	450	24	35Mn	560	18
30	490	22	40Mn	590	17
35	530	20	45Mn	620	15
40	570	19	50Mn	650	13
45	600	17	55Mn	675	12
50	625	16	60Mn①	695	11
55①	645	13	65Mn①	735	9
60①	675	12	70Mn①	785	8

①热处理指正火、退火或高温回火。

注：经供需双方协商，45、45Mn及以上牌号的力学性可按实际值交货（本表中的指标仅供参考）。

表 4.70 热轧钢板和钢带的冲击试验

牌号	纵向V形冲击吸收能量 KV_2/J ≥	
	20℃	−20℃
10、15、20	34	27

表 4.71 热轧钢板和钢带的冷弯180°试验

牌号	钢板厚度/mm		牌号	钢板厚度/mm	
	≤20	>20		≤20	>20
	弯曲压头直径 D			弯曲压头直径 D	
08、08Al、10	0	*a*	20	*a*	2*a*
15	0.5*a*	1.5*a*	25、30、35	2*a*	3*a*

注：如供方能保证合格，可不作检验。

4.15.5　热轧优质碳素结构钢钢带（GB/T 8749—2008）

① 分类与代号　按边缘状态分：切边钢带（EC）和不切边钢带（EM）；按厚度精度分：普通厚度精度（PT.A）和较高厚度精度（PT.B）。

② 规格　宽度小于 600mm、厚度不大于 12mm（宽度 600～750mm 的钢带可参照该标准）。

③ 力学性能

表 4.72　热轧钢带力学性能

牌号	抗拉强度 R_m/MPa ≥	断后伸长率 A/% ≥	牌号	抗拉强度 R_m/MPa ≥	断后伸长率 A/% ≥
08(U20082)	325	33	25(U20252)	450	24
08Al(U40088)	290	35	30(U20302)	490	22
10(U20102)	335	32	35(U20352)	530	20
15(U20152)	370	30	40(U20402)	570	19
20(U20202)	410	25	45(U20452)	600	17

注：1. 用于冷轧原料的钢带，其力学性能不作为交货条件。

2. 拉伸试验取横向试样，由于钢带宽度限制不能取横向试样时，可取纵向试样，力学性能由供需双方协商。

表 4.73　180°横向冷弯试验

牌号	压头直径 d/试样厚度 a		牌号	压头直径 d/试样厚度 a	
	a≤6mm	a>6mm		a≤6mm	a>6mm
08、08Al	0	0.5	20①	2.0	2.5
10	0.5	1.0	25①	2.5	3.0
15	1.0	1.5	30①、35①		

①经供需双方协商，冷弯试验可不作为交货条件。

4.15.6　热轧合金结构钢厚钢板（GB/T 11251—2009）

① 规格　厚度大于 4～30mm。

② 钢板的尺寸及外形　应符合 GB/T 709—2006 的规定。

③ 常用牌号　45Mn2、27SiMn、40B、45B、50B、15Cr、20Cr、30Cr、35Cr、40Cr、20CrMnSiA、25CrMnSiA、30CrMnSiA、35CrMnSiA。

④ 化学成分　应符合 GB/T 3077。

⑤ 力学性能 见表4.74。

表4.74 合金结构钢热轧厚钢板力学性能

牌号	力学性能		
	抗拉强度 R_m /MPa	断后伸长率 A/% ≥	布氏硬度 (HBW) ≤
45Mn2(A00452)	600～850	13	—
27SiMn(A01272)	550～800	18	—
40B(A70402)	500～700	20	—
45B(A70452)	550～750	18	—
50B(A70502)	550～750	10	—
15Cr(A20152)	400～600	21	—
20Cr(A20202)	400～650	20	—
30Cr(A20302)	500～700	19	—
35Cr(A20352)	550～750	18	—
40Cr(A20402)	550～800	16	—
20CrMnSiA(A24203)	450～700	21	—
25CrMnSiA(A24253)	500～700	20	229
30CrMnSiA(A24303)	550～750	19	229
35CrMnSiA(A24353)	600～800	16	—

牌号	试样热处理制度				力学性能		
	淬火		回火		抗拉强度 R_m/MPa	断后伸长率 A/%	冲击吸收能量 KU_2/J
	温度/℃	冷却剂	温度/℃	冷却剂	≥		
25CrMnSiA (A24253)	850～890	油	450～550	水、油	980	10	39
30CrMnSiA (A24303)	860～900	油	470～570	油	1080	10	39

4.15.7 热轧合金结构钢薄钢板（YB/T 5132—2007）

① 规格 厚度不大于4mm。

② 尺寸外形及其允许偏差 热轧钢板的尺寸外形及其允许偏差应符合GB/T 709的规定（冷轧钢板的尺寸外形及其允许偏差应符合GB/T 708的规定）。

③ 材料　为优质钢或高级优质钢。

a. 优质钢　40B（A70402），45B（A70452），50B（A70502），15Cr（A20152），20Cr（A20202），30Cr（A20302），35Cr（A20352），40Cr（A20402），50Cr（A20250），12CrMo（A30122），15CrMo（A30152），20CrMo（A30202），30CrMo（A30302），35CrMo（A30352），12Cr1MoV（A31132），12CrMoV（A31122），20CrNi（A40202），40CrNi（A40402），20CrMnTi（A26202）和 30CrMnSi（A26302）。

b. 高级优质钢　12Mn2A（A00123），16Mn2A（A00163），45Mn2A（A00453），50BA（A70503），15CrA（A20153），38CrA（A20383），20CrMnSiA（A24203），25CrMnSiA（A24253），30CrMnSiA（A24303）和 35CrMnSiA（A24353）。

④ 钢的化学成分（熔炼分析）　应符合 GB/T 3077 的规定。12Mn2A、16Mn2A 和 38CrA 的化学成分应符合 YB/T 5132—2007 规定。

⑤ 力学性能　经退火或回火供应的钢板，交货状态力学性能应见表 4.75（未列牌号的力学性能仅供参考或由供需双方协议规定）。

表 4.75　经退火或回火供应的钢板，交货状态力学性能

牌　号	统一数字代号	抗拉强度 R_m /MPa	断后伸长率 $A_{11.2}$/% ≥
12Mn2A	A00123	390～570	22
16Mn2A	A00163	490～635	18
45Mn2A	A00453	590～835	12
35B	A70352	490～635	19
40B	A70402	510～650	18
45B	A70452	540～685	16
50B(A)	A70502(3)	540～715	14
15Cr(A)	A20152(3)	390～590	19
20Cr	A20202	300～500	18
30Cr	A20302	490～685	17
35Cr	A20352	540～735	16
38CrA	A20383	510～735	16

续表

牌　号	统一数字代号	抗拉强度 R_m /MPa	断后伸长率 $A_{11.2}$/% ≥
40Cr	A20402	540～785	14
20CrMnSiA	A24203	440～685	18
25CrMnSiA	A24253	490～685	18
30CrMnSi(A)	A24302(3)	490～735	16
35CrMnSiA	A24353	590～785	14

注：1.表中未列牌号的力学性能由供需双方协议规定。

2.正火和不热处理交货的钢板，在保证断后伸长率的情况下，抗拉强度上限允许较上表规定的数值提高50MPa。

⑥ 工艺性能

表4.76　冷冲压用钢板杯突试验的冲压深度

钢板公称厚度	牌号			钢板公称厚度	牌号		
	12Mn2A	16Mn2A 25CrMnSiA	30CrMnSiA		12Mn2A	16Mn2A 25CrMnSiA	30CrMnSiA
	冲压深度/mm ≥				冲压深度/mm ≥		
0.5	7.3	6.6	6.5	0.8	8.5	7.5	7.2
0.6	7.7	7.0	6.7	0.9	8.8	7.7	7.5
0.7	8.0	7.2	7.0	1.0	9.0	8.0	7.7

注：钢板厚度在上表所列厚度之间时，冲压深度应采用相邻较小厚度的指标。

4.15.8　低焊接裂纹敏感性高强度钢板（YB/T 4137—2013）

① 用途　主要用于制作对焊接性要求高的水电站压力钢管、工程机械、铁路车辆、桥梁、高层及大跨度建筑等。

② 厚度　5～100mm。尺寸、外形及重量应符合GB/T 709的规定。

③ 交货状态　热机械控制轧制（TMCP）、TMCP＋回火或淬火＋回火。

④ 牌号标记方法

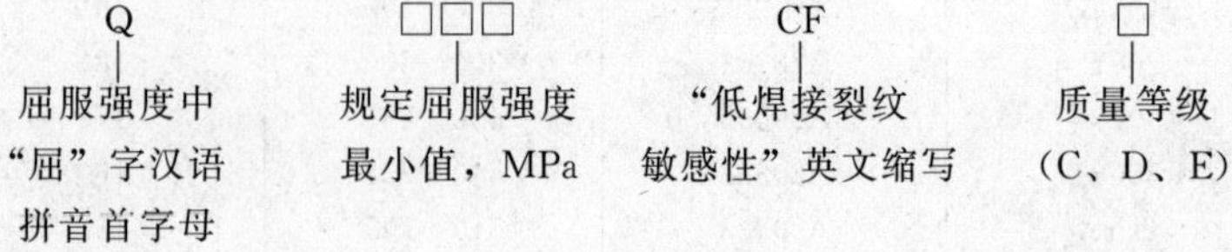

⑤ 力学性能

表 4.77　钢板的拉伸、冲击、弯曲性能

牌号	质量等级	统一数字代号	拉伸试验（横向）				弯曲试验（横向）	夏比 V 形冲击试验（纵向）[②]	
			上屈服强度[①] R_{eH}/MPa 厚度/mm		抗拉强度 R_m/MPa	断后伸长率 A/% ≥	弯曲 180°（d=压头直径，a=试样厚度）	温度/℃	冲击吸收能量 KV_2/J ≥
			≤50	>50～100					
Q460CF	C	L04603	460	440	550～710	17	$d=3a$	0	60
	D	L04604						−20	
	E	L04605						−40	
Q500CF	C	L05003	500	480	610～770	17		0	
	D	L05004						−20	
	E	L05005						−40	
Q550CF	C	L05503	550	530	670～830	16		0	
	D	L05504						−20	
	E	L05505						−40	
Q620CF	C	L06203	620	600	710～880	15		0	
	D	L06204						−20	
	E	L06205						−40	
Q690CF	C	L06903	690	670	770～940	14		0	
	D	L06904						−20	
	E	L06905						−40	
Q800CF	C	L08003	800	协议	880～1050	12		0	
	D	L08004						−20	
	E	L08005						−40	

①屈服现象不明显时，应测量非比例伸长应力 $R_{p0.2}$ 来代替 R_{eH}。

②经供需双方商定并在合同中注明，冲击试验试样方向可为横向以代替纵向。

注：钢板的冲击试验结果按一组 3 个试样的算术平均值计算，允许其中 1 个试样值比表中规定值低，但不得低于规定值的 70%。

4.15.9　工程机械用高强度耐磨钢板（GB/T 24186—2009）

① 用途　用于矿山、建筑、农业等工程机械耐磨损结构部件（也适用于其他领域）。

② 厚度　不大于 80mm。

③ 交货状态 为热机械控制轧制（TMCP）、TMCP＋回火或淬火＋回火。

④ 力学性能

表 4.78 钢板的力学性能

牌号	厚度/mm	抗拉强度①R_m/MPa	断后伸长率①A_{50mm}/%	－20℃冲击吸收能量(纵向)①KV_2/J	表面布氏硬度(HBW)
NM300	≤80	≥1000	≥14	≥24	270～330
NM360	≤80	≥1100	≥12	≥24	330～390
NM400	≤80	≥1200	≥10	≥24	370～430
NM450	≤80	≥1250	≥7	≥24	420～480
NM500	≤70	—	—	—	≥470
NM550	≤70	—	—	—	≥530
NM600	≤60	—	—	—	≥570

①抗拉强度、伸长率、冲击功作为性能的特殊要求，如用户未在合同注明，则只保证布氏硬度。

注：1. 钢板的夏比冲击功试验结果按3个试样的算术平均值计算，允许其中1个试样值比表中规定值低，但不得低于规定值的70%。

2. 厚度小于12mm钢板不进行夏比摆锤冲击功试验。

4.16 冷轧钢板和钢带

4.16.1 冷轧钢板和钢带品种、尺寸及允许偏差（GB/T 708—2006）

① 规格

表 4.79 冷轧钢板和钢带的标准和规格 mm

厚度 t		宽度		长度	
公称值	推荐值	公称值	推荐值	公称值	推荐值
0.30～4.00	$t<1$ 级差 0.05 $t\geq1$ 级差 0.10	600～2050	级差 10	1000～6000	级差 50

注：该标准规定的尺寸、外形、重量和允许偏差同样适用于下列品种钢板和钢带品种：优质碳素结构钢冷轧薄钢板和钢带（GB/T 13237—2013）、碳素结构钢冷轧薄钢板和钢带（GB/T 11253—2007）、碳素结构钢冷轧钢带（GB/T 716—1991）、低碳钢冷轧钢板和钢带（GB/T 5213—2008）、合金结构钢冷轧薄钢板（YB/T 5132—2007）、不锈钢冷轧钢板和钢带（GB/T 3280—2015）

② 分类及代号

表 4.80　冷轧钢板和钢带的表面质量类别及代号

分类方法	类别	代号	分类方法	类别	代号
优质碳素结构钢					
表面质量	较高级表面 高级表面 超高级表面	FB FC FD	边缘状态	切边 不切边	EC EM
碳素结构钢冷轧薄钢板和钢带					
表面质量	较高级表面 高级表面	FB FC	表面结构	光亮表面 粗糙表面	B D
碳素结构钢冷轧钢带					
表面精度	普通精度 较高精度	Ⅰ Ⅱ	力学性能	软钢带 半软钢带 硬钢带	R BR Y
尺寸精度	普通精度 宽度较高精度	P K	厚度较高精度 宽度、厚度较高精度		H KH
低碳钢冷轧钢板和钢带					
表面质量	较高级表面 高级表面 超高级表面	FB FC FD	表面结构	光亮表面 麻面	B D

表 4.81　冷轧钢板和钢带的尺寸精度分类及代号

产品形态	边缘状态	厚度精度		宽度精度		长度精度		不平度精度	
		普通	较高	普通	较高	普通	较高	普通	较高
钢带	不切边 EM	PT. A	PT. B	PW. A	—	—	—	—	—
	切边 EC				PW. B				
钢板	不切边 EM	PT. A	PT. B	PW. A	—	PL. A	PL. B	PF. A	PF. B
	切边 EC				PW. B				
纵切钢带	切边 EC	PT. A	PT. B	PW. A	—	—	—	—	—

4.16.2　冷轧低碳钢钢板及钢带（GB/T 5213—2008）

① 用途　适用于汽车、家电等行业使用。

② 产品分类　钢板及钢带按表面质量可分为较高级（FB）、高级（FC）和超高级（FD），按表面结构可分为光亮表面（B）和麻面（D）。

③ 厚度 0.30～3.5mm。

④ 尺寸、外形、重量 应符合 GB/T 708 的规定。

⑤ 材料牌号 钢板及钢带的牌号由三部分组成：

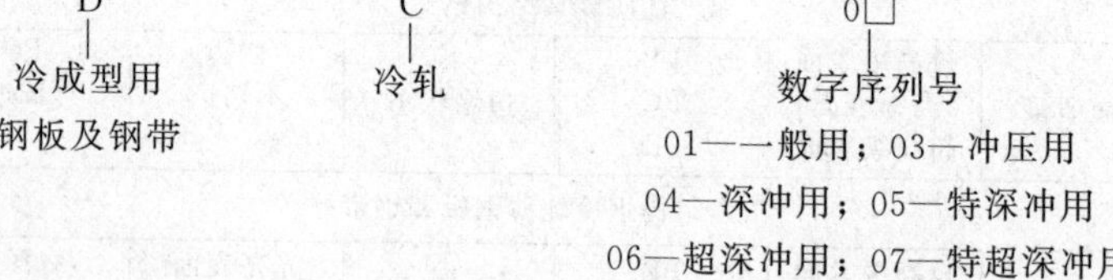

⑥ 力学性能

表 4.82 钢板及钢带的力学性能

牌号	屈服强度①② R_{eL} 或 $R_{p0.2}$ /MPa ≤	抗拉强度 R_m/MPa	断后伸长率③④ (L_0=80mm, b=20mm) A_{80}/% ≥	R_{90} 值⑤ ≥	n_{90} 值⑤ ≥
DC01	280⑥	270～410	28	—	—
DC03	240	270～370	34	1.3	—
DC04	210	270～350	38	1.6	0.18
DC05	180	270～330	40	1.9	0.20
DC06	170	270～330	41	2.1	0.22
DC07	150	250～310	44	2.5	0.23

①无明显屈服时采用 $R_{p0.2}$，否则采用 R_{eL}。当厚度大于 0.50mm 且不大于 0.70mm 时，屈服强度上限值可以增加 20MPa；当厚度不大于 0.50mm 时，屈服强度上限值可以增加 40MPa。

②经供需双方协商同意，DC01、DC03、DC04 屈服强度的下限值可设定为 140MPa，DC05、DC06 屈服强度的下限值可设定为 120MPa，DC07 屈服强度的下限值可设定为 100MPa。

③试样为 GB/T 228 中的 P6 试样，试样方向为横向。

④当厚度大于 0.50mm 且不大于 0.70mm 时，断后伸长率最小值可以降低 2%（绝对值）；当厚度不大于 0.50mm 时，断后伸长率最小值可以降低 4%（绝对值）。

⑤r_{90} 值和 n_{90} 值的要求仅适用于厚度不小于 0.50mm 的产品，当厚度大于 2.0mm 时，n_{90} 值可以降低 0.2。

⑥DC01 的屈服强度上限值的有效期仅为从生产完成之日起 8d 内。

4.16.3 冷轧低碳钢钢带（YB/T 5059—2013）

用于适用于制造冲压零件、钢管和其他金属制品，轧制宽度小于 600mm，厚度不大于 3mm。

（1）产品分类

① 按切边状态分：切边（EC），不切边（EM）。

② 按尺寸精度分：普通厚度精度（PT. A），较高厚度精度（PT. B），普通宽度精度（PW. A），较高宽度精度（PW. B）。

③ 按表面等级分：较高级（FB，表面允许有少量不影响成形性及溶镀附着力的缺陷，如轻微的划伤、压痕、麻点、辊印及氧化色等），高级（FC，产品两面中较好的一面无目视可见的明显缺陷，另一面至少应达 FB 的要求），超高级（FD，产品两面中较好的一面不应有影响喷涂后的外观质量或者电镀后的外观质量的缺陷，另一面应至少达到 FB 的要求）。所有级别钢带表面均不得有结疤、裂纹、夹杂等对使用有害的缺陷，钢带不得有分层。钢带允许带缺陷交货，但缺陷部分总长度不得超过每卷总长度的 3%。

④ 按表面状态分：麻面（D，平均粗糙度 Ra 大于 0.6μm 且不大于 1.9μm），光亮表面（B，平均粗糙度 Ra 为不大于 0.9μm）。

⑤ 按交货状态分：特软钢带（S2），软钢带（S），半软钢带（S1/2），低冷硬（H1/4），冷硬（H）。

（2）尺寸、外形、重量及允许偏差

应符合 GB/T 15391 的相应规定，钢带按实际重量交货。

（3）化学成分

采用 08、10、08Al 钢轧制，应符合 GB/T 699 的规定。

（4）力学性能

表 4.83　钢带交货状态的力学性能

钢带交货状态	抗拉强度 R_m/MPa	断后伸长率 A/% ≥	维氏硬度 (HV)
特软(S2)	275～390	30	≤105
软(S)	325～440	20	≤130
半软(S1)	370～490	10	105～155
低冷硬(H1/4)	410～540	4	125～172
冷硬(H)	490～785	不测定	140～230

注：厚度小于 0.2mm 的钢带，不测定断后伸长率。

表 4.84 钢带最小杯突深度 mm

钢带厚度	钢带宽度>70		30≤钢带宽度≤70	
	特软(S2)	软(S)	特软(S2)	软(S)
0.20	7.5	6.8	5.1	4.0
0.25	7.8	7.1	5.3	4.2
0.30	8.1	7.3	5.5	4.4
0.35	8.3	7.5	5.7	4.6
0.40	8.5	7.7	5.9	4.8
0.45	8.7	7.9	6.3	5.0
0.50	8.9	8.1	6.5	5.2
0.60	9.2	8.4	6.7	5.5
0.70	9.5	8.6	6.9	5.7
0.80	9.7	8.8	6.9	5.9
0.90	9.9	9.0	7.1	6.1
1.00	10.1	9.2	7.3	6.3
1.20	10.5	9.6	7.7	6.7
1.40	10.9	10.0	8.1	7.1
1.60	11.2	10.4	8.5	7.5
1.80	11.5	10.7	8.9	7.8
2.00	11.7	10.9	9.2	8.1

注：1. 其他厚度钢带的杯突深度参照表中与其厚度最相近的杯突深度，中间厚度钢带最小杯突值，按相邻较小厚度钢带的规定。

2. 宽度小于 30mm 的钢带以及半软（S1/2）、低硬（H1/4）和硬（H）钢带不作杯突试验。

3. 宽度 30～70mm 的钢带作杯突试验时，取宽度为 30mm 的试样，冲头直径为 14mm，钢带厚度不大于 1.3mm 者，采用 17mm 的冲模，钢带厚度大于 1.3mm 者，采用 21mm 冲模。

4.16.4 冷轧碳素结构钢钢带（GB 716—1991）

① 分类 按尺寸精度，分为普通精度钢带（P），宽度较高精度钢带（K），厚度较高精度钢带（H），宽度、厚度较高精度钢带（KH）；按表面精度，分为普通精度表面钢带（Ⅰ），较高精度表

面钢带（Ⅱ）；按边缘状态，分为切边钢带（Q），不切边钢带(BQ)；按力学性能，分为软钢带（R），半软钢带（BR），硬钢带(Y)。

② 尺寸 厚度为0.10～3.00mm，宽度为10～250mm。

③ 力学性能

表4.85 钢带的力学性能

类别	抗拉强度 R_m/MPa	断后伸长率 A/%	维氏硬度 (HV)
软钢带	275～440	≥23	≤130
半软钢带	370～490	≥10	105～145
硬钢带	490～785	—	140～230

4.16.5 冷轧碳素结构钢薄钢板及钢带（GB/T 11253—2007）

① 规格 厚度不大于3mm，宽度不小于600mm。单张冷轧钢板亦可参照执行。

② 牌号组成 Q+屈服强度值。

③ 尺寸、外形及重量 应符合GB/T 708的规定。

④ 分类及代号

表4.86 薄钢板及钢带的分类及代号

按表面质量	按表面结构
FB—较高级表面	B—光亮表面，轧辊经磨床精加工处理
FC—高级表面	D—粗糙表面，轧辊经磨床加工后喷丸处理

⑤ 力学性能

表4.87 钢板及制带的横向拉伸试验结果

牌号	统一数字代号	下屈服强度① R_{eL}/MPa ≥	抗拉强度 R_m/MPa	断后伸长率/%	
				A_{50mm} ≥	A_{80mm} ≥
Q195	U11952	195	315～430	26	24
Q215	U12152	215	335～450	24	22
Q235	U12352	235	370～500	22	20
Q275	U12752	275	410～540	20	18

①无明显屈服时采用$R_{p0.2}$。

注：试样宽度B≥20mm，仲裁试验时B=20mm。

表 4.88 180°弯曲试验结果

牌号	弯曲试验（a 为试样厚度）[①]		要 求
	试样方向	压头直径 d	
Q195	横	$0.5a$	试样弯曲处的外面和侧面不应有肉眼可见的裂纹
Q215	横	$0.5a$	
Q235	横	$1a$	
Q275	横	$1a$	

①试样宽度 B≥20mm，仲裁试验时 B=20mm。

4.16.6 优质碳素结构钢冷轧钢带（GB 3522—1983）

① 分类 按制造精度分：普通精度的钢带（P），宽度精度较高的钢带（K），厚度精度较高的钢带（H），厚度精度高的钢带（J）及宽度和厚度精度较高的钢带（KH）；按表面质量分：Ⅰ组钢带（Ⅰ），Ⅱ组钢带（Ⅱ）；按边缘状态分：切边钢带（Q），不切边钢带（BQ）；按材料状态分：冷硬钢带（Y）和退火钢带（T）。

② 规格 钢带的长度不应短于 6m。但允许交付长度不短于 3m 的钢带，其数量不得超过一批重量的 10%。钢带应成卷交货。冷硬钢带和厚度不大于 0.3mm 的退火钢带卷的内径不得小于 150mm，厚度大于 0.3mm 的退火钢带卷的内径不得小于 200mm。

③ 材料 钢带采用 15、20、25、30、35、40、45、50、55、60、65、70 号钢轧制。其化学成分应符合 GB/T 699《优质碳素结构钢》的规定。

④ 牌号标记方法

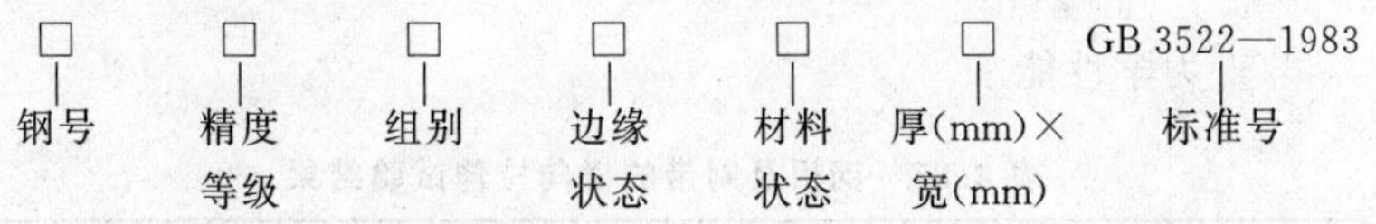

⑤ 力学性能

表 4.89 优质碳素结构钢冷轧钢带的力学性能

牌号	统一数字代号	冷硬钢带(Y)	退火钢带(T)	
		抗拉强度/MPa	抗拉强度/MPa	伸长率 A/%
15	U20152	450～800	320～500	220
20	U20202	500～850	320～550	200

续表

牌号	统一数字代号	冷硬钢带(Y)	退火钢带(T)	
		抗拉强度/MPa	抗拉强度/MPa	伸长率 A/%
25	U20252	550～900	350～600	180
30	U20302	650～950	400～600	160
35	U20352	650～950	400～650	160
40	U20402	650～1000	450～700	150
45	U20452	700～1050	450～700	150
50	U20502	750～1100	450～750	130
55	U20552	750～1100	450～750	120
60	U20602	750～1150	450～750	120
65	U20652	750～1150	450～750	100
70	U20702	750～1150	450～750	100

4.16.7 冷轧优质碳素结构钢薄钢板和钢带（GB/T 13237—2013）

① 规格 厚度不大于4mm，宽度不小于600mm。

② 分类 按表面质量分为较高级表面（FB)、高级表面（FC）和超高级表面（FD)；按边缘状态分为切边（EC）和不切边(EM)。

③ 尺寸、外形及重量 应符合GB/T 708的规定。

④ 钢的化学成分的允许偏差 应符合GB/T 222的规定。

⑤ 力学性能和弯曲试验

表4.90 优质碳素结构钢冷轧薄钢板和钢带力学性能

牌号	统一数字代号	抗拉强度 R_m ①② /MPa	以下公称厚度(mm)的断后伸长率 A_{80mm} (L_0=80mm,b=20mm)/% ≥					
			≤0.6	>0.6～1.0	>1.0～1.5	>1.5～2.0	>2.0～2.5	2.5
08Al	U20088	275～410	21	24	26	27	28	30
08	U20082	275～410	21	24	26	27	28	30
10	U20102	295～430	21	24	26	27	28	30
15	U20152	335～470	19	21	23	24	25	26
20	U20202	355～500	18	20	22	23	24	25
25	U20252	375～490	18	20	21	22	23	24
30	U20302	390～510	16	18	19	21	21	22

续表

牌号	统一数字代号	抗拉强度 R_m①② /MPa	以下公称厚度(mm)的断后伸长率 A_{80mm} ($L_0=80mm, b=20mm$)/% ≥					
			≤0.6	>0.6~1.0	>1.0~1.5	>1.5~2.0	>2.0~2.5	2.5
35	U20352	410~530	15	16	18	19	19	20
40	U20402	430~550	14	15	17	18	18	19
45	U20452	450~570	—	14	15	16	16	17
50	U20502	470~590	—	—	13	14	14	15
55	U20552	490~610	—	—	11	12	12	13
60	U20602	510~630	—	—	10	10	10	11
65	U20652	530~650	—	—	8	8	8	9
70	U20702	550~670	—	—	6	6	6	7

①拉伸试验取横向试样。

②需方同意时，25、30、35、40、45，50、55、60、65和70牌号钢板和钢带的抗拉强度上限值，可比规定值提高50MPa。

表4.91　优质碳素结构钢冷轧薄钢板和钢带弯曲试验

牌号	180°弯曲试验①② 以下公称厚度(mm)的弯曲压头直径 d		结　果
	≤2	>2	
08Al、08 10、15 20、25	0	$1a$	试样弯曲外表面不得有目视可见的裂纹、断裂或起层

①试样的宽度 $b \geqslant 20mm$，仲裁时 $b=20mm$。

②弯曲试验取横向试样，a 为试样厚度。

注：需方要求时进行。

4.16.8　冷轧电镀锡钢板及钢带（GB/T 2520—2008）

可防锈、耐腐蚀、无毒，主要用于制作金属包装，包括罐头食品、饮料、化工、医药、卫生、涂料、油漆、喷雾剂、化妆品瓶盖等。

① 规格　包括公称厚度为0.15～0.60mm的一次冷轧电镀锡钢板及钢带以及公称厚度为0.12～0.36mm的二次冷轧电镀锡钢板及钢带。

② 尺寸　钢板及钢带的公称厚度小于0.50mm时，按

0.01mm 的倍数进级；公称厚度大于等于 0.50mm 时，按 0.05mm 的倍数进级。钢卷内径可为 406mm、420mm、450mm 或 508mm。

③ 分类及代号

表 4.92　冷轧电镀锡钢板和钢带的分类及代号

分类方式	类　别	代　号
原板钢种	—	MR,L,D
调质度	一次冷轧钢板及钢带	T-1,T-1.5,T-2,T-2.5,T-3,T-3.5,T-4,T-5
	二次冷轧钢板及钢带	DR-7M,DR-8,DR-8M,DR-9,DR-9M,DR-10
退火方式	连续退火	CA
	罩式退火	BA
差厚镀锡标识	薄面标识方法	D
	厚面标识方法	A
表面状态	光亮表面	B
	粗糙表面	R
	银色表面	S
	无光表面	M
钝化方式	化学钝化	CP
	电化学钝化	CE
	低铬钝化	LCr
边部形状	直　边	SL
	花　边	WL

④ 牌号标记方法

表 4.93　牌号标记方法

用　途	标　记　方　法			
	原板钢种	调质度代号	退火方式	代号
普通用途	MR、LT、MR	T-2.5、T-3、DR	BA、CA	—
制作二片拉拔罐	D			DI
制作耐酸食品罐	L			K
制作低铬钝化处理的食品罐	MR、L			LCr

⑤ 镀锡规格

表 4.94 钢板及钢带的镀锡量代号、公称镀锡量及最小平均镀锡量

镀锡方式	镀锡量代号	公称镀锡量/(g/m²)	最小平均镀锡量/(g/m²)	镀锡方式	镀锡量代号	公称镀锡量/(g/m²)	最小平均镀锡量/(g/m²)
等厚镀锡	1.1/1.1	1.1/1.1	0.90/0.90	差厚镀锡	2.8/5.6	2.8/5.6	2.45/5.05
	2.2/2.2	2.2/2.2	1.80/1.80		2.8/8.4	2.8/8.4	2.45/7.55
	2.8/2.8	2.8/2.8	2.45/2.45		5.6/8.4	5.6/8.4	5.05/7.55
	5.6/5.6	5.6/5.6	5.05/5.05		2.8/11.2	2.8/11.2	2.45/10.1
	8.4/8.4	8.4/8.4	7.55/7.55		5.6/11.2	5.6/11.2	5.05/10.1
	11.2/11.2	11.2/11.2	10.1/10.1		8.4/11.2	8.4/11.2	7.55/10.1
差厚镀锡	1.1/2.8	1.1/2.8	0.90/2.45		2.8/15.1	2.8/15.1	2.45/13.6
	1.1/5.6	1.1/5.6	0.90/5.05		5.6/15.1	5.6/15.1	5.05/13.6

⑥ 硬度

表 4.95 冷轧钢板及钢带的硬度

一次冷轧钢板及钢带				二次冷轧钢板及钢带	
调质度代号	表面硬度(HR30Tm)	调质度代号	表面硬度(HR30Tm)	调质度代号	表面硬度(HR30Tm)
				DR-7M	71±5
T-1	49±4	T-3	57±4	DR-8,DR-8M	73±5
T-1.5	51±4	T-3.5	59±4	DR-9	76±5
T-2	53±4	T-4	61±4	DR-9M	77±5
T-2.5	55±4	T-5	65±4	DR-10	80±5

注：硬度为2个试样的平均值，允许其中1个试验值超出规定允许范围1个单位。

4.16.9 冷轧电镀铬钢板及钢带（GB/T 24180—2009）

经电镀铬处理后，保证产品表面光洁、平整，不生锈，且可增加硬度（HR65以上），耐高温达500℃，耐腐蚀、防酸、耐磨损。

① 分类 公称厚度为0.15～0.60mm的一次冷轧电镀铬钢板及钢带，以及公称厚度为0.12～0.36mm的二次冷轧电镀铬钢板及钢带。

② 尺寸 钢板及钢带的公称厚度小于0.50mm时，按0.01mm的倍数进级，否则按0.05mm的倍数进级。

③ 轧制宽度方向的数字后面加上字母W，表示轧制宽度方向。

钢卷内径可为 406mm、420mm、450mm 或 508mm。

④ 分类及代号

表 4.96　冷轧电镀锡钢板和钢带的分类及代号

分类方式	类　别		代　号
原板钢种	—		MR,L,D
调质度	一次冷轧基板		T-1,T-1.5,T-2,T-2.5,T-3,T-3.5,T-4,T-5
	二次冷轧基板		DR-7M,DR-8,DR-8M,DR-9,DR-9M,DR-10
退火方式	连续退火		CA
	罩式退火		BA
表面状态	一次冷轧基板	光亮表面	B
		粗糙表面	R
		无光表面	M
	二次冷轧基板	粗糙表面	R

⑤ 硬度

表 4.97　钢板及钢带的硬度

一次冷轧钢板及钢带		二次冷轧钢板及钢带	
调质度代号	表面硬度(HR30Tm)	调质度代号	表面硬度(HR30Tm)
T-1	49±4	DR-7M	71±5
T-1.5	51±4	DR-8,DR-8M	73±5
T-2	53±4	DR-9	76±5
T-2.5	55±4	DR-9M	77±5
T-3	57±4	DR-10	80±5
T-3.5	59±4		
T-4	61±4		
T-5	65±4		

注：硬度为 2 个试样的平均值，允许其中 1 个试验值超出规定允许范围 1 个单位。

4.16.10　冷轧汽车用低碳加磷高强度钢板及钢带（YB/T 166—2012）

磷能明显增加钢的强度，但使钢的塑性和韧性显著降低，焊接性也降低，尤其在低温下使钢严重变脆，因此含磷量要严格控制(CR180P 和 CR220P 为≤0.08%，CR260P 和 CR300P 为≤0.10%)。

① 规格　厚度为0.5～3.0mm。尺寸、外形、重量及允许偏差应符合GB/T 708的规定。

② 牌号　有CR180P、CR220P、CR260P、CR300P，由英文字母CR（英文“冷轧”的首字母）＋阿拉伯数字（下屈服强度数值的最小值，MPa)＋P组成。

③ 交货状态　热处理（退火)＋平整＋涂油。

④ 力学性能

表4.98　钢板和钢带的力学性能

牌号	下屈服强度[①] R_{eL}/MPa	抗拉强度 R_m/MPa	断后伸长率[②] A_{80mm}/% ≥	塑性应变比[③] r_{90} ≥	拉伸应变硬化指数 n_{90} ≥
CR180P	180～230	280～360	34	1.6	0.17
CR220P	220～270	320～400	32	1.3	0.16
CR260P	260～320	360～440	29	—	—
CR300P	300～360	400～480	26	—	—

①当无明显屈服点时，R_{eL} 采用 $R_{p0.2}$ 值。

②当产品厚度小于0.7mm时，最小断后伸长率（A_{80mm}）值允许降低2%。

③当产品厚度大于2.0mm时，r_{90} 值允许降低0.2。

⑤ 表面质量

a. 钢板及钢带表面不允许有分层、裂纹、结疤、折叠、气泡和夹杂等影响使用的缺陷。

b. 钢板及钢带的级别和要求应符合表4.99的规定。

表4.99　钢板及钢带的级别和要求

级　别	代号	要　求
较高级精整表面	FB	表面允许有少量不影响成型性或涂、镀附着力的欠缺，如轻微的划伤、压痕、麻点、辊印及氧化色等
高级精整表面	FC	产品两面中较好的一面允许有微小的欠缺，另一面应至少达到FB级表面要求
超高级精整表面	FD	产品两面中较好的一面不得有任何可能影响涂漆后外观质量或电镀后外观质量的欠缺，另一面应至少达到FB级表面要求

c. 允许钢带带缺陷交货，但有缺陷部分不应超过每卷总长度

的 6%。

4.16.11　冷轧宽度小于 600mm 钢带（GB/T 15391—2010）

① 规格　宽度为 6～600mm，厚度不大于 3mm。

② 分类　按边缘状态分：有切边（EC）和不切边（EM），按尺寸精度分有普通厚度精度（PT.A）、较高厚度精度（PT.B）、普通宽度精度（PW.A）、较高宽度精度（PW.B）。

4.16.12　热镀铅锡合金碳素钢冷轧薄钢板（带）（GB/T 5065—2004）

用于制造汽车油箱、贮油容器及需要易焊接和抗腐蚀冲压制品。

① 尺寸　牌号 LT05 钢板（带）的厚度范围为 0.7～1.5mm，其余厚度为 0.5～2.0mm；宽度为 600～1200mm；长度为 1500～3000mm。

② 牌号　LT01、LT02、LT03、LT04 和 LT05。“LT”是“铅”“锡”的英文字头，01、02、03、04、05 是“拉延级别顺序号”。

③ 分类　按拉延级别分为普通拉延级（01）、深拉延级（02）、极深拉延级（03）、最深拉延级（04）、超深冲无时效级（05）；按表面质量分为普通级表面（FA）、较高级表面（FB）和高级表面（FC）。

④ 力学性能

表 4.100　热镀铅锡合金碳素钢冷轧薄钢板（带）力学性能

牌号	屈服点 R_{eL} /MPa	抗拉强度 R_m /MPa	断后伸长率 A/%	拉伸应变硬化指数 n	塑性应变比 r
			b_0=20mm,L_0=80mm		
LT01	—	275～390	≥28	—	—
LT02	—	275～410	≥30	—	—
LT03	—	275～410	≥32	—	—
LT04	≤230	275～350	≥36	—	—
LT05	≤180	270～330	≥40	n_{90}≥0.20	r_{90}≥1.9

注：拉伸试验取横向试样；b_0 为试样宽度，L_0 为试样标距。

表 4.101 钢板（带）在供货状态下杯突值 mm

厚度	冲压深度 ≥				厚度	冲压深度 ≥			
	LT04	LT03	LT02	LT01		LT04	LT03	LT02	LT01
0.5	9.3	9.0	8.4	8.0	1.3	11.3	11.2	10.8	10.6
0.6	9.6	9.4	8.9	8.5	1.4	11.4	11.3	11.0	10.8
0.7	10.1	9.7	9.2	8.9	1.5	11.6	11.5	11.2	11.0
0.8	10.5	10.0	9.5	9.3	1.6	11.8	11.6	11.4	11.2
0.9	10.7	10.3	9.9	9.6	1.7	12.0	11.8	11.6	11.4
1.0	10.8	10.5	10.1	9.9	1.8	12.1	11.9	11.7	11.5
1.1	11.0	10.8	10.4	10.2	1.9	12.2	12.0	11.8	11.7
1.2	11.2	11.0	10.6	10.4	2.0	12.3	12.1	11.9	11.8

⑤ 镀层重量

表 4.102 钢板（带）的镀层重量 g/m^2

镀层代号	两面三点试验平均镀层重量 ≥	两面单点试验镀层重量 ≥	镀层代号	两面三点试验平均镀层重量 ≥	两面单点试验镀层重量 ≥
075	75	60	170	170	125
100	100	75	200	200	165
120	120	90	260	260	215
150	150	110			

4.16.13 连续热镀锌钢板及钢带（GB/T 2518—2008）

主要用于制作汽车、建筑、家电等行业对成形性和耐腐蚀性有要求的内外覆盖件和结构件。

① 尺寸

表 4.103 钢板及钢带的公称尺寸范围

项目		公称尺寸/mm
公称厚度		0.30～5.0
公称宽度	钢板及钢带	600～2050
	纵切钢带	<600
公称长度	钢板	1000～8000
公称内径	钢带及纵切钢带	610 或 508

注：钢板及钢带的公称厚度包含基板厚度和镀层厚度。

② 镀层质量分数 铝≈55%，硅≈1.6%，其余成分为锌。

③ 牌号标记方法

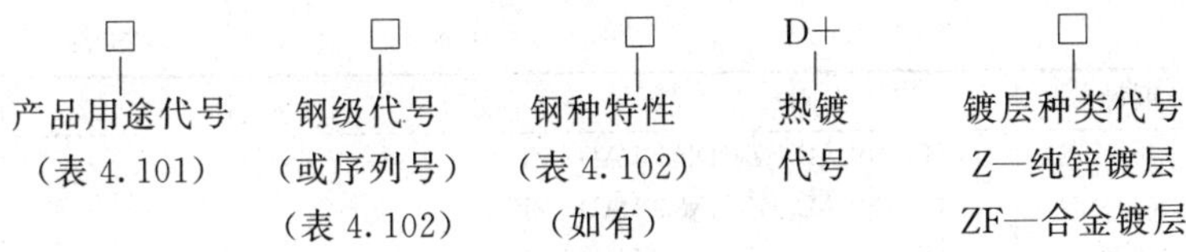

表4.104　产品用途代号

冷成型用扁平钢材D	S	冷成型用高强度扁平钢材H
DX—基板轧制状态不规定 DC—基板规定为冷轧基板 DD—基板规定为热轧基板	结构钢	HX—基板轧制状态不规定 HC—基板规定为冷轧基板 HD—基板规定为热轧基板

表4.105　钢级代号（或序列号）和钢种特性

<table>
<tr><th colspan="7">钢级代号(或序列号)</th></tr>
<tr><td colspan="2">2位数字</td><td colspan="5">3位数字</td></tr>
<tr><td colspan="2">51～57:代表钢级序列号</td><td colspan="5">180～980:代表钢级代号;根据牌号命名方法的不同,一般为规定的最小屈服强度或最小屈服强度和最小抗拉强度,MPa</td></tr>
<tr><th colspan="7">钢　种　特　性</th></tr>
<tr><td>Y</td><td>LA</td><td>B</td><td>DP</td><td>TR</td><td>CP</td><td>G</td></tr>
<tr><td>无间隙原子钢</td><td>低合金钢</td><td>烘烤硬化钢</td><td>双相钢</td><td>相变诱导塑性钢</td><td>复相钢</td><td>特性不定</td></tr>
</table>

④ 分类　按表面质量分类：普通级表面（FA），较高级表面（FB），高级表面（FC）。

表4.106　钢板及钢带的钢种和牌号

钢种	牌　号	注
低碳钢 (D)	DX51D+Z,DX51D+ZF DX52D+Z,DX52D+ZF DX53D+Z,DX53D+ZF DX54D+Z,DX54D+ZF DX56D+Z,DX56D+ZF DX57D+Z,DX57D+ZF	D—冷成型用扁平钢材, X—基板轧制状态不规定, 数字××—钢级序列号
结构钢 (S)	S220GD+Z,S220GD+ZF S250GD+Z,S250GD+ZF S280GD+Z,S280GD+ZF S320GD+Z,S320GD+ZF S350GD+Z,S350GD+ZF S550GD+Z,S550GD+ZF	G—钢种特性不规定 数字×××—钢级代号,根据牌号命名方法的不同,一般为规定的最小屈服强度或最小屈服强度和最小抗拉强度,MPa

续表

钢种	牌号	注
低合金钢(LA)	HX260LAD+Z,HX260LAD+ZF	H—冷成型用高强度扁平钢材,X—基板轧制状态不规定,数字×××—钢级代号,根据牌号命名方法的不同,一般为规定的最小屈服强度或最小屈服强度和最小抗拉强度,MPa
	HX300LAD+Z,HX300LAD+ZF	
	HX340LAD+Z,HX340LAD+ZF	
	HX380LAD+Z,HX380LAD+ZF	
	HX420LAD+Z,HX420LAD+ZF	
无间隙原子钢(Y)	HX180YD+Z,HX180YD+ZF	
	HX220YD+Z,HX220YD+ZF	
	HX260YD+Z,HX260YD+ZF	
烘烤硬化钢(B)	HX180BD+Z,HX180BD+ZF	
	HX220BD+Z,HX220BD+ZF	
	HX260BD+Z,HX260BD+ZF	
	HX300BD+Z,HX300BD+ZF	
双相钢(DP)	HC260/450DPD+Z,HC260/450DPD+ZF	H—冷成型用高强度扁平钢材,C—基板规定为冷轧基板,数字×××/×××—最小屈服强度/最小抗拉强度
	HC300/500DPD+Z,HC300/500DPD+ZF	
	HC340/600DPD+Z,HC340/600DPD+ZF	
	HC450/780DPD+Z,HC450/780DPD+ZF	
	HC600/980DPD+Z,HC600/980DPD+ZF	
相变诱导塑性钢(TR)	HC430/690TRD+Z,HC410/690TRD+ZF	
	HC470/780TRD+Z,HC440/780TRD+ZF	
复相钢(CP)	HC350/600CPD+Z,HC350/600CPD+ZF	
	HC500/780CPD+Z,HC500/780CPD+ZF	
	HC700/980CPD+Z,HC700/980CPD+ZF	

注:D+Z表示热镀纯锌镀层,D+ZF表示热镀锌铁合金镀层。

表4.107 镀层种类、镀层表面结构、表面处理的分类和代号

分类项目	类别				代号
镀层种类	纯锌镀层				Z
	锌铁合金镀层				ZF
镀层表面结构	纯锌镀层(Z)			普通锌花	N
				小锌花	M
				无锌花	F
	锌铁合金镀层(ZF)			普通锌花	R
表面处理	铬酸钝化	C	表面处理	磷化+涂油	PO
	涂油	O		耐指纹膜	AF
	铬酸钝化+涂油	CO		无铬耐指纹膜	AF5
	无铬钝化	C5		自润滑膜	SL
	无铬钝化+涂油	CO5		无铬自润滑膜	SL5
	磷化	P		不处理	U

⑤ 力学性能

表 4.108　连续热镀锌低碳钢板及钢带的力学性能

牌　号	下屈服强度①② R_{eL}/MPa	抗拉强度 R_m/MPa	断后伸长率③ A_{80mm}/% ≥	塑性应变比 r_{90} ≥	应变硬化指数 n_{90} ≥
DX51D+Z,DX51D+ZF	—	270～500	22	—	—
DX52D+Z⑥,DX52D+ZF⑥	140～300	270～420	26	—	—
DX53D+Z,DX53D+ZF	140～260	270～380	30	—	—
DX54D+Z	120～220	260～350	36	1.6	0.18
DX54D+ZF	120～220	260～350	34	1.4	0.18
DX56D+Z	120～180	260～350	39	1.9④	0.21
DX56D+ZF	120～180	260～350	37	1.7④⑤	0.20④
DX57D+Z	120～170	260～350	41	2.1④	0.22
DX57D+ZF	120～170	260～350	39	1.9④⑤	0.21④

①无明显屈服时采用 $R_{p0.2}$。

②试棒为 GB/T 228 中的 P6 试样，试样方向为横向。

③当产品公称厚度大于 0.5mm，但不大于 0.7mm 时，断后伸长率允许下降 2%；当产品公称厚度不大于 0.5mm 时，断后伸长率允许下降 4%。

④当产品公称厚度大于 1.5mm，r_{90} 允许下降 0.2。

⑤当产品公称厚度小于等于 0.7mm 时，r_{90} 允许下降 0.2，n_{90} 允许下降 0.01。

⑥屈服强度值仅适用于光整的 FB、FC 级表面的钢板及钢带。

表 4.109　连续热镀锌结构钢板及钢带的力学性能

牌　号	下屈服强度①② R_{eL}/MPa ≥	抗拉强度③ R_m/MPa ≥	断后伸长率④ A_{80mm}/% ≥
S220GD+Z,S220GD+ZF	220	300	20
S250GD+Z,S250GD+ZF	250	330	19
S280GD+Z,S280GD+ZF	280	360	18
S320GD+Z,S320GD+ZF	320	390	17
S350GD+Z,S350GD+ZF	350	420	16
S550GD+Z,S550GD+ZF	550	560	—

①无明显屈服时采用 $R_{p0.2}$。

②试棒为 GB/T 228 中的 P6 试样，试样方向为纵向。

③除 S550GD+Z 和 S550GD+ZF 外，其他牌号的抗拉强度可要求 140MPa 的范围值。

④当产品公称厚度大于 0.5mm，但不大于 0.7mm 时，断后伸长率允许下降 2%；当产品公称厚度不大于 0.5mm 时，断后伸长率允许下降 4%。

表 4.110 连续热镀锌低合金钢板及钢带的力学性能

牌 号	下屈服强度①② R_{eL}/MPa	抗拉强度 R_m/MPa	断后伸长率③ A_{80mm} ≥
HX260LAD+Z	260～330	350～430	26
HX260LAD+ZF	260～330	350～430	24
HX300LAD+Z	300～380	380～480	23
HX300LAD+ZF	300～380	380～480	21
HX340LAD+Z	340～420	410～510	21
HX340LAD+ZF	340～420	410～510	19
HX380LAD+Z	380～480	440～560	19
HX380LAD+ZF	380～480	440～560	17
HX420LAD+Z	420～520	470～590	17
HX420LAD+ZF	420～520	470～590	15

①无明显屈服时采用 $R_{p0.2}$。

②试棒为 GB/T 228 中的 P6 试样，试样方向为横向。

③当产品公称厚度大于 0.5mm，但不大于 0.7mm 时，断后伸长率允许下降 2%；当产品公称厚度不大于 0.5mm 时，断后伸长率允许下降 4%。

表 4.111 连续热镀锌无间隙原子钢板及钢带的力学性能

牌 号	下屈服强度①② R_{eL}/MPa	抗拉强度 R_m/MPa	断后伸长率③ A_{80mm}/% ≥	塑性应变比④ r_{90} ≥	应变硬化指数 n_{90} ≥
HX180YD+Z	180～240	340～400	34	1.7	0.18
HX180YD+ZF			32	1.5	0.18
HX220YD+Z	220～280	340～410	32	1.5	0.17
HX220YD+ZF			30	1.3	0.17
HX260YD+Z	260～320	380～440	30	1.4	0.16
HX260YD+ZF			28	1.2	0.16

①②③同表 4.110。

④当产品公称厚度大于 1.5mm，r_{90} 允许下降 0.2。

表 4.112 连续热镀锌烘烤硬化钢板及钢带的力学性能

牌 号	下屈服强度①② R_{eL}/MPa	抗拉强度 R_m/MPa	断后伸长率③ A_{80mm}/% ≥	塑性应变比④ r_{90} ≥	应变硬化指数 n_{90} ≥	烘烤硬化值 BH_2/MPa ≥
HX180BD+Z	180～240	300～360	34	1.5	0.16	30
HX180BD+ZF	180～240	300～360	32	1.3	0.16	30
HX220BD+Z	220～280	340～400	32	1.2	0.15	30

续表

牌　号	下屈服强度①② R_{eL}/MPa	抗拉强度 R_m/MPa	断后伸长率③ A_{80mm}/% ≥	塑性应变比④ r_{90} ≥	应变硬化指数 n_{90} ≥	烘烤硬化值 BH_2/MPa ≥
HX220BD+ZF	220～280	340～400	30	1.0	0.15	30
HX260BD+Z	260～320	360～440	28	—	—	30
HX260BD+ZF	260～320	360～440	26	—	—	30
HX300BD+Z	300～360	400～480	26	—	—	30
HX300BD+ZF	300～360	400～480	24	—	—	30

①②③④同表 4.111。

表 4.113　连续热镀锌双相钢板及钢带的力学性能

牌号	下屈服强度①② R_{eL}/MPa	抗拉强度 R_m/MPa	断后伸长率③ A_{80mm}/% ≥	应变硬化指数 n_0 ≥	烘　烤硬化值 BH_2/MPa ≥
HC260/450DPD+Z	260～340	450	27	0.16	30
HC260/450DPD+ZF	260～340	450	25	0.16	30
HC300/500DPD+Z	300～380	500	23	0.15	30
HC300/500DPD+ZF	300～380	500	21	0.15	30
HC340/600DPD+Z	340～420	600	20	0.14	30
HC340/600DPD+ZF	340～420	600	18	0.14	30
HC450/780DPD+Z	450～560	780	14	—	30
HC450/780DPD+ZF	450～560	780	12	—	30
HC600/980DPD+Z	600～750	980	10	—	30
HC600/980DPD+ZF	600～750	980	8	—	30

①无明显屈服时采用 $R_{p0.2}$。

②试棒为 GB/T 228 中的 P6 试样，试样方向为纵向。

③当产品公称厚度大于 0.5mm，但不大于 0.7mm 时，断后伸长率允许下降 2%；当产品公称厚度不大于 0.5mm 时，断后伸长率允许下降 4%。

表 4.114　连续热镀锌相变诱导塑性钢板及钢带的力学性能

牌　号	下屈服强度①② R_{eL}/MPa	抗拉强度 R_m/MPa	断后伸长率③ A_{80mm}/% ≥	应变硬化指数 n_0 ≥	烘　烤硬化值 BH_2/MPa ≥
HC430/690TRD+Z	430～550	690	23	0.18	40
HC430/690TRD+ZF	430～550	690	21	0.18	40
HC500/780TRD+Z	500～700	780	21	0.16	40
HC700/980TRD+ZF	700～900	980	18	0.16	40

①②③同表 4.113。

表 4.115 连续热镀锌复相钢板及钢带的力学性能

牌号	下屈服强度①② R_{eL}/MPa	抗拉强度 R_m/MPa	断后伸长率③ A_{80mm} ≥	烘烤硬化值 BH_2/MPa ≥
HC350/500CPD+Z	350～500	600	16	30
HC350/500CPD+ZF	350～500	600	14	30
HC500/780CPD+Z	500～700	780	10	30
HC500/780CPD+ZF	500～700	780	8	30
HC700/980CPD+Z	700～900	980	7	30
HC700/980CPD+ZF	700～900	980	5	30

①②③同表 4.113。

表 4.116 推荐的公称镀层重量及相应的镀层代号

<table>
<tr><th>镀层种类</th><th>镀层形式</th><th>推荐的公称镀层重量/(g/m²)</th><th>镀层代号</th><th>镀层种类</th><th>镀层形式</th><th>推荐的公称镀层重量/(g/m²)</th><th>镀层代号</th></tr>
<tr><td rowspan="3">Z</td><td rowspan="3">等厚镀层</td><td rowspan="3">60
80
100
120
150
180
200
220
250
275</td><td rowspan="3">60
80
100
120
150
180
200
220
250
275</td><td>Z</td><td>等厚镀层</td><td>350
450
600</td><td>350
450
600</td></tr>
<tr><td>ZF</td><td>等厚镀层</td><td>60
90
120
140</td><td>60
90
120
140</td></tr>
<tr><td>Z</td><td>差厚镀层</td><td>30/40
40/60
40/100</td><td>30/40
40/60
40/100</td></tr>
</table>

4.16.14 连续镀锌、锌镍合金镀层钢板及钢带（GB/T 15675—2008）

① 用途 用于汽车、家电、电子等行业。

② 牌号 由基板牌号和镀层种类两部分组成，中间用“+”连接。

③ 尺寸、外形 应符合 GB/T 708 的规定。

④ 分类 按表面质量分三种：普通级表面（FA），较高级表面（FB），高级表面（FC）；按镀层种类分两种：纯锌镀层（ZE）和锌镍合金镀层（ZN）；按镀层形式分三种：等厚镀层、差厚镀层及单面镀层（分数形式，分子表示钢板上表面或钢带外表面，分母

表示钢板下表面或钢带内表面，g/m²）。

表 4.117　表面处理的类别和代号

类　别	代号	类　别	代号
铬酸钝化	C	磷化(含铬封闭处理)	PC
铬酸钝化＋涂油	CO	磷化(含铬封闭处理)＋涂油	PCO
无铬钝化	C5	磷化(含无铬封闭处理)	PC5
无铬钝化＋涂油	CO5	磷化(含无铬封闭处理)＋涂油	PCO5
无铬耐指纹	AF5	磷化(不含铬封闭处理)	PC
涂　油	O	磷化(不含无铬封闭处理)＋涂油	PO
不处理	U		

基板：可采用 GB/T 5213、GB/T 20564.1～GB/T 20564.3 等国家标准中产品作为基板，镀层有电镀锌/锌镍合金。

表 4.118　纯锌镀层及锌镍合金镀层的重量　g/m²

镀层形式	镀层种类	
	纯锌镀层(单面)	锌镍合金镀层(单面)
等　厚	3～90	10～40
差　厚	3～90,两面差值最大为 40	10～40,两面差值最大为 20
单　面	10～110	10～40

注：50g/m² 纯锌镀层的厚度约为 7.1μm，50g/m² 锌镰合金镶层的厚度约为 6.8μm。

4.16.15　连续热镀铝锌合金镀层钢板及钢带（GB/T 14978—2008）

① 用途　主要用于建筑、家电、电子电气和汽车等行业。

② 分类　按表面质量分为普通表面（FA）和较高级表面（FB）。

③ 厚度　0.30～3.0mm。

④ 牌号标记方法

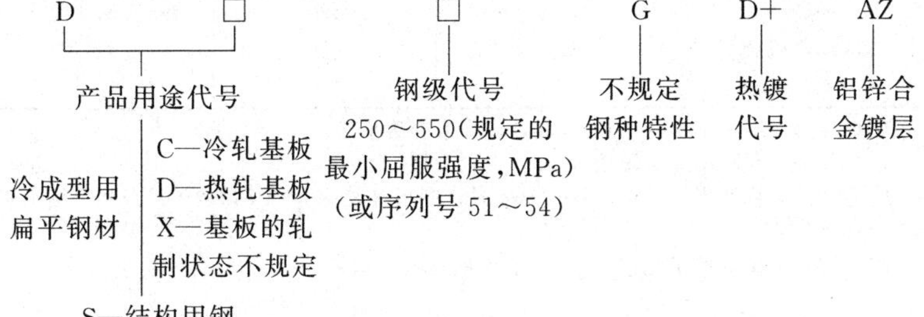

表4.119　连续热镀铝锌合金镀层钢板和钢带的牌号及特性

钢种特性	牌　号	钢种特性	牌　号
低碳钢或无间隙原子钢	DX51D+AZ DX52D+AZ DX53D+AZ DX54D+AZ	结构钢	S250GD+AZ S280GD+AZ S300GD+AZ S320GD+AZ S350GD+AZ S550GD+AZ

表4.120　镀层种类、镀层表面结构、表面处理的分类和代号

项　目	分　类	代号	项　目	分　类	代号
镀层种类	铝锌合金镀层	AZ	表面处理	铬酸钝化处理+涂油	CO
镀层表面结构	普通锌花	N		无铬钝化+涂油	CO5
表面处理	铬酸钝化	C		耐指纹膜	AF
	无铬钝化	C5		无铬耐指纹膜	AF5
	涂油	O		不处理	U

表4.121　连续热镀铝合金镀层钢板及钢带的力学性能

牌　号	拉伸试验①		
	屈服强度② R_{eL} 或 $R_{p0.2}$/MPa ≤	抗拉强度 R_m/MPa ≤	断后伸长率③ A_{80mm}/% ≥
DX51D+AZ	—	500	22
DX52D+AZ④	300	420	26
DX53D+AZ	260	380	30
DX54D+AZ	220	350	36
S250GD+AZ	250	330	19
S280GD+AZ	280	360	18
S300GD+AZ	300	380	17
S320GD+AZ	320	390	17
S350GD+AZ	350	420	16
S550GD+AZ	550	560	—

①试样为GB/T 228中的P6试样，试样方向为横向。

②当屈服现象不明显时采用 $R_{p0.2}$，否则采用 R_{eL}。

③当产品公称厚度 t 为0.5～0.7mm时，断后伸长率允许下降2%；否则，断后伸长率允许下降4%。

④屈服强度值适用于光整的FB级表面的钢板及钢带。

4.16.16 连续热镀铝硅合金钢板和钢带（YB/T 167—2000）

在铝硅合金镀层连续热镀机组上，对冷轧钢带连续热浸镀所得，它是一种高耐蚀的钢板，具有综合的优异性能，主要用作建筑耐候材料，并可用于工业耐热防护部件。

① 规格 厚度0.4～3.0mm，宽度600～1500mm，钢板长度1000～6000mm，钢带内卷508mm、610mm。

② 牌号标记方法

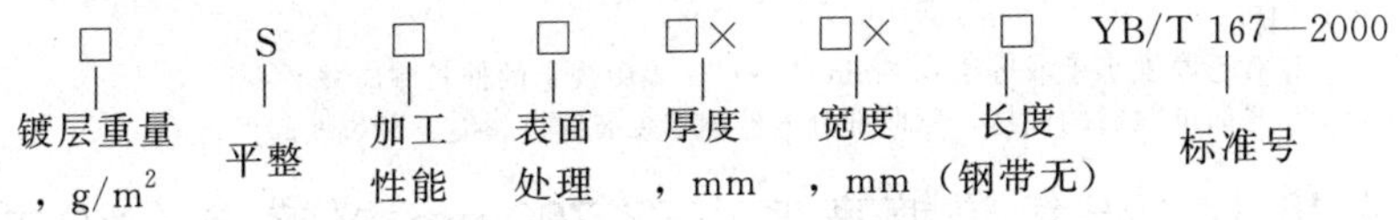

③ 分类和代号

表 4.122 连续热镀铝硅合金钢板和钢带的分类和代号

分类项目	类 别	代号	分类项目	类 别	代号
加工性能	普通级 冲压级 深冲级 超深冲	01 02 03 04	镀层重量/(g/m²)	80 80 60 40	080 080 060 040
镀层重量/(g/m²)	200 150 120 100	200 150 120 100	表面处理	铬酸钝化 涂油 铬酸钝化+涂油	L Y LY
			表面状态	平整	S

④ 镀层重量

表 4.123 热镀铝硅合金钢板和钢带的镀层重量 g/m²

镀层代号	最小镀层重量极限		镀层代号	最小镀层重量极限	
	三点试验	单点试验		三点试验	单点试验
200	200	150	080	080	60
150	150	115	060	060	45
120	120	60	040	040	30
100	100	75			

⑤ 力学和工艺性能

表 4.124 钢板和钢带的力学性能和工艺性能

基体金属品级 代号	基体金属品级 名称	抗拉强度 R_m /MPa	断后伸长率 A (L_0=50mm)/%	180°弯曲压头直径 (a=试样厚度)
01	普通级	—	—	1a
02	冲压级	≤430	≥30	—
03	深冲级	≤410	≥34	
04	超深冲级	≤410	≥40	

注：1. 02、03 及 04 级的最小抗拉强度一般为 260MPa，所有抗拉强度值均应精确至 10MPa。

2. 对于厚度小于或等于 0.6mm 的钢材，表中规定的伸长率应减 2%。

3. 弯曲试验后的试样，弯曲部分的外侧应无裂纹、裂缝、断裂及起层。

4.16.17 连续热镀宽度小于 700mm 锌钢带（YB/T 5356—2006）

① 牌号及化学成分 由供方选择。需方有要求时，可提供化学成分；经供需双方协议，需方亦可指定牌号。

② 牌号标记方法

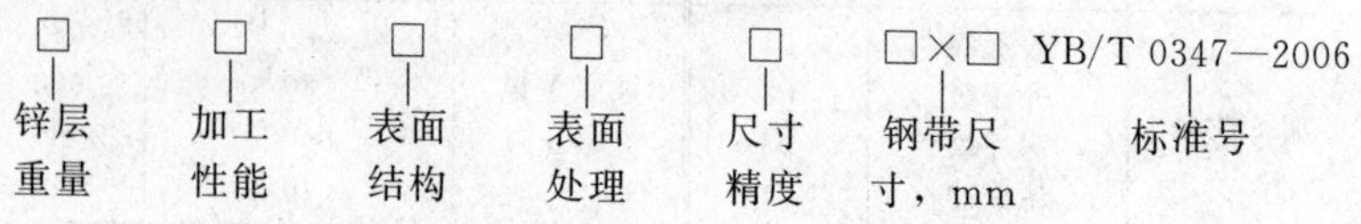

③ 分类

表 4.125 宽度小于 700mm 连续热镀锌钢带的分类

分类方法	类别	符号	分类方法	类别	符号
按加工性能	普通用途 机械咬合 深冲 超深冲 耐时效结构	PT JY SC CS JG	按表面质量	Ⅰ、Ⅱ	
			按表面结构	正常锌花 小锌花 光整锌花 锌铁合金	Z X GZ XT
按锌层重量/(g/m²) 锌	001、100 200、275 360、450 600		按尺寸精度	普通精度 较高精度	P J
按锌层重量/(g/m²) 锌铁合金	001、90 120、150		按表面处理	铬酸钝化 涂油 铬酸钝化加涂油	L T LT

④ 力学性能及工艺性能

表 4.126　宽度小于 700mm 连续热镀锌钢带的力学性能及工艺性能

加工性能	锌层		钢基			
	锌层符号	180°冷弯试验（d=压头直径，a=试样厚度）	抗拉强度 R_m/MPa	下屈服强度 R_{eL}/MPa	断后伸长率 A/%	180°冷弯试验（d=压头直径，a=试样厚度）
PT	① 450、600	$d=t$ $d=2t$	—	—	—	$d=a$
JY	①	$d=0$	270～500	—	—	$d=0$
SC	②	$d=0$	270～380	—	≥30	—
CS	②	$d=0$	270～380	—	≥30	—
JG	① 450、600	$d=t$ $d=2t$	≥370	≥240	≥18	—

①001、90、100、120、180、200、275、350。
②001、100、200、275。

表 4.127　杯突试验　mm

公称厚度	杯突试验冲压深度 ≥		公称厚度	杯突试验冲压深度 ≥	
	加工性能			加工性能	
	SC	CS		SC	CS
0.5	7.4	8.1	1.3	9.6	10.1
0.6	7.8	8.5	1.4	9.7	10.3
0.7	8.1	8.8	1.5	9.9	10.5
0.8	8.4	9.1	1.6	10.0	10.6
0.9	8.7	9.3	1.7	10.1	10.7
1.0	9.0	9.6	1.8	10.3	10.9
1.1	9.2	9.8	1.9	10.4	11.0
1.2	9.4	10.0	2.0	10.5	11.1

⑤ 锌层重量

表 4.128　锌层重量　g/m²

镀层种类	符号	三点试验平均值（双面）≥	三点试验最低值	
			双面	单面
锌	001	—	—	—
	100	100	85	34
	200	200	170	68
	275	275	235	94
	350	350	300	120
	450	450	385	154
	600	600	510	204

续表

镀层种类	符号	三点试验平均值（双面）≥	三点试验最低值	
			双面	单面
锌铁合金	001	—	—	—
	90	90	76	30
	120	120	102	41
	180	180	153	61

注：1. 001号锌层重量小于100g/m^2，具体重量按供需双方协议。

2. 需方对锌层重量无具体要求时，除锌铁合金镀层按120g/m^{2}供货外，其他均按275g/m^{2}供货。

4.17 热轧型钢

钢材：主要是普通碳素钢和低合金钢。前者的特点是冶炼容易、成本低廉、强度适中、塑性和可焊性较好，后者的特点是重量轻、钢材省、便于同其他构件组合和连接等。

种类：有圆钢、方钢、扁钢、六角钢、角钢、工字钢、槽钢、T型钢、H型钢、Z型钢、钢轨等。

4.17.1 热轧圆钢和方钢（GB/T 702—2008）

① 种类　热轧钢棒有圆钢、方钢、扁钢、八角钢、八角钢。

② 尺寸　热轧圆钢的直径为5.5～310mm，热轧方钢的边长为5.5～200mm。

a. 通常长度　普通质量钢，当d或a≤25mm时，为4～12m；否则为3～12m。优质及特殊质量钢（工具钢除外）为2～12m。碳素和合金工具钢d或a≤75mm时，为2～12m；否则为1～8m。

b. 短尺长度　普通质量钢，不小于2.5m。优质及特殊质量钢（工具钢除外）不小于1.5m。碳素和合金工具钢d或a≤75mm时，为不小于1.0m；否则不小于0.5m（包括高速工具钢全部规格）。

表4.129　热轧圆钢和方钢的规格和线质量

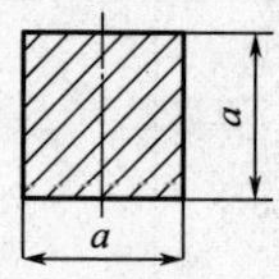

续表

d 或 a /mm	截面积/cm²		线质量/(kg/m)		d 或 a /mm	截面积/cm²		线质量/(kg/m)	
	圆钢	方钢	圆钢	方钢		圆钢	方钢	圆钢	方钢
5.5	0.2376	0.30	0.187	0.237	42	13.854	17.64	10.88	13.85
6.0	0.2827	0.36	0.222	0.283	45	15.904	20.25	12.48	15.90
6.5	0.3318	0.42	0.260	0.332	48	18.096	23.04	14.21	18.09
7	0.3848	0.49	0.302	0.385	50	19.635	25.00	15.41	19.62
8	0.5027	0.64	0.395	0.502	52	21.237	27.04	16.67	21.23
9	0.6362	0.81	0.499	0.636	(55)	23.758	30.25	18.65	23.75
10	0.7854	1.00	0.617	0.785	56	24.630	31.36	19.33	24.62
11	0.9503	1.21	0.746	0.950	(58)	26.421	33.64	20.74	26.41
12	1.1310	1.44	0.888	1.130	60	28.274	36.00	22.20	28.26
13	1.3273	1.69	1.042	1.327	63	31.172	39.69	24.47	31.16
14	1.5394	1.96	1.208	1.539	(65)	33.183	42.25	26.05	33.17
15	1.7671	2.25	1.387	1.766	(68)	36.317	46.24	28.51	36.30
16	2.0106	2.56	1.578	2.010	70	38.485	49.00	30.21	38.46
17	2.2698	2.89	1.782	2.269	75	44.179	56.25	34.68	44.16
18	2.5447	3.24	1.998	2.543	80	50.265	64.00	39.46	50.24
19	2.8353	3.61	2.226	2.834	85	56.745	72.25	44.54	56.72
20	3.1416	4.00	2.466	3.140	90	63.617	81.00	49.94	63.58
21	3.4636	4.41	2.719	3.462	95	70.882	90.25	55.64	70.85
22	3.8013	4.84	2.984	3.799	100	78.540	100.0	61.65	78.54
23	4.1548	5.29	3.261	4.153	105	86.590	110.3	67.97	86.59
24	4.5239	5.76	3.551	4.522	110	95.033	121.0	74.60	95.03
25	4.9087	6.25	3.853	4.906	115	103.87	132.3	81.54	103.9
26	5.3093	6.76	4.168	5.307	120	113.10	144.0	88.78	113.1
27	5.7256	7.29	4.495	5.723	125	122.72	156.3	96.33	122.7
28	6.1575	7.84	4.834	6.154	130	132.73	169.0	104.2	132.7
29	6.6052	8.41	5.185	6.602	140	153.94	196.0	120.8	153.9
30	7.0686	9.00	5.549	7.065	150	176.71	225.0	138.7	176.7
31	7.5477	9.61	5.925	7.544	160	201.06	256.0	157.8	201.1
32	8.0425	10.24	6.313	8.038	170	226.98	289.0	178.2	227.0
33	8.5530	10.89	6.714	8.549	180	254.47	324.0	199.8	254.5
34	9.0792	11.56	7.127	9.075	190	283.53	361.0	222.6	283.5
35	9.6211	12.25	7.553	9.616	200	314.16	400.0	246.6	314.2
36	10.179	12.96	7.990	10.17	210	346.36	—	271.9	—
38	11.341	14.44	8.903	11.34	220	380.13	—	298.4	—
40	12.566	16.00	9.865	12.56	240	452.39	—	355.1	—

续表

d 或 a /mm	截面积/cm²		线质量/(kg/m)		d 或 a /mm	截面积/cm²		线质量/(kg/m)	
	圆钢	方钢	圆钢	方钢		圆钢	方钢	圆钢	方钢
250	490.87	—	385.3	—	290	660.52	—	518.5	—
260	530.93	—	416.7	—	300	706.86	—	554.9	—
270	572.55	—	449.4	—	310	754.77	—	592.5	—
280	615.75	—	483.4	—					

注：1. 表中质量按 $\rho=7.85g/cm^3$ 计算。

2. 括号内尺寸不推荐使用。

4.17.2　热轧扁钢（GB/T 702—2008）

一般用途热轧扁钢厚度为3～60mm，宽度为10～200mm。

表 4.130　热轧扁钢的规格和质量

规格/m			理论质量/(kg/m)	规格/m			理论质量/(kg/m)
宽度	厚度	长度		宽度	厚度	长度	
10	3	3～9	0.24	16	7	3～9	0.88
	4		0.31		8		1.00
	5		0.39		9		1.15
	6		0.47		10		1.26
	7		0.55	18	3	3～9	0.42
	8		0.63		4		0.57
12	3	3～9	0.28		5		0.71
	4		0.38		6		0.85
	5		0.47		7		0.99
	6		0.57		8		1.13
	7		0.66		9		1.27
	8		0.75		10		1.41
14	3	3～9	0.33	20	3	3～9	0.47
	4		0.44		4		0.63
	5		0.55		5		0.78
	6		0.66		6		0.94
	7		0.77		7		1.10
	8		0.88		8		1.26
16	3	3～9	0.38		9		1.41
	4		0.50		10		1.57
	5		0.63		11		1.73
	6		0.75		12		1.88

续表

规格/m			理论质量/(kg/m)
宽度	厚度	长度	
22	3	3～9	0.52
	4		0.69
	5		0.86
	6		1.04
	7		1.21
	8		1.38
	9		1.55
	10		1.73
	11		1.90
	12		2.07
25	3	3～9	0.59
	4		0.79
	5		0.98
	6		1.18
	7		1.37
	8		1.57
	9		1.77
	10		1.96
	11		2.16
	12		2.36
	14		2.75
	16		3.14
28	3	3～9	0.66
	4		0.88
	5		1.10
	6		1.32
	7		1.54
	8		1.76
	9		1.98
	10		2.20
	11		2.42
	12		2.64
	14		3.08
	16		3.53

规格/m			理论质量/(kg/m)
宽度	厚度	长度	
30	3	3～9	0.71
	4		0.94
	5		1.18
	6		1.41
	7		1.65
	8		1.88
	9		2.12
	10		2.36
	11		2.59
	12		2.83
	14		3.30
	16		3.77
	18		4.24
	20		4.71
32	3	3～9	0.75
	4		1.01
	5		1.25
	6		1.50
	7		1.76
	8		2.01
	9		2.26
	10		2.55
	11		2.76
	12		3.01
	14		3.51
	16		4.02
	18		4.52
	20		5.02
35	3	3～9	0.82
	4		1.10
	5		1.37
	6		1.65
	7		1.92
	8		2.20
	9		2.47

续表

规格/m			理论质量/(kg/m)	规格/m			理论质量/(kg/m)
宽度	厚度	长度		宽度	厚度	长度	
35	10	3～9	2.75	45	11	3～9	3.89
	11		3.02		12		4.24
	12		3.30		14		4.95
	14		3.85		16		5.65
	16		4.40		18		6.36
	18		4.95		20		7.07
	20		5.50		22		7.77
	22		6.04		25		8.83
	25		6.87		28		9.89
	28		7.69		30		10.60
40	3	3～9	0.94		32		11.30
	4		1.26		36		12.72
	5		1.57	50	3	3～9	1.18
	6		1.88		4		1.57
	7		2.20		5		1.96
	8		2.51		6		2.36
	9		2.83		7		2.75
	10		3.14		8		3.14
	11		3.45		9		3.53
	12		3.77		10		3.93
	14		4.40		11		4.32
	16		5.02		12		4.71
	18		5.65		14		5.50
	20		6.28		16		6.28
	22		6.91		18		7.07
	25		7.85		20		7.85
	28		8.79		22		8.64
45	3	3～9	1.06		25		9.81
	4		1.41		28		10.99
	5		1.77		30		11.78
	6		2.12		32		12.56
	7		2.47		36		14.13
	8		2.83	55	4	3～9	1.73
	9		3.18		5		2.16
	10		3.53		6		2.59

续表

规格/m			理论质量/(kg/m)
宽度	厚度	长度	
55	7	3～9	3.02
	8		3.45
	9		3.89
	10		4.32
	11		4.75
	12		5.18
	14		6.04
	16		6.91
	18		7.77
	20		8.64
	22		9.50
	25		10.79
	28		12.09
	30		12.95
	32		13.82
	36		15.54
60	4	3～9	1.88
	5		2.36
	6		2.83
	7		3.30
	8		3.77
	9		4.24
	10		4.71
	11		5.18
	12		5.65
	14		6.59
	16		7.54
	18		8.48
	20		9.42
	22		10.36
	25		11.78
	28		13.19
	30		14.13
	32		15.07
	36		16.96
	40		18.84
	45	3～7	21.20
65	4	3～9	2.04
	5		2.55
	6		3.06
	7		3.57
	8		4.08
	9		4.59
	10		5.10
	11		5.61
	12		6.12
	14		7.14
	16		8.16
	18		9.19
	20		10.21
	22		11.23
	25		12.76
	28		14.29
	30		15.31
	32		16.33
	36		18.37
	40	3～7	20.41
	45		22.96
70	4	3～9	2.20
	5		2.75
	6		3.30
	7		3.85
	8		4.40
	9		4.95
	10		5.50
	11		6.04
	12		6.59
	14		7.69
	16		8.79
	18		9.89
	20		10.99
	22		12.09
	25		13.74
	28		15.39
	30		16.49
	32		17.58

续表

规格/m			理论质量/(kg/m)
宽度	厚度	长度	
70	36	3～7	19.78
	40		21.98
	45		24.73
75	4	3～9	2.36
	5		2.94
	6		3.53
	7		4.12
	8		4.71
	9		5.30
	10		5.89
	11		6.48
	12		7.07
	14		8.24
	16		9.42
	18		10.60
	20		11.78
	22		12.95
	25		14.72
	28		16.49
	30		17.66
	32		18.84
	36	3～7	21.19
	40		23.55
	45		26.49
80	5	3～9	3.14
	6		3.77
	7		4.40
	8		5.02
	9		5.65
	10		6.28
	11		6.91
	12		7.54
	14		8.79
	16		10.05
	18		11.30
	20		12.56
	22		13.82
	25		15.70
	28		17.58
	30		18.84
	32	3～7	20.09
	36		22.61
	40		25.12
	45		28.26
	50		31.40
	56		35.17
85	5	3～9	3.34
	6		4.00
	7		4.67
	8		5.34
	9		6.01
	10		6.67
	11		7.34
	12		8.01
	14		9.34
	16		10.68
	18		12.01
	20		13.35
	22		14.68
	25		16.68
	28		18.68
	30	3～7	20.02
	32		21.35
	36		24.02
	40		26.69
	45		30.03
	50		33.36
	56		37.36
	60		40.04

续表

规格/m			理论质量/(kg/m)	规格/m			理论质量/(kg/m)
宽度	厚度	长度		宽度	厚度	长度	
90	5	3～9	3.53	95	28	3～7	20.88
	6		4.24		30		22.37
	7		4.95		32		23.86
	8		5.65		36		26.85
	9		6.36		40		29.83
	10		7.07		45		33.56
	11		7.77		50		37.29
	12		8.48		56		41.76
	14		9.89		60		44.75
	16		11.30	100	5	3～9	3.93
	18		12.72		6		4.71
	20		14.13		7		5.50
	22		15.54		8		6.28
	25		17.66		9		7.07
	28	3～7	19.78		10		7.85
	30		21.20		11		8.64
	32		22.61		12		9.42
	36		25.43		14		10.99
	40		28.26		16		12.55
	45		31.79		18		14.13
	50		35.33		20		15.70
	56		39.56		22		17.27
	60		42.39		25	3～7	19.63
95	5	3～9	3.73		28		21.98
	6		4.47		30		23.55
	7		5.22		32		25.12
	8		5.97		36		28.26
	9		6.71		40		31.40
	10		7.46		45		35.33
	11		8.20		50		39.25
	12		8.95		56		43.96
	14		10.44		60		47.10
	16		11.93				
	18		13.42				
	20		14.92				
	22		16.41				
	25		18.64				

续表

规格/m			理论质量/(kg/m)
宽度	厚度	长度	
105	5	3～9	4.12
	6		4.95
	7		5.77
	8		6.59
	9		7.42
	10		8.24
	11		9.07
	12		9.89
	14		11.54
	16		13.19
	18		14.84
	20		16.49
	22		18.13
	25	3～7	20.61
	28		23.08
	30		24.73
	32		26.37
	36		29.67
	40		32.97
	45		37.09
	50		41.21
	56		46.16
	60		49.46
110	5	3～9	4.32
	6		5.18
	7		6.04
	8		6.91
	9		7.77
	10		8.64
	11		9.50
	12		10.36
	14		12.09
	16		13.82
	18		15.54
	20		17.27
110	22	3～7	19.00
	25		21.59
	28		24.18
	30		25.91
	32		27.63
	36		31.09
	40		34.54
	45		38.86
	50		43.18
	56		48.35
	60		51.81
120	5	3～9	4.71
	6		5.65
	7		6.59
	8		7.54
	9		8.48
	10		9.42
	11		10.36
	12		11.30
	14		13.19
	16		15.07
	18		16.96
	20		18.84
	22	3～7	20.72
	25		23.55
	28		26.38
	30		28.26
	32		30.14
	36		33.91
	40		37.68
	45		42.39
	50		47.10
	56		52.75
	60		56.52

续表

规格/m			理论质量/(kg/m)	规格/m			理论质量/(kg/m)
宽度	厚度	长度		宽度	厚度	长度	
125	6	3～9	5.89	130	20	3～7	20.41
	7		6.87		22		22.45
	8		7.85		25		25.51
	9		8.83		28		28.57
	10		9.81		30		30.62
	11		10.79		32		32.65
	12		11.78		36		36.73
	14		13.74		40		40.82
	16		15.70		45		45.92
	18		17.66		50		51.03
	20	3～7	19.63		56		57.14
	22		21.58		60		61.23
	25		24.53	140	7	3～9	7.69
	28		27.48		8		8.79
	30		29.44		9		9.89
	32		31.40		10		10.99
	36		35.32		11		12.09
	40		39.25		12		13.19
	45		44.16		14		15.39
	50		49.06		16		17.58
	56		54.95		18	3～7	19.78
	60		58.88		20		21.98
130	6	3～9	6.12		22		24.18
	7		7.14		25		27.48
	8		8.16		28		30.77
	9		9.18		30		32.97
	10		10.21		32		35.17
	11		11.23		36		39.56
	12		12.25		40		43.96
	14		14.29		45		49.46
	16		16.38		50		54.95
	18		18.37		56		61.54
					60		65.94

续表

规格/m			理论质量/(kg/m)
宽度	厚度	长度	
150	7	3～9	8.24
	8		9.42
	9		10.60
	10		11.78
	11		12.95
	12		14.13
	14		16.49
	16		18.84
	18	3～7	21.20
	20		23.55
	22		25.91
	25		29.44
	28		32.97
	30		35.33
	32		37.68
	36		42.39
	40		47.10
	45		52.99
	50		58.88
	56		65.94
	60		70.65
160	7	3～9	8.79
	8		10.05
	9		11.30
	10		12.56
	11		13.82
	12		15.07
	14		17.58
	16	3～7	20.10
	18		22.61
	20		25.12
	22		27.63
	25		31.40
	28		35.17
	30		37.68
160	32	3～7	40.19
	36		45.22
	40		50.24
	45		56.52
	50		62.80
	56		70.34
	60		75.36
180	7	3～9	9.89
	8		11.30
	9		12.72
	10		14.13
	11		15.54
	12		16.96
	14	3～7	19.78
	16		22.61
	18		25.43
	20		28.26
	22		31.09
	25		35.32
	28		39.56
	30		42.39
	32		45.22
	36		50.87
	40		56.52
	45		63.58
	50		70.65
	56		79.13
	60		84.78
200	7	3～9	10.99
	8		12.56
	9		14.13
	10		15.70
	11		17.27
	12		18.84

续表

规格/m			理论质量/(kg/m)	规格/m			理论质量/(kg/m)
宽度	厚度	长度		宽度	厚度	长度	
200	14	3～7	21.98	200	32	3～7	50.24
	16		25.12		36		56.52
	18		28.26		40		62.80
	20		31.40		45		70.65
	22		34.54		50		78.50
	25		39.25		56		87.92
	28		43.96		60		94.20
	30		47.10				

注：表中横线上下方的长度分组（3～9m 和 3～7m）对应于普通钢。对于优质及特殊质量钢，则其长度为 2～6m，短尺长度为≥1.5m。

4.17.3　热轧六角钢和八角钢（GB/T 702—2008）

热轧六角钢的对边距离为 8～70mm，热轧八角钢的对边距离为 16～40mm；截面为矩形的热轧工具钢扁钢的厚度为 4～100mm、宽度为 10～310mm。

表 4.131　热轧六角钢和八角钢的截面积和线质量

对边距离 S/mm	六角钢 A/cm²	六角钢 G/(kg/m)	八角钢 A/cm²	八角钢 G/(kg/m)	对边距离 S/mm	六角钢 A/cm²	六角钢 G/(kg/m)	八角钢 A/cm²	八角钢 G/(kg/m)
8	0.5543	0.435	—	—	22	4.192	3.29	4.008	3.15
9	0.7015	0.551	—	—	23	4.581	3.60	—	—
10	0.866	0.68	—	—	24	4.988	3.92	—	—
11	1.048	0.823	—	—	25	5.413	4.25	5.175	4.06
12	1.247	0.979	—	—	26	5.854	4.60	—	—
13	1.464	1.15	—	—	27	6.314	4.96	—	—
14	1.697	1.33	—	—	28	6.79	5.33	5.33	5.10
15	1.949	1.53	—	—	30	7.794	6.12	6.12	5.85
16	2.217	1.74	2.12	1.66	32	8.868	6.96	6.96	6.66
17	2.503	1.96	—	—	34	10.01	7.86	7.86	7.51
18	2.806	2.20	2.683	2.16	36	11.22	8.81	8.81	8.42
19	3.126	2.45	—	—	38	12.5	9.82	9.82	9.39
20	3.464	2.72	3.312	2.6	40	13.86	10.88	10.88	10.40
21	3.819	3.00	—	—	42	15.28	11.99	11.99	—

续表

对边距离 S/mm	六角钢 A /cm²	六角钢 G /(kg/m)	八角钢 A /cm²	八角钢 G /(kg/m)	对边距离 S/mm	六角钢 A /cm²	六角钢 G /(kg/m)	八角钢 A /cm²	八角钢 G /(kg/m)
45	17.54	13.77	13.77	—	60	31.18	24.50	24.50	—
48	19.95	15.66	15.66	—	63	34.37	26.98	26.98	—
50	21.65	17.00	17.00	—	65	36.59	28.72	28.72	—
53	24.33	19.10	19.10	—	68	40.04	31.43	31.43	—
56	27.16	21.32	21.32	—	70	42.43	33.30	33.30	—
58	29.13	22.87	22.87	—					

注：热轧六角钢和八角钢的通常长度为：普通钢 3～8m，优质钢 2～6m；短尺长度为：普通钢≥2.5m，优质钢≥1.5m。

4.17.4 热轧等边角钢（GB/T 706—2008）

等边角钢的通常长度为 4～19m。钢的化学成分（熔炼分析）和力学性能应符合 GB/T 700 或 GB/T 1591 的有关规定。

表 4.132 热轧等边角钢规格和质量

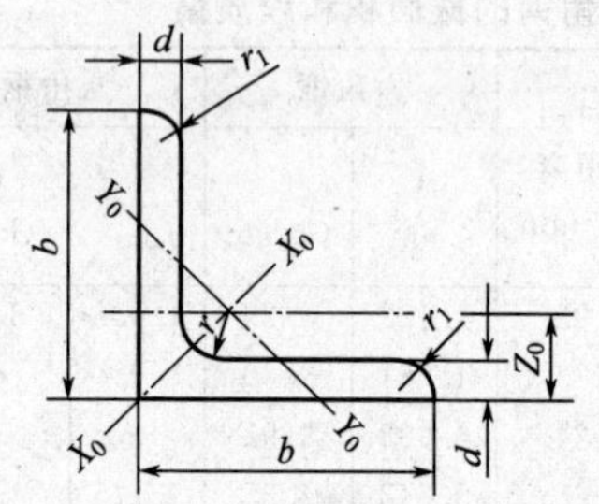

b—边宽；
d—边厚；
r—内圆弧半径；
r_1—边端外弧半径，r_1=1/3d；
Z_0—重心距离

型号	尺寸/mm b	尺寸/mm d	尺寸/mm r	截面面积 /cm²	线质量 /(kg/m)	外表面积 /(m²/m)	Z_0 /cm
2.0	20	3	3.5	1.132	0.889	0.078	0.60
		4		1.459	1.145	0.077	0.64
2.5	25	3	3.5	1.432	1.124	0.098	0.73
		4		1.859	1.459	0.097	0.76
3.0	30	3	4.5	1.749	1.373	0.117	0.85
		4		2.276	1.786	0.117	0.89

续表

型号	尺寸/mm			截面面积 /cm^2	线质量 /(kg/m)	外表面积 /(m^2/m)	Z_0 /cm
	b	d	r				
3.6	36	3	4.5	2.109	1.656	0.141	1.00
		4		2.756	2.163	0.141	1.04
		5		3.382	2.654	0.141	1.07
4	40	3	5.0	2.359	1.852	0.157	1.09
		4		3.086	2.422	0.157	1.13
		5		3.791	2.976	0.156	1.17
4.5	45	3	5.0	2.659	2.088	0.177	1.22
		4		3.486	2.736	0.177	1.26
		5		4.292	3.369	0.176	1.30
		6		5.076	3.985	0.176	1.33
5	50	3	5.5	2.971	2.332	0.197	1.34
		4		3.897	3.059	0.197	1.38
		5		4.803	3.770	0.196	1.42
		6		5.688	4.465	0.196	1.46
5.6	56	3	6.0	3.343	2.624	0.221	1.48
		4		4.390	3.446	0.220	1.53
		5		5.415	4.251	0.220	1.57
		6		6.420	5.040	0.220	1.61
		7		7.404	5.812	0.219	1.64
		8		8.367	6.568	0.219	1.68
6.0	60	5	6.5	5.829	4.576	0.236	1.67
		6		6.914	5.427	0.235	1.70
		7		7.977	6.262	0.235	1.74
		8		9.020	7.081	0.235	1.78
6.3	63	4	7.0	4.978	3.907	0.248	1.70
		5		6.143	4.822	0.248	1.74
		6		7.288	5.721	0.247	1.78
		7		8.412	6.603	0.247	1.82
		8		9.515	7.469	0.247	1.85
		10		11.66	9.151	0.246	1.93
7	70	4	8.0	5.570	4.372	0.275	1.86
		5		6.875	5.397	0.275	1.91
		6		8.160	6.406	0.275	1.95
		7		9.424	7.398	0.275	1.99
		8		10.67	8.373	0.274	2.03

续表

型号	尺寸/mm			截面面积/cm²	线质量/(kg/m)	外表面积/(m²/m)	Z_0/cm
	b	d	r				
7.5	75	5	9.0	7.412	5.818	0.295	2.04
		6		8.797	6.905	0.294	2.07
		7		10.160	7.976	0.294	2.11
		8		11.503	9.030	0.294	2.15
		9		12.825	10.068	0.294	2.18
		10		14.126	11.09	0.293	2.22
8	80	5	9.0	7.912	6.211	0.315	2.15
		6		9.397	7.376	0.314	2.19
		7		10.860	8.525	0.314	2.23
		8		12.303	9.658	0.314	2.27
		9		13.725	10.774	0.314	2.31
		10		15.126	11.87	0.313	2.35
9	90	6	10	10.637	8.350	0.354	2.44
		7		12.301	9.656	0.354	2.48
		8		13.944	10.946	0.353	2.52
		9		15.566	12.219	0.353	2.56
		10		17.167	13.476	0.353	2.59
		12		20.306	15.940	0.352	2.67
10	100	6	12	11.932	9.366	0.393	2.67
		7		13.796	10.830	0.393	2.71
		8		15.638	12.276	0.393	2.76
		9		17.462	13.708	0.392	2.80
		10		19.261	15.120	0.392	2.84
		12		22.800	17.120	0.391	2.91
		14		26.256	20.611	0.391	2.99
		16		29.627	23.257	0.390	3.06
11	110	7	12	15.196	11.928	0.433	2.96
		8		17.238	13.532	0.433	3.01
		10		21.261	16.690	0.432	3.09
		12		25.200	19.782	0.431	3.16
		14		29.056	22.809	0.431	3.24

续表

型号	尺寸/mm			截面面积 /cm^2	线质量 /(kg/m)	外表面积 /(m^2/m)	Z_0 /cm
	b	d	r				
12.5	125	8	14	19.750	15.504	0.492	3.37
		10		24.373	19.133	0.491	3.45
		12		28.912	22.696	0.491	3.53
		14		33.367	26.193	0.490	3.61
		16		37.739	29.625	0.489	3.68
14	140	10	14	27.373	21.488	0.551	3.82
		12		32.512	25.522	0.551	3.90
		14		37.567	29.490	0.550	3.98
		16		42.539	33.390	0.549	4.06
15	150	8	14	23.750	18.644	0.592	3.99
		10		29.373	23.058	0.591	4.08
		12		34.912	27.406	0.591	4.15
		14		40.367	31.688	0.590	4.23
		15		43.063	33.804	0.590	4.27
		16		45.739	35.905	0.589	4.31
16	160	10	16	31.502	24.729	0.630	4.31
		12		37.441	29.391	0.630	4.39
		14		43.296	33.987	0.629	4.47
		16		49.067	38.518	0.629	4.55
18	180	12	16	42.241	33.159	0.710	4.89
		14		48.896	38.383	0.709	4.97
		16		55.467	43.542	0.709	5.05
		18		61.955	48.634	0.708	5.13
20	200	14	18	54.642	42.894	0.788	5.46
		16		62.013	48.680	0.788	5.54
		18		69.301	54.401	0.787	5.62
		20		76.505	60.056	0.787	5.69
		24		90.661	71.168	0.785	5.87
22	220	16	21	68.644	53.901	0.866	6.03
		18		76.752	60.250	0.866	6.11
		20		84.756	66.533	0.865	6.18
		22		92.676	72.751	0.865	6.28
		24		100.512	78.902	0.864	6.33
		26		108.264	84.987	0.864	6.41

续表

型号	尺寸/mm			截面面积/cm^2	线质量/(kg/m)	外表面积/(m^2/m)	Z_0/cm
	b	d	r				
25	250	18	24	87.842	68.956	0.985	6.84
		20		97.045	76.180	0.984	6.92
		24		115.20	90.433	0.983	7.07
		26		124.15	97.461	0.982	7.15
		28		133.02	104.42	0.982	7.22
		30		141.80	111.32	0.981	7.30
		32		150.51	118.15	0.981	7.37
		35		163.40	128.27	0.980	7.48

4.17.5 热轧不等边角钢（GB/T 706—2008）

不等边角钢的通常长度4～19m。钢的化学成分（熔炼分析）和力学性能应符合GB/T 700或GB/T 1591的有关规定。

表4.133 热轧不等边角钢的规格和线质量

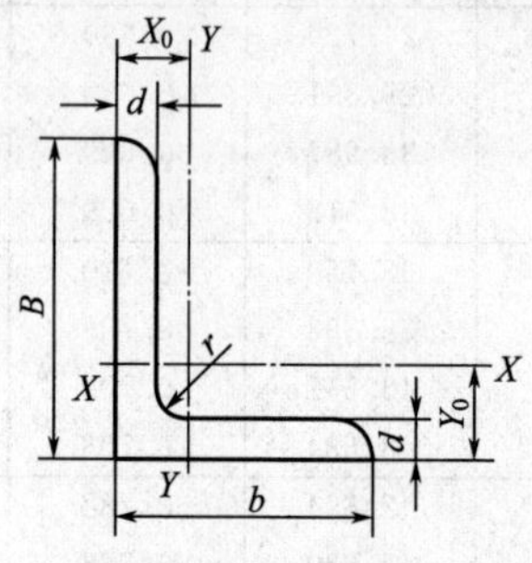

B—长边宽度；
b—短边宽度；
d—边厚度；
r—内圆弧半径；
X_0—重心距离；
Y_0—重心距离

型号	尺寸/mm				截面面积/cm^2	线质量/(kg/m)	外表面积/(m^2/m)	Y_0/cm	X_0/cm
	B	b	d	r					
2.5/1.6	25	16	3	3.5	1.162	0.912	0.080	0.86	0.42
			4		1.499	1.176	0.079	0.90	0.46
3.2/2	32	20	3		1.492	1.171	0.102	1.08	0.49
			4		1.939	1.522	0.101	1.12	0.53
4/2.5	40	25	3	4	1.890	1.484	0.127	1.32	0.59
			4		2.467	1.936	0.127	1.37	0.63
4.5/2.8	45	28	3	5	2.149	1.687	0.143	1.47	0.64
			4		2.806	2.203	0.143	1.51	0.68

续表

型号	尺寸/mm				截面面积 /cm^2	线质量 /(kg/m)	外表面积 /(m^2/m)	Y_0 /cm	X_0 /cm
	B	b	d	r					
5/3.2	50	32	3	5.5	2.431	1.908	0.161	1.60	0.73
			4		3.177	2.494	0.160	1.65	0.77
5.6/3.6	56	36	3	6	2.743	2.153	0.181	1.78	0.80
			4		3.590	2.818	0.180	1.82	0.85
			5		4.415	3.466	0.180	1.87	0.88
6.3/4	63	40	4	7	4.058	3.185	0.202	2.04	0.92
			5		4.993	3.920	0.202	2.08	0.95
			6		5.908	4.638	0.201	2.12	0.99
			7		6.802	5.339	0.201	2.15	1.03
7/4.5	70	45	4	7.5	4.547	3.570	0.226	2.24	1.02
			5		5.609	4.403	0.225	2.28	1.06
			6		6.647	5.218	0.225	2.32	1.09
			7		7.657	6.011	0.225	2.36	1.13
7.5/5	75	50	5	8	6.125	4.808	0.245	2.40	1.17
			6		7.260	5.699	0.245	2.44	1.21
			8		9.467	7.431	0.244	2.52	1.29
			10		11.59	9.098	0.244	2.60	1.36
8/5	80	50	5	8.5	6.375	5.005	0.255	2.60	1.14
			6		7.560	5.935	0.255	2.65	1.18
			7		8.724	6.848	0.255	2.69	1.21
			8		9.867	7.745	0.254	2.73	1.25
9/5.6	90	56	5	9	7.212	5.661	0.287	2.91	1.25
			6		8.557	6.717	0.286	2.95	1.29
			7		9.880	7.756	0.286	3.00	1.33
			8		11.183	8.779	0.286	3.04	1.36
10/6.3	100	63	6	10	9.6170	7.550	0.320	3.24	1.43
			7		11.111	8.722	0.320	3.28	1.47
			8		12.584	9.878	0.319	3.32	1.50
			10		15.467	12.14	0.319	3.40	1.58

续表

型号	尺寸/mm				截面面积/cm^2	线质量/(kg/m)	外表面积/(m^2/m)	Y_0/cm	X_0/cm
	B	b	d	r					
10/8	100	80	6	10	10.637	8.350	0.354	2.95	1.97
			7		12.301	9.656	0.354	3.00	2.01
			8		13.944	10.946	0.353	3.04	2.05
			10		17.167	13.476	0.353	3.12	2.13
11/7	110	70	6	10	10.637	8.350	0.354	3.53	1.57
			7		12.301	9.656	0.354	3.57	1.61
			8		13.944	10.946	0.353	3.62	1.65
			10		17.167	13.476	0.353	3.70	1.72
12.5/8	125	80	7	11	14.096	11.066	0.403	4.01	1.80
			8		15.989	12.551	0.403	4.06	1.84
			10		19.712	15.474	0.402	4.14	1.92
			12		23.351	18.330	0.402	4.22	2.00
14/9	140	90	8	12	18.038	14.160	0.453	4.50	2.04
			10		22.261	17.475	0.452	4.58	2.12
			12		26.400	20.724	0.451	4.66	2.19
			14		30.456	23.908	0.451	4.74	2.27
15/9	150	90	8	12	18.839	14.788	0.473	4.92	1.97
			10		23.261	18.260	0.472	5.01	2.05
			12		27.600	21.666	0.471	5.09	2.12
			14		31.856	25.007	0.471	5.17	2.20
			15		33.952	26.652	0.471	5.21	2.24
			16		36.027	28.281	0.470	5.25	2.27
16/10	160	100	10	13	25.315	19.872	0.512	5.24	2.28
			12		30.054	23.592	0.511	5.32	2.36
			14		34.709	27.247	0.510	5.40	2.43
			16		39.281	30.835	0.510	5.48	2.51
18/11	180	110	10	14	28.373	22.273	0.571	5.89	2.44
			12		33.712	26.464	0.571	5.98	2.52
			14		38.967	30.589	0.570	6.06	2.59
			16		44.139	34.649	0.569	6.14	2.67

续表

型号	尺寸/mm				截面面积/cm²	线质量/(kg/m)	外表面积/(m²/m)	Y_0/cm	X_0/cm
	B	b	d	r					
20/12.5	200	125	12	14	37.912	29.761	0.641	6.54	2.83
			14		43.867	34.436	0.640	6.62	2.91
			16		49.739	39.045	0.639	6.70	2.99
			18		55.526	43.588	0.639	6.78	3.06

4.17.6 热轧工字钢（GB/T 706—2008）

工字钢的通常长度为5～19m。钢的化学成分（熔炼分析）和力学性能应符合GB/T 700或GB/T 1591的有关规定。

表4.134 热轧工字钢的规格和线质量

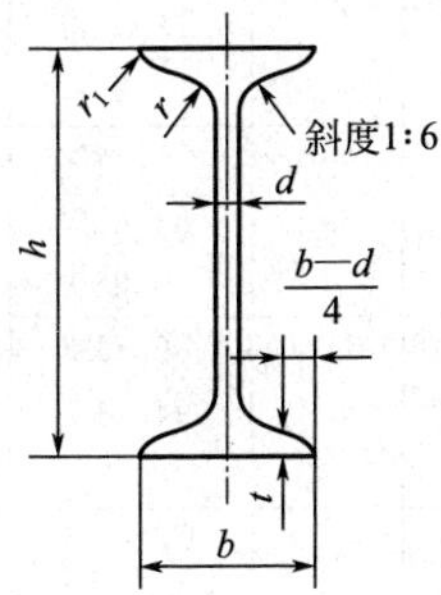

h—高度；
b—腿宽；
d—腰厚；
t—平均腿厚；
r—内圆弧半径；
r_1—腿端圆弧半径

型号	尺寸/mm						截面面积/cm²	线质量/(kg/m)
	h	b	d	t	r	r_1		
10	100	68	4.5	7.6	6.5	3.4	14.345	11.261
12	120	74	5.0	8.4	7.0	3.5	17.818	13.987
12.6	126	74	5.0	8.4	7.0	3.5	18.118	14.223
14	140	80	5.5	9.1	7.5	3.8	21.516	16.890
16	160	88	6.0	9.9	8.0	4.0	26.131	20.513
18	180	94	6.5	10.7	8.5	4.3	30.756	24.143
20a	200	100	7.0	11.4	9.0	4.5	35.578	27.929
20b		102	9.0				39.578	31.069
22a	220	110	7.5	12.3	9.5	4.8	42.128	33.070
22b		112	9.5				46.528	36.524

续表

型号	尺寸/mm						截面面积/cm^2	线质量/(kg/m)
	h	b	d	t	r	r_1		
24a	240	116	8.0	13.0	10.0	5.0	47.741	37.477
24b		118	10.0				52.541	41.245
25a	250	116	8.0	13.0	10.0	5.0	48.541	38.105
25b		118	10.0				53.541	42.030
27a	270	122	8.5	13.7	10.5	5.3	54.554	42.825
27b		124	10.5				59.954	47.064
28a	280	122	8.5	13.7	10.5	5.3	55.404	43.492
28b		124	10.5				61.004	47.888
30a	300	126	9.0	14.4	11.0	5.5	61.254	48.084
30b		128	11.0				67.254	52.794
30c		130	13.0				73.254	57.504
32a	320	130	9.5	15.0	11.5	5.8	67.156	52.717
32b		132	11.5				73.556	57.741
32c		134	13.5				79.956	62.765
36a	360	136	10.0	15.8	12.0	6.0	76.480	60.037
36b		138	12.0				83.680	65.689
36c		140	14.0				90.880	71.341
40a	400	142	10.5	16.5	12.5	6.3	86.112	67.598
40b		144	12.5				94.112	73.878
40c		146	14.5				102.112	80.158
45a	450	150	11.5	18.0	13.5	Y6.8	102.446	80.420
45b		152	13.5				111.446	87.485
45c		154	15.5				120.446	94.550
50a	500	158	12.0	20.0	14.0	7.0	119,304	93.654
50b		160	14.0				129.304	101.504
50c		162	16.0				139.304	109.354
55a	550	168	12.5	21.0	14.5	7.3	134.185	105.335
55b		168	14.5				145.185	113.970
55c		170	16.5				156.185	122.605
56a	560	166	12.5	21.0	14.5	7.3	135.435	106.316
56b		168	14.5				146.635	115.108
56c		170	16.5				157.835	123.900
63a	630	176	13.0	22.0	15.0	7.5	154.658	121.407
63b		178	15.0				167.258	131.298
63c		180	17.0				179.858	141.189

4.17.7　热轧普通槽钢（GB/T 706—2008）

等边角钢的通常长度 5～19m。钢的化学成分（熔炼分析）和力学性能应符合 GB/T 700 或 GB/T 1591 的有关规定。

表 4.135　热轧普通槽钢规格和线质量

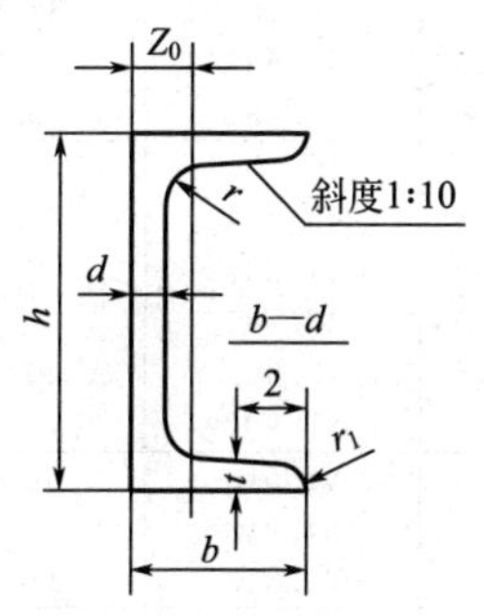

h—高度；
b—腿宽；
d—腰厚；
t—平均腿厚；
r—内圆弧半径；
r_1—腿端圆弧半径，$r_1=d/3$；
Z_0—重心距离

型号	尺寸/mm						截面面积/cm^2	线质量/(kg/m)
	h	b	d	t	r	r_1		
5	50	37	4.5	7.0	7.0	3.50	6.928	5.438
6.3	63	40	4.8	7.5	7.5	3.75	8.451	6.634
6.5	65	40	4.3	7.5	7.5	3.8	8.547	6.709
8	80	43	5.0	8.0	8.0	4.0	10.248	8.045
10	100	48	5.3	8.5	8.5	4.25	12.748	10.007
12	120	53	5.5	9.0	9.0	4.5	15.362	12.059
12.6	126	53	5.5	9.0	9.0	4.5	15.692	12.318
14a	140	58	6.0	9.5	9.5	4.75	18.516	14.535
14b		60	8.0				21.316	16.733
16a	160	63	6.5	10.0	10.0	5.0	21.962	17.240
16b		65	8.5				25.162	19.752
18a	180	68	7.0	10.5	10.5	5.25	25.699	20.174
18b		70	9.0				29.299	23.000
20a	200	73	7.0	11.0	11.0	5.5	28.837	22.637
20b		75	9.0				32.831	25.777
22a	220	77	7.0	11.5	11.5	5.75	31.846	24.999
22b		79	9.0				36.246	28.453
24a	240	78	7.0	12.0	12.0	6.0	34.217	26.86
24b		80	9.0				39.017	30.628
24c		82	11.0				43.817	34.396

续表

型号	尺寸/mm						截面面积/cm^2	线质量/(kg/m)
	h	b	d	t	r	r_1		
25a	250	78	7.0	12.0	12.0	6.0	34.917	27.410
25b		80	9.0				39.917	31.335
25c		82	11.0				44.917	35.260
27a	270	82	7.5	12.5	12.5	6.25	39.284	30.838
27b		84	9.5				44.684	35.077
27c		86	11.5				50.084	39.316
28a	280	82	7.5	12.5	12.5	6.25	40.034	31.427
28b		84	9.5				45.634	35.823
28c		86	11.5				51.234	40.219
30a	300	85	7.5	13.5	13.5	6.75	43.902	34.463
30b		87	9.5				49.902	39.173
30c		89	11.5				55.902	43.833
32a	320	88	8.0	14.0	14.0	7.0	48.513	38.083
32b		90	10.0				54.913	43.107
32c		92	12.0				61.313	48.131
36a	360	96	9.0	16.0	16.0	8.0	60.910	41.814
36b		98	11.0				68.110	53.466
36c		100	13.0				75.310	59.928
40a	400	100	10.5	18.0	18.0	9.0	75.068	58.928
40b		102	12.5				83.068	65.208
40c		104	14.5				91.068	71.488

4.17.8 热轧 L 型钢（GB/T 706—2008）

L 型钢除用于大型船舶外，也可用于海洋工程结构和要求较高的建筑工程结构。通常长度 5～19m。

钢的化学成分（熔炼分析）和力学性能应符合 GB/T 700 或 GB/T 1591 的有关规定。

表 4.136 热轧 L 型钢的尺寸和质量

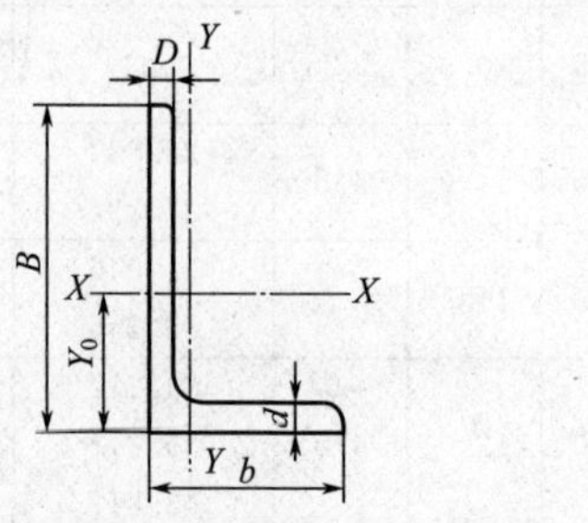

B—长边宽度

b—短边宽度

D—长边厚度

d—短边厚度

续表

型　号	尺寸/mm				截面面积/cm^2	理论质量/(kg/m)
	B	b	D	d		
L250×90×9×13	250	90	9	13	33.4	26.2
L250×90×10.5×15	250	90	10.5	15	38.5	30.3
L250×90×11.5×16	250	90	11.5	16	41.7	32.7
L300×100×10.5×15	300	100	10.5	15	45.3	35.6
L300×100×11.5×16	300	100	11.5	16	49.0	38.5
L350×120×10.5×16	350	120	10.5	16	54.9	43.1
L350×120×11.5×18	350	120	11.5	18	60.4	47.4
L400×120×11.5×23	400	120	11.5	23	71.6	56.2
L450×120×11.5×25	450	120	11.5	25	79.5	62.4
L500×120×12.5×33	500	120	12.5	33	98.6	77.4
L500×120×13.5×35	500	120	13.5	35	105.0	82.8

4.17.9　热轧 H 型钢和剖分 T 型钢（GB/T 11263—2010）

常用于要求承载能力大、截面稳定性好的大型建筑（厂房、高层建筑等）以及桥梁、船舶、启动运输机械、机械基础、支架、基础桩等。

① 分类　H 型钢分为 4 类：宽翼缘（HW）、中翼缘（HM）、窄翼缘（HN）和薄壁（HT）。其中“W”“M”“N”“T”分别为英文“宽”“中”“窄”“薄”的首字母。

剖分 T 型钢分为 3 类：宽翼缘（TW）、中翼缘（TM）和窄翼缘（TN）。“W”“M”“N”的意义同上。

② 力学性能　应符合 GB/T 700、GB 712、GB/T 714、GB/T 1591 或 GB/T 4171 的有关规定。

表 4.137　H 型钢的截面尺寸、截面面积和理论重量

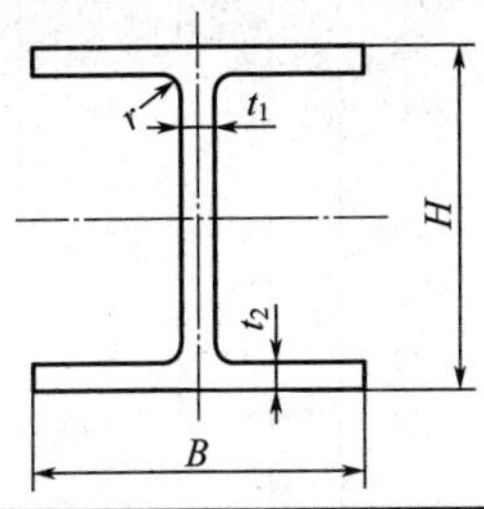

续表

类别	型号(高度×宽度)/mm	截面尺寸/mm					截面面积/cm^2	理论重量/(kg/m)
		H	B	t_1	t_2	r		
宽翼缘(HW)	100×100	100	100	6	8	8	21.58	16.9
	125×125	125	125	6.5	9	8	30.00	23.6
	150×150	150	150	7	10	8	39.64	31.1
	175×175	175	175	7.5	11	13	51.42	40.4
	200×200	200	200	8	12	13	63.53	49.9
	250×250	250	250	9	14	13	91.43	71.8
	300×300	300	300	10	15	13	118.5	93.0
	350×350	350	350	12	19	13	171.9	135
	400×400	400	400	13	21	22	218.7	172
中翼缘(HM)	150×100	148	100	6	9	8	26.34	20.7
	200×150	194	150	6	9	8	38.10	29.9
	250×175	244	175	7	11	13	55.49	43.6
	300×200	294	200	8	12	13	71.05	55.8
	350×250	340	250	9	14	13	99.53	78.1
	400×300	390	300	10	16	13	133.3	105
	450×300	440	300	11	18	13	153.9	121
	500×300	488	300	11	18	13	159.2	125
	600×300	588	300	12	20	13	187.2	147
窄翼缘(HN)	150×75	150	75	5	7	8	17.84	14.0
	175×90	175	90	5	8	8	22.89	18.0
	200×100	200	100	5.5	8	8	26.66	20.9
	250×125	250	125	6	9	8	36.96	29.0
	300×150	300	150	6.5	9	13	46.78	36.7
	350×175	350	175	7	11	13	62.91	49.4
	400×150	400	150	8	13	13	70.37	55.2
	400×200	400	200	8	13	13	83.37	65.4
	450×200	446	199	8	12	13	82.97	65.1
		450	200	9	14	13	95.43	74.9
	475×150	482	153.5	10.5	19	13	106.4	83.5
	500×150	504	153	10	18	13	103.3	81.1
	500×200	500	200	10	16	13	117.3	92.0
	550×200	550	200	10	16	13	117.3	92.0
	600×200	600	200	11	17	13	131.7	103
	625×200	630	200	13	20	13	158.2	124
	700×300	700	300	13	24	18	231.5	182
	800×300	800	300	14	26	18	263.5	207
	900×300	900	300	16	23	13	305.8	240

续表

类别	型号（高度×宽度）/mm	截面尺寸/mm					截面面积/cm^2	理论重量/(kg/m)
		H	B	t_1	t_2	r		
薄壁(HT)	100×50	95	43	3.2	4.5	8	7.620	5.98
		97	49	4	5.5	8	9.370	7.36
	100×100	96	99	4.5	6	8	16.20	12.7
	125×60	118	58	3.2	4.5	8	9.250	7.26
		120	59	4	5.5	8	11.39	8.94
	125×125	119	123	4.5	6	8	20.12	15.8
	150×75	145	73	3.2	4.5	8	11.47	9.00
		147	74	4	5.5	8	14.12	11.1
	150×100	139	97	3.2	4.5	8	13.43	10.6
		142	99	4.5	6	8	18.27	14.3
	150×150	144	148	5	7	8	27.76	21.8
		147	149	6	8.5	8	33.67	26.4
	175×90	168	88	32	4.5	8	13.55	10.6
		171	89	4	6	8	17.58	13.8
	175×175	167	173	5	7	13	33.32	26.2
		172	175	6.5	9.5	13	44.64	35.0
	200×100	193	98	3.2	45	8	15.25	12.0
		196	99	4	6	8	19.78	15.5
	200×150	188	149	4.5	6	8	26.34	20.7
	200×200	192	198	6	8	13	43.69	34.3
	250×125	244	124	4.5	6	8	25.86	20.3
	250×175	238	173	4.5	8	13	39.12	30.7
	300×150	294	148	4.5	6	13	31.90	25.0
	300×200	286	198	6	8	13	49.33	38.7
	350×175	340	173	4.5	6	13	36.97	29.0
	400×150	390	148	6	8	13	47.57	37.3
	400×200	390	198	6	8	13	55.17	43.6

注：1.交货长度应在合同中注明，通常定尺长度为12m。

2.本表不包括市场不常用产品规格。

表4.138　部分T型钢的截面尺寸、截面面积、理论重量

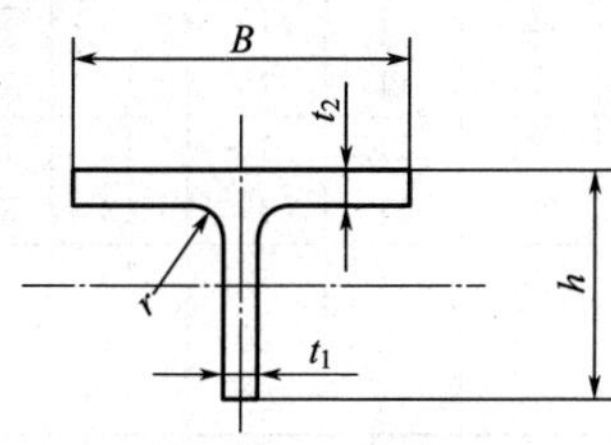

续表

类别	型号(高度×宽度)/mm	截面尺寸/mm					截面面积/cm^2	理论重量/(kg/m)	对应H型钢系列型号
		h	B	t_1	t_2	r			
HW	50×100	50	100	6	8	8	10.79	8.47	100×100
	62.5×125	62.5	125	6.5	9	8	15.00	11.8	125×125
	75×150	75	150	7	10	8	19.82	15.6	150×150
	87.5×175	87.5	175	7.5	11	13	25.71	20.2	175×175
	100×200	100	200	8	12	13	31.76	24.9	200×200
		100	204	12	12	13	35.76	28.1	
	125×250	125	250	9	14	13	45.71	35.9	250×250
		125	255	14	14	13	51.96	40.8	
	150×300	147	302	12	12	13	53.16	41.7	300×300
		150	300	10	15	13	59.22	46.5	
		150	305	15	15	13	66.72	52.4	
	175×350	172	348	10	16	13	72.00	56.5	350×350
		175	350	12	19	13	85.94	67.5	
	200×400	194	402	15	15	22	89.22	70.0	400×400
		197	398	11	18	22	93.40	73.3	
		200	400	13	21	22	109.3	85.8	
		200	408	21	21	22	125.3	98.4	
		207	405	18	28	22	147.7	116	
		214	407	20	35	22	180.3	142	
TM	75×100	74	100	6	9	8	13.17	10.3	150×100
	100×150	97	150	6	9	8	19.05	15.0	200×150
	125×175	122	175	7	11	13	27.74	21.8	250×175
	150×200	147	200	8	12	13	35.52	27.9	300×200
		149	201	9	14	13	41.01	32.2	
	175×250	170	250	9	14	13	49.76	39.1	350×250
	200×300	195	300	10	16	13	66.62	52.3	400×300
	225×300	220	300	11	18	13	76.94	60.4	450×300
	250×300	241	300	11	15	13	70.58	55.4	500×300
		244	300	11	18	13	79.58	62.5	
	275×300	272	300	11	15	13	73.99	58.1	550×300
		275	300	11	18	13	82.99	65.2	
	300×300	291	300	12	17	13	84.60	66.4	600×300
		294	300	12	20	13	93.60	73.5	
		297	302	14	23	13	108.5	85.2	

续表

类别	型号(高度×宽度)/mm	截面尺寸/mm					截面面积/cm^2	理论重量/(kg/m)	对应H型钢系列型号
		h	B	t_1	t_2	r			
TN	50×50	50	50	5	7	8	5.920	4.65	100×50
	62.5×60	62.5	60	6	8	8	8.340	6.55	125×60
	75×75	75	75	S	7	8	8.920	7.00	150×75
	87.5×90	85.5	89	4	6	8	8.790	6.90	175×90
		87.5	90	5	8	8	11.44	8.98	
	100×100	99	99	4.5	7	8	11.34	8.90	200×100
		100	100	5.5	8	8	13.33	10.5	
	125×125	124	124	5	8	8	15.99	12.6	250×125
		125	125	6	9	8	18.48	14.5	
	150×150	149	149	5.5	8	13	20.40	16.0	300×150
		150	150	6.5	9	13	23.39	18.4	
	175×175	173	174	6	9	13	26.22	20.6	350×175
		175	175	7	11	13	31.45	24.7	
	200×200	198	199	7	11	13	35.70	28.0	400×200
		200	200	8	13	13	41.68	32.7	
	225×150	223	150	7	12	13	33.49	26.3	450×150
		225	151	8	14	13	38.74	30.4	
	225×200	223	199	8	12	13	41.48	32.6	450×200
		225	200	9	14	13	47.71	37.5	
	237.5×150	235	150	7	13	13	35.76	28.1	475×150
		237.5	151.5	8.5	15.5	13	43.07	33.8	
		241	153.5	10.5	19	13	53.20	41.8	
	250×150	246	150	7	12	13	35.10	27.6	500×150
		250	152	9	16	13	46.10	36.2	
		252	153	10	18	13	51.66	40.6	
	250×200	248	199	9	14	13	49.64	39.0	500×200
		250	200	10	16	13	56.12	44.1	
		253	201	11	19	13	64.65	50.8	
	275×200	273	199	9	14	13	51.89	40.7	550×200
		275	200	10	16	13	58.62	46.0	
	300×200	298	199	10	15	13	58.87	46.2	600×200
		300	200	11	17	13	65.85	51.7	
		303	201	12	20	13	74.88	58.8	

续表

类别	型号(高度×宽度)/mm	截面尺寸/mm					截面面积/cm^2	理论重量/(kg/m)	对应H型钢系列型号
		h	B	t_1	t_2	r			
TN	312.5×200	312.5	198.5	13.5	17.5	13	75.28	59.1	625×200
		315	200	15	20	13	84.97	66.7	
		319	202	17	24	13	99.35	78.0	
	325×300	323	299	10	15	12	76.26	59.9	650×300
		325	300	11	17	13	85.60	67.2	
		328	301	12	20	13	97.88	76.8	
	350×300	346	300	13	20	13	103.1	80.9	700×300
		350	300	13	24	13	115.1	90.4	
	400×300	396	300	14	22	18	119.8	94.0	800×300
		400	300	14	26	18	131.8	103	
		445	299	15	23	18	133.5	105	
	450×300	450	300	16	28	18	152.9	120	900×300
		456	302	18	34	18	180.0	141	

注：交货长度应在合同中注明，通常定尺长度为12m。

4.18　热轧盘条

4.18.1　热轧圆盘条（GB/T 14981—2009）

适用于供拉丝等深加工和其他一般用途。

① 尺寸、外形　应符合GB/T 14981的规定。

② 每卷盘条的重量　不应小于1000kg，每批允许有5%的盘数（不足2盘的允许有2盘）由两根组成，但每根盘条的重量不少于300kg。

③ 规格

表4.139　热轧圆盘条的规格

公称直径/mm	横截面积/mm^2	理论重量/(kg/m)	公称直径/mm	横截面积/mm^2	理论重量/(kg/m)
5	19.63	0.154	7.5	44.18	0.347
5.5	23.76	0.187	8	50.26	0.395
6	28.27	0.222	8.5	56.74	0.445
6.5	33.18	0.260	9	63.62	0.499
7	38.48	0.302	9.5	70.88	0.556

续表

公称直径 /mm	横截面积 /mm^2	理论重量 /(kg/m)	公称直径 /mm	横截面积 /mm^2	理论重量 /(kg/m)
10	78.54	0.617	31	754.8	5.92
10.5	86.59	0.680	32	804.2	6.31
11	95.03	0.746	33	855.3	6.71
11.5	103.9	0.816	34	907.9	7.13
12	113.1	0.888	35	962.1	7.55
12.5	122.7	0.963	36	1018	7.99
13	132.7	1.04	37	1075	8.44
13.5	143.1	1.12	38	1134	8.90
14	153.9	1.21	39	1195	9.38
14.5	165.1	1.30	40	1257	9.87
15	176.7	1.39	41	1320	10.36
15.5	188.7	1.48	42	1385	10.88
16	201.1	1.58	43	1452	11.40
17	227.0	1.78	44	1521	11.94
18	254.5	2.00	45	1590	12.48
19	283.5	2.23	46	1662	13.05
20	314.2	2.47	47	1735	13.62
21	346.3	2.72	48	1810	14.21
22	380.1	2.98	49	1886	14.80
23	415.5	3.26	50	1964	15.41
24	452.4	3.55	51	2042	16.03
25	490.9	3.85	52	2123	16.66
26	530.9	4.17	53	2205	17.31
27	572.6	4.49	54	2289	17.97
28	615.7	4.83	55	2375	18.64
29	660.5	5.18	56	2462	19.32
30	706.9	5.55	57	2550	20.02

4.18.2　低碳钢热轧圆盘条（GB/T 701—2008）

用于拉丝等深加工和一般用途。

① 尺寸及外形　应符合 GB/T 14981 的规定，盘卷应规整。每卷盘条的重量不应小于 1000kg，每批允许有 5%的盘数（不足 2 盘的允许有 2 盘）由两根组成，但每根盘条的重量不少于 300kg，并且有明显标识。

② 力学和工艺性能

表 4.140 低碳钢热轧圆盘条的力学和工艺性能

牌号	力学性能		冷弯试验 180°（d=压头直径，a=试样直径）
	抗拉强度 R_m/MPa ≤	断后伸长率 $A_{11.3}$/% ≤	
Q195	410	30	$d=0$
Q215	435	28	$d=0$
Q235	500	23	$d=0.5a$
Q275	540	21	$d=1.5a$

4.18.3 标准件用热轧碳素圆钢及盘条（YB/T 4155—2006）

用于制造冷顶锻或热顶锻螺钉、螺母、螺栓和铆钉。

① 牌号 由 BL（分别为“标”“螺”的汉语拼音首字母）和阿拉伯数字组成，有 BL1、BL2、BL3 三个牌号。

② 长度 圆钢通常长度为 3000～9000mm，可交付不超过该批钢材总重量 3%的长度不小于 2500mm 的短尺钢材。

表 4.141 标准件碳素圆钢及盘条的规格

公称直径/mm	公称横截面积/mm²	理论重量/(kg/m)	公称直径/mm	公称横截面积/mm²	理论重量/(kg/m)
5.5	23.76	0.186	22	380.10	2.980
6	28.27	0.222	23	415.50	3.260
6.5	33.18	0.260	24	452.40	3.550
7	38.48	0.302	25	490.90	3.850
8	50.27	0.395	26	530.90	4.170
9	63.62	0.499	27	572.60	4.490
10	78.54	0.617	28	615.80	4.830
11	95.03	0.746	29	660.50	5.180
12	113.10	0.888	30	706.90	5.550
13	132.70	1.040	31	754.80	5.920
14	153.90	1.210	32	804.20	6.310
15	176.70	1.390	33	855.30	6.710
16	201.10	1.580	34	907.90	7.130
17	227.00	1.780	35	962.10	7.550
18	254.50	2.000	36	1018.00	7.990
19	283.50	2.230	38	1134.00	8.90o
20	314.20	2.470	40	1257.00	9.860
21	346.40	2.720			

注：1. 圆钢通常长度为 3～9m，可交付不超过该批钢材总重量 3%的长度不小于 2.5m 的短尺钢材。

2. 直条圆钢每米弯曲度不大于 4mm，总弯曲度不大于圆钢长度的 0.4%。

③ 力学及工艺性能

表 4.142　标准件用碳素钢热轧圆钢及盘条的力学及工艺性能

牌号	下屈服强度 R_{eL} /MPa ≥	抗拉强度 R_m /MPa	断后伸长率/%		冷顶锻试验 ($x=h_1/h$)	热顶锻试验	热状态或冷状态下铆钉头锻平试验
			A	$A_{11.3}$			
BL1	195	315～400	35	27	$x=0.4$	达 1/3 高度	顶头直径为公称直径的 2.5 倍
BL2	215	330～410	33	25	$x=0.4$		
BL3	235	370～460	28	21	$x=0.5$		

注：h 为顶锻前试样高度（公称直径的两倍），h_1 为顶锻后试样高度。

4.18.4　焊接用钢盘条（GB/T 3429—2015）

适用于手工电弧焊、埋弧焊、电渣焊、气焊和气体保护焊等用途的焊条。

① 交货状态　热轧。

② 牌号　分 17 组 79 种。通常由两部分组成：焊接用钢表示符号“H”＋各类焊接用钢牌号。

表 4.143　焊接用钢产品的牌号示例

第一部分	第二部分	牌号示例
H	C:≤0.10%的高级优质碳素结构钢	H08A
	C:≤0.10%,Cr:0.80%～1.10%,Mo:0.40%～0.60%的高级优质合金结构钢	H08CrMoA

表 4.144　焊接用钢产品的组号和牌号

组号	序号	牌号	组号	序号	牌号	组号	序号	牌号
1	1	H04E	2	8	H10Mn2	3	15	H08Mn2Si
	2	H08A		9	H11Mn		16	H09MnSi
	3	H08E		10	H12Mn		17	H09Mn2Si
	4	H08C		11	H13Mn2		18	H10MnSi
	5	H15		12	H15Mn		19	H11MnSi
2	6	H08Mn		13	H15Mn2		20	H11Mn2Si
	7	H10Mn	3	14	H08MnSi	4	21	H10MnSi3

续表

组号	序号	牌号	组号	序号	牌号	组号	序号	牌号
4	22	H10Mn2Si	8	42	H05Mn2Ni2Mo	12	61	H05SiCrMo
	23	H11MnSi		43	H08Mn2Si2Mo		62	H05SiCr2Mo
5	24	H08MnMo		44	H08Mn2Si3Mo		63	H10SiCrMo
	25	H08Mn2Mo		45	H10MnNiMo		64	H10SiCr2Mo
	26	H08Mn2MoV		46	H11MnNiMo	13	65	H08MnSiCrMo
	27	H10MnMo		47	H13Mn2NiMo		66	H08MnSiCrMoV
	28	H10Mn2Mo		48	H14Mn2NiMo		67	H10MnSiCrMo
	29	H10Mn2MoV		49	H15MnNi2Mo	14	68	H10MnMoTiB
	30	H11MnMo	9	50	H10MnSiNi		60	H11MnMoTiB
	31	H11Mn2Mo		51	H10MnSiNi2	15	70	H10MnCr9NiMoV
6	32	H08CrMo		52	H10MnSiNi3		71	H13Mn2CrNi3Mo
	33	H08CrMoV	10	53	H09MnSiMo		72	H15Mn2Ni2CrMo
	34	H10CrMo		54	H10MnSiMo		73	H20MnCrNiMo
	35	H10Cr3Mo		55	H10MnSiMoTi	16	74	H08MnCrNiCu
	36	H11CrMo		56	H10Mn2SiMo		75	H10MnCrNiCu
	37	H13CrMo		57	H10Mn2SiMoTi		76	H10Mn2NiMoCu
	38	H18CrMo		58	H10Mn2SiNiMoTi	17	77	H05MnSiTiZrAl
7	39	H08MnCr5Mo	11	59	H08MnSiTi		78	H08CrNi2Mo
	40	H08MnCr9Mo		60	H13MnSiTi		79	H30CrMnSi
	41	H10MnCr9MoV						

③ 表面质量

a. 盘条应将头尾有害缺陷切除，其截面不应有缩孔、分层及夹杂。

b. 盘条表面应光滑，不应有裂纹、折叠、耳子、结疤等对使用有害的缺陷，局部的压痕、凸块、凹坑、划痕及麻面，其深度或高度（从实际尺寸算起）B级和C级精度不得大于0.10mm，A级精度不得大于0.20mm。

4.19 锻制型钢

4.19.1 锻制圆钢和方钢（GB/T 908—2008）

表 4.145　锻制圆钢和方钢的规格和线质量

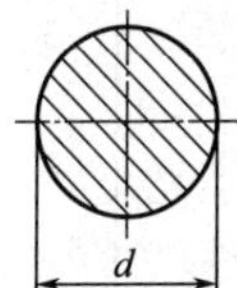

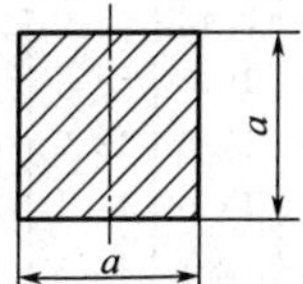

圆钢直径 d 方钢边长 a /mm	理论重量/(kg/m)		圆钢直径 d 方钢边长 a /mm	理论重量/(kg/m)		圆钢直径 d 方钢边长 a /mm	理论重量/(kg/m)	
	圆钢	方钢		圆钢	方钢		圆钢	方钢
50	15.4	19.6	130	104	133	270	449	572
55	18.6	23.7	135	112	143	280	483	615
60	22.2	28.3	140	121	154	290	518	660
65	26.0	33.2	145	130	165	300	555	707
70	30.2	38.5	150	139	177	310	592	754
75	34.7	44.2	160	158	201	320	631	804
80	39.5	50.2	170	178	227	330	671	855
85	44.5	56.7	180	200	254	340	712	908
90	49.9	63.6	190	223	283	350	755	962
95	55.6	70.8	200	247	314	360	799	1017
100	61.7	78.5	210	272	346	370	844	1075
105	68.0	86.5	220	380	298	380	890	1134
110	74.6	95.0	230	115	326	390	937	1194
115	81.5	104	240	452	355	400	986	1256
120	88.8	113	250	491	385			
125	96.3	123	260	531	417			

4.19.2 锻制扁钢（GB/T 908—2008）

表 4.146　锻制扁钢的规格及理论质量

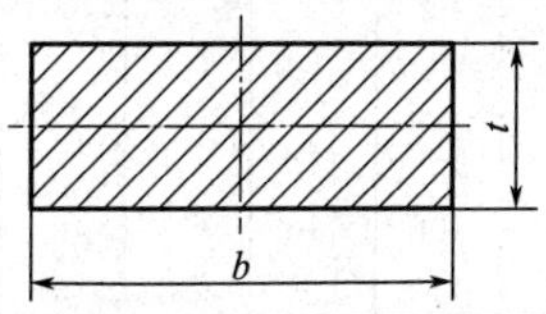

续表

公称宽度 b/mm	公称厚度 t/mm										
	20	25	30	35	40	45	50	55	60	65	70
	理论质量/(kg/m)										
40	6.28	7.85	9.42								
45	7.06	8.83	10.6								
50	7.85	9.81	11.8	13.7	15.7						
55	8.64	10.8	13.0	15.1	17.3						
60	9.42	11.8	14.1	16.5	18.8	21.1	23.6				
65	10.2	12.8	15.3	17.8	20.4	23.0	25.5				
70	11.0	13.7	16.5	19.2	22.0	24.7	27.5	30.2	33.0		
75	11.8	14.7	17.7	20.6	23.6	26.5	29.4	32.4	35.3		
80	12.6	15.7	18.8	22.0	25.1	28.3	31.4	34.5	37.7	40.8	44.0
90	14.1	17.7	21.2	24.7	28.3	31.8	35.3	38.8	42.4	45.9	49.4
100	15.7	19.6	23.6	27.5	31.4	35.3	39.2	43.2	47.1	51.0	55.0
110	17.3	21.6	25.9	30.2	34.5	38.8	43.2	47.5	51.8	56.1	60.4
120	18.8	23.6	28.3	33.0	37.7	42.4	47.4	51.8	56.5	61.2	65.9
130	20.4	25.5	30.6	35.7	40.8	45.9	51.0	56.1	61.2	66.3	71.4
140	22.0	27.5	33.0	38.5	44.0	49.4	55.0	60.4	65.9	71.4	76.9
150	23.6	29.4	35.3	41.2	47.1	53.0	58.9	64.8	70.7	76.5	82.4
160	25.1	31.4	37.7	44.6	50.2	56.5	62.8	69.1	75.4	81.6	87.9
170	26.7	33.4	40.0	46.7	53.4	60.0	66.7	73.4	80.1	86.7	93.4
180	28.3	35.3	42.4	49.4	56.5	63.6	70.6	77.7	84.8	91.8	98.9
190						67.1	74.6	82.0	89.5	96.9	104
200						70.6	78.5	86.4	94.2	102	110
210						74.2	82.4	90.7	98.9	107	115
220						77.7	86.4	95.0	103.6	112	121

公称宽度 b/mm	公称厚度 t/mm										
	75	80	85	90	100	110	120	130	140	150	160
	理论质量/(kg/m)										
100	58.9	62.8	66.7								
110	64.8	69.1	73.4								
120	70.6	75.4	80.1								
130	76.5	81.6	66.7								
140	82.4	87.9	93.4	98.9	110						
150	88.3	94.2	100	106	118						
160	94.2	100	107	113	126	138	151				

续表

公称宽度 b/mm	公称厚度 t/mm										
	75	80	85	90	100	110	120	130	140	150	160
	理论质量/(kg/m)										
170	100	107	113	120	133	147	160				
180	106	113	120	127	141	155	170	184	198		
190	112	119	127	134	149	164	179	194	209		
200	118	127	133	141	157	173	188	204	220		
210	124	132	140	148	165	181	198	214	231	247	264
220	130	138	147	155	173	190	207	224	242	259	276
230	135	144	153	162	180	199	217	235	253	271	289
240	141	151	160	170	188	207	226	245	264	283	301
250	147	157	167	177	196	216	235	255	275	294	314
260	153	163	173	184	204	224	245	265	286	306	326
280	165	176	187	198	220	242	264	286	308	330	352

4.19.3　银亮钢（GB/T 3207—2008）

表 4.147　银亮钢的规格、截面面积和理论重量

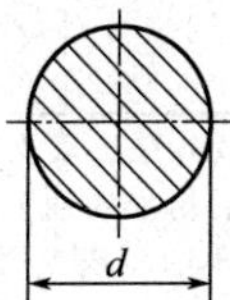

直径 /mm	截面面积 /mm²	理论重量 /(kg/km)	直径 /mm	截面面积 /mm²	理论重量 /(kg/km)	直径 /mm	截面面积 /mm²	理论重量 /(kg/km)
1.0	0.785	6.165	3.0	7.069	55.49	8.0	50.27	394.6
1.1	0.950	7.460	3.2	8.042	63.13	8.5	56.75	445.4
1.2	1.131	8.878	3.5	9.621	75.53	9.0	63.62	499.4
1.4	1.539	12.08	4.0	12.57	98.65	9.5	70.88	556.4
1.5	1.767	13.87	4.5	15.90	124.8	10.0	78.54	616.5
1.6	2.011	15.78	5.0	19.63	154.1	10.5	86.59	679.7
1.8	2.545	19.98	5.5	23.76	186.5	11.0	95.03	746.0
2.0	3.142	24.66	6.0	28.27	222.0	11.5	103.9	815.4
2.2	3.801	29.84	6.5	33.18	260.5	12	113.1	887.8
2.5	4.909	38.53	7.0	38.48	302.1	13	132.7	1.042
2.8	6.158	48.34	7.5	44.18	346.8	14	153.9	1.208

续表

直径/mm	截面面积/mm²	理论重量/(kg/km)	直径/mm	截面面积/mm²	理论重量/(kg/km)	直径/mm	截面面积/mm²	理论重量/(kg/km)
15	176.7	1.387	40	1257	9.865	100	7854	61.65
16	201.1	1.578	42	1385	10.88	105	8659	67.97
17	227.0	1.782	45	1590	12.48	110	9503	74.60
18	254.5	1.998	48	1810	14.21	115	10387	81.54
19	283.5	2.226	50	1963	15.41	120	11310	88.78
20	314.2	2.466	53	2206	17.32	125	12272	96.33
21	346.4	2.719	55	2376	18.65	130	13273	104.2
22	380.1	2.984	56	2463	19.33	135	14314	112.4
24	452.4	3.551	58	2642	20.74	140	15394	120.8
25	490.9	3.853	60	2827	22.20	145	16513	129.6
26	530.9	4.168	63	3117	24.47	150	17671	138.7
28	615.8	4.834	65	3318	26.05	155	18869	148.1
30	706.9	5.549	68	3632	28.51	160	20106	157.8
32	804.2	6.313	70	3848	30.21	165	21382	167.9
33	855.3	6.714	75	4418	34.68	170	22698	178.2
34	907.9	7.127	80	5027	39.46	175	24053	188.8
35	962.1	7.553	85	5675	44.54	180	25447	199.8
36	1018	7.990	90	6362	49.94			
38	1134	8.903	95	7088	55.64			

注：银亮钢是表面无轧制缺陷和脱碳层、表面光亮的圆钢，可分为剥皮材（SF，通过车削剥皮，去除轧制缺陷和脱碳层后再经矫直）、磨光材（SP，经拉拔或剥皮后，再磨光处理）和抛光材（SB，经拉拔、车削剥皮或磨光后，再进行抛光处理）。其牌号及化学成分应符合相应技术标准的规定。

4.20 冷拉、冷拔型钢

4.20.1 冷拉圆钢、方钢、六角钢（GB/T 905—1994）

表 4.148 冷拉圆钢、方钢、六角钢的尺寸、截面积和线质量

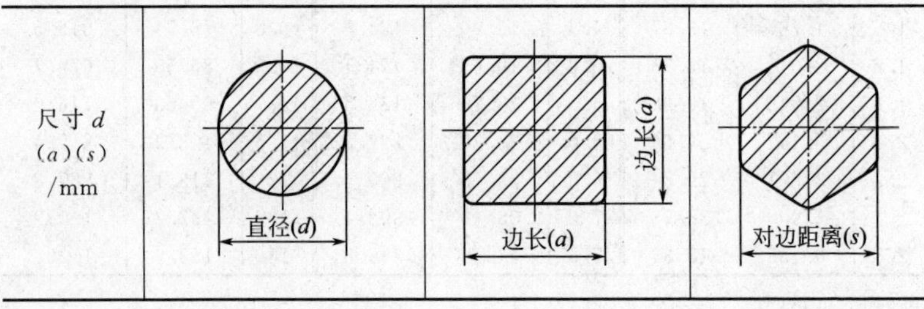

续表

尺寸 d $(a)(s)$ /mm	截面面积 /mm²	线质量 /(kg/m)	截面面积 /mm²	线质量 /(kg/m)	截面面积 /mm²	线质量 /(kg/m)
3.0	7.069	0.0555	9.000	0.0706	7.794	0.0612
3.2	8.042	0.0631	10.24	0.0804	8.868	0.0696
3.5	9.621	0.0755	12.25	0.0962	10.61	0.0833
4.0	12.57	0.0986	16.00	0.126	13.86	0.109
4.5	15.90	0.125	20.25	0.159	17.54	0.138
5.0	19.63	0.154	25.00	0.196	21.65	0.170
5.5	23.76	0.187	30.25	0.237	26.20	0.206
6.0	28.27	0.222	36.00	0.283	31.18	0.245
6.3	31.17	0.245	39.69	0.312	34.37	0.270
7.0	38.48	0.302	49.00	0.385	42.44	0.333
7.5	44.18	0.347	56.25	0.442	—	—
8.0	50.27	0.395	64.00	0.502	55.43	0.435
8.5	56.75	0.445	72.25	0.567	—	—
9.0	63.62	0.499	81.00	0.636	10.15	0.551
9.5	70.88	0.556	90.25	0.708	—	—
10.0	78.54	0.617	100.0	0.785	86.60	0.680
10.5	86.59	0.680	110.2	0.865	—	—
11.0	95.03	0.746	121.0	0.950	104.8	0.823
11.5	103.9	0.815	132.2	1.04	—	—
12.0	113.1	0.888	144.0	1.13	124.7	0.979
13.0	132.7	1.04	169.0	1.33	146.4	1.15
14.0	153.9	1.21	196.0	1.54	169.7	1.33
15.0	176.7	1.39	225.0	1.77	194.9	1.53
16.0	201.1	1.58	256.0	2.01	221.7	1.74
17.0	222.0	1.78	289.0	2.27	250.3	1.96
18.0	254.0	2.00	324.0	2.54	280.6	2.20
19.0	283.5	2.23	361.0	2.83	312.6	2.45
20.0	314.2	2.47	400.0	3.14	346.4	2.72
21.0	346.4	2.72	441.0	3.46	381.9	3.00
22.0	380.1	2.98	484.0	3.80	419.2	3.29
24.0	452.4	3.55	576.0	4.52	498.8	3.92
25.0	490.9	3.85	625.0	4.91	541.3	4.25
26.0	530.9	4.17	676.0	5.31	585.4	4.60
28.0	615.8	4.83	784.0	6.15	679.0	5.33

续表

尺寸 d $(a)(s)$ /mm	截面面积 /mm²	线质量 /(kg/m)	截面面积 /mm²	线质量 /(kg/m)	截面面积 /mm²	线质量 /(kg/m)
30.0	706.9	5.55	900.0	7.06	779.4	6.12
32.0	804.2	6.31	1024	8.04	886.8	6.96
34.0	907.9	7.13	1156	9.07	1001	7.86
35.0	962.1	7.55	1225	9.62	—	—
36.0	—	—	—	—	1122	8.81
38.0	1134	8.90	1444	11.3	1251	9.82
40.0	1275	9.86	1600	12.6	1386	10.9
42.0	1385	10.9	1764	13.8	1528	12.0
45.0	1590	12.5	2025	15.9	1754	13.8
48.0	1810	14.2	2304	18.1	1995	15.7
50.0	1968	15.4	2500	19.6	2165	17.0
52.0	2206	17.3	2809	22.0	2433	19.1
55.0	—	—	—	—	2620	20.5
56.0	2463	19.3	3136	24.6	—	—
60.0	2827	22.2	3600	28.3	3118	24.5
63.0	3117	24.5	3969	31.2	—	—
65.0	—	—	—	—	3654	28.7
67.0	3526	27.7	4489	35.2	—	—
70.0	3848	30.2	4900	38.5	4244	33.3
75.0	4418	34.7	5625	44.2	4871	38.2
80.0	5027	39.5	6400	50.2	5543	43.5

注：通常长度为2～6m，允许交付长度≥1.5m的钢材。

4.20.2 冷拉扁钢（YB/T 037—2005）

① 尺寸　扁钢的通常长度为2～8m。允许供应长度不小于1.5m短尺的扁钢，但其重量不得超过该批总重量的10%。

② 硬度　应符合GB/T 3078—2008的规定。

③ 标记　用45号优质碳素结构钢制成尺寸允许偏差为h11级，厚度为10mm、宽度为30mm的扁钢标记为：

$$扁钢\frac{11\text{-}10\times30\text{-YB/T 037—2005}}{45\text{-GB/T 699}}$$

表 4.149　冷拉扁钢的尺寸和理论重量

扁钢宽度 b /mm	下列厚度 t(mm)时的理论重量/(kg/m)														
	5	6	7	8	9	10	11	12	14	15	16	18	20	25	30
8	0.31	0.38	0.44												
10	0.39	0.47	0.55	0.63	0.71										
12	0.47	0.55	0.66	0.75	0.85	0.94	1.04								
13	0.51	0.61	0.71	0.82	0.92	1.02	1.12								
14	0.55	0.66	0.77	0.88	0.99	1.10	1.21	1.32							
15	0.59	0.71	0.82	0.94	1.06	1.18	1.29	1.41							
16	0.63	0.75	0.88	1.00	1.13	1.26	1.38	1.51	1.76						
18	0.71	0.85	0.99	1.13	1.27	1.41	1.55	1.70	1.96	2.12	2.26				
20	0.78	0.94	1.10	1.26	1.41	1.57	1.73	1.88	2.28	2.36	2.51	2.63			
22	0.86	1.04	1.21	1.38	1.55	1.73	1.90	2.07	2.42	2.69	2.76	3.11	3.45		
24	0.94	1.13	1.32	1.51	1.69	1.88	2.07	2.26	2.64	2.83	3.01	3.39	3.77		
25	0.98	1.18	1.37	1.57	1.77	1.96	2.16	2.36	2.75	2.94	3.14	3.53	3.92		
28	1.10	1.32	1.54	1.76	1.98	2.20	2.42	2.64	3.08	3.28	3.52	3.96	4.40	5.49	
30	1.18	1.41	1.65	1.88	2.12	2.36	2.59	2.83	3.30	3.53	3.77	4.24	4.71	5.59	
32		1.51	1.76	2.01	2.26	2.51	2.76	3.01	3.52	3.77	4.02	4.52	5.02	6.28	7.54
35		1.65	1.92	2.19	2.47	2.75	3.02	3.29	3.85	4.12	4.39	4.95	5.49	6.87	8.24
36		1.70	1.98	2.26	2.54	2.83	3.11	3.39	3.96	4.24	4.52	5.09	5.65	7.06	8.48
38			2.09	2.39	2.68	2.98	3.28	3.58	4.18	4.47	4.77	5.37	5.97	7.46	8.95
40			2.20	2.51	2.83	3.14	3.45	3.77	4.40	4.71	5.02	5.65	6.20	7.85	9.42
45				2.83	3.18	3.53	3.89	4.24	4.95	5.29	5.56	6.36	7.06	8.83	10.60
50					3.53	3.92	4.32	4.71	5.50	5.89	6.28	7.06	7.85	9.81	11.78

4.20.3 优质碳素结构钢冷拉钢材（GB/T 3078—2008）

表4.150　优质结构钢冷拉钢材交货状态的硬度

牌号	统一数字代号	交货状态硬度（HBW）≤		牌号	统一数字代号	交货状态硬度（HBW）≤	
		冷拉、冷拉磨光	退火、光亮退火、高温回火或正火后回火			冷拉、冷拉磨光	退火、光亮退火、高温回火或正火后回火
10	U20102	229	179	42SiMn	A00422	—	241
15	U20152	229	179	20MnV	A01202	229	187
20	U20202	229	179	40B	A70402	241	207
25	U20252	229	179	45B	A70452	255	229
30	U20302	229	179	50B	A70502	255	229
35	U20352	241	187	40MnB	A71402	269	217
40	U20402	241	207	45MnB	A71452	269	229
45	U20452	255	229	40MnVB	A73402	269	217
50	U20502	255	229	20SiMnVB	—	269	217
55	U20552	269	241	20CrV	A23202	255	217
60	U20602	269	241	40CrVA	A23403	269	229
65	U20652	—	255	45CrVA	A23453	302	255
15Mn	U21152	207	163	38CrSi	A21382	269	255
20Mn	U21202	229	187	20CrMnSiA	A24203	255	217
25Mn	U21252	241	197	25CrMnSiA	A24253	269	229
30Mn	U21302	241	197	30CrMnSiA	A24303	269	229
35Mn	U21352	255	207	35CrMnSiA	A24353	285	241
40Mn	U21402	269	217	20CrMnTi	A26202	255	207
45Mn	U21452	269	229	15CrMo	A30152	229	187
50Mn	U21502	269	229	20CrMo	A30202	241	197
60Mn	U21602	—	255	30CrMo	A30302	269	229
65Mn	U21652	—	269	35CrMo	A30352	269	241
20Mn2	A00202	241	197	42CrMo	A30422	285	255
35Mn2	A00352	255	207	20CrMnMo	A34202	269	229
40Mn2	A00402	269	217	40CrMnMo	A34402	269	241
45Mn2	A00452	269	229	35CrMoVA	A31353	285	255
50Mn2	A00502	285	229	38CrMoAlA	A33383	269	229
27SiMn	A00272	255	217	15CrA	A20153	229	179
35SiMn	A00352	269	229	20Cr	A20202	229	179

续表

牌号	统一数字代号	交货状态硬度（HBW）≤		牌号	统一数字代号	交货状态硬度（HBW）≤	
		冷拉、冷拉磨光	退火、光亮退火、高温回火或正火后回火			冷拉、冷拉磨光	退火、光亮退火、高温回火或正火后回火
30Cr	A20302	241	187	20CrNi3A	A42203	269	241
35Cr	A20352	269	217	30CrNi3A	A42303	—	255
40Cr	A20402	269	217	37CrNi3A	A42373	—	269
45Cr	A20452	269	229	12Cr2Ni4A	A43122	—	255
20CrNi	A40202	255	207	20Cr2Ni4A	A43202	—	269
40CrNi	A40402	—	255	40CrNiMoA	A50403	—	269
45CrNi	A40452	—	269	45CrNiMoVA	A51453	—	269
12CrNi2A	A41123	269	217	18Cr2Ni4WA	A52183	—	269
12CrNi3A	A42123	269	229	25Cr2Ni4WA	A52253	—	269

表 4.151　优质结构钢冷拉钢材交货状态的力学性能

牌号	统一数字代号	冷拉状态			退火状态		
		抗拉强度 R_m /MPa	断后伸长率 A/%	断后收缩率 Z/%	抗拉强度 R_m /MPa	断后伸长率 A/%	断后收缩率 Z/%
10	U20102	440	8	50	295	26	55
15	U20152	470	8	45	345	28	55
20	U20202	510	7.5	40	390	21	50
25	U20252	540	7	40	410	19	50
30	U20302	560	7	35	440	17	45
35	U20352	590	6.5	35	470	15	45
40	U20402	610	6	35	510	14	40
45	U20452	635	6	30	540	13	40
50	U20502	655	6	30	560	12	40
15Mn	U21152	490	7.5	40	390	21	50
50Mn	U21502	685	5.5	30	590	10	35
50Mn2	A00502	735	5	25	635	9	30

4.20.4 优质结构钢扁钢（YB/T 037—2005）

表 4.152 冷拉优质结构钢扁钢的规格和质量

宽度/mm	下列厚度时的重量/(kg/m)													
	5	6	7	8	9	10	11	12	14	15	16	18	20	25	30
8	0.31	0.38	0.44												
10	0.39	0.47	0.55	0.63	0.71										
12	0.47	0.55	0.66	0.75	0.85	0.94	1.04								
13	0.51	0.61	0.71	0.82	0.92	1.02	1.12								
14	0.55	0.66	0.77	0.88	0.99	1.10	1.21	1.32							
15	0.59	0.71	0.82	0.94	1.06	1.18	1.29	1.41							
16	0.63	0.75	0.88	1.00	1.13	1.26	1.38	1.51	1.76						
18	0.71	0.85	0.99	1.13	1.27	1.41	1.55	1.70	1.96	2.12	2.26				
20	0.78	0.94	1.10	1.26	1.41	1.57	1.73	1.88	2.28	2.36	2.51	2.63			
22	0.86	1.04	1.21	1.38	1.55	1.73	1.90	2.07	2.42	2.69	2.76	3.11	3.45		
24	0.94	1.13	1.32	1.51	1.69	1.88	2.07	2.26	2.64	2.83	3.01	3.39	3.77		
25	0.98	1.18	1.37	1.57	1.77	1.96	2.16	2.36	2.75	2.94	3.14	3.53	3.92		
28	1.10	1.32	1.54	1.76	1.98	2.20	2.42	2.64	3.08	3.28	3.52	3.96	4.40	5.49	
30	1.18	1.41	1.65	1.88	2.12	2.36	2.59	2.83	3.30	3.53	3.77	4.24	4.71	5.59	
32		1.51	1.76	2.01	2.26	2.51	2.76	3.01	3.52	3.77	4.02	4.52	5.02	6.28	7.54
35		1.65	1.92	2.19	2.47	2.75	3.02	3.29	3.85	4.12	4.39	4.95	5.49	6.87	8.24
36		1.70	1.98	2.26	2.54	2.83	3.11	3.39	3.96	4.24	4.52	5.09	5.65	7.06	8.48
38			2.09	2.39	2.68	2.98	3.28	3.58	4.18	4.47	4.77	5.37	5.97	7.46	8.95
40			2.20	2.51	2.83	3.14	3.45	3.77	4.40	4.71	5.02	5.65	6.20	7.85	9.42
45				2.83	3.18	3.53	3.89	4.24	4.95	5.29	5.56	6.36	7.06	8.83	10.60
50					3.53	3.92	4.32	4.71	5.50	5.89	6.28	7.06	7.85	9.81	11.78

4.20.5 冷拔简单截面异型钢管（GB/T 3094—2012）

钢管按截面形状分为正方形钢管（D-1）、矩形钢管（D-2）、椭圆形钢管（D-3）、平椭圆形钢管（D-4）、内外六角形钢管（D-5）和直角梯形钢管（D-6）。本节仅介绍前两者的尺寸和理论重量。

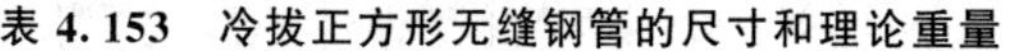

表 4.153　冷拔正方形无缝钢管的尺寸和理论重量

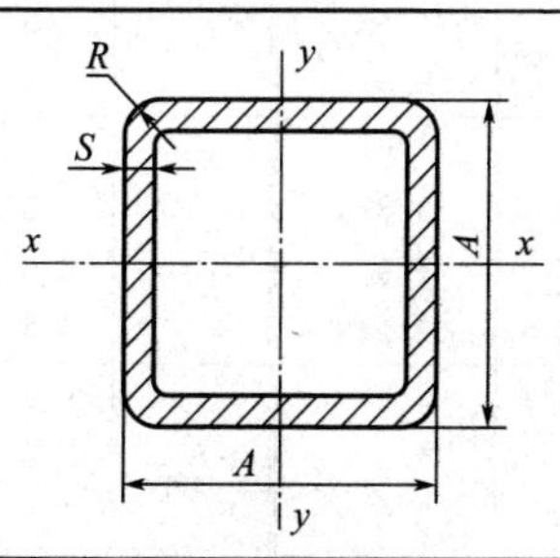

基本尺寸/mm		截面面积 F /cm²	理论重量 G /(kg/m)
A	S		
12	0.8	0.347	0.273
	1.0	0.423	0.332
14	1.0	0.503	0.395
	1.5	0.711	0.558
16	1.0	0.583	0.458
	1.5	0.831	0.653
18	1.0	0.663	0.520
	1.5	0.951	0.747
	2.0	1.211	0.951
20	1.0	0.743	0.583
	1.5	1.071	0.841
	2.0	1.371	1.076
	2.5	1.643	1.290
22	1.0	0.823	0.646
	1.5	1.191	0.935
	2.0	1.531	1.202
	2.5	1.843	1.447
25	1.5	1.371	1.077
	2.0	1.771	1.390
	2.5	2.143	1.682
	3.0	2.485	1.951
30	2.0	2.171	1.704
	3.0	3.085	2.422
	3.5	3.500	2.747
	4.0	3.885	3.050
32	2.0	2.331	1.830
	3.0	3.325	2.611
	3.5	3.780	2.967
	4.0	4.205	3.301
35	2.0	2.571	2.018
	3.0	3.685	2.893
	3.5	4.200	3.297
	4.0	4.685	3.678
36	2	2.651	2.084
	3	3.805	2.987
	4	1.845	3.804
	5	5.771	4.530
40	2	2.971	2.332
	3	4.285	3.364
	4	5.485	4.306
	5	6.571	5.158

续表

基本尺寸/mm		截面面积 F /cm^2	理论重量 G /(kg/m)	基本尺寸/mm		截面面积 F /cm^2	理论重量 G /(kg/m)
A	S			A	S		
42	2	3.131	2.458	80	4	11.89	9.330
	3	4.525	3.553		5	14.57	11.44
	4	5.805	4.557		6	17.14	13.46
	5	6.971	5.472		8	21.39	16.79
45	2	3.371	2.646	90	4	13.49	10.59
	3	4.885	3.835		5	16.57	13.01
	4	6.285	4.934		6	19.54	15.34
	5	7.571	5.943		8	24.59	19.30
50	2	3.771	2.960	100	5	18.57	14.58
	3	5.485	4.306		6	21.94	17.22
	4	7.085	5.562		8	27.79	21.82
	5	8.571	6.728		10	33.42	26.24
55	2	4.171	3.274	108	5	20.17	15.83
	3	6.085	4.777		6	23.86	18.73
	4	7.885	6.190		8	30.35	23.83
	5	9.571	7.513		10	36.62	28.75
60	3	6.685	5.248	120	6	26.74	20.99
	4	8.685	6.818		8	34.19	26.84
	5	10.57	8.298		10	41.42	32.52
	6	12.34	9.688		12	48.13	37.78
65	3	7.285	5.719	125	6	27.94	21.93
	4	9.485	7.446		8	35.79	28.10
	5	11.57	9.083		10	13.42	34.09
	6	13.54	10.63		12	50.53	39.67
70	3	7.885	6.190	130	6	29.14	22.88
	4	10.29	8.074		8	37.39	29.35
	5	12.57	9.868		10	45.42	35.66
	6	14.74	11.57		12	52.93	41.55
75	4	11.09	8.702	140	6	31.54	24.76
	5	13.57	10.65		8	40.59	31.86
	6	15.94	12.51		10	49.42	38.80
	8	19.79	15.54		12	57.73	45.32
	—	—	—				

续表

基本尺寸/mm		截面面积 F /cm²	理论重量 G /(kg/m)	基本尺寸/mm		截面面积 F /cm²	理论重量 G /(kg/m)
A	S			A	S		
150	8	43.79	34.38	200	10	73.42	57.64
	10	53.42	41.94		12	86.53	67.93
	12	62.53	49.09		14	99.11	77.80
	14	71.11	55.82		16	111.2	87.27
160	8	46.99	36.89	250	10	93.42	73.34
	10	57.42	45.08		12	110.5	86.77
	12	67.33	52.86		14	127.1	99.78
	14	76.71	60.22		16	143.2	112.4
180	8	53.39	41.91	280	10	105.4	82.76
	10	65.42	51.36		12	124.9	98.07
	12	76.93	60.39		14	143.9	113.0
	14	87.91	69.01		16	162.1	127.5

注：1. 当 $S \leqslant 6$mm 时，$R=1.5S$，$G=0.0157S(2A-2.8584S)$；
当 $S>6$mm 时，$R=2.0S$，$G=0.0157S(2A-3.2876S)$。
2. 钢的密度按 7.85kg/dm³ 计算。

表 4.154　冷拔矩形无缝钢管的尺寸、理论重量和物理参数

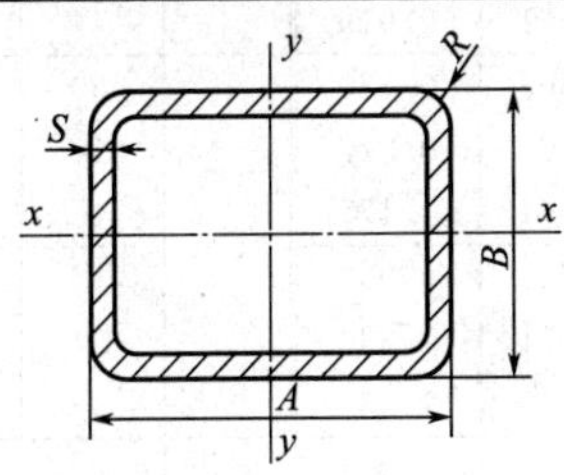

基本尺寸/mm			截面面积 F /cm²	理论重量 G /(kg/m)	基本尺寸/mm			截面面积 F /cm²	理论重量 G /(kg/m)
A	B	S			A	B	S		
10	5	0.8	0.203	0.160	14	10	1.0	0.423	0.332
		1.0	0.243	0.191			1.5	0.591	0.464
12	6	0.8	0.251	0.197			2.0	0.731	0.574
		1.0	0.303	0.238	16	8	1.0	0.423	0.332
14	7	1.0	0.362	0.285			1.5	0.591	0.464
		1.5	0.501	0.394			2.0	0.731	0.574
		2.0	0.611	0.480					

续表

基本尺寸/mm			截面面积 F /cm²	理论重量 G /(kg/m)
A	B	S		
16	12	1.0	0.502	0.395
		1.5	0.711	0.558
		2.0	0.891	0.700
18	9	1.0	0.483	0.379
		1.5	0.681	0.535
		2.0	0.851	0.668
	14	1.0	0.583	0.458
		1.5	0.831	0.653
		2.0	1.051	0.825
20	10	1.0	0.543	0.426
		1.5	0.771	0.606
		2.0	0.971	0.762
	12	1.0	0.583	0.458
		1.5	0.831	0.653
		2.0	1.051	0.825
25	10	1.0	0.643	0.505
		1.5	0.921	0.723
		2.0	1.171	0.919
	18	1.0	0.803	0.630
		1.5	1.161	0.912
		2.0	1.491	1.171
30	15	1.5	1.221	0.959
		2.0	1.571	1.233
		2.5	1.893	1.486
	20	1.5	1.371	1.007
		2.0	1.771	1.390
		2.5	2.143	1.682
35	15	1.5	1.371	1.077
		2.0	1.771	1.390
		2.5	2.143	1.682
	25	1.5	1.671	1.312
		2.0	2.171	1.704
		2.5	2.642	2.075

基本尺寸/mm			截面面积 F /cm²	理论重量 G /(kg/m)
A	B	S		
40	20	2.0	2.171	1.704
		2.5	2.642	2.075
		3.0	3.085	2.422
	30	2.0	2.571	2.018
		2.5	3.143	2.467
		3.0	3.685	2.893
50	25	2	2.771	2.175
		3	3.985	3.129
		4	5.085	3.992
	40	2	3.371	2.646
		3	4.885	3.835
		4	6.285	1.934
60	30	2	3.371	2.646
		3	4.885	3.835
		4	6.285	1.934
	40	2	3.771	2.960
		3	5.485	4.306
		4	7.085	5.562
70	35	2	3.971	3.117
		3	5.785	1.542
		4	7.485	5.876
	50	3	6.685	5.248
		4	8.685	6.818
		5	10.57	8.298
80	40	3	6.685	5.218
		4	8.685	6.818
		5	10.57	8.298
	60	4	10.29	8.074
		5	12.57	9.868
		6	14.74	11.57
90	50	3	7.885	6.190
		4	10.29	8.074
		5	12.57	9.868

续表

基本尺寸/mm			截面面积 F /cm^2	理论重量 G /(kg/m)	基本尺寸/mm			截面面积 F /cm^2	理论重量 G /(kg/m)
A	B	S			A	B	S		
90	70	4	11.89	9.330	180	80	6	29.14	22.88
		5	14.57	11.44			8	37.39	29.35
		6	15.94	12.51			10	45.43	35.66
100	50	3	8.485	6.661		100	8	40.59	31.87
		4	11.09	8.702			10	49.43	38.80
		5	13.57	10.65			12	57.73	45.32
	80	4	13.49	10.59	200	80	8	40.59	31.87
		5	16.57	13.01			12	57.73	45.32
		6	19.54	15.34			14	65.51	51.43
120	60	4	13.49	10.59		120	8	46.99	36.89
		5	16.57	13.01			12	67.33	52.86
		6	19.54	15.34			14	76.71	60.22
	80	4	15.09	11.84	220	110	8	48.59	38.15
		6	21.94	17.22			12	69.73	54.74
		8	27.79	21.82			14	79.51	62.42
140	70	6	23.14	18.17		200	10	77.43	60.78
		8	29.39	23.07			12	91.33	71.70
		10	35.43	27.81			14	104.7	82.20
	120	6	29.14	22.88	250	150	10	73.43	57.64
		8	37.39	29.35			12	86.53	67.93
		10	45.43	35.66			14	99.11	17.80
150	75	6	24.94	19.58		200	10	83.43	65.49
		8	31.79	24.96			12	98.53	77.35
		10	38.43	30.16			14	113.1	88.79
	100	6	27.94	21.93	300	150	10	83.43	65.49
		8	35.79	28.10			14	113.1	88.79
		10	13.43	31.09			16	127.2	99.83
160	60	6	24.34	19.11		200	10	93.43	73.34
		8	30.99	24.33			14	127.1	99.78
		10	37.43	29.38			16	143.2	112.39
	80	6	26.74	20.99	400	200	10	113.4	89.04
		8	34.19	26.84			14	155.1	121.76
		10	41.43	32.52			16	175.2	137.51

注：1.当 $S \leqslant 6$mm 时，$R=1.5S$，$G=0.0157S(A+B-2.8584S)$；当 $S>6$mm 时，$R=2.0S$，$G=0.0157S(A+B-3.2876S)$。

2.钢的密度按 7.85kg/dm^3 计算。

表 4.155 钢管的力学性能

牌号	质量等级	抗拉强度 R_m/MPa ≥	下屈服强度 R_{eL}/MPa ≥	断后伸长率 A/% ≥	冲击试验	
					温度/℃	吸收能量 KV_2/J ≥
10	—	335	205	24	—	—
20	—	410	245	20	—	—
35	—	510	305	17	—	—
45	—	590	335	14	—	—
Q195	—	315～430	195	33	—	—
Q215	A	335～450	215	30	—	—
	B				+20	27
Q235	A	370～500	235	25	—	—
	B				+20	27
	C				0	
	D				−20	
Q345	A	470～630	345	20	—	—
	B				+20	34
	C			21	0	
	D				−20	
	E				−40	27
Q390	A	490～650	390	18	—	—
	B				+20	34
	C			19	0	
	D				−20	
	E				−40	27

4.21 冷弯型钢

4.21.1 冷弯等边角钢（GB/T 6723—2008）

表 4.156 冷弯等边角钢的规格和质量

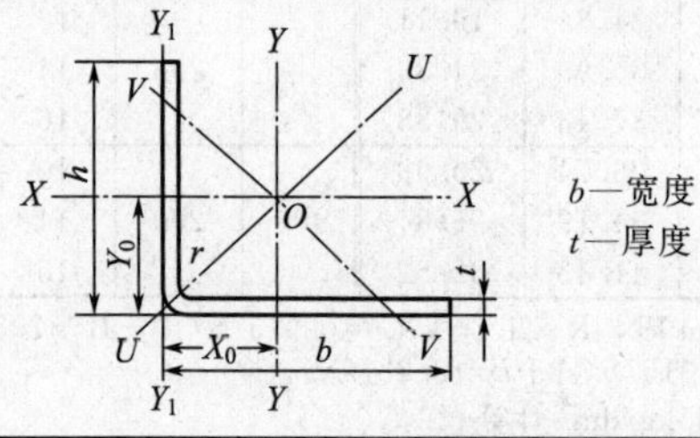

续表

规格 $b\times b\times t$	尺寸/mm		截面面积/cm^2	理论质量/(kg/m)	规格 $b\times b\times t$	尺寸/mm		截面面积/cm^2	理论质量/(kg/m)
	b	t				b	t		
20×20×1.2	20	1.2	0.451	0.354	80×80×4.0	80	4.0	6.086	4.778
20×20×2.0		2.0	0.721	0.566	80×80×5.0		5.0	7.510	5.895
30×30×1.6	30	1.6	0.909	0.714	100×100×4.0	100	4.0	7.686	6.034
30×30×2.0		2.0	1.121	0.880	100×100×5.0		5.0	9.510	7.465
30×30×3.0		3.0	1.623	1.274	150×150×6.0	150	6.0	17.254	13.458
40×40×1.6	40	1.6	1.229	0.965	150×150×8.0		8.0	22.673	17.685
40×40×2.0		2.0	1.521	1.194	150×150×10		10	27.927	21.783
40×40×3.0		3.0	2.223	1.745	200×200×6.0	200	6.0	23.254	18.138
50×50×2.0	50	2.0	1.921	1.508	200×200×8.0		8.0	30.673	23.925
50×50×3.0		3.0	2.823	2.216	200×200×10		10	37.927	29.583
50×50×4.0		4.0	3.686	2.894	250×250×8.0	250	8.0	38.672	30.164
60×60×2.0	60	2.0	2.321	1.822	250×250×10		10	47.927	37.383
60×60×3.0		3.0	3.423	2.687	250×250×12		12	57.015	44.472
60×60×4.0		4.0	4.486	3.522	300×300×10	300	10	57.927	45.183
70×70×3.0	70	3.0	4.023	3.158	300×300×12		12	69.016	53.832
70×70×4.0		4.0	5.286	4.150	300×300×14		14	79.616	62.022
					300×300×16		16	90.124	70.312

4.21.2　冷弯不等边角钢（GB/T 6723—2008）

表 4.157　冷弯不等边角钢尺寸的规格和质量

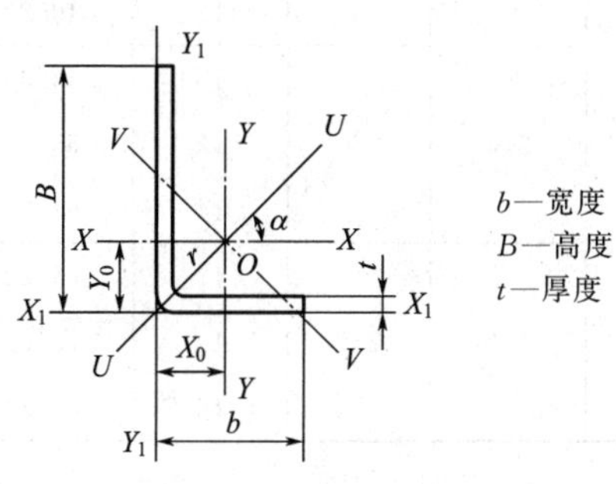

续表

规格 $B\times b\times t$	尺寸/mm			截面面积 /cm²	理论质量 /(kg/m)
	B	b	t		
30×20×2.0	30	20	2.0.	0.921	0.723
30×20×3.0			3.0	1.323	1.039
50×30×2.5	50	30	2.5	1.877	1.473
50×30×4.0			4.0	2.886	2.266
60×40×2.5	60	40	2.5	2.377	1.866
60×40×4.0			4.0	3.686	2.894
70×40×3.0	70	40	3.0	3.123	2.452
70×40×4.0			4.0	4.086	3.208
80×50×3.0	80	50	3.0	3.723	2.923
80×50×4.0			4.0	4.886	3.836
100×60×3.0	130	60	3.0.	4.623	3.629
100×60×4.0			4.0	6.086	4.778
100×60×5.0			5.0	7.510	5.895
150×120×6.0	150	120	6.0	15.45	12.05
150×120×8.0			8.0	20.27	15.81
150×120×10			10	24.93	19.44
200×160×8.0.	200	160	8.0	27.47	21.43
200×160×10			10	33.93	24.46
200×160×12			12	40.22	31.37
250×220×10	250	220	10	44.93	35.04
250×220×12			12	53.42	41.66
250×220×14			14	61.32	47.83
300×260×12	300	260	12	64.22	50.09
300×260×11			14	73.92	57.65
300×260×16			16	83.74	65.32

4.21.3　冷弯等边槽钢（GB/T 6723—2008）

表 4.158　冷弯等边槽钢的规格和质量

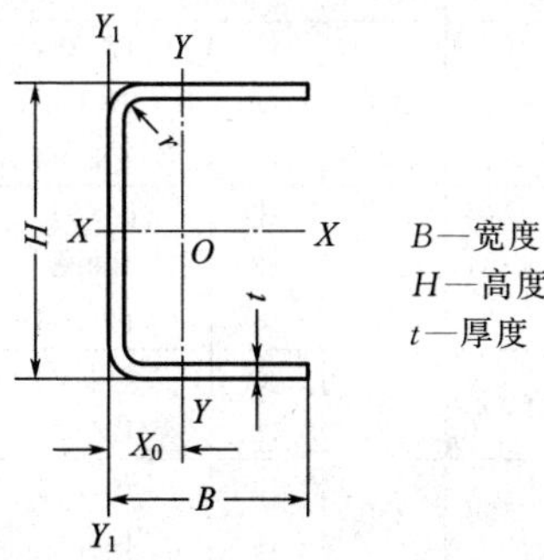

规格 $B\times b\times t$	尺寸/mm			截面面积 /cm²	理论质量 /(kg/m)
	H	B	t		
20×10×1.5	20	10	1.5	0.511	0.401
20×10×2.0			2.0	0.643	0.505
50×30×2.0	50	30	2.0	2.043	1.604
50×30×3.0		30	3.0	2.947	2.314
50×50×3.0		50	3.0	4.147	3.256
100×50×3.0	100	50	3.0	5.647	4.433
100×50×4.0			4.0	7.373	5.788
140×60×3.0	140	60	3.0	7.447	5.846
140×60×4.0			4.0	9.773	7.672
140×60×5.0			5.0	12.021	9.436
200×80×4.0	200	80	4.0	13.773	10.812
200×80×5.0			5.0	17.021	13.361
200×80×6.0			6.0	20.190	15.849
250×130×6.0	250	130	6.0	29.107	22.703
250×130×8.0			8.0	38.147	29.755
300×150×6.0	300	150	6.0	34.507	26.915
300×150×8.0			8.0	46.347	35.371
300×150×10	300	150	10	55.854	43.566
350×180×8.0	350	180	8.0	54.147	42.235
350×180×10			10	66.864	52.146
350×180×12			12	79.230	61.799

续表

规格 $B\times b\times t$	尺寸/mm			截面面积 /cm²	理论质量 /(kg/m)
	H	B	t		
400×200×10	400	200	10	75.854	59.166
400×200×12			12	90.030	70.223
400×200×14			14	103.03	80.366
450×220×10	450	220	10	84.854	66.186
450×220×12			12	100.83	78.647
450×220×14			14	115.63	90.194
500×250×12	500	250	12	114.03	88.943
500×250×14			14	131.03	102.206
550×280×12	550	280	12	127.23	99.239
550×280×14			14	146.43	114.22
600×300×14	600	300	14	159.03	124.05
600×300×16			16	180.29	140.62

4.21.4　冷弯不等边槽钢（GB/T 6723—2008）

表 4.159　冷弯不等边槽钢的规格和质量

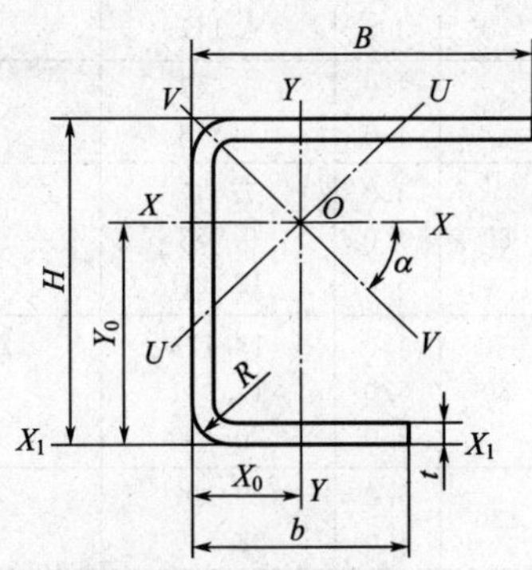

B—长边宽度
b—短边宽度
H—高度
t—厚度

规格 $H\times B\times b\times t$	尺寸/mm				截面面积 /cm²	理论质量 /(kg/m)
	H	B	b	t		
50×32×20×2.5	50	32	20	2.5	2.344	1.84
50×32×20×3.0				3.0	2.764	2.169
80×40×20×2.5	80	40	20	2.5	3.294	2.586
80×40×20×3.0				3.0	3.904	3.064

续表

规格 $H\times B\times b\times t$	尺寸/mm				截面面积 /cm²	理论质量 /(kg/m)
	H	B	b	t		
100×60×30×3.0	100	60	30	3.0	5.404	4.242
150×60×50×3.0	150		50	3.0	7.504	5.890
200×70×60×4.0	200	70	60	4.0	12.605	9.832
200×70×60×5.0				5.0	15.463	12.061
250×80×70×5.0	250	80	70	5.0	18.963	14.791
250×80×70×6.0				6.0	22.507	17.555
300×90×80×6.0	300	90	80	6.0	26.707	20.831
300×90×80×8.0	300	90	80	8.0	34.947	27.259
350×100×90×6.0	350	100	90	6.0	30.907	24.107
350×100×90×8.0				8.0	40.547	31.627
400×150×100×8.0	400	150	100	8.0	49.347	38.491
400×150×100×10				10	60.854	47.466
450×200×150×10	450	200	150	10	75.854	59.166
450×200×150×12				12	90.030	70.223
500×250×200×12	500	250	200	12	108.03	84.263
500×250×200×14				14	124.03	96.746
550×300×250×14	550	300	250	14	145.03	113.13
550×300×250×16				16	164.29	128.14

4.22 无缝钢管

4.22.1 普通无缝钢管（GB/T 17395—2008）

普通无缝钢管尺寸分为普通和精密两个尺寸组。普通钢管的外径分为三个系列，系列 1：标准化钢管；系列 2：非标准化钢管；系列 3：特殊用途钢管。精密钢管的外径分为系列 2、系列 3。

表 4.160　普通无缝钢管规格　　mm

外径			壁厚范围	外径			壁厚范围
系列 1	系列 2	系列 3		系列 1	系列 2	系列 3	
—	6	—	0.25～2.0	17	16	18	0.25～5.0
—	7、8	—	0.25～2.5	—	19、20		0.25～6.0
—	9	—	0.25～2.8	21	—	22	0.40～6.0
10	11	—	0.25～3.5	27	25、28、32	25.4	0.4～7.0
13.5	12、13	14	0.25～4.0	34	—	30	0.4～8.0

续表

外径			壁厚范围	外径			壁厚范围
系列1	系列2	系列3		系列1	系列2	系列3	
—	—	35	0.4～9.0	—	146	152	3.0～40
—	38、40	—	0.4～10	168	—	159	3.5～45
42	—	—	1.0～10	—	—	180、194	3.5～50
48	51	45	1.0～12	219	203	—	3.5～55
—	57	54	1.0～14	—	—	232、245、267	6.0～65
60	63、65、68	—	1.0～15				
—	70	—	1.0～17	273	—	—	6.5～85
—	—	73	1.0～19	325	299	—	7.5～100
76	—	—	1.0～20	—	340、351	—	8.0～100
—	77、80	—	1.4～20	356	377	—	9.0～100
—	85	83	1.4～22	406	402	—	9.0～100
89	95	—	1.4～24	457	426	—	9.0～100
—	102	—	1.4～28	—	450、480	—	9.0～100
—	—	108	1.4～30	508	500	—	9.0～110
114	—	—	1.5～30	610	530	560	9.0～120
—	121	—	1.5～32	711	630	660、699	9.0～120
—	127	—	1.8～32	813	720	—	12～120
—	133	—	2.5～36	914	762	788.5	20～120
140	133	142	3.0～36	1016	—	864、965	20～120

注：壁厚系列（mm）：0.25，0.30，0.40，0.50，0.60，0.80，1.0，1.2，1.4，1.5，1.6，1.8，2.0，2.2，2.5，2.8，3.0，3.2，3.5，4.0，4.5，5.0，5.5，6.0，6.5，7.0，7.5，8.0，8.5，9.0，9.5，10，11，12，13，14，15，16，17，18，19，20，22，24，25，26，28，30，32，34，36，38，40，42，45，48，50，55，60，65，70，75，80，85，90，95，100，110，120。

4.22.2 结构用无缝钢管（GB/T 8162—2008）

① 分类 分热轧（挤压、扩）和冷拔（轧）两种。

② 材料 有优质碳素结构钢，其牌号和化学成分应符合 GB/T 699 中 10、15、20、25、35、45、20Mn、25Mn 的规定；低合金高强度结构钢，其牌号和化学成分应符合 GB/T 1591 的规定（其中质量等级为 A、B、C 级钢的磷、硫含量均应不大于 0.030%）；合金结构钢，其牌号和化学成分应符合 GB/T 3077 的规定。

③ 尺寸 结构用无缝钢管钢管的外径（D）和壁厚（S）应符合 GB/T 17395 的规定。

表 4.161　热轧（挤、扩）无缝钢管的规格　mm

外径	壁厚	外径	壁厚	外径	壁厚	外径	壁厚
32	2.5～8	76	3.0～19	152	4.5～36	377	9～75
38	2.5～8	83	3.5～19	159	4.5～36	402	9～75
42	2.5～10	89	3.5～24	168	5～45	406	9～75
45	2.5～10	95	3.5～24	180	5～45	450	9～75
50	2.5～10	102	3.5～24	194	5～45	(465)	9～75
54	3～11	108	4～28	203	6～50	480	9～75
57	3～13	114	4～28	219	6～50	500	9～75
60	3～14	121	4～28	245	6.5～50	530	9～75
63.5	3～14	127	4～30	273	6.5～50	(550)	9～75
68	3～16	133	4～32	299	7.5～75	560	9～24
70	3～16	140	4.5～36	325	7.5～75	600	9～24
73	3～19	146	4.5～36	351	8.0～75	630	9～24

注：壁厚系列（mm）：2.5，3.0，3.5，4.0，4.5，5.0，5.5，6.0，6.5，7.0，7.5，8.0，8.5，9.0，9.5，10，11，12，13，14，15，16，17，18，19，20，22，(24)，25，(26)，28，30，32，(34)，(35)，36，(38)，40，(42)，(45)，(48)，(50)，56，60，63，(65)，70，75。

表 4.162　冷拔（轧）钢管的规格　mm

外径	壁厚	外径	壁厚	外径	壁厚	外径	壁厚
6	0.25～2.0	(24)	0.40～7.0	53	1.0～12	100	2.0～12
7	0.25～2.5	25	0.40～7.0	54	1.0～12	(102)	2.0～12
8	0.25～2.5	27	0.40～7.0	56	1.0～12	108	2.0～12
9	0.25～2.8	28	0.40～7.0	57	1.0～13	110	2.0～12
10	0.25～3.5	29	0.40～7.5	60	1.0～14	120	2.0～12
11	0.25～3.5	30	0.40～8.0	63	1.0～12	125	2.0～12
12	0.25～4.0	32	0.40～8.0	65	1.0～12	130	2.5～12
(13)	0.25～4.0	34	0.40～8.0	(68)	1.0～14	133	2.5～12
14	0.25～4.0	(35)	0.40～8.0	70	1.0～14	140	3.0～12
(15)	0.25～5.0	36	0.40～8.0	73	1.0～14	150	3.0～12
16	0.25～5.0	38	0.40～9.0	75	1.0～12	160	3.5～12
(17)	0.25～5.0	40	0.40～9.0	76	1.0～14	170	3.5～12
18	0.25～5.0	42	1.0～9.0	80	2.0～12	180	3.5～12
19	0.25～6.0	44.5	1.0～9.0	(83)	2.0～14	190	4.0～12
20	0.25～6.0	45	1.0～10	85	2.0～12	200	4.0～12
(21)	0.40～0.40	48	1.0～10	89	2.0～14		
22	0.40～0.40	50	1.0～12	90	2.0～12		
(23)	0.40～0.40	51	1.0～12	95	2.0～12		

注：1. 壁厚系列（mm）：0.25，0.30，0.40，0.50，0.60，0.80，1.0，1.2，1.4，1.5，1.6，1.8，2.0，2.2，2.5，2.8，3.0，3.2，3.5，4.0，4.5，5.0，5.5，6.0，6.5，7.0，7.5，8.0，8.5，9.0，9.5，10，11，12，13，14。

2. 有（）的不推荐使用。

3. 通常长度为 2～10.5m。

4. 钢管的弯曲度：壁厚≤15mm，≤1.5mm；壁厚>15mm，≤2.0mm。

标注例：用 10 号钢制造的外径为 73mm、壁厚 3.5mm 的冷拔钢管，直径为较高级精度，壁厚为普通级精度，长度为 5000mm 倍尺。标注为：10-73×3.5×5000 倍尺-GB/T 8162—2008。

4.22.3 精密无缝钢管（GB/T 3639—2009）

适用于制造机械结构、液压设备、汽车零部件等具有特殊尺寸精度和高表面质量要求的冷拔或冷轧精密无缝钢管，按交货状态分为五类，类别和代号为：冷加工/硬状态：＋C；冷加工/软状态：＋LC；消除应力退火状态：＋SR；退火状态＋A ；正火状态：＋N。

表 4.163 冷拔或冷轧精密无缝钢管的规格 mm

外径	壁厚								
	0.5	0.8	1	1.2	1.5	1.8	2	2.2	2.5
	内径								
4	3	2.4	2	1.6	—	—	—	—	—
5	4	3.4	3	2.6	—	—	—	—	—
6	5	4.4	4	3.6	3	2.4	2	—	—
7	6	5.4	5	4.6	4	3.4	3	—	—
8	7	6.4	6	5.6	5	4.4	4	3.6	3
9	8	7.4	7	6.6	6	5.4	5	4.6	4
10	9	8.4	8	7.6	7	6.4	6	5.6	5
12	11	10.4	10	9.6	9	8.4	8	7.6	7
14	13	12.4	12	11.6	11	10.4	10	9.6	9
15	14	13.4	13	12.6	12	11.4	11	10.6	10
16	15	14.4	14	13.6	13	12.4	12	11.6	11
18	17	16.4	16	15.6	15	14.4	14	13.6	13
20	19	18.4	18	17.6	17	16.4	16	15.6	15
22	21	20.4	20	19.6	19	18.4	18	17.6	17
25	24	23.4	23	22.6	22	21.4	21	20.6	20
26	25	24.4	24	23.6	23	22.4	22	21.6	21
28	27	26.4	26	25.6	25	24.4	24	23.6	23
30	29	28.4	28	27.6	27	26.4	26	25.6	25
32	31	30.4	30	29.6	29	28.4	28	27.6	27
35	34	33.4	33	32.6	32	31.4	31	30.6	30
38	37	36.4	36	35.6	35	34.4	34	33.6	33
40	39	38.4	38	37.6	37	36.4	36	35.6	35

续表

外径	壁厚								
	0.5	0.8	1	1.2	1.5	1.8	2	2.2	2.5
	内径								
42			40	39.6	39	38.4	38	37.6	37
45			43	42.6	42	41.4	41	40.6	40
48			46	45.6	45	44.4	44	43.6	43
50			48	47.6	47	46.4	46	45.6	45
55	—	—	53	52.6	52	51.4	51	50.6	50
60			58	57.6	57	56.4	56	55.6	55
65			63	62.6	62	61.4	61	60.6	60
70			68	67.6	67	66.4	66	65.6	65
75			73	72.6	72	71.4	71	70.6	70
80			78	77.6	77	76.4	76	75.6	75
85					82	81.4	81	80.6	80
90					87	86.4	86	85.6	85
95							91	90.6	90
100	—	—	—	—			96	95.6	95
110					—	—	106	105.6	105
120							116	115.6	115
130							—	—	125
140									135

外径	壁厚								
	2.8	3	3.5	4	4.5	5	5.5	6	7
	内径								
9	3.4	—	—	—					
10	4.4	4			—				
12	6.4	6	5	4		—	—	—	
14	8.4	8	7	6	5				—
15	9.4	9	8	7	6	5			
16	10.4	10	9	8	7	6	5	4	
18	12.4	12	11	10	9	8	7	6	
20	14.4	14	13	12	11	10	9	8	6
22	16.4	16	15	14	13	12	11	10	8
25	19.4	19	18	17	16	15	14	13	11
26	20.4	20	19	18	17	16	15	14	12
28	22.4	22	21	20	19	18	17	16	14
30	24.4	24	23	22	21	20	19	18	16

续表

外径	壁厚								
	2.8	3	3.5	4	4.5	5	5.5	6	7
	内径								
32	26.4	26	25	24	23	22	21	20	18
35	29.4	29	28	27	26	25	24	23	21
38	32.4	32	31	30	29	28	27	26	24
40	34.4	34	33	32	31	30	29	28	26
42	36.4	36	35	34	33	32	31	30	28
45	39.4	39	38	37	36	35	34	33	31
48	42.4	42	41	40	39	38	37	36	34
50	44.4	44	43	42	41	40	39	38	36
55	49.4	49	48	47	46	45	44	43	41
60	54.4	54	53	52	51	50	49	48	46
65	59.4	59	58	57	56	55	54	53	51
70	64.4	64	63	62	61	60	59	58	56
75	69.4	69	68	67	66	65	64	63	61
80	74.4	74	73	72	71	70	69	68	66
85	79.4	79	78	77	76	75	74	73	71
90	84.4	84	83	82	81	80	79	78	76
95	89.4	89	88	87	86	85	84	83	81
100	94.4	94	93	92	91	90	89	88	86
110	104.4	104	103	102	101	100	99	98	96
120	114.4	114	113	112	111	110	109	108	106
130	124.4	124	123	122	121	120	119	118	116
140	134.4	134	133	132	131	130	129	128	126
150	—	144	143	142	141	140	139	138	136
160		154	153	152	151	150	149	148	146
170		164	163	162	161	160	159	158	156
180		—	173	172	171	170	169	168	166
190			183	182	181	180	179	178	176
200			193	192	191	190	189	188	186

续表

外径	壁厚								
	8	9	10	12	14	16	18	20	22
	内径								
25	9								
26	10	—	—						
28	12								
30	14	12	10						
32	16	14	12						
35	19	17	15						
38	22	20	18	—	—	—	—	—	—
40	24	22	20						
42	26	24	22						
45	29	27	25						
48	32	30	28						
50	34	32	30						
55	39	37	35	31	—				
60	44	42	40	36		—			
65	49	47	45	41	37				
70	54	52	50	46	42		—	—	—
75	59	57	55	51	47	43			
80	64	62	60	56	52	48			
85	69	67	65	61	57	53			
90	74	72	70	66	62	58			
95	79	77	75	71	67	63	59		
100	84	82	80	76	72	68	64		
110	94	92	90	86	82	78	74	—	—
120	104	102	100	96	92	88	84		
130	114	112	110	106	102	98	94		
140	124	122	120	116	112	108	104		
150	134	132	130	126	122	118	114	110	
160	144	142	140	136	132	128	124	120	—
170	154	152	150	146	142	138	134	130	
180	164	162	160	156	152	148	144	140	
190	174	172	170	166	162	158	154	150	156
200	184	182	180	176	172	168	164	160	166

注：1. 冷加工（＋C、＋LC）状态的钢管，其外径和内径允许偏差按本表的规定。

2. 热处理（＋SR、＋A、＋N）状态的钢管，其外径和内径允许偏差：当 $S/D \geqslant 1/20$ 时，其外径和内径允许偏差按本表的规定；当 $1/40 < S/D < 1/20$ 时，按本表规定值的 1.5 倍；当 $S/D < 1/40$ 时，按本表规定值的 2.0 倍。

3. 钢管壁厚的允许偏差为±10%或 0.10mm（取其较大者）。

4.22.4 输送流体用无缝钢管（GB/T 8163—2008）

① 牌号化学成分 10、20、Q295、Q345、Q390、Q420、Q460。

② 化学成分（熔炼分析） 10、20钢的化学成分应符合GB/T 699的规定；Q295、Q345、Q390、Q420和Q460钢的化学成分应符合GB/T 1591的规定（质量等级为A、B、C级钢的磷、硫含量均应不大于0.030%）。

③ 尺寸 钢管的外径（D）和壁厚（S）应符合GB/T 17395的规定，钢管的通常长度为3000～12500mm。

④ 力学性能

表4.164 冷拔或冷轧精密无缝钢管的力学性能

牌号	交货状态											
	冷加工/硬（+C）		冷加工/软（+LC）		冷加工后消除应力退火（+SR）			退火（+A）		正火（+N）		
	抗拉强度 R_m /MPa	断后伸长率 A /%	抗拉强度 R_m /MPa	断后伸长率 A /%	抗拉强度 R_m /MPa	上屈服强度 R_{eH} /MPa	断后伸长率 A /%	抗拉强度 R_m /MPa	断后伸长率 A /%	抗拉强度 R_m /MPa	上屈服强度 R_{eH} /MPa	断后伸长率 A /%
	≥											
10	430	8	380	10	400	300	16	335	24	320～450	215	27
20	550	5	520	8	520	375	12	390	21	440～570	255	21
35	590	5	550	7	—	—	—	510	17	460	280	21
45	645	4	630	6	—	—	—	590	14	540	340	18
Q345B	640	4	580	7	580	450	10	450	22	490～630	355	22

表 4.165 输送流体用无缝钢管的力学性能

牌号	质量等级	统一数字代号	抗拉强度 R_m /MPa	下屈服强度[①] R_{eL}/MPa ≥			断后伸长率 A/%	冲击试验	
				壁厚/mm				温度/℃	冲击吸收功/J ≥
				≤16	16～30	>30			
10	—	U20102	335～475	205	195	185	24	—	—
20	—	U20202	410～530	245	235	225	20	—	—
Q295	A	U02951	390～570	295	275	255	22	—	—
	B	U02952						+20	34
Q345	A	U03451	470～630	345	325	295	20	—	—
	B	U03452						+20	34
	C	U03453					21	0	
	D	U03454						−20	
	E	U03455						−40	27
Q390	A	U03901	490～650	390	310	350	18	—	—
	B	U03902						+20	34
	C	U03903					19	0	
	D	U03904						−20	
	E	U03905						−40	27
Q420	A	U04201	520～680	420	400	380	18	—	—
	B	U04202						+20	34
	C	U04203					19	0	
	D	U04204						−20	
	E	U04205						−40	27
Q460	C	U04603	550～720	460	440	420	17	0	34
	D	U04604						−20	34
	E	U04605						−40	27

①拉伸试验时，如不能测定屈服强度，可测定规定非比例延伸强度 $R_{p0.2}$ 代替 R_{eL}。

4.23 水、煤气管

表4.166 水、煤气管规格及线质量

公称直径		外径/mm	普通管		加厚管		每1m钢管分配的管接头质量(以每6m一个管接头计算)/kg
mm	in		壁厚/mm	线质量/(kg/m)	壁厚/mm	线质量/(kg/m)	
6	1/4	10.0	2.00	0.39	2.50	0.46	—
8	1/3	13.5	2.25	0.62	2.75	0.73	—
10	3/8	17.0	2.25	0.82	2.75	0.97	—
15	1/2	21.25	2.75	1.25	3.25	1.44	0.01
20	3/4	26.75	2.75	1.63	3.50	2.01	0.02
25	1	33.50	3.25	2.42	4.00	2.91	0.03
32	1¼	42.25	3.25	3.13	4.00	3.77	0.04
40	1½	48.0	3.50	3.84	4.25	4.58	0.06
50	2	60.0	3.50	4.88	4.50	6.16	0.08
70	2½	75.5	3.75	6.64	4.50	7.88	0.13
80	3	88.5	4.00	8.34	4.75	9.81	0.20
100	4	114	4.00	10.85	5.00	13.44	0.40
125	5	140	4.50	15.04	5.50	18.24	0.60
150	6	165	4.50	17.81	5.5	21.63	0.80

注：1.镀锌钢管比不镀锌钢管重3%～6%。钢管一般用材料为A_2、A_3、A_4。

2.除镀锌钢管外，户外也有用三元乙丙橡胶（乙烯、丙烯以及非共轭二烯烃的三元共聚物，EPDM）的。

4.24 低压流体输送用焊接钢管（GB/T 3091—2015）

适用于水、空气、采暖蒸汽、燃气等低压流体输送。

① 分类　按焊接方法可分为直缝高频电阻焊（ERW）钢管、直缝埋弧焊（SAWL）钢管和螺旋缝埋弧焊（SAWH）钢管。

② 尺寸　钢管的外径（*D*）和壁厚（*S*）应符合 GB/T 21835 的规定。钢管的通常长度应为 3000～12000mm。

表 4.167　公称外径≤168.3mm 的钢管规格

公称口径 /mm	公称外径 /mm	普通钢管		加厚钢管	
		公称壁厚 /mm	线质量 /(kg/m)	公称壁厚 /mm	线质量 /(kg/m)
6	10.2	2.0	0.40	2.5	0.47
8	13.5	2.5	0.68	2.8	0.74
10	17.2	2.5	0.91	2.8	0.99
15	21.3	2.8	1.28	3.5	1.54
20	26.9	2.8	1.66	3.5	2.02
25	33.7	3.2	2.41	4.0	2.93
32	42.4	3.5	3.36	4.0	3.79
40	48.3	3.5	3.87	4.5	4.86
50	60.3	3.8	5.29	4.5	6.19
65	76.1	4.0	7.11	4.5	7.95
80	88.9	4.0	8.38	5.0	10.35
100	114.3	4.0	10.88	5.0	13.48
125	139.7	4.0	13.39	5.5	18.20
150	168.3	4.5	18.18	6.0	24.02

注：表中的公称口径系内径的名义尺寸，不表示公称外径减去两个公称壁厚所得的内径。

表 4.168 公称外径>168.3mm 的钢管规格

公称外径/mm	公称壁厚/mm														
	4.0	4.5	5.0	5.5	6.0	6.5	7.0	8.0	9.0	10.0	11.0	12.5	14.0	15.0	16.0
	理论线质量/(kg/m)														
177.8	17.14	19.23	21.31	23.37	25.42										
193.7	18.71	21.00	23.27	25.53	27.77										
219.1	21.22	23.82	26.40	28.97	31.53	34.08	36.61	41.65	46.63	51.57					
244.5	23.72	26.63	29.53	32.42	35.29	38.15	41.00	46.66	52.27	57.83					
273.0			33.05	36.28	39.51	42.72	45.92	52.28	58.60	64.86					
323.9			39.32	43.19	47.04	50.88	54.71	62.32	69.89	77.41	84.88	95.99			
355.6				47.49	51.73	55.96	60.18	68.58	76.93	85.23	93.48	105.8			
406.4				54.38	59.25	64.10	68.95	78.60	88.20	97.76	107.3	121.4			
457.2				61.27	66.76	72.25	77.72	88.62	99.48	110.29	121.0	137.1			
508				68.16	74.28	80.39	86.49	98.65	110.75	122.81	134.8	152.8			
559				75.08	81.83	88.57	95.29	108.7	122.07	135.39	148.7	168.5	188.2	201.2	214.3
610				81.99	89.37	96.74	104.1	118.8	133.4	145.0	162.5	184.2	205.8	220.1	234.4

续表

公称外径/mm	公称壁厚/mm															
	6.0	6.5	7.0	8.0	9.0	10.0	11.0	13.0	14.0	15.0	16.0	18.0	19.0	20.0	22.0	25.0
	理论线质量/(kg/m)															
660	96.8	104.8	112.7	128.6	144.5	160.3	176.1	207.4	223.0	238.6	254.1	285.0	300.4	315.7	346.2	341.5
711	104.3	112.9	121.9	138.7	155.8	172.9	189.9	223.8	240.7	257.5	274.2	307.6	324.3	340.8	373.8	422.9
762	111.9	121.1	130.3	148.8	167.1	185.5	203.7	240.1	258.3	276.3	294.4	330.3	348.2	366.0	401.5	454.4
813	119.4	129.3	139.1	158.8	178.5	198.0	217.6	256.5	275.9	295.2	314.5	352.9	372.0	391.1	429.2	485.8
864	127.0	137.5	147.9	168.9	189.8	210.6	231.4	272.8	293.5	314.1	334.6	375.6	395.9	416.3	456.8	517.3
914	134.4	145.5	156.6	178.8	200.9	222.9	245.0	288.9	310.7	332.6	354.3	397.7	419.4	441.0	484.0	548.1
1016	149.5	161.8	174.2	198.9	223.5	248.1	272.6	321.6	346.0	370.3	394.6	443.0	467.2	491.3	539.3	611.0
1067	157.0	170.0	183.0	208.9	234.8	260.7	289.5	337.9	363.6	389.2	414.7	465.7	491.1	516.4	567.0	642.4
1118	164.5	178.2	191.8	219.0	246.2	273.3	300.3	354.3	381.2	408.0	434.8	488.3	514.6	541.6	594.6	673.9
1168	171.9	186.2	200.4	228.9	257.2	285.6	313.9	370.3	398.4	426.5	454.6	510.5	538.4	566.2	612.8	704.7
1219	179.5	194.4	209.2	238.9	268.6	298.2	327.7	386.6	416.0	445.4	474.7	533.1	562.3	591.4	649.4	736.2
1321	194.6	210.7	226.8	259.0	291.2	323.3	355.4	419.3	451.3	483.1	514.9	578.4	610.1	641.7	704.8	799.0
1422	209.5	226.9	244.3	279.0	313.6	348.2	382.8	451.7	486.1	520.5	554.8	623.3	657.4	691.5	759.6	861.3
1524	224.6	243.3	261.9	299.1	336.3	373.4	410.4	484.4	521.3	558.2	595.0	668.5	705.2	741.8	814.9	924.2
1626	239.7	259.6	279.5	319.2	358.9	398.5	438.1	517.1	556.6	596.0	635.3	713.8	753.0	792.1	870.3	987.1

③ 力学性能

表 4.169 钢管的力学性能

牌号	下屈服强度 R_{eL} /MPa ≥		抗拉强度 R_m /MPa ≥	断后伸长率 A /% ≥	
	t≤16mm	t>16mm		D≤168.3mm	D>168.3m
Q195	195	185	315	15	20
Q215A、Q215B	215	205	335		
Q2d5A、Q235B	235	225	370		
Q295A、Q295B	295	275	390	13	18
Q345A、Q345B	345	325	470		

注：t 为钢管壁厚，D 为钢管外径。

4.25 钢丝

4.25.1 一般用途低碳钢丝（YB/T 5294—2009）

表 4.170 一般用途低碳钢丝的分类

分类	按交货状态			按用途		
名称	冷拉钢丝	退火钢丝	镀锌钢丝	普通用	制钉用	建筑用
代号	WCD	TA	SZ			

表 4.171 一般用途低碳钢丝的规格

钢丝直径 /mm	标准捆			非标准捆最低质量/kg
	捆重/kg	每捆根数 ≤	单根最低质量/kg	
≤0.30	5	6	0.5	0.5
>0.30～0.50	10	5	1	1
>0.50～1.00	25	4	2	2
>1.00～1.20	25	3	3	3
>1.20～3.00	50	3	4	4
>3.00～4.50	50	2	6	10
>4.50～6.00	50	2	6	12

4.25.2 重要用途低碳钢丝（YB/T 5032—2006）

分类：按交货表面状况，重要用途低碳钢丝可分为两类分为：Ⅰ类——镀锌钢丝（Zd）；Ⅱ类——光面钢丝（Zg）。

表 4.172 重要用途低碳钢丝

公称直径/mm	直径允许偏差/mm		抗拉强度 R_m/MPa ≥		扭转次数/(次/360°)	弯曲次数/(次/180°)	镀锌钢丝缠绕试验
	光面	镀锌	光面	镀锌			
0.3	±0.02	+0.04 −0.02	395	365	30	打结拉伸试验抗拉强度(MPa)： 光面：≥225 镀锌：≥186	芯棒直径等于5倍钢丝直径，缠绕20圈
0.4					30		
0.5					30		
0.6					30		
0.8	±0.04	+0.06 −0.02			30		
1.0					25	22	
1.2					25	18	
1.4					20	14	
1.6					20	12	
1.8	±0.06	+0.08 −0.06			18	12	
2.0					18	10	
2.3					15	10	
2.6					15	8	
3.0					12	10	
3.5	±0.07	+0.09 −0.07			12	10	
4.0					10	8	
4.5					10	8	
5.0					8	6	
6.0					6	3	

公称直径/mm	盘重/kg ≥	公称直径/mm	盘重/kg ≥
6.0～4.0	0.3	1.0～0.8	5
3.5～1.8	0.5	0.6～0.5	10
1.6～1.2	1.0	0.4～0.3	20

注：钢丝采用GB/T 699中的低碳钢制造。

4.25.3 冷拉圆钢丝、方钢丝、六角钢丝（GB/T 342—1997）

表 4.173 冷拉圆钢丝、方钢丝、六角钢丝的尺寸规格

公称尺寸/mm	圆形		公称尺寸/mm	圆形	
	截面面积/mm²	理论质量/(kg/km)		截面面积/mm²	理论质量/(kg/km)
0.050	0.0020	0.016	0.055	0.0024	0.019

续表

公称尺寸/mm	圆形		公称尺寸/mm	圆形	
	截面面积/mm²	理论质量/(kg/km)		截面面积/mm²	理论质量/(kg/km)
0.063	0.0031	0.024	0.18	0.0254	0.199
0.070	0.0038	0.030	0.20	0.0314	0.246
0.080	0.0050	0.039	0.22	0.0380	0.298
0.090	0.0064	0.050	0.25	0.0491	0.385
0.10	0.0079	0.062	0.28	0.0616	0.484
0.11	0.0095	0.075	0.30*	0.0707	0.555
0.12	0.0113	0.089	0.32	0.0804	0.631
0.14	0.0154	0.121	0.35	0.096	0.7514
0.16	0.0201	0.158	0.40	0.126	0.989

公称尺寸/mm	圆形		方形		六角形	
	截面面积/mm²	理论质量/(kg/km)	截面面积/mm²	理论质量/(kg/km)	截面面积/mm²	理论质量/(kg/km)
0.45	0.159	1.248	—	—	—	—
0.50	0.196	1.539	0.250	1.962	—	—
0.55	0.238	1.868	0.302	2.371	—	—
0.60*	0.283	2.22	0.360	2.826	—	—
0.63	0.312	2.447	0.397	3.116	—	—
0.70	0.385	3.021	0.490	3.846	—	—
0.80	0.503	3.948	0.640	5.024	—	—
0.90	0.636	4.993	0.810	6.358	—	—
1.00	0.785	6.162	1.000	7.850	—	—
1.10	0.950	7.458	1.210	9.498	—	—
1.20	1.131	8.878	1.440	11.30	—	—
1.40	1.539	12.08	1.960	15.39	—	—
1.60	2.011	15.79	2.560	20.10	2.217	17.40
1.80	2.545	19.98	3.240	25.43	2.806	22.03
2.00	3.142	24.66	4.000	31.40	3.464	27.20
2.20	3.801	29.84	4.840	37.99	4.192	32.91
2.50	4.909	38.54	6.250	49.06	5.413	42.49
2.80	6.158	48.34	7.840	61.54	6.790	53.30
3.00*	7.069	55.49	9.000	70.65	7.795	61.19
3.20	8.042	63.13	10.24	80.38	8.869	69.62
3.50	9.621	75.52	12.25	96.16	10.61	83.29

续表

公称尺寸/mm	圆形		方形		六角形	
	截面面积/mm^2	理论质量/(kg/km)	截面面积/mm^2	理论质量/(kg/km)	截面面积/mm^2	理论质量/(kg/km)
4.00	12.57	98.67	16.00	125.6	13.86	108.8
4.50	15.90	124.8	20.25	159.0	17.54	137.7
5.00	19.64	154.2	25.00	196.2	21.65	170.0
5.50	23.76	186.5	30.25	237.5	26.20	205.7
6.00*	28.27	221.9	36.00	282.6	31.18	244.8
6.30	31.17	244.7	39.69	311.6	34.38	269.9
7.00	38.48	302.1	49.00	384.6	42.44	333.2
8.00	50.27	394.6	64.00	502.4	55.43	435.1
9.00	63.62	499.4	81.00	635.8	70.15	550.7
10.0	78.54	616.5	100.00	785.0	86.61	679.9
11.0	95.03	746.0	—	—	—	—
12.0	113.1	887.8	—	—	—	—
14.0	153.9	1208.1	—	—	—	—
16.0	201.1	1578.6	—	—	—	—

注：1. 表中的理论质量是按密度为 7.85g/cm^3 计算的，对特殊合金钢丝，在计算理论质量时应采用相应牌号的密度。

2. 表内尺寸一栏，对于圆钢丝表示直径；对于方钢丝表示边长；对于六角钢丝表示对边距离。

3. 表中的钢丝直径系列采用 R20 优先数系，其中“＊”符号系补充的 R40 优先数系中的优先数系。

4. 直条钢丝的通常长度为 2～4m，允许供应长度不小于 1.5m 的短尺钢丝，但其质量不得超过该批质量的 15%。

4.25.4　六角钢丝（YB/T 5186—2006）

六角钢丝用于制造结构件及螺栓、螺母等。按交货状态分为冷拉（L）、退火（T）、油淬火-回火（Zh）三类。

表 4.174　冷拉和退火状态六角钢丝的力学性能

牌号	统一数字代号	冷拉状态		退火状态
		抗拉强度 R_m/MPa ≥	断后伸长率 A/%	抗拉强度 R_m/MPa ≥
10～20	U20102～U20202	440	7.5	540
25～35	U20252～U20352	540	7.0	635
40～50	U20402～U20502	610	6.0	735

续表

牌号	统一数字代号	冷拉状态		退火状态
		抗拉强度 R_m/MPa ≥	断后伸长率 A/%	抗拉强度 R_m/MPa ≥
Y12	U71122	660	7.0	—
20Cr、40Cr	A20202、U20402	440	—	715
30CrMnSiA	A24303	540	—	795

表 4.175 油淬火-回火状态六角钢丝的力学性能

六角钢丝对边距离 h/mm	抗拉强度 R_m/MPa			断面收缩率 Z /% ≥
	65Mn	60Si2Mn	55CrSi	
1.6～3.0	1620～1890	1750～2000	1950～2250	40
>3.0～6.0	1460～1750	1650～1890	1780～2080	40
>6.0～10.0	1360～1590	1600～1790	1660～1910	30
>10.0	1250～1470	1540～1730	1580～1810	30

注：断面收缩率仅作为参考，不作为交货验收依据。

4.25.5 冷镦钢丝

分热处理型冷镦钢丝和非热处理型冷镦钢丝两种。

(1) 热处理型冷镦钢丝（GB/T 5953.1—2009）

① 用途 用于制造铆钉、螺栓、螺钉和螺柱等紧固件及冷成型件，分优质碳素结构钢丝和合金结构钢丝。紧固件或冷成型件经冷镦或冷挤压成型后，需要进行表面渗碳、渗氮、调质等热处理。

② 分类 按紧固件和冷成型件热处理状态，冷镦钢丝用钢可分为：a. 表面硬化型，紧固件冷镦成型后需经表面渗碳（渗氮）处理，然后再进行淬火＋低温回火处理；b. 调质型（包括含硼钢），紧固件冷镦成型后，先正火然后再经淬火＋高温回火处理，或直接进行淬火＋高温回火处理。

③ 交货状态 按生产工艺流程，可分为冷拉（HD）、冷拉＋球化退火＋轻拉（SALD）、退火＋冷拉＋球化退火＋轻拉（ASALD）、冷拉＋球化退火（SA）。

④ 力学性能

表 4.176 表面硬化型冷镦钢丝的力学性能

牌 号	统一数字代号	公称直径/mm	SALD			SA		
			抗拉强度 R_m/MPa ≥	断面收缩率 Z/% ≥	洛氏硬度 (HRC) ≤	抗拉强度 R_m/MPa ≥	断面收缩率 Z/% ≥	洛氏硬度 (HRC) ≤
ML10	U40102	≤6.00	420～620	55	—	300～450	60	75
		>6.00～12.00	380～560	55	—	300～450	60	75
		>12.00～25.00	350～500	50	81	300～450	60	75
ML15 ML15Mn ML18 ML18Mn ML20	U40152 U41158 U40182 U41188 U40202	≤6.00	440～640	55	—	350～500	60	80
		>6.00～12.00	400～580	55	—	350～500	60	80
		>12.00～25.00	380～530	50	83	350～500	60	80
ML20Mn ML16CrMn ML20MnA ML22Mn ML15Cr ML20Cr ML18CrMo	U41208 — — U41228 A20154 A20204 A30184	≤6.00	440～640	55	—	370～520	60	82
		>6.00～12.00	420～600	55	—	370～520	60	82
		>12.00～25.00	400～550	50	85	370～520	60	82
ML20CrMoA ML20CrNiMo	A30214 —	≤25.00	480～680	45	93	420～620	58	91

表 4.177 调质型冷镦钢丝的力学性能

牌号	统一数字代号	公称直径/mm	SALD			SA		
			抗拉强度 R_m/MPa ≥	断面收缩率 Z/% ≥	洛氏硬度(HRC)	抗拉强度 R_m/MPa ≥	断面收缩率 Z/% ≥	洛氏硬度(HRC) ≤
ML25 ML25Mn ML30Mn ML30 ML35	U40252 U41258 U41308 U40302 U40352	≤6.00	490～690	55	—	380～560	60	86
		>6.00～12.00	470～650	55	—	380～560	60	86
		>12.00～25.00	450～600	50	≤89	380～560	60	86
ML40 ML35Mn	U40402 U41358	≤6.00	550～730	55	—	430～580	60	87
		>6.00～12.00	500～670	55	—	430～580	60	87
		>12.00～25.00	450～600	50	≤89	430～580	60	87
ML45 ML42Mn	U40452 U41428	≤6.00	590～760	55	—	450～600	60	89
		>6.00～12.00	570～720	55	—	450～600	60	89
		>12.00～25.00	470～620	50	≤96	450～600		

表 4.178　调质型合金钢丝的力学性能

牌号	统一数字代号	公称直径 /mm	SALD 抗拉强度 R_m/MPa ≥	SALD 洛氏硬度 (HRB)	SALD 断面收缩率 Z /% ≥	5A 抗拉强度 R_m/MPa ≥	5A 洛氏硬度 (HRB) ≥	5A 断面收缩率 Z /% ≤
ML30CrMnSi	A24304	≤6.00	600～750	—	50	460～660	55	93
		>6.00～12.00	580～730	—				
		>12.00～25.00	550～700	≤95				
ML38CrA ML40Cr	A20384 A20404	≤6.00	530～730	—	50	430～500	55	89
		>6.00～12.00	500～650	—				
		>12.00～25.00	480～630	≤91				
ML30CrMo ML35Cr1Mo	A30304	≤6.00	580～780	—	40	450～620	55	91
		>6.00～12.00	540～700	—	35			
		>12.00～25.00	500～650	≤92	35			
ML42CrMo ML40CrNiMo	A30424 A50404	≤6.00	590～790	—	50	480～730	55	97
		>6.00～12.00	560～760	—				
		>12.00～25.00	540～690	≤95				

注：直径小于 3.00mm 的钢丝断面收缩率仅供参考。

表 4.179　含硼钢丝的力学性能

牌　号	统一数字代号	SALD 抗拉强度 R_m/MPa ≥	SALD 洛氏硬度 (HRB) ≤	SALD 断面收缩率 Z /% ≥	5A 抗拉强度 R_m/MPa ≥	5A 洛氏硬度 (HRB) ≤	5A 断面收缩率 Z /% ≥
ML20B	A70204	600	89	55	550	85	65
ML28B	A70284	620	90		570	87	
ML35B	A70354	630	91		580	88	
ML20MnB	A71204	630	91		580	88	
ML30MnB	A71304	660	93		610	90	
ML35MnB	A71354	680	94		630	91	
ML40MnB	A71404	680	94		630	91	
ML15MnVB	A73154	660	93		610	90	
ML20MnVB	A73204	630	91		580	88	

注：直径小于 3.00mm 的钢丝断面收缩率仅供参考。

（2）非热处理型冷镦钢丝（GB/T 5953.2—2009）

用于制造铆钉、螺栓和螺柱等紧固件及冷成型件。紧固件和其他冷成型件经冷锻或冷挤压成型后，一般不需要进行热处理。

① 交货状态　分为冷拉（HD）、冷拉＋球化退火＋轻拉(SALD)。

② 化学成分　参考GB/T 6478。

③ 力学性能

表4.180　冷拉钢丝的力学性能

牌号	统一数字代号	公称直径/mm	抗拉强度 R_m/MPa ≥	断面收缩率 Z/% ≥	洛氏硬度(HRB)
ML04Al ML08Al ML10Al	U40048 U40088 U40108	≤3.00	460	50	—
		>3.00～4.00	360	50	—
		>4.00～5.00	330	50	—
		>5.00～25.00	280	50	≤85
ML15Al ML15	U40048 U40152	≤3.00	590	50	—
		>3.00～4.00	490	50	—
		>4.00～5.00	420	50	—
		>5.00～25.00	400	50	≤89
ML18MnAl ML20Al ML20 ML22MnAl	U40208 U40202	≤3.00	850	35	—
		>3.00～4.00	690	40	—
		>4.00～5.00	570	45	—
		>5.00～25.00	480	45	≤97

注：1.钢丝公称直径大于20mm时，断面收缩率可以降低5%。
2.硬度值仅供参考。

表4.181　冷拉＋球化退火＋轻拉钢丝的力学性能

牌号	统一数字代号	抗拉强度 R_m/MPa ≥	断面收缩率 Z/% ≥	洛氏硬度(HRB)≤
ML04Al ML08Al ML10Al	U40048 U40088 U40108	300～450	70	76
ML15Al ML15	U40048 U40152	340～500	65	81
ML18Mn ML20Al ML20 ML22Mn	L41182 U40208 U40202 L41222	450～570	65	90

注：1.钢丝公称直径大于20mm时，断面收缩率可以降低5%。
2.硬度值仅供参考。

4.25.6　冷拉碳素弹簧钢丝（GB/T 4357—2009）

适用于制造静载荷和动载荷应用机械弹簧的圆形冷拉碳素弹簧钢丝，不适用于制造高疲劳强度弹簧用钢丝。

表 4.182　冷拉碳素弹簧钢丝的强度等级和载荷

强度等级	静载荷	公称直径范围/mm	动载荷	公称直径范围/mm
低抗拉强度	SL 型	1.00～10.00	—	—
中等抗拉强度	SM 型	0.30～13.00	DM 型	0.08～13.00
高抗拉强度	SH 型	0.30～13.00	DH 型	0.05～13.00

表 4.183　冷拉碳素弹簧钢丝规格和抗拉强度

公称直径[1]/mm	抗拉强度[2]/MPa			公称直径[1]/mm	抗拉强度[2]/MPa		
	SL 型	DM、SM 型	DH[3]、SH 型		SL 型	DM、SM 型	DH[3]、SH 型
0.05	—		2800～3520[5]	0.48	—	2220～2480	2490～2760
0.06	—		2800～3520[5]	0.50	—	2200～2470	2480～2740
0.07	—		2800～3520[5]	0.53	—	2180～2450	2460～2720
0.08	—	2780～3100[4]	2800～3480[5]	0.56	—	2170～2430	2440～2700
0.09	—	2740～3060[4]	2800～3430[5]	0.60	—	2140～2400	2410～2670
0.10	—	2710～3020[4]	2800～3380[5]	0.63	—	2130～2380	2390～2650
0.11	—	2690～3000[4]	2800～3350[5]	0.65	—	2120～2370	2380～2640
0.12	—	2660～2960[4]	2800～3320[5]	0.70	—	2090～2350	2360～2610
0.14	—	2620～2910[4]	2800～3250[5]	0.80	—	2050～2300	2310～2560
0.16	—	2570～2860[4]	2800～3200[5]	0.85	—	2030～2280	2290～2530
0.18	—	2530～2820[4]	2800～3160[5]	0.90	—	2010～2260	2270～2510
0.20	—	2500～2790[4]	2800～3110[5]	0.95	—	2000～2240	2250～2490
0.22	—	2470～2760[4]	2770～3080[5]	1.00	1720～1970	1980～2220	2230～2470
0.25	—	2420～2710[4]	2720～3010[5]	1.05	1710～1950	1960～2220	2210～2450
0.28	—	2390～2670[4]	2680～2970[5]	1.10	1690～1940	1950～2190	2200～2430
0.30	—	2370～2650	2660～2940	1.20	1670～1910	1920～2160	2170～2400
0.32	—	2350～2630	2640～2920	1.25	1660～1900	1910～2130	2140～2380
0.34	—	2330～2600	2610～2890	1.30	1640～1890	1900～2130	2140～2370
0.36	—	2310～2580	2590～2890	1.40	1620～1860	1870～2100	2110～2340
0.38	—	2290～2560	2570～2850	1.50	1600～1840	1850～2080	2090～2310
0.40	—	2270～2550	2560～2830	1.60	1590～1820	1830～2050	2060～2290
0.43	—	2250～2520	2530～2800	1.70	1570～1800	1810～2030	2040～2260
0.45	—	2240～2500	2510～2780	1.80	1550～1780	1790～2010	2020～2240

续表

公称直径①/mm	抗拉强度②/MPa			公称直径①/mm	抗拉强度②/MPa		
	SL 型	DM、SM 型	DH③、SH 型		SL 型	DM、SM 型	DH③、SH 型
1.90	1540～1760	1770～1990	2000～2220	5.30	1240～1430	1440～1630	1640～1820
2.00	1520～1750	1760～1970	1980～2200	5.60	1230～1420	1430～1610	1620～1800
2.10	1510～1730	1740～1960	1970～2180	6.00	1210～1390	1400～1580	1590～1770
2.25	1490～1710	1720～1930	1940～2150	6.30	1190～1380	1390～1560	1570～1750
2.40	1740～1690	1700～1910	1920～2130	6.50	1180～1370	1380～1550	1560～1740
2.50	1460～1680	1690～1890	1900～2110	7.00	1160～1340	1350～1530	1540～1710
2.60	1450～1660	1670～1880	1890～2100	7.50	1140～1320	1330～1500	1510～1680
2.80	1420～1640	1650～1850	1860～2070	8.00	1120～1300	1310～1480	1490～1660
3.00	1410～1620	1630～1830	1840～2040	8.50	1110～1280	1290～1460	1470～1630
3.20	1390～1600	1610～1810	1820～2020	9.00	1090～1260	1270～1440	1450～1610
3.40	1370～1580	1590～1780	1790～1990	9.50	1070～1250	1260～1420	1430～1590
3.60	1350～1560	1570～1760	1770～1970	10.00	1060～1230	1240～1400	1410～1570
3.80	1340～1540	1550～1740	1750～1950	10.50		1220～1380	1390～1550
4.00	1320～1520	1530～1730	1740～1930	11.00		1210～1370	1380～1530
4.25	1310～1500	1510～1700	1710～1900	12.00		1180～1340	1350～1500
4.50	1290～1490	1500～1680	1690～1880	12.50		1170～1320	1330～1480
4.75	1270～1470	1480～1670	1680～1840	13.00		1160～1310	1320～1470
5.00	1260～1450	1460～1650	1660～1830				

①中间尺寸钢丝抗拉强度值按表中相邻较大钢丝的规定执行。

②对特殊用途的钢丝，可商定其他抗拉强度。

③对直径为 0.08～0.18mm 的 DH 型钢丝，经供需双方协商，其抗拉强度波动值范围可规定为 300MPa。

④SM 型钢丝无此规格。

⑤SH 型钢丝无此规格。

注：直条定尺钢丝的极限强度最多可能低 10%；矫直和切断作业也会降低扭转值。

4.25.7 油淬火-回火弹簧钢丝（GB/T 18983—2003）

用于制造各种机械弹簧，分碳素钢和低合金钢油淬火-回火圆形截面钢丝。钢丝按工作状态分为静态、中疲劳和高疲劳三类；按供货抗拉强度分为低强度、中强度和高强度三级。

表 4.184　钢丝的分类、代号及直径范围

分类		静态	中疲劳	高疲劳
抗拉强度	低强度	FDC	TDC	VDC
	中强度	FDCrV(A、B) FDSiMn	TDCrV(A、B) TDSiMn	VDCrV(A、B)
	高强度	FDCrSi	TDCrSi	VDCrSi
直径范围		0.50～17.00mm		0.50～10.00mm

注：1.静态级钢丝适用于一般用途弹簧，以 FD 表示。

2.中疲劳级钢丝适用于离合器弹簧、悬架弹簧等，以 TD 表示。

3.高疲劳级钢丝适用于剧烈运动的场合，例如用于阀门弹簧，以 VD 表示。

表 4.185　静态级和中疲劳级弹簧钢丝的力学性能

直径范围/mm	抗拉强度/MPa					断面收缩率[①] /% ≥	
	FDC	FDCrV-A	FDCrV-B	FDSiMn	FDCrSi		
	TDC	TDCrV-A	TDCrV-B	TDSiMn	TDCrSi	FD	TD
0.50～0.80	1800～2100	1800～2100	1900～2200	1850～2100	2000～2250	—	—
>0.80～1.00	1800～2060	1780～2080	1860～2160	1850～2100	2000～2250	—	—
>1.00～1.30	1800～2010	1750～2010	1850～2100	1850～2100	2000～2250	45	45
>1.30～1.40	1750～1950	1750～1990	1840～2070	1850～2100	2000～2250	45	45
>1.40～1.60	1740～1890	1710～1950	1820～2030	1850～2100	2000～2250	45	45
>1.60～2.00	1720～1890	1710～1890	1790～1970	1820～2000	2000～2250	45	45
>2.00～2.50	1670～1820	1670～1830	1750～1900	1800～1950	1970～2140	45	45
>2.50～2.70	1640～1790	1660～1820	1720～1870	1780～1930	1950～2120	45	45
>2.70～3.00	1620～1770	1630～1780	1700～1850	1760～1910	1930～2100	45	45
>3.00～3.20	1600～1750	1610～1760	1680～1830	1740～1890	1910～2080	40	45
>3.20～3.50	1580～1730	1600～1750	1660～1810	1720～1870	1900～2060	40	45

续表

直径范围/mm	抗拉强度/MPa					断面收缩率[①]/% ≥	
	FDC	FDCrV-A	FDCrV-B	FDSiMn	FDCrSi		
	TDC	TDCrV-A	TDCrV-B	TDSiMn	TDCrSi	FD	TD
>3.50～4.00	1550～1700	1560～1710	1620～1770	1710～1860	1870～2030	40	45
>4.00～4.20	1040～1690	1540～1690	1610～1760	1700～1850	1860～2020	40	45
>4.20～4.50	1520～1670	1520～1670	1590～1740	1690～1840	1850～2000	40	45
>4.50～4.70	1510～1660	1510～1660	1580～1730	1680～1830	1840～1990	40	45
>4.70～5.00	1500～1650	1500～1650	1560～1710	1670～1820	1830～1980	40	45
>5.00～5.60	1470～1620	1460～1610	1540～1690	1660～1810	1800～1950	35	40
>5.60～6.00	1460～1610	1440～1590	1520～1670	1650～1800	1780～1930	35	40
>6.00～6.50	1440～1590	1420～1570	1510～1660	1640～1790	1760～1910	35	40
>6.50～7.00	1430～1580	1400～1550	1500～1650	1630～1780	1740～1890	35	40
>7.00～8.00	1400～1550	1380～1530	1480～1630	1620～1770	1710～1860	35	40
>8.00～9.00	1380～1530	1370～1520	1470～1620	1610～1760	1700～1850	30	35
>9.00～10.00	1360～1510	1350～1500	1450～1600	1600～1750	1660～1810	30	35
>10.00～12.00	1320～1470	1320～1470	1430～1580	1580～1730	1660～1810	30	—
>12.00～14.00	1280～1430	1300～1450	1420～1570	1560～1710	1620～1770	30	—
>14.00～15.00	1270～1420	1290～1440	1410～1560	1550～1700	1620～1770	—	—
>15.00～17.00	1250～1400	1270～1420	1400～1550	1540～1690	1580～1730	—	—

①FDSiMn 和 TDSiMn 直径≤5.00mm 时，断面收缩率应≥35%；直径>5.00～14.00mm 时，断面收缩率应≥30%。

表 4.186　高疲劳级弹簧钢丝的力学性能

直径范围 /mm	抗拉强度/MPa				断面收缩率 /% ≥
	VDC	VDCrV-A	VDCrV-B	VDCrSi	
0.50～0.80	1700～2000	1750～1950	1910～2060	2030～2230	—
>0.80～1.00	1700～1950	1730～1930	1880～2030	2030～2230	—
>1.00～1.30	1700～1900	1700～1900	1860～2010	2030～2230	45
>1.30～1.40	1700～1850	1680～1860	1840～1990	2030～2230	45
>1.40～1.60	1670～1820	1660～1860	1820～1970	2000～2180	45
>1.60～2.00	1650～1800	1640～1800	1770～1920	1950～2110	45
>2.00～2.50	1630～1780	1620～1770	1720～1860	1900～2060	45
>2.50～2.70	1610～1760	1610～1760	1690～1840	1890～2040	45
>2.70～3.00	1590～1740	1600～1750	1660～1810	1880～2030	45
>3.00～3.20	1570～1720	1580～1730	1640～1790	1870～2020	45
>3.20～3.50	1550～1700	1560～1710	1620～1770	1860～2010	45
>3.50～4.00	1530～1680	1540～1690	1570～1720	1840～1990	45
>4.20～4.50	1510～1660	1520～1670	1540～1690	1810～1960	45
>4.70～5.00	1490～1640	1500～1650	1520～1670	1780～1930	45
>5.00～5.60	1470～1620	1480～1630	1490～1640	1750～1900	40
>5.60～6.00	1450～1600	1470～1620	1470～1620	1730～1890	40.
>6.00～6.50	1420～1570	1440～1590	1440～1590	1710～1860	40
>6.50～7.00	1400～1550	1420～1570	1420～1570	1690～1840	40
>7.00～8.00	1370～1520	1410～1560	1390～1540	1660～1810	40
>8.00～9.00	1350～1500	1390～1540	1370～1520	1640～1790	35
>9.00～10.00	1340～1490	1370～1520	1340～1490	1620～1770	35

4.25.8　重要用途碳素弹簧钢丝（YB/T 5311—2010）

钢丝按用途分为三组，其代号分别为 E、F、G，前者主要用于制造承受中等应力的动载荷的弹簧，中者主要用于制造承受较高应力的动载荷的弹簧，后者主要用于制造承受振动载荷的阀门弹簧。

表 4.187　重要用途碳素弹簧钢丝的规格

分类名称	直径范围/mm	直径允许偏差
E 组	0.10～7.00	符合 GB/T 342—1997 表 2 中 10 级的规定
F 组	0.10～7.00	
G 组	1.00～7.00	符合 GB/T 342—1997 表 2 中 11 级的规定

表 4.188 每盘钢丝的最小重量

钢丝直径/mm	最小盘重/kg	钢丝直径/mm	最小盘重/kg
0.10	0.1	>0.80～1.80	2.0
>0.10～0.20	0.2	>1.80～3.00	5.0
>0.20～0.30	0.5	>3.00～7.00	8.0
>0.30～0.80	1.0		

表 4.189 重要用途碳素弹簧钢丝力学性能

直径/mm	抗拉强度 R_m/MPa			直径/mm	抗拉强度 R_m/MPa		
	E组	F组	G组		E组	F组	G组
0.10	2440～2890	2900～3380	—	0.90	2070～2400	2410～2740	—
0.12	2440～2860	2870～3320	—	1.00	2020～2350	2360～2660	1850～2110
0.14	2440～2840	2850～3250	—	1.20	1940～2270	2280～2580	1820～2080
0.16	2440～2840	2850～3200	—	1.40	1880～2200	2210～2510	1780～2040
0.18	2390～2770	2780～3160	—	1.60	1820～2140	2150～2450	1750～2010
0.20	2390～2750	2760～3110	—	1.80	1800～2120	2060～2360	1700～1960
0.22	2370～2720	2730～3080	—	2.00	1790～2090	1970～2250	1670～1910
0.25	2340～2690	2700～3050	—	2.20	1700～2000	1870～2150	1620～1860
0.28	2310～2660	2670～3020	—	2.50	1680～1960	1830～2110	1620～1860
0.30	2290～2640	2650～3000	—	2.80	1630～1910	1810～2070	1570～1810
0.32	2270～2620	2630～2980	—	3.00	1610～1890	1780～2040	1570～1810
0.35	2250～2600	2610～2960	—	3.20	1560～1840	1760～2020	1570～1810
0.40	2250～2580	2590～2940	—	3.50	1500～1760	1710～1970	1470～1710
0.45	2210～2560	2570～2920	—	4.00	1470～1730	1680～1930	1470～1710
0.50	2190～2540	2550～2900	—	4.50	1420～1680	1630～1880	1470～1710
0.55	2170～2520	2530～2880	—	5.00	1400～1650	1580～1830	1420～1660
0.60	2150～2500	2510～2850	—	5.50	1370～1610	1550～1800	1400～1640
0.63	2130～2480	2490～2830	—	6.00	1350～1580	1520～1770	1350～1590
0.70	2100～2460	2470～2800	—	6.50	1320～1550	1490～1740	1350～1590
0.80	2080～2430	2440～2770	—	7.00	1300～1530	1460～1710	1300～1540

4.25.9 碳素工具钢丝（YB/T 5322—2010）

① 牌号及化学成分（熔炼分析） 应符合 GB/T 1299 的规定，

钢丝化学成分允许偏差应符合 GB/T 222 的规定。

② 交货状态　冷拉（WCD）、磨光（SP）和退火（A）。可以盘状或直条交货。

③ 直径范围　1.00～16.00mm。冷拉、退火钢丝的直径及其允许偏差应符合 GB/T 342—1997 表 3 中的 9～11 级规定；磨光钢丝的直径及其允许偏差应符合 GB/T 3207—2008 中 9～11 级的规定。

表 4.190　碳素工具钢直条钢丝长度　mm

钢丝公称直径	通常长度	短尺	
		长度 ≥	数量
1.00～3.00	1000～2000	800	不超过每批重量 15%
>3.00～6.00	2000～3500	1200	
>6.00～16.00	2000～4000	1500	

钢丝以盘状交货时，每盘由同一根钢丝组成，打开钢丝盘时不应散乱或呈“∞”字形；其重量应符合表 4.190 规定，允许供应重量不小于表中规定盘重的 50% 的钢丝，其重量不得超过交货重量的 10%。

表 4.191　碳素工具盘状钢丝重量（YB/T 5322—2010）

钢丝公称直径 /mm	每盘重量 /kg ≥	钢丝公称直径 /mm	每盘重量 /kg ≥
1.00～1.50	1.50	>3.00～4.50	8.00
>1.50～3.00	5.00	>4.50	10.00

表 4.192　碳素工具盘状钢丝的硬度（YB/T 5322—2010）

牌号	统一数字代号	试样淬火			退火硬度 (HBW) ≤
		淬火温度 /℃	冷却剂	硬度值 (HRC) ≥	
T7(A)	T00070(3)	800～820	水	62	187
T8(A),T8Mn(A)	T00080(3),T01080(3)	780～800			
T9(A)	T00090(3)	760～780	水		192
T10(A)	T00100(3)				197
T11(A),T12(A)	T00110(3),T00120(3)				207
T13(A)	T00130(3)				217

注：1. 直径小于 5mm 的钢丝不做试样淬火硬度和退火硬度检验。

2. 检验退火硬度时，不检验抗拉强度。

表 4.193　钢丝的抗拉强度

牌号	抗拉强度/MPa		牌号	抗拉强度/MPa	
	热处理状态	冷拉状态		热处理状态	冷拉状态
T7(A),T8(A) T8Mn(A),T9(A)	490～685	≤1080	T10(A),T11(A) T12(A),T13(A)	540～735	≤1080

4.25.10　合金结构钢丝（YB/T 5301—2010）

① 分类　冷拉（WCD）和退火（A）。

② 尺寸　尺寸应符合 GB/T 342 的规定。

表 4.194　合金结构盘状钢丝重量

钢丝公称直径/mm	每盘重量/kg ≥	钢丝公称直径/mm	每盘重量/kg ≥
<3.00	10	≥3.00	15
马氏体及半马氏体钢丝	10		

表 4.195　合金结构钢丝的力学性能（YB/T 5301—2010）

交货状态	公称尺寸,<5.00mm	公称尺寸,≥5.00mm
	抗拉强度 R_m/MPa	硬度(HBW)
冷拉	≤1080	≤302
退火	≤930	≤296

4.25.11　合金弹簧钢丝（YB/T 5318—2010）

① 分类　冷拉（WCD）、退火（A）、正火（N）和银亮（ZY）。

② 直径　0.50～14.00mm。

③ 交货状态　盘卷（按直条交货时应在合同中注明，其长度一般为 2～4m。允许有长度不小于 1.5m 的钢丝，但其重量应不超过总重量的 5%）。

表 4.196　合金弹簧钢丝重量

钢丝公称直径/mm	每盘重量/kg ≥	钢丝公称直径/mm	每盘重量/kg ≥
0.5～1.00	1.0	>6.00～9.00	15.0
>1.00～3.00	5.0	>9.00～14.00	30.0
>3.00～6.00	10.0		

4.25.12　垫圈用冷轧钢丝（YB/T 5319—2010）

表 4.197　垫圈用冷轧钢丝规格

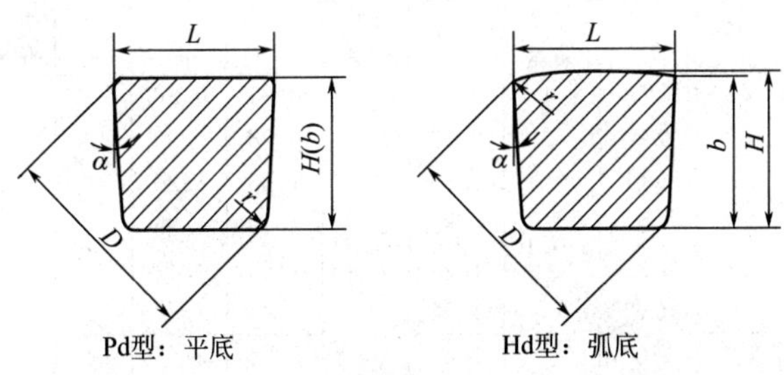

Pd型：平底　　Hd型：弧底

标准形垫圈用钢丝尺寸

规格型号	公称高度 b/mm	梯形高度 H/mm		梯形底长 L/mm		梯形对角线 D/mm		梯形夹角 α		圆角半径 r/mm
		尺寸	允许偏差	尺寸	允许偏差	max	min	角度	允许偏差	
TD0.6	0.6	0.60		0.62		0.83	0.76			
TD0.8	0.8	0.80		0.85		1.12	1.04			
TD1.0	1.0	1.01		1.05		1.39	1.31	5.0°		
TD1.2	1.2	1.21		1.25		1.67	1.09			0.25b
TD1.6	1.6	1.62	−0.10	1.65	−0.10	2.21	2.12			
TD2.0	2.0	2.02		2.10		2.80	2.71			
TD2.5	2.5	2.52		2.60		3.48	3.38			
TD3.0	3.0	3.03		3.10		4.17	4.07	4.5°		
TD3.5	3.5	3.53		3.65		4.88	4.77		−0.5°	
TD4.0	4.0	4.03		4.15		5.57	5.40			
TD4.5	4.5	4.54	−0.12	4.70	−0.12	6.31	6.19			0.20b
TD5.0	5.0	5.04		5.20		7.00	6.88			
TD6.0	6.0	6.05		6.30		8.44	8.30			
TD6.5	6.5	6.55		6.80		9.12	8.98	4.0°		
TD7.0	7.0	7.06	−0.15	7.40	−0.15	9.88	9.73			
TD8.0	8.0	8.06		8.40		11.25	11.10			0.18b
TD9.0	9.0	9.07		9.50		12.69	12.53			

续表

轻形垫圈用钢丝尺寸

规格型号	公称高度 b /mm	梯形高度 H/mm		梯形底长 L/mm		梯形对角线 D/mm		梯形夹角 α		圆角半径 r /mm
		尺寸	允许偏差	尺寸	允许偏差	max	min	角度	允许偏差	
TD0.8×0.5	0.8	0.80	-0.10	0.52	-0.10	0.93	0.86	4°	0.5°	0.25b
TD0.8×0.6	0.8	0.80		0.62		0.98	0.90			
TD1×0.8	1.0	1.01		0.85		1.28	1.20			
TD1.2×0.8	1.2	1.21		0.85		1.43	1.35			
TD1.2×1	1.2	1.21		1.05		1.55	1.47			
TD1.6×1.2	1.6	1.62		1.25		1.98	1.89			
TD2×1.6	2.0	2.02		1.65		2.54	2.45	3.5°		
TD2.5×2	2.5	2.52		2.05		3.16	3.06			
TD3.5×2.5	3.5	3.52	-0.12	2.60	-0.12	4.26	4.16			0.20b
TD4×3	4.0	4.03		3.10		4.94	4.83			
TD4.5×3.2	4.5	4.53		3.30		5.47	5.36	3°		
TD5×3.5	5.0	5.03		3.60		6.04	5.92			
TD5.5×4	5.5	5.53		4.10		6.72	6.60			
TD6×4.5	6.0	6.05	-0.15	4.60	-0.15	7.40	7.26			
TD6.5×4.8	6.5	6.55		4.90		7.97	7.83			
TD7×5.5	7.0	7.10		5.60		8.78	8.63			0.18b
TD8×6	8.0	8.10		6.10		9.86	9.70			

每盘重量/kg ≥	钢丝尺寸 b/mm	正常盘重	较轻盘重
	0.6～2.5	10	5
	3.0～6.0	20	10
	6.5～9.0	25	12

第5章 专用结构钢

专用结构钢可按用途分为建筑用钢，铁路及车辆用钢，汽车和农机用钢，船舶及海洋工程用钢，桥梁用钢，锅炉和压力容器用钢，动力机械用钢，化工设备用钢，机械用钢，冶金用钢，通信、家电和电力用钢以及轻工用钢等。

5.1 建筑用钢

5.1.1 建筑结构用钢板（GB/T 19879—2015）

适用于制造高层建筑结构、大跨度结构及其他重要建筑结构，厚度为6～100mm。

① 钢板的牌号表示方法

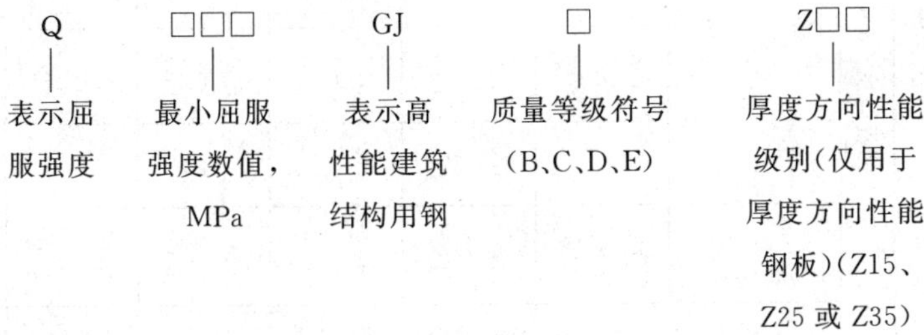

② 尺寸、外形、重量及允许偏差　应符合GB/T 709—2006的规定，厚度允许偏差应符合GB/T 709—2006中表3（B类）的规定。

5.1.2 高层建筑结构用钢板（YB 4104—2000）

用于建造高层建筑结构和其他重要建筑结构，厚度为6～100mm。

表 5.1 建筑结构用钢板的力学和工艺性能

牌号	质量等级	下屈服强度 R_{eL}/MPa					抗拉强度 R_m/MPa			屈强比 R_{eL}/R_m		断后伸长率 A/% ≥	温度/℃	冲击吸收功（纵向）KV_2/J ≥	180°弯曲试验（D 为压头直径，a 为试样厚度）	
		钢板厚度/mm													钢板厚度/mm	
		6～16	>16～50	>50～100	>100～150	>150～200	≤100	>100～150	>150～200	6～150	>150～200				≤16	>16
Q235GJ		≥235	235～345	225～335	215～325	—	400～510	380～510	—	≤0.80	—	23				
Q345GJ		≥345	345～455	335～445	325～435	305～415	490～610	470～610	470～610		0.80	22				
Q390GJ	B C D E	≥390	390～510	380～500	370～490	—	510～660	490～640	—	≤0.83	—	20	20 0 −20 −40	47	$D=2a$	$D=3a$
Q420GJ		≥420	420～550	410～540	400～530	—	530～680	510～600	—		—	20				
Q460GJ		≥460	460～600	450～590	440～580	—	570～720	550～720	—		—	18				

续表

牌号	质量等级	下屈服强度 R_{eL}/MPa					抗拉强度 R_m/MPa			屈强比 R_{eL}/R_m		断后伸长率 A/% ≥	温度/℃	冲击吸收功（纵向）KV_2/J ≥	180°弯曲试验（D 为压头直径，a 为试样厚度）	
		钢板厚度/mm													钢板厚度/mm	
		6～16	>16～50	>50～100	>100～150	>150～200	≤100	>100～150	>150～200	6～150	>150～200				≤16	>16
Q500GJ	C D E	≥500（板厚12～20）		500～640（板厚>20～40）			610～770			≤0.85		17	0 −20 −40	55 47 31	$D=3a$	
Q550GJ		≥550（板厚12～20）		550～590（板厚>20～40）			670～830					17				
Q620GJ		≥620（板厚12～20）		620～770（板厚>20～40）			730～900					17				
Q690GJ		≥690（板厚12～20）		690～850（板厚>20～40）			770～～940					14				

注：屈服现象不明显时取 $R_{p0.2}$。

表 5.2 高层建筑结构用钢板的等级和规格

牌号	质量等级	上屈服强度 R_{eL}/MPa				抗拉强度 R_m/MPa	伸长率 A /% ≥	冲击吸收功 A_k(纵向)		180°弯曲试验		屈强比 ≤
		钢板厚度/mm								钢板厚度/mm		
		6～16	>16～35	>35～50	>50～100			温度/℃	/J ≥	≤16	>16～100	
Q235GJ	C D E	≥235	235～345	225～335	215～325	400～510	23	0 −20 −40	34	2a	3a	0.80
Q345GJ	C D E	≥345	345～455	335～445	325～435	490～610	22	0 −20 −40				
Q235GJZ	C D E	—	235～345	225～335	215～325	400～510	23	0 −20 −40				
Q345GJZ	C D E	—	345～455	335～445	325～435	490～610	22	0 −20 −40				

注：1. 钢板的尺寸及允许偏差应符合 GB/T 709 的规定。

2. Z 为厚度方向性能级别 Z215、Z225、Z235 的缩写，具体在牌号中注明。

3. 180°弯曲试验，d 为压头直径，a 为钢板厚度（mm）。

5.1.3 建筑用压型钢板（GB/T 12755—2008）

是在连续式机组上经辊压冷弯成型，用于屋面、墙面与楼盖等部位的各类型板（图 5.1）。原板应采用冷轧、热轧板或钢带。

尺寸及外形：应符合 GB/T 708 或 GB/T 709 的压型钢板，板型的展开宽度（基板宽度）宜符合 600mm、1000mm 或 1200mm 系列（基本尺寸的常用宽度尺寸宜为 1000mm）。

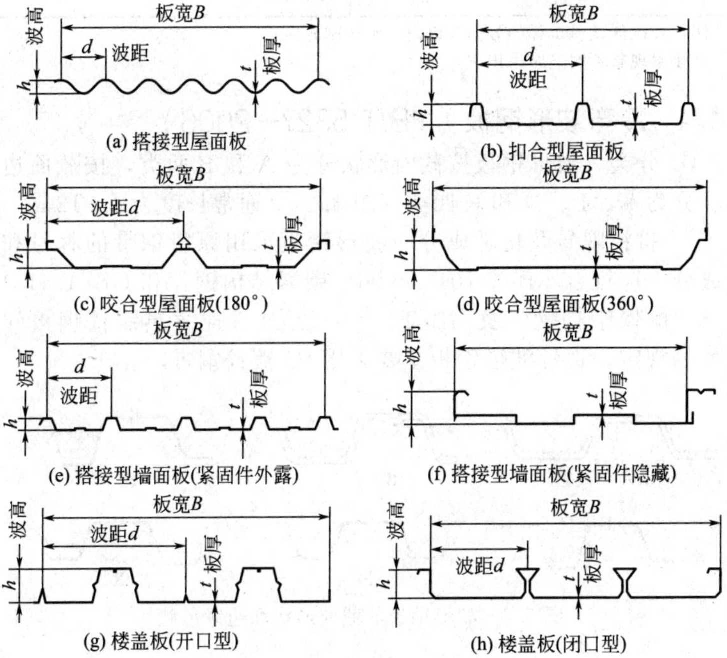

板宽B
波高
d
波距
t
板厚
h
(a) 搭接型屋面板
(b) 扣合型屋面板
波距d
(c) 咬合型屋面板(180°)
(d) 咬合型屋面板(360°)
(e) 搭接型墙面板(紧固件外露)
(f) 搭接型墙面板(紧固件隐藏)
(g) 楼盖板(开口型)
(h) 楼盖板(闭口型)

图 5.1　建筑用压型钢板

牌号标记方法：

Y	□	□-□
压　型 代　号	用途代号 W—屋面板 Q—墙面板 L—楼盖板	板型特征代号 波高尺寸(mm)-覆盖宽度(mm)

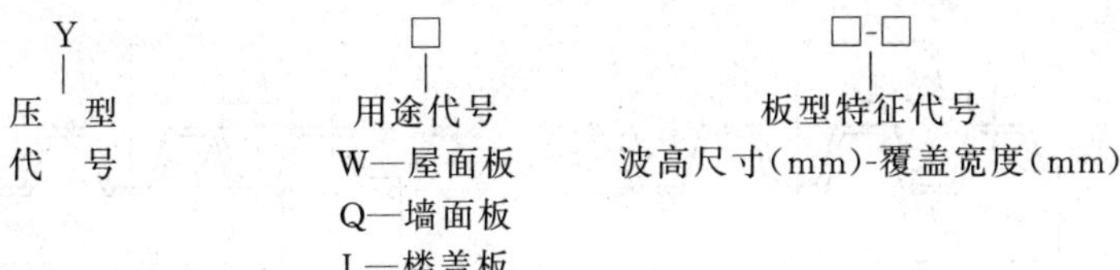

表 5.3　建筑用压型钢板的力学性能

牌号	上屈服强度 R_{eL}/MPa	抗拉强度 R_m /MPa	断后伸长率 $A(L_0=80mm,b=20mm)/\%$	
			公称厚度≤0.70mm	公称厚度>0.70mm
Y250	250	330	17	19
Y280	280	360	16	18
Y320	320	390	15	17
Y350	350	420	14	16
Y550	550	560	—	—

注：1. 拉伸试验试样的方向为纵向（延压制方向）。

2. 屈服现象不明显时采用 $R_{p0.2}$。

5.1.4　冷弯波形钢板（YB/T 5327—2006）

① 分类　波形钢板按截面形状分为A和B两类，按截面边缘形状分为K、L、N和R四类（图5.2）。通常长度为4～12m。

② 材料牌号及化学成分　波形钢板采用原料钢带的牌号和化学成分，应符合GB/T 700—2006《碳素结构钢》和GB/T 4171—2008《耐候结构钢》及GB/T 2518—2008《连续热镀锌钢板和钢带》的规定。镀锌波形钢板主要采用JG镀锌钢带。

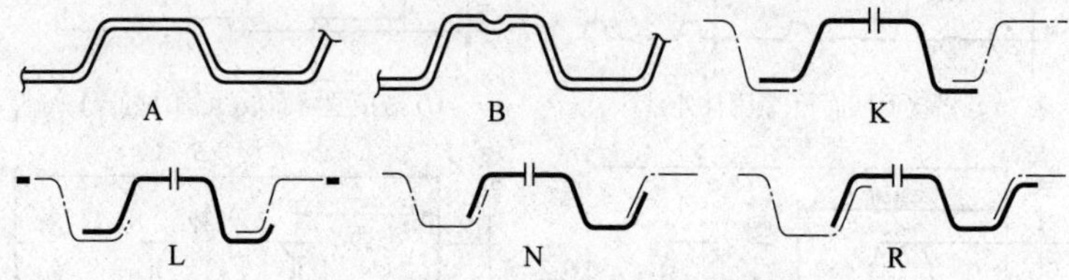

图5.2　波形钢板的截面形状和边缘形状

③ 截面尺寸及重量

表 5.4　波形钢板截面尺寸及重量（内弯曲半径 $r=1t$）

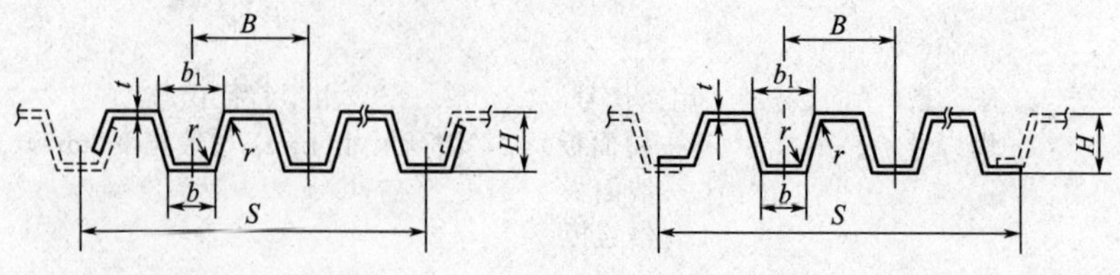

续表

代号	尺寸/mm							断面积/cm^2	重量/(kg/m)
	高度 H	宽度		槽距 S	槽底尺寸 b	槽口尺寸 b_1	厚度 t		
		B	B_0						
AKA15	12	370	—	110	36	50	1.5	6.00	4.71
AKB12	14	488		120	50	70	1.2	6.30	4.95
AKC12	15	378					1.2	5.02	3.94
AKD12	15	488		100	41.9	58.1	1.2	6.58	5.17
AKD15	15						1.5	8.20	6.44
AKE05	25	830	—	90	40	50	0.5	5.87	4.6/
AKE08							0.8	9.32	7.32
AKE10							1.0	11.57	8.08
AKE12							1.2	13.79	10.83
AKF05	25	650	—	90	40	50	0.5	4.58	3.60
AKF08							0.8	7.29	5.72
AKF10							1.0	9.05	7.10
AKF12							1.2	10.78	8.46
AKG10	30	690	—	96	38	58	1.0	9.60	7.54
AKG16							1.6	15.04	11.81
AKG20							2.0	18.60	14.60
ALA08	50	—	800	200	60	74	0.8	9.28	7.28
ALA10							1.0	11.56	9.07
ALA12							1.2	13.82	10.85
ALA18							1.6	18.30	14.37
ALB12	50	—	614	204.7	38.6	58.6	1.2	10.46	8.21
ALB16							1.6	13.85	10.88
ALC08				205	40	60	0.8	7.04	5.53
ALC10							1.0	8.76	6.88
ALC12							1.2	10.47	8.22
ALC16							1.6	13.87	10.89

续表

代号	尺寸/mm							断面积/cm²	重量/(kg/m)
	高度 H	宽度 B	宽度 B_0	槽距 S	槽底尺寸 b	槽口尺寸 b_1	厚度 t		
ALD08	50	—	614	205	50	70	0.8	7.04	5.53
ALD10							1.0	8.76	6.88
ALD12							1.2	10.47	8.22
ALD16							1.6	13.87	10.89
ALE08	50	—	614	205	92.5	112.5	0.8	7.04	5.53
ALE10							1.0	8.76	6.88
ALE12							1.2	10.47	8.22
ALE16							1.6	13.87	10.89
ALF12				204.7	90	110	1.2	10.46	8.21
ALF16							1.6	13.86	10.88
ALG08	60	—	600	200	80	100	0.8	7.49	5.88
ALG10							1.0	9.33	7.32
ALG12							1.2	11.17	8.77
ALG16							1.6	14.79	11.61
ALH08	75	—	600	200	58	65	0.8	8.42	6.61
ALH10							1.0	10.49	8.23
ALH12							1.2	12.55	9.115
ALH16							1.6	16.62	13.05
ALI08	75	—	600	200	58	73	0.8	8.38	6.58
ALI10							1.0	10.45	8.20
ALI12							1.2	12.52	9.83
ALI16							1.6	16.60	13.03
ALJ08	75	—	600	200	58	80	0.8	8.13	6.38
ALJ10							1.0	10.12	7.94
ALJ12							1.2	12.11	9.51
ALJ16							1.6	16.05	12.60
ALJ23							2.3	22.81	17.91
ALK08	75	—	600	200	58	88	0.8	8.06	6.33
ALK10							1.0	10.02	7.87
ALK12							1.2	11.95	9.38
ALK16							1.6	15.84	12.43
ALK23							2.3	22.53	17.69

续表

代号	尺寸/mm							断面积 /cm^2	重量 /(kg/m)
	高度 H	宽度 B	宽度 B_0	槽距 S	槽底尺寸 b	槽口尺寸 b_1	厚度 t		
ALL08	75	—	690	230	88	95	0.8	9.18	7.21
ALL10							1.0	10.44	8.20
ALL12							1.2	13.69	10.75
ALL16							1.6	18.14	14.24
ALM08	75	—	690	230	88	110	0.8	8.93	7.01
ALM10							1.0	11.12	8.73
ALM12							1.2	13.31	10.45
ALM16							1.6	17.65	13.86
ALM23							2.3	25.09	19.70
ALN08	75	—	690	230	88	118	0.8	8.74	6.86
ALN10							1.0	10.89	8.55
ALN12							1.2	13.03	10.23
ALN16							1.6	17.28	13.56
ALN23							2.3	24.60	19.31
ALO10	80	—	600	200	40	72	1.0	10.18	7.99
ALO12							1.2	12.19	9.57
ALO16							1.6	18.15	12.68
ANA05	25	—	360	90	40	50	0.5	2.64	2.07
ANA08							0.8	4.21	3.30
ANA10							1.0	5.23	4.11
ANA12							1.2	6.26	4.91
ANA16							1.6	8.29	6.51
ANB08	40	—	600	150	15	18	0.8	7.22	5.67
ANB10							1.0	8.99	7.06
ANB12							1.2	10.70	8.40
ANB16							1.6	14.17	11.12
ANB23							2.3	20.03	15.72
ARA08	50	—	614	205	40	60	0.8	7.04	5.53
ARA10							1.0	8.76	6.88
ARA12							1.2	10.47	8.22
ARA16							1.6	13.87	10.89

续表

代号	尺寸/mm							断面积/cm²	重量/(kg/m)
	高度 H	宽度		槽距 S	槽底尺寸 b	槽口尺寸 b_1	厚度 t		
		B	B_0						
BLA05	50	—	614	204.7	50	70	0.5	4.69	3.68
BLA08							0.8	7.46	5.86
BLA10							1.0	9.29	7.29
BLA12							1.2	11.10	8.71
BLA15							1.5	13.78	10.82
BLB05	75	—	690	230	88	103	0.5	5.73	4.50
BLB08							0.8	9.13	7.17
BLB10							1.0	11.37	8.93
BLB12							1.2	13.61	10.68
BLB16							1.6	18.04	14.16
BLC05	75	—	600	200	58	88	0.5	5.05	3.96
BLC08							0.8	8.04	6.31
BLC10							1.0	10.02	7.87
BLC12							1.2	11.99	9.41
BLC16							1.6	15.88	12.47
BLC23							2.3	22.60	17.74
BLD05	75	—	690	230	88	118	0.5	5.50	4.32
BLD08							0.8	8.76	5.88
BLD10							1.0	10.92	8.57
BLD12							1.2	13.07	10.26
BLD16							1.6	17.33	13.60
BLD23							2.3	24.67	19.37

注：代号中第三个英文字母表示截面形状及截面边缘形状相同，而其他各邮尺寸不同的区别。

5.1.5 热轧花纹钢板和钢带（YB/T 4159—2007）

分类和代号：按边缘状态分为切边（EC）和不切边（EM）；按花纹形状分为菱形（LX）、扁豆形（BD）、圆豆形（YD）和组合形（ZH）。

(a) 菱形花纹

(b) 扁豆形花纹

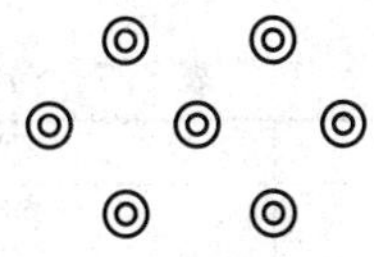
(c) 圆豆形花纹

(d) 组合形花纹

图 5.3　花纹种类

表 5.5　钢板和钢带的尺寸　mm

基本厚度	宽度	长度	
2.0～10.0	600～1500	钢板	2000～12000
		钢带	未规定

表 5.6　热轧花纹钢板的理论重量

基本厚度/mm	理论重量/(kg/m)				基本厚度/mm	理论重量/(kg/m)			
	菱形	圆豆形	扁豆形	组合形		菱形	圆豆形	扁豆形	组合形
2.0	17.7	16.1	16.8	16.5	5.0	42.2	39.8	40.1	40.3
2.5	21.6	20.4	20.7	20.4	5.5	46.6	43.8	44.9	44.4
3.0	25.9	24.0	24.8	24.5	6.0	50.5	47.7	48.8	48.4
3.5	29.9	27.9	28.8	28.4	7.0	58.4	55.6	56.7	56.2
4.0	34.4	31.9	32.8	32.4	8.0	67.1	63.6	64.9	64.4
4.5	38.3	35.9	36.7	36.4	10.0	83.2	79.3	80.8	80.27

需方要求时可进行拉伸、弯曲试验，其性能指标应符合 GB/T 700、GB/T 712、GB/T 4171 的规定或按双方协议。

5.1.6　彩色涂层钢板及钢带（GB/T 12754—2006）

① 标记方法

T	□+	□
彩涂代号	基板特性代号	基板类型代号
“涂”字汉语拼音的首字母	1. 冷成型用钢 电镀基板：DC01(03、04) 热镀基板：DC51(52、53、54)D 2. 结构钢　S×××GD	Z—热镀锌基板 ZF—热镀锌铁合金基板 AZ—热镀锌铝合金基板 ZE—电镀锌基板

注：基板特性代号中，冷成型用钢的前缀“D”表示冷成型用钢板，“C”表示冷轧；后缀“D”表示热镀。结构钢的“S”表示结构钢，“×××”表示材料的屈服强度值，后缀“G”表示热处理，“D”表示热镀。

② 分类及代号

表 5.7 分类及代号

分 类	项 目	代 号
用 途	建筑外用	JW
	建筑内用	JN
	水电	JD
	其他	QT
基板类型	热镀锌基板	Z
	热镀锌铁合金基板	ZF
	热镀锌合金基板	AZ
	热镀锌铝合金基板	ZA
	电镀件基板	ZE
涂层表面状态	涂层板	TC
	压花瓶	YA
	印花板	YI
面漆种类	聚 酯	PE
	硅改性聚酯	SMP
	高耐久性聚酯	HDP
	聚偏氟乙烯	PVDF
涂层结构	正面2层、反面1层	2/1
	正面2层、反面2层	2/2
热镀锌基板表面结构	光整小锌花	MS
	光整无锌花	FS

③ 牌号和用途

表 5.8 彩涂板的牌号和用途

彩涂板的类别					用 途
热镀锌基板	热镀锌铁合金基板	热镀铝锌合金基板	热镀锌铝基板	电镀锌基板	
TDC51D+Z	TDC51D+ZF	TDC51D+AZ	TDC51D+ZA	TDC01+ZE	一般用
TDC52D+Z	TDC52D+ZF	TDC52D+AZ	TDC52D+ZA	TDC03+ZE	冲压用
TDC53D+Z	TDC53D+ZF	TDC53D+AZ	TDC53D+ZA	TDC04+ZE	深冲压用
TDC54D+Z	TDC54D+ZF	TDC54D+AZ	TDC54D+ZA	—	特深冲压用
TS260GD+Z	TS250GD+ZF	TS150GD+AZ	TS250GD+ZA	—	结构用
TS280GD+Z	TS280GD+ZF	TS280GD+AZ	TS280GD+ZA	—	
—	—	TS300GD+AZ	—	—	
TS320GD+Z	TS320GD+ZF	TS320GD+AZ	TS320GD+ZA	—	
TS350GD+Z	TS350GD+ZF	TS350GD+AZ	TS350GD+ZA	—	
TS550GD+Z	TS550GD+ZF	TS550GD+AZ	TS550GD+ZA	—	

④ 尺寸范围

表 5.9　彩涂板的尺寸范围　　mm

项　　目	公称尺寸	项　　目	公称尺寸
公称厚度	0.20～2.0	钢板公称长度	1000～6000
公称宽度	600～1600	钢卷内径	450、508 或 610

注：彩涂板的厚度为基板（不含涂层）的厚度。

⑤ 力学性能

表 5.10　热镀基板彩涂板的力学性能

牌　　号	屈服强度/MPa	抗拉强度/MPa	断后伸长率/% ≥	
			公称厚度/mm	
			≤0.7	>0.70
TDC51D+Z、TDC51D+ZF、TDC51D+AZ、TDC51D+ZA	—	270～500	20	22
TDC52D+Z、TDC52D+ZF、TDC52D+AZ、TDC52D+ZA	140～300	270～420	24	26
TDC53D+Z、TDC53D+ZF、TDC53D+AZ、TDC53D+ZA	140～260	270～380	28	30
TDC54D+Z、TDC54D+AZ、TDC54D+ZA	140～220	270～350	34	36
TDC54D+ZF	140～220	270～350	32	34
TS250GD+Z、TS250GD+ZF、TS250GD+AZ、TS250GD+ZA	≥250	≥330	17	19
TS280GD+Z、TS280GD+ZF、TS280GD+AZ、TS280GD+ZA	≥280	≥360	16	18
TS300GD+AZ	≥300	≥380	16	18
TS320GD+Z、TS320GD+ZF、TS320GD+AZ、TS320GD+ZA	≥320	≥390	15	17
TS350GD+Z、TS350GD+ZF、TS350GD+AZ、TS350GD+ZA	≥350	≥420	14	16
TS550GD+Z、TS550GD+ZF、TS550GD+AZ、TS550GD+ZA	≥550	≥560	—	—

注：1. 拉伸试验试样的方向为横向（垂直轧制方向，L_0=80mm，b=20mm）。
2. 当屈服现象不明显时采用 $R_{p0.2}$，否则采用见 R_{eL}。

表 5.11 电镀锌基板彩涂板的力学性能

牌 号	屈服强度/MPa	抗拉强度/MPa ≥	断后伸长率/% ≥		
			公称厚度/mm		
			<0.50	0.50～0.7	>0.7
TDC01+ZE	140～280	270	24	26	28
TDC03+ZE	140～240	270	30	32	34
TDC04+ZE	140～220	270	33	35	37

注：1.同上表注1和注2。

2.公称厚度0.50～0.7mm时，屈服强度允许增加20MPa；公称厚度<0.50mm时，屈服强度允许增加40MPa。

5.1.7 连续热镀铝硅合金钢板和钢带（YB/T 167—2000）

用于民用和工业用建筑的屋顶、外墙、车库门等。

① 公称尺寸 公称厚度为0.4～3.0mm，公称宽度为600～1500mm。

② 标记方法

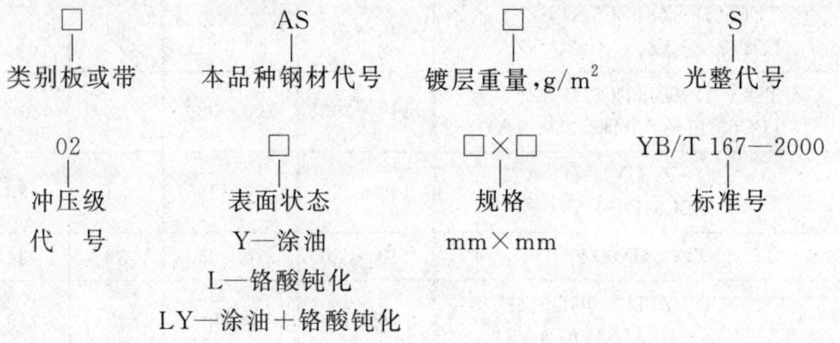

表 5.12 产品的分类与代号

分类方法	类 别	代号	分类方法	类 别	代号
按加工性能	普通级	01	按镀层重量/(g/m²)	200	200
	冲压级	02		150	150
	深冲级	03		120	120
	超深冲	04		100	100
按表面处理	铬酸钝化	L		80	080
	涂 油	Y		60	060
	铬酸钝化加涂油	LY		40	040
按表面状态	光整	S			

③ 公称尺寸

表 5.13　钢板和钢带的公称尺寸　mm

名　称	公称尺寸	名　称	公称尺寸
厚度	0.4～3.0	钢板长度	1000～6000
宽度	600～1500	钢带内卷	508～610

④ 力学和工艺性能

表 5.14　钢板和钢带的力学性能和工艺性能

基体金属品级		抗拉强度 R_m /MPa	断后伸长率 A/% (L_0=50mm)	180°弯曲压头直径（a 为试样厚度）
代号	名称			
01	普通级	—	—	1a
02	冲压级	≤430	≥30	—
03	深冲级	≤410	≥34	
04	超深冲级	≤410	≥40	

注：02 级、03 级及 04 级的最小抗拉强度一般为 260MPa。所有抗拉强度值均应精确至 10MPa。对于厚度小于或等于 0.6mm 的钢材，表中规定的伸长率应减 2%。

⑤ 弯曲试件　热镀之后（进一步加工之前）采取的弯曲试件，应能经受任一方向的 180°弯曲，在弯曲的外侧没有镀层剥落。距试样侧边 7mm 内不出现镀层剥落。

表 5.15　弯曲试验时的压头直径

镀层代号	180°压头直径（a 为试样厚度，试样宽度≥50mm）			
	＜1.25mm		≥1.25mm	
	普通级	冲压级	普通级	冲压级
040	1a	1a	2a	2a
060	1a	1a	2a	2a
080	1a	1a	2a	2a
100	1a	1a	2a	2a
120	1a	1a	2a	2a
150	2a	2a	3a	3a
200	3a	—	3a	—

5.1.8　连续热浸镀层钢板和钢带（GB/T 25052—2010）

（1）分类

① 按尺寸精度　可分为普通厚度精度（PT. A）、高级厚度精度（PT. B）、普通宽度精度（PW. A）、高级宽度精度（PW. B）、普通长度精度（PL. A）和高级长度精度（PL. B）。

②按不平度精度　可分为普通不平度精度（PF. A）和高级不平度精度（PF. B）。

（2）尺寸和外形

① 厚度允许偏差　对于规定最小屈服强度小于260MPa、260～＜360MPa、360～420MPa、＞420～900MPa的钢板及钢带，按普通厚度精度和高级厚度精度，标准对其厚度的允许偏差分别作了规定。

② 宽度允许偏差　对于宽度不小于600mm的宽钢带和纵切钢带，按普通宽度精度和高级宽度精度，标准对其宽度的允许偏差分别作了规定。

③ 长度允许偏差　对于长度小于2000mm、2000～8000mm和大于8000mm的钢板，按普通长度精度和高级长度精度，标准对其长度的允许偏差分别作了规定。

5.1.9 连续热浸镀锌铝稀土合金镀层钢板和钢带（YB/T 052—1993）

钢的牌号及化学成分由供方选择（需方有要求时，也可指定牌号或化学成分）。

公称厚度0.25～2.50mm，公称宽度150～750mm，钢板由钢带横剪而成。

表5.16　连续热浸镀锌铝稀土合金镀层钢带和钢板的类别和代号

分类方法	类别	代号	分类方法	类别	代号
按加工性能	普通用途	PT	按镀层重量	90	GF90
	机械咬合	T		135	GF135
	深冲	SC		180	GF180
	结构	TG		225	GF225
按表面处理	铬酸钝化	L		275	GF275
	涂油	Y		350	GF350
	铬酸钝化加涂油	LY	按尺寸精度	普通精度	B
按表面结构	正常晶花	Z		高级精度	A

表 5.17 连续热浸镀锌铝稀土合金镀层钢带和钢板的钢基力学性能（Ⅰ）

类别代号	180°冷弯试验	抗拉强度 R_m /MPa	下屈服强度 R_{eL} /MPa	断后伸长率 A /%
PT	$D=a$	—	—	—
JY	$D=0$	270～500	—	—
SC	—	270～380	—	≥30
JG	—	≥370	≥240	≥18

注：1. 180°冷弯试验：试样弯曲处不允许出现裂纹、裂缝、断裂和起层。

2. D 为压头直径，a 为试样厚度。

表 5.18 连续热浸镀锌铝稀土合金镀层钢带和钢板的钢基力学性能（Ⅱ）

mm

公称厚度	杯突试验杯突深度 ≥	公称厚度	杯突试验杯突深度 ≥	公称厚度	杯突试验杯突深度 ≥	公称厚度	杯突试验杯突深度 ≥
0.5	7.4	0.9	8.7	1.3	9.6	1.7	10.1
0.6	7.8	1.0	9.0	1.4	9.7	1.8	10.3
0.7	8.1	1.1	9.2	1.5	9.9	1.9	10.4
0.8	8.4	1.2	9.4	1.6	10.0	2.0	10.5

注：1. 厚度大于 2.0mm 的钢带和钢板，其杯突试验冲压深度由供需双方协议。

2. 根据需方要求，供应本表公称厚度中间尺寸钢带和钢板时，其冲压深度按相邻小尺寸的规定。

5.1.10 预应力混凝土用钢棒（GB/T 5223.3—2017）

① 分类 按表面形状分为光圆钢棒（P）、螺旋槽钢棒（HG）、螺旋肋钢棒（HR）、带肋钢棒（R）；按松弛性能分为普通松弛钢棒（N）、低松弛钢棒（L）。

② 原材料 制造钢棒用原材料为低合金钢热轧圆盘条，其尺寸、外形及允许偏差应符合 GB/T 14981—2009 的规定。各牌号和化学成分应符合 GB/T 24587—2009 的规定；也可采用其他牌号制造，但硫、磷含量不超过 0.025%，铜含量不超过 0.20%。

③ 标记方法

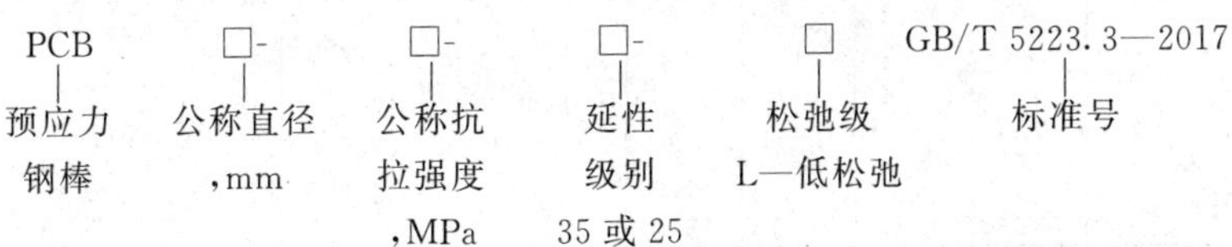

表 5.19　预应力混凝土用钢棒的规格尺寸和力学性能

<table>
<tr><th rowspan="2">表面形状</th><th rowspan="2">公称直径 D_n /mm</th><th rowspan="2">公称横截面积 S_n /mm²</th><th colspan="2">每米参考质量/(g/m)</th><th rowspan="2">抗拉强度 R_m/MPa ≥</th><th rowspan="2">规定非比例伸长应力 $R_{p0.2}$ /MPa ≥</th><th colspan="2">弯曲性能</th></tr>
<tr><th>max</th><th>min</th><th>性能要求</th><th>弯曲半径/mm</th></tr>
<tr><td rowspan="11">光圆</td><td>6</td><td>28.3</td><td colspan="2">222</td><td rowspan="11">1080
1230
1420
1570</td><td rowspan="11">930
1080
1280
1420</td><td rowspan="5">反复弯曲不小于4次</td><td>15</td></tr>
<tr><td>7</td><td>38.5</td><td colspan="2">302</td><td>20</td></tr>
<tr><td>8</td><td>50.3</td><td colspan="2">394</td><td>20</td></tr>
<tr><td>9</td><td>63.6</td><td colspan="2">499</td><td>25</td></tr>
<tr><td>10</td><td>78.5</td><td colspan="2">616</td><td>25</td></tr>
<tr><td>11</td><td>95.0</td><td colspan="2">746</td><td rowspan="6">弯曲160°～180°后弯曲处无裂纹</td><td rowspan="6">弯曲压头直径为钢棒直径的10倍</td></tr>
<tr><td>12</td><td>113</td><td colspan="2">887</td></tr>
<tr><td>13</td><td>133</td><td colspan="2">1044</td></tr>
<tr><td>14</td><td>154</td><td colspan="2">1209</td></tr>
<tr><td>15</td><td>177</td><td colspan="2">1389</td></tr>
<tr><td>16</td><td>201</td><td colspan="2">1578</td></tr>
<tr><td rowspan="5">螺旋槽</td><td>7.1</td><td>40</td><td>327</td><td>306</td><td rowspan="5">1080
1230
1420
1570</td><td rowspan="5">930
1080
1280
1420</td><td colspan="2" rowspan="5">—</td></tr>
<tr><td>9.0</td><td>64</td><td>522</td><td>490</td></tr>
<tr><td>10.7</td><td>90</td><td>735</td><td>689</td></tr>
<tr><td>12.6</td><td>125</td><td>1021</td><td>957</td></tr>
<tr><td>14.0</td><td>154</td><td>1257</td><td>1179</td></tr>
<tr><td rowspan="13">螺旋肋</td><td>6</td><td>28.3</td><td>231</td><td>217</td><td rowspan="9">1080
1230
1420
1570</td><td rowspan="9">930
1080
1280
1420</td><td rowspan="5">反复弯曲不小于4次/180°</td><td>15</td></tr>
<tr><td>7</td><td>38.5</td><td>314</td><td>295</td><td>20</td></tr>
<tr><td>8</td><td>50.3</td><td>411</td><td>385</td><td>20</td></tr>
<tr><td>9</td><td>63.6</td><td>519</td><td>487</td><td>25</td></tr>
<tr><td>10</td><td>78.5</td><td>641</td><td>601</td><td>25</td></tr>
<tr><td>11</td><td>95.0</td><td>776</td><td>727</td><td rowspan="8">弯曲160°～180°后弯曲处无裂纹</td><td rowspan="8">弯曲压头直径为钢棒直径的10倍</td></tr>
<tr><td>12</td><td>113</td><td>923</td><td>865</td></tr>
<tr><td>13</td><td>133</td><td>1086</td><td>1018</td></tr>
<tr><td>14</td><td>154</td><td>1257</td><td>1179</td></tr>
<tr><td>16</td><td>201</td><td>1641</td><td>1538</td><td rowspan="4">1080
1270</td><td rowspan="4">930
1140</td></tr>
<tr><td>18</td><td>254</td><td>2074</td><td>1944</td></tr>
<tr><td>20</td><td>314</td><td>2563</td><td>2403</td></tr>
<tr><td>22</td><td>380</td><td>3102</td><td>2908</td></tr>
<tr><td rowspan="6">带肋</td><td>6</td><td>28.3</td><td>231</td><td>217</td><td rowspan="6">1080
1230
1420
1570</td><td rowspan="6">930
1080
1280
1420</td><td colspan="2" rowspan="6">—</td></tr>
<tr><td>8</td><td>50.3</td><td>411</td><td>385</td></tr>
<tr><td>10</td><td>78.5</td><td>641</td><td>601</td></tr>
<tr><td>12</td><td>113</td><td>923</td><td>865</td></tr>
<tr><td>14</td><td>154</td><td>1257</td><td>1179</td></tr>
<tr><td>16</td><td>201</td><td>1641</td><td>1538</td></tr>
</table>

续表

表面形状	公称直径 D_n /mm	公称横截面积 S_n /mm^2	每米参考质量/(g/m)		抗拉强度 R_m/MPa ≥	规定非比例伸长应力 $R_{p0.2}$ /MPa ≥	弯曲性能	
			max	min			性能要求	弯曲半径/mm
无纵肋	6	28.3	231	217	—	—	—	
	8	50.3	411	385				
	10	78.5	641	601				
	12	113	923	865				
	14	154	1257	1179				
	16	201	1641	1538				

注：应力松弛性能：初始应力为公称抗拉强度的百分数为 60%、70%、80%时，1000h 应力松弛率 r 分别不大于 1.0%、2.0%和 4.5%。

表 5.20　钢棒的伸长特性

延长级别	最大力总伸长率 $A_{gt}(L_0=200mm)$ /%	断后伸长率 $A(L_0=8d_a)$ /%	延长级别	最大力总伸长率 $A_{gt}(L_0=200mm)$ /%	断后伸长率 $A(L_0=8d_a)$ /%
延性 35	≥3.5	≥7.0	延性 25	≥2.5	≥5.0

5.1.11　建筑结构用冷弯矩形钢管（JG/T 178—2005）

① 用途　除用于建筑结构外，也适用于桥梁等其他结构。Ⅰ级钢管适用于建筑、桥梁等结构中的主要构件及承受较大动力荷载的场合，Ⅱ级钢管适用于建筑结构中一般承载能力的场合。

② 分类

a. 按产品截面形状分为：冷弯正方形钢管、冷弯长方形钢管。

b. 按产品屈服强度等级分为：235、345、390。

c. 按产品性能和质量要求等级分为：较高级（Ⅰ级）——在提供原料的化学性能和产品的机械性能前提下，还必须保证原料的碳当量（产品的低温冲击性能、疲劳性能及焊缝无损检测可作为协议条款）；普通级（Ⅱ级）——仅提供原料的化学性能和力学性能。

d. 按产品成型方式分为：直接成方（Z，方变方），先圆后方（X，圆变方）。

③ 牌号标记方法

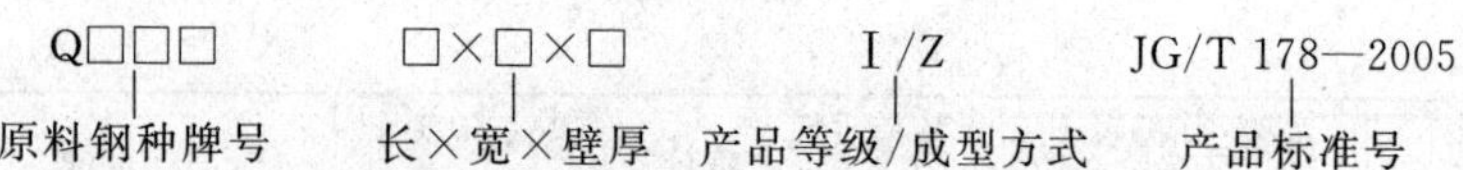

表 5.21　屈服强度等级与国内常用原料钢种标准牌号的对应关系

产品屈服强度等级	对应国内原料牌号
235	Q235B、Q235C、Q235D、Q235qC、Q235qD
345	Q345A、Q345B、Q345C、Q345D、Q345qC、Q345qD、StE355、B480GNQR
390	Q390A、Q390B、Q390C

表 5.22　建筑结构用冷弯矩形钢管的力学性能

产品屈服强度等级	壁厚/mm	规定塑性延伸强度 $R_{p0.2}$/MPa	抗拉强度 R_m/MPa ≥	断后伸长率 Z/% ≥	冲击吸收能量/J ≥
235	4～12	235	375	23	—
	＞12～22				27
345	4～12	345	470	21	—
	＞12～22				27
390	4～12	390	490	19	—
	＞12～22				27

表 5.23　较高级建筑结构用冷弯矩形钢管的屈强比

产品屈服强度等级	外周长/mm	壁厚/mm	屈强比/%	
			直接成方	先圆后方
235 345	≥800	12～22	80	90
390			85	

注：当外周长小于800mm时，屈强比可由供需双方协商确定。

表 5.24　冷弯正方形钢管外形尺寸和理论重量

边长/mm	壁厚/mm	截面面积/cm^2	理论重量/(kg/m)	边长/mm	壁厚/mm	截面面积/cm^2	理论重量/(kg/m)
100	4.0	11.9	11.7	110	4.0	16.5	13.0
	5.0	18.4	14.4		5.0	20.4	16.0
	6.0	21.6	17.0		6.0	24.0	18.8
	8.0	27.2	21.4		8.0	30.4	23.9
	10	32.6	25.5		10	36.5	28.7

续表

边长 /mm	壁厚 /mm	截面面积 /cm²	理论重量 /(kg/m)
120	4.0	18.1	14.2
	5.0	22.4	17.5
	6.0	26.4	20.7
	8.0	34.2	26.8
	10	40.6	31.8
130	4.0	19.8	15.5
	5.0	24.4	19.1
	6.0	28.8	22.6
	8.0	36.8	28.9
	10	44.6	35.0
	12	50.4	39.6
135	4.0	20.5	16.1
	5.0	25.3	19.9
	6.0	30.0	23.6
	8.0	38.4	30.2
	10	46.6	36.6
	12	52.8	41.5
	13	56.2	44.1
140	4.0	21.3	16.7
	5.0	26.4	20.7
	6.0	31.2	24.5
	8.0	40.6	31.8
	10	48.6	38.1
	12	55.3	43.4
	13	58.8	46.1
150	4.0	22.9	18.0
	5.0	28.4	22.3
	6.0	33.6	26.4
	8.0	43.2	33.9
	10	52.6	41.3
	12	60.1	47.1
	14	67.7	53.2
160	4.0	24.5	19.3
	5.0	30.4	23.8
	6.0	36.0	28.3
	8.0	47.0	36.9
	10	56.6	44.4
	12	64.8	50.9
	14	73.3	57.6
170	4.0	26.1	20.5
	5.0	32.3	25.4
	6.0	38.4	30.1
	8.0	49.6	38.9
	10	60.5	47.5
	12	69.6	54.6
	14	78.9	62.0
180	4.0	27.7	21.8
	5.0	34.4	27.0
	6.0	40.8	32.1
	8.0	52.8	41.5
	10	64.6	50.7
	12	74.5	58.4
	14	84.5	66.4
190	4.0	29.3	23.0
	5.0	36.4	28.5
	6.0	43.2	33.9
	8.0	56.0	44.0
	10	68.6	53.8
	12	79.3	62.2
	14	90.2	70.8
200	4.0	30.9	24.3
	5.0	38.4	30.1
	6.0	45.6	35.8
	8.0	59.2	46.5
	10	72.6	57.0
	12	84.1	66.0
	14	95.7	75.2
	16	107	83.8

续表

边长/mm	壁厚/mm	截面面积/cm^2	理论重量/(kg/m)	边长/mm	壁厚/mm	截面面积/cm^2	理论重量/(kg/m)
220	5.0	42.4	33.2	350	6.0	81.6	64.1
	6.0	50.4	39.6		7.0	94.4	74.1
	8.0	65.6	51.5		8.0	108	84.2
	10	80.6	63.2		10	133	104
	12	93.7	73.5		12	156	124
	14	107	83.9		14	180	141
	16	119	93.9		16	203	159
250	5.0	48.4	38.0		19	236	185
	6.0	57.6	45.2	380	8.0	117	91.7
	8.0	75.2	59.1		10	144	113
	10	92.6	72.7		12	170	134
	12	108	84.8		14	197	154
	14	124	97.1		16	222	174
	16	139	109		19	259	203
280	5.0	54.4	42.7		22	294	231
	6.0	64.8	50.9	400	8.0	123	96.5
	8.0	84.8	66.6		9.0	138	108
	10	104	82.1		10	153	120
	12	122	96.1		12	180	141
	14	140	110		14	208	163
	16	158	124		16	235	184
300	6.0	69.6	54.7		19	274	215
	8.0	91.2	71.6		22	312	245
	10	113	88.4	450	9.0	156	122
	12	132	104		10	173	135
	14	153	119		12	204	160
	16	172	135		14	236	185
	19	198	156		16	267	209
320	6.0	74.4	58.4		19	312	245
	8.0	97	76.6		22	355	279
	10	120	94.6				
	12	141	111				
	14	163	128				
	16	183	144				
	19	213	167				

续表

边长/mm	壁厚/mm	截面面积/cm^2	理论重量/(kg/m)	边长/mm	壁厚/mm	截面面积/cm^2	理论重量/(kg/m)
480	9.0	166	130	500	9.0	174	137
	10	184	144		10	193	151
	12	218	171		12	228	179
	14	252	198		14	264	207
	16	285	224		16	299	235
	19	334	262		19	350	275
	22	382	300		22	400	314

表 5.25　冷弯长方形钢管外形尺寸和理论重量

边长/mm	壁厚/mm	截面面积/cm^2	理论重量/(kg/m)	边长/mm	壁厚/mm	截面面积/cm^2	理论重量/(kg/m)
120×80	4.0	11.9	11.7	180×100	4.0	21.3	16.7
	5.0	18.3	14.4		5.0	26.3	20.7
	6.0	21.6	16.9		6.0	31.2	24.5
	7.0	24.4	19.1		8.0	40.4	31.5
	8.0	27.2	21.4		10	48.5	38.1
140×80	4.0	16.5	13.0	200×100	4.0	22.9	18.0
	5.0	20.4	15.9		5.0	28.3	22.3
	6.0	24.0	18.8		6.0	33.6	26.1
	8.0	30.4	23.9		8.0	43.8	34.4
150×100	4.0	18.9	14.9		10	52.6	41.2
	5.0	23.3	18.3	200×120	4.0	24.5	19.3
	6.0	27.6	21.7		5.0	30.4	23.8
	8.0	35.8	28.1		6.0	36.0	28.3
	10	42.6	33.4		8.0	46.4	36.5
160×60	4.0	16.5	13.0		10	56.6	44.4
	4.5	18.5	14.5	200×150	4.0	26.9	21.2
	6.0	24.0	18.9		5.0	33.4	26.2
160×80	4.0	18.1	14.2		6.0	39.6	31.1
	5.0	22.4	17.5		8.0	51.2	40.2
	6.0	26.4	20.7		10	62.6	49.1
	8.0	33.6	26.8		12	72.1	56.6
180×65	4.0	18.5	14.5		14	81.7	64.2
	4.5	20.7	16.3				
	6.0	27.0	21.2				

续表

边长/mm	壁厚/mm	截面面积/cm^2	理论重量/(kg/m)	边长/mm	壁厚/mm	截面面积/cm^2	理论重量/(kg/m)
220×140	4.0	27.7	21.8	350×200	5.0	53.4	41.9
	5.0	34.4	27.0		6.0	63.6	49.9
	6.0	40.8	32.1		8.0	83.2	65.3
	8.0	52.8	41.5		10	102	80.5
	10	64.6	50.7		12	120	94.2
	12	74.5	58.5		14	138	108
	13	79.6	62.5		16	155	121
250×150	4.0	30.9	24.3	350×250	5.0	58.4	45.8
	5.0	38.4	30.1		6.0	69.6	54.7
	6.0	45.6	35.8		8.0	91.2	71.6
	8.0	59.2	46.5		10	113	88.4
	10	72.6	57.0		12	132	104
	12	84.1	66.0		14	152	119
	14	95.7	75.2		16	171	134
250×200	5.0	43.4	34.0	350×300	7.0	87.4	68.6
	6.0	51.6	40.5		8.0	99.2	77.9
	8.0	67.2	52.8		10	122	96.2
	10	82.6	64.8		12	144	113
	12	96.1	75.4		14	166	130
	14	110	86.1		16	187	146
	16	123	96.4		19	217	170
260×180	5.0	42.4	33.2	400×200	6.0	69.6	54.7
	6.0	50.4	39.6		8.0	91.2	71.6
	8.0	65.6	51.5		10	113	88.4
	10	80.6	63.2		12	132	104
	12	93.7	73.5		14	152	119
	14	107	84.0		16	171	134
300×200	5.0	48.4	38.0	400×250	5.0	63.4	49.7
	6.0	57.6	45.2		6.0	75.6	59.4
	8.0	75.2	59.1		8.0	99.2	77.9
	10	92.6	72.7		10	122	96.2
	12	108	84.8		12	144	113
	14	124	97.1		14	166	130
	16	139	109		16	187	146

续表

边长/mm	壁厚/mm	截面面积/cm^2	理论重量/(kg/m)	边长/mm	壁厚/mm	截面面积/cm^2	理论重量/(kg/m)
400×300	7.0	94.4	74.1	500×250	9.0	129	101
	8.0	107	84.2		10	143	112
	10	133	104		12	168	132
	12	156	122		14	194	152
	14	180	141		16	219	172
	16	203	159	500×300	10	153	120
	19	236	185		12	180	141
450×250	6.0	81.6	64.1		14	208	163
	8.0	107	84.2		16	235	184
	10	133	104		19	274	215
	12	156	123	500×400	9.0	156	122
	14	180	141		10	173	135
	16	203	159		12	204	160
450×350	7.0	108	85.1		14	236	185
	8.0	123	96.7		16	267	209
	10	153	120		19	312	245
	12	180	141		22	356	279
	14	208	163	500×450	10	183	143
	16	235	184		12	216	170
	19	274	215		14	250	196
450×400	9.0	147	115		16	283	222
	10	163	127		19	331	260
	12	192	151		22	378	297
	14	222	174	500×480	10	189	148
	16	251	197		12	223	175
	19	293	230		14	258	203
	22	334	262		16	292	229
500×200	9.0	120	94.2		19	342	269
	10	133	104		22	391	307
	12	156	123				
	14	180	141				
	16	203	159				

5.1.12　护栏波形梁用冷弯型钢（YB/T 4081—2007）

由可冷加工变形的冷轧或热轧钢带，在连续辊式冷弯机组上生产。

型号标记由代表护栏的代号的“HL”和型式分类的字母“A”或“B”两个部分组成。

用Q235A制成的A型310×83×3护栏波形梁用冷弯型钢标记为：

$$护栏波形梁用冷弯型钢\frac{HLA310\times83\times3—YB4081}{Q235A—CB/T\ 700}$$

牌号及化学成分（熔炼分析）：应符合GB/T 700中的Q235A或Q235B的规定。型钢以冷加工状态交货（经双方协商也可以热镀锌或其他镀层状态交货，以热镀锌交货的型钢，其单面镀锌层重量的平均值应不小于550g/m^2）。型钢产品的力学性能应符合GB/T 6725的规定。

表5.26　护栏波形梁用冷弯型钢的尺寸及理论重量

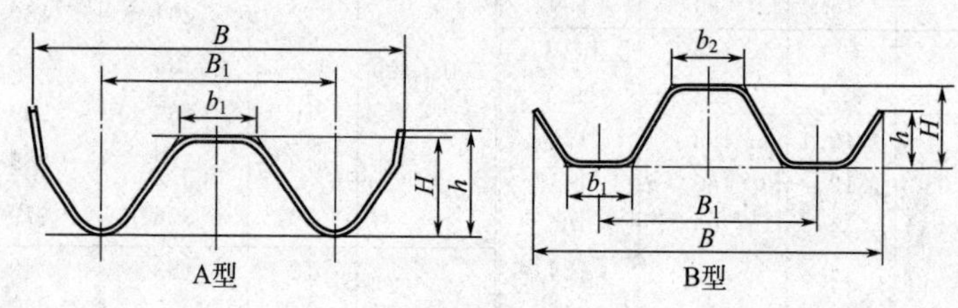

尺寸						截面面积/cm^2	理论重量/(kg/m)
H	h	B	B_1	b_1	b_2		
83	85	310	192	—	28	14.5	11.4
75	55	350	214	63	69	18.6	14.6
75	53	350	218	68	75	18.7	14.7
79	42	350	227	45	60	17.8	14.0
53	34	350	223	63	63	13.2	10.4
52	33	350	224	63	63	9.4	7.4

5.1.13　电梯导轨用热轧型钢（YB/T 157—1999）

钢的牌号为Q235A，一般为镇静钢；钢的化学成分应符合GR/T 700的有关规定，其硫、磷含量各不大于0.045%。根据需方要求，也可采用沸腾钢或者采用Q255A及其他牌号。

表 5.27　电梯导轨用热轧型钢的尺寸及允许偏差

型号	尺寸					
	b	*h*	*k*	*n*	*c*	*g*
T75	75	64	14	32	7.5	7
T78	78	58	14	28	7.5	6
T82	82.5	70.5	13	27.5	7.5	6
T89	89	64	20	35	10	7.9
T90	90	77	20	44	10	8
T114	114	91	20	40	10	8
T125	125	84	20	44	10	9
T127-1	127	91	20	46.5	10	7.9
T127-2	127	91	20	52.8	10	12.7
T140-1	140	110	23	52.8	12.7	12.7
T140-2	140	104	32.6	52.8	17.5	14.5
T140-3	140	129	36	59.2	19	17.5

表 5.28　导轨型钢理论重量

型　　号	T75	T78	T82	T89	T90	T114
截面面积/cm^2 理论重量/(kg/m)	13.000 10.205	11.752 9.225	12.994 10.200	17.873 14.030	20.453 16.056	24.312 19.085
型　　号	T125	T127-1	T127-2	T140-1	T140-2	T140-3
截面面积/cm^2 理论重量/(kg/m)	25.452 19.980	25.442 19.972	31.735 24.912	38.200 29.987	46.826 36.758	61.500 48.278

注：理论重量按密度 7.85g/cm^3 计算。

表 5.29　导轨型钢的抗拉强度和伸长率

牌　　号	抗拉强度 R_m/MPa	断后伸长率 *A*/%
Q235A	≥375	≥24
Q255A 或其他牌号	≥410	

5.1.14　铁塔用热轧角钢（YB/T 4163—2007）

牌号的表示方法是：

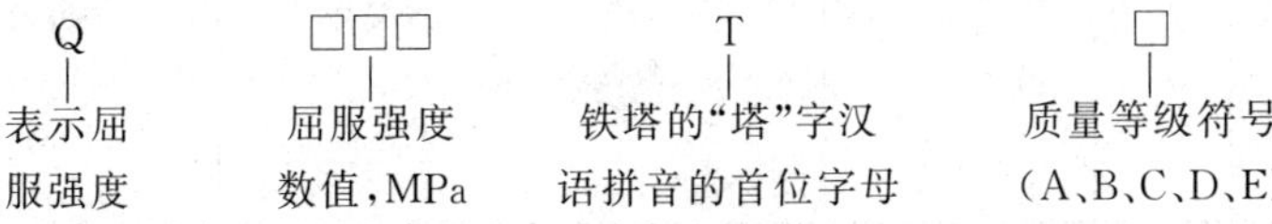

表 5.30 角钢的型号、尺寸、截面面积、理论重量

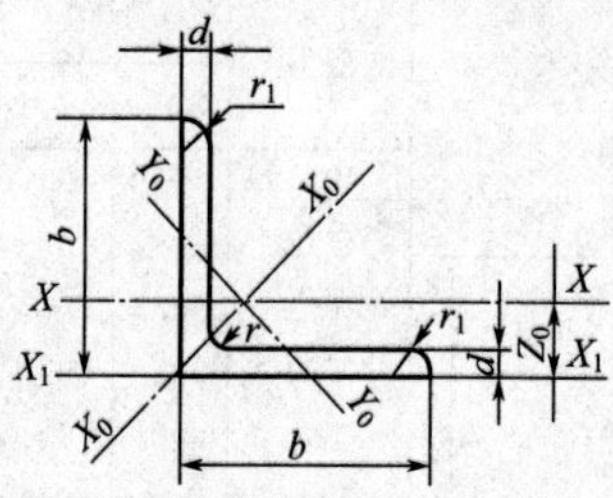

型号	尺寸/mm			截面面积/cm^2	理论重量/(kg/m)	外表面积/(m^2/m)
	b	d	r			
5.6	56	6	6	6.420	5.040	0.220
		7		7.404	5.812	0.219
6.3	63	7	7	8.412	6.603	0.247
7.5	75	9	9	12.825	10.068	0.294
8	80	9	9	13.725	10.774	0.314
9	90	9	10	15.566	12.219	0.353
12.5	125	16	14	37.739	29.625	0.489
15	150	10	14	29.373	23.058	0.591
		12		34.912	27.406	0.591
		14		40.367	31.688	0.590
		15		43.063	33.804	0.590
		16		45.739	35.905	0.589
22	220	16	21	68.664	53.901	0.866
		18		76.752	60.250	0.866
		20		84.756	66.533	0.865
		22		92.676	72.751	0.865
		24		100.512	78.902	0.864
		26		108.264	84.987	0.864
25	250	18	24	87.842	68.956	0.985
		20		97.045	76.180	0.984
		24		115.201	90.433	0.983
		26		124.154	97.461	0.982
		28		133.022	104.422	0.982
		30		141.807	111.318	0.981
		32		150.508	118.149	0.981
		35		163.402	128.271	0.980

表 5.31　铁塔用热轧角钢的力学性能和工艺性能

牌号	质量等级	拉伸试验 上屈服强度 R_{eH}/MPa ≥ 厚度/mm ≤16	拉伸试验 上屈服强度 R_{eH}/MPa ≥ 厚度/mm >16～35	抗拉强度 R_m/MPa	断后伸长率 A/% ≥	冲击试验（V 形缺口）AK/J ≥ +20℃	0℃	−20℃	−40℃	180°弯曲试验（D 为压头直径,mm; a 为试样厚度,mm）厚度/mm ≤16	>16～35
Q235T	A	235	225	370～500	26				—	$D=a$	
	B				26	27					
	C				26		27				
	D				26			27			
Q275T	A	275	265	410～540	26				—	$D=a$	
	B				26	27					
	C				26		27				
	D				26			27			
Q345T	A	345	325	470～630	21				—	$D=2a$	$D=3a$
	B				21	34					
	C				22		34				
	D				22			34			
Q420T	A	420	400	520～680	18	34				$D=2a$	$D=3a$
	B				18						
	C				19		34				
	D				19			34			
	E				19				27		
Q460T	A	460	440	550～720	17	34				$D=2a$	$D=3a$
	B				17						
	C				17		34				
	D				17			34			
	E				17				27		

5.1.15　冷轧带肋钢筋（GB 13788—2008）

有预应力混凝土用冷轧带肋、普通钢筋混凝土用冷轧带肋和焊接用冷轧带肋钢筋三种。其牌号标记方法是：

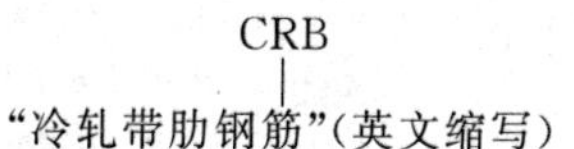

冷轧带肋钢筋分为CRB550、CRB650、CRB800、CRB970四个牌号，前者为普通钢筋混凝土用钢筋，后三者为预应力混凝土用钢筋。

表5.32　钢筋的规格尺寸和重量

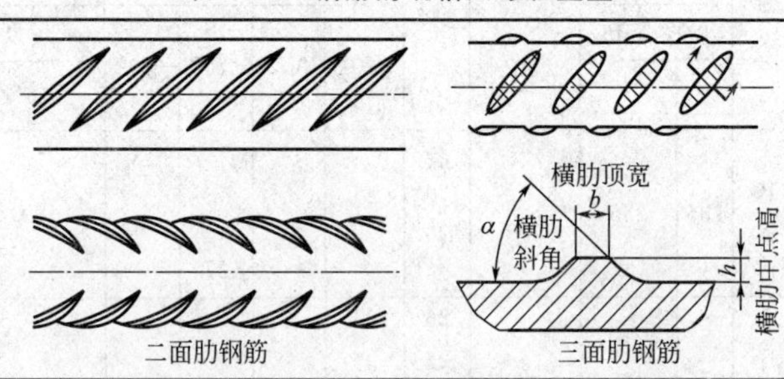

公称直径 d/mm	公称横截面积 /mm²	理论重量 /(kg/m)	公称直径 d/mm	公称横截面积 /mm²	理论重量 /(kg/m)
4	12.6	0.099	8.5	56.7	0.445
4.5	15.9	0.125	9	63.8	0.490
5	19.6	0.154	9.5	70.8	0.556
5.5	23.7	0.186	10	78.5	0.617
6	28.3	0.222	10.5	86.5	0.679
6.5	33.2	0.261	11	95.0	0.746
7	38.5	0.302	11.5	103.8	0.815
7.5	44.2	0.347	12	113.7	0.888
8	50.3	0.395			

表5.33　冷轧带肋钢筋用盘条的参考牌号

钢筋牌号	盘条牌号	钢筋牌号	盘条牌号	钢筋牌号	盘条牌号	钢筋牌号	盘条牌号
CRB550	Q215	CRB650	Q235	CRB800	24MnTi 20MnSi	CRB970	41MnSiV 60

表5.34　钢筋的力学性能及工艺性能

牌　号	规定非比例延伸强度 $R_{p0.2}$≥	抗拉强度 R_m /MPa ≥	伸长率 A/% ≥		弯曲试验180°	反复弯曲次数	应力松弛 初始应力应相当于公称抗拉强度的70% 1000h松弛率/% ≤
			$A_{11.3}$	A_{100}			
CRB550	500	550	8.0	—	$D=3d$	—	—

续表

牌号	规定非比例延伸强度 $R_{p0.2}$≥	抗拉强度 R_m /MPa ≥	伸长率 A/% ≥		弯曲试验 180°	反复弯曲次数	应力松弛
			$A_{11.3}$	A_{100}			初始应力应相当于公称抗拉强度的70% 1000h松弛率/% ≤
CRB650	585	650	—	4.0	—	3	8
CRB800	800	800	—	4.0	—	3	8
CRB970	970	970	—	4.0	—	3	8

注：1. *D* 表示压头直径，*d* 表示钢筋公称直径。

2. 反复弯曲试验的弯曲半径：钢筋公称直径为4mm、5mm、6mm时，其弯曲半径分别为10mm、15mm、15mm。

5.1.16 钢筋混凝土用加工成型钢筋（YB/T 4162—2007）

钢筋混凝土用加工成型钢筋的牌号、化学成分、力学性能应符合GB 1499、GB 13013、GB 13788、GB 701和GB/T 14993.3标准的规定。

表5.35 钢筋混凝土用加工成型钢筋的规格尺寸及理论重量

公称直径 /mm	公称横截面面积/mm²	理论重量 /(kg/m)	公称直径 /mm	公称横截面面积/mm²	理论重量 /(kg/m)
6	28.27	0.222	20	314.2	2.47
(6.5)	(33.18)	(0.260)	22	380.1	2.98
8	50.27	0.395	25	490.9	3.85
10	78.54	0.617	28	615.8	4.83
12	113.1	0.888	32	804.2	6.31
14	153.9	1.21	36	1018	7.99
16	201.1	1.58	40	1257	9.87
18	254.5	2.00	50	1964	15.42

注：() 内为过渡性产品。

5.1.17 预应力混凝土用螺纹钢筋（GB/T 20065—2016）

采用热轧、轧后余热处理或热处理等工艺生产，公称直径范围为18～50mm，推荐采用的公称直径为25mm、32mm。

表5.36 预应力混凝土用螺纹钢筋的截面面积及理论重量

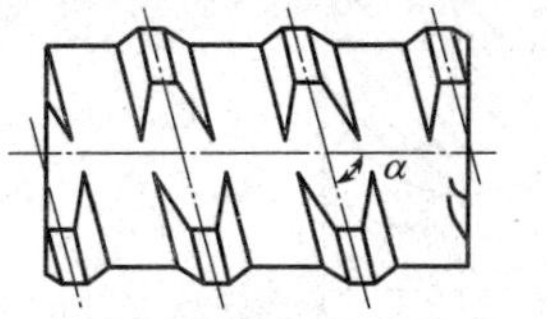

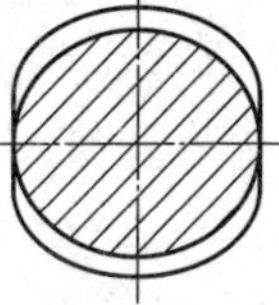

续表

公称直径/mm	公称截面面积/mm^2	理论截面面积/mm^2	理论重量/(kg/m)	公称直径/mm	公称截面面积/mm^2	理论截面面积/mm^2	理论重量/(kg/m)
15	177	183.2	1.40	50	1963	2066	16.28
18	255	268.4	2.11	60	2827	2976	23.36
25	491	522.3	4.10	63.5	3167	3369	26.50
32	804	846.3	6.65	65	3318	3493	27.40
36	1018	1072	8.41	70	3848	4051	31.80
40	1257	1323	10.34	75	4418	4700	36.90

表 5.37 预应力混凝土用螺纹钢筋的力学性能

级别	屈服强度 R_{eL}/MPa	抗拉强度 R_m/MPa	断后伸长率/%	最大力下总伸长率 A_{gt}/%	应力松弛性能	
	≥				初始应力	1000h后应力松弛率 V/%
PSB785	785	980	8	3.5	$0.7R_{eL}$	≤4.0
PSB830	830	1030	7			
PSB930	930	1080	7			
PSB1080	1080	1230	6			
PSB1200	1200	1330	6			

注：无明显屈服时，用规定非比例延伸强度（$R_{p0.2}$）代替。

5.1.18 钢筋混凝土用热轧光圆钢筋（GB 1499.1—2008）

钢筋的公称直径范围为 6～22mm，推荐的钢筋公称直径为 6mm、8mm、10mm、12mm、16mm、20mm。

牌号标记方法是：

HPB □□□

HPB —— “热轧光圆钢筋”的英文缩写

□□□ —— 屈服强度值(MPa)特征

表 5.38 钢筋混凝土用热轧光圆钢筋的规格尺寸及理论重量

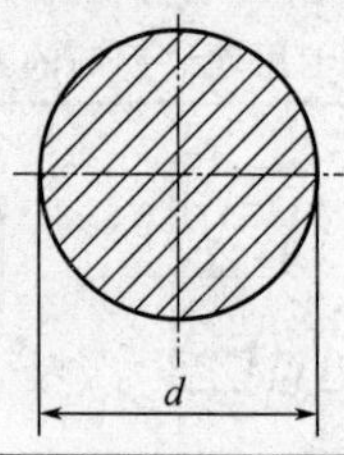

续表

公称直径 d/mm	公称横截面积/mm^2	理论质量/(kg/m)	计算偏差/%	公称直径 d/mm	公称横截面积/mm^2	理论质量/(kg/m)	计算偏差/%
6	28.27	0.222	±7	14	153.9	1.21	±5
(6.5)	(33.18)	(0.260)		16	201.1	1.58	
8	50.27	0.395		18	254.5	2.00	
10	78.54	0.617		20	314.2	2.47	
12	113.1	0.888		22	380.1	2.98	

注：按密度为7.85g/cm^3计算。

表5.39 钢筋混凝土用热轧光圆钢筋的力学性能及工艺性能

牌号	下屈服强度 R_{eL}/MPa	抗拉强度 R_m/MPa	断后伸长率 A/% ≥	最大力下总伸长率 A_{gt}/%	冷弯试验180°钢筋受弯曲部位表面不得产生裂纹
HPB235	235	370	25.0	10.0	压头直径 D=钢筋公称直径 d
HPB300	300	420			

5.1.19 钢筋混凝土用热轧带肋钢筋（GB 1499.2—2007）

牌号标记方法是：

□RB　　　　□□□

HRB—热轧带肋钢筋(英文缩写)　　规定的屈服强度最小值

RRB—回火带肋钢筋(英文缩写)

表5.40 钢筋混凝土用热轧光圆钢筋的规格尺寸及理论重量

公称直径 d/mm	公称横截面积/mm^2	理论质量/(kg/m)	公称直径 d/mm	公称横截面积/mm^2	理论质量/(kg/m)
6	28.27	0.222	22	380.1	2.98
8	50.27	0.395	25	490.9	3.85
10	78.54	0.617	28	615.8	4.83
12	113.1	0.888	32	804.2	6.31
14	153.9	1.21	36	1018	7.99
16	201.1	1.58	40	1257	9.87
18	254.5	2.00	50	1964	15.42
20	314.2	2.47			

注：按密度为7.85g/cm^3计算。

表 5.41　钢筋混凝土用热轧带肋钢筋的力学性能

牌　号	下屈服强度 R_{eL}/MPa	抗拉强度 R_m/MPa	断后伸长率 A/% ≥	最大力下总伸长率 A_{gt}/%
HRB335、HRBF335	335	455	17	7.5
HRB400、HRBF400	400	540	16	7.5
HRB500、HRBF500	500	630	15	7.5

表 5.42　钢筋混凝土用热轧带肋钢筋的弯曲性能

牌　号		公称直径/mm	压头直径/mm	弯曲性能
正向弯曲	HRB335、HRBF335	6～25	3a	按规定的压头直径弯曲180°后，钢筋受弯曲部位表面不得产生裂纹
		28～40	4a	
		＞40～50	5a	
	HRB400、HRBF400	6～25	4a	
		28～40	5a	
		＞40～50	6a	
	HRB500、HRBF500	6～25	6a	
		28～40	7a	
		＞40～50	8a	
反向弯曲	全部	压头直径比正向弯曲试验相应增加一个钢筋直径。先正向弯曲90°，后再反向弯曲20°。此时钢筋受弯曲部位表面不得产生裂纹		

5.1.20　钢筋混凝土用余热处理钢筋（GB 13014—2013）

RRB400 和 RRB500 钢筋推荐的公称直径为 8mm、10mm、12mm、16mm、20mm、25mm、32mm、40mm、50mm；RRB400W 钢筋推荐直径为同上的 8～40mm。

牌号标记方法是：

RRB　□□□

RRB："余热处理钢筋"的英文缩写

□□□：规定的屈服强度最小值加后缀"W"表示可焊

表 5.43　钢筋混凝土用热轧光圆钢筋的规格尺寸及理论重量

公称直径 d/mm	公称横截面积/mm^2	理论质量/(kg/m)	公称直径 d/mm	公称横截面积/mm^2	理论质量/(kg/m)
8	50.27	0.395	22	380.1	2.98

续表

公称直径 d/mm	公称横截面积/mm^2	理论质量 /(kg/m)	公称直径 d/mm	公称横截面积/mm^2	理论质量 /(kg/m)
10	78.54	0.617	25	490.9	3.85
12	113.1	0.888	28	615.8	4.83
14	153.9	1.21	32	804.2	6.31
16	201.1	1.58	36	1018	7.99
18	254.5	2.00	40	1257	9.87
20	314.2	2.47	50	1964	15.42

注：质量按密度为7.85g/cm^3计算。

表5.44　钢筋混凝土用余热处理钢筋的力学性能及工艺性能

牌　号	下屈服强度 R_{eL}/MPa	抗拉强度 R_m/MPa	断后伸长率 A/%	最大力下总伸长率 A_{gt}/%
	≥			
RRB400	400	540	14	5.0
RRB500	500	630	13	
RRB400W	430	570	16	7.5

注：1.时效后检验结果。

2.直径28～40mm各牌号钢筋的断后伸长率A可降低1%；直径大于40mm各牌号钢筋的断后伸长率可降低2%。

3.对于没有明显屈服强度的钢，屈服强度特性值R_{eL}应采用规定非比例延伸强度$R_{p0.2}$。

5.1.21　预应力钢丝及钢绞线用热轧盘条（YB/T 146—1998）

盘条的尺寸、外形应在合同中注明，未注明者，应符合GB/T 14981中B级的规定。盘条的重量应符合GB/T 14981的规定，每盘盘条应由一根组成，允许有5%的盘条由两根组成。

表5.45　预应力钢丝及钢绞线用热轧盘条的力学性能

牌　号	直径8.0～10.0mm		直径10.5～13.0mm	
	抗拉强度 R_m /MPa ≥	断面收缩率 Z/%	抗拉强度 R_m /MPa ≥	断面收缩率 Z/%
72A	960～1080	≥25	940～1060	≥25
72MnA、75A	990～1100		970～1090	
75MnA、77A	1020～1140		1000～1120	
77MnA、80A	1040～1160		1020～1140	
80MnA、82A	1060～1180		1040～1160	
82MnA	1080～1200		1060～1180	

5.1.22 制丝用非合金钢盘条

制丝用非合金钢盘条分一般用途盘条、沸腾钢和沸腾钢替代品低碳钢盘条、特殊用途盘条三种。

(1) 一般用途盘条(GB/T 24242.2—2009)

是指制造冷拔或冷轧钢丝用非合金钢一般用途盘条，牌号有两种表示方法：

① C×D 其中“×”为平均含碳量，C、D分别为“碳”“拉伸”的英文首字母。

② T××× 其中“×××”为其抗拉强度 R_m (MPa)，牌号有 T800、T900、T1000、T1100 和 T1200 五种。

用第一种表示方法的牌号有：C4D、C7D、C9D、C10D、C12D、C15D、C18D、C20D、C26D、C32D、C38D、C42D、C48D、C50D、C52D、C56D、C58D、C60D、C62D、C66D、C68D、C70D、C72D、C76D、C78D、C80D、C82D、C86D、C88D 和 C92D 共 30 种(统一数字代号为 U53××2，“××”分别对应于各自牌号中的数字，但该数字不足2位时前面要加“0”，如 C4D 的统一数字代号为 U53042)。

这种盘条力学性能的具体要求由供需双方协商确定，并在合同中注明。

(2) 沸腾钢和沸腾钢替代品低碳钢盘条(GB/T 24242.3—2014)

是指拉拔或冷轧钢丝用具有高延性的低碳、低硅沸腾钢非合金钢盘条，以及沸腾钢替代品非合金钢盘条，其牌号有 C2D1、C3D1 和 C4D1 三种(C、D的意义同前述，“1”代表沸腾钢和沸腾钢替代品)。

表 5.46 替代品低碳钢盘条的抗拉强度

牌号	抗拉强度 R_m	牌号	抗拉强度 R_m	牌号	抗拉强度 R_m
C2D1	≤360	C3D1	≤390	C4D1	供需双方协商

(3) 特殊用途盘条(GB/T 24242.4—2014)

是指用于较高性能要求的拉拔和(或)冷轧钢丝用优质盘条，牌号有两种表示方法：

① C××D2 其中“××”为平均含碳量，C、D的意义同前述，“2”代表特殊用途。其牌号有 C3D2、C5D2、C8D2、C10D2、

C12D2、C15D2、C18D2、C20D2、C26D2、C32D2、C36D2、C38D2、C40D2、C42D2、C46D2、C48D2、C50D2、C52D2、C56D2、C58D2、C60D2、C62D2、C66D2、C68D2、C70D2、C72D2、C76D2、C78D2、C80D2、C82D2、C86D2、C88D2、C92D2、C98D2 共 34 种。

② T××××S 其中 T 表示抗拉强度 R_m（MPa），“××××”为其抗拉强度中间值，S 表示特殊用途。其牌号有 T750、T850、T950、T1050、T1150 和 T1250 六种。

特殊用途盘条的抗拉强度允许一定的波动范围，见表 5.47。

表 5.47 抗拉强度的波动范围

含碳量（质量分数）/%	抗拉强度的波动范围/MPa	
	公称直径≤13mm	公称直径>13mm
≤0.20	100	120
>0.20～0.70	120	140
>0.70	140	170

5.1.23 预应力混凝土用冷拉钢丝（GB/T 5223—2014）

① 分类 按加工状态分为冷拉钢丝（WCD，仅用于压力管道）和低松弛钢丝（WLR）；按外形分为光圆钢丝（P）、螺旋肋钢丝（H）和刻痕钢丝（I）三种。

② 牌号标记方法

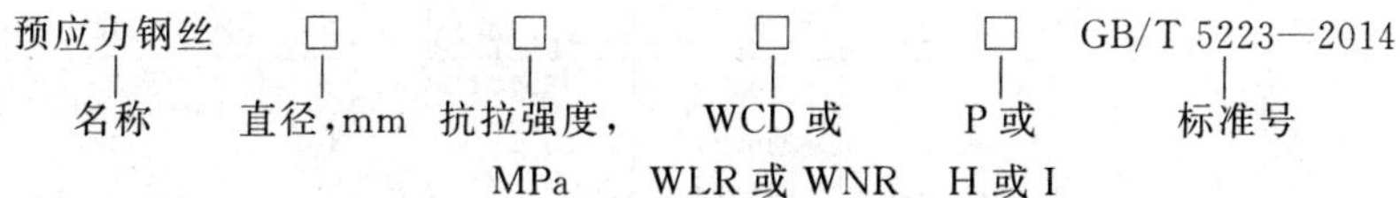

③ 钢丝用钢的牌号和化学成分 应符合 YB/T 146 或 YB/T 170 的规定，也可采用其他牌号制造，成分不作为交货条件。

表 5.48 光圆钢丝尺寸及每米参考质量

公称直径 d_n/mm	公称横截面积 S_n/mm	每米参考质量/(g/m)	公称直径 d_n/mm	公称横截面积 S_n/mm	每米参考质量/(g/m)
4.00	12.57	98.6	7.50	44.18	347

续表

公称直径 d_n/mm	公称横截面积 S_n/mm	每米参考质量 /(g/m)	公称直径 d_n/mm	公称横截面积 S_n/mm	每米参考质量 /(g/m)
4.80	18.10	142	8.00	50.26	394
5.00	19.63	154	9.00	63.62	499
6.00	28.27	222	10.00	78.54	616
6.25	30.68	241	11.00	95.03	746
7.00	38.48	302	12.00	113.1	888

注：螺旋肋数量为4条。

表5.49 压力管道用冷拉钢丝的力学性能

公称直径 d_n /mm	公称抗拉强度 R_m /MPa ≥	最大力的特征值 F_m/kN	最大力的最大值 $F_{m,max}$/kN	0.2%屈服力 $F_{p0.2}$ /kN ≥	每210mm扭矩的扭转次数 N ≥	断面收缩率 Z/% ≥
4.00	1470	18.48	20.99	13.86	10	35
5.00		28.86	32.79	21.65	10	35
6.00		41.56	47.21	31.17	8	30
7.00		56.57	64.27	42.42	8	30
8.00		73.88	83.93	55.41	7	30
4.00	1570	19.73	22.24	14.80	10	35
5.00		30.82	34.75	23.11	10	35
6.00		44.38	50.03	33.29	8	30
7.00		60.41	68.11	45.31	8	30
8.00		78.91	88.96	59.18	7	30
4.00	1670	20.99	23.50	15.74	10	35
5.00		32.78	36.71	24.59	10	35
6.00		47.21	52.86	35.41	8	30
7.00		64.26	71.96	48.20	8	30
8.00		83.93	93.99	62.95	6	30
4.00	1770	22.25	24.76	16.69	10	35
5.00		34.75	38.68	26.06	10	35
6.00		50.69	55.69	37.53	8	30
7.00		68.11	75.81	51.08	6	30

注：1. 氢脆敏感性能负载为70%最大力时的断裂时间 t 为75h。

2. 应力松弛性能初始应力为70%最大力时，1000h应力松弛率 $r \leqslant 7.5\%$。

表 5.50　消除应力光圆及螺旋肋钢丝的力学性能

公称直径 d_n /mm	抗拉强度 R_m /MPa ≥	最大力的特征值 F_m /kN	最大力的最大值 $F_{m,max}$ /kN	0.2%屈服力 $F_{p0.2}$ /kN ≥	反复弯曲性能	
					弯曲次数 /(次/180°) ≥	弯曲半径 /mm
4.00	1470	18.48	20.99	16.22	3	10
4.80		26.61	30.23	23.35	4	15
5.00		28.86	32.78	25.32	4	15
6.00		41.56	47.21	36.47	4	15
6.25		45.10	51.24	39.58	4	20
7.00		56.57	64.26	49.64	4	20
7.50		64.94	73.78	56.99	4	20
8.00		73.88	83.93	64.84	4	20
9.00		93.52	106.2	82.07	4	25
9.50		104.2	118.4	91.44	4	25
10.00		115.5	131.2	101.3	4	25
11.00		139.7	158.7	122.6	—	—
12.00		166.3	188.9	145.9	—	—
4.00	1570	19.73	22.24	17.37	3	10
4.80		28.41	32.03	25.00	4	15
5.00		30.82	34.75	27.12	4	15
6.00		44.38	50.03	39.06	4	15
6.25		48.17	54.31	42.39	4	20
7.00		60.41	68.11	53.16	4	20
7.50		69.36	78.20	61.04	4	20
8.00		78.91	88.96	69.44	4	20
9.00		99.88	112.6	87.89	4	25
9.50		111.3	125.5	97.93	4	25
10.00		123.3	139.0	108.5	4	25
11.00		149.2	168.2	131.3	—	—
12.00		177.6	200.2	156.3	—	—
4.00	1670	20.99	23.50	18.47	3	10
5.00		32.78	36.71	28.85	4	15
6.00		47.21	52.86	41.54	4	15
6.25		51.24	57.38	45.09	4	20
7.00		64.26	71.96	56.55	4	20
7.50		73.78	82.62	64.93	4	20
8.00		83.93	93.98	73.86	4	20
9.00		106.2	119.0	93.50	4	25

续表

公称直径 d_n /mm	抗拉强度 R_m /MPa ≥	最大力的特征值 F_m /kN	最大力的最大值 $F_{m,max}$ /kN	0.2%屈服力 $F_{p0.2}$ /kN ≥	反复弯曲性能	
					弯曲次数/(次/180°) ≥	弯曲半径/mm
4.00	1770	22.25	24.76	19.58	3	10
5.00		34.75	38.68	30.58	4	15
6.00		50.04	55.69	44.03	4	15
7.00		68.11	75.81	59.94	4	20
7.50		78.20	87.04	68.81	4	20
4.00	1860	23.38	25.89	20.57	3	10
5.00		36.51	40.44	32.13	4	15
6.00		52.58	58.23	46.27	4	15
7.00		71.57	79.27	62.98	4	20

注：1.最大力总伸长率（L_0=200mm）A_{gt} 为3.5%。

2.应力松弛性能：初始应力相当于实际最大力的百分数为70%或80/%；1000h应力松弛率 r≤2.5%或4.5/%。

3.0.2%屈服力 $F_{p0.2}$ 应不小于最大力的特征值 F_m 的88%。

4.刻痕钢丝的力学性能同本表，但其弯曲次数均应不小于3次。

5.1.24 混凝土制品用冷拔低碳钢丝（JC/T 540—2006）

混凝土制品用冷拔低碳钢丝为混凝土制品用的，以低碳钢热轧圆盘条为母材，经一次或多次冷拔制成的光面钢丝。

① 分类 冷拔低碳钢丝分为甲、乙两级，前者适用于作预应力筋，后者适用于作焊接网、焊接骨架、箍筋和构造钢筋。

② 材料 拔丝用热轧圆盘条应符合GB/T 701的规定，甲级冷拔低碳钢丝应采用GB/T 701规定的供拉丝用盘条。

③ 代号 CDW（“冷拔低碳钢丝”的英文缩写），其牌号标记方法是：

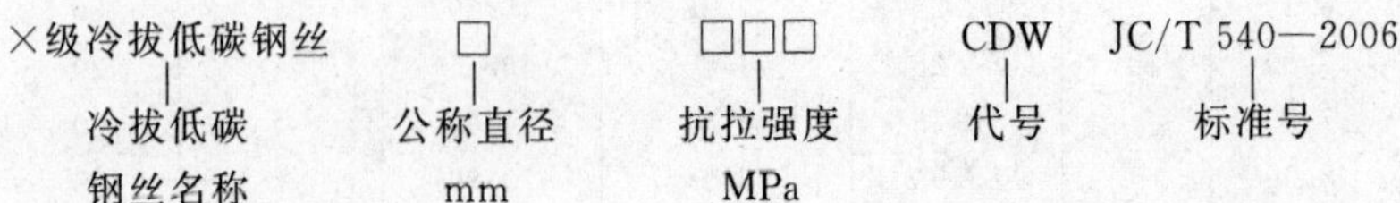

表 5.51　冷拔低碳钢丝的公称直径及公称截面积

公称直径 d /mm	公称截面积 S /mm^2	公称直径 d /mm	公称截面积 S /mm^2
3.0	7.07	5.0	19.63
4.0	12.57	6.0	28.57

表 5.52　冷拔低碳钢丝的力学性能

级别	公称直径 d/mm	抗拉强度 R_m/MPa	断后伸长率 A_{100} ≥	反复弯曲次数 /(次/180°) ≥
甲级	5.0	650、600	3.0	4
	4.0	700、650	2.5	4
乙级	3.0、4.0、5.0、6.0	550	2.0	4

注：甲级冷拉低碳钢丝作预应力筋用时，如经机械调直，抗拉强度标准值应降低50MPa。

5.1.25　预应力混凝土用中强度钢丝（GB/T 30828—2014）

指用于预应力混凝土构件用强度范围为650～1370MPa的冷加工后进行稳定化热处理的钢丝。

① 分类　按表面形状分为螺旋肋钢丝和刻痕（可双面、三面和四面）钢丝两类，按抗拉强度可分为650MPa、800MPa、970MPa、1270MPa和1370MPa五个级别，按表面形状可分为螺旋肋钢丝（H）和刻痕钢丝（I）。

② 盘重和盘内径

a. 每盘钢丝由一根组成，不允许有焊接头。其盘重一般不小于1000kg(不小于10盘时允许有10%的盘数小于1000kg，但不小于300kg)。

b. 钢丝的公称直径 d≤5.0mm 的盘内径不小于1500mm，公称直径 d>5.0mm 的盘内径不小于1700mm。

③ 力学性能

表 5.53　钢丝的力学性能

公称直径 d/mm	公称抗拉强度 R_m /MPa	最大力的特征值 F_m /kN ≥	最大力 $F_{m,max}$ /kN ≤	0.2%规定非比例延伸力 $F_{p0.2}$/kN ≥	反复弯曲 次数 N ≥	反复弯曲 弯曲半径 R/mm	180°弯曲试验
8.00		32.68	42.73	27.78	4	20	—
10.00	650	51.05	66.76	43.39	4	25	—
12.00		73.52	96.14	62.49	—	—	$D=10d$

续表

公称直径 d/mm	公称抗拉强度 R_m /MPa	最大力的特征值 F_m /kN ≥	最大力 $F_{m,max}$ /kN ≤	0.2%规定非比例延伸力 $F_{p0.2}$/kN ≥	反复弯曲		180°弯曲试验
					次数 N ≥	弯曲半径 R/mm	
4.00	800	10.06	12.57	8.55	4	10	—
5.00		15.70	19.63	13.35	4	15	—
6.00		22.62	28.27	19.23	4	15	—
7.00		30.78	38.48	26.16	4	20	—
8.00		40.22	50.26	34.18	4	20	—
9.00		50.90	63.62	43.27	4	25	—
10.00		62.83	78.54	53.41	4	25	—
11.00		76.02	95.03	64.62	—	—	$D=10d$
12.00		90.48	113.10	76.91	—	—	$D=10d$
14.00		123.15	153.94	104.68	—	—	$D=10d$
4.00	970	12.19	14.71	10.36	4	10	—
5.00		19.04	22.97	16.18	4	15	—
6.00		27.42	33.08	23.31	4	15	—
7.00		37.33	45.02	31.73	4	20	—
8.00		48.76	58.80	41.45	4	20	—
9.00		61.71	74.44	52.45	4	25	—
10.00		76.18	91.89	64.75	4	25	—
11.00		92.18	111.19	78.35	—	—	$D=10d$
12.00		109.71	132.33	93.25	—	—	$D=10d$
14.00		149.32	180.11	126.92	—	—	$D=10d$
4.00	1270	15.96	18.48	13.57	4	10	—
5.00		24.93	28.86	21.19	4	15	—
6.00		35.90	41.56	30.52	4	15	—
7.00		48.87	56.57	41.54	4	20	—
8.00		63.84	73.88	54.27	4	20	—
9.00		80.80	93.52	68.68	4	25	—
10.00		99.75	115.45	84.79	4	25	—
11.00		120.69	139.69	102.59	—	—	$D=10d$
12.00		143.64	166.26	122.09	—	—	$D=10d$
14.00		195.50	226.29	166.18	—	—	$D=10d$

续表

公称直径 d/mm	公称抗拉强度 R_m /MPa	最大力的特征值 F_m /kN ≥	最大力 $F_{m,max}$ /kN ≤	0.2%规定非比例延伸力 $F_{p0.2}$/kN ≥	反复弯曲		180°弯曲试验
					次数 N ≥	弯曲半径 R/mm	
4.00	1370	17.22	19.73	14.64	4	10	—
4.50		21.78	24.97	18.52	4	15	—
5.00		26.89	30.82	22.86	4	15	—
6.00		38.73	44.38	32.92	4	15	—
7.00		52.72	60.41	44.81	4	20	—
8.00		68.87	78.91	58.54	4	20	—
9.00		87.16	99.88	74.09	4	25	—
10.00		107.60	123.31	91.46	4	25	—
11.00		130.19	149.20	110.66	—	—	$D=10d$
12.00		154.95	177.57	131.71	—	—	$D=10d$
14.00		210.90	241.69	179.26	—	—	$D=10d$

5.1.26 城市桥梁缆索用钢丝（CJ/T 495—2016）

① 用途　适用于城市桥梁工程中的缆索用光面钢丝、镀锌钢丝、锌-5%铝-混合稀土合金镀层钢丝和环氧涂层钢丝，其他土木工程用钢丝可参照执行。

② 分类　按表面状态可分为光面钢丝（B）、镀锌钢丝（Zn）、锌-5%铝-混合稀土合金镀层钢丝（Zn-Al）和环氧涂层钢丝（EC）四类；按松弛性能可分为普通松弛（Ⅰ级）和低松弛（Ⅱ级）。每一种表面状态和松弛性能都含有两种尺寸规格和两种强度级别。

③ 牌号　制造钢丝用盘条的钢牌号由制造厂选择，但其硫、磷含量不得超过0.025%，铜含量不得超过0.20%，且盘条应经索氏休化处理。

④ 规格

表5.54　钢丝的规格

公称直径 /mm	公称截面积 /mm²	镀层钢丝线质量/(g/m)	公称直径 /mm	公称截面积 /mm²	镀层钢丝线质量/(g/m)
5.0	19.6	153	7.0	38.5	301

⑤ 标记方法

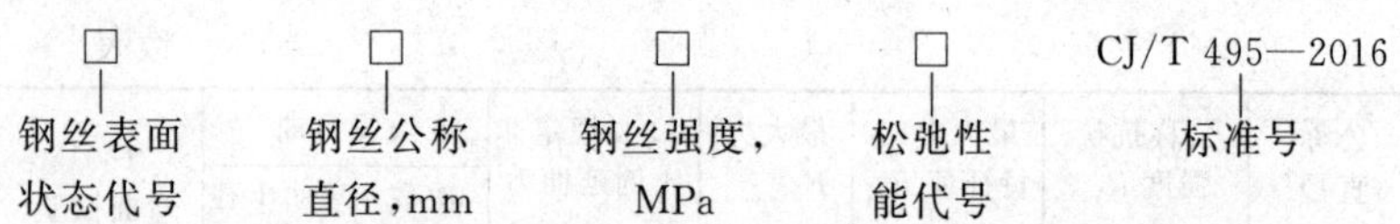

表 5.55 钢丝的力学性能

公称直径 d /mm	强度级别(抗拉强度最小值) R_m /MPa ≥	规定非比例延伸强度 $R_{p0.2}$/MPa≥		伸长率 $\delta(L_0=250mm)$ ≥	弹性模量 /MPa	弯曲次数		扭转/次	缠绕	松弛率		
		Ⅰ级松弛	Ⅱ级松弛			次数/180° ≥	弯曲半径 r /mm		3d×8圈	初始载荷(公称载荷的百分数) /%	1000h应力损失/%≤ Ⅰ级松弛	1000h应力损失/%≤ Ⅱ级松弛
5.0	1670 1770 1860 1960	1340 1420 1490 1570	1490 1580 1660 1750	≥4	$(2.0\pm 0.1)\times 10^5$	4	15	8	不断裂	70	7.5	2.5
7.0	1670 1770 1860	—	1490 1580 1660			5	20				—	

5.1.27 电梯钢丝绳用钢丝（YB/T 5198—2015）

原料：盘条应符合 GB/T 4354 的规定，牌号由制造厂选择。经供需双方协商，并在合同中注明，也可选择其他钢种和牌号的盘条。公称直径为 0.15～3.50mm。

表 5.56 钢丝的公称抗拉强度级别和抗拉强度允差值

钢丝公称抗拉强度级别	公称直径 d /mm	允许差值/MPa	
		外股的外层钢丝	其他钢丝
1320MPa	$0.15\leqslant d<0.5$	300	390
1370MPa	$0.50\leqslant d<1.00$	280	350
1570MPa	$1.00\leqslant d<1.50$	260	320
1620MPa	$1.50\leqslant d<2.00$	230	290
1770MPa	$2.00\leqslant d<3.50$	230	260
1960MPa	3.50	230	250

表 5.57　钢丝的单向扭转次数

钢丝公称直径 d /mm	公称抗拉强度级别/MPa			
	1320、1370	1570、1620	1770	1960
	最小扭转次数(试验钳口标距为 100d) ≥			
0.50≤d<1.00	34	30	28	25
1.00≤d<1.30	33	29	26	23
1.30≤d<1.80	33	28	25	22
1.80≤d<2.30	31	27	24	21
2.30≤d<3.00	29	26	22	19
3.00≤d<3.50	28	25	21	18
3.50	26	23	19	16

表 5.58　钢丝的反复弯曲次数

钢丝公称直径 d /mm	弯曲圆弧半径/mm	公称抗拉强度级别/MPa			
		1320、1370	1570、1620	1770	1960
		反复弯曲次数 ≥			
0.50≤d<0.55	1.75	16	15	14	13
0.55≤d<0.60		15	14	13	12
0.60≤d<0.65		13	12	11	10
0.65≤d<0.70		12	11	10	9
0.70≤d<0.75	2.50	19	17	16	15
0.75≤d<0.80		18	16	15	14
0.80≤d<0.85		16	14	13	12
0.85≤d<0.90		15	13	12	11
0.90≤d<0.95		14	12	11	10
0.95≤d<1.00		13	11	10	9
1.00≤d<1.10	3.75	20	18	17	16
1.10≤d<1.20		19	17	16	15
1.20≤d<1.30		18	16	15	14
1.30≤d<1.40		16	14	13	12
1.40≤d<1.50		14	12	11	10
1.50≤d<1.60	5.0	16	15	14	13
1.60≤d<1.70		15	14	13	12
1.70≤d<1.80		14	12	11	11
1.80≤d<1.90		13	11	10	10
1.90≤d<2.00		11	10	9	8

续表

钢丝公称直径 d /mm	弯曲圆弧半径/mm	公称抗拉强度级别/MPa			
		1320、1370	1570、1620	1770	1960
		反复弯曲次数 ≥			
2.00≤d<2.10	7.5	16	15	14	13
2.10≤d<2.20		15	14	13	12
2.20≤d<2.30		14	13	12	11
2.30≤d<2.40		14	13	12	11
2.40≤d<2.50		13	12	11	10
2.50≤d<2.60		12	11	10	9
2.60≤d<2.70		12	11	10	9
2.70≤d<2.80		11	10	9	8
2.80≤d<2.90		11	10	9	8
2.90≤d<3.00		10	9	8	7
3.00≤d<3.10	10	15	14	13	12
3.10≤d<3.20		14	13	12	11
3.20≤d<3.30		13	12	11	10
3.30≤d<3.40		12	11	10	9
3.40≤d<3.50		11	10	9	8
3.50		10	9	8	7

5.1.28 钢丝拼接夹芯板用钢丝（YB/T 126—1997）

钢丝用盘条应符合 GB/T 701 的规定，牌号由制造厂选定。

钢丝按用途分为板条拼接夹芯板用钢丝（USC）和插丝夹芯板用钢丝（UIC），其中 S、C、T 分别是“板”“芯”“插丝”的英文首字母。按交货状态分为冷拉钢丝（WCD）和镀锌钢丝（SZ）。

表 5.59 板条拼接夹芯板用钢丝和插丝夹芯板用钢丝的直径

类 别	钢丝直径/mm	类 别	钢丝直径/mm
板条拼接夹芯板用钢丝	2.03	插丝夹芯板用钢丝	3.00、3.20 3.50、3.80 4.00
插丝夹芯板用钢丝	2.00、2.20 2.50、2.80		

表 5.60　每捆钢丝的重量、焊点数及每捆最小重量

钢丝直径/mm	标准捆			非标准捆
	捆重/kg	每捆焊接点数≤	焊接前每捆钢丝最低重量/kg ≥	每捆最小重量/kg
2.00～3.00	50	2	1	10
3.00～4.00			2	15

表 5.61　板条拼装夹芯板用钢丝和插丝夹芯板用钢丝的力学性能

钢丝直径/mm	抗拉强度/MPa			反复弯曲次数(180°)
	A	B	C	
2.03	590～740	590～850	850～950	≥6
2.00～4.00	≥550			

5.1.29　预应力混凝土用结构钢绞线（GB/T 5224—2014）

预应力混凝土用结构钢绞线按结构分成8种：1×2、1×3、1×3I、1×7、1×7I、(1×7) C、1×19S和1×19W。

型号标记方法：

① 1×2 预应力混凝土用结构钢绞线

表 5.62　1×2 结构钢绞线尺寸及公称横截面积、每米理论重量

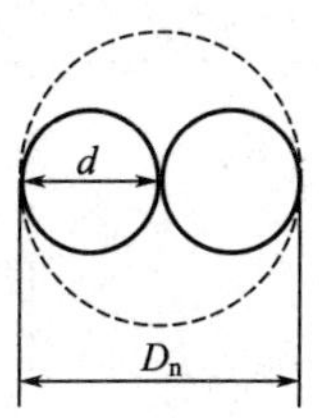

续表

公称直径		钢绞线公称横截面积 S/mm²	每米理论重量/(g/m)	公称直径		钢绞线公称横截面积 S/mm²	每米理论重量/(g/m)
钢绞线直径 D_n/mm	钢丝直径 d/mm			钢绞线直径 D_n/mm	钢丝直径 d/mm		
5.00	2.50	9.82	77.1	10.00	5.00	39.3	309
5.80	2.90	13.2	104	12.00	6.00	56.5	444
8.00	4.00	25.1	197				

表 5.63 1×2 结构钢绞线的力学性能

钢绞线公称直径 d_n/mm	公称抗拉强度 R_m/MPa	整根钢绞线的最大力 F_m/kN ≥	整根钢绞线最大力的最大值 $F_{m,max}$/kN ≤	0.2%屈服力 $F_{p0.2}$/kN ≥
8.00	1470	36.9	41.9	32.5
10.00		57.8	65.6	50.9
12.00		83.1	94.4	73.1
5.00	1570	15.4	17.4	13.6
5.80		20.7	23.4	18.2
8.00		39.4	44.4	34.7
10.00		61.7	69.6	54.3
12.00		88.7	100	78.1
5.00	1720	16.9	18.9	14.9
5.80		22.7	25.3	20.0
8.00		43.2	48.2	38.0
10.00		67.6	75.5	59.5
12.00		97.2	108	85.5
5.00	1860	18.3	20.2	16.1
5.80		24.6	27.2	21.6
8.00		46.7	51.7	41.1
10.00		73.1	81.0	64.3
12.00		105	116	92.5

续表

钢绞线公称直径 d_n/mm	公称抗拉强度 R_m /MPa	整根钢绞线的最大力 F_m/kN ≥	整根钢绞线最大力的最大值 $F_{m,max}$/kN ≤	0.2%屈服力 $F_{p0.2}$/kN ≥
5.00	1960	19.2	21.2	16.9
5.80		25.9	28.5	22.8
8.00		49.2	54.2	43.3
10.00		77.0	84.9	67.8

注：1.所有规格最大力总伸长率 A_{gt}（L_0≥400mm）≥3.5%；

2.应力松弛性能：所有规格初始载荷/实际最大力分别为70%和80%时，1000h后应力松弛率 r 应分别不大于2.5%和4.5%。

② 1×3预应力混凝土用结构钢绞线

表5.64　1×3结构钢绞线尺寸及公称横截面积、每米理论重量

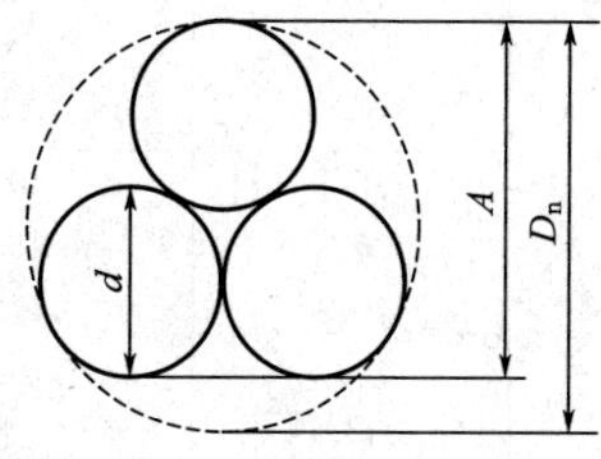

钢绞线结构	公称直径		钢绞线测量尺寸 A /mm	绞线公称横截面积 S_n/mm²	每米理论重量 /(g/m)
	钢绞线直径 D_n/mm	钢丝直径 d/mm			
1×3	6.20	2.90	5.41	19.8	155
	6.50	3.00	5.60	21.2	166
	8.60	4.00	7.46	37.7	296
	8.74	4.05	7.56	38.6	303
	10.80	5.00	9.33	58.9	462
	12.90	6.00	11.20	84.8	666
1×3I	8.70	4.04	7.54	38.5	302

表5.65　1×3结构钢绞线力学性能

钢绞线结构	钢绞线公称直径 d_n/mm	公称抗拉强度 R_m/MPa	整根钢绞线的最大力 F_m/kN ≥	整根钢绞线最大力的最大值 $F_{m,max}$/kN ≤	0.2%屈服力 $F_{p0.2}$/kN ≥
1×3	8.60	1470	55.4	63.0	48.8
	10.80		86.6	98.4	76.2
	12.90		125	142	110
	6.20	1570	31.1	35.0	27.4
	6.50		33.3	37.5	29.3
	8.60		59.2	66.7	52.1
	8.74		60.6	68.3	53.3
	10.80		92.5	104	81.4
	12.90		133	150	117
	8.74	1670	64.5	72.2	56.8
	6.20	1720	34.1	38.0	30.0
	6.50		36.5	40.7	32.1
	8.60		64.8	72.1	57.0
	10.80		101	113	88.9
	12.90		146	163	128
	6.20	1860	36.8	40.8	32.4
	6.50		39.4	43.7	34.7
	8.60		70.1	77.7	61.7
	8.74		71.8	79.5	63.2
	10.80		110	121	96.8
	12.90		158	175	139
	6.20	1960	38.8	42.8	34.1
	6.50		41.6	45.8	36.6
	8.60		73.9	81.4	65.0
	10.80		115	127	101
	12.90		166	183	146
1×3I	8.70	1570	60.4	68.1	53.2
		1720	66.2	73.9	58.3
		1860	71.6	79.3	63.0

注：同1×2结构钢绞线。

③ 1×7预应力混凝土用结构钢绞线

表 5.66　1×7 结构钢绞线尺寸及公称横截面积、每米理论重量

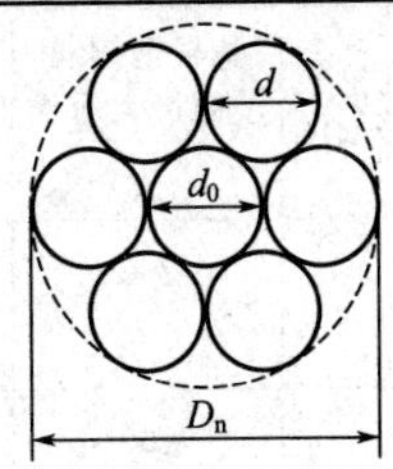

钢绞线结构	公称直径 D_n/mm	公称横截面积 S_n/mm^2	每米理论线重量 /(g/m)	中心钢丝直径 D_0 加大范围/% ≥
1×7	9.50(9.53)	54.8	430	2.5
	11.10(11.11)	74.2	582	
	12.70	98.7	775	
	15.20(15.24)	140	1101	
	15.70	150	1178	
	17.80(17.78)	191(189.7)	1500	
	18.90	220	1727	
	21.60	285	2237	
1×7I	12.70	98.7	775	
	15.20(15.24)	140	1101	
(1×7)C	12.70	112	890	
	15.20(15.24)	165	1295	
	18.00	223	1750	

表 5.67　1×7 结构钢绞线力学性能

钢绞线结构	钢绞线公称直径 d_n/mm	公称抗拉强度 R_m/MPa	整根钢绞线的最大力 F_m/kN ≥	整根钢绞线最大力的最大值 $F_{m,max}$/kN ≤	0.2%屈服力 $F_{p0.2}$/kN ≥
1×7	15.20 (15.24)	1470	206	234	181
		1570	220	218	194
		1670	234	262	206
	9.50(9.53)	1720	94.3	105	83.0
	11.10(11.11)		128	142	113
	12.70		170	190	150
	15.20(15.24)		241	269	212
	17.80(17.78)		327	365	288
	18.90	1820	400	444	352

续表

钢绞线结构	钢绞线公称直径 d_n/mm	公称抗拉强度 R_m/MPa	整根钢绞线的最大力 F_m/kN ≥	整根钢绞线最大力的最大值 $F_{m,max}$/kN ≤	0.2%屈服力 $F_{p0.2}$/kN ≥
1×7	15.7	1770	266	296	234
	21.60		504	561	444
	9.50(9.53)	1860	102	113	89.8
	11.10(11.11)		138	153	121
	12.70		184	203	162
	15.20(15.24)		260	288	229
	15.70		279	309	246
	17.80(17.78)		355	391	311l
	18.90		409	453	360
	21.60		530	587	466
	9.50	1960	107	118	94.2
	11.10(11.11)		145	160	128
	12.70		193	213	170
	15.20(15.24)		274	302	241
1×7I	12.70	1860	184	203	162
	15.20(15.24)		260	288	229
(1×7)C	12.70	1860	208	231	183
	15.20(15.24)	1820	300	333	264
	18.00	1720	384	428	338

注：同 1×2 结构钢绞线。

④ 1×19 预应力混凝土用结构钢绞线

表 5.68　1×19 结构钢绞线尺寸及公称横截面积、每米理论重量

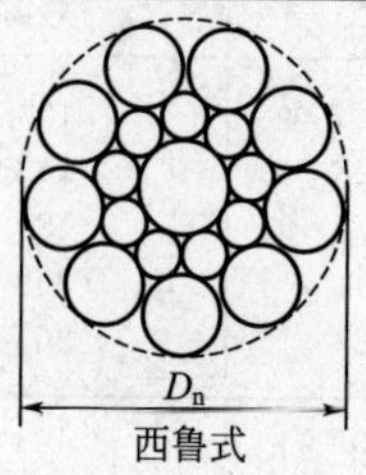

西鲁式

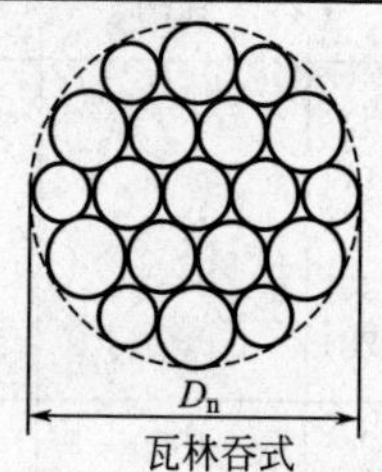

瓦林吞式

续表

钢绞线结　构	公称直径 D_n/mm	绞线公称横截面积 S_n/mm²	每米理论线重量/(g/m)
1×19S (1+9+9)	17.8	208	1652
	19.3	244	1931
	20.3	271	2149
	21.8	313	2482
	28.6	532	4229
1×19W(1+6+6/6)	28.6	532	4229

注：1×19 的钢绞线的公称直径为钢绞线的外接圆直径。

表 5.69　1×19 结构钢绞线力学性能

钢绞线结　构	钢绞线公称直径 d_n/mm	公称抗拉强度 R_m/MPa	整根钢绞线的最大力 F_m/kN ≥	整根钢绞线最大力的最大值 $F_{m,max}$/kN ≤	0.2%屈服力 $F_{p0.2}$ /kN ≥
1×19S (1+9+9)	28.6	1720	915	1021	805
	17.8	1770	368	410	334
	19.3		431	481	379
	20.3		480	534	422
	21.8		554	617	488
	28.6		942	1048	829
	20.3	1810	491	545	432
	21.8		567	629	499
	17.8	1860	387	428	341
	19.3		454	503	400
	20.3		504	558	444
	21.8		583	645	513
1×19W (1+6+6/6)	28.6	1720	915	1021	805
		1770	942	1048	829
		1860	990	1096	854

注：同 1×2 结构钢绞线。

5.1.30　高强度低松弛预应力热镀锌钢绞线（YB/T 152—1999）

高强度低松弛预应力热镀锌钢绞线用于桥梁拉索，提升、固定拉力构件的建筑物及不直接与混凝土砂浆接触的预应力结构，由 7 根热镀锌圆钢丝组成。

制造钢绞线用原料应符合 YB/T 146 的规定，或用不低于该标准的相应原料制造。

表 5.70 高强度低松弛预应力热镀锌钢绞线的尺寸

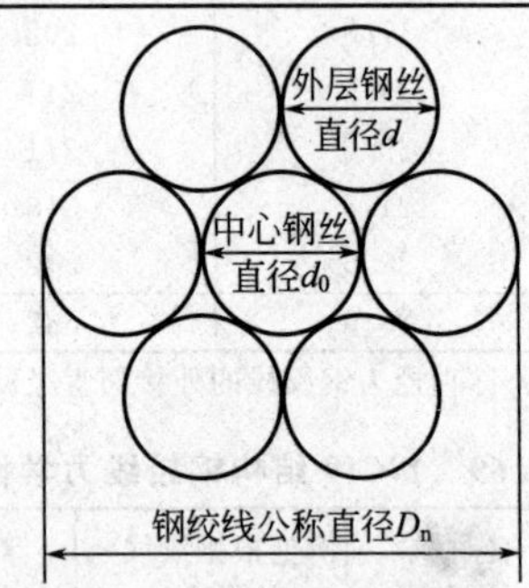

公称直径 /mm	钢绞线公称截面面积/mm^2	理论重量 /(kg/km)	中心钢丝直径加大范围/% ≥
12.5	93	730	2.0
12.9	100	785	2.0
15.2	139	1091	2.0
15.7	150	1178	2.0

表 5.71 高强度低松弛预应力热镀锌钢绞线的力学性能

公称直径 /mm	强度级别 /MPa	最大载荷 F_b/kN	规定塑性延伸力 $F_{p0.2}$/kN	断后伸长率 A/%	应力松弛	
					初载/公称载荷	1000h 应力松弛损失 R_{1000}/%
12.5	1770	164	146	≥3.5	70%	≤2.5
	1860	173	154			
12.9	1770	177	158			
	1860	186	166			
15.2	1770	246	220			
	1860	259	230			
15.7	1770	265	236			
	1860	279	248			

5.2 铁路及车辆用钢

5.2.1 铁路用热轧钢轨（GB 2585—2007）

一般铁路用热轧钢轨为连铸坯生产的 160km/h 及以下热轧钢轨（另外还有全长热处理钢轨）。

钢轨钢的牌号有 U74、U71Mn、U70MnSi、U71MnSiCu、U75V、U76NbRE、U70Mn，其表示方法是：

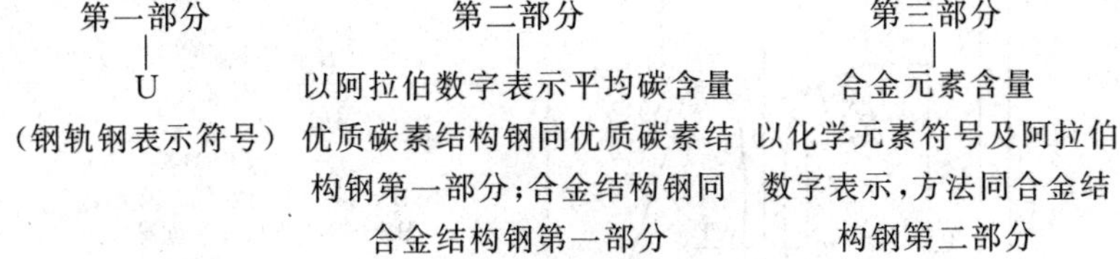

表 5.72　钢轨钢牌号表示示例

产品名称	第一部分	第二部分	第三部分
U70MnSi	U	C：0.66%～0.74%	Si：0.85%～1.15% Mn：0.85%～1.15%

表 5.73　钢轨的力学性能

牌　号	力学性能		牌号	力学性能	
	抗拉强度 R_m /MPa ≥	断后伸长率 A/% ≥		抗拉强度 R_m /MPa ≥	断后伸长率 A/% ≥
U74	780	10	U75V	980	9
U71Mn U70MnSi U71MnSiCu	880	9	U76NbRE U70Mn	980 880	9

注：若在热锯样轨上取样检验力学性能，断后伸长率 A 的试验结果允许比规定值降低 1%（绝对值）。

5.2.2　高速铁路用钢轨（TB/T 3276—2011）

材料有 U71MnG 和 U75VC 两个牌号。前者用于 250km/h 以上高速铁路和 200～250km/h 高速客运铁路，后者用于 200～250km/h 高速客货混运铁路。250km/h 以上高速铁路用钢轨非金属夹杂物应采用 A 级；200～250km/h 高速铁路用钢轨非金属夹杂物应采用 B 级。

表 5.74　抗拉强度、伸长率和轨头顶面硬度

牌　号	抗拉强度 R_m /MPa	伸长率 A /%	轨头顶面中心线硬度 (HBW10/3000)
U71MnC	≥880	≥10	260～300
U75VG	≥980	≥10	280～320

注：在同一根钢轨上，其硬度变化范围不应大于 30HB。

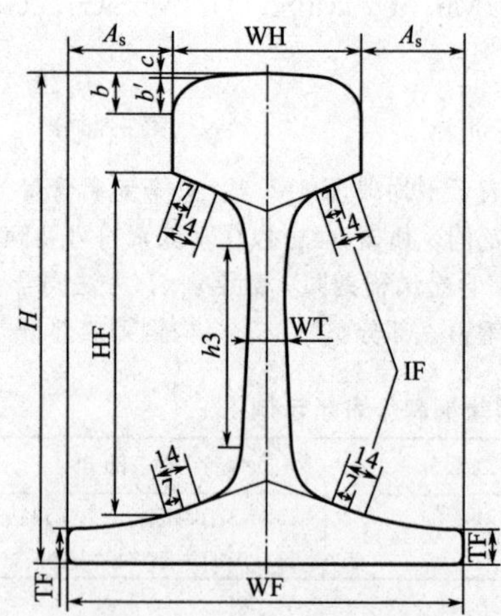

H—钢轨高度
C—轨冠饱满度
WH—轨头宽度
A_s—断面不对称
IF—接头夹板安装面斜度
HF—接头夹板安装面高度
WT—轨腰厚度
WF—轨底宽度
TF—轨底边缘厚度

图 5.4 钢轨的剖面名称和尺寸

5.2.3 铁路机车、车辆车轴用钢（GB 5068—1999）

铁路机车、车辆车轴用钢是用于制造铁路机车、车辆车轴的优质碳素结构钢，有方钢和圆钢两种，以热轧状态交货。

车辆车轴及机车车辆用钢牌号通常由两部分组成：第一部分：材料代号；第二部分：平均碳含量。例如：

产品名称	第一部分	第二部分
车辆车轴用钢	LZ（“车辆车轴”的“辆”和“轴”汉语拼音字头）	以两位阿拉伯数字表示平均碳含量（以万分之几计）
机车车轴用钢	JZ（“机车车轴”的“机”和“轴”汉语拼音字头）	

表 5.75 方钢的截面尺寸 mm

类　别	方钢截面尺寸（高度×宽度）	类　别	方钢截面尺寸（高度×宽度）
车辆车轴用钢(LZ)	220×220 230×230	机车车轴用钢(JZ)	250×250 280×280
	240×240		300×300 320×320 350×350

表5.76　圆钢的截面尺寸　mm

类　别	代号	圆钢直径
车辆、机车车轴用钢	LZ LZ JZ	ϕ230 ϕ240 ϕ270

表5.77　机车、车辆车轴用钢的截面尺寸和理论重量

截面尺寸/mm	理论重量/(kg/m)	截面尺寸/mm	理论重量/(kg/m)
220×220	372.7	320×320	788.6
230×230	407.3	350×350	943.4
240×240	443.6	ϕ230	326.1
250×250	481.3	ϕ240	355.1
280×280	603.7	ϕ270	449.4
300×300	693.1		

表5.78　铁路机车、车辆车轴用钢的力学性能（GB 5068—1999）

牌号	抗拉强度 R_m /MPa	断后伸长率 A /% ≥	常温下冲击吸收功 KU/J ≥	
			4个试样平均值	其中试样最小值
LZ40	550～570	22	47.0	31.0
LZ40	＞570～600	21	39.0	27.0
LZ45	＞600	20	31.0	23.0
JZ40	570～590	21	39.0	27.0
JZ40	＞590～620	20	31.0	23.0
JZ45	＞620	19	27.0	23.0
牌号	下屈服强度 R_{eL} /MPa	抗拉强度 R_m /MPa	断后伸长率 A /%	断面收缩率 Z /%
LZ50	≥345	≥610	≥19	≥35
JZ50	≥345	≥610	≥19	≥35

注：正火处理后的样坯试样。

5.3　汽车和农机用钢

5.3.1　汽车用冷成形高屈服强度钢板和钢带（GB/T 20887.1—2007）

① 钢板及钢带的尺寸、外形、重量　应符合GB/T 709的规定。钢的厚度不大于20mm。

② 牌号　由“热轧”的英文首字母“HR”＋规定最小屈服强

度值（MPa）＋“成形”的英文首字母“F”三部分组成。

③ 分类 按钢板及铜带的表面状态分为热轧表面和热轧酸洗表面（P），按质量分为普通级表面（FA）和较高级表面（FB）。

表 5.79 钢板及钢带的力学和工艺性能

牌号	拉伸试验①				180°弯曲试验②（D 为压头直径，mm；a 为试样厚度，mm）
	最小屈服强度 R_{eH}③ /MPa	抗拉强度 R_m /MPa	最小断后伸长率/%		
			$L_0=80mm$ $B=20mm$	$L_0=5.65\sqrt{S_0}$	
			厚度＜3.0mm	厚度≥3.0mm	
HR270F	270	350～470	23	28	$D=0$
HR315F	315	390～510	20	26	$D=0$
HR355F	355	430～550	19	25	$D=0.5a$
HR380F	380	450～590	18	23	$D=0.5a$
HR420F	420	480～620	16	21	$D=0.5a$
HR460F	460	520～670	14	19	$D=1.0a$
HR500F	500	550～700	12	16	$D=1.0a$
HR550F	550	600～760	12	16	$D=1.5a$
HR600F	600	650～820	11	15	$D=1.5a$
HR650F④	650	700～880	10	14	$D=2.0a$
HR700F④	700	750～950	10	13	$D=2.0a$

①拉伸试样规定值适用于纵向试样。

②弯曲试验适用于横向试样，弯曲试样宽度 $b\geq35mm$，仲裁试验时试样宽度为35mm。

③无明显屈服时采用 $R_{p0.2}$。

④厚度大于8.0mm的钢板及钢带，其最小屈服强度允许降低20MPa。

注：180°弯曲试验后，试样的外侧表面不应有目视可见的裂纹。

5.3.2 汽车用高强度热连轧高扩孔钢板和钢带（GB/T 20887.2—2010）

① 高扩孔钢 具有较高的抗拉强度、较高的成形性能和良好的凸缘圈边成形性能，显微组织主要为铁素体和贝氏体组织；也称为铁素体贝氏体钢（FB）或高凸缘翻边高强钢（SF）。

② 尺寸、外形、重量 应符合 GB/T 709 的规定。钢的厚度不大于6mm。

③ 牌号 由“热轧”的英文首字母“HR”＋规定最小屈服强度值/规定的最小抗拉强度值（MPa）＋“扩孔钢”的英文首字母“HE”三部分组成。

④ 分类　按钢板及铜带的表面状态分为热轧表面和热轧酸洗表面（P）；按质量分为普通级表面（FA）和较高级表面（FB）。

表5.80　钢板及钢带的力学和工艺性能

牌　号	拉伸试验[1]			扩孔率/%
	下屈服强度[2][3] R_{eL}/MPa	抗拉强度 R_m/MPa	断后伸长率 A (L_0=80mm,b=20mm)/%	
HR300/450HE	300～400	≥450	≥24	≥80
HR440/580HE	440～620	≥580	≥14	≥75
HR600/780HE	600～800	≥780	≥12	≥55

①拉伸试样规定值适用于纵向试样。
②无明显屈服时采用 $R_{p0.2}$。
③经供需双方协商同意，对屈服强度下限值可不作要求。

5.3.3　汽车用高强度热连轧双相钢板及钢带（GB/T 20887.3—2010）

① 双相钢　显微组织主要为铁素体和马氏体，马氏体组织以岛状弥散分布在铁素体基体上。

② 尺寸、外形、重量　应符合 GB/T 709 的规定。钢的厚度不大于 6mm。

③ 牌号　由“热轧”的英文首字母“HR”＋规定最小屈服强度值/规定的最小抗拉强度值（MPa）＋“双相钢”的英文首字母“DP”三部分组成。

④ 分类　按钢板及铜带的表面状态分为热轧表面和热轧酸洗表面（P）；按钢板及铜带的表面质量分为普通表面（FA）和较高级表面（FB）。

⑤ 交货状态　热轧（热轧酸洗表面通常涂油）或控轧。

表5.81　钢板及钢带的力学和工艺性能

牌号	拉伸试验[1]			拉伸应变硬化指数 n 值
	下屈服强度[2] R_{eL}/MPa	抗拉强度 R_m /MPa	断后伸长率 A(L_0=80mm,b=20mm)/%	
HR330/580DP	330～470	≥580	≥19	≥0.14
HR450/780DP	450～610	≥780	≥14	≥0.11

①拉伸试验试样方向为纵向（n 值的试样方向问题，或改为试样方向为纵向）。
②无明显屈服时采用 $R_{p0.2}$。

5.3.4 汽车用高强度热连轧相变诱导塑性钢板及钢带（GB/T 20887.4—2010）

① 相变诱导塑性钢　钢的显微组织为铁索体、贝氏体和残余奥氏体。在成形过程中，残余奥氏体可相变为马氏体组织。该钢具有较高的加工硬化率、均匀伸长率和抗拉强度。与同等抗拉强度的双相钢相比，具有更高的延伸率。

② 尺寸、外形、重量　应符合 GB/T 709 的规定。钢的厚度不大于 6mm。以热轧或控轧状态交货。

③ 牌号　由“热轧”的英文首位字母“HR”＋规定最小屈服强度值/规定的最小抗拉强度值（MPa）＋“相变诱导塑性”的英文首字母“TR”三部分组成。

④ 分类　按钢板及铜带的表面状态分为热轧表面和热轧酸洗表面（P），按质量分为普通级表面（FA）和较高级表面（FB）。

表 5.82　钢板及钢带的力学和工艺性能

牌　号	拉伸试验①			n 值（10%～20%）
	下屈服强度② R_{eL}/MPa	抗拉强度 R_m /MPa	断后伸长率 $A(L_0=80mm, b=20mm)$/%	
HR400/590TR	≥400	≥590	≥24	≥0.19
HR450/780TR	≥450	≥780	≥20	≥0.15

①拉伸试验试样为纵向。

②无明显屈服时采用 $R_{p0.2}$。

5.3.5 汽车用高强度热连轧马氏体钢板及钢带（GB/T 20887.5—2010）

①马氏体钢　显微组织几乎全部为马氏体组织，具有较高的强度和一定的成形性能。

② 尺寸、外形、重量　应符合 GB/T 709 的规定。钢的厚度不大于 6mm。

③ 牌号　由“热轧”的英文首字母“HR”＋规定最小屈服强度值/规定的最小抗拉强度值（MPa）＋“马氏体”的英文首字母“MS”三部分组成。

④ 分类　按钢板及铜带的表面状态分为热轧表面和热轧酸洗

表面（P），按质量分为普通级表面（FA）和较高级表面（FB）。

⑤ 状态交货　热轧或控轧。

表 5.83　钢板及钢带的力学和工艺性能

牌　号	拉伸试验①			180°弯曲试验②（D 为压头直径，a 为试样厚度）
	下屈服强度③,④ R_{eL}/MPa	抗拉强度 R_m /MPa	断后伸长率 A（L_0=80mm，b=20mm)/%	
HR900/1200MS	900～1150	≥1200	≥5	$D=8a$
HR1050/1400MS	1050～1250	≥1400	≥4	$D=8a$

①拉伸试验试样为纵向。
②弯曲试验规定值适用于横向试样。
③无明显屈服时采用 $R_{p0.2}$。
④经供需双方协商同意，对屈服强度下限值可不作要求。

5.3.6　汽车车轮用热轧钢板和钢带（YB/T 4151—2015）

① 用途　制造汽车车轮。

② 厚度　1.6～20mm。

③ 尺寸、外形、重量及允许偏差　应符合 GB/T 709 的规定。

④ 牌号　最小抗拉强度值＋CL（“车轮”的汉语拼音首字母）。有 330CL、380CL、440CL、490CL、540CL、590CL 和 650CL 七种。

⑤ 分类　按边缘状态可分为切边（EC）和不切边（EM），按厚度精度可分为普通精度（PT. A）和较高精度（PT. B），按表面处理方式可分为轧制表面和酸洗表面，按表面质量等级可分为普通级表面（FA）和较高级表面（FB）。

⑥ 交货状态　热轧。

⑦ 力学和工艺性能

表 5.84　汽车车轮用热轧钢板和钢带的力学和工艺性能

牌号	拉伸试验①				180°弯曲试验①③
	下屈服强度② R_{eL} /MPa ≥	抗拉强度 R_m /MPa	断后伸长率/% ≥		
			厚度<3mm	厚度≥3mm	
			A_{80mm}（b=20mm）	A	
330CL	225	330～430	27	33	$D=0.5a$

续表

牌号	拉伸试验[①]				180°弯曲试验[①③]
	下屈服强度[②] R_{eL} /MPa ≥	抗拉强度 R_m /MPa	断后伸长率/% ≥		
			厚度<3mm	厚度≥3mm	
			A_{80mm} (b=20mm)	A	
380CL	235	380～480	23	28	$D=a$
440CL	295	440～550	21	26	$D=a$
490CL	325	490～600	20	24	$D=2a$
540CL	355	540～660	18	22	$D=2a$
590CL	420	590～710	17	20	$D=2a$
650CL	500	650～770	15	18	$D=2a$

①拉伸试验和弯曲试验采用横向试样。

②当屈服现象不明显时，可采用 $R_{p,0.2}$ 代替 R_{eL}。

③D 为弯曲压头直径，a 为弯曲试样厚度，弯曲试样宽度 B=35mm。弯曲 180°后，表面不得产生裂纹。

注：厚度 6～10mm 的热连轧钢板和钢带，断后伸长率允许较表中数值降低 1%；厚度>10～20mm 的热连轧钢板和钢带断后伸长率允许较表中数值降低 2%（均为绝对值）。

5.3.7 车轮挡圈和锁圈用热轧型钢（YB/T 039—2016）

① 用途 各类道路运输车辆、工程机械、路面机械、港口机械、桥梁机械、矿山自卸车辆及特种车辆等轮式车辆所使用的车轮轮辋。

② 材质 车轮挡圈和锁圈用热轧型钢的牌号有 Q345 和 50Mn；以热轧状态交货。

表 5.85 型钢的型号、截面面积和理论重量

类别	型号	截面面积 /cm^2	理论重量 /(kg/m)	类别	型号	截面面积 /cm^2	理论重量 /(kg/m)
挡圈	5.50F	3.165	2.485	挡圈	8.5B	8.917	7.000
	6.00G	3.784	2.970	锁圈	7.0	2.993	2.350
	6.5	5.261	4.130		HD	13.682	10.74
	7.00T	4.841	3.800		W	4.255	3.34
	7.50V	6.408	5.030		EM	3.797	2.98
	8.00V	6.408	5.030		Z	3.211	2.52
	8.5A	9.939	7.802		T	1.669	1.31

注：理论重量按密度 7.85g/cm^3 计算。

表 5.86　挡圈型钢及 7.0 锁圈型钢的力学性能

牌号	下屈服强度 R_{eL}/MPa	抗拉强度 R_m/MPa	断后伸长率 A/%	180°弯曲试验
Q345B	≥345	≥510	≥21	$D=2a$

注：D 为压头直径，a 为试样厚度（直径）。

表 5.87　其余锁圈型钢的力学性能

牌号	上屈服强度 R_{eH}/MPa	抗拉强度 R_m/MPa	断后伸长率 A/%	冲击吸收能量 KU_2/J
50Mn	≥390	≥645	≥13	≥31

注：当试样不大于 12mm 时，不做冲击试验。

5.3.8　车轮轮辋用热轧型钢（YB/T 5227—2016）

① 材质　400LW，以热轧状态交货。

② 用途　用于制造各类道路运输车辆、工程机械、路面机械、港口机械、桥梁机械、矿山自卸车辆及特种车辆等轮式车辆所使用的车轮轮辋

③ 分类　按实际应用区分为二件式、三件式、四件式、五件式轮辋对应的型钢。三件式以上的型钢分为轻型、中型和重型三种(本手册不涉及)。

表 5.88　热轧型钢的型号及理论重量

型号	理论重量/(kg/m)	截面积/mm²	型号	理论重量/(kg/m)	截面积/mm²
5.50F	6.95	885.35	8.0HT	20.30	2585.99
6.00G	9.36	1192.36	8.5-A	20.382	2596.43
6.5-A	10.812	1377.32	8.5-B	19.96	2542.68
6.5-B	12.01	1529.94	8.5H	21.958	2797.20
7.00T	12.595	1604.46	8.5HT-A	21.397	2725.74
7.00TH	15.10	1923.62	8.5HT-B	20.80	2649.69
7.50V-A	14.756	1879.76	8.5HZ	21.456	2733.25
7.50V-B	15.71	2001.27	8.5HD	21.397	2725.77
7.50V-H	16.88	2150.32	9.0	23.00	2929.94
8.00V-A	16.788	2138.61	10.0	24.637	3138.476
8.00V-B	17.52	2231.85			

表 5.89　交货状态下的力学性能

牌号	上屈服强度 R_{eH}/MPa	抗拉强度 R_m/MPa	伸长率 A/%	180°冷弯曲	冲击吸收能量 KV_2/J
400LW	≥245	400～510	≥30	$D=2a$	≥27

注：D 为压头直径，a 为试样厚度（直径）。

5.3.9　汽车大梁用热轧钢板和钢带（GB/T 3273—2015）

① 牌号　抗拉强度下限值（MPa）+L（“梁”的汉语拼音首字母），有 370L、420L、440L、510L、550L、600L、650L、700L、750L 和 800L 共 10 种。

② 分类　按边缘状态分为切边（EC）和不切边（EM），按厚度精度分为普通精度（PT. A）和较高精度（PT. B），按表面处理方式分为轧制表面（SR）和酸洗表面（SA），按表面质量等级分为普通级表面（FA）和较高级表面（FB）。

③ 尺寸范围　厚度 1.6～16.0mm；尺寸、外形、重量及允许偏差应符合 GB/T 709 的规定。

④ 交货状态　热轧状态。

⑤ 力学和工艺性能

表 5.90　钢板和钢带的力学性能和工艺性能

牌号	下屈服强度 R_{eL} /MPa ≥	抗拉强度 R_m /MPa	断后伸长率/% ≥		180°冷弯试验	
			厚度 <3.0mm	厚度 ≥3.0mm	厚度 ≤12.0mm	厚度 >12.0mm
			A_{80mm} (b=20mm)	A		
370L	245	370～480	23	28	$D=0.5a$	$D=a$
420L	305	420～540	21	26	$D=0.5a$	$D=a$
440L	330	440～570	21	26	$D=0.5a$	$D=a$
510L	355	510～650	20	24	$D=a$	$D=2a$
550L	400	550～700	19	23	$D=a$	$D=2a$
600L	500	600～760	15	18	$D=1.5a$	$D=2a$
650L	550	650～820	13	16	$D=1.5a$	$D=2a$
700L	600	700～880	12	14	$D=2a$	$D=2.5a$

续表

牌号	下屈服强度 R_{eL}/MPa ≥	抗拉强度 R_m/MPa	断后伸长率/% ≥		180°冷弯试验	
			厚度<3.0mm	厚度≥3.0mm	厚度≤12.0mm	厚度>12.0mm
			A_{80mm} (b=20mm)	A		
750L	650	750～950	11	13	D=2a	D=2.5a
800L	700	800～1000	10	12	D=2a	D=2.5a

注：1. a 为弯曲试样厚度，弯曲试样宽度 b≥35mm，仲裁试验时试样宽度为35mm。D 为弯曲压头直径。

2. 拉伸试验和弯曲试验采用横向试样。

3. 当屈服现象不明显时，可采用 $R_{p0.2}$ 代替 R_{eL}。

4. 700L、750L、800L 三个牌号，当厚度大于 8.0mm 时，规定的最小屈服强度允许下降 20MPa。

5.3.10 调质汽车曲轴用钢棒（GB/T 24590—2009）

钢棒的尺寸、外形、重量应符合 GB/T 702 的有关规定，具体要求在合同中注明。

表 5.91 45 钢热处理后的力学性能

推荐热处理制度/℃			力学性能 ≥				
正火（空冷）	淬火（油冷）	回火（油冷）	下屈服强度 R_{eL}/MPa	抗拉强度 R_m/MPa	断后伸长率 A/%	断面收缩率 Z/%	冲击吸收能量 KU_2/J
850±20	840±20	600±20	355	600	16	40	39

注：用于拉伸毛坯制成的试样采用正火处理工艺，用于冲击毛坯制成的试样采用调质处理工艺。

表 5.92 40CrA 和 42CrMoA 热处理后的力学性能

牌号	推荐热处理制度/℃		力学性能 ≥				
	淬火（油冷）	回火（水冷、油冷）	规定塑性强度 $R_{p0.2}$/MPa	抗拉强度 R_m/MPa	断后伸长率 A/%	断面收缩率 Z/%	冲击吸收能量 KU_2/J
40CrA	850±15	520±50	785	980	9	45	47
42CrMoA	850±15	560±50	930	1080	12	45	43

5.3.11 履带用热轧型钢（YB/T 5034—2015）

① 用途 用于制造挖掘机、推土机等工程机械履带。

② 材料 牌号有23MnB、25MnB、30MnTiB、35MnTiB和40SiMn2。

③ 交货状态 热轧，长度不小于3m。

④ 标记 由下面6项组成：

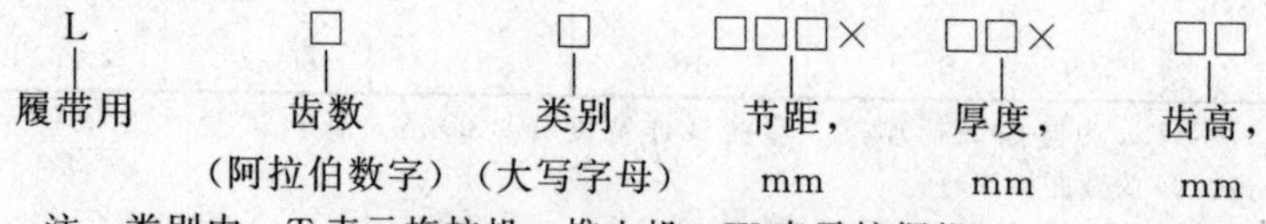

注：类别中，T表示拖拉机、推土机，W表示挖掘机。

表5.93 型钢的型号、截面面积、理论重量

型号	截面面积/cm^2	理论重量/(kg/m)	型号	截面面积/cm^2	理论重量/(kg/m)
L1T-203×14×60	44.70	35.09	L3W-190×10×26	36.72	28.83
L1T-216×16×70	56.15	44.08	L3K-190×8.5×26	33.00	25.90
L3W-135×6×14	13.89	10.90	L3K-190×10×26	36.28	28.48
L3W-171×8×19	23.76	18.65	L3W-216×11×30	46.18	36.25
L3V-171×8×25	29.03	22.79			

表5.94 热处理制度（参考）

牌号	淬火		回火	
	温度/℃	冷却剂	温度/℃	冷却剂
40SiMn2	880±20	水或油	550±30	水或油
30MnTiB	880±20	水	280±30	水
35MnTiB	880±20	水	400±30	水

注：经供需双方协商，30MnTiB型钢的回火温度可采用（400±30)℃。

5.3.12 子午线轮胎用钢帘线（GB/T 11181—2016）

子午线轮胎用钢帘线为子午线结构轮胎胎体和带束层用的镀黄铜钢丝帘线。

① 分类 按结构类型可分为普通型钢帘线（无代号）、开放型钢帘线（OC)、密集型钢帘线（CC)、高伸长钢帘线（HE）和高抗冲击型钢帘线（HI)；按强度等级可分为普通强度钢帘线(NT)、高强度钢帘线（HT)、超高强度钢帘线（ST）和特高强度

钢帘线（UT）；

② 钢帘线结构的标记方法

$(N\times F)\times D+$ 最内层　$(N\times F)\times D+$ 中间层　$(N\times F)\times D+$ 最外层　$F\times D$ 外缠层

其中，N 为股数；F 为单丝根数；D 为单丝公称直径，mm。各层之间捻距、捻向相同但单丝直径不同用斜杠（/）表示。当 N 或 $F=1$ 时，可省掉格式中的 N 或 F。当捻距无穷大时，捻距和捻向分别用"∞"和"—"表示。

表 5.95　钢帘线的长度和允许偏差

长度/mm	允许偏差	长度/mm	允许偏差	长度/mm	允许偏差
≤2000	±0.75%	>2000～8000	±0.50%	>8000	±0.25%

表 5.96　钢帘线的主要结构和性能

钢帘线结构	捻距(±5%)/mm	捻向	直径(±5%)/mm	最小破断力/N				线密度(±5%)/(g/m)	定长(BS40/BS60)/m
				NT	HT	ST	UT		
2×0.28	14.0	S	0.560	—	—	385	425	0.970	19500
2×0.30	14.0	S	0.600	—	405	445	485	1.120	16300
2×0.30	16.0	S	0.600	—	—	445	485	1.120	16300
2+1×0.25	∞/11.0	—/S	0.630	—	425	470	520	1.160	13600
2+1×0.28	∞/14.0	—/S	0.710	460	510	575	—	1.455	13000
2+1×0.30	∞/14,0	—/S	0.750	520	610	670	—	1.670	10000
3×0.27	14.0	S	0.580	—	470	550	—	1.350	14000
3×0.28	16.0	S	0.600	—	480	575	—	1.460	13000
3×0.30	16.0	S	0.650	520	610	670	—	1.680	12500
3×0.30CC	16.0	S	0.670	520	610	670	—	1.680	12500
3×0.38	20.0	S	0.800	—	—	980	—	2.670	7150
2+2×0.25	∞/14.0	—/S	0.650	490	570	630	—	1-550	12500
2+2×0.28	∞/16.0	—/S	0.740	615	680	770	—	1.950	10000
2+2×0.30	∞/16.0	—/S	0.780	690	810	880	—	2.230	8150
2+2×0.32	∞/16.0	—/S	0.830	800	890	1000	—	2.570	7000
2+2×0.35	∞/16.0	—/S	0.940	900	1025	1175	1275	3.030	6000
2+2×0.38	∞/16.0	—/S	1.000	1040	1165	—	—	3.600	5000
2+3×0.30	∞/16.0	—/S	0.900	—	1010	1110	—	2.790	6000

续表

钢帘线结构	捻距(±5%)/mm	捻向	直径(±5%)/mm	最小破断力/N				线密度(±5%)/(g/m)	定长(BS40/BS60)/m
				NT	HT	ST	UT		
2+4×0.17	∞/10.0	—/S	0.480	—	—	—	475	1.080	17000
2+4×0.22	∞/14.0	—/S	0.680	—	655	—	—	1.810	10000
5×0.30	16.0	S	0.810	—	1010	—	—	2.800	7300
5×0.35	17.0	S	0.940	—	1310	—	—	3.820	5500
5×0.38	18.0	S	1.030	—	1505	—	—	4.510	4600
3+2×0.30	∞/16.0	—/S	0.900	—	1010	1115	1210	2.790	6500
3+2×0.35	∞/18.0	—/S	1.070	—	1305	1470	—	3.820	4800
3+3×0.35	∞/18.0	—/S	1.090	—	1565	1765	—	4.527	4000
2+7×0.22	6.3/12.5	S/S	0.830	890	1010	—	—	2.740	7200
2+7×0.22+0.15	6.3/12.5/5.0	S/S/Z	1.080	890	1010	—	—	2.900	5200
2+7×0.25	7.0/14.0	S/S	0.950	—	1285	1430	—	3.530	5500
2+7×0.26	7.5/15.0	S/S	1.050	—	1340	1520	—	3.800	4700
2+7×0.28	8.0/16.0	S/S	1.060	1380	1530	1765	—	4.450	4300
2+7×0.28+0.15	8.0/16.0/3.5	S/S/Z	1.330	1380	1530	—	—	4.640	3300
2+7×0.30	8.0/16.0	S/S	1.160	—	1770	2005	—	5.080	3650
2+7×0.34	8.0/18.0	S/S	1.340	—	2235	—	—	6.530	3000
2+8×0.30	8.0/16.0	S/S	1.210	—	2025	—	—	5.700	3300
0.34+6×0.34	17.0	S	1.130	—	1840	—	—	5.030	3700
0.315+6×0.30	16.0	S	0.920	—	1360	1570	—	3.990	4900
0.365+6×0.35	18.0	S	1.080	—	1860	2040	—	5.420	3600
3×0.15+6×0.27	9.0/10.0	Z/S	0.850	1000	—	—	—	3.170	6400
3×0.175+6×0.30	9.5/15.5	Z/S	0.980		1400	—	—	3.950	4700
3×0.175+6×0.32	9.5/15.5	Z/S	1.040	1380	1540	—	—	4.420	4000
3×0.20+6×0.35	10.0/18.0	S/Z	1.130	1550	1850	—	—	5.340	3700
4+3×0.35	∞/18.0	—/S	1.190	—	1825	2055	2260	5.310	3400
4+6×0.30	∞/18.0	—/S	1.180	—	1980	2225	—	5.620	3200
4+6×0.35	∞/20.0	—/S	1.460	—	2430	—	—	7.680	2350
4+6×0.38	∞/22.0	—/S	1.580	—	2815	3350	—	8.950	1850
3+8×0.20	6.3/12.5	S/S	0.850	—	1010	—	—	2.780	6700
3+8×0.22	6.0/12.0	S/S	0.910	—	1240	1370	—	3.330	5600

续表

钢帘线结构	捻距(±5%)/mm	捻向	直径(±5%)/mm	最小破断力/N				线密度(±5%)/(g/m)	定长(BS40/BS60)/m
				NT	HT	ST	UT		
3+8×0.33	10.0/18.0	S/S	1.350	—	2650	2940	—	7.460	2600
3+8×0.33	10.0/20.0	S/S	1.350	—	2650	2940	—	7.450	2600
3+8×0.35	10.0/20.0	S/S	1.440	—	2860	—	—	8.440	2500
12×0.20+0.15CC	12.5/3.5	S/Z	1.100	995	—	—	—	3.170	5000
12×0.22CC	12.5	S	0.910	1185	1360	—	—	3.640	5800
12×0.22+0.15CC	12.5/3.5	S/Z	1.180	1185	1360	—	—	3.840	4000
3×0.20/9×0.175CC	10.0	S	0.750	835	950	1050	1150	2.490	8000
3×0.20/9×0.175+0.15CC	10.0/3.5	S/Z	1020	835	950	1050	1150	2.650	6000
3×0.22/9×0.20CC	12.5	S	0.850	1050	1185	1320	1445	3.170	7000
3×0.22/9×0.20+0.15CC	12.5/5.0	S/Z	1.110	1050	1185	1320	1445	3.330	5000
3×0.24/9×0.225CC	14.0	S	0.940	—	1445	—	—	3.940	5300
3×0.24/9×0.225+0.15CC	12.5/5.0	S/Z	1.170	—	1445	—	—	4.100	4000
3×0.24/9×0.225+0.15CC	14.0/5.0	S/Z	1.170	—	1445	—	—	4.100	4000
3+9×0.22	6.3/12.5	S/S	0.920	1185	1360	1490	—	3.650	5000
3+9×0.221−0.15	6.3/12.5/3.5	S/S/Z	1.140	1185	1360	—	—	3.850	4000
3+9×0.25	7.0/14.5	S/S	1.020	—	1710	1915	—	4.710	4600
3+9×0.25+0.15	7.0/14.5/5.0	S/S/Z	1.310	—	1710	1915	—	4.890	3500
0.20+18×0.175CC	10.0	Z	0.900	1230	1440	1520	—	3.660	6000
0.22+18×0.20CC	12.5	Z	1.020	1580	1805	2010	—	4.840	4700
0.25+18×0.22CC	16.0	Z	1.130	1905	2170	—	—	5.850	4000

续表

钢帘线结构	捻距(±5%)/mm	捻向	直径(±5%)/mm	最小破断力/N				线密度(±5%)/(g/m)	定长(BS40/BS60)/m
				NT	HT	ST	UT		
0.22+6+12×0.20	6.3/12.5	Z/Z	1.020	—	1775	2010	—	4.860	4700
0.25+6×0.22+12×0.20	6.3/16.0	Z/Z	1.090	—	1975	—	—	5.260	4300
0.25+6+12×0.225	8.0/16.0	Z/Z	1.130	—	2225	2500	—	6.050	3700
0.25+6+12×0.225	7.5/16.0	Z/Z	1.130	—	2225	2500	—	6.050	3700
3+8+13×0.18+0.15	5.0/10.0/16.0/3.5	S/S/Z/S	1.340	—	1680	2010	—	5.100	3200
3+8+13×0.22+0.15	6.0/120/180/35	S/S/Z/S	1.560	—	2550	—	—	7.500	2150
3+9+15×0.175	5.0/10.0/16.0	S/S/Z	1.070	1680	—	—	—	5.200	4000
3+9+15×0.175+0.15	5.0/10.0/16.0/3.5	S/S/Z/S	1.340	1680	—	2130	—	5.420	3100
3+9+15×0.22	6.3/12.5/18.0	S/S/Z	1.350	2700	—	—	—	8.270	2050
3+9+15×0.22+0.15	6.3/12.5/18.0/3.5	S/S/Z/S	1.620	2700	—	—	—	8.500	2000
3+9+15×0.22	6.3/12.5/18.0	Z/Z/Z	1.350	—	2945	—	—	8.270	2050
3+9+15×0.22+0.15	6.3/12.5/18.0/3.5	Z/Z/Z/S	1.620	—	2945	—	—	8.500	2000
3+9+15×0.225	6.3/12.5/18.0	Z/Z/Z	1.390	—	3120	3485	—	8.630	2500
3+9+15×0.225+0.15	6.3/12.5/18.0/5.0	Z/Z/Z/S	1.630	—	3120	—	—	8.780	1900
3+9+15×0.245	6.3/12.5/18.0	Z/Z/Z	1.510	—	3730	—	—	10.260	2000
3+9+15×0.245+0.15	6.3/12.5/18.0/5.0	Z/Z/Z/S	1.770	—	3730	—	—	10.480	1600
5×0.30HI	12.5	S	1.030	860	—	—	—	≥5.00	2.820
5×0.35HI	14.0	S	1.190	1130	—	—	—	≥5.00	3.890
5×0.38HI	14.0	S	1.240	1185	—	—	—	≥5.00	4.530
5×0.38HE	6.5	S	1.110	1120	—	—	—	≥4.00	4.600

续表

钢帘线结构	捻距(±5%)/mm	捻向	直径(±5%)/mm	最小破断力/N				线密度(±5%)/(g/m)	定长(BS40/BS60)/m
				NT	HT	ST	UT		
3×2×0.35HE	3.9/10.0	S/S	1.420	1100	—	—	—	≥3.50	4.890
3×4×0.22HE	3.0/6.3	S/S	1.160	940	—	—	—	≥4.00	3.950
3×6×0.22HE	3.5/6.3	S/S	1.500	1410	—	—	—	≥5.00	6.050
3×7×0.175HE	3.9/6.3	S/S	1.200	1150	—	—	—	≥4.00	4.450
3×7×0.20HE	3.9/6.3	S/S	1.360	1360	—	—	—	≥5.00	5.850
3×7×0.22HE	4.5/8.0	S/S	1.520	1720	—	—	—	≥5.00	6.950
4×2×0.25HE	3.5/6.0	S/S	1.120	870	—	—	—	≥3.50	3.200
4×2×0.34HE	3.0/7.5	S/S	1.500	1330	—	—	—	≥3.50	6.300
4×2×0.35HE	3.5/7.5	S/S	1.550	1400	—	—	—	≥3.50	6.680
4×4×0.20HE	4.0/7.0	S/S	1.240	1090	1270	—	—	≥4.00	4.390
4×4×0.22HE	3.5/5.0	S/S	1.320	1150	—	—	—	≥4.00	5.400
4×4×0.225HE	4.3/7.5	S/S	1.360	1360	1485	—	—	≥4,00	5.410

5.3.13 胎圈用钢丝（GB/T 14450—2016）

制造钢丝用盘条应符合 YB/T 170.1 的规定，其化学成分应符合 YB/T 170.2、YB/T 170.4 中相应牌号的规定。供需双方也可协议规定其他化学成分的钢。

钢丝按强度级别分为普通强度（NT，可不标注）和高强度（HT）两类。

钢丝每盘重量为 300～600kg。每盘中允许有电焊接头存在，但每盘钢丝中的接头应不超过两个。

表 5.97　胎圈用钢丝的破断力及对应的抗拉强度

公称直径 d /mm	NT		HT	
	破断力 F_N ≥	抗拉强度 R_m/MPa ≥	破断力 F_N ≥	抗拉强度 R_m/MPa ≥
0.890	1180	1900	1340	2150
0.950	1310	1850	1490	2100
0.960	1340	1850	1520	2100
1.000	1450	1850	1630	2080
1.200	2035	1800	2320	2050

续表

公称直径 d /mm	NT		HT	
	破断力 F_N ≥	抗拉强度 R_m/MPa ≥	破断力 F_N ≥	抗拉强度 R_m/MPa ≥
1.260	2230	1790	2555	2050
1.300	2375	1790	2720	2050
1.420	2825	1785	3210	2030
1.550	3360	1780	3800	2015
1.600	3580	1780	4040	2010
1.650	3805	1780	—	—
1.830	4650	1770	5270	2005
2.000	5275	1680	5810	1850
2.030	5435	1680	5985	1850
2.200	6190	1630	6915	1820

5.3.14 汽车附件、内燃机、软轴用异型钢丝（YB/T 5183—2006）

① 用途 用于汽车制造等行业制造玻璃升降器、挡圈、雨刷器、车门、滑块、锁、座椅用调角器等汽车附件，制造内燃机活塞环、卡环、组合油环和软轴。

② 分类 按交货状态分为 3 种：L—冷拉（轧），T—退火（+轻拉），Zh—油淬火—回火；按截面形状分为 4 种：Zb—直边扁钢丝，Hb—弧边扁钢丝，Gb—拱顶扁钢丝，Fs—方形钢丝；按用途分为 3 种：Qf—汽车附件用异型钢丝，Nr—内燃机用异型钢丝，Rz—软轴用异型钢丝。

表 5.98 异型钢丝的牌号

用途		材料	化学成分符合标准
汽车附件用	玻璃升降器及座椅用调角器	65Mn、50CrVA、60Si2Mn	GB/T 1222
	挡圈、门锁、滑块	15、25、45	GB/T 699
	雨刷器	1Cr18Ni9	GB/T 1220
	雨刷器	70	GB/T 699
内燃机用		70、65Mn	GB/T 1222
软轴用		45	GB/T 699

表 5.99 异型钢丝的抗拉强度

用途		牌号	抗拉强度 R_m/MPa
汽车附件用	玻璃升降器及座椅用调角器	65Mn、50CrVA 60Si2Mn	≥785 ≥850
	挡圈、车门滑块、门锁	12、25、45	≥835
	雨刷器	1Cr18Ni9 70	1080～1280 1080～1220
内燃机	卡环、活塞环用	70、65Mn	(A组)785～980 (B组)980～1180 (C组)1180～1370
	组合油环用	70、65Mn	1570～1760
软轴用		45	1100～1300

5.4 船舶及海洋工程用钢

5.4.1 船舶及海洋工程用结构钢（GB 712—2011）

① 用途　制造各种船舶、渔船及海洋工程结构。

② 尺寸　钢板的厚度不大于150mm，钢带及剪切板的厚度不大于25.4mm，型钢的厚度或直径不大于50mm。

③ 分类　按强度分为一般强度、高强度和超高强度结构钢。

④ 外形、重量　钢板和钢带应符合GB/T 709的规定；型钢应符合相应标准的规定。

⑤ 牌号　由质量级别代号和屈服强度数值两个部分组成。例如：D36。其中D表示D级，36表示屈服强度数值（kg/mm^2）。

⑥ 交货状态　AR—热轧；CR—控轧；N—正火；TM（TM-CP)—温度-形变控制轧制；QT—调质（淬火＋回火）。

表 5.100 钢材的名称和牌号、Z向钢级别

名称	牌号	Z向钢
一般强度船舶及海洋工程用结构钢	A、B、D、E	Z25、Z35
高强度船舶及海洋工程用结构钢	AH32、DH32、EH32、FH32 AH36、DH36、EH36、FH36 AH40、DH40、EH40、FH40	
超高强度船舶及海洋工程用结构钢	AH420、DH420、EH420、FH420 AH460、DH460、EH460、FH460 AH500、DH500、EH500、FH500 AH550、DH550、EH550、FH550 AH620、DH620、EH620、FH620 AH690、DH690、EH690、FH690	

表 5.101 一般强度和高强度级船体用结构钢的力学性能

牌号	拉伸试验[1][2]			V形冲击试验						
	上屈服强度 R_{eH}/MPa	抗拉强度 R_m/MPa	断后伸长率 A/%	试验温度 /℃	以下厚度(mm)冲击吸收能量 KV_2/J ≥					
					≤50		>50~70		>70~150	
					纵向	横向	纵向	横向	纵向	横向
A[3]	≥235	400~520	≥22	20	—	—	34	24	41	27
B[4] D E				0 −20 −40	27	20				
AH32 DH32 EH32 FH32	≥315	440~570	≥22	0 −20 −40 −60	31	22	38	26	46	31
AH36 DH36 EH36 FH36	≥355	490~630	≥21	0 −20 −40 −60	34	24	41	27	50	34
AH40 DH40 EH40 FH40	≥390	510~660	≥20	0 −20 −40 −60	41	27	46	31	55	37

①拉伸试验取横向试样，经船级社同意，A级型钢的抗拉强度可超上限。

②当屈服不明显时，可测量 $R_{p0.2}$ 代替上屈服强度。

③冲击试验取纵向试样，但供方应保证横向冲击性能。型钢不进行横向冲击试验。厚度大于 50mm 的 A 级钢，经细化晶粒处理并以正火状态交货时，可不做冲击试验。

④厚度不大于 25mm 的 B 级钢、以 TMCP 状态交货的 A 级钢，经船级社同意可不做冲击试验。

表 5.102 超高强度级船体用结构钢的力学性能

牌号	拉伸试验[1][2]			V形冲击试验		
	上屈服强度 R_{eH}/MPa ≥	抗拉强度 R_m/MPa	断后伸长率 A/% ≥	试验温度 /℃	冲击吸收能量 KV_2/J ≥	
					纵向	横向
AH420 DH420 EH420 FH420	420	530~680	18	20 0 −20 −40	42	28

续表

牌　号	拉伸试验①②			V 形冲击试验		
	上屈服强度 R_{eH}/MPa ≥	抗拉强度 R_m/MPa	断后伸长率 A/% ≥	试验温度 /℃	冲击吸收能量 KV_2/J ≥	
					纵向	横向
AH460 DH460 EH460 FH460	460	570～720	17	0 −20 −40 −60	46	31
AH500 DH500 EH500 FH500	500	610～770	16	0 −20 −40 −60	50	33
AH550 DH550 EH550 FH550	550	670～830	16	0 −20 −40 −60	55	37
AH620 DH620 EH620 FH620	620	720～890	15	0 −20 −40 −60	62	41
AH690 DH690 EH690 FH690	690	770～940	14	0 −20 −40 −60	69	46

①拉伸试验取横向试样。冲击试验取纵向试样，但供方应保证横向冲击性能。

②当屈服不明显时，可测量 $R_{p0.2}$ 代替上屈服强度。

5.4.2　厚度方向性能钢板（GB/T 5313—2010）

用于船体的镇静钢钢板，厚度为 15～400mm。

牌号：由产品原牌号＋要求的厚度方向性能级别。如：Q345GJD225 中的 Q345GJD 为 GB/T 19879 中的原牌号；225 为根据本标准所要求的厚度方向性能级别。

5.4.3　海洋平台结构用钢板（YB/T 4283—2012）

① 用途　用于海洋平台结构，厚度不大于 150mm。

② 尺寸、外形、重量　应符合 GB/T 709—2006 的规定。

③ 牌号　由代表屈服强度的汉语拼音字母“Q”＋屈服强度数值（MPa）＋代表“海洋”的汉语拼音首字母“HY”＋质量等级符号“D、E、F”四个部分组成。例如：Q355HYD。

当需方要求钢板具有厚度方向性能时，则在上述规定的牌号后加上代表厚度方向（Z向）性能级别的符号，例如：Q355HYDZ25。

④ 交货状态

表 5.103 钢板的交货状态

牌号	交货状态
Q355HY	正火(N)、控轧(CR)、热机械轧制(TMCP)、正火轧制(NR)
Q420HY、Q460HY Q500HY、Q550HY Q620HY、Q690HY	热机械轧制(TMCP)、淬火＋回火(QT) 热机械轧制＋回火(TMCP＋T)

⑤ 力学性能

表 5.104 钢板的力学性能

牌号	质量等级	拉伸试验					夏比V形冲击试验	
		屈服强度/MPa 钢板厚度/mm		抗拉强度 R_m /MPa	屈强比	断后伸长率 A/%	试验温度/℃	冲击吸收能量 KV_2/J
		≤100	＞100					
Q355HY	D E F	≥355	协商	470～630	≤0.87	≥22	－20 －40 －60	≥50
Q420HY	D E F	≥420		490～650	≤0.93	≥19	－20 －40 －60	≥60
Q460HY	D E F	≥460		510～680	≤0.93	≥17	－20 －40 －60	≥60
Q500HY	D E F	≥500		610～770	—	≥16	－20 －40 －60	≥50
Q550HY	D E F	≥550		670～830	—	≥16	－20 －40 －60	≥50
Q620HY	D E F	≥620		720～890	—	≥15	－20 －40 －60	≥50
Q690HY	D E F	≥690		770～940	—	≥14	－20 －40 －60	≥50

注：1. 如屈服现象不明显，屈服强度取 $R_{p0.2}$。

2. 冲击试验取横向试样。

3. Q355HY 若交货状态为 TMCP，屈强比不大于 0.93。

5.4.4　铸造锚链钢（GB/T 552—1996）

铸造锚链钢按其抗拉强度分为两类：二级——抗拉强度下限大于490MPa；三级——抗拉强度下限值大于690MPa。

铸造锚链钢牌号由铸钢代号、力学性能、锚链代号和代表锚链级别的阿拉伯数字组成。

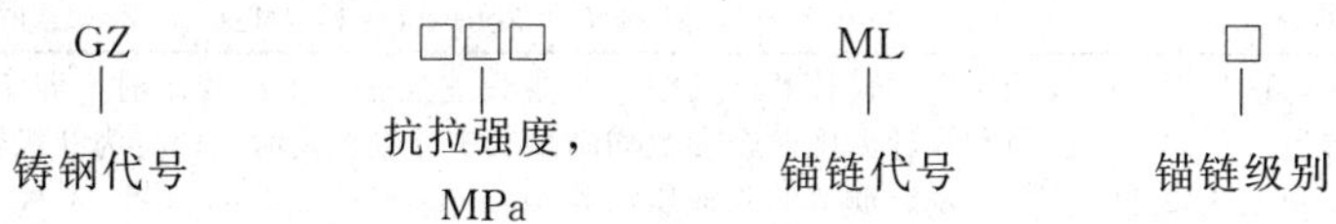

表 5.105　铸造锚链钢的力学性能

牌　号	抗拉强度 /MPa	伸长率 A /%	夏比V形缺口冲击功 KV/J(试验温度0℃)	断面收缩率 Z /%
ZG409ML2	≥490	≥22	—	—
ZG690ML3	≥690	≥17	≥59	≥35

5.4.5　船舶用碳钢和碳锰钢无缝钢管（GB/T 5312—2009）

① 用途　制造船舶用的Ⅰ级承压管系、Ⅱ级承压管系、锅炉及过热器。

② 分类

a. 按设计压力和设计温度分为Ⅰ级、Ⅱ级和Ⅲ级。

b. 按产品制造方式分为热轧WHR（挤压WHEX、扩WHE）钢管和冷拔WCD（轧WCR）钢管。

c. 按用途分为承压管系用无缝钢管和锅炉及过热器用无缝钢管（管壁的工作温度应不超过450℃，钢级后面加“G”）。

③ 尺寸　钢管应优先选用GB/T 17395表1中系列1的尺寸。

④ 钢管的通常长度、定尺长度和倍尺长度　应符合GB/T 17395的规定。

表 5.106　船舶用承压管系用无缝钢管的等级

等　级	Ⅰ级		Ⅱ级		Ⅲ级	
介　质	设计压力 /MPa	设计温度 /℃	设计压力 /MPa	设计温度 /℃	设计压力 /MPa	设计温度 /℃
	>		—		≤	
蒸汽和热油	1.6	300	0.7～1.6	170～300	0.7	170

续表

等　级	Ⅰ级		Ⅱ级		Ⅲ级	
介　质	设计压力/MPa	设计温度/℃	设计压力/MPa	设计温度/℃	设计压力/MPa	设计温度/℃
	>		—		≤	
燃　油	1.6	150	0.7～1.6	60～150	0.7	60
其他介质	4.0	300	1.6～4.0	200～300	1.6	200

注：1. 当管系的设计压力和设计温度其中一个参数达到表中Ⅰ级规定时，即定为Ⅰ级管；当管系的设计压力和设计温度两个参数均满足表中Ⅱ级规定时，即定为Ⅱ级管。

2. 其他介质是指空气、水、润滑油和液压油等。

3. Ⅲ级管系用无缝钢管可根据船检部门认可的国家标准制造。

表 5.107　船舶用碳钢和碳锰钢无缝钢管的室温力学性能

钢　级	抗拉强度 R_m /MPa	上屈服强度 R_{eH} /MPa ≥	断后伸长率 A /% ≥
320	320～440	195	25
360	360～480	215	24
410	410～530	235	22
460	460～580	265	21
490	490～610	285	21

5.4.6　船舰用钢管（CB/T 3075—2011）

船舰用钢管的简选系列公称尺寸为 DN10～1000。钢管外径有一、二两个系列，壁厚有 A、B、C 三种。

① 船用钢管

表 5.108　船用钢管的基本尺寸、壁厚及重量

公称尺寸 DN	钢管外径/mm		A		B		C	
	第一系列	第二系列	壁厚/mm	理论重量/(kg/m)	壁厚/mm	理论重量/(kg/m)	壁厚/mm	理论重量/(kg/m)
10	17.2	17	2.5	0.894	—	—	5.0	1.48
15	21.3	22	3.0	1.33	4.0	1.68	5.5	2.10
20	26.9	27	3.0	1.78	4.0	2.27	6.5	3.11
25	33.7	34	3.5	2.63	4.5	3.27	6.5	4.41
32	42.4	42	3.5	3.32	5.0	4.56	7.0	6.04
40	48.3	48	3.5	3.84	5.0	5.30	8.5	8.66
50	60.3	60	4.0	5.52	5.5	7.39	9.5	11.83
65	76.1	76	5.0	8.75	7.0	11.91	11.5	18.29
80	88.9	89	5.5	11.33	7.5	15.07	13.5	25.14

续表

公称尺寸 DN	钢管外径/mm 第一系列	钢管外径/mm 第二系列	A 壁厚/mm	A 理论重量/(kg/m)		B 壁厚/mm	B 理论重量/(kg/m)		C 壁厚/mm	C 理论重量/(kg/m)	
100	114.3	114	6.0	15.98		8.5	22.12			38.67	
125	139.7	140	6.5	21.40		9.5	30.57			48.93	
150	168.3	168	7.0	27.79		11.0	42.59			59.98	
175	193.7	194	7.5	34.50			56.78			66.22	
200	219.1	219	8.0	41.63			61.26			80.10	
225	—	245	8.5	49.58			72.76			90.36	
250	273			61.73			77.24			101.41	
300	323.9	325		73.92			92.63			121.93	
350	355.6	377		81.18	86.10		101.80	108.02		134.16	142.45
400	406.4	426		92.89	97.58		116.60	L22.52		158.89	161.78
450	457	480		104.84	110.23		131.69	138.00	16.0	174.01	183.09
500	508	530		116.79	121.95		146.79	153.30		194.14	202.82
550	659			128.97		12.7	162.17			214.55	
600	610	630	9.5	140.69	145.37		176.97	182.89		234.38	242.28
650	660			152.40			191.77			254.11	
700	711	720		164.35	166.46		206.86	209.52		274.24	277.79
750	762			176.30			234.68			294.36	
800	813	820		188.25	189.89		250.65	252.85		314.48	384.96
850	864			200.20			266.63			334.61	
900	914	920		211.91	213.32		282.29	284.17		354.34	356.70
1000	1016	1020		235.81	236.74		314.23	315.49		394.58	396.16

② 舰用钢管

表 5.109　舰用钢管的基本尺寸、壁厚及重量

公称尺寸 DN	钢管外径 D	A 壁厚/mm	A 理论重量/(kg/m)	B 壁厚/mm	B 理论重量/(kg/m)	C 壁厚/mm	C 理论重量/(kg/m)
10	17	2.0	0.740	2.5	0.894	3.0	1.04
15	22		0.986		1.20		1.41
20	27		1.23		1.51	4.0	2.27
25	34	3.0	2.29	3.0	2.29		2.96
32	42		2.89		3.32	4.5	4.16
40	48		3.33	3.5	3.84	5.0	5.30
50	60		4.22		4.88		6.78
65	76		5.40	4.0	7.10	7.0	11,91

续表

公称尺寸 DN	钢管外径 D	A 壁厚 /mm	A 理论重量 /(kg/m)	B 壁厚 /mm	B 理论重量 /(kg/m)	C 壁厚 /mm	C 理论重量 /(kg/m)
100	114	4.0	10.85	5.0	13.44	8.0	20.91
125	140	4.5	15.04	5.0	16.65	9.0	29.08
150	168	4.5	18.14	6.0	23.97	10.0	38.97
175	194	5.0	23.31	8.0	36.70	11.0	49.64
225	245	6.5	38.23	9.0	52.38	13.0	74.38

5.5 桥梁用结构钢

5.5.1 桥梁用结构钢板和型钢（GB/T 714—2015）

① 尺寸 结构钢板厚度不大于15mm，钢带及剪切钢板厚度不大于25.4mm，结构型钢厚度不大于40mm。

② 牌号 由代表屈服强度的汉语拼音字母Q+屈服强度数值+“桥”字的汉语拼音首字母q+质量等级（C、D、E）等。桥梁用结构钢的牌号有Q235q、Q345q、Q370q、Q420q、Q460q；桥梁推荐用结构钢的牌号有Q500q、Q550q、Q620q、Q690q。

当以热机械轧制状态交货的D级钢板，且具有耐候性能及厚度方向性能时，则在上述规定的牌号后分别加上耐候（NH）及厚度方向（Z向）性能级别的代号。

③ 尺寸、外形、重量 钢板、钢带及剪切钢板应符合GB/T 709的规定；型钢的尺寸、外形、重量应符合GB/T 706、GB/T11263的规定。

表5.110 桥梁用结构钢的力学性能

牌 号（统一数字代号）	质量等级	拉伸试验[①②] 厚度 t 的下屈服强度 R_{eL}/MPa ≥ ≤50	50＜t≤100	100＜t≤150	抗拉强度 R_m/MPa ≥	断后伸长率 A/% ≥	冲击试验[③] 温度/℃	冲击吸收能量 KV_2/J ≥
Q345q（L1345x）	C	345	335	305	490	20	0	120
	D						−20	
	E						−40	

续表

牌　号（统一数字代号）	质量等级	拉伸试验①②					冲击试验③	
		厚度 t 的下屈服强度 R_{eL}/MPa ≥			抗拉强度 R_m/MPa ≥	断后伸长率 A/% ≥	温度/℃	冲击吸收能量 KV_2/J ≥
		≤50	50<t≤100	100<t≤150				
Q370q（L1370x）	C D E	370	360	—	510	20	0 −20 −40	120
Q420q（L1420x）	D E F	420	410	—	540	19	0 −20	120
							−40	47
Q460q（L1460x）	D E F	460	450	—	570	18	0 −20	120
							−40	47
Q500q（L1500x）	D E F	500	480	—	600	18	0 −20	120
							−40	47
Q550q（L1550x）	D E F	550	530	—	660	16	0 −20	120
							−40	47
Q620q（L1620x）	D E F	620	580	—	720	15	0 −20	120
							−40	47
Q690q（L1690x）	D E F	690	650	—	770	14	0 −20	120
							−40	47

①当屈服不明显时，可测量 $R_{p0.2}$ 下屈服强度。

②拉伸试验取横向试样。

③冲击试验取纵向试样.

注：统一数字代号中的“x”，质量等级 C、D、E 分别对应于 3、4、5。

5.5.2　桥梁缆索用热镀锌钢丝（GB/T 17101—2008）

① 用途　桥梁的缆（拉）索、锚固拉力构件、提升和固定用拉力构件的建筑物和土木工程中其他应用的热镀锌圈钢丝构件。

② 分类　接松弛性能分两类：有松弛性能要求和无松弛性能要求。其中有松弛性能要求又分两级：Ⅰ级松弛（普通松弛）和Ⅱ

级松弛（低松弛）。

③ 牌号表示方法

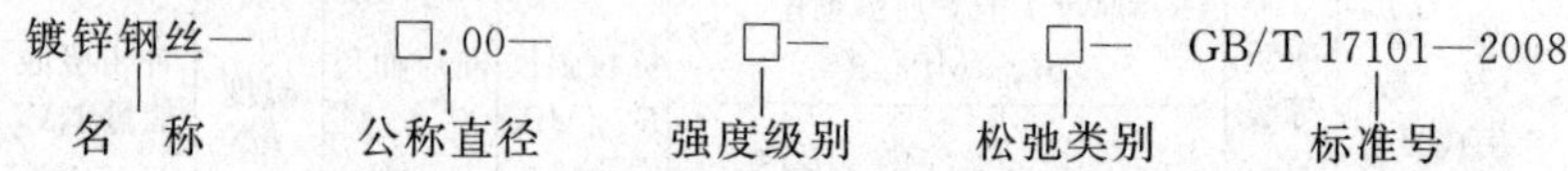

表 5.111　桥梁缆索用热镀锌钢丝的几何特性和重量

钢丝公称直径 d_n /mm	直径允许偏差 /mm	不圆度 /mm	公称截面积 S_n /mm^2	参考重量 /(g/m)
5.00	±0.06	≤0.06	19.6	153
7.00	±0.07	≤0.07	38.5	301

注：钢丝公称直径、公称截面积和每米参考重量均包含镀锌层在内。

表 5.112　桥梁缆索用热镀锌钢丝的力学工艺性能

公称直径 d_n /mm	抗拉强度 /MPa ≥	规定非比例延伸强度 $R_{p0.2}$/MPa ≥		断后伸长率 $A(L_0=250mm)$ /% ≥	弯曲次数		应力松弛性能		
		Ⅰ级松弛	Ⅱ级松弛		次数 /180° ≥	弯曲半径 /mm	初始载荷（公称载荷）/% 对所有钢丝	1000h应力松弛率 /% ≤ Ⅰ级松弛	Ⅱ级松弛
5.00	1670	1340	1490	4.0	4	15	70	7.5	2.5
	1770	1420	1580						
	1860	1490	1660						
7.00	1670	—	1490	4.0	5	20			
	1770		1580						

注：钢丝按公称面积确定其载荷值，公称面积应包括锌层厚度在内。

5.6　锅炉和压力容器用钢

5.6.1　锅炉和压力容器用钢板（GB 713—2014）

① 用途　用于锅炉和中常温压力容器的受压元件。

② 牌号　锅炉和压力容器用钢板的牌号，用屈服强度的“屈”字和压力容器的“容”字汉语拼音首字母“Q”和“R”分别作为前缀和后缀，中间加屈服强度值表示。如：Q345R。钼钢、铬-钼钢的牌号，用平均含碳量和合金元素字母，加后缀“R”表示，如15CrMoR。

③ 厚度　3～250mm。

④ 力学性能和工艺性能

表 5.113　锅炉和压力容器用钢板力学性能和工艺性能

牌号	交货状态	钢板厚度/mm	拉伸试验			冲击试验		弯曲试验
			抗拉强度 R_m/MPa	下屈服强度 R_e/MPa ≥	伸长率 A/% ≥	温度/℃	V形冲击功 KV/J ≥	180° $b=2a$
Q245R	热轧控轧或正火	3～16	400～520	245	25	0	31	$D=1.5a$
		>16～36		235				
		>36～60		225				
		>60～100	390～510	205	24			$D=2a$
		>100～150	380～500	185				
Q345R		3～16	510～640	345	21	0	34	$D=2a$
		>16～36	500～630	325				$D=3a$
		>36～60	490～620	315				
		>60～100	490～620	305	20			
		>100～150	480～610	285				
		>150～200	470～600	265				
Q370R	正火	10～16	530～630	370	20	−20	34	$D=2a$
		>16～36		360				$D=3a$
		>36～60	520～620	340				
18MnMoNbR	正火加回火	30～60	570～720	400	17	0	41	$D=3a$
		>60～100		390				
13MnNiMoR		30～100	570～720	390	18	0	41	$D=3a$
		>100～150		380				
15CrMoR		6～60	450～590	295	19	20	31	$D=3a$
		>60～100		275				
		>100～150	440～580	255				
14Cr1MoR		6～100	520～680	310	19	20	34	$D=3a$
		>100～150	510～670	300				
12Cr2Mo1R		6～150	520～680	310	19	20	34	$D=3a$
12Cr1MoVR		6～60	440～590	245	19	20	34	$D=3a$
		>60～100	430～580	235				

注：a 为试样厚度，D 为弯曲压头直径。

⑤ 高温力学性能

表 5.114 锅炉和压力容器用钢板高温力学性能

牌号	厚度/mm	试验温度/℃						
		200	250	300	350	400	450	500
		屈服强度 R_m 或 $R_{p0.2}$/MPa ≥						
Q245R	＞20～36	186	167	153	139	129	121	—
	＞36～60	178	161	147	133	123	116	—
	＞60～100	164	147	135	123	113	106	—
	＞100～150	150	135	120	110	105	95	—
Q345R	＞20～36	255	235	215	200	190	180	—
	＞36～60	240	220	200	185	175	165	—
	＞60～100	225	205	185	175	165	155	—
	＞100～150	220	200	180	170	160	150	—
	＞150～200	215	195	175	165	155	145	—
Q370R	＞20～36	290	275	260	245	230	—	—
	＞36～60	280	270	255	240	225	—	—
18MnMoNbR	30～60	360	355	350	340	310	275	—
	＞60～100	355	350	345	335	305	270	—
13MnNiMoR	30～100	355	350	345	335	305	—	—
	＞100～150	345	340	335	325	300	—	—
15CrMoR	＞20～60	240	225	210	200	189	179	174
	＞60～100	220	210	198	186	176	167	162
	＞100～150	210	199	185	175	165	156	150
14Cr1MoR	＞20～150	255	245	230	220	210	195	176
12Cr2Mo1R	＞20～150	260	255	250	245	240	230	215
12Cr1MoVR	＞20～100	200	190	176	167	157	150	142

5.6.2 压力容器用调质高强度钢板（GB 19189—2011）

钢板的尺寸、外形应符合 GB/T 709 的规定。

表 5.115　钢板的力学性能和工艺性能

牌　号	钢板厚度/mm	拉伸试验			冲击试验		弯曲试验
		屈服强度①R_{eL}/MPa	抗拉强度R_m/MPa	断后伸长率A/%	温度/℃	冲击功吸收能量KV_2/J	180° $b=2a$
07MnMoVR 07MnNiVDR 07MnNiMoDR 12MnNiVR	10～60	≥490	610～730	≥17	−20 −40 −50 −20	≥80	$D=3a$

①无明显屈服时采用 $R_{p0.2}$。

注：1. 夏比（V 形缺口）冲击功按 3 个试样的算术平均值计算，允许其中 1 个试样的单个值比表中规定值低，但不得低于规定值的 70%。

2. 厚度小于 12mm 的钢板，夏比（V 形缺口）冲击试验应采用辅助试样，辅助试样尺寸为 7.5mm×10mm×55mm，其试样结果应不小于表中规定值的 75%。

5.6.3　低温压力容器用钢板（GB 3531—2014）

① 用途　用于制造−196～<−20℃低温压力容器。

② 尺寸、外形　应符合 GB/T 709—2006 的规定。厚度为 5～120mm。

③ 牌号　用平均含碳量+合金元素字母+“低”“容”的汉语拼音的首字母“DR”表示，如 16MnDR。

④ 力学性能和工艺性能

表 5.116　低温压力容器用钢板的力学性能和工艺性能

牌　号（统一数字代号）	交货状态	钢板公称厚度/mm	拉伸试验			冲击试验		弯曲试验③
			抗拉强度R_m/MPa	屈服强度R_{eL}①/MPa	断后伸长率A%	温度/℃	冲击吸收能量KV/J	180° $b=2a$
				≥	≥		≥	
16MnDR（L20173）	正火或正火+回火	6～16	490～620	315	21	−40	47	$D=2a$
		>16～36	470～600	295				$D=3a$
		>36～60	460～590	285				
		>60～100	450～580	275		−30	47	
		>100～120	440～570	265				
15MnNiDR（L28153）		6～16	490～620	325	20	−45	60	$D=3a$
		>16～36	480～610	315				
		>36～60	470～600	305				

续表

牌号（统一数字代号）	交货状态	钢板公称厚度/mm	拉伸试验			冲击试验		弯曲试验③
			抗拉强度 R_m/MPa	屈服强度 R_{eL}①/MPa	断后伸长率 A%	温度/℃	冲击吸收能量 KV/J	180° $b=2a$
				≥			≥	
15MnNiNbDR	正火或正火＋回火	10～16	530～630	370	20	－50	60	$D=3a$
		＞16～36	530～630	360				
		＞36～60	520～620	350				
09MnNiDR（L28093）		6～16	440～570	300	23	－70	60	$D=2a$
		＞16～36	430～560	280				
		＞36～60	430～560	270				
		＞60～120	420～550	260				
08Ni3DR	正火或正火＋回火或淬火＋回火②	6～60	490～620	320	21	－100	60	$D=3a$
		＞60～100	480～610	300				
06Ni9DR	淬火＋回火	5～30	680～820	550	18	－196	100	$D=3a$
		＞30～50		550				

①当屈服现象不明显时，可测量 $R_{p0.2}$ 代替 R_{eL}。

②对于厚度≤12mm 的钢板可两次正火加回火状态交货。

③a 为试样厚度，D 为弯曲压头直径。

5.6.4　低温管道用无缝钢管（GB/T 18984—2016）

① 用途　用于－196～－45℃级低温压力容器管道以及低温热交换器管道。

② 分类　按产品加工方式分为热轧（扩）钢管（W-H）和冷拔（轧）钢管（W-C）两类，钢牌号后的字母“DG”分别是“低温”“管道”汉语拼音的首字母。

③ 尺寸　长度通常为 4000～12000mm；外径和壁厚应符合 GB/T 17395—2008 规定。

④ 牌号　有 16MnDG、10MnDG、09DG、09Mn2VDG、06Ni3-MoDG 和 06Ni9DG 等 6 种。

⑤ 交货状态　06Ni9DG 钢管为淬火＋回火，或二次正火＋回火；其余钢管为正火、正火＋回火或淬火＋回火。

表 5.117　低温管道用无缝钢管的纵向力学性能

牌　号	抗拉强度 R_m /MPa	下屈服强度 R_{eL} 或规定塑性延伸强度 $R_{p0.2}$/MPa		断后伸长率[①] A/%		
		$S\leqslant$16mm	$S>$16mm	1 号试样	2 号试样[②]	3 号试样
16MnDG	490～665	≥325	≥315	≥30		≥23
10MnDG	≥400	≥240		≥35		≥29
09DG	≥385	≥210		≥35		≥29
09Mn2VDG	≥450	≥300		≥30		≥23
06Ni3MoDG	≥455	≥250		≥30		≥23
06Ni9DG	≥690	≥520		≥22		≥18

①外径小于 20mm 的钢管，其断后伸长率值由供需双方商定。

②壁厚小于 8mm 的钢管，用 2 号试样进行拉伸试验时，壁厚每减少 1mm，其断后伸长率的最小值应从上表规定最小断后伸长率中减去 1.5%，并按数字修约规则修约为整数。

表 5.118　钢管的纵向低温冲击吸收能量（夏比纵向 V 形缺口）

试样尺寸(高×宽)/mm	冲击吸收能量 KV/J ≥		
	一组(3 个)的平均值	至少 2 个的单个值	1 个的最低值
10×10	21(40)	21(40)	15(28)
7.5×10	18(35)	18(35)	13(25)
5×10	14(26)	14(26)	10(15)
2.5×10	7(13)	7(13)	5(9)

注：1. 对不能采用 2.5mm×10mm 冲击试样尺寸的钢管，冲击功由供需双方协商。

2.（）中的数值为 06Ni9DG 钢管的冲击吸收能量。

3. 试验温度：16MnDG、09DG 和 10MnDG 为 －45℃，09Mn2VDG 为 －70℃，06Ni3MoDG 为－100℃，06Ni9DG 为－196℃。

5.6.5　低中压锅炉用无缝钢管（GB/T 3087—2008）

① 牌号　由 10、20 牌号的钢制造。

② 化学成分（熔炼分析）　应符合 GB/T 699 的规定。

③ 外径和壁厚　应符合 GB/T 17395 的规定。

表 5.119　低中压锅炉用无缝钢管的力学性能（GB/T 3087—2008）

牌　号	抗拉强度 R_m /MPa	下屈服强度 R_{eL}/MPa ≥ 壁　厚/mm		断后伸长率 A /% ≥
		≤16	＞16	
10	335～475	205	195	24
20	410～550	245	235	20

表 5.120 中压锅炉过热蒸汽管的规定非比例延伸强度最小值

牌号	试样状态	规定非比例延伸强度最小值 $R_{p0.2}$/MPa					
		试验温度/℃					
		200	250	300	350	400	450
10	供货状态	165	145	122	111	109	107
20		188	170	149	137	134	132

5.6.6 高压锅炉用无缝钢管（GB 5310—2008）

① 用途 制造高压及其以上压力的蒸汽锅炉、管道。

② 外径和壁厚 应符合 GB/T 17395 的规定。

③ 尺寸 一般按公称外径和公称壁厚交货。钢管的通常长度为 4000～12000mm。

④ 钢种

a. 优质碳素结构钢，其牌号有 20G、20MnG 和 25MnG；

b. 合金结构钢，其牌号有 15MoG、20MoG、12CrMoG、15CrMoG、12Cr2MoG、12Cr1MoVG、12Cr2MoWVTiB、07Cr2MoW2VNbB、12Cr3MoVSiTiB、15Ni1MnMoNbCu、10Cr9Mo1VNbN、10Cr9MoW2VNbBN、10Cr11MoW2VNbCu1BN、11Cr9Mo1W1VNbBN；

c. 不锈（耐热）钢，其牌号有 07Cr19Ni10、10Cr18Ni9NbCu3BN、07Cr25Ni21NbN、07Cr19Ni11Ti、07Cr18Ni11Nb 和 08Cr18Ni11NbFG。

⑤ 制造方式 热轧 W-H（挤压，热扩），冷拔（轧）W-C。

表 5.121 高压锅炉用无缝钢管公称外径和壁厚的公差 mm

分类代号	钢管尺寸			允许偏差	
				普通级	高 级
W-H	公称外径（D）	≤54		±0.40	±0.30
		>54～325	S≤35	±0.75%D	±0.50%D
			S>35	±1%D	±0.75%D
		>325		±1%D	±0.75%D
	公称壁厚（S）	≤4.0		±0.45	±0.35
		>4.0～20		+12.5%S −10%S	±10%S

续表

分类代号	钢管尺寸			允许偏差	
				普通级	高 级
W-H	公称壁厚(S)	>20	D<219	±10%S	±7.5%S
			D≥219	+12.5%S −10%S	±10%S
	公称外径(D)	全部		±1%D	±0.75%D
	公称壁厚(S)	全部		+20%S −10%S	+15%S −10%S
W-C	公称外径(D)	≤25.4		±0.15	—
		>25.4～40		±0.20	—
		>40～50		±0.25	—
		>50～60		±0.30	—
		>60		±0.5%D	—
	公称壁厚(S)	≤3.0		±0.3	±0.2
		>3.0		±10%S	±7.5%S

表 5.122 钢管最小壁厚的允许偏差 mm

分类代号	壁厚范围	允许偏差(下偏差为0)	
		普通级	高 级
W-H	S_{max}≤4.0	+0.90	+0.70
	S_{min}>4.0	+25%S_{min}	+22%S_{min}
W-C	S_{max}≤3.0	+0.6	+0.4
	S_{min}>3.0	+20%S_{min}	+15%S_{min}

表 5.123 钢管的热处理制度

牌 号	统一数字代号	热 处 理 制 度
20G	U50202	正火:正火温度 880～940℃
20MnG	L20202	正火:正火温度 880～940℃
25MnG	L20252	正火:正火温度 880～940℃
15MoG	A65158	正火:正火温度 890～950℃
20MoG	A65208	正火:正火温度 890～950℃
12CrMoG	A30127	正火加回火:正火温度 900～960℃,回火温度 670～730℃
15CrMoG	A30157	正火加回火:正火温度 900～960℃:回火温度 680～730℃

续表

牌号	统一数字代号	热处理制度
12Cr2MoG	A30138	S≤30mm 的钢管正火加回火：正火温度 900～960℃；回火温度 700～750℃ S>30mm 的钢管淬火加回火或正火加回火：淬火温度不低于 900℃，回火温度 700～750℃；正火温度 900～960℃，回火温度 700～750℃，但正火后应进行快速冷却
12Cr1MoVG	A31137	S≤30mm 的钢管正火加回火：正火温度 980～1020℃，回火温度 720～760℃ S>30mm 的钢管淬火加回火或正火加回火：淬火温度 950～990℃，回火温度 720～760℃；正火温度 980～1020℃，回火温度 720～760℃，但正火后应进行快速冷却
12Cr2MoWVTiB	A32128	正火加回火：正火温度 1020～1060℃；回火温度 760～790℃
07Cr2MoW2VNbB		正火加回火：正火温度 1040～1080℃；回火温度 750～780℃
12Cr3MoVSiTiB	A31128	正火加回火：正火温度 1040～1090℃；回火温度 720～770℃
15Ni1MnMoNbCu		S≤30mm 的钢管正火加回火：正火温度 880～980℃；回火温度 610～680℃ S>30mm 的钢管淬火加回火或正火加回火：淬火温度不低于 900℃，回火温度 610～680℃；正火温度 880～980℃，回火温度 610～680℃，但正火后应进行快速冷却
10Cr9Mo1NbN		正火加回火：正火温度 1040～1080℃；回火温度 750～780℃。S>70mm 的钢管可淬火加回火，淬火温度不低于 1040℃，回火温度 750～780℃
10Cr9MoW2VNbBN		正火加回火：正火温度 1040～1080℃；回火温度 760～790℃。S>70mm 的钢管可淬火加回火，淬火温度不低于 1040℃，回火温度 760～790℃
10Cr11MoW2VNbCu1BN		
11Cr9Mo1W1VNbBN		正火加回火：正火温度 1040～1080℃；回火温度 750～780℃。S>70mm 的钢管可淬火加回火，淬火温度不低于 1040℃，回火温度 750～780℃
07Cr19Ni10		固溶处理：固溶温度≥1040℃，急冷

续表

牌　号	统一数字代号	热处理制度
10Cr18Ni9NbCu3BN 07Cr25Ni21NbN		固溶处理：固溶温度≥1100℃，急冷 固溶处理：固溶温度≥1100℃，急冷
07Cr19Ni11Ti 07Cr18Ni11Nb		固溶处理：热轧(挤、扩)钢管固溶温度≥1050℃，冷拔(轧)钢管固溶温度≥1100℃，急冷
08Cr18Ni11NbFG		冷加工之前软化热处理：软化热处理温度应至少比固溶处理温度高50℃；最终冷加工之后固溶处理：固溶温度≥1180℃，急冷

表5.124　高压锅炉用无缝钢管的力学性能

牌　号	拉伸性能				冲击吸收功 A_k/J		硬度		
	抗拉强度 R_m /MPa	R_{eL} 或 $R_{p0.2}$ /MPa	断后伸长率 A/%				HBW	HV	HRB
			纵向	横向	纵向	横向			
		≥					≤		
20G	410～550	245	24	22	40	27	—	—	—
20MnG	415～560	240	22	20	40	27	—	—	—
25MnG	485～640	275	20	18	40	27	—	—	—
15MoG	450～600	270	22	20	40	27	—	—	—
20MoG	415～665	220	22	20	40	27	—	—	—
12CrMoG	410～560	205	21	19	40	27	—	—	—
15CrMoG	440～640	295	21	19	40	27	—	—	—
12Cr2MoG	450～600	280	22	20	40	27	—	—	—
12Cr1MoVG	470～640	255	21	19	40	27	—	—	—
12Cr2MoWVTiB	540～735	345	18	—	40	—	—	—	—
07Cr2MoW2VNbB	≥510	400	22	18	40	27	220	230	97
12Cr3MoVSiTiB	610～805	440	16	—	40	—	—	—	—
15Ni1MnMoNbCu	620～780	440	19	17	40	27	—	—	—
10Cr9Mo1VNbN	≥585	415	20	16	40	27	250	265	25HRC
10Cr9MoW2VNbBN	≥620	440							
10Cr11MoW2VNbCu1BN	≥620	400							
11Cr9Mo1W1VNbBN	≥620	440					238	250	23HRC
07Cr19Ni10	≥515	205	35	—	—	—	192	200	90
10Cr18Ni9NbCu3BN	≥590	235	35	—	—	—	219	230	95
07Cr25Ni21NbN	≥655	295	30	—	—	—	256	—	100
07Cr19Ni11Ti	≥515	205	35	—	—	—	192	200	90
07Cr18Ni11Nb	≥520								
08Cr18Ni11NbFG	≥550								

表 5.125 高压锅炉热轧（挤压）用无缝钢管的重量

公称外径/mm	公称壁厚/mm														
	2.0	2.5	2.8	3.0	3.2	3.5	4.0	4.5	5.0	5.5	6.0	(6.5)	7.0	(7.5)	8.0
	理论重量/(kg/m)														
22	0.99	1.20	1.33	1.41	1.48										
25	1.13	1.39	1.53	1.63	1.72	1.86									
28		1.57	1.74	1.85	1.96	2.11									
32			2.02	2.15	2.27	2.46	2.76	3.05	3.33						
38			2.43	2.59	2.75	2.98	3.35	3.72	4.07	4.41					
42			2.71	2.89	3.06	3.32	3.75	4.16	4.56	4.95	5.83				
48			3.12	3.33	3.54	3.84	4.34	4.83	5.30	5.76	6.21	6.65	7.08		
51			3.33	3.55	3.77	4.10	4.64	5.16	5.67	6.17	6.66	7.13	7.60	8.05	8.48
57						4.62	5.23	5.83	6.41	6.98	7.55	8.09	8.63	9.16	9.67
60						4.88	5.52	6.16	6.78	7.89	7.99	8.53	9.15	9.71	10.26
76						6.26	7.10	7.93	8.75	9.56	10.36	11.14	11.91	12.67	13.42
83							7.79	8.71	9.62	10.51	11.39	12.26	13.12	13.96	14.80
89							8.38	9.38	10.36	11.33	12.28	13.22	14.15	15.07	15.98
102								10.82	11.96	13.09	14.20	15.31	16.40	17.48	18.54
108								11.49	12.70	13.90	15.09	16.27	17.43	18.59	19.73
114									13.44	14.72	15.98	17.23	18.47	19.70	20.91
121									14.30	15.67	17.02	18.35	19.68	20.99	22.29
133									15.78	17.29	18.79	20.28	21.75	23.21	24.66

续表

公称外径/mm	公称壁厚/mm														
	2.0	2.5	2.8	3.0	3.2	3.5	4.0	4.5	5.0	5.5	6.0	(6.5)	7.0	(7.5)	8.0
	理论重量/(kg/m)														
146											20.71	22.36	23.99	25.62	27.22
159											22.64	24.44	26.24	28.02	29.79
168												25.89	27.79	29.68	31.56
194													32.28	34.49	36.69
219														39.12	41.63

公称外径/mm	公称壁厚/mm															
	9.0	10	11	12	13	14	(15)	16	(17)	18	(19)	20	22	(24)	25	26
	理论重量/(kg/m)															
51	9.32															
57	10.65	11.59	12.48	13.32												
60	11.32	12.33	13.29	14.20												
76	14.87	16.28	17.63	18.94	20.20	21.40	22.56	23.67	24.73	25.74	26.00					
83	16.42	18.00	19.53	21.01	22.44	23.82	25.15	26.44	27.67	28.85	29.99	31.07				
89	17.76	19.48	21.16	22.79	24.36	25.89	27.37	28.80	30.18	31.52	32.80	34.03				
102	20.64	22.69	24.68	26.63	28.53	30.38	32.18	33.93	35.63	37.29	38.89	40.44	43.40			
108	21.97	24.17	26.31	28.41	30.46	32.45	34.40	36.30	38.15	39.95	41.70	43.40	46.66	49.71	51.17	52.58
114	23.30	25.65	27.94	30.18	32.38	34.52	36.62	38.67	40.66	42.61	44.51	46.36	49.91	53.27	54.87	56.42

续表

公称外径/mm	公称壁厚/mm															
	9.0	10	11	12	13	14	(15)	16	(17)	18	(19)	20	22	(24)	25	26
	理论重量/(kg/m)															
121	24.86	27.37	29.84	32.26	34.62	36.94	39.21	41.43	43.60	45.72	47.79	49.81	53.71	57.41	59.18	60.91
133	27.52	30.33	33.09	35.81	38.47	41.08	43.65	46.16	48.63	51.05	53.41	55.73	60.22	64.51	66.58	68.60
146	30.41	33.54	36.62	39.65	42.64	45.57	48.46	51.29	54.08	56.82	59.50	62.14	67.27	72.20	74.60	76.94
159	33.29	36.74	40.15	43.50	46.80	50.06	53.27	56.42	59.53	62.59	65.60	68.55	74.33	79.90	82.61	85.27
168	35.29	38.96	42.59	46.16	49.69	53.17	56.59	59.97	63.30	66.58	69.81	72.99	79.21	85.22	88.16	91.04
194	41.06	45.37	49.64	53.86	58.02	62.14	66.21	70.23	74.20	78.12	81.99	85.82	93.31	100.6	104.2	107.7
219	46.61	51.54	56.42	61.26	66.04	70.77	75.46	80.10	84.68	89.22	93.71	98.15	106.9	115.4	119.6	123.7
245	52.38	57.95	63.47	68.95	74.37	79.75	85.08	90.35	95.58	100.8	105.9	111.0	121.0	130.8	135.6	140.4
273	58.59	64.86	71.07	77.24	83.35	89.42	95.43	101.4	107.3	113.2	119.0	124.8	136.2	147.4	152.9	158.4
299	64.36	71.27	78.12	84.93	91.69	98.39	105.1	111.7	118.2	124.7	131.2	137.6	150.3	162.8	168.9	175.0
325					100.0	107.4	114.7	121.9	129.1	136.3	143.4	150.4	164.4	178.1	185.0	191.7
351					108.4	116.4	124.3	132.2	140.0	147.8	155.6	163.2	178.5	193.5	201.0	208.4
377					116.7	125.3	133.9	142.4	150.9	159.4	167.7	176.1	192.6	208.9	217.0	225.0
426						142.2	152.0	161.8	171.5	181.1	190.7	200.2	219.2	237.9	247.2	256.5
450						150.5	160.9	171.2	181.5	191.8	201.9	212.1	232.2	252.1	262.0	271.8
480						160.9	172.0	183.1	194.1	205.1	216.0	226.9	248.5	269.9	280.5	291.1
500						167.8	179.4	191.0	202.5	214.0	225.4	236.7	259.3	281.7	292.8	303.9
530						178.1	190.5	202.8	215.1	227.3	239.4	251.5	275.6	299.5	311.3	323.1

续表

公称外径/mm	公称壁厚/mm															
	28	30	32	(34)	36	38	40	(42)	45	(48)	50	56	60	63	(65)	70
	理论重量/(kg/m)															
133	72.50	76.20	79.70													
146	81.48	85.82	89.96	93.91	97.65											
159	90.45	95.43	100.2	104.8	109.2											
168	96.67	102.1	107.3	112.4	117.2	121.8	126.3									
194	114.6	121.3	127.8	134.2	140.3	146.2	151.9	157.4	165.4							
219	131.9	139.8	147.6	155.1	162.5	169.6	176.6	183.3	193.1	202.4	208.4					
245	149.8	159.1	168.1	176.9	185.5	194.0	202.2	210.3	221.9	233.2	240.4					
273	169.2	179.8	190.2	200.4	210.4	220.2	229.8	239.3	253.0	266.3	275.0					
299	187.1	199.0	210.7	222.2	233.5	244.6	255.5	266.2	281.9	297.1	307.0	335.6	353.6			
325	205.1	218.2	231.2	244.0	256.6	268.9	281.1	293.1	310.7	327.9	339.1	371.5	392.1			
351	223.0	237.5	251.7	265.8	279.6	293.3	306.8	320.0	339.6	358.7	371.1	407.4	430.6			
377	241.0	256.7	272.3	287.6	302.7	317.7	332.4	347.0	368.4	389.4	403.2	443.3	469.0	487.8	500.1	529.9
426	274.8	293.0	310.9	328.7	346.2	363.6	380.8	397.7	422.8	447.4	463.6	511.0	541.5	564.0	578.7	614.5
450	291.4	310.7	329.9	348.8	367.5	386.1	404.4	422.6	449.4	475.8	493.2	544.1	577.0	601.2	617.1	656.0
480	312.1	332.9	353.5	373.9	394.2	414.2	434.0	453.7	482.7	511.4	530.2	585.5	621.4	647.8	665.2	707.7
500	325.9	347.7	369.3	390.7	411.9	432.9	453.7	474.4	504.9	535.0	554.9	613.2	651.0	678.9	697.3	742.3
530	346.6	369.9	393.0	415.9	438.6	461.0	483.3	505.4	538.2	570.5	591.8	654.6	695.4	725.5	745.4	794.1

表 5.126 高压锅炉用冷拔（轧）无缝钢管的重量

公称外径/mm	公称壁厚/mm										
	2.0	2.2	2.5	2.8	3.0	3.2	3.5	4.0	4.5	5.0	5.5
	理论重量/(kg/m)										
10	0.395	0.423	0.462								
12	0.493	0.532	0.586	0.635	0.666						
16	0.690	0.749	0.830	0.911	0.962	1.01	1.08	1.18			
22	0.986	1.07	1.20	1.33	1.41	1.48	1.60	1.78	1.94	2.10	2.24
25	1.13	1.24	1.39	1.53	1.63	1.72	1.86	2.07	2.27	2.47	2.64
28	1.28	1.40	1.57	1.74	1.85	1.96	2.11	2.37	2.61	2.84	3.05
32	1.48	1.62	1.82	2.02	2.15	2.27	2.46	2.76	3.05	3.33	3.59
38	1.78	1.94	2.19	2.43	2.59	2.75	2.98	3.35	3.72	4.07	4.41
42			2.44	2.71	2.89	3.06	3.32	3.75	4.16	4.56	4.95
48			2.80	3.12	3.33	3.54	3.84	4.34	4.83	5.30	5.76
51			2.99	3.33	3.55	3.77	4.10	4.64	5.16	5.67	6.17
57			3.36	3.74	3.99	4.25	4.62	5.23	5.83	6.41	6.98
60						4.48	4.88	5.52	6.16	6.78	7.39
63						4.72	5.14	5.82	6.49	7.15	7.80
70						5.27	5.74	6.51	7.27	8.01	8.75
76								7.60	7.93	8.75	9.56
83								7.79	8.71	9.62	10.51
89								8.38	9.38	10.36	11.33
102									10.82	11.96	13.09
108									11.49	12.70	13.90
114									12.15	13.44	14.72

续表

公称外径/mm	公称壁厚/mm									
	6.0	6.5	7.0	7.5	8.0	9.0	10	11	12	13
	理论质量/(kg/m)									
25	2.81									
28	3.26	3.45	3.62							
32	3.85	4.09	4.32	4.53	4.73					
38	4.73	5.05	5.35	5.64	5.92	6.44				
42	5.33	5.69	6.04	6.38	6.71	7.32				
48	6.21	6.65	7.08	7.49	7.89	8.66	9.37			
51	6.66	7.13	7.60	8.05	8.48	9.32	10.11	10.85	11.54	
57	7.55	8.09	8.63	9.16	9.67	10.65	11.59	12.48	13.32	
60	7.99	8.58	9.15	9.71	10.26	11.32	12.33	13.29	14.20	
63	8.43	9.06	9.67	10.26	10.85	11.98	13.07	14.11	15.09	
70	9.47	10.18	10.88	11.56	12.23	13.54	14.80	16.00	17.16	18.27
76	10.36	11.14	11.91	12.67	13.42	14.87	16.28	17.63	18.94	20.20
83	11.39	12.26	13.12	13.96	14.80	16.42	18.00	19.52	21.01	22.44
89	12.28	13.22	14.15	15.07	15.98	17.76	19.48	21.16	22.79	24.36
102	14.20	15.31	16.40	17.48	18.54	20.64	22.69	24.68	26.63	
108	15.09	16.27	17.43	18.59	19.73	21.97	24.17	26.31	28.41	
114	12.15	13.44	14.72	15.98	17.23	18.49	25.65	27.94		

5.6.7 高压锅炉用内螺纹无缝钢管（GB/T 20409—2006）

内螺纹管按齿型分为“A”型和“B”型，通常长度为8000～12000mm。

牌号标记方法：

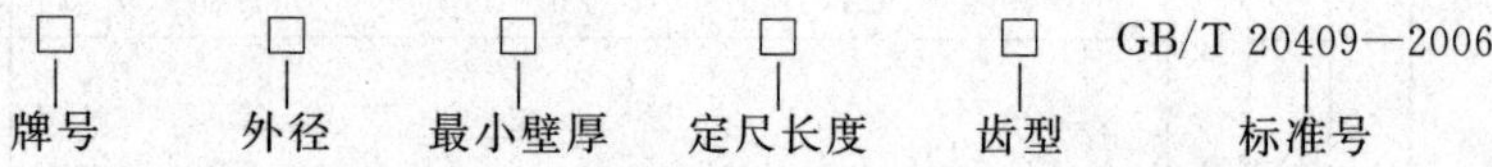

表5.127 高压锅炉用内螺纹无缝钢管的尺寸及理论重量

齿型	外径/mm	公称壁厚/mm	最小壁厚/mm	参考理论重量/(kg/m)	齿型	外径/mm	公称壁厚/mm	最小壁厚/mm	参考理论重量/(kg/m)
A	28.6	6.38	5.8	3.66	A	63.5	12.21	11	15.76
	44.5	5.66	5.1	5.66			14.10	12.7	17.50
	45	6	5.4	6.01			14.43	13	17.78
	50.8	6.44	5.8	7.37		69.8	16.04	14.4	21.58
	51	6.33	5.7	7.30		70	10	9	15.12
	60	7	6.3	9.47			9	8.1	13.86
		8	7.2	10.58		76.2	18.33	16.5	26.47
	60.3	8.33	7.5	11.00	B	35	7.20	6.5	5.10
		9	8.1	11.71		38	7.20	6.5	5.64
		14.43	13	16.64		38.1	7.44	6.7	5.79
	63.5	7.33	6.6	10.48		60	7.20	6.5	9.72
		7.50	6.7	10.68			7.75	7	10.33
		7.89	7.1	11.14			8.30	7.5	10.93
		7.99	7.2	11.26		66.7	8	7.2	10.80
		12.13	10.9	15.69			8.55	7.7	11.40

表5.128 高压锅炉用内螺纹无缝钢管的热处理制度

牌号	热处理制度
20G、20MnG、25MnG	900～930℃正火，保温时间：按壁厚1min/mm，但不应小于12min
12CrMoG	900～930℃正火，670～720℃回火；保温时间：周期式炉大于2h，连续炉大于1h
15CrMoG	930～960℃正火，680～720℃回火；保温时间：周期式炉大于2h，连续炉大于1h

注：其他推荐牌号的热处理制度由供需双方协商。

表 5.129　高压锅炉用内螺纹无缝钢管的室温纵向力学性能

牌　号	抗拉强度 R_m/MPa	下屈服强度 R_{eL}/MPa	断后伸长率 A/% ≥	冲击吸收能量 KV/J ≥
20G	410～550	245	24	35
20MnG	≥415	240	22	35
25MnG	≥485	275	20	35
12CrMoG	410～560	205	21	35
15CrMoG	440～640	235	21	35

注：外径不小于 76mm，且壁厚不小于 14mm 的钢管应做纵向冲击试验。

5.6.8　高温用锻造镗孔厚壁无缝钢管 (YB/T 4173—2008)

用于制造高压及其以上压力的蒸汽锅炉、管道。

钢管的公称外径应大于或等于 219mm，公称壁厚应大于或等于 20mm。钢管的通常长度为 4000～12000mm。定尺长度应在通常长度的范围内，全长允许偏差为+30/0mm。

表 5.130　钢管的内、外径及壁厚允许偏差　　mm

类别	公称外(内)径	允许偏差		
		外径	内径	壁厚
外径管	219～273	+1.6/−0.8	—	$^{+4.0}_{0}$或$^{+10}_{0}$%S 取两者中的较小值
	>273～457.2	+2.4/−0.8	—	
	>457.2～660.4	+3.2/−0.8	—	
	>660.4～863.6	+4.0/−0.8	—	
	>863.6	+4.8/−0.8	—	
内径管	全部	—	0/−1.6	+3.2/0

注：S 为壁厚。

5.6.9　气瓶用无缝钢管 (GB 18248—2008)

用于制造气瓶和蓄能器壳体。钢管的通常长度为 4000～12000mm。

表 5.131　钢管公称外径和公称壁厚的允许偏差　　mm

制造方式	尺寸范围	外径允许偏差 /%	壁厚允许偏差/%	
			普通级	高级
热轧(扩)	D<339.7	±1.0	+12.5/−10	±10
	D≥339.7		+15/−12.5	+12.5/−10
冷轧(拔)	全部	±0.75	±10	±7.5

表 5.132 采用公称外径和最小壁厚时的允许偏差 mm

制造方式	尺寸范围	外径允许偏差/%	最小壁厚的允许偏差/%	
			普通级	高 级
热轧(扩)	D<339.7	±1.0	+25	+22.5
	D≥339.7		+30	+25
冷轧(拔)	全部	±0.75	+22.5	+15

注：除非合同中另有规定，钢管壁厚允许偏差按普通级精度交货。根据需方要求，钢管壁厚允许偏差可按高级精度交货。

表 5.133 钢管热处理毛坯试样力学性能数据参考值

牌 号	统一数字代号	推荐的热处理制度			
		淬火(正火)		回 火	
		温度/℃	冷却剂	温度/℃	冷却剂
37Mn	U21372	820～860	水	550～650	空
34Mn2V		850～890	空	—	
30CrMo	A30302	860～900	水、油	490～590	水、油
35CrMo	A30352	830～870	油	500～600	水、油
34CrMo4		830～870	油	530～630	水、油
30CrMnSiA	A24303	860～900	油	470～570	水、油

牌 号	纵向力学性能				
	抗拉强度 R_m/MPa	屈服强度 R_{eL}/MPa	断后伸长率 A/%	冲击功/J ≥	
	≥			温度/℃	KV
37Mn	750	630	16	−50	27
34Mn2V	745	530	16	−20	
30CrMo	930	785	12	−50	
35CrMo	980	835	12	−50	
34CrMo4	980	835	12	−50	
30CrMnSiA	1080	885	10	室温	

注：1. 除冲击功外，试验温度均为室温。

2. 当屈服现象不明显时，取 $R_{p0.2}$。

5.6.10 承压设备用碳素钢和合金钢锻件（NB/T 47008—2017）

用于设计温度不低于−20℃、设计压力小于100MPa的承压设备。

锻件分为Ⅰ、Ⅱ、Ⅲ和Ⅳ四个级别。Ⅰ级锻件仅适用于公称厚度≤100mm 的 20、35 和 16Mn 钢锻件。

表 5.134　锻件的力学性能

材料牌号	公称厚度/mm	热处理状态	回火温度/℃ ≥	拉伸性能			冲击吸收能量		硬度(HBW)
				R_m/MPa	R_{eL}/MPa ≥	A/% ≥	温度/℃	KV_2/J ≥	
20	≤100	N N+T	620	410～560	235	24	0	34	110～160①
	>100～200			400～550	225				
	>200～300			380～530	205				
35	≤100	N	590	510～670	265	18	20	41	136～192
	>100～300	N+T		490～640	245				
16Mn	≤100	N N+T Q+T	620	480～630	305	20	0	41	128～180①
	>100～200			470～620	295				
	>200～300			450～600	275				
08Cr2AlMo	≤200	N+T	680	400～540	250	25	20	47	—
09CrCuSb	≤200	N	—	390～550	245	25	20	34	—
20MnMo	≤300	Q+T	620	530～700	370	18	0	47	—
	>300～500			510～680	350				
	>500～850			490～660	330				
20MnMoNb	≤300	Q+T	630	620～790	470	16	0	47	—
	>300～500			610～780	460				
20MnNiMo	≤500	Q+T	620	620～790	450	16	−20	47	—
15NiCuMoNb	≤500	N+T Q+T	640	610～780	440	17	20	47	185～255②
12CrMo	≤100	N+T Q+T	620	410～570	255	21	20	47	121～174②
15CrMo	≤300	N+T	620	480～640	280	20	20	47	118～180②
	>300～500	Q+T		470～630	270				115～178②
12Cr1MoV	≤300	N+T	680	470～630	280	20	20	47	118～195②
	>300～500	Q+T		460～620	270				115～195②
14Cr1Mo	≤300	N+T	620	490～660	290	19	20	47	—
	>300～500	Q+T		480～650	280				
12Cr2Mo1	≤300	N+T	680	510～680	310	18	20	47	125～180②
	>300～500	Q+T		500～670	300				
12CV2Mo1V	≤300	N+T	680	590～760	420	17	−20	60	—
	>300～500	Q+T		580～750	410				
12Cr3Mo1V	≤300	N+T	680	590～760	420	17	−20	60	—
	>300～500	Q+T		580～750	410				

续表

材料牌号	公称厚度/mm	热处理状态	回火温度/℃ ≥	拉伸性能			冲击吸收能量		硬度(HBW)
				R_m/MPa	R_{eL}/MPa ≥	A/% ≥	温度/℃	KV_2/J ≥	
12Cr5Mo	≤500	N+T Q+T	680	590～760	390	18	20	47	—
10Cr9Mo1VNbN	≤300	N+T Q+T	740	585～755	415	18	20	47	185～250②
10Cr9MoW2VNbBN	≤300	N+T Q+T	740	620～790	440	18	20	41	185～250②
30CrMo	≤300	Q+T	580	620～790	440	15	0	41	—
35CrMo	≤300	Q+T	580	620～790	440	15	0	41	—
	>300～500			610～780	430				
35CrNi3MoV③	≤300	N+Q+T	540	1070～1230	960	16	−20	47	—
36CrNi3MoV③	≤300	N+Q+T	540	1000～1150	895	16	−20	47	—

①锅炉受压元件用 20 和 16Mn 各级别锻件硬度值（HBW，逐件检验）应符合上述规定。

②锅炉受压元件用各级别锻件硬度值（HBW）应符合上述规定。

③侧向膨胀量（LE）≥0.53mm；考虑环境温度时，冲击试验温度可为−40℃。

注：1. 如屈服现象不明显，屈服强度取 $R_{p0.2}$。

2. 热处理状态的代号：N 表示正火（双方协商，允许加速冷却）；Q 表示淬火；T 表示回火。

表 5.135　锻件室温的力学性能

材料牌号	公称厚度/mm	热处理状态	拉伸性能			冲击吸收能量		硬度(HBW)
			R_m/MPa	R_{eL}/MPa ≥	A/% ≥	试验温度/℃	KV_2/J	
25	≤100	N	420～570	235	20	20	31	120～170
	>100～300	N+T	390～540	215				
25Cr2MoV	≤150	Q+T	835～1015	735	14	20	47	269～320
25Cr2Mo1V	≤150	Q+T	785～965	640	15	20	47	240～280
	>150～200		735～915	590	16			
20Cr1Mo1VNbTiB	≤150	Q+T	835～1015	735	12	20	41	252～302
20CrlMo1VTiB	≤150	Q+T	785～965	685	14	20	41	255～293
38CrMoAl	≤110	Q+T	835～1015	735	16	20	41	250～300

5.6.11　锅炉和热交换器用焊接钢管（GB/T 28413—2012）

用于中低压锅炉和热交换器，钢管的外径（D）和壁厚（S）应符合 GB/T 21835 的规定。通常长度应为 4000～12000mm。

表 5.136　锅炉和热交换器用焊接钢管常用规格　mm

外径系列[①]			壁　厚　（S）														
1	2	3	1.4	1.6	1.8	2.0	2.3	2.6	2.9	3.2	3.6	4.0	4.5	5.0	5.5	6.3	7.1
11.2																	
	12																
	12.7																
13.5																	
		14															
	16																
17.2																	
		18			常												
	19																
	20																
21.3																	
		22					用										
	25																
		25.4															
26.9																	
		30							规								
	31.8																
	32																
33.7																	
		35										格					
	38																
	40																

续表

外径系列①			壁厚（*S*）														
1	2	3	1.4	1.6	1.8	2.0	2.3	2.6	2.9	3.2	3.6	4.0	4.5	5.0	5.5	6.3	7.1
42.4																	
		44.5															
48.3																	
	51																
		54															
	57																
60.3																	
	63.5				常												
	70																
		73															
76.1																	
		82.5						用									
88.9																	
	101.6																
		108															
114.3																	
	127																
	133										规						
139.7																	
		141.3															
		152.4															
		159															
168.3															格		
		177.8															
		193.7															
219.1																	
		244.5															

续表

外径系列[①]			壁　厚　(S)														
1	2	3	1.4	1.6	1.8	2.0	2.3	2.6	2.9	3.2	3.6	4.0	4.5	5.0	5.5	6.3	7.1
273																	
323.9																	
355.6																	
406.4																	
457																	
508																	
		559															
610																	
		660															
711																	
	762																
813																	
914		864															
1016																	
1067																	
1118																	
	1168																
1219																	
	1321																
1422																	

外径系列[①]			壁　厚　(S)																
1	2	3	8	8.8	10	11	13	14	16	18	20	22	25	28	30	32	35	40
	32																	
33.7																		
		35																
	38																	
	40																	

续表

外径系列①			壁厚 (S)																
1	2	3	8	8.8	10	11	13	14	16	18	20	22	25	28	30	32	35	40
42.4																		
		44.5																
48.3																		
	51																	
		54		常														
	57																	
60.3																		
	63.5																	
	70																	
		73																
76.1																		
		82.5																
88.9																		
	101.6																	
		108																
114.3				用														
	127																	
	133																	
139.7																		
		141.3																
		152.4																
		159																
168.3																		
		177.8																
		193.7																
219.1																		
		244.5																

续表

外径系列①			壁厚（S）															
1	2	3	8	8.8	10	11	13	14	16	18	20	22	25	28	30	32	35	40
273																		
323.9																		
355.6																		
406.4																		
457																		
508					规													
		559																
610																		
		660																
711																		
	762																	
813																		
914		864																
1016																		
1067											格							
1118																		
	1168																	
1219																		
	1321																	
1422																		

①系列1为用于管道系统的所有附件都要标准化的尺寸；系列2为用于不是所有附件都要标准化的尺寸；系列3为用于只存在极少数标准化附件的特殊应用尺寸。

表5.137　外径和壁厚的允许偏差　　mm

钢管尺寸		允许偏差
外径(*D*)	≤25	±0.10
	>25～38	±0.15
	>38～50	±0.20
	>50～60.3	±0.25
	>60.3～219.1	±0.5%*D*

续表

钢管尺寸		允许偏差
外径(D)	>219.1	±0.75%D或±4.0,取其中的较小值
壁厚(S)	≤3.0	±0.20
	>3.0	±7.5%S或±2.0,取其中的较小值

表5.138 钢管的交货状态

牌号	钢管		热处理制度
	钢管类型	壁厚/mm	
10(U20102) 20(U20202) Q245R	电熔焊	≤19	焊态
		>19	整管退火处理,保温温度:590~650℃,1mm壁厚最少保温时间为2.4min,且不少于1h,加热和冷却速度不大于335℃/h
Q345R Q370R	高频焊	≤19	焊缝在线正火处理
		>19	整管退火处理,保温温度:590~650℃,1mm壁厚最少保温时间为2.4min,且不少于1h,加热和冷却速度不大于335℃/h
18MnMoNbR 13MnNiMoR	电熔焊		整管退火处理,保温温度:590~720℃,1mm壁厚最少保温时间为2.4min,且不少于1h,加热和冷却速度不大于335℃/h
15CrMoR 14Cr1MoR 12Cr2Mo1R	电熔焊		整管退火处理,保温温度:700~750℃,1mm壁厚最少保温时间为2.4min,且不少于2h,加热和冷却速度不大于335℃/h
12Cr1MoVR	电熔焊		整管退火处理,保温温度:700~760℃,1mm壁厚最少保温时间为2.4min,且不少于2h,加热和冷却速度不大于335℃/h

注:1.经供需双方协商,可采用其他热处理工艺。

2.对于采用热张力减径工艺制造的高频焊管,可按轧制状态交货。

表5.139 钢管的力学性能

牌号	下屈服强度 R_{eL}/MPa			抗拉强度 R_m/MPa			断后伸长率 A/%	冲击吸收能量 KV_2/J	
	壁厚/mm			壁厚/mm					
	≤16	>16~≤36	>36~≤60	≤16	>16~36	>36~60		试验温度/℃	三个试样平均值[①]
10	≥205			335~475			≥28	0	≥31
20	≥245			410~550			≥24	0	≥31

续表

牌号	下屈服强度 R_{eL}/MPa			抗拉强度 R_m/MPa			断后伸长率 A/%	冲击吸收能量 KV_2/J	
	壁厚/mm			壁　厚　/mm					
	≤16	>16～≤36	>36～≤60	≤16	>16～36	>36～60		试验温度/℃	三个试样平均值①
Q245R	≥245	≥235	≥225	400～520			≥25	0	≥31
Q345R	≥345	≥325	≥315	510～640	500～630	490～620	≥21	0	≥34
Q370R	≥370	≥360	≥340	530～630	520～620		≥20	−20	≥34
18MnMoNbR	—	—	≥400	—	570～720		≥17	0	≥41
13MnNiMoR	—	—	≥390	—	570～720		≥18	0	≥41
15CrMoR	≥295			450～590			≥19	20	≥31
14CrlMoR	≥310			520～680			≥19	20	≥34
12Cr2Mo1R	≥310			520～680			≥19	20	≥34
12Cr1MoVR	≥245			440～590			≥19	20	≥34

①允许其中有 1 个试样的值（单个值）低于规定值，但应不低于规定值的 70%。

表 5.140　钢管的高温力学性能

牌　号	壁厚/mm	试　验　温　度　/℃						
		200	250	300	350	400	450	500
		规定塑性延伸强度最小值 $R_{p0.2}$/MPa						
10	—	165	145	122	111	109	107	—
20	—	188	170	149	137	134	132	—
Q245R	>20～36	186	167	153	139	129	121	—
	>36～60	178	161	147	133	123	116	—
Q345R	>20～36	255	235	215	200	190	180	—
	>36～50	140	220	200	185	175	165	—
Q370R	>20～36	290	275	260	245	230	—	—
	>36～60	280	270	255	240	225	—	—
18MnMoNbR	30～60	360	355	350	340	310	275	—
13MnNiMoR	30～60	355	350	345	335	305	—	—
15CrMoR	>20～60	240	225	210	200	189	179	174
14Cr1MoR	>20～60	255	245	230	220	210	195	176
12Cr2Mo1R	>20～60	260	255	250	245	240	230	215
12Cr1MoVR	>20～60	200	190	176	167	157	150	142

5.6.12 焊接气瓶用钢板和钢带（GB 6653—2008）

① 规格 热轧钢板和钢带厚度为2.0～14.0mm，冷轧钢板和钢带的厚度为1.5～4.0mm。

② 钢的牌号 由“焊”和“瓶”两字的汉语拼音首字母“H”和“P”及下屈服强度下限值两个部分组成。

③ 钢的尺寸、外形、重量 热轧钢板和钢带及冷轧钢板和钢带的尺寸、外形、重量应分别符合GB/T 709和GB/T 708的规定。

④ 力学和工艺性能。

表5.141 钢板和钢带的力学性能和工艺性能

牌号	统一数字代号	拉伸试验(横向试样)				180°弯曲试验压头直径($b\geqslant$35mm，横向试样)
		下屈服强度 R_{eL} /MPa	抗拉强度 R_m/MPa	断后伸长率/%		
				A_{80mm} (L_0=80mm,b=20mm)	A	
				<3mm	≥3mm	
HP235	U32352	≥235	380～500	≥23	≥29	1.5a
HP265	U32652	≥265	410～520	≥21	≥27	1.5a
HP295	U32952	≥295	440～560	≥20	≥26	2.0a
HP325	U33252	≥325	490～600	≥18	≥22	2.0a
HP345	U33452	≥345	510～620	≥17	≥21	2.0a

注：1.a为钢材厚度。

2.当屈服现象不明显时，采用$R_{p0.2}$。

3.弯曲试样仲裁试样宽度b=35mm。

表5.142 钢板和钢带的V形冲击试验

牌号	试样方向	试样尺寸/mm	冲击吸收能量 KV_2/J	
			室温	−40℃
HP235 HP265 HP295 HP325 HP345	横向	10×5×55 10×7.5×55 10×10×55	≥18 ≥23 ≥27	≥14 ≥17 ≥20

注：1.厚度6～<12mm的钢板和钢带，做冲击试验时应采用小尺寸试样。

2.对于厚度>8～<12mm的钢板和钢带，采用10mm×7.5mm×55mm小尺寸试样。

3.对于厚度6～8mm的钢板和钢带，采用10mm×5mm×55mm小尺寸试样。

4.厚度<6mm的钢板和钢带不做冲击试验。

5.6.13　无缝气瓶用钢坯（GB 13447—2008）

1. 用途　用于制造高压无缝气瓶。

2. 尺寸　钢坯的通常长度为4～12m。

表5.143　无缝气瓶用钢坯的力学性能（GB 13447—2008）

牌　号	试样状态	下屈服强度 R_{eL}/MPa ≥	抗拉强度 R_m/MPa ≥	断后伸长率 A/% ≥	断后收缩率 Z/% ≥	冲击吸能 KV_2/J ≥
34Mn2V	正火	≥510	≥745	≥16	≥45	≥55
	调质	≥550	≥780	≥12	≥45	≥50
37Mn（U21372）	正火	≥350	≥650	≥16	—	≥45
	调质	≥640	≥760	≥16	—	≥50
30CrMo（A30302）	调质	≥785	≥930	≥12	≥50	≥63
34CrMo（A30342）	调质	≥835	≥980	≥12	≥45	≥63

5.7　电力机械用钢

5.7.1　汽轮机叶片用钢（GB/T 8732—2014）

热轧圆钢、扁钢、和方钢的尺寸、外形及允许偏差应符合GB/T 702—2008的规定，最短长度应不小于2000mm。厚度大于60mm或宽度大于150mm的热轧扁钢的尺寸及允许偏差应符合GB/T 8732—2014表2的规定（本手册略），通常长度为2000～8000mm。

锻制圆钢、扁钢和方钢的尺寸、外形应符合GB/T 908—2008的规定，最短长度应不小于1500mm。

异型钢材型号有JY89、JY114、JY116、JY129、JY131、JY142、JY143和JY169等8种（JY为"静"和"叶"汉语拼音字头，其后数字为异型钢材公称宽度）。其公称宽度允许偏差为0，+3，公称厚度允许偏差为0，+2。最短长度应不小于1500mm。

表5.144　汽轮机叶片用钢经批处理后的硬度

牌　　号	推荐的热处理制度/℃		布氏硬度（HBW）≤
	退火（缓冷）	高温回火（快冷）	
12Cr13	800～900	700～770	200
20Cr13	800～900	700～770	223

续表

牌 号	推荐的热处理制度/℃		布氏硬度(HBW) ≤
	退火(缓冷)	高温回火(快冷)	
12Cr12Mo	800～900	700～770	255
14Cr11MoV	800～900	700～770	200
15Cr12WMoV	800～900	700～770	223
21Cr12MoV	880～930	750～770	255
18Cr11NiMoNbVN	800～900	700～770	255
22Cr12NiWMoV	860～930	750～770	255
05Cr17Ni4Cu4Nb	740～850	660～680	361
14Cr12Ni2WMoV	860～930	650～750	287
14Cr12Ni3Mo2VN	860～930	650～750	287
14Cr11W2MoNiVNbN	860～930	650～750	287

表 5.145 汽轮机叶片用钢热处理制度及力学性能

牌 号	组别	热处理制度		力学性能					试样硬度(HBW)
		淬火温度冷却方式/℃	回火温度冷却方式/℃	规定塑性延伸强度 $R_{p0.2}$/MPa	抗拉强度 R_m/MPa	断后伸长率 A/%	断面收缩率 Z/%	冲击吸收能量 KV_2/J	
12Cr13	—	980～1040	660～770	≥440	≥620	≥20	≥60	≥35	192～241
20Cr13	Ⅰ组	950～1020*	660～770△	≥490	≥665	≥16	≥50	≥27	212～262
	Ⅱ组	980～1030	640～720	≥500	≥735	≥15	≥50	≥27	229～277
12Cr12Mo	—	950～1000	650～710	≥550	≥685	≥18	≥60	≥78	217～255
14Cr11MoV	Ⅰ组	1000～1050*	700～750	≥400	≥685	≥16	≥56	≥27	212～262
	Ⅱ组	1000～1030	660～700	≥590	≥735	≥15	≥50	≥27	229～277
15Cr12WMoV	Ⅰ组	1000～1050	680～740	≥590	≥735	≥15	≥45	≥27	229～277
	Ⅱ组	1000～1050	660～700	≥635	≥785	≥15	≥45	≥27	248～293
18Cr11NiMoNbVN	—	≥1090	≥640	≥760	≥930	≥12	≥32	≥20	277～331
22Cr12NiWMoV	—	980～1040	650～750	≥760	≥930	≥12	≥32	≥11	277～311
21Cr12MoV	Ⅰ组	1020～1070	≥650	≥700	900～1050	≥13	≥35	≥20	265～310
	Ⅱ组	1020～1050	700～750	590～735	≥930	≥15	≥50	≥27	241～285
14Cr12Ni2WMoV	—	1000～1050	≥640○	≥735	≥920	≥13	≥40	≥48	277～331
1Cr12Ni3Mo2VN	—	990～1030	≥560○	≥860	≥1100	≥13	≥40	≥54	331～363
14Cr11W2MoNiVNb	—	≥1100	≥620	≥760	≥930	≥14	≥32	≥20	277～331

续表

<table>
<tr><th rowspan="2">牌　号</th><th rowspan="2">组别</th><th colspan="3">热处理制度</th><th colspan="5">力学性能</th><th rowspan="2">试样硬度(HBW)</th></tr>
<tr><th>淬火温度冷却方式/℃</th><th colspan="2">回火温度冷却方式/℃</th><th>规定塑性延伸强度 $R_{p0.2}$/MPa</th><th>抗拉强度 R_m/MPa</th><th>断后伸长率 A/%</th><th>断面收缩率 Z/%</th><th>冲击吸收能量 KV_2/J</th></tr>
<tr><td rowspan="3">05Cr17Ni4Cu4Nb</td><td>Ⅰ组</td><td rowspan="3">1025～1055℃，油，空冷(≥14℃/min，冷却到室温)</td><td>—</td><td>645～655℃，4h</td><td>590～800</td><td>≥900</td><td>≥16</td><td>≥55</td><td>—</td><td>262～302</td></tr>
<tr><td>Ⅱ组</td><td rowspan="2">810～820℃，0.5h(≥14℃/min，冷却到室温)</td><td>565～575℃，3h</td><td>890～980</td><td>950～1020</td><td>≥16</td><td>≥55</td><td>—</td><td>293～341</td></tr>
<tr><td>Ⅲ组</td><td>600～610℃，5h</td><td>755～890</td><td>890～1030</td><td>≥16</td><td>≥55</td><td>—</td><td>277～321</td></tr>
</table>

注：1. 此为用热处理毛坯（热处理用试样毛坯尺寸为 25mm，直径或厚度小于 25mm 的钢材用原尺寸钢材热处理）制成试样测定钢材的力学性能。热处理制度及力学性能（纵向）指标。

2. 20Cr13、14Cr11MoV 和 15Cr12WMoV 钢的力学性能按Ⅰ组规定，经供需双方协商也可按Ⅱ组的规定。

3. 21Cr12MoV 钢的订货组别应在合同中注明，未注明时，按Ⅰ组执行。

4. 05Cr17Ni4Cu4Nb 钢的热处理通常按Ⅲ组规定，需方如要求按Ⅰ组或Ⅱ组处理时，应在合同中注明。

5. 淬火冷却方式中，未注明者为油冷，“*”表示油冷、空冷均可。

6. 回火冷却方式中，未注明者为空冷，“○”表示空冷两次，“△”表示油冷、水冷、空冷均可。

5.7.2　涡轮机高温螺栓用钢（GB/T 20410—2006）

用于汽轮机、燃气轮机高温螺栓，有热轧和锻制钢材，均以退火或高温回火状态交货。

热轧钢材和锻制钢材的尺寸、外形应分别符合 GB/T 702 和 GB/T 908 的有关规定。尺寸精度组别也按其对应的第 2 组精度执行。

表 5.146　涡轮机高温螺栓用钢的热处理制度及硬度

牌　号	统一数字代号	推荐热处理制度		硬度(HBW 10/3000)≤
		退火温度/℃	高温回火温度/℃	
35CrMoA	A30353	—	690～710	229
42CrMoA	A30423	—	690～710	217
21CrMoVA	A31213	—	690～710	241
35CrMoVA	A31353	—	690～710	241

续表

牌号	统一数字代号	推荐热处理制度		硬度(HBW 10/3000)≤
		退火温度/℃	高温回火温度/℃	
40CrMoVA	A31403	—	690～710	269
20CrMo1VA	—	—	690～730	241
45Cr1MoVA	A31453	—	650～720	269
20Cr1Mo1V1A	—	—	690～710	241
25Cr2MoVA	—	—	690～710	241
25Cr2Mo1VA	—	—	690～710	241
40Cr2MoVA	—	—	680～720	269
18Cr1Mo1VTiB	—	—	660～700	248
20Cr1Mo1VTiB	—	—	660～700	248
20Cr1Mo1VNbTiB	—	—	680～720	255
2Cr12MoV	—	880～930	750～770	255
2Cr12NiMo1W1V	—	860～930	660～700	255
2Cr11NiMoNbVN	—	800～900	700～770	255
2Cr11Mo1VNbN	—	850～950	600～770	269
1Cr11MoNiW1VNbN	—	850～950	600～770	255

表 5.147 涡轮机高温螺栓用钢的纵向力学性能

牌号	淬火[①]温度/℃	回火[②]温度/℃	规定塑性延伸强度 $R_{p0.2}$/MPa	抗拉强度 R_m/MPa ≥	断后伸长率 A/% ≥	断面收缩率 Z/% ≥	冲击吸收能量 KU_2/J ≥	硬度(HBW10/3000)≤
35CrMoA	850～870	550～610	590	765	14	45	47	241～285
42CrMoA	850	580[△]	655	795	16	50	50	241～302
21CrMoVA	930～950	700～740	550	700～850	16	60	63[③]	248～293
35CrMoVA	900	630[△]	930	1080	10	50	71	255～321
40CrMoVA	895	≥650	720	860	18	50	34[③]	255～321
20Cr1Mo1VA	890～940	680～720	550	700～850	16	60	69[③]	210～250
45Cr1MoVA	925～955	≥650	725	825	18	50	34[③]	≤302
20Cr1Mo1V1A	1000	700	735	835	14	50	47	248～293
25Cr2MoVA	900	640	785	930	14	55	63	248～293
25Cr2Mo1VA	1040	660	590	735	16	50	47	248～293
40Cr2MoVA	860	600(油)	930	1125	10	45	47	248～293
18Cr1Mo1VTiB	≥980*	680～720	685	785	15	50	39	241～302
20Cr1Mo1VTiB	1030～1050	680～720	685	785	14	50	39	255～302
20Cr1Mo1VNbTiB	1020～1040*	690～730	670	785	14	50	39	255～302

续表

牌　号	淬火①温度/℃	回火②温度/℃	规定塑性延伸强度 $R_{p0.2}$/MPa	抗拉强度 R_m/MPa ≥	断后伸长率 A/% ≥	断面收缩率 Z/% ≥	冲击吸收能量 KU_2/J ≥	硬度(HBW10/3000) ≤
2Cr12NiMo1W1V	1020～1050	≥650	760	930	12	32	11③	277～331
2Cr11NiMoNbVN	≥1090	≥640	760	930	12	32	20③	277～331
2Cr11Mo1VNbN	≥1080	≥640	780	965	15	45	11③	291～321
1Cr11MoNiW1VNbN	≥1100	≥650	765	930	12	32	20③	277～331
2Cr12MoV(Ⅰ组)	1020～1070	≥650	700	900～1050	13	35	20	277～311
2Cr12MoV(Ⅱ组)	1020～1050	700～750	590～735	≤930	15	50	27	241～285

①淬火冷却方式：未注明者为油冷，“*”表示油冷、水冷均可。

②回火冷却方式：未注明者为空冷，“△”表示油冷、水冷均可。

③V 形缺口。

5.7.3　柴油机用高压无缝钢管（GB/T 3093—2002）

钢管按尺寸精度分为 A、B、C 和 D 共 4 级。A 级精度：用于一般要求的柴油机和维修配臂；B 级精度：用于高精度要求的柴油机；C 级精度：用于柴油机喷射泵试验台；D 级精度：特殊要求。通常长度为 1500～6000mm。

表 5.148　钢管的外径、内径尺寸和最小弯曲半径　mm

内径 d	外径 D 6.0	7.0	8.0	10.0	内径 d	外径 D 6.0	7.0	8.0	10.0
1.5	×				2.5		×	×	
1.6	×				2.8		×	×	×
1.8	×				3.0			×	×
2.0	×	×	×		3.5				×
2.2	×	×	×		4.0				×
建议最小弯曲半径	18	21	25	30	建议最小弯曲半径	18	21	25	30

注：×表示钢管规格：外径 D×内径 d。

表 5.149　柴油机用无缝钢管的力学性能（GB/T 3093—2002）

牌　号	抗拉强度 R_m/MPa	屈服点 σ_s/MPa ≥	伸长率 A/% ≥
10A	335～470	205	30
20A	390～540	245	25
Q345A	470～630	345	22

5.7.4　柴油机高压油管用钢管（JB/T 8120.1、8120.2—2011）

用于柴油机（压燃式发动机）高压油管。有单壁冷拉无缝钢管和复合式钢管两种。

单壁冷拉无缝钢管的标记方法是：

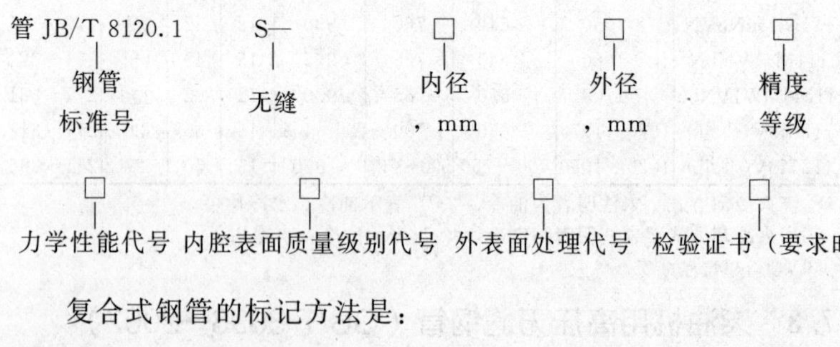

复合式钢管的标记方法是：

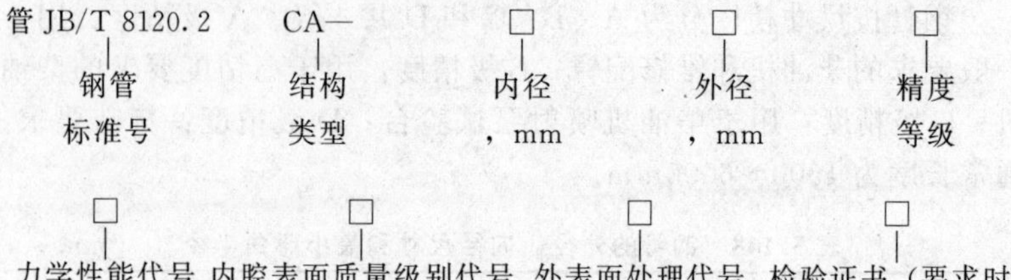

表 5.150　推荐的单壁冷拉无缝钢管内径和外径　　mm

内径 d		外径 D											
		4		5									
	优选值		4.5		6	7	8	10	12	15	19	24	30
1													
	1.12	内	径										
	1.25												
	1.4	和	外	径									
1.5													
	1.6	选	用	范	围								
1.7													

续表

内径 d		外径 D											
		4		5									
	1.8	内											
1.9													
	2												
2.12				径									
	2.24												
2.36													
	2.5					和							
2.65													
	2.8												
3								外					
	3.15												
3.35													
	3.55							径					
3.75													
	4												
4.25									选				
	4.5												
4.75													
	5									用			
5.3													
	5.6												
6											范		
	6.3												
6.7													
	7.1											围	
7.5													

续表

内径 *d*		外径 *D*											
		4		5									
	8										内		
8.5											径		
	9											和	
9.5												外	
	10											径	
10.6													选
	11.2												用
11.8													范
	12.5												围

注：管子直径尺寸按外径对内径之比为2～4倍范围内确定。

表 5.151　推荐的复合式钢管内径和外径　　mm

内　径 *d*		外　径 *D*			内　径 *d*		外　径 *D*		
优选值	非优选	4.5	6	7	优选值	非优选	4.5	6	7
1.12		内				2.12	内		
1.25		径			2.24		径		
1.4		和				2.36		和	
	1.5	外			2.5			外	
1.6		径				2.65		径	
	1.7		选		2.8				选
1.8			用			3			用
	1.9			范	3.15				范
2				围		3.35			围

注：管子直径尺寸按外径对内径之比为2～4倍范围内确定。

表 5.152　钢管内腔表面质量级别

代号		每根管子横截面上最多允许的缺陷(如开裂、裂纹等)	放大倍数
基本	S	5 个深度 0.08～0.13mm(最深)的缺陷①	50
高级	R	5 个深度 0.05～0.08mm(最深)的缺陷	100
	Q	5 个深度 0.02～0.05mm(最深)的缺陷	100
	P	5 个深度 0.01～0.02mm(最深)的缺陷	200
	O	所有缺陷的深度等于或小于 0.01mm	500

①不适用于 CB 类管。

表 5.153　交货用钢管的表面处理

代号	外表面状况	应用说明
0	不作规定(制造商自选)	可由制造商自行确定
1	未对外表面作任何处理,管子在受控气氛下退火或正火后可能会变色,但不得有氧化皮	优先用于需作进一步表面处理的钢管
2	镀锌层厚度最小为 8μm,并再加无色铬酸盐钝化处理	当要求钢管耐腐蚀时;不推荐用于诸如甲醇等轻醇燃料
3	镀锌层厚度最小为 8μm,并再加黄色铬酸盐钝化处理	—
4～8	(备用代号)	—
9	按供需双方协议规定	—

表 5.154　单壁冷拉无缝钢管力学性能等级

代号	抗拉强度 R_m/MPa	上屈服强度 R_{eH}/MPa	断后伸长率 A/%	硬度 (HV)
1	≥310	≥205	≥30	≤115
2	≥360	≥220	≥23	≤150
3	≥490	≥355	≥22	≤194

表 5.155　复合式无缝钢管力学性能等级

代号	结构类型	抗拉强度 R_m /MPa	上屈服强度 R_{eH}/MPa	断后伸长率 A/%	硬度	
					HV5①	HV1②
1	CB	≥310	≥205	≥30	≤130	—
2	CA			≥23		≤170

①在管子外径上测量。

②在内（衬）管横截面上测量。

5.7.5　内燃机气阀用钢及合金棒材（GB/T 12773—2008）

① 尺寸　制造内燃机气阀用的热轧、锻制棒材直径不大于

120mm；冷拉钢、银亮钢及合金棒材直径不大于25mm。

② 分类 按组织分为奥氏体型和马氏体型；成品按热处理状态分为热轧（热锻）或冷拉状态（不热处理状态）、退火状态、固溶热处理状态和调质状态。

表5.156 气阀用钢及合金棒材的交货状态及硬度

类别	牌号	交货状态	硬度
马氏体型	40Cr10Si2Mo	退火	≤269
	42Cr9Si2		≤269
	45Cr9Si3		≤269
	51Cr8Si2		≤269
	80Cr20Si2Ni		≤321
	85Cr18Mo2V		≤300
	86Cr18W2VRE		≤300
奥氏体型	20Cr21Ni12N	固溶	≤300
	33Cr23Ni8Mn3N		≤360
	45Cr14Ni14W2Mo		≤295
	50Cr21Mn9Ni4Nb2WN		≤385
	53Cr21Mn9Ni4N		≤380
	55Cr21Mn8Ni2N		≤385
	61Cr21Mn10Mo1V1Nb1N		≤385
	GH4751		≤325
	GH4080A		≤325

注：马氏体型调质棒材的交货状态硬度均由供需双方协商。

表5.157 气阀用钢及合金棒材的热处理制度及室温力学性

类别	牌号	热处理制度	室温力学性能 ≥				硬度	
			规定塑性延伸强度 $R_{p0.2}$ /MPa	抗拉强度 R_m /MPa	断后伸长率 A /%	断面收缩率 Z /%	HB	HRC
马氏体型	40Cr10Si2Mo	1000～1050℃油冷+700～780℃空冷	680	880	10	35	266～325	—
	42Cr9Si2	1000～1050℃油冷+700～780℃空冷	590	880	19	50	266～325	—
	45Cr9Si3	1000～1050℃油冷+720～820℃空冷	700	900	14	40	266～325	—

续表

类别	牌号	热处理制度	室温力学性能 ≥				硬度	
			规定塑性延伸强度 $R_{p0.2}$ /MPa	抗拉强度 R_m /MPa	断后伸长率 A /%	断面收缩率 Z /%	HB	HRC
马氏体型	51Cr8Si2	1000～1050℃油冷＋650～750℃空冷	685	885	14	35	≥260	—
	80Cr20Si2Ni	1030～1080℃油冷＋700～800℃空冷	680	880	10	15	≥295	—
	85Cr18Mo2V	1050～1080℃油冷＋700～820℃空冷	800	1000	7	12	290～325	—
	86Cr18W2VRE	1050～1080℃油冷＋700～820℃空冷	800	1000	7	12	290～325	—
奥氏体型	20Cr21Ni12N	1100～1200℃固溶＋700～800℃空冷	430	820	26	20	—	—
	33Cr23Ni8Mn3N	1150～1200℃固溶＋780～820℃空冷	550	850	20	30	—	≥25
	45Cr14Ni14W2Mo	1100～1200℃固溶＋720～800℃空冷	395	785	25	35	—	—
	50Cr21Mn9Ni4Nb2WN	1160～1200℃固溶＋760～850℃空冷	580	950	12	15	—	≥28
	53Cr21Mn9Ni4N	1140～1200℃固溶＋760～815℃空冷	580	950	8	10	—	≥28
	55Cr21Mn8Ni2N	1140～1180℃固溶＋760～815℃空冷	550	900	8	10	—	≥28
	61Cr21Mn10Mo1V1Nb1N	1100～1200℃固溶＋720～800℃空冷	800	1000	8	10	—	≥32
	GH4751	1100～1150℃固溶＋840空冷＋700℃×24h空冷	750	1100	12	20	—	≥32
	GH4080A	1000～1080℃固溶＋(690～710)℃×16h空冷	725	1100	15	25	—	≥32

表 5.158 气阀用钢的高温短时抗拉强度

牌号	热处理状态	下列温度(℃)时的短时抗拉强度/MPa						
		500	550	600	650	700	750	800
马氏体型								
40Cr10Si2Mo	淬火+回火	550	420	300	220	(130)	—	—
42Cr9Si2		500	360	240	160	—	—	—
45Cr9Si3		500	360	250	170	(110)	—	—
51Cr8Si2		500	360	230	160	(105)	—	—
80Cr20Si2Ni		550	400	300	230	180	—	—
85Cr18Mo2V		550	400	300	230	180	(140)	—
奥氏体型								
86Cr18W2VRe	淬火+回火	550	400	300	230			
20Cr21Ni12N	固溶+时效	600	550	500	440	370	300	240
33Cr23Ni8Mn3N		600	570	530	470	400	340	280
45Cr14Ni14W2Mo		600	550	500	410	350	270	180
50Cr21Mn9Ni4Nb2WN		680	650	610	550	480	410	340
53Cr21Mn9Ni4N		650	600	550	500	450	370	300
55Cr21Mn8Ni2N		640	590	540	490	440	360	290
61Cr21Mn10Mo1V1Nb1N		800	780	750	680	600	500	400
高温合金								
GH4751	固溶+时效	1000	980	930	850	770	650	510
GH4080A		1050	1030	1000	930	820	680	500

表 5.159 气阀用钢的高温短时屈服强度

牌号	热处理状态	下列温度(℃)时的短时屈服强度/MPa						
		500	550	600	650	700	750	800
马氏体型								
40Cr10Si2Mo	淬火+回火	450	350	260	180	(100)	—	—
42Cr9Si2		400	300	230	110	—	—	—
45Cr9Si3		400	300	240	120	(80)	—	—
51Cr8Si2		400	300	220	110	(75)	—	—
80Cr20Si2Ni		500	370	280	170	120	—	—
85Cr18Mo2V		500	370	280	170	120	(80)	—
86Cr18W2VRE		500	370	280	170	120	(80)	—

续表

牌　号	热处理状态	下列温度(℃)时的短时屈服强度/MPa						
		500	550	600	650	700	750	800
奥　氏　体　型								
20Cr21Ni12N	固溶+时效	250	230	210	200	180	160	130
33Cr23Ni8Mn3N		270	250	220	210	190	180	170
45Cr14Ni14W2Mo		250	230	210	190	170	140	100
50Cr21Mn9Ni4Nb2WN		350	330	310	285	260	240	220
53Cr21Mn9Ni4N		350	330	300	270	250	230	200
55Cr21Mn8Ni2N		300	280	250	230	220	200	170
61Cr21Mn10Mo1V1Nb1N		500	480	450	430	400	380	350
高　温　合　金								
GH4751	固溶+时效	725	710	690	660	650	560	425
GH4080A		700	650	650	600	600	500	450

5.8　化工设备用钢

5.8.1　高压化肥设备用无缝钢管（GB 6479—2013）

材料有优质碳素钢、低合金钢和合金钢：10、20、Q345B、Q345C、Q345D、Q345E、12CrMo、15CrMo、12Cr2Mo、12Cr5Mo、10MoWVNb 和 12SiMoVNb。

钢管的公称外径（*D*）和公称壁厚（*S*）应符合 GB/T 17395 的规定。通常长度为 4～12m。

表 5.160　钢管热处理制度

牌　号	热　处　理　制　度
10(U20102)、20(U20202)	880～940℃正火
Q345B(C、D、E) L03452(3、4、5)	880～940℃正火
12CrMo、15CrMo (A30122、A30152)	900～960℃正火，670～730℃回火
12Cr2Mo	*S*≤30mm 的钢管正火+回火：正火温度 900～960℃，回火温度 700～750℃。 *S*>30mm 的钢管淬火+回火或正火+回火：淬火温度不低于 900℃，回火温度 700～750℃；正火温度 900～960℃，回火温度 700～750℃，但正火后应进行快速冷却
12Cr5Mo(45110)	完全退火或等温退火

续表

牌 号	热处理制度
10MoWVNb	970～990℃正火，730～750℃回火；或800～820℃高温退火
12SiMoVNb	980～1020℃正火，710～750℃回火

表5.161 钢管的力学性能

牌号	抗拉强度 R_m/MPa	下屈服强度 R_{eL} 或规定塑性延伸强度 $R_{p0.2}$/MPa			断后伸长率 A/%		断面收缩率 Z/%	冲击功吸收能量 KV_2/J		
		钢管壁厚/mm						试验温度/℃	纵向	横向
		≤16	>16～40	>40	纵向	横向			≥	
10	335～490	205	195	185	24	22	—	—	—	—
20	410～550	245	235	225	24	22	—	0	40	27
Q345B	490～670	345	335	325	21	19	—	20	40	27
Q345C	490～670	345	335	325	21	19	—	−20	40	27
Q345D	490～670	345	335	325	21	19	—	−40	40	27
Q345E	490～670	345	335	325	21	19	—	20	40	27
12CrMo	410～560	205	195	185	21	19	—	20	40	27
15CrMo	440～640	295	285	275	21	19	—	20	40	27
12Cr2Mo	450～600	280	280	280	20	18	—	20	40	27
12Cr5Mo	390～590	195	185	175	22	20	—	20	40	27
10MoWVNb	470～670	295	285	275	19	17	—	20	40	27
12SiMoVNb	≥470	315	305	295	19	17	50	20	40	27

注：12Cr2Mo钢管，当 D≤30mm且 S≤3mm时，其下屈服强度或规定塑性延伸量度允许降低10MPa。

5.8.2 石油裂化用无缝钢管（GB 9948—2013）

① 用途 制造石油化工用的炉管、热交换器管和压力管道。

② 分类 按产品制造方式分为：热轧（挤压、扩）钢管（W-H）和冷拔（轧）钢管（W-C）两类。

③ 尺寸 外径 D 和壁厚 S 应符合GB/T 17395—2008的规定，通常长度为4～12m。

表5.162 钢管的热处理制度

钢 号	热处理制度
10、20[①]	正火：正火温度880℃
12CrMo、15CrMo[②]	正火加回火：正火温度900℃

续表

钢　号	热处理制度
12Cr1Mo②	正火加回火：正火温度900～960℃，回火温度680～750℃
12CrlMoV②	S≤30mm的钢管，正火＋回火：正火温度980℃ S>30mm的钢管，淬火＋回火或正火＋回火：淬火温度950～990℃，回火温度720～760℃ 正火温度980～1020℃，回火温度720～760℃，但正火后应进行急冷
12Cr2Mo②	S≤30mm的钢管，正火＋回火：正火温度900℃ S>30mm的钢管，淬火＋回火或正火＋回火 正火温度900～960℃，回火温度700～750℃，但正火后应进行急冷
12Cr5Mo1	完全退火或等温退火
12Cr5MoNT	正火加回火
12Cr9Mo1	完全退火或等温退火
12Cr9MoNT	正火加回火：正火温度890℃
07Cr19Ni10	固溶处理：固溶温度≥1040℃，急冷
07Cr18NillNb	固溶处理：热轧（挤压、扩）钢管固溶温度≥1050℃，冷拔（轧）钢管固溶温度≥1100℃，急冷
07Cr19NillTi	固溶处理：热轧（挤压、扩）钢管固溶温度≥1050℃，冷拔（轧）钢管同溶温度≥1100℃，急冷
022Cr17Ni12Mo2	固溶处理：固溶温度≥1040℃，急冷

① 热轧（挤压、扩）钢管终轧温度在相交临界温度 A_{r1} 至表中规定温度上限的范围内，且钢管是经过空冷时，则应认为钢管是经过正火的。

② 热扩钢管终轧温度在相变临界温度 A_{r3} 至表中规定温度上限的范围内，且钢管是经过空冷时，则应认为钢管是经过正火的；其余钢管在需方同意的情况下，并在合同中注明，可采用符合前述规定的在线正火。

表5.163　钢管的力学性能

牌　号	抗拉强度 R_m/MPa	下屈服强度 R_{eL} 或规定塑性延伸强度 $R_{p0.2}$/MPa ≥	断后伸长率 A/% ≥		冲击吸收能量 KV_2/J ≥		布氏硬度值(HBW) ≤
			纵向	横向	纵向	横向	
10	335～475	205	25	23			—
20	410～550	245	24	22			—
12CrMo	410～560	205	21	19	40	27	156
15CrMo	440～640	295	21	19			170
12Cr1Mo	415～560	205	22	20			163

续表

牌　号	抗拉强度 R_m/MPa	下屈服强度 R_{eL} 或规定塑性延伸强度 $R_{p0.2}$/MPa ≥	断后伸长率 A/% ≥		冲击吸收能量 KV_2/J ≥		布氏硬度值 (HBW) ≤
			纵向	横向	纵向	横向	
12CrlMoV	470～640	255	21	19	40	27	179
12Cr2Mo	450～600	280	22	20			163
12Cr5Mo1	415～590	205	22	20			163
12Cr5MoNT	480～640	280	20	18			—
12Cr9Mo1	460～640	210	20	18			179
12Cr9MoNT	590～740	390	18	16			—
07Cr19Ni10	≥520	205	35		—	—	187
07Cr18Ni11Nb	≥520	205					
07Cr19Ni11Ti	≥520	205					
022Cr17Ni12Mo2	≥485	170					

注：对于壁厚小于5mm的钢管，可不做硬度试验。

5.8.3 石油天然气输送管件用钢板（GB/T 30060—2013）

① 用途　用于石油天然气输送用弯头、异径接头、三通、四通、管帽等钢制对焊管件。

② 尺寸　厚度为6～70mm。

③ 牌号　由代表屈服强度的汉语拼音字母“Q”＋规定最小屈服强度数值（MPa）＋“管件”的英文首字母“PF”组成。共有 Q245PF、Q290PF、Q320PF、Q360PF、Q390PF、Q415PF、Q450PF、Q485PF、Q555PF 等 9 种。

④ 尺寸、外形、重量　应符合 GB/T 709—2008 的规定。

⑤ 钢板的交货状态　热轧（AR）、控轧（CR）、热机械轧制（TMCP）。

表 5.164　试样毛坯经淬火加回火处理后力学和工艺性能

牌号	规定总延伸 $R_{t0.5}$/MPa	抗拉强度 R_m/MPa	屈服比 ≤	断后伸长率 A/%	冲击试验横向		180°弯曲试验
					试验温度/℃	KV_2/J ≥	
Q245PF	245～445	415～755	0.90	23	−30	50	$D=2a$（a 为试样厚度；D 为压头直径）
Q290PF	290～495	415～755	0.90	22	−30	55	
Q320PF	320～525	435～755	0.90	21	−30	60	

续表

牌号	规定总延伸 $R_{t0.5}$/MPa	抗拉强度 R_m/MPa	屈服比 ≤	断后伸长率 A/%	冲击试验横向		180°弯曲试验
					试验温度/℃	KV_2/J ≥	
Q360PF	360～530	460～755	0.90	21	−30	60	D=2a（a 为试样厚度；D 为压头直径）
Q390PF	390～545	490～755	0.90	19	−30	60	
Q415PF	415～565	520～755	0.93	19	−30	60	
Q450PF	450～600	535～755	0.93	18	−30	60	
Q485PF	485～630	570～760	0.93	16	−30	60	
Q555PF	555～700	625～825	0.93	16	−30	60	

表 5.165　试样毛坯经淬火加回火处理后的硬度

牌号	维氏硬度(HV10) ≤	牌号	维氏硬度(HV10) ≤	牌号	维氏硬度(HV10) ≤
Q245PF	240	Q360PF	240	Q450PF	245
Q290PF	240	Q390PF	240	Q485PF	260
Q320PF	240	Q415PF	240	Q555PF′	265

5.8.4　石油天然气工业管线输送系统用钢管（GB/T 9711—2011）

用于石油天然气输送管道，包括无缝钢管和焊接钢管。

表 5.166　钢管等级、钢级和可接受的交货状态

钢级	交货状态	钢管等级/钢级
PSL1	轧制、正火轧制、正火或正火成型	L175/A25、L175P/A25P、L210/A
	轧制、正火轧制、热机械轧制、热机械成型、正火成型、正火、正火＋回火	L245/B
		L290/X42、L320/X46、L360/X52、L390/X56、L415/X60、I450/X65、L485/X70
PSL2（细晶粒镇静钢）	轧　钢	L245R/BR、L290R/X42R
	正火轧制、正火成型、正火或正火加回火	L245N/BN、L290N/X42N、L320N/X46N、L360N/X52N、L390N/X56N、L415N/X60N
	淬火＋回火	L245Q/BQ、L290Q/X42Q、L320Q/X46Q、L360Q/X52Q、L390Q/X56Q、L415Q/X60Q、L450Q/X65Q、L485Q/X70Q、L555Q/X80Q

续表

钢级	交货状态	钢管等级/钢级
PSL2（细晶粒镇静钢）	热机械轧制或热机械成型	L245M/BM、L290M/X42M、L320M/X46M、L360M/X52M、L390M/X56M、L415M/X60M、L450M/X65M、L485M/X70M、L555M/X80M
	热机械轧制	L625M/X90M、L690M/X100M、L830M/X120M

注：1. 中间钢级应为下列格式之一：①字母 L 后跟随规定最小屈服强度（MPa），对于 PSL2 钢管，表示交付状态的字母（R、N、Q 或 M）与上面格式一致；②字母 X 后面的两或三位数字是规定最小屈服强度［单位 1000psi（1psi=6.895kPa），向下圆整到最邻近的整数］，对 PSL2 钢管，表示交付状态的字母（R、N、Q 或 M）与上面格式一致。

2. PSL2 的钢组词尾（R、N、Q 或 M）属于钢级的一部分。

表 5.167 PSL1 钢管的拉伸性能

钢管等级	钢管部位		
	无缝和焊接钢管管体①		EW、SAW 和 COW 钢管焊缝
	屈服强度 $R_{t0.5,min}$ /MPa	抗拉强度 $R_{m,min}$ /MPa	抗拉强度 $R_{m,min}$ /MPa
L175/A25	175	310	310
L175P/A25P	175	310	310
L210/A	210	335	335
L245/B	245	415	415
L290/X42	290	415	415
L320/X46	320	435	435
L360/X52	360	460	460
L390/X56	390	490	490
L415/X60	415	520	520
L450/X65	450	533	535
L485/X70	485	570	570

①伸长率 $A_{t,min}$ 的计算方法详见原标准。

表 5.168 PSL2 钢管的拉伸性能

钢管等级	钢管部位					
	无缝和焊接钢管管体					HFW、SAW 和 COW 钢管焊缝
	屈服强度 $R_{t0.5}$/MPa		抗拉强度 R_m/MPa		屈强比 $R_{t0.5}/R_m$	抗拉强度 R_m /MPa
	min	max	min	max	max	min
L245R/BR、L245N/BN L245Q/BQ、L245M/BM	245	450	415	760	0.93	415

续表

钢管等级	钢管部位					
	无缝和焊接钢管管体					HFW、SAW 和 COW 钢管焊缝
	屈服强度 $R_{t0.5}$/MPa		抗拉强度 R_m/MPa		屈强比 $R_{t0.5}/R_m$	抗拉强度 R_m/MPa
	min	max	min	max	max	min
L290R/X42R,L290N/X42N L290Q/X42Q,L290M/X42M	290	495	415	760	0.93	415
L320N/X46N,L320Q/X46Q L320M/X46M	320	525	435	760	0.93	435
L360N/X52N,L360Q/X52Q L360M/X52M	360	530	460	760	0.93	460
L390N/X56N,L390Q/X56Q L390M/X56M	390	545	490	760	0.93	490
L415N/X60N,L415Q/X60Q L415M/X60M	415	565	520	760	0.93	520
L450Q/X65Q,L450M/X65M	450	600	535	760	0.93	535
L485Q/X70Q,L485M/X70M	485	635	570	760	0.93	570
L555Q/X80Q,L555M/X80M	555	705	625	825	0.93	625
L625M/X90M	625	775	695	915	0.95	695
L690M/X100M	690	840	760	990	0.97	760
L830M/X120M	830	1050	915	1145	0.99	915

注：伸长率 $A_{t,min}=C\dfrac{A_{XC}^{0.2}}{U^{0.9}}$，计算方法详见原标准。

5.8.5　石油天然气输送管用热轧宽钢带（GB/T 14164—2013）

① 尺寸、外形、重量　应符合 GB/T 709 的规定。

② 牌号　由“管线”的英文首字母 L＋钢管规定的屈服强度最小值＋交货状态组成。对于规定的最小屈服强度为 175MPa 的牌号，其中 P 表示钢中含有规定含量的磷（L175P 比 L175 具有更好的螺纹加工性能，但其弯曲性较差）。另外，用“X”表示管线钢，

M 表示交货状态为热机械轧制。

③ 交货状态　热轧、正火轧制或热机械轧制。

表 5.169　热轧宽钢带质量等级分类

质量等级	交货状态	牌号	质量等级	交货状态	牌号
PSL1	热轧(R)、正火轧制(N)	L175/A25	PSL2	热轧	L245R/BR、L290R/X42R
		L175P/A25P		正火轧制(N)	L245/BN、L290N/X42N、L320N/X46N、X360N/X52N、L390N/X56N、L415N/X60N
	热轧(R)、正火轧制(N)、热机械轧制(M)	L210/A		热机械轧制(M)	L245M/BM、L290M/X42M、L320M/X46M、L360M/X52M、L390M/X56M、L415M/X60M、L450M/X65M、L485M/X70M、L555M/X80M、L625M/X90M、L690M/X100M、L830M/X120M
		L245/B L290/X42 L320/X46 L360/X52 L390/X56 L415/X60 L450/X65 L485/X70			

表 5.170　PSL1 钢带和钢板的力学和工艺性能

牌号	规定总延伸强度 $R_{t0.5}$/MPa	抗拉强度 R_m/MPa	断后伸长率①/% ≥		180°冷弯试验（a 为试样厚度，d 为压头直径）
	≥	≥	A	$A_{50\,mm}$	
L175/A25	175	310	27	$=1940\times S_0^{0.2}/R_m^{0.9}$（详见原标准）	$d=2a$
L170P/A25F	175	310	27		
L210/A	210	335	25		
L245/B	245	415	21		
L290/X42	290	415	21		
L320/X46	320	435	20		
L360/X52	360	460	19		
L390/X56	390	490	18		
L415/X60	415	520	17		
L450/X65	450	535	17		
L485/X70	485	570	16		

①在供需双方未规定采用何种标距时，按照定标距检验。当发生争议时，以标距为 50mm、宽度为 38mm 的试样进行仲裁。

表 5.171　PSL2 钢带和钢板的力学和工艺性能

牌　号	拉　伸　试　验①					180°弯曲试验（d 为压头直径，a 为试样厚度）
	规定总延伸强度② $R_{t0.5}$/MPa	抗拉强度 R_m/MPa	屈强比 ≤	断后伸长率③ A/% ≥		
				A	$A_{50\,mm}$	
L245R/BR、L245N/BN、L245M/BM	245～450	415～760	0.91	21	$=1940\times S_0^{0.2}/R_m^{0.9}$（详见原标准）	$d=2a$
L290R/X42R、L290N/X42N、L290M/X42M	290～495	415～760		21		
L320N/X46N、L320M/X46M	320～525	435～760		20		
L360N/X52N、L360M/X52M	360～530	460～760	0.93	19		
L390N/X56N、L390M/X56M	390～545	490～760		18		
L415N/X60N、L415M/X60M	415～565	520～760		17		
L450M/X65M	450～600	535～760		17		
L485M/X70M	485～635	570～760		16		
L555M/X80M	555～705	625～825		15		
L625M/X90M	625～775	695～915	0.95④	协商		协商
L690M/X100M	690～840	760～990	0.97④			
L830M/X120M	830～1050	915～1145	0.99④			

①表中所列拉伸试验，由需方确定试样方向，并应在合同中注明。一般情况下试样方向为对应钢管横向。

②需方在选用表中牌号时，由供需双方协商确定合适的拉伸性能范围和屈强比要求，以保证钢管成品拉伸性能符合相应标准要求。

③对于 L625/X90 及以上级别钢带和钢板，$R_{p0.2}$ 适用。在供需双方未规定采用何种标距时，生产方按照定标距检验。以标距为 50mm、宽度为 38mm 的试样仲裁。

④经需方要求，供需双方可协商规定钢带的屈强比。

5.8.6　耐腐蚀合金管线钢管 (SY/T 6601—2017)

用于石油和天然气行业输送天然气、水和原油，可为无缝钢管、离心铸造钢管和焊接合金管线钢管。公称直径范围为 25.4～1066.8mm，共 28 种。

表 5.172　耐腐蚀合金管线钢管的力学性能

钢级	屈服强度 /MPa ≥	抗拉强度 /MPa ≥	断后伸长率 $A_{50.8}$/% ≥	硬度(HRC) ≤
LC30-1812	207	482	25	—
LC52-1200	358	455	20	22
LC65-2205	448	621	25	—
LC65-2506	448	656	25	—
LC30-2242	207	551	30	—

5.8.7 聚乙烯用高压合金钢管（GB/T 24592—2009）

钢管材质为35CrNi3MoV，通常长度为8～15m。

工作压力不大于260MPa、工作温度不高于350℃。经调质热处理和机械加工后交货。

单支钢管的表面硬度差应不大于30HBW，每批钢管的表面硬度差应不大于40HBW。

表 5.173　聚乙烯用高压合金钢管的力学性能

牌　号	规定非比例延伸强度 $R_{p0.2}$/MPa	抗拉强度 R_m/MPa	断后伸长率 A/%	断面收缩率 Z/%	−40℃夏比V形缺口冲击吸收能量 KV_2/J	
	纵向（常温）				纵向	横向
35CrNi3MoV	930～1035	≤1130	≥15	≥50	≥70	≥50

注：冲击试验试样应优先采用横向试样，当无法制取横向试样时，允许采用纵向试样。

5.9 机械用钢

5.9.1 矿用热轧型钢（YB/T 5047—2016）

为矿山用周期扁钢及花边钢，以热轧状态交货。其牌号和化学成分应符合GB/T 700、GB/T 1591、GB/T 3077或GB/T 3414的规定，力学性能应符合GB/T 700、GB/T 1591、GB/T 3077或GB/T 3414的规定。

表 5.174　周期扁钢的尺寸、截面面积和理论重量

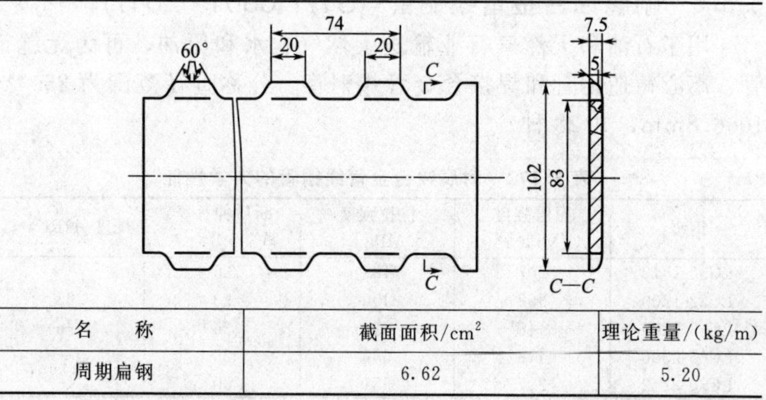

名　称	截面面积/cm²	理论重量/(kg/m)
周期扁钢	6.62	5.20

表 5.175 花边钢的尺寸、截面面积和理论重量

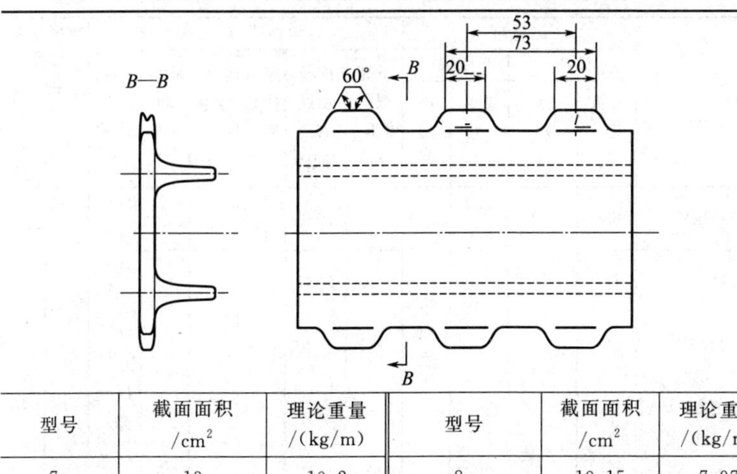

型号	截面面积 /cm²	理论重量 /(kg/m)	型号	截面面积 /cm²	理论重量 /(kg/m)
7π	13	10.2	8π	10.15	7.97

5.9.2 矿用高强度圆环链用钢（GB/T 10560—2008）

① 用途 制造煤矿刮板输送机，刨煤机的高强度圆环链。

② 公称直径 10～65mm。

③ 冷拉圆钢的外形、重量及尺寸 应符合 GB/T 905 的规定，其尺寸精度及外形应符合 h11、h12 级的规定，精度级别应在合同中注明。

④ 交货长度 通常交货长度为 3～10m，不得交付短尺。定尺、倍尺长度所需长度应在合同中注明。

⑤ 交货状态 20Mn2A，20MnV、25MnV、25MnVB 为热轧态，其他牌号为退火态。

表 5.176 圆钢的纵向力学性能和交货状态圆钢的冷弯性能及退火硬度

牌号	热处理				力学性能 ≥					180°冷弯试验	钢材布氏硬度(HB) ≤	
	淬火		回火		下屈服强度 R_{eL} /MPa	抗拉强度 R_m /MPa	断后伸长率 A /%	断后收缩率 Z /%	冲击功 KV /J		退火态	热轧态
	温度 /℃ ±20	冷却剂	温度 /℃ ±30	冷却剂								
20Mn2A	850 880	水、油	200 440	水或空气	785	590	10	40	47	$D=a$[①]	— —	— —

续表

牌　号	热处理				力学性能 ≥					180°冷弯试验	钢材布氏硬度(HB) ≤	
	淬火		回火		下屈服强度 R_{eL} /MPa	抗拉强度 R_m /MPa	断后伸长率 A /%	断后收缩率 Z /%	冲击功 KV /J		退火态	热轧态
	温度/℃ ±20	冷却剂	温度/℃ ±30	冷却剂								
20MnV	880	水	300 370	水或空气	885	1080	9 10	—	—	D=a①	— —	— —
25MnV	880		370		930	1130	9	—	—	D=a①	—	—
25MnVB	880		370		930	1130	9	—	—	D=a①	—	—
25MnSiMoVA	900		350		1080	1275	9	—	—	D=a②	217	260
25MnSiNiMoA	900		300		1175	1470	10	50	35	D=a②	207	260
20NiCrMoA	880		430	水或油	980	1180	10	50	40	—	220	260
23MnNiCrMoA	880		430		980	1180	10	50	40	—	220	260
23MnNiMoCrA	880		430		980	1180	10	50	40	—	220	260

①热扎材。

②退火材。

注：试验毛坯直径为15mm。

5.9.3　矿山巷道支护用热轧U型钢（GB/T 4697—2008）

U型钢用于制造矿山巷道支架，通常长度为5～12m。每米弯曲度不得大于4mm，总弯曲度不得大于总长度的0.3%。

材料：20MnK、25MnK、20MnVK。

分类：有腰定位（18UY、25UY）和耳定位（25U、29U、36U、40U）。

表5.177　型钢的截面面积及理论重量

规格	截面面积/cm^2	理论重量/(kg/m)	规格	截面面积/cm^2	理论重量/(kg/m)
18UY	24.15	18.96	29U	37.00	29.00
25UY	31.54	24.76	36U	45.69	35.87
25U	31.79	24.95	40U	51.02	40.05

表 5.178　矿山巷道支护用热轧 U 型钢的力学性能

牌号	规格	拉伸试验			冲击试验		弯曲试验（D 为压头直径，a 为试样厚度）
		抗拉强度 R_m/MPa ≥	上屈服强度 R_{eH}/MPa ≥	断后伸长率 A/%	温度/℃	冲击吸收能量 KV/J ≥	
20MnK	18UY	490	335	20	—	—	$D=3a$
20MnVK	25UY	570	390		—	—	
25MnK	25U 29U	530	335		—	—	
20MnK	36U	530	350		20	27	
20MnVK	40U	580	390		20	27	

注：1. 拉伸试验、弯曲试验和冲击试验取纵向试样。

2. 当屈服现象不明显时，采用 $R_{p0.2}$。

3. 冲击功值为一组三个试样单值的算术平均值，允许其中一个试样的单个值低于规定值，但不得低于规定值的 70%。

5.9.4　矿山流体输送用电焊钢管（GB/T14291—2016）

① 用途　用于矿粉、矿浆输送及河道、港口码头疏浚管线。

② 牌号　采用双牌号体系，见下面竖线的左右两侧例。

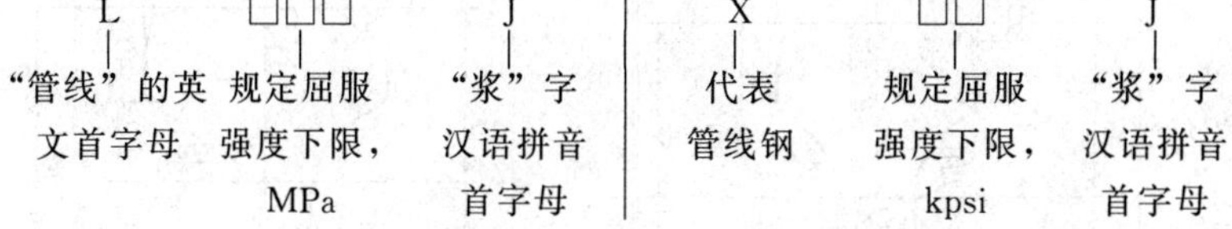

表 5.179　钢管的硬度和拉伸性能

牌　号	硬度(HV$_{10}$) ≤	管　体				焊接接头
		规定总延伸强度 $R_{p0.2}$/MPa	抗拉强度 R_m/MPa	屈强比 $R_{p0.2}/R_m$ ≤	断后伸长率 A_{50mm}/% ≥	抗拉强度 R_m/MPa ≥
L245J/BJ	265	245～450	415～760	0.93	8	415
L290J/X42J		290～495	415～760			415
L320J/X46J		320～525	435～760			435
L360J/X52J		360～530	460～760			460
L390J/X56J		390～545	490～760			400
L415J/X60J		115～565	520～760			520
L450J/X65J	275	150～600	535～760			535
L485J/X70J		185～635	570～760			570

表 5.180 全尺寸钢管 CVN 冲击吸收能量

牌号	KV_2/J ≥		牌号	KV_2/J ≥	
	单个值	平均值		单个值	平均值
L245J/BJ	21	27	L390J/X56J	30	40
L290J/X42J	21	27	L4l5J/X60J	40	50
L320J/X46J	21	27	L450J/X65J	40	50
L360J/X52J	30	40	L480J/X70J	40	50

5.9.5 起重机用钢轨（YB/T 5055—2014）

用于起重机大车及小车轨道用 QU70～QU120 钢轨，以热轧状态交货。

钢轨的定尺长度为 9m、9.5m、10m、10.5m、11m、11.5m、12m、12.5m，短尺长度为 6～8m（按 100mm 进级）。

表 5.181 起重机用钢轨的剖面尺寸、面积和重量

牌号	剖面尺寸/mm	牌号	
QU70 (67.22 cm^2 52.77 kg/m)	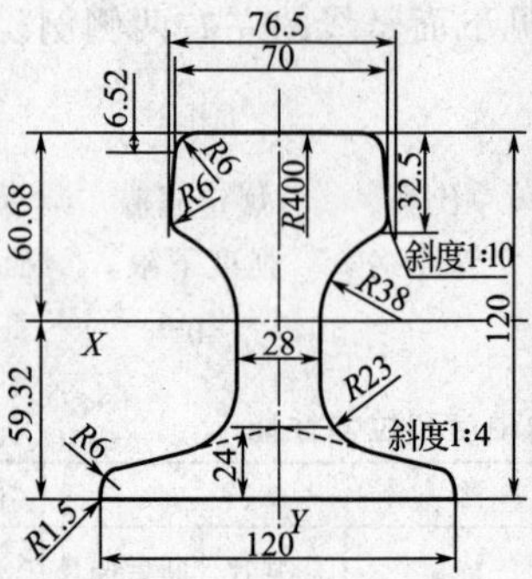	QU100 (113.44 cm^2 89.05 kg/m)	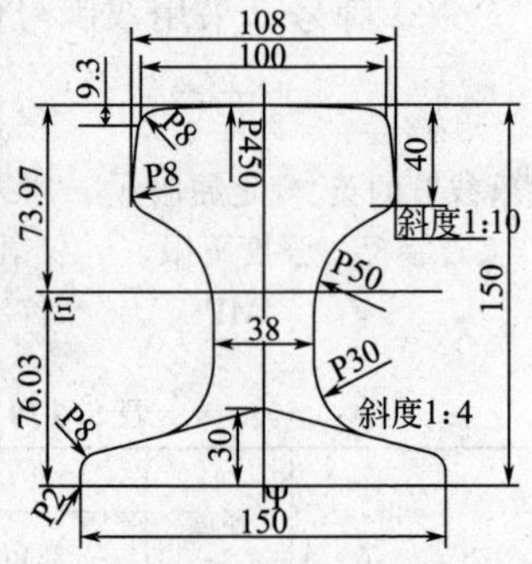
QU80 (82.05 cm^2 64.41 kg/m)	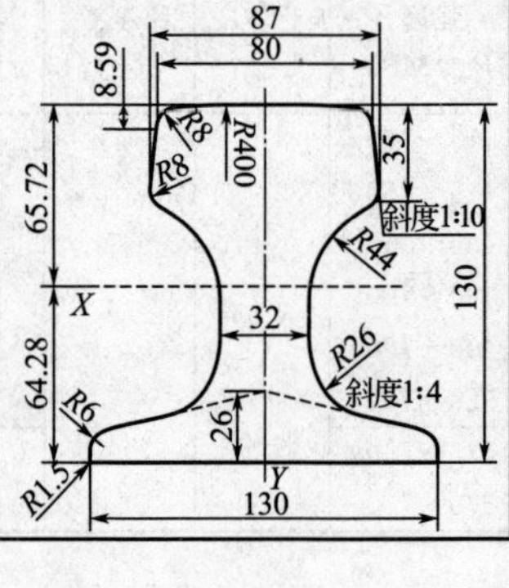	QU120 (150.95 cm^2 118.50 kg/m)	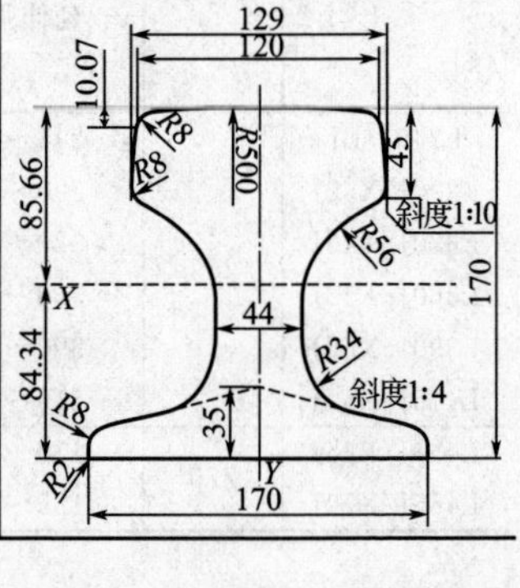

表 5.182　钢轨的抗拉强度和断后伸长率

牌　号	抗拉强度 R_m/MPa	断后伸长率 A/%
U71Mn	≥880	≥9
U75V	≥980	≥9
U78CrV	≥1080	≥8
U77MnCr	≥980	≥9
U76CrRE	≥1080	≥9

注：热锯取样检验时，允许断后伸长率比规定值降低1%（绝对值）。

5.9.6　煤机用热轧异型钢（GB/T 3414—2015）

① 用途　用于制造刮板输送机用刮板钢和槽帮钢。

② 牌号标记方法　M（“煤”字汉语拼音首字母）+刮板钢和槽帮钢的抗拉强度值（MPa）。包括M510、M540、M565。

表 5.183　煤机用热轧异型钢的型号、截面面积及理论重量

品种	型号	截面面积/m^2	理论重量/(kg/m)	平均腿厚/mm
刮板钢	5	8.56	6.72	—
	6.5	12.59	9.89	—
槽帮钢	D12.5	13.42	10.54	7.50
	D15	24.28	19.06	9.24
	M15	27.74	22.00	9.00
	E15	45.88	36.00	11.00
	M18	36.63	28.80	10.00
	E19	67.53	53.00	14.00
	M22	77.01	60.45	—
	E22	90.54	71.08	—

表 5.184　煤机用热轧异型钢的定倍尺长度　mm

型号	定倍尺长度	型号	定倍尺长度
5	n×332	D15	n×1210
6.5	n×444	M15	n×1210
D12.5	n×1215	E15	n×1510

续表

型号	定倍尺长度	型号	定倍尺长度
M18	$n\times1510$	M22	$n\times1210$
E19	$n\times1510$	E22	$n\times1510$

表 5.185　钢材的力学性能

牌号	试样状态	屈服点强度 R_{eL}/MPa ≥	抗拉强度 R_m/MPa ≥	伸长率 A %≥
M510	热轧	355	510	20
M540	热轧	355	540	18
	热处理	590	785	9
M565	热轧	365	565	16
	热处理	625	820	9

注：热处理制度：850±20℃油淬，400～450℃回火，水冷。

5.9.7　大型轧辊锻件用钢（JB/T 6401—2017）

用于冷轧、热轧工作辊和支承辊等大型轧辊锻件。

表 5.186　热轧工作辊的表面硬度　HSD

牌　号	粗加工后最终热处理状态		牌　号	粗加工后最终热处理状态	
	辊身	辊颈		辊身	辊颈
42CrMo、55Cr 60CrMo、60CrMn 60SiMnMo	33～43	33～43	60CrMnMo、60CrMoV	35～45	35～45
			50Cr3Mo	45～60	
			70Cr3Mo、70Cr3NiMo	35～60	
50Cr(2)NiMo 60CrNi(2)Mo 50Cr(2)Mn(2)Mo	35～45	35～45	80Cr3Mo、50Cr4MoV	45～65	
			50Cr5MoV	45～70	
			65Cr5MoV	65～85	

注：辊坯状态：硬度≤40HSD。

表 5.187　热轧工作辊的力学性能

牌号	抗拉强度 R_m/MPa ≥	下屈服极限 R_{eH}/MPa ≥	断后伸长率 A/% ≥	断面收缩率 Z/% ≥	冲击吸收能量 KU_2/J ≥
42CrMo	590	390	16	—	—
55Cr	690	355	12	30	—
50Cr(2)Mn(2)Mo	785	440	9	25	20

续表

牌号	抗拉强度 R_m/MPa ≥	下屈服极限 R_{eH}/MPa ≥	断后伸长率 A/% ≥	断面收缩率 Z/% ≥	冲击吸收能量 KU_2/J ≥
60CrMnMo	930	490	9	25	20
50Cr(2)NiMo	755	—	—	—	—
60CrNi(2)Mo	785	490	8	33	24
60CrMoV	785	490	15	40	24
70Cr3NiMo	880	450	10	20	20

表 5.188　辊颈硬度范围及有效淬硬层深度

<table>
<tr><th colspan="4">冷轧工作辊</th><th colspan="4">支承辊</th></tr>
<tr><th>辊身直径/mm</th><th>辊身表面硬度范围(HS)</th><th>有效淬硬层深/mm</th><th>辊颈硬度范围(HS)</th><th>类别</th><th>辊身表面硬度范围(HS)</th><th>有效淬硬层深/mm</th><th>辊颈硬度范围(HS)</th></tr>
<tr><td>≤300</td><td>≥95
90～98
80～90</td><td>6
8
10</td><td rowspan="3">30～55</td><td rowspan="2">热轧</td><td rowspan="2">60～70
50～60
40～50</td><td rowspan="2">45
50
55</td><td rowspan="3">35～50</td></tr>
<tr><td>>300～600</td><td>≥95
90～98
80～90</td><td>10
12
15</td></tr>
<tr><td>>600～900</td><td>≥95
90～98
80～90</td><td>8
10
12</td><td>冷轧</td><td>65～75
60～70
55～65</td><td>40
45
50</td></tr>
</table>

5.9.8　工业链条用冷拉钢 (YB/T 5348—2006)

① 分类　按交货状态分为冷拉状态（L）和退火状态（T）；按外形分为圆钢和钢丝。

② 长度、外形　圆钢的长度、外形应符合 GB 905 的规定；钢丝的长度、外形应符合 GB 342 的规定。

表 5.189　工业链条销轴用冷拉钢的力学性能

牌　号	统一数字代号	钢丝抗拉强度 R_m/MPa		圆钢抗拉强度 R_m/MPa	
		冷拉	退火	冷拉	退火
20CrMo	A30202	550～800	450～700	620～870	490～740
20CrMnMo	A34202	550～800	500～750	720～970	575～825
20CrMnTi	A26202	650～900	500～750	720～970	575～825

表 5.190 工业链条滚子用冷拉钢的力学性能

牌号	统一数字代号	钢丝抗拉强度 R_m/MPa ≥		圆钢抗拉强度 R_m/MPa ≥	
		冷拉	退火	冷拉	退火
08	U20082	540	440	440	295
10	U20102	540	440	440	295
15	U20152	590	490	470	340

5.9.9 工业链条用冷轧钢带（YB/T 5347—2016）

① 用途 制造节距为6.35～31.75mm的滚子链、套筒链（但不能用于高强度或重载型的特种滚子链和套筒链）。

② 材料 牌号优质碳素结构钢：GL-S17C、GL40Mn；合金结构钢：GL40Mn2。

③ 分类

a. 按厚度精度分为普通厚度精度（PT.A）、厚度较高精度（PT.B）、高级厚度精度（PT.C）。

b. 按表面质量分为普通表面（A）、高级表面（B）。

c. 按交货状态分为退火状态（T）、冷硬状态（Y）。

d. 按边缘状态分为切边钢带（EC）、不切边钢带（EM）。

e. 按镰刀弯精度分为普通强度（PC.A）、较高强度（PC.B）。

④ 尺寸 厚度规格为0.60～4.00mm，宽度规格为20～200mm。

⑤ 标记方法

YB/T 5347—2016 □ □ □ □ □

标准号 材料牌号 表面质量 厚度精度 边缘状态 交货状态

表 5.191 冷轧钢带的力学性能

牌 号	退火状态			冷硬状态		
	抗拉强度 R_m/MPa	断后伸长率 A_{80mm}/% ≥	硬度(HRB)	抗拉强度 R_m/MPa	断后伸长率 A_{80mm}/% ≥	硬度(HRB)
GL-S17C	375～500	26	45～75	650	—	≥75
GL-40Mn	530～650	15	70～95	700	—	≥80
GL-40Mn2①	—	—	—	750	3	≥85

①通常以冷硬状态交货。

注：拉伸试样取横向试样。

5.9.10 金属软管用碳素钢冷轧钢带（YB/T 023—1992）

① 用途 制造金属软管及预应力波纹管。

② 分类 按制造精度分有普通精度钢带（P）和较高精度钢带（H）；按力学性能分有软钢带（R）和冷硬钢带（Y）。

③ 材料 碳素结构钢 Q195-F、Q215-AF。

表 5.192 钢带的厚度和宽度 mm

钢带厚度	钢带宽度											
	4	6	7.1	8.6	9.5	12.7	15	16	17	21.2	25	35
0.20			√									
0.25	√			√								
0.30		√	√	√	√	√						√
0.35				√	√							
0.40					√	√						
0.45							√					
0.50						√	√	√	√		√	
0.60										√		

表 5.193 金属软管用碳素钢冷轧钢带的力学性能

状态	抗拉强度 R_m/MPa	伸长率 A/%	状态	抗拉强度 R_m/MPa	伸长率 A/%
软态	275～440	≥23	冷硬	—	—

5.9.11 液压支柱用热轧无缝钢管（GB/T 17396—2009）

① 用途 制造煤矿液压支架和支柱的缸、柱（和其他液压缸、柱）。

② 尺寸 外径和壁厚应符合 GB/T 17395 的规定。

③ 力学性能

表 5.194 液压支柱用热轧无缝钢管的力学性能

牌号	试样热处理规范	抗拉强度 R_m/MPa	R_{eL} 或 $R_{p0.2}$/MPa ≥ 钢管壁厚(S)/mm			断后伸长率 A/% ≥	断面收缩率 Z/% ≥	冲击吸收能量 KV_2/J ≥	钢管退火状态布氏硬度(HBW) ≤
			≤16	>16～30	>30				
20(U20202)	—	410	245	235	225	20	—	—	—
35(A20352)	—	510	305	295	285	17	—	—	—
45(A20452)	—	590	335	325	315	14	—	—	—

续表

牌号	试样热处理规范	抗拉强度 R_m/MPa	R_{eL} 或 $R_{p0.2}$/MPa ≥ 钢管壁厚(S)/mm			断后伸长率 A/% ≥	断面收缩率 Z/% ≥	冲击吸收能量 KV_2/J ≥	钢管退火状态布氏硬度(HBW) ≤
			≤16	>16~30	>30				
27SiMn (A10272)	920℃±20℃水淬 450℃±50℃回火油或水冷却	980	835			12	40	39	217
30MnNbRE	880℃±20℃水淬 450℃±50℃回火空冷	850	720			13	45	48	—

5.9.12 钻探用无缝钢管（GB/T 9808—2008）

① 用途　用于制造地质岩心钻探、水井钻探、水文地质钻探、工程钻探的套管、岩心管及套管接箍料，钢粒钻头，绳索取心钻杆及钻杆接头，钻铤及钻铤锁接头。

② 钢级　ZT380、ZT490、ZT520、ZT540、ZT590、ZT640 和 ZT740，其化学成分（熔炼分析）P≤0.030%，S≤0.030%。

③ 牌号　由汉语“钻探”拼音首位大写字母“ZT”＋规定非比例延伸强度最小值组成。

④ 通常长度　4000～12500mm。

表 5.195　钢管的公称尺寸和理论重量

产品名称	公称外径 D/mm	公称壁厚 S/mm	单位长度理论重量/(kg/m)	产品名称	公称外径 D/mm	公称壁厚 S/mm	单位长度理论重量/(kg/m)
普通钻杆料	33	6.0	3.99	普通钻杆料	89	9.35	18.36
						10.0	19.48
	42	5.0	4.56		114	9.19	23.75
		7.0	6.04			10.0	25.65
	50	5.6	6.13		127	9.19	26.70
		6.5	6.97			10.0	28.85
	60.3	7.1	9.31	普通钻杆接头料及钢粒钻头料	75	9.0	14.65
		7.5	9.77		76	8.0	13.42
	73	9.0	14.20		91	8.0	16.37
		9.19	14.46			10.0	19.91

续表

产品名称	公称外径 D/mm	公称壁厚 S/mm	单位长度理论重量/(kg/m)	产品名称	公称外径 D/mm	公称壁厚 S/mm	单位长度理论重量/(kg/m)
普通钻杆接头料及钢粒钻头料	110	8.0	20.12	套管料、岩心管料	75	5.0	8.63
		10.0	24.66		76	5.5	9.56
	130	8.0	24.07		89 (88.90)	4.5	9.38
		10.0	29.59			5.5	11.33
	150	8.0	28.01			6.5	13.22
		10.0	34.52		95	5.0	11.10
	171	12.0	47.05		102 (101.6)	5.7	13.54
	174	12.0	47.94			6.7	15.75
绳索取心钻杆料	43.5	4.75	4.54		108	4.5	11.19
	55.5	4.75	5.94		114 (114.3)	5.21	13.98
	70	5.0	8.01			5.69	15.20
	71	5.0	8.14			6.35	16.86
	89	5.5	11.33			6.9	18.22
	114.3	6.4	17.03			8.6	22.35
绳索取心钻杆接头料	45	6.25	5.97	套管料、岩心管料	127	4.5	13.59
	57	6.0	7.55			5.6	16.77
	70	10.0	14.80			6.5	19.03
	73	6.5	10.66		140 (139.7)	6.2	20.46
	76	8.0	13.42			7.0	22.96
	95	10.0	20.96			7.7	25.12
	120	10.0	27.13			9.2	29.68
套管料、岩心管料	35	2.0	1.63		146	5.0	17.39
	44	3.0	3.03		168 (168.28)	6.5	25.89
	45	3.5	3.58			7.3	17.10
	47.5	2.0	2.24			8.0	31.56
	54	3.0	3.77			8.9	34.92
	58	3.5	4.70		177.8	5.9	25.01
	60 (60.32)	4.2	5.78			6.9	29.08
		4.8	6.53			8.1	33.90
		6.5	8.58			9.2	38.25
	62	2.75	4.02		194 (193.68)	7.0	32.28
	73 (73.02)	3.0	5.18			7.6	34.94
		4.5	7.60			8.3	38.01
		5.5	9.16			9.5	43.23
		7.0	11.39			11.0	49.64

续表

产品名称	公称外径 D/mm	公称壁厚 S/mm	单位长度理论重量/(kg/m)	产品名称	公称外径 D/mm	公称壁厚 S/mm	单位长度理论重量/(kg/m)
套管料、岩心管料	219 (219.08)	6.7	35.08	套管接箍料	73	5.5	9.16
		7.7	40.12			6.5	10.66
		8.9	46.11		89	6.5	13.22
		10	51.54			8.0	15.98
	245 (244.48)	7.9	46.19		108	6.5	16.27
		8.9	51.82			8.0	19.73
		10.0	57.95		127	6.5	19.31
		11.0	63.48		146	6.5	22.36
		12.0	68.95		168	8.0	31.56
	273 (273.05)	7.1	46.56	钻铤、锁接头料	68	20.0	23.67
		8.9	57.97			16.0	20.52
		10.0	64.86		76	19.0	26.71
		11.0	71.07			20.0	27.62
	299 (298.45)	8.5	60.89		83	25.0	35.76
		9.5	67.82		86	21.0	33.66
		11.0	78.13		89	25.0	39.46
	340 (339.72)	8.5	68.69		105	25.0	49.32
		9.7	81.57			25.5	49.99
		11.0	89.25		121	26.5	61.75
		12.0	97.07			28.0	64.21
		13.0	104.84				

注：括号内尺寸表示由相应的英制规格换算成的数据。

表 5.196 钻探用无缝钢管的力学性能

钢级	抗拉强度 R_m/MPa ≥	规定塑性延伸强度 $R_{p0.2}$/MPa ≥	断后伸长率 A/% ≥	钢级	抗拉强度 R_m/MPa ≥	规定塑性延伸强度 $R_{p0.2}$/MPa ≥	断后伸长率 A/% ≥
ZT380	640	380	14	ZT590	770	590	12
ZT490	690	490	12	ZT640	790	640	12
ZT520	780	520	15	ZT740	840	740	10
ZT540	740	540	12				

5.9.13 焊管用镀铜钢带（YB/T 069—2007）

用于制作双层或多层铜钎焊钢管以及单层焊管用镀铜钢带，也适用于其他焊管和一般工程用镀铜或不镀铜的精密低碳冷轧薄钢带。

表 5.197　焊管用镀铜钢带分类与级别

分类方法	类　别	符　号
按镀铜厚度/μm	1 2 3 4 5 商定的其他厚度 X	Cu1 Cu2 Cu3 Cu4 Cu5 CuX
按尺寸精度	高级精度(一般用于双层焊管) 普通精度(一般用于单层焊管)	PA PB
按焊管种类	双层焊管 单层焊管	DW SW
按表面处理	钝化 涂油 钝化＋涂油	STC SO STC＋SO

表 5.198　焊管用镀铜钢带的力学性能

类　　别	厚　度	抗拉强度 R_m/MPa	屈服强度 R_{eL}/MPa	断后伸长率 A/%
焊管用镀铜钢带	＜0.25	≥270	≥180	≥30
	0.25～＜0.35			≥32
	0.35～＜0.50			≥34
	≥0.50			≥36
单层焊管超低碳钢带	≤0.5	≥280	130～250	≥36
	＞0.5			≥38

5.9.14　双层铜焊钢管（YB/T 4164—2007）

用于汽车、制冷、电热、电器等工业中，制作刹车管、燃料管、润滑油管、加热或冷却器等工程管道，是以铜为钎焊材料的双层铜焊钢管。

制管用镀铜钢带的技术要求应符合 YB/T 069 的规定。

钢管的通常长度为 1.5～1000m，长度不大于 6m 的钢管以条状交货，否则以盘状交货。

牌号标记方法是：

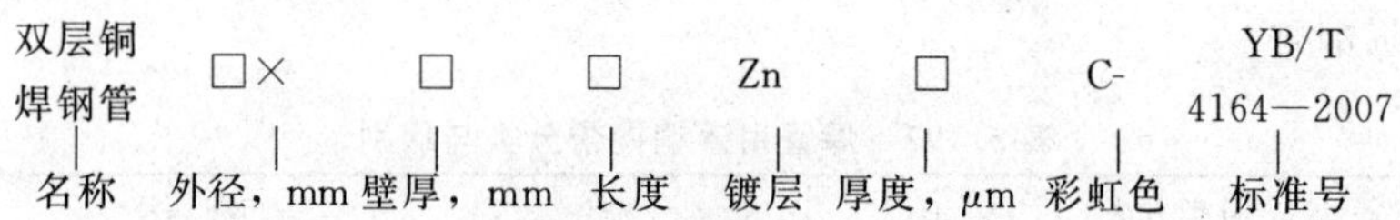

表 5.199　双层铜焊钢管的尺寸及理论重量

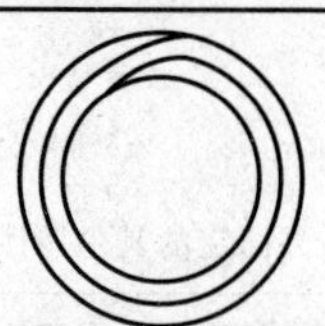

公称外径/mm	壁厚/mm				公称外径/mm	壁厚/mm			
	0.50	0.70	1.00	1.30		0.50	0.70	1.00	1.30
	理论重量(未增添其他镀层)/(kg/m)					理论重量(未增添其他镀层)/(kg/m)			
3.17	0.033	0.042	—	—	10.00	—	0.160	0.221	—
4.00	0.043	0.057	—	—	12.00	—	0.194	0.270	0.342
4.76	0.052	0.070	—	—	14.00	—	0.229	0.319	0.405
5.00	0.055	0.074	—	—	15.00	—	0.246	0.344	0.437
6.00	0.068	0.091	—	—	16.00	—	0.263	0.368	0.469
6.35	0.072	0.097	—	—	17.00	—	—	0.393	0.501
8.00	—	0.125	0.172	—	18.00	—	—	0.417	0.533
9.52	—	0.152	0.209	—					

表 5.200　双层铜焊钢管的力学性能

抗拉强度 R_m/MPa	屈服强度 R_{eL}/MPa	断后伸长率 A/%
≥290	≥180	≥25

5.9.15　轴承保持器用碳素结构钢丝（YB/T 5144—2006）

用于制造滚动轴承保持器支柱与铆钉。钢丝的公称直径范围为0.75～12mm。

表 5.201　轴承保持器用碳素结构钢丝的力学性能

牌号	抗拉强度 R_m/MPa ≥	断后伸长率 A_{100}/% ≥	牌号	抗拉强度 R_m/MPa ≥	断后伸长率 A_{100}/% ≥
ML15	390～540	3	NL20	590～735	2

5.9.16　链式葫芦起重圆环链用钢丝（YB/T 5211—1993）

分类：钢丝按交货状态分为冷拉状态（L）和退火状态（T）。

直径范围：4.0～12.0mm。

表 5.202　链式葫芦起重圆环链用钢丝的力学性能

牌　号	冷　拉		退　火	
	抗拉强度 R_m/MPa	布氏硬度 (HB)	抗拉强度 R_m/MPa	布氏硬度 (HB)
20Mn2、20MnV	725	217	610	187
23Mn2NiCrMoA 24Mn2NiCrMoA	—	—	705	210

表 5.203　钢丝试样热处理后的力学性能试验

牌　号	热处理制度				力学性能	
	淬　火		回　火		抗拉强度 R_m/MPa	伸长率 A/%
	温度/℃	冷却剂	温度/℃	冷却剂	≥	
20Mn2、20MnV	865～895	水、油	320～420	水、空	980	10
23Mn2NiCrMoA 24Mn2NiCrMoA	785～815	水	350～450	空	1080	10

注：1. 可代替成品钢丝的抗拉强度或硬度试验。
2. 工艺性能：钢丝应进行180°冷弯试验，其压头直径等于钢丝直径。

5.9.17　制绳用圆钢丝（YB/T 5343—2015）

① 用途　制造钢丝绳（电梯用钢丝绳除外）。

② 分类　按钢丝表面状态分，有光面和镀层（镀层钢丝分三个级别：B级、AB级和A级）；按钢丝用途分，有重要用途和一般用途。

③ 原料　应符合GB/T 4354规定的盘条，钢的牌号由制造厂选择。

④ 公称抗拉强度级别（MPa）　重要用途钢丝，有1570、1670、1770、1870、1960和2160六种；一般用途钢丝，有1180、1370、1470、1570、1670、1770、1870、1960、2000、2160、2500、3000和3500十三种。

⑤ 扭弯性能

表 5.204 重要用途钢丝最小扭转次数

公称直径 d /mm	光面和B级				AB级			A级		
	公称抗拉强度级别/MPa									
	1570	1670 1770	1870 1960	2160	1570	1670 1770	1870	1570	1670 1770	1870
0.50≤d<1.00	35	33	27	25	32	30	24	23	21	19
1.00≤d<1.30	33	31	26	24	30	28	22	21	19	17
1.30≤d<1.80	32	29	25	23	29	26	21	20	18	16
1.80≤d<2.30	30	28	23	21	27	24	19	18	16	14
2.30≤d<3.00	28	25	21	20	25	22	17	16	13	11
3.00≤d<3.40	26	23	20	19	23	20	16	14	11	8
3.40≤d<3.70	24	21	18	18	21	18	15	12	9	7
3.70≤d<4.00	23	20	17	16	20	17	14	10	8	6
4.00≤d<4.20	22	19	15	—	19	16	13	8	7	5
4.20≤d<4.40	20	18	13	—	17	15	12	8	6	4
4.40≤d<4.60	20	16	12	—	17	14	10	8	6	4
4.60≤d<4.80	18	14	10	—	15	12	8	7	6	4
4.80≤d<5.20	16	13	9	—	14	10	7	6	5	3
5.20≤d<5.40	14	12	9	—	10	9	7	6	5	3
5.40≤d<5.60	12	10	—	—	10	8	—	6	4	—
5.60≤d<5.80	10	8	—	—	8	6	—	4	4	—
5.80≤d<6.00	8	8	—	—	6	6	—	4	4	—

注：试验钳口标距：100d。

表 5.205 一般用途钢丝最小扭转次数

钢丝公称直径 /mm	光面和B级					AB级					A级				
	公称抗拉强度级别/MPa														
	1180 1370	1470 1570	1670 1770	1870 1960	2060 2160	1180 1370	1470 1570	1670 1770	1870	1960	1180 1370	1470 1570	1670 1770	1870	1960
0.50≤d<1.00	34	30	28	25	22	30	27	25	22	22	23	21	19	17	17
1.00≤d<1.30	33	29	26	23	20	29	26	24	21	21	21	19	17	15	15
1.30≤d<1.80	32	28	25	22	19	28	25	23	20	20	20	18	16	14	14
1.80≤d<2.30	31	27	24	21	18	27	24	22	19	19	18	16	14	12	12
2.30≤d<3.00	29	26	22	19	16	26	23	21	18	18	16	14	11	9	9
3.00≤d<3.50	28	25	21	18	15	25	22	20	17	17	14	12	9	7	7
3.50≤d<3.70	26	23	19	16	13	23	20	18	15	15	12	10	7	6	6
3.70≤d<4.00	25	22	18	14	12	21	19	17	14	14	11	9	6	5	5
4.00≤d<4.20	23	21	17	13	11	20	18	16	13	13	9	7	6	4	4

续表

钢丝公称直径/mm	光面和B级					AB级					A级				
	公称抗拉强度级别/MPa														
	1180 1370	1470 1570	1670 1770	1870 1960	2060 2160	1180 1370	1470 1570	1670 1770	1870	1960	1180 1370	1470 1570	1670 1770	1870	1960
4.20≤d<4.40	21	19	16	11	10	18	16	14	11	11	9	7	5	3	—
4.40≤d<4.60	20	18	14	10	—	17	15	12	9	—	7	6	5	3	—
4.60≤d<4.80	18	16	12	8	—	15	14	10	6	—	7	6	5	3	—
4.80≤d<5.20	16	14	11	7	—	13	12	9	5	—	7	6	5	2	—
5.20≤d<5.40	14	12	10	7	—	11	10	8	5	—	6	6	4	2	—
5.40≤d<5.60	12	10	8	—	—	9	8	6	—	—	5	4	3	—	—
5.60≤d<5.80	10	8	6	—	—	7	6	4	—	—	3	3	3	—	—
5.80≤d<6.00	8	6	6	—	—	5	4	4	—	—	3	3	3	—	—

注：试验钳口标距：100d。

表 5.206　重要用途钢丝最小弯曲次数

钢丝公称直径/mm	弯曲半径/mm	光面和B级				AB级			A级		
		公称抗拉强度级别/MPa									
		1570	1670 1770	1870 1960	2060 2160	1570	1670 1770	1870	1570	1670 1770	1870
0.50≤d<0.55	1.75	18	17	16	15	15	14	13	13	12	11
0.55≤d<0.60		16	15	14	13	14	13	12	12	11	10
0.60≤d<0.65		14	13	12	11	12	11	10	10	9	8
0.65≤d<0.70		12	12	11	10	11	10	9	9	8	7
0.70≤d<0.75	2.50	19	18	17	16	17	16	15	15	14	13
0.75≤d<0.80		18	17	16	14	16	15	14	14	13	12
0.80≤d<0.90		16	15	14	12	14	13	12	12	11	10
0.90≤d<1.00		14	13	12	10	13	12	11	11	10	9
1.00≤d<1.10	3.75	19	18	17	15	18	17	16	16	15	14
1.10≤d<1.20		17	16	15	14	16	15	14	14	13	12
1.20≤d<1.30		15	14	13	13	14	13	12	12	11	10
1.30≤d<1.40		14	13	12	11	13	12	11	11	10	9
1.40≤d<1.50		13	12	11	10	12	11	10	10	9	8
1.50≤d<1.60	5.00	16	15	14	13	15	14	13	13	12	11
1.60≤d<1.70		15	14	13	12	14	13	12	12	11	10
1.70≤d<1.80		14	13	12	11	13	12	11	11	10	9
1.80≤d<1.90		13	12	11	9	12	11	10	10	9	8
1.90≤d<2.00		12	11	10	8	11	10	9	9	8	7

续表

钢丝公称直径	弯曲半径	光面和B级				AB级			A级		
		公称抗拉强度级别/MPa									
/mm		1570	1670 1770	1870 1960	2060 2160	1570	1670 1770	1870	1570	1670 1770	1870
2.00≤d<2.10	7.50	17	16	15	13	16	15	14	14	13	12
2.10≤d<2.20		16	15	14	12	15	14	13	13	12	11
2.20≤d<2.30		15	14	13	11	14	13	12	12	11	10
2.30≤d<2.40		15	14	13	11	14	13	12	12	11	10
2.40≤d<2.50		14	13	12	10	13	12	11	11	10	9
2.50≤d<2.60		13	12	11	9	12	11	10	10	9	8
2.60≤d<2.70		12	11	10	8	11	10	9	9	8	7
2.70≤d<2.80		12	11	10	8	11	10	9	9	8	7
2.80≤d<2.90		11	10	9	7	10	9	8	8	7	6
2.90≤d<3.00		11	10	9	7	10	9	8	8	7	6
3.00≤d<3.10	10.0	14	13	12	—	13	12	11	11	10	9
3.10≤d<3.20		14	13	12	—	13	12	11	11	10	9
3.20≤d<3.30		13	12	11	—	12	11	10	10	9	8
3.30≤d<3.40		13	12	11	—	12	11	10	10	9	8
3.40≤d<3.50		12	11	10	—	11	10	9	9	8	7
3.50≤d<3.60		11	10	9	—	10	9	8	9	8	7
3.60≤d<3.70		10	9	7	—	9	8	7	8	7	6
3.70≤d<3.80		9	8	7	—	8	7	6	8	7	6
3.80≤d<3.90		9	8	6	—	8	7	6	7	6	5
3.90≤d<4.00		8	7	6	—	7	6	6	7	6	5
4.00≤d<4.10	15.0	14	13	12	—	13	12	11	9	8	7
4.10≤d<4.20		13	12	11	—	12	11	10	8	7	6
4.20≤d<4.30		12	11	10	—	11	10	9	8	7	6
4.30≤d<4.40		12	11	10	—	11	10	9	8	7	6
4.40≤d<4.50		10	9	8	—	—	—	—	—	—	—
4.50≤d<4.60		8	7	6	—	—	—	—	—	—	—
4.60≤d<4.70		7	6	4	—	—	—	—	—	—	—
4.70≤d<4.80		6	5	—	—	—	—	—	—	—	—
4.80≤d<4.90		5	4	—	—	—	—	—	—	—	—
4.90≤d<5.00		4	3	—	—	—	—	—	—	—	—

表 5.207 一般用途钢丝最小弯曲次数

钢丝公称直径/mm	弯曲半径/mm	光面和B级					AB级				A级				
		公称抗拉强度/MPa													
		1180 1370	1470 1570	1670 1770	1870 1960	2060 2160	1180 1370	1470 1570	1670 1770	1870 1960	1180 1370	1470 1570	1670 1770	1870	1960
0.50≤d<0.55	1.75	17	16	15	14	13	15	14	13	12	13	12	11	10	10
0.55≤d<0.60		16	15	14	12	11	14	13	12	11	11	10	9	8	8
0.60≤d<0.65		14	13	12	11	10	12	11	10	9	9	8	7	6	6
0.65≤d<0.70		12	11	11	10	9	11	10	9	8	8	7	6	5	5
0.70≤d<0.75	2.50	18	17	16	15	14	17	16	15	14	14	13	12	11	11
0.75≤d<0.80		17	16	15	14	13	16	15	14	13	13	12	11	10	10
0.80≤d<0.85		15	14	13	12	11	14	13	12	11	12	10	10	9	9
0.85≤d<0.90		15	14	13	12	10	13	12	11	10	11	10	9	8	8
0.90≤d<0.95		13	12	11	10	9	12	11	10	9	10	9	8	7	7
0.95≤d<1.00		12	12	11	10	8	11	10	9	8	10	9	7	6	6
1.00≤d<1.10	3.75	18	17	16	15	14	18	17	16	15	16	14	14	12	12
1.10≤d<1.20		16	15	14	13	12	17	16	15	14	15	12	13	11	11
1.20≤d<1.30		14	13	12	11	10	16	15	14	13	13	10	11	9	9
1.30≤d<1.40		13	12	11	10	9	14	13	12	11	11	9	9	7	7
1.40≤d<1.50		12	11	10	9	8	12	11	10	9	9	8	7	6	6
1.50≤d<1.60	5.00	15	14	13	13	11	15	14	13	12	12	11	10	9	9
1.60≤d<1.70		14	13	12	12	10	14	13	12	11	11	10	9	8	8
1.70≤d<1.80		13	12	11	11	9	12	11	10	9	10	9	8	7	7
1.80≤d<1.90		12	11	10	10	8	11	10	9	8	9	8	7	6	6
1.90≤d<2.00		11	10	9	9	8	10	9	8	7	8	7	6	5	5

续表

钢丝公称直径/mm	弯曲半径/mm	光面和B级					AB级				A级				
		公称抗拉强度/MPa													
		1180 1370	1470 1570	1670 1770	1870 1960	2060 2160	1180 1370	1470 1570	1670 1770	1870 1960	1180 1370	1470 1570	1670 1770	1870	1960
2.00≤d<2.10	7.5	16	15	14	13	12	15	14	13	12	14	12	12	11	11
2.10≤d<2.20		15	14	13	12	11	14	13	12	11	13	11	11	10	10
2.20≤d<2.40		14	13	12	11	10	13	12	11	10	12	10	10	9	9
2.40≤d<2.50		13	12	11	10	9	12	11	10	9	11	10	9	8	8
2.50≤d<2.60		12	11	10	9	8	10	9	9	8	10	9	8	7	7
2.60≤d<2.80		11	10	9	8	7	10	9	8	7	9	9	7	6	6
2.80≤d<3.00		10	9	8	7	6	9	8	7	6	8	8	6	5	5
3.00≤d<3.10	10.0	13	12	11	10	9	13	12	11	10	11	11	9	8	8
3.10≤d<3.20		13	12	11	10	9	12	11	10	9	10	11	8	7	7
3.20≤d<3.40		12	11	10	9	8	11	10	9	8	9	10	7	6	6
3.40≤d<3.50		11	10	9	8	7	9	8	7	6	8	9	6	5	5
3.50≤d<3.70		9	8	8	7	6	8	7	6	5	7	9	5	4	4
3.70≤d<4.00		8	7	6	5	4	7	6	5	4	6	7	4	3	3
4.00≤d<4.20	15.0	13	12	11	10	9	12	11	10	9	10	9	7	6	6
4.20≤d<4.40		12	11	10	9	8	11	10	9	8	9	8	6	5	—
4.40≤d<4.60		10	9	8	7	—	9	8	7	6	6	5	5	4	—
4.60≤d<4.80		9	8	8	6	—	6	5	4	—	—	—	—	—	—
4.80≤d<5.00		8	7	7	5	—	5	4	4	—	—	—	—	—	—
5.0		7	6	6	4	—	4	3	3	—	—	—	—	—	—

表 5.208 钢丝的最小锌层重量 g/m²

公称直径/mm	B级		AB级		A级	
	一般用途	重要用途	一般用途	重要用途	一般用途	重要用途
0.08≤d<0.15	5	—	—	—	—	—
0.15≤d<0.25	16	—	—	—	—	—
0.25≤d<0.40	21	—	—	—	—	—
0.40≤d<0.50	30	—	61	—	75	—
0.50≤d<0.60	40	44	70	74	91	110
0.60≤d<0.70	52	54	87	89	110	116
0.70≤d<0.80	61	64	87	89	120	128
0.80≤d<1.00	70	74	97	99	132	138
1.00≤d<1.20	80	84	110	114	152	158
1.20≤d<1.50	92	96	118	126	167	175
1.50≤d<1.90	101	106	132	136	181	190
1.90≤d<2.50	110	116	150	156	205	215
2.50≤d<3.20	125	131	165	171	233	245
3.20≤d<4.00	136	143	190	198	243	265
4.00≤d<4.40	150	158	200	208	262	275
4.40≤d<5.20	150	158	200	208	262	275
5.20≤d<6.00	158	166	210	218	270	283

5.10 冶金用钢

5.10.1 钢铁冶炼工艺炉炉壳用钢板（YB /T 4281—2012）

适用于厚度为 8～200mm 的炉壳用钢板。钢板厚度负偏差限定为－0.25mm。

表 5.209 各牌号的适用厚度

牌号	标准最大公称厚度/mm	用途
SM400ZL	200	转炉炉壳
BB41BF(C、D)	100	热风炉炉壳
HB6503C	200	高炉炉壳
HB503D	150	
HB503E	100	

注：抗拉强度分为 2 个强度级别，标准最小抗拉强度分别为 400MPa、490MPa。

表 5.210 钢板的交货状态

牌号	冲击温度/℃	厚度/mm	交货状态
SM400ZL	0	8～200	正 火
BB41BFC	0	8～40	控轧或正火
		>40～100	正 火
BB41BFD	−20	8～30	控轧或正火
		>30～100	正 火
BB503C	0	8～50	控轧或正火
		>50～200	正 火
BB503D	−20	8～40	控轧或正火
		>40～150	正 火
BB503E	−40	8～100	正 火

表 5.211 钢板的力学性能和工艺性能

牌号	钢板厚度	拉伸试验			夏比V形冲击试验				180°冷弯试验 (b=35mm)
		屈服强度 R_e/MPa	抗拉强度 R_m/MPa	伸长率 A/%	冲击功 A_{KV}/J,纵向 0℃	−20℃	−40℃	常温时效冲击功 A_{cvs} 纵向/J	
SM400ZL	≤16	≥245	400～540	≥22	≥47	—	—	—	$D=3a$
	>16～40	≥235							
	>40～75	≥215							
	>75～100	≥215							
	>100～160	≥205							
	>160～200	≥195							
BB41BFC BB41BFD	≤16	≥245	400～510	≥22	≥47	≥47	—	≥34	$D=2a$
	>16～40	≥235							
	>40～100	≥215							
BB503C BB503D BB503E	≤16	≥325	490～610	≥21	≥47	≥47	≥47	≥34	$D=2a$
	>16～40	≥315							$D=3a$
	>40～100	≥295							
	>100～150	≥285		≥20	≥47	≥47	—	—	—
	>150～200	≥275		≥18		—			

注 1. SM400ZL 测定上屈服强度 R_{eH}，BB41BF、BB503 测定下屈服强度 R_{eL}。

2. b 为试样宽度，D 为压头直径，a 为试样厚度。

3. C 级钢对应冲击温度为 0℃，D 级钢对应的冲击温度为−20℃，E 级钢对应的冲击温度为−40℃。

5.10.2 耐火结构用钢板及钢带（GB/T 28415—2012）

牌号表示方法：

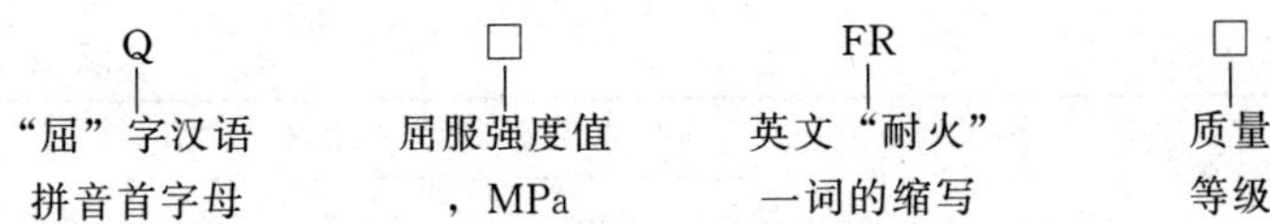

注：当要求钢板具有厚度方向性能时，则在上述规定的牌号后加上代表厚度方向（Z向）性能级别的符号，如Q420FRDZ25。尺寸、外形、重量应符合GB/T 709的规定。

表5.212 钢板及钢带的室温力学性能及工艺性能

牌号	质量等级	拉伸试验[①②③]						V形冲击试验[②]	
		以下厚度(mm)上屈服强度 R_{eH}/MPa			抗拉强度 R_m /MPa	断后伸长率 A/%	屈强比 R_{eH}/R_m	试验温度/℃	吸收能量 KV_2/J
		≤16	>16～63	>63～100					
Q235FR	B C D E	≥235	235～355	225～345	≥400	≥23	≤0.80	20 0 −20 −40	≥34
Q345FR	B C D E	≥345	345～465	235～455	≥490	≥22	≤0.83	20 0 −20 −40	≥34
Q390FR	C D E	≥390	390～510	380～500	≥490	≥20	≤0.85	0 −20 −40	≥34
Q420FR	C D E	≥420	420～550	410～540	≥520	≥19	≤0.85	0 −20 −40	≥34
Q460FR	C D E	≥460	460～600	450～590	≥550	≥17	≤0.85	0 −20 −40	≥34

①当屈服不明显时，可测量 $R_{p0.2}$ 代替上屈服强度。

②拉伸取横向试样，冲击试验取纵向试样。

③厚度不大于12mm的钢材，可不做屈强比。

表5.213 钢板及钢带的高温力学性能

牌 号	600℃规定塑性延伸强度 $R_{p0.2}$/MPa	
	厚度≤63mm	厚度>63～100mm
Q235FR	≥157	≥150

续表

牌号	600℃规定塑性延伸强度 $R_{p0.2}$/MPa	
	厚度≤63mm	厚度>63~100mm
Q345FR	≥230	≥223
Q390FR	≥260	≥253
Q420FR	≥280	≥273
Q460FR	≥307	≥300

5.11 通信、家电和电力用钢

5.11.1 通信用镀锌低碳钢丝（GB/T 346—1984）

① 用途 用于电报、电话、有线广播及信号传递等传输线路。

② 分类 按锌层表面状态可为经钝化处理（DH）和未经钝化处；按锌层重量可分为Ⅰ组和Ⅱ组；按钢丝用铜的含铜量可分为含铜钢（Cu）和普通钢。

③ 材料 用GB/T 701—2008《低碳钢热轧圆盘条》制造。

④ 含铜量 普通钢Cu≤0.20%，含铜钢Cu=0.2%~0.4%。

表5.214 通信用镀锌低碳钢丝的力学性能和物理性能

公称直径/mm	抗拉强度 R_m/MPa ≥	断后伸长率 A_{200}/%	20℃时的电阻率/×10^{-6}Ω·m	
			普通	含铜
1.2、1.5、2.0	355~540	≥12	≤0.132	≤0.146
2.5、3.0、4.0、5.0、6.0	355~490			

表5.215 通信用镀锌低碳钢丝的重量

钢丝直径/mm	50kg标准捆			非标准捆	
	每捆钢丝根数 ≤		配捆单根钢丝重量/kg ≥	单根钢丝重量/kg ≥	
	正常捆	配捆		正常的	最低重量
1.2	1	4	2	10	3
1.5		3	3	10	5
2.0		3	5	20	8
2.5		2	5	20	10
3.0		2	10	25	12
4.0		2	10	40	15
5.0		2	15	50	20
6.0		2	15	50	20

5.11.2　家用电器用热轧硅钢薄钢板（YB/T 5287—1999）

① 用途　适用各种电扇、洗衣机、吸尘器、脱排油烟机等家用电器产品微分电机。

② 牌号表示方法

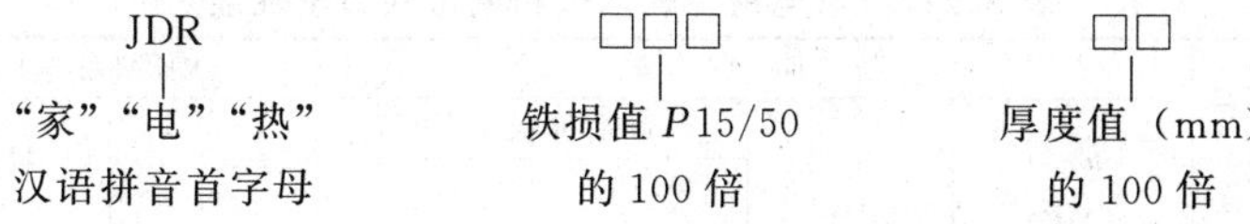

③ 工艺性能

表 5.216　家用电器用热轧硅钢薄钢板的电磁和工艺性能

牌号	检验条件	最小磁感应强度/T			最大铁损/(W/kg)	
		$B25$	$B50$	$B100$	$P10/50$	$P15/50$
JDR580-50	强磁场	1.55	1.65	1.76	2.50	5.80
JDR540-50		1.53	1.63	1.74	2.30	5.40
JDR525-50		1.52	1.62	1.74	2.20	5.25
JDR510-50		1.54	1.64	1.76	2.10	5.10

注：1. 叠装系数应不小于 95%。如供方能保证，则可以不作检验。
2. 最低弯曲次数不小于 10 次。

5.11.3　家电用冷轧钢板和钢带（GB/T 30068—2013）

① 分类

表 5.217　家电用冷轧钢板和钢带的分类

按　用　途	按表面结构	按不平度精度
JD1—结构用、JD2——般用 JD3—冲压用、JD4—深冲用	B—光亮 D—麻面	PF. B—较高精度 PF. C—高精度

按表面质量	按涂油种类	
FB—较高级精整 FB—高级精整 FD—超高级精整	GL—普通防锈油轻涂油 GM—普通防锈油中涂油 GH—普通防锈油重涂油 LM—高级润滑防锈油中涂油	LH—高级润滑防锈油中涂油 CL—易清洗防锈油轻涂油 UO—不涂油

② 牌号和用途

表 5.218 家电用冷轧钢板和钢带的牌号和用途

牌号	用途	用途举例
JD1	结构用	冰箱侧板、冰柜面板、空调器侧板等
JD2	一般用	冰箱面板、背板，洗衣机背板、控制器等
JD3	冲压用	微波炉等小家电、空调器面板等
JD4	深冲压用	深冲压件等

表 5.219 家电用冷轧钢板和钢带的力学性能

牌号	拉伸试验				硬度(参考)	
	R_{eL} /MPa	R_m /MPa ≥	断后伸长率/%		HR30T ≥	HV ≥
			A_{50mm} (b=25mm)	A_{80mm} (b=20mm)		
JD1	260～360	340	30	26	50	93
JD2	200～300	300	32	30	45	86
JD3	150～240	270	35	33	40	81
JD4	120～190	260	38	36	30	77

5.11.4 电工用铝包钢线（GB/T 17937—2009）

电工用铝包钢线为复合前不同电气性能和力学性能的电工用圆形硬拉裸铝包钢线（包括应用于铝绞线的加强芯及所有铝包钢绞线的铝包钢线，不包括再拉制的线）。

表 5.220 电工用铝包钢线的公称密度（20℃） g/cm^3

等级	公称密度	等级	公称密度	等级	公称密度
LB14	7.14	LB23	6.27	LB35	5.15
LB20①	6.59	LB27	5.91	LB40	4.64
LB20②	6.53	LB30	5.61		

①A型。

②B型。

表 5.221 电工用铝包钢线的物理常数

等级	实测最终弹性模量/GPa	线胀系数 /10^{-6}℃$^{-1}$	定质量电阻温度系数/℃	等级	实测最终弹性模量/GPa	线胀系数 /10^{-6}℃$^{-1}$	定质量电阻温度系数/℃
LB14	170	12.0	0.0034	LB27	140	134	0.0036
LB20①	162	13.0	0.0036	LB30	132	13.8	0.0038
LB20②	155	12.6	0.0036	LB35	122	145	0.0039
LB23	149	12.9	0.0036	LB40	109	155	0.0040

①A型。

②B型。

表 5.222　电工用铝包钢线的最小铝层厚度

等　级	最小铝层厚度/钢线公称半径/%	等　级	最小铝层厚度/钢线公称半径/%
LB14	5	LB27	14
LB20①	8	LB30	15
LB20②	10	LB35	20
LB23	11	LB40	25

①公称直径 150mm 以下。

②公称直径 150mm 及以上。

表 5.223　电工用铝包钢线的抗拉强度和电阻率（绞合前）

等级	型式	公称直径 d/mm	抗拉强度 R_m(min) /MPa	1%伸长时的应力 (min)/MPa	20℃时的电阻率 (max)/$\times10^{-9}\Omega\cdot m$
LB14	—	2.25<d≤3.00	1590	1410	123.15(对应于 14% IACS 电导率)
		3.00<d≤3.50	1550	1380	
		3.50<d≤4.75	1520	1340	
		4.75<d≤5.50	1500	1270	
LB20	A	1.24<d≤3.25	1340	1200	84.80(对应于 20.3% IACS 电导率)
		3.25<d≤3.45	1310	1180	
		3.45<d≤3.65	1270	1140	
		3.65<d≤3.95	1250	1100	
		3.95<d≤4.10	1210	1100	
		4.10<d≤4.40	1180	1070	
		4.40<d≤4.60	1140	1030	
		4.60<d≤4.75	1100	1000	
		4.75<d≤5.50	1070	1000	
	B	1.24<d≤5.50	1320	1100	
LB23	—	2.50<d≤5.00	1220	980	74.96(对应于 23%IACS 电导率)
LB27	—	2.50<d≤5.00	1080	800	63.86(对应于 27%IACS 电导率)
LB30	—	2.50<d≤5.00	880	650	57.47(对应于 30%IACS 电导率)
LB35	—	2.50<d≤5.00	810	590	49.26(对应于 35%IACS 电导率)
LB40	—	2.50<d≤5.00	680	500	43.10(对应于 40%IACS 电导率)

5.11.5　碳素结构钢电线套管（YB/T 5305—2008）

① 分类　钢管按管端加工状态分为平端电线套管和带螺纹电线套管，按表面状态分为镀锌电线套管和焊管电线套管。

② 通常长度　3000～12000mm。

③ 钢的牌号　Q195、Q215A、Q215B、Q235A、Q235B、

Q235C、Q275A、Q275B、Q275C的规定。

④钢管的外径 D 和壁厚 t 应符合 GB/T 21835 的规定，其中外径 D 范围为 12.7～168.3mm，壁厚 t 范围为 0.5～3.2mm。

表 5.224 碳素结构钢电线套管的规格及理论重量

公称尺寸/mm	外径/mm	壁厚/mm	理论重量量(不计管接头)/(kg/m)
13	12.70	1.60	0.438
16	15.88		0.581
19	19.05	1.80	0.766
25	25.40		1.048
32	31.75		1.329
38	38.10		1.611
51	50.80	2.00	2.407
64	63.50	2.50	3.760
76	76.20	3.20	5.761

5.11.6 铝包钢丝 (YB/T 123—1997)

① 用途 作输电线路中的铝包钢绞线、铝包钢芯铝绞线、光纤复合架空地线、铁路载流承力索等。

② 原料 钢丝用盘条应符合 GB/T 4354 的规定（钢号由制造厂选择）；包覆用铝应符合 GB 3954 中电工圆铝杆的规定。

③ 牌号标记方法

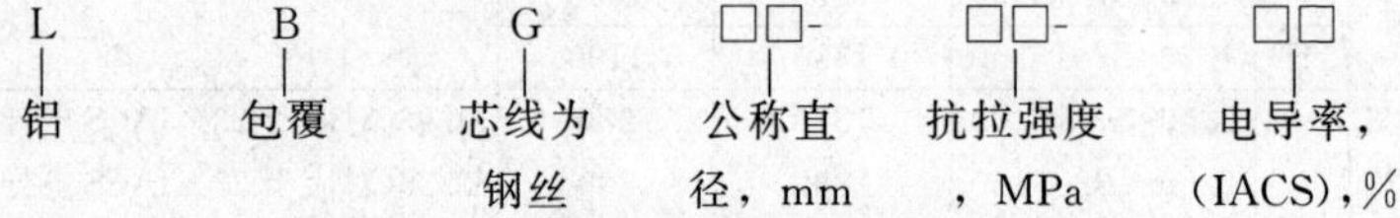

表 5.225 铝包钢丝的力学性能

公称直径/mm	1%伸长时应力/MPa ≥	抗拉强度/MPa ≥					
	20AC	20AC	23AC	27AC	30AC	33AC	40AC
2.00～3.20①	1200	1340	1200	1060	890	790	690
3.50	1140	1310	1190	1030	870	780	680
3.75	1100	1260	1160	1020	840	760	670
3.80	1100	1240	1100	1000	820	740	660

续表

公称直径/mm	1%伸长时应力/MPa ≥	抗拉强度/MPa ≥					
	20AC	20AC	23AC	27AC	30AC	33AC	40AC
4.00	1100	1210	1090	970	790	720	660
4.20	1070	1180	1070	950	790	710	660
4.50	1030	1130	1020	920	760	690	610
4.80	1000	1100	1000	890	730	660	580

①2.00、2.20、2.30、2.60、2.75、2.85、2.90、3.00、3.15、3.20。

注：导电率组别为20AC的1%伸长时应力，仅适用于铝包钢芯铝绞线用铝包锕丝。

表5.226 铝包钢丝的铝、钢截面面积比例及铝层厚度与公称半径的比值

电导率组别	铝、钢截面面积比例/%		铝层厚度与公称半径的比值	
	铝	钢	最小值	平均值
20AC	25	75	10	13.4
23AC	30	70	11	16.3
27AC	37	63	14	20.5
30AC	43	57	15	24.5
33AC	50	50	17	29.2
40AC	62	38	25	38.4

表5.227 铝包钢丝的直流电阻

公球直径/mm	20℃直流电阻/(Ω/m) ≤					
	20AC	23AC	27AC	30AC	33AC	40AC
2.00	0.0270	0.0239	0.0203	0.0183	0.0166	0.0137
2.20	0.0223	0.0197	0.0168	0.0151	0.0137	0.0113
2.30	0.0204	0.0181	0.0154	0.0138	0.0126	0.0104
2.60	0.0160	0.0141	0.0120	0.0108	0.0098	0.0081
2.75	0.0143	0.0126	0.0108	0.0097	0.0088	0.0073
2.85	0.0133	0.0115	0.0100	0.0090	0.0082	0.0068
2.90	0.0128	0.0111	0.0097	0.0087	0.0079	0.0065
3.00	0.0120	0.0106	0.0090	0.0081	0.0074	0.0061
3.15	0.0109	0.0096	0.0082	0.0074	0.0067	0.0055
3.20	0.0105	0.0093	0.0079	0.0071	0.0065	0.0054
3.50	0.0088	0.0078	0.0066	0.0060	0.0051	0.0045
3.75	0.0077	0.0068	0.0058	0.0052	0.0047	0.0039
3.80	0.0075	0.0066	0.0056	0.0051	0.0046	0.0038
4.00	0.0067	0.0060	0.0051	0.0046	0.0042	0.0034
4.20	0.0061	0.0051	0.0046	0.0042	0.0038	0.0031

续表

公球直径/mm	20℃直流电阻/(Ω/m) ≤					
	20AC	23AC	27AC	30AC	33AC	40AC
4.50	0.0053	0.0047	0.0040	0.0036	0.0033	0.0027
4.80	0.0047	0.0041	0.0035	0.0032	0.0029	0.0024

5.11.7　镍铬基精密电阻合金丝（YB/T 5260—2013）

用于制作各种仪器、仪表等精密电阻元件及其他特殊用途元件的镍铬基精密电阻合金丝。合金丝的牌号有6J22、6J23、6J24。

合金丝按表面状态分为光丝和漆包丝。

表5.228　直径和每轴丝重量

公称直径/mm	每轴丝重量/g ≥	公称直径/mm	每轴丝重量/g ≥	公称直径/mm	每轴丝重量/g ≥
0.010	0.2	0.040	30	0.140	120
0.011	0.3	0.045	50	(0.150)	250
0.012	0.5	0.050		0.160	
0.014	1.0	0.056		0.180	
0.016	2.0	(0.060)		0.200	
0.018	5.0	0.063		0.220	500
0.020	6.0	0.070	80	0.250	
0.022	8.0	0.080		0.280	
0.025	12	0.090		(0.300)	
0.028	20	0.100		0.320	
0.032	25	0.112	120	0.350	
0.035	30	0.125		0.400	

表5.229　合金丝断后伸长率和破断拉力

公称直径/mm	断后伸长率(L_0=100mm)/% ≥	破断拉力/N ≥	公称直径/mm	断后伸长率(L_0=100mm)/% ≥	破断拉力/N ≥
0.010～0.012	4	0.059	0.040～0.050	10	0.981
0.013～0.016	5	0.098	0.056～0.063		1.765
0.018～0.020		0.157	0.071～0.080		2.74
0.022～0.025	7	0.245	0.090～0.100		4.903
0.028～0.030		0.441	0.112～0.400	18	6.374
0.032～0.036		0.637			

表 5.230　公称每米电阻值及其允许偏差

公称直径/mm	公称电阻值/(Ω/m)	每米电阻值允许偏差/%	漆膜最小厚度/mm	漆包丝最大外径/mm	漆膜击穿电压/V ≥
0.010	16900	±15	—	—	—
0.011	14000	±15	—	—	—
0.012	11800	±15	—	—	—
0.014	8640	±15	—	—	—
0.016	6610	±15	0.004	0.028	200
0.018	5230	±15	0.005	0.030	200
0.020	4230	±12	0.006	0.036	200
0.022	3500	±12	0.006	0.038	250
0.025	2710	±12	0.006	0.042	250
0.028	2160	±12	0.006	0045	300
(0.030)	1880	±10	0.006	0.048	350
0.032	1650	±10	0.006	0.050	350
0.036	1310	±10	0.007	0.054	350
0.040	1060	±10	0.007	0.060	350
0.045	836	±10	0.008	0.066	350
0.050	677	±10	0.008	0.072	350
0.055	540	±8	0.009	0.078	500
(0.060)	470	±8	0.009	0.085	500
0.063	427	±8	0.009	0.089	500
0.070	346	±8	0.010	0.096	500
0.080	265	±8	0.011	0.108	500
0.090	209	±8	0.012	0.120	500
0.100	169	±6	0.012	0.132	600
0.110	140	±6	0.012	0.144	600
0.125	118	±6	0.014	0.156	600
0.140	86.4	±6	0.015	0.179	600
(0.150)	75.3	±6	0.016	0.191	600
0.160	66.2	±6	0.017	0.202	600
0.180	52.3	±6	0.018	0.225	600
0.200	42.3	±6	0.019	0248	600
0.220	35.0	±5	0.021	0.271	600
0.250	27.1	±5	0.022	0.310	600
0.280	21.6	±5	0.024	0.338	600
(0.300)	18.9	±5	0.025	0.358	600
0.320	16.5	±5	0.026	0.381	600
0.350	13.8	±5	—	—	—
0.400	10.6	±5	—	—	—

5.11.8 铠装电缆用低碳钢丝 (GB/T 3082—2008)

① 用途 用于通信、自控或电力用的海底和地下电缆。

② 分类 按镀层类别分为镀锌层和镀锌－5%铝-混合稀土合金镀层两类（合金中未注明时为镀锌层）；按镀层级别分为Ⅰ组和Ⅱ组。

③ 材料 钢丝用盘条应符合 GB/T 701 的规定，牌号由生产厂选择。热镀用锌锭应符合 GB/T 470—2008 中的 Zn99.995、Zn99.99 的规定。

表 5.231 钢丝力学及工艺性能

公称直径/mm	抗拉强度 R_m/MPa	断后伸长率		扭转		缠绕	
		% ≥	标距/mm	次数(360°) ≥	标距/mm	芯棒直径与钢丝公称直径之比	缠绕次数
>0.8～1.2	345～495	10	250	24	150	—	—
>1.2～1.6		10		22		1	8
>1.6～2.5		10		20			
>2.5～3.2		10		19			
>3.2～4.2		10		15			
>4.2～6.0		10		10			
>6.0～8.0		9		7			

表 5.232 钢丝镀层重量及缠绕试验

公称直径/mm	Ⅰ组			Ⅱ组		
	镀层重量/(g/mm²) ≥	缠绕试验		镀层重量/(g/mm²) ≥	缠绕试验	
		芯棒直径/钢丝直径	缠绕圈数		芯棒直径/钢丝直径	缠绕圈数
0.9	112	2	6	150	2	6
1.2	150			200		
1.6	150	4		220	4	
2.0	190			240		
2.5	210			260		
3.2	240			275		
4.0	270	5		290	5	
5.0						
6.0				300		
7.0	280					
8.0						

5.11.9　铠装电缆用钢带（YB/T 024—2008）

① 分类　按镀层分有镀锌钢带和涂漆钢带两种；按表面状态分有热镀锌钢带（R）、电镀锌钢带（D）和涂漆钢带（Q）三种。

② 材料　采用碳素结构钢、碳锰钢和低合金钢制造，牌号和化学成分应符合 GB/T 710 和 GB/T 912 标准的规定。

表 5.233　钢带的厚度和宽度尺寸　mm

公称厚度	公称宽度									
	15	20	25	30	35	40	45	50	55	60
0.20	√	√	√	√						
0.30	√	√	√	√	√	√	√			
0.50	√	√	√	√	√	√	√	√	√	√
0.80						√	√	√	√	√

表 5.234　铠装电缆用钢带的力学性能

钢带公称厚度 /mm	抗拉强度 R_m /(N/mm²) ≥	断后伸长率 A/% ≥	断后伸长率试样标距/mm
≤0.20	295	17	50
>0.20～0.30		20	50
>0.30		20	80

5.11.10　光缆增强用碳素钢丝（GB/T 24202—2009）

是镀锌和磷化的圆形碳素钢丝，用于光纤光缆用加强件等类似用途。

表 5.235　光缆增强用碳素钢丝公称抗拉强度级及直径适用范围

公称抗拉强度级/MPa	直径适用范围/mm	公称抗拉强度级/MPa	直径适用范围/mm	公称抗拉强度级/MPa	直径适用范围/mm
1370	0.50～3.00	1770	0.50～3.00	2160	0.50～2.10
1570	0.50～3.00	1960	0.50～2.50	2350	0.50～1.90

表 5.236　光缆增强用碳素钢丝抗拉强度波动值

公称直径 d/mm	抗拉强度波动值/MPa	公称直径 d/mm	抗拉强度波动值/MPa
$0.50 \leqslant d < 1.00$	350	$1.50 \leqslant d < 2.00$	290
$1.00 \leqslant d < 1.50$	320	$2.00 \leqslant d \leqslant 3.00$	260

表5.237 光缆增强用碳素钢丝的最小扭转次数

公称直径 d/mm	试验长度（钳口距离）	公称抗拉强度级/MPa					
		1370	1570	1770	1960	2160	2350
0.50≤d<1.00	100×d	33	30	28	25	23	20
1.00≤d<1.30		31	29	26	23	21	18
1.30≤d<1.80		30	28	25	22	20	17
1.80≤d<2.30		28	26	24	21	19	16
2.30≤d≤3.00		26	24	22	19	—	—

表5.238 最小反复弯曲次数

钢丝公称直径 d/mm	圆柱支座半径/mm	公称抗拉强度级/MPa					
		1370	1570	1770	1960	2160	2350
0.50≤d<0.55	1.75	18	16	15	14	12	11
0.55≤d<0.60		17	15	14	13	11	10
0.60≤d<0.65		15	13	12	11	9	8
0.65≤d<0.70		14	12	11	10	8	7
0.70≤d<0.75	2.50	18	16	15	14	12	11
0.75≤d<0.80		17	15	14	13	11	10
0.80≤d<0.85		16	14	13	12	10	9
0.85≤d<0.90		14	12	11	10	9	8
0.90≤d<0.95		13	11	10	9	8	7
0.95≤d<1.00		13	11	10	9	8	7
1.00≤d<1.10	3.75	18	16	15	14	12	11
1.10≤d<1.20		16	14	13	12	10	9
1.20≤d<1.30		15	13	12	11	9	8
1.30≤d<1.40		12	11	10	9	8	7
1.40≤d<1.50		11	10	9	8	7	7
1.50≤d<1.60	5.00	15	13	12	11	10	9
1.6≤d<1.70		14	12	11	10	9	8
1.70≤d<1.80		13	11	10	9	8	7
1.80≤d<1.90		12	10	9	8	7	6
1.90≤d<2.00		11	9	8	7	6	5
2.00≤d<2.10	7.50	17	14	13	12	11	—
2.10≤d<2.20		15	13	12	11	10	—
2.20≤d<2.30		14	12	11	10	—	—
2.30≤d<2.40		14	12	11	10	—	—
2.40≤d<2.50		13	11	10	9	—	—
2.50≤d<2.60		12	10	9	8	—	—
2.60≤d<2.70		11	9	8	—	—	—
2.70≤d<2.80		10	8	7	—	—	—
2.80≤d<2.90		10	8	7	—	—	—
2.90≤d<3.00		10	8	7	—	—	—

5.11.11 光缆增强用碳素钢绞线（YB/T 098—2012）

① 用途 光缆用增强芯、自承式光缆等类似用途的镀锌和磷化碳素钢绞线。

② 材料 符合 GB/T 4354 或其他相应标准。

③ 牌号 由供方确定；镀锌锌锭牌号为 Zn99.995 或 Zn99.99。

④ 分类 按表面状态分为 A 类（普通锌层和磷化钢绞线）和 B类（厚锌层钢绞线）；按抗拉强度分为 1370MPa、1470MPa、1570MPa、1670MPa 和 1770MPa 五种。

⑤ 钢绞线结构 1×7，左捻（S）。

⑥ 标记方法

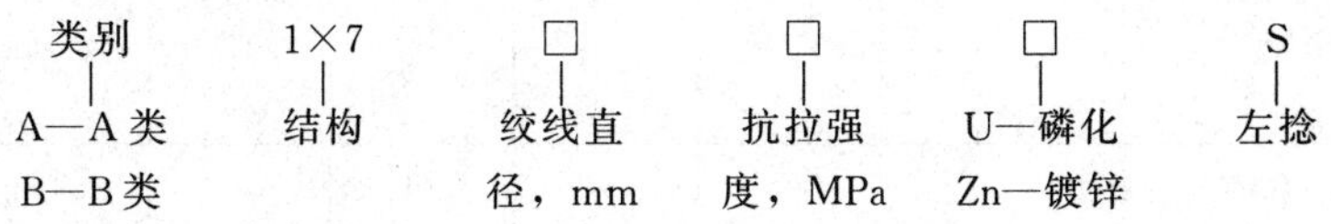

表 5.239 钢绞线用钢丝公称抗拉强度

A 类			B 类
钢丝公称直径 d/mm	钢丝公称抗拉强度/MPa ≥	强度波动范围/MPa	钢绞线用钢丝公称抗拉强度≥1370MPa
0.30≤d<0.50	1770	390	
0.50≤d<1.00	1670	350	
1.0≤d<1.50	1570	320	
1.50≤d<2.00	1470	290	
2.00≤d<2.30	1370	260	

注：公称抗拉强度是钢丝抗拉强度的下限值，其上限值等于公称抗拉强度加上强度波动范围中相应的数值。

表 5.240 钢丝扭转次数

钢丝公称直径 d	试样长度（钳口距离）	最小扭转次数				
		公称抗拉强度/MPa ≥				
mm		1370	1470	1570	1670	1770
0.50≤d<1.00	100×d	—	—	30	29	28
1.00≤d<1.50		—	30	29	28	—
1.50≤d<2.00		30	29	28	—	—
2.00≤d<2.30		29	28	—	—	—

表 5.241　钢丝反复弯曲次数

<table>
<tr><th>钢丝公称直径 d</th><th>弯曲圆柱半径</th><th colspan="5">最小反复弯曲次数 ≥</th></tr>
<tr><th colspan="2" rowspan="2">mm</th><th colspan="5">公称抗拉强度/MPa</th></tr>
<tr><th>1370</th><th>1470</th><th>1570</th><th>1670</th><th>1770</th></tr>
<tr><td>0.50</td><td rowspan="4">1.75</td><td rowspan="10">—</td><td rowspan="10">—</td><td rowspan="10">—</td><td>—</td><td rowspan="10">16</td></tr>
<tr><td>0.55</td><td>14</td></tr>
<tr><td>0.60</td><td>12</td></tr>
<tr><td>0.65</td><td>10</td></tr>
<tr><td>0.70</td><td rowspan="6">2.50</td><td>15</td></tr>
<tr><td>0.75</td><td>10</td></tr>
<tr><td>0.80</td><td>14</td></tr>
<tr><td>0.85</td><td>14</td></tr>
<tr><td>0.90</td><td>13</td></tr>
<tr><td>0.95</td><td>12</td></tr>
<tr><td>1.00</td><td rowspan="10">3.75</td><td rowspan="10">—</td><td rowspan="10">—</td><td>18</td><td rowspan="10">—</td><td rowspan="10">—</td></tr>
<tr><td>1.05</td><td>18</td></tr>
<tr><td>1.10</td><td>18</td></tr>
<tr><td>1.15</td><td>17</td></tr>
<tr><td>1.20</td><td>16</td></tr>
<tr><td>1.25</td><td>15</td></tr>
<tr><td>1.30</td><td>14</td></tr>
<tr><td>1.35</td><td>13</td></tr>
<tr><td>1.40</td><td>12</td></tr>
<tr><td>1.45</td><td>11</td></tr>
<tr><td>1.50</td><td rowspan="10">5.00</td><td rowspan="10">—</td><td>16</td><td rowspan="10">—</td><td rowspan="10">—</td><td rowspan="10">—</td></tr>
<tr><td>1.55</td><td>16</td></tr>
<tr><td>1.60</td><td>16</td></tr>
<tr><td>1.65</td><td>15</td></tr>
<tr><td>1.70</td><td>14</td></tr>
<tr><td>1.75</td><td>13</td></tr>
<tr><td>1.80</td><td>13</td></tr>
<tr><td>1.85</td><td>12</td></tr>
<tr><td>1.90</td><td>12</td></tr>
<tr><td>1.95</td><td>11</td></tr>
<tr><td>2.00</td><td rowspan="5">7.50</td><td>15</td><td rowspan="5">—</td><td rowspan="5">—</td><td rowspan="5">—</td><td rowspan="5">—</td></tr>
<tr><td>2.05</td><td>15</td></tr>
<tr><td>2.10</td><td>14</td></tr>
<tr><td>2.20</td><td>13</td></tr>
<tr><td>2.30</td><td>12</td></tr>
</table>

表 5.242　A 类钢绞线综合要求

钢绞线		横截面积/mm^2	钢绞线最小破断拉力/kN					参考重量/(kg/100m)
公称直径/mm	允许偏差/%		1370	1470	1570	1670	1770	
			MPa					
0.90		0.49					0.80	0.40
1.00		0.60					0.98	0.49
1.10		0.75					1.22	0.61
1.20		0.88					1.43	0.71
1.30		1.02					1.66	0.83
1.40		1.21					1.97	0.98
1.50		1.37				2.10		1.11
1.60		1.54				2.37		1.25
1.70		1.79				2.75		1.45
1.80		1.98				3.04		1.60
1.90		2.18				3.35		1.76
2.00		2.47				3.79		2.00
2.10		2.69				4.13		2.18
2.20		2.93				4.50		2.37
2.30		3.26				5.00		2.64
2.40		3.52				5.41		2.85
2.50		3.79				5.81		3.06
2.60	+2	4.16				6.39		3.36
2.70	−3	4.45				6.84		3.60
2.80		4.76				7.32		3.85
2.90		5.17				7.95		4.18
3.00		5.50			7.99			4.45
3.30		6.65			9.60			5.38
3.60		7.92			11.44			6.40
3.90		9.29			13.57			7.51
4.20		10.78			15.57			8.72
4.50		12.37		16.73				10.00
4.80		14.07		19.02				11.38
5.10		15.89		21.49				12.85
5.40		17.87		24.09				14.40
5.70		19.85		25.81				16.05
6.00		21.99	27.72					17.78
6.20		23.33	29.40					18.86
6.30		24.25	30.56					19.61
6.60		26.61	33.54					21.52
6.90		29.08	36.65					23.51

注：钢绞线参考重量中钢丝的密度按 7.85g/cm^3 计算。

表 5.243 B 类钢绞线综合要求

钢丝公称直径 d/mm	钢绞线最小破断拉力 /kN	断后伸长率 A (标距 610mm)/%	钢绞线参考重量 /(kg/1000m)
1.04	8.14	≥4	48
1.32	13.08		76
1.57	17.75		109
1.65	21.39		119
1.83	24.02		146
2.03	29.58		180
2.36	39.81		244

注：钢绞线参考重量中钢丝的密度按 7.85g/cm^3 计算。

5.11.12 防振锤用钢绞线内镀锌钢丝 (YB/T 4165—2007)

① 用途 制造输电线路中防振锤，推荐采用 1×19 钢绞线断面结构。

② 分类

a. 按钢丝抗拉强度分为普通强度（P)、高强度（G）和特高强度（T）三个级别。

b. 按镀层类别分为锌镀层和锌－5%铝-混合稀土合金镀层(合同中未注明时为锌镀层)。

c. 按钢绞线内钢丝镀层重量分为：锌镀层为 A、B、C 三个级别；锌－5%铝-混合稀土合金镀层为 A、B、C 三个级别（合同中未注明镀层级别时由供方确定)。

③ 原料 所用钢丝应符合 GB/T 4354 规定的盘条制造，牌号由供方确定。

④ 材质 镀锌锌锭应符合 GB/T 470 规定，最小含锌量为 Zn99.99。

表 5.244 防振锤用钢绞线内镀锌钢丝的尺寸及性能

钢丝公称直径 d/mm	抗拉强度 /MPa	扭转次数 (L=100d) ≥	钢丝公称直径 d/mm	抗拉强度 /MPa	扭转次数 (L=100d) ≥
1.50	普通 1470 高 1570 特高 1670	20	2.30	普通 1470 高 1570 特高 1670	19
1.60		20	2.60		18
1.80		20	2.90		18
2.00		20	3.00		17
2.20		19	3.20		17

注：钢丝强度上偏差不超过 200MPa。中心钢丝直径应加粗，其直径偏差为公称直径的 4%～10%，强度、扭转指标按 0.97 系数校正修约成整数后考核。

表 5.245　1×19 结构防振锤用钢绞线破断拉力总和

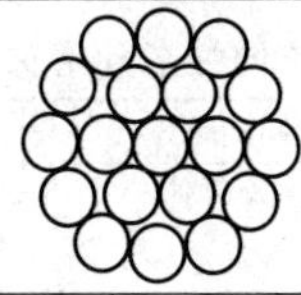

钢丝公称直径/mm	钢绞线公称直径/mm	钢绞线断面积/mm²	破断拉力总和/kN ≥			参考重量/(kg/100m)
			普通强度	高强度	特高强度	
1.50	7.5	33.58	49.36	52.72	56.08	26.73
1.60	8.0	38.20	56.15	59.97	63.79	30.40
1.80	9.0	48.35	71.03	75.91	80.74	38.49
2.00	10.0	59.69	87.74	93.71	99.68	47.51
2.20	11.0	72.22	106.16	113.39	120.61	57.49
2.30	11.5	78.94	116.04	123.94	131.83	62.84
2.60	13.0	100.88	148.29	158.38	168.47	80.30
2.90	14.5	125.50	184.48	197.03	209.58	99.90
3.00	15.0	134.30	197.42	210.85	224.28	106.91
3.20	16.0	152.81	224.63	239.91	255.19	121.64

5.12　轻工用钢

5.12.1　包装用钢带（GB/T 25820—2010）

① 牌号　由最低抗拉强度值（MPa）加后缀“KD”（“捆带”的汉语拼音首字母）组成。

② 分类　按强度分有低强捆带 650KD、730KD 和 780KD，中强捆带 830KD 和 880KD，高强捆带 930KD 和 980KD，超高强捆带 1150KD 和 1250KD。按表面状态分有发蓝（SBL）、涂漆（SPA）、镀锌（SZE）。按用途分有普通用和机用。

③ 公称厚度与公称宽度

表 5.246　捆带的公称宽度和公称厚度　mm

公称厚度	公称宽度		公称厚度	公称宽度				
	16	19		19	25.4	31.75	32	40
0.4	√		0.8	√	√	√	√	
0.5	√	√	0.9	√	√	√	√	√
0.6	√	√	1.0	√	√	√	√	√
0.7		√	1.2			√	√	√

注：“√”表示生产供应的捆带。

④ 拉伸性能

表 5.247 捆带的拉伸性能和弯曲试验的最少次数

牌号	拉伸性能		弯曲试验	
	抗拉强度[①] R_m/MPa ≥	断后伸长率 A_{30mm}/% ≥	公称厚度 /mm	反复弯曲次数 (r=3mm)
650KD	650	6	0.4	12
730KD	730	8	0.5	8
780KD	780	8	0.6	6
830KD	830	10	0.7	5
880KD	880	10	0.8	5
930KD	930	10	0.9	5
980KD	980	12	1.0	4
1150KD	1150	8	1.2	3
1250KD	1250	6	—	—

①焊缝抗拉强度不得低于规定抗拉强度最小值的80%。

注：r 为弯曲半径。

5.12.2 棉花打包用镀锌钢丝（GB/T 21530—2008）

① 分类 按镀锌方式分为热镀锌和电镀锌两种。

② 公称直径 2.50mm、2.80mm、3.20mm、3.40mm 和 3.75mm、4.00mm（优先选用 3.40mm 和 3.75mm）

③ 重量 单捆钢丝重量 50kg。A 类根数不大于 2 根，B 类根数为 1 根。

④ 缠绕性能 用直径为钢丝直径 5 倍的试棒，将钢丝缠绕 20 圈后，锌层不应有裂纹、脱落现象。

⑤ 牌号标记方法

表 5.248 棉花打包用镀锌钢丝的力学性能

类别	抗拉强度 /MPa	断后伸长率 (L_0=100mm)/%	反复弯曲次数 (180°/次)
A	400～510	≥15	≥15
B	1400～1650	≥4	≥8

表 5.249　镀锌钢丝锌层单位面积的重量　g/m²

公称直径/mm	2.50	2.80	3.20	3.40	3.75	4.00
热镀锌	55	65	80	85	85	90
电镀锌	25	25	25	25	25	30

5.12.3　棉花打包用镀锌钢丝（YB/T 5033—2001）

① 用途　棉花打包（也适用于化纤、亚麻等包装捆扎）。

② 镀层　热镀锌或电镀锌。

③ 分类　按镀锌方式分为热镀锌棉包丝（HZ）和电镀锌棉包丝（EZ）；按低碳钢、高碳钢将抗拉强度分为 A 级（低强度）和 B 级（高强度）。

表 5.250　棉花打包用镀锌钢丝

<table>
<tr><td rowspan="2">分类与代号</td><td colspan="3">按镀锌方式</td><td colspan="4">热镀锌棉包丝 HZ
电镀锌棉包丝 EZ</td></tr>
<tr><td colspan="3">按抗拉强度</td><td colspan="4">A 级(低强度)
B 级(高强度)</td></tr>
<tr><td rowspan="4">捆径与捆质</td><td colspan="2" rowspan="2">公称直径/mm</td><td colspan="3">标准捆</td><td>非标准捆</td><td rowspan="2">每捆钢丝交货质量允许偏差/%</td></tr>
<tr><td>每捆质量/kg</td><td>每捆根数 ≤</td><td>单根质量/kg ≥</td><td>最低质量/kg</td></tr>
<tr><td colspan="2">2.50、2.80
3.00、3.20</td><td rowspan="2">50</td><td rowspan="2">2</td><td>5</td><td>25</td><td rowspan="2">+1
−0.4</td></tr>
<tr><td colspan="2">3.40、3.80
4.00、4.50</td><td>10</td><td>50</td></tr>
<tr><td rowspan="7">力学性能</td><td rowspan="2">钢丝公称直径/mm</td><td colspan="3">A 级</td><td colspan="3">B 级</td></tr>
<tr><td>抗拉强度/MPa</td><td>断后伸长率(L_0=100mm)/%</td><td>弯曲次数(180°/次) ≥</td><td>抗拉强度/MPa ≥</td><td>断后伸长率(L_0=250mm)/% ≥</td><td>弯曲次数(180°/次) ≥</td></tr>
<tr><td>2.50</td><td rowspan="2">400~500</td><td rowspan="2">15</td><td rowspan="2">14</td><td>1400</td><td>4.0</td><td>8</td></tr>
<tr><td>2.80</td><td>—</td><td>—</td><td>—</td></tr>
<tr><td>3.20
3.40
3.80</td><td>—</td><td>—</td><td>—</td><td rowspan="2">1400</td><td rowspan="2">4.0</td><td rowspan="2">8</td></tr>
<tr><td>4.00</td><td rowspan="2">400~500</td><td rowspan="2">15</td><td rowspan="2">14</td></tr>
<tr><td>4.50</td><td>—</td><td>—</td><td>—</td></tr>
</table>

5.12.4　自行车链条用冷轧钢带（YB/T 5064—2016）

① 用途　制造各种型号自行车链条内、外片。

② 材质　可为低合金钢、普通碳素钢。

③ 分类　按钢带厚度精度分，有普通厚度精度（PT. A）和较高厚度精度（PT. B）；按边缘状态分，有切边钢带（E）和不切边钢带（以 EM）；按交货状态分，有冷硬状态（Y）和退火状态（T）；按镰刀弯精度分，有普通精度（PC. A）和较高精度（PC. B）。

④ 尺寸　厚度为 0.90～1.30mm。长度：切头尾钢带，长度应不小于 10m。不切头尾钢带有效长度应不小于 10m。允许交付长度不小于 3m 的短钢带，其重量不得大于一批交货重量的 10%。钢带的卷内径应不小于 250mm。

⑤ 牌号 S17C、S35C、S40C、S45C 和 S17C Mn。

⑥ 牌号标记方法

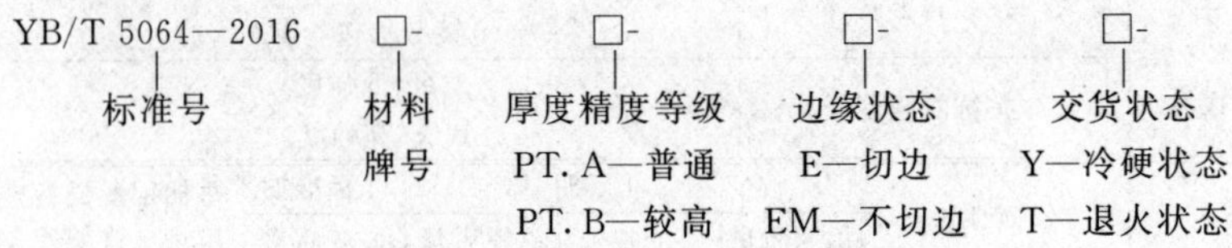

⑦ 交货状态　冷轧退火状态或冷硬状态。

⑧ 力学性能

表 5.251　钢带的力学性能

牌号	退火状态			冷硬状态	
	抗拉强度/MPa ≥	断后伸长率/% ≥	硬度(HRB)	抗拉强度/MPa ≥	硬度(HRB) ≥
S17C	375	26	45～75	700	
S35C	410	18	55～85	800	
S40C	430	17	58～90	800	85
S45C	450	15	62～92	850	
S17C Mn	470	20	63～95	850	

注：拉伸取横向试样。

5.12.5　缝纫机针和植绒针用钢丝（YB/T 5187—2004）

① 用途　制造家用缝纫机针（T9A）、工业缝纫机针（GCr15）和无纺业用植绒针。

② 直径　1.42～3.00mm。

③ 盘重　不得小于 20kg（每盘应由一根钢丝组成，一批钢丝中允许有盘重不小于 10kg 的钢丝，但是其数量不得超过每批总盘数的 10%）。

表 5.252　钢丝交货状态的抗拉强度

交货状态	抗拉强度/MPa	交货状态	抗拉强度/MPa
退　火	540～685	冷　拉	≤880

5.12.6　搪瓷用热轧钢板和钢带（GB/T 25832—2010）

牌号：

① 超低碳钢：TCDS（TC 代表搪瓷用钢，DS 是冲压钢的英文首字母）。

② 其他钢种：牌号由代表屈服强度的字母、屈服强度值、搪瓷用钢的类别和质量等级按顺序组成。

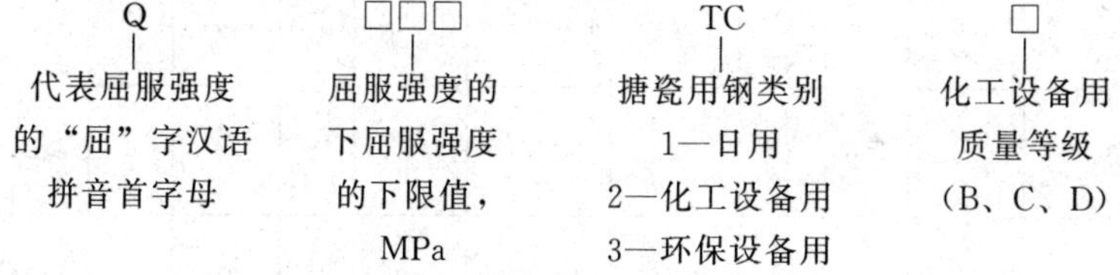

表 5.253　牌号的分类、代号及用途

类别	代号	牌　号	用　　途
日　用	TC	TCDS	厨具、卫具、建筑面板、电烤箱、炉具等
	TC1	Q210TC1、Q245TC1、Q300TC1、Q330TC1、Q360TC1	热水器内胆等
化工设备用	TC2	Q245TC2B、Q245TC2C、Q245TC2D、Q295TC2B、Q295TC2C、Q295TC2D、Q345TC2B、Q345TC2C、Q345TC2D	化工容器换热器及塔类设备等
环保设备用	TC3	Q245TC3、Q295TC3、Q345TC3	拼装型罐、环保行业罐体、环保水处理工程、自来水工程等

表 5.254　日用搪瓷钢的力学性能

牌号			拉伸试验(纵向试样,宽 12.5mm)		
强度级别	统一数字代号	类别	下屈服强度 R_{eL}[①] /MPa	抗拉强度 R_m /MPa	断后伸长率 $A_{50,max}$/%
	TCDS		130~240	270~380	≥33
Q210	L02102	TC1	≥210	300~420	≥28
Q245	L02452		≥245	340~460	≥26
Q300	L03002		≥300	370~490	≥24
Q330	L03302		≥330	400~520	≥22
Q360	L03602		≥360	440~560	≥22

①当屈服不明显时，可测量 $R_{p0.2}$ 代替下屈服强度。

表 5.255　化工设备用搪瓷钢的力学性能及工艺性能

牌号				拉伸试验(纵向试样宽 12.5mm)			180°弯曲试验压头直径/mm		冲击试验	
强度级别	统一数字代号	类别	质量等级	下屈服强度[①] R_{eL}/MPa	抗拉强度 R_m /MPa	断后伸长率 A/%	厚度/mm		试验温度 /℃	吸收能量 KV_2/J
							<16	≥16		
Q245	L02452	TC2	B C D	≥245	400~520	≥26	1.5a	2a	20 0 −20	≥31
Q295	L02952		B C D	≥295	460~580	≥24	2a	3a	20 0 −20	≥34
Q345	L03452		B C D	≥345	510~630	≥22	2a	3a	20 0 −20	≥34

①当屈服不明显时，可测量 $R_{p0.2}$ 代替下屈服强度。

注：a 为试棒厚度。

表 5.256　环保设备用搪瓷钢的力学性能及工艺性能

牌号			拉伸试验[①]			180°弯曲试验[①]压头直径/mm	
强度级别	统一数字代号	类别	下屈服强度[②] R_{eL}/MPa	抗拉强度 R_m/MPa	断后伸长率 A/%	厚度/mm	
						<16	≥16
Q245	L02452	TC3	≥245	400~520	≥26	1.5a	2a
Q295	L02952		≥295	460~580	≥24	2a	3a
Q345	L03452		≥345	510~630	≥22	2a	3a

①取横向试样。

②当屈服不明显时，可测量 $R_{p0.2}$ 代替下屈服强度。

注：a 为试样厚度。

5.12.7 搪瓷用冷轧低碳钢板及钢带（GB/T 13790—2008）

① 用途 日用或工业等搪瓷行业。

② 尺寸 厚度为0.30～3.0mm，宽度不小于600mm。

③ 分类

a. 按冲压成型级别分为一般用（DC01EK）、冲压用（DC03EK）和特深冲压用（DC05EK）；

b. 按表面质量分为较高级精整表面（FB）和高级精整表面（FC）；

c. 按表面结构分为麻面（D）和粗糙表面（R）；

d. 按加工用途分为普通用途搪瓷（EK，采用一层或多层湿粉以及干粉搪瓷加工工艺）和直接面釉搪瓷（对搪瓷钢板有特殊的预处理要求）。

④ 牌号标记方法

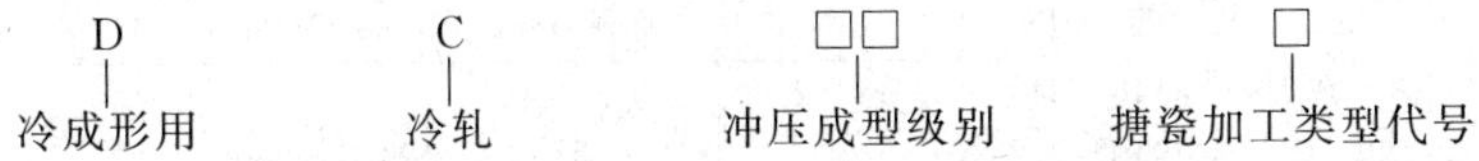

表5.257 搪瓷用冷轧低碳钢板及钢带的力学性能

牌号	下屈服强度①② R_{eL}/MPa	抗拉强度 R_m/MPa	断后伸长率③④ A_{80mm}	塑性应变比⑤ r_{90} ≥	应变硬化指数⑤ n_{90} ≥
DC01EK	280	270～410	30	—	—
DC03EK	240	270～370	34	1.3	—
DC05EK	200	270～350	38	1.6	0.18

①无明显屈服时采用$R_{p0.2}$。当厚度大于0.50mm且不大于0.70mm时，屈服强度上限值可以增加20MPa；当厚度不大于0.50mm时，屈服强度上限值可以增加40MPa。

②经供需双方协商，DC01EK和DC03EK屈服强度下限值可设定为140MPa，DC05EK可设定为120MPa。

③试样宽度b为20mm，试样方向为横向。

④当厚度大于0.50mm且不大于0.70mm时，断后伸长率最小值可以降低2%（绝对值）；当厚度不大于0.50mm时，断后伸长率最小值可以降低4%（绝对值）。

⑤r_{90}值和n_{90}值的要求仅适用于厚度不小于0.50mm的产品，当厚度大于2.0mm时，r_{90}值可以降低0.2。

5.12.8 乐器用钢丝（YB/T 5218—1993）

① 范围 直径0.07～2.00mm、力学性能均匀的优质冷拉圆形截面钢丝（也可用于制造照相机和其他精密仪器仪表的弹簧）。

② 分类　按用途分为乐器用钢丝（YQ）和非乐器用钢丝（FQ）；按表面状态分为为光面钢丝（Zg）和镀层钢丝（Zd）。

③ 材质　用电炉冶炼再经精炼的碳素工具钢 T8MnA 或其他钢号，其化学成分应符合 YB/T 5100 的规定。T8MnA 的含碳量允许按 0.84%～0.92%控制。

表 5.258　乐器用钢丝的直径及每盘重量

钢丝直径/mm	每盘(轴)重量/kg ≤		钢丝直径/mm	每盘(轴)重量/kg ≤	
	乐器用	非器用		乐器用	非器用
0.07～0.15	1	2	>1.00～1.20	5	20
>0.15～0.30	2	4	>1.20～1.80	6	30
>0.30～0.50	3	8	>1.80～2.00	—	40
>0.50～1.00	4	10			

表 5.259　乐器用钢丝的力学性能及工艺性能

钢丝直径/mm	抗拉强度/MPa	扭转次数 ≥
0.070～0.100	3140～3430	50
>0.100～0.150	2940～3185	
>0.150～0.200	2845～3090	50
>0.200～0.300	2745～2940	
>0.300～0.400	2650～2845	
>0.400～0.500	2600～2795	
>0.500～0.600	2500～2745	
>0.600～0.700	2500～2695	
>0.700～0.725 0.750、0.775 0.800	2450～2650	50
0.825、0.850 0.875、0.900	2405～2600	50

钢丝直径/mm	抗拉强度/MPa	扭转次数 ≥
0.925、0.950 0.975	2405～2600	50
1.000		20
1.025、1.050 1.075、1.100 1.125、1.150 1.175、1.200	2355～2550	20
1.225、1.300 1.400	2255～2450	20
1.500、1.600	2205～2405	20
1.700、1.800	2155～2355	
2.000	2110～2305	

注：1. 钢丝抗拉强度的下限，允许比表中规定低 40MPa。

2. 每盘钢丝两头的抗拉强度差：直径小于或等于 0.30mm 时，不大于 150MPa；大于 0.30mm 时，不大于 100MPa。

5.12.9　伞骨钢丝（YB/T 097—1997）

① 用途　制伞，为冷拉圆钢丝（不适用于断面非圆形的伞用钢丝）。

② 公称直径　1.00～2.00（间隔 0.2）mm、2.30～3.50（间

隔 0.2）mm、4.00～5.00（间隔 0.5）mm。

③ 钢丝盘重　通常为 40～120kg。

表 5.260　伞骨钢丝的抗拉强度

公称直径 d/mm	抗拉强度/MPa		
	A 组	B 组	C 组
1.00	1470～1720	>1720～1960	—
1.20	1420～1670	>1670～1910	—
1.40	1370～1620	>1620～1860	—
1.60	1320～1570	>1570～1810	—
1.80	1270～1520	>1520～1770	—
2.00	1270～1470	>1470～1720	>1720～1960
2.30	1230～1420	>1420～1670	>1670～1910
2.60	1230～1420	>1420～1670	>1670～1910
2.90	1180～1370	>1370～1620	>1620～1860
3.20	1180～1370	>1370～1570	>1570～1810
3.50	1180～1370	>1370～1570	>1570～1770
4.00	1180～1370	>1370～1570	>1570～1770
4.50	1130～1320	>1320～1520	>1520～1720
5.00	1130～1320	>1320～1520	>1520～1720

表 5.261　伞骨钢丝的单向扭转次数

公称直径 d/mm	扭转次数（钳口距离 L=100mm）	公称直径 d/mm	扭转次数（钳口距离 L=100mm）	公称直径 d/mm	扭转次数（钳口距离 L=100mm）
1.00≤d<2.00	≥20	2.00≤d<3.50	≥15	3.50≤d≤5.00	≥10

第6章 工模具钢

GB/T 1299—2014 中，已经将原先的模具钢和碳素工具钢、合金工具钢和原部分高速工具钢组成一大类，称为工模具钢，它可以是热轧钢、锻制钢、冷拉钢、银亮条钢或机加工钢材。

分类：工模具钢按用途分成 8 小类，按使用加工方法分成 2 类，按化学成分分成 4 类，按形状分成 3 种（表 6.1）。

表 6.1 工模具钢的分类

分类方法	工模具钢种类
按用途	工具钢：刃具模具用非合金钢、量具刃具用钢、耐冲击工具用钢、轧辊用钢 模具钢：冷作模具用钢、热作模具用钢、塑料模具用钢和特殊用途模具用钢
按使用加工方法	压力加工用钢：热压力加工用钢(UP)、冷压力加工用钢(UCP) 切削加工用钢(UC)
按化学成分	非合金工具钢(牌号头带“T”)、合金工具钢、非合金模具钢(牌号头带“SM”)和合金模具钢
按形状	热轧圆钢和方钢、热轧扁钢

表 6.2 工模具钢的尺寸

类　别	尺寸及其允许偏差	通常长度
热轧圆钢和方钢	应符合 GB/T 702—2008 的规定	2～7m
锻制圆钢和方钢	应符合 GB/T 908—2008 的规定	＞1m
热轧扁钢	见表 6.3、表 6.4	—
锻制扁钢	宽度 40～300mm 者应符合 GB/T 908—2008 的规定；宽度＞300～1500mm 者，截面积≤1.2m^2；宽∶厚≤6∶1	＞1m

续表

类　别	尺寸及其允许偏差	通常长度
热轧盘条	应符合 GB/T 14981 的规定	—
冷拉钢棒	应符合 GB/T 905—1994 的规定	—
银亮钢棒	应符合 GB/T 3207—2008 的规定	—
机加工钢材	直径、边长或宽度、厚度允许偏差：≤200mm，+1.5mm/0；>200～400mm，+2.0mm/0；>400mm，+3.0mm/0	—

表 6.3　公称宽度 10～310mm 热轧扁钢的尺寸　　mm

公称宽度	公称厚度	公称宽度	公称厚度	公称宽度	公称厚度
≤10	≥4～6	>30～50	>14～25	>160～200	>60～100
>10～18	>6～10	>50～80	>25～30	>200～250	—
>18～20	>10～14	>80～160	>30～60	>250～310	—

注：通常长度 2～6m。

表 6.4　公称宽度>310～850mm 热轧扁钢的尺寸　　mm

公称厚度	1 组		2 组	3 组
	公　称　宽　度			
	310～455	455～850	300～850	510～850
6～90	√	√	√	协议
>90～200	√	√	√	√

注："√"表示可供货。通常长度 1～6m。

6.1　刃具模具用非合金钢

随着碳的质量分数增加，硬度和耐磨性提高，而韧性下降。T7～T9 一般用于要求韧性稍高的工具（如冲头、錾子、简单模具、木工工具等），T8Mn 性能和用途与 T8 和 T8A 相似，淬透性较好，可用于制造断面较大的工具；T10 用于要求中等韧性、高硬度的工具（如手工锯条、丝锥、板牙等），也可用作要求不高的模具；T11、T12 具有较高的硬度及耐磨性，但韧性低，用于制造量具、锉刀、钻头、刮刀等。高级优质碳素工具钢含杂质和非金属夹杂物少，适于制造重要的、要求较高的工具。

刃具模具用非合金钢（GB/T 1299—2014）牌号通常由四部分组成：

第一部分 第二部分 第三部分（必要时） 第四部分（必要时）

T—碳素工具钢代号 | 阿拉伯数字表示平均碳含量（以千分之几计） | 较高含锰量碳素工具钢加 Mn | 钢材材质 A—高级优质碳素工具钢，优质钢不标

牌号 T8MnA 表示示例：

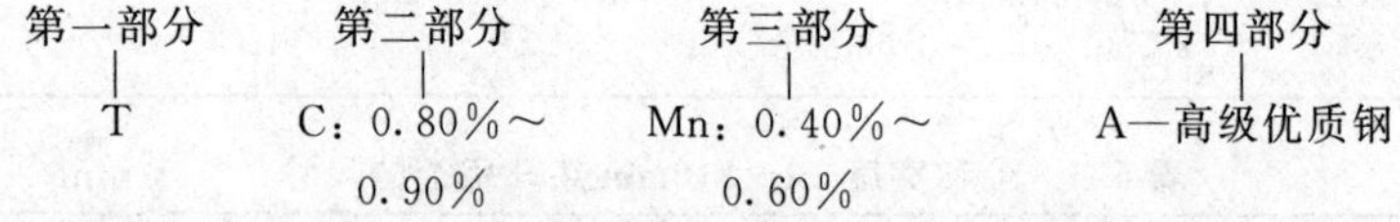

表 6.5 交货状态的硬度值和试棒的淬火硬度值

牌号	统一数字代号	退火交货状态的钢材硬度(HBW)≤	试样淬火硬度参数		
			淬火温度/℃	冷却剂	HRC ≥
T7	T00070	187	800～820	水	62
T8	T00080	187	780～800		
T8Mn	T01080	187	780～800		
T9	T00090	192	760～780		
T10	T00100	197	760～780		
T11	T00110	207	760～780		
T12	T00120	207	760～780		
T13	T00130	217	760～780		

注：合金工具钢材退火后冷拉交货的布氏硬度应不大于 241HBW。

表 6.6 一些刃具模具用非合金钢的性能和用途

牌号	含碳量(质量分数)/%	退火态钢材硬度(HBS)≤	淬火温度/℃	冷却剂	淬火硬度(HRC)≥	用途举例
T7、T7A	0.65～0.74	187	800～820	水	62	淬火回火后，常用于制造能承受振动、冲击，并且在硬度适中情况下有较好韧性的工具，如冲头、木工工具等
T8、T8A	0.75～0.84	187	780～800	水	62	淬火回火后，常用于制造要求有较高硬度和耐磨性的工具，如冲头、木工工具、剪刀、锯条等
T8Mn T8MnA	0.80～0.90	187	780～800	水	62	

续表

牌号	含碳量(质量分数)/%	退火态钢材硬度(HBS)≤	淬火温度/℃	冷却剂	淬火硬度(HRC)≥	用途举例
T9、T9A	0.85～0.94	192	760～780	水	62	用于制造一定硬度和韧性的工具，如冲模、冲头等
T10、T10A	0.95～1.04	197	760～780	水	62	用于制造耐磨性要求较高，不受剧烈振动，具有一定韧性及具有锋利刃口的各种工具，如刨刀、车刀、钻头、丝锥等
T11、T11A	1.05～1.14	207	760～780	水	62	
T12、T12A	1.15～1.24	207	760～800	水	62	用于制造不受冲击、要求高硬度的各种工具，如丝锥、锉刀等
T13、T13A	1.25～1.35	217	760～800	水	62	适用于制造不受振动、要求极高硬度的各种工具，如剃刀、刮刀、刻字刀具等

6.2　量具刃具用钢

属合金工具钢，用于制造形状复杂、变形小、耐磨性高、低速切削的刀具，如钻头、螺纹工具、板牙、丝锥、铰刀、搓丝板、滚丝轮、齿轮铣刀及机用冲模、打印模等模具，还用于制造冷轧辊、校正辊和细长零件等。量具刃具用钢（GB/T 1299—2014）牌号通常由两部分组成：

第一部分：平均碳含量<1.00%时，采用一位数字表示碳含量（以千分之几计）。平均碳含量≥1.00%时，不标明含碳量数字

第二部分：合金元素含量，以化学元素符号及阿拉伯数字表示，表示方法同合金结构钢第二部分。低铬（平均铬含量<1%）合金工具钢，在铬含量（以千分之几计）前加数字“0”

牌号 9SiCr 表示示例：

第一部分：C：0.85%～0.95%

第二部分（合金元素含量）：Si：1.20%～1.60%；Cr：0.95%～1.25%

表 6.7 量具刃具用钢交货状态的硬度值和试样的淬火硬度值

牌号	统一数字代号	退火交货状态的钢材硬度(HBW)	试样淬火硬度		
			淬火温度/℃	冷却剂	HRC ≥
9SiCr	T31219	197～241①	820～860	油	62
8MnSi	T30108	＜229	800～820	油	60
Cr06	T30200	187～241	780～810	水	64
Cr2	T31200	179～229	830～860	油	62
9Cr2	T31209	179～217	820～850	油	62
W	T30800	187～229	800～830	水	62

①根据需方要求，并在合同中注明，制造螺纹刃具用钢为187～229HBW。

表 6.8 一些量具刃具用钢的特性和应用

牌号	主要特性	应用举例
9SiCr	淬透性比铬钢好，ϕ45～50mm的工件在油中可以淬透，耐磨性高，具有较好的回火稳定性，加工性差，热处理时变形小，但脱碳倾向较大	适用于耐磨性高、切削不剧烈且变形小的刃具，如板牙、丝锥、钻头、铰刀、齿轮铣刀、拉刀等，还可用作冷冲模及冷轧辊。
8MnSi	韧性、淬透性与耐磨性均优于碳素工具钢	多用作木工凿子、锯条等工具，制造穿孔器与扩孔器工具以及小尺寸热锻模和冲头、热压锻模、螺栓、道钉冲模、拔丝模、冷冲模及切削工具
Cr06	淬火后的硬度和耐磨性都很高，淬透性不好，较脆	多经冷轧成薄钢带后，用于制作剃刀、刀片及外科医疗刀具，也可用作刮刀、刻刀、锉刀等
Cr2	淬火后的硬度、耐磨性都很高，淬火变形不大，但高温塑性差	多用于低速、走刀量小、加工材料不很硬的切削刀具，如车刀、插刀、铣刀、铰刀等，还可用作量具、样板、量规、偏心轮、冷轧辊、钻套和拉丝模，还可作大尺寸的冷冲模
9Cr2	性能与Cr2基本相似	主要用作冷轧辊、钢印冲孔凿、冷冲模及冲头、木工工具等
W	淬火后的硬度和耐磨性较碳工钢好，热处理变形小，水淬不易开裂	多用于工作温度不高、切削速度不大的刀具，如小型麻花钻、丝锥、板牙、铰刀、锯条、辊式刀具等

6.3 耐冲击工具钢

耐冲击工具钢（GB/T 1299—2014）可承受较大冲击性动载荷，如制作冲击钻、电动冲击扳手等。

表 6.9 耐冲击工具用钢交货状态的硬度值和试样的淬火硬度值

牌号	统一数字代号	退火交货状态的钢材硬度(HBW)	试样淬火参数		
			淬火温度/℃	冷却剂	HRC ≥
4CrW2Si	T40294	179～217	860～900	油	53
5CrW2Si	T40295	207～255	860～900	油	55
6CrW2Si	T40296	229～285	860～900	油	57
6CrMnSi2Mo1①	T40356	≤229	②		58
5Cr3MnSiMo1V①	T40355	≤235	③		56
6CrW2SiV	T40376	≤2255	870～910	油	58

①试样在盐浴中保持时间为5min，在炉控气氛中保持时间为5～15min。

②667℃±15℃预热，885℃（盐浴）或900℃（炉控气氛）±6℃加热，保温（指试样达到加热温度后保持的时间，下同）5～15min油冷，58～204℃回火。

③667℃±15℃预热，941℃（盐浴）或955℃（炉控气氛）±6℃加热，保温5～15min油冷，56～204℃回火。

表 6.10 一些耐冲击工具钢的特性和应用

牌号	主要特性	应用举例
4CrW2Si	高温时有较好的强度和硬度，且韧性较高	适用于剪切机刀片、冲击振动较大的风动工具、中应力热锻模、受热低的压铸模
5CrW2Si	性能和4CrW2Si相近	作为冷加工用钢时，可用作手动和风动凿子、空气锤工具、铆钉工具、冷冲裁和切边的凹模以及长期工作的木工工具等；作热加工用钢时，可用作冲孔或穿孔工具剪切模、热锻模、易熔合金的压铸模，以及热剪和冷剪金属用的刀片等
6CrW2Si	特性同5CrW2Si，但在650℃时硬度可达43～45HRC左右	可用于重负荷下工作的冲模、压模、铸造精整工具、风动凿子等，作为热加工用钢，可生产螺钉和热铆的冲头、高温压铸轻合金的顶头、热锻模等

6.4 轧辊用钢

轧辊是轧钢机上的重要零件，利用其滚动时产生的压力来轧碾钢材，承受轧制时的动静载荷、磨损，要能耐高温。

表 6.11 轧辊用钢交货状态的硬度值和试样的淬火硬度值（GB/T 1299—2014）

牌号	统一数字代号	退火交货状态的钢材硬度(HBW)	试样淬火参数		
			淬火温度/℃	冷却剂	HRC ≥
9Cr2V	T42239	＜229	830～900	空气	64
9Cr2Mo	T42309	＜229	830～900		
9Cr2MoV	T42319	＜229	880～900		
8Cr3NiMoV	T42518	＜269	900～920		
9Cr5NiMoV	T42519	＜269	930～950		

6.5 高速工具钢

高速工具钢（GB/T 9943—2008）主要用于制造高效率的切削刀具。由于其具有红硬性高、耐磨性好、强度高等特性，也用于制造性能要求高的模具、轧辊、高温轴承和高温弹簧等。

高速工具钢按化学成分可分为钨系和钨钼系两大类；按性能可分为低合金高速工具钢（HSS-L）、普通高速工具钢（HSS）和高性能高速工具钢（HSS-E）三个基本系列。

高速工具钢牌号表示方法与合金结构钢相同，但在牌号头部一般不标明表示碳含量的阿拉伯数字。为了区别牌号，在牌号头部可以加“C”表示高碳高速工具钢。

表 6.12 高速工具钢的牌号表示示例

牌号示例	第一部分(采用字母)	第二部分(合金元素含量)/%
W6Mo5Cr4V2	C:0.80%～0.90%	W:5.50～6.75;Mo:4.50～5.50 Cr:3.80～4.40;V:1.75～2.20
CW6Mo5Cr4V2	C:0.86%～0.94%	W:5.90～6.70;Mo:4.70～5.20 Cr:3.80～4.50;V:1.75～2.10

表 6.13 常用高速工具钢牌号、加工性能及用途

牌号	统一数字代号	加工性能	用途举例
W18Cr4V	T51841	硬度、红硬性及高温硬度较高，易于磨削加工	制造一般高速切削车刀、刨刀、铣刀、绞刀、钻头等
W6Mo5Cr4V2	T66542	韧性、耐磨性优于W18Cr4V，硬度、红硬性及高温硬度相当	制造要求耐磨性和韧性很好配合的高速切削刀具，如丝锥、滚刀、插齿刀、冷冲模、冷挤压模等

续表

牌　号	统一数字代号	加工性能	用途举例
W6Mo5Cr4V3	T66544	耐磨性高，但可磨性差	制造要求耐磨和热硬性较高的，耐磨性和韧性较好配合的、形状稍为复杂的刀具，如拉刀、铣刀、成型刀具
W9Mo3Cr4V	T69341	兼有W18Cr4V和W6Mo5Cr4V2的优点，并明显减轻了二者的缺点	制造拉刀、铣刀、成型刀具等
W18Cr4VCo5	T71845	硬度、耐热性略高于W18Cr4V，耐磨性及热硬性都比较好	制造切削不锈钢及其他硬或韧的材料刀具，刀具寿命长且工件表面光滑

表6.14　常用高速工具钢的热处理规范

牌号	退火温度/℃	淬火温度/℃	回火温度/℃	回火硬度(HRC)
W18Cr4V	850～870	1270～1285	550～570	≥63
W6Mo5Cr4V2	840～860	1210～1230	540～560	≥63
W6Mo5Cr4V3	840～860	1190～1210	540～560	≥64
W9Mo3Cr4V	840～870	1220～1240	550～570	≥63
W18Cr4VCo5	淬火：820～870℃预热，1270～1290℃(盐浴炉)或1280～1300℃(箱式炉)加热，油冷		540～560℃ 2次，每次2h	≥63

6.6　冷作模具用钢

冷作模具用钢（GB/T 1299—2014）是在常温下使金属材料变形的模具用钢，用于制造冲裁模、冷挤压模、冷镦模、拉伸模等。

表6.15　交货状态的硬度值和试样的淬火硬度值

牌　号	统一数字代号	退火交货状态的钢材硬度(HBW)	试样淬火参数		
			淬火温度/℃	冷却剂	洛氏硬度(HRC)≥
9Mn2V	T20019	≤229	780～810	油	62
9CrWMn	T20299	197～241	800～830	油	62
CrWMn	T21290	207～255	800～830	油	62
MnCrWV	T20250	≤255	790～820	油	62
7CrMn2Mo	T21347	≤235	820～870	空气	61

续表

牌号	统一数字代号	退火交货状态的钢材硬度（HBW）	试样淬火参数		
			淬火温度/℃	冷却剂	洛氏硬度（HRC）≥
5Cr8MoVSi	T21355	≤229	1000～1050	油	59
7CrSiMnMoV	T21357	≤235	870～900℃油冷或空冷，150℃±10℃回火空冷		60
Cr8Mo2SiV	T21350	≤255	1020～1040	油或空气	62
Cr4W2MoV	T21320	≤269	960～980或1020～1040	油	60
6Cr4W3Mo2VNb①	T21386	≤255	1100～1160	油	60
6W6Mo5Cr4V	T21836	≤269	1180～1200	油	60
W6Mo5Cr4V2②	T21830	≤255	③		64(盐浴) 63(炉控气氛)
Cr8	T21209	≤255	920～980	油	63
Cr12	T21200	217～269	950～1000	油	60
Cr12W	T21290	≤255	950～980	油	60
7Cr7Mo2V2Si	T21317	≤255	1100～1150	油或空气	60
Cr5Mo1V	T21318	≤255	④		60
Cr12MoV	T21319	207～255	950～1000	油	58
Cr12Mo1V1	T21310	≤255	⑤		59

①试样在盐浴中保持时间为10min，在炉控气氛中保持时间为10～20min。

②试样在盐浴中保持时间为5min，在炉控气氛中保持时间为5～15min。

③730～840℃预热，1210～1230℃（盐浴或炉控气氛）加热，保温5～15min油冷，540～560℃回火2次（盐浴或炉控气氛），每次2h。

④790℃±15℃预热，940℃（盐浴）或950℃（炉控气氛）±6℃加热，保温5～15min油冷；200℃±6℃回火1次，2h。

⑤820℃±15℃预热，1000℃（盐浴）±6℃或1010℃（炉控气氛）±6℃加热，保温10～20min空冷，200℃±6℃回火一次，2h。

注：保温时间是指试样达到加热温度后保持的时间。

表6.16 一些冷作模具用钢的特性和应用

牌号	统一数字代号	主要特性	应用举例
Cr12	T21200	高碳高铬钢，具有高的强度、耐磨性和淬透性，淬火变形小，较脆，导热性差，高温塑性差	多用于制造受冲击载荷较小的要求较高耐磨的冷冲模及冲头、冷剪切刀、钻套、量规、拉丝模等

续表

牌号	统一数字代号	主要特性	应用举例
Cr12MoV	T20201	淬透性、淬火回火后的硬度、强度、韧性比 Cr12 高，截面为 300～400mm 全淬透，耐磨性和塑性也较好，变形小，但高温塑性差	适用于各种铸、锻、模具（冲孔凹模，切边模、滚边模、缝口模、拉丝模、钢板拉伸模、螺纹搓丝板、标准工具和量具）
Cr12Mo1V1	T21202	淬透性、淬硬性和耐磨性高，高温抗氧化性能好，淬火和抛光后抗锈蚀能力好，热处理变形小	是国际上较广泛采用的高碳高铬冷作模具钢，属于莱氏体钢
Cr6WV Cr4W2MoV Cr2MnSiWMoV	— T20421 —	具有较高的淬透性、淬硬性，且有较好的力学性能、耐磨性和尺寸稳定性	代替 Cr12MoV 钢
CrWMn	T20111	淬透性和耐磨性及淬火后的硬度比铬钢及铬硅钢高，且韧性较好，淬火后的变形比 CrMn 钢更小，缺点是形成碳化物网状程度严重	多用于制造变形小、长而形状复杂的切削刀具（拉刀、长丝锥、长铰刀、专用铣刀、量规及形状复杂、高精度的冷冲模）
9CrWMn	T20110	特性与 CrWMn 相似，但因含碳量稍低，碳化物偏析比 CrWMn 要好些，故力学性能更好，但热处理后硬度较低	
Cr4W2MoV	T20421	为新型中合金冷作模具钢，共晶化合物颗粒细小，分布均匀，具有较高的淬透性、淬硬性，且有较好的力学性能、耐磨性和尺寸稳定性	用于制造冷冲模、冷挤压模、搓丝板等，也可冲裁 1.5～6.0mm 钢板
Cr5Mo1V	T20503	系引进钢种，具有良好的空淬性能，空淬尺寸变形小，韧性比 9Mn2V、Cr12 均好，碳化物均匀细小，耐磨性好	适于制造韧性好、耐磨的冷作模具、成型模、下料模、冲头、冷冲裁模等
6W6Mo5Cr4V	T20465	韧性较好，使用寿命较高	冷挤压模（钢件、硬铝件）

续表

牌号	统一数字代号	主要特性	应用举例
6CrW2Si	T40126	特性同5CrW2Si，但在650℃时硬度可达43～45HRC	用于制造剪刀、切片冲头等
6Cr4W3Mo2VNb	T20432	高韧性冷作模具钢，具有高强度、高硬度，且韧性好，又有较高的疲劳强度	用于制造冲击载荷及形状复杂的冷作模具、冷挤压模具、冷镦模具等
9Cr06WMn	T20110	具有一定的淬透性和耐磨性，淬火变形较小，碳化物分布均匀且颗粒细小	通常用于制造截面不大而变形复杂的冷冲模
9Mn2V	T20000	淬透性和耐磨性比碳工钢高，淬火后变形小	用于制造滚丝模、冷冲模、冷压模、塑料模量具及丝锥、板牙、铰刀等

6.7 热作模具用钢

热作模具用钢（GB/T 1299—2014）用于热模锻压力机和模锻模具，包括模块、镶块及切边工具。锤锻模受强烈的冲击载荷；模锻压力机速度缓慢，冲击载荷较轻，但由于模具与热坯接触时间长，工作温度较高，热疲劳也较严重。

表6.17 交货状态的硬度值和试样的淬火硬度值

牌号	统一数字代号	退火交货状态的钢材硬度(HBW)	试样淬火参数	
			淬火温度/℃	冷却剂
5CrMnMo	T22345	197～241	820～850	油
5CrNiMo	T22505	197～241	830～860	油
4CrNi4Mo	T23504	≤285	840～870	油或空气
4Cr2NiMoV	T23514	≤220	910～960	油
5CrNi2MoV	T23515	≤255	850～880	油
5Cr2NiMoVSi	T23535	≤255	960～1010	油
8Cr3	T42208	207～255	850～880	油
4Cr5W2VSi	T23274	≤229	1030～1050	油或空气
3Cr2W8V	T23273	≤255	1075～1125	油
4Cr5MoSiV	T23352	≤229	②	

续表

牌　号	统一数字代号	退火交货状态的钢材硬度(HBW)	试样淬火参数	
			淬火温度/℃	冷却剂
4Cr3Mo3SiV①	T23354	≤229	②	
4Cr5MoSW	T23353	≤229	③	
5Cr4Mo3SiMnVA1	T23355	≤255	1090～1120	油
4CrMnSiMoV	T23364	≤255	870～930	油
5Cr5WMoSi	T23375	≤248	990～1020	油
4Cr5MoWVSi	T23324	≤235	1000～1030	油或空气
3Cr3Mo3W2V	T23323	≤255	1060～1130	油
5Cr4W5Mo2V	T23325	≤269	1100～1150	油
4Cr5Mo2V	T23314	≤220	1000～1030	抽
3Cr3Mo3V	T23313	≤229	1010～1050	油
4Cr5Mo3V	T23314	≤229	1000～1030	油或空气
3Cr3Mo3VCo3	T23393	≤229	1000～1050	油

①试样在盐浴中保持时间为 5min，在炉控气氛中保持时间为 5～15min。

②790℃±15℃预热，1010℃（盐浴）或 1020℃（炉控气氛）±6℃加热，保温 5～15min 油冷，550℃±6℃回火两次，每次 2h。

③790℃±15℃预热，1000℃（盐浴）或 1010℃（炉控气氛）±6℃加热，保温 5～15min 油冷，550℃±6℃回火两次，每次 2h。

表 6.18　一些热锤锻模具钢的淬火工艺

牌　号	淬火温度/℃	冷却介质	硬度(HRC)
5CrNiMo	830～860	油	53～58
5CrMnMo	820～850	油	52～58
5Cr2NiMoVSi	960～1010	油	54～61
4CrMnSiMoV	860～880	油	56～58

表 6.19　一些热锻模具钢的回火温度和硬度

牌　号	锻模类型	回火温度/℃	硬度(HRC)	模尾回火温度/℃	模尾硬度(HRC)
5CrNiMo	小型	490～510	44～47	620～640	34～37
	中型	520～540	38～42	620～640	34～37
	大型	560～580	34～37	640～660	30～35
5CrMnMo	小型	490～510	41～47	600～620	35～39
	大型	520～540	38～41	620～640	34～37
5Cr2NiMoVSi	大型	600～680	35～48	—	—

续表

牌号	锻模类型	回火温度/℃	硬度(HRC)	模尾回火温度/℃	模尾硬度(HRC)
4CrMnSiMoV	小型 中型 大型 特大型	520～580 580～630 610～650 620～660	44～49 41～44 38～42 37～40	—	—

表6.20 常用铬系热作模具钢的热处理规范及性能

牌号	热处理/℃		硬度(HRC)	R_m /MPa	A /%	Z /%	KU_2 /J
	淬火	二次回火					
4Cr5MoSiV	1000	580	51	1745	13.5	45	55
4Cr5MoSiV1	1010	566	51	1830	9.0	28	19
4Cr5W2SiV	1050	580	49	1870	9.5	42.5	34

表6.21 一些热作模具用钢的特性和应用

牌号	统一数字代号	主要特性	应用举例
3Cr2W8V	T20280	高温下具有较高的强度和硬度耐热疲劳性和淬透性较好，断面厚度≤100mm可淬透，但其韧性和塑性较差	系常用的压铸模具钢，也可用来制作高温下高应力但不受冲击载荷的凸凹模、镶块、铜合金挤压模等
3Cr3Mo3		热稳定性、硬度、耐热疲劳性能及韧性适中	热镦模
3Cr3Mo3W2V	T20323	具有良好的冷热加工性能、较高的热强性、良好的抗冷热疲劳性、耐磨性能好，淬硬性好，有一定的耐冲击耐力	可制作热作模具，如镦锻模、精锻模、辊锻模具、压力机用模具等
4Cr3Mo3SiV	T20303	具有高的淬透性、高的高温硬度、优良的韧性，可代替3Cr2WBV使用	可制作热滚锻模、塑压模、热锻模、热冲模等
4CrMnSiMoV	T20101	具有较高的高温力学性能，耐热疲劳性能好，可代替5CrNiM0使用	用于制作锤锻模、压力机锻模、校正模、弯曲模等
4Cr5MoVSi	T20501	具有优异的韧性和良好的冷热疲劳性能	热镦模、压铸模、热挤压模、精锻模

续表

牌　号	统一数字代号	主要特性	应用举例
4Cr5MoSiV1	T20502	一种空冷硬化的热作模具钢，也是所有热作模具钢中使用最广泛的牌号之一	广泛用于制造热挤压模具与芯棒、模锻锤的锻模、锻造压力机模具等
4Cr5MoSiV1A	T20503	一种优质空冷硬化的热作模具钢	用于制造大批量生产和特殊要求的压铸模具钢
4Cr5W2VSi	T20520	在中温下具有较高的硬度和热强度，韧性和耐磨性良好，耐冷热疲劳性能较好	可用于锻压模具、冲头、热挤压模具、非铁金属压铸模等
5Cr4W5Mo2V	T20452	具有高热硬性、高耐磨性、高温强度、抗回火稳定性及一定的冲击韧性	多用于制造热挤压模具、热镦模，时常代替 3Cr2W8V
5CrNiMo	T20103	具有良好的韧性、强度和高耐磨性，高温下强度、韧性及耐热疲劳性高于 5CrMnMo	适用于制造形状复杂、冲击负荷重的各种中、大型锤锻模(模高>400mm)
5Cr08MnMo	T20102	与 5CrNiMo 相似，但淬透性和高温下工作耐热疲劳性略差	用于制造要求较高强度和高耐磨性的各种锻模
5Cr06NiMo	T20103	具有良好的韧性、强度和高耐磨性和十分良好的淬透性	用于制造热挤压模具、热镦模等
5CrMnMo	T20102	特性与 5CrNiMo 钢相类似	中型锻模(模高 275～400mm)
8Cr3	T20300	具有良好的淬透性，室温强度和高温强度均可，碳化物细小且均布，耐磨性能较好	常用于冲击、振动较小，工作温度低于 500℃、耐磨损的模具，如热切边模、成型冲模、螺栓热顶锻模等

表 6.22 一些常用塑料成型热作模具钢的选择

类别	名称	生产批量/万件			
		<10	10～50	50～100	>100
热固性塑料	通用性塑料、酚醛、蜜胺、聚酯等	SM45、SM50、SM55 钢、渗碳钢渗碳淬火	SM4Cr5MoSiV1+S、渗碳合金钢渗碳淬火	Cr5MoSiV1、Cr12、Cr12MoV	Cr12MoV、Cr12MoV1、7Cr7Mo2V2Si
热固性塑料	加入纤维或金属粉等增强型塑料	渗碳合金钢渗碳淬火	渗碳合金钢渗碳淬火、Cr5Mo1V、SM4Cr5MoSiV1+S	Cr5Mo1V、Cr12、Cr12MoV	Cr12MoV、SMCr12Mo1V1、7Cr7Mo2V2Si
热塑性塑料	通用型塑料、聚乙烯、聚丙烯、ABS 等	SM45、SM55、SM3Cr2Mo、渗碳合金钢渗碳淬火	3Cr2NiMnMo、SM3Cr2Mo、渗碳合金钢渗碳淬火	SM4Cr5MoSiV1+S、5NiCrMnMoVCaS、时效硬化钢 SM3Cr2Mo	SM4Cr5MoSiV1+S、时效硬化钢 Cr5Mo1V
热塑性塑料	尼龙、聚碳酸酯等工程塑料	SM45、SM55 钢、3Cr2NiMnMo、SM3Cr2Mo、渗碳合金钢渗碳淬火	SM3Cr2Mo、3Cr2NiMnMo、时效硬化钢、渗碳合金钢渗碳淬火	SM4Cr5MoSiV1+S、5NiCrMnMoVCaS Cr5Mo1V	Cr5Mo1V、Cr12、Cr12MoV、SMCr12Mo1V1、7Cr7Mo2V2Si
热塑性塑料	加入增强纤维或金属粉等的增强工程塑料	3Cr2NiMnMo、SM3Cr2Mo、渗碳合金钢渗碳淬火	SM4Cr5MoSiV1+S Cr5Mo1V、渗碳合金钢渗碳淬火	SM4Cr5MoSiV1+S、Cr5Mo1V、Cr12MoV	Cr12、Cr12MoV、SMCr12Mo1V1、7Cr7Mo2V2Si
热塑性塑料	添加阻燃剂的塑料、聚氯乙烯	SM3Cr2Mo +镀层	3Cr13、Cr14Mo	9Cr18、Cr18MoV	Cr18MoV+镀层
热塑性塑料	氟化塑料	Cr14Mo、Cr18MoV		Crl8MoV	Cr18MoV+镀层

6.8 塑料模具用钢

除以往用的调质型模具钢 45、55 和合金工具钢 40Cr、CrWMo、Cr12MoV 等以外，还有近期开发的耐蚀钢、马氏体时效合金钢和硬质合金钢。

塑料模具用钢（GB/T 1299—2014）牌号表示方法：除在头部加符号“SM”外，其余表示方法与优质碳素结构钢和合金工具钢牌号表示方法相同。例如：平均含碳量为 0.45％的碳素塑料模具钢，其牌号表示为“SM45”；平均含碳量为 0.34％、含铬量为 1.70％、含钼量为 0.42％的合金塑料模具钢，其牌号表示为“SM3Cr2Mo”。

表 6.23　塑料模具用钢交货状态的硬度值和试样的淬火硬度值

牌　号	统一数字代号	交货状态的钢材硬度		试样淬火参数		
		退火硬度(HBW)≤	预硬化硬度(HRC)	淬火温度/℃	冷却剂	洛氏硬度(HRC)≥
SM45	T10450	155～215[①]		—	—	—
SM50	T10500	165～225[①]		—	—	—
SM55	T10550	170～230[①]		—	—	—
3Cr2Mo	T25303	235	28～36	850～880	油	52
3CrMnNiMo	T25553	235	30～36	830～870	油或空气	48
4Cr2Mn1MoS	T25344	235	28～36	830～870	油	51
8Cr2MnWMoVS	T25378	235	40～48	860～900	空气	62
5CrNiMnMoVSCa	T25515	255	35～45	860～920	油	82
2CrNiMoMnV	T25512	235	30～38	850～930	油或空气	48
2CrNi3MoAl	T25572	—	38～43	—	—	—
1Ni3MnCuMoAl	T25611	—	38～42	—	—	—
06Ni6CrMoVTiAl	A64060	255	43～48	850～880℃固溶，油或空冷 500～540℃时效，空冷		实测
00Ni8Co8Mo5TiAl	A64000	协议	协议	805～825℃固溶，空冷 460～530℃时效，空冷		协议
2Cr13	S42023	220	30～36	1000～1050	油	45
4Cr13	S42043	235	30～36	1050～1100	油	50
4Cr13NiVSi	T25444	235	30～36	1000～1030	油	50
2Cr17Ni2	T25402	285	28～32	1000～1050	油	49
3Cr17Mo	T25303	285	33～38	1000～1040	油	46
3Cr17NiMoV	T25513	285	33～38	1030～1070	油	50

续表

牌　号	统一数字代号	交货状态的钢材硬度		试样淬火参数		
		退火硬度(HBW) ≤	预硬化硬度(HRC)	淬火温度/℃	冷却剂	洛氏硬度(HRC) ≥
9Cr18	S44093	255	协议	1000～1050	油	55
9Cr18MoV	S46993	269	协议	1050～1075	油	55

①热轧交货状态硬度。

表 6.24　一些塑料模具用钢的特性和应用（Ⅰ）

牌　号	主要特性	应用举例
10、20、12CrNi3A、20Cr、20Cr2Ni4、2CrNi3MoAlS、08Cr4NiMoV	成形性能优良、渗碳层深、热处理变形小、耐磨性好，其淬火处理的最佳温度是850℃，回火温度可视模具工作条件选择	渗碳型冷挤压成型塑料模
3Cr2Mo	具有良好的切削性、镜面研磨性能，机械加工成型后，型腔变形及尺寸变化小，经热处理后可提高表面硬度和使用寿命	适用于制造塑料模、低熔金属压铸模
SM45、SM55	完成模具机械加工后，要再进行调质处理	形状简单或精度要求不高、使用寿命不长的模具
40CrMo	有良好的低温冲击韧度和低的缺口敏感性	中型模具
38CrMoAl	调质后渗氮处理，表面硬度高(>850HV)并具有一定的抗蚀性	PVC、PC的塑料模具
5CrNiMo、5CrMnMo	耐较高温度和较好的耐磨性	热固性塑料模
18Ni200、18Ni250、18Ni300、18Ni350、25CrNi3MoAl、10Ni3MnMoCuAl(PMS)、0Cr16Ni14Cu13Nb、20CrNi3AlMnMo	含碳量低，合金度较高，经高温淬火(固溶)后，为单一的过饱和固溶体。将其在一较低温度进行时效处理后，固溶体中能析出细小弥散的金属化合物，使模具钢的硬度和强度大幅度提高，并且这一强化过程引起的尺寸、形状变化极小	易切削预硬型塑料模具
4Cr13、9Cr18、9Cr18Mo、Cr18MoV、Cr14Mo4V、1Cr17Ni2	具有良好的腐蚀性能和一定的硬度、强度和耐磨性	耐蚀型塑料模具
ZCuBe2 ZCuBe2.4	铸造方法制模不仅成本低，周期短，而且还可制出形状复杂的模具	吹塑模、注射模，以及一些高导热性、高强度和高耐腐蚀性的塑料模

续表

牌　号	主要特性	应用举例
ZL101、LC9	密度小，熔点低，加工性能和导热性都好	高热导率、形状复杂和制造周期短的塑料模
Zn-4Al-3Cu 共晶型合金、铍锌合金和镍钛锌合金	有较高的硬度和较好的耐热性好，使用寿命长	注射模等

表 6.25　一些塑料模具用钢的特性和应用（Ⅱ）

牌　号	统一数字代号	主要特性和应用
1Ni3Mn2CuAl	T22032	是一种镍铜铝系时效硬化型塑料模具钢，其淬透性好，热处理变形小，镜面加工性能好。适用于制造高镜面的塑料模具和高外观质量的家用电器塑料模具
20Cr13	S42020	属于马氏体类型不锈钢，机械加工性能较好，经热处理后具有优良的耐蚀性、较好的强韧性。适宜制造承受高载荷并在腐蚀介质作用下的塑料模具钢和透明塑料制品模具等
30Cr17Mo	S45930	属于马氏体类型不锈钢，用于 PVC 等腐蚀性能较强的塑料成型模具
40Cr13	S42040	属于马氏体类型不锈钢，力学性能较好，经热处理（淬火及回火）后具有优良的耐蚀性、抛光性能、较高的强度和耐磨性。适宜制造承受高载荷并在腐蚀介质作用下的塑料模具钢和透明塑料制品模具等
3Cr2MnMo	T22020	是国际上较广泛应用的塑料模具钢，其综合性能好，淬透性高，可以使较大的截面钢材获得均匀的硬度，并且具有很好的抛光性能，模具表面粗糙度低
3Cr2MnNiMo	T22024	是国际上广泛应用的塑料模具钢，综合力学性能好，淬透性高，可以使大截面钢材在调质处理后具有较均匀的硬度分布，有很好的抛光性能

6.9　特殊用途模具用钢

表 6.26　交货状态的硬度值和试样的淬火硬度值（GB/T 1299—2014）

牌　号	统一数字代号	退火交货状态的硬度	热处理制度	洛氏硬度(HRC)≥
7Mn15Cr2Al3V2WMo	T26377	—	1170～1190℃固溶，水冷 650～700℃时效，空冷	45

续表

牌　号	统一数字代号	退火交货状态的硬度	热处理制度	洛氏硬度(HRC)≥
2Cr25Ni20Si2	S31049	—	1040～1150℃固溶,水或空冷	根据需方要求，并在合同中注明，可提供实测值
0Cr17Ni4Cu4Nb	S51740	协议	1020～1060℃固溶,空冷 470～630℃时效,空冷	
Ni25Cr15Ti2MoMn	H21231	≤300	950～980℃固溶,水或空冷 720～620℃时效,空冷	
Ni53Cr19Mo3TiNb	H07718	≤300	980～1000℃固溶,水、油或空冷 710～730℃时效,空冷	

表 6.27　模具用硬质合金钢的成分、性能和用途（GB/T 1299—2014）

牌号	成分(质量分数)/%		物理和力学性能					适用模具
	WC	Co	密度/(g/cm³)	硬度(HRA)	抗弯强度/MPa	抗压强度/MPa	冲击韧度/(J/cm²)	
YG3	97	3	14.9～15.3	91	1180	—	—	拉丝模
YG4C	96	4	14.9～15.2	90	1370	—	—	
YG6X	94	6	14.6～15.0	91	1325	—	—	
YG6A	92	6	14.7～15.1	91.5	1372	—	—	
YG6	94	6	14.6～15.0	89.5	1370	4510	2.6	
YG8	92	8	14.4～14.8	89	1470	4385	2.5	拉丝、拉深、成型及冷镦模
YG8C	92	8	14.35	88	1720	3825	3	
YG10C	90	10	14.3～14.6	86	1764	—	—	
YG11	89	11	14.0～14.4	87	1960	—	3.8	
YG15	85	15	13.9～14.2	87	1960	3590	4	冲裁、冷锻及冷挤模
YG20	80	20	13.4～13.7	85.5	2550	3430	4.8	
YG25	75	25	12.9～13.2	84.5	2650	3240	—	

表 6.28　不同使用条件下各种模具推荐选用的硬质合金（GB/T 1299—2014）

模具种类	冲裁工件	小型尺寸模具		中、大型尺寸模具	
		凹模	凸模	凹模	凸模
切断模	＜0.5mm 的电工硅钢板	YG8	YG8	YG15	YG15
冲孔模和盒形件落料模	＜0.5mm 的电工硅钢板	YG11	YG15	—	—
	＜4mm 的 45 钢板等	YG20	YG25	—	—
复杂形状落料模	＜0.5mm 的电工硅钢板	YG15	YG20	YG20	YG25
	＜4mm 的 45 钢板等	YG20	YG25	YG25	YG30
弯曲模	—	YG11	YG11	YG15	YG15

续表

模具种类	冲裁工件	小型尺寸模具		中、大型尺寸模具	
		凹模	凸模	凹模	凸模
拉探模	—	YG8	YG8、YG11	YG11	YG11
冷料模	—	YG25、YG30	YC15、YG20	—	—
冷落模	—	YG15、YG20	YG25、YG30	—	—

6.10 优质合金模具钢

优质合金模具钢（GB/T 24594—2009）包括热轧或锻制的优质合金模具钢（圆钢、方钢、扁钢）。

（1）分类

① 按用途可分为热作模具钢、冷作模具钢和塑料模具钢。

② 按冶炼方法可分为真空脱气模具钢和电渣重熔模具钢。

③ 按使用加工方法可分为压力加工用钢（UP）[含热压力加工用钢（UHP）和冷压力加工用钢（UDP）] 和切削加工用钢（UC）。

（2）尺寸、外形

① 热轧钢棒的尺寸及外形

a. 热轧圆钢和方钢：尺寸、外形应符合 GB/T 702—2008 的规定，通常长度应为 2000～6000，允许搭交不超过总重 10%、长度不小于 1000mm 的短尺料。定尺或倍尺交货时，长度应在合同中注明。

b. 热轧扁钢：公称宽度 10～300mm 者的尺寸，应符合 GB/T 702—2008 的规定，通常长度应为 2000～6000mm，短尺长度为不小于 1000mm。

其他宽度的热轧扁钢的尺寸按下表规定，通常长度应为 1000～5000mm，短尺长度为不小于 500mm。

表 6.29 公称宽度＞300～610mm 者的尺寸

公称厚度	1组				2组		3组	
	公称宽度 ＞300～455		公称宽度 ＞455～610		公称宽度 ＞300～610		公称宽度 510～610	
6～90	√	√	√	√	√	√	—	—

续表

公称厚度	1组				2组		3组	
	公称宽度＞300～455		公称宽度＞455～610		公称宽度＞300～610		公称宽度510～610	
＞90～130	√	√	√	√	√	√	√	√

注："√"表示有此规格。

② 锻制钢棒的尺寸、外形及允许偏差

a. 锻制圆钢和方钢：公称直径或边长 90～630mm。交货长度应不小于 1000mm，允许搭交不超过总重 10%、长度不小于 500mm 的短尺料。定尺或倍尺交货时，长度应在合同中注明。

b. 锻制扁钢：尺寸范围为（100～440）mm×（100～800）mm，截面≤$20dm^2$，宽∶厚≤6∶1。交货规格同锻制圆钢和方钢。

(3) 硬度

表 6.30　优质合金模具钢的硬度

钢组	牌　号	统一数字代号	交货状态的钢材硬度		试样淬火硬度		
			退火硬度（HBW）	预硬化硬度（HRC）	淬火温度/℃	冷却剂	洛氏硬度（HRC）
热作模具钢	3Cr2W8V	T20280	≤255	—	—	—	—
	4Cr5MoSiV1	T20502	≤235	—	—	—	—
	4Cr5MoSiV1A	T20503	≤235	—	—	—	—
	5Cr06NiMo	T20103	197～241	—	—	—	—
	5Cr08MnMo	T20102	197～241	—	—	—	—
冷作模具钢	9Cr06WMn	T20110	197～241	—	800～830	油	≥62
	CrWMn	T20111	207～255	—	800～830	油	≥62
	Cr12Mo1V1	T21202	≤255	—	①	①	≥59
	Cr12MoV	T20201	207～255	—	950～1000	油	≥58
	Cr12	T21200	217～269	—	950～1000	油	≥60
塑料模具钢	1Ni3Mn2CuAl	T22032	≤235	36～43	—	—	—
	20Cr13	S42020	≤235	30～36	—	—	—
	30Cr17Mo	S45930	≤235	30～36	—	—	—
	40Cr13	S42040	≤235	30～36	—	—	—
	3Cr2MnMo	T22020	≤235	28～36	—	—	—
	3Cr2MnNiMo	T22024	≤235	30～36	—	—	—

①820℃±15℃预热，1000℃（盐浴）或 1010℃（炉控气氛）±6℃加热，保温 10～20min 空冷，200℃±6℃回火。

（4）主要特点及用途

表 6.31　各牌号的主要特点及用途

钢组	牌号	主要特点及用途
热作模具钢	3Cr2W8V	在高温下具有较高的强度和硬度，可用来制作高温、高应力条件下，不受冲击负荷的凸凹模、压铸用模具等
	4Cr5MoSiV1	属空冷硬化热作模具钢，广泛用于制造热挤压模具与芯棒、模锻的锻模、锻造压力机模具等
	4Cr5NIoSiV1A	为压力铸造模具钢，适用于大批量生产和有特殊要求的压铸模具
	5Cr06NiMo	具有良好的韧性、强度和高耐磨性，并具有十分良好的淬透性
	5Cr08MnMo	具有与 5CrNiMo 相似的性能，但淬透性比它略差，在高温下工作时耐热疲劳性也比它差，适用于要求有较高强度和高耐磨性的各种类型的锻模
冷作模具钢	9Cr06WMn	具有一定的淬透性和耐磨性，淬火变形较小，碳化物分布均匀且颗粒细小，通常用于制造截面不大而变形复杂的冷冲模
	CrWMn	具有高淬透性，可用来制造在工作时切削刃口不剧烈变热的工具，和淬火时要求不变形的量具和刃具
	Cr12Mo1V1	是国际上较广泛采用的高碳高铬冷作模具钢，属于莱氏体钢，淬透性、淬硬性好，耐磨性高，高温抗氧化性能好，淬火和抛光后抗锈蚀能力好，热处理变形小
	Cr12MoV	具有高淬透性，可用来制造截面较大、形状复杂、经受较大冲击负荷的各种模具
	Cr12	具有良好的耐磨性，多用于制造受冲击负荷较小的、要求较高耐磨的冷冲模及冲头、冷剪切刀、钻套、量规、拉丝模等
塑料模具钢	1Ni3Mn2CuAl	是一种镍铜铝系时效硬化型塑料模具钢，其淬透性好，热处理变形小，镜面加工性能好，适用于制造高镜面的塑料模具、高外观质量的家用电器塑料模具
	20Cr13	属于马氏体类不铸钢，机械加工性能较好，经热处理后具有优良的耐腐蚀性能、较好的强韧性，适宜制造承受高负荷并在腐蚀介质作用下的塑料模具和透明塑料制品模具等
	30Cr17Mo	属于马氏体类型不锈钢，用于 PVC 等腐蚀性能较强的塑料成型模具

续表

钢组	牌号	主要特点及用途
塑料模具钢	40Cr13	属于马氏体类型不锈钢,机械性能较好,经热处理(淬火及回火)后,具有优良的耐腐蚀性、抛光性能,较高的强度和耐磨性,适宜制造承受高负荷并在腐蚀介质作用下的塑料模具钢和透明塑料制品模具等
	3Cr2MnMo	是国际上较广泛应用的塑料模具钢,其综合性能好,淬透性高,可以使较大的截面钢材获得均匀的硬度,并且具有很好的抛光性能,模具表面光洁度高
	3Cr2MnNiMo	是国际上广泛应用的塑料模具钢,综合力学性能好,淬透性高,可以使大截面钢材在调质处理后具有较均匀的硬度分布,有很好的抛光性能

6.11 高速工具钢板材

① 材料 W6Mo5Cr4V2、W9Mo3Cr4V、W18Cr4V（交货状态硬度均不大于255HBW）和W6Mo5Cr4V2Al、W6Mo5Cr4V2Co5（交货状态硬度均不大于285HBW）。

② 尺寸、外形 冷轧钢板的应符合GB/T 708的规定；热轧钢板：厚度3～10mm应符合GB/T 709—2006的规定，单轧钢板的最小宽度和最小长度均为500mm。

表6.32 厚度小于3mm热轧钢板的规格（GB/T 9941—2009）

公称厚度/mm	宽度/mm		
	500～750	>750～1000	>1000～1500
>0.35～1.10	√	√	—
>1.10～<3.00	√	√	√

注：“√”表示有此规格。

6.12 高速工具钢棒材

① 分类 按化学成分可分为钨系高速工具钢和钨钼系高速工具钢；按性能可分为低合金高速工具钢（HSS-L）、普通高速工具钢（HSS）和高性能高速工具钢（HSS-E）。

② 成型方法 可为热轧、锻制、冷拉等。

③ 截面 可为圆钢、方钢、扁钢、六角钢、盘条及银亮钢棒。

④ 尺寸 其直径、边长、厚度或对边距离不大于250mm。

表 6.33　交货状态钢棒的硬度及试样淬回火硬度（GB/T 9943—2008）

牌号	统一数字代号	交货硬度①(退火态)(HBW) ≤	试样热处理制度及淬回火硬度					
			预热温度/℃	淬火温度/℃		淬火介质	回火②温度/℃	硬度(HRC) ≥
				盐浴炉	箱式炉			
W3Mo3Cr4V2	T63342	255	800～900	1180～1220	1180～1220	油或盐浴	540～560	63
W4Mo3Cr4VSi	T64340	255		1170～1190	1170～1190		540～560	63
W18Cr4V	T51841	255		1250～1270	1260～1280		550～570	63
W2Mo8Cr4V	T62841	255		1180～1220	1180～1220		550～570	63
W2Mo9Cr4V2	T62942	255		1190～1210	1200～1220		540～560	64
W6Mo5Cr4V2	T66541	255		1200～1220	1210～1230		540～560	64
CW6Mo5Cr4V2	T66542	255		1190～1210	1200～1220		540～560	64
W6Mo6Cr4V2	T66642	262		1190～1210	1190～1210		550～570	64
W9Mo3Cr4V	T69341	255		1200～1220	1220～1240		540～560	64
W6Mo5Cr4V3	T66544	262		1190～1210	1200～1220		540～560	64
CW6Mo5Cr4V3	T66545	262		1180～1200	1190～1210		540～560	64
W6Mo5Cr4V4	T66544	269		1200～1220	1200～1220		550～570	64
W6Mo5Cr4V2Al	T66543	269		1200～1220	1230～1240		550～570	65
W12Cr4V5Co5	T71245	277		1220～1240	1230～1250		540～560	65
W6Mo5Cr4V2Co5	T76545	269		1190～1210	1200～1220		540～560	64
W6Mo5Cr4V3Co8	T76438	285		1170～1190	1170～1190		550～570	65
W7Mo4Cr4V2Co5	T77445	269		1180～1200	1190～1210		540～560	66
W2Mo9Cr4VCo8	T72948	269		1170～1190	1180～1200		540～560	66
W10Mo4Cr4V3Co10	T71010	285		1220～1240	1220～1240		550～570	66

①退火+冷拉态的硬度，允许比退火态指标高 50HBW。

②回火温度为 550～570℃时，回火 2 次，每次 1h；回火温度为 540～560℃时，回火 2 次，每次 2h。

6.13　高速工具钢热轧窄钢带

厚度尺寸分普通精度和较高精度两种。

表 6.34　定尺钢带的规格尺寸（YB/T 084—2016）　mm

长度	宽度	厚度	长度	宽度	厚度	长度	宽度	厚度
337	28	1.25	437	41	1.80	544	49	2.50
387	28	1.25	487	35	1.60	594	44	2.00
387	35	1.60	487	41	1.80	594	49	2.50
437	35	1.60	544	44	2.00	644	54	2.50

表 6.35 定尺钢带的交货状态布氏硬度（YB/T 084—2016）

牌号	HB	牌号	HB
W9Mo3Cr4V(T69341) W6Mo5Cr4V2(T66541) W18Cr4V(T51841)	207～255	W6Mo5Cr4V2Al (T66543)	1组:217～269 2组:227～285

6.14 碳素工具钢热轧钢板

厚度：0.7～15mm。尺寸：应符合 GB/T 709 的规定。

表 6.36 钢板在退火状态下的硬度（GB/T 3278—2001）

牌号	布氏硬度(HBS) ≤
T7(T00070)、T7A(T00073)、T8(T00080)、T8A(T00083)、T8Mn(T01080)	207
T9(T00090)、T9A(T00093)、T10(T00100)、T10A(T00103)	223
T11(T00110)、T11A(T00113)、T12(T00120)、T12A(T00123)、T13(T00130)、T13A(T00133)	229

注：厚度不大于 1.5mm 的钢板，可不检查硬度，但须做拉伸试验。

6.15 碳素工具钢丝

① 牌号及化学成分（熔炼分析） 应符合 GB/T 1298 的规定，钢丝化学成分允许偏差应符合 GB/T 222 的规定。

② 交货状态 冷拉（WCD）、磨光（SP）和退火（A）。可以盘状或直条交货。

③ 直径范围 1.00～16.00mm。冷拉、退火钢丝的直径及其允许偏差应符合 GB/T 342—1997 表 3 中的 9～11 级规定；磨光钢丝的直径及其允许偏差应符合 GB/T 3207—2008 中 9～11 级的规定。

表 6.37 碳素工具钢直条钢丝长度（YB/T 5322—2010） mm

钢丝公称直径	通常长度	短尺	
		长度 ≥	数量
1.00～3.00	1000～2000	800	不超过每批重量 15%
>3.00～6.00	2000～3500	1200	
>6.00～16.00	2000～4000	1500	

钢丝以盘状交货时，每盘由同一根钢丝组成，打开钢丝盘时不

应散乱或呈“∞”字形；其重量应符合表6.38规定，允许供应重量不小于表中规定盘重的50%的钢丝，其数量不得超过交货重量的10%。

表6.38　碳素工具盘状钢丝重量（YB/T 5322—2010）

钢丝公称直径/mm	每盘重量/kg ≥	钢丝公称直径/mm	每盘重量/kg ≥
1.00～1.50	1.50	>3.00～4.50	8.00
>1.50～3.00	5.00	>4.50	10.00

表6.39　碳素工具盘状钢丝的硬度（YB/T 5322—2010）

牌号	统一数字代号	试样淬火			退火硬度（HBW）≤
		淬火温度/℃	冷却剂	硬度值（HRC）≥	
T7(A)	T00070(3)	800～820	水	62	187
T8(A),T8Mn(A)	T00080(3),T01080(3)	780～800			
T9(A)	T00090(3)	760～780	水		192
T10(A)	T00100(3)				197
T11(A),T12(A)	T00110(3),T00120(3)				207
T13(A)	T00130(3)				217

注：1.直径小于5mm的钢丝不做试样淬火硬度和退火硬度检验。
2.检验退火硬度时，不检验抗拉强度。

表6.40　钢丝的抗拉强度（YB/T 5322—2010）

牌号	抗拉强度/MPa		牌号	抗拉强度/MPa	
	热处理状态	冷拉状态		热处理状态	冷拉状态
T7(A),T8(A) T8Mn(A),T9(A)	490～685	≤1080	T10(A),T11(A) T12(A),T13(A)	540～735	≤1080

6.16　高速工具钢丝

① 分类　磨光（SP）和退火（A）。

② 直径　1.00～16.00mm。

③ 材料　W3Mo3Cr4V2、W4Mo3Cr4VSi、W18Cr4V、W2Mo9-Cr4V2、W6Mo5Cr4V2、CW6Mo5Cr4V2、W9Mo3Cr4V、W6Mo5Cr4V3、CW6Mo5Cr4V3、W6Mo5Cr4V2Al、W6Mo5Cr4V2Co5和W2Mo9-Cr4VCo8。

④ 交货状态　盘状或直条。

表 6.41 高速工具钢直条钢丝长度（YB/T 5302—2010）

钢丝公称直径/mm	通常长度/mm	短尺	
		长度/mm ≥	数量
1.00～3.00	1000～3000	800	不超过每批重量10%
>3.00	2000～4000	1200	

表 6.42 高速工具盘状钢丝重量（YB/T 5302—2010）

钢丝公称直径/mm	每盘重量/kg ≥	钢丝公称直径/mm	每盘重量/kg ≥
<3.00	15	≥3.00	30

6.17 高速工具钢锻件

本节高速工具钢锻件是指经镦拔或反复镦拔的，其他的新型高速工具钢锻件也可参照使用。

表 6.43 试样盐浴淬火温度（JB/T4290—2011）

钢号	淬火温度/℃	钢号	淬火温度/℃
W18Cr4V	1250～1270	CW6Mo5Cr4V3	1180～1200
W2Mo8Cr4V	1180～1200	W2Mo9Cr4V2	1190～1210
W6Mo5Cr4V4	1200～1220	W6Mo5Cr4V2Co5	1190～1210
W6Mo5Cr4V3Co8	1170～1190	W7Mo4Cr4V2Co5	1180～1200
W6Mo5Cr4V2	1200～1220	W2Mo9Cr4VCo8	1170～1190
CW6Mo5Cr4V2	1190～1210	W9Mo3Cr4V	1200～1220
W6Mo5Cr4V3	1190～1210	W6Mo5Cr4V2Al	1200～1220

注：回火制度：在680～700℃回火1h。

表 6.44 高速工具钢锻件的退火硬度（JB/T4290—2011）

牌号	统一数字代号	硬度(HBW) ≤	牌号	统一数字代号	硬度(HBW) ≤
W18Cr4V[①]	T51841	255	CW6Mo5Cr4V3	T66545	262
W2Mo8Cr4V	T62841	255	W2Mo9Cr4V2	T62942	255
W6Mo5Cr4V4	T66544	269	W6Mo5Cr4V2Co5	T76545	269
W6Mo5Cr4V3Co8	T76438	285	W7Mo4Cr4V2Co5	T77445	269
W6Mo5Cr4V2	T66541	255	W2Mo9Cr4VCo8	T72948	269
CW6Mo5Cr4V2	T66542	255	W9Mo3Cr4V	T69341	255

续表

牌　号	统一数字代号	硬度(HBW)≤	牌　号	统一数字代号	硬度(HBW)≤
W6Mo5Cr4V3	T66543	262	W6Mo5Cr4V2Al	T66546	269

①钨系，其他为钨钼系。

表 6.45　碳化物均匀度抽查数量（JB/T4290—2011）

批量件	抽查数	批量件	抽查数
<30	累计 30～100 件抽查 1 件	101～200	2 件
30～100	1 件	>200	抽查 1%，但最多不超过 4 件

第7章 不锈钢及耐热钢

不锈钢通常是在空气、蒸汽、水等弱腐蚀介质和酸、碱、盐等化学浸蚀性腐蚀介质中不起化学反应，即耐蚀而不生锈的高铬（一般为 12%～30%）合金钢。不锈钢的耐蚀性随含碳量的增加而降低，因此，大多数不锈钢的含碳量均不大于 1.2%，有些钢的含碳量甚至低于 0.03%（如 00Cr12）；不锈钢中的主要合金元素是 Cr，含量至少为 10.5%；不锈钢中还含有 Ni、Mo、Ti、Mn、N、Nb、Si、Cu 等元素。

耐热钢是在高温下具有较高的强度和良好的化学稳定性的合金钢。它包括抗氧化钢（或称高温不起皮钢）和热强钢两类。抗氧化钢一般要求较好的化学稳定性，但承受的载荷较低。热强钢则要求较高的高温强度和相应的抗氧化性。耐热钢常用于制造在高温下工作的零部件，按其正火组织可分为奥氏体耐热钢、马氏体耐热钢、铁素体耐热钢及珠光体耐热钢等。

耐热钢和不锈耐酸钢在使用范围上互有交叉，一些不锈钢兼具耐热钢特性，既可用作不锈耐酸钢，也可用作耐热钢。

7.1 牌号、分类、特性和用途

7.1.1 牌号表示方法

牌号由碳含量的最佳控制值和合金元素符号＋阿拉伯数字组成：

□□（□）

用两（或三）位数字表示碳含量最佳控制值（以万分之几或十万分之几计）。

① 只规定含碳量上限者，当碳含量上限不大于 0.10%时，以其上限的 3/4 表示碳含量，否则以其上限的 4/5 表示碳含量。

② 对超低碳不锈钢（即碳含量不大于 0.030%），用三位阿拉伯数字表示碳含量最佳控制值（以十万分之几计）。

③ 规定含碳量上、下限者，以平均碳含量×100 表示

含量表示方法同合金结构钢，但特意在钢中加入的 Nb、Ti、Zr、N 等合金元素，虽然含量很低，也应在牌号中标出。

易切削不锈钢前冠以“Y”。

牌号标注例见例 1～例 4。

例 1 牌号 06Cr19Ni10 表示碳含量不大于 0.08%、铬含量为 18.00%～20.00%、镍含量为 8.00%～11.00%的不锈钢。

例 2 牌号 022Cr18Ti 表示碳含量不大于 0.030%、铬含量为 16.00%～19.00%、钛含量为 0.10%～1.00%的不锈钢。

例 3 牌号 20Cr15Mn15Ni2N 表示碳含量为 0.15%～0.25%、铬含量为 14.00%～16.00%、锰含量为 14.00%～16.00%、镍含量为 1.50%～3.00%、氮含量为 0.15%～0.30%的不锈钢。

例 4 牌号 20Cr25Ni20 表示碳含量不大于 0.25%、铬含量为 24.00%～26.00%、镍含量为 19.00%～22.00%的耐热钢。

7.1.2 按金相组织分类

按金相组织状态分为奥氏体型、铁素体型、奥氏体-铁素体（双相）型、马氏体型和沉淀硬化型 5 大类。另外，也可按特性、用途、合金元素的成分等进行分类。

表 7.1 各类金相组织状态的成分和特点

类别	成分	特点
奥氏体型	含铬大于 18%，还含有 8%左右的镍及少量钼、钛、氮等元素	塑性、韧性、焊接性、耐蚀性能和无磁或弱磁性等综合性能好，可耐多种介质腐蚀
铁素体型	含铬 15%～30%，含碳≤0.20%，不能通过热处理或冷加工强化	耐蚀性、韧性和可焊性随含铬量的增加而提高，耐氯化物应力腐蚀性能优于其他种类不锈钢，但机械性能与工艺性能较差
奥氏体-铁素体型	在含 C 较低的情况下，Cr 含量在 18%～28%，Ni 含量在 3%～10%。有些钢还含有 Mo、Cu、Si、Nb、Ti、N 等合金元素	奥氏体和铁素体组织各约占一半，兼有奥氏体和铁素体不锈钢的优点，并具有超塑性。具有优良的耐孔蚀性能，也是一种节镍不锈钢

续表

类别	成分	特点
马氏体型	含铬可＞18%，含碳可＞1.20%	含碳较高，故具有较高的强度、硬度和耐磨性，但耐蚀性、塑性和可焊性较差。
沉淀硬化型	含Fe、Cr、Ni和沉淀硬化元素Cu、Al、Ti、Nb	能通过沉淀硬化(时效)处理使其硬(强)化，具有高强度、足够的韧性和适宜的耐蚀性

7.1.3 不锈钢的特性和用途

① 奥氏体型不锈钢

表7.2 奥氏体型不锈钢的特性和用途

牌号	统一数字代号	特性	用途
06Cr19Ni10	S30408	固溶态钢的塑性、韧性、冷加工性良好，在氧化性酸和大气、水等介质中耐蚀性好，但在敏态或焊接后有晶腐倾向，耐蚀性优于12Cr18N19	适于制造深冲成型部件和输酸管道、容器等
022Cr19Ni10	S30403	含碳量比06Cr19Ni10更低，耐晶间腐蚀性优越，焊接后不进行热处理	用于制造耐硫酸、磷酸、甲酸、乙酸的设备
05Cr19Ni10Si2N	S30450	强度和加工硬化倾向提高，塑性不降低，改善钢的耐点蚀、晶间腐蚀性	可承受重负荷，用于结构上要求强度较高的部件
06Cr19Ni10N	S30458	加N后提高钢的强度和加工硬化倾向，塑性不降低，改善钢的耐点蚀、晶间腐蚀性	用于有一定耐腐要求，并要求较高强度和减速轻重量的设备、结构部件
06Cr19Ni9NbN	S30478	加N和Nb提高钢的耐点蚀、晶腐性能	用途与06Cr19Ni10N相同
022Cr19Ni10N	S30453	是06Cr19Ni10N的超低碳钢，450～900℃加热后耐晶腐性	推荐用于焊接设备构件
10Cr18Ni12	S30510	加工硬化性比06Cr19Ni10低	用于施压加工、特殊拉拔和冷镦等
06Cr23Ni13	S30908	耐腐蚀性比06Cr19Ni10好	多作为耐热钢使用

续表

牌号	统一数字代号	特性	用途
06Cr25Ni20	S31008	抗氧化性比 06Cr23Ni13 好	多作为耐热钢使用
022Cr25Ni22Mo2N	S31053	加 N 提高钢的耐孔蚀性，且使钢具有更高的强度和稳定性的奥氏体组织	适用于尿素生产中汽提塔的结构材料，性能远优于 022Cr17Ni12Mo2
06Cr17Ni12Mo2	S31608	在海水和其他各种介质中，耐腐蚀性比 06Cr19Ni10 好	主要用于耐点蚀材料
06Cr17Ni12Mo2Nb	S31678	有较好的耐晶间腐蚀性	用于耐硫酸、磷酸、甲酸、乙酸的设备
06Cr17Ni12Mo2N	S31658	在 06Cr17Ni12Mo2 基础上加入 N，提高强度，不降低塑性	用于耐腐蚀性较好的强度较高的部件
022Cr17Ni12Mo2N	S31653	耐晶间腐蚀性好	用途与 06Cr17Ni12-Mo2N 相同
06Cr18Ni12Mo2Cu2	S31688	耐腐蚀性、耐点蚀性比好	用于耐硫酸材料
015Cr21Ni26Mo5Cu2	S31782	耐硫酸、磷酸、乙酸等腐蚀，耐氯化物孔蚀、缝隙腐蚀和应力腐蚀	主要用于石化、化工、化肥、海洋开发等的塔、槽、管、换热器等
06Cr19Ni13Mo3	S31708	耐点蚀性比 06Cr17Ni-12Mo2 好	用于染色设备材料等
022Cr19Ni13Mo3	S31703	为 06Cr19Ni13Mo3 的超低碳钢，耐晶间腐蚀	用于制造耐硫酸、磷酸、甲酸、乙酸的设备
022Cr19Ni16Mo5N	S31723	高 Mo 不锈钢，耐孔蚀性比一般含 2%～4%Mo 的常用 Cr-Ni 钢更好	硫酸、甲酸、乙酸等介质中的耐蚀零部件
06Cr18Ni11Ti	S32168	添加 Ti 提高耐晶间腐蚀性	不推荐作装饰部件

② 奥氏体-铁素体型不锈钢

表 7.3　奥氏体-铁素体型不锈钢的特性和用途

牌　号	统一数字代号	特　性	用　途
14Cr18Ni11Si4AlTi	S21860	抗高温、耐腐蚀	用于制作浓硝酸介质的零件和设备

续表

牌号	统一数字代号	特性	用途
022Cr19Ni5Mo3Si2N	S21953	耐应力腐蚀破裂性能良好，耐点蚀性能与022Cr17Ni14Mo2相当，有较高强度	适用于含氯离子的环境，如炼油，化肥、造纸、石油、化工等工业制造热交换器、冷凝器等
12Cr21N15Ti	S22160	耐酸腐蚀	用于化学工业、食品工业的容器及设备
022Cr22VNi5Mo3N	S22253	耐含硫化氢、二氧化碳、氯化物等介质的侵蚀	用于油井管、化工储罐用材、各种化学装置等
022Cr23Ni4MoCuN	S23043	具有双相组织，优异的耐应力腐蚀断裂和其他形式耐蚀的性能以及良好的焊接性	用于制造储罐和容器
022Cr25Ni6Mo2N	S22553	耐海水腐蚀	用于耐海水腐蚀部件等
022Cr25Ni7Mo4WCuN	S27603	耐氯化物点蚀和缝隙腐蚀性能比022Cr25Ni7Mo3N更佳	主要用于以水(含海水、卤水)为介质的热交换设备
03Cr25Ni6Mo3Cu2N	S25554	具有良好的力学性能和耐局部腐蚀性能，尤其是耐磨损腐蚀性能优于一般的不锈钢，海水环境中的理想材料	适于作舰船用的螺旋推进器、轴、潜艇密封件等，而且在化工、石油化工、天然气、纸浆、造纸等应用
022Cr25Ni7Mu4N	S25073	是双相不锈钢中耐局部腐蚀最好的钢，特别是耐点蚀最好，并具有强度高、耐氯化物应力腐蚀、可焊接的特点	非常适用于化工、石油、石化和动力工业中以河水、地下水和海水等为冷却介质的换热设备

③ 铁素体型不锈钢

表7.4 铁素体型不锈钢的特性和用途

牌号	统一数字代号	特性	用途
10Cr17	S11710	耐蚀性良好，用于建筑内装饰、重油燃烧器部件、家庭用具、家用电器部件	脆性转变温度在室温以上，而且对缺口敏感，不适于制作室温以下的承载备件

续表

牌　号	统一数字代号	特性	用途
10Cr17Mo 019Cr18MoTi	S11790 S11862	在钢中加入Mo，提高钢的耐点蚀、耐缝隙腐蚀性及强度等	海水用设备，化学、染料、造纸、草酸、肥料等生产设备
022Cr18Ti	S11863	降低10Cr17Mo中的C和N，单独或复合加入Ti、Nb或Zr，改善加工性和焊接性	用于建筑内外装饰、车辆部件、厨房用具、餐具
022Cr18NbTi	S11873	在牌号10Cr17基础上加入Ti或Nb，降低碳含量，改善加工性、焊接性能	用于温水槽、热水供应器、卫生器具、家庭耐用机器、自行车轮缘
019Cr19Mo2NbTi	S11972	含Mo量比022Cr18MoTi高，耐腐蚀性提高，耐应力腐蚀破裂性好	用于贮水槽太阳能温水器、热交换器、食品机器、染色机械等
008Cr27Mo	S12791	耐蚀性和软磁性与008Cr30Mn2类似	与008Cr30Mn2类似
008Cr30Mo2	S13091	含C、N量极低，耐蚀性很好，耐卤离子应力腐蚀破裂、耐点蚀性好	用于制作与乙酸、乳酸等有机酸有关的设备、制造苛性碱设备

④ 马氏体型和沉淀硬化型不锈钢

表7.5　马氏体型和沉淀硬化型不锈钢的特性和用途

牌　号	统一数字代号	特　性	用　途
12Cr12	S40310	耐热，强度高	用于汽轮机叶片等部件
12Cr13	S41010	具有良好的耐蚀性和机加性能	一般用作刃具类
06Cr13	S41008	耐蚀性、加工成形性比12Cr13更优良	汽轮机叶片、结构架、不锈设备等
04Cr13Ni5Mo	S41595	焊接性能良好	用于大型的水电站转轮和转轮下环等
20Cr13	S42020	淬火状态下硬度高，耐蚀性良	用于生产汽轮机叶片
30Cr13	S42030	硬度高于淬火后的20Cr13	作刃具、喷嘴、阀座、阀门等

续表

牌 号	统一数字代号	特 性	用 途
40Cr13	S42040	硬度高于淬火后的30Cr13	作刃具、餐具、喷嘴、阀座、阀门等
17Cr16Ni2	S43120	耐硝酸、有机酸腐蚀性	用于具有较高程度的耐硝酸、有机酸腐蚀性零件、容器和设备
68Cr17	S44070	硬化状态下,坚硬,韧性高	用于刃具、量具、轴承
07Cr17Ni7Al①	S51770	是添加Al的沉淀硬化钢种	用于弹簧、垫圈、计数器部件
07Cr15Ni7Mo2Al①	S51570	耐蚀性好,强度高	用于有一定耐蚀要求的高强度容器、零件及结构件

①为沉淀硬化型不锈钢，其余为马氏体型不锈钢。

7.1.4 耐热钢的特性和用途

耐热钢在650℃甚至更高温度下，有抵抗气体（O_2、H_2S、SO_2、H_2）腐蚀的能力和承受机械载荷的能力，适用于制造汽车发动机排气阀、加热炉管道、炉内支架、航空发动机的尾喷管等。

耐热钢按性能可分为抗氧化钢和热强钢两类，前者又称不起皮钢，后者是指在高温下具有良好的抗氧化性能并具有较高的高温强度的钢；按正火组织可分为奥氏体耐热钢、马氏体耐热钢、铁素体耐热钢及珠光体耐热钢等。

表7.6 奥氏体型耐热钢的特性和用途

牌 号	统一数字代号	特性和用途
12Cr18Ni9	S30210	有良好的耐热性及抗腐蚀性,用于焊芯、抗磁仪表、医疗器械、耐酸容器及设备衬里输送管道等设备和零件
12Cr18Ni9Si3	S30240	耐氧化性优于12Cr18Ni9,在900℃以下具有较好的抗氧化性及强度,用于汽车排气净化装置、工业炉等高温装置部件
06Cr19Ni10	S30408	具有不锈钢、耐热钢的共性,广泛使用于一般化工设备及原子能工业设备
07Cr19Ni10	S30409	碳含量比06Cr19Ni10高,奥氏体晶粒可控制为7级或更粗,用于要求抗高温蠕变、高温持久性能较高的场合

续表

牌　号	统一数字代号	特性和用途
05Cr19Ni10Si2CeN	S30450	在 600～950℃具有较好的高温使用性能，抗氧化温度可达 1050℃
06Cr20Ni11	S30808	常用于翻造锅炉、汽轮机、动力机械、工业炉和航空、石油化工等在高温下服役的零部件
16Cr23Ni13	S30920	用于制作炉内支架、传送带、退火炉罩、电站锅炉防磨瓦等
06Cr23Ni13	S30908	碳含量比 16Cr23Ni13 低，焊接性能较好，用途基本相同
20Cr25Ni20	S31020	是承受 1035℃以下反复加热的抗氧化钢，用于生产电热管，坩埚，炉用部件、喷嘴、燃烧室等
06Cr25Ni20	S31008	碳含量比 20Cr25Ni20 低，焊接性能较好。用途基本相同
06Cr17Ni12Mo2	S31608	具有优良的高温蠕变强度. 作热交换用部件、高温耐蚀螺栓
07Cr17Ni12Mo2	S31609	碳含量比 06Cr17Ni12Mo2 高，适当控制奥氏体晶粒（一般为 7 级或更粗），有助于改善抗高温蠕变、高温持久性能
06Cr19Ni13Mo3	S31708	具有良好的高温蠕变强度. 可作热交换用部件
06Cr18Ni11Ti	S32168	用于制作在 400～900℃腐蚀条件下使用的部件，高温用焊接结构部件
07Cr18Ni11Ti	S32169	碳含量比 06Cr18Ni11Ti 高，适当控制奥氏体晶粒（一般为 7 级或更粗），有助于改善抗高温蠕变、高温持久性能
12Cr16Ni35	S33010	是抗渗碳，氮化性好的钢种，用于制作 1035℃以下反复加热的炉用钢料、石油裂解装置
06Cr18Ni11Nb	S34778	用于制作在 400～900℃腐蚀条件下使用的部件、高温用焊接结构部件
07Cr18Ni11Nb	S34779	碳含量比 06Cr18Ni11Nb 高，适当控制奥氏体晶粒（一般为 7 级或更粗），有助于改善抗高温蠕变、高温持久性能
16Cr20Ni14Si2	S38240	具有高的抗氧化性. 用于制作 1050℃以下的冶金电炉部件、锅炉挂件和加热炉构件
16Cr25Ni20Si2	S38340	在 600～800℃有析出相的脆化倾向. 适于承受应力的各种炉用构件

续表

牌　号	统一数字代号	特性和用途
08Cr21Ni11Si2CeN	S30859	在 850～1100℃具有较好的高温使用性能，抗氧化温度可达 1150℃

表 7.7　铁素体型耐热钢的特性和用途

牌　号	统一数字代号	特性和用途
06Cr13Al	S11348	用于燃气透平压缩机叶片、退火箱、淬火台架
022Cr11Ti	S11163	添加了钛，焊接性及加工性优异。适用于汽车排气管、集装箱、热交换器等焊接后不需要热处理的情况
022Cr11NbTi	S11173	比 022Cr11Ti 具有更好的焊接性能。用于制造汽车排气阀净化装置
10Cr17	S11710	适用于 900℃以下耐氧化部件、散热器、炉用部件、喷油嘴
16Cr25N	S12550	耐高温腐蚀性强，1082℃以下不产生易剥落的氧化皮，用于燃烧室

表 7.8　马氏体型耐热钢的特性和用途

牌　号	统一数字代号	特性和用途
12Cr12	S40310	作为汽轮机叶片以及高应力部件
12Cr13	S41010	适用于 800℃以下耐氧化用部件
22Cr12NiMoWV	S47220	通常用来制作汽轮机叶片、轴、紧固件等

表 7.9　沉淀硬化型耐热钢的特性和用途

牌　号	统一数字代号	特性和用途
022Cr12Ni9Cu2NbTi	S51290	适用于生产棒、丝、板、带和铸件，主要应用于要求耐蚀不锈的承力部件
05Cr17Ni14Cu4Nb	S51740	是添加铜的沉淀硬化性的钢种，适合轴类、汽轮机部件、胶合压板、钢带输送机用
07Cr17Ni7Al	S51770	是添加铝的沉淀硬化型钢种。适用于高温弹簧、膜片、固定器、波纹管
07Cr15Ni7Mo2Al	S51570	适用于有一定耐蚀要求的高强度容器、零件及结构件
06Cr17Ni7AlTi	S51778	具有良好的冶金和制造加工工艺性能。可用于 350℃以下长期服役的不锈钢结构件、容器、弹簧、膜片等

续表

牌　号	统一数字代号	特性和用途
06Cr15Ni25Ti2-MoAlVB	S51525	适用于耐 700℃高温的汽轮机转子、螺栓、叶片、轴

7.1.5 不锈钢和耐热钢适用加工产品形状（GB/T 20878—2007）

表 7.10　奥氏体型不锈钢和耐热钢适用加工产品形状

牌　号	统一数字代号	形状								
		棒	板	带	管	盘条	丝、绳	角钢	坯	锻件
12Cr17Mn6Ni5N	S35350	√		√		√				
10Cr17Mn9Ni4N	S39950		√	√						
12Cr18Mn9Ni5N	S35450	√	√	√		√				√
20Cr13Mn9W14	S35020	√	√	√						√
20Cr15Mn15Ni2N	S35550					√				
53Cr21Mn9Ni4N	S35650	√			√					
26Cr18Mn12Si2N	S35750	√								
22Cr20Mn10Ni2Si2N	S35850	√								
12Cr17Ni7	S30110	√	√	√						
022Cr17Ni7	S30103		√	√						
022Cr17Ni7N	S30153		√	√						
17Cr18Ni9	S30220	√	√							
12Cr18Ni9	S30210	√	√	√	√	√	√	√	√	√
12Cr18Ni9Si3	S30240		√	√						
Y12Cr18Ni9	S30317	√				√	√			
Y12Cr18NiSe	S30327	√					√			
06Cr19Ni10	S30408	√	√	√	√	√	√	√	√	√
022Cr19Ni10	S30403	√	√	√	√	√	√	√	√	
07Cr19Ni10	S30409		√	√					√	
05Cr19Ni10Si2CeN	S30450		√	√						
06Cr18N9Cu2	S30480					√				
06Cr18Ni9Cu3	S30488	√				√	√			
06Cr19Ni10N	S30458	√	√	√	√		√			
06Cr19Ni9NbN	S30478	√	√	√	√					
022Cr19Ni10N	S30453	√	√	√	√					
10Cr18Ni12	S30510	√	√	√		√	√			
06Cr18Ni12	S30508	√				√				

续表

牌 号	统一数字代号	形状								
		棒	板	带	管	盘条	丝、绳	角钢	坯	锻件
06Cr16Ni18	S38408						√			
06Cr20Ni11	S30808		√							
22Cr21Ni12N	S30850	√			√					
16Cr23Ni13	S30920	√	√		√					
06Cr23Ni13	S30908	√	√	√	√	√	√			
14Cr23Ni18	S31010	√	√							√
20Cr25Ni20	S31020	√	√		√					
06Cr25Ni20	S31008	√	√	√	√	√	√		√	√
022Cr25Ni22Mo2N	S31053		√	√						
015Cr20Ni18Mo6CuN	S31252									
06Cr17Ni12Mo2	S31608	√	√	√	√	√	√	√	√	
022Cr17Ni12Mo2	S31603	√	√	√	√	√	√	√	√	
07Cr17Ni12Mo2	S31609				√		√		√	
06Cr17Ni12Mo2Ti	S31668	√	√	√	√					
06Cr17Ni12Mo2Nb	S31678		√	√						
06Cr17Ni12Mo2N	S31658	√	√	√	√					
022Cr17Ni12Mo2N	S31653	√	√	√	√					
06Cr18Ni12Mo2Cu2	S31688	√	√	√	√					
022Cr18Ni14Mo2Cu2	S31683	√	√	√	√					
022Cr18Ni15Mo3N	S31693	√	√	√			√			
015Cr21Ni26Mo5Cu2	S31782		√	√						
06Cr19Ni13Mo3	S31708	√	√	√	√					
022Cr19Ni13Mo3	S31703	√	√	√	√				√	
022Cr18Ni14Mo3	S31793	√	√	√			√			
03Cr18Ni16Mo5	S31794	√								
022Cr19Ni16Mo5N	S31723		√	√						
022Cr19Ni13Mo4N	S31753		√	√						
06Cr18Ni11Ti	S32168	√	√	√	√	√	√	√	√	
07Cr19Ni11Ti	S32169				√					
45Cr14Ni14W2Mo	S32590	√								√
015Cr24Ni22Mo8Mn3CuN	S32652		√	√						
24Cr18Ni8W2	S32720	√								√
12Cr16Ni35	S33010	√	√							
022Cr24Ni17Mo5Mn6NbN	S34553		√	√						

续表

牌　号	统一数字代号	形　状								
		棒	板	带	管	盘条	丝、绳	角钢	坯	锻件
06Cr18Ni11Nb	S34778	√		√	√	√	√	√	√	
07Cr18Ni11Nb	S34779			√	√				√	
06Cr18Ni13Si4	S38148	√			√					
16Cr20Ni14Si2	S38240	√								
16Cr25Ni20Si2	S38340	√		√						

注："√"表示可以生产的加工形状。

表 7.11　奥氏体-铁素体型不锈钢和耐热钢适用加工产品形状

牌　号	统一数字代号	形　状								
		棒	板	带	管	盘条	丝、绳	角钢	坯	锻件
14Cr18Ni11Si4AlTi	S21860	√	√	√						√
022Cr19Ni5Mo3Si2N	S21953	√	√	√	√					
12Cr21Ni5Ti	S22160	√	√	√						√
022Cr22Ni5Mo3N	S22253	√	√	√						
022Cr23Ni5Mo3N	S22053	√	√	√						
022Cr23Ni4MoCuN	S23043		√	√						
022Cr25Ni6Mo2N	S22553		√	√						
022Cr25Ni7Mo3WCuN	S22583									
03Cr25Ni6Mo3Cu2N	S25554		√	√						
022Cr25Ni7Mo4N	S25073		√	√						
022Cr25Ni7Mo4WCuN	S27603		√	√						

注："√"表示可以生产的加工形状。

表 7.12　铁素体型不锈钢和耐热钢适用加工产品形状

牌　号	统一数字代号	形　状								
		棒	板	带	管	盘条	丝、绳	角钢	坯	锻件
06Cr13Al	S11348	√	√	√	√					
06Cr11Ti	S11168		√							
022Cr11Ti	S11163		√	√						
022Cr11NbTi	S11173		√	√						
022Cr12Ni	S11213		√	√						
022Cr12	S11203		√	√						
10Cr15	S11510		√	√	√					
10Cr17	S11710	√	√	√	√	√	√	√		
Y10Cr17	S11717	√				√	√			
022Cr18Ti	S11863		√	√	√					

续表

牌号	统一数字代号	形状								
		棒	板	带	管	盘条	丝、绳	角钢	坯	锻件
10Cr17Mo	S11790	√	√	√		√				
10Cr17MoNb	S11770									
019Cr18MoTi	S11862		√	√						
022Cr18NbTi	S11873		√	√						
019Cr19Mo2NbTi	S11972		√	√	√					
16Cr25N	S12550	√	√		√					
008Cr27Mo	S12791	√	√	√	√					
008Cr30Mo2	S13091	√	√	√						

注："√"表示可以生产的加工形状。

表7.13 马氏体型不锈钢和耐热钢适用加工产品形状

牌号	统一数字代号	形状								
		棒	板	带	管	盘条	丝、绳	角钢	坯	锻件
12Cr12	S40310	√	√	√					√	
06Cr13	S41008	√	√	√	√	√	√			√
12Cr13	S41010	√	√	√	√		√		√	√
04Cr13Ni5Mo	S41595		√	√						
Y12Cr13	S41617	√				√	√			
20Cr13	S42020	√	√	√	√	√	√		√	√
30Cr13	S42030	√	√	√	√	√	√		√	√
Y30Cr13	S42037	√				√				
40Cr13	S42040	√	√	√			√		√	√
Y25Cr13Ni2	S41427	√								√
14Cr17Ni2	S43110	√	√	√		√	√		√	√
17Cr16Ni2	S43120	√	√	√						
68Cr17	S44070	√	√	√		√				
85Cr17	S44080	√				√				√
108Cr17	S44096	√				√				
Y108Cr17	S44097	√				√				
95Cr18	S44090	√				√	√			√
12Cr5Mo	S45110	√			√				√	
12Cr12Mo	S45610	√								
13Cr13Mo	S45710	√				√			√	
32Cr13Mo	S45830	√				√				

续表

牌　号	统一数字代号	形				状				
		棒	板	带	管	盘条	丝、绳	角钢	坯	锻件
102Cr17Mo	S45990	√				√	√			
90Cr18MoV	S46990	√				√				
14Cr11MoV	S46010	√								
158Cr12MoV	S46110	√								
21Cr12MoV	S46020	√								
18Cr12MoVNbN	S46250	√								
15Cr12WMoV	S47010	√								
22Cr12NiMoWV	S47220	√	√							
13Cr11Ni2W2MoV	S47310	√	√			√			√	√
14Cr12Ni2WMoVNb	S47410	√							√	
10Cr12Ni3Mo2VN	S47250		√							
18Cr11NiMoNbVN	S47450	√								
13Cr14Ni3W2VB	S47710									√
42Cr9Si2	S48040	√			√					
45Cr9Si3	S48045	√								
40Cr10Si2Mo	S48140	√			√				√	√
80Cr20Si2Ni	S48380	√			√					

注："√"表示可以生产的加工形状。

表 7.14　沉淀硬化型不锈钢和耐热钢适用加工产品形状

牌　号	统一数字代号	形				状				
		棒	板	带	管	盘条	丝、绳	角钢	坯	锻件
04Cr13Ni8Mo2Al	S51380		√	√						
022Cr12Ni9Cu2NbTi	S51290		√	√						
05Cr15NbCu4Nb	S51550	√								
05Cr17Ni4Cu4Nb	S51740	√	√	√					√	√
07Cr17Ni7Al	S51770	√	√	√		√	√			√
07Cr15Ni7Mo2Al	S51570	√	√	√			√			
07Cr12Ni4Mn5Mo3Al	S51240		√	√			√			
09Cr17Ni5Mo3N	S51750		√	√						
06Cr17Ni7AlTi	S51778		√	√						
06Cr15Ni25Ti2MoAlVB	S51525	√	√	√						

注："√"表示可以生产的加工形状。

7.1.6 不锈钢和耐热钢的热处理规范（JB/T 9197—2008）

表 7.15 不完全退火、去应力退火或高温回火及正火的热处理规范

组织类型	钢号	不完全退火			正火			去应力退火或高温回火		
		加热温度/℃	冷却介质	硬度(HB)	加热温度/℃	冷却介质	硬度(HB)	加热温度/℃	冷却介质	硬度(HB)
马氏体型	12Cr13	730～780 830～900	空气	≤229 ≤170	—	—	—	—	—	—
	20Cr13	870～900	炉冷	≤187				730～780	空气	≤229
	30Cr13			≤206						
	40Cr13			≤229						
	20Cr13Ni2	840～860		206～285						≤254
	14Cr17Ni2	—	—	—	—	—	—	670～690		≤285
	13Cr11Ni2W2MoV				900～1010	空冷		730～750		197～269
	14Cr12Ni2WMoVNb				1140～1160	空冷		680～720		229～320
	13Cr14Ni3W2VB	—	—	—	930～950	—	—	670～690		197～254
	95Cr18	880～920	炉冷	≤269	—	—		730～790		≤269
	90Cr18MoV			≤241						≤254
	32Cr13Ni7Si2	—	淬火并退火与回火：1040～1070℃，水冷；860～880℃，保温6h，随炉冷却至300℃后空冷。600～680℃空冷。							—
	40Cr10Si2Mo	等温退火	退火：1000～1040℃，保温1h，随炉冷却至750℃，保温3～4h，空冷							197～269
	20Cr3WMoV	—	—	—	1040～1060	空气	—	740～760	空气	187～269
	32Cr13Mo	870～900	炉冷	229	—	—		730～780		≤289

表 7.16　淬火或固溶处理、回火或时效的热处理规范

组织类别	钢号	淬火或固溶处理		按强度选择的回火或时效规范			按硬度选择的回火或时效规范		
		加热温度/℃	冷却介质	抗拉强度/MPa	回火或时效温度①/℃	冷却介质	布氏硬度（HB）	回火或时效温度①/℃	冷却介质
马氏体型	12Cr13	1000～1050	油或空气	780～980	580～650	油或水	254～302	580～650	油或水
				880～1080	560～620		285～341	560～620	
				980～1180	550～530		354～362	550～580	
				1080～1270	520～560		341～388	520～560	
				＞1270	＜300	空气	＞388	＜300	空气
	20Cr13	980～1050	油或空气	690～8a0	640～690	油或空气	229～269	650～690	油或空气
				880～1080	560～640		254～285	600～650	
				980～1180	540～590		285～341	570～600	
				1080～1270	520～560		341～388	540～570	
				1180～1370	500～540		388～445	510～540	
				＞1370	＜350	空气	＞445	＜350	
	30Cr13	980～1050	油或空气	880～1080	580～620	油或水	254～285	620～680	油或水
				980～1180	560～610		285～341	580～610	
				1080～1270	550～600		341～388	550～600	
				1180～1370	540～590		388～445	520～570	
				1270～1470	530～570		445～514	500～530	

续表

组织类别	钢号	淬火或固溶处理		按强度选择的回火或时效规范			按硬度选择的回火或时效规范		
		加热温度/℃	冷却介质	抗拉强度/MPa	回火或时效温度[①]/℃	冷却介质	布氏硬度（HB）	回火或时效温度[①]/℃	冷却介质
马氏类型	30Cr13	980～1050	油或空气	＞1470	＜350	空气	＞514	＜350	空气
马氏类型	40Cr13	1000～1050	油或空气	980～1180	590～640	油或水	285～341	600～650	油或空气
马氏类型	40Cr13	1000～1050	油或空气	1080～1270	570～620	油或水	341～388	570～610	油或空气
马氏类型	40Cr13	1000～1050	油或空气	1180～1370	550～600	油或水	388～445	530～580	油或空气
马氏类型	40Cr13	1000～1050	油或空气	1270～1470	540～580	油或水	—	—	油或空气
马氏类型	40Cr13	1000～1050	油或空气	1370～1570	300～357	油或水	445～514	300～370	空气
马氏类型	40Cr13	1000～1050	油或空气	＞1570	＜350	空气	＞514	＜350	空气
马氏类型	20Cr13Ni2	1000～1020	油或空气	880～1080	580～680	油或水	269～302	580～680	油或水
马氏类型	20Cr13Ni2	1000～1020	油或空气	980～1180	540～630	油或水	285～362	540～630	油或水
马氏类型	20Cr13Ni2	1000～1020	油或空气	1080～1270	520～580	油或水	302～388	520～580	油或水
马氏类型	20Cr13Ni2	1000～1020	油或空气	1180～1370	500～540	油或水	362～445	500～540	油或水
马氏类型	20Cr13Ni2	900～930	油或空气	1370～1570	＜300	空气	≥44HRC	＜300	空气
马氏类型	14Cr17Ni2	950～1040	油	690～880	580～680	油或水	229～269	580～700	油或空气
马氏类型	14Cr17Ni2	950～1040	油	780～980	590～650	油或水	254～302	600～680	油或空气
马氏类型	14Cr17Ni2	950～1040	油	880～1080	540～00	油或水	285～341	520～580	油或空气

续表

组织类别	钢号	淬火或固溶处理		按强度选择的回火或时效规范			按硬度选择的回火或时效规范		
		加热温度/℃	冷却介质	抗拉强度/MPa	回火或时效温度①/℃	冷却介质	布氏硬度（HB）	回火或时效温度①/℃	冷却介质
马氏体型	14Cr17Ni2	950～1040	油	980～1180	500～560	油或水	320～375	480～540	油或空气
				1080～1270	480～547		—	—	
				＞1270	300～360	空气	＞375	＜350	空气
	13Cr11Ni2W2—MoV	990～1010	油或空气	＜890	680～740	空气	241～258	680～740	空气
				880～1080	640～680		269～320	650～710	
				＞1080	550～590		311～388	550～590	
	14Cr12Ni2W—MoVNb	1140～1160	油或空气	＜880	680～740	空气	241～258	680～740	空气
				880～1080	640～680		269～320	650～710	
				＞1080	570～600		320～401	570～600	
	13Cr14Ni3W2VB	1040～1060	油或空气	＞930	600～680	空气	285～341	600～680	空气
				＞1130	500～600		330～388	550～600	
	40Cr10Si2Mo	1010～1050		—	—	—	302～341	700～760	空气
	95Cr18②	1010～1070	油	—	—	—	50～55HRC	250～380	空气
							＞55HRC	160～250	
	90Cr18MoV②	1050～1070	油	—	—	—	50～55HRC	260～320	空气
							＞55HRC	160～250	

续表

组织类别	钢号	淬火或固溶处理		按强度选择的回火或时效规范			按硬度选择的回火或时效规范		
		加热温度/℃	冷却介质	抗拉强度/MPa	回火或时效温度[①]/℃	冷却介质	布氏硬度(HB)	回火或时效温度[①]/℃	冷却介质
马氏体型	32Cr13Ni7Si2[③]	790～810	油	—	—	—	341～401	—	—
	20Cr3WMoV	1030～1080	油	>880	660～700	—	285～341	660～700	空气
奥氏体型	06Cr18Ni9	1050～1100	空气或水	—	—	—	—	—	—
	12Cr18Ni9	1050～1150		—	—	—	—	—	—
	17Cr18Ni9	1100～1150		—	—	—	—	—	—
	12Cr18Ni9Ti[④]	1050～1150		—	—	—	—	—	—
	20Cr13Ni4Mn9	1120～1150		—	—	—	—	—	—
	45Cr14Ni4W2Mo	1040～1060	水	—	—	—	197～285	620～680	空气
				—	—	—	179～285	810～830	
	24Cr18Ni8W2	1020～1060	水	—	—	—	≤276	640～660	
		—	—	—	—	—	234～276	810～830	
	12Cr21Ni5Ti	950～1050	空气或水	—	—	—	—	—	—
	12Cr18Mn8Ni5N	940～960		—	—	—	—	—	—
		1060～1080							
	07Cr19Ni11Si4AlTi	980～1020	水	—	—	—	—	—	—
	13Cr14Mn14Ni	1000～1150	空气或水	—	—	—	—	—	—
	13Cr14Mn14Ni3Ti	1050～1100		—	—	—	—	—	—
	14Cr23Ni8	1050～1150		—	—	—	—	—	—

续表

组织类别	钢号	淬火或固溶处理		按强度选择的回火或时效规范			按硬度选择的回火或时效规范		
		加热温度/℃	冷却介质	抗拉强度/MPa	回火或时效温度[①]/℃	冷却介质	布氏硬度(HB)	回火或时效温度[①]/℃	冷却介质
沉淀硬化型	06Cr17Ni4Cu4Nb[⑤]	1030～1050	空气或水	＞930	580～620	空气	30～35HRC	600～620	空气
				＞980	550～580		35～40HRC	550～580	
				＞1080	500～550		38～43HRC	500～550	
				＞1180	480～500		41～45HRC	460～500	
	06Cr17Ni7Al[⑥]	Ⅰ:1050～1070	—	—	—	—	—	—	—
		Ⅱ:	空气或水	＞1140	—	—	≥39HRC	—	—
		Ⅲ:		＞1250	—	—	≥41HRC	—	—
	06Cr15Ni7Mo2Al[⑥]	Ⅰ:1050～1070	—	—	—	—	—	—	—
		Ⅱ:	空气或水	＞1210	—	—	≥40HRC	—	—
		Ⅲ:		＞1250	—	—	≥41HRC	—	—

①在保证强度和硬度的前提下，回火温度可适当调整。

②当采用上限淬火温度时，可进行深冷处理，并低温回火。

③可采用 930～990℃淬火或 850～900℃稳定化退火。

④淬火前应经 1040～1070℃，水冷，860～880℃保温 6h，随炉冷却至 300℃空冷，600～680℃空冷。

⑤如工件要冷变形时，应适当提高固溶温度，进行调整处理，然后再进行回火处理。

⑥Ⅰ处理后可进行冷变形。Ⅱ或Ⅲ为连续进行的热处理工艺：

Ⅱ1050～1070℃（空气或水）＋760℃×90min（空气）＋565℃回火×90min（空气）。

Ⅲ1050～1070℃（空气或水）＋950℃×10min（空气）＋深冷处理－70℃×8h，恢复至室温后再加热到 510℃回火×（30～60min），空冷。

7.1.7 耐热钢的热处理制度

表 7.17 奥氏体型耐热钢的热处理制度

牌 号	统一数字代号	固溶处理
12Cr18Ni9	S30210	≥1040℃水冷或其他方式快冷
12Cr18Ni9Si3	S30240	≥1040℃水冷或其他方式快冷
06Cr19Ni10	S30408	≥1040℃水冷或其他方式快冷
07Cr19Ni10	S30409	≥1040℃水冷或其他方式快冷
05Cr19Ni10Si2CeN	S30450	1050～1100℃水冷或其他方式快冷
06Cr20Ni11	S30808	≥1040℃水冷或其他方式快冷
16Cr23Ni13	S30920	≥1040℃水冷或其他方式快冷
06Cr23Ni13	S30908	≥1040℃水冷或其他方式快冷
20Cr25Ni20	S31020	≥1040℃水冷或其他方式快冷
06Cr25Ni20	S31008	≥1040℃水冷或其他方式快冷
06Cr17Ni12Mo2	S31608	≥1040℃水冷或其他方式快冷
07Cr17Ni12Mo2	S31609	≥1040℃水冷或其他方式快冷
06Cr19Ni13Mo3	S31708	≥1040℃水冷或其他方式快冷
06Cr18Ni11Ti	S32168	≥1095℃水冷或其他方式快冷
07Cr19Ni11Ti	S32169	≥1040℃水冷或其他方式快冷
12Cr16Ni35	S33010	1080～1180℃快冷
06Cr18Ni11Nb	S34778	≥1040℃水冷或其他方式快冷
07Cr18Ni11Nb	S34779	≥1040℃水冷或其他方式快冷
16Cr20Ni14Si2	S38240	1060～1130℃水冷或其他方式快冷
16Cr25Ni20Si2	S38340	1060～1130℃水冷或其他方式快冷
08Cr21Ni11Si2CeN	S30859	1050～1100℃水冷或其他方式快冷

表 7.18 铁素体型耐热钢的热处理制度

牌 号	统一数字代号	退火处理
06Cr13Al	S11348	780～830℃快冷或缓冷
022Cr11Ti	S11163	800～900℃快冷或缓冷
022Cr11NbTi	S11173	800～900℃快冷或缓冷
10Cr17	S11710	780～850℃快冷或缓冷
16Cr25N	S12550	780～880℃快冷

表 7.19 马氏体型耐热钢的热处理制度

牌 号	统一数字代号	退火处理
12Cr12	S40310	约750℃快冷，或800～900℃缓冷
12Cr13	S41010	约750℃快冷，或800～900℃缓冷

续表

牌　号	统一数字代号	退火处理
22Cr12NiMoWV	S47220	—

表 7.20　沉淀硬化型耐热钢的热处理制度

牌　号	统一数字代号	固溶处理/℃	沉淀硬化处理
022Cr12Ni9Cu2-NbTi	S51290	829±15 水冷	480℃±6℃，保温 4h，空冷，或 510℃±6℃，保温 4h，空冷
OSCr17Ni4Cu4Nb	S51740	1050±25 水冷	482℃±10℃，保温 1h，空冷； 496℃±10℃，保温 4h，空冷； 552℃±10℃，保温 4h，空冷； 579℃±10℃，保温 4h，空冷； 593℃±10℃，保温 4h，空冷； 621℃±10℃，保温 4h，空冷； 760℃±10℃，保温 2h，空冷； 621℃±10℃，保温 4h，空冷
07Cr17Ni7Al	S51770	1065±15 水冷	954℃±8℃，保温 10min，快冷至室温，24h 内冷至－73℃±6℃，保温≥8h。在空气中加热至室温。加热到 510℃±6℃，保温 1h，空冷
			760℃±15℃，保温 90min，1h 内冷却至 15℃±3℃。保温≥30min，加热至 566℃±6℃，保温 90min，空冷
07Cr15Ni7Mo2Al	S51570	1040±15 水冷	954℃±8℃，保温 10min，快冷至室温，24h 内冷至－73℃±6℃，保温不小于 8h。在空气中加热至室温。加热到 510℃±6℃，保温 1h，空冷
			760℃±15℃，保温 90min，1h 内冷却至 15℃±3℃。保温≥30min，加热至 566℃±6℃，保温 90min，空冷
06Cr17Ni7AlTi	S51778	1038±15 空冷	510℃±8℃，保温 30min，空冷； 538℃±8℃，保温 30min，空冷； 566℃±8℃，保温 30min，空冷
06Cr15Ni25T12-MoAlVB	S51525	885～915 快冷或 965～995 快冷	700～760℃，保温 16h，空冷或缓冷

7.2 不锈钢型材

不锈钢型材有钢板和钢带、管、棒、盘条、钢丝和复合板等。

7.2.1 不锈钢热轧钢板和钢带（GB/T 4237—2015）

包括耐腐蚀不锈钢热轧厚钢板、耐腐蚀不锈钢热轧宽钢带及其卷切定尺钢板、纵剪宽钢带，也包括耐腐蚀不锈钢热轧窄钢带及其卷切定尺钢带。

① 分类　按边缘状态分有切边钢带（EC）和不切边钢带（EM）；按尺寸、外形精度等级分有厚度普通精度（PT. A）、厚度较高精度（PT. B）、不平度普通级（PF. A）和不平度较高级（PF. B）。

② 公称尺寸范围　钢板和钢带的公称尺寸范围见表 7.21。推荐的公称尺寸一般应符合 GB/T 709—2006 中 5.2 的规定。

表 7.21　钢板和钢带的公称尺寸范围　　mm

形　　态	公称厚度	公称宽度
厚　钢　板	3.0～200	600～4800
宽钢带、卷切钢板、纵剪宽钢带	2.0～25.4	600～2500
窄钢带、卷切钢带	2.0～13.0	＜600

③ 交货状态　钢板和钢带经热轧后，可经热处理及酸洗或类似的处理后交货；对于沉淀硬化型钢的热处理，需方应在合同中注明对钢板（带）或试样进行热处理的种类，如未注明，以固溶状态交货。

④ 力学性能

表 7.22　经固溶处理的奥氏体型不锈钢板、钢带的力学性能

牌　号	统一数字代号	规定塑性延伸强度 $R_{p0.2}$/MPa ≥	抗拉强度 R_m/MPa ≥	断后伸长率[①] A/% ≥	硬度值 ≤		
					HBW	HRB	HV
022Cr17Ni7	S30103	220	550	45	241	100	242
12Cr17Ni7	S30110	205	515	40	217	95	220
022Cr17Ni7N	S30153	240	550	45	241	100	242
12Cr18Ni9	S30210	205	515	40	201	92	210
12Cr18Ni9Si3	S30240	205	515	40	217	95	220
022Cr19Ni10	S30403	180	485	40	201	92	210
06Cr19Ni10	S30408	205	515	40	201	92	210

续表

牌　号	统一数字代号	规定塑性延伸强度 $R_{p0.2}$/MPa ≥	抗拉强度 R_m/MPa ≥	断后伸长率[①] A/% ≥	硬度值 ≤		
					HBW	HRB	HV
07Cr19Ni10	S30409	205	515	40	201	92	210
05Cr19Ni10Si2CeN	S30450	290	600	40	217	95	220
022Cr19Ni10N	S30153	205	515	40	217	95	220
06Cr19Ni10N	S30408	240	550	30	217	95	220
06Cr19Ni9NbN	S30478	275	585	30	241	100	242
10Cr18Ni12	S30510	170	485	40	183	88	200
08Cr21Ni11Si2CeN	S30859	310	600	40	217	95	220
06Cr23Ni13	S30908	205	515	40	217	95	220
06Cr25Ni20	S31008	205	515	40	217	95	220
022Cr25Ni22Mo2N	S31053	270	580	25	217	95	220
015Cr20Ni18Mo6CuN	S31252	310	655	35	223	96	225
022Cr17Ni12Mo2	S31603	180	485	40	217	95	220
06Cr17Ni12Mo2	S31608	205	515	40	217	95	220
07Cr17Ni12Mo2	S31609	205	515	40	217	95	220
022Cr17Ni12Mo2N	S31653	205	515	40	217	95	220
06Cr17Ni12Mo2N	S31658	240	550	35	217	95	220
06Cr17Ni12Mo2Ti	S31668	205	515	40	217	95	220
06Cr17Ni12Mo2Nb	S31678	205	515	30	217	95	220
06Cr18Ni12Mn2Cu2	S31688	205	520	40	187	90	200
022Cr19Ni13Mo3	S31703	205	515	40	217	95	220
06Cr19Ni13Mo3	S31708	205	515	35	217	95	220
022Cr19Ni16Mo5N	S31723	240	550	40	223	96	225
022Cr19Ni13Mo1N	S31753	240	550	40	217	95	220
015Cr21Ni26Mo5Cu2	S31782	220	490	35	—	90	200
06Cr18Ni11Ti	S32168	205	515	40	217	95	220
07Cr19Ni11Ti	S32169	205	515	40	217	95	220
015Cr24Ni22Mo8Mn3CuN	S32652	430	750	40	250	—	252
022Cr21Ni17Mo5Mn6NbN	S34553	415	795	35	241	100	242
06Cr18Ni11Nb	S34778	205	515	40	201	92	210
07Cr18Ni11Nb	S34779	205	515	40	201	92	210
022Cr21Ni25Mo7N	S38367	310	655	30	241	—	—
015Cr20Ni20Mo7CuN	S38926	295	650	35	—	—	—

①厚度不大于 3mm 时使用 A_{50mm} 试样。

表 7.23 经固溶处理的奥氏体-铁素体型不锈钢板、钢带的力学性能

牌 号	统一数字代号	规定塑性延伸强度 $R_{p0.2}$/MPa ≥	抗拉强度 R_m/MPa ≥	断后伸长率[①] A/% ≥	硬度值 ≤	
					HBW	HRC
14Cr18Ni11Si4AlTi	S21860	—	715	25	—	—
022Cr19Ni5Mo3Si2N	S21953	440	630	25	290	31
022Cr23Ni5Mo3N	S22053	450	655	25	293	31
022Cr21Mn5Ni2N	S22152	450	620	25	—	25
022Cr21Ni3Mo2N	S22153	450	655	25	293	31
12Cr21Ni5Ti	S22160	—	635	20	—	—
022Cr21Mn3Ni3Mo2N	S22193	450	620	25	293	31
022Cr22Mn3Ni2MoN	S22253	450	603	30	293	31
022Cr22Ni5Mo3N	S22293	450	620	25	293	31
03Cr2ZMn5Ni2MoCuN	S22294	450	650	30	290	—
022Cr23Ni2N	S22353	450	650	30	290	—
022Cr24Ni4Mn3Mo2CuN	S22493	480	680	25	290	—
022Cr25Ni6Mo2N	S22553	450	640	25	295	31
022Cr23Ni4MoCuN	S23043	400	600	25	290	31
03Cr25Ni6Mo3Cu2N	S25554	550	760	15	302	32
022Cr25Ni7Mo4N	S25073	550	795	15	310	32
022Cr25Ni7Mo4WCuN	S27603	550	750	25	270	—

①厚度不大于 3mm 时使用 A_{50mm} 试样。

表 7.24 经退火处理的铁素体型不锈钢板、钢带的力学性能

牌号	统一数字代号	规定塑性延伸强度 $R_{p0.2}$/MPa ≥	抗拉强度 R_m/MPa ≥	断后伸长率[①] A/% ≥	180°冷弯压头直径 D	硬度值 ≤		
						HBW	HRB	HV
022Cr11Ti	S11163	170	380	20	$D=2a$	179	88	200
022Cr11NbTi	S11173	170	380	20	$D=2a$	179	88	200
022Cr12Ni	S11213	280	450	18	—	180	88	200
022Cr12	S11203	195	360	22	$D=2a$	183	88	200
06Cr13Al	S11348	170	415	20	$D=2a$	179	88	200
10Cr15	S11510	205	450	22	$D=2a$	183	89	200
022Cr15NbTi	S11573	205	450	22	$D=2a$	183	89	200
10Cr17	S11710	205	420	22	$D=2a$	183	89	200
022Cr17NbTi	S11763	175	360	22	$D=2a$	183	88	200
10Cr17Mo	S11790	240	450	22	$D=2a$	183	89	200

续表

牌号	统一数字代号	规定塑性延伸强度 $R_{p0.2}$/MPa ≥	抗拉强度 R_m /MPa ≥	断后伸长率[①] A/% ≥	180°冷弯压头直径 D	硬度值 ≤		
						HBW	HRB	HV
019Cr18MoTi	S11862	245	410	20	$D=2a$	217	96	230
022Cr18Ti	S11863	205	415	22	$D=2a$	183	89	200
022Cr18NbTi	S11873	250	430	18	—	180	88	200
019Cr18CuNb	S11882	205	390	22	$D=2a$	192	90	200
019Cr19Mo2NbTi	S11972	275	415	20	$D=2a$	217	96	230
022Cr18NbTi	S11973	205	415	22	$D=2a$	183	89	200
019Cr21CuTi	S12182	205	390	22	$D=2a$	192	90	200
019Cr23Mo2Ti	S12361	245	410	20	$D=2a$	217	96	230
019Cr23MoTi	S12362	245	410	20	$D=2a$	217	96	230
022Cr27Ni2Mo4NbTi	S12763	450	585	18	$D=2a$	241	100	242
008Cr27Mo	S12791	275	450	22	$D=2a$	187	90	200
022Cr29Mo4NbTi	S12963	415	550	18	$D=2a$	255	25[②]	257
008Cr30Mo2	S13091	295	450	22	$D=2a$	207	95	220

①厚度不大于 3mm 时使用 A_{50mm} 试样。

②为 HRC 硬度值。

表 7.25　经退火处理的马氏体型不锈钢板、钢带的力学性能

牌　　号	统一数字代号	规定塑性延伸强度 $R_{p0.2}$/MPa ≥	抗拉强度 R_m /MPa ≥	断后伸长率[①] A/% ≥	180°冷弯压头直径 D	硬度值 ≤		
						HBW	HRB	HV
12Cr12	S40310	205	485	20	$D=2a$	217	96	210
06Cr13	S41008	205	415	20	$D=2a$	183	89	200
12Cr13	S41010	205	450	20	$D=2a$	217	96	210
04Cr13Ni5Mo	S41595	620	795	15	—	302	32[②]	—
20Cr13	S42020	225	520	18	—	223	97	234
30Cr13	S42030	225	540	18	—	235	99	247
40Cr13	S42040	225	590	15	—	—	—	—
17Cr16Ni2[③]	S43120	690	880～1080	12	—	262～326	—	—
		1050	1350	10	—	388	—	—
68Cr17	S44070	245	590	15	—	255	25[②]	269
50Cr15MoV	S46050	—	≤850	12	—	280	100	280

①厚度不大于 3mm 时使用 A_{50mm} 试样。

②为 HRC 硬度值。

③表列为淬火、回火后的力学性能。

表 7.26　经固溶处理的沉淀硬化型不锈钢板、钢带试样的力学性能

牌　　号	统一数字代号	钢材厚度/mm	规定塑性延伸强度 $R_{p0.2}$/MPa ≤	抗拉强度 R_m/MPa ≤	断后伸长率① A/% ≥	硬度值 ≤	
						HRC	HBW
04Cr13Ni8Mo2Al	S51380	2.0～102	—	—	—	38	363
022Cr12Ni9Cu2NbTi	S51290		1105	1205	3	36	331
07Cr17Ni7Al	S51770		450 380	1035	— 20	— 92②	— —
07Cr15Ni7Mo2Al	S51570		450	1035	25	100②	—
09Cr17Ni5Mo3N	S51750		585	1380	8 12	30 30	— —
06Cr17Ni7AlTi	S51778		515	825	4 5	32 32	— —

①厚度不大于 3mm 时使用 A_{50mm} 试样。

②为 HRB 硬度值。

表 7.27　经时效处理后的沉淀硬化型钢试样的力学性能

牌　号	统一数字代号	钢材厚度/mm	处理温度①/℃	规定塑性延伸强度 $R_{p0.2}$/MPa ≥	抗拉强度 R_m/MPa ≥	断后伸长率②③ A/% ≥	硬度值 ≥	
							HRC	HBW
04Cr13Ni8Mo2Al	S51380	2～<5 5～<16 16～100	510±5	1410	1515	8 10 10	45	— — 429
		2～<5 5～<16 16～100	540±5	1310	1380	8 10 10	43	— — 401
022Cr12Ni9Cu2NbTi	S51290	≥2	480±6 或 510±5	1410	1525	4	44	—
07Cr17Ni7Al	S51770	2～<5 5～16	760±15 15±3 566+6	1035 965	1240 1170	6 7	38 38	— 352
		2～<5 5～16	954+8 −73±6 510±6	1310 1240	1450 1380	4 6	44 43	— 401
07Cr15Ni7Mo2Al	S51570	2～<5 5～16	760±15 15±3 566±6	1170	1310	5 4	40	— 375

续表

牌　号	统一数字代号	钢材厚度/mm	处理温度①/℃	规定塑性延伸强度 $R_{p0.2}$/MPa ≥	抗拉强度 R_m/MPa ≥	断后伸长率②③ A/% ≥	硬度值 ≥	
							HRC	HBW
07Cr15Ni7M02Al	S51570	2～<5 5～16	954±8 −73±6 510±6	1380	1550	4	46	429
09Cr17Ni5M03N	S51750	2～5	455±10	1035	1275	8	42	—
			540±10	1000	1140	8	36	—
06Cr17Ni7AlTi	S51778	9～<3 ≥3	510±10	1170	1310	5 8	39	— 363
		2～<3 ≥3	510±10	1105	1240	5 8	37 38	— 352
		2～<3 ≥3	565±10	1035	1170	5 8	35 36	— 331

①为推荐性热处理温度，供方应向需方提供推荐性热处理制度。

②适用于沿宽度方向的试验，垂直于轧制方向且平行于钢板表面。

③厚度不大于 3mm 时使用 A_{50mm} 试样。

表 7.28　经固溶处理后沉淀硬化型钢板和钢带的弯曲性能

牌　号	统一数字代号	厚度/mm	180°弯曲试验弯曲压头直径 D
022Cr12N19Cu2NbTi	S51290	2.0～5.0	$D=6a$
07Cr17Ni7Al	S51770	2.0～<5.0 5.0～7.0	$D=a$ $D=3a$
07Cr15Ni7Mo2Al	S51570	2.0～<5.0 5.0～7.0	$D=a$ $D=3a$
09Cr17Ni5Mo3N	S51750	2.0～5.0	$D=2a$

①钢板厚度。

7.2.2　不锈钢冷轧钢板和钢带（GB/T 3280—2015）

包括耐腐蚀不锈钢冷轧宽钢带及其卷切定尺钢板、纵剪冷轧宽钢带及其卷切定尺钢带、冷轧窄钢带及其卷切定尺钢带。也适用于单张轧制的钢板。

① 分类

表 7.29 不锈钢冷轧钢板和钢带的分类

按形态分	按状态分		按边缘状态分	
	加工硬化状态	符号	状态	符号
宽钢带及其卷切钢板 纵剪宽钢带 卷切钢带Ⅰ 卷切钢带Ⅱ 窄钢带	1/4冷作硬化 1/2冷作硬化 3/4冷作硬化 冷作硬化 特别冷作硬化	H1/4 H1/2 H3/4 H H2	切边钢带 不切边钢带	EC EM

按尺寸、外形精度分			
项　目	符号	项　目	符号
宽度普通精度	PW.A	长度较高精度	PL.B
宽度较高精度	PW.B	不平度普通级	PF.A
厚度普通精度	PT.A	不平度较高级	PF.B
厚度较高精度	PT.B	镰刀弯普通精度	PC.A
长度普通精度	PL.A	镰刀弯较高精度	PC.B

② 公称尺寸

表 7.30 公称尺寸范围

形　态	公称厚度/mm	公称宽度/mm
宽钢带、卷切钢板	0.10～8.00	600～2100
纵剪宽钢带、卷切钢带Ⅰ①	0.10～8.00	＜600
窄钢带、卷切钢带Ⅱ	0.01～3.00	＜600

①由宽度大于600mm的宽钢带纵剪（包括纵剪＋横切）成宽度小于600mm的钢带或钢板。

③ 交货状态

a.钢板和钢带经冷轧后，可经热处理及酸洗或类似处理后交货。当进行光亮热处理时，可省去酸洗等处理。

b.根据需方要求，钢板和钢带可按不同冷作硬化状态交货。

c.对于沉淀硬化型钢的热处理，需方应在合同中注明热处理的种类，并应说明是对钢带、钢板本身还是对试样进行热处理。

④ 力学性能　经固溶处理的奥氏体型钢、经固溶处理的奥氏体-铁素体型钢、经退火处理的铁素体型钢，经退火处理的马氏体型不锈型钢试样的力学性能，均同不锈钢热轧钢板和钢带，这里不再重复。

表 7.31 H1/4 状态的钢板和钢带力学性能

牌号	统一数字代号	规定塑性延伸强度 $R_{p0.2}$/MPa ≥	抗拉强度 R_m/MPa ≥	下列厚度的断后伸长率 A①/% ≥		
				<0.4mm	0.4~<0.8mm	≥0.8mm
022Cr17Ni7	S30103	515	825	25	25	25
12Cr17Ni7	S30110	515	860	25	25	25
022Cr17Ni7N	S30153	515	825	25	25	25
12Cr18Ni9	S30210	515	860	10	10	12
022Cr19Ni10	S30403	515	860	8	8	10
06Cr19Ni10	S30408	515	860	10	10	12
022Cr19Ni10N	S30453	515	860	10	10	12
06Cr19Ni10N	S30458	515	860	12	12	12
022Cr17Ni12Mo2	S31603	515	860	8	8	8
06Cr17Ni12Mo2	S31608	515	860	10	10	10
06Cr17Ni12Mo2N	S31658	515	860	12	12	12

①厚度不大于3mm时使用 A_{50mm} 试样。

表 7.32 H1/2 冷作硬化状态的钢板和钢带力学性能

牌号	统一数字代号	规定塑性延伸强度 $R_{p0.2}$/MPa ≥	抗拉强度 R_m/MPa ≥	下列厚度的断后伸长率 A①/% ≥		
				<0.4mm	0.4~<0.8mm	≥0.8mm
022Cr17Ni7	S30103	690	930	20	20	20
12Cr17N17	S30110	760	1035	15	18	18
022Cr17Ni7N	S30153	690	930	20	20	20
12Cr18N19	S30210	760	1035	9	10	10
022Cr19Ni10	S30403	760	1035	5	6	6
06Cr19Ni10	S30408	760	1035	6	7	7
022Cr19Ni10N	S30453	760	1035	6	7	7
06Cr19Ni10N	S30458	760	1035	6	8	8
022Cr17Ni12Mo2	S31603	760	1035	5	6	6
06Cr17Ni12Mo2	S31608	760	1035	6	7	7
06Cr17Ni12Mo2N	S31658	760	1035	6	8	8

①厚度不大于3mm时使用 A_{50mm} 试样。

表 7.33 H3/4 冷作硬化状态的钢板和钢带力学性能

牌号	统一数字代号	规定塑性延伸强度 $R_{p0.2}$/MPa ≥	抗拉强度 R_m/MPa ≥	下列厚度的断后伸长率 A①/% ≥		
				<0.4mm	0.4~<0.8mm	≥0.8mm
12Cr17Ni7	S30110	930	1205	10	12	12
12Cr18Ni9	S30210	930	1205	5	6	6

①厚度不大于3mm时使用 A_{50mm} 试样。

表 7.34　H 状态的钢板和钢带力学性能

牌　号	统一数字代号	规定塑性延伸强度 $R_{p0.2}$/MPa ≥	抗拉强度 R_m/MPa ≥	下列厚度的断后伸长率 A[①]/% ≥		
				<0.4mm	0.4～<0.8mm	≥0.8mm
12Cr17Ni7	S30110	965	1275	8	9	9
12Cr18Ni9	S30210	965	1275	3	4	4

①厚度不大于 3mm 时使用 A_{50mm} 试样。

表 7.35　H2 状态的钢板和钢带力学性能

牌　号	统一数字代号	规定塑性延伸强度 $R_{p0.2}$/MPa ≥	抗拉强度 R_m/MPa ≥	下列厚度的断后伸长率 A[①]/% ≥		
				<0.4mm	0.4～<0.8mm	≥0.8mm
12Cr17Ni7	S30110	1790	1860	—	—	—

①厚度不大于 3mm 时使用 A_{50mm} 试样。

表 7.36　经固溶处理的沉淀硬化型钢板和钢带的试样的力学性能

牌号	统一数字代号	钢材厚度 /mm	规定塑性延伸强度 $R_{p0.2}$/MPa ≥	抗拉强度 R_m /MPa ≥	断后伸长率[①] A/% ≥	硬度值 ≤	
						HRC	HBW
04Cr13Ni8Mo2Al	S51380	0.1～<8.0	—	—	—	38	363
022Cr12Ni9Cu2NbTi	S51290	0.3～8.0	1105	1205	8	36	331
07Cr15Ni7Mo2Al	S51570	0.1～8.0	450	1035	25	100[②]	—
07Cr17Ni7AI	S51770	0.1～<3.0	450	1035	—	—	—
		0.3～8.0	380	1035	20	92[②]	—
09Cr17Ni5Mo3N	S51750	0.1～<3.0	585	1380	8	30	—
		0.3～8.0			12		
06Cr17Ni7AlTi	S51778	0.1～<1.5	515	825	4	32	—
		1.5～8.0			5		

①厚度不大于 3mm 时使用 A_{50mm} 试样。

②为 HRB 值。

表 7.37　经时效处理后的沉淀硬化型钢板和钢带试样的力学性能

牌　号	统一数字代号	钢材厚度 /mm	处理温度[①] /℃	规定塑性延伸强度 $R_{p0.2}$/MPa ≥	抗拉强度 R_m/MPa ≥	断后[②③]伸长率 A/% ≥	硬度值 ≤	
							HRC	HBW
04Cr13Ni8-Mo2Al	S51380	0.10～<0.50	510±6	1410	1515	6	45	—
		0.50～<5.0				8		
		5.0～8.0				10		

续表

牌　号	统一数字代号	钢材厚度 /mm	处理温度[①] /℃	规定塑性延伸强度 $R_{p0.2}$/MPa ≥	抗拉强度 R_m/MPa ≥	断后[②③]伸长率 A/% ≥	硬度值≤ HRC	硬度值≤ HBW
04Cr13Ni8-Mo2Al	S51380	0.10～<0.50 0.50～<5.0 5.0～8.0	538±6	1310	1380	6 8 10	43	—
022Cr12Ni9-Cu2NbTi	S51290	0.10～<0.50 0.50～<1.50 1.50～8.0	510±6 或 482±6	1410	1525	— 3 4	44	—
07Cr17Ni7Al	S51770	0.10～<0.30 0.30～<5.0 5.0～8.0	760±15 15±3 566±6	1035 1035 965	1240 1240 170	3 5 7	38	— — 352
		0.10～<0.30 0.30～<5.0 5.0～8.0	954±8 −73±6 510±6	1310 1310 1240	1450 1450 1380	1 3 6	44 44 43	— — 401
		0.10～<0.30 0.30～<5.0 5.0～8.0	760±15 15±3 566±6	1170	1310	3 5 4	40	— — 375
07Cr15Ni7-Mo2Al	S51570	0.10～<0.30 0.30～<5.0 5.0～8.0	954±8 −73±6 510±6	1380	1550	2 4 4	46 46 45	— — 429
		0.10～1.2	冷轧 冷轧+482	1205 1580	1380 1655	1 1	41 46	— —
09Cr17Ni5-Mo3N	S51750	0.10～<0.30 0.30～5.0	455±8	1035	1275	6 8	42	—
		0.10～<0.30 0.30～5.0	540±8	1000	1140	6 8	36	—
06Cr17Ni7-AlTi	S51778	0.10～<0.80 0.80～<1.50 1.50～8.0	538±8	1105	1240	3 4 5	37	—
		0.10～<0.80 0.80～<1.50 1.50～8.0	566±8	1035	170	3 4 5	35	—

①为推荐性热处理温度，供方应向需方提供推荐性热处理制度。

②适用于沿宽度方向的试验，垂直于轧制方向且平行于钢板表面。

③厚度不大于 3mm 时使用 A_{50mm} 试样。

表 7.38 经固溶处理后沉淀硬化型钢板和钢带的弯曲性能

牌号	统一数字代号	厚度/mm	180°弯曲试验 弯曲压头直径 D
022Cr12Ni9Cu2NbTi	S51290	0.10～5.0	$D=6a$
07Cr17Ni7Al	S51770	0.10～<5.0 5.0～7.0	$D=a$ $D=3a$
07Cr15Ni7Mo2Al	S51570	0.10～<5.0 5.0～7.0	$D=a$ $D=3a$
09Cr17Ni5Mo3N	S51750	0.10～5.0	$D=2a$

注：a 为弯曲试样厚度。

7.2.3 弹簧用不锈钢冷轧钢带（YB/T 5310—2010）

① 用途 用于制作片簧、盘簧，以及弹性元件。

② 尺寸 厚度 0.03～1.60mm，宽度 3～<1250mm。

③ 分类

表 7.39 弹簧用不锈钢冷轧钢带的分类方法

按精度分		按状态分	
厚度普通精度	PT. B	低冷作硬化状态	1/4H
厚度较高精度	PT. B	半冷作硬化状态	1/2H
厚度高精度	PT. C	高冷作硬化状态	3/4H
镰刀弯普通精度	PC. A	冷作硬化状态	H
镰刀弯较高精度	PC. B	特别冷作硬化状态	EH
不平度普通精度	PF. A	超特别冷作硬化状态	SEH
不平度较高精度	PF. B		

按金相组织分		
类别	牌号	统一数字代号
奥氏体型	12Cr17Mn6Ni5N 12Cr17Ni7 06Cr19Ni10 06Cr17Ni12Mo2	S35350 S30110 S30408 S31608
铁素体型	10Cr17	S11710
马氏体型	20Cr13 30Cr13 40Cr13	S42020 S42030 S42040
沉淀硬化型	07Cr17Ni7Al	S51770

④ 交货状态　奥氏体型钢带以冷轧状态交货；铁素体型、马氏体型钢带以退火状态或冷轧状态交货；沉淀硬化型钢带以固溶处理状态交货。

⑤ 力学性能和工艺性能

表 7.40　钢带的力学性能和工艺性能

牌　号	统一数字代号	交货状态	冷轧、固溶处理或退火状态		沉淀硬化处理状态	
			硬度(HV)	冷弯 90°	热处理	硬度(HV)
12Cr17Mn6Ni5N	S35350	1/4H	≥250	—	—	—
		1/2H	≥310	—	—	—
		3/4H	≥370	—	—	—
		H	≥430	—	—	—
12Cr17Ni7	S30110	1/2H	≥310	$D=4a$	—	—
		3/4H	≥370	$D=5a$	—	—
		H	≥430	—	—	—
		EH	≥490	—	—	—
		SEH	≥530	—	—	—
06Cr19Ni10	S30408	1/4H	≥210	$D=3a$	—	—
		1/2H	≥250	$D=4a$	—	—
		3/4H	≥310	$D=5a$	—	—
		H	≥370	—	—	—
06Cr17Ni12Mo2	S31608	1/4H	≥200	—	—	—
		1/2H	≥250	—	—	—
		3/4H	≥300	—	—	—
		H	≥350	—	—	—
10Cr17	S11710	退火	≤210	—	—	—
		冷轧	≤300	—	—	—
20Cr13	S42020	退火	≤240	—	—	—
		冷轧	≤290	—	—	—
30Cr13	S42030	退火	≤240	—	—	—
		冷轧	≤320	—	—	—
40Cr13	S42030	退火	≤250	—	—	—
		冷轧	≤320	—	—	—
17Ni7Al	S51770	固溶	≤200	$D=a$	固溶+565℃时效 固溶+510℃时效	≥450

续表

牌　号	统一数字代号	交货状态	冷轧、固溶处理或退火状态		沉淀硬化处理状态	
			硬度(HV)	冷弯 90°	热处理	硬度(HV)
17Ni7Al	S51770	1/2H	≥350	$D=3a$	1/2H+475℃时效	≥380
		3/4H	≥400	—	3/4H+475℃时效	≥450
		H	≥450	—	H+475℃时效	≥530

注：表中 D 表示弯芯直径；a 表示钢带厚度。

表 7.41　钢带厚度小于 0.40mm 时的力学性能

牌　号	统一数字代号	交货状态	冷轧、固溶状态			沉淀硬化处理状态		
			规定非比例延伸强度 $R_{p0.2}$/MPa	抗拉强度 R_m/MPa	断后伸长率 A/%	热处理工艺	规定非比例延伸强度 $R_{p0.2}$/MPa	抗拉强度 R_m/MPa
12Cr17Ni7	S30110	1/2H	≥510	≥930	≥10	—	—	—
		3/4H	≥745	≥1130	≥5	—	—	—
		H	≥1030	≥1320	—	—	—	—
		EH	≥1275	≥1570	—	—	—	—
		SEH	≥1450	≥1740	—	—	—	—
06Cr19Ni10	S30408	1/4H	≥335	≥650	≥10	—	—	—
		1/2H	≥470	≥780	≥6	—	—	—
		3/4H	≥665	≥930	≥3	—	—	—
		H	≥880	≥1130	—	—	—	—
07Cr17Ni7Al	S51770	固溶	—	≤1030	≥20	固溶+565℃时效	≥960	≥1140
						固溶+510℃时效	≥1030	≥1230
		1/2H	—	≥1080	≥5	1/2H+475℃时效	≥880	≥1230
		3/4H	—	≥1180	—	3/4H+475℃时效	≥1080	≥1420
		H	—	≥1420	—	H+475℃时效	≥1320	≥1720

7.2.4　常用不锈钢管（GB/T 17395—2008）

不锈钢管的外径分为系列 1、系列 2 和系列 3。前者是推荐选用系列；中间是非通用系列；后者是少数特殊、专用系列。

表 7.42　常用不锈钢管的规格　mm

外径			壁厚范围	外径			壁厚范围
系列 1	系列 2	系列 3		系列 1	系列 2	系列 3	
	6、7、8、9		0.5～1.2	60	64		1.6～10
10	12		0.5～2.0	76	68、70、73		1.6～12
13	12.7		0.5～3.2	89	95	83	1.6～14
		14	0.5～3.5		102		1.6～14
17	16		0.5～4.0	114	108		1.6～14
	19、20	18	0.5～4.5		127、133		1.6～14
21	24	22	0.5～5.0	140	146		1.6～14
	25		0.5～5.5		152、159		1.6～14
27		25.4	1.0～6.0	168			1.6～18
	32	30	1.0～6.5	219	180、194		2.0～18
34	38、40	35	1.0～6.5	273	245		2.0～18
42			1.0～7.5	325	351		2.5～18
48		45	1.0～8.5	356	377		2.5～18
	51		1.0～9.0	406			2.5～18
	57	54	1.6～10		426		3.2～20

注：1. 壁厚系列（mm）为：0.5，0.6，0.7，0.8，0.9，1.0，1.2，1.4，1.5，1.6，1.8，2.0，2.2（2.3），2.5（2.6），2.8（2.9），3.0，3.2，3.5（3.6），4.0，4.5，5.0，5.5（5.6），6.0，（6.3）6.5，7.0（7.1），7.5，8.0，8.5，（8.8）9.0，9.5，10，11，12（12.5），13，14（14.2），15，16，17（17.5），18，20，22（22.2），24，25，26，28。

2. 系列 1 为标准化钢管，系列 2 为非标准化为主的钢管，系列 3 为特殊用途钢管。

3. 理论质量计算公式（0Cr18Ni9、00Cr19Ni10、Cr18Ni10Ti 等 $\rho=7.93$）：$W=0.02491\times S\times(D-S)$。式中，$W$ 为钢管的理论质量，kg/m；ρ 为钢的密度，kg/m^3；S 为钢管的实际壁厚，mm；D 为钢管的实际外径，mm。

7.2.5　结构用不锈钢无缝钢管（GB/T 14975—2012）

适用于一般结构及机械结构用不锈钢无缝钢管。

① 分类

表 7.43　结构用不锈钢管的类别和代号

按加工方式		按尺寸精度	
热轧（挤、扩）钢管	WH	普通级	PA
冷拔（轧）钢管	WC	高　级	PC

② 交货状态　按公称外径和公称壁厚交货，且应符合 GB/T17395 的相关规定。

③ 热处理制度、力学性能和硬度

表 7.44 推荐热处理制度、力学性能和硬度

牌号	统一数字代号	推荐热处理制度	抗拉强度 R_m /MPa ≥	规定塑性延伸强度 $R_{p0.2}$ /MPa ≥	断后伸长率 A /% ≥	硬度 (HBW/HV/HRB) ≤
12Cr18Ni9	S30210	1010～1150℃，水冷或其他方式快冷	520	205	35	192/200/90
06Cr19Ni10	S30408		520	205		
022Cr19Ni10	S30403		480	175		
06Cr19Ni10N	S30458		550	275		
06Cr19Ni9NbN	S30478		685	345	35	—
022Cr19Ni10N	S30453		550	245	40	192/200/90
06Cr23Ni13	S30908		520	205		
06Cr25Ni20	S31008	1030～1180℃，水冷或其他方式快冷	520	205	40	192/200/90
015Cr20Ni18Mo6CuN	S31252	≥1150℃，水冷或其他方式快冷	655	310	35	220/230/96
06Cr17Ni12Mo2	S31608	1010～1150℃，水冷或其他方式快冷	520	205	35	192/200/90
022Cr17Ni12Mo2	S31603		480	175		
07Cr17Ni12Mo2	S31609	≥1040℃，水冷或其他方式快冷	515	205	35	192/200/90
06Cr11Ni12Mo2Ti	S31668	1000～1100℃，水冷或其他方式快冷	530	205	35	
022Cr17Ni12Mo2N	S31653	1010～1150℃，水冷或其他方式快冷	550	245	40	192/200/90
06Cr17Ni12Mo2N	S31658		550	275	35	
06Cr18Ni12Mo2Cu2	S31688		520	205	35	—
022Cr18Ni14Mo2Cu2	S31683		480	180		—
015Cr21Ni26Mo5Cu2	S31782	≥1100℃，水冷或其他方式快冷	490	215	35	192/200/90
06Cr19Ni13Mo3	S31708	1010～1150℃，水冷或其他方式快冷	520	205		
022Cr19Ni13Mo3	S31703		180	175		

续表

牌　号	统一数字代号	推荐热处理制度	抗拉强度 R_m /MPa ≥	规定塑性延伸强度 $R_{p0.2}$ /MPa ≥	断后伸长率 A /% ≥	硬　度(HBW/HV/HRB) ≤
06Cr18Ni11Ti	S32168	920～1150℃，水冷或其他方式快冷	520	205	35	192/200/90
06Cr18Ni11Nb	S34778	980～1150℃，水冷或其他方式快冷	520	205		
07Cr19Ni11Ti	S32169	冷拔(轧)≥1100℃，水冷或其他方式快冷	520	205	35	192/200/90
07Cr18Ni11Nb	S34779	热轧(挤，扩)≥1050℃，水冷或其他方式快冷	520	205	35	
16Cr25Ni20Si2	S38340	1030～1180℃，水冷或其他方式快冷	520	205	20	
06Cr13Al	S11348	780～830℃，空冷或缓冷	415	205	20	207/—/95
10Cr15	S11510	780～850℃，空冷或缓冷	415	240	20	190/—/90
10Cr17	S11710		410	245		
022Cr18Ti	S11863	780～950℃，空冷或缓冷	415	205	—	—
019Cr19Mo2NbTi	S11972	800～1050℃，空冷	415	275	20	217/230/96
06Cr13	S41008	800～900℃，缓冷；或750℃，空冷	370	180	22	—
12Cr13	S41010		410	205	20	207/—/95
20Cr13	S42020		470	215	19	—

7.2.6 机械结构用不锈钢焊接钢管（GB/T 12770—2012）

① 分类 按交货状态可分为焊接状态（H）、热处理状态（T）、冷拔（轧）状态（WC）和磨（抛）状态（SP）；按尺寸精度可分为高级（PA）、较高级（PB）和普通级（PC）；按类型分见表7.45。

② 尺寸 公称外径 D 和公称壁厚 S 应符合 GB/T 21835 的规定；通常长度为2～12m。

③ 热处理制度

表7.45 推荐的热处理制度

类型	牌 号	统一数字代号	推荐的热处理制度
奥氏体型	12Cr18Ni9	S30210	1010～1150℃，水冷或其他方式快冷
	06Cr19Ni10	S30408	1010～1150℃，水冷或其他方式快冷
	022Cr19Ni10	S30403	1010～1150℃，水冷或其他方式快冷
	06Cr25Ni20	S31008	1030～1180℃，水冷或其他方式快冷
	06Cr17Ni12Mo2	S31608	1010～1150℃，水冷或其他方式快冷
	022Cr17Ni12Mo2	S31603	1010～1150℃，水冷或其他方式快冷
	06Cr18Ni11Ti	S32168	920～1150℃，水冷或其他方式快冷
	06Cr18Ni11Nb	S34778	980～1150℃，水冷或其他方式快冷
双相型	022Cr22Ni5Mo3N	S22253	1020～1100℃，水冷
	022Cr23Ni5Mo3N	S22053	1020～1100℃，水冷
	022Cr25Ni7Mo4N	S25073	1025～1125℃，水冷
铁素体型	022Cr18Ti	S11863	780～950℃，快冷或缓冷
	019Cr19M02NbTi	S11972	800～1050℃，快冷
	06Cr13Al	S11348	780～830℃，快冷或缓冷
	022Cr11Ti	S11163	800～900℃，快冷或缓冷
	022Cr12Ni	S11213	700～820℃，快冷或缓冷
马氏体型	06Cr13	S41008	750℃，快冷；或 800～900℃，缓冷

表 7.46　钢管的硬度

<table>
<tr><th rowspan="2">组织类型</th><th rowspan="2">钢管牌号</th><th colspan="3">硬　度</th></tr>
<tr><th>HBW</th><th>HRB</th><th>HV</th></tr>
<tr><td rowspan="3">奥氏体型</td><td>06Cr19Ni10N
022Cr19Ni10N
06Cr17Ni12MoN
022Cr17Ni12Mo2N</td><td>≤217</td><td>≤95</td><td>≤220</td></tr>
<tr><td>06Cr18Ni13Si4</td><td>≤207</td><td>≤95</td><td>≤218</td></tr>
<tr><td>其他</td><td>≤187</td><td>≤90</td><td>≤200</td></tr>
<tr><td rowspan="2">铁素体型</td><td>10Cr17</td><td>≤183</td><td>—</td><td>—</td></tr>
<tr><td>008Cr27Mo</td><td>≤219</td><td>—</td><td>—</td></tr>
<tr><td>马氏体型</td><td>06Cr13</td><td>≤183</td><td>—</td><td>—</td></tr>
</table>

④ 力学性能

表 7.47　钢管的力学性能

<table>
<tr><th rowspan="3">类型</th><th rowspan="3">牌　号</th><th rowspan="2">规定塑性延伸强度 $R_{p0.2}$ /MPa</th><th rowspan="2">抗拉强度 R_m /MPa</th><th colspan="2">断后伸长率 A/%</th></tr>
<tr><th>热处理状态</th><th>非热处理状态</th></tr>
<tr><th colspan="4">≥</th></tr>
<tr><td rowspan="8">奥氏体型</td><td>12Cr18Ni9</td><td>210</td><td>520</td><td rowspan="8">35</td><td rowspan="8">25</td></tr>
<tr><td>06Cr19Ni10</td><td>210</td><td>520</td></tr>
<tr><td>022Cr19Ni10</td><td>180</td><td>480</td></tr>
<tr><td>06Cr25Ni20</td><td>210</td><td>520</td></tr>
<tr><td>06Cr17Ni12Mo2</td><td>210</td><td>520</td></tr>
<tr><td>022Cr17Ni12Mo2</td><td>180</td><td>480</td></tr>
<tr><td>06Cr18Ni11Ti</td><td>210</td><td>520</td></tr>
<tr><td>06Cr18Ni11Nb</td><td>210</td><td>520</td></tr>
<tr><td rowspan="3">双相型</td><td>022Cr22Ni5Mo3N</td><td>450</td><td>620</td><td>25</td><td>—</td></tr>
<tr><td>022Cr23Ni5Mo3N</td><td>485</td><td>655</td><td>25</td><td>—</td></tr>
<tr><td>022Cr25Ni7Mo4N</td><td>550</td><td>800</td><td>15</td><td>—</td></tr>
<tr><td rowspan="5">铁素体型</td><td>022Cr18Ti</td><td>180</td><td>360</td><td rowspan="3">20</td><td>—</td></tr>
<tr><td>019Cr19Mo2NbTi</td><td>240</td><td>410</td><td>—</td></tr>
<tr><td>06Cr13Al</td><td>177</td><td>410</td><td>—</td></tr>
<tr><td>022Cr11Ti</td><td>275</td><td>400</td><td>18</td><td>—</td></tr>
<tr><td>022Cr12Ni</td><td>275</td><td>400</td><td>18</td><td>—</td></tr>
<tr><td>马氏体型</td><td>06Cr13</td><td>210</td><td>410</td><td>20</td><td>—</td></tr>
</table>

7.2.7 锅炉和热交换器用不锈钢无缝钢管（GB/T 13296—2013）

① 用途 适用于锅炉、热交换器用奥氏体、铁素体不锈钢无缝钢管。

② 分类 按加工方式可分为两类：热轧（挤、扩）钢管（W-H）和冷拔（轧）钢管（W-C）。

③ 尺寸 钢管通常按公称外径 D 和最小壁厚 S_{min} 交货；钢管公称外径和公称壁厚为 6～159mm，壁厚 1.0～14mm；通常长度为 4～12m，热交换器和其他用途的钢管为 3～12m。钢管的外径和壁厚规格应符合 GB/T 17395 的规定。

④ 交货状态 钢管应经热处理并酸洗交货。凡经整体磨、镗或经保护气氛热处理的钢管，可不经酸洗交货。

⑤ 外径和最小壁厚

表 7.48 公称外径和最小壁厚的允许偏差 mm

制造方式	钢管公称尺寸		允许偏差
热轧(挤、扩)钢管(W-H)	公称外径 D	≤140	$+1.25\%D/0$
		＞140	$\pm1.0\%D$
	最小壁厚 S_{min}	≤4.0	+0.9/0
		＞4.0	$+25\%S/0$
冷拔(轧)钢管(W-C)	公称外径 D	≤25	±0.10
		＞25～40	±0.15
		＞40～50	±0.20
		＞50～65	±0.25
		＞65～75	±0.30
		＞75～100	±0.38
		＞100～159	+0.38/−0.64
		＞159	$\pm0.50\%D$
	最小壁厚 S_{min}	D≤38	$+20\%S/0$
		D＞38	$+22\%S/0$

表 7.49　钢管的热处理制度和室温拉伸性能

<table>
<tr><th>牌　号</th><th>统一数字代号</th><th>热处理制度（未注明冷却方式者为急冷）</th><th>抗拉强度 R_m /MPa ≥</th><th>规定塑性延伸强度 $R_{p0.2}$ /MPa ≥</th><th>断后伸长率 A/% ≥</th><th>硬度（HBW/HV/HRB）≤</th></tr>
<tr><td>12Cr18Ni9</td><td>S30210</td><td rowspan="6">1010～1150℃</td><td>520</td><td>205</td><td rowspan="6">35</td><td rowspan="3">207/95/218</td></tr>
<tr><td>06Cr19Ni10</td><td>S30408</td><td>520</td><td>205</td></tr>
<tr><td>022Cr19Ni10</td><td>S30403</td><td>480</td><td>175</td></tr>
<tr><td>07Cr19Ni10</td><td>S30409</td><td>520</td><td>205</td><td rowspan="3">217/95/220</td></tr>
<tr><td>06Cr19Ni10N</td><td>S30458</td><td>550</td><td>275</td></tr>
<tr><td>022Cr19Ni10N</td><td>S30453</td><td>515</td><td>205</td></tr>
<tr><td>16Cr23Ni13</td><td>S30920</td><td rowspan="4">1030～1180℃</td><td rowspan="4">520</td><td rowspan="4">205</td><td rowspan="4">35</td><td rowspan="4">207/95/218</td></tr>
<tr><td>06Cr23Ni13</td><td>S30908</td></tr>
<tr><td>20Cr25Ni20</td><td>S31020</td></tr>
<tr><td>06Cr25Ni20</td><td>S31008</td></tr>
<tr><td>06Cr17Ni12Mo2</td><td>S31608</td><td rowspan="2">1010～1150℃</td><td>520</td><td>205</td><td>35</td><td rowspan="4">207/95/218</td></tr>
<tr><td>022Cr17Ni12Mo2</td><td>S31603</td><td>480</td><td>175</td><td>40</td></tr>
<tr><td>07Cr17Ni12Mo2</td><td>S31609</td><td>≥1040℃</td><td>520</td><td>205</td><td>35</td></tr>
<tr><td>06Cr11Ni12Mo2Ti</td><td>S31668</td><td>1000～1100℃</td><td>530</td><td>205</td><td>35</td></tr>
<tr><td>06Cr17Ni12Mo2N</td><td>S31658</td><td rowspan="4">1010～1150℃</td><td>550</td><td>240</td><td rowspan="4">35</td><td>217/95/220</td></tr>
<tr><td>022Cr17Ni12Mo2N</td><td>S31653</td><td>515</td><td>205</td><td>217/95/220</td></tr>
<tr><td>06Cr18Ni12Mo2Cu2</td><td>S31688</td><td>520</td><td>205</td><td rowspan="5">207/95/218</td></tr>
<tr><td>022Cr18Ni14Mo2Cu2</td><td>S31683</td><td>480</td><td>180</td></tr>
<tr><td>015Cr21Ni26Mo5Cu2</td><td>S39042</td><td>1065～1150℃</td><td>490</td><td>220</td><td rowspan="3">35</td></tr>
<tr><td>06Cr19Ni13Mo3</td><td>S31708</td><td rowspan="2">1010～1150℃</td><td>520</td><td>205</td></tr>
<tr><td>022Cr19Ni13Mo3</td><td>S31703</td><td>480</td><td>175</td></tr>
<tr><td>06Cr18Ni11Ti</td><td>S32168</td><td>920～1150℃</td><td rowspan="5">520</td><td rowspan="5">205</td><td rowspan="5">35</td><td rowspan="4">207/95/218</td></tr>
<tr><td>07Cr19Ni11Ti</td><td>S32169</td><td rowspan="2">热轧（挤）≥1050℃
冷拔（轧）≥1100℃</td></tr>
<tr><td>07Cr18Ni11Nb</td><td>S34779</td></tr>
<tr><td>06Cr18Ni11Nb</td><td>S34778</td><td>980～1150℃</td></tr>
<tr><td>06Cr18Ni13Si4</td><td>S38148</td><td>1010～1150℃</td><td>207/95/218</td></tr>
<tr><td>10Cr17</td><td>S11710</td><td>780～850℃，
空冷或缓冷</td><td rowspan="2">410</td><td rowspan="2">245</td><td rowspan="2">20</td><td>183/—/—</td></tr>
<tr><td>008Cr27Mo</td><td>S12791</td><td>900～1050℃</td><td>219/—/—</td></tr>
<tr><td>06Cr13</td><td>S41008</td><td>800～900℃，缓冷；
或750℃，空冷</td><td>410</td><td>210</td><td>20</td><td>183/—/—</td></tr>
</table>

7.2.8 热交换器和冷凝器用铁素体不锈钢焊接钢管（GB/T 30066—2013）

① 尺寸 钢管的外径（D）不大于60mm，壁厚（S）不大于2.7mm，外径和壁厚应符合GB/T 21835的规定。钢管的交货长度由供需双方协商确定。

② 交货状态 钢管一般应经热处理并酸洗交货（某些可经光亮热处理的钢管例外）。

表7.50 钢管外径和壁厚的允许偏差 mm

外径	外径允许偏差	壁厚允许偏差①	定尺长度允许偏差②	外径	外径允许偏差	壁厚允许偏差①	定尺长度允许偏差②
≤25	±0.10	±10%S	+3/0	>40～<50.8	±0.20	±10%S	+5/0
>25～40	±0.15			50.8～<60	±0.25		

①经供需双方协商，也可按最小壁厚订货，最小壁厚允许偏差为+20%S/0。

②适用于定尺长度不大于7.0m的钢管。对于定尺长度大于7.0m的钢管，长度每增加3.0m（不足3.0m按3.0m计算），允许上偏差可增加3mm，但最大允许上偏差应不超过13mm。

表7.51 钢管的推荐热处理制度

牌号	统一数字代号	热处理温度/℃	牌号	统一数字代号	热处理温度/℃
06Cr11Ti	S11168	≥700	019Cr22Mo	S12292	800～1050
022Cr11Ti	S11163	800～900	019Cr22Mo2	S12293	800～1050
022Cr12Ni	S11213	700～820	019Cr24Mo2NbTi	S12472	800～1050
06Cr13	S11306	780～830	008Cr27Mo	S12791	900～1050
06Cr14Ni2MoTi	S11468	≥650	019Cr25Mo4Ni4NbTi	S12573	≥1000
04Cr17Nb	S11775	790～850	022Cr27Mo4Ni2NbTi	S12773	950～1100
022Cr18Ti	S11863	780～950	008Cr29Mo4	S12990	950～1100
022Cr18NbTi	S11873	870～930	008Cr29Mo4Ni2	S12991	950～1050
022Cr19NbTi	S11973	≥650	022Cr29Mo4NbTi	S12973	950～1100
019Cr22CuNbTi	S12273	800～1050	012Cr28Ni4Mo2Nb	S12871	950～1050
019Cr18MoTi	S11862	800～1050	008Cr30Mo2	S13091	800～1050
019Cr24Mo2NbTi	S11972	820～1050			

注：冷却方式均为快冷。

表 7.52　钢管的力学性能

牌　　号	统一数字代号	抗拉强度 R_m /MPa	规定塑性延伸强度 $R_{p0.2}$/MPa	断后伸长率① A_{50mm}/%	硬　　度		
					HBW	HRB	HV
		≥			≤		
06Cr11Ti	S11168	380	170	20	207	95	220
022Cr11Ti	S11163	360	175	20	190	90	200
022Cr12Ni	S11213	450	280	18	180	88	200
06Cr13	S11306	415	205	20	207	95	220
06Cr14Ni2MoTi	S11468	550	380	16	180	88	200
04Cr17Nb	S11775	420	230	23	180	88	200
022Cr18Ti	S11863	360	175	20	190	90	200
022Cr18NbTi	S11873	430	250	18	180	88	200
022Cr19NbTi	S11973	415	205	22	207	95	220
019Cr22CuNbTi	S12273	390	205	22	192	90	200
019Cr18MoTi	S11862	410	245	20	207	95	220
019Cr19Mo2NbTi	S11972	415	275	20	207	95	220
019Cr22Mo	S12292	410	245	25	217	96②	230
019Cr22Mo2	S12293	410	245	25	217	96②	230
019Cr24Mo2NbTi	S12472	410	245	25	217	96②	230
008Cr27Mo	S12791	450	275	20	241	100	251
019Cr25Mo4Ni4NbTi	S12573	620	515	20	270	27③	279
019Cr27Mo4Ni2NbTi	S12773	585	450	20	265	25③	266
008Cr29Mo4	S12990	550	415	20	241	100	251
008Cr29Mo4Ni2	S12991	550	415	20	241	100	251
022Cr29Mo4Ni2	S12973	515	415	18	241	100	251
012Cr28Ni4Mo2Nb	S12871	600	500	16	240	100	251
008Cr30Mo2	S13091	450	295	22	207	95	220

①不适用于壁厚小于 0.4mm 的钢管。

②应标明是 HRBS 还是 HRBW。

③洛氏硬度，C 标尺。

7.2.9　供水用不锈钢焊接钢管（YB/T 4204—2009）

① 分类　按交货状态分为焊接状态（H）和热处理状态（S），

按表面状态分为酸洗（SA）、外表面抛光（OSB）、内表面抛光（ISB）和光亮热处理（L）。分类代号采用交货状态代号与表面状态代号组合的方式（如 S-SA-ISB）。

② 尺寸 钢管外径分为系列1和系列2。

a. 系列1（mm）：12.7、16、20、25（25.4）、（31.8）32、40、50.8、63.5、76.1、88.9、101.6、133、159、219（219.1）；

b. 系列2（mm）：15.9、22.2、28.6、34和42.7。

钢管的通常长度为3～9m。

表7.53 钢管的推荐热处理制度、力学性能

牌号	统一数字代号	推荐的热处理制度		规定非比例延伸强度 $R_{p0.2}$/MPa	抗拉强度 R_m/MPa	断后伸长率 A/%
06Cr19Ni10	S30408	固溶处理	1010～1150℃，快冷	≥210	≥520	≥35
022Cr19Ni10	S30403			≥180	≥480	≥35
06Cr17Ni12Mo2	S31608			≥210	≥520	≥35
022Cr17Ni12Mo2	S31603			≥180	≥480	≥35
022Cr18Ti	S22863	退火处理	780～950℃，快冷或缓冷	≥180	≥360	≥22
019Cr19Mo2NbTi	S11972		800～1050℃，快冷	≥240	≥410	≥20

7.2.10 输送流体用不锈钢无缝钢管（GB/T 14976—2012）

① 分类 按产品加工方式分为热轧（挤、扩）钢管（W-H）和冷拔（轧）钢管（W-C）两类；按尺寸精度分为普通级（PA）和高级（PC）2级。

② 尺寸 公称外径D：热轧（挤、扩）钢管，68～>159mm；冷拔（轧）钢管，6～>219mm。通常长度：热轧（挤、扩）钢管，2～12m；冷拔（轧）钢管，1～12m。

③ 交货状态 通常按公称外径D和最小壁厚S_{min}交货；

表 7.54　推荐热处理制度和钢管力学性能

<table>
<tr><th rowspan="2">牌　号</th><th rowspan="2">统一数字代号</th><th rowspan="2">推荐热处理制度（未注明者为水冷或其他方式快冷）</th><th colspan="3">力学性能 ≥</th></tr>
<tr><th>抗拉强度 R_m/MPa</th><th>规定塑性延伸强度 $R_{p0.2}$/MPa</th><th>断后延伸率 A/%</th></tr>
<tr><td>12Cr18Ni9</td><td>S30210</td><td rowspan="8">1010～1150℃</td><td>520</td><td>205</td><td>35</td></tr>
<tr><td>06Cr19Ni10</td><td>S30438</td><td>520</td><td>205</td><td>35</td></tr>
<tr><td>022Cr19Ni10</td><td>S30403</td><td>480</td><td>175</td><td>35</td></tr>
<tr><td>06Cr19Ni10N</td><td>S30458</td><td>550</td><td>275</td><td>35</td></tr>
<tr><td>06Cr19Ni9NbN</td><td>S30478</td><td>685</td><td>345</td><td>35</td></tr>
<tr><td>022Cr19Ni10N</td><td>S30453</td><td>550</td><td>245</td><td>40</td></tr>
<tr><td>06Cr17Ni12Mo2</td><td>S31608</td><td>520</td><td>205</td><td>35</td></tr>
<tr><td>022Cr17Ni12Mo2</td><td>S31603</td><td>520</td><td>175</td><td>35</td></tr>
<tr><td>06Cr23Ni13</td><td>S30908</td><td>1030～1150℃</td><td>685</td><td>205</td><td>40</td></tr>
<tr><td>06Cr25Ni20</td><td>S31008</td><td>1030～1180℃</td><td>550</td><td>205</td><td>40</td></tr>
<tr><td>07Cr17Ni12Mo2</td><td>S31609</td><td>≥1040℃</td><td>520</td><td>205</td><td>35</td></tr>
<tr><td>06Cr17Ni12Mo2Ti</td><td>S31668</td><td>1000～1100℃</td><td>480</td><td>175</td><td>35</td></tr>
<tr><td>06Cr17Ni12Mo2N</td><td>S31658</td><td rowspan="6">1010～1150℃</td><td>550</td><td>275</td><td>35</td></tr>
<tr><td>022Cr17Ni12Mo2N</td><td>S31653</td><td>550</td><td>245</td><td>40</td></tr>
<tr><td>06Cr18Ni12Mo2Cu2</td><td>S31688</td><td>550</td><td>275</td><td>35</td></tr>
<tr><td>022Cr18Ni14Mo2Cu2</td><td>S31683</td><td>480</td><td>180</td><td>35</td></tr>
<tr><td>06Cr9Ni13Mo3</td><td>S31708</td><td>520</td><td>205</td><td>35</td></tr>
<tr><td>022Cr19Ni13Mo3</td><td>S31703</td><td>480</td><td>175</td><td>35</td></tr>
<tr><td>06Cr18Ni11Ti</td><td>S32168</td><td>920～1150℃</td><td>520</td><td>205</td><td>35</td></tr>
<tr><td>06Cr18Ni11Nb</td><td>S34778</td><td>980～1150℃</td><td>520</td><td>205</td><td>35</td></tr>
<tr><td>07Cr19Ni11Ti</td><td>S32169</td><td rowspan="2">热轧（挤）≥1050℃
冷拔（轧）≥1100℃</td><td>520</td><td>205</td><td>35</td></tr>
<tr><td>07Cr18Ni11Nb</td><td>S34779</td><td>520</td><td>205</td><td>35</td></tr>
<tr><td>06Cr13Al</td><td>S11348</td><td>780～830℃
空冷或缓冷</td><td>415</td><td>205</td><td>20</td></tr>
<tr><td>10Cr15</td><td>S11510</td><td rowspan="2">780～850℃空冷或缓冷</td><td>415</td><td>240</td><td>20</td></tr>
<tr><td>10Cr17</td><td>S11710</td><td>415</td><td>240</td><td>20</td></tr>
<tr><td>022Cr18Ti</td><td>S11863</td><td>780～950℃
空冷或缓冷</td><td>415</td><td>205</td><td>20</td></tr>
<tr><td>019Cr19Mo2NbTi</td><td>S11972</td><td>800～1050℃空冷</td><td>415</td><td>275</td><td>20</td></tr>
<tr><td>06Cr13</td><td>S41008</td><td rowspan="2">750℃空冷或
800～900℃缓冷</td><td>370</td><td>180</td><td>22</td></tr>
<tr><td>12Cr13</td><td>S41010</td><td>415</td><td>205</td><td>20</td></tr>
</table>

7.2.11 输送流体用不锈钢焊接钢管（GB/T 12771—2008）

① 分类

a. 按制造类别分为 6 类：

Ⅰ类：双面自动焊接，焊缝 100%全长射线探伤；

Ⅱ类：单面自动焊接，焊缝 100%全长射线探伤；

Ⅲ类：双面自动焊接，焊缝局部射线探伤；

Ⅳ类：单面自动焊接，焊缝局部射线探伤；

Ⅴ类：双面自动焊接，焊缝不做射线探伤；

Ⅵ类：单面自动焊接，焊缝不做射线探伤。

b. 按供货状态分为 4 类：焊接状态（H）、热处理状态（T）、冷拔（轧）状态（WC）和磨（抛）光状态（SP）。

② 通常长度 3～9m。

表 7.55 流体输送用不锈钢焊接钢管力学性能

类型	牌 号	统一数字代号	规定塑性延伸强度 $R_{p0.2}$/MPa ≥	抗拉强度 R_m /MPa ≥	断后伸长率 A ≥	
					热处理状态	非热处理状态
奥氏体型	12Cr18Ni9	S30210	210	520	35	25
	06Cr19Ni10	S30408	210	520	35	25
	022Cr19Ni10	S30403	180	480	35	25
	06Cr25Ni20	S31008	210	520	35	25
	06Cr17Ni12Mo2	S31608	210	520	35	25
	022Cr17Ni12Mo2	S31603	180	480	35	25
	06Cr18Ni11Ti	S32168	210	520	35	25
	06Cr18Ni11Nb	S34778	210	520	35	25
铁素体型	022Cr18Ti	S11863	180	360	20	—
	019Cr19Mo2NbTi	S11972	240	410	20	—
	06Cr13Al	S11348	177	410	20	—
	022Cr11Ti	S11163	275	400	18	—
	022Cr12Ni	S11213	275	400	18	—
马氏体型	06Cr13	S41008	210	410	20	—

表 7.56　输送流体用不锈钢焊接钢管的规格

外径	壁厚/mm																		
/mm	0.3	0.4	0.5	0.6	0.8	1.0	1.2	1.4	1.5	1.8	2.0	2.2	2.5	2.8	3.0	3.2	3.5	3.6	4.0
8	△	△	△	△	△	△													
(9.5)	△	△	△	△	△	△													
12	△	△	△	△	△	△	△	△	△										
(12.7)	△	△	△	△	△	△	△	△	△										
13				△	△	△	△	△	△										
14				△	△	△	△	△	△	△									
15				△	△	△	△	△	△	△	⊙								
18				△	△	△	△	△	△	△	⊙								
19				△	△	△	△	△	△	△	⊙								
20				△	△	△	△	△	△	△	⊙	⊙							
(21.3)					△	△	△	△	△	△	⊙	⊙							
22					△	△	△	△	△	△	⊙	⊙							
25					△	△	△	△	△	△	⊙	⊙	⊙						
(25.4)					△	△	△	△	△	△	⊙	⊙	⊙						
(26.7)					△	△	△	△	△	△	⊙	⊙	⊙						
28						△	△	△	△	△	⊙	⊙	⊙						
30						△	△	△	△	△	⊙	⊙	⊙						
(31.8)						△	△	△	△	△	⊙	⊙	⊙	⊙	⊙				
32						△	△	△	△	△	⊙	⊙	⊙	⊙	⊙				
(33.4)						△	△	△	△	△	⊙	⊙	⊙	⊙	⊙				
36						△	△	△	△	△	⊙	⊙	⊙	⊙	⊙				
38						△	△	△	△	△	⊙	⊙	⊙	⊙	⊙				
(38.1)						△	△	△	△	△	⊙	⊙	⊙	⊙	⊙				
40						△	△	△	△	△	⊙	⊙	⊙	⊙	⊙				
(42.3)						△	△	△	△	△	⊙	⊙	⊙	⊙	⊙				
45						△	△	△	△	△	⊙	⊙	⊙	⊙	⊙				
48						△	△	△	△	△	⊙	⊙	⊙	⊙	⊙				
(48.3)						△	△	△	△	△	⊙	⊙	⊙	⊙	⊙				
(50.8)						△	△	△	△	△	⊙	⊙	⊙	⊙	⊙				
57						△	△	△	△	△	⊙	⊙	⊙	⊙	⊙	⊙			
(60.3)						△	△	△	△	△	⊙	⊙	⊙	⊙	⊙	⊙			
(63.5)							△	△	△	△	⊙	⊙	⊙	⊙	⊙	⊙			
76								△	△	△	⊙	⊙	⊙	⊙	⊙	⊙			
(88.9)									△	△	⊙	⊙	⊙	⊙	⊙	⊙	⊙	⊙	⊙
89									△	△	⊙	⊙	⊙	⊙	⊙	⊙	⊙	⊙	⊙

续表

外径/mm	壁厚/mm																		
	0.3	0.4	0.5	0.6	0.8	1.0	1.2	1.4	1.5	1.8	2.0	2.2	2.5	2.8	3.0	3.2	3.5	3.6	4.0
(101.6)									△	△	⊙	⊙	⊙	⊙	⊙	⊙	⊙	⊙	⊙
102									△	△	⊙	⊙	⊙	⊙	⊙	⊙	⊙	⊙	⊙
108									△	△	⊙	⊙	⊙	⊙	⊙	⊙	⊙	⊙	⊙
114										△	⊙	⊙	⊙	⊙	⊙	⊙	⊙	⊙	⊙
(114.3)										△	⊙	⊙	⊙	⊙	⊙	⊙	⊙	⊙	⊙
133											⊙	⊙	⊙	⊙	⊙	⊙	⊙	⊙	⊙
(139.7)											⊙	⊙	⊙	⊙	⊙	⊙	⊙	⊙	⊙

外径/mm	壁厚/mm																		
	2.2	2.5	2.8	3.0	3.2	3.5	3.6	4.0	4.2	4.6	4.8	5.0	5.5	6.0	8.0	10	12	14	16
114	⊙	⊙	⊙	⊙	⊙	⊙	⊙	⊙	○	○	○	○							
(114.3)	⊙	⊙	⊙	⊙	⊙	⊙	⊙	⊙	○	○	○	○							
133	⊙	⊙	⊙	⊙	⊙	⊙	⊙	⊙	○	○	○	○	○	○					
(139.7)	⊙	⊙	⊙	⊙	⊙	⊙	⊙	⊙	○	○	○	○	○	○					
(141.3)	⊙	⊙	⊙	⊙	⊙	⊙	⊙	⊙	○	○	○	○	○	○					
159	⊙	⊙	⊙	⊙	⊙	⊙	⊙	⊙	○	○	○	○	○	○	○				
(168.3)	⊙	⊙	⊙	⊙	⊙	⊙	⊙	⊙	○	○	○	○	○	○	○				
219		⊙	⊙	⊙	⊙	⊙	⊙	⊙	○	○	○	○	○	○	○	○	○		
(219.1)		⊙	⊙	⊙	⊙	⊙	⊙	⊙	○	○	○	○	○	○	○	○	○		
273					⊙	⊙	⊙	⊙	○	○	○	○	○	○	○	○	○		
(323.5)					⊙	⊙	⊙	⊙	○	○	○	○	○	○	○	○	○	○	
325					⊙	⊙	⊙	⊙	○	○	○	○	○	○	○	○	○	○	
(355.6)												○	○	○	○	○	○	○	
377												○	○	○	○	○	○	○	
400												○	○	○	○	○	○	○	
(406.4)												○	○	○	○	○	○	○	
426														○	○	○	○	○	
450														○	○	○	○	○	
(457.2)														○	○	○	○	○	
478														○	○	○	○	○	
500														○	○	○	○	○	
508														○	○	○	○	○	
529														○	○	○	○	○	
550														○	○	○	○	○	
(558.8)														○	○	○	○	○	
600														○	○	○	○	○	

续表

外径/mm	壁厚/mm																		
	2.2	2.5	2.8	3.0	3.2	3.5	3.6	4.0	4.2	4.6	4.8	5.0	5.5	6.0	8.0	10	12	14	16
(609.6)														○	○	○	○	○	○
630														○	○	○	○	○	○

注：1.△表示采用冷轧板（带）制造；⊙表示采用冷轧板（带）或热轧板（带）制造；○表示采用热轧板（带）制造。

2.()内数字为英制单位换算的公制单位尺寸。

7.2.12　装饰用焊接不锈钢管（YB/T 5363—2016）

① 用途　用于市政设施、建筑装饰、道桥护栏、汽车、钢结构网架、医疗器械、家具、一般机械结构部件装饰。

② 分类　按表面交货状态分为未抛光状态（无或SNB)、抛光状态（SB)、磨光状态（SP）和喷砂状态（SS）四种；按截面形状分为圆管（R)、方管（S）和矩形管（RE）三种；按尺寸精度为普通级（PA）和高级（PC）两种；按表面粗糙度分为普通级(FA)、较高级（FB）和高级（FC）三种。

③ 材料　奥氏体型的焊接不锈钢管牌号有12Cr17Ni7(S30110)、06Cr19Ni10（S30408）和06Cr17Ni12Mo2（S31608)；铁素体型焊接不锈钢管的牌号有022Cr12（S11203）和022Cr18Ti(S11863)

④ 长度　一般以通常长度（1～8m）交货。

⑤ 规格　圆管的公称外径（D）和公称壁厚（S）应符合GB/T 21835的规定。

表7.57　装饰用焊接不锈钢管方管和矩形管的规格

边长×边长/mm		壁厚/mm																
		0.4	0.5	0.6	0.7	0.8	0.9	1.0	1.2	1.4	1.5	1.6	1.8	2.0	2.2	2.5	2.8	3.0
方管	15×15	√	√	√	√	√	√	√	√									
	20×20		√	√	√	√	√	√	√	√	√	√	√	√				
	25×25			√	√	√	√	√	√	√	√	√	√	√	√	√		
	30×30					√	√	√	√	√	√	√	√	√	√	√		
	40×40						√	√	√	√	√	√	√	√	√	√		
	50×50							√	√	√	√	√	√	√	√	√		
	60×60								√	√	√	√	√	√	√	√		

续表

边长×边长/mm		壁厚/mm																
		0.4	0.5	0.6	0.7	0.8	0.9	1.0	1.2	1.4	1.5	1.6	1.8	2.0	2.2	2.5	2.8	3.0
方管	70×70									√	√	√	√	√	√	√		
	80×80										√	√	√	√	√	√	√	
	85×85										√	√	√	√	√	√	√	
	90×90											√	√	√	√	√	√	√
	100×100											√	√	√	√	√	√	√
	110×110												√	√	√	√	√	√
	125×125												√	√	√	√	√	√
	130×130													√	√	√	√	√
	140×140													√	√	√	√	√
	170×170														√	√	√	√
矩形管	20×10		√	√	√	√	√	√	√	√	√							
	25×15			√	√	√	√	√	√	√	√	√						
	40×20					√	√	√	√	√	√	√	√					
	50×30						√	√	√	√	√	√	√					
	70×30							√	√	√	√	√	√	√				
	80×40							√	√	√	√	√	√	√				
	90×30							√	√	√	√	√	√	√	√			
	100×40								√	√	√	√	√	√	√			
	110×50									√	√	√	√	√	√			
	120×40									√	√	√	√	√	√			
	120×60										√	√	√	√	√	√		
	130×50										√	√	√	√	√	√		
	130×70											√	√	√	√	√		
	140×60											√	√	√	√	√		
	140×80												√	√	√	√		
	150×50												√	√	√	√	√	
	150×70												√	√	√	√	√	
	160×40												√	√	√	√	√	
	160×60													√	√	√	√	
	160×90													√	√	√	√	
	170×50													√	√	√	√	
	170×80													√	√	√	√	
	180×70													√	√	√	√	
	180×80													√	√	√	√	√
	180×100													√	√	√	√	√

续表

边长×边长/mm		壁厚/mm																
		0.4	0.5	0.6	0.7	0.8	0.9	1.0	1.2	1.4	1.5	1.6	1.8	2.0	2.2	2.5	2.8	3.0
矩形管	190×60													√	√	√	√	√
	190×70														√	√	√	√
	190×90														√	√	√	√
	200×60														√	√	√	√
	200×80														√	√	√	√
	200×140															√	√	√

表 7.58　装饰用不锈钢焊接管的力学性能

牌　号	统一数字代号	规定塑性延伸强度 $R_{p0.2}$/MPa	抗拉强度 R_m/MPa	断后伸长率 A/%
12Cr17Ni7	S30110	205	515	35
06Cr19Ni10	S30408	205	515	35
06Cr17Ni12Mo2	S31608	205	515	35
022Cr12	S11203	195	360	20
022Cr18Ti	S11863	175	360	20

表 7.59　工艺性能

项目	工　艺　性　能
压扁试验	外径不大于 200mm 的圆管应进行压扁试验。外径不大于 50mm 的圆管取环状试样；外径大于 50mm 且不大于 200mm 的圆管取 C 型试样。试验时，焊缝应位于受力方向 90°的位置，压至圆管外径的 1/3；试样压扁后不应出现裂缝和裂口
弯曲试验	方管、矩形管和外径大于 200mm 的圆管应进行弯曲试验。弯曲试验时，压头直径为 3 倍试样厚度，弯曲角度为 180°弯曲后试样焊缝区域不应出现裂缝和裂口

7.2.13　食品工业用无缝钢管（QB/T 2467—2017）

① 分类　分 A 类（无缝不锈钢管，符合 GB/T 14976 规定）和 B 类（焊接不锈钢管，符合 GB/T 12771 规定）两种。

② 材料　一般应选用 S30408、S30403 和 S31603 奥氏体型不锈钢；接触腐蚀介质或氯离子时，可分别选用 S31703 奥体型和 S22053 奥-铁双相型不锈钢。

表 7.60 食品工业用无缝钢管尺寸 mm

外径 D_0	壁厚 T	外径 D_0	壁厚 T	外径 D_0	壁厚 T	外径 D_0	壁厚 T
6①、8①	1	25	1.2,1.6	70	1.6	168.3②	2.6
10①	1	33.7	1.2,1.6	76.1	1.6	219.1②	2.6
12	1	38	1.2,1.6	88.9	2	273.0②	2.6
12.7	1	40	1.2,1.6	101.6	2	323.9②	2.6
17.2	1	51	1.2,1.6	114.3	2	355.6②	2.6
21.3	1	63.5	1.6	139.7②	2	406.4②	3.2

①仅有A类管。

②仅有B类管。

7.2.14 奥氏体-铁素体型双相不锈钢焊接钢管（GB/T 21832—2008)

① 用途 耐腐蚀，用于承压设备、流体输送及热交换器。

② 分类

Ⅰ类：采用添加填充金属的双面自动焊接方法制造，焊缝100%全长射线探伤；

Ⅱ类：采用添加填充金属的单面自动焊接方法制造，焊缝100%全长射线探伤；

Ⅲ类：采用添加填充金属的双面自动焊接方法制造，焊缝局部射线探伤；

Ⅳ类：采用添加除根部焊道不添加填充金属外，其他焊道应添加填充金属的单面自动焊接方法制造，焊缝100%全长射线探伤；

Ⅴ类：采用添加填充金属的双面自动焊接方法制造，焊缝不做射线探伤；

Ⅵ类：采用不添加填充金属的自动焊接方法制造。

③ 钢管的外径 D 和壁厚 S 应符合 GB/T 21835 的规定，通常长度为 3～12m。

表 7.61 推荐热处理制度及钢管力学性能

牌号	统一数字代号	推荐热处理制度（急冷）/℃	拉伸性能			硬度	
			抗拉强度 R_m /MPa	规定非比例延伸强度 $R_{p0.2}$/MPa	断后伸长率 A/%	HBW	HRC
022Cr19Ni5Mo3Si2N	S21953	980～1040	≥630	≥440	≥30	≤290	≤30
022Cr22Ni5Mo3N	S22253	1020～1100	≥620	≥450	≥25	≤290	≤30

续表

牌　　号	统一数字代号	推荐热处理制度（急冷）/℃	拉伸性能			硬度	
			抗拉强度 R_m /MPa	规定非比例延伸强度 $R_{p0.2}$/MPa	断后伸长率 A/%	HBW	HRC
022Cr23Ni5Mo3N	S22053	1020～1100	≥655	≥485	25	≤290	≤30
022Cr23Ni4MoCuN	S23043	925～1050	≥690① ≥600②	≥450① ≥400②	≥25① ≥25②	— ≤290②	— ≤30②
022Cr25Ni6Mo2N	S22553	1050～1100	≥690	≥450	≥25	≤280	—
022Cr25Ni7Mo3WCuN	S22583	1020～1100	≥690	≥450	≥25	≤290	≤30
03Cr25Ni6Mo3Cu2N	S25554	≥1040	≥760	≥550	≥15	≤297	≤31
022Cr25Ni7Mo4N	S25073	1025～1125	≥800	≥550	≥15	≤300	≤32
022Cr25Ni7Mo3WCuN	S27603	1100～1140	≥750	≥550	≥25	≤300	—

①D≤25mm。

②D>25mm。

7.2.15　不锈钢小直径无缝钢管（GB/T 3090—2000）

① 用途　航空航天、机电、仪器仪表元件、医用针管等一般用途，属奥氏体不锈钢。

② 分类　按力学性能分为：

a. 软态钢管（经固溶处理，其力学性能符合标准的规定，耐蚀性能良好，便于冷加工）；

b. 冷硬状态钢管（经相当程度冷变形加工，力学性能较高）；

c. 半冷硬状态钢管（变形程度小于冷硬状态钢管，力学性能介于软态和冷硬状态之间，适用于轻度加工成型）。

③ 长度　通常为 500～4000mm。每批允许交付重量不超过该批订货钢管总重量 10%的长度不小于 300mm 的短尺钢管。

④ 交货状态　一般以硬态交货。

⑤ 外径和壁厚

表 7.62　钢管的外径和壁厚　mm

外径	壁厚														
	0.10	0.15	0.20	0.25	0.30	0.35	0.40	0.45	0.50	0.55	0.60	0.70	0.80	0.90	1.00
0.30	√														
0.35	√														
0.40	√	√													
0.45	√	√													

续表

外径	壁							厚							
	0.10	0.15	0.20	0.25	0.30	0.35	0.40	0.45	0.50	0.55	0.60	0.70	0.80	0.90	1.00
0.50	√	√													
0.55	√	√													
0.60	√	√	√												
0.70	√	√	√	√											
0.80	√	√	√	√											
0.90	√	√	√	√	√										
1.00	√	√	√	√	√	√									
1.20	√	√	√	√	√	√	√	√							
1.60	√	√	√	√	√	√	√	√	√	√					
2.00	√	√	√	√	√	√	√	√	√	√	√	√			
2.20	√	√	√	√	√	√	√	√	√	√	√	√	√		
2.50	√	√	√	√	√	√	√	√	√	√	√	√	√	√	√
2.80	√	√	√	√	√	√	√	√	√	√	√	√	√	√	√
3.00	√	√	√	√	√	√	√	√	√	√	√	√	√	√	√
3.20	√	√	√	√	√	√	√	√	√	√	√	√	√	√	√
3.40	√	√	√	√	√	√	√	√	√	√	√	√	√	√	√
3.60	√	√	√	√	√	√	√	√	√	√	√	√	√	√	√
3.80	√	√	√	√	√	√	√	√	√	√	√	√	√	√	√
4.00	√	√	√	√	√	√	√	√	√	√	√	√	√	√	√
4.20	√	√	√	√	√	√	√	√	√	√	√	√	√	√	√
4.50	√	√	√	√	√	√	√	√	√	√	√	√	√	√	√
4.80	√	√	√	√	√	√	√	√	√	√	√	√	√	√	√
5.00		√	√	√	√	√	√	√	√	√	√	√	√	√	√
5.00		√	√	√	√	√	√	√	√	√	√	√	√	√	√
6.00		√	√	√	√	√	√	√							

⑥ 力学性能

表 7.63 钢管的力学性能

牌号	统一数字代号	推荐热处理制度(急冷)	抗拉强度 R_m/MPa	断后伸长率 A_5/%
06Cr19Ni10	S30408	1010～1150℃	520	35
022Cr19Ni10	S30403	1010～1150℃	480	
06Cr18Ni11Ti	S32168	920～1150℃	520	
06Cr17Ni12Mo2	S31608	1010～1150℃	520	
022Cr17Ni14Mo2	S31603	1010～1150℃	480	
1Cr18Ni9Ti	—	1000～1100℃	520	

注：对于外径小于 3.2mm，或壁厚小于 0.30mm 的较小直径和较薄壁厚的钢管断后伸长率不小于 25%。

7.2.16　不锈钢极薄壁无缝钢管（GB/T 3089—2008）

① 用途　适用于旋压或冷轧不锈钢极薄壁无缝钢管。

② 通常长度　800～6000mm。

③ 交货状态　通常以热处理状态交货。

④ 外径和公称壁厚

表 7.64　钢管的公称外径和公称壁厚　mm

公称外径 D	公称壁厚 S	公称外径 D	公称壁厚 S	公称外径 D	公称壁厚 S	公称外径 D	公称壁厚 S
10.3	0.15	41.0	0.50	61.2	0.60	90.2	0.40
12.4	0.20	41.2	0.60	67.6	0.30	90.5	0.25
15.4	0.20	48.0	0.25	67.8	0.40	90.6	0.30
18.4	0.20	50.5	0.25	70.2	0.60	90.8	0.40
20.4	0.20	53.2	0.60	74.0	0.50	95.6	0.30
24.4	0.20	55.0	0.50	75.5	0.25	101.0	0.50
26.4	0.20	59.6	0.30	75.6	0.30	102.6	0.30
32.4	0.20	60.0	0.25	82.8	0.40	110.9	0.45
35.0	0.50	60.0	0.50	83.0	0.50	125.7	0.35
40.4	0.20	61.0	0.35	89.6	0.30	150.8	0.40
40.6	0.30	61.0	0.50	89.8	0.40	250.8	0.40

⑤ 力学性能

表 7.65　以热处理状态交货钢管的力学性能

牌　号	统一数字代号	抗拉强度 R_m/MPa ≥	断后伸长率 A/% ≥
06Cr19Ni10	S30408	520	35
022Cr19Ni10	S30403	440	40
022Cr17Ni12Mo2	S31603	480	40
06Cr17Ni12Mo2Ti	S31668	540	35
06Cr18Ni11Ti	S32168	520	40

7.2.17　不锈钢棒（GB/T 1220—2007）

① 规格　热轧和锻制不锈钢棒的直径、边长、厚度或对边距离不大于250mm（其他尺寸需经供需双方协商）。

② 尺寸与外形　热轧圆钢、方钢、扁钢、六角钢和八角钢应符合GB/T 702—2008中的规定；锻制圆钢、方钢、扁钢应符合

GB/T 908—2008 的规定。

③ 分类

表 7.66 不锈钢和耐热钢棒的分类

分类方法	按组织特征	按使用加工方法	
		压力加工用钢	切削加工用钢
类　别	奥氏体型、铁素体型、 奥氏体-铁素体型[①]、 马氏体型、沉淀硬化型	热压力加工(UHP) 热顶锻加工(UHF) 冷拔坯料(UCD)	切削加工(UC)

①仅不锈钢棒有。

④ 交货状态　有如下4种（未在合同中注明者按不热处理交货）。

a. 切削加工用奥氏体型、奥氏体铁素体型钢棒应进行固溶处理（经供需双方协商可不处理）。热压力加工用钢棒不进行固溶处理。

b. 铁素体型钢棒应进行退火处理（经供需双方协商可不处理）。

c. 马氏体型钢棒应进行退火处理。

d. 沉淀硬化型钢棒应根据钢的组织选择固溶处理或退火处理（退火温度一般为650～680℃）。经供需双方协商，沉淀硬化型钢棒（除05Cr17Ni4Cu4Nb外）可不进行处理。

⑤ 力学性能

表 7.67 经固溶处理的奥氏体型不锈钢棒的力学性能

牌　号	统一数字代号	规定塑性延伸强度 $R_{p0.2}$	抗拉强度 R_m	断后伸长率 A	断面收缩率 Z	硬　度		
						HBW	HRB	HV
		MPa ≥		% ≥		≤		
12Cr17Mn6Ni5N	S35350	275	520	40	45	241	100	253
12Cr18Mn9Ni5N	S35450	275	520	40	45	207	95	218
12Cr17Ni7	S30110	205	520	40	60	187	90	200
12Cr18Ni9	S30210	205	520	40	60	187	90	200
Y12Cr18Ni9	S30317	205	520	40	50	187	90	200
Y12Cr18Ni9Se	S30327	205	520	40	50	187	90	200
06Cr19Ni10	S30408	205	520	40	60	187	90	200
022Cr19Ni10	S30403	175	480	40	60	187	90	200

续表

牌　号	统一数字代号	规定塑性延伸强度 $R_{p0.2}$	抗拉强度 R_m	断后伸长率 A	断面收缩率 Z	硬　度		
						HBW	HRB	HV
		MPa ≥		% ≥		≤		
06Cr18Ni9Cu3	S30488	175	480	40	60	187	90	200
06Cr19Ni10N	S30458	275	550	35	50	217	95	220
06Cr19Ni9NbN	S30478	345	685	35	50	250	100	260
022Cr19Ni10N	S30453	245	550	40	50	217	95	220
10Cr18Ni12	S30510	175	480	40	60	187	90	200
06Cr23Ni13	S30908	205	520	40	60	187	90	200
06Cr25Ni20	S31008	205	520	40	50	187	90	200
06Cr17Ni12Mo2	S31608	205	520	40	60	187	90	200
022Cr17Ni12Mo2	S31603	175	480	40	60	187	90	200
06Cr17Ni12Mo2Ti	S31668	205	530	40	55	187	90	200
06Cr17Ni12Mo2N	S31658	275	550	35	50	217	95	220
022Cr17Ni12Mo2N	S31653	245	550	40	50	217	95	220
06Cr18Ni12Mo2Cu2	S31688	205	520	40	60	187	90	200
022Cr18Ni14Mo2Cu2	S31683	175	480	40	60	187	90	200
06Cr19Ni13Mo3	S31708	205	520	40	60	187	90	200
022Cr19Ni13Mo3	S31703	175	480	40	60	187	90	200
03Cr18Ni16Mo5	S31794	175	480	40	45	187	90	200
06Cr18Ni11Ti	S32168	205	520	40	50	187	90	200
06Cr18Ni11Nb	S34778	205	520	40	50	187	90	200
06Cr18Ni13Si4	S38148	205	520	40	60	207	95	218

表 7.68　经固溶处理的奥氏体-铁素体型不锈钢棒的力学性能

牌　号	统一数字代号	规定塑性延伸强度 $R_{p0.2}$	抗拉强度 R_m	断后伸长率 A	断面收缩率 Z	硬度(HBW)	硬度(HRB)	硬度(HV)
		MPa ≥		% ≥		≤		
14Cr18Ni11Si4AlTi	S21860	440	715	25	40	—	—	—
022Cr19Ni5Mo3Si2N	S21953	390	590	20	40	290	30	300
022Cr22Ni5Mo3N	S22253	450	620	25	—	290	—	—
022Cr23Ni5Mo3N	S22053	450	655	25	—	290	—	—

续表

牌　号	统一数字代号	规定塑性延伸强度 $R_{p0.2}$	抗拉强度 R_m	断后伸长率 A	断面收缩率 Z	硬度(HBW)	硬度(HRB)	硬度(HV)
		MPa ≥		% ≥		≤		
022Cr25Ni6Mo2N	S22553	450	620	20	—	260	—	—
03Cr25Ni6Mo3Cu2N	S25554	550	750	25	—	290	—	—

表 7.69　经退火处理的铁素体型不锈钢棒的力学性能

牌　号	统一数字代号	规定塑性延伸强度 $R_{p0.2}$	抗拉强度 R_m	断后伸长率 A	断面收缩率 Z	硬度(HBW) ≤
		MPa ≥		% ≥		
06Cr13Al	S11348	175	410	20	60	183
022Cr12	S11203	195	360	22	60	183
10Cr17	S11710	205	450	22	50	183
Y10Cr17	S11717	205	450	22	50	183
10Cr17Mo	S11790	205	450	22	60	183
008Cr27Mo	S12791	245	410	20	45	219
008Cr30Mo2	S13091	295	450	20	45	228

表 7.70　经热处理的马氏体型不锈钢棒的力学性能

牌　号	统一数字代号	经淬火回火后试样							退火后HBW ≤
		$R_{p0.2}$	R_m	A	Z	KU_2	HBW	HRC	
		MPa ≥		% ≥		J ≥	≥		
12Cr12	S40310	390	590	25	55	118	170	—	200
06Cr13	S41008	345	490	24	60	—	—	—	183
12Cr13	S41010	345	540	22	55	78	159	—	200
Y12Cr13	S41617	345	540	17	45	55	159	—	200
20Cr13	S42020	440	640	20	50	63	192	—	223
30Cr13	S42030	540	735	12	40	24	217	—	235
Y30Cr13	S42037	540	735	8	35	24	217	—	235
40Cr13	S42040	—	—	—	—	—	—	50	235
14Cr17Ni2	S43110	—	1080	10	—	39	—	—	285
17Cr16Ni2	S43120	700	900～1050	12	45	25(KV)	—	—	295
		600	800～950	14	45	25(KV)	—	—	295
68Cr17	S44070	—	—	—	—	—	—	54	255

续表

牌　号	统一数字代号	经淬火回火后试样							退火后HBW ≤
		$R_{p0.2}$	R_m	A	Z	KU_2	HBW	HRC	
		MPa ≥		% ≥		J ≥	≥		
85Cr17	S44080	—	—	—	—	—	—	56	255
108Cr17	S44096	—	—	—	—	—	—	58	269
Y108Cr17	S44097	—	—	—	—	—	—	58	269
95Cr18	S44090	—	—	—	—	—	—	55	255
13Cr13Mo	S45710	490	690	20	60	78	192	—	200
32Cr13Mo	S45830	—	—	—	—	—	—	50	207
102Cr17Mo	S45990	—	—	—	—	—	—	55	269
90Cr18MoV	S46990	—	—	—	—	—	—	55	269

表7.71　沉淀硬化型不锈钢棒的力学性能

牌号	统一数字代号	热处理制度			$R_{p0.2}$	R_m	A	Z	硬　度	
		类型		组别	MPa ≥		% ≥		HBW	HRC
05Cr15Ni5-Cu4Nb	S01550	固溶处理		0	—	—	—	—	≤363	≤38
		沉淀硬化	480℃时效	1	1180	1310	10	35	≥375	≥40
			550℃时效	2	1000	1070	12	45	≥331	≥35
			580℃时效	3	865	1000	13	45	≥302	≥31
			620℃时效	4	725	930	16	50	≥277	≥28
05Cr17Ni4-Cu4Nb	S51740	固溶处理		0	—	—	—	—	≤363	≤38
		沉淀硬化	480℃时效	1	1180	1310	10	40	≥375	≥40
			550℃时效	2	1000	1070	12	45	≥331	≥35
			580℃时效	3	865	1000	13	45	≥302	≥31
			620℃时效	4	725	930	16	50	≥277	≥28
07Cr17-Ni7Al	S51770	固溶处理		0	≤380	≤1030	20	—	≤229	—
		沉淀硬化	510℃时效	1	1030	1230	4	10	≥388	—
			565℃时效	2	960	1140	5	25	≥363	—
07Cr15Ni7-Mo2Al	S51570	固溶处理		0	—	—	—	—	≤269	—
		沉淀硬化	510℃时效	1	1210	1320	6	20	≥388	—
			565℃时效	2	1100	1210	7	25	≥375	—

7.2.18　不锈钢盘条（GB/T 4356—2016）

①用途　用于制造不锈钢丝、不锈顶锻钢丝、不锈弹簧钢丝和钢丝绳。

② 规格 直径为4.5～40.0mm。每卷盘条由一根组成，盘条重量一般应不小于1000kg。

③ 交货状态 铁素体钢及06Cr13、12Cr13钢盘条以热轧后酸洗状态交货；马氏体钢盘条（06Cr13、12Cr13除外）以退火后酸洗状态交货；奥氏体钢及沉淀硬化钢盘条以热轧后酸洗交货。

④ 退火工艺及硬度

表7.72 铁素体钢和马氏体钢退火工艺（推荐）及硬度

类型	牌号	统一数字代号	退火/℃	硬度(HBW) ≤
铁素体	10Cr17	S11710	780～850,空冷或缓冷	183
	Y10Cr17	S11717	680～820,空冷或缓冷	183
	10Cr17Mo	S11790	780～850,空冷或缓冷	183
马氏体	06Cr13	S41008	800～900,缓冷①	183
	12Cr13	S41010	800～900,缓冷①	200
	Y12Cr13	S41617	800～900,缓冷①	200
	13Cr13Mo	S45710	830～900,缓冷①	200
	20Cr13	S42020	800～900,缓冷①	223
	30Cr13	S42030	800～900,缓冷①	235
	Y30Cr13	S42037	800～900,缓冷①	235
	32Cr13Mo	S45830	800～900,缓冷①	207
	40Cr13	S42040	800～900,缓冷①	230
	14Cr17Ni2	S43110	650～700,空冷	285
	13Cr11Ni2W2MoV	S47310	780～850,缓冷	269
	Y25Cr13Ni2	S41427	640～720,缓冷	285
	68Cr17	S44070	800～920,缓冷	255
	85Cr17	S44080	800～920,缓冷	255
	95Cr18	S44090	800～920,缓冷	255
	108Cr17	S44096	800～920,缓冷	269
	Y108Cr17	S44097	800～920,缓冷	269
	102Cr17Mo	S45990	800～900,缓冷	269
	90Cr18MoV	S46990	800～920,缓冷	269

①或约750℃快冷。

⑤ 力学性能

表 7.73　奥氏体不锈钢盘条固溶状态的力学性能

牌　号	统一数字代号	组别②	抗拉强度 R_m /MPa ≤	断后伸长率 A/% ≥	断面收缩率 Z/% ≥
12Cr18Ni9	S30210	1	650	40	60
		2	750	40	50
Y12Cr18Ni9①	S30317	1	650	40	50
		2	680	40	50
06Cr19Ni10	S30408	1	620	40	60
		2	700	40	50
022Cr19Ni10	S30403	1	620	40	60
		2	700	40	50
06Cr18Ni9Cu2	S30480	1	580	40	60
		2	650	40	60
06Cr18Ni9Cu3	S30488	1	580	40	60
		2	650	40	60
06Cr17Ni12Mo2	S31608	1	650	40	60
		2	680	40	60
022Cr17Ni12Mo2	S31603	1	620	40	60
		2	650	40	60
10Cr18Ni9Ti	S32160	1	650	40	60
		2	680	—	—

①断后伸长率仅供参考，不作判定依据。当 $S \geqslant 0.25\%$ 时，断面收缩率应为 ≥40%。

②2 组是指非完全固溶。

7.2.19　焊接用不锈钢盘条（GB/T 4241—2006）

① 用途　制作电焊条焊芯、气体保护焊丝、埋弧焊丝、电渣焊丝等。

② 公称直径范围　5～20mm。

③ 交货状态　马氏体钢盘条应以退火酸洗状态交货，其他类型钢盘条以热轧酸洗状态交货。每盘盘条由一根组成，不得有焊接头，盘重应不小于 500kg。

表 7.74 盘条用不锈钢的类型和牌号

类型	牌号	类型	牌号
奥氏体	H05Cr22Ni11Mn6Mo3VN	奥氏体	H03Cr19Ni12Mo2
	H10Cr17Ni8Mn8Si4N		H08Cr19Ni12Mo2Si1
	H05Cr20Ni6Mn9N		H03Cr19Ni12Mo2Si1
	H05Cr18Ni5Mn12N		H03Cr19Ni12Mo2Cu2
	H10Cr21Ni10Mn6		H08Cr19Ni14Mo3
	H09Cr21Ni9Mn4Mo		H03Cr19Ni14Mo3
	H08Cr21Ni10Si		H08Cr19Ni12Mo2Nb
	H08Cr21Ni10		H07Cr20Ni34Mo2Cu3Nb
	H06Cr21Ni10		H02Cr20Ni34Mo2Cu3Nb
	H03Cr21Ni10Si		H08Cr19Ni10Ti
	H03Cr21Ni10		H21Cr16Ni35
	H08Cr20Ni11Mo2		H08Cr20Ni10Nb
	H04Cr20Ni11Mo2		H08Cr20Ni10SiNb
	H08Cr21Ni10Si1		H02Cr27Ni32Mo3Cu
	H03Cr21Ni10Si1		H02Cr20Ni25Mo4Cu
	H12Cr24Ni13Si		H06Cr19Ni10TiNb
	H12Cr24Ni13		H10Cr16Ni8Mo2
	H03Cr24Ni13Si	奥氏体+铁素体	H03Cr22Ni8Mo3N
	H03Cr24Ni13		H04Cr25N15Mo3Cu2N
	H12Cr24Ni13Mo2		H15Cr30Ni9
	H03Cr24Ni13Mo2	马氏体	H12Cr13
	H12Cr24N113Si1		H06Cr12Ni4Mo
	H03Cr24Ni13Si1		H31Cr13
	H12Cr26Ni21Si	铁素体	H06Cr14
	H12Cr26Ni21		H10Cr17
	H08Cr26Ni21		H01Cr26Mo
	H08Cr19Ni12Mo2Si		H08Cr11Ti
	H08Cr19Ni12Mo2		H08Cr11Nb
	H06Cr19Ni12Mo2	沉淀硬化	H05Cr17Ni4Cu4Nb
	H03Cr19Ni12Mo2Si		

7.2.20 不锈钢丝（GB/T 4240—2009）

不包括奥氏体型和沉淀硬化型不锈弹簧钢丝、冷顶锻用和焊接用不锈钢丝。

表 7.75　钢丝的类别、牌号、交货状态及代号

类别	牌　号	交货状态及代号	类　别	牌　号	交货状态及代号
奥氏体	12Cr17Mn6Ni5N	软态(S) 轻拉(LD) 冷拉(WCD)	铁素体	06Cr13Al	软态(S) 轻拉(LD) 冷拉(WCD)
	12Cr18Mn9Ni5N			06Cr11Ti	
	12Cr18Ni9			02Cr11Nb	
	06Cr19Ni9			10Cr17	
	10Cr18Ni12			Y10Cr17	
	06Cr17Ni12Mo2			10Cr17Mo	
	Y06Cr17Mn6Ni6Cu2			10Cr17MoNb	
	Y12Cr18Ni9		马氏体	12Cr13	软态(S) 轻拉(LD)
	Y12Cr18Ni9Cu3			Y12Cr13	
	02Cr19Ni10			20Cr13	
	06Cr20Ni11			30Cr13	
	16Cr23Ni13			32Cr13Mo	
	06Cr23Ni13			Y30Cr13	
	06Cr25Ni20			Y16Cr17Ni2Mo	
	20Cr25Ni20Si2			40Cr13	软态(S)
	022Cr17Ni12Mo2			12Cr12Ni2	
	06Cr19Ni13Mo3			20Cr17Ni2	
	06Cr17Ni12Mo2Ti				

表 7.76　钢丝公称尺寸范围和盘卷内径　　mm

公称尺寸范围	钢丝盘卷内径	
	钢丝公称尺寸	钢丝盘卷内径 ≥
软态钢丝：	0.05～0.50	线轴或 150
0.05～16.0	>0.50～1.50	200
轻拉钢丝：	>1.50～3.00	250
0.30～16.0	>3.00～6.00	400
冷拉钢丝：	>6.00～12.0	600
0.10～12.0	>12.0～16.0	800

表 7.77　软态钢丝的力学性能

牌　号	统一数字代号	公称直径范围 /mm	抗拉强度 R_m /MPa	断后伸长率 A /% ≥
		0.05～0.10	700～1000	15
12Cr17Mn6Ni5N	S35350	>0.10～0.30	660～950	20
12Cr18Mn9Ni5N	S35450	>0.30～0.60	640～920	20
12Cr18Ni9	S30210	>0.60～1.0	620～900	25
Y12Cr18Ni9	S30317	>1.0～3.0	620～880	30
16Cr23Ni13	S30920	>3.0～6.0	600～850	30
20Cr25Ni20Si2	—	>6.0～10.0	580～830	30
		>10.0～16.0	550～800	30

续表

牌　号	统一数字代号	公称直径范围/mm	抗拉强度 R_m/MPa	断后伸长率 A/% ≥
Y06Cr17Mn6Ni6Cu2 Y12Cr18Ni9Cu3 06Cr19Ni9 022Cr19Ni10 10Cr18Ni12 06Cr17Ni12Mo2 06Cr20Ni11 06Cr23Ni13 06Cr25Ni20 06Cr17Ni12Mo2 022Cr17Ni12Mo2 06Cr19Ni13Mo3 06Cr17Ni12Mo2Ti	S35987 S30387 S30408 S30403 S30510 S31608 S30808 S30908 S31008 S31608 S31603 S31708 S31668	0.05～0.10 >0.10～0.30 >0.30～0.60 >0.60～1.0 >1.0～3.0 >3.0～6.0 >6.0～10.0 >10.0～16.0	650～930 620～900 600～870 580～850 570～830 550～800 520～770 500～750	15 20 20 25 30 30 30 30
30Cr13 32Cr13Mo Y30Cr13 40Cr13 12Cr12Ni2 Y16Cr17Ni2Mo 21Cr17Ni2	S42030 S45830 S42037 S42040 S41410 S41717 S43126	1.0～2.0 >2.0～16.0	600～850 600～850	10 15

表7.78　轻拉钢丝的力学性能

牌　号	统一数字代号	公称直径范围/mm	抗拉强度 R_m/MPa
12Cr17Mn6Ni5N 12Cr18Mn9Ni5N Y06Cr17Mn6Ni6Cu2 12Cr18Ni9 Y12Cr18Ni9 Y12Cr18Ni9Cu3 06Cr19Ni10 022Cr19Ni10 10Cr18Ni12 06Cr20Ni11	S35350 S35450 S35987 S30210 S30317 S30387 S30408 S30403 S30510 S30808	0.50～1.0 >1.0～3.0 >3.0～6.0 >6.0～10.0 >10.0～16.0	850～1200 830～1150 800～1100 770～1050 750～1030
16Cr23Ni13 06Cr23Ni13 06Cr25Ni20 20Cr25Ni20Si2 06Cr17Ni12Mo2 022Cr17Ni13Mo2 06Cr19Ni13Mo3 06Cr17Ni12Mo2Ti	S30920 S30908 S31008 — S31608 S31603 S31708 S31668	0.50～1.0 >1.0～3.0 >3.0～6.0 >6.0～10.0 >10.0～16.0	850～1200 830～1150 800～1100 770～1050 750～1030

续表

牌　号	统一数字代号	公称直径范围/mm	抗拉强度 R_m/MPa
06Cr13Al 06Cr11Ti 022Cr11Nb 10Cr17 Y10Cr17 10Cr17Mo 10Cr17MoNb	S11348 S11168 S11178 S11710 S11717 S11790 S11770	0.30～3.0 ＞3.0～6.0 ＞6.0～16.0	530～780 500～750 480～730
12Cr13 Y12Cr13 20Cr13	S41010 S41617 S42020	1.0～3.0 ＞3.0～6.0 ＞6.0～16.0	600～850 580～820 550～800
30Cr13 32Cr13Mo Y30Cr13 Y16Cr17Ni2Mo	S42030 S45830 S42037 S41717	1.0～3.0 ＞3.0～6.0 ＞6.0～16.0	650～900 600～900 600～850

表 7.79　冷拉钢丝的力学性能

牌　号	统一数字代号	公称直径范围/mm	抗拉强度 R_m/MPa
12Cr17Mn6Ni5N 12Cr18Mn9Ni5N 12Cr18Ni9 06Cr19Ni9 10Cr18Ni12 06Cr17Ni12Mo2	S35350 S35450 S30210 S30408 S30510 S31608	0.10～1.0 ＞1.0～3.0 ＞3.0～6.0 ＞6.0～12.0	1200～1500 1150～1450 1100～1400 950～1250

7.2.21　不锈钢弹簧钢丝（GB/T 24588—2009）

① 分类　按表面状态可分为雾面（钢丝经干式拉拔、热处理等加工后，表面无光泽）、亮面（钢丝经湿式拉拔、热处理等加工后，表面光亮）、清洁面（钢丝经过拉拔、热处理等加工后，表面清洁）和表面带涂层（或镀层）四种。

② 供货状态　成品钢丝主要以盘卷状供货。弹高和弹宽是衡量盘卷形状是否规整的参数（其数值越小越好）。其弹高和弹宽应符合表 7.80 规定，不锈弹簧钢丝力学性能见表 7.81。

表 7.80 钢丝盘卷的弹高和弹宽

钢丝公称直径/mm	弹高/mm	收线方式	弹宽/盘径
≤50	<60	线轴收线	0.9～2.5
>0.50～1.00	<80	盘卷收线	0.9～1.5
>1.00～2.00	<90		
>2.00	<100		

注：1. 弹高：从盘卷或线轴上截取几圈钢丝，使其处于自由状态，然后从其中截取一整圈，取其中点无约束地垂直悬挂，钢丝两端之间偏移的距离即为弹高。

2. 弹宽：从盘卷或线轴上截取几圈钢丝，使其处于自由状态，然后从其中截取一整圈钢丝，无约束地放在水平面上，钢丝的圈径即为弹宽。

③ 力学性能

表 7.81 不锈弹簧钢丝力学性能 MPa

公称直径(*d*)/mm	A组	B组	C组		D组
	12Cr18Ni9 06Cr19Ni9 06Cr17Ni12Mo2 10Cr18Ni9Ti 12Cr18Mn9Ni5N	12Cr18Ni9 06Cr19Ni9N 12Cr18Mn9Ni5N	07Cr17Ni7Al(631)		12Cr17Mn8-Ni3Cu3N
			冷拉 ≥	时效	
0.20	1700～2050	2050～2400	1970	2270～2610	1750～2050
0.22、0.25			1950	2250～2580	
0.28、030 0.32、0.35、	1650～1950	1950～2300	1950	2250～2580	1720～2000
0.40			1920	2220～2550	1680～1950
0.45	1600～1900	1900～2200	1900	2200～2530	1680～1950
0.50					1650～1900
0.55、0.60			1850	2150～2470	
0.63	1550～1850	1850～2150	1850	2150～2470	1650～1900
0.70			1820	2120～2440	
0.80					1620～1870
0.90、1.0			1800	2100～2410	
1.1	1450～1750	1750～2050	1750	2050～2350	1620～1870
1.2					1580～1830
1.4			1700	2000～2300	
1.5	1400～1650	1650～1900	1700	2000～2300	1550～1800
1.6			1650	1950～2240	
1.8、2.0			1600	1900～2180	

续表

公称直径(*d*)/mm	A组	B组	C组		D组
	12Cr18Ni9 06Cr19Ni9 06Cr17Ni12Mo2 10Cr18Ni9Ti 12Cr18Mn9Ni5N	12Cr18Ni9 06Cr19Ni9N 12Cr18Mn9Ni5N	07Cr17Ni7Al(631)		12Cr17Mn8-Ni3Cu3N
			冷拉≥	时效	
2.2	1320～1570	1550～1800	1550	1850～2140	1550～1800
2.5					1510～1760
2.8、3.0	1230～1480	1450～1700	1500	1790～2060	1510～1760
3.2、3.5			1450	1740～2000	1480～1730
4.0			1400	1680～1930	1480～1730
4.5	1100～1350	1350～1600	1350	1620～1870	1400～1650
5.0					1330～1580
5.5			1300	1550～1800	1330～1580
6.0					1230～1480
6.3、7.0	1020～1270	1270～1520	1250	1500～1750	—
8.0			1200	1450～1700	—
9.0	1000～1250	1150～1400	1150	1400～1650	—
10.0	980～1200	1000～1250			—
11.0	—	1000～1250	—	—	—
12.0	—	1000～1250	—	—	—

7.2.22 冷顶锻用不锈钢丝（GB/T 4232—2009）

① 用途　制造螺栓、螺钉和铆钉等紧固件及冷成型件。

② 分类　按组织分为奥氏体型、铁素体型和马氏体型三类。

表 7.82　钢丝的类别、牌号、交货状态和公称直径

类别	牌　号	公称直径	类别	牌　号	公称直径
奥氏体型	ML04Cr17Mn7Ni5CuN ML04Cr16Mn8Ni2Cu3N ML06Cr19Ni9 ML06Cr18Ni9Cu2 ML022Cr18Ni9Cu3 ML03Cr18Ni12 ML06Cr17Ni12Mo2 ML022Cr17Ni13Mo3 ML03Cr16Ni18	软态(S)：0.80～11.0mm 轻拉(LD)：0.80～20.0mm	铁素体型	ML06Cr12Ti ML06Cr12Nb ML10Cr15 ML04Cr17 ML06Cr17Mo	软态(S)：0.80～11.0mm 轻拉(LD)：0.80～20.0mm
			马氏体型	ML12Cr13 ML22Cr14NiMo ML16Cr17Ni2	

表 7.83 软态不锈钢丝的力学性能

牌号	公称直径/mm	抗拉强度 R_m/MPa	断面收缩率 Z/% ≥	断后伸长率 A/% ≥
ML04Cr17Mn7Ni5CuN	0.80～3.00	700～900	65	20
	>3.00～11.0	650～850	65	30
ML04Cr16Mn8Ni2Cu3N	0.80～3.00	650～850	65	20
	>3.00～11.0	620～820	65	30
ML06Cr19Ni9	0.80～3.00	580～740	65	30
	>3.00～11.0	550～710	65	40
ML06Cr18Ni9Cu2	0.80～3.00	560～720	65	30
	>3.00～11.0	520～680	65	40
ML022Cr18Ni9Cu3	0.80～3.00	480～640	65	30
	>3.0～11.0	450～610	65	40
ML03Cr18Ni12	0.80～3.00	480～640	65	30
	>3.00～11.0	450～610	65	40
ML06Cr17Ni12Mo2	0.80～3.00	560～720	65	30
	>3.00～11.0	500～660	65	40
ML022Cr17Ni13Mo3	0.80～3.00	540～700	65	30
	>3.00～11.0	500～660	65	40
ML03Cr16Ni18	0.80～3.00	480～640	65	30
	>3.00～11.0	440～600	65	40
ML12Cr13	0.80～3.00	440～640	55	—
	>3.00～11.00	400～600	55	15
ML22Cr14NiMo	0.80～3.00	540～780	55	—
	>3.00～11.0	500～740	55	15
ML16Cr17Ni2	0.80～3.00	560～800	55	—
	>3.00～11.0	540～780	55	15

表 7.84 轻拉不锈钢丝的力学性能

牌号	公称直径/mm	抗拉强度 R_m/MPa	断面收缩率 Z/% ≥	断后伸长率 A/% ≥
ML04Cr17Mn7Ni5CuN	0.80～3.00	800～1000	55	15
	>3.00～20.0	750～950	55	20
ML04Cr16Mn8Ni2Cu3N	0.80～3.00	760～960	55	15
	>3.00～20.0	720～920	55	20
ML06Cr19Ni9	0.80～3.00	640～800	55	20
	>3.00～20.0	590～750	55	25

续表

牌号	公称直径/mm	抗拉强度 R_m/MPa	断面收缩率 Z/% ≥	断后伸长率 A/% ≥
ML06Cr18Ni9Cu2	0.80～3.00	590～760	55	20
	>3.00～20.0	550～710		25
ML022Cr18Ni9Cu3	0.80～3.00	520～680		20
	>3.00～20.0	480～640		25
ML03Cr18Ni12	0.80～3.00	520～680		20
	>3.00～20.0	480～640		25
ML06Cr17Ni12Mo2	0.80～3.00	600～760	55	20
	>3.00～20.0	550～710		25
ML022Cr17Ni13Mo3	0.80～3.00	580～740		20
	>3.00～20.0	550～710		25
ML03Cr16Ni18	0.80～3.00	520～680		20
	>3.00～20.0	480～640		25
ML06Cr12Ti	0.80～3.00	≤650	55	—
	>3.00～20.0			10
ML06Cr12	0.80～3.00	≤650		—
	>3.00～20.0			10
ML06Cr12Nb	0.80～3.00	≤700		—
	>3.00～20.0			10
ML04Cr17	0.80～3.00	≤700	55	—
	>3.00～20.0			10
ML06Cr17Nb	0.80～3.00	≤720		—
	>3.00～20.0			10
ML12Cr13	0.80～3.00	≤740	50	—
	>3.00～20.0			10
ML22Cr14NiMo	0.80～3.00	≤780		—
	>3.00～20.0			10
ML16Cr17Ni2	0.80～3.00	≤850		—
	>3.00～20.0			10

7.2.23 焊接用不锈钢丝（YB/T 5092—2016）

① 用途 制作电焊条焊芯、气体保护焊，埋弧焊、电渣焊等焊条。

② 直径 0.5～8.0mm。

③ 分类 按交货状态分为冷拉态（WCD）和软态（S，光亮热处理或热处理后酸洗）两类。按钢丝组织状态分为表 7.85 所示五类。

④ 交货状态　可以冷拉状态或软态交货，交货状态应在合同中注明（未注明时按冷拉状态交货）。

表 7.85　钢丝组织状态分类及牌号

类　别	牌　号	
奥氏体型	H04Cr22Ni11Mn6Mo3VN	H022Cr26Ni21
	H08Cr17Ni8Mn8Si4N	H12Cr30Ni9
	H04Cr20Ni6Mn9N	H06Cr19Ni12Mo2
	H04Cr18Ni5Mn12N	H06Cr19Ni12Mo2Si
	H08Cr21Ni10Mn6	H07Cr19Ni12Mo2
	H09Cr21Ni9Mn4Mo	H022Cr19Ni12Mo2
	H09Cr21Ni9Mn7Si	H022Cr19Ni12Mo2Si
	H16Cr19Ni9Mn7	H022Cr19Ni12Mo2Cu2
	H06Cr21Ni10	H022Cr20Ni16Mn7Mo3N
	H06Cr21Ni10Si	H06Cr19Ni14Mo3
	H07Cr21Ni10	H022Cr19Ni14Mo3
	H022Cr21Ni10	H06Cr19Ni12Mo2Nb
	H022Cr21Ni10Si	H022Cr19Ni12Mo2Nb
	H06Cr20Ni11Mo2	H05Cr20Ni34Mo2Cu3Nb
	H022Cr20Ni11Mo2	H019Cr20Ni34Mo2Cu3Nb
	H10Cr24Ni13	H06Cr19Ni10Ti
	H10Cr24Ni13Si	H21Cr16Ni35
	H022Cr24Ni13	H06Cr20Ni10Nb
	H022Cr22Ni11	H06Cr20Ni10NbSi
	H022Cr24Ni13Si	H022Cr20Ni10Nb
	H022Cr24Ni13Nb	H019Cr27Ni32Mo3Cu
	H022Cr21Ni12Nb	H019Cr20Ni25Mo4Cu
	H10Cr24Ni13Mo2	H08Cr16Ni8Mo2
	H022Cr24Ni13Mo2	H06Cr19Ni10
	H022Cr21Ni13Mo3	H011Cr33Ni31MoCuN
	H11Cr26Ni21	H10Cr22Ni21Co18Mo3W3TaAlZrLaN
	H06Cr26Ni21	
奥氏体＋铁素体（双相钢）型	H022Cr22Ni9Mo3N	H03Cr25Ni5Mo3Cu2N
	H022Cr25Ni9Mo4N	
铁素体型	H06Cr12Ti	H022Cr17Nb
	H10Cr12Nb	H03Cr18Ti
	H08Cr17	H011Cr26Mo
	H08Cr17Nb	

续表

类　别	牌　号	
马氏体型	H10Cr13 H05Cr12Ni4Mo	H022Cr13Ni4Mo H32Cr13
沉淀硬化型	H04Cr17Ni4Cu4Nb	

7.3 耐热钢型材

7.3.1 耐热钢钢板和钢带（GB/T 4238—2015）

① 分类　有热轧和冷轧耐热钢钢板和钢带。

② 尺寸与外形、重量及允许偏差　冷轧钢板和钢带应符合 GB/T 3280 的规定，热轧钢板和钢带应符合 GB/T 4237 的规定。

③ 交货状态　钢板和钢带经冷轧或热轧后，一般经热处理及酸洗或类似处理。

④ 力学性能

表 7.86　经固溶处理的奥氏体型耐热钢板和钢带的力学性能

牌　号	统一数字代号	拉伸试验			硬度试验		
		规定塑性延伸强度 $R_{p0.2}$/MPa ≥	抗拉强度 R_m /MPa ≥	断后伸长率[①] A/% ≥	HBW ≤	HRB ≤	HV ≤
12Cr18Ni9	S30210	205	515	40	201	92	210
12Cr18Ni9Si3	S30240				217	95	220
06Cr19Ni10	S30408				201	92	210
07Cr19Ni10	S30409				201	92	210
05Cr19Ni10Si2CeN	S30450	290	600	40	217	95	220
06Cr20Ni11	S30808	205	515	40	183	88	200
08Cr21Ni11Si2CeN	S30859	310	600	40	217	95	220
16Cr23Ni13	S30920	205	515	40	217	95	220
06Cr23Ni13	S30908						
20Cr25Ni20	S31020						
06Cr25Ni20	S31008						
06Cr17Ni12Mo2	S31608						
07Cr17Ni12Mo2	S31609						
06Cr18Ni11Ti	S32168						
07Cr19Ni11Ti	S32169						

续表

牌号	统一数字代号	拉伸试验			硬度试验		
		规定塑性延伸强度 $R_{p0.2}$/MPa ≥	抗拉强度 R_m /MPa ≥	断后伸长率[①] A/% ≥	HBW ≤	HRB ≤	HV ≤
06Cr19Ni13Mo3	S31708	205	515	35	217	95	220
12Cr16Ni35	S33010	205	560	—	201	92	210
06Cr18Ni11Nb	S34778	205	515	40	201	92	210
07Cr18Ni11Nb	S34779						
16Cr20Ni14Si2	S38240	220	540	40	217	95	220
16Cr25Ni20Si2	S38340			35			

①厚度不大于 3mm 时使用 A_{50mm} 试样。

表 7.87 经退火处理的铁素体型耐热钢板和钢带的力学性能

牌号	统一数字代号	拉伸试验			硬度试验			弯曲试验	
		规定塑性延伸强度 $R_{p0.2}$/MPa ≥	抗拉强度 R_m /MPa ≥	断后伸长率[①] A/% ≥	HBW ≤	HRB ≤	HV ≤	弯曲角度 /(°)	弯曲压头直径 D
06Cr13Al	S11348	170	415	20	179	88	200	180	$D=2a$
022Cr11Ti	S11163	170	380	20	179	88	200	180	$D=2a$
022Cr11NbTi	S11173	170	380	20	179	88	200	180	$D=2a$
10Cr17	S11710	205	420	22	183	89	200	180	$D=2a$
16Cr25N	S12550	275	510	20	201	95	210	135	—

①厚度不大于 3mm 时使用 A_{50mm} 试样。

注：a 为钢板和钢带的厚度。

表 7.88 经退火处理的马氏体型耐热钢板和钢带的力学性能

牌号	统一数字代号	拉伸试验			硬度试验			弯曲试验	
		规定塑性延伸强度 $R_{p0.2}$/MPa ≥	抗拉强度 R_m/MPa ≥	断后伸长率[①] A/% ≥	HBW ≤	HRB ≤	HV ≤	弯曲角度	弯曲压头直径 D
12Cr12	S40310	205	485	25	217	88	210	180°	$D=2a$
12Cr13	S41010	205	450	20	217	96	210	180°	$D=2a$

续表

牌 号	统一数字代号	拉伸试验			硬度试验			弯曲试验	
		规定塑性延伸强度 $R_{p0.2}$/MPa ≥	抗拉强度 R_m/MPa ≥	断后伸长率① A/% ≥	HBW ≤	HRB ≤	HV ≤	弯曲角度	弯曲压头直径 D
22Cr12NiMoWV	S47220	275	510	20	200	95	210	—	a≥3mm，$D=a$

①厚度不大于 3mm 时使用 A_{50mm} 试样。

注：a 为钢板和钢带的厚度。

表 7.89 经固溶处理的沉淀硬化型耐热钢板及钢带的力学性能

牌号	统一数字代号	钢材厚度/mm	规定塑性延伸强度 $R_{p0.2}$/MPa	抗拉强度 R_m/MPa	断后伸长率① A/% ≥	硬度值 HRC ≤	硬度值 HBW ≤
022Cr12Ni9Cu2NbTi	S51290	0.30～100	≤1105	≤1205	≥3	36	331
05Cr17Ni4Cu4Nb	S51740	0.4～100	≤1105	≤1255	≥3	38	363
07Cr17Ni7Al	S51770	0.1～<0.3 0.3～100	≤450 ≤380	≤1035 ≤1035	— ≥20	— 92②	— —
07Cr15Ni7Mo2Al	S51570	0.10～100	≤450	≤1035	≥25	100②	—
06Cr17Ni7AlTi	S51778	0.10～<0.80 0.80～<1.50 1.50～100	≤515 ≤515 ≤515	<825 ≤825 <825	≥3 ≥4 ≥5	32 32 32	— — —
06Cr15Ni25Ti2MoAlVB③	S51525	<2 ≥2	— ≥590	≥725 ≥900	≥25 ≥15	91② 101②	192 248

①厚度不大于 3mm 时使用 A_{50mm} 试样。

②HRB 硬度值。

③时效处理后的力学性能。

表 7.90 经时效处理的耐热钢板和钢带试样的力学性能

牌 号（统一数字代号）	钢材厚度/mm	处理温度①/℃	规定塑性延伸强度 $R_{p0.2}$/MPa ≥	抗拉强度 R_m/MPa ≥	断后伸长率②③ A/% ≥	硬度值 HRC	硬度值 HBW
022Cr12Ni9-Cu2NbTi（S51290）	0.10～<0.75 0.75～<1.50 1.50～16	510±10 或 480±6	1410	1525	— 3 4	≥44	—

续表

牌　号 （统一数字代号）	钢材厚度 /mm	处理温度[①] /℃	规定塑性延伸强度 $R_{p0.2}$ /MPa ≥	抗拉强度 R_m /MPa ≥	断后伸长率[②③] A/% ≥	硬度值	
						HRC	HBW
05Cr17Ni4-Cu4Nb （S51740）	0.10～<5.0				5		—
	5.0～<16	482±10	1170	1310	8	40～48	388～477
	16～100				10		388～477
	0.10～<5.0				5	38～46	—
	5.0～<16	496±10	1070	1170	8	38～47	375～477
	16～100				10	38～47	375～477
	0.10～<5.0				5	35～43	—
	5.0～<16	552±10	1000	1070	8	33～42	321～415
	16～100				12	33～42	321～415
	0.10～<5.0				5	31～40	—
	5.0～<16	579±10	860	1000	9	29～38	293～375
	16～100				13	29～38	293～375
	0.10～<5.0				5	31～40	—
	5.0～<16	593±10	790	965	10	29～38	293～375
	16～100				14	29～38	293～375
	0.10～<5.0				8	28～38	—
	5.0～<16	621±10	725	930	10	26～36	269～352
	16～100				16	26～36	269～352
	0.10～<5.0				9	26～36	255～331
	5.0～<16	760±10 621±10	515	790	11	24～34	248～321
	16～100				18	24～34	248～321
07Cr17Ni7Al （S51770）	0.05～<0.30	760±15	1035	1240	3	≥38	—
	0.30～<5.0	15±3	1035	1240	5	≥38	—
	5.0～16	566±6	965	1170	7	>38	≥352
	0.05～<0.30	954±8	1310	1450	1	≥44	—
	0.30～<5.0	−73±6	1310	1450	3	≥44	—
	5.0～16	510±6	1240	1380	6	≥43	401
07Cr15Ni7-Mo2Al （S51570）	0.05～<0.30	760±15			3		—
	0.30～<5.0	15±3	1170	1310	5	≥40	—
	5.0～16	56610			4		≥375
	0.05～<0.30	954±8			2	≥46	—
	0.30～<5.0	−73±6	1380	1550	4	≥46	—
	5.0～16	510±6			4	≥45	≥429

续表

牌 号 (统一数字代号)	钢材厚度/mm	处理温度[①]/℃	规定塑性延伸强度 $R_{p0.2}$/MPa ≥	抗拉强度 R_m/MPa ≥	断后伸长率[②③] A/% ≥	硬度值	
						HRC	HBW
06Cr17Ni7-AlTi (S51778)	0.10～<0.80 0.80～<1.50 1.50～16	510±8	1170	1310	3 4 5	≥39	—
	0.10～<0.80 0.75～<1.50 1.50～16	538±8	1105	1240	3 4 5	≥37	—
	0.10～<0.80 0.75～<1.50 1.50～16	566±8	1035	1170	3 4 5	≥35	—
06Cr15Ni25-Ti2MoAlVB (S51525)	2.0～<8.0	700～760	590	900	15	≥101	≥248

①表中所列为推荐性热处理温度。供方应向需方提供推荐性热处理制度。
②适用于沿宽度方向的试验，垂直于轧制方向且平行于钢板表面。
③厚度不大于 3mm 时使用 A_{50mm} 试样。

表 7.91 经固溶处理的沉淀硬化型耐热钢板和钢带的弯曲性能

牌号	统一数字代号	厚度/mm	冷弯 180°试验 弯曲压头直径 D
022Cr12Ni9Cu2NbTi	S51290	2.0～5.0	$D=6a$
07Cr17Ni7Al	S51770	2.0～<5.0 5.0～7.0	$D=a$ $D=3a$
07Cr15Ni7Mo2Al	S51870	2.0～<5.0 5.0～7.0	$D=a$ $D=3a$

注：a 为钢板和钢带的厚度。

7.3.2 高温合金热轧钢板（GB/T 14995—2010）

① 用途 适用于制造用于航空、航天、燃气轮机及其他工业用高温承力部件。

② 尺寸 厚度为 4.00～14.00mm；宽度为 600～1000mm；长度为 1000～2000mm。

表 7.92 板材交货状态的推荐固溶处理制度

牌号	成品板材推荐固溶处理制度	牌号	成品板材推荐固溶处理制度
GH1035	1100～1140℃,空冷	GH3030	980～1020℃,空冷
GH1131	1130～1170℃,空冷	GH3039	1050～1090℃,空冷
GH1140	1050～1090℃,空冷	GH3044	1120～1160℃,空冷
GH2018	1100～1150℃,空冷	GH3128	1140～1140℃,空冷
GH2132	980～1100℃,空冷	GH4099	1080～1140℃,空冷
GH2302	1100～1130℃,空冷		

注：表中所列固溶温度系指板材温度。

表 7.93 板材（或试样）的力学性能

牌号	检测试样状态	试验温度/℃	力学性能		
			抗拉强度 R_m/MPa	断后伸长率 A/%	断面收缩率/%
GH1035	交货状态	室温	≥590	≥35.0	实测
		700	≥345	≥35.0	实测
GH1131①	交货状态	室温	≥735	≥34.0	实测
		900	≥180	≥40.0	实测
		1000	≥110	≥43.0	实测
GH1140	交货状态	室温	≥635	≥40.0	≥45.0
		800	≥245	≥40.0	≥50.0
GH2018	交货状态＋时效③	室温	≥930	≥15.0	实测
		800	≥430	≥15.0	实测
GH2132②	交货状态＋时效④	室温	≥880	≥20.0	实测
		650	≥735	≥15.0	实测
		550	≥785	≥16.0	实测
GH2302	交货状态	室温	≥685	≥30.0	实测
	交货状态＋时效⑤	800	≥540	≥6.0	实测
GH3030	交货状态	室温	≥685	≥30.0	实测
		700	≥295	≥30.0	实测
GH3039	交货状态	室温	≥735	≥40.0	≥45.0
		800	≥245	≥40.0	≥50.0
GH3044	交货状态	室温	≥735	≥40.0	实测
		900	≥185	≥30.0	实测
GH3128	交货状态	室温	≥735	≥40.0	实测
	交货状态＋固溶⑥	950	≥175	≥40.0	实测

续表

牌　号	检测试样状态	试验温度/℃	力学性能		
			抗拉强度 R_m/MPa	断后伸长率 A/%	断面收缩率/%
GH4099	交货状态+时效⑦	900	≥295	≥23.0	—

①高温拉伸可由供方任选一组温度，合同未注明时，按 900℃进行检验。

②高温拉伸可由供方任选一组温度，合同未注明时，按 650℃进行检验。

③800℃±10℃，保温 16h，空冷。

④700～720℃，保温 12～16h，空冷。

⑤800℃±10℃，保温 16h，空冷。

⑥1200℃±10℃空冷。

⑦900℃±10℃，保温 5h，空冷。

注：当板厚不小于 7.0mm 时采用圆形试样；否则可以制备非标准圆形试样，供方仅提供力学性能实测数据，不作判定依据，但应在质量证明书中注明。

7.3.3 耐热钢钢棒（GB/T 1221—2007）

① 分类　按组织特征分为奥氏体、铁素体型、马氏体型和沉淀硬化型 4 大类；按加工方法分为压力加工用钢［包括热压力加工用钢（UHP）、热硬锻用钢（UHF）和冷拔坯料（UCD）］和切削加工用钢（UC）两类。

② 尺寸与外形　热轧圆钢、方钢、扁钢、六角钢和八角钢应符合 GB/T 702—2008 中的规定；锻制圆钢、方钢、扁钢应符合 GB/T 908—2008 的规定。

表 7.94　经热处理的奥氏体型耐热钢棒或试样的力学性能

牌　号	统一数字代号	热处理状态	规定塑性延伸强度 $R_{p0.2}$/MPa ≥	抗拉强度 R_m/MPa ≥	断后伸长率 A/% ≥	断面收缩率 Z/% ≥	布氏硬度（HBW）≤
53Cr21Mn9Ni4N	S35650	固+时	560	885	8	—	≥302
22Cr21Ni12N	S30850		430	820	26	20	269
26Cr18Mn12Si2N	S35750	固	390	685	35	45	248
22Cr20Mn10Ni2Si2N	S35850		390	635	35	45	248
06Cr19Ni10	S30408		205	520	40	60	187
16Cr23Ni13	S30920		205	560	45	50	201
06Cr23Ni13	S30908		205	520	40	60	187
20Cr25Ni20	S31020		205	590	40	50	201

续表

牌号	统一数字代号	热处理状态	规定塑性延伸强度 $R_{p0.2}$/MPa ≥	抗拉强度 R_m/MPa ≥	断后伸长率 A/% ≥	断面收缩率 Z/% ≥	布氏硬度(HBW) ≤
06Cr25Ni20	S31008	固	205	520	40	50	187
06Cr17Ni12Mo2	S31608	固	205	520	40	60	187
06Cr19Ni13Mo3	S31708	固	205	520	40	60	187
06Cr18Ni11Ti	S32168	固	205	520	40	50	187
45Cr14Ni14W2Mo	S32590	退	315	705	20	35	248
12Cr16Ni35	S33010	固	205	560	40	50	201
06Cr18Ni11Nb	S34778		205	520	40	50	187
06Cr18Ni13Si4	S38148		205	520	40	60	207
16Cr20Ni14Si2	S38240		295	590	35	50	187
16Cr25Ni20Si2	S38340		295	590	35	50	187

注：固表示固溶处理，固＋时表示固溶＋时效，退表示退火。

表7.95 经退火的铁素体型耐热钢棒或试样的力学性能

牌号	统一数字代号	热处理状态	规定塑性延伸强度 $R_{p0.2}$/MPa≥	抗拉强度 R_m/MPa ≥	断后伸长率 A/% ≥	断面收缩率 Z/% ≥	布氏硬度(HBW) ≤
06Cr13Al	S11348	退火	175	410	20	60	183
022Cr12	S11203	退火	195	360	22	60	183
10Cr17	S11710	退火	205	450	22	50	183
16Cr25N	S12550	退火	275	510	20	40	201

表7.96 经淬火＋回火的马氏体型耐热钢棒或试样的力学性能

牌号	统一数字代号	规定塑性延伸强度 $R_{p0.2}$/MPa ≥	抗拉强度 R_m/MPa ≥	断后伸长率 A/% ≥	断面收缩率 Z/% ≥	冲击吸收能量 KU_2/J	淬回火后的硬度(HBW)	退火后的硬度(HBW)
12Cr13	S41010	345	540	22	55	78	159	200
20Cr13	S42020	440	640	20	50	63	192	223
14Cr17Ni2	S43110	—	1080	10	—	39	—	—
17Cr16Ni2	S43120	700	900～1050	12	45	25(KV)	—	295
		600	800～950	14	45	25(KV)	—	295
12Cr5Mo	S45110	390	590	18	—	—	—	200
12Cr12Mo	S45610	550	685	18	60	78	217～248	255
13Cr13Mo	S45710	490	690	20	60	78	192	200

续表

牌　号	统一数字代号	规定塑性延伸强度 $R_{p0.2}$/MPa ≥	抗拉强度 R_m /MPa ≥	断后伸长率 A /% ≥	断面收缩率 Z /% ≥	冲击吸收能量 KU_2/J	淬回火后的硬度(HBW)	退火后的硬度(HBW)
14Cr11MoV	S46010	490	685	16	55	47	—	200
18Cr12MoVNbN	S46250	685	835	15	30	—	≤321	269
15Cr12WMoV	S47010	585	735	15	45	47	—	—
22Cr12NiWMoV	S47220	735	885	10	25	—	≤341	269
13Cr11Ni2W2MoV	S47310	735	885	15	55	71	269～321	269
		885	1080	12	50	55	311～388	269
18Cr11NiMoNbVN	S47450	760	930	12	32	20(KV)	277～331	255
42Cr9Si2	S48040	590	885	19	50	—	—	269
45Cr9Si3	S48045	685	930	15	35	—	≥269	—
40Cr10Si2Mo	S48140	685	885	10	35	—	—	
80Cr20Si2Ni	S48380	685	885	10	15	8	≥262	321

表 7.97　沉淀硬化型耐热钢棒或试样的力学性能

牌　号	统一数字代号	热处理类型，时效温度/℃	热处理组别	规定塑性延伸强度 $R_{p0.2}$/MPa ≥	抗拉强度 R_m /MPa ≥	断后伸长率 A /% ≥	断面收缩率 Z /% ≥	硬度(HBW)	硬度(HRC)
05Cr17Ni4Cu4Nb	S51740	固溶	0	—	—	—	—	≤363	≤38
		沉，480	1	1180	1310	10	40	≥375	≥40
		沉，550	2	1000	1070	12	45	≥331	≥35
		沉，580	3	865	1000	13	45	≥302	≥31
		沉，620	4	725	930	16	50	≥277	≥28
07Cr17Ni7Al	S51770	固溶	0	≤380	≤1030	20	—	≤229	—
		沉，510	1	1030	1230	4	10	≥388	—
		沉，565	2	960	1140	5	25	≥363	—
06Cr15Ni25Ti2-MoAlVB	S51525	固溶＋时效		590	900	15	18	≥248	—

注：沉表示沉淀硬化。

7.3.4　大型耐热钢铸件（JB/T 6403—2017）

采用感应炉、电弧炉、钢包精炼炉熔炼，在砂型中铸造的普通工程用耐热钢铸件，不包括特殊用途的耐热钢铸件。

表 7.98 大型耐热钢铸件的力学性能

牌号	上屈服强度 R_{eH} ($R_{p0.2}$) /MPa	抗拉强度 R_m /MPa	断后伸长率 A /%	硬度 (HBW) ≤	热处理状态
ZG40Cr9Si3(ZG40Cr9Si2)	—	550	—	—	950℃退火
ZG40Cr13Si2	—	—	—	300[①]	退火
ZG40Cr18Si2(ZG40Cr17Si2)	—	—	—	300[①]	退火
ZG30Cr21Ni10(ZG30Cr20Ni10)	(235)	490	23	—	—
ZG30Cr19Mn12Si2N(ZG30Cr18Mn12Si2N)	—	490	8	—	②
ZG35Cr24Ni8SiN(ZG35Cr24Ni7SiN)	(340)	540	12	—	—
ZG20Cr26Ni5	—	590	—	—	—
ZG35Cr26Ni13(ZG35Cr26Ni12)	(235)	490	8	—	—
ZG35Cr28Ni16	(235)	490	8	—	—
ZG40Cr25Ni21(ZG40Cr25Ni20)	(235)	440	8	—	—
ZG40Cr30Ni20	(245)	450	8	—	—
ZG35Ni25Cr19Si2(ZG35Ni24Cr18Si2)	(195)	390	5	—	—
ZG30Ni35Cr15	(195)	440	13	—	—
ZG45Ni35Cr26	(235)	440	5	—	—
ZG40Cr23Ni4N(ZG40Cr22Ni4N)	450	730	10	—	—
ZG30Cr26Ni20(ZG30Cr25Ni20)	240	510	48	—	调质
ZG23Cr19Mn10Ni2Si2N(ZG20Cr20Mn9Ni2SiN)	420	790	40	—	调质
ZG08Cr18Ni12Mo3Ti(ZG08Cr18Ni12Mo2Ti)	210	490	30	—	1150℃水淬

①退火状态最大布氏硬度值，铸态交货时不适用。

②1100～1150℃油冷、水冷或空冷。

7.3.5 一般用途耐热钢和合金铸件 (GB/T 8492—2014)

表 7.99 耐热钢成品室温力学性能和最高使用温度

牌　号	规定塑性延伸强度 $R_{p0.2,min}$ /MPa	抗拉强度 $R_{m,min}$ /MPa	断后伸长率 A_{min} /%	硬度 (HB)	最高使用温度 /℃
ZG30Cr7Si2				—	750
ZG40Cr13Si2				300	850
ZG40Cr17Si2				300	900
ZG40Cr24Si2				300	1050
ZG40Cr28Si2				320	1100
ZGCr29Si2				400	1100
ZG25Cr18Ni9Si2	230	450	15	—	900

续表

牌　　号	规定塑性延伸强度 $R_{p0.2,min}$ /MPa	抗拉强度 $R_{m,min}$ /MPa	断后伸长率 A_{min} /%	硬度(HB)	最高使用温度/℃
ZG25Cr20Ni14Si2	230	450	10	—	900
ZG40Cr22Ni10Si2	230	450	8	—	950
ZG40Cr24Ni24Si2Nb	220	400	4	—	1050
ZG40Cr25Ni12Si2	220	450	6	—	1050
ZG40Cr25Ni20Si2	220	450	6	—	1100
ZG45Cr27Ni4Si2	250	400	3	400	1100
ZG40Cr20Co20Ni20Mo3W3	320	400	6	—	1150
ZG10Ni31Cr20Nb1	170	440	20	—	1000
ZG40Ni35Cr17Si2	220	420	6	—	980
ZG40Ni35Cr26Si2	220	440	6	—	1050
ZG40Ni35Cr26Si2Nb1	220	440	4	—	1050
ZG40Ni38Cr19Si2	220	420	6	—	1050
ZG40Ni38Cr19Si2Nb1	220	420	4	—	1100
ZNiCr28Fe17W5Si2C0.4	220	400	3	—	1200
ZNiCr50Nb1C0.1	230	540	8	—	1050
ZNiCr19Fe18Si1C0.5	220	440	5	—	1100
ZNiFe18Cr15Si1C0.5	200	400	3	—	1100
ZNiCr25Fe20Co15W5Si1C0.46	270	180	5	—	1200
ZCoCr28Fe18C0.3	供需双方协商				1200

第8章 粉末冶金材料

粉末冶金是制取金属粉末或用金属粉末（或金属粉末与非金属粉末的混合物）作为原料，经过成形和烧结，制造金属材料、复合材料以及各种类型制品的工艺技术。目前，粉末冶金技术已广泛应用于交通、机械、电子、航空航天、兵器、生物、新能源、信息和核工业等诸多领域，具有节能、省材、性能优异、产品精度高且稳定性好等一系列优点，非常适于大批量生产。

根据用途，粉末冶金材料可以分为多孔材料、减摩材料、摩擦材料、结构零件、工模具材料、电磁材料和高温材料等。

8.1 粉末冶金牌号表示方法

材料的牌号采用由汉语拼音字母F+阿拉伯数字组成的五位符号体系表示。

表 8.1 粉末冶金材料分类（GB/T 4309—2009）

大类	编号	小类	编号	+顺序号00～99
结构材料类	F0	铁及铁基合金	0	例:“F02××”表示一种合金结构钢
		碳素结构钢	1	
		合金结构钢	2	
		铜及铜合金	6	
		铝合金	7	
摩擦材料类和减摩材料类	F1	铁基摩擦材料	0	例:“F16××”表示一种铜基减摩材料
		铜基摩擦材料	1	
		镍基摩擦材料	2	
		钨基摩擦材料	3	
		铁基减摩材料	5	
		铜基减摩材料	6	
		铝基减摩材料	7	

续表

大　类	编号	小　类	编号	+顺序号 00～99
多孔材料类	F2	铁及铁基合金	0	例:"F24××"表示一种镍合金
		不锈钢	1	
		铜及铜基合金	2	
		钛及钛合金	3	
		镍及镍合金	4	
		钨及钨合金	5	
		难熔化合物多孔材料	6	
工具材料类	F3	钢结硬质合金	0	例:"F30××"表示一种钢结硬质合金
		金属陶瓷和陶瓷	6	
		工具钢	7	
难熔材料类	F4	钨及钨合金	0	例:"F40××"表示一种钨及钨合金
		钼及钼合金	2	
		钽及其合金	4	
		铌及其合金	5	
		锆及其合金	6	
		铪及其合金	7	
耐蚀材料和耐热材料类	F5	不锈钢和耐热钢	0	例:"F58××"表示一种金属陶瓷
		高温合金	2	
		钛及钛合金	5	
		金属陶瓷	8	
电工材料类	F6	钨基电触头材料	0	例:"F63××"表示一种银基电触头材料
		钼基电触头材料	1	
		铜基电触头材料	2	
		银基电触头材料	3	
		集电器材料	5	
		电真空材料	8	
磁性材料类	F7	软磁性铁氧体	0	例:"F75××"表示一种硬磁性合金
		硬磁性铁氧体	1	
		特殊磁性铁氧体	2	
		软磁性金属和合金	4	
		硬磁性合金	5	
		特殊磁性合金	7	
其他材料类	F8	铍材料	0	例:"F85××"表示一种功能材料
		储氢材料	2	
		功能材料	5	
		复合材料	7	

8.2 几种粉末冶金材料与元件

8.2.1 粉末冶金用还原铁粉（YB/T 5308—2011）

还原铁粉的外观应呈银灰色，表面无氧化锈迹，无外来夹杂物；用显微镜观察时为颗粒状的不规则海绵体。

① 牌号表示方法

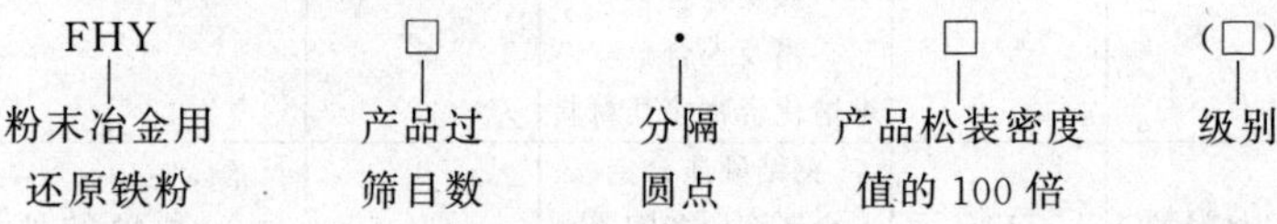

② 主要用途

表 8.2 粉末冶金用还原铁粉主要适用对象

牌　号	主要适用对象	牌　号	主要适用对象
FHY80·240	低、中密度的铁基材料和制品	FHY100·255	中、高密度的铁基材料和制品
FHY80·255	一般中密度的铁基材料和制品	FHY100·270	高密度的铁基材料和制品
FHY80·270	中、高密度的铁基材料和制品	FHY200	金刚石、硬质合金材料和制品
FHY100·240	低、中密度的铁基材料和制品		

8.2.2 粉末冶金用水雾化纯铁粉、合金钢粉（GB/T 19743—2005）

水雾化纯铁粉、合金钢粉的外观应呈银灰色，其表面无氧化锈迹，粉中无外来杂物，颗粒呈不规则状。

① 牌号表示方法

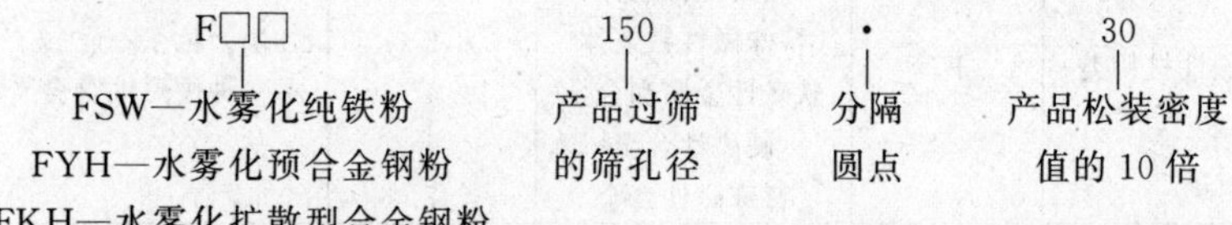

注：水雾化预合金钢粉可有后缀，用01、B等表示不同种类的排列序号。

② 主要用途

表 8.3　水雾化纯铁粉、合金钢粉的主要用途

<table>
<tr><th>分　类</th><th>牌　号</th><th>主要用途</th></tr>
<tr><td>水雾化纯铁粉</td><td>FSW150・30</td><td>密度 6.8g/cm³ 以上的粉末冶金结构零件、锻造零件</td></tr>
<tr><td rowspan="4">水雾化预合金钢粉</td><td>FYH150・3001</td><td>高强度烧结零件，粉末冶金锻造零件</td></tr>
<tr><td>FYH150・3002</td><td>高强度、耐磨烧结零件</td></tr>
<tr><td>FYH150・30B</td><td>高强度烧结零件，耐磨耐蚀烧结零件</td></tr>
<tr><td>FYH150・30C</td><td>高淬透性、高强度烧结零件</td></tr>
<tr><td>水雾化扩散型合金钢粉</td><td>FKH150・32</td><td>高强度烧结零件，具有耐磨耐蚀性能的烧结零件</td></tr>
</table>

③ 物理-工艺性能

表 8.4　水雾化纯铁粉、合金钢粉的物理-工艺性能

<table>
<tr><th rowspan="2">分类</th><th rowspan="2">牌号</th><th rowspan="2">松装密度/(g/cm³)</th><th rowspan="2">流动性/(s/50g) ≤</th><th rowspan="2">压缩性/(g/cm³) 600MPa ≥</th><th rowspan="2">拉托拉值/% ≤</th><th colspan="4">粒度(μm)组成(质量分数)/%</th></tr>
<tr><th>180～<200 ≤</th><th>150～<180 ≤</th><th>45～<150</th><th><45</th></tr>
<tr><td>水雾化纯铁粉</td><td>FSW150・30</td><td>2.90～3.10</td><td>28</td><td>7.05</td><td rowspan="6">1</td><td rowspan="6">1</td><td rowspan="6">10</td><td rowspan="6">余量</td><td>15～30</td></tr>
<tr><td rowspan="4">水雾化预合金钢粉</td><td>FYH150・30A1</td><td>2.90～3.15</td><td rowspan="4">28</td><td>6.90</td><td rowspan="5">10～30</td></tr>
<tr><td>FYH150・30A2</td><td>2.90～3.15</td><td>6.75</td></tr>
<tr><td>FYH150・30B</td><td>2.90～3.15</td><td>6.85</td></tr>
<tr><td>FYH1S0・30C</td><td>2.90～3.15</td><td>7.00</td></tr>
<tr><td>扩散型合金钢粉</td><td>FKH150・32</td><td>3.00～3.30</td><td>30</td><td>7.05</td></tr>
</table>

8.2.3　冶金用铌粉（YS/T 258—2011）

外观：深灰色，无目视可见的夹杂物。

表 8.5　产品的粒度组成

牌号	粒度组成/%	牌号	粒度组成/%
FNb-0	通过 150μm 的筛下物：≥95	FNb-2	通过 150μm 的筛下物：≥95
FNb-1	通过 150μm 的筛下物：≥95	FNb-3	通过 180μm 的筛下物：=100

8.2.4　冶金用钽粉（YS/T 259—2012）

外观：深灰色或黑色，无目视可见的夹杂物。主要用作合金添加剂和钽加工原材料等。

按化学成分分为 FTa-1、FTa-2、FTa-3、FTa-4、FTaNb-3 和 FTaNb-20 共 6 个牌号。

表 8.6　产品的松装密度、费氏平均粒径和筛分粒度

牌　号	松装密度/(g/cm^3)	费氏平均粒径/μm	筛分粒度
FTa-1	提供实测值	2.0～10.0	154μm 筛下物的数量≥95%
FTa-2	3.0～5.0	3.0～10.0	
FTa-3	2.3～5.0	2.5～8.5	
FTa-4	2.3～5.0	2.5～8.5	315μm 筛下物的数量≥95%
FTaNb-3	—	—	100μm 筛下物的数量≥95%
FTaNb-20	—	—	

8.2.5　粉末冶金用再生镍粉（YS/T 889—2013）

① 分类　按化学成分分为 FNiR-1、FNiR-2、FNiR-3 三个牌号，按费氏粒度、松装密度、中化径、氧含量的要求分为 a、b、c 三个规格。

② 牌号表示方法

F	Ni	R-	①	②
交货状态为粉末	主要成分为镍	产品是再生的	化学成分等级 1、2、3	产品规格 a、b、c

表 8.7　粉末的松装密度

规格	费氏粒度 F_{sss} /μm	松装密度 ρ_0 /(g/cm^3)	中位径 D_{50} /μm	含氧量 w_0 /%
a	1.00～1.50	0.60～0.80	≤7.00	≤0.50
b	>1.50～2.50	>0.80～1.10	≤10.00	≤0.40
c	>2.50～5.00	>1.10～1.90	≤15.00	≤0.30

8.2.6　粉末冶金用再生钴粉（YS/T 890—2013）

为灰黑色粉末，按化学成分和费氏粒度分为 FCoR-1、FCoR-2、FCoR-3 共三个牌号。其牌号表示方法是：

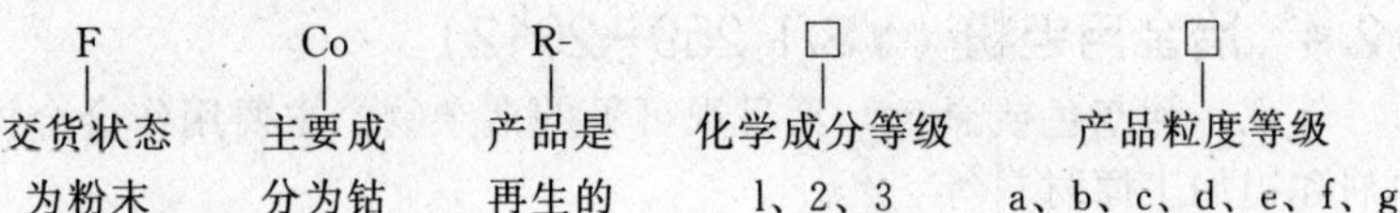

表 8.8　产品的分类

粒度等级	费氏粒度/μm	松装密度 ρ_a/(g/cm³)	中位径 D_{50}/μm	氧含量(质量分数)/%
a	≤0.60	0.60～0.80	≤7	≤0.80
b	>0.60～0.70			≤0.75
c	>0.70～0.80			≤0.70
d	>0.80～1.00		≤8	≤0.60
e	>1.00～1.50	0.70～1.00	≤10	≤0.50
f	>1.50～2.00	0.60～1.20	≤12	≤0.40
g	>2.00		≤15	

8.2.7　深冲用粉末冶金钽板（GB/T 26037—2010）

适用于制作喷丝头或有其他深冲要求的零件。

① 规格　厚度：0.1～3.0mm；宽度：25～150mm；长度：75～2000mm。

② 产品标记方法

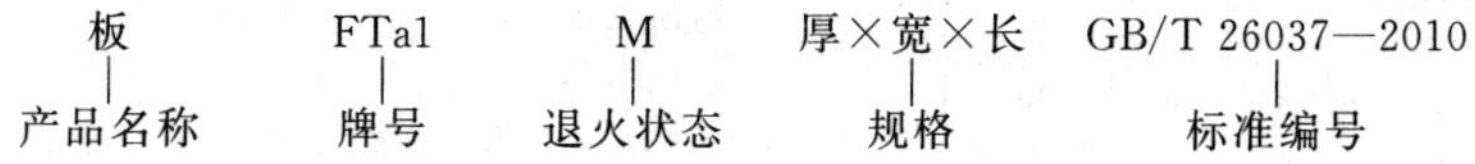

③ 室温力学性能

表 8.9　产品室温力学性能

牌号	状态	厚度/mm	抗拉强度 R_m/MPa	规定非比例延伸强度 $R_{p0.2}$/MPa	断后伸长率 A/%
FTa1	M	0.1～0.5	≥207	≥137	≥25
		> 0.5～3.0			≥30

④ 产品的晶粒度、杯突值和维氏硬度

表 8.10　产品的晶粒度、杯突值和维氏硬度

牌号	状态	晶粒度/级	杯突值/mm	维氏硬度
FTa1	M	≥7.5	≥7.5	95～130

8.2.8　硬质合金圆棒毛坯（GB/T 11101—2009）

① 用途　制作印刷电路板微钻、切削工具、冲压工具和耐磨

测量工具等。

② 分类 分为印刷电路板微钻用圆棒和其他实心圆棒两类。

③ 型号表示方法

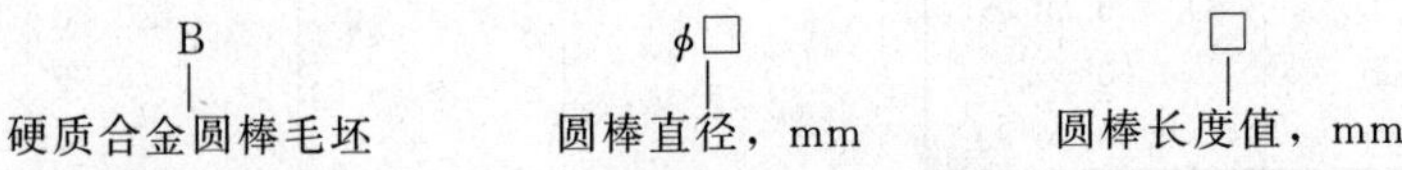

④ 物理力学性能、组织结构 均由供需双方协商确定。

表 8.11 推荐的印刷电路板微钻圆棒型号、尺寸 mm

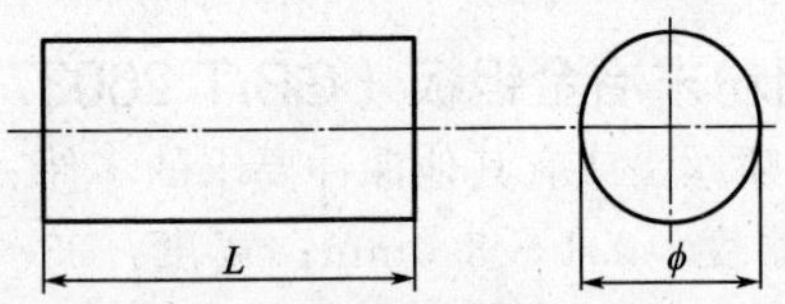

型号	直径 ϕ	长度 L	型号	直径 ϕ	长度 L
			Bϕ3.5×12.8	3.5	
Bϕ3.5×38.5	3.5		Bϕ4.0×12.8	4.0	
Bϕ4.0×38.5	4.0		Bϕ4.5×12.8	4.5	
Bϕ4.5×38.5	4.5		Bϕ5.0×12.8	5.0	
Bϕ5.0×38.5	5.0	38.5	Bϕ5.5×12.8	5.5	12.8
Bϕ5.5×38.5	5.5		Bϕ6.0×12.8	6.0	
Bϕ6.0×38.5	6.0		Bϕ6.5×12.8	6.5	
Bϕ6.5×38.5	6.5		Bϕ7.0×12.8	7.0	

表 8.12 推荐的其他实心圆棒型号、尺寸 mm

型号	直径 ϕ	长度 L
Bϕ×L	0.5～35(0.5mm 进级)	≤330.0

8.2.9 烧结金属过滤元件（GB/T 6887—2007）

① 用途 气体和液体净化与分离。

② 分类 分管状元件（O）和片状元件（B）两类。

③ 牌号

a. 烧结钛过滤元件：TG003、TG006、TG010、TG020、TG035 和 TG060；

b. 烧结镍及镍合金过滤元件：NG003、NG006、NG012、

NG022 和 NG035。

牌号中的 T 和 N 代表材质钛，G 代表过滤，后三位代表过滤效率为 98%时阻挡的颗粒尺寸值。

④ 标记

a. 管状元件标记：

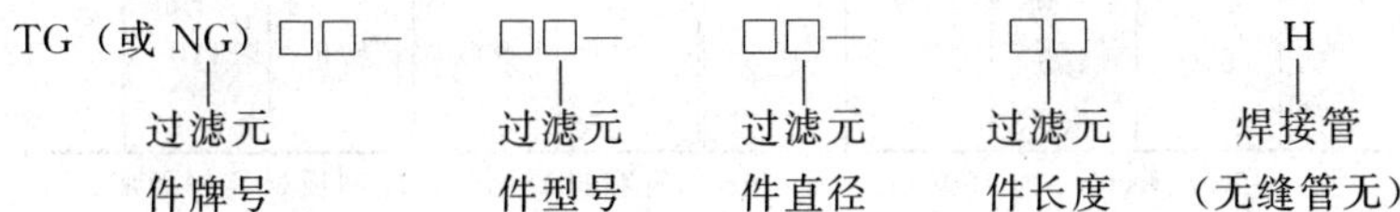

b. 片状元件标记：

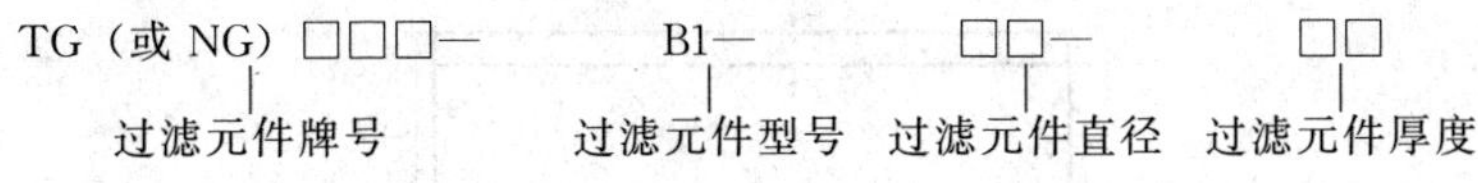

⑤ 尺寸

表 8.13　A1 型过滤元件的尺寸　mm

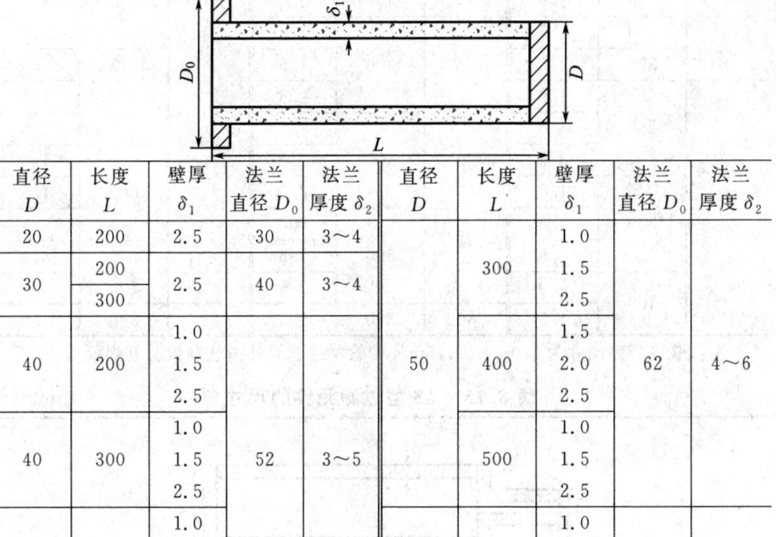

直径 D	长度 L	壁厚 δ_1	法兰直径 D_0	法兰厚度 δ_2	直径 D	长度 L	壁厚 δ_1	法兰直径 D_0	法兰厚度 δ_2
20	200	2.5	30	3～4	50	300	1.0	62	4～6
30	200	2.5	40	3～4			1.5		
	300						2.5		
40	200	1.0	52	3～5		400	1.5		
		1.5					2.0		
		2.5					2.5		
40	300	1.0				500	1.0		
		1.5					1.5		
		2.5					2.5		
40	400	1.0			60	300	1.0	72	4～6
		1.5					1.5		
		2.5					3.0		

续表

直径 D	长度 L	壁厚 δ_1	法兰直径 D_0	法兰厚度 δ_2	直径 D	长度 L	壁厚 δ_1	法兰直径 D_0	法兰厚度 δ_2
60	400	1.0	72	4～6	60	600	3.0	72	4～6
		1.5				700	3.0		
		3.0			90	800	5.5	110	5～12
	500	1.0							
		1.5							
		3.0							

注：壁厚公称尺寸为1.0mm、1.5mm的管状过滤元件由轧制板材卷焊而成。

表8.14　A2型过滤元件的尺寸　　mm

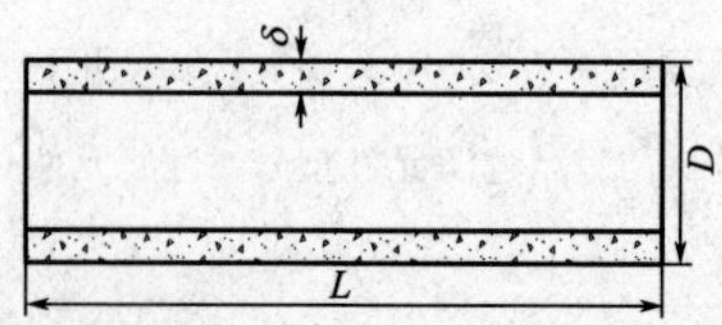

直径 D	长度 L	壁厚 δ	直径 D	长度 L	壁厚 δ	直径 D	长度 L	壁厚 δ
20	200	2.0	40	400	2.5	60	300	1.5
30	200	2.5	50	300	1.0			3.0
	300	2.5			1.5		400	1.0
40	200	1.0			2.5			1.5
		1.5		400	1.5			3.0
		2.5			2.0		500	1.0
	300	1.0			2.5			1.5
		1.5		500	1.0			3.0
		2.5			1.5		600	3.0
	400	1.0			2.5		700	3.0
		1.5	60	300	1.0	90	800	5.5

注：壁厚公称尺寸为1.0mm、1.5mm的管状过滤元件由轧制板材卷焊而成。

表8.15　A3型过滤元件的尺寸　　mm

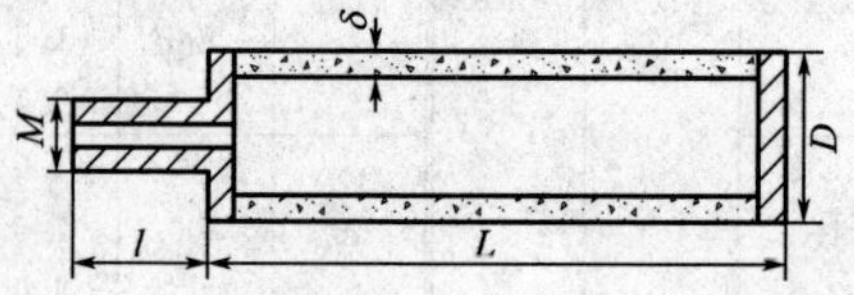

续表

直径 D	长度 L	壁厚 δ	管接头	
			螺纹	长度 l
20	200	2.5	$M12\times1.0$	28
30	200	2.5		
	300	2.5		
40	200	1.0		
		1.5		
		2.5		
	300	1.0		
		1.5		
		2.5		
	400	1.0		
		1.5		
		2.5		
50	300	1.0	$M20\times1.5$	40
		1.5		
		2.5		
	400	1.5		
		2.0		
		2.5		

直径 D	长度 L	壁厚 δ	管接头	
			螺纹	长度 l
50	500	1.0	$M20\times1.5$	40
		1.5		
		2.5		
60	300	1.0	$M30\times2.0$	40
		1.5		
		3.0		
	400	1.0		
		1.5		
		3.0		
	500	1.0		
		1.5		
		3.0		
	600	3.0		
	700	3.0	$M30\times2.0$	50

注：壁厚公称尺寸为 1.0mm、1.5mm 的管状过滤元件由轧制板材卷焊而成

表 8.16　B1 型过滤元件的尺寸　mm

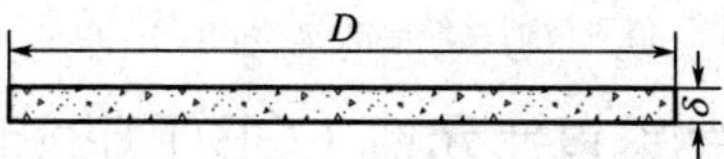

直径 D	厚度 δ	直径 D	厚度 δ
10	1.0、1.5、2.0、2.5、3.0	100	1.0、1.5、2.0、2.5、3.0
30		200	2.5、3.0、3.5、4.0、5.0
50		300	3.0、3.5、4.0、5.0
80		400	

注：壁厚公称尺寸为 1.0mm、1.5mm 的片状过滤元件由轧制板材机轧制而成。

⑥ 技术性能

表 8.17 烧结钛过滤元件的性能

牌号	液体中阻挡的颗粒尺寸值/μm		渗透性≥		耐压破坏强度/MPa ≥
	过滤效率(98%)	过滤效率(99.9%)	渗透系数/$10^{12}m^2$	相对透气系数/[m^3/(h·kPa·m^2)]	
TG003	3	5	0.04	8	3.0
TC006	6	10	0.15	30	3.0
TG010	10	14	0.40	80	3.0
TG020	20	32	1.01	200	2.5
TG035	35	52	2.01	400	2.5
TG060	60	85	3.02	600	2.5

注：1.轧制成型的过滤元件，其耐压破坏强度不小于0.3MPa。管状元件需进行耐内压破坏强度试验。

2.表中的“渗透系数”值对应的元件厚度为1mm。

表 8.18 烧结镍及镍合金过滤元件的性能

牌号	液体中阻挡的颗粒尺寸值/μm		渗透性 ≥		耐压破坏强度/MPa ≥
	过滤效率(98%)	过滤效率(99.9%)	渗透系数/$10^{12}m^2$	相对透气系数/[m^3/(h·kPa·m^2)]	
NG003	3	5	0.08	8	3.0
NG006	6	10	0.40	40	3.0
NG012	12	18	0.71	70	3.0
NG022	22	36	2.44	240	2.5
NG035	35	50	6.10	600	2.5

注：1.管状元件优先进行耐内压破坏强度试验。

2.表中的“渗透系数”值对应的元件厚度为2mm。

8.2.10 烧结不锈钢过滤元件（GB/T 6886—2008）

粉末冶金方法生产，用于气体和液体净化与分离。亦有管状元件（O）和片状元件（B）两类。

① 牌号 参照ISO 16889标准的规定，按照在液体中过滤效率为98%时所阻挡的固体颗粒尺寸值进行分类。烧结不锈钢过滤元件分为8种牌号：SG005、SG007、SG010、SG015、SG022、SG030、SG045和SG055。牌号中的S代表材质不锈钢，G代表过滤。

② 标记

a.管状元件标记：

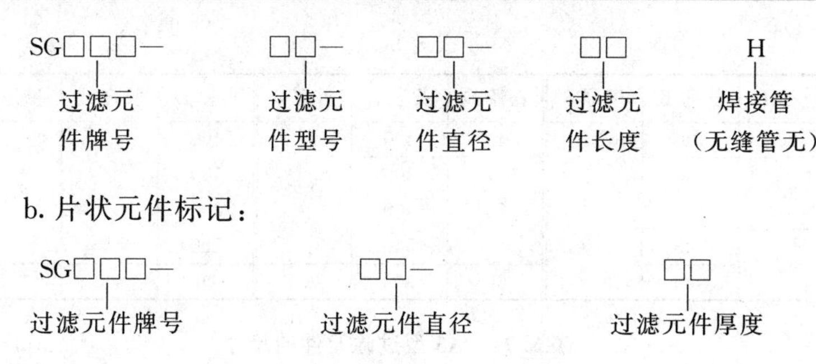

b. 片状元件标记：

③ 尺寸

表 8.19　A1 型过滤元件的尺寸　mm

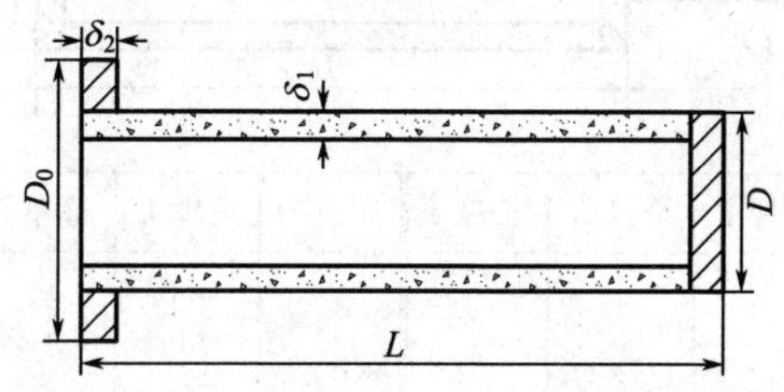

直径 D	长度 L	壁厚 δ_1	法兰直径 D_0	法兰厚度 δ_2
20	200	2.3	30	3～4
30	200 300		40	3～4
40	200 300 400	2.3	52	3～5
50	300 400		62	4～6

直径 D	长度 L	壁厚 δ_1	法兰直径 D_0	法兰厚度 δ_2
50	500	2.3	62	4～6
60	300 400 500 600 700	2.5		
90	800	3.5	110	5～12

表 8.20　A2 型过滤元件的尺寸　mm

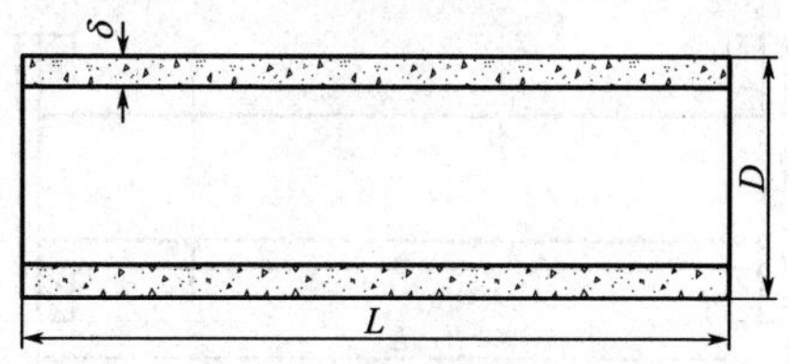

续表

直径 D	长度 L	壁厚 δ	直径 D	长度 L	壁厚 δ	直径 D	长度 L	壁厚 δ
20	200	2.3	40	400	2.3	400	2.5	2.5
30	200		50	300		500		
	300			400		600		
40	200			500		700		
	300		60	300	2.5	90	800	3.5

表 8.21　A3 型过滤元件的尺寸　　mm

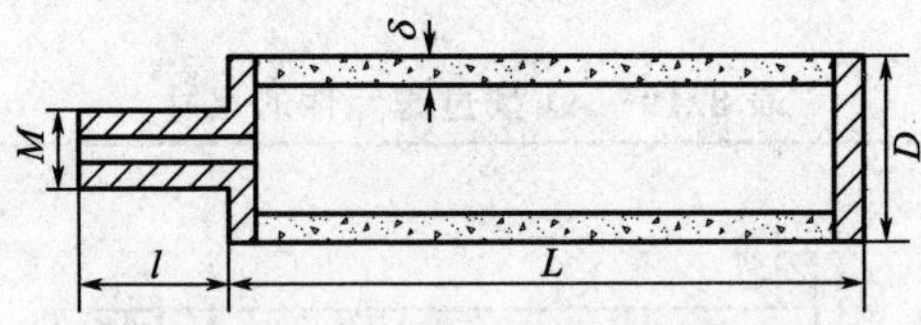

直径 D	长度 L	壁厚 δ	管接头	长度 l
20	200	2.3	M12×1.0	28
30	200			
	300			
40	200			
	300			
	400			
50	300		M20×1.5	
	400			
	500			
60	300	2.5	M30×2.0	40
	400			
	500			

直径 D	长度 L	壁厚 δ	管接头	长度 l
60	600	2.5	M36×2.0	100
	700			
	750			
	1000			
70	500		M36×2.0	40
	600			
70	800		M36×2.0	100
	1000			
90	600	3.5	M36×2.0	40
	800			
	1000		M48×2.0	100

表 8.22　A4 过滤元件的尺寸　　mm

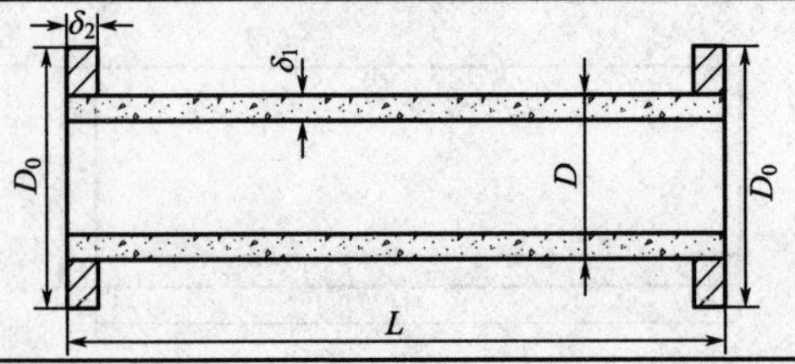

续表

直径 D	长度 L	壁厚 δ_1	法兰直径 D_0	法兰厚度 δ_2	直径 D	长度 L	壁厚 δ_1	法兰直径 D_0	法兰厚度 δ_2
20	200	2.3	30	3～4	50	500	2.3	62	4～6
30	200		40		60	300	2.5	72	
	300					400			
40	200		52	3～5		500			
	300					600			
	400					700			
50	300		62	4～6		750			
	400				90	800	3.5	110	5～12

表 8.23　片状元件过滤元件的尺寸　mm

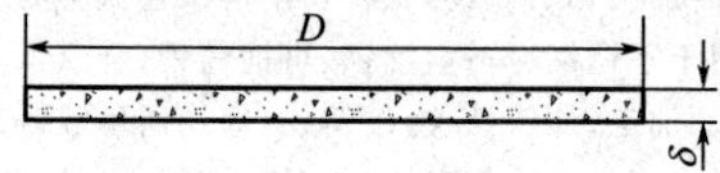

直径 D	厚度 δ	直径 D	厚度 δ	直径 D	厚度 δ
10	1.5、2.0、2.5、3.0	80	2.5、3.0、3.5、4.0、5.0	200	3.0、3.5、4.0、5.0
30		100		300	
50		—		400	

④ 技术性能

表 8.24　烧结不锈钢过滤元件的性能

牌　号	液体中阻挡的颗粒尺寸值/μm		渗透性 ≥		耐压破坏强度/MPa ≥
	过滤效率(98%)	过滤效率(99.9%)	渗透系数/$10^{12}m^2$	相对透气系数/[m^3/(h·kPa·m^2)]	
SG005	5	7	0.18	18	3.0
SG007	7	10	0.45	45	3.0
SG010	10	15	0.90	90	3.0
SG015	14	22	1.81	180	3.0
SG022	22	30	3.82	380	3.0
SG030	30	40	5.83	580	2.5
SG045	45	60	7.54	750	2.5
SG065	65	75	12.10	1200	2.5

注：1. 管状元件耐压强度为外压试验值。

2. 表中的“渗透系数”值对应的元件厚度为 2mm。

8.3 硬质合金

与其他粉末冶金材料不同，硬质合金有单独的分类和牌号体系，且与相应的ISO标准接轨，其分类和牌号分为三部分。

8.3.1 切削工具用硬质合金（GB/T 18376.1—2008）

按使用领域的不同分成P、M、K、N、S、H六类，根据其耐磨性和韧性分成若干个组，用01、10、20等两位数字表示组号(必要时，可在两个组号之间插入一个补充组号，用05、15、25等表示)。

表8.25 切削工具用硬质合金分类

类别	使用领域
P	长切屑材料的加工,如钢、铸钢、长切削可锻铸铁等的加工
M	通用合金,用于不锈钢、铸钢、锰钢、可锻铸铁、合金钢、合金铸铁等的加工
K	短切屑材料的加工,如铸铁、冷硬铸铁、短切屑可锻铸铁、灰口铸铁等的加工
N	非铁金属、非金属材料的加工,如铝、镁、塑料、木材等的加工
S	耐热和优质合金材料的加工,如耐热钢,含镍、钴、钛的各类合金材料的加工
H	硬切削材料的加工,如淬硬钢、冷硬铸铁等材料的加工

牌号由类别代码、分组号、细分号（需要时使用）组成：

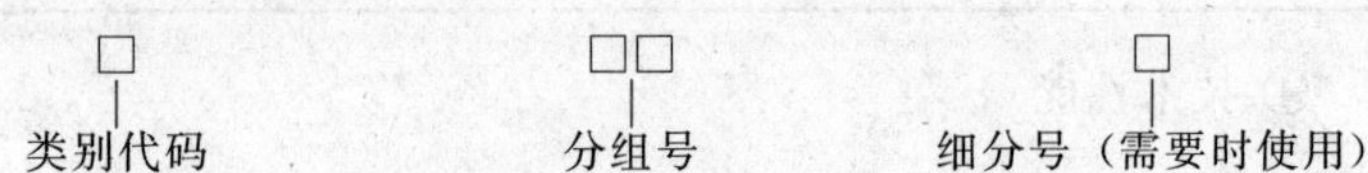

表8.26 各组别的基本成分及力学性能要求

组别		基本成分	力学性能		
类别	分组号		洛氏硬度(HR0) ≥	维氏硬度(HV3) ≥	抗弯强度 R_{tr}/MPa ≥
P	01	以TiC、WC为基,以Co(Ni+Mo、Ni+Co)作黏结剂的合金/涂层合金	92.3	1750	700
	10		91.7	1680	1200
	20		91.0	1600	1400
	30		90.2	1500	1550
	40		89.5	1400	1750
M	01	以WC为基,以Co作黏结剂,添加少量的TiC(T0C、NbC)的合金/涂层合金	92.3	1730	1200
	10		91.0	1600	1350
	20		90.2	1500	1500
	30		89.9	1450	1650
	40		88.9	1300	1800

续表

组别		基本成分	力学性能		
类别	分组号		洛氏硬度(HR0) ≥	维氏硬度(HV3) ≥	抗弯强度 R_{tr}/MPa ≥
K	01	以 WC 为基，以 Co 作黏结剂，或添加少量的 T0C、NbC 的合金/涂层合金	92.3	1750	1350
	10		91.7	1680	1460
	20		91.0	1600	1550
	30		89.5	1400	1650
	40		88.5	1250	1800
N	01	以 WC 为基，以 Co 作黏结剂，或添加少量的 T0C、NbC 或 CrC 的合金/涂层合金	92.3	1750	1450
	10		91.7	1680	1560
	20		91.0	1600	1650
	30		90.0	1450	1700
S	01	以 WC 为基，以 Co 作黏结剂，或添加少量的 T0C、NbC 或 TiC 的合金/涂层合金	92.3	1730	1500
	10		91.5	1650	1580
	20		91.0	1600	1650
	30		90.5	1550	1750
H	01	以 WC 为基，以 Co 作黏结剂，或添加少量的 TiC、NbC 或 TiC 的合金/涂层合金	92.3	1730	1000
	10		91.7	1680	1300
	20		91.0	1600	1650
	30		90.5	1520	1500

注 1. 洛氏硬度和维氏硬度中任选一项。

2. 以上数据为非涂层硬质合金要求，涂层产品可按对应的维氏硬度下降 30～50。

表 8.27　切削工具用硬质合金作业条件推荐

组别	作业条件	
	被加工材料	适用的加工条件
P01	钢、铸钢	高切削速度、小切屑界面，无振动条件下精车、精镗
P10		高切削速度、中小切屑截面条件下的车削、仿形车削、车螺纹和铣削
P20	钢、铸钢、长切削可锻铸铁	中等切削速递、中等切屑截面下的车削、仿形车削和铣削，小切屑截面的刨削
P30		中或低等切削速度、中等或大切屑截面条件下的车削、铣削、刨削和不利条件下的加工
P40	钢、含砂眼和气孔的铸钢件	低切削速度、大切削角大切屑截面以及不利条件下的车、刨削、切槽和自动机床上加工
M01	不锈钢、铁素体钢、铸钢	高切削速度、小载荷，无震动条件下精车、精镗

续表

组别	作业条件	
	被加工材料	适用的加工条件
M10	不锈钢、铸钢、锰钢、合金钢、合金铸铁、可锻铸铁	中和高等切削速度、中和小切屑截面条件下的车削
M20		中等切削速度、中等切屑截面下的车削、铣削
M30		中和高等切削速度、中等或大切屑截面条件下的车削、铣削、刨削
M40		车削、切断、强力铣削加工
K01	铸铁、短切屑的可锻铸铁	车削、精车、铣削、镗削、刮削(冷硬铸铁亦可)
K10		车削、铣削、镗削、刮削、拉削(HB>220 时)
K20		用于中等切削速度下、轻载荷粗加工、半精加工的车削、铣削、镗削等(HB<220 时。灰口铸铁亦可)
K30		用于在不利条件下可能采用大切削角的车削、铣削、刨削、切槽加工,对刀片的韧性有一定的要求
K40		用于在不利条件下的粗加工,采用低的切削速度、大的进给量
N01	非铁金属、塑料、木材、玻璃	高切削速度下,非铁金属铝、铜、镁、塑料、木材等非金属材料的精加工
N10		较高切削速度下,非铁金属铝、铜、镁、塑料、木材等非金属材料的精加工或半精加工
N20	非铁金属、塑料	中等切削速度下,非铁金属铝、铜、镁、塑料、木材等非金属材料的半精加工或粗加工
N30		中等切削速度下,非铁金属铝、铜、镁、塑料、木材等非金属材料的粗加工
S01	耐热和优质合金:含镍、钴、钛的各类合金材料	中等切削速度下,耐热钢和钛合金的精加工
S10		低切削速度下,耐热钢和钛合金的半精加工或粗加工
S20		较低切削速度下,耐热钢和钛合金的半精加工或粗加工
S30		较低切削速度下,耐热钢和钛合金的连续切削、适于半精加工或粗加工
H01	淬硬钢、冷硬铸铁	低切削速度下,淬硬钢和冷硬铸铁的连续轻载精加工
H10		同 H01,亦可进行半精加工
H20		低切削速度下,淬硬钢和冷硬铸铁的连续轻载半精加工、粗加工
H30		

注：性能提高方向：切削性能—首行的切削速度最高，进给量最低，耐磨性最高，韧性最低；合金性能—末行的切削速度最低，进给量最高，耐磨性最低，韧性最高。

8.3.2　耐磨零件用硬质合金（GB/T18376.3—2015）

① 分类　金属线、棒、管拉制用硬质合金（LS）、冲压模具用硬质合金（LT）、高温高压构件用硬质合金（LQ）、线材轧制辊环用硬质合金（LV）。

② 组别号　10、20、30、40（必要时，可在两个组别号之间插入中间补充组号）。

③ 牌号标记方法

④ 化学成分及力学性能

表 8.28　各组基本化学成分及力学性能

分类及代号	分组号	基本化学成分			力学性能		
		Co	其他	WC	洛氏硬度（HRA）≥	维氏硬度（HV）≥	抗弯强度 R/MPa ≥
金属线、棒、管拉制用硬质合金(S)	10	3～6	余量	微量	90.0	1550	1300
	20	5～9			89.0	1400	1600
	30	7～12			88.0	1200	1800
	40	11～17			87.0	1100	2000
冲压模具用硬质合金(T)	10	13～18			85.0	950	2000
	20	17～25			82.5	850	2100
	30	23～30			79.0	650	2200
高温高压构件用硬质合金(Q)	10	5～7			89.0	1300	2600
	20	6～9			88.0	1200	2700
	30	8～15			86.5	1200	2800
线材轧制辊环用硬质合金(V)	10	14～18			85.0	950	2100
	20	17～22			82.5	850	2200
	30	20～26			81.0	750	2250
	40	25～30			79.0	650	2300

注：洛氏硬度和维氏硬度中任选一项。

⑤ 作业条件推荐

表 8.29　作业条件推荐

分类分组代号		作业条件推荐
LS	10	金属线、棒材直径小于 6mm 的拉制用模具、密封环等
	20	金属线、棒材直径小于 20mm，管材直径小于 10mm 的拉制用模具、密封环等
	30	金属线、棒材直径小于 50mm，管材直径小于 35mm 的拉制用模具
	40	大应力、大压缩力的拉制用模具
LT	10	M9 以下小规格标准紧固件冲压用模具
	20	M12 以下中、小规格标准紧固件冲压用模具
	30	M20 以下大、中规格标准紧固件、钢球冲压用模具
LQ	10	人工合成金刚石用顶锤
	20	人工合成金刚石用顶锤
	30	人工合成金刚石用顶锤、压缸
LV	10	高速线材高水平轧制精轧机组用辊环
	20	高速线材较高水平轧制精轧机组用辊环
	30	高速线材一般水平轧制精轧机组用辊环
	40	高速线材预精轧机组用辊环

8.3.3　硬质合金圆棒毛坯（GB/T 11101—2009）

用于印刷电路板微钻、切削工具、冲压工具和耐磨测量工具等。

型号表示方法：

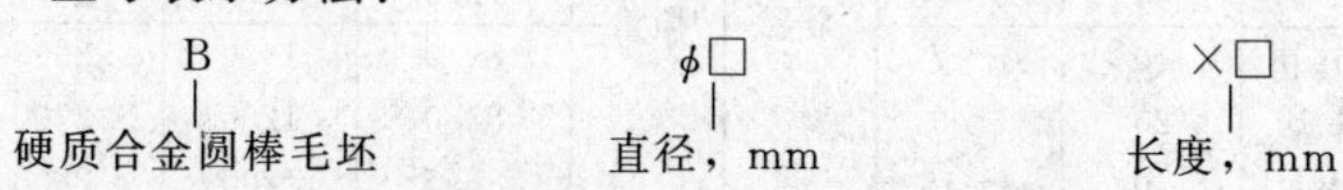

表 8.30　印刷电路板微钻用圆棒的推荐的型号、尺寸　　mm

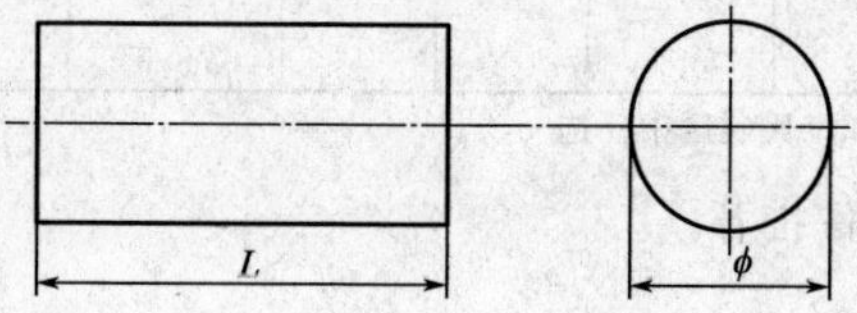

续表

型号	直径 ϕ	长度 L	型号	直径 ϕ	长度 L
Bϕ3.5×38.5	3.5	38.5	Bϕ3.5×12.8	3.5	12.8
Bϕ4.0×38.5	4.0		Bϕ4.0×12.8	4.0	
Bϕ4.5×38.5	4.5		Bϕ4.5×12.8	4.5	
Bϕ5.0×38.5	5.0		Bϕ5.0×12.8	5.0	
Bϕ5.5×38.5	5.5		Bϕ5.5×12.8	5.5	
Bϕ6.0×38.5	6.0		Bϕ6.0×12.8	6.0	
Bϕ6.5×38.5	6.5		Bϕ6.5×12.8	6.5	
			Bϕ7.0×12.8	7.0	

表 8.31　其他实心圆棒推荐的型号、尺寸　mm

型号	直径 ϕ	长度 L
Bϕ×L	0.5～35.0(间隔 0.5mm)	≤330.0

8.3.4　量规、量具用硬质合金毛坯（GB/T 3612—2008）

分类：量规（LG）、环规（LH）、塞规（LS）、卡规（LK）、千分尺测量头（LC）共五个系列。

① 量规毛坯

a. 型号表示方法：

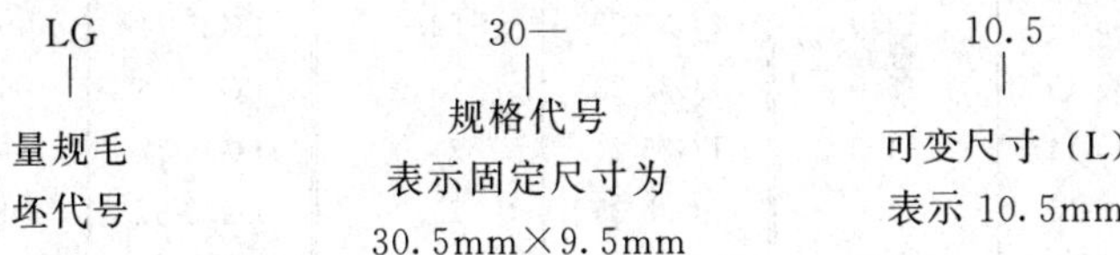

b. 推荐尺寸：

表 8.32　LG30 型量规毛坯的推荐尺寸　mm

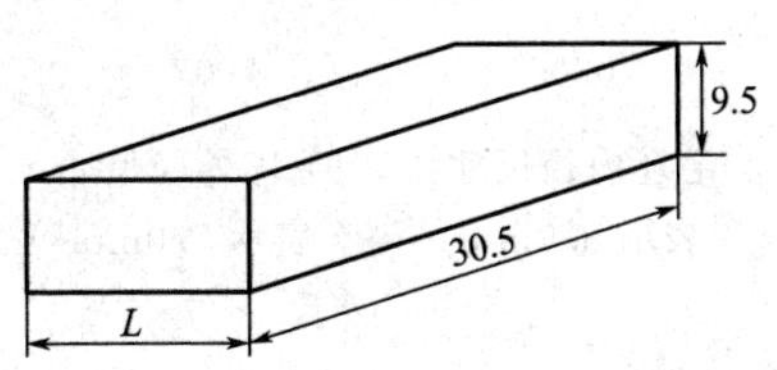

续表

型号	L 尺寸	型号	L 尺寸	型号	L 尺寸
LG30-2	2.0	LG30-8	8.0	LG30-10	10.0
LG30-3	3.0	LG30-4	4.0	LG30-10.5	10.5
LG30-6	6.0	LG30-5	5.0		
LG30-7	7.0	LG30-9	9.0		

表 8.33 LG35 型量规毛坯的推荐尺寸 mm

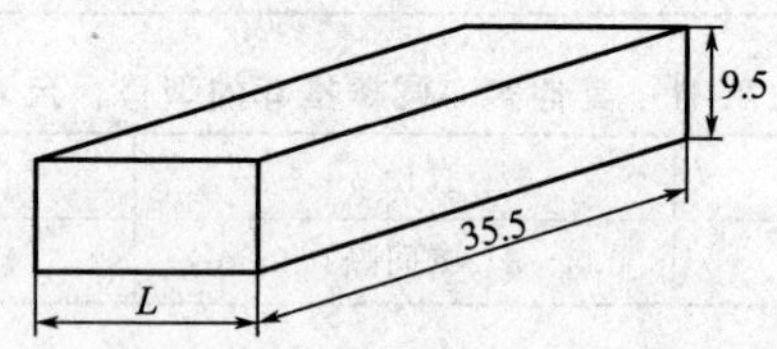

型号	L 尺寸	型号	L 尺寸	型号	L 尺寸
LG35-7	7.0	LG35-18	18.0	LG35-41	41.0
LG35-8.5	8.5	LG35-19	19.0	LG35-51	51.0
LG35-10	10.0	LG35-20	20.0	LG35-52	52.0
LG35-11	11.0	LG35-21	21.0	LG35-61	61.0
LG35-12	12.0	LG35-22	22.0	LG35-71	71.0
LG35-13	13.0	LG35-23	23.0	LG35-76	76.0
LG35-14	14.0	LG35-24	24.0	LG35-77	77.0
LG35-15	15.0	LG35-25	25.0	LG35-81	81.0
LG35-16	16.0	LG35-26	26.0	LG35-91	91.0
LG35-17	17.0	LG35-31	31.0	LG35-103	103.0

② 环规毛坯

a. 型号表示方法：

LH	030	07	05
环规毛坯代号	毛坯内径尺寸表示 3.0mm	毛坯外径尺寸表示 7.0mm	毛坯高度尺寸表示 5.0mm

b. 推荐尺寸：

表 8.34　LH35 型环规毛坯的推荐尺寸　　mm

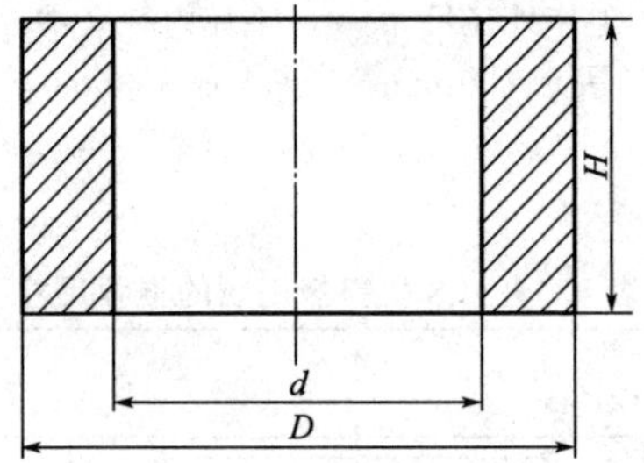

<table>
<tr><th rowspan="2">型号</th><th colspan="3">公称尺寸</th></tr>
<tr><th>d</th><th>D</th><th>H</th></tr>
<tr><td>LH0300705</td><td>3.0</td><td rowspan="2">7.0</td><td rowspan="7">5.0</td></tr>
<tr><td>LH0350705</td><td>3.5</td></tr>
<tr><td>LH0400905</td><td>4.0</td><td rowspan="2">9.0</td></tr>
<tr><td>LH0450905</td><td>4.5</td></tr>
<tr><td>LH0401005</td><td>4.0</td><td rowspan="4">10.0</td></tr>
<tr><td>LH0451005</td><td>4.5</td></tr>
<tr><td>LH0501005</td><td>5.0</td></tr>
<tr><td>LH0551006</td><td>5.5</td><td rowspan="9">6.0</td></tr>
<tr><td>LH0601206</td><td>6.0</td><td rowspan="6">12.0</td></tr>
<tr><td>LH0651206</td><td>6.5</td></tr>
<tr><td>LH0701206</td><td>7.0</td></tr>
<tr><td>LH0751206</td><td>7.5</td></tr>
<tr><td>LH0801206</td><td>8.0</td></tr>
<tr><td>LH0851206</td><td>8.5</td></tr>
<tr><td>LH0901606</td><td>9.0</td><td rowspan="3">16.0</td></tr>
<tr><td>LH0951606</td><td>9.5</td></tr>
<tr><td>LH1001608</td><td>10.0</td><td rowspan="7">8.0</td></tr>
<tr><td>LH1102008</td><td>11.0</td><td rowspan="3">20.0</td></tr>
<tr><td>LH1202008</td><td>12.0</td></tr>
<tr><td>LH1302008</td><td>13.0</td></tr>
<tr><td>LH1402208</td><td>14.0</td><td rowspan="3">22.0</td></tr>
<tr><td>LH1502208</td><td>15.0</td></tr>
<tr><td>LH1602208</td><td>16.0</td></tr>
<tr><td>LH1702710</td><td>17.0</td><td rowspan="4">27.0</td><td rowspan="13">10.0</td></tr>
<tr><td>LH1802710</td><td>18.0</td></tr>
<tr><td>LH1902710</td><td>19.0</td></tr>
<tr><td>LH2002710</td><td>20.0</td></tr>
<tr><td>LH2103210</td><td>21.0</td><td rowspan="4">32.0</td></tr>
<tr><td>LH2203210</td><td>22.0</td></tr>
<tr><td>LH2303210</td><td>23.0</td></tr>
<tr><td>LH2403210</td><td>24.0</td></tr>
<tr><td>LH2503710</td><td>25.0</td><td rowspan="5">37.0</td></tr>
<tr><td>LH2603710</td><td>26.0</td></tr>
<tr><td>LH2703710</td><td>27.0</td></tr>
<tr><td>LH2803710</td><td>28.0</td></tr>
<tr><td>LH2903710</td><td>29.0</td></tr>
<tr><td>LH3004514</td><td>30.0</td><td rowspan="2">45.0</td><td rowspan="8">14.0</td></tr>
<tr><td>LH3104514</td><td>31.0</td></tr>
<tr><td>LH3205014</td><td>32.0</td><td rowspan="2">50.0</td></tr>
<tr><td>LH3305014</td><td>33.0</td></tr>
<tr><td>LH3405514</td><td>34.0</td><td rowspan="2">55.0</td></tr>
<tr><td>LH3505514</td><td>35.0</td></tr>
<tr><td>LH3706014</td><td>37.0</td><td rowspan="2">60.0</td></tr>
<tr><td>LH3906014</td><td>39.0</td></tr>
</table>

③ 塞规毛坯

a. 型号表示方法：

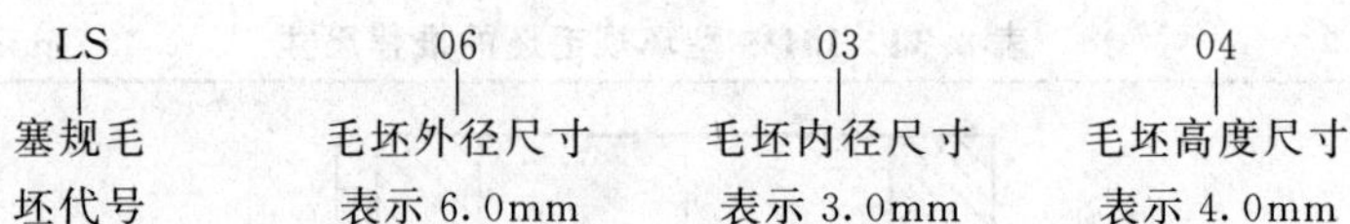

b. 推荐尺寸：

表 8.35　LS 型塞规毛坯的推荐尺寸　　mm

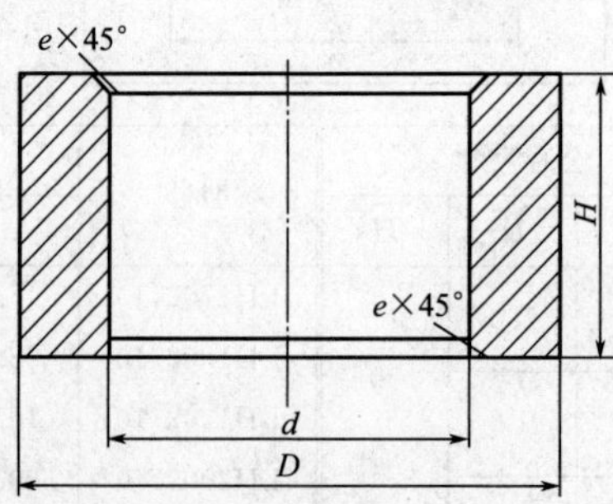

型号	公称尺寸				型号	公称尺寸			
	D	*d*	*H*	*e*		*D*	*d*	*H*	*e*
LS060304			4.0		LS120805			5.0	
LS060306	6.6	3.5	6.0	—	LS120806	12.8		6.0	
LS060308			8.0		LS120810			10.0	
LS070304			4.0		LS130805			5.0	
LS070306	7.6	3.5	6.0		LS130810	13.8		6.0	
LS070308			8.0	—	LS130810		8.0	10.0	0.4
LS080504			4.0		LS140805			5.0	
LS080506	8.6		6.0		LS140806	14.8		6.0	
LS080510		5.0	10.0		LS140810			10.0	
LS090504			4.0		LS150806			6.0	
LS090506	9.6		6.0	0.4	LS150808	15.8		8.0	
LS090510			10.0		LS150812			12.0	
LS100604			4.0		LS161006			6.0	
LS100606	10.8		6.0		LSI61008	16.8		8.0	
LS100610		6.0	10.0	0.4	LS161012		10.0	12.0	0.8
LSI10605			5.0		LSI71006			6.0	
LSI10606	11.8		6.0		LSI71008	17.8		8.0	
LS110610			10.0		LS171012			12.0	

续表

型号	公称尺寸			
	D	*d*	*H*	*e*
LS181306	18.8	13.0	6.0	0.8
LS181308			8.0	
LS181312			12.0	
LS191306	19.8		6.0	
LS191308			8.0	
LS191312			12.0	
LS201506	20.8	15.0	6.0	
LS201508			8.0	
LS201512			12.0	
LS211506	21.8		6.0	
LS211508			8.0	
LS211512			12.0	
LS221706	22.8	17.0	5.0	
LS221708			6.0	
LS221712			10.0	
LS231706	23.8		5.0	
LS231708			6.0	
LS231712			10.0	
LS241806	24.8	18.0	6.0	1.0
LS241808			8.0	
LS241812			12.0	
LS251808	25.8		8.0	
LS251810			10.0	
LS251816			16.0	
LS262008	26.8	20.0	8.0	
LS262010			10.0	
LS262016			16.0	
LS282008	28.8		8.0	
LS282010			10.0	
LS282016			16.0	
LS302408	30.8	24.0	8.0	
LS302410			10.0	
LS302412			12.0	
LS302416			16.0	
LS322508	32.8	25.0	8.0	1.0
LS322512			12.0	
LS322516			16.0	
LS322520			20.0	
LS342508	34.8		8.0	1.2
LS342512			12.0	
LS342516			16.0	
LS342520			20.0	
LS352608	35.8	26.0	8.0	
LS352612			12.0	
LS352616			16.0	
LS352620			20.0	
LS372808	37.8	28.0	8.0	
LS372812			12.0	
LS372816			16.0	
LS372820			20.0	
LS382808	38.8		8.0	
LS382812			12.0	
LS382816			16.0	
LS382820			20.0	
LS393012	39.8	30.0	12.0	
LS393016			16.0	
LS393020			20.0	
LS393025			25.0	
LS403212	40.8	32.0	12.0	
LS403216			16.0	
LS403220			20.0	
LS403225			25.0	
LS423212	42.8		12.0	
LS423216			16.0	
LS423220			20.0	
LS423225			25.0	

④ 卡规毛坯

a. 型号表示方法：

LK	025	05	02
卡规毛坯代号	毛坯宽度尺寸表示 2.5mm	毛坯长度尺寸表示 5.0mm	毛坯厚度尺寸表示 2.0mm

b. 推荐尺寸：

表 8.36 LK 型量规毛坯的推荐尺寸 mm

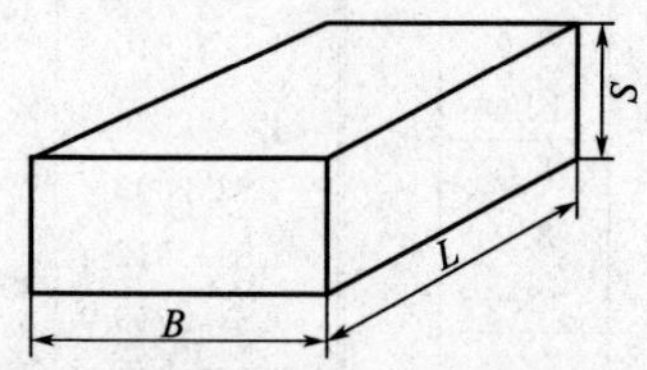

型号	公称尺寸			型号	公称尺寸		
	B	*L*	*S*		*B*	*L*	*S*
LK0250502	2.5	5.0	2.0	LK0401002	4.0	10.0	2.5
LK0250602		6.0		LK0401003			3.0
LK0250802		8.0		LK0401202		12.0	2.5
LK0251002		10.0		LK0401602		16.0	2.5
LK0251602		16.0		LK0401603			3.5
LK0300503	3.0	5.0	3.0	LK0402004		20.0	4.0
LK0300602		6.0	2.5	LK0402504		25.0	
LK0300603			3.0	LK0500503	5.0	5.0	3.0
LK0300802		8.0	2.5	LK0500603		6.0	
LK0301002		10.0		LK0501003		10.0	
LK0301003			3.0	LK0501203		12.0	3.5
LK0301202		12.0	2.5	LK0501603		16.0	3.0
LK0301203			3.0	LK0501604			4.0
LK0301602		16.0	2.5	LK0502003		20.0	3.5
LK0301603			3.0	LK0502004			4.0
LK0400503	4.0	5.0		LK0502503		25.0	3.5
LK0400602		6.0	2.5	LK0502504			4.0
LK0400603			3.0	LK0600603	6.0	6.0	3.0
LK0400803		8.0		LK0600803		8.0	

续表

<table>
<tr><th rowspan="2">型号</th><th colspan="3">公称尺寸</th><th rowspan="2">型号</th><th colspan="3">公称尺寸</th></tr>
<tr><th>B</th><th>L</th><th>S</th><th>B</th><th>L</th><th>S</th></tr>
<tr><td>LK0601003</td><td rowspan="7">6.0</td><td>10.0</td><td>3.0</td><td>LK0953006</td><td rowspan="3">9.5</td><td rowspan="4">30.5</td><td>6.0</td></tr>
<tr><td>LK0601203</td><td>12.0</td><td rowspan="4">3.5</td><td>LK0953007</td><td>7.0</td></tr>
<tr><td>LK0601603</td><td>16.0</td><td>LK0953008</td><td>8.0</td></tr>
<tr><td>LK0601803</td><td>18.0</td><td>LK1203004</td><td>12.0</td><td rowspan="3">4.0</td></tr>
<tr><td>LK0602003</td><td>20.0</td><td>LK1402804</td><td>14.0</td><td>28.0</td></tr>
<tr><td>LK0602503</td><td rowspan="2">25.0</td><td></td><td>LK1501804</td><td>15.0</td><td>18.0</td></tr>
<tr><td>LK0602504</td><td>4.0</td><td>LK1802505</td><td rowspan="3">18.0</td><td>25.0</td><td rowspan="3">5.0</td></tr>
<tr><td>LK0801603</td><td rowspan="3">8.0</td><td>16.0</td><td rowspan="2">3.5</td><td>LK1803005</td><td>30.5</td></tr>
<tr><td>LK0802503</td><td rowspan="2">25.0</td><td>LK1803505</td><td>35.0</td></tr>
<tr><td>LK0802504</td><td>4.0</td><td>LK2003010</td><td rowspan="2">20.0</td><td>30.5</td><td rowspan="5">10.0</td></tr>
<tr><td>LK0953002</td><td>9.0</td><td>12.0</td><td>2.5</td><td>LK2003510</td><td rowspan="3">35.0</td></tr>
<tr><td>LK0953003</td><td rowspan="3">9.5</td><td rowspan="3">30.5</td><td>3.0</td><td>LK2503510</td><td>25.0</td></tr>
<tr><td>LK0953004</td><td>4.0</td><td>LK3003510</td><td>30.0</td></tr>
<tr><td>LK0953005</td><td>5.0</td><td>LK3504010</td><td>35.0</td><td>40.0</td></tr>
</table>

⑤ 千分尺测量头毛坯

a. 型号表示方法：

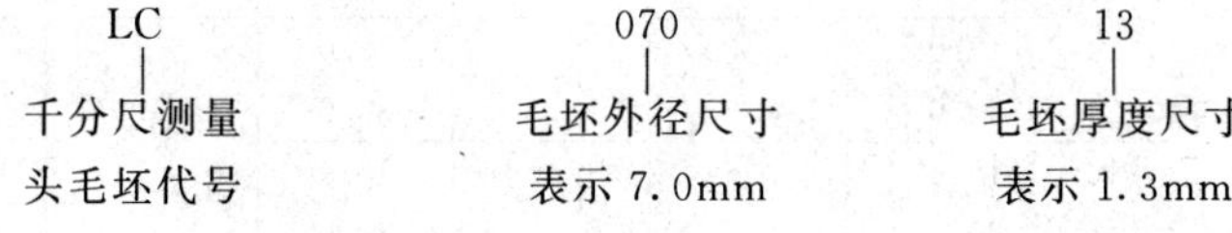

b. 推荐尺寸：

表 8.37　LC 型量规毛坯的推荐尺寸　mm

<table>
<tr><th rowspan="5">(图：D、S)</th><th rowspan="2">型号</th><th colspan="2">公称尺寸</th></tr>
<tr><th>D</th><th>S</th></tr>
<tr><td>LC07013</td><td>7.0</td><td>1.3</td></tr>
<tr><td>LC08515</td><td>8.5</td><td rowspan="2">1.5</td></tr>
<tr><td>LC10515</td><td>10.5</td></tr>
</table>

8.3.5 标准螺栓缩径模具用硬质合金毛坯（YS/T 291—2012）

表 8.38 型号和基本尺寸 mm

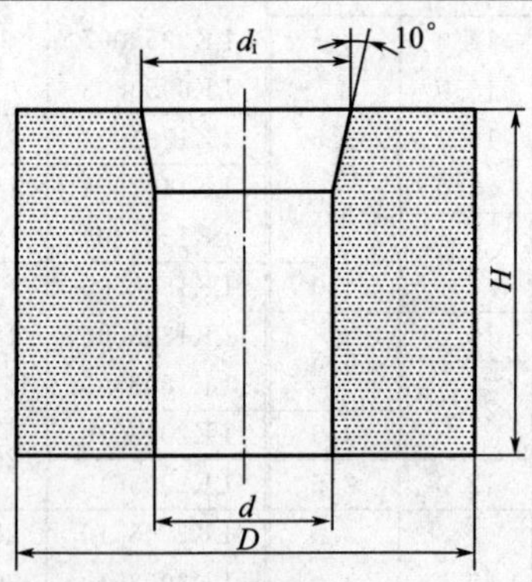

型号	基本尺寸			参考尺寸	适用范围
	d	D	H	d_i	
BS2.1×14.0×15.0	2.1	14.0	15.0	2.5	M3
BS2.1×14.0×30.0			30.0		
BS2.1×16.0×30.0		16.0	30.0		
BS3.1×14.0×15.0	3.1	14.0	15.0	3.5	M4
BS3.1×14.0×30.0			30.0		
BS3.1×16.0×15.0		16.0	15.0		
BS3.1×16.0×30.0			30.0		
BS3.9×14.0×15.0	3.9	14.0	15.0	4.5	M5
BS3.9×14.0×20.0			20.0		
BS3.9×14.0×35.0			35.0		
BS3.9×16.0×15.0		16.0	15.0		
BS3.9×16.0×20.0			20.0		
BS3.9×16.0×35.0			35.0		
BS4.7×16.0×15.0	4.7	16.0	15.0	5.4	M6
BS4.7×16.0×35.0			35.0		
BS4.7×18.0×20.0		18.0	20.0		
BS4.7×18.0×35.0			35.0		
BS6.5×20.0×20.0	6.5	20.0	20.0	7.2	M8
BS6.5×20.0×42.0			42.0		
BS6.5×22.0×20.0		22.0	20.0		
BS6.5×22.0×42.0			42.0		

续表

型号	基本尺寸			参考尺寸	适用范围
	d	D	H	d_i	
BS8.4×26.0×25.0		26.0	25.0		
BS8.4×26.0×54.0			54.0		
BS8.4×30.0×25.0	8.4		25.0	9.3	M10
BSS.4×30.0×40.0		30.0	40.0		
BS8.4×30.0×54.0			54.0		
BS10.2×28.0×25.0		28.0	25.0		
BS10.2×28.0×54.0	10.2		54.0	11.4	M12
BS10.2×30.0×25.0		30.0	25.0		
BS10.2×30.0×54.0			54.0		
BS11.9×40.0×30.0	11.9	40.0	30.0	13.2	M14
BS11.9×40.0×40.0			40.0		
BS14.0×40.0×30.0			30.0		
BS14.0×40.0×35.0	14.0	40.0	35.0	15.4	M16
BS14.0×40.0×40.0			40.0		
BS17.5×45.0×30.0			30.0		
BS17.5×45.0×40.0	17.5	45.0	40.0	19.3	M20
BS17.5×4S.0×50.0			50.0		
BS17.5×45.0×54.0			54.0		

8.3.6 标准螺栓镦粗模具用硬质合金毛坯（YS/T 293—2011）

表 8.39　标准螺栓镦粗模具用硬质合金毛坯型号和尺寸　mm

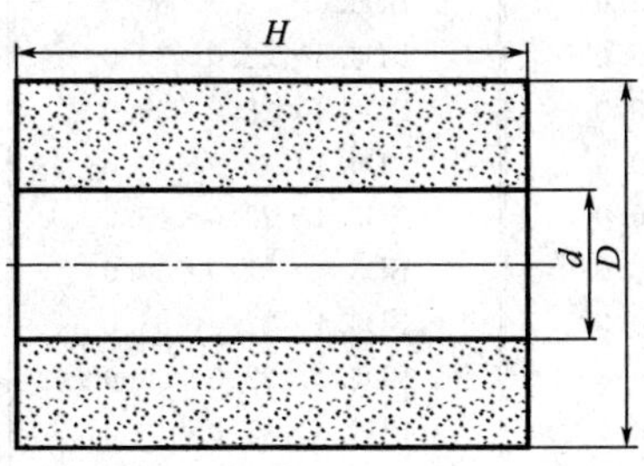

续表

型号(内径 d×外径 D×高度 H)	型号(内径 d×外径 D×高度 H)	型号(内径 d×外径 D×高度 H)
BD0.7×10.0×15.0	BD3.8×22.0×25.0	BD6.4×25.0×50.0
BD0.7×10.0×25.0	BD3.8×22.0×30.0	BD7.2×25.0×25.0
BD0.7×10.0×30.0	BD3.8×22.0×35.0	BD7.2×25.0×30.0
BD1.0×10.0×15.0	BD3.8×22.0×40.0	ED7.2×25.0×35.0
BD1.0×10.0×20.0	BD3.8×22.0×45.0	BD7.2×25.0×40.0
BD1.0×10.0×25.0	BD3.8×22.0×50.0	BD7.2×30.0×20.0
BD1.5×10.0×15.0	BD3.8×22.0×55.0	BD7.2×30.0×25.0
BD1.5×10.0×20.0	BD4.6×22.0×20.0	BD7.2×30.0×30.0
BD1.5×10.0×25.0	BD4.6×22.0×25.0	BD7.2×30.0×35.0
BD1.5×10.0×30.0	BD4.6×22.0×30.0	BD7.2×30.0×40.0
BD1.5×13.0×15.0	BD4.6×22.0×35.0	BD7.2×30.0×45.0
BD1.5×13.0×20.0	BD4.6×22.0×40.0	BD7.2×30.0×50.0
BD1.5×13.0×25.0	BD4.6×22.0×45.0	BD7.2×30.0×55.0
BD1.5×13.0×30.0	BD4.6×22.0×50.0	BD7.2×30.0×60.0
BD1.5×13.0×35.0	BD4.6×22.0×55.0	BD8.2×25.0×40.0
BD2.0×13.0×15.0	BD5.4×22.0×35.0	BD8.2×25.0×50.0
BD2.0×13.0×20.0	BD5.4×22.0×40.0	BD8.2×25.0×50.0
BD2.0×13.0×25.0	BD5.4×22.0×45.0	BD8.2×30.0×20.0
BD2.0×13.0×30.0	BD5.4×22.0×50.0	BD8.2×30.0×25.0
BD2.0×13.0×30.0	BD5.4×22.0×55.0	BD8.2×30.0×30.0
BD2.0×20.0×30.0	BD5.4×22.0×60.0	BD8.2×30.0×35.0
BD2.0×20.0×40.0	BD6.0×22.0×30.0	BD8.2×30.0×40.0
BD2.0×20.0×45.0	BD6.0×22.0×35.0	BD8.2×30.0×45.0
BD2.8×13.0×10.0	BD6.0×22.0×40.0	BD8.2×30.0×50.0
BD2.8×13.0×20.0	BD6.0×22.0×45.0	BD8.2×30.0×55.0
BD2.8×13.0×25.0	BD6.0×22.0×50.0	BD8.2×30.0×60.0
BD2.8×13.0×30.0	BD6.0×22.0×55.0	BD9.2×30.0×20.0
BD2.8×13.0×35.0	BD6.0×22.0×60.0	BD9.2×30.0×25.0
BD2.8×20.0×25.0	BD6.4×22.0×30.0	BD9.2×30.0×30.0
BD2.8×20.0×30.0	BD6.4×22.0×35.0	BD9.2×30.0×35.0
BD2.8×20.0×40.0	BD6.4×22.0×40.0	BD9.2×30.0×40.0
BD2.8×20.0×50.0	BD6.4×22.0×45.0	BD9.2×30.0×45.0
BD2.8×25.0×30.0	BD6.4×22.0×50.0	BD9.2×30.0×50.0
BD2.8×25.0×40.0	BD6.4×22.0×55.0	BD9.2×30.0×55.0
BD2.8×25.0×50.0	BD6.4×22.0×60.0	BD9.2×30.0×60.0
BD2.8×25.0×60.0	BD6.4×25.0×30.0	BD9.2×35.0×25.0
BD3.8×22.0×20.0	BD6.4×25.0×40.0	BD9.2×35.0×30.0

续表

型号(内径 $d\times$外径 $D\times$高度 H)	型号(内径 $d\times$外径 $D\times$高度 H)	型号(内径 $d\times$外径 $D\times$高度 H)
BD9.2×35.0×35.0	BD13.2×40.0×50.0	BD17.4×45.0×55.0
BD9.2×35.0×40.0	BD13.2×40.0×55.0	BD17.4×45.0×60.0
BD10.0×30.0×25.0	BD13.2×40.0×60.0	BD17.4×45.0×65.0
BD10.0×30.0×30.0	BD13.2×40.0×65.0	BD17.4×50.0×30.0
BD10.0×30.0×35.0	BD14.4×45.0×30.0	BD17.4×50.0×35.0
BD10.0×30.0×40.0	BD14.4×45.0×35.0	BD17.4×50.0×40.0
BD10.0×30.0×45.0	BD14.4×45.0×40.0	BD17.4×50.0×50.0
BD10.0×30.0×50.0	BD14.1×45.0×45.0	BD17.4×50.0×55.0
BD10.0×30.0×55.0	BD14.4×45.0×50.0	BD17.4×50.0×60.0
BD10.0×30.0×60.0	BD14.4×45.0×55.0	BD18.4×45.0×30.0
BD11.2×30.0×30.0	BD14.4×45.0×60.0	BD18.4×45.0×35.0
BD11.2×30.0×40.0	BD14.4×45.0×65.0	BD18.4×45.0×40.0
BD11.2×30.0×50.0	BD15.4×40.0×30.0	BD18.4×45.0×45.0
BD11.2×40.0×20.0	BD15.4×40.0×40.0	BD18.4×45.0×50.0
BD11.2×40.0×25.0	BD15.4×40.0×45.0	BD18.4×45.0×55.0
BD11.2×40.0×30.0	BD15.4×40.0×50.0	BD18.4×45.0×60.0
BD11.2×40.0×35.0	BD15.4×40.0×60.0	BD18.4×45.0×65.0
BD11.2×40.0×40.0	BD15.4×40.0×65.0	BD19.4×45.0×30.0
BD11.2×40.0×45.0	BD15.4×45.0×30.0	BD19.4×45.0×35.0
BD11.2×40.0×50.0	BD15.4×45.0×35.0	BD19.4×45.0×40.0
BD11.2×40.0×55.0	BD15.4×45.0×40.0	BD19.4×45.0×45.0
BD11.2×40.0×60.0	BD15.4×45.0×45.0	BD19.4×45.0×50.0
BD11.2×40.0×60.0	BD15.4×45.0×50.0	BD19.4×45.0×55.0
BD11.8×40.0×30.0	BD15.4×45.0×55.0	BD19.4×45.0×60.0
BD11.8×40.0×35.0	BD15.4×45.0×60.0	BD19.4×45.0×65.0
BD11.8×40.0×40.0	BD15.4×45.0×65.0	BD21.0×45.0×35.0
BD11.8×40.0×45.0	BD16.4×45.0×30.0	BD21.0×45.0×45.0
BD11.8×40.0×50.0	BD16.4×45.0×35.0	BD21.0×45.0×60.0
BD11.8×40.0×55.0	BD16.4×45.0×40.0	BD21.0×45.0×65.0
BD11.8×40.0×60.0	BD16.4×45.0×45.0	BD21.0×50.0×30.0
BD11.8×40.0×65.0	BD16.4×45.0×50.0	BD21.0×50.0×35.0
BD11.8×45.0×30.0	BD16.4×45.0×55.0	BD21.0×50.0×40.0
BD11.8×45.0×40.0	BD16.4×45.0×60.0	BD21.0×50.0×45.0
BD11.8×45.0×45.0	BD16.4×45.0×65.0	BD21.0×50.0×50.0
BD11.8×45.0×50.0	BD17.4×45.0×30.0	BD21.0×50.0×55.0
BD13.2×40.0×30.0	BD17.4×45.0×35.0	BD21.0×50.0×60.0
BD13.2×40.0×35.0	BD17.4×45.0×40.0	BD21.0×50.0×65.0
BD13.2×40.0×40.0	BD17.4×45.0×45.0	
BD13.2×40.0×45.0	BD17.4×45.0×50.0	

8.3.7 六方螺母冷镦模具用硬质合金毛坯（YS/T 292—2013）

产品的化学成分由供需双方协商确定；物理性能、力学性能和组织结构由供需双方按 GB/T 5242 协商确定。

表 8.40 毛坯的产品型号 mm

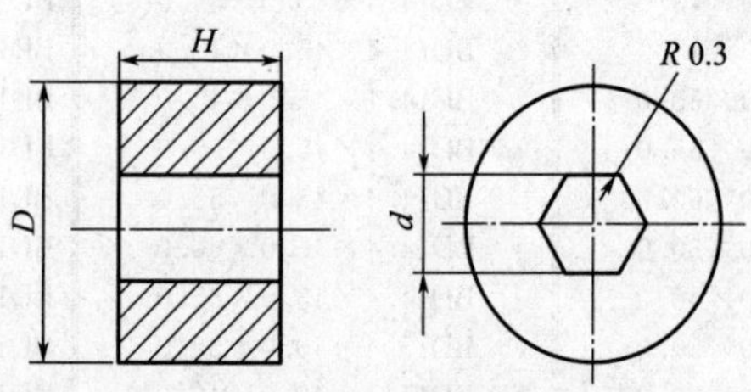

型号	d	D	H	型号	d	D	H
BF2.6×12.0×10.0	2.6	12.0	10.0	BF12.1×32.0×10.0	12.1	32.0	10.0
BF3.4×12.0×10.0	3.4	12.0	10.0	BF12.1×32.0×20.0	12.1	32.0	20.0
BF4.4×16.0×12.0	4.4	16.0	12.0	BF13.2×26.0×28.0	13.2	26.0	28.0
BF4.8×16.0×12.0	4.8	16.0	12.0	BF15.0×40.0×24.0	15.0	40.0	24.0
BF6.3×20.0×16.0	6.3	20.0	16.0	BF16.2×40.0×30.0	16.2	40.0	30.0
BF7.2×24.0×16.0	7.2	24.0	16.0	BF17.0×44.0×30.0	17.0	44.0	30.0
BF8.2×26.0×28.0	8.2	26.0	28.0	BF19.0×40.0×30.0	19.0	40.0	30.0
BF9.2×30.0×16.0	9.2	30.0	16.0	BF19.9×52.0×36.0	19.9	52.0	36.0
BF11.2×26.0×28.0	11.2	26.0	28.0	BF22.8×58.0×42.0	22.8	58.0	42.0

8.3.8 钢球用冷镦模具用硬质合金毛坯（YS/T 241—2013）

① 化学成分　由供需双方协商确定。

② 型号表示方法

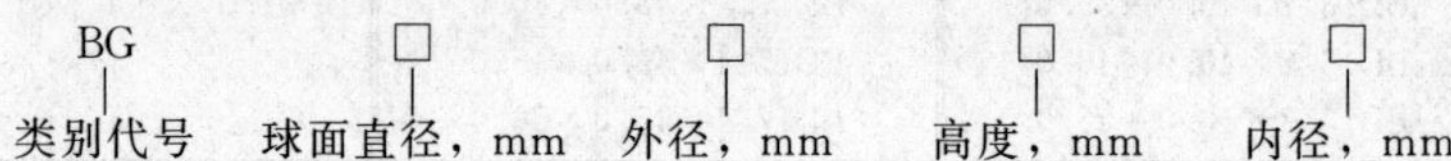

表 8.41　产品的型号和尺寸　mm

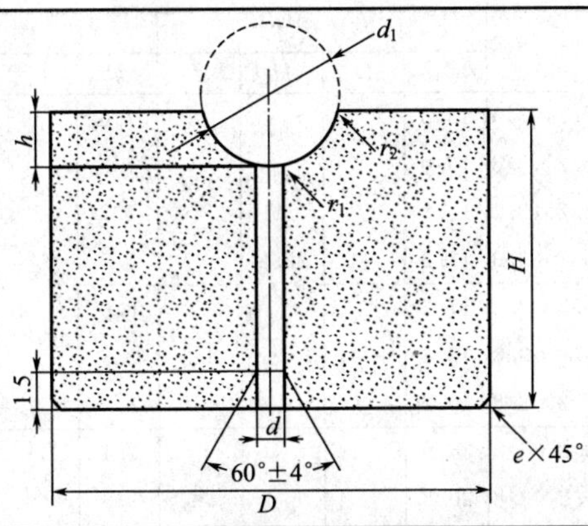

<table>
<tr><th rowspan="2">型　号</th><th colspan="4">基本尺寸</th><th colspan="4">参考尺寸</th></tr>
<tr><th>d_1</th><th>D</th><th>H</th><th>d</th><th>h</th><th>r_1</th><th>r_2</th><th>e</th></tr>
<tr><td>BG1.8×12.2×10.2×0.8</td><td>1.8</td><td rowspan="8">12.2</td><td rowspan="8">10.2</td><td rowspan="2">0.8</td><td>0.5</td><td rowspan="8">0.1</td><td rowspan="8">1.0</td><td rowspan="12">1.2</td></tr>
<tr><td>BG2.2×12.2×10.2×0.8</td><td>2.2</td><td>0.7</td></tr>
<tr><td>BG2.6×12.2×10.2×0.9</td><td>2.6</td><td rowspan="7">0.9</td><td>0.9</td></tr>
<tr><td>BG3.0×12.2×10.2×0.9</td><td>3.0</td><td>1.2</td></tr>
<tr><td>BG3.4×12.2×10.2×0.9</td><td>3.4</td><td>1.3</td></tr>
<tr><td>BG3.8×12.2×10.2×0.9</td><td>3.8</td><td>1.5</td></tr>
<tr><td>BG4.2×12.2×10.2×0.9</td><td>4.2</td><td>1.7</td></tr>
<tr><td>BG4.8×12.2×10.2×0.9</td><td>4.8</td><td>2.0</td></tr>
<tr><td>BG5.2×15.2×12.2×0.9</td><td>5.2</td><td rowspan="4">15.2</td><td rowspan="4">12.2</td><td>2.2</td><td rowspan="7">0.6</td><td rowspan="7">1.5</td></tr>
<tr><td>BG5.6×15.2×12.2×1.3</td><td>5.6</td><td rowspan="3">1.3</td><td>2.3</td></tr>
<tr><td>BG6.0×15.2×12.2×1.3</td><td>6.0</td><td>2.5</td></tr>
<tr><td>BG6.5×15.2×12.2×1.3</td><td>6.5</td><td>2.8</td></tr>
<tr><td>BG7.3×20.2×15.2×1.8</td><td>7.3</td><td rowspan="3">20.2</td><td rowspan="3">15.2</td><td rowspan="3">1.8</td><td>3.1</td><td rowspan="11">1.5</td></tr>
<tr><td>BG8.1×20.2×15.2×1.8</td><td>8.1</td><td>3.5</td></tr>
<tr><td>BG8.6×20.2×15.2×1.8</td><td>8.6</td><td>3.8</td></tr>
<tr><td>BG9.6×25.3×20.2×2.3</td><td>9.6</td><td rowspan="3">25.3</td><td rowspan="8">20.2</td><td rowspan="3">2.3</td><td>4.2</td><td rowspan="8">0.8</td><td rowspan="8">2.0</td></tr>
<tr><td>BG10.2×25.3×20.2×2.3</td><td>10.2</td><td>4.6</td></tr>
<tr><td>BG11.2×25.3×20.2×2.3</td><td>11.2</td><td>5.0</td></tr>
<tr><td>BG12.0×30.3×20.2×2.8</td><td>12.0</td><td rowspan="5">30.3</td><td rowspan="5">2.8</td><td>5.4</td></tr>
<tr><td>BG12.4×30.3×20.2×2.8</td><td>12.4</td><td>5.6</td></tr>
<tr><td>BG12.8×30.3×20.2×2.8</td><td>30.3</td><td>5.8</td></tr>
<tr><td>BG13.7×30.3×20.2×2.8</td><td>13.7</td><td>6.2</td></tr>
<tr><td>BG14.5×30.3×20.2×2.8</td><td>14.5</td><td>6.6</td></tr>
</table>

续表

<table>
<tr><th rowspan="2">型　号</th><th colspan="4">基本尺寸</th><th colspan="4">参考尺寸</th></tr>
<tr><th>d_1</th><th>D</th><th>H</th><th>d</th><th>h</th><th>r_1</th><th>r_2</th><th>e</th></tr>
<tr><td>BG15.3×35.4×25.2×3.3</td><td>15.3</td><td rowspan="4">35.4</td><td rowspan="7">25.2</td><td rowspan="4">3.3</td><td>7.0</td><td rowspan="7">0.8</td><td rowspan="7">2.0</td><td rowspan="4">1.5</td></tr>
<tr><td>BG16.0×35.4×25.2×3.3</td><td>16.0</td><td>7.3</td></tr>
<tr><td>BG16.8×35.4×25.2×3.3</td><td>16.8</td><td>7.7</td></tr>
<tr><td>BG17.2×35.4×25.2×3.3</td><td>17.2</td><td>7.7</td></tr>
<tr><td>BG17.6×40.4×25.2×3.8</td><td>17.6</td><td rowspan="3">40.4</td><td rowspan="3">3.8</td><td>8.0</td><td rowspan="11">2.0</td></tr>
<tr><td>BG18.4×40.4×25.2×3.8</td><td>18.4</td><td>8.3</td></tr>
<tr><td>BG19.2×40.4×25.2×3.8</td><td>19.2</td><td>8.7</td></tr>
<tr><td>BG20.0×45.4×30.2×3.8</td><td>20.0</td><td rowspan="4">45.4</td><td rowspan="8">30.2</td><td rowspan="4"></td><td>9.1</td><td rowspan="8">1.0</td><td rowspan="8">2.5</td></tr>
<tr><td>BG20.8×45.4×30.2×3.8</td><td>20.8</td><td>9.5</td></tr>
<tr><td>BG21.6×45.4×30.2×3.8</td><td>21.6</td><td>9.8</td></tr>
<tr><td>BG22.4×45.4×30.2×3.8</td><td>22.4</td><td>10.2</td></tr>
<tr><td>BG23.2×50.4×30.2×4.3</td><td>23.2</td><td rowspan="4">50.4</td><td rowspan="4">4.3</td><td>10.6</td></tr>
<tr><td>BG24.0×50.4×30.2×4.3</td><td>24.0</td><td>11.0</td></tr>
<tr><td>BG24.8×50.4×30.2×4.3</td><td>24.8</td><td>11.4</td></tr>
<tr><td>BG25.5×50.4×30.2×4.3</td><td>25.5</td><td>11.8</td></tr>
</table>

8.3.9 地质、矿山工具用硬质合金（GB/T18376.2—2014）

地质、矿山工具用硬质合金的牌号由四部分组成：

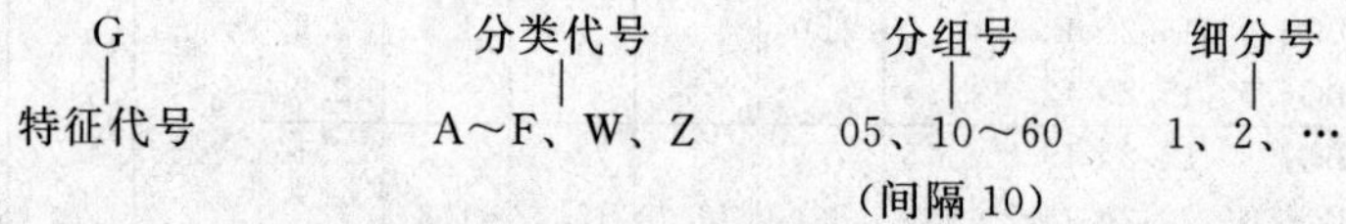

地质、矿山工具用硬质合金按用途分为8种：

A—凿岩钎片用　　B—地质勘探用

C—煤炭采掘用　　D—矿山、油田钻头用

E—复合片基体用　　F—铲雪片用

W—挖掘齿用　　Z—其他用

表 8.42　各组基本化学成分及力学性能

分组号	基本化学成分			力学性能		
	Co	其他	WC	洛氏硬度（HRA）≥	维氏硬度（HV）≥	抗弯强度 R/MPa ≥
05	3～6	<1	余量	88.5	1250	1800
10	5～9			87.5	1150	1900
20	6～11			87.0	1140	2000
30	8～12			86.5	1080	2100
40	10～15			86.0	1050	2200
50	12～17			85.5	1000	2300
60	15～25			84.0	820	2400

注：洛氏硬度和维氏硬度中任选一项。

8.3.10　地质勘探工具用硬质合金制品（GB/T 11102—2008）

按制品形状，分为 T10、T11、T12、T20、T21、T22、T30、T40、T50 九种。

制品型号表示方法：

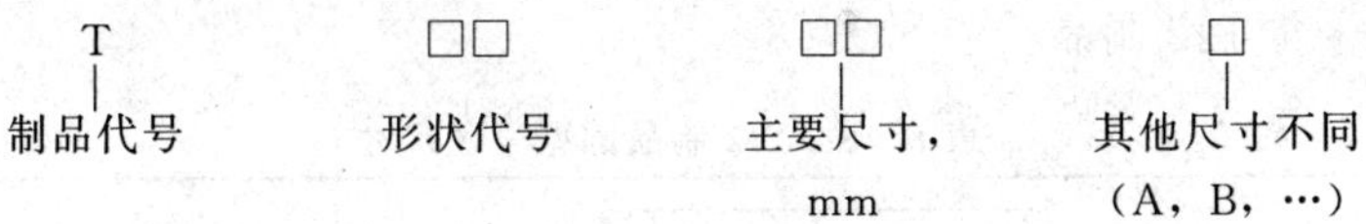

① T10 制品

表 8.43　T10 制品的型号、尺寸

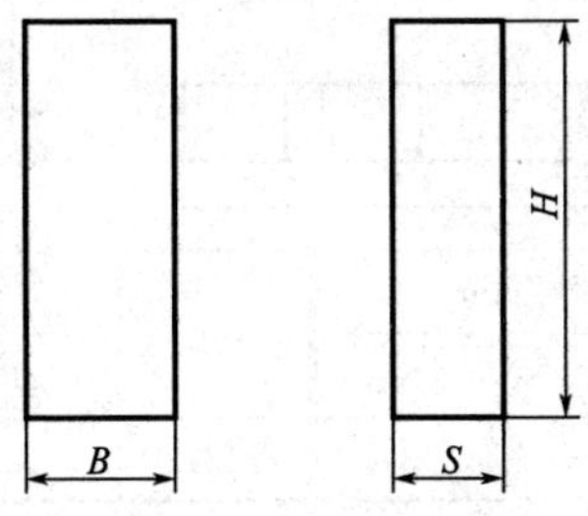

续表

型号	公称尺寸/mm			型号	公称尺寸/mm		
	B	*H*	*S*		*B*	*H*	*S*
T1003	3	15	1.5	T1008	8	20	6
T1006	6	20	4				

推荐用途：用于油井钻进刮刀钻头及自磨式取岩心钻头。

② T11 制品

表 8.44　T11 制品的型号、尺寸

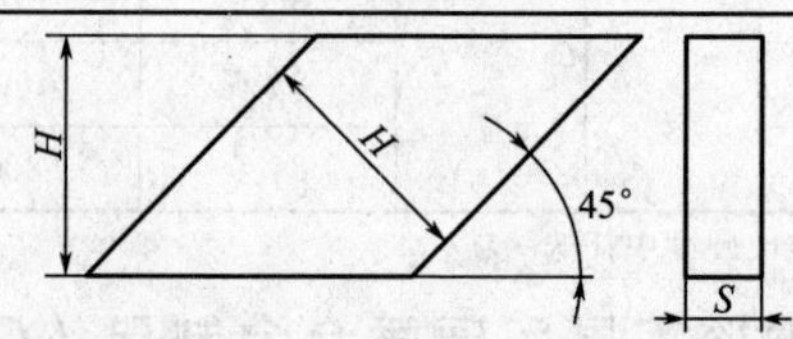

型号	公称尺寸/mm		型号	公称尺寸/mm	
	H	*S*		*H*	*S*
T1108	8.5	3	T1112	12	4

推荐用途：用于钻进中软地层取岩心钻头。

③ T12 制品

表 8.45　T12 制品的型号、尺寸

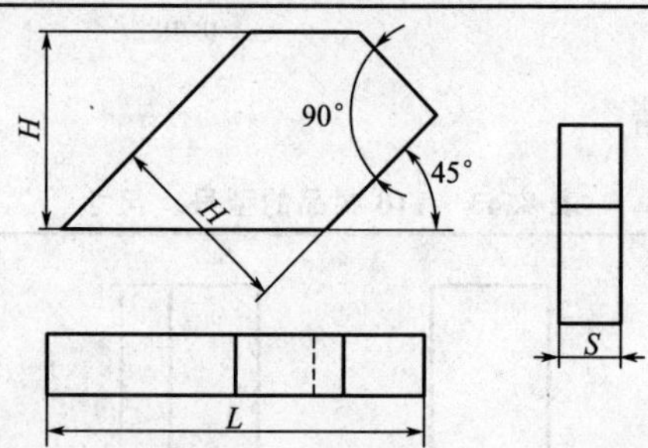

型号	公称尺寸/mm			型号	公称尺寸/mm		
	H	*L*	*S*		*H*	*L*	*S*
T1208	8.5	17.5	3	T1212	12	24	4

推荐用途：用于钻进中软地层取岩心钻头。

④ T20 制品

表 8.46　T20 制品的型号、尺寸

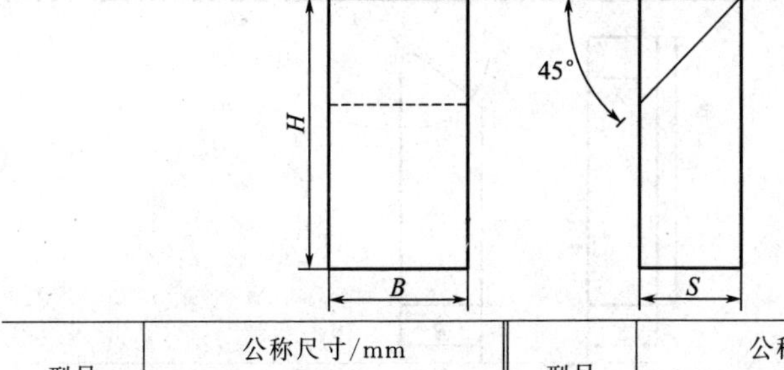

型号	公称尺寸/mm			型号	公称尺寸/mm		
	B	H	S		B	H	S
T2004	4	15	3.6	T2008	8	20	6
T2005	5	20	4	T2010	10	20	8
T2006	6	20	6				

推荐用途：用于钻进较硬地层取岩心钻头。

⑤ T21 制品

表 8.47　T21 制品的型号、尺寸

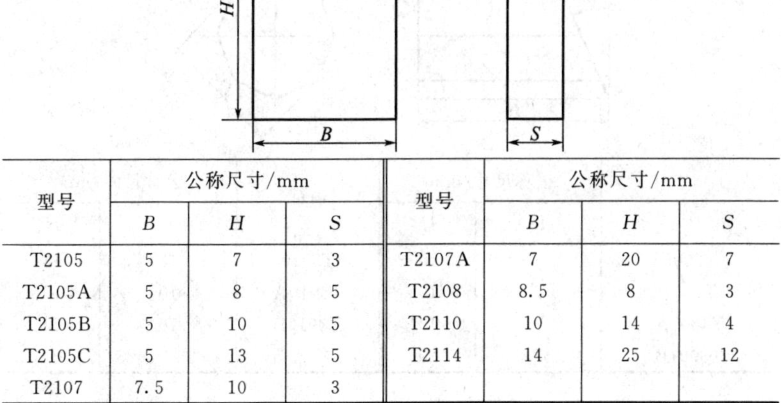

型号	公称尺寸/mm			型号	公称尺寸/mm		
	B	H	S		B	H	S
T2105	5	7	3	T2107A	7	20	7
T2105A	5	8	5	T2108	8.5	8	3
T2105B	5	10	5	T2110	10	14	4
T2105C	5	13	5	T2114	14	25	12
T2107	7.5	10	3				

推荐用途：用于钻进较硬地层取岩心钻头。

⑥ T22 制品

表 8.48　T22 制品的型号、尺寸

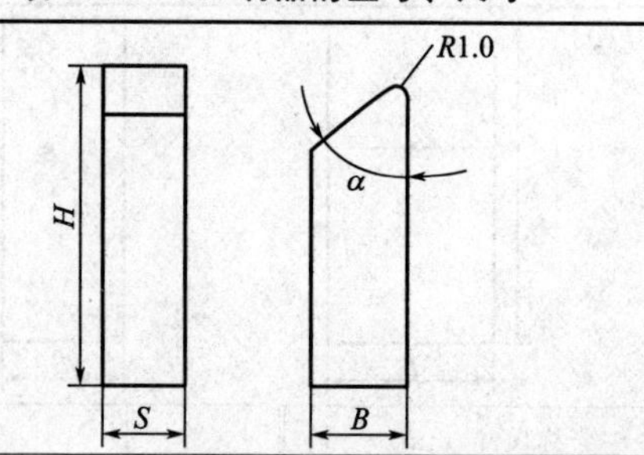

型号	公称尺寸			
	B/mm	H/mm	S/mm	α/(°)
T2225	6	25	2.5	45
T2227	6	27	2.5	60
T2230	6	30	2.5	65

推荐用途：用于钻进较硬地层取岩心钻头。

⑦ T30 制品

表 8.49　T30 制品的型号、尺寸

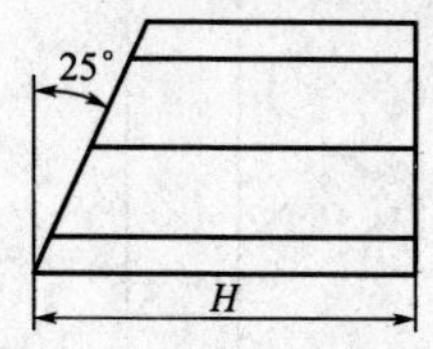

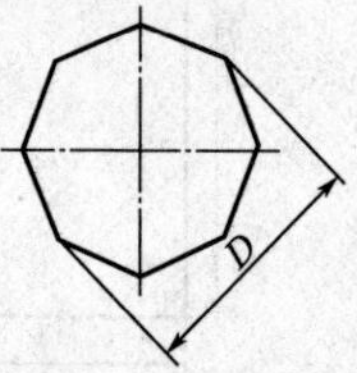

型号	公称尺寸/mm		型号	公称尺寸/mm	
	D	H		D	H
T3005	5	10	T3010	10	15
T3007	7	10	T3010A	10	16
T3007A	7	15	T3010B	10	20
T3007B	7	20			

推荐用途：用于钻进硬地层取岩心钻头。

⑧ T40 制品

表 8.50　T40 制品的型号、尺寸

型号	公称尺寸/mm			
	B	H	S	R
T4010	10			
T4012	12	16	8	4
T4014	14			

推荐用途：用于冲击回转钻进破碎岩层钻头。

⑨ T50 制品

表 8.51　T50 制品的型号、尺寸

型　号	公称尺寸/mm	
	H	D
T5010	10	1.8
T5015	15	1.8
T5020	20	2.0

推荐用途：用于钻进中硬地层自磨式取岩心钻头。

8.3.11　煤炭采掘工具用硬质合金制品（GB/T 14445—1993）

按制品形状，分为 M10、M11、M12、M13、M14、M20、M21、M22、M23、M24 等 10 种。

型号表示方法是：

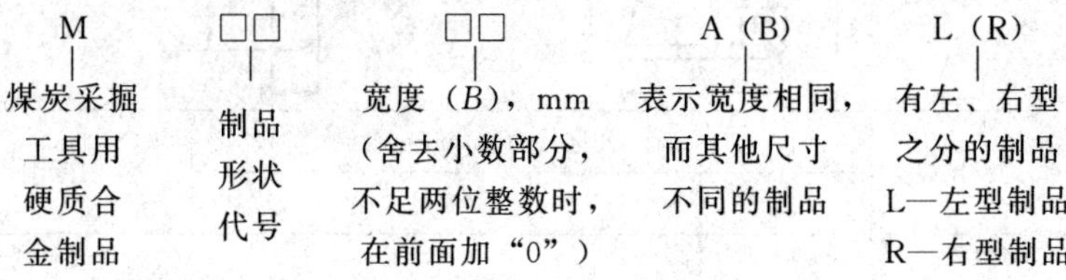

① M10 制品

表 8.52 M10 的型式和尺寸

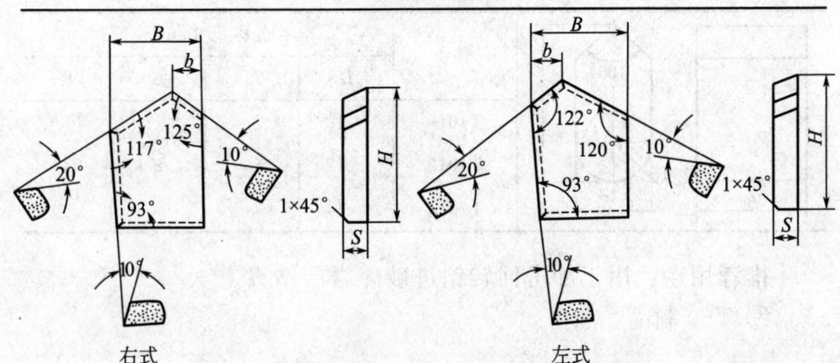

型号	公称尺寸/mm				应用范围
	B	H	S	b	
M1011R/M1011L	11	12	2.5	4	镶制旋转钻进煤层和软岩层钻头
M1014R/M1014L	14	19	3.8		
M1015R/M1015L	15	22	3.0	5	
M1018R/M1018L	18	22	6.0		

② M11 制品

表 8.53 M11 的型式和尺寸

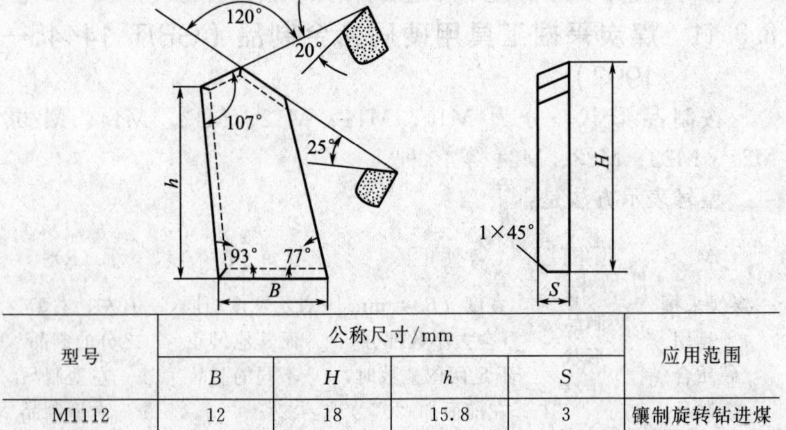

型号	公称尺寸/mm				应用范围
	B	H	h	S	
M1112	12	18	15.8	3	镶制旋转钻进煤层和软岩层钻头
M1113	13.4	26	23.8	3	

③ M12 制品

表 8.54　M12 的型式和尺寸

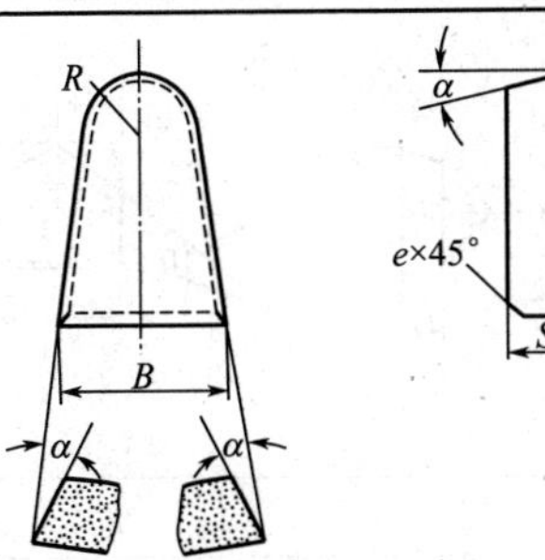

型号	公称尺寸						应用范围
	B/mm	H/mm	S/mm	R/mm	α/(°)	e/mm	
M1216	16	22	7	6	15	1.0	镶制采掘机械截齿
M1220	20	27	8	7	15	1.0	
M1222	22	22	7.5	9	10	1.5	
M1230	30	35	12	8	8	1.0	

④ M13 制品

表 8.55　M13 的型式和尺寸

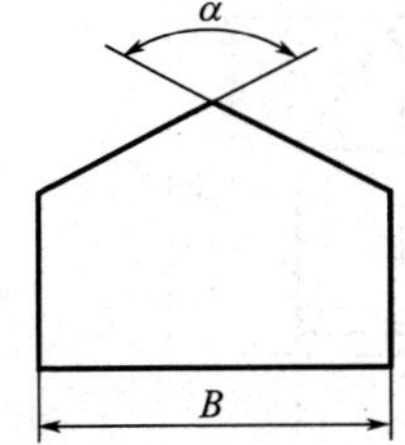

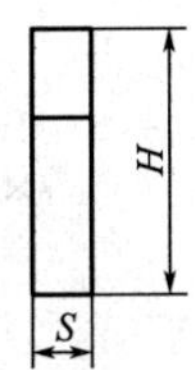

型号	公称尺寸				型号	公称尺寸				应用范围
	B/mm	H/mm	S/mm	α/(°)		B/mm	H/mm	S/mm	α/(°)	
M1306	6	5	1.4	130	M1319	19	13	3.0	130	镶制旋转钻钻头和采掘机械截齿
M1311	11	9	2.0		M1322	22	15	3.5		
M1313	13	10	2.5		M1326	26	18	4.5		
M1315	15	10	2.5		M1333	33	22	3.0		
M1317	17	13	3.0		M1345	45	27	9.0		

⑤ M14 制品

表 8.56　M14 的型式和尺寸

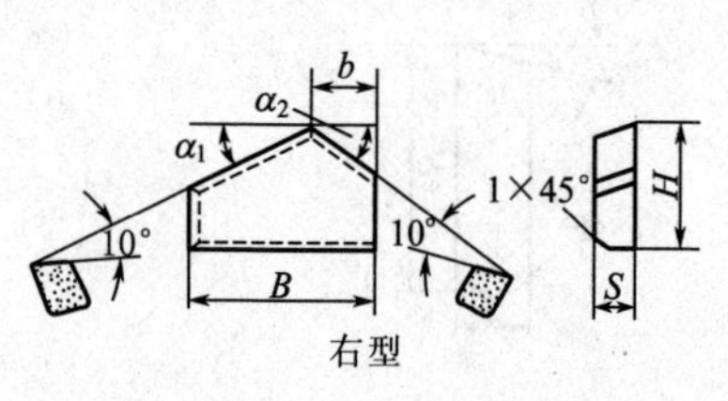

右型

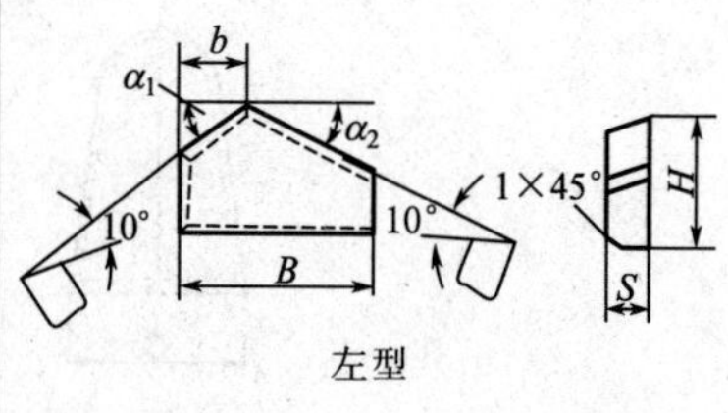

左型

型号	公称尺寸						应用范围
	B/mm	H/mm	S/mm	b/mm	$α_1$/(°)	$α_2$/(°)	
M1427K	27.5	22	4.5	10	30	35	镶制采掘机械截齿
M1427L	27.5	22	4.5	10	3S	30	
M1445R	45	21	9	15	31	17	
M1445L	45	21	9	15	17	31	

⑥ M20 制品

表 8.57　M20 的型式和尺寸

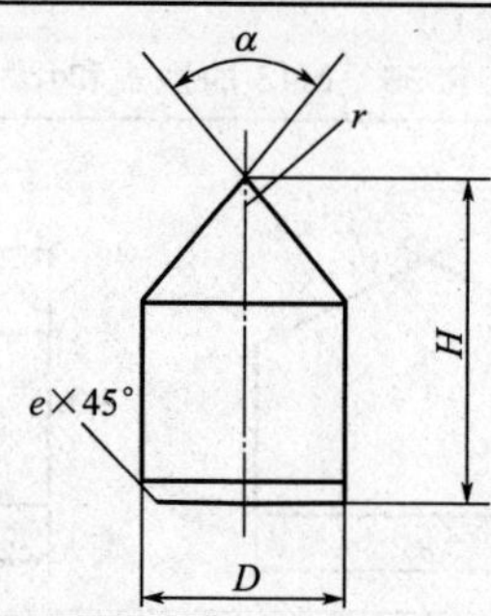

型号	公称尺寸					应用范围
	D/mm	H/mm	r/mm	$α$/(°)	e/mm	
M2009	9	16	1.0	90	1.0	镶制采掘机械截齿
M2012A	12	18	1.5	82	1.0	
M2012B	12	20	1.5	82	1.5	
M2018	18	32	1.5	82	2.0	

⑦ M21 制品

表 8.58　M21 的型式和尺寸

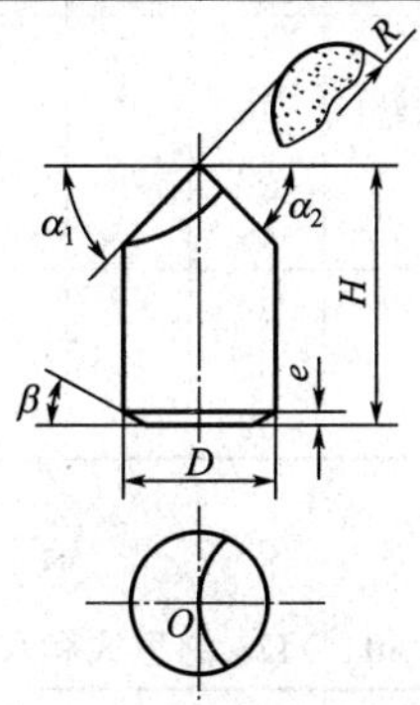

型号	公称尺寸							应用范围
	D/mm	H/mm	R/mm	α_1/(°)	α_2/(°)	e/mm	β/(°)	
M2110A	10	18	8.0	53	53	1.0	30	镶制采掘机械截齿和单牙轮钻头齿
M2110B	10	20	5.5	50	58	1.0	45	
M2112A	12	20	6.5	32	40	1.0	45	
M2112B	12.5	25	10	46	46	1.0	30	
M2115	15	22	11	45	45	2.5	30	
M2118	18	20	14.4	37	37	1.5	45	

⑧ M22 制品

表 8.59　M22 的型式和尺寸

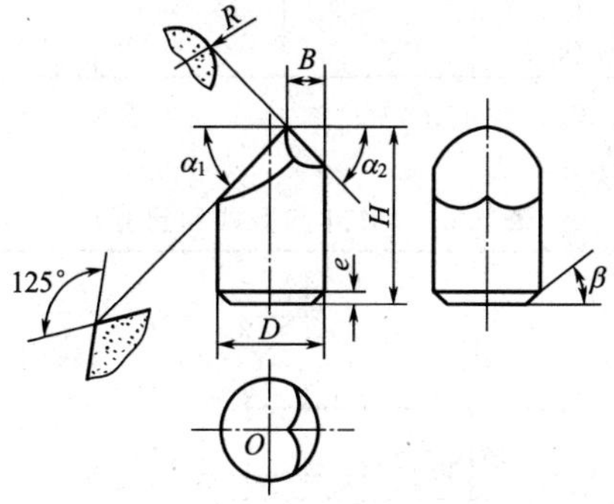

续表

型号	公称尺寸								应用范围
	D/mm	H/mm	R/mm	α_1/(°)	α_2/(°)	B/mm	e/mm	β/(°)	
M2210A	10	18	8	48	33			45	
M2210R	10	20	8	48	33	—	1	45	镶制采掘机械和联合采煤机截齿
M2212A	12	22	9	50	50	4		30	
M2212B	12.5	25	9	45	55	4		30	
M2214	14	22	10	55	49	—		45	
M2216	16	28	8	50	50	5	2	30	
M2218	18	21.5	11	52	52	—		30	

⑨ M23 制品

表 8.60 M23 的型式和尺寸

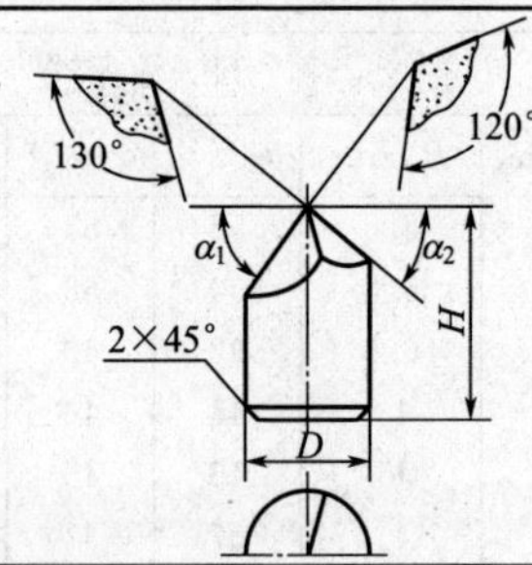

型号	公称尺寸				应用范围
	D/mm	H/mm	α_1/(°)	α_2/(°)	
M2312A	12				
M2312B	12.5	22	56	48	镶制采掘机械截齿
M2314A	14				
M23HB	14				

⑩ M24 制品

表 8.61 M24 的型式和尺寸

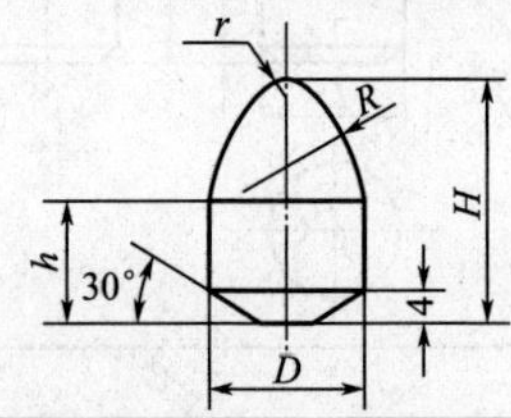

续表

型号	公称尺寸/mm					应用范围
	D	H	h①	R	r	
M2417A	17	26.5	12	26	1.75	镶制采掘机械截齿
M2417B		29.5	15			

①h 为使用参考值，不作为检查依据。

8.3.12　凿岩工具用硬质合金制品（YS/T 296—2011）

按制品形状，分为 K0 型和 K1 型两种型号。

制品型号表示方法是：

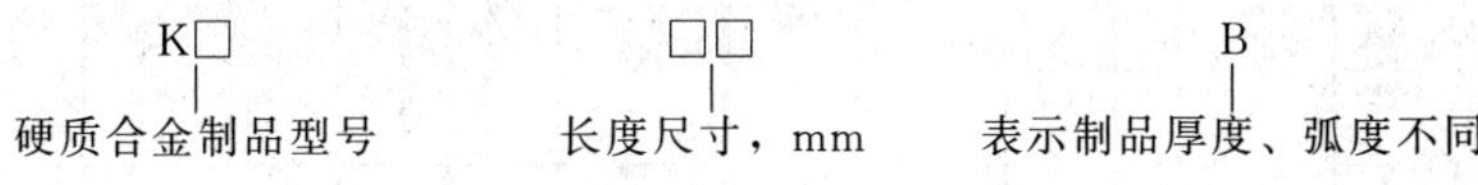

① K0 制品

表 8.62　K0 的型式和尺寸　mm

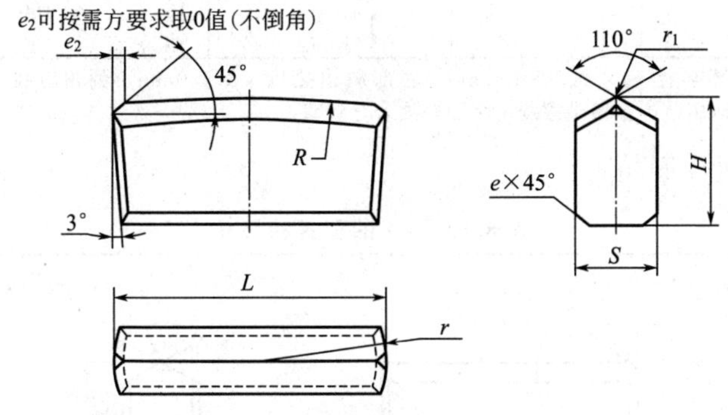

型号	尺寸			参考尺寸①		型号	尺寸			参考尺寸①	
	长度 L	高度 H	厚度 S	顶部弧半径 R	侧面半径 r		长度 L	高度 H	厚度 S	顶部弧半径 R	侧面半径 r
K032E	32	12	8	80	16	K034E	34	12	8	80	17
K032D		13				K034D		13			
K032B		15		180		K034B		15	10	180	
K032		18				K034		18			

续表

型号	尺寸			参考尺寸①	
	长度 L	高度 H	厚度 S	顶部弧半径 R	侧面半径 r
K036E	36	12.5	8	120	18
K036D		13.5	9.2	80	
K036A		15	8		
K036B		15	10	180	
K036		18	10		
K038H	38	12	10	180	19
K038E		13	9		
K038D		13.5	9.2	120	
K038A		15	8		
K038B		15	10	180	
K038		18	10		
K040H	40	12	10	180	20
K040D		13.5	9.2	120	
K040F		14	9	120	
K040A		15	8		
K040B		15	10	180	
K040		18			

型号	尺寸			参考尺寸①	
	长度 L	高度 H	厚度 S	顶部弧半径 R	侧面半径 r
K042E	42	12	7	150	21
K042H		12	10	180	
K042D		13.5	9.2	120	
K042B		15	10	180	
K042		18			
K043H	43	12	10	180	21.5
K043D		13.5	9.2	120	
K043A		15	8	120	
K043B		15	10	180	
K044B	44	15	10	120	22
K044		18		180	
K046B	46	15		160	23
K046		18		180	
K049B	49	15		160	24.5
K049		18		180	

①刃部半径 $r_1=0.5\sim1.0$mm，底部斜边宽度 $e=1.0$mm，倒角宽度$=1.0\sim1.5$mm。适用范围：用于镶制一字形硬质合金钎头。

② K1 制品

表 8.63 K1 的型式和尺寸 mm

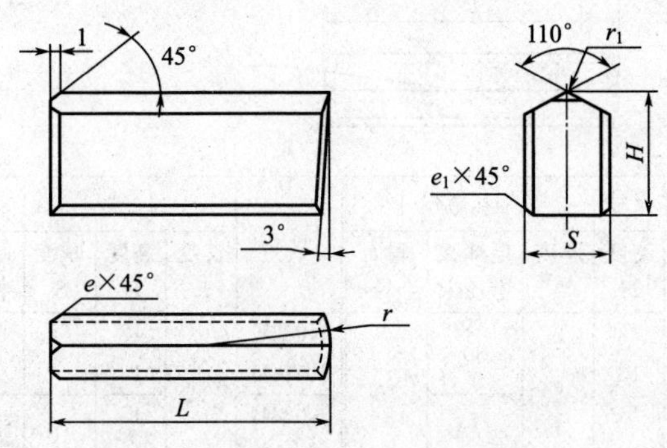

续表

<table>
<tr><th rowspan="2">型号</th><th colspan="3">尺　寸</th><th>参考尺寸①</th></tr>
<tr><th>长度 L</th><th>高度 H</th><th>厚度 S</th><th>侧面半径 r</th></tr>
<tr><td>K106</td><td>6</td><td rowspan="10">12</td><td rowspan="3">6</td><td rowspan="10">20</td></tr>
<tr><td>K107</td><td>7</td></tr>
<tr><td>K108</td><td>8</td></tr>
<tr><td>K109</td><td>9</td><td rowspan="7">8</td></tr>
<tr><td>K110</td><td>10</td></tr>
<tr><td>K111</td><td>11</td></tr>
<tr><td>K112</td><td>12</td></tr>
<tr><td>K113</td><td>13</td></tr>
<tr><td>K114</td><td>14</td></tr>
<tr><td>K115</td><td>15</td></tr>
<tr><td>K115H</td><td>15</td><td rowspan="3">14</td><td rowspan="3">8</td><td rowspan="3">20</td></tr>
<tr><td>K116</td><td>16</td></tr>
<tr><td>K117</td><td>17</td></tr>
<tr><td>K117H</td><td>17</td><td>16</td><td>10</td><td>20</td></tr>
<tr><td>K118</td><td>18</td><td>12</td><td>8</td><td>20</td></tr>
<tr><td>K119</td><td>19</td><td>14</td><td>8</td><td>22</td></tr>
<tr><td>K119H</td><td>19</td><td>16</td><td>10</td><td>22</td></tr>
<tr><td>K120</td><td>20</td><td>16</td><td>10</td><td>23</td></tr>
<tr><td>K121B</td><td rowspan="2">21</td><td>14</td><td>10</td><td rowspan="2">24</td></tr>
<tr><td>K121</td><td>16</td><td>10</td></tr>
<tr><td>K122B</td><td rowspan="2">22</td><td>14</td><td>10</td><td rowspan="2">25</td></tr>
<tr><td>K122</td><td>16</td><td>10</td></tr>
<tr><td>K124B</td><td rowspan="2">24</td><td>14</td><td>10</td><td rowspan="2">27</td></tr>
<tr><td>K124</td><td rowspan="3">16</td><td rowspan="3">10</td></tr>
<tr><td>K126</td><td>26</td><td>29</td></tr>
<tr><td>K128</td><td>28</td><td>31</td></tr>
<tr><td>K130</td><td>30</td><td>12</td><td>8</td><td>32</td></tr>
<tr><td>K131</td><td>31</td><td>16</td><td>10</td><td>34</td></tr>
<tr><td>K133</td><td>33</td><td>12</td><td>8</td><td>36</td></tr>
<tr><td>K134</td><td>34</td><td>12</td><td>10</td><td>37</td></tr>
<tr><td>K135</td><td>35</td><td>13</td><td>10</td><td>35</td></tr>
<tr><td>K136</td><td>36</td><td>16</td><td>10</td><td>39</td></tr>
<tr><td>K140</td><td>40</td><td>24</td><td>13</td><td>51</td></tr>
</table>

① 刃部半径 $r_1=0.5\sim1.0$mm，侧面斜边宽度 $e=1.0$mm，底部斜边宽度 e_1：K106、K107、K108=0.5mm，其余 1.0mm。

适用范围：用于镶制十字形和 X 字形硬质合金钎头。

8.4 粉末冶金轴承

粉末冶金轴承（FZ/T 92050—1995）用于纺织机械中一般用途的铁基及铜基金属粉末制造的多孔性粉末冶金轴承，也适用于其他机械中一般用途的该类轴承。

8.4.1 轴承的标记

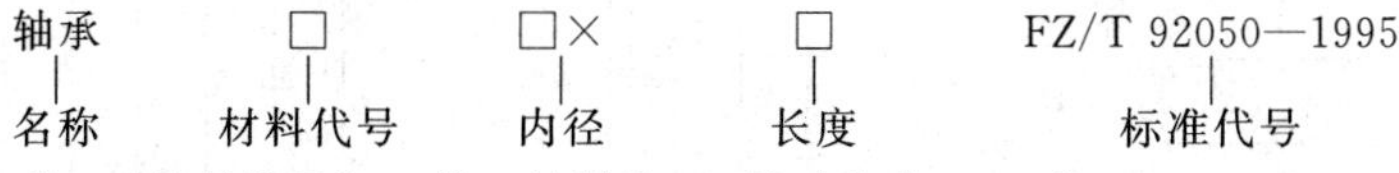

注：“材料代号”一栏，材料为 Fe 基时省略，Cu 基（Cu-Sn-Zn-Pb）时标为“（Cu）”。

8.4.2　轴承的尺寸及公差

表 8.64　轴承的内径、外径及倒角　　mm

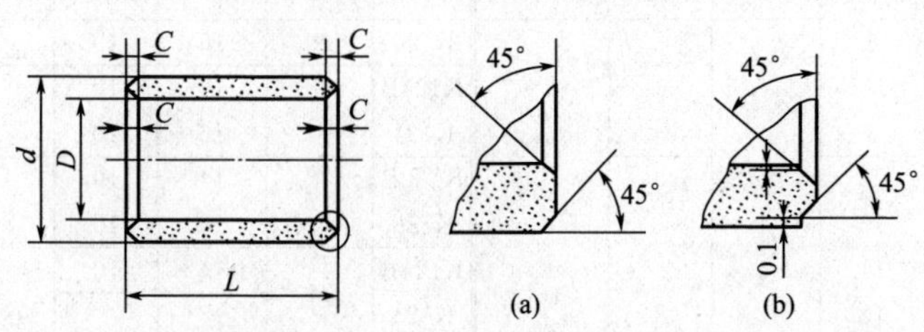

内径 D	外径 d	倒角 C	内径 D	外径 d	倒角 C	内径 D	外径 d	倒角 C
4	8	0.3	18	25	0.5	38	48	0.8
5	9		20	28		40	50	
6	10		22	30		45	55	1.0
8	12	0.4	25	32		50	60	
10	16		28	35	0.8	55	65	
12	18		30	38		60	70	
14	20	0.5	32	40				
16	22		35	45				

表 8.65　轴承的长度尺寸　　mm

L \ D	4	5	6	8	10	12	14	16	18	20	22	25	28	30	32	35	38	40	45	50	55	60
4																						
6																						
8																						
10				长																		
12					度																	
15						尺																
18							长															
20								范														
22									围													
25																						

续表

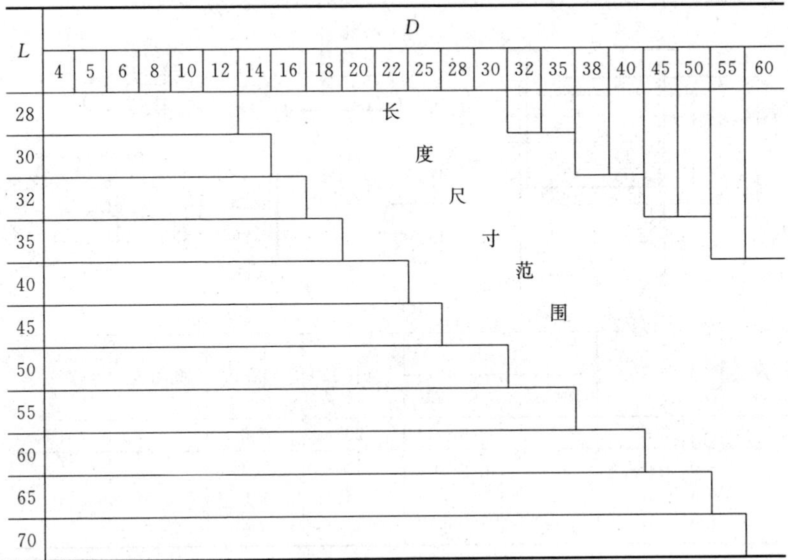

L	D: 4	5	6	8	10	12	14	16	18	20	22	25	28	30	32	35	38	40	45	50	55	60
28											长											
30												度										
32													尺									
35														寸								
40															范							
45																围						
50																						
55																						
60																						
65																						
70																						

8.4.3　电扇、洗衣机的铜基粉末冶金轴承

表 8.66　筒形轴承的尺寸　mm

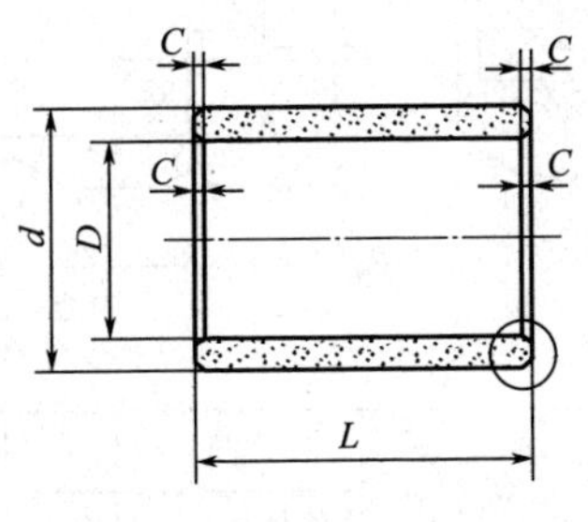

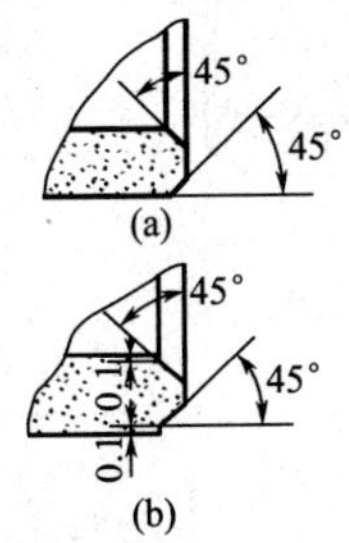

内径 D	外径 d	长度 L	倒角 C	注
8	13	20	0.5	—
		25		外径直纹
10	14	14		—
14	20	20		—

表 8.67　带挡边直筒型轴承的尺寸　　　　mm

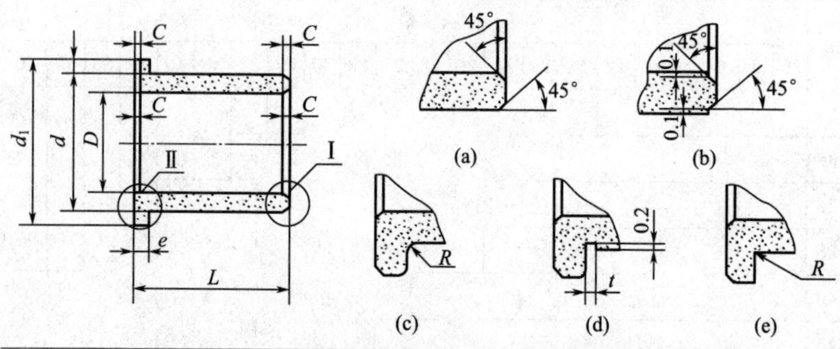

内径 D	外径 d	挡边		总长 L	倒角 C	圆角 R	槽宽 t
		直径 d_1	厚度 e				
8	13	17	1.5	20	0.5	—	1.5
10	14	19	2	14	0.3	—	1.5
	15	20	2	14	1.0	0.3	—
	16	20	2.5	14.5	0.5	0.5	—

表 8.68　球形轴承的尺寸　　　　mm

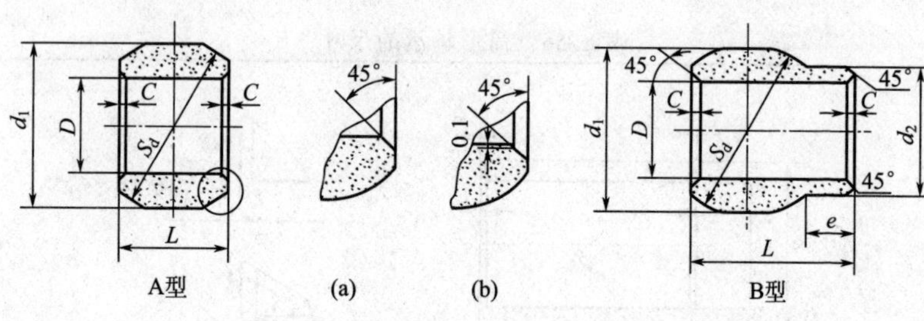

型式	内径 D	球径 S_d	总长 L	外径 d_1	凸台		倒角 C
					外径 d_2	长度 e	
A 型	4	9	6	8.6	—	—	0.3
	5	10	7	9.6	—	—	
	10	16	11	15.5	—	—	0.5
	10	22	16	21.6			
	12	22	16	21.6			

续表

型式	内径 D	球径 S_d	总长 L	外径 d_1	凸　台		倒角 C
					外径 d_2	长度 e	
B 型	6	12	10.5	11.8	9	1.6	0.3
	7.8	17	15	16	12	2.16	0.5
	8	17	15	16	12	2.16	
	9	18	17	17	13	3.98	
	9.5	21	20	20.40	15	5.15	
	10	20	20	19.30	15	6.0	

8.5　烧结金属材料

烧结金属材料（GB/T 19076—2003）用于制造轴承和结构零件。烧结的方法有常规烧结、金属注射成型烧结、激光烧结和微波烧结等。

8.5.1　材料代码

材料代码由专用代码、通用代码和描述代码三部分组成。

（1）材料专用代码

由 3 组字符组成：

① 第一组　包含 1～3 个表示基体金属及添加合金元素的大写字母：

F：纯铁粉或混入有合金添加剂的铁粉；

FD：加入有扩散合金化添加剂的铁粉末；

FL：预合金化钢粉；

FX：渗铜钢；

C：混入有合金添加剂的铜粉；

CL：预合金化铜基粉末；

FLD：加入有扩散合金化添加剂的预合金钢粉（待用）；

FLA：加入有合金化添加剂的预合金钢粉（待用）。

② 第二组　包含 2～6 个字母-数字字符。

a. 用两位不带小数点的数字表示溶解碳（化合碳）的质量分数（铜基材料和不锈钢除外），例如 03 代表含碳量（质量分数）0.3%。

b. 第三个代码用一个大写字母代表含量最高的合金元素（若

有，用 C 代表铜，G 代表石墨，M 代表钼，N 代表镍，P 代表磷，T 代表锡，Z 代表锌），随后是其质量分数，用一个或两个数字表示，例如：05 表示 0.5%，10 表示 10%，2 表示 2.0%。

c. 最后一个字符用一个大写字母表示含量第二高的合金元素（若有），但不标明其含量。

③ 第三组 表示最小屈服强度值（对于热处理材料用拉伸强度，MPa），H 字符表示该材料经过热处理，K 表示径向压溃强度。

（2）通用代码

标准号 GB/T 19076，其后是材料专用代码。仅用于采购等文件中。

（3）描述代码

P，其后是材料通用代码和专用代码。仅用于采购等文件中。

8.5.2 牌号

表 8.69 烧结金属材料的牌号

<table>
<tr><th colspan="3">类别</th><th>牌号</th></tr>
<tr><td rowspan="6">轴承用烧结金属材料</td><td rowspan="4">铁基</td><td>铁</td><td>-F-00-KI70、-F-00-K220</td></tr>
<tr><td>铁-铜</td><td>-F-00C2-K200、F-00C2-K250</td></tr>
<tr><td>铁-青铜</td><td>-F-03C36T-K90、-F-03C36T-K120、-F-03C45T-K70、-F-03C45T-K100</td></tr>
<tr><td>铁-碳-石墨材料</td><td>-F-03G3-K70、-F-03G3-K80</td></tr>
<tr><td rowspan="2">铜基</td><td>青铜</td><td>-C-T10-K110、-C-T10-K140、-C-T10-K180</td></tr>
<tr><td>青铜-石墨</td><td>-C-T10G-K90、-C-T10G-K120、-C-T10G-K160</td></tr>
<tr><td rowspan="8">结构零件用铁基烧结金属材料</td><td rowspan="2">铁与碳钢</td><td>铁</td><td>-F-00-100、-F-00-120、-F-00-140</td></tr>
<tr><td>碳钢</td><td>-F-05-140、-F-05-170、-F-05-340H、-F-05-480H、-F-08-210、-F-08-240、-F08-450H、-F08-550H</td></tr>
<tr><td rowspan="2">铜钢与铜-碳钢</td><td>铜钢</td><td>-F00C2-140、-F00C2-175</td></tr>
<tr><td>铜-碳钢</td><td>-F-05C2-270、-F-05C2-300、-F-05C2-500H、-F-05C2-620H；-F-08C2-350、-F-08C2-390、-F-08C2-500H、-F-08C2-620H</td></tr>
<tr><td rowspan="4">磷钢</td><td>磷钢</td><td>-F-00P05-180、-F-00P05-210</td></tr>
<tr><td>磷-碳钢</td><td>-F-05P05-270、-F-05P05-320</td></tr>
<tr><td>铜-磷钢</td><td>-F-00C2P-260、-F-00C2P-300</td></tr>
<tr><td>铜-磷-碳钢</td><td>-F-05C2P-320、-F-05C2P-380</td></tr>
</table>

续表

<table>
<tr><th colspan="3">类 别</th><th>牌 号</th></tr>
<tr><td rowspan="11">结构零件用铁基烧结金属材料</td><td colspan="2">镍 钢</td><td>-F-05N2-140、-F-05N2-180、-F-05N2-550H、-F-05N2-800H;-F-08N2-260、-F-08N2-600H、-F-08N2-900H;-F-05N4-180、-F-05N4-240、-F-05N4-600H、-F-05N4-900H</td></tr>
<tr><td colspan="2">扩散合金化镍-铜-钼钢</td><td>-FD-05N2C-360、-FD-05N2C-400、-FD-05N2C-440、-FD-05N2C-950H、-FD-05N2C-1100H;-FD-05N4C-400、-FD-05N4C-420、-FD-05N4C-450、-FD-05N4C-930H、-FD-05N4C-1100H</td></tr>
<tr><td colspan="2">预合金化镍-钼-锰钢</td><td>-FL-05M07N-620H、-FL-05M07N-830H;-FL-05M1-940H、-FL-05M1-1120H;-FL-05N2M-650H、-FL-05N2M-860H</td></tr>
<tr><td colspan="2">铜或铜合金熔渗钢</td><td>-FX-08C10-340、-FX-08C10-760H、-FX-08C20-410、-FX-08C20-620H</td></tr>
<tr><td rowspan="3">不锈钢</td><td>奥氏体不锈钢</td><td>-FL303-170N-303、-FL303-260N-303;-FL304-210N-304、-FL304-260N-304;-FL316-170N-316、-FL316-260N-316、-FL316-150-316L</td></tr>
<tr><td>马氏体不锈钢</td><td>-FL410-620H410</td></tr>
<tr><td>铁素体不锈钢</td><td>-FL410-140-410L、-FL430-170-430L、-FL434-170-434L</td></tr>
<tr><td rowspan="3">非铁金属铜基合金</td><td>黄 铜</td><td>-CL-Z20-75、-CL-Z20-80、-CL-Z30-100、-CL-Z30-110</td></tr>
<tr><td>青 铜</td><td>-C-T10-90R</td></tr>
<tr><td>锌白铜</td><td>-CL-N18Z-120</td></tr>
</table>

第3篇

非铁金属及其合金

非铁金属及其合金是指除黑色金属外的金属和合金，其中除铜为紫红色、金为黄色外，其他均为银白色。可分为五大类：

① 轻金属。密度0.53～4.5g/cm^3，如铝、镁、钾、钠、钙、锶、钡等。

② 重金属。密度大于4.5g/cm^3，如铜、镍、钴、铅、锌、锡、锑、铋、镉、汞等。

③ 贵金属。地壳丰度低，提纯困难，化学性质稳定，如金、银及铂族金属。

④ 半金属。性质介于金属和非金属之间，如硅、硒、碲、砷、硼等。

⑤ 稀有金属。包括：a. 稀有轻金属，如锂、铷、铯等；b. 稀有难熔金属，如钛、锆、钼、钨等；c. 稀有分散金属，如镓、铟、锗等；d. 稀土金属，如钪、钇、镧系金属；e. 放射性金属，如镭、钫、钋及锕系元素中的铀、钍等。

第9章 铝及铝合金

9.1 概述

9.1.1 铝及其合金的特性

铝及铝合金是非铁金属的一种，在现代工业上应用甚为广泛。

纯铝是一种具有银白色金属光泽的金属，其相对密度小，熔点低，沸点高；工业纯铝中含有少量杂质。一般来说，随着主要杂质含量的增高，纯铝的导电性和耐蚀性均降低；强度升高，塑性降低。

铝合金的合金元素大致分为主要元素（硅、铜、镁、锰、锌、锂）和辅加元素（铬、钛、锆、稀土、钙、镍、硼等）两类。

变形铝合金是通过冲压、弯曲、轧和挤压等工艺，使其组织、形状发生变化的铝合金材料。有的不能通过热处理来提高力学性能（如高纯铝、工业纯铝以及防锈铝等，只能通过冷加工变形来实现强化）；而有的可以通过淬火和时效等热处理手段来提高力学性能（如硬铝、锻铝、超硬铝和特殊铝合金等）。

根据铝合金的成分及加工方法，可将铝合金分为变形铝合金和铸造铝合金两大类。铸造铝合金可分为铝硅合金、铝铜合金、铝镁合金、铝锌合金和铝稀土合金等。铝合金的特点是：

① 密度小。密度为 2.8g/cm^3 左右，仅为钢铁的 1/3。

② 耐蚀性好。在自然环境中，表面形成薄的氧化膜可阻止空气的进一步氧化。表面进行各种不同处理后，其耐蚀性更佳，可适合室外及较恶劣环境中使用。

③ 成形性好。退火后可用于各种成型加工。

④ 易加工性特佳。可加工成棒、线、挤压型材。由于后者与钢铁比较可节省 70％材料，且通常强度较高的铝合金的切削性较佳，故用量占有极大比例。

⑤ 强度范围大。添加合金或轧延、热处理后，可生成强度 2～60MPa 不同强度等级的产品，以适应各种不同强度要求。

⑥ 表面处理方法多。包括阳极处理、表面化成处理、涂覆及电镀等，尤其是阳极处理可产生各种不同色泽、硬度的皮膜。

⑦ 导电性好。铝的导电率为铜的 60％，但密度只有铜的 1/3，相同重量的铝，其导电度为铜的两倍。

⑧ 无毒性。在食品用途方面极为广泛。

⑨ 无磁性。几乎不受磁场影响，适用于必须非磁性的各种电器机械。

⑩ 熔接性。纯铝及铝镁合金的熔接性佳，在结构体及船舶的应用方面占有重要地位。

⑪ 导热性极佳。在家庭五金、冷气机散热片、热交换器的应

用方面极为广泛。

⑫ 无低温脆性。铝在超低温状态下，无一般碳钢的低温脆性问题。

⑬ 再生性。价格虽较一般碳钢高，但易于回收重熔使用。

⑭ 反射性。铝表面能有效反射热、电波，多用于反射板、照明器具、平行天线等。纯度愈高反射性愈佳。

9.1.2 产品状态名称、特性及代号

表 9.1　产品状态名称、特性及代号

<table>
<tr><th colspan="3">名　称</th><th>采用的汉字</th><th>代号</th><th colspan="2">名　称</th><th>采用的汉字</th><th>代号</th></tr>
<tr><td rowspan="5">产品状态代号</td><td colspan="2">热加工</td><td>热</td><td>R</td><td colspan="2">淬火(人工时效)</td><td>淬、时</td><td>CS</td></tr>
<tr><td colspan="2">退火(焖火)</td><td>焖(软)</td><td>M</td><td colspan="2">硬</td><td>硬</td><td>Y</td></tr>
<tr><td colspan="2">淬火</td><td>淬</td><td>C</td><td colspan="2" rowspan="2">3/4 硬、1/2 硬、1/3 硬、1/4 硬</td><td rowspan="2">硬</td><td rowspan="2">Y_1、Y_2 Y_3、Y_4</td></tr>
<tr><td colspan="2">淬火后冷却(冷作硬化)</td><td>淬、硬</td><td>CY</td></tr>
<tr><td colspan="2">淬火(自然时效)</td><td>淬、自</td><td>CZ</td><td colspan="2">特　硬</td><td>特</td><td>T</td></tr>
<tr><td rowspan="5">产品特性代号</td><td colspan="2">优质表面</td><td>优</td><td>O</td><td rowspan="5">硬质合金</td><td>添加碳化钽</td><td>钽</td><td>A</td></tr>
<tr><td colspan="2">涂漆蒙皮板</td><td>漆</td><td>Q</td><td>添加碳化铌</td><td>铌</td><td>N</td></tr>
<tr><td colspan="2">加厚包铝者</td><td>加</td><td>J</td><td>细颗粒</td><td>细</td><td>X</td></tr>
<tr><td colspan="2">不包铝者</td><td>不</td><td>B</td><td>粗颗粒</td><td>粗</td><td>C</td></tr>
<tr><td colspan="2">硬质合金表面涂层</td><td>涂</td><td>U</td><td>超细颗粒</td><td>超</td><td>H</td></tr>
<tr><td rowspan="7">产品状态特性代号组合举例</td><td rowspan="7">不包铝</td><td>热　轧</td><td>不、热</td><td>BR</td><td rowspan="3">优质表面淬火</td><td>自然时效</td><td>淬、自、优</td><td>CZO</td></tr>
<tr><td>退　火</td><td>不、焖</td><td>BM</td><td>自然时效冷作硬化</td><td>淬、自、硬、优</td><td>CZYO</td></tr>
<tr><td>淬　火、冷作硬化</td><td>不、淬、硬</td><td>BCY</td><td>人工时效</td><td>淬、时、优</td><td>CSO</td></tr>
<tr><td>淬　火、优质表面</td><td>不、淬、优</td><td>BCO</td><td colspan="2">优质表面(退火)</td><td>焖、优</td><td>MO</td></tr>
<tr><td rowspan="3">淬　火、冷作硬化、优质表面</td><td rowspan="3">不、淬、硬、优</td><td rowspan="3">BCYO</td><td colspan="2">淬火后冷轧人工时效</td><td>淬、硬、时</td><td>CYS</td></tr>
<tr><td colspan="2" rowspan="2">热加工、人工时效</td><td rowspan="2">热、时</td><td rowspan="2">RS</td></tr>
<tr></tr>
</table>

9.1.3 铝及其合金产品牌号

① 工业纯铝的牌号　在顺序号数字前冠以“L”，依其杂质的含量表示，如 L1、L2、L3 等，数字越小纯度越高。高纯铝用 L0、L00 表示，其后所附顺序数字愈大，纯度愈高，如 L04 的含铝量不小于 99.996%。

② 特殊铝的牌号　在数字前冠以“LT”，硬钎焊铝的牌号在数字前冠以“LQ”。

③ 变形铝及铝合金牌号（GB/T 16474—2011）　变形铝及铝合金的牌号用四位字符：

□	□	□□
铝及铝合金的组别（1～9）	原始纯铝的改型情况 A—原始纯铝；B—Y（C、I、L、N、O、P、Q、Z除外）—原始纯铝或原始合金的改型	最后两位数字表示最低铝百分含量。当最低铝百分含量精确到0.01%时，牌号的最后两位数字就是最低铝百分含量中小数点后的两位

牌号的第一位数字表示铝及铝合金的组别。除改型合金外，铝合金组别按主要合金元素（6×××系按 Mg_2Si）来确定。主要合金元素指极限含量算术平均值为最大的合金元素。当有一个以上的合金元素极限含量算术平均值同为最大时，应按 Cu、Mn、Si、Mg_2Si、Zn、其他元素的顺序来确定合金组别。牌号的第二位字母表示原始纯铝或铝合金的改型情况，最后两位数字用以标识同一组中不同的铝合金或表示铝的纯度。

变形铝合金在加热时能形成单相固溶体组织，其塑性较高，适于压力加工，各组对应的主要合金元素是：

1×××—杂质含量不大于1.00%（纯铝）
2×××—铜
3×××—锰
4×××—硅
5×××—镁
6×××—镁和硅（Mg_2Si 相为强化相）
7×××—锌
8×××—其他元素
9×××—备用合金组

注：1. 在1×××中，最后两位数字表示最低铝含量，与最低铝含量中小数点右边的两位数字相同，如1060表示最低铝含量为99.60%的工业纯铝。第一位数字表示对杂质范围的修改；若是0，则表示该工业纯铝的杂质范围为生产中的正常范围，若为1～9中的自然数，则表示生产中应对某一种或几种杂质或合金元素加以专门控制。例如，1350工业纯铝是一种铝含量应≥99.50%的电工铜，其中有3种杂质应受到控制，即 $w(V+Ti)\leqslant 0.02\%$，$w(B)\leqslant 0.05\%$，$w(Ca)\leqslant 0.03\%$。

2. 在2×××～8×××系列中，牌号最后两位数字无特殊意义，仅表示同一系列中的不同合金（仅有少数例外）。第二位数字表示对合金的修改，若为0，则表示原始合金，若为1～9中的任一整数，则表示对合金的修改次数。

3. 牌号第2位的字母表示原始纯铝的改型情况。如果第2位的字母为A，则表示原始纯铝；如果是B～Y的其他字母，则表示原始纯铝的改型（其元素含量略有改变）。

铝及其合金产品牌号举例见表9.2。

表9.2　铝及其合金产品牌号

组别	金属或合金牌号举例		组别	金属或合金牌号举例	
	牌号	代号		牌号	代号
工业纯铝	四号工业纯铝	L4(1035)	超硬铝	四号超硬铝	LC4(7A04)
防锈铝	二号防锈铝	LF2(5A02)	特殊铝	六十六号特殊铝	LT66
硬铝	十二号硬铝	LY12(2A12)	硬钎焊铝	一号硬钎焊铝	LQ1
锻铝	二号锻铝	LD2(6A02)			

9.2　变形铝合金

铝与锰、镁、铜、硅、铁、镍、锌等合金元素组成的铝合金，具有较高的强度，能用于制作承受载荷的机械零件。

9.2.1　品种、状态和典型用途

表9.3　1×××系铝合金的品种、状态和典型用途

牌号	主要品种	状　态	典型用途
1050	板、带、箔材	O、H12、H14、H16、H18	导电体，食品、化学和酿造工业用挤压盘管，各种软管，船舶配件，小五金件
	管、棒、线材	O、H14、H18	
	挤压管材、粉材	H112	
1060	板、带材	O、H12、H14、H16、H18	耐蚀性与成形性要求均较高而对强度要求不高的零部件，如化工设备、船舶设备、铁道油罐车、导电体材料、仪器仪表材料、焊条等
	箔材	O、H19	
	厚板	O、H12、H14、H112	
	拉伸管	O、H12、H14、H18、H113	
	挤压管、型、棒、线材	O、H112	
	冷加工棒材	H14	
1100	板、带材	O、H12、H14、H16、H18	用于需要有良好的成形性和高的抗蚀性，但不要求有高强度的零部件，例如化工设备、食品工业装置与储存容器、炊具、压力罐、薄板加工件、深拉或旋压凹形器皿、焊接零部件、热交换器、印刷版、铭牌、反光器具、卫生设备零件和管道、建筑装饰材料、小五金件等
	箔材	O、H19	
	厚板	O、H12、H14、H112	
	拉伸管	O、H12、H14、H16、H18、H113	
	挤压管、型、棒、线材	O、H112	
	冷加工棒材	O、H12、H14、F	
	冷加工线材	O、H12、H14、H16、H18、H112	
	锻件和锻坯	H112、F	
	散热片坯料	O、H14、H18、H19、H25、H111、H113、H211	

续表

牌号	主要品种	状态	典型用途
1145	箔材	O、H19	包装及绝热铝箔、热交换器
	散热片坯料	O、H14、H19、H25、H111 H113、H211	
1350	板、带材 厚板 挤压管、型、棒、线材	O、H12、H14、H16、H18 O、H12、H14、H112 H112	电线、导电绞线、汇流排、变压器带材
	冷加工圆棒	O、H12、H14、H16、H22 H24、H26	
	冷加工异形棒	H12、H111	
	冷加工线材	O、H12、H14、H16、H19、H22 H24、H26	
1A90	箔材	O、H19	电解电容器箔、光学反光沉积膜、化工用管道
	挤压管	H112	

注：F表示自由加工状态，O表示退火状态，H表示加工硬化状态，W表示固溶热处理状态，T表示不同于F、O、H状态的热处理状态。

表9.4 2×××系铝合金的品种、状态和典型用途

牌号	主要品种	状态	典型用途
2011	拉伸管 冷加工棒材 冷加工线材	T3、T4511、T8 T3、T4、T451、T8 T3、T8	螺钉及要求有良好切削性能的机械加工产品
2014	板材 厚板 拉伸管	T3、T4、T6 O、T451、T651 O、T4、T6	应用于要求高强度与高硬度(包括高温)的场合重型锻件、厚板和挤压材料，如用于飞机结构件，多级火箭第一级燃料槽与航天器零件，车轮、卡车构架与悬挂系统零件
	挤压管、棒、型、线材	O、T4、T4510、T4511、T6 T6510、T6511	
	冷加工棒材 冷加工线材 锻件	O、T4、T451、T6、T651 O、T4、T6 F、T4、T6、T652	
2017	板材 挤压型材 冷加工棒材 冷加工线材 铆钉线材 锻件	O、T4 O、T4、T4510、T4511 O、H13、T4、T451 O、H13、T4、T451 T4 F、T4	主要应用范围为铆钉、通用机械零件、飞机、船舶、交通、建筑结构件、运输工具结构件，螺旋桨与配件

续表

牌号	主要品种	状态	典型用途
2024	板材	O、T3、T361、T4、T72、T81、T861	飞机结构件(蒙皮、骨架、肋梁、隔框等)、铆钉、导弹构件、卡车轮毂、螺旋桨元件及其他各种结构件
	厚板 拉伸管	O、T351、T361、T851、T861 O、T3	
	挤压管、型、棒、线材	O、T3、T3510、T3511、T81、T8510、T8511	
	冷加工棒材 冷加工线材 铆钉线材	O、T13、T351、T4、T6、T851 O、H13、T36、T4、T6 T4	
2036	汽车车身薄板	T4	汽车车身钣金件
2048	板材	T851	航空航天器结构件与兵器结构零件
2117	冷加工棒材和线材 铆钉线材	O、H13、H15、T4	用作工作温度不超过100℃的结构件铆钉
2124	厚板	O、T851	航空航天器结构件
2218	锻件	F、T61、T71、T72	飞机发动机和柴油发动机活塞,飞机发动机汽缸头,喷气发动机叶轮和压缩机环
	箔材	F、T61、T72	
2219	板材 厚板 箔材	O、T31、T37、T62、T81、T87 O、T351、T37、T62、T851、T87 F、T6、T852	航天火箭焊接氧化剂槽与燃料槽,超音速飞机蒙片与结构零件,工作温度为−270～300℃焊接性好,断裂韧性高,T8状态有很高的抗应力腐蚀开裂能力
	挤压管、型、棒、线材	O、T31、T3510、T3511、T62、T81、T8510	
	冷加工棒材 锻件	T8511、T851 T6、T852	
2319	线材	O、H13	焊接2219合金的焊条和填充焊料
2618	厚板 挤压棒材	T651 O、T6	厚板用作飞机蒙皮,棒材、锻件与用于制造活塞,航空发动机汽缸、汽缸盖、活塞等零件,以及要求在150～250℃工作的耐热部件
	锻件与锻坯	F、T61	
2A01	冷加工棒材和线材 铆钉线材	O、H13、H15、T4	用作工作温度不超过100℃的结构件铆钉
2A02	棒材	O、H13、T6	工作温度200～250℃的涡轮喷气发动机的轴向压气机叶片、叶轮和盘等
	锻件	T4、T6、T652	
2A04	铆钉线材	T4	用来制作工作温度为120～250℃结构件的铆钉

续表

牌号	主要品种	状态	典型用途
2A06	板材 挤压型材 铆钉线材	O、T3、T351、T4 O、T4 T4	工作温度 150～250℃的飞机结构件及工作温度 125～250℃的航空器结构铆钉
2A10	铆钉线材	T4	强度比 2A01 合金高，用于制造工作温度≤100℃的航空器结构铆钉
2A11	同 2017	同 2017	同 2017
2A10	铆钉线材	T4	用作工作温度不超过100℃的结构铆钉
2A12	同 2024	同 2024	同 2024
2A14	同 2014	同 2014	同 2014
2A16	同 2219	同 2219	同 2219
2A17	锻件	T6、T852	工作温度 225～250℃的航空器零件，很多用途被 2A15 合金所取代
2A50	锻件、棒材、板材	T6	形状复杂的中等强度零件
2A70	同 2618	同 2618	同 2618
2A80	挤压棒材	O、T6	航空器发动机零部件及其他工作温度高的零件，该合金锻件几乎完全被 2A70 取代
	锻件与锻坯	F、T61	
2A90	挤压棒材	O、T6	航空器发动机零部件及其他工作温度高的零件，合金锻件逐渐被 2A70 取代
	锻件与锻坯	F、T61	
2B50	锻件	T6	航空器发动机气压机轮、导风轮、风扇、叶轮等

表 9.5 3×××系铝合金的品种、状态和典型用途

牌号	主要品种	状态	典型用途
3003	板材 厚板	O、H12、H14、H16、H18 O、H12、H14、H112	用于加工需要有良好的成形性能、高的抗蚀性或可焊性好的零部件，或既要求有这些性能又需要有比 1×××系合金强度高的工件，如运输液体产品的槽和罐、压力罐、储存装置、热交换器、化工设备、飞机油箱、油路导管、反光板、厨房设备、洗衣机缸体、铆钉、焊丝
	拉伸管	O、H12、H14、H16、H18、H25、H113	
	挤压管、型、棒、线材 冷加工棒材 冷加工线材 锻件 箔材	O、H112 O、H112、F、H14 O、H14 H112、F O、H19	
	散热片坯料	O、H14、H18、H19、H25、H111、H113、H211	

续表

牌号	主要品种	状态	典型用途
3003 (包铝)	板材 厚板 拉伸管 挤压管	O、H12、H14、H16、H18 O、H12、H14、H112 O、H12、H18、H25、H113 O、H112	房屋隔断、顶盖、管路等
3004	板材 厚板 拉伸管	O、H32、H34、H36、H38 O、H32、H34、H112 O、H32、H36、H38	全铝易拉罐罐身，要求有比3003合金更高强度的零部件，化工产品生产与储存装置，薄板加工件，建筑挡板、电缆管道、下水管、各种灯具零部件等
	挤压管	O	
3004 (包铝)	板材	O、H131、H151、H241、H261、H341、H361、H32、H34、H36、H38	房屋隔断、挡板、下水管道、工业厂房顶盖
	厚板	O、H12、H14、H16、H18、H25	
3105	板材	O、H12、H14、H16、H18、H25	房屋隔断、挡板、活动房板，檐槽和落水管，薄板成形加工件，瓶盖和罩帽等
3A21	同3003	同3003	同3003

表9.6 4×××系铝合金的品种、状态和典型用途

牌号	主要品种	状态	典型用途
4004	板材	F	钎焊板、散热器钎焊板和箔的钎焊层
4032	锻件	F、T6	活塞及耐热零件
4043	线材和板材	O、F、H14、H16、H18	铝合金焊接填料，如焊带、焊条、焊丝
4A11	锻件	F、T6	活塞及耐热零件
4A13	板材	O、F、H14	板状和带状的应钎焊料，散热器钎焊板和箔的钎焊层
4A17	板材	O、F、H14	板状和带状的硬钎焊料，散热器钎焊板和箔的钎焊层

表9.7 5×××系铝合金的品种、状态和典型用途

牌号	主要品种	状 态	典型用途
5005	板材	O、H12、H16、H18、H32、H36、H38	与3003合金相似，具有中等强度与良好的抗蚀性用作导体、炊具、仪表板、壳与建筑装饰件阳极氧化膜比3003合金上的氧化膜更加明亮，并与6063合金的色调协调一致
	厚板	O、H12、H14、H32、H34、H12	
	冷加工棒材	O、H12、H14、H16、H22、H24、H26、H32	
	冷加工线材 铆钉线材	O、H19、H32 O、H32	

续表

牌号	主要品种	状　态	典型用途
5050	板材 厚板 拉伸管 冷加工棒材 冷加工线材	O、H32、H34、H36、H38 O、H112 O、H32、H34、H36、H38 O、F O、H32、H34、H36、H38	薄板可作为制冷机与冰箱的内衬板，汽车气管、油管，建筑小五金、盘管及农业灌溉管
5052	板材 厚板 拉伸管 冷加工棒材 冷加工线材 铆钉线材 箔材	O、H32、H34、H36、H38 O、H32、H34、H112 O、H32、H34、H36、H38 O、F、H32 O、H32、H34、H36、H38 O、H32 O、H19	此合金有良好的成形加工性能，抗蚀性、可焊性、疲劳强度与中等的静态强度，用于制造飞机油箱、油管，以及交通车辆、船舶的钣金件、仪表、街灯支架与铆钉线材等
5056	冷加工棒材	O、F、H32	镁合金与电缆护套、铆接镁的铆钉、拉链、筛网等；包铝的线材广泛用于加工农业捕虫器罩，以及需要有高抗蚀性发其他场合
	冷加工线材	O、H111、H12、H14、H18、H32、H34、H36、H38、H192、H392	
	铆钉线材 箔材	O、H32 H19	
5083	板材 厚板	O、H116、H321 O、H112、H116、H321	用于需要有高抗蚀性、良好的可焊性和中等强度的场合，如船舶、汽车和飞机板焊接件；需要严格防火的压力容器、制冷装置、电视塔、钻探设备、交通运输设备、导弹零件、装甲等
	挤压管、型、棒、线材	O、H111、H112	
	锻件	H111、H112、F	
5086	板材	O、H112、H116、H32、H34、H36、H38	用于需要有高抗蚀性、良好的可焊性和中等强度的场合，如舰艇、汽车、飞机、低温设备、电视塔、钻井设备、运输设备、导弹零部件与甲板等
	厚板	O、H112、H116、H321	
	挤压管、型、棒、线材	O、H111、H112	
5154	板材 厚板 拉伸管	O、H32、H34、H36、H38 O、H32、H34、H112 O、H34、H38	焊接结构、储槽、压力容器、船舶结构与海上设施、运输槽罐
	挤压管、型、棒、线材	O、H112	
	冷加工棒材	O、H112、F	
	冷加工线材	O、H112、H32、H34、H36、H38	

续表

牌号	主要品种	状 态	典型用途
5182	板材	O、H32、H34、H19	薄板用于加工易拉罐盖，汽车车身板、操纵盘、加强件、运输槽罐
5252	板材	H24、H25、H28	用于制造有较高强度的装饰件，如汽车、仪器等的装饰性零部件，阳极氧化后具有光亮透明的氧化膜
5254	板材	O、H32、H34、H36、H38	过氧化氢及其他化工产品容器
	厚板	O、H32、H34、H112	
5356	线材	O、H12、H14、H16、H18	焊接镁含量大于3%的铝-镁合金焊条及焊丝
5454	板材 厚板 拉伸管	O、H32、H34 O、H32、H34、H112 H32、H34	焊接结构，压力容器，船舶及海洋实施管道
	挤压管、型、棒、线材	O、H111、H112	
5456	板材 厚板 锻件	O、H32、H34 O、H32、H34、H112 H112、F	装甲板、高强度焊接结构、储槽、压力容器、船舶材料
5457	板材	O	经抛光与阳极氧化处理的汽车及其他设备的装饰件
5652	板材 厚板	O、H32、H34、H36、H48 O、H32、H34、H112	过氧化氢及其他化工产品储存容器
5657	板材	H241、H25、H26、H28	经抛光与阳极氧化处理的汽车及其他设备的装饰件，但在任何情况下必须确保材料具有细的晶粒组织
5A02	同5052	同5052	飞机油箱与导管，焊丝、铆钉，船舶结构件
5A03	同5254	同5254	中等强度焊接结构件，冷冲压零件，焊接容器，焊丝，可用来代替5A02合金
5A05	板材 挤压型材 锻件	O、H32、H34、H112 O、H111、H112 H112、F	焊接结构件，飞机蒙皮骨架

续表

牌号	主要品种	状　态	典型用途
5A06	板材 厚板 挤压管、型、棒材	O、H32、H34 O、H32、H34、H112 O、H111、H112	焊接结构，冷模锻零件，焊接容器受力零件，飞机蒙皮骨架部件，铆钉
	线材	O、H111、H12、H14、H18、H32、H34、H36、H38	
	铆钉线材 锻件	O、H32 H112、F	
5A12	板材 厚板 挤压型、棒材	O、H32、H34 O、H32、H34、H112 O、H111、H112	焊接结构件，防弹甲板

表 9.8　6×××系铝合金的品种、状态和典型用途

牌号	主要品种	状　态	典型用途
6005	挤压管、型、棒、线材	T1、T5	挤压型材与管材，用于要求强度大于 6063 合金的结构件，如梯子、电视天线等
6009 6010	板材	T4、T6	汽车车身板
6061	板材 厚板 拉伸管 挤压管、型、棒、线材 导管 轧制或挤压结构型材 冷加工棒材	O、T4、T6 O、T451、T651 O、T4、T6、T4510、T4511 T51、T6、T6510、T6511 T6 T6 O、H13、T4、T541、T6、T651	要求有一定强度，可焊性与抗蚀性高的各种工业结构件，如制造卡车、塔式建筑、船舶、电车、铁道车辆、家具等用的管、棒、型材
	冷加工线材	O、H13、T4、T6、T89、T913、T94	
	铆钉线材 锻件	T6 F、T6、T652	
6063	拉伸管	O、T4、T6、T83、T831、T832	建筑型材，灌溉管材，供车辆、台架、家具、升降机、栏栅等用的挤压材料，以及飞机、船舶、轻工业部门、建筑物等用的不同颜色的装饰构件
	挤压管、型、棒、线材	O、T1、T4、T5、T52、T6	
	导管	T6	
6066	拉伸管	O、T4、T42、T6、T62	焊接结构用锻件及挤压材料
	挤压管、型、棒、线材	O、T4、T4510、T4511、T42、T6、T6510、T6511、T62	
	锻件	F、T6	

续表

牌号	主要品种	状态	典型用途
6070	挤压管、型、棒、线材	O、T4、T4511、T6、T6511、T62	重载焊接结构与汽车工业用的挤压材料与管材，桥梁、电缆塔、航海元件、机器零件导管等
	锻件	F、T6	
6101	挤压管、型、棒、线材	T6、T61、T63、T64、T65、H111	公共汽车用高强度棒材、高强度母线、导电体与散热装置等
	导管	T6、T61、T63、T64、T65、H111	
	轧制或挤压结构型材	T6、T61、T63、T64、T65、H111	
6151	锻件	F、T6、T652	用于模锻曲轴零件、机器零件和部件，供既要求有良好的可锻性能、高的强度，又要有良好抗蚀性之用
6201	冷加工线材	T81	高强度导电棒材与线材
6205	板材 挤压材料	T1、T5 T1、T5	厚板、踏板与高冲击的挤压件
6262	拉伸管 挤压管、型、棒、线材 冷加工棒材 冷加工线材	T2、T6、T62、T9 T6、T6510、T6511、T62 T6、T651、T62、T9 T6、T9	要求抗蚀性优于2011和2017合金的，有螺纹的高应力机械零件(切削性能好)
6351	挤压管、型、棒、线材	T1、T4、T5、T51、T54、T6	车辆的挤压结构件，水、石油等的输送管道，控压型材
6463	挤压棒、型、线材	T1、T5、T6、T62	建筑与各种器械型材，以及经阳极氧化处理后有明亮表面的汽车装饰件
6A02	板材 厚板 管、棒、型材 锻件	O、T4、T6 O、T4、T451、T6、T651 O、T4、T4511、T6、T6511 F、T6	飞机发动机零件，形状复杂的锻件与模锻件，要求有高塑性和高抗蚀性的机械零件

表9.9　7×××系铝合金的品种、状态和典型用途

牌号	主要品种	状态	典型用途
7005	挤压管、棒、型材、线材	T53	挤压材料用于制造要求高的强度高韧性的焊接结构与钎焊结构，如交通运输车辆的桁架、杆件、容器；大型热交换器，以及焊接后不能进行固溶处理的部件
	板材和厚板	T6、T63、T6351	
7039	板材和厚板	T6、T651	冷冻容器、低温器械与储存箱，消防压力器材，军用器材、装甲板、导弹装置

续表

牌号	主要品种	状　态	典型用途
7049	锻件 挤压型材	F、T6、T652、T73、T7352 T73511、T76511	用于制造静态强度与7079、T6合金的相同而又要求有高强度、耐腐蚀、不开裂的零件，如飞机与导弹零件的起落架齿轮箱、液压缸和挤压件零件的疲劳性能大致与7075-T6合金的相等，而韧性稍高
	薄板和厚板	T73	
7050	厚板	T7451、T7651	飞机结构件用中厚板、挤压件、自由锻件与模锻件制造这类零件对合金的要求是：抗剥落腐蚀、应力腐蚀开裂能力、断裂韧性与疲劳性能都高，如飞机机身框架，机翼蒙皮，舱壁，桁条，加强筋、肋，托架，起落架支承部件，座椅导轨，铆钉
	挤压棒、型、线材	T73510、T73511、T74510、T74511、T76510、T76511	
	冷加工棒材、线材 铆钉线材 锻件 包铝薄板	H13 T73 F、T74、T7452 T76	
7055	厚板 挤压件 锻件	T651、T7751 T77511 T77	大型飞机的蒙皮，长桁，水平尾翼，龙骨架，座轨，货运滑轨抗压和抗拉强度比7150的高10%，断裂韧性、耐腐蚀性与7150的相似
7072	散热器片坯料	O、H14、H18、H19、H23、H24、H241、H25、H111、H113、H211	空调器铝箔与特薄带材；2219、3003、3004、5050、5052、5154、6061、7075、7475、7178合金板材与管材的包覆层
7075	板材 厚材 拉伸管	O、T6、T73、T76 O、T651、T7351、T7651 O、T6、T173	用于制造飞机结构及其他要求强度高、抗蚀性能强的高应力结构件，如飞机上、下翼面壁板，桁条，隔框等。固溶处理后塑性好，热处理强化效果特别好，在150℃以下的有高的强度，并且有特别好的低温强度，焊接性能差，有应力腐蚀开裂倾向，双级时效可提高抗SCC性能
	挤压管、型材、棒材、线材	O、T6、T6510、T6511、T73、T73510、T73511、T76、T76510、T76511	
	轧制或冷加工棒材	O、H13、T6、T651、T73、T7351	
	冷加工线材 铆钉线材 锻件	O、H13、T6、T73 T6、T73 F、T6、T652、T73、T7352	
7150	厚板	T651、T7751	大型客机的机翼、机体结构件（板梁凸缘，主翼纵梁，机身加强件，龙骨架，座椅导轨等），强度高，抗剥落腐蚀良好，断裂韧性和抗疲劳性能好
	挤压件	T6511、T77511	
	锻件	T77	

续表

牌号	主要品种	状 态	典型用途
7175	锻件	F、T74、T7452、T7454、T66	用于锻造航空器用的高强度结构件，如飞机外翼梁，主起落架梁，前起落架动作筒，垂尾接头，火箭喷管结构件 T74 材料有良好的综合性能
	挤压件	T74、T6511	
7178	板材 厚材	O、T6、T76 O、T651、T7651	供制造航空航天器用的要求抗压屈服强度的零部件
	挤压管、型、棒、线材	O、T6、T6510、T6511、T76、T76510、T76511	
	冷加工棒材、线材 铆钉线材	O、H13 T6	
7475	板材 厚材	O、T61、T761 O、T651、T7351、T7651	机身用的蒙皮和其他要求高强度高韧性零部件，如飞机机身、机翼蒙皮、中央翼结构件、翼梁、桁架、舱壁、隔板、直升机舱板、起落架舱门
	轧制或冷加工棒材	O	
7A04	板材 厚材 拉伸管	O、T6、T73、T76 O、T651、T7351、T7651 O、T6、T173	飞机蒙皮、螺钉以及受力构件，如大梁桁条、隔框、翼肋等
	挤压管、型材、棒材、线材	O、T6、T6510、T6511、T73、T73510、T73511、T76、T76510、T76511	
	轧制或冷加工棒材	O、H13、T6、T651、T73、T7351	
	冷加工线材 铆钉线材 锻件	O、H13、T6、T73 T6、T73 F、T6、T652、T73、T7352	

9.2.2 力学性能和用途

表 9.10 部分变形铝合金的力学性能和用途

类 别	代号	热处理状态	力学性能			用 途
			R_m/MPa	A/%	HB	
防锈铝合金（Al-Mn 和 Al-Mg 系）	5A05	退火	270	23	70	中载零件、铆钉、焊条、油管、焊接油箱
	3A21		130	23	30	铆钉、焊接油箱、油管、焊条、轻载零件及制品等

续表

类　别	代号	热处理状态	力学性能			用　　途
			R_m/MPa	A/%	HB	
硬铝合金（Al-Cu-Mg 系）	2A01	固溶处理＋自然时效	300	24	70	中等强度、工作温度不超过 100℃的铆钉
	2A11		420	18	100	中等强度构件和零件，如骨架、螺旋桨叶片、整流罩、局部镦粗零件、螺栓、铆钉等
	2A12		480	11	131	高强度的构件及 150℃以下工作的零件，如骨架、梁、铆钉
超硬铝合金（Al-Zn-Mg-Cu 系）	7A04	固溶处理＋人工时效	600	12	150	主要受力构件及高载荷零件，如飞机大梁，加强框、起落架
	7A06		680	7	190	受力构件及高载荷零件
锻铝合金（Al-Cu-Mg-Si 系和 Al-Cu-Mg-Fe-Ni 系）	2A50	固溶处理＋人工时效	420	13	105	形状复杂和中等强度的锻件及模锻件
	2A70①		440	13	120	高温下工作的复杂锻件和结构件、内燃机活塞
	2A14		480	10	135	高载荷锻件和模锻件

①Ti 0.02～0.1，Ni 0.9～1.5，Fe 0.9～1.5，Si 0.35。

9.2.3　铝合金的状态

铝合金的状态包括加工硬化状态和热处理状态。

① 铝合金加工硬化状态

H12—形变硬化，1/4 硬

H14—形变硬化，1/2 硬

H16—形变硬化，3/4 硬

H18—形变硬化，充分硬

H19—形变硬化，超硬

HXX4—用于浮雕的或模后的薄板或带，有相对应的 HXX 回火制成

HXX5—形变硬化，用于焊接管

H111—退火并在以后的操作，例如拉伸或整平的过程中进行轻度的加工硬化（比 H11 轻）

H112—从一个高温加工过程，或是从一个有限的冷却中受到轻度的加工硬化（未规定有力学性能极限）

H116—用于镁含量在4%或以上的铝镁合金，对于这种合金规定了力学性能极限，以及抵抗脱皮腐蚀的性能

H22—形变硬化并部分退火，1/4硬

H24—形变硬化并部分退火，1/2硬

H26—形变硬化并部分退火，3/4硬

H28—形变硬化并部分退火，4/4硬（充分硬化）

H32—形变硬化并稳定化，1/4硬

H34—形变硬化并稳定化，1/2硬

H36—形变硬化并稳定化，3/4硬

H38—形变硬化并稳定化，4/4硬（充分硬化）

H42—形变硬化并刷涂料/漆，1/4硬

H44—形变硬化并刷涂料/漆，1/2硬

H46—形变硬化并刷涂料/漆，3/4硬

H48—形变硬化并刷涂料/漆，4/4硬（充分硬化）

② 铝合金热处理状态

表9.11 铝合金热处理状态代号及意义

<table>
<tr><th>代号</th><th>名称</th><th colspan="3">说 明 与 应 用</th></tr>
<tr><td>F</td><td>自由加工状态</td><td colspan="3">适用于在成型过程中,对于加工硬化和热处理条件无特殊要求的产品,该状态产品的力学性能不作规定</td></tr>
<tr><td rowspan="11">O</td><td>退火状态</td><td colspan="3">适用于经完全退火获得最低强度的加工产品</td></tr>
<tr><td>O1</td><td colspan="3">其热处理采用大致上相同于固溶处理的温度和时间,并缓慢冷却至室温</td></tr>
<tr><td>O2</td><td colspan="3">经热-机械加工,以提高成形性,例如超塑性成型(SPF)</td></tr>
<tr><td>O3</td><td colspan="3">均质处理</td></tr>
<tr><td>O状态的最小抗拉强度/MPa</td><td>HX8状态与O状态的最小抗拉强度差值/MPa</td><td>O状态的最小抗拉强度/MPa</td><td>HX8状态与O状态的最小抗拉强度差值/MPa</td></tr>
<tr><td>＜40</td><td>105</td><td>165～200</td><td>90</td></tr>
<tr><td>45～60</td><td>115</td><td>205～240</td><td>95</td></tr>
<tr><td>65～80</td><td>120</td><td>245～280</td><td>100</td></tr>
<tr><td>85～100</td><td>55</td><td>285～320</td><td>110</td></tr>
<tr><td>105～120</td><td>65</td><td>＞325</td><td>120</td></tr>
<tr><td>125～160</td><td>85</td><td>—</td><td>—</td></tr>
</table>

续表

代号	名称	说明与应用
H	加工硬化状态	适用于通过加工硬化提高强度的产品，产品在加工硬化后可经过（也可不经过）使强度有所降低的附加热处理，H代号后面必须跟有两位或三位阿拉伯数字（参见注）
W	固溶处理状态	一种不稳定状态，仅适用于经固溶热处理后，室温下自然时效的合金，该状态代号仅表示产品处于自然时效阶段
T	热处理状态	适用于热处理后，经过（或不经过）加工硬化达到稳定状态的产品
T0		固溶热处理后，经自然时效再通过冷加工状态适用于经冷加工提高强度的产品
T1		由高温成型过程冷却，然后自然时效至基本稳定的状态适用于由高温成型过程冷却后，不再进行冷加工（可矫直、矫平，但不影响力学性能极限）的产品
T2		由高温成型过程冷却，经冷加工后自然时效至基本稳定的状态；适用于由高温成型过程冷却后，进行冷加工或矫直、矫平以提高强度的产品
T3（固溶热处理后进行冷加工，再经自然时效至基本稳定的状态；适用于在固溶热处理后，进行冷加工或矫直、矫平以提高强度的产品）	T31	固溶化热处理，并通过一定控制量的拉伸（恒定状态对于薄板：0.5%～3%，对于板：1.5%～3%，对于轧制的或冷精加工的棒或杆：1%～3%，对于手锻件或环锻件和轧制环：1%～5%），产品在拉伸后，不再作进一步的校直
	T3510	固溶化热处理，并通过一定控制量的拉伸（恒定状态对于挤出的棒、杆、型材和管：1%～3%；对于拉管：0.5%～3%），并自然时效，产品在拉伸后不再做进一步的校直
	T3511	除了允许在拉伸后做小量的校直，以便符合标准的公差这一点外，其余方面均于3510相同
	T352	固溶化热处理，通过压缩产生一个1%～5%的恒定状态的变形，以消除应力，并自然时效
	T354	固溶化热处理，通过在精锻模内再冲压至冷态，自然时效
	T36	固溶化热处理，冷作约6%，并自然时效
	T37	固溶化热处理，冷作约7%，并自然时效
	T39	固溶化热处理并进行一定量的冷作，以得到所规定的力学性能，冷作可在自然时效以前或以后进行
T4		固溶热处理后自然时效至基本稳定的状态；适用于在固溶热处理后，不再进行冷加工（可进行矫直、矫平，但不影响力学性能极限）的产品
T42		固溶化热处理，并进行自然时效，用于试验材料，从退火或回火进行固溶化热处理直到显示热处理特性，或用于产品，由用户从任何状态进行热处理的变形产品

续表

代号	名称	说 明 与 应 用
T45	T451	固溶化热处理,并通过一定控制量的拉伸(恒定状态对于薄板:0.5%~3%;对于板:1.5%~3%;对于轧制的或冷精加工的棒或杆:1%~3%;对于手工锻件或轧制环:1%~5%)以消除应力,并自然时效,产品在拉伸后不再做进一步的校直
	T4510	固溶化热处理,并通过一定控制量的拉伸(恒定状态对于挤出的棒、杆、型材和管:1%~3%;对于拉管:0.5%~3%),以消除应力,并自然时效,产品在拉伸后不再做进一步的校直
	T4511	除了允许在拉伸后做小量的校直,其余方面均于 4510 相同
	T452	固溶化热处理,通过压缩产生一个 1%~5%的恒定状态的变形,以消除应力,并自然时效
	T454	固溶化热处理,通过在精锻模内再冲压至冷态,以消除应力,然后进行自然时效
T5	T5	由高温成型过程冷却,然后人工时效的状态;适用于由高温成型过程冷却后,不经过冷加工(可进行矫直、矫平,但不影响力学性能极限),予以人工时效的产品
	T51	从一个高温成型过程冷却下来,并在时效不足的条件下进行人工时效以提高成形性
	T56	从一个高温成型过程冷却下来,然后进行人工时效——通过对过程的控制来得到比 T5 更高的力学性能水平(6 系合金)
T6	T6	固溶热处理后人工时效的状态;适用于在固溶热处理后,不再进行冷加工(可进行矫直、矫平,但不影响力学性能极限)的产品
	T61	固溶化热处理,然后在时效不足的条件下进行人工时效以提高成形性
	T6151	固溶化热处理,并通过一定控制量的拉伸(恒定状态对于薄板:0.5%~3%;对于板:1.5%~3%,)以消除应力,然后在时效不足的条件下人工时效,以提高其成形性,产品在拉伸后不再做进一步的校直
T62		固溶化热处理,然后人工时效,用于试验材料,从退火或回火进行固溶化热处理直到显示热处理特性,或用于产品,由用户从任何状态进行热处理的变形产品
T64		固溶化热处理,然后在时效不足的条件下(在 T6 和 T61 之间)进行人工时效,以提高成形性

续表

代号	名称	说　明　与　应　用
T65	T651	固溶化热处理，并通过一定控制量的拉伸（恒定状态对于薄板：0.5%～3%；对于板：1.5%～3%；对于轧制的或冷精加工的棒或杆：1%～3%；对于手工锻件或轧制环：1%～5%）以消除应力，然后进行人工时效，产品在拉伸后不再做进一步的校直
	T6510	固溶化热处理，并通过一定控制量的拉伸（恒定状态对于挤出的棒、杆、型材和管：1%～3%；对于拉管：0.5%～3%），以消除应力，并人工时效，产品在拉伸后不再做进一步的校直
	T6511	除了允许在拉伸后做小量的校直，其余方面均于 6510 相同
	T652	固溶化热处理，通过压缩产生一个 1%～5%的恒定状态的变形，以消除应力，并人工时效
	T654	固溶化热处理，通过在精锻模内再冲压至冷态，以消除应力，然后进行人工时效
T66		固溶化热处理，然后进行人工时效——通过对过程的控制来得到比 T6 更高的力学性能水平（6 系合金）
T7		固溶热处理后进行过时效的状态；适用于固溶热处理后，为获取某些重要特征，在人工时效时，强度在时效曲线上越过了最高峰点的产品
T73（适用于固溶热处理后，经时效以达到规定的力学性能和抗应力腐蚀性能指标的产品）	T732	固溶化热处理，然后人工过度时效，以便得到最好的抵抗应力腐蚀的性能，用于试验材料，从退火或回火进行固溶化热处理直到显示热处理特性，或用于产品，由用户从任何状态进行热处理的变形产品
	T7351	固溶化热处理，并通过一定控制量的拉伸（恒定状态对于薄板：0.5%～3%；对于板：1.5%～3%；对于轧制的或冷精加工的棒或杆：1%～3%；对于手工锻件或轧制环：1%～5%）以消除应力，然后进行人工过度时效，以便得到最好的抵抗应力腐蚀的性能，产品在拉伸后不再做进一步的校直
	T73510	固溶化热处理，并通过一定控制量的拉伸（恒定状态对于挤出的棒、杆、型材和管：1%～3%；对于拉管：0.5%～3%），以消除应力，然后进行人工过度时效，以便得到最好的抵抗应力腐蚀的性能，产品在拉伸后不再做进一步的校直
	T73511	除了允许在拉伸后做小量的校直，以便符合标准的公差这一点外其余方面均于 73510 相同
	T7352	固溶化热处理，通过压缩产生一个 1%～5%的恒定状态的变形，以消除应力，并进行人工过度时效，以便得到最好的抵抗应力腐蚀的性能
	T7354	固溶化热处理，通过在精锻模内再冲压至冷态，以消除应力，然后进行人工过度时效，以便得到最好的抵抗应力腐蚀的性能

续表

代号	名称	说 明 与 应 用
T74(固溶化热处理,然后进行人工过度时效(在T73与T76之间)	T7451	固溶化热处理,并通过一定控制量的拉伸(恒定状态对于薄板:0.5%～3%;对于板:1.5%～3%;对于轧制的或冷精加工的棒或杆:1%～3%;对于手工锻件或轧制环:1%～5%)以消除应力,然后进行人工过度时效(在T73与T76之间),以便得到最好的抵抗应力腐蚀的性能,产品在拉伸后不再做进一步的校直
	T74510	固溶化热处理,并通过一定控制量的拉伸(恒定状态对于挤出的棒、杆、型材和管:1%～3%;对于拉管:0.5%～3%),以消除应力,然后进行人工过度时效(在T73与T76之间),以便得到最好的抵抗应力腐蚀的性能,产品在拉伸后不再做进一步的校直
	T74511	除了允许在拉伸后做小量的校直,以便符合标准的公差这一点外其余方面均于74510相同
	T7452	固溶化热处理,通过压缩产生一个1%～5%的恒定状态的变形,以消除应力,并进行人工过度时效(在T73与T76之间)
	T7454	固溶化热处理,通过在精锻模内再冲压至冷态,以消除应力,然后进行人工过度时效(在T73与T76之间)
T76(固溶化热处理,然后进行人工过度时效,以得到抵抗脱皮腐蚀的性能)	T761	固溶化热处理,然后进行人工过度时效,以得到抵抗脱皮腐蚀的性能(用于7475薄板和带)
	T762	固溶化热处理,然后进行人工过度时效,以得到抵抗脱皮腐蚀的性能,用于试验材料,从退火或回火进行固溶化热处理直到显示热处理特性,或用于产品,由用户从任何状态进行热处理的变形产品
	T7651	固溶化热处理,并通过一定控制量的拉伸(恒定状态对于薄板:0.5%～3%;对于板:1.5%～3%;对于轧制的或冷精加工的棒或杆:1%～3%;对于手工锻件或轧制环:1%～5%)以消除应力,然后进行人工过度时效,以便得到最好的抵抗脱皮腐蚀的性能,产品在拉伸后不再做进一步的校直
	T76510	固溶化热处理,并通过一定控制量的拉伸(恒定状态对于挤出的棒、杆、型材和管:1%～3%;对于拉管:0.5%～3%),以消除应力,然后进行人工过度时效,以便得到最好的抵抗脱皮腐蚀的性能,产品在拉伸后不再做进一步的校直
	T76511	除了允许在拉伸后做小量的校直,以便符合标准的公差这一点外其余方面均于76510相同
	T7652	固溶化热处理,通过压缩产生一个1%～5%的恒定状态的变形,以消除应力,并进行人工过度时效,以便得到最好的抵抗脱皮腐蚀的性能
	T7654	固溶化热处理,通过在精锻模内再冲压至冷态,以消除应力,然后进行人工过度时效,以便得到最好的抵抗脱皮腐蚀的性能

续表

代号	名称	说　明　与　应　用
T79［固溶化热处理，然后进行人工过度时效(很有限的过度时效］	T79510	固溶化热处理，并通过一定控制量的拉伸(恒定状态对于挤出的棒、杆、型材和管:1%～3%;对于拉管:0.5%～3%)，以消除应力，然后进行人工过度时效(很有限的过度时效)，产品在拉伸后不再做进一步的校直
	T79511	除了允许在拉伸后做小量的校直，以便符合标准的公差这一点外其余方面均于 79510 相同
T8(固溶热处理后经冷加工，然后进行人工时效的状态;适用于经冷加工或矫直、矫平以提高强度的产品)	T81	固溶热处理后经冷加工约 1%，然后进行人工时效的状态
	T82	由用户进行固溶化热处理，进行最小恒定变形量是 2%的控制拉伸，然后进行人工时效(8090 合金)
	T832	固溶化热处理，冷作加工至一定的控制量，然后进行人工时效(用于 6063 拉制的管)
	T841	固溶化热处理，冷作加工，然后进行人工不足时效(合金 2091 和 8090 薄板和带)
	T84151	固溶化热处理，通过进行恒定变形量为 1.5%～3%的控制拉伸，以消除应力，然后进行人工不足时效(2091 和 8090 合金的板)
	T851	固溶化热处理，并通过一定控制量的拉伸(恒定状态对于薄板:0.5%～3%;对于板:1.5%～3%;对于轧制的或冷精加工的棒或杆:1%～3%;对于手工锻件或轧制环:1%～5%)以消除应力，然后进行人工时效，产品在拉伸后不再做进一步的校直
	T8510	固溶化热处理，并通过一定控制量的拉伸(恒定状态对于挤出的棒、杆、型材和管:1%～3%;对于拉管:0.5%～3%)，以消除应力，然后进行人工时效，产品在拉伸后不再做进一步的校直
	T8511	除了允许在拉伸后做小量的校直，以便符合标准的公差这一点外其余方面均于 8510 相同
	T852	固溶化热处理，通过压缩产生一个 1%～5%的恒定状态的变形，以消除应力，并进行人工时效
	T854	固溶化热处理，通过在精锻模内再冲压至冷态，以消除应力，然后进行人工时效
	T86	固溶化热处理，进行约 6%的冷作加工，然后进行人工时效
	T87	固溶化热处理，进行约 7%的冷作加工，然后进行人工时效
	T89	固溶化热处理，进行一个适量的冷作加工，以便得到所规定的力学性能，然后进行人工时效

续表

代号	名称	说明与应用
T9		固溶热处理后人工时效，然后进行冷加工的状态；适用于经冷加工提高强度的产品
T10		由高温成型过程冷却后，进行冷加工，然后人工时效的状态。适用于经冷加工或矫直、矫平以提高强度的产品

注：H×1 表示抗拉强度极限为 O 与 H×2 状态的中间值；H×2 表示抗拉强度极限为 O 与 H×4 状态的中间值；H×3 表示抗拉强度极限为 H×2 与 H×4 状态的中间值；H×4 表示抗拉强度极限为 O 与 H×8 状态的中间值；H×5 表示抗拉强度极限为 H×4 与 H×6 状态的中间值；H×6 表示抗拉强度极限为 H×4 与 H×8 状态的中间值；H×7 表示抗拉强度极限为 H×6 与 H×8 状态的中间值；H×8 表示硬状态；H×9 表示超硬状态，最小抗拉强度极限超过 H×8 状态至少 10MPa。

9.3 铸造铝及其合金

9.3.1 牌号的表示方法（GB/T 8063—1994）

铸造非铁金属合金牌号由“Z”和基体金属的化学元素符号 Al、主要合金化学元素符号（其中混合稀土元素符号统一用 RE 表示）以及表明合金化元素名义百分含量的数字组成。当合金化元素多于两个时，合金牌号中应列出足以表明合金主要特性的元素符号及其名义百分含量的数字。

合金化元素符号的排列次序，按其名义百分含量所大小。当其值相等时，则按元素符号字母顺序排列。当需要表明决定合金类别的合金化元素首先列出时，不论其含量多少，该元素符号均应紧置于基体元素符号之后。

基体元素的名义百分含量不标注；其他合金化元素的名义百分含量均标注于该元素符号之后。合金化元素含量小于 1%时，一般不标注；优质合金在牌号后面标注大写字母“A”；对具有相同主成分，需要控制低间隙元素的合金，在牌号后的圆括弧内标注 ELI。如铸造纯铝的表示方法是：

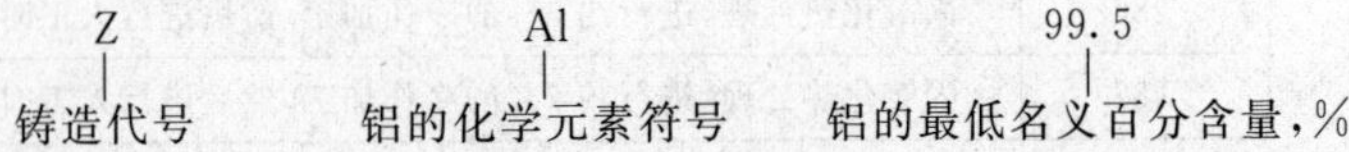

优质铸造铝合金的表示方法是在牌号最后加“A”，如：

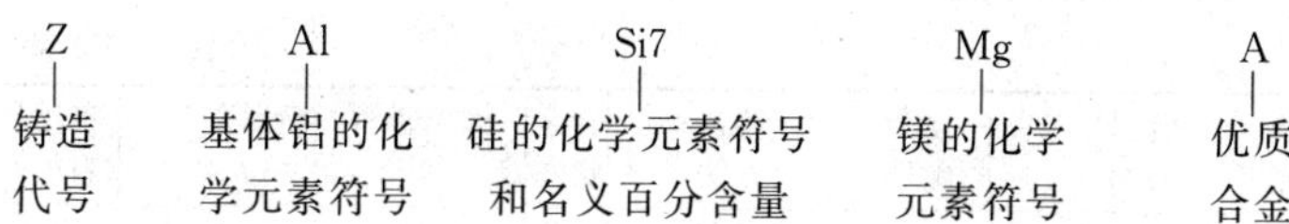

9.3.2 代号的表示方法（GB/T 1173—2013）

合金代号的表示方法是：

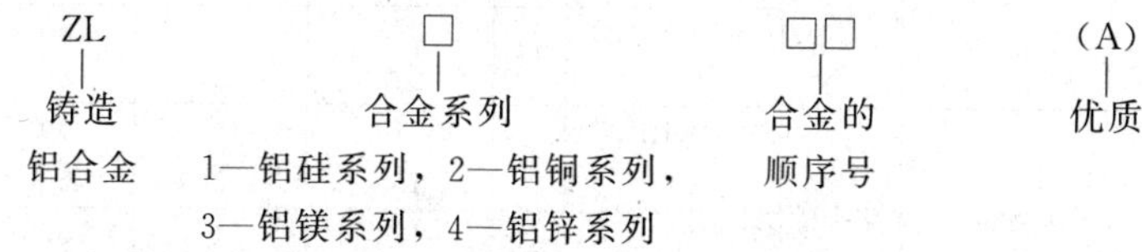

9.3.3 工艺代号

① 铸造方法代号 S表示砂型铸造，J表示金属型铸造，R表示熔模铸造，K表示壳型铸造。

② 变质处理代号 B。

③ 热处理状态代号 F表示铸态，T1表示人工时效，T2表示退火，T4表示固溶处理＋自然时效，T5表示固溶处理＋不完全人工时效，T6表示固溶处理＋完全人工时效，T7表示固溶处理＋稳定化处理，T8表示固溶处理＋软化处理。

9.3.4 力学性能

表9.12 铸造铝合金力学性能

合金种类	合金牌号	合金代号	铸造方法	合金状态	抗拉强度 R_m/MPa ≥	断后伸长率 A/% ≥	布氏硬度(HBW) ≥
Al-Si合金	ZAlSi7Mg	ZL101	S、J、R、K	F	155	2	50
				T2	135	2	45
			JB	T4	185	4	50
			S、R、K		175		
			J、JB	T5	205	2	60
			S、R、K		195		
			SB、RB、KB		195		
			SB、RB、KB	T6	225	1	70
				T7	195	2	60
				T8	155	3	55

续表

合金种类	合金牌号	合金代号	铸造方法	合金状态	抗拉强度 R_m/MPa ≥	断后伸长率 A/% ≥	布氏硬度(HBW) ≥
Al-Si合金	ZAlSi7MgA	ZL101A	S、R、K	T4	195	5	60
			JB、J		225		
			S、R、K	T5	235	4	70
			SB、RB、KB		235		
			JB、J		265		
			SB、RB、KB	T6	275	2	80
			JB、J		295	3	80
	ZAlSi12	ZL102	SB、JB、RB、KB	F	145	4	50
			J		155	2	50
			SB、JB、RB、KB	T2	135	4	50
			J		145	3	50
	ZAlSi9Mg	ZL104	S、J、R、K	F	150	2	50
			J	T1	200	1.5	65
			SB、RB、KB	T6	230	2	70
			J、JB		240		
	ZAlSi5Cu1Mg	ZL105	S、J、R、K	T1	155	0.5	65
			S、R、K	T5	215	1	70
			J		235	0.5	70
			S、R、K	T6	225	0.5	70
			S、J、R、K	T7	175	1	65
	ZAlSi5Cu1MgA	ZL105A	SB、R、K	T5	275	1	80
			J、JB		295	2	80
	ZAlSi8Cu1Mg	ZL106	SB	F	175	1	70
			JB	T1	195	1.5	70
			SB	T5	235	2	60
			JB		255	2	70
			SB	T6	245	1	80
			JB		265	2	70
			SB	T7	225	2	60
			J		245		
	ZAlSi7Cu4	ZL107	SB	F	165	2	65
				T6	245	2	90
			J	F	195	2	70
				T6	275	2.5	100
	ZAlSi2Cu2Mg1	ZL108	J	T1	195	—	85
				T6	255	—	90

续表

合金种类	合金牌号	合金代号	铸造方法	合金状态	抗拉强度 R_m/MPa ≥	断后伸长率 A/% ≥	布氏硬度 (HBW) ≥
Al-Si合金	ZAlSi12Cu1Mg1Ni1	ZL109	J	T1	195	0.5	90
				T6	245	—	100
	ZAlSi5Cu6Mg	ZL110	S	F	125	—	80
			J		155		
			S	T1	145	—	80
			J		165	—	90
	ZAlSi9Cu2Mg	ZL111	J	F	205	1.5	80
			SB	T6	255	1.5	90
			J、JB		315	2	100
	ZAlSi7Mg1A	ZL114A	SB	T5	290	2	85
			J、JB		310	3	90
	ZAlSi5Zn1Mg	ZL115	S	T4	225	4	70
			J		275	6	80
			S	T5	275	3.5	90
			J		315	5	100
	ZAlSi8MgBe	ZL116	S	T4	255	4	70
			J		275	6	80
			S	T5	295	2	85
			J		335	4	90
	ZAlSi7Cu2Mg	ZL118	SB、RB	T6	290	1	90
			JB		305	2.5	105
Al-Cu合金	ZAlCu5Mn	ZL201	S、J、R、K	T4	295	8	70
				T5	335	4	90
			S	T7	315	2	80
	ZT6AlCu5MnA	ZL201A	S、J、R、K	T5	390	8	100
	ZAlCu10	ZL202	S、J	F	104	—	50
				T6	163	—	100
	ZAlCu4	ZL203	S、R、K	T4	195	6	60
			J		205		
			S、R、K	T5	215	3	70
			J		225		
	ZAlCu5MnCdA	ZL204A	S	T5	440	4	100
	ZAlCu5MnCdVA	ZL205A	S	T5	440	7	100
				T6	470	3	120
				T7	460	2	110
	ZAlRE5Cu3Si2	ZL207	S	T1	165	—	75
			J		175	—	75

续表

合金种类	合金牌号	合金代号	铸造方法	合金状态	抗拉强度 R_m/MPa ≥	断后伸长率 A/% ≥	布氏硬度(HBW) ≥
Al-Mg合金	ZAlMg10	ZL301	S、J、R	T4	280	9	60
	ZAlMg5Si1	ZL303	S、J、R、K	F	145	1	55
	ZAlMg8Zn1	ZL305	S	T4	290	8	90
Al-Zn合金	ZAlZn11Si7	ZL401	S、R、K	T1	195	2	80
			J		245	1.5	90
	ZAlZn6Mg	ZL402	J	T1	235	4	70
			S		215	4	65

表 9.13　热处理工艺规范

合金牌号	合金代号	合金状态	固溶处理			时效处理		
			温度/℃	时间/h	冷却介质及温度/℃	温度/℃	时间/h	冷却介质
ZAl7MgA	ZL101A	T4	535±5	6～12	水 60～100	室温	≥24	—
		T5	535±5	6～12	水 60～100	室温	≥8	空气
						再 155±5	2～12	空气
		T6	535±5	6～12	水 60～100	室温	≥8	空气
						再 180±5	3～8	空气
ZAl7SiCu1MgA	ZL105A	T5	525±5	4～6	水 60～100	160±5	3～5	空气
		T7				225±5	3～5	空气
ZAlSi7Mg1A	ZL114A	T5	535±5	10～14	水 60—100	室温	≥8	空气
						再 160±5	4～8	空气
ZAlSi5Zn1Mg	ZL115	T4	540±5	10～12	水 60～100	150±5	3～5	空气
		T5						
ZAlSi8MgBe	ZL116	T4	535±5	10～14	水 60～100	室温	≥24	—
		T5				175±5	6	空气
ZAlSi7Cu2Mg	ZL118	T6	490±5	4～6	水 60～100	室温	≥8	空气
			再 510±5	6～8		160±5	7～9	空气
			再 520±5	8～10				
ZAlCu5MnA	ZL201A	T5	535±5	7～9	水 60～100	室温	≥24	—
			再 545±5			160±5	6～9	—
ZAlCu5MnCdA	ZL204A	T5	530±5	9	—	—	—	—
			再 540±5	9	水 20～60	175±5	3～5	—
ZAlCu5MnCdVA	ZL205A	T5	538±5	10～18	水 20～60	155±5	8～10	—
		T6				175±5	4～5	—
		T7				190±5	2～4	—
ZAlRE5Cu3Si2	ZL207	T1	—	—	—	200±5	5～10	—

续表

合金牌号	合金代号	合金状态	固溶处理			时效处理		
			温度/℃	时间/h	冷却介质及温度/℃	温度/℃	时间/h	冷却介质
ZAlMg8Zn1	ZL305	T4	435±5	8～10	水 80～100	室温	≥24	—
			再 490±5	6～8				

注：固溶处理时，装炉温度一般在300℃以下，升温（升至固溶温度）速度以100℃/h为宜。固溶处理中如需阶段保温，在两个阶段间不允许停留冷却，需直接升至第二阶段温度。

9.3.5 铸造铝合金产品

(1) 铸造铝合金锭（GB/T 8733—2016）

适用于铝合金铸件用的铸造铝合金锭。铸锭合金牌号采用三位数字（或三位数字加一位英文字母）加小数点再加数字的形式表示：

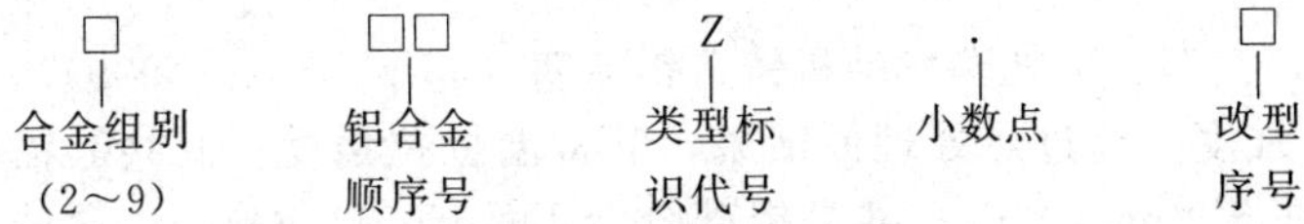

表 9.14 铸造铝合金锭牌号的系列和组别

牌号系列	主要合金元素	牌号系列	主要合金元素
2××.×	铜	7××.×	锌
3××.×	硅、铜/镁	8××.×	钛
4××.×	硅	9××.×	其他元素
5××.×	镁	6××.×	备用组

注：1. 以铜为主要合金元素的牌号有：201Z.1、201Z.2、201Z.3、201Z.4、201Z.5、210Z.1、211Z.1、295Z.1。

2. 以硅、铜或（和）镁为主要合金元素的牌号有：304Z.1、312Z.1、315Z.1、319Z.1、319Z.2、319Z.3、328Z.1、333Z.1、336Z.1、336Z.2、354Z.1、355Z.1、355Z.2、356Z.1、356Z.2、356Z.3、356Z.4、356Z.5、356Z.6、356Z.7、356Z.8、356Z.9、356A.1、356A.2、356C.2、360Z.1、360Z.2、360Z.3、360Z.4、360Z.5、360Z.6、360Y.6、360A.1、380A.1、380A.2、380Y.1、380Y.2、383Z.1、383Z.2、383Y.1、383Y.2、383Y.3、390Y.1、398Z.1。

3. 以硅为主要合金元素的牌号有：411Z.1、411Z.2、413Z.1、413Z.2、413Z.3、413Z.4、413Z.5、413Y.1、413Y.2、413A.1、413A.2、443Z.1、443Z.2。

4. 以镁为主要合金元素的牌号有：502Z.1、502Y.1、508Z.1、515Y.1、520Z.1。

5. 以锌为主要合金元素的牌号有：701Z.1、712Z.1。

6. 以其他元素为主要合金元素的牌号有：901Z.1、907Z.1。

(2) 汽车车轮用铸造铝合金 (GB/T 23301—2009)

适用于车轮金属型铸造用铸造铝合金。摩托车车轮用的铸造铝合金也可参照使用。

表 9.15　车轮用铸造铝合金力学性能

合金牌号	合金代号	合金状态	力学性能 ≥			
			屈服强度 $R_{p0.2}$/MPa	抗拉强度 R_m/MPa	伸长率 δ /%	布氏硬度 (5/250/30, HBW)
单铸试棒						
AlSi7MgTi	ZL101A-0	F	80	150	2	50
AlSi7MgTiSr	ZL101A-1	F	80	150	2	50
AlSi7MgTiSr	ZL101A-1	T6	160	260	7	70
车轮上指定部位取样						
AlSi7MgTiSr	ZL101A-1	T6	140	220	7	70

注：1. F 表示铸态；T6 表示固溶处理＋淬火＋人工时效。
2. 采用金属型单铸试样，直径为 $\phi(12\pm0.5)$mm，标距为直径的 5 倍。

(3) 汽车、摩托车发动机铸造铝活塞 (QC/T 552—1999)

① 强度　经过热处理的活塞，其常温抗拉强度：亚共晶铝硅合金不低于 166.6MPa；共晶铝硅合金不低于 215.6MPa；含硅量低于 19%的过共晶铝硅合金不低于 196MPa。

② 硬度　活塞硬度范围为 95～140HB。对环槽镶铸铁圈活塞及经稳定化热处理的活塞硬度范围为 90～130HB (每一机型活塞的硬度范围应≤30HB，同一只活塞的硬度差应≤15HB)。

③ 直径的热稳定性　4000r/min 的发动机活塞，≤0.03%d；其余，≤0.02%d。

(4) 铸造铝阳极导杆 (YS/T 560—2007)

材料：GB/T 1196 中牌号为 Al99.60、Al99.70、Al99.85、A199.90。

表 9.16　铸造铝阳极导杆的规格及尺寸允许偏差　mm

厚度×宽度	允许偏差	长度	长度允许偏差
100×100	±3	1100～1380	0～＋10
130×135	±3	2000～2500	0～＋10

(5) 凿岩机械与气动工具铸造铝合金铸件 (JB/T 3904—2006、JB/T 3905—2006)

① 牌号表示方法　按 GB/T 8063 的规定；合金代号按 GB/T

1173 的规定。

② 分类 Ⅰ类铸件：承受大的动载荷、静载荷及交变载荷等工作条件或有特殊性能要求的关键件；Ⅱ类铸件：承受中等载荷、静载荷等工作条件的重要铸件；Ⅲ类铸件：一般用途的低载荷铸件。

表 9.17 凿岩机械与气动工具铸造铝合金的力学性能

合金牌号	合金代号	铸造方法	热处理状态	力学性能 ≥		
				抗拉强度 R_m/MPa	伸长率/%	布氏硬度(5/250/30,HBW)
ZAlSi7Mg	ZL101	JB,SB	F	155	2.0	50
		JB	T5	200	2.0	60
		SB	T6	225	1.0	70
ZAlSi12	ZL102	JB,SB	F	145	4.0	50
		JB	T2	135	4.0	50
		SB	T2	135	4.0	50
ZAlSi9Mg	ZL104	JB,SB	F	145	2.0	50
		SB	T6	225	2.0	70
		JB	T6	235	2.0	70
ZAlSi7Cu4	ZL107	JB	F	195	2.0	70
		SB	F	165	2.0	65
		JB	T6	275	2.5	100
		SB	T6	245	2.0	90
ZAlSi12Cu2Mg1	ZL108	J	T1	195	—	85
		J	T6	255	—	90
ZAlZn11Si7	ZL401	S	T1	195	2.0	80
		J	T1	245	1.5	90

注：1. 合金铸造方法、变质处理代号：S 表示砂型铸造，J 表示金属型铸造，B 表示变质处理。

2. 合金状态代号：F 表示铸态，T1 表示人工时效，T2 表示退火，T4 表示固溶处理＋自然时效，T5 表示固溶处理＋不完全人工时效，T6 表示固溶处理＋完全人工时效，T7 表示固溶处理＋稳定化处理，T8 表示固溶处理＋软化处理。

9.4 铝及铝合金板、带材

9.4.1 一般工业用铝板（带）材（GB/T 3880—2012）

① 用途 除深冲、涂漆、阳极氧化及幕墙、PS 版基等特殊用途和军工用途外的其他场合。

② 分类　按化学成分和热处理方式可划分为A、B两大类，每大类又有普通级和高精级。按生产方法可分为冷轧板、热轧板和剪切板、锯切板。

表9.18　铝及铝合金的类别

牌号系列	铝或铝合金类别	
	A	B
1×××	所　有	—
2×××	—	所　有
3×××	Mn的最大规定值不大于1.8%，Mg的最大规定值不大于11.8%，Mn的最大规定值与Mg的最大规定值之和不大于2.3%。如3003、3005、3105、3102、3A21	A类外的其他合金，如3004、3104
4×××	Si的最大规定值不大于2%，如4006、4007	A类外的其他合金，如4105
5×××	Mg的最大含量不大于1.8%，Mn的最大规定值不大于1.8%，Mg的最大含量与Mn的最大含量之和不大于2.3%，如5005、5005A、5050	A类外的其他合金，如5A02、5A03、5A05、5A06、5040、5049、5449、5251、5052、5154A、5454、5754、5082、5182、5083、5383、5086
6×××	—	所　有
7×××	—	所　有
8×××	不可热处理强化的合金，如8A06、8011、89011A、8079	可热处理强化的合金

③ 尺寸偏差等级

表9.19　尺寸偏差等级

尺寸项目	尺寸偏差等级	
	板　材	带　材
厚度	冷轧板材：高精级、普通级 热轧板材：不分级	冷轧带材：高精级、普通级 热轧带材：不分级
宽度	冷轧板材：高精级、普通级 热轧板材：不分级	冷轧带材：高精级、普通级 热轧带材：不分级
长度	冷轧板材：高精级、普通级 热轧板材：不分级	—

续表

尺寸项目	尺寸偏差等级	
	板　材	带　材
不平度	高精级、普通级	—
侧边弯曲度	冷轧板材:高精级、普通级 热轧板材:高精级、普通级	冷轧带材:高精级、普通级 热轧带材:不分级
对角线	高精级、普通级	—

④ 牌号和状态

表 9.20　一般工业用铝及铝合金板（带）材的牌号和状态

牌　号		类别	状　　态	板材厚度/mm	带材厚度/mm
1×××系	1A97 1A93 1A90 1A85	A	F	>4.50～150.0	—
			H112	>4.50～80.00	—
	1080A	A	O、H111	>0.20～12.50	—
			H12、H22、H14、24H	>0.20～6.00	—
			H16、H26	>0.20～4.00	>0.20～4.00
			H18	>0.20～3.00	>0.20～3.00
			H112	>6.00～25.00	—
			F	>2.50～6.00	—
	1070	A	O	>0.20～50.00	>0.20～6.00
			H12、H22、H14、H24	>0.20～6.00	>0.20～6.00
			H16、H26	>0.20～4.00	>0.20～4.00
			H18	>0.20～3.00	>0.20～3.00
			H112	>4.50～75.00	—
			F	>4.50～150.0	>2.50～8.00
	1070A	A	O	>0.20～25.00	—
			H12、H22、H14、H24	>0.20～6.00	—
			H16、H26	>0.20～4.00	—
			H18	>0.20～3.00	—
			H112	>6.00～25.00	—
			F	>4.50～150.0	>2.50～8.00
	1060	A	O	>0.20～80.00	>0.20～6.00
			H12、H22	>0.50～6.00	>0.50～6.00
			H14、H24	>0.20～6.00	>0.20～6.00
			H16、H26	>0.20～4.00	>0.20～4.00
			H18	>0.20～3.00	>0.20～3.00
			H112	>4.50～80.00	—
			F	>4.50～150.0	>2.50～8.00

续表

牌号		类别	状态	板材厚度/mm	带材厚度/mm
1××系	1050	A	O	>0.20～50.00	>0.20～6.00
			H12、H22、H14、H24	>0.20～6.00	>0.20～6.00
			H16、H26	>0.20～4.00	>0.20～4.00
			H18	>0.20～3.00	>0.20～3.00
			H112	>4.50～75.00	—
			F	>4.50～150.0	>2.50～8.00
	1050A	A	O	>0.20～80.00	>0.20～6.00
			H111	>0.20～80.00	—
			H12、H22、H14、H24	>0.20～6.00	>0.20～6.00
			H16、H26	>0.20～4.00	>0.20～4.00
			H18、H28、H19	>0.20～3.00	>0.20～3.00
			H112	>4.50～80.00	—
			F	>4.50～150.0	>2.50～8.00
	1145	A	O	>0.20～10.00	>0.20～6.00
			H12、H22、H14、H24、H16、H26、H18	>0.20～4.50	>0.20～4.50
			H112	>4.50～25.00	—
			F	>4.50～150.0	>2.50～8.00
	1235	A	O	>0.20～1.00	>0.20～1.00
			H12、H22	>0.20～4.50	>0.20～4.50
			H14、H24	>0.20～3.00	>0.20～3.00
			H16、H26	>0.20～4.00	>0.20～4.00
			H18	>0.20～3.00	>0.20～3.00
	1100	A	O	>0.20～80.00	>0.20～6.00
			H12、H22、H14、H24	>0.20～6.00	>0.20～6.00
			H16、H26	>0.20～4.00	>0.20～4.00
			H18、H28	>0.20～3.00	>0.20～3.00
			H112	>6.00～80.00	—
			F	>4.50～150.0	>2.50～8.00
	1200	A	O	>0.20～80.00	>0.20～6.00
			H111	>0.20～80.00	—
			H12、H22、H14、H24	>0.20～6.00	>0.20～6.00
			H16、H26	>0.20～4.00	>0.20～4.00
			H18	>0.20～3.00	>0.20～3.00
			H112	>6.00～80.00	—
			F	>4.50～150.0	>2.50～8.00

续表

牌号		类别	状态	板材厚度/mm	带材厚度/mm
2×××系	2A11、包铝 2A11	B	O	>0.50～10.00	>0.50～6.00
			T1	>4.50～80.00	—
			T3、T4	>0.50～10.00	—
			F	>4.50～150.0	—
	2A12、包铝 2A12	B	O	>0.50～10.00	—
			T1	>4.50～80.00	—
			T3、T4	>0.50～10.00	—
			F	>4.50～150.0	—
	2A14	B	O	>0.50～10.00	—
			T1	>0.50～40.00	—
			T6	>0.50～10.00	—
			F	>4.50～150.0	—
	2E12、包铝 2E12	B	T3	>0.80～6.00	—
	2014	B	O	>0.40～25.00	—
			T3	>0.40～6.00	—
			T4	>0.40～100.00	—
			T4	>0.40～100.00	
			T6	>0.40～160.00	—
			F	>4.50～150.0	—
	包铝 2014	B	O	>0.50～25.00	—
			T3	>0.50～6.30	—
			T4	>0.50～6.30	—
			T6	>0.50～6.30	—
			F	>4.50～150.00	—
	2014A、包铝 2014A	B	O	>0.20～6.00	—
			T4	>0.20～80.00	—
			T6	>0.20～140.00	—
	2024	B	O	>0.40～25.00	>0.50～6.00
			T3	>0.40～150.00	—
			T4	>0.40～6.00	—
			T8	>0.40～40.00	—
			F	>4.50～80.0	—
	包铝 2024	B	O	>0.20～45.00	—
			T3	>0.20～6.00	—
			T4	>0.20～3.20	—
			F	>4.50～80.0	—

续表

牌号		类别	状态	板材厚度/mm	带材厚度/mm
2×××系	2017、包铝2017	B	O	>0.40～25.00	>0.50～6.00
			T3、T4	>0.40～6.00	—
			F	>4.50～80.0	—
	2017A、包铝2017A	B	O	>0.40～25.00	—
			T4	>0.40～200.00	—
	2019、包铝2019	B	O	>0.50～50.00	—
			T81	>0.50～6.30	—
			T82	>1.00～12.50	—
3×××系	3A21	A	O	>0.20～10.00	—
			H14	>0.80～4.50	—
			H24、H18	>0.20～4.50	—
			H112	>4.50～80.00	—
			F	>4.50～150.0	—
	3102	A	H18	>0.20～3.00	>0.20～3.00
	3003	A	O	>0.20～50.00	>0.20～6.00
			H111	>0.20～50.00	—
			H12、H22、H14、H24	>0.20～6.00	>0.20～6.00
			H16、H26	>0.20～4.00	>0.20～4.00
			H18、H28、H24	>0.20～3.00	>0.20～3.00
			H112	>4.50～80.00	—
			F	>4.50～150.0	>2.50～8.00
	3103	A	O、H111	>0.20～50.00	—
			H12、H22、H14、H24、H16	>0.20～6.00	—
			H26	>0.20～4.00	—
			H18、H28、H19	>0.20～80.00	—
			H18、H28、H19	>4.50～80.00	—
			F	>20.00～80.00	—
	3004	B	O	>0.20～50.00	>0.20～6.00
			H111	>0.20～50.00	—
			H12、H22、H32、H14	>0.20～6.00	>0.20～6.00
			H24、H34、H16、H26、H36、H18	>0.20～3.00	>0.20～3.00
			H112	>0.20～4.00	>0.20～4.00
			H16	>0.20～1.50	>0.20～1.50
			H28、H38、H19	>4.50～80.00	—
			F	>6.00～80.00	>2.50～8.00

续表

牌号		类别	状态	板材厚度/mm	带材厚度/mm
3×××系	3104	B	O	>0.20～3.00	>0.20～3.00
			H111	>0.20～3.00	—
			H12、H22、H32	>0.20～3.00	>0.50～3.00
			H14、H24、H34、H16、H26、H36	>0.20～3.00	>0.20～3.00
			H18、H28、H38、H19、H29、H39	>0.20～0.50	>0.20～0.50
			F	>6.00～50.00	>2.50～8.00
	3005	A	O	>0.20～6.00	>0.20～6.00
			H111	>0.20～6.00	—
			H12、H22、H14	>0.20～6.00	>0.20～6.00
			H24	>0.20～3.00	>0.20～3.00
			H16	>0.20～4.00	>0.20～4.00
			H26、H18、H28	>0.20～3.00	>0.20～3.00
			H19	>0.20～1.50	>0.20～1.50
			F	>6.00～80.00	>2.50～8.00
	3105	A	O、H12、H22、H14、H24、H16、H26、H18	>0.20～3.00	>0.20～3.00
			H111	>0.20～3.00	—
			H28、H19	>0.20～1.50	>0.20～1.50
			F	>6.00～80.00	>2.50～8.00
4×××系	4006	A	O	>0.20～6.00	—
			H12、H14	>0.20～3.00	—
			F	>2.50～6.00	—
	4007	A	O、H111	>0.20～12.50	—
			H12	>0.20～3.00	—
			F	>2.50～6.00	—
	4015	B	O、H111	>0.20～3.00	—
			H12、H14、H16、H18	>0.20～3.00	—
5×××系	5A02	B	O	>0.50～10.00	—
			H14、H24、H34，H18	>0.50～4.50	—
			H112	>4.50～80.00	—
			F	>4.50～150.00	—
	5A03	B	O、H14、H24、H34	>0.50～4.50	>0.50～4.50
			H112	>4.50～50.00	—
			F	>4.50～150.0	—
	5A05 5A06	B	O	>0.50～4.50	>0.50～4.50
			H112	>4.50～50.00	—
			F	>4.50～150.0	—

续表

牌号		类别	状态	板材厚度/mm	带材厚度/mm
5×××系	5005 5005A	A	O	>0.20~50.00	>0.20~6.00
			H111	>0.20~50.00	—
			H12、H22、H32、H14、H24、H34	>0.20~6.00	>0.20~6.00
			H16、H26、H36	>0.20~4.00	>0.20~4.00
			H18、H28、H38、H19	>0.20~3.00	>0.20~3.00
			H112	>6.00~80.00	—
			F	>4.50~150.0	>2.50~8.00
	5040	B	H24、H34	0.80~1.80	—
			H26、H36	1.00~2.00	—
	5040	B	O、H111	>0.20~100.00	—
			H12、H22、H32、H14、H24、H34 H16、H26、H36	>0.20~6.00	—
			H18、H28、H38	>0.20~3.00	—
			H112	>6.00~80.00	—
	5049	B	O、H111、H22、H24、H26、H28	>0.50~3.00	—
	5049	B	O、H111	>0.20~100.00	—
			H12、H22、H32、H14、H24、H34 H16、H26、H36	>0.20~6.00	—
			H18、H28、H38	>0.20~3.00	—
			H112	>6.00~80.00	—
	5449	B	O、H111、H22、H24、H26、H28	>0.50~3.00	—
	5050	A	O、H111	>0.20~50.00	—
			H12、H22、H32、H14、H24、H34	>0.20~3.00	—
			H22、H32、H14、H24、H34	>0.20~6.00	—
			H16、H26、H36	>0.20~4.00	—
			H18、H28、H38	>0.20~3.00	—
			H112	6.00~80.00	—
			F	2.50~150.0	—
	5251	B	O、H111	>0.20~50.00	—
			H12、H22、H32、H14、H24、H34 H16、H26、H36	>0.20~6.00	—
			H18、H28、H38	>0.20~4.00	—
			F	>0.20~3.00 2.50~80.0	—

续表

牌号		类别	状态	板材厚度/mm	带材厚度/mm
5×××系	5052	B	O	＞0.20～80.00	＞0.20～6.00
			H111	＞0.20～80.00	—
			H12、H22、H32、H14、H24、H34 H16、H26、H36	＞0.20～6.00	＞0.20～6.00
			H18、H28、H38	＞0.20～3.00	＞0.20～3.00
			H112	＞6.00～80.00	—
			F	＞4.50～150.0	＞2.50～8.00
	5154A	B	O、H111	＞0.20～50.00	—
			H12、H22、H32、H14、H24、 H34、H26、H36 H26、H36	＞0.20～6.00	＞0.20～6.00
			H18、H28、H38	＞0.20～3.00	＞0.20～3.00
			H19	＞0.20～1.50	＞0.20～1.50
			H112	＞6.00～80.00	—
			F	＞2.50～150.0	—
	5454	B	O、H111	＞0.20～50.00	—
			H12、H22、H32、H14、H24、 H34、H26、H36 H26、H36	＞0.20～6.00	—
			H18、H28、H38	＞0.20～3.00	—
			H112	＞6.00～120.00	—
			F	＞4.50～150.0	—
	5754	B	O、H111	＞0.20～100.00	—
			H12、H22、H32、H14、H24、 H34、H26、H36、H26、H36	＞0.20～8.00	—
			H18、H28、H38	＞0.20～3.00	—
			H112	6.00～80.00	—
			F	＞4.50～100.00	—
	5082	B	H18、H38、H19、H39	＞0.20～0.50	＞0.20～0.50
			F	＞4.50～150.0	—
	5182	B	O	＞0.20～3.00	＞0.20～3.00
			H111	＞0.20～3.00	—
			H19	＞0.20～1.50	＞0.20～1.50
	5083	B	O	＞0.20～200.00	＞0.20～4.00
			H111	＞0.20～200.00	—
			H12、H22、H32、H14、H24、H34	＞0.20～6.00	＞0.20～6.00
			H16、H26、H36	＞0.20～40.00	—
			H116、H321	＞1.50～80.00	—
			H112	＞6.00～120.00	—
			F	＞4.50～150.00	—

续表

牌号		类别	状态	板材厚度/mm	带材厚度/mm
5×××系	5383	B	O、H111	>0.20～150.00	—
			H22、H32、H24、H34	>0.20～6.00	—
			H116、H321	>1.50～80.00	—
			H112	>6.00～80.00	—
	5086	B	O、H111	>0.20～150.00	—
			H12、H22、H32、H14、H24、H34	>0.20～6.00	—
			H16、H26、H36	>0.20～4.00	—
			H18	>0.20～3.00	—
			H116、H321	>1.50～50.00	—
			H112	>6.00～80.00	—
			F	>4.50～150.00	—
6×××系	6A02	B	O、T4、T6	>0.50～10.00	—
			T1	>4.50～80.00	—
			F	>4.50～150.0	—
	6061	B	O	>0.40～40.00	0.40～6.00
			T4	>0.40～80.0	—
			T6	>0.40～100.0	—
			F	>4.50～150.0	>2.50～8.00
	6016	B	T4、T6	0.40～2.00	—
	6063	B	O	>0.50～20.00	—
			T4、T6	0.50～10.00	—
	6082	B	O	0.40～25.00	—
			T4	0.40～80.00	—
			T6	0.40～12.50	—
			F	>4.50～150.0	—
7×××系	7A04、包铝7A04、7A09、包铝7A09	B	O、T6	>0.50～10.00	—
			T1	>4.50～40.00	—
			F	>4.50～150.00	—
	7020	B	O、T4	0.40～12.50	—
			T6	0.40～200.00	—
	7021	B	T6	1.50～6.00	—
	7022	B	T6	3.00～200.00	—

续表

牌号		类别	状　态	板材厚度/mm	带材厚度/mm
7××× 系	7075	B	O	＞0.40～75.00	—
			T6	＞0.40～60.00	—
			T76	＞1.50～12.50	—
			T73	＞1.50～100.00	—
			F	＞6.00～50.0	—
	包铝 7075	B	O	＞0.39～50.00	—
			T6	＞0.39～6.30	—
			T76	＞3.10～6.30	—
			F	＞6.00～100.0	—
	7475	B	T6	＞0.35～6.00	—
			T76、T761	1.00～6.50	—
	包铝 7475	B	O、T761	1.00～6.50	—
8××× 系	8A06	A	O	0.20～10.00	—
			H14、H24、H18	＞0.20～4.50	—
			H112	＞4.50～80.00	—
			F	＞4.50～150.0	＞2.50～8.00
	8011	A	H14、H24、H16、H26	＞0.20～0.50	＞0.20～0.50
			H18	0.20～0.50	0.20～0.50
	8011A	A	O	＞0.20～12.50	＞0.20～6.00
			H111	＞0.20～12.50	—
			H22	＞0.20～3.00	＞0.20～3.00
			H14、H24	＞0.20～6.00	＞0.20～4.00
			H16、H26	＞0.20～4.00	＞0.20～4.00
			H18	＞0.20～3.00	＞0.20～3.00
	8079	A	H14	＞0.20～0.50	＞0.20～0.50

板、带材厚度/mm	板材的宽度和长度/mm		带材的宽度和内径/mm	
	板材的宽度	板材的长度	带材的宽度 ⩽	带材的内径
＞0.20～0.50	500～1660.0	500～4000	1800	ϕ75、ϕ150、ϕ200、ϕ300、ϕ405、ϕ505、ϕ605、ϕ650、ϕ750
＞0.50～0.80	500～2000.0	500～10000	2400	
＞0.80～1.20	500～2400.0	1000～10000	2400	
＞1.20～3.00	500～2400.0	1000～10000	2400	
＞3.00～8.00	500～2400.0	1000～15000	2400	
＞8.00～15.00	500～2400.0	1000～15000	—	—
＞15.00～150.0	500～3500.0	1000～20000	—	—

注：板、带材的尺寸偏差应符合 GB/T 3880.3 的规定。

⑤ 力学性能

表 9.21 力学性能

牌号	包铝分类	供应状态	试样状态	厚度/mm	室温拉伸试验结果：抗拉强度 R_m/MPa ≥	室温拉伸试验结果：延伸强度 $R_{p0.2}$①/MPa ≥	断后伸长率②/% ≥：A_{50mm}	断后伸长率②/% ≥：A	弯曲半径 r③/板厚 t：90°	弯曲半径 r③/板厚 t：180°
1A97 1A93	—	H112	H112	>4.50～80.00	附实测值				—	—
		F	—	>4.50～150.00	—				—	—
1A90 1A85	—	H112	H112	>4.50～12.50	60	—	21	—	—	—
				>12.50～20.00			—	19	—	—
				>20.00～80.00	附实测值				—	—
		F	—	>4.50～150.00	—				—	—
1080A	—	O H111	O H111	>0.20～0.50	60～90	15	26	—	0	0
				>0.50～1.50			28	—	0	0
				>1.50～3.00			31	—	0	0
				>3.00～6.00			35	—	0.5	0.5
				>6.00～12.50			35	—	0.5	0.5
		H12	H12	>0.20～0.50	8～120	55	5	—	0	0.5
				>0.50～1.50			6	—	0	0.5
				>1.50～3.00			7	—	0.5	0.5
				>3.00～6.00			9	—	1.0	—
		H22	H22	>0.20～0.50	80～120	50	8	—	0	0.5
				>0.50～1.50			9	—	0	0.5
				>1.50～3.00			11 3	—	0.5	0.5
				>3.00～6.00			13	—	1.0	—
		H14	H14	>0.20～0.50	100～140	70	4	—	0	0.5
				>0.50～1.50			4	—	0.5	0.5
				>1.50～3.00			5	—	1.0	1.0
				>3.00～6.00			6	—	1.5	—
		H24	H24	>0.20～0.50	100～140	60	5	—	0	0.5
				>0.50～1.50			6	—	0.5	0.5
				>1.50～3.00			7	—	1.0	1.0
				>3.00～6.00			9	—	1.5	—
		H16	H16	>0.20～0.50	110～150	90	2	—	0.5	1.0
				>0.50～1.50			2	—	1.0	1.0
				>1.50～4.00			3	—	1.0	1.0

续表

牌号	包铝分类	供应状态	试样状态	厚度/mm	室温拉伸试验结果				弯曲半径 r[3]	
					抗拉强度 R_m/MPa ≥	延伸强度 $R_{p0.2}$[1]/MPa ≥	断后伸长率[2]/% ≥		板厚 t	
							A_{50mm}	A	90°	180°
1080A	—	H26	H26	>0.20～0.50	110～150	80	3	—	0.5	—
				>0.50～1.50			3	—	1.0	—
				>1.50～4.00			4	—	1.0	—
		H18	H18	>0.20～0.50	125	105	2	—	1.0	—
				>0.50～1.50			2	—	2.0	—
				>1.50～3.00			2	—	2.5	—
		H12	H12	>6.00～12.50	70	—	20	—	—	—
				>12.50～25.00	70	—	—	20	—	—
		F	—	2.50～25.00	—	—	—	—	—	—
1070	—	O	O	>0.20～0.30	55～95	—	15	—	0	—
				>0.30～0.50			20	—	0	—
				>0.50～0.80			25	—	0	—
				>0.80～1.50		15	30	—	0	—
				>1.50～6.00			35	—	0	—
				>6.00～12.50			35	—	—	—
				>12.50～50.00			—	30	—	—
		H12	H12	>0.20～0.30	70～100	—	2	—	0	—
				>0.30～0.50			3	—	0	—
				>0.50～0.80			4	—	0	—
				>0.80～1.50		55	6	—	0	—
				>1.50～3.00			8	—	0	—
				>3.00～6.00			9	—	0	—
		H22	H22	>0.20～0.30	70	—	2	—	0	—
				>0.30～0.50			3	—	0	—
				>0.50～0.80			4	—	0	—
				>0.80～1.50		55	6	—	0	—
				>1.50～3.00			8	—	0	—
				>3.00～6.00			9	—	0	—
		H14	H14	>0.20～0.30	85～120	—	1	—	0.5	—
				>0.30～0.50			2	—	0.5	—
				>0.50～0.80			3	—	0.5	—
				>0.80～1.50		65	4	—	1.0	—
				>1.50～3.00			5	—	1.0	—
				>3.00～6.00			6	—	1.0	—

续表

牌号	包铝分类	供应状态	试样状态	厚度/mm	室温拉伸试验结果：抗拉强度 R_m/MPa ≥	延伸强度 $R_{p0.2}$[①]/MPa ≥	断后伸长率[②]/% ≥		弯曲半径 r[③]/板厚 t	
							A_{50mm}	A	90°	180°
1070	—	H24	H24	>0.20～0.30	85	—	1	—	0.5	—
				>0.30～0.50			2	—	0.5	—
				>0.50～0.80			3	—	0.5	—
				>0.80～1.50		65	4	—	1.0	—
				>1.50～3.00			5	—	1.0	—
				>3.00～6.00			6	—	1.0	—
		H16	H16	>0.20～0.50	100～135	—	1	—	1.0	—
				>0.50～0.80			2	—	1.0	—
				>0.80～1.50		75	3	—	1.5	—
				>1.50～4.00			4	—	1.5	—
		H26	H26	>0.20～0.50	100	—	1	—	1.0	—
				>0.50～0.80			2	—	1.0	—
				>0.80～1.50	100	75	3	—	1.5	—
				>1.50～4.00			—	—	—	—
		H18	H18	>0.20～0.50	120	—	1	—	—	—
				>0.50～0.80			2	—	—	—
				>0.80～1.50			3	—	—	—
				>1.50～3.00			4	—	—	—
		H112	H112	>4.50～6.00	75	35	13	—	—	—
				>6.00～12.50	70	35	15	—	—	—
				>12.50～25.00	60	25	—	20	—	—
				>25.00～75.00	55	15	—	25	—	—
		F	—	>2.50～150.00	—	—	—	—	—	—
1070A	—	O H111	O H111	>0.20～0.50	60～90	15	23	—	0	0
				>0.50～1.50			25	—	0	0
				>1.50～3.00			29	—	0	0
				>3.00～6.00			32	—	0.5	0.5
				>6.00～12.50			35	—	0.5	0.5
				>12.50～25.00			—	32	—	—
		H12	H12	>0.20～0.50	80～120	55	5	—	0	0.5
				>0.50～1.50			6	—	0	0.5
				>1.50～3.00			7	—	0.5	0.5
				>3.00～6.00			9	—	1.0	—

续表

牌号	包铝分类	供应状态	试样状态	厚度/mm	室温拉伸试验结果 抗拉强度 R_m/MPa ≥	延伸强度 $R_{p0.2}$[①] /MPa ≥	断后伸长率[②]/% ≥ A_{50mm}	断后伸长率[②]/% ≥ A	弯曲半径 r[③]/板厚 t 90°	弯曲半径 r[③]/板厚 t 180°
1070A	—	H22	H22	>0.20～0.50	80～120	50	7	—	0	0.5
				>0.50～1.50			8	—	0	0.5
				>1.50～3.00			10	—	0.5	0.5
				>3.00～6.00			12	—	1.0	—
		H14	H14	>0.20～0.50	100～140	70	4	—	0	0.5
				>0.50～1.50			4	—	0.5	0.5
				>1.50～3.00			5	—	1.0	1.0
				>3.00～6.00			6	—	1.5	—
		H24	H24	>0.20～0.50	100～140	60	5	—	0	0.5
				>0.50～1.50			6	—	0.5	0.5
				>1.50～3.00			7	—	1.0	1.0
				>3.00～6.00			9	—	1.5	—
		H16	H16	>0.20～0.50	110～150	90	2	—	0.5	1.0
				>0.50～1.50			2	—	1.0	1.0
				>1.50～4.00			3	—	1.0	1.0
		H26	H26	>0.20～0.50	110～150	80	3	—	0.5	—
				>0.50～1.50			3	—	1.0	—
				>1.50～4.00			4	—	1.0	—
		H18	H18	>0.20～0.50	125	105	2	—	1.0	—
				>0.50～1.50			2	—	2.0	—
				>1.50～3.00			2	—	2.5	—
		H112	H112	>6.00～12.50	70	20	20	—	—	—
				>12.50～25.00		—	—	20	—	—
		F	—	2.50～150.00	—				—	—
1060	—	O	O	>0.20～0.30	60～100	15	15	—	—	—
				>0.30～0.50			18	—	—	—
				>0.50～1.50			23	—	—	—
				>1.50～6.00			25	—	—	—
				>6.00～80.00			25	22	—	—
		H12	H12	>0.50～1.50	80～120	60	6	—	—	—
				>1.50～6.00			12	—	—	—
		H22	H22	>0.50～1.50	80	60	6	—	—	—
				>1.50～6.00			12	—	—	—

续表

牌号	包铝分类	供应状态	试样状态	厚度/mm	室温拉伸试验结果				弯曲半径 r[3]	
					抗拉强度 R_m/MPa ≥	延伸强度 $R_{p0.2}$[1]/MPa ≥	断后伸长率[2]/% ≥		板厚 t	
							A_{50mm}	A	90°	180°
1060	—	H14	H14	>0.20～0.30	95～135	70	1	—	—	—
				>0.30～0.50			2	—	—	—
				>0.50～0.80			2	—	—	—
				>0.80～1.50			4	—	—	—
				>1.50～3.00			6	—	—	—
				>3.00～6.00			10	—	—	—
	—	H24	H24	>0.20～0.30	95	70	1	—	—	—
				>0.30～0.50			2	—	—	—
				>0.50～0.80			2	—	—	—
				>0.80～1.50			4	—	—	—
				>1.50～3.00			6	—	—	—
				>3.00～6.00			10	—	—	—
		H16	H16	>0.20～0.30	110～155	75	1	—	—	—
				>0.30～0.50			2	—	—	—
				>0.50～0.80			2	—	—	—
				>0.80～1.50			3	—	—	—
				>1.50～4.00			5	—	—	—
		H26	H26	>0.20～0.30	110	75	1	—	—	—
				>0.30～0.50			2	—	—	—
				>0.50～0.80			2	—	—	—
				>0.80～1.50			3	—	—	—
				>1.50～4.00			5	—	—	—
		H18	H18	>0.20～0.30	125	85	1	—	—	—
				>0.30～0.50			2	—	—	—
				>0.50～1.50			3	—	—	—
				>1.50～3.00			4	—	—	—
		H112	H112	>4.50～6.00	75	—	10	—	—	—
				>6.00～12.50	75		10	—	—	—
				>12.50～40.00	70	—	—	18	—	—
				>40.00～80.00	60		—	22	—	—
		F	—	>2.50～150.00	—				—	—

续表

牌号	包铝分类	供应状态	试样状态	厚度/mm	室温拉伸试验结果				弯曲半径 r[3]	
					抗拉强度 R_m/MPa ≥	延伸强度 $R_{p0.2}$[1]/MPa ≥	断后伸长率[2]/% ≥		板厚 t	
							A_{50mm}	A	90°	180°
1050	—	O	O	>0.20～0.50	60～100	—	15	—	0	—
				>0.50～0.80			20	—	0	—
				>0.80～1.50		20	25	—	0	—
				>1.50～6.00			30	—	0	—
				>6.00～50.00			28	28	—	—
		H12	H12	>0.20～0.30	80～120	—	2	—	0	—
				>0.30～0.50			3	—	0	—
				>0.50～0.80			4	—	0	—
				>0.80～1.50		65	6	—	0.5	—
				>1.50～3.00			8	—	0.5	—
				>3.00～6.00			9	—	0.5	—
		H22	H22	>0.20～0.30	80	—	2	—	0	—
				>0.30～0.50			3	—	0	—
				>0.50～0.80			4	—	0	—
				>0.80～1.50		65	6	—	0.5	—
				>1.50～3.00			8	—	0.5	—
				>3.00～6.00			9	—	0.5	—
		H14	H14	>0.20～0.30	95～130	—	1	—	0.5	—
				>0.30～0.50			2	—	0.5	—
				>0.50～0.80			3	—	0.5	—
				>0.80～1.50		75	4	—	1.0	—
				>1.50～3.00			5	—	1.0	—
				>3.00～6.00			6	—	1.0	—
		H24	H24	>0.20～0.30	95	—	1	—	0.5	—
				>0.30～0.50			2	—	0.5	—
				>0.50～0.80			3	—	0.5	—
				>0.80～1.50		75	4	—	1.0	—
				>1.50～3.00			5	—	1.0	—
				>3.00～6.00			6	—	1.0	—
		H16	H16	>0.20～0.50	120～150	—	1	—	2.0	—
				>0.50～0.80		85	2	—	2.0	—
				>0.80～1.50			3	—	2.0	—
				>1.50～4.00			4	—	2.0	—

续表

牌号	包铝分类	供应状态	试样状态	厚度/mm	室温拉伸试验结果				弯曲半径 r[③]/板厚 t	
					抗拉强度 R_m/MPa ≥	延伸强度 $R_{p0.2}$[①]/MPa ≥	断后伸长率[②]/% ≥			
							A_{50mm}	A	90°	180°
1050	—	H26	H26	>0.20~0.50	120	—	1	—	2.0	—
				>0.50~0.80		85	2	—	2.0	—
				>0.80~1.50	120	95	3	—	2.0	—
				>1.50~4.00			4	—	2.0	—
		H18	H18	>0.20~0.50	130	—	1	—	—	—
				>0.50~0.80			2	—	—	—
				>0.80~1.50			3	—	—	—
				>1.50~3.00			4	—	—	—
		H112	H112	>4.50~6.00	85	45	10	—	—	—
				>6.00~12.50	80	45	10	—	—	—
				>12.50~25.00	70	35	—	16	—	—
				>25.00~50.00	65	30	—	22	—	—
				>50.00~75.00	65	30	—	22	—	—
		F	—	>2.50~150.00	—				—	—
1050A	—	O H111	O H111	>0.20~0.50	>65~95	20	20	—	0	0
				>0.50~1.50			22	—	0	0
				>1.50~3.00			26	—	0	0
				>3.00~6.00			29	—	0.5	0.51
				>6.00~12.50			35	—	1.0	1.0
				>12.50~80.00			—	32	—	—
		H12	H12	>0.20~0.50	>85~125	65	2	—	0	0.5
				>0.50~1.50			4	—	0	0.5
				>1.50~3.00			5	—	0.5	0.5
				>3.00~6.00			7	—	1.01	1.0
		H22	H22	>0.20~0.50	>85~125	55	4	—	0	0.5
				>0.50~1.50			5	—	0	0.51
				>1.50~3.00			6	—	0.5	0.5
				>3.00~6.00			11	—	1.0	1.0
		H14	H14	>0.20~0.50	>105~145	85	2	—	0	1.0
				>0.50~1.50			2	—	0.51	1.0
				>1.50~3.00			4	—	1.0	1.0
				>3.00~6.00			5	—	1.5	—

续表

牌号	包铝分类	供应状态	试样状态	厚度/mm	室温拉伸试验结果				弯曲半径 r[3]/板厚 t	
					抗拉强度 R_m/MPa ≥	延伸强度 $R_{p0.2}$[1]/MPa ≥	断后伸长率[2]/% ≥ A_{50mm}	A	90°	180°
1050A	—	H24	H24	>0.20～0.50	>105～145	75	3	—	0	1.0
				>0.50～1.50			4	—	0.5	1.0
				>1.50～3.00			5	—	1.0	1.0
				>3.00～6.00			8	—	1.5	1.5
		H16	H16	>0.20～0.50	>120～160	100	1	—	0.5	—
				>0.50～1.50			2	—	1.0	—
				>1.50～4.00			3	—	1.5	—
		H26	H26	>0.20～0.50	>120～160	90	2	—	0.5	—
				>0.50～1.50			3	—	1.0	—
				>1.50～4.00			4	—	1.5	—
		H18	H28	>0.20～0.50	135	120	1	—	1.0	—
				>0.50～1.50	140		2	—	2.0	—
				>1.50～3.00			2	—	3.0	—
		H28	H28	>0.20～0.50	140	110	2	—	1.0	—
				>0.50～1.50			2	—	2.0	—
				>1.50～3.00			3	—	3.0	—
		H19	H19	>0.20～0.50	155	140	1	—	—	—
				>0.50～1.50	150	130		—	—	—
				>1.50～3.00				—	—	—
		H112	H112	>6.00～12.50	75	30	20	—	—	—
				>12.50～80.00	70	25	—	20	—	—
		F	—	2.50～150.00	—				—	—
1145	—	O	O	>0.20～0.50	60～100	—	15	—	—	—
				>0.50～0.80			20	—	—	—
				>0.80～1.50		20	25	—	—	—
				>1.50～6.00			30	—	—	—
				>6.00～10.00			28	—	—	—
		H12	H12	>0.20～0.30	80～120	—	2	—	—	—
				>0.30～0.50			3	—	—	—
				>0.50～0.80			4	—	—	—
		H12	H12	>0.80～1.50	80～120	65	6	—	—	—
				>1.50～3.00			8	—	—	—
				>3.00～4.50			9	—	—	—

续表

牌号	包铝分类	供应状态	试样状态	厚度/mm	室温拉伸试验结果 抗拉强度 R_m/MPa ≥	室温拉伸试验结果 延伸强度 $R_{p0.2}$[①]/MPa ≥	室温拉伸试验结果 断后伸长率[②]/% ≥ A_{50mm}	室温拉伸试验结果 断后伸长率[②]/% ≥ A	弯曲半径 r[③]/板厚 t 90°	弯曲半径 r[③]/板厚 t 180°
1145	—	H22	H22	>0.20～0.30	80	—	2	—	—	—
				>0.30～0.50			3	—	—	—
				>0.50～0.80			4	—	—	—
				>0.80～1.50			6	—	—	—
				>1.50～3.00			8	—	—	—
				>3.00～4.50			9	—	—	—
		H14	H14	>0.20～0.30	95～125	—	1	—	—	—
				>0.30～0.50			2	—	—	—
				>0.50～0.80			3	—	—	—
				>0.80～1.50		75	4	—	—	—
				>1.50～3.00			5	—	—	—
				>3.00～4.50			6	—	—	—
		H24	H24	>0.20～0.30	95	—	1	—	—	—
				>0.30～0.50			2	—	—	—
				>0.50～0.80			3	—	—	—
				>0.80～1.50			4	—	—	—
				>1.50～3.00			5	—	—	—
				>3.00～4.50			6	—	—	—
		H16	H16	>0.20～0.50	120～145	—	1	—	—	—
				>0.50～0.80			2	—	—	—
				>0.80～1.50		85	3	—	—	—
				>1.50～4.50			4	—	—	—
		H26	H26	>0.20～0.50	120	—	1	—	—	—
				>0.50～0.80			2	—	—	—
				>0.80～1.50			3	—	—	—
				>1.50～4.50			4	—	—	—
		H18	H18	>0.20～0.50	125	—	1	—	—	—
		H18	H18	>0.50～0.80	125	—	2	—	—	—
				>0.80～1.50			3	—	—	—
				>1.50～4.50			4	—	—	—
		H112	H112	>4.50～6.50	85	45	10	—	—	—
				>6.50～12.50	80	45	10	—	—	—
				>12.50～25.00	70	35	—	16	—	—
		F	—	>2.50～150.00	—				—	—

续表

牌号	包铝分类	供应状态	试样状态	厚度/mm	室温拉伸试验结果				弯曲半径 r[③] / 板厚 t	
					抗拉强度 R_m/MPa ≥	延伸强度 $R_{p0.2}$[①] /MPa ≥	断后伸长率[②]/% ≥			
							A_{50mm}	A	90°	180°
1235	—	O	O	＞0.20～1.00	65～105	—	15	—	—	—
		H12	H12	＞0.20～0.30	95～130	—	2	—	—	—
				＞0.30～0.50			3	—	—	—
				＞0.50～1.50			6	—	—	—
				＞1.50～3.00			8	—	—	—
				＞3.00～4.50			9	—	—	—
		H22	H22	＞0.20～0.30	95	—	2	—	—	—
				＞0.30～0.50			3	—	—	—
				＞0.50～1.50			6	—	—	—
				＞1.50～3.00			8	—	—	—
				＞3.00～4.50			9	—	—	—
		H14	H14	＞0.20～0.30	115～150	—	1	—	—	—
				＞0.30～0.50			2	—	—	—
				＞0.50～1.50			3	—	—	—
				＞1.50～3.00			4	—	—	—
		H24	H24	＞0.20～0.30	115	—	1	—	—	—
				＞0.30～0.50			2	—	—	—
				＞0.50～1.50			3	—	—	—
				＞1.50～3.00			4	—	—	—
		H16	H16	＞0.20～0.50	130～165	—	1	—	—	—
				＞0.50～1.50			2	—	—	—
				＞1.50～4.00			3	—	—	—
		H26	H26	＞0.20～0.50	130	—	1	—	—	—
		H26	H26	＞0.50～1.50	130	—	2	—	—	—
				＞1.50～4.00			3	—	—	—
		H18	H18	＞0.20～0.50	145	—	1	—	—	—
				＞0.50～1.50			2	—	—	—
				＞1.50～3.00			3	—	—	—
1100	—	O		＞0.20～0.30	75～105	25	15	—	0	
				＞0.30～0.50			17	—	0	
				＞0.50～1.50			22	—	0	
				＞1.50～6.00			30	—	0	
				＞6.00～80.00			28	25	0	
		H12、H22		＞0.20～0.50	95～130	75	3	—	0	
				＞0.50～1.50			5	—	0	
				＞1.50～6.00			8	—	0	
		H14、H24		＞0.20～0.30	110～145	95	1	—	0	
				＞0.30～0.50			2	—	0	
				＞0.50～1.50			3	—	0	
				＞1.50～4.00			5	—	0	
		H16、H26		＞0.20～0.30	130～165	115	1	—	2	
				＞0.30～0.50			2	—	2	
				＞0.50～1.50			3	—	2	
				＞1.50～4.00			4	—	2	

续表

牌号	包铝分类	供应状态	试样状态	厚度/mm	室温拉伸试验结果				弯曲半径 r[③]/板厚 t	
					抗拉强度 R_m/MPa ≥	延伸强度 $R_{p0.2}$[①]/MPa ≥	断后伸长率[②]/% ≥			
							A_{50mm}	A	90°	180°
1100	—	H18		>0.20～0.50	150	—	1	—	—	
				>0.50～1.50			2	—	—	
				>1.50～3.00			4	—	—	
		H112		>6.00～12.50	90	50	g	—	—	
				>12.50～40.00	85	40	—	12	—	
				>40.00～80.00	80	30	—	18	—	
		F	—	>2.50～150.00	—	—	—	—	—	
1200	—	O H111	O H111	>0.20～0.50	75～105	25	19	—	0	0
				>0.50～1.50			21	—	0	0
				>1.50～3.00			24	—	0	0
				>3.00～6.00			28	—	0.5	0.5
				>6.00～12.50			33	—	1.0	1.0
				>12.50～80.00			—	30	—	—
		H12	H12	>0.20～0.50	95～135	75	2	—	0	0.5
				>0.50～1.50			4	—	0	0.5
				>1.50～3.00			5	—	0.5	0.5
				>3.00～6.00			6	—	1.0	1.0
		H22	H22	>0.20～0.50	95～135	65	4	—	0	0.5
				>0.50～1.50			5	—	0	0.5
				>1.50～3.00			6	—	0.5	0.5
				>3.00～6.00			10	—	1.0	1.0
		H14	H14	>0.20～0.50	105～155	95	1	—	0	1.0
				>0.50～1.50	115～155		3	—	0.5	1.0
				>1.50～3.00			4	—	1.0	1.0
				>3.00～6.00			5	—	1.5	1.5
		H24	H24	>0.20～0.50	115～155	90	3	—	0	1.0
				>0.50～1.50			4	—	0.5	1.0
				>1.50～3.00			5	—	1.0	1.0
				>3.00～6.00			7	—	1.5	—
		H16	H16	>0.20～0.50	120～170	110	1	—	0.5	—
				>0.50～1.50	130～170	115	2	—	1.0	—
				>1.50～4.00			3	—	1.5	—
		H26	H26	>0.20～0.50	130～170	105	2	—	0.5	—
				>0.50～1.50			3	—	1.01	—
				>1.50～4.00			4	—	1.5	—
		H18	H18	>0.20～0.50	150	130	1	—	1.0	—
				>0.50～1.50			2	—	2.0	—
				>1.50～3.00			2	—	3.0	—
		H19	H19	>0.20～0.50	160	140	1	—	—	—
				>0.50～1.50			11	—	—	—
				>1.50～3.00			1	—	—	—
		H112	H112	>6.00～12.50	85	35	16	—	—	—
				>12.50～80.00	80	30	—	16	—	—
		F	—	>2.50～150.00	—				—	—

续表

牌号	包铝分类	供应状态	试样状态	厚度/mm	室温拉伸试验结果				弯曲半径 r③	
					抗拉强度 R_m/MPa ≥	延伸强度 $R_{p0.2}$①/MPa ≥	断后伸长率②/% ≥		板厚 t	
							A_{50mm}	A	90°	180°
包铝2A11 2A11	正常包铝或工艺包铝	O	O	>0.50～3.00	≤225	—	12	—	—	—
				>3.00～10.00	≤235	—	12	—	—	—
			T42④	>0.50～3.00	350	185	15	—	—	—
				>3.00～10.00	355	195	15	—	—	—
		T1	T42	>4.50～10.00	355	195	15	—	—	—
				>10.00～12.50	370	215	11	—	—	—
				>12.50～25.00	370	215	—	11	—	—
				>25.00～40.00	330	195	—	8	—	—
				>40.00～70.00	310	195	—	6	—	—
				>70.00～80.00	285	195	—	4	—	—
		T3	T3	>0.50～1.50	375	215	15	—	—	—
				>1.50～3.00			17	—	—	—
				>3.00～10.00			15	—	—	—
		T4	T4	>0.50～3.00	360	185	15	—	—	—
				>3.00～10.00	370	195	15	—	—	—
		F	—	>4.50～150.00	—				—	—
包铝2A12 2A12	正常包铝或工艺包铝	O	O	>0.50～4.50	≤215	—	14	—	—	—
				>4.50～10.00	≤235	—	12	—	—	—
			T42	>0.50～3.00	390	245	15	—	—	—
				>3.00～10.00	410	265	12	—	—	—
		T1	T42④	>4.50～10.00	410	265	12	—	—	—
				>10.00～12.50	420	275	7	—	—	—
				>12.50～25.00	420	275	—	7	—	—
				>25.00～40.00	390	255	—	5	—	—
				>40.00～70.00	370	245	—	4	—	—
				>70.00～80.00	345	245	—	3	—	—
		T3	T3	>0.50～1.60	405	270	15	—	—	—
				>1.60～10.00	420	275	15	—	—	—
		T4	T4	>0.50～3.00	405	270	13	—	—	—
				>3.00～4.50	425	275	12			
				>4.50～10.00	425	275	12	—	—	—
		F	—	>4.50～150.00	—				—	—

续表

牌号	包铝分类	供应状态	试样状态	厚度/mm	室温拉伸试验结果				弯曲半径 r[3] / 板厚 t	
					抗拉强度 R_m/MPa ≥	延伸强度 $R_{p0.2}$[1]/MPa ≥	断后伸长率[2]/% ≥			
							A_{50mm}	A	90°	180°
2A14	工艺包铝	O	O	0.50～10.00	≤245	—	10	—	—	—
		T6	T6	0.50～10.00	430	340	5	—	—	—
		T1	T62	>4.50～12.50	430	340	5	—	—	—
				>12.50～40.00	430	340	—	5	—	—
		F	—	>4.50～150.00	—				—	—
包铝2E12 2E12	正常包铝或工艺包铝	T3	T3	0.80～1.50	405	270	—	15	—	5.0
				>1.50～3.00	≥420	275	—	15	—	5.0
				>3.00～6.00	425	275	—	15	—	8.0
2014	工艺包铝或不包铝	O	O	>0.40～1.50	≤220	≤140	12	—	0	0.5
				>1.50～3.00			13	—	1.0	1.0
				>3.00～6.00			16	—	1.5	—
				>6.00～9.00			16	—	2.5	—
				>9.00～12.50			16	—	4.0	—
				>12.50～25.00[5]			—	10	—	—
		T3	T3	>0.40～1.50	395	245	14	—	—	—
				>1.50～6.00	400	245	14	—	—	—
		T4	T4	>0.40～1.50	395	240	14	—	3.0	3.0
				>1.50～6.00	395	240	14	—	5.0	5.0
				>6.00～12.50	400	250	14	—	8.0	—
				>12.50～40.00	400	250	—	10	—	—
				>40.00～100.00	395	250	—	7	—	—
		T6	T6	>0.40～1.50	440	390	6	—	—	—
				>1.50～6.00	440	390	7	—	—	—
				>6.00～12.50	450	395	7	—	—	—
				>12.50～40.00	460	400	—	6	5.0	—
				>40.00～60.00	450	390	—	5	7.0	—
				>60.00～80.00	435	380	—	4	10.0	—
				>80.00～100.00	420	360	—	4	—	—
				>100.00～125.00	410	350	—	4	—	—
				>125.00～160.00	390	340	—	2	—	—
		F	—	>4.50～150.00	—				—	—

续表

牌号	包铝分类	供应状态	试样状态	厚度/mm	室温拉伸试验结果				弯曲半径 r[3]/板厚 t	
					抗拉强度 R_m/MPa ≥	延伸强度 $R_{p0.2}$[1]/MPa ≥	断后伸长率[2]/% ≥ A_{50mm}	断后伸长率[2]/% ≥ A	90°	180°
包铝2014	正常包铝	O	O	>0.50～0.63	≤205	≤95	16	—	—	—
				>0.63～1.00	≤220			—	—	—
				>1.00～2.50	≤205			—	—	—
				>2.50～12.50	≤205			9	—	—
				>12.50～25.00	≤220[4]	—	—	5	—	—
		T3	T3	>0.50～0.63	370	230	14	—	—	—
				>0.63～1.00	380	235	14	—	—	—
				>1.00～2.50	395	240	15	—	—	—
				>2.50～6.30	395	240	15	—	—	—
		T4	T4	>0.50～0.63	370	215	14	—	—	—
				>0.63～1.00	380	220	14	—	—	—
				>1.00～2.50	395	235	15	—	—	—
				>2.50～6.30	395	235	15	—	—	—
		T6	T6	>0.50～0.63	425	370	7	—	—	—
				>0.63～1.00	435	380	7	—	—	—
				>1.00～2.50	440	395	8	—	—	—
				>2.50～6.30	440	395	8	—	—	—
		F		>4.50～150.00	—			—	—	—
包铝2014A 2014A	正常包铝 工艺包铝或不包铝	0T4	O	>0.20～0.50	≤235	≤110	—	—	1.0	—
				>0.50～1.50			14	—	2.0	—
				>1.50～3.00			16	—	2.0	—
				>3.00～6.00			16	—	2.0	—
		T4	T4	>0.20～0.50	400	225	—	—	3.0	—
				>0.50～1.50			13	—	3.0	—
				>1.50～6.00			14	—	5.0	—
				>6.00～12.50		250	14	—	—	—
				>12.50～25.00			—	12	—	—
				>25.00～40.00			—	10	—	—
				>40.00～80.00	395		—	7	—	—
		T6	T6	>0.20～0.50	440	380	—	—	5.0	—
				>0.50～1.50			6	—	5.0	—
				>1.50～3.00			7	—	6.0	—
				>3.00～6.00			8	—	5.0	—

续表

牌号	包铝分类	供应状态	试样状态	厚度/mm	室温拉伸试验结果 抗拉强度 R_m/MPa ≥	延伸强度 $R_{p0.2}$[①]/MPa ≥	断后伸长率[②]/% ≥ A_{50mm}	 A	弯曲半径 r[③]/板厚 t 90°	 180°
包铝2014A 2014A	正常包铝工艺包铝或不包铝	T6	T6	>6.00～12.50	460	410	8	—	—	—
				>12.50～25.00	460	410	—	6	—	—
				>25.00～40.00	450	400	—	5	—	—
				>40.00～60.00	430	390	—	5	—	—
				>60.00～90.00	430	390	—	4	—	—
				>90.00～115.00	420	370	—	4	—	—
				>115.00～140.00	410	350	—	4	—	—
2024	工艺包铝或不包铝	O	O	>0.40～1.50	≤220	≤140	12	—	0	0.5
				>1.50～3.00			13		1.0	2.0
				>3.00～6.00					1.5	3.0
				>6.00～9.00					2.5	—
				>9.00～12.50					4.0	—
				>12.50～25.00		—	—	11[⑤]	—	—
		T3	T3	>0.40～1.50	435	290	12	11	4.0	4.0
				>1.50～3.00	435	290	14	—	4.0	4.0
				>3.00～6.00	440	290	14	—	5.0	5.0
				>6.00～12.50	440	290	13	—	8.0	—
				>12.50～40.00	430	290	—	11	—	—
				>40.00～80.00	420	290	—	8	—	—
				>80.00～100.00	400	285	—	7	—	—
				>100.00～120.00	380	270	—	5	—	—
				>120.00～150.00	360	250	—	5	—	—
		T4	T4	>0.40～1.50	425	275	12	—	—	4.0
				>1.50～6.00	425	275	14	—	—	5.0
		T8	T8	>0.40～1.50	460	400	5	—	—	—
				>1.50～6.00	460	400	6	—	—	—
				>6.00～12.50	460	400	5	—	—	—
				>12.50～25.00	455	400	—	4	—	—
				>25.00～40.00	455	395	—	4	—	—
		F	—	>4.50～80.00	—				—	—
包铝2024	正常包铝	O	O	>0.20～0.25	≤205	≤95	10	—	—	—
				>0.25～1.60	≤205	≤95	12	—	—	—
				>1.60～12.50	≤220	≤95	12	—	—	—
				>12.50～45.50	≤220[④]	—	—	10	—	—

续表

牌号	包铝分类	供应状态	试样状态	厚度/mm	室温拉伸试验结果				弯曲半径 r[3]	
					抗拉强度 R_m/MPa ≥	延伸强度 $R_{p0.2}$[1] /MPa ≥	断后伸长率[2]/% ≥		板厚 t	
							A_{50mm}	A	90°	180°
包铝2024	正常包铝	T3	T3	>0.20～0.25	400	270	10	—	—	—
				>0.25～0.50	405	270	12	—	—	—
				>0.50～1.60	405	270	15	—	—	—
		T3	T3	>1.60～3.20	420	275	15	—	—	—
				>3.20～6.00	420	275	15	—	—	—
		T4	T4	>0.20～0.50	400	245	12	—	—	—
				>0.50～1.60	400	245	15	—	—	—
				>1.60～3.20	420	260	15	—	—	—
		F	—	>4.50～80.00	—				—	—
包铝2017 2017	正常包铝 工艺包铝 或不包铝	O	O	>0.40～1.60	≤215	—	12	—	0.5	—
				>1.60～2.90		≤110			1.0	—
				>2.90～6.00					1.5	—
				>6.00～25.00					—	—
			T42[4]	>0.40～0.50	355	—	12	—	—	—
				>0.50～1.60		195	15	—	—	—
				>1.60～2.90			17	—	—	—
				>2.90～6.50			15	—	—	—
				>6.50～25.00		185	12	—	—	—
				>0.40～0.50	375	—	12	—	1.5	—
				>0.50～1.60		215	15	—	2.5	—
				>1.60～2.90			17	—	3	—
				>2.90～6.00			15	—	3.5	—
		T4	T4	>0.40～0.50	355	—	12	—	1.5	—
				>0.50～1.60		195	15	—	2.5	—
				>1.60～2.90			17	—	3	—
				>2.90～6.00			15	—	3.5	—
		F	—	>4.50～150.00	—				—	—
包铝2017A 2017A	正常包铝 工艺包铝 或不包铝	O	O	0.40～1.50	≤225	≤145	12	—	5	0.5
				>1.50～3.00			14		1.0	1.0
				>3.00～6.00			13		1.5	—
				>6.00～9.00					2.5	—
				>9.00～12.50					4.0	—
				>12.50～25.00			—	12	—	—

续表

牌号	包铝分类	供应状态	试样状态	厚度/mm	室温拉伸试验结果				弯曲半径 r[③]	
					抗拉强度 R_m/MPa ≥	延伸强度 $R_{p0.2}$[①]/MPa ≥	断后伸长率[②]/% ≥		板厚 t	
							A_{50mm}	A	90°	180°
包铝2017A 2017A	正常包铝 工艺包铝 或不包铝	T4	T4	0.40～1.50	390	245	14	—	3.0	3.0
				>1.50～6.00		245	15	—	5.0	5.0
				>6.00～12.50		260	13	—	8.0	—
				>12.50～40.00		250	—	12	—	—
				>40.00～60.00	385	245	—	12	—	—
				>60.00～80.00	370	240	—	7	—	—
				>80.00～120.00	360		—	6	—	—
				>120.00～150.00	350		—	4	—	—
				>150.00～180.00	330	220	—	2	—	—
				>180.00～200.00	300	200	—	2	—	—
包铝2219 2219	正常包铝 工艺包铝 或不包铝	O	O	>0.50～12.50	≤220	≤110	12	—	—	—
				>12.50～50.00	≤220[⑤]	≤110[⑤]	—	10	—	—
		T81	T81	>0.50～1.00	340	255	6	—	—	—
				>1.00～2.50	380	285	7	—	—	—
				>2.50～6.30	400	295	7	—	—	—
		T87	T87	>1.00～2.50	395	315	6	—	—	—
				>2.50～6.30	415	330	6	—	—	—
				>6.30～12.50			7	—	—	—
3A21	—	O	O	>0.20～0.80	100～150	—	19	—	—	—
				>0.80～4.50			23	—	—	—
				>4.50～10.00			21	—	—	—
		H14	H14	>0.80～1.30	145～215	—	6	—	—	—
				>1.30～4.50			6	—	—	—
		H24	H24	>0.20～1.30	145	—	6	—	—	—
				>1.30～4.50			6	—	—	—
		H18	H18	>0.20～0.50	185	—	1	—	—	—
				>0.50～0.80			2	—	—	—
				>0.80～1.30			3	—	—	—
				>1.30～4.50			4	—	—	—
		H112	H112	>4.50～10.00	110	—	16	—	—	—
				>10.00～12.50	120	—	16	—	—	—
				>12.50～25.00	120	—	—	16	—	—
				>25.00～80.00	110	—	—	16	—	—
		F	—	>4.50～150.00	—				—	—

续表

牌号	包铝分类	供应状态	试样状态	厚度/mm	室温拉伸试验结果				弯曲半径 r[③]	
					抗拉强度 R_m/MPa ≥	延伸强度 $R_{p0.2}$[①]/MPa ≥	断后伸长率[②]/% ≥		板厚 t	
							A_{50mm}	A	90°	180°
3102	—	H18	H18	>0.20～0.50	160	—	3	—	—	—
				>0.50～3.00			2	—	—	—
3003	—	O H111	O H111	>0.20～0.50	95～135	35	15	—	0	0
				>0.50～1.50			17	—	0	0
				>1.50～3.00			20	—	0	0
				>3.00～6.00			23	—	1.0	1.0
				>6.00～12.50			24	—	1.5	—
				>12.50～50.00			—	23	—	—
		H12	H12	>0.20～0.50	120～160	90	3	—	0	1.5
				>0.50～1.50			4	—	0.5	1.5
				>1.50～3.00			5	—	1.0	1.5
				>3.00～6.00			6	—	1.0	—
		H22	H22	>0.20～0.50	120～160	80	6	—	0	1.0
				>0.50～1.50			7	—	0.5	1.0
				>1.50～3.00			8	—	1.0	1.0
				>3.00～6.00			9	—	1.0	—
		H14	H14	>0.20～0.50	145～195	125	2	—	0.5	2.0
				>0.50～1.50			2	—	1.0	2.0
				>1.50～3.00			3	—	1.0	2.0
				>3.00～6.00			4	—	2.0	—
		H24	H24	>0.20～0.50	145～195	115	4	—	0.5	1.5
				>0.50～1.50			4	—	1.0	1.5
				>1.50～3.00			5	—	1.0	1.5
				>3.00～6.00			6	—	2.0	—
		H16	H16	>0.20～0.50	170～210	150	1	—	1.0	2.5
				>0.50～1.50			2	—	1.5	2.5
				>1.50～4.00			2	—	2.0	2.5
		H26	H26	>0.20～0.50	170～210	140	2	—	1.0	2.0
				>0.50～1.50			3	—	1.5	2.0
				>1.50～4.00			3	—	2.0	2.0
		H18	H18	>0.20～0.50	190	170	1	—	1.5	—
				>0.50～1.50			2	—	2.5	—
				>1.50～3.00			2	—	3.0	—

续表

牌号	包铝分类	供应状态	试样状态	厚度/mm	室温拉伸试验结果 抗拉强度 R_m/MPa ≥	延伸强度 $R_{p0.2}$[①] /MPa ≥	断后伸长率[②]/% ≥ A_{50mm}	A	弯曲半径 r[③]/板厚 t 90°	180°
3003	—	H28	H28	＞0.20～0.50	190	160	2	—	1.5	—
				＞0.50～1.50			2	—	2.5	—
				＞1.50～3.00			3	—	3.0	—
		H19	H19	＞0.20～0.50	210	180	1	—	—	—
				＞0.50～1.50			2	—	—	—
				＞1.50～3.00			2	—	—	—
		H112	H112	＞4.50～12.50	115	70	10	—	—	—
				＞12.50～80.00	100	40	—	18	—	—
		F	—	＞2.50～150.00	—				—	
3103	—	O H111	O H111	＞0.20～0.50	90～130	35	17	—	0	0
				＞0.50～1.50			19	—	0	0
				＞1.50～3.00			21	—	0	0
				＞3.00～6.00			24	—	1.0	1.0
				＞6.00～12.50			28	—	1.5	—
				＞12.50～50.00	—	—	—	25	—	—
		H12	H12	＞0.20～0.50	115～155	85	3	—	0	1.5
				＞0.50～1.50			4	—	0.5	1.5
				＞1.50～3.00			5	—	1.0	1.5
				＞3.00～6.00			6	—	1.0	—
		H22	H22	＞0.20～0.50	115～155	75	6	—	0	1.0
				＞0.50～1.50			7	—	0.5	1.0
				＞1.50～3.00			8	—	1.0	1.0
				＞3.00～6.00			9	—	1.0	—
		H14	H14	＞0.20～0.50	140～180	120	2	—	0.5	2.0
				＞0.50～1.50			2	—	1.0	2.0
				＞1.50～3.00			3	—	1.0	2.0
				＞3.00～6.00			4	—	2.0	—
		H24	H24	＞0.20～0.50	140～180	110	4	—	0.5	.1.5
				＞0.50～1.50			4	—	1.0	1.51
				＞1.50～3.00			5	—	1.01	1.5
				＞3.00～6.00			6	—	2.0	—

续表

牌号	包铝分类	供应状态	试样状态	厚度/mm	室温拉伸试验结果 抗拉强度 R_m/MPa ≥	延伸强度 $R_{p0.2}$①/MPa ≥	断后伸长率②/% ≥ A_{50mm}	A	弯曲半径 r③/板厚 t 90°	180°
3103	—	H16	H16	>0.20～0.50	160～200	145	1	—	1.0	2.5
				>0.50～1.50			2	—	1.5	2.5
				>1.50～4.00			2	—	2.0	2.5
				>4.00～6.00			2	—	1.5	2.0
		H26	H26	>0.20～0.50	160～200	135	2	—	1.0	2.0
				>0.50～1.50			3	—	1.5	2.0
				>1.50～4.00			3	—	2.0	2.0
		H18	H18	>0.20～0.50	185	165	1	—	1.5	—
				>0.50～1.50			2	—	2.5	—
				>1.50～3.00			2	—	3.0	—
		H28	H28	>0.20～0.50	185	155	2	—	1.5	—
				>0.50～1.50			2	—	2.5	—
				>1.50～3.00			3	—	3.0	—
		H19	H19	>0.20～0.50	200	175	1	—	—	—
				>0.50～1.50			2	—	—	—
				>1.50～3.00			2	—	—	—
		H112	H112	>4.50～12.50	110	70	10	—	—	—
				>12.50～80.00	95	40	—	18	—	—
		F		>20.00～80.00	—				—	—
3004	—	O H111	O H111	>0.20～0.50	155～200	60	13	—	0	0
				>0.50～1.50			14	—	0	0
				>1.50～3.00			15	—	0	0.5
				>3.00～6.00			16	—	1.0	1.0
				>6.00～12.50			—	—	2.0	—
				>12.50～50.00			—	14	—	—
		H12	H12	>0.20～0.50	190～240	155	2	—	0	1.5
				>0.50～1.50			3	—	0.5	1.5
				>1.50～3.00			4	—	1.0	2.0
				>3.00～6.00			5	—	1.5	—
		H22 H32	H22 H32	>0.20～0.50	190～240	145	4	—	0	1.0
				>0.50～1.50			5	—	0.5	1.0
				>1.50～3.00			6	—	1.0	1.5
				>3.00～6.00			7	—	1.5	—

续表

牌号	包铝分类	供应状态	试样状态	厚度/mm	室温拉伸试验结果				弯曲半径 r③	
					抗拉强度 R_m/MPa ≥	延伸强度 $R_{p0.2}$①/MPa ≥	断后伸长率②/% ≥		板厚 t	
							A_{50mm}	A	90°	180°
3004	—	H14	H14	>0.20～0.50	220～265	180	1	—	0.5	2.5
				>0.50～1.50			2	—	1.0	2.5
				>1.50～3.00			2	—	1.5	2.5
				>3.00～6.00			3	—	2.0	—
		H24 H34	H24 H34	>0.20～0.50	220～265	170	3	—	0.5	2.0
				>0.50～1.50			4	—	1.0	2.0
				>1.50～3.00			4	—	1.5	2.0
		H16	H16	>0.20～0.50	240～285	200	1	—	1.0	3.5
				>0.50～1.50			1	—	1.5	3.5
				>150～4.00			2	—	2.51	—
		H26 H36	H26 H36	>0.20～0.50	240～285	190	3	—	1.0	3.0
				>0.50～1.50			3	—	1.5	3.0
				>1.50～3.00			3	—	2.51	—
		H18	H18	>0.20～0.50	260	230	1	—	1.5	—
				>0.50～1.50			1	—	2.5	—
				>1.50～3.00			2	—	—	—
		H28 H38	H28 H38	>0.20～0.50	260	220	2	—	1.51	—
				>0.50～1.50			3	—	2.5	—
		H19	H19	>0.20～0.50	270	240	1	—	—	—
				>0.50～1.50			1	—	—	—
		H112	H112	>4.50～12.50	160	60	7	—	—	—
				>12.50～40.00			—	6	—	—
				>40.00～80.00			—	6	—	—
		F	—	>2.50～80.00	—				—	—
3104	—	O H111	O H111	>0.20～0.50	155～195	—	10	—	0	0
				>0.50～0.80			14	—	0	0
				>0.80～1.30		60	16	—	0.5	0.5
				>1.30～3.00			18	—	0.5	0.5
		H12 H32	H12 H32	>0.50～0.80	195～245	—	3	—	0.5	0.5
				>0.80～1.30		145	4	—	1.0	1.0
				>1.30～3.00			5	—	1.0	1.0
		H22	H22	>0.50～0.80	195	—	3	—	0.5	0.5
				>0.80～1.30			4	—	1.0	1.0
				>1.30～3.00			5	—	1.0	1.0

续表

牌号	包铝分类	供应状态	试样状态	厚度/mm	室温拉伸试验结果 抗拉强度 R_m/MPa ≥	延伸强度 $R_{p0.2}$[①] /MPa ≥	断后伸长率[②]/% ≥ A_{50mm}	A	弯曲半径 r[③]/板厚 t 90°	180°
3104	—	H14 H34	H14 H34	>0.20~0.50	225~265	—	1	—	1.0	1.0
				>0.50~0.80			3	—	1.5	1.5
				>0.80~1.30		175	3	—	1.5	1.5
				>1.30~3.00			4	—	1.5	1.5
		H24	H24	>0.20~0.50	225	—	1	—	1.0	1.0
				>0.50~0.80			3	—	1.51	1.5
				>0.80~1.30			3	—	1.5	1.5
				>1.30~3.00			4	—	1.5	1.5
		H16 H36	H16 H36	>0.20~0.50	245~285	—	1	—	2.0	2.0
				>0.50~0.80			2	—	2.0	2.0
				>0.80~1.30		195	3	—	2.5	2.5
				>1.30~3.00			4	—	2.5	2.5
		H26	H26	>0.20~0.50	245	—	1	—	2.0	2.0
				>0.50~0.80			2	—	2.0	2.0
				>0.80~1.30			3	—	2.5	2.5
				>1.30~3.00			4	—	2.5	2.5
		H18 H38	H18 H38	>0.20~0.50	265	215	1	—	—	—
		H28	H28	>0.20~0.50	265	—	1	—	—	—
		H19 H29 H39	H19 H29 H39	>0.20~0.50	275	—	1	—	—	—
		F	—	>2.50~80.00	—				—	—
3005	—	O H111	O H111	>0.20~0.50	115~165	45	12	—	0	0
				>0.50~1.50			14	—	0	0
				>1.50~3.00			16	—	0.5	1.0
				>3.00~6.00			19	—	1.0	—
		H12	H12	>0.20~0.50	145~195	125	3	—	0	1.5
				>0.50~1.50			4	—	0.5	1.5
				>1.50~3.00			4	—	1.0	2.0
				>3.00~6.00			5	—	1.5	—

续表

牌号	包铝分类	供应状态	试样状态	厚度/mm	室温拉伸试验结果				弯曲半径 r[3]	
					抗拉强度 R_m/MPa ≥	延伸强度 $R_{p0.2}$[1]/MPa ≥	断后伸长率[2]/% ≥		板厚 t	
							A_{50mm}	A	90°	180°
3005	—	H22	H22	>0.20～0.50	145～195	110	5	—	0	1.0
				>0.50～1.50			5	—	0.5	1.0
				>1.50～3.00			6	—	1.0	1.5
				>3.00～6.00			7	—	1.5	—
		H14	H14	>0.20～0.50	170～215	150	1	—	0.5	2.5
				>0.50～1.50			2	—	1.0	2.5
				>1.50～3.00			2	—	1.5	—
				>3.00～6.00			3	—	2.0	—
		H24	H24	>0.20～0.50	170～215	130	4	—	0.5	1.5
				>0.50～1.50			4	—	1.0	1.5
				>1.50～3.00			4	—	1.5	—
		H16	H16	>0.20～0.50	195～240	175	1	—	1.0	—
				>0.50～1.50			2	—	1.5	—
				>1.50～4.00			2	—	2.5	—
		H26	H26	>0.20～0.50	195～240	160	3	—	1.0	—
				>0.50～1.50			3	—	1.5	—
				>1.50～3.00			3	—	2.5	—
		H18	H18	>0.20～0.50	220	200	1	—	1.5	—
				>0.50～1.50			2	—	2.5	—
				>1.50～3.00			2	—	—	—
		H28	H28	>0.20～0.50	220	190	2	—	1.5	—
				>0.50～1.50			2	—	2.5	—
				>1.50～3.00			3	—	—	—
		H19	H19	>0.20～0.50	235	210	1	—	—	—
				>0.50～1.50	235	210	1	—	—	—
		F	—	>2.50～80.00	—				—	—
3105	—	O H111	O H111	>0.20～0.50	100～155	40	14	—	—	0
				>0.50～1.50			15	—	—	0
				>1.50～3.00			17	—	—	0.5
		H12	H12	>0.20～0.50	130～180	105	3	—	—	1.5
				>0.50～1.50			4	—	—	1.5
				>1.50～3.00			4	—	—	1.5

续表

牌号	包铝分类	供应状态	试样状态	厚度/mm	室温拉伸试验结果				弯曲半径 r[③]/板厚 t	
					抗拉强度 R_m/MPa ≥	延伸强度 $R_{p0.2}$[①]/MPa ≥	断后伸长率[②]/% ≥			
							A_{50mm}	A	90°	180°
3105	—	H22	H22	>0.20~0.50	130~180	105	6	—	—	—
				>0.50~1.50			6	—	—	—
				>1.50~3.00			7	—	—	—
		H14	H14	>0.20~0.50	150~200	130	2	—	—	2.5
				>0.50~1.50			2	—	—	2.5
				>1.50~3.00			2	—	—	2.5
		H24	H24	>0.20~0.50	150~200	120	4	—	—	2.5
				>0.50~1.50			4	—	—	2.5
				>1.50~3.00			5	—	—	2.5
		H16	H16	>0.20~0.50	175~225	160	1	—	—	—
				>0.50~1.50			2	—	—	—
				>1.50~3.00			2	—	—	—
		H26	H26	>0.20~0.50	175~225	150	3	—	—	—
				>0.50~1.50			3	—	—	—
				>1.50~3.00			3	—	—	—
		H18	H18	>0.20~3.00	195	180	1	—	—	—
		H28	H28	>0.20~1.50	195	170	2	—	—	—
		H19	H19	>0.20~1.50	215	190	1	—	—	—
		F	—	>2.50~80.00	—		—		—	
4006	—	O	O	>0.20~0.50	95~130	40	17	—	—	0
				>0.50~1.50			19	—	—	0
				>1.50~3.00			22	—	—	0
				>3.00~6.00			25	—	—	1.0
		H12	H12	>0.20~0.50	120~160	90	4	—	—	1.5
				>0.50~1.50			4	—	—	1.5
				>1.50~3.00			5	—	—	1.5
		H14	H14	>0.20~0.50	140~180	120	3	—	—	2.0
				>0.50~1.50			3	—	—	2.0
				>1.50~3.00			3	—	—	2.0
		F	—	2.50~6.00	—	—	—	—	—	—
4007	—	O H111	O H111	>0.20~0.50	110~150	45	15	—	—	—
				>0.50~1.50			16	—	—	—
				>1.50~3.00			19	—	—	—
				>3.00~6.00			21	—	—	—
				>6.00~12.50			25	—	—	—

续表

牌号	包铝分类	供应状态	试样状态	厚度/mm	室温拉伸试验结果				弯曲半径 r[3]	
					抗拉强度 R_m/MPa ≥	延伸强度 $R_{p0.2}$[1]/MPa ≥	断后伸长率[2]/% ≥		板厚 t	
							A_{50mm}	A	90°	180°
4007	—	H12	H12	>0.20～0.50	140～180	110	4	—	—	—
				>0.50～1.50			4	—	—	—
				>1.50～3.00			5	—	—	—
		F	—	2.50～6.00	110	—	—		—	—
4015	—	O H111	O H111	>0.20～3.00	≤150	45	20	—	—	—
		H12	H12	>0.20～0.50	120～175	90	4	—	—	—
				>0.50～3.00			4	—	—	—
		H14	H14	>0.20～0.50	150～200	120	2	—	—	—
				>0.50～3.00			3	—	—	—
		H16	H16	>0.20～0.50	170～220	150	1	—	—	—
				>0.50～3.00			2	—	—	—
		H18	H18	>0.20～3.00	200～250	180	1	—	—	—
5A02	—	O	O	>0.50～1.00	165～225	—	17	—	—	—
				>1.00～10.00		—	19	—	—	—
		H14 H24 H34	H14 H24 H34	>0.50～1.00	235	—	4	—	—	—
				>1.00～4.50			6	—	—	—
		H18	H18	>0.50～1.00	265	—	3	—	—	—
				>1.00～4.50			4	—	—	—
		H112	H112	>4.50～12.50	175	—	7	—	—	—
				>12.50～25.00	175		—	7	—	—
				>25.00～80.00	155		—	6	—	—
		F	—	>4.50～150.00	—				—	—
5A03	—	O	O	>0.50～4.50	195	100	16	—	—	—
		H14 H24 H34	H14 H24 H34	>0.50～4.50	225	195	8	—	—	—
		H112	H112	>4.50～10.00	185	80	16	—	—	—
				>10.00～12.50	175	70	13	—	—	—
				>12150～25.00	175	70	—	13	—	—
				>25.00～50.00	165	60	—	12	—	—
		F	—	>4.50～150.00	—				—	—

续表

牌号	包铝分类	供应状态	试样状态	厚度/mm	室温拉伸试验结果				弯曲半径 r[3]/板厚 t	
					抗拉强度 R_m/MPa ≥	延伸强度 $R_{p0.2}$[1]/MPa ≥	断后伸长率[2]/% ≥			
							A_{50mm}	A	90°	180°
5A05	—	O	O	0.50～4.50	275	145	16	—	—	—
		H112	H112	＞4.50～10.00	275	125	16	—	—	—
				＞10.00～12.50	265	115	14	—	—	—
				＞12.50～25.00	265	115	—	14	—	—
				＞25.00～50.00	255	105	—	13	—	—
		F	—	＞4.50～150.00	—				—	—
5A06	—	O	O	0.50～4.50	315	155	16	—	—	—
		H112	H112	＞4.50～10.00	315	155	16	—	—	—
				＞10.00～12.50	305	145	12	—	—	—
				＞12.50～25.00	305	145	—	12	—	—
				＞25.00～50.00	295	135	—	6	—	—
		F	—	＞4.50～150.00	—				—	—
5005 5005A	—	O H111	O H111	＞0.20～0.50	100～145	35	15	—	0	0
				＞0.50～1.50			19	—	0	0
				＞1.50～3.00			20	—	0	0.5
				＞3.00～6.00			22	—	1.0	1.0
				＞6.00～12.50			24	—	1.5	—
				＞12.50～50.00			—	20	—	—
		H12	H12	＞0.20～0.50	125～165	95	2	—	0	1.0
				＞0.50～1.50			2	—	0.5	1.0
				＞1.50～3.00			4	—	1.01	1.5
				＞3.00～6.00			5	—	1.0	—
		H22 H32	H22 H32	＞0.20～0.50	125～165	80	4	—	0	1.0
				＞0.50～1.50			5	—	0.5	1.0
				＞1.50～3.00			6	—	1.0	1.5
				＞3.00～6.00			8	—	—	—
		H14	H14	＞0.20～0.50	145～185	120	2	—	0.5	2.0
				＞0.50～1.50			2	—	1.0	2.0
				＞1.50～3.00			3	—	1.0	2.5
				＞3.00～6.00			4	—	2.0	—
		H24 H34	H24 H34	＞0.20～0.50	145～185	110	3	—	0.5	1.5
				＞0.50～1.50			4	—	1.0	1.5
				＞1.50～3.00			5	—	1.0	2.0
				＞3.00～6.00			6	—	2.0	—

续表

牌号	包铝分类	供应状态	试样状态	厚度/mm	室温拉伸试验结果				弯曲半径 r[3]/板厚 t	
					抗拉强度 R_m/MPa ≥	延伸强度 $R_{p0.2}$[1]/MPa ≥	断后伸长率[2]/% ≥			
							A_{50mm}	A	90°	180°
5005 5005A	—	H16	H16	>0.20~0.50	165~205	145	1	—	1.0	—
				>0.50~1.50			2	—	1.5	—
				>1.50~3.00			3	—	2.0	—
				>3.00~4.00			3	—	2.5	—
		H26 H36	H26 H36	>0.20~0.50	165~205	135	2	—	1.0	—
				>0.50~1.50			3	—	1.5	—
				>1.50~3.00			4	—	2.0	—
				>3.00~4.00			4	—	2.5	—
		H18	H18	>0.20~0.50	185	165	1	—	1.5	—
				>0.50~1.50			2	—	2.5	—
				>1.50~3.00			2	—	3.0	—
		H28 H38	H28 H38	>0.20~0.50	185	160	1	—	1.5	—
				>0.50~1.50			2	—	2.5	—
				>1.50~3.00			3	—	3.0	—
		H19	H19	>0.20~0.50	205	185	1	—	—	—
				>0.50~1.50			2	—	—	—
				>1.50~3.00			2	—	—	—
		H112	H112	>6.00~12.50	115	—	8	—	—	—
				>12.50~40.00	105			10	—	—
				>40.00~80.00	100			16	—	—
		F	—	>2.5~150.00	—			—	—	—
5040	—	H24 H34	H24 H34	0.80~1.80	220~260	170	6	—	—	—
		H26 H36	H26 H36	1.00~2.00	240~280	205	5	—	—	—
5049	—	O H111	O H111	>0.20~0.50	190~240	80	12	—	0	0.5
				>0.50~1.50			14	—	0.5	0.5
				>1.50~3.00			16	—	1.0	1.0
				>3.00~6.00			18	—	1.0	1.0
				>6.00~12.50			18	—	2.0	—
				>12.50~100.00			—	17	—	—

续表

牌号	包铝分类	供应状态	试样状态	厚度/mm	室温拉伸试验结果				弯曲半径 r[3]	
					抗拉强度 R_m/MPa ≥	延伸强度 $R_{p0.2}$[1]/MPa ≥	断后伸长率[2]/% ≥		板厚 t	
							A_{50mm}	A	90°	180°
5049	—	H12	H12	>0.20～0.50	220～270	170	4	—	—	—
				>0.50～1.50			5	—	—	—
				>1.50～3.00			6	—	—	—
				>3.00～6.00			7	—	—	—
		H22 H32	H22 H32	>0.20～0.50	220～270	130	7	—	0.5	1.5
				>0.50～1.50			8	—	1.0	1.5
				>1.50～3.00			10	—	1.5	2.0
				>3.00～6.00			11	—	1.5	—
		H14	H14	>0.20～0.50	240～280	190	3	—	—	—
				>0.50～1.50			3	—	—	—
				>1.50～3.00			4	—	—	—
				>3.00～6.00			4	—	—	—
		H24 H34	H24 H34	>0.20～0.50	240～280	160	6	—	1.0	2.5
				>0.50～1.50			6	—	1.5	2.5
				>1.50～3.00			7	—	2.0	2.5
				>3.00～6.00			8	—	2.5	—
		H16	H16	>0.20～0.50	265～305	220	2	—	—	—
				>0.50～1.50			3	—	—	—
				>1.50～3.00			3	—	—	—
				>3.00～6.00			3	—	—	—
		H26 H36	H26 H36	>0.20～0.50	265～305	190	4	—	1.5	—
				>0.50～1.50			4	—	2.0	—
				>1.50～3.00			5	—	3.0	—
				>3.00～6.00			6	—	3.5	—
		H18	H18	>0.20～0.50	290	250	1	—	—	—
				>0.50～1.50			2	—	—	—
				>1.50～3.00			2	—	—	—
		H28 H38	H28 H38	>0.20～0.50	290	230	3	—	—	—
				>0.50～1.50			3	—	—	—
				>1.50～3.00			4	—	—	—
		H112	H112	6.00～12.50	210	100	12	—	—	—
				>12.50～25.00	200	90	—	10	—	—
				>25.00～40.00	190	30	—	12	—	—
				>40.00～80.00	190	80	—	—	—	—

续表

牌号	包铝分类	供应状态	试样状态	厚度/mm	室温拉伸试验结果				弯曲半径 r[③]/板厚 t	
					抗拉强度 R_m/MPa ≥	延伸强度 $R_{p0.2}$[①]/MPa ≥	断后伸长率[②]/% ≥			
							A_{50mm}	A	90°	180°
5449	—	O H111	O H111	>0.50～1.50	190～240	80	14	—	—	—
				>1.50～3.00			16	—	—	—
		H22	H22	>0.50～1.50	220～270	130	8	—	—	—
				>1.50～3.00			10	—	—	—
		H24	H24	>0.50～1.50	240～280	160	6	—	—	—
				>1.50～3.00			7	—	—	—
		H26	H26	>0.50～1.50	265～305	190	4	—	—	—
				>1.50～3.00			5	—	—	—
		H28	H28	>0.50～1.50	290	230	3	—	—	—
				>1.50～3.00			4	—	—	—
5050	—	O H111	O H111	>0.20～0.50	130～170	45	16	—	0	0
				>0.50～1.50			17	—	0	0
				>1.50～3.00			19	—	0	0.5
				>3.00～6.00			21	—	1.0	—
				>6.00～12.50			20	—	2.0	—
				>12.50～50.00			—	20	—	—
		H12	H12	>0.20～0.50	155～195	130	2	—	0	—
				>0.50～1.50			2	—	0.5	—
				>1.50～3.00			4	—	1.0	—
		H22 H32	H22 H32	>0.20～0.50	155～195	110	4	—	0	1.0
				>0.50～1.50			5	—	0.5	1.0
				>1.50～3.00			7	—	1.0	1.5
				>3.00～6.00			10	—	1.5	—
		H14	H14	>0.20～0.50	175～215	150	2	—	0.5	—
				>0.50～1.50			2	—	1.0	—
				>1.50～3.00			3	—	1.5	—
				>3.00～6.00			4	—	2.0	—
		H24 H34	H24 H34	>0.20～0.50	175～215	135	3	—	0.5	1.5
				>0.50～1.50			4	—	1.0	1.5
				>1.50～3.00			5	—	1.5	2.0
				>3.00～6.00			8	—	2.0	—
		H16	H16	>0.20～0.50	195～235	170	1	—	1.0	—
				>0.50～1.50			2	—	1.5	—
				>1.50～3.00			2	—	2.5	—
				>3.00～4.00			3	—	3.0	—

续表

牌号	包铝分类	供应状态	试样状态	厚度/mm	室温拉伸试验结果				弯曲半径 r[③]/板厚 t	
					抗拉强度 R_m/MPa ≥	延伸强度 $R_{p0.2}$[①]/MPa ≥	断后伸长率[②]/% ≥			
							A_{50mm}	A	90°	180°
5050	—	H26 H36	H26 H36	>0.20～0.50	195～235	160	2	—	1.0	—
				>0.50～1.50			3	—	1.5	—
				>1.50～3.00			4	—	2.5	—
				>3.00～4.00			6	—	3.0	—
		H18	H18	>0.20～0.50	220	190	1	—	1.5	—
				>0.50～1.50			2	—	2.5	—
				>1.50～3.00			2	—	—	—
		H28 H38	H28 H38	>0.20～0.50	220	180	1	—	1.5	—
				>0.50～1.50			2	—	2.5	—
				>1.50～3.00			3	—	—	—
		H112	H112	6.00～12.50	140	55	12	—	—	—
				>12.50～40.00			—	10	—	—
				>40.00～80.00			—	10	—	—
		F	—	2.50～80.00	—				—	—
5251	—	O H111	O H111	>0.20～0.50	160～200	60	13	—	0	0
				>0.50～1.50			14	—	0	0
				>1.50～3.00			16	—	0.5	0.5
				>3.00～6.00			18	—	1.0	—
				>6.00～12.50			18	—	2.0	—
				>12.50～50.00			—	18	—	—
		H12	H12	>0.20～0.50	190～230	150	3	—	0	2.0
				>0.50～1.50			4	—	1.0	2.0
				>1.50～3.00			5	—	1.0	2.0
				>3.00～6.00			8	—	1.5	—
		H22 H32	H22 H32	>0.20～0.50	190～230	120	4	—	0	1.5
				>0.50～1.50			6	—	1.0	1.5
				>1.50～3.00			8	—	1.0	1.5
				>3.00～6.00			10	—	15	—
		H14	H14	>0.20～0.50	210～250	170	2	—	0.5	2.5
				>0.50～1.50			2	—	1.5	2.5
				>1.50～3.00			3	—	1.5	2.5
				>3.00～6.00			4	—	2.5	—

续表

牌号	包铝分类	供应状态	试样状态	厚度/mm	室温拉伸试验结果				弯曲半径 r[③]/板厚 t	
					抗拉强度 R_m/MPa ≥	延伸强度 $R_{p0.2}$[①]/MPa ≥	断后伸长率[②]/% ≥			
							A_{50mm}	A	90°	180°
5251	—	H24 H34	H24 H34	>0.20～0.50	210～250	140	3	—	0.5	2.0
				>0.50～1.50			5	—	1.5	2.0
				>1.50～3.00			6	—	1.5	2.0
				>3.00～6.00			8	—	2.5	—
		H16	H16	>0.20～0.50	230～270	200	1	—	1.0	3.5
				>0.50～1.50			2	—	1.5	3.5
				>1.50～3.00			3	—	2.0	3.5
				>3.00～4.00			3	—	3.0	—
		H26 H36	H26 H36	>0.20～0.50	230～270	170	3	—	1.0	3.0
				>0.50～1.50			4	—	1.5	3.0
				>1.50～3.00			5	—	2.0	3.0
				>3.00～4.00			7	—	3.0	—
		H18	H18	>0.20～0.50	255	230	1	—	—	—
				>0.50～1.50			2	—	—	—
				>1.50～3.00			2	—	—	—
		H28 H38	H28 H38	>0.20～0.50	255	200	2	—	—	—
				>0.50～1.50			3	—	—	—
				>1.50～3.00			3	—	—	—
		F	—	2.50～80.00	—				—	—
5052	—	O H111	O H111	>0.20～0.50	170～215	65	12	—	0	0
				>0.50～1.50			14	—	0	0
				>1.50～3.00			16	—	0.5	0.5
				>3.00～6.00			18	—	1.0	—
				>6.00～12.50	165～215		19	—	2.0	—
				>12.50～80.00			—	18	—	—
		H12	H12	>0.20～0.50	210～260	160	4	—	—	—
				>0.50～1.50			5	—	—	—
				>1.50～3.00			6	—	—	—
				>3.00～6.00			8	—	—	—
		H22 H32	H22 H32	>0.20～0.50	210～260	130	5	—	0.5	1.5
				>0.50～1.50			6	—	1.0	1.5
				>1.50～3.00			7	—	1.5	1.5
				>3.00～6.00			10	—	1.5	—

续表

牌号	包铝分类	供应状态	试样状态	厚度/mm	室温拉伸试验结果				弯曲半径 r[③]/板厚 t	
					抗拉强度 R_m/MPa ≥	延伸强度 $R_{p0.2}$[①]/MPa ≥	断后伸长率[②]/% ≥			
							A_{50mm}	A	90°	180°
5052	—	H14	H14	>0.20～0.50	230～280	180	3	—	—	—
				>0.50～1.50			3	—	—	—
				>1.50～3.00			4	—	—	—
				>3.00～6.00			4	—	—	—
		H24 H34	H24 H34	>0.20～0.50	230～280	150	47	—	0.5	2.0
				>0.50～1.50			5	—	1.5	2.0
				>1.50～3.00			6	—	2.0	2.0
				>3.00～6.00			7	—	2.5	—
		H16	H16	>0.20～0.50	250～300	210	2	—	—	—
				>0.50～1.50			3	—	—	—
				>1.50～3.00			3	—	—	—
				>3.00～6.00			3	—	—	—
		H26 H36	H26 H36	>0.20～0.50	250～300	180	3	—	1.5	—
				>0.50～1.50			4	—	2.0	—
				>1.50～3.00			5	—	3.0	—
				>3.00～6.00			6	—	3.5	—
		H18	H18	>0.20～0.50	270	240	1	—	—	—
				>0.50～1.50			2	—	—	—
				>1.50～3.00			2	—	—	—
		H28 H38	H28 H38	>0.20～0.50	270	210	3	—	—	—
				>0.50～1.50			3	—	—	—
				>1.50～3.00			4	—	—	—
		H112	H112	>6.00～12.50	190	80	7	—	—	—
				>12.50～40.00	170	70	—	10	—	—
				>40.00～80.00	170	70	—	14	—	—
		F		>2.50～150.00	—			—	—	
5154A	—	O H111	O H111	>0.20～0.50	215～275	85	12	—	0.5	0.5
				>0.50～1.50			13	—	0.5	0.5
				>1.50～3.00			15	—	1.0	1.0
				>3.00～6.00			17	—	1.5	—
				>6.00～12.50			18	—	2.5	—
				>12.50～50.00			—	16	—	—

续表

牌号	包铝分类	供应状态	试样状态	厚度/mm	室温拉伸试验结果				弯曲半径 r[③]/板厚 t	
					抗拉强度 R_m/MPa ≥	延伸强度 $R_{p0.2}$[①]/MPa ≥	断后伸长率[②]/% ≥			
							A_{50mm}	A	90°	180°
5154A	—	H12	H12	>0.20～0.50	250～305	190	3	—	—	—
				>0.50～1.50			4	—	—	—
				>1.50～3.00			5	—	—	—
				>3.00～6.00			6	—	—	—
		H22 H32	H22 H32	>0.20～0.50	250～305	180	5	—	0.5	1.5
				>0.50～1.50			6	—	1.0	1.5
				>1.50～3.00			7	—	2.0	2.0
				>3.00～6.00			8	—	2.5	—
		H14	H14	>0.20～0.50	270～325	220	2	—	—	—
				>0.50～1.50			3	—	—	—
				>1.50～3.00			3	—	—	—
				>3.00～6.00			4		—	—
		H24 H34	H24 H34	>0.20～0.50	270～325	200	4	—	1.0	2.5
				>0.50～1.50			5	—	2.0	2.5
				>1.50～3.00			6	—	2.5	3.0
				>3.00～6.00			7	—	3.0	—
		H26 H36	H26 H36	>0.20～0.50	290～345	230	3	—	—	—
				>0.50～1.50			3	—	—	—
				>1.50～3.00			4	—	—	—
				>3.00～6.00			5	—	—	—
		H18	H18	>0.20～0.50	310	270	1	—	—	—
				>0.50～1.50			1	—	—	—
				>1.50～3.00			1	—	—	—
		H28 H38	H28 H38	>0.20～0.50	310	250	3	—	—	—
				>0.50～1.50			3	—	—	—
				>1.50～3.00			3	—	—	—
		H19	H19	>0.20～0.50	330	285	1	—	—	—
				>0.50～1.50			1	—	—	—
		H112	H112	6.00～12.50	220	125	8	—	—	—
				>12.50～40.00	215	90	—	9	—	—
				>40.00～80.00	215	90	—	13	—	—
		F	—	2.50～80.00	—				—	

续表

牌号	包铝分类	供应状态	试样状态	厚度/mm	室温拉伸试验结果				弯曲半径 r[3] / 板厚 t	
					抗拉强度 R_m/MPa ≥	延伸强度 $R_{p0.2}$[1] /MPa ≥	断后伸长率[2]/% ≥			
							A_{50mm}	A	90°	180°
5454	—	O H111	O H111	>0.20～0.50	215～275	85	12	—	0.5	0.5
				>0.50～1.50			13	—	0.5	0.5
				>1.50～3.00			15	—	1.0	1.0
				>3.00～6.00			17	—	1.5	—
				>6.00～12.50			18	—	2.5	—
				>12.50～80.00			—	16	—	—
		H12	H12	>0.20～0.50	250～305	190	3	—	—	—
				>0.50～1.50			4	—	—	—
				>1.50～3.00			5	—	—	—
				>3.00～6.00			6	—	—	—
		H22 H32	H22 H32	>0.20～0.50	250～305	180	5	—	0.5	1.5
				>0.50～1.50			6	—	1.0	1.5
				>1.50～3.00			7	—	2.0	2.0
				>3.00～6.00			8	—	2.5	—
		H14	H14	>0.20～0.50	270～325	220	2	—	—	—
				>0.50～1.50			3	—	—	—
				>1.50～3.00			3	—	—	—
				>3.00～6.00			4	—	—	—
		H24 H34	H24 H34	>0.20～0.50	270～325	200	4	—	1.0	2.5
				>0.50～1.50			5	—	2.0	2.5
				>1.50～3.00			6	—	2.5	3.0
				>3.00～6.00			7	—	3.0	—
		H26 H36	H26 H36	>0.20～1.50	290～345	230	3	—	—	—
				>1.50～3.00			4	—	—	—
				>3.00～6.00			5	—	—	—
		H28 H38	H28 H38	>0.20～3.00	310	250	3	—	—	—
		H112	H112	6.00～12.50	220	125	8	—	—	—
				>12.50～40.00	215	90	—	9	—	—
				>40.00～120.00			—	13	—	—
		F	—	>4.50～150.00	—				—	—

续表

牌号	包铝分类	供应状态	试样状态	厚度/mm	室温拉伸试验结果				弯曲半径 r[③]/板厚 t	
					抗拉强度 R_m/MPa ≥	延伸强度 $R_{p0.2}$[①]/MPa ≥	断后伸长率[②]/% ≥			
							A_{50mm}	A	90°	180°
5754	—	O H111	O H111	>0.20～0.50	—	—	12	—	0	0.5
				>0.50～1.50			14	—	0.5	0.5
				>1.50～3.00			16	—	1.0	1.0
				>3.00～6.00	190～240	80	18	—	1.0	1.0
				>6.00～12.50			18	—	2.0	—
				>12.50～100.00			—	17	—	—
		H12	H12	>0.20～0.50	220～270	170	4	—	—	—
				>0.50～1.50			5	—	—	—
				>1.50～3.00			6	—	—	—
				>3.00～6.00			7	—	—	—
		H22 H32	H22 H32	>0.20～0.50	220～270	130	7	—	0.5	1.5
				>0.50～1.50			8	—	1.0	1.5
				>1.50～3.00			10	—	1.5	2.0
				>3.00～6.00			11	—	1.5	—
		H14	H14	>0.20～0.50	240～280	190	3	—	—	—
				>0.50～1.50			3	—	—	—
				>1.50～3.00			4	—	—	—
				>3.00～6.00			4	—	—	—
		H24 H34	H24 H34	>0.20～0.50	240～280	160	6	—	1.0	2.5
				>0.50～1.50			6	—	1.5	2.5
				>1.50～3.00			7	—	2.0	2.51
				>3.00～6.00			8	—	2.5	—
		H16	H16	>0.20～0.50	265～305	220	2	—	—	—
				>0.50～1.50			3	—	—	—
				>1.50～3.00			3	—	—	—
				>3.00～6.00			3	—	—	—
		H26 H36	H26 H36	>0.20～0.50	265～305	190	4	—	1.5	—
				>0.50～1.50			4	—	2.0	—
				>1.50～3.00			5	—	3.0	—
				>3.00～6.00			6	—	3.5	—
		H18	H18	>0.20～0.50	290	250	1	—	—	—
				>0.50～1.50			2	—	—	—
				>1.50～3.00			2	—	—	—

续表

牌号	包铝分类	供应状态	试样状态	厚度/mm	室温拉伸试验结果 抗拉强度 R_m/MPa ≥	延伸强度 $R_{p0.2}$[①] /MPa ≥	断后伸长率[②]/% ≥ A_{50mm}	A	弯曲半径 r[③] / 板厚 t 90°	180°
5754	—	H28	H28	>0.20～0.50	290	230	3	—	—	—
				>0.50～1.50			3	—	—	—
				>1.50～3.00			4	—	—	—
		H112	H112	6.00～12.50	190	100	12	—	—	—
				>12.50～25.00		90	—	10	—	—
				>25.00～40.00		30	—	12	—	—
				>40.00～80.00			—	14	—	—
		F	—	>4.50～150.00	—				—	—
5082	—	H18 H38	H18 H38	>0.20～0.50	335	—	1	—	—	—
		H19 H39	H19 H39	>0.20～0.50	355	—	1	—	—	—
		F	—	>4.50～150.00	—				—	—
5182	—	O H111	O H111	>0.2～0.50	255～315	110	11	—	—	1.0
				>0.50～1.50			12	—	—	1.0
				>1.50～3.00			13	—	—	1.0
		H19	H19	>0.20～1.50	380	320	1	—	—	—
5083	—	O H111	O H111	>0.20～0.50	275～350	125	11	—	0.5	1.0
				>0.50～1.50			12	—	1.0	1.0
				>1.50～3.00			13	—	1.0	1.5
				>3.00～6.30			15	—	1.5	—
		O H111	O H111	>6.30～12.50	270～345	115	16	—	2.5	—
				>12.50～50.00			—	15	—	—
				>50.00～80.00			—	14	—	—
				>80.00～120.00	260	110	—	12	—	—
				>120.00～200.00	255	105	—	12	—	—
		H12	H12	>0.20～0.50	315～375	250	3	—	—	—
				>0.50～1.50			4	—	—	—
				>1.50～3.00			5	—	—	—
				>3.00～6.00			6	—	—	—
		H22 H32	H22 H32	>0.20～0.50	305～380	215	5	—	0.5	2.0
				>0.50～1.50			6	—	1.5	2.0
				>1.50～3.00			7	—	2.0	3.0
				>3.00～6.00			8	—	2.5	—

续表

牌号	包铝分类	供应状态	试样状态	厚度/mm	室温拉伸试验结果				弯曲半径 r[③]/板厚 t	
					抗拉强度 R_m/MPa ≥	延伸强度 $R_{p0.2}$[①]/MPa ≥	断后伸长率[②]/% ≥			
							A_{50mm}	A	90°	180°
5083	—	H14	H14	>0.20～0.50	340～400	280	2	—	—	—
				>0.50～1.50			3	—	—	—
				>1.50～3.00			3	—	—	—
				>3.00～6.00			3	—	—	—
		H24 H34	H24 H34	>0.20～0.50	340～400	250	4	—	1.0	—
				>0.50～1.50			5	—	2.0	—
				>1.50～3.00			6	—	2.5	—
		H16	H16	>3.00～6.00			7	—	3.5	—
				>0.20～0.50			1	—	—	—
				>0.50～1.50			2	—	—	—
				>1.50～3.00			2	—	—	—
				>3.00～4.00			2	—	—	—
		H26 H36	H26 H36	>0.20～0.50	360～420		2	—	—	—
				>0.50～1.50			3	—	—	—
				>1.50～3.00			3	—	—	—
				>3.00～4.00			3	—	—	—
		H116 H321	H116 H321	1.50～3.00	305	215	8	—	2.0	—
				>3.00～6.00			10	—	2.5	—
				>6.00～12.50			12	—	4.0	—
				>12.50～40.00			—	10	—	—
				>40.00～80.00	285	200	—	10	—	—
		H112	H112	>6.00～12.50	275	125	12	—	—	—
				>12.50～40.00	275	125	—	10	—	—
				>40.00～80.00	270	115	—	10	—	—
				>40.00～120.00	260	110	—	10	—	—
		F		>4.50～150.00		—			—	—
5383	—	O H111	O H111	>0.20～0.50	290～360	145	11	—	0.5	1.0
				>0.50～1.50			12	—	1.0	1.0
				>1.50～3.00			13	—	1.0	1.5
				>3.00～6.00			15	—	1.5	—
				>6.00～12.50			16	—	2.5	—
				>12.50～50.00			—	15	—	—
				>50.00～80.00	285～355	135	—	14	—	—
				>80.00～120.00	275	130	—	12	—	—
				>120.00～150.00	270	125	—	12	—	—

续表

牌号	包铝分类	供应状态	试样状态	厚度/mm	室温拉伸试验结果				弯曲半径 r[③]/板厚 t	
					抗拉强度 R_m/MPa ≥	延伸强度 $R_{p0.2}$[①]/MPa ≥	断后伸长率[②]/% ≥			
							A_{50mm}	A	90°	180°
5383	—	H22 H32	H22 H32	>0.20～0.50	305～380	220	5	—	0.5	2.0
				>0.50～1.50			6	—	1.5	2.0
				>1.50～3.00			7	—	2.0	3.0
				>3.00～6.00			8	—	2.5	—
		H24 H34	H24 H34	>0.20～0.50	340～400	270	4	—	1.0	—
				>0.50～1.50			5	—	2.0	—
				>1.50～3.00			6	—	2.5	—
				>3.00～6.00			7	—	3.5	—
		H116 H321	H116 H321	1.50～3.00	305	220	8	—	2.0	3.0
				>3.00～6.00			10	—	2.5	—
				>6.00～12.50			12	—	4.0	—
				>12.50～40.00			—	10	—	—
				>40.00～80.00	235	205	—	10	—	—
		H112	H112	6.00～12.50	290	145	12	—	—	—
				>12.50～40.00			—	10	—	—
				>40.00～80.00	285	135	—	10	—	—
5086	—	O H111	O H111	>0.20～0.50	240～310	100	11	—	0.5	1.0
				>0.50～1.50			12	—	1.0	1.0
				>1.50～3.00			13	—	1.0	1.0
				>3.00～6.00			15	—	1.5	1.5
				>6.00～12.50			17	—	2.5	—
				>12.50～150.00			—	16	—	—
		H12	H12	>0.20～0.50	275～335	200	3	—	—	—
				>0.50～1.50			4	—	—	—
				>1.50～3.00			5	—	—	—
				>3.00～6.00			6	—	—	—
		H22 H32	H22 H32	>0.20～0.50	275～335	185	5	—	0.51	2.0
				>0.50～1.50			6	—	1.5	2.0
				>1.50～3.00			7	—	2.0	2.0
				>3.00～6.00			8	—	2.5	—
		H14	H14	>0.20～0.50	300～360	240	2	—	—	—
				>0.50～1.50			3	—	—	—
				>1.50～3.00			3	—	—	—
				>3.00～6.00			3	—	—	—

续表

牌号	包铝分类	供应状态	试样状态	厚度/mm	室温拉伸试验结果				弯曲半径r[3]/板厚t	
					抗拉强度R_m/MPa ≥	延伸强度$R_{p0.2}$[1]/MPa ≥	断后伸长率[2]/% ≥			
							A_{50mm}	A	90°	180°
5086	—	H24 H34	H24 H34	>0.20～0.50	300～360	220	4	—	1.0	2.5
				>0.50～1.50			5	—	2.0	2.5
				>1.50～3.00			6	—	2.5	2.5
				>3.00～6.00			7	—	3.5	—
		H16	H16	>0.20～0.50	325～385	270	1	—	—	—
				>0.50～1.50			2	—	—	—
				>1.50～3.00			2	—	—	—
				>3.00～4.00			2	—	—	—
		H26 H36	H26 H36	>0.20～0.50	325～385	250	2	—	—	—
				>0.50～1.50			3	—	—	—
				>1.50～3.00			3	—	—	—
				>3.00～4.00			3	—	—	—
		H18	H18	>0.20～0.50	345	290	1	—	—	—
				>0.50～1.50			1	—	—	—
				>1.50～3.00			1	—	—	—
		H116 H321	H116 H321	1.50～3.00	275	195	8	—	2.0	2.0
				>3.00～6.00			9	—	2.5	—
				>6.00～12.50			10	—	3.5	—
				>12.50～50.00			—	9	—	—
		H112	H112	>6.00～12.50	250	105	8	—	—	—
				>12.50～40.00	240	105	—	9	—	—
				>40.00～80.00	240	100	—	12	—	—
		F	—	>4.50～150.00	—	—	—	—	—	—
6A02	—	O	O	>0.50～4.50	≤145	—	21	—	—	—
				>4.50～10.00			16	—	—	—
			T62[5]	>0.50～4.50	295	—	11	—	—	—
				>4.50～10.00			8	—	—	—
		T4	T4	>0.50～0.80	195	—	19	—	—	—
				>0.80～2.90			21	—	—	—
				>2.90～4.50			19	—	—	—
				>4.50～10.00	175	—	17	—	—	—
		T6	T6	>0.50～4.50	295	—	11	—	—	—
				>4.50～10.00			8	—	—	—

续表

牌号	包铝分类	供应状态	试样状态	厚度/mm	室温拉伸试验结果				弯曲半径 r[3] / 板厚 t	
					抗拉强度 R_m/MPa ≥	延伸强度 $R_{p0.2}$[1] /MPa ≥	断后伸长率[2]/% ≥			
							A_{50mm}	A	90°	180°
6A02	—	T1	T62[7]	>4.50～12.50	295	—	8	—	—	—
				>12.50～25.00			—	7	—	—
				>25.00～40.00	285		—	6	—	—
				>40.00～80.00	275		—	6	—	—
			T42[7]	>4.50～12.50	175	—	17	—	—	—
				>12.50～25.00			—	14	—	—
				>25.00～40.00	165		—	12	—	—
				>40.00～80.00			—	10	—	—
		F	—	>4.50～150.00	—	—	—	—	—	—
6061	—	O	O	0.40～150	≤150	≤85	14	—	0.5	1.0
				>1.50～3.00			16	—	1.0	1.0
				>3.00～6.00			19	—	1.0	—
				>6.00～12.150			16	—	2.0	—
				>12.50～25.00			—	16	—	—
		T4	T4	0.40～1.50	205	110	12		1.0	1.5
				>1.50～3.00			14	—	1.5	2.0
				>3.00～6.00			16	—	3.0	—
				>6.00～12.50			18	—	4.0	—
				>12.50～40.00			—	15	—	—
				>40.00～80.00			—	14	—	—
		T6	T6	0.40～1.50	290	240	6	—	2.5	—
				>1.50～3.00			7	—	3.5	—
				>3.00～6.00			10	—	4.0	—
				>6.00～12.50			9	—	5.0	—
				>12.50～40.00				8		
				>40.00～80.00			—	6	—	—
				>80.00～100.00			—	5	—	—
		F	—	>2.50～150.00	—				—	—
6016	—	T4	T4	0.40～3.00	170～250	80～140	24	—	0.5	0.5
		T6	T6	0.40～3.00	260～300	180～260	10	—	—	—
6063	—	O	O	0.50～5.00	≤130	—	20	—	—	—
				>5.00～12.50			15	—	—	—
				>12.50～20.00			—	15	—	—

续表

牌号	包铝分类	供应状态	试样状态	厚度/mm	室温拉伸试验结果				弯曲半径 r[3]/板厚 t	
					抗拉强度 R_m/MPa ≥	延伸强度 $R_{p0.2}$[1]/MPa ≥	断后伸长率[2]/% ≥			
							A_{50mm}	A	90°	180°
6063	—	O	T62[6]	0.50～5.00	230	180	—	8	—	—
				＞5.00～12.50	220	170	—	6	—	—
				＞12.50～20.00	220	170	6	—	—	—
		T4	T4	0.50～5.00	150	—	10	—	—	—
				5.00～10.00	130		10	—	—	—
		T6	T6	0.50～5.00	240	190	8	—	—	—
				＞5.00～10.00	230	180	8	—	—	—
6082	—	O	O	0.40～1.50	≤150	≤85	14	—	0.5	1.0
				＞1.50～3.00			16	—	1.0	1.0
				＞3.00～6.00			18	—	1.5	—
				＞6.00～12.50			17	—	2.5	—
				＞12.50～25.00	≤155	—	—	16	—	—
		T4	T4	0.40～150	205	110	12	—	15	3.0
				＞1.50～3.00			—	—	2.0	3.0
				＞3.00～6.00			15	—	3.0	—
				＞6.00～12.50			1.4	—	4.0	—
				＞12.50～40.00			—	13	—	—
				＞40.00～80.00			—	12	—	—
		T16	T6	0.40～1,50	310	260	6	—	2.5	—
				＞1.50～3.00			7	—	3.5	—
				＞3.00～6.00			10	—	4.5	—
				＞6.00～12.50	300	255	9	—	6.0	—
		F	—	＞4.50～150.00	—				—	—
包铝7A04 包铝7A09 7A04 7A09	正常包铝或工艺包铝	0	0	0.50～10.00	≤245	—	11	—	—	—
			T62[6]	0.50～2.90	470	390	7	—	—	—
				＞2.90～10.00	490	410		—	—	—
		T6	T6	0.50～2.90	480	400		—	—	—
				＞2.90～10.00	490	410		—	—	—
				＞4.50～10.00	490	410		—	—	—
		T1	T62	＞10.00～12.50	490	410	4	—	—	—
				＞12.50～25.00				—	—	—
				＞25.50～40.00			3	—	—	—
		F	—	＞4.50～150.00	—				—	—

续表

牌号	包铝分类	供应状态	试样状态	厚度/mm	室温拉伸试验结果 抗拉强度 R_m/MPa ≥	室温拉伸试验结果 延伸强度 $R_{p0.2}$[①]/MPa ≥	断后伸长率[②]/% ≥ A_{50mm}	断后伸长率[②]/% ≥ A	弯曲半径 r[③]/板厚 t 90°	弯曲半径 r[③]/板厚 t 180°
7020	—	O	O	0.40～1.50	≤220	≤140	12	—	2.0	—
				>1.50～3.00			13	—	2.5	—
				>3.00～6.00			15	—	3.5	—
				>6.00～12.50			12	—	5.0	—
		T4[⑧]	T4[⑧]	0.40～1.50	320	210	11	—	—	—
				>1.50～3.00			12	—	—	—
				>3.00～6.00			13	—	—	—
				>6.00～12.50			14	—	—	—
		T6	T6	0.40～1.50	350	280	7	—	3.5	—
				>1.50～3.00			8	—	4.0	—
				>3.00～6.00			10	—	5.5	—
				>6.00～12.50			10	—	8.0	—
				>12.50～40.00			—	9	—	—
				>40.00～100.00	340	270	—	8	—	—
				>100.00～150.00	330	260	—	7	—	—
				>150.00～175.00			—	6	—	—
				>175.00～200.00			—	5	—	—
7021	—	T6	T6	1.50～3.00	400	350	7	—	—	—
				>3.00～6.00			6	—	—	—
7022	—	T6	T6	3.00～12.50	450	370	8	—	—	—
				>12.50～25.00			—	8	—	—
				>25.00～50.00			—	7	—	—
				>50.00～100.00	430	350	—	5	—	—
				>100.00～200.00	410	330	—	3	—	—
7075	工艺包铝或不包铝	O	O	0.40～0.80	≤275	≤145	10	—	0.5	1.0
				>0.80～1.50				—	1.0	2.0
				>1.50～3.00				—	1.0	3.0
				>3.00～6.00				—	2.5	—
				>6.00～12.50				—	4.0	—
				>12.50～75.00		—	—	9	—	—

续表

牌号	包铝分类	供应状态	试样状态	厚度/mm	室温拉伸试验结果				弯曲半径 r[3]/板厚 t	
					抗拉强度 R_m/MPa ≥	延伸强度 $R_{p0.2}$[1]/MPa ≥	断后伸长率[2]/% ≥			
							A_{50mm}	A	90°	180°
7075	工艺包铝或不包铝	O	T62[6]	0.40～0.80	525	460	6	—	—	—
				>0.80～1.50	540	460	6	—	—	—
				>1.50～3.00	540	470	7	—	—	—
				>3.00～6.00	545	475	8	—	—	—
				>6.00～12.50	540	460	8	—	—	—
				>12.50～25.00	540	470	—	6	—	—
				>25.00～50.00	530	460	—	5	—	—
				>50.00～60.00	525	44o	—	4	—	—
				>60.00～75.00	495	420	—	4	—	—
		T6	T6	0.40～0.80	525	460	6	—	4.5	—
				>0.80～1.50	540	460	6	—	5.5	—
				>1.50～3.00	540	470	7	—	6.5	—
				>3.00～6.00	545	475	8	—	8.0	—
				>6.00～12.50	540	460	8	—	12.0	—
				>12.50～25.00	540	470	—	6	—	—
				>25.00～50.00	530	460	—	5	—	—
				>50.00～60.00	525	440	—	4	—	—
		T76	T76	>1.50～3.00	500	425	7	—	—	—
				>3.00～6.00	500	425	8	—	—	—
				>6.00～12.50	490	415	7	—	—	—
		T73	T73	>1.50～3.00	460	385	7	—	—	—
				>3.00～6.00	460	385	8	—	—	—
				>6.00～12.50	475	390	7	—	—	—
				>12.50～25.00	475	390	—	6	—	—
				>25.00～50.00	475	390	—	5	—	—
				>50.00～60.00	455	360	—	5	—	—
				>60.00～80.00	440	340	—	5	—	—
				>80.00～100.00	430	340	—	5	—	—
		F	—	>6.00～50.00	—				—	—
包铝7075	正常包铝	O	O	>0.39～1.60	≤275	≤145	10	—	—	—
				>1.60～4.00				—	—	—
				>4.00～12.50				—	—	—
				>12.50--50.00		—	—	9	—	—
				>0.39～1.00	505	435	7	—	—	—

续表

牌号	包铝分类	供应状态	试样状态	厚度/mm		室温拉伸试验结果				弯曲半径 r③/板厚 t	
						抗拉强度 R_m/MPa ≥	延伸强度 $R_{p0.2}$① /MPa ≥	断后伸长率②/% ≥ A_{50mm}	A	90°	180°
包铝7075	正常包铝	O	T62⑥	>1.00～1.60		515	445	8	—	—	—
				>1.60～3.20		515	445	8	—	—	—
				>3.20～4.00		515	445	8	—	—	—
				>4.00～6.30		525	455	8	—	—	—
				>6.30～12.50		525	455	9	—	—	—
				>12.50～25.00		540	470	—	6	—	—
				>25.00～50.00		530	460	—	5	—	—
				>50.00～60.00		525	440	—	4	—	—
		T6	T6	>0.39～1.00		505	435	7	—	—	—
				>1.00～1.60		515	445	8	—	—	—
				>1.60～3.20		515	445	8	—	—	—
				>3.20～4.00		515	445	8	—	—	—
				>4.00～6.30		525	455	8	—	—	—
		T76	T76	>3.10～4.00		470	390	8	—	—	—
				>4.00～6.30		485	405	8	—	—	—
		F	—	>6.00～100.00		—				—	—
包铝7475	正常包铝	O	O	1.00～1.60		≤250	≤140	10	—	—	2.0
				>1.60～3.20		≤260	≤140	10	—	—	3.0
				>3.20～4.80		≤260	≤140	10	—	—	4.0
				>4.80～6.50		≤270	≤145	10	—	—	4.0
		T761⑧	T761⑧	1.00～1.60		455	379	9	—	—	6.0
				>1.60～2.30		469	393	9	—	—	7.0
				>2.30～3.20		469	393	9	—	—	8.0
				>3.20～4.80		469	393	9	—	—	9.0
				>4.80～6.50		483	414	9	—	—	9.0
7475	工艺包铝或不包铝	T6	T6	>0.35～6.00		515	440	9	—	—	—
		T76 T761⑨	T76 T761⑨	1.00～1.60	纵向	490	420	9	—	—	6.0
					横向	490	415	9			
				>1.60～2.30	纵向	490	420	9	—	—	7.0
					横向	490	415	9			
				>2.30～3.20	纵向	490	420	9	—	—	8.0
					横向	490	415	9			

续表

牌号	包铝分类	供应状态	试样状态	厚度/mm		室温拉伸试验结果				弯曲半径 r[3] / 板厚 t	
						抗拉强度 R_m/MPa ≥	延伸强度 $R_{p0.2}$[1]/MPa ≥	断后伸长率[2]/% ≥			
								A_{50mm}	A	90°	180°
7475	工艺包铝或不包铝	T76 T761[9]	T76 T761[9]	>3.20～4.80	纵向	490	420	9	—	—	9.0
					横向	490	415	9			
				>4.80～6.50	纵向	490	420	9	—	—	9.0
					横向	490	415	9			
8A06	—	O	O	>0.20～0.30		≤110	—	16	—	—	—
				>0.30～0.50				21	—	—	—
				>0.50～0.80				26	—	—	—
				>0.80～10.00				30	—	—	—
		H14 H24	H14 H24	>0.20～0.30		100	—	1	—	—	—
				>0.30～0.50				3	—	—	—
				>0.50～0.80				4	—	—	—
				>0.80～1.00				5	—	—	—
				>1.00～4.50				6	—	—	—
		H18	H18	>0.20～0.30		135	—	1	—	—	—
				>0.30～0.80				2	—	—	—
				>0.80～4.50				3	—	—	—
		H112	H112	>4.50～10.00		70	—	19	—	—	—
				>10.00～12.50		80		19	—	—	—
				>12.50～25.00		80		—	19	—	—
				>25.00～80.00		65		—	16	—	—
		F	—	>2.50～150		—				—	—
8011	—	H14	H14	>0.20～0.50		125～165	—	2	—	—	—
		H24	H24	>0.20～0.50		125～165	—	3	—	—	—
		H16	H16	>0.20～0.50		130～185	—	1	—	—	—
		H26	H26	>0.20～0.50		130～185	—	2	—	—	—
		H18	H18	0.20～0.50		165	—	1	—	—	—
8011A	—	O H111	O H111	>0.20～0.50		85～130	30	19	—	—	—
				>0.50～1.50				21	—	—	—
				>1.50～3.00				24	—	—	—
				>3.00～6.00				25	—	—	—
				>6.00～12.50				30	—	—	—
			H22	>0.20～0.50		105～145	90	4	—	—	—
				>0.50～1.50				5	—	—	—
				>1.50～3.00				6	—	—	—

续表

牌号	包铝分类	供应状态	试样状态	厚度/mm	室温拉伸试验结果 抗拉强度 R_m/MPa ≥	延伸强度 $R_{p0.2}$①/MPa ≥	断后伸长率②/% ≥		弯曲半径 r③/板厚 t	
							A_{50mm}	A	90°	180°
8011A	—	H14	H14	>0.20～0.50	120～170	110	1	—	—	—
				>0.50～1.50	125～165		3	—	—	—
				>1.50～3.00			3	—	—	—
				>3.00～6.00			4	—	—	—
		H24	H24	>0.20～0.50	125～165	100	3	—	—	—
				>0.50～1.50			4	—	—	—
				>1.50～3.00			5	—	—	—
				>3.00～6.00			6	—	—	—
		H16	H16	>0.20～0.50	140～190	130	1	—	—	—
				>0.50～1.50	145～185		2	—	—	—
				>1.50～4.00			3	—	—	—
		H26	H26	>0.20～0.50	145～185	120	2	—	—	—
				>0.50～1.50			3	—	—	—
				>1.50～4.00			4	—	—	—
		H18	H18	>0.20～0.50	160		1	—	—	—
				>0.50～1.50	165	145	2	—	—	—
				>1.50～3.00			2	—	—	—
8079	—	H14	H14	>0.20～0.50	125～175	—	2	—	—	—

①此处“延伸强度 $R_{P0.2}$”为“规定非比例延伸强度 $R_{P0.2}$”。

②当 A_{50mm} 和 A 两栏均有数值时，A_{50mm} 适用于厚度不大于 12.5mm 的板材，A 适用于厚度大于 12.5mm 的板材。

③t 表示板材的厚度，对表中既有 90°弯曲也有 180°弯曲的产品，当需方未指定来用 90°弯曲或 180°弯曲时，弯曲半径由供方任选一种。

④对于 2A11、2A12、2017 合金的 O 状态板材，需要 T42 状态的性能值时，应在订货单（或合同）中注明，未注明时，不检测该性能。

⑤厚度为>12.5～25.00mm 的 2014、2024、2219 合金 O 状态的板材，其拉伸试样由芯材机加工得到，不得有包铝层。

⑥对于 6A02、6063、7A04、7A09 和 7075 合金的 O 状态板材，需要 T62 状态的性能值时，应在订货单（或合同）中注明，未注明时，不检测该性能。

⑦对于 6A02 合金 T1 状态的板材，当需方未注明需要 T62 或 T42 状态的性能时，由供方任选一种。

⑧应尽量避免订购 7020 合金 T4 状态的产品。T4 状态产品的性能是在室温下自然时效 3 个月后才能达到规定的稳定的力学性能，将淬火后的试样在 60～65℃的条件下持续 60h 后也可以得到近似的自然时效性能值。

⑨T761 状态专用于 7475 合金薄板和带材，与 T76 状态的定义相同，是在固溶热处理后进行人工过时效以获得良好的状态。

9.4.2 铝及铝合金深冲用板、带材（YS/T 688—2009）

用途：制造容器、灯罩、电饭锅内胆、化妆品盖、手机电池壳、电容器壳、雷管外壳等（不用于瓶盖及易拉罐）。

表 9.22 板、带材的牌号、状态、规格

牌号	供应状态	厚度/mm
1050、1050A、1060、1070、1070A、1100、1200 3003、3004、3005、3104、5005、8011、8011A	O、H12、H22、H32、H14、 H24、H34、H16、H26、H18	>0.2～2.0
5A02、5052、5A66	O、H24	
2A12	O	>0.2～2.0

注：其他牌号、状态、规格由供需双方协商决定，并在合同中注明。

表 9.23 板、带材的室温纵向拉伸性能

牌号	状态	厚度/mm	抗拉强度 R_m/MPa	断后伸长率 A_{50mm}/% ≥	牌号	状态	厚度/mm	抗拉强度 R_m/MPa	断后伸长率 A_{50mm}/% ≥
1050 1050A	O	>0.2～0.3	60～100	15	1100 1200	H12 H22	>0.2～0.3	95～130	2
		>0.3～0.5		20			>0.3～0.5		3
		>0.5～0.8		25			>0.5～0.8		4
		>0.8～1.3		30			>0.8～1.3		6
		>1.3～2.0		35			>1.3～2.0		8
	H14 H24	>0.2～0.3	95～130	1		H14 H24	>0.2～0.3	110～145	1
		>0.3～0.5		2			>0.3～0.5		2
		>0.5～0.8		3			>0.5～0.8		3
		>0.8～1.3		4			>0.8～1.3		4
		>1.3～2.0		5			>1.3～2.0		5
	H16 H26	>0.2～0.5	120～150	1		H18	>0.2～0.5	≥150	1
		>0.5～0.8		2			>0.5～0.8		2
		>0.8～1.3		3			>0.8～1.3		3
		>1.3～2.0		4			>1.3～2.0		4
	H18	>0.2～0.5	≥130	1	3003	O	>0.2～0.5	95～130	18
		>0.5～0.8		2			>0.5～0.8		20
		>0.8～1.3		3			>0.8～1.3		23
		>1.3～2.0		4			>1.3～2.0		25
1100 1200	O	>0.2～0.3	75～110	15		H12 H22	>0.2～0.3	120～160	2
		>0.3～0.5		20			>0.3～0.5		3
		>0.5～0.8		25			>0.5～0.8		4
		>0.8～1.3		30			>0.8～1.3		5
		>1.3～2.0		35			>1.3～2.0		6

续表

牌号	状态	厚度/mm	抗拉强度 R_m/MPa	断后伸长率 A_{50mm}/% ≥
3003	H14 H24	>0.2～0.3	140～190	1
		>0.3～0.5		2
		>0.5～0.8		3
		>0.8～1.3		4
		>1.3～2.0		5
3005	O	>0.2～0.5	115～165	18
		>0.5～1.3		20
		>1.3～2.0		22
	H12 H22	>0.2～0.5	145～195	3
		>0.5～1.3		4
		>1.3～2.0		4
	H14 H24	>0.2～0.5	170～215	1
		>0.5～1.3		2
		>1.3～2.0		2
	H16 H26	>0.2～0.5	195～240	1
		>0.5～1.3		2
		>1.3～2.0		2
	H18	>0.2～0.5	≥220	1
		>0.5～1.3		2
		>1.3～2.0		2
3104	O	>0.2～0.5	155～200	13
		>0.5～0.8		13
		>0.8～1.3		14
		>1.3～2.0		15
	H12 H22	>0.2～0.5	190～240	1
		>0.5～0.8		2
		>0.8～1.3		3
		>1.3～2.0		3
	H14 H24	>0.2～0.5	220～265	1
		>0.5～0.8		1
		>0.8～1.3		2
		>1.3～2.0		2
	H16 H26	>0.2～0.5	240～285	1
		>0.5～0.8		1
		>0.8～1.3		2
		>1.3～2.0		2
3104	H18	>0.2～0.5	≥260	1
		>0.5～0.8		1
		>0.8～1.3		1
		>1.3～2.0		2
5005	O	>0.2～0.5	100～145	15
		>0.5～0.8		16
		>0.8～1.3		19
		>1.3～2.0		20
	H12 H22 H32	>0.2～0.5	125～165	1
		>0.5～0.8		2
		>0.8～1.3		3
		>1.3～2.0		3
	H14 H24 H34	>0.2～0.5	145～185	1
		>0.5～0.8		2
		>0.8～1.3		3
		>1.3～2.0		4
	H16 H26 H36	>0.2～0.5	165～205	1
		>0.5～0.8		2
		>0.8～1.3		3
		>1.3～2.0		4
	H18	>0.2～0.5	≥165	1
		>0.5～0.8		1
		>0.8～1.3		2
		>1.3～2.0		2
5A02	O	>0.2～0.5	165～225	15
		>0.5～0.8		17
		>0.8～1.3		18
		>1.3～2.0		19
	H12 H22 H32	>0.2～0.5	215～265	5
		>0.5～0.8		7
		>0.8～1.3		8
		>1.3～2.0		9
	H14 H24 H34	>0.2～0.5	≥235	3
		>0.5～0.8		4
		>0.8～1.3		4
		>1.3～2.0		6

续表

牌号	状态	厚度/mm	抗拉强度 R_m/MPa	断后伸长率 A_{50mm}/% ≥
5052	O	>0.2～0.3	170～215	13
		>0.3～0.5		15
		>0.5～0.8		17
		>0.8～1.3		18
		>1.3～2.0		19
	H12 H22 H32	>0.2～0.5	215～265	4
		>0.5～0.8		5
		>0.8～1.3		5
		>1.3～2.0		7
	H24	>0.2～0.5	235～285	3
		>0.5～0.8		4
		>0.8～1.3		4
		>1.3～2.0		6
5A66	O	>0.2～2.0	附结果	附结果
	H24	>0.2～2.0	150～225	12
8011 8011A	O	>0.2～0.3	80～110	15
		>0.3～0.5		20
		>0.5～0.8		25
		>0.8～1.3		30
		>1.3～2.0		35
	H12 H22	>0.2～0.3	95～130	2
		>0.3～0.5		3
		>0.5～0.8		4
		>0.8～1.3		6
		>1.3～2.0		8
	H14 H24	>0.2～0.3	120～160	1
		>0.3～0.5		2
		>0.5～0.8		3
		>0.8～1.3		4
		>1.3～2.0		5
	H16 H26	>0.2～0.5	140～180	1
		>0.5～0.8		2
		>0.8～1.3		3
		>1.3～2.0		4
	H18	>0.2～0.5	≥165	1
		>0.5～0.8		2
		>0.8～1.3		3
		>1.3～2.0		4

9.4.3 铝合金箔材（GB/T 3198—2010）

用途：用于卷烟、食品、啤酒、饮料、装饰、医药、电容器、电声元件、电暖、电缆等产品上。

表9.24 铝箔的牌号和规格

牌号	状态	规格尺寸/mm			
		厚度	宽度	卷外径	管芯内径
1050、1060、1070、1100、1145、1200、1235	O	0.0045～0.2000	50.0～1820.0	150～1200	75.0 76.2 150.0 152.4 300.0 400.0 406.0
	H22	>0.0045～0.2000			
	H14、H24	0.0045～0.0060			
	H16、H26	0.0045～0.2000			
	H18	0.0045～0.2000			
	H19	0.0060～0.2000			

续表

牌　　号	状　　态	规　格　尺　寸/mm			
		厚　度	宽　度	卷外径	管芯内径
2A11、2A12、2024	O、H18	0.0300～0.2000	50.0～1820.0	100～1500	75.0 76.2 150.0 152.4 300.0 400.0 406.0
3003	O	0.0090～0.0200	50.0～1820.0	100～1500	
	H22	0.0200～0.2000			
	H14、H24	0.0300～0.2000			
	H16、H26	0.1000～0.2000			
	H18	0.1000～0.2000			
	H19	0.0180～0.1000			
3A21	O	0.0300～0.0400	50.0～1820.0	100～1500	75.0 76.2 150.0 152.4 300.0 400.0 406.0
	H22	>0.0400～0.2000			
	H24	0.1000～0.2000			
	H18	0.0300～0.2000			
4A13	O、H18	0.0300～0.2000			
5A02	O	0.0300～0.2000	50.0～1820.0	100～1500	
	H16、H26	0.1000～0.2000			
	H18	0.0200～0.2000			
5052	O	0.0300～0.2000			
	H11、H24	0.0500～0.2000			
	H16.H26	0.1000～0.2000			
	H18	0.0500～0.2000			
	H19	>0.1000～0.2000			
5082、5083	O、H18、H38	0.1000～0.2000			
8006	O	0.1000～0.2000	50.0～1820.0	250～1200	75.0 76.2 150.0 152.4 300.0 400.0 406.0
	H22	0.0350～0.2000			
	H24	0.0350～0.2000			
	H26	0.0350～0.2000			
	H18	0.0180～0.2000			
8011 8011A 8079	O	0.0060～0.2000	50.0～1820.0	250～1200	
	H22	0.0350～0.2000			
	H24	0.0350～0.2000			
	H26	0.0350～0.2000			
	H18	0.0180～0.2000			
	H19	0.0350～0.2000			

9.4.4　铝及铝合金彩色涂层板、带材（YS/T 431—2009）

用途：用于建筑、家用电器、交通运输等行业（不用于天花吊顶）。

表9.25 铝及铝合金彩色涂层板、带材

牌 号①	合金类别②	涂层板、带状态	基材状态①	基材厚度① t/mm	板材规格① /mm		带材规格① /mm	
					宽度	长度	宽度	套筒内经
1050、1100、3003、3004、3005、3104、3105、5005、5050	A类	H42、H44、H46、H48	H12、H22、H14、H24、H16、H18	0.20≤t≤1.80	500~1600	500~4000	50~1600	200、300、350、405、505
5052	B类							

①需要其他牌号、规格或状态的材料，可双方协商。

②A、B类合金的分类应符合GB/T 3880.3的规定。

表9.26 基材的室温拉伸和弯曲性能

牌号	状态	厚度 t /mm	室温拉伸实验结果			弯曲性能	
			抗拉强度 R_m/MPa ≥	规定非比例延伸强度 $R_{p0.2}$/MPa ≥	断后伸长率 A_{50mm}/% ≥	弯曲半径 ≥	
						180°	90°
1050	H12	>0.2~0.3	80~120	—	2	—	0
		>0.3~0.5		—	3	—	0
		>0.5~0.8		—	4	—	0
		>0.8~1.5		65	6	—	0.5t
		>1.5~1.8		65	8	—	0.5t
	H22	>0.2~0.3	80~120	—	2	—	0
		>0.3~0.5		—	3	—	0
		>0.5~0.8		—	4	—	0
		>0.8~1.5		65	6	—	0.5t
		>1.5~1.8		65	8	—	0.5t
	H14	>0.2~0.3	95~130	—	1	—	0.5t
		>0.3~0.5		—	2	—	0.5t
		>0.5~0.8		—	3	—	0.5t
		>0.8~1.5		75	4	—	1.0t
		>1.5~1.8		75	5	—	1.0t
	H24	>0.2~0.3	95~130	—	1	—	0.5t
		>0.3~0.5		—	2	—	0.5t
		>0.5~0.8		—	3	—	0.5t
		>0.8~1.5		75	4	—	1.0t
		>1.5~1.8		75	5	—	1.0t
	H16	>0.2~0.5	120~150	—	1	—	2.0t
		>0.5~0.8		85	2	—	2.0t
		>0.8~1.5		85	3	—	2.0t
		>1.5~1.8		85	4	—	2.0t

续表

牌号	状态	厚度 t /mm	室温拉伸实验结果			弯曲性能	
			抗拉强度 R_m/MPa ≥	规定非比例延伸强度 $R_{p0.2}$/MPa ≥	断后伸长率 A_{50mm}/% ≥	弯曲半径 ≥	
						180°	90°
1050	H26	>0.2～0.5	120～150	—	1	—	2.0t
		>0.5～0.8		85	2	—	2.0t
		>0.8～1.5		85	3	—	2.0t
		>1.5～1.8		85	4	—	2.0t
	H18	>0.2～0.5	130	—	1	—	—
		>0.5～0.8			2	—	—
		>0.8～1.5			3	—	—
		>1.5～1.8			4	—	—
	H12	>0.2～0.5	95～130	75	3	—	0
		>0.5～1.5			5	—	0
		>1.5～1.8			8	—	0
1100	H22	>0.2～0.5	95～130	75	3	—	0
		>0.5～1.5			5	—	0
		>1.5～1.8			8	—	0
	H14	>0.2～0.3	110～145	95	1	—	0
		>0.3～0.5			2	—	0
		>0.5～1.5			3	—	0
		>1.5～1.8			5	—	0
	H24	>0.2～0.3	110～145	95	1	—	0
		>0.3～0.5			2	—	0
		>0.5～1.5			3	—	0
		>1.5～1.8			5	—	0
	H16	>0.2～0.3	130～165	115	1	—	2.0t
		>0.3～0.5			2	—	2.0t
		>0.5～1.5			3	—	2.0t
		>1.5～1.8			4	—	2.0t
	H26	>0.2～0.3	130～165	115	1	—	2.0t
		>0.3～0.5			2	—	2.0t
		>0.5～1.5			3	—	2.0t
		>1.5～1.8			4	—	2.0t
	H18	>0.2～0.5	150	—	1	—	—
		>0.5～1.5			2	—	—
		>1.5～1.8			4	—	—

续表

牌号	状态	厚度 t /mm	室温拉伸实验结果			弯曲性能	
			抗拉强度 R_m/MPa ≥	规定非比例延伸强度 $R_{p0.2}$/MPa ≥	断后伸长率 A_{50mm}/% ≥	弯曲半径 ≥	
						180°	90°
3003	H12	>0.2~0.5	120~160	90	3	1.5t	0
		>0.5~1.5			4	1.5t	0.5t
		>1.5~1.8			5	1.5t	1.0t
	H22	>0.2~0.5	120~160	80	6	1.0t	0
		>0.5~1.5			7	1.0t	0.5t
		>1.5~1.8			8	1.0t	1.0t
	H14	>0.2~0.5	145~185	125	2	2.0t	0.5t
		>0.5~1.5			2	2.0t	1.0t
		>1.5~1.8			3	2.0t	1.0t
	H24	>0.2~0.5	145~185	115	4	1.5t	0.5t
		>0.5~1.5			4	1.5t	1.0t
		>1.5~1.8			5	1.5t	1.0t
	H16	>0.2~0.5	170~210	150	1	2.5t	1.0t
		>0.5~1.5			2	2.5t	1.5t
		>1.5~1.8			2	2.5t	2.0t
	H26	>0.2~0.5	170~210	140	2	2.0t	1.5t
		>0.5~1.5			3	2.0t	2.0t
		>1.5~1.8			3	2.0t	1.5t
	H18	>0.2~0.5	190	170	1	—	1.5t
		>0.5~1.5			2	—	2.5t
		>1.5~1.8			2	—	3.0t
3004	H12	>0.2~0.5	190~240	155	2	1.5t	0
		>0.5~1.5			3	1.5t	0.5t
		>1.5~1.8			4	2.0	1.0t
	H22	>0.2~0.5	190~240	145	4	1.0t	0
		>0.5~1.5			5	1.0t	0.5t
		>1.5~1.8			6	1.5t	1.0t
	H14	>0.2~0.5	220~265	180	1	2.5t	0.5t
		>0.5~1.5			2	2.5t	1.0t
		>1.5~1.8			2	2.5t	1.5t
	H24	>0.2~0.5	220~265	170	3	2.0t	0.5t
		>0.5~1.5			4	2.0t	1.0t
		>1.5~1.8			4	2.0t	1.5t

续表

牌号	状态	厚度 t /mm	室温拉伸实验结果			弯曲性能	
			抗拉强度 R_m/MPa ≥	规定非比例延伸强度 $R_{p0.2}$/MPa ≥	断后伸长率 A_{50mm}/% ≥	弯曲半径 ≥	
						180°	90°
3004	H16	>0.2～0.5	240～285	200	1	3.5t	1.0t
		>0.5～1.5			1	3.5t	1.5t
		>1.5～1.8			2	—	2.5t
	H26	>0.2～0.5	240～285	190	3	3.0t	1.0t
		>0.5～1.5			3	3.0t	1.5t
		>1.5～1.8			3	—	2.5t
	H18	>0.2～0.5	260	230	1	—	1.5t
		>0.5～1.5			1	—	2.5t
		>1.5～1.8			2	—	
3005	H12	>0.2～0.5	145～195	125	3	1.5t	0
		>0.5～1.5			4	1.5t	0.5t
		>1.5～1.8			4	2.0t	1.0t
	H22	>0.2～0.5	145～195	110	5	1.0t	0
		>0.5～1.5			5	1.0t	0.5t
		>1.5～1.8			6	1.5t	1.0t
	H14	>0.2～0.5	170～215	150	1	2.5t	0.5t
		>0.5～1.5			2	2.5t	1.0t
		>1.5～1.8			3	—	1.5t
	H24	>0.2～0.5	170～215	130	4	1.5t	0.5t
		>0.5～1.5			4	1.5t	1.0t
		>1.5～1.8			4	—	1.5t
	H16	>0.2～0.5	190～240	175	1	—	1.0t
		>0.5～1.5			2	—	1.5t
		>1.5～1.8			2	—	2.5t
	H26	>0.2～0.5	190～240	160	3	—	1.0t
		>0.5～1.5			3	—	1.5t
		>1.5～1.8			3	—	2.5t
	H18	>0.2～0.5	220	200	1	—	1.5t
		>0.5～1.5			2	—	2.5t
		>1.5～1.8			2	—	—
3104	H12	>0.2～0.5	190～240	155	2	—	0
		>0.5～1.5			3	—	0.5t
		>1.5～1.8			4	—	1.0t

续表

牌号	状态	厚度 t /mm	室温拉伸实验结果			弯曲性能	
			抗拉强度 R_m/MPa ≥	规定非比例延伸强度 $R_{p0.2}$/MPa ≥	断后伸长率 A_{50mm}/% ≥	弯曲半径 ≥ 180°	弯曲半径 ≥ 90°
3104	H22	>0.2～0.5	190～240	145	4	—	0
		>0.5～1.5			5	—	0.5t
		>1.5～1.8			6	—	1.0t
	H14	>0.2～0.5	220～265	180	1	—	0
		>0.5～1.5			2	—	0.5t
		>1.5～1.8			3	—	1.0t
	H24	>0.2～0.5	220～265	170	3	—	0.5t
		>0.5～1.5			4	—	1.0t
		>1.5～1.8			4	—	1.5t
	H16	>0.2～0.5	240～285	200	1	—	1.0t
		>0.5～1.5			1	—	1.5t
		>1.5～1.8			2	—	2.5t
	H26	>0.2～0.5	240～285	190	3	—	1.0t
		>0.5～1.5			3	—	1.5t
		>1.5～1.8			3	—	2.5t
	H18	>0.2～0.5	260	230	1	—	1.5t
		>0.5～1.5			1	—	2.5t
		>1.5～1.8			2	—	—
3105	H12	>0.2～0.5	130～180	105	3	1.5t	—
		>0.5～1.5			4	1.5t	—
		>1.5～1.8			4	1.5t	—
	H22	>0.2～0.5	130～180	105	6	—	—
		>0.5～1.5			6	—	—
		>1.5～1.8			7	—	—
	H14	>0.2～0.5	150～200	130	2	2.5t	—
		>0.5～1.5			2	2.5t	—
		>1.5～1.8			2	2.5t	—
	H24	>0.2～0.5	150～200	120	4	2.5t	—
		>0.5～1.5			4	2.5t	—
		>1.5～1.8			5	2.5t	—
	H16	>0.2～0.5	175～225	160	1	—	—
		>0.5～1.5			2	—	—
		>1.5～1.8			2	—	—

续表

牌号	状态	厚度 t /mm	室温拉伸实验结果			弯曲性能	
			抗拉强度 R_m/MPa ≥	规定非比例延伸强度 $R_{p0.2}$/MPa ≥	断后伸长率 A_{50mm}/% ≥	弯曲半径 ≥ 180°	弯曲半径 ≥ 90°
3105	H26	>0.2～0.5	175～225	150	3	—	—
		>0.5～1.5			3	—	—
		>1.5～1.8			3	—	—
	H18	>0.2～0.5	195	180	1	—	—
		>0.5～1.5			1	—	—
		>1.5～1.8			1	—	—
5005	H12	>0.2～0.5	125～165	95	2	1.0t	0
		>0.5～1.5			2	1.0t	0.5t
		>1.5～1.8			4	1.5t	1.0t
	H22	>0.2～0.5	125～165	80	4	1.0t	0
		>0.5～1.5			5	1.0t	0.5t
		>1.5～1.8			6	1.5t	1.0t
	H14	>0.2～0.5	145～185	120	2	2.0t	0.5t
		>0.5～1.5			2	2.0t	1.0t
		>1.5～1.8			3	2.5t	1.0t
	H24	>0.2～0.5	145～185	110	3	1.5t	0.5t
		>0.5～1.5			4	1.5t	1.0t
		>1.5～1.8			5	2.0t	1.0t
	H16	>0.2～0.5	165～205	145	1	—	1.0t
		>0.5～1.5			2	—	1.5t
		>1.5～1.8			3	—	2.0t
	H26	>0.2～0.5	165～205	135	2	—	1.0t
		>0.5～1.5			3	—	1.5t
		>1.5～1.8			4	—	2.0t
	H18	>0.2～0.5	185	165	1	—	1.5t
		>0.5～1.5			2	—	2.5t
		>1.5～1.8			3	—	3.0t
5050	H12	>0.2～0.5	155～195	130	2	—	0
		>0.5～1.5			2	—	0.5t
		>1.5～1.8			4	—	1.0t
	H22	>0.2～0.5	155～195	110	4	1.0t	0
		>0.5～1.5			5	1.0t	0.5t
		>1.5～1.8			7	1.5t	1.0t

续表

牌号	状态	厚度 t /mm	室温拉伸实验结果			弯曲性能 弯曲半径 ≥	
			抗拉强度 R_m/MPa ≥	规定非比例延伸强度 $R_{p0.2}$/MPa ≥	断后伸长率 A_{50mm}/% ≥	180°	90°
5050	H14	>0.2～0.5	175～215	150	2	—	$0.5t$
		>0.5～1.5			2	—	$1.0t$
		>1.5～1.8			3	—	$1.5t$
	H24	>0.2～0.5	175～215	135	3	$1.5t$	$0.5t$
		>0.5～1.5			4	$1.5t$	$1.0t$
		>1.5～1.8			5	$2.0t$	$1.5t$
	H16	>0.2～0.5	195～235	170	1	—	$1.0t$
		>0.5～1.5			2	—	$1.5t$
		>1.5～1.8			2	—	$2.5t$
	H26	>0.2～0.5	195～235	160	2	—	$1.0t$
		>0.5～1.5			3	—	$1.5t$
		>1.5～1.8			4	—	$2.5t$
	H18	>0.2～0.5	220	190	1	—	$1.5t$
		>0.5～1.5			2	—	$2.5t$
		>1.5～1.8			2	—	—
5052	H12	>0.2～0.5	210～260	160	4	—	—
		>0.5～1.5			5	—	—
		>1.5～1.8			6	—	—
	H22	>0.2～0.5	210～260	130	5	$1.5t$	$0.5t$
		>0.5～1.5			6	$1.5t$	$1.0t$
		>1.5～1.8			7	$1.5t$	$1.5t$
	H14	>0.2～0.5	230～280	180	3	—	—
		>0.5～1.5			3	—	—
		>1.5～1.8			4	—	—
	H24	>0.2～0.5	230～280	150	4	$2.0t$	$0.5t$
		>0.5～1.5			5	$2.0t$	$1.5t$
		>1.5～1.8			6	$2.0t$	$2.0t$
	H16	>0.2～0.5	250～300	210	2	—	—
		>0.5～1.5			3	—	—
		>1.5～1.8			3	—	—
	H26	>0.2～0.5	250～300	180	3	—	$1.5t$
		>0.5～1.5			4	—	$2.0t$
		>1.5～1.8			5	—	$3.0t$
	H18	>0.2～0.5	270	240	1	—	—
		>0.5～1.5			2	—	—
		>1.5～1.8			3	—	—

9.4.5　铝及铝合金压花板、带材（YS/T 490—2005）

用途：冰箱、包装箱、装饰等。

表 9.27　铝及铝合金压花板、带材的牌号、状态和规格

<table>
<tr><th rowspan="2">牌号</th><th rowspan="2">供应状态</th><th colspan="4">规　格　/mm</th><th colspan="2">花纹图案</th></tr>
<tr><th>厚度</th><th>宽度</th><th colspan="2">长度</th><th>1#</th><th>2#</th></tr>
<tr><td>1070A、1070、1060、1050、1050A、1145、1100、1200、3003</td><td>H14
H24</td><td rowspan="2">>0.20～1.50</td><td rowspan="2">500.0～1500.0</td><td>板材</td><td>1000～4000</td><td rowspan="2">单面压花图案</td><td rowspan="2">双面压花图案</td></tr>
<tr><td>5052</td><td>H22</td><td>带材</td><td>—</td></tr>
</table>

9.4.6　铝及铝合金铸轧带材（YS/T90—2008）

表 9.28　铝及铝合金铸轧带材的牌号和规格

<table>
<tr><th rowspan="2">牌　　号</th><th colspan="3">规　　格/mm</th></tr>
<tr><th>边部厚度</th><th>宽度</th><th>内径</th></tr>
<tr><td>1070、1060、1050、1145、1235、1100、3003、3004、3005、3102、3105、5005、5052、8006、8011、8011A、8079</td><td>5.0～10.0</td><td>500～2200</td><td>505、605</td></tr>
</table>

表 9.29　铸轧带的纵向力学性能（室温）

<table>
<tr><th>牌　号</th><th>铸轧带边部厚度 /mm</th><th>抗拉强度 R_m /MPa</th><th>断后伸长率 A_{50mm} /%</th><th>牌　号</th><th>铸轧带边部厚度 /mm</th><th>抗拉强度 R_m /MPa</th><th>断后伸长率 A_{50mm} /%</th></tr>
<tr><td>1070</td><td rowspan="9">5.0～10.0</td><td>60～115</td><td>≥30</td><td>3102</td><td rowspan="9">5.0～10.0</td><td>80～130</td><td>≥20</td></tr>
<tr><td>1060</td><td>60～115</td><td>≥25</td><td>3105</td><td>120～175</td><td>≥15</td></tr>
<tr><td>1050</td><td>65～120</td><td>≥25</td><td>5005</td><td>120～175</td><td>≥15</td></tr>
<tr><td>1145</td><td>70～120</td><td>≥25</td><td>5052</td><td>200～250</td><td>≥15</td></tr>
<tr><td>1235</td><td>70～125</td><td>≥25</td><td>8006</td><td>130～200</td><td>≥20</td></tr>
<tr><td>1100</td><td>90～150</td><td>≥25</td><td>8011A</td><td>90～150</td><td>≥20</td></tr>
<tr><td>3003</td><td>115～170</td><td>≥15</td><td>8011</td><td>105～160</td><td>≥20</td></tr>
<tr><td>3004</td><td>155～230</td><td>≥10</td><td>8079</td><td>100～155</td><td>≥15</td></tr>
<tr><td>3005</td><td>145～200</td><td>≥10</td><td></td><td></td><td></td></tr>
</table>

9.4.7　铝及铝合金花纹板（GB 3618—2006）

用途：抗腐蚀性能和加工性能良好，广泛应用于造船、车辆、建筑、航空等行业防滑。

表 9.30 铝及铝合金花纹板的规格

格型	图示(宽度 1.0～1.6m，长度 2.0～10.0m)	牌号	状态	底板厚度/mm	筋高/mm
1号方格型	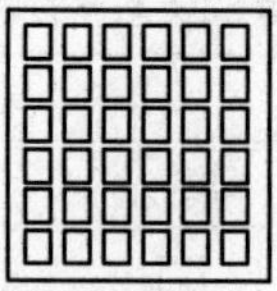	2A12	T4	1.0～3.0	1.0
2号扁豆型	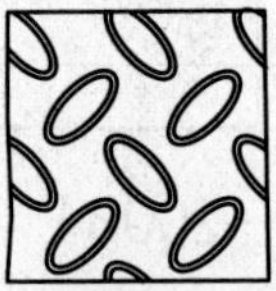	2A11、5A02、5052	H234	2.0～4.0	1.0
		3105、3003	H194		
3号五条型		1×××、3003	H194	1.5～4.5	1.0
		5A02、5052、3105、5A43、3003	O、H114		
4号三条型	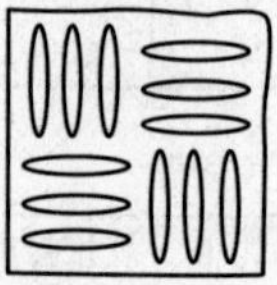	1×××、3003	H194	1.5～4.5	1.0
		2A11、5A02	H234		
5号指针型		1×××、3003	H194	1.5～4.5	1.0
		5A02、5052、5A43	O、H114		
6号菱型		2A11	H234	3.0～8.0	0.9
7号四条型		6061	O	2.0～4.0	1.0
		5A02、5052	O、H234		

续表

格型	图示(宽度 1.0~1.6m，长度 2.0~10.0m)	牌　号	状　态	底板厚度/mm	筋高/mm
8 号 三条型		1×××	H114、H234、H194	1.5~4.5	0.3
		3003	H114、H194		
		5A02、5052	O、H114、H194		
9 号 星月型		1×××	H114、H234 H194	1.0~4.0	0.7
		2A11	H194		
		2A12	T4	1.0~3.0	
		3003	H114、H234、 H194	1.0~4.0	
		5A02、5052			

表 9.31　花纹板的室温力学性能

花纹代号	牌号	状态	抗拉强度 R_m/MPa ≥	规定非比例延伸强度 $R_{p0.2}$/MPa ≥	断后伸长率 A_{50mm}/% ≥	弯曲系数 ≥
1 号、9 号	2A12	T4	405	255	10	—
2 号、4 号、6 号、9 号	2A11	H234、H194	215	—	3	—
4 号、8 号、9 号	3003	H114、H234	120	—	4	4
		H194	140	—	3	8
3 号、4 号、5 号、8 号、9 号	1×××	H114	80	—	4	2
		H194	100	—	3	6
3 号、7 号	5A02 5052	O	≤150	—	14	3
2 号、3 号		H114	180	—	3	3
2 号、4 号、7 号、8 号、9 号		H194	195	—	3	8
3 号	5A43	O	≤100	—	15	2
		H114	120	—	4	4
7 号	6061	O	≤150	—	12	—

注：计算截面积所用的厚度为底板厚度。

9.4.8　铝及铝合金波纹板（GB/T 4438—2006）

用途：主要用于墙面装饰，也可用作屋面，作围护结构材料。

表 9.32　铝及铝合金波纹板　　mm

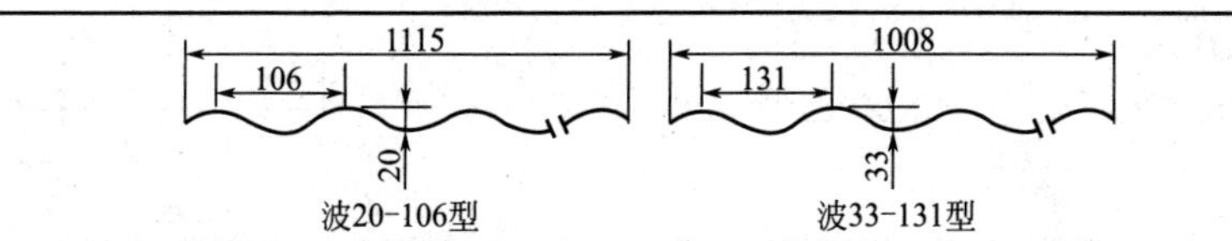

续表

合金牌号	状态	波型代号	规格尺寸				
			厚度	长度	宽度	波高	波距
1050、1050A 1070A、1060、 1100、1200、3003	H18	波 20-106	0.6～1.0	2000～10000	1115	20	106
		波 33-131			1008	33	131

9.4.9　铝及铝合金压型板（GB/T 6891—2006）

用途：工业及民用建筑、设备维护结构材料。

表 9.33　铝及铝合金压型板的规格

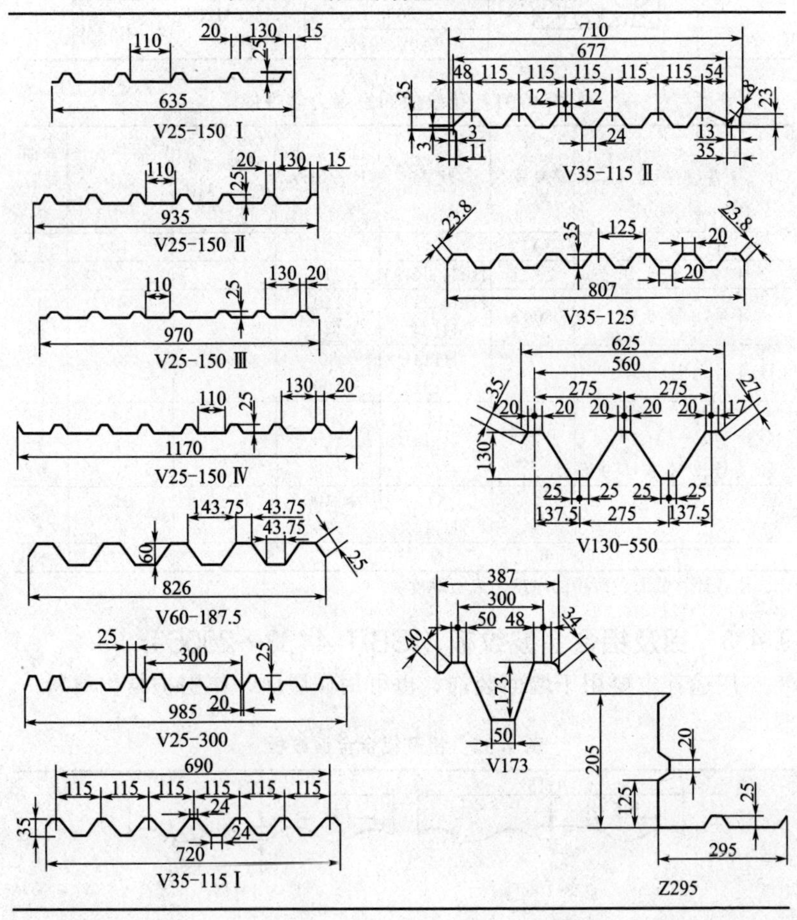

续表

型　号	合金牌号	供应状态	波高/mm	波距/mm	厚度/mm	宽度/mm	长度/mm
V25-150 Ⅰ	1050 1050A 1070A 1060 1100 1200 3003 5005	H18	25	150	0.6～1.0	635	1700～6200
V25-150 Ⅱ						935	
V25-150 Ⅲ						970	
V25-1501 Ⅳ						1170	
V60-187.5		H16 H18	60	187.5	0.9～1.2	826	
V25-300		H16	25	300	0.6～1.0	985	1700～5000
V35-115 Ⅰ		H16 H18	35	115	0.7～1.2	720	≥1700
V35-115 Ⅱ						710	
V35-125			35	125	0.7～1.2	807	
V130-550			130	550	1.0～1.2	625	≥6000
V173			173	—	0.9～1.2	387	≥1700
2295		H18	—	—	0.6～1.0	295	1200～2500

9.4.10 建筑用泡沫铝板（JG/T 359—2012）

适用于工业和民用建筑降噪和装饰用泡沫铝板。交通等其他行业用途泡沫铝板可对照使用。

表 9.34　泡沫铝板的分类和代号

按材质分		按孔隙状态分		按板材形状分	
纯铝 (C)	铝合金 (H)	通孔 (T)	闭孔 (B)	平面 (P)	曲面 (Q)

泡沫铝板的标记方法是：

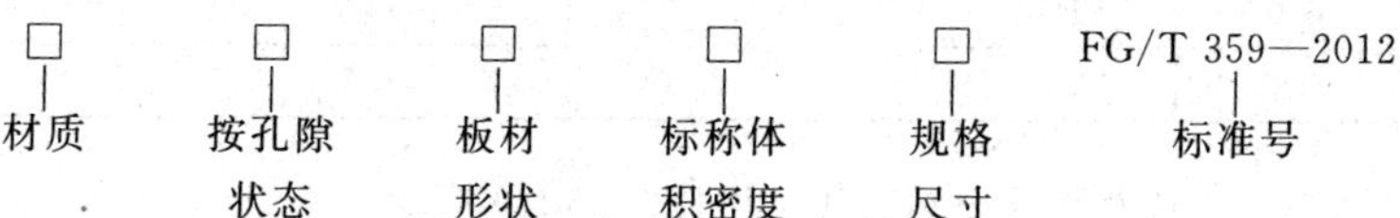

表 9.35 泡沫铝板的性能

项目	性能指标	
	通孔铝板	闭孔铝板
体积密度偏差/%	±10	±15
抗压强度/MPa	3.2～9.8①	2.5～16.0①
抗弯强度/MPa	8.5～9.3①	1.9～22.0①
吸声系数	≥0.50	>0.45

①具体数值由供需双方确定。

9.4.11 电力和空调用铝箔材

（1）电解电容器铝箔（GB/T 3615—2016）

适用于电解电容器用中高压阳极箔、低压阳极箔及阴极箔。

表 9.36 电解电容器铝箔的牌号、供应状态及规格

产品类别	牌号	状态	规格/mm		
			厚度	宽度	卷芯内径
中高压阳极箔	1A97、1A99	O①、H19	0.080～0.150	200.0～1000.0	75.0 76.2 150.0 152.4
低压阳极箔	1A85、1A90、1A93、1A95、1A97、1A99	O①、H19	0.050～0.150		
阴极箔	1A90、1070A、3003	O①、H18、H22	0.020～0.080		

①采用保护性气体或惰性气体气氛退火，需方要求采用真空气氛退火时，应在合同中注明。

表 9.37 室温拉伸力学性能

牌号	状态	厚度/mm	抗拉强度 R_m/MPa	断后伸长率 A_{100mm}/%
1A90	O	0.015～0.080	30～60	≥10
	H22		60～90	≥1
	H18		≥150	—
1070A	H18		≥150	—
3003	H18		≥185	—

（2）电力铝箔（GB/T 22642—2008）

适用于电子电容器用铝箔和电力电容器用铝箔。

表 9.38　电力铝箔的牌号、供应状态及规格

牌号	状态	规　格/mm			
		厚度(t)	宽度	管芯内径	卷外径
1×××系列	O、H18	0.0045～0.0090	≤1050	75、76.2	150～150
				150、152.4	450～700

(3) 空调器散热片用铝箔（YS/T 95.1—2015）

铝箔基材适用于表面无涂层的空调器散热片，有涂层的铝箔表面要加覆耐腐蚀层和亲水性涂层。

表 9.39　基材铝箔的牌号、状态及规格

牌号	状　态	尺寸规格/mm			
		厚度	宽度	管芯内径	卷外径
1050	O、H18	0.080～0.200	≤1700.0	150.0、152.4、200.0、250.0、300.0、405.0、505.0、605.0	供需双方协商
1100、1200	O、H22、H24、H18				
3102	H24、H26				
7072	O、H22	0.08～0.200		150.0、152.4、200.0、250.0、300.0、405.0、505.0、605.0	
8011	O、H22、H24、H26、H18				

表 9.40　铝箔的厚度和宽度允许偏差　mm

厚　度		宽　度		
		成品道次切边铝箔卷		非成品道次切边铝箔卷
厚度	允许偏差	卷内径	允许偏差	
0.080～0.115	±0.004	<405.0	±1.0	供需双方协商确定
>0.115～0.200	±0.006	≥405.0	±2.0	

表 9.41　室温拉伸力学性能和杯突性能

牌号	状态	室温拉伸力学性能				杯突性能
		厚度/mm	抗拉强度 R_m/MPa	规定非比例延伸强度 $R_{p0.2}$/MPa	断后伸长率 A_{50mm}/%	杯突值 IE/mm
1050	O	0.080～0.100	50～100	—	≥10	≥5.0
		>0.100～0.200			≥15	≥5.5
	H18	0.080～0.200	≥135	—	≥1	—

续表

牌号	状态	室温拉伸力学性能				杯突性能
		厚度 /mm	抗拉强度 R_m/MPa	规定非比例延伸强度 $R_{p0.2}$/MPa	断后伸长率 A_{50mm}/%	杯突值 IE /mm
1100 1200	O	0.080～0.100 >0.100～0.200	80～110	≥40	≥18 ≥20	≥6.0 ≥6.5
	H22	0.080～0.100 >0.100～0.200	100～130	≥50	≥18 ≥20	≥5.5 ≥6.0
	H24	0.080～0100 >0.100～0.200	120～145	≥60	≥15 ≥18	≥5.0 ≥5.5
	H18	0.080～0.200	≥160	—	≥1	—
3102	H24	0.080～0.115 >0.115～0.20	120～145	≥100	≥10 ≥12	≥4.5 ≥5.0
	H26	0.080～0.115 >0.115～0.200	120～150	≥100	≥8 ≥10	≥4.0 ≥4.5
7072	O	0.050～0.100 >0.100～0.200	70～100	≥35	≥10 ≥12	≥5.0 ≥5.5
	H22	0.080～0.100 >0.100～0.200	90～120	≥50	≥8 ≥10	≥4.5 ≥5.0
8011	O	0.080～0.100 >0.100～0.200	80～110	≥50	≥20 ≥20	≥6.0 ≥6.5
	H22	0.080～0.115 >0.115～0.200	100～130 110～135	≥60	≥18 ≥12	≥5.5 ≥5.5
	H24	0.080～0.115 >0.115～0.200	120～145	≥80	≥15 ≥20	≥5.0 ≥6.0
	H26	0.080～0.115 >0.115～0.200	130～160	≥100	≥6 ≥8	≥4.0 ≥4.5
	H18	0.080～0.200	≥160	—	≥1	—

（4）药品包装铝箔（YBB00152002—2015）

适用于与聚氯乙烯（PVC）、聚偏二氯乙烯（PVDC）等硬片黏合，用于固体药品（片剂、胶囊剂等）包装用的铝箔，涂有保护层和黏合层。

表 9.42 药品包装铝箔的规则尺寸及允许偏差

厚 度 /mm		宽 度/mm		长 度 /mm	
基本尺寸	偏差	基本尺寸	偏差	基本尺寸	偏差
0.024	±0.003	50～800	±0.5	1000	±20

9.4.12　铝及铝合金板、带材的重量

表 9.43　铝及铝合金板、带材的理论重量

厚度/mm	铝板	铝带	厚度/mm	铝板	铝带	厚度/mm	铝板	厚度/mm	铝板
	重量/(kg/m²)			重量/(kg/m²)			重量/(kg/m²)		重量/(kg/m²)
0.20	—	0.542	1.1	—	2.981	5	14.25	35	99.75
0.25	—	0.678	1.2	3.420	3.252	6	17.10	40	114.0
0.30	0.855	0.813	1.3	—	3.523	7	19.95	50	142.5
0.35	—	0.948	1.4	—	3.794	8	22.80	60	171.0
0.40	1.140	1.084	1.5	4.275	4.065	9	25.65	70	199.5
0.45	—	1.220	1.8	5.130	4.878	10	28.50	80	228.0
0.50	1.425	1.355	2.0	5.700	5.420	12	34.20	90	256.5
0.55	—	1.490	2.3	6.555	6.233	14	39.90	100	285.0
0.60	1.710	1.626	2.4	—	6.504	15	42.75	110	313.5
0.65	—	1.762	2.5	7.125	6.775	16	45.60	120	342.0
0.70	1.995	1.897	2.8	7.980	7.588	18	51.30	130	370.5
0.75	—	2.032	3.0	8.550	8.130	20	57.00	140	399.0
0.80	2.280	2.168	3.5	9.975	9.485	22	62.70	150	427.5
0.90	2.565	2.439	4.0	11.40	10.84	25	71.25		
1.0	2.850	2.710	4.5	—	12.20	30	85.50		

注：1. 铝板的计算密度按 2.85g/cm³，修正系数是：

3003　0.958　5083　0.937　7075　1.000　2A06　0.969　2A11　0.982
2A12　0.975　2A14　0.982　2A16　0.996　3A21　0.958/　5A02　0.940
5A03　0.937　5A05　0.930　5A06　0.926　5A41　0.926　5A43　0.940
6A02　0.947　7A04　1.000　7A09　1.000　8A06　0.951　LQ1　0.960
LQ2　0.960　1×××（纯铝）　0.951

2. 铝带的计算密度按纯铝 2.71g/cm³，修正系数是：

3A21　1.007　5A02　0.989

9.5　铝及铝合金棒材

9.5.1　铝及铝合金挤压棒材（GB/T 3191—2010）

① 种类　圆形棒材、正方形棒材和正六边形的棒材。

② 规格　圆棒直径 5～600mm；方棒、六角棒对边距离 5～200mm；长度 1～6m。

表 9.44　棒材的供货状态　　mm

牌号			牌号		
Ⅱ类(2×××系、7×××系合金及含镁量平均值≥3%的5×××系合金棒材)	Ⅰ类(除Ⅱ类外的其他棒材)	供货状态 试样状态	Ⅱ类(2×××系、7×××系合金及含镁量平均值≥3%的5×××系合金棒材)	Ⅰ类(除Ⅱ类外的其他棒材)	供货状态 试样状态
	1070A	H112		3102	H112
	1060	O H112		3003 3103	O H112
	1050A 1350	H112 H112		4A11 4032	T1 T1
	1035	O H112		5A02	O H112
	1200	H112	5A03		H112
2A02 2A06 2A11 9A12 2A13		T1、T6 T1、T6 T1、T4 T1、T4 T1、T4	5A05 5A06 5A12		H112 H112 H112
				5005、 5005A	H112 O
2A14		T1、T6、 T6511	5019		H112 O
2A16		T1、T6、 T6511	5049		H112
				5251	H112 O
2A50 2A70 2A80 2A90		T1、T6 T1、T6 T1、T6 T1、T6		5052	H112 O
			5154A		H112 O
2014 2014A		T4、T4510、 T4511		5454	H112 O
		T6、T6510、 T6511	5754		H112 O
2017		T4			
2017A		T4、T4510、 T4511	5083		H112 O
2024		O	5086		H112 O
		T3、T3510、 T3511		6A02	T1、T6
	3A21	O H112		6101A	T6

续表

牌号			牌号		
Ⅱ类(2×××系、7×××系合金及含镁量平均值≥3%的5×××系合金棒材)	Ⅰ类(除Ⅱ类外的其他棒材)	供货状态试样状态	Ⅱ类(2×××系、7×××系合金及含镁量平均值≥3%的5×××系合金棒材)	Ⅰ类(除Ⅱ类外的其他棒材)	供货状态试样状态
	6005、6005A	T5 T6	7021 7022		T6 T6
7A04 7A09 7A15		T1、T6 T1、T6 T1、T6	7049A		T6、T6510、T6511
7003		T5 T6	7075		O、T6、T6510、T6511
7005 7020		T6 T6		8A06	O H112

注：1. O 表示退火状态。

2. H112 表示热加工成形产品（有规定的力学性能要求）。

3. T1 表示不预先淬火的人工时效，T2 表示退火，T4 表示淬火＋自然时效，T5 表示淬火后短时间不完全人工时效，T6 表示淬火后完全时效至最高硬度。

表 9.45　棒材的室温纵向拉伸力学性能

牌号	供货状态	直径(方棒，六角棒指内切圆直径)/mm	抗拉强度 R_m/MPa ≥	规定非比例延伸强度 $R_{p0.2}$/MPa ≥	断后伸长率/% ≥	
					A	A_{50mm}
1070A	H112	≤150.00	55	15	—	—
1060	O	≤150.00	60～95	15	22	—
	H112		60	15	22	—
1050A	H112	≤150.00	65	20	—	—
1350	H112	≤150.00	60	—	25	—
1200	H112	≤150.00	75	20	—	—
1035、8A06	O	≤150.00	60～120	—	25	—
	H112		60	—	25	—
2A02	T1、T6	≤150.00	430	275	10	—
2A06	T1、T6	≤22.00	430	285	10	—
		＞22.00～100.00	440	295	9	—
		＞100.00～150.00	430	285	10	—
2A11	T1、T4	≤150.00	370	215	12	—
2A12	T1、T4	≤22.00	390	255	12	—
		＞22.00～150.00	420	255	12	—

续表

牌号	供货状态	直径(方棒，六角棒指内切圆直径)/mm	抗拉强度 R_m/MPa ≥	规定非比例延伸强度 $R_{p0.2}$/MPa ≥	断后伸长率/% ≥	
					A	A_{50mm}
2A13	T1、T4	≤22.00	315	—	4	—
		>22.00～150.00	345	—	4	—
2A14	T1、T6、T6511	≤22.00	440	—	10	—
		>22.00～150.00	450	—	10	—
2014、2014A	T4、T4510、T4511	≤25.00	370	230	13	11
		>25.00～75.00	410	270	12	—
		>75.00～150.00	390	250	10	—
		>150.00～200.00	350	230	8	—
2014、2014A	T6、T6510、T6511	≤25.00	415	370	6	5
		>25.00～75.00	460	415	7	—
		>75.00～150.00	465	420	7	—
		>150.00～200.00	430	350	6	—
		>200.00～250.00	420	320	5	—
2A16	T1、T6、T6511	≤150.00	355	235	8	—
2017	T4	≤120.00	345	215	12	—
2017A	T4、T4510、T4511	≤25.00	380	260	12	10
		>25.00～75.00	400	270	10	—
		>75.00～150.00	390	260	9	—
		>150.00～200.00	370	240	8	—
		>200.00～250.00	360	220	7	—
2024	O	≤150.00	≤250	≤150	12	10
	T3、T3510、T3511	≤50.00	450	310	8	6
		>50.00～100.00	440	300	8	—
		>100.00～200.00	420	280	8	—
		>200.00～250.00	400	270	8	—
2A50	T1、T6	≤150.00	355	—	12	—
2A70、2A80、2A90	T1、T6	≤150.00	355	—	8	—
3102	H112	≤250.00	80	30	25	23
3003	O	≤250.00	95～130	35	25	20
	H112		90	30	25	20
3103	O	≤250.00	95	35	25	20
	H112		95～135	35	25	20

续表

牌号	供货状态	直径(方棒，六角棒指内切圆直径)/mm	抗拉强度 R_m/MPa ≥	规定非比例延伸强度 $R_{p0.2}$/MPa ≥	断后伸长率/% ≥	
					A	A_{50mm}
3A21	O	≤150.00	≤165	—	20	20
	H112		90	—	20	—
4A11、4032	T1	100.00～200.00	360	290	2.5	2.5
5A02	O	≤150.00	≤225	—	10	—
	H112		170	70	—	—
5A03	H112	≤150.00	175	80	13	13
5A05	≤150.00	265	120	15	15	—
5A06	≤150.00	315	155	15	15	—
5A12	≤150.00	370	185	15	15	—
5052	≤250.00	170	70	—	—	—
		170～230	70	17	15	—
5005、5005A	≤200.00	100	40	18	16	—
	≤60.00	100～150	40	18	16	—
5019	≤200.00	250	110	14	12	—
	≤200.00	250～320	110	15	13	—
5049	≤250.00	180	80	15	15	—
5251	H112	<250.00	160	60	16	14
	O		160～220	60	17	15
5154A、5454	H112	<250.00	200	85	16	16
	O		200～275	85	18	18
5754	H112	≤150.00	180	80	14	12
		>150.00～250.00	180	70	13	—
	O	≤150.00	180～250	80	17	15
5083	O	≤200.00	270～350	110	12	10
	H112		270	125	12	10
5086	O	<250.00	240～320	95	18	15
	H112	<200.00	240	95	12	10
6101A	T6	≤150.00	200	170	10	10
6A02	T1、T6	<150.00	295	—	12	12
6005、6005A	T5	≤25.00	260	215	8	—
	T6	≤25.00	270	225	10	8
		>25.00～50.00	270	225	8	—
		>50.00～100.00	260	215	8	—

续表

牌号	供货状态	直径(方棒，六角棒指内切圆直径)/mm	抗拉强度 R_m/MPa ≥	规定非比例延伸强度 $R_{p0.2}$/MPa ≥	断后伸长率/% ≥	
					A	A_{50mm}
6110A	T5	<120.00	380	360	10	8
	T6	≤120.00	410	380	10	8
6351	T4	≤150.00	205	110	14	12
	T6	<20.00	295	250	8	6
		>20.00～75.00	300	255	8	—
		>75.00～150.00	310	260	8	—
		>150.00～200.00	280	240	6	—
		>200.00～250.00	270	200	6	—
6060	T4	≤150.00	120	60	16	14
	T5		160	120	8	6
	T6		190	150	8	6
6061	T6	≤150.00	260	240	9	—
	T4		180	110	14	—
6063	T4	≤150.00	130	65	14	12
		>150.00～200.00	120	65	12	—
	T5	<200.00	175	130	8	6
	T6	≤150.00	215	170	10	8
		>150.00～200.00	195	160	10	—
6063A	T4	≤150.00	150	90	12	10
		>150.00～200.00	140	90	10	—
	T5	≤200.00	200	160	7	5
	T6	≤150.00	230	190	7	5
		>150.00～200.00	220	160	7	—
6463	T4	≤150.00	125	75	14	12
	T5		150	110	8	6
	T6		195	160	10	8
6082	T6	≤20.00	295	250	8	6
		>20.00～150.00	310	260	8	—
		>150.00～200.00	280	240	6	—
		>200.00～250.00	270	200	6	—
7003	T5	≤250.00	310	260	10	8
	T5	≤50.00	350	290	10	8
		>50.00～150.00	340	290	10	8

续表

牌号	供货状态	直径(方棒，六角棒指内切圆直径)/mm	抗拉强度 R_m/MPa ≥	规定非比例延伸强度 $R_{p0.2}$/MPa ≥	断后伸长率/% ≥	
					A	A_{50mm}
7A04、7A09	T1、T6	≤22.00	490	370	7	—
		>22.00～150.00	530	400	6	—
7A15	T1、T6	≤150.00	490	420	6	—
7005	T6	≤50.00	350	290	10	8
		>50.00～150.00	340	270	10	—
7020	T6	≤50.00	350	290	10	8
		>50.00～150.00	340	275	10	—
7021	T6	≤40.00	410	350	10	8
7022	T6	≤80.00	490	420	7	5
		>80.00～200.00	470	400	7	—
7049A	T6、T6510、T6511	≤100.00	610	530	5	4
		>100.00～125.00	560	500	5	—
		>125.00～150.00	520	430	5	—
		>150.00～180.00	450	400	3	—
7075	O	≤200.00	≤275	≤165	10	8
	T6、T6510、T6511	≤25.00	540	480	7	—
		>25.00～100.00	560	500	7	—
		>100.00～150.00	530	470	6	—
		>150.00～250.00	470	400	5	—

注：H112 状态的非热处理强化铝合金棒材，性能达到 O 状态规定时，可按 O 状态供货。超出本表规定范围的棒材性能由供需双方商定，并在合同（或订货单）中注明。

表 9.46　棒材高强度状态时的抗拉强度

牌号	供货状态	试样状态	棒材直径(方棒、六角棒内切圆直径)/mm	抗拉强度 R_m/MPa ≥	规定非比例延伸强度 $R_{p0.2}$/MPa ≥	断后伸长率 A/% ≥
2A11	T1、T4	T42、T4	20.00～120.00	390	245	8
2A12				440	305	8
6A02	T1、T6	T62、T6		305	—	8
2A50				380	—	10
2A14				460	—	8
7A04、7A09	T1、T6	T62、T6	≤20.00～100.00	550	450	6
			>100.00～120.00	530	430	6

9.5.2 铝及铝合金拉制棒材（YS/T 624—2007）

铝及铝合金拉制棒的横截面有圆形或矩形两种。

表 9.47　拉制棒的状态和规格

牌号	状态	规格/mm			
		圆棒直径	矩形棒		
			方棒边长	扁棒	
				厚度	宽厚
1060、1100	O、F、H18	5.00～100.00	5.00～50.00	5.00～40.00	5.00～60.00
2024	O、F、T4、T351				
2014	O、F、T4、T6、T351、T651				
3003、5052	O、F、H14、H18				
7075	O、F、T6、T651				
6061	F、T6				

表 9.48　室温纵向力学性能

牌号	状态	直径或厚度/mm	抗拉强度 R_m/MPa ≥	规定非比例延伸强度 $R_{p0.2}$/MPa ≥	断后伸长率/% ≥	
					$A_{5.65}$	A_{50mm}
1060	O	≤100	55	15	22	25
	H18	≤10	110	90	—	
	F	≤100	—	—	—	
1100	O	≤30	75～105	20	22	25
	H18	≤10	150	—	—	—
	F	≤100	—	—	—	—
2014	O	≤100	≤240	—	10	12
	T4、T351		380	220	12	16
	T6、T651		450	380	7	8
	F		—	—	—	—
2024	O	≤100	≤240	—	14	16
	T4	≤12.5	425	310	—	10
	T4、T351	>12.5～100	425	290	9	—
	F	≤100	—	—	—	—
3003	O	≤50	95～130	35	22	25
	H14	≤10	140	—	—	—
	H18	≤10	185	—	—	—
	F	≤100	—	—	—	—

续表

牌号	状态	直径或厚度/mm	抗拉强度 R_m/MPa ≥	规定非比例延伸强度 $R_{p0.2}$/MPa ≥	断后伸长率/% ≥	
					$A_{5.65}$	A_{50mm}
5052	O	≤50	170～220	65	22	25
	H14	≤30	235	180	5	—
	H18	≤10	265	220	2	—
	F	≤100	—	—	—	—
6061	T6	≤100	290	240	9	10
	F		—	—	—	—
7075	O	≤100	≤275	—	9	10
	T6、T651		530	455	6	7
	F		—	—	—	—

注：1. $A_{5.65}$ 表示原始标距（L_0）为 5.65 $\sqrt{S_0}$ 的断后伸长率。

2. A_{50mm} 表示原始标距（L_0）为 50mm 的断后伸长率。

3. 合金或状态或尺寸超出表中规定的范围时，其力学性能附实测结果或供需双方协商。

9.5.3 铝及铝合金棒的重量

表 9.49 铝及铝合金棒的理论重量 kg/m

规格(直径或对边距离)/mm	重量(密度为 2.8g/cm³)			规格(直径或对边距离)/mm	重量(密度为 2.8g/cm³)		
	圆形棒	方形棒	六角棒		圆形棒	方形棒	六角棒
5.0	0.0550	0.070	0.0606	13	0.3717	0.473	0.4098
5.5	0.0665	0.085	0.0734	14	0.4310	0.549	0.4753
6.0	0.0792	0.101	0.0873	15	0.4948	0.630	0.5456
6.5	0.0929	0.118	0.1025	16	0.5630	0.717	0.6208
7.0	0.1078	0.137	0.1188	17	0.6355	0.809	0.7008
7.5	0.1237	0.158	0.1364	18	0.7125	0.907	0.7857
8.0	0.1407	0.179	0.1552	19	0.7939	1.011	0.8754
8.5	0.1589	0.202	0.1752	20	0.8796	1.120	0.9700
9.0	0.1781	0.227	0.1964	21	0.9698	1.235	1.069
9.5	0.1985	0.253	0.2189	22	1.064	1.355	1.174
10.0	0.2199	0.280	0.2425	24	1.267	1.613	1.397
10.5	0.2425	0.309	0.2673	25	1.374	1.750	1.516
11.0	0.2661	0.339	0.2934	26	1.487	1.893	1.639
11.5	0.2908	0.370	0.3207	27	1.603	2.041	1.768
12	0.3167	0.403	0.3492	28	1.724	2.195	1.901

续表

规格(直径或对边距离)/mm	重量(密度为2.8g/cm³)			规格(直径或对边距离)/mm	重量(密度为2.8g/cm³)		
	圆形棒	方形棒	六角棒		圆形棒	方形棒	六角棒
30	1.979	2.520	2.182	70	10.78	13.72	11.88
32	2.252	2.867	2.483	75	12.37	15.75	13.64
34	2.542	3.237	2.803	80	14.07	17.92	15.52
35	2.694	3.430	2.971	85	15.89	20.23	17.52
36	2.850	3.629	3.143	90	17.81	22.68	19.64
38	3.176	4.043	3.502	95	19.85	25.27	21.89
40	3.519	4.480	3.880	100	21.99	28.00	24.25
41	3.697	4.707	4.076	105	24.25	30.87	26.73
42	3.879	4.939	4.278	110	26.61	33.88	29.34
45	4.453	5.670	4.911	115	29.08	37.03	32.07
46	4.653	5.925	5.131	120	31.67	40.32	34.92
48	5.067	6.451	5.587	125	34.36	43.75	37.89
50	5.498	7.000	6.062	130	37.17	47.32	40.98
51	5.720	7.283	6.307	135	40.08	51.03	44.19
52	5.946	7.571	6.557	140	43.10	54.88	47.53
55	6.652	8.470	7.335	145	46.24	58.87	50.98
58	7.398	9.419	8.158	150	49.48	63.00	54.56
59	7.655	—	—	160	56.30	71.68	62.08
60	7.917	10.08	8.730	170	63.55	80.92	70.08
62	8.453	—	—	180	71.25	90.72	78.57
63	8.728	—	—	190	79.39	101.1	87.54
65	9.291	11.83	10.25	200	87.96	112.0	97.00

圆形棒的理论重量(续)

圆棒直径/mm	重量(2.8g/cm³)	圆棒直径/mm	重量(2.8g/cm³)	圆棒直径/mm	重量(2.8g/cm³)	圆棒直径/mm	重量(2.8g/cm³)
210	96.98	280	172.4	360	285.0	500	549.8
220	106.4	290	184.9	370	301.1	520	594.6
230	116.3	300	197.9	380	317.6	550	665.2
240	126.7	320	225.2	390	334.5	600	791.7
250	137.4	330	239.5	400	351.9	630	872.8
260	148.7	340	254.2	450	445.3		
270	160.3	350	269.4	480	506.7		

注：密度不为2.8g/cm³时的修正系数：

1035、1050A、1060、1070A、1100、1200：0.968；5083：0.954；6061、6063：0.964；1A30：0.968；2A02：0.982；2A06：0.985；2A16：1.014；2A50、2B50：0.982；3A21：0.975；5A02：0.957；5A05：0.946；5A06：0.943；6A02：0.964；7A04、7A09：1.018；8A06：0.968。

9.6 铝及铝合金拉制圆线材

用途：用于导体、焊接、铆钉、线缆编织及蒸发料。

9.6.1 牌号、供应状态及直径（GB/T 3195—2016）

表 9.50 线材的牌号、供应状态及直径

<table>
<tr><th>牌　　号</th><th>供应状态</th><th>直径/mm</th></tr>
<tr><td colspan="3">(1)导体用料线材</td></tr>
<tr><td rowspan="5">1350</td><td>O</td><td rowspan="4">9.50～25.00</td></tr>
<tr><td>H12、H22</td></tr>
<tr><td>H14、H24</td></tr>
<tr><td>H16. H26</td></tr>
<tr><td>H19</td><td>1.20～6.50</td></tr>
<tr><td>1A50</td><td>O、H19</td><td>0.80～20.00</td></tr>
<tr><td>8017、8030、8076、8130、8176、8177</td><td>O、H19</td><td>0.20～17.00</td></tr>
<tr><td rowspan="2">8C05、8C12</td><td>O</td><td>0.30～2.50</td></tr>
<tr><td>H14、H18</td><td>0.30～2.50</td></tr>
<tr><td colspan="3">(2)焊接用料线材</td></tr>
<tr><td rowspan="2">1035</td><td>O、H18</td><td>0.80～20.00</td></tr>
<tr><td>H14</td><td>3.00～20.00</td></tr>
<tr><td rowspan="2">1050A、1060、1070A、1100、1200</td><td>O、H18</td><td>0.80～20.00</td></tr>
<tr><td>H14</td><td>3.00～20.00</td></tr>
<tr><td rowspan="2">2A14、2A16、2A20</td><td>O、H14、H18</td><td>0.80～20.00</td></tr>
<tr><td>H12</td><td>1.00～20.00</td></tr>
<tr><td rowspan="2">3A21</td><td>O、H14、H18</td><td>0.80～20.00</td></tr>
<tr><td>H12</td><td>7.00～20.00</td></tr>
<tr><td rowspan="2">4A01、4043、4043A、4047</td><td>O、114、H18</td><td>0.80～20.00</td></tr>
<tr><td>H12</td><td>7.00～20.00</td></tr>
<tr><td rowspan="2">5A02、5A03、5A05、5A06</td><td>O、H14、H18</td><td>0.80～20.00</td></tr>
<tr><td>H12</td><td>7.00～20.00</td></tr>
<tr><td rowspan="3">5B05、5A06、5B05、5087、5A33、5183、5183A、5356、5356A、5554、5A56</td><td>O</td><td>0.80～20.00</td></tr>
<tr><td>H18、H14</td><td>0.80～7.00</td></tr>
<tr><td>H12</td><td>7.00～20.00</td></tr>
<tr><td>4A47、4A54</td><td>H14</td><td>0.50～8.00</td></tr>
<tr><td colspan="3">(3)铆钉用料线材</td></tr>
<tr><td rowspan="2">1035</td><td>H18</td><td>1.60～3.00</td></tr>
<tr><td>H14</td><td>3.00～20.00</td></tr>
<tr><td>1100</td><td>O</td><td>1.60～25.00</td></tr>
<tr><td>2A01、2A04、2811、2812、2A10</td><td>H14、T4</td><td>1.60～20.00</td></tr>
<tr><td>2816</td><td>T6</td><td>1.60～10.00</td></tr>
<tr><td>2017、2024、2117、2219</td><td>O、H13</td><td rowspan="2">1.60～25.00</td></tr>
<tr><td>3003</td><td>O、H14</td></tr>
<tr><td>3A21</td><td rowspan="2">H14</td><td rowspan="2">1.60～20.00</td></tr>
<tr><td>5A02</td></tr>
</table>

续表

牌　　号	供应状态	直径/mm
(3)铆钉用料线材		
5A05	H18	0.80～7.00
	O、H14	1.60～20.00
5805、5A06	H12	
5005、5052、5056	O	1.60～25.00
6061		
	H18、T6	1.60～20.00
7A03	H14、T6	
7050	O、H13、T7	1.60～25.00
(4)线缆编织用线材		
5154、5154A、5154C	O	0.10～0.50
	H38	0.10～0.50
(5)蒸发料用线材		
Al～Si1	H14	2.00～8.00

9.6.2　规格和线盘质量（GB/T 3195—2016）

线盘直径有100mm、193mm、200mm、270mm和300mm共5种，其宽度分别为45mm、60mm、55mm、100mm和100mm。每盘线材重量不超过40kg。

表9.51　线材每卷（盘）及单根重量

直　径/mm	(Cu+Mg)的质量分数	卷(盘)重/kg	单根质量/kg	
			规定值	最小值
≤4.00	—	3～40	≥1.5	1.0
>4.00～10.00	>4%	10～40	≥1.5	1.0
	≤4.0%	15～40	≥3.0	1.5
>10.00～25.00	>4%	20～40	≥1.5	1.0
	≤4.0%	25～40	≥3.0	1.5

9.6.3　力学和电性能（GB/T 3195—2016）

表9.52　线材室温的力学性能

牌号	试样状态	直径/mm	力　学　性　能			
			抗拉强度 R_m /MPa	规定非比例延伸强度 $R_{p0.2}$ /MPa	断后伸长率/%	
					A_{100mm}	A
1350	O	9.50～12.70	60～100	—	—	—
	H12、H22		80～120	—	—	—
	F114、H24		100～140	—	—	—
	F116、H26		115～155	—	—	—

续表

牌号	试样状态	直径/mm	力学性能			
			抗拉强度 R_m /MPa	规定非比例延伸强度 $R_{p0.2}$ /MPa	断后伸长率/% A_{100mm}	A
1350	H19	1.20～2.00	≥160	—	≥1.2	—
		＞2.00～2.50	≥175	—	≥1.5	—
		＞2.50～3.50	≥160	—		—
		＞3.50～5,30	≥160	—	≥1.8	—
		＞5.30～6,50	≥155	—	≥2.2	—
1100	O	1.60～25.00	≤110	—	—	—
	H111		110～145	—	—	—
1A50	O	0.80～1.00	≥75	—	≥10.0	—
		＞1.00～2.00		—	≥12.0	—
		＞2.00～3.00		—	≥15.0	—
		＞3.00～5.00		—	≥18.0	—
		0.80～1.00	≥160	—	≥1.0	—
	F119	＞1.00～1.50	≥155	—	≥1.2	—
		＞1.50～3.00		—	≥1.5	—
		＞3.00～4.00	≥135	—		—
		＞4.00～5.00		—	≥2.0	—
2017	O	1.60～25.00	≤240	—	—	—
	H13		205～275	—	—	—
	T4		≥380	≥220	—	≥10
2024	O	1.60～25.00	≤240	—	—	—
	F113		220～290	—	—	—
	T42	1.60～3.20	≥425	—	—	—
		＞3.20～25.00	≥425	≥275	—	≥9
2117	O	1.60～25.00	≤175	—	—	—
	F115		190～240	—	—	—
	H13		170～220	—	—	—
	T4		≥260	≥125	—	≥16
2219	O	1.60～25.00	≤220	—	—	—
	H13		190～260	—	—	—
	T4		≥380	≥240	—	≥5
3003	O		≤130	—	—	—
	H14		140～180	—	—	—
5052	O		≤220	—	—	—
5056	O		≤320	—	—	—

续表

牌号	试样状态	直径/mm	力学性能			
			抗拉强度 R_m /MPa	规定非比例延伸强度 $R_{p0.2}$ /MPa	断后伸长率/%	
					A_{100mm}	A
5154	O	0.10～0.50	≤220	—	≥6	—
5154A	H38	>0.10～0.16	≥290	—	≥3	—
5154C		>0.16～0.50	≥310	—	≥3	—
6061	O	1.60～25.00	≤155	—	—	—
	H13		150～210	—	—	—
	T6		≥290	≥240	—	≥9
7050	O		≤275	—	—	—
	H13		235～305	—	—	—
	T7		≥485	≥400	—	≥9
8017	O	0.20～1.00	98～159	—	≥10	—
8030		>1.00～3.00		—	≥12	—
8076		>3.00～5.00		—	≥15	—
8130	H19	0.20～1.00	≥185	—	≥1.0	—
8176		>1.00～3.00		—	≥1.2	—
8177		>3.00～5,00		—	≥1.5	—
8C05	O	0.30～2.50	170～190	—	≥3.0	—
	H14		191～219	—		—
	H18		220～249	—		—
8C12	O	0.30～2.50	250～259	—		—
	H14		260～269	—		—
	FI18		270～289	—		—

表 9.53 线材的电阻率

牌 号	试样状态	20℃时的电阻率 ρ /($\Omega\cdot mm^2$/m)
1350	O	0.027899
	H12、H22	0.028035
	H14、H24	0.028080
	H16、H26	0.028126
	H19	0.028265
1A50	H19	0.028200
5154、5154A、5154C	O	0.052000
	H38	0.052000

续表

牌　号	试样状态	20℃时的电阻率 ρ /(Ω·mm^2/m)
8017、8030、8076 8130、8176、8177	O	0.028264
	H19	0.028976
8C05	O、H14、H18	0.028500
8C12	O、H14、H18	0.030500

9.6.4 线材的理论重量

表 9.54 铝合金线材的尺寸规格和理论重量

直径 /mm	理论重量 /(kg/m)	直径 /mm	理论重量 /(kg/m)	直径 /mm	理论重量 /(kg/m)	直径 /mm	理论重量 /(kg/m)
0.3	0.00198	2.8	0.1724	5.3	0.6177	7.8	1.3379
0.4	0.00352	2.9	0.1849	5.4	0.6413	7.9	1.3725
0.5	0.00550	3.0	0.1979	5.5	0.6652	8.0	1.4074
0.6	0.00792	3.1	0.2113	5.6	0.6896	8.1	1.4428
0.7	0.0108	3.2	0.2252	5.7	0.7145	8.2	1.4787
0.8	0.0141	3.3	0.2395	5.8	0.7398	8.3	1.5150
0.9	0.0178	3.4	0.2542	5.9	0.7655	8.4	1.5517
1.0	0.0220	3.5	0.2694	6.0	0.7917	8.5	1.5889
1.1	0.0266	3.6	0.2850	6.1	0.8183	8.6	1.6265
1.2	0.0317	3.7	0.3011	6.2	0.8453	8.7	1.6645
1.3	0.0372	3.8	0.3176	6.3	0.8728	8.8	1.7030
1.4	0.0431	3.9	0.3345	6.4	0.9008	8.9	1.7419
1.5	0.0495	4.0	0.3519	6.5	0.9291	9.0	1.7813
1.6	0.0563	4.1	0.3697	6.6	0.9579	9.1	1.8211
1.7	0.0636	4.2	0.3879	6.7	0.9872	9.2	1.8613
1.8	0.0713	4.3	0.4066	6.8	1.0169	9.3	1.9020
1.9	0.0794	4.4	0.4257	6.9	1.0470	9.4	1.9431
2.0	0.0880	4.5	0.4453	7.0	1.0776	9.5	1.9847
2.1	0.0970	4.6	0.4653	7.1	1.1086	9.6	2.0267
2.2	0.1064	4.7	0.4858	7.2	1.1400	9.7	2.0792
2.3	0.1163	4.8	0.5067	7.3	1.1719	9.8	2.1120
2.4	0.1267	4.9	0.5280	7.4	1.2042	9.9	2.1554
2.5	0.1374	5.0	0.5498	7.5	1.2370	10.0	2.1991
2.6	0.1487	5.1	0.5720	7.6	1.2702	10.5	2.4245
2.7	0.1603	5.2	0.5946	7.7	1.3039	11.0	2.6609

续表

直径 /mm	理论重量 /(kg/m)	直径 /mm	理论重量 /(kg/m)	直径 /mm	理论重量 /(kg/m)	直径 /mm	理论重量 /(kg/m)
11.5	2.9083	15.0	4.9480	18.5	7.5265	22.0	10.6437
12.0	3.1667	15.5	5.2834	19.0	7.9388	22.5	11.1330
12.5	3.4361	16.0	5.6297	19.5	8.3622	23.0	11.6333
13.0	3.7165	16.5	5.9871	20.0	8.7965	23.5	12.1446
13.5	4.0079	17.0	6.3555	20.5	9.2418	24.0	12.6669
14.0	4.3103	17.5	6.7348	21.0	9.6981	24.5	13.2002
14.5	4.6236	18.0	7.1251	21.5	10.1654	25.0	13.7445

注：表中理论重量按密度 2.80g/cm³ 计算，其他密度的铝合金棒材的理论重量，应乘以相应的理论重量换算系数。

9.7 铝及铝合金管材

9.7.1 铝及铝合金管材外形尺寸（GB/T 4436—2012）

种类：热挤压有缝圆管、无缝圆管、有缝矩形管、正方形管、正六边形管、正八边形管，冷轧有缝圆管、无缝圆管，冷拉有缝圆管、无缝圆管、正方形管、矩形管、椭圆形管。

下面只介绍热挤压无缝圆管，冷拉、冷轧有缝圆管和无缝圆管，冷拉正方形管和矩形管的典型规格，其他管的规格由供需双方协商确定。

表 9.55　铝及铝合金挤压无缝圆管典型规格（“.00”未标出）

mm

外径	壁厚																						
	5	6	7	7.5	8	9	10	12.5	15	17.5	20	22.5	25	27.5	30	32.5	35	37.5	40	42.5	45	47.5	50
25	√	—	—	—	—	—	—	—	—	—	—	—	—	—	—	—	—	—	—	—	—	—	—
28	√	√	—	—	—	—	—	—	—	—	—	—	—	—	—	—	—	—	—	—	—	—	—
30、32	√	√	√	√	√	—	—	—	—	—	—	—	—	—	—	—	—	—	—	—	—	—	—
34、36、38	√	√	√	√	√	√	√	—	—	—	—	—	—	—	—	—	—	—	—	—	—	—	—
40、42	√	√	√	√	√	√	√	√	—	—	—	—	—	—	—	—	—	—	—	—	—	—	—
45、48、50	√	√	√	√	√	√	√	√	√	—	—	—	—	—	—	—	—	—	—	—	—	—	—
52、55、58	√	√	√	√	√	√	√	√	√	—	—	—	—	—	—	—	—	—	—	—	—	—	—
60、62	√	√	√	√	√	√	√	√	√	√	—	—	—	—	—	—	—	—	—	—	—	—	—
65、70	√	√	√	√	√	√	√	√	√	√	√	—	—	—	—	—	—	—	—	—	—	—	—
75、80	√	√	√	√	√	√	√	√	√	√	√	√	—	—	—	—	—	—	—	—	—	—	—

续表

外 径	壁											厚											
	5	6	7	7.5	8	9	10	12.5	15	17.5	20	22.5	25	27.5	30	32.5	35	37.5	40	42.5	45	47.5	50
85、90	√	√	√	√	√	√	√	√	√	√	√	√	√	—	—	—	—	—	—	—	—	—	—
95	√	√	√	√	√	√	√	√	√	√	√	√	√	√	—	—	—	—	—	—	—	—	—
100	√	√	√	√	√	√	√	√	√	√	√	√	√	√	√	—	—	—	—	—	—	—	—
105、110、115	√	√	√	√	√	√	√	√	√	√	√	√	√	√	√	√	—	—	—	—	—	—	—
120、125、130	—	—	—	√	√	√	√	√	√	√	√	√	√	√	√	√	—	—	—	—	—	—	—
135、140、145	—	—	—	—	—	—	√	√	√	√	√	√	√	√	√	√	—	—	—	—	—	—	—
150、155	—	—	—	—	—	—	√	√	√	√	√	√	√	√	√	√	√	—	—	—	—	—	—
160、165	—	—	—	—	—	—	√	√	√	√	√	√	√	√	√	√	√	√	√	—	—	—	—
170、175、	—	—	—	—	—	—	√	√	√	√	√	√	√	√	√	√	√	√	√	—	—	—	—
180、185	—	—	—	—	—	—	√	√	√	√	√	√	√	√	√	√	√	√	√	—	—	—	—
190、195、200	—	—	—	—	—	—	√	√	√	√	√	√	√	√	√	√	√	√	√	—	—	—	—
205、210、215	—	—	—	—	—	—	—	—	√	√	√	√	√	√	√	√	√	√	√	√	√	√	√
220、225、230	—	—	—	—	—	—	—	—	√	√	√	√	√	√	√	√	√	√	√	√	√	√	√
235、240、245	—	—	—	—	—	—	—	—	√	√	√	√	√	√	√	√	√	√	√	√	√	√	√
250、260	—	—	—	—	—	—	—	—	√	√	√	√	√	√	√	√	√	√	√	√	√	√	√
270、280、290	√	√	√	√	√	√	√	√	√	√	√	√	√	√	√	√	√	√	√	√	√	√	√
300、310、320	√	√	√	√	√	√	√	√	√	√	√	√	√	√	√	√	√	√	√	√	√	√	√
330、340、350	√	√	√	√	√	√	√	√	√	√	√	√	√	√	√	√	√	√	√	√	√	√	√
360、370、380	√	√	√	√	√	√	√	√	√	√	√	√	√	√	√	√	√	√	√	√	√	√	√
390、400、450	√	√	√	√	√	√	√	√	√	√	√	√	√	√	√	√	√	√	√	√	√	√	√

注：“√”表示可供规格。

表 9.56　冷拉、冷轧有缝圆管和无缝圆管的截面典型规格　mm

外径[①]	壁					厚					
	0.50	0.75	1.00	1.50	2.00	2.50	3.00	3.50	4.00	4.50	5.00
6.00	√	√	√	—	—	—	—	—	—	—	—
8.00	√	√	√	√	√	—	—	—	—	—	—
10.00	√	√	√	√	√	√	—	—	—	—	—
12、14、15	√	√	√	√	√	√	√	—	—	—	—
16、18	√	√	√	√	√	√	√	√	—	—	—
20.00	√	√	√	√	√	√	√	√	√	—	—
22、24、25	√	√	√	√	√	√	√	√	√	√	√
26～60[②]	—	√	√	√	√	√	√	√	√	√	√
65、70、75	—	—	—	√	√	√	√	√	√	√	√

续表

外径①	壁厚										
	0.50	0.75	1.00	1.50	2.00	2.50	3.00	3.50	4.00	4.50	5.00
80～95③	—	—	—	—	√	√	√	√	√	√	√
100～110③	—	—	—	—	—	√	√	√	√	√	√
115.00	—	—	—	—	—	—	√	√	√	√	√
120.00	—	—	—	—	—	—	—	√	√	√	√

①为缩短表格宽度，部分外径数字后面省略“.00”。

②26、28、30、32、34、35、36、38、40、42、45、48、50、52、55、58、60。

③间隔为5mm。

表9.57 冷拉有缝正方形管和无缝正方形管的截面典型规格 mm

边长①	壁厚						
	1.00	1.50	2.00	2.50	3.00	4.00	5.00
10.00、12.00	√	√	—	—	—	—	—
14.00、16.00	√	√	√	—	—	—	—
18.00、20.00	√	√	√	√	—	—	—
22.00、25.00	—	√	√	√	√	—	—
28、32、36、40	—	√	√	√	√	√	—
42、45、50	—	√	√	√	√	√	√
55、60、65、70	—	—	√	√	√	√	√

①为缩短表格宽度，部分边长数字后面省略“.00”。

表9.58 冷拉有缝和无缝矩形管的截面典型规格 mm

边长(宽×高)①	壁厚						
	1.00	1.50	2.00	2.50	3.00	4.00	5.00
14×10、16×12、18×10	√	√	√	—	—	—	—
14×16、20×12、22×14	√	√	√	√	—	—	—
25×15、28×16	√	√	√	√	√	—	—
28×22、32×18	√	√	√	√	√	√	—
32×25、36×20、36×28	√	√	√	√	√	√	√
40×25、40×30、45×30	—	√	√	√	√	√	√
50×30、55×40	—	√	√	√	√	√	√
60×40、70×50	—	—	√	√	√	√	√

①为缩短表格宽度，边长数字后面省略“.00”。

9.7.2 铝及铝合金拉（轧)制无缝管（GB/T 6893—2010）

规格：外径不大于120.00mm。外形尺寸应符合GB/T 4436中普通级规定（需要高精级时，应在合同中注明）。

表 9.59　无缝圆管的牌号和状态

牌　号	状　态	牌　号	状　态
1035、1050、1050A、1060、1070、1070A、1100、1200、8A06	O、H14	5052、5A02	O、H14
		5A03	O、H34
		5A05、5056、5083	O、H32
2017、2024、2A11、2A12	O、T4	5A06、5754	O
		6061、6A02	O、T4、T6
2A14	T4	6063	O、T6
3003	O、H14	7A04	O
3A21	O、H14、H18、H24	7020	T6

标记示例。2024 牌号、T4 状态、边长为 45.00mm、宽度为 45.00mm、壁厚为 3.00mm、长度为不定尺的矩形管材，标记为：矩形管 2024-T4 45×45×3.0　GB/T 6893—2010。

注：表中未列入的合金、状态可由供需双方协商后在合同中注明。

表 9.60　无缝圆管的力学性能

牌号	状态	壁厚(*t*)/mm		室温纵向拉伸力学性能				
				抗拉强度 R_m/MPa ≥	规定非比例伸长应力 $R_{p0.2}$/MPa ≥	断后伸长率/% ≥		
						全截面试样	其他试样	
						A_{50mm}	A_{50mm}	$A_{5.65}$
1035 1050A 1050	O	所　有		60～95	—	—	22	25
	H14	所　有		100～135	70		5	6
1060 1070A 1070	O	所　有		60～95	—	—		
	H14	所　有		85	70	—		
1100	O	所　有		70～105	—	—	16	20
1200	H14	所　有		110～145	80	—	4	5
2A11	O	所　有		≤245	—	10		
	T4	D≤22	≤1.5 >1.5～2.0 >2.0～5.0	375	195	13 14 —		
		D>22～50	≤1.5	390	225	12		
			>1.5～5.0			13		
		D>50	所　有	390	225	11		
2017	O	所　有		≤245	≤125	17	16	16
	T4	所　有		375	215	13	12	12

续表

<table>
<tr><th rowspan="4">牌号</th><th rowspan="4">状态</th><th rowspan="4" colspan="2">壁厚(t)/mm</th><th colspan="5">室温纵向拉伸力学性能</th></tr>
<tr><th rowspan="3">抗拉强度 R_m/MPa ≥</th><th rowspan="3">规定非比例伸长应力 $R_{p0.2}$/MPa ≥</th><th colspan="3">断后伸长率/% ≥</th></tr>
<tr><th>全截面试样</th><th colspan="2">其他试样</th></tr>
<tr><th>A_{50mm}</th><th>A_{50mm}</th><th>$A_{5.65}$</th></tr>
<tr><td>2A12</td><td>O</td><td colspan="2">所有</td><td>≤245</td><td>—</td><td colspan="3">10</td></tr>
<tr><td></td><td>T4</td><td>D<22</td><td>≤2.0</td><td>410</td><td>225</td><td colspan="3">13</td></tr>
<tr><td></td><td></td><td></td><td>>2.0~5.0</td><td></td><td></td><td colspan="3">—</td></tr>
<tr><td></td><td></td><td>D>22~50</td><td>所有</td><td>420</td><td>275</td><td colspan="3">12</td></tr>
<tr><td></td><td></td><td>>50</td><td>所有</td><td>420</td><td>275</td><td colspan="3">10</td></tr>
<tr><td>2A14</td><td>T4</td><td>D≤22</td><td>1.0~2.0</td><td>360</td><td>205</td><td colspan="3">10</td></tr>
<tr><td></td><td></td><td></td><td>>2.0~6.0</td><td>360</td><td>205</td><td colspan="3">—</td></tr>
<tr><td></td><td></td><td>D>22</td><td>所有</td><td>360</td><td>205</td><td colspan="3">10</td></tr>
<tr><td>2024</td><td>O</td><td colspan="2">所有</td><td>≤240</td><td>≤140</td><td>—</td><td>10</td><td>12</td></tr>
<tr><td></td><td>T4</td><td colspan="2">0.63~1.2</td><td>440</td><td>290</td><td>12</td><td>10</td><td>—</td></tr>
<tr><td></td><td></td><td colspan="2">>1.2~5.0</td><td>440</td><td>290</td><td>14</td><td>10</td><td>—</td></tr>
<tr><td>3003</td><td>O</td><td colspan="2">所有</td><td>95~130</td><td>35</td><td>—</td><td>20</td><td>25</td></tr>
<tr><td></td><td>H14</td><td colspan="2">所有</td><td>130~165</td><td>110</td><td>—</td><td>4</td><td>6</td></tr>
<tr><td>3A21</td><td>O</td><td colspan="2">所有</td><td>≤135</td><td>—</td><td colspan="3">—</td></tr>
<tr><td></td><td>H14</td><td colspan="2">所有</td><td>135</td><td>—</td><td colspan="3">—</td></tr>
<tr><td></td><td>H18</td><td colspan="2">D<60,t=0.5~5.0</td><td>185</td><td>—</td><td colspan="3">—</td></tr>
<tr><td></td><td></td><td colspan="2">D≥60,t=2.0~5.0</td><td>175</td><td>—</td><td colspan="3">—</td></tr>
<tr><td></td><td>H24</td><td colspan="2">D<60,t=0.5~5.0</td><td>145</td><td>—</td><td colspan="3">8</td></tr>
<tr><td></td><td></td><td colspan="2">D≥60,t=2.0~5.0</td><td>135</td><td>—</td><td colspan="3">8</td></tr>
<tr><td>5A02</td><td>O</td><td colspan="2">所有</td><td>≤225</td><td>—</td><td colspan="3">—</td></tr>
<tr><td></td><td>H14</td><td colspan="2">D≤55,t≤2.5</td><td>225</td><td>—</td><td colspan="3">—</td></tr>
<tr><td></td><td></td><td colspan="2">其他所有</td><td>195</td><td>—</td><td colspan="3">—</td></tr>
<tr><td>5A03</td><td>O</td><td colspan="2">所有</td><td>175</td><td>80</td><td colspan="3">15</td></tr>
<tr><td></td><td>H34</td><td colspan="2">所有</td><td>215</td><td>125</td><td colspan="3">8</td></tr>
<tr><td>5A05</td><td>O</td><td colspan="2">所有</td><td>215</td><td>90</td><td colspan="3">15</td></tr>
<tr><td></td><td>H32</td><td colspan="2">所有</td><td>245</td><td>145</td><td colspan="3">8</td></tr>
<tr><td>5A06</td><td>0</td><td colspan="2">所有</td><td>315</td><td>145</td><td colspan="3">15</td></tr>
<tr><td>5052</td><td>O</td><td colspan="2">所有</td><td>170~230</td><td>65</td><td>—</td><td>17</td><td>20</td></tr>
<tr><td></td><td>H14</td><td colspan="2">所有</td><td>230~270</td><td>180</td><td>—</td><td>4</td><td>5</td></tr>
<tr><td>5056</td><td>O</td><td colspan="2">所有</td><td>≤315</td><td>100</td><td colspan="3">16</td></tr>
<tr><td></td><td>H32</td><td colspan="2">所有</td><td>305</td><td>—</td><td colspan="3">—</td></tr>
<tr><td>5083</td><td>O</td><td colspan="2">所有</td><td>270~350</td><td>110</td><td>—</td><td>14</td><td>16</td></tr>
<tr><td></td><td>H32</td><td colspan="2">所有</td><td>280</td><td>200</td><td>—</td><td>4</td><td>6</td></tr>
</table>

续表

牌号	状态	壁厚(t)/mm	室温纵向拉伸力学性能				
			抗拉强度 R_m/MPa ≥	规定非比例伸长应力 $R_{p0.2}$/MPa ≥	断后伸长率/% ≥		
					全截面试样	其他试样	
					A_{50mm}	A_{50mm}	$A_{5.65}$
5754	O	所有	180～250	80	—	14	16
6A02	O	所有	≤155	—	14		
	T4	所有	205	—	14		
	T6	所有	305	—	8		
6061	O	所有	≤150	≤110	—	14	16
	T4	所有	205	110	—	14	16
	T6	所有	290	240	—	8	10
6063	O	所有	≤130	—	—	15	20
	T6	所有	220	190	—	8	10
7A04	O	所有	≤265	—	8		
7020	T6	所有	350	280	—	8	10
8A06	O	所有	≤120	—	20		
	H14	所有	100	—	5		

注：1. $A_{5.65}$ 表示原始标距（L_0）为 5.65 $\sqrt{S_0}$ 的断后伸长率。

2. 表中未列入的合金、状态、规格、力学性能由供需双方协商或附抗拉强度、伸长率的试验结果，但该结果不能作为验收依据。

9.7.3　铝及铝合金热挤压无缝圆管（GB/T 4437.1—2015）

适用于一般工业用铝及铝合金热挤压无缝圆管。

表 9.61　铝和铝合金热轧无缝圆管的牌号和状态

牌号	供应状态
1100、1200	O、H112、F
1035	O
1050A	O、H111、H112、F
1060、1070A	O、H112
2014	O、T1、T4、T4510、T4511、T6、T6510、T6511
2017、2A12	O、T1、T4
2024	O、T1、T3、T3510、T3511、T4、T81、T8510、T8511
2219	O、T1、T3、T3510、T3511、T81、T8510、T8511
2A11	O、T1
2A14、2A50	T6

续表

牌　　号	供　应　状　态
3003、包铝3003	O、H112、F
3A21	H112
5051A、5083、5086	O、H111、H112、F
5052	O、H112、F
5154、5A06	O、H112
5454、5456	O、H111、H112
5A02、5A03、5A05	H112
6005、6105	T1、T5
6005A	T1、T5、T61①
6041	T5、T6511
6042	T5、T5511
6061	O、T1、T4、T4510、T4511、T51、T6、T6510、T6511、F
6351、6082	o、H111、T4、T6
6162	T5、T5510、T5511、T6、T6510、T6511
6262、6064	T6、T6511
6063	O、T1、T4、T5、T52、T6、T66②、F
6066	O、T1、T4、T4510、T4511、T6、T6510、T6511
6A02	O、T1、T4、T6
7050	T6510、T73511、T74511
7075	O、H111、T1、T6、T6510、T6511、T73、T73510、T73511
7178	O、T1、T6、T6510、T6511
7A04、7A09、7Al5	T1、T6
7805	O、T4、T6
8A06	H112

①固溶热处理后进行人工时效，以提高变形性能的状态。

②固溶热处理后人工时效，通过工艺控制使力学性能达到本部分要求的特殊状态。

表 9.62　室温拉伸力学性能

牌号	供应状态	试样状态	壁厚/mm	室温拉伸试验结果			
				抗拉强度 R_m/MPa ≥	规定非比例延伸强度 $R_{p0.2}$/MPa ≥	断后伸长率/% ≥	
						A_{50mm}	A
1100 1200	O	O	所有	75～105	20	25	22
	H112	H112		75	25	25	22
	F	—		—	—	—	—
1035	O	O	所有	60～100	—	25	23

续表

牌号	供应状态	试样状态	壁厚/mm	室温拉伸试验结果			
				抗拉强度 R_m/MPa ≥	规定非比例延伸强度 $R_{p0.2}$/MPa ≥	断后伸长率/% ≥	
						A_{50mm}	A
1050A	O、H111	O、T111	所有	60～100	20	25	23
	H112	T112		60	20	25	23
	F	—		—	—	—	—
1060	O	O	所有	60～95	15	25	22
	H112	H112		60	—	25	22
1070A	O	O	所有	60～95	—	25	22
	H112	H112		60	20	25	22
2014	O	O	所有	≤205	≤125	12	10
	T4、T4510、T4511	T4、T4510、T4511		345	240	12	10
				345	240	12	10
	T1[①]	T42	所有	345	200	12	10
		T62	≤18.00	415	365	7	6
			>18	415	365	—	6
	T6、T6510、T6511	T6、T6510、T6511	≤12.50	415	365	7	6
			12.50～18.00	440	400	—	6
			>18.00	470	400	—	6
2017	O	O	所有	≤245	≤125	16	16
	T4	T4		345	215	12	12
	T1	T42		335	195	12	
2024	O	O	全部	≤240	≤130	12	10
	T3、T3510、T3511	T3、T3510、T3511	≤6.30	395	290	10	
			>6.30～18.00	415	305	10	9
			>18.00～35.00	450	315	—	9
			>35.00	470	330	—	7
	T4	T4	≤18.00	395	260	12	10
			>18.00	395	260	—	9
	T1	T42	≤18.00	395	260	12	10
			>18.00～35.00	395	260	—	9
			>35.00	395	260	—	7
	T81、T8510、T8511	T81、T8510、T8511	>1.20～6.30	440	385	4	—
			>6.30～35.00	455	400	5	4
			>35.00	455	400	—	4

续表

牌号	供应状态	试样状态	壁厚/mm	室温拉伸试验结果			
				抗拉强度 R_m/MPa ≥	规定非比例延伸强度 $R_{p0.2}$/MPa ≥	断后伸长率/% ≥	
						A_{50mm}	A
2219	O	O	所有	≤220	≤125	12	10
	T31、T3510、T3511	T31、T3510、T3511	≤12.50	290	180	14	12
			>12.50～80.00	310	185	—	12
	T1	T62	≤25.00	370	250	6	5
			>25.00	370	250	—	5
	T81、T8510、T8511	T81、T8510、T8511	≤80.00	440	290	6	5
2A11	O	O	所有	≤245	—	—	10
	T1	T1		350	195	—	10
2A12	O	O	所有	≤245	—	—	10
	T1	T42		390	255	—	10
	T4	T4		390	255	—	10
2A14	T6	T6	所有	430	350	6	—
2A50	T6	T6	所有	380	250	—	10
3003	O	O	所有	95～130	35	25	22
	H112	H112	≤1.60	95	35	—	—
			>1.60	95	35	25	22
	F	F	所有	—	—	—	—
包铝3003	O	O	所有	90～125	30	25	22
	H112	H112		90	30	25	22
	F	F		—	—	—	—
3A21	H112	H112	所有	≤165	—	—	—
5051A	O、H111	O、H111	所有	150～200	60	16	18
	H112	H112		150	60	14	16
	F	—		—	—	—	—
5052	O	O	所有	170～240	70	15	17
	H112	H112		170	70	13	15
	F	—		—	—	—	—
5083	O	O	所有	270～350	110	14	12
	H111	H111		275	165	12	10
	H112	H112		270	110	12	10
	F	—		—	—	—	—

续表

牌号	供应状态	试样状态	壁厚/mm	室温拉伸试验结果			
				抗拉强度 R_m/MPa ≥	规定非比例延伸强度 $R_{p0.2}$/MPa ≥	断后伸长率/% ≥	
						A_{50mm}	A
5154	O	O	所有	205～285	75	—	—
	H112	H112		205	75	—	—
5454	O	O	所有 所有	215～285	85	14	12
	H111	H111		230	130	12	10
	H112	H112		215	85	12	10
5456	O	O	所有	285～365	130	14	12
	H111	H111		290	180	12	10
	H112	H112		285	130	12	10
5086	O	O	所有	240～315	95	14	12
	H111	H111		250	145	12	10
	H112	H112		240	95	12	10
	F	—		—	—	—	—
5A02	H112	H112	所有	225	—	—	—
5A03	H112	H112	所有	175	70	—	15
5A05	H112	H112	所有	225	110	—	15
5A06	H112、O	H112、O	所有	315	145	—	15
6005	T1	T1	≤12.50	170	105	16	14
	T5	T5	≤3.20	260	240	8	—
			3.20～25.00	260	240	10	9
6005A	T1	T1	≤6.30	170	100	15	—
	T5	T5	≤6.30	260	215	7	—
			6.30～25.00	260	215	9	8
	T61	T61	≤6.30	260	240	8	
			6.30～25.00	260	240	10	9
6105	T1	T1	≤12.50	170	105	16	14
	T5	T5	≤12.50	260	240	8	7
6041	T5、T6511	T5、T6511	10.00～50.00	310	275	10	9
6042	T5、T5511	T5、T5511	10.00～12.50	260	240	10	—
			12.50～50.00	290	240	—	9
6061	O	O	所有	≤150	≤110	16	14
	T1[①]	T1	≤16.00	180	95	16	14
		T42	所有	180	85	16	14
		T62	≤6.30	260	240	8	
			>6.30	260	240	10	9

续表

牌号	供应状态	试样状态	壁厚/mm	室温拉伸试验结果			
				抗拉强度 R_m/MPa ≥	规定非比例延伸强度 $R_{p0.2}$/MPa ≥	断后伸长率/% ≥	
						A_{50mm}	A
6061	T4、T4510、T4511	T4、T4510、T4511	所有	180	110	16	14
	T51	T51	≤16.00	240	205	8	7
	T6、T6510、T6511	T6、T6510、T6511	≤6.30	260	240	8	
			>6.30	260	240	10	9
	F	—	所有	—	—	—	—
6351	O、HT1T1I	O、H111	≤25.00	≤160	≤110	12	14
	T4	T4	≤19.00	220	130	16	14
	T6	T6	≤3.20	290	255	8	—
			>3.20～25.00	290	255	10	9
6162	T5、T5510、T5511	T5、T5510、T5511	≤25.00	255	235	7	6
	T6、T6510、T6511	T6、T6510、T6511	≤6.30	260	240	8	—
			>6.30～12.50	260	240	10	9
6262	T6、T6511	T6、T6511	所有	260	240	10	9
6063	O	O	所有	≤130	—	18	16
	T1[①]	T1	≤12.50	115	60	12	10
			>12.50～25.00	110	55	—	10
		T42	≤12.50	130	70	14	12
			>12.50～25.00	125	60	—	12
	T4	T4	≤12.50	130	70	14	12
			>12.50～25.00	125	60	—	12
	T5	T5	≤25.00	175	130	6	S
	T52	T52	≤25.00	150～205	110～170	8	7
	T6	T6	所有	205	170	10	9
	Tb6	T66	≤25.00	245	200	8	10
	F	—	所有	—	—	—	—
6064	T6、T6511	T6、T6511	10.00～50.00	260	240	10	9
6066	O	O	所有	≤200	≤125	16	14
	T4、T4510、T4511	T4、T4510、T4511	所有	275	170	14	12

续表

牌号	供应状态	试样状态	壁厚/mm	室温拉伸试验结果			
				抗拉强度 R_m/MPa ≥	规定非比例延伸强度 $R_{p0.2}$/MPa ≥	断后伸长率/% ≥	
						A_{50mm}	A
6066	T1①	T42	所有	275	165	14	12
		T62		345	290	8	7
	T6、T6510、T6511	T6、T6510、T6511	所有	345	310	8	7
6082	O、H111	O、H111	≤25.00	≤160	≤110	12	14
	T4	T4	≤25.00	205	110	12	14
	T6	T6	≤5.00	290	250	6	8
			>5.00～25.00	310	260	8	10
6A02	O	O	所有	≤145	—	—	17
	T4	T4		205	—	—	14
	T1	T62		295	—	—	8
	T6	T6		295	—	—	8
7050	T76510	T76510	所有	545	475	7	—
	T73511	T73511		485	415	8	7
	T74511	T74511		505	435	7	—
7075	O、T111	O、T111	≤10.00	≤275	≤165	10	10
	T1	T62	≤6.30	540	485	7	—
			>6.30～12.50	560	505	7	6
			>12.50～70.00	560	495	—	6
	T6、T6510	T6、T6510	≤6.30	540	485	7	—
	T6511	Tb511	>6.30～12.50	560	505	7	6
			>12.50～70.00	560	495	—	6
	T73、T73510、T73511	T73、T73510、T73511	1.60～6.30	470	400	5	7
			>6.30～35.00	485	420	6	8
			>35.00～70.00	475	405	—	8
7178	O	O	所有	≤275	≤165	10	9
	T6、T6510、T6511	T6、T6510、T6511	≤1.60	565	525	—	—
			>1.60～6.30	580	525	5	—

续表

牌号	供应状态	试样状态	壁厚/mm	室温拉伸试验结果			
				抗拉强度 R_m/MPa ≥	规定非比例延伸强度 $R_{p0.2}$/MPa ≥	断后伸长率/% ≥	
						A_{50mm}	A
7178	T6、T6510、T6511	T6、T6510、T6511	>6.30～35.00	600	540	5	4
			>35.00～60.00	580	515	—	4
			>60.00～80.00	565	490	—	4
	T1	T62	≤1.60	545	505	—	—
			>1.60～6.30	565	510	5	—
			>6.30～35.00	595	530	5	4
			>35.00～60.00	580	515	—	4
			>60.00～80.00	565	490	—	4
7A04	T1	T62	≤80	530	400	—	5
7A09	T6	T6	≤80	530	400	—	5
7805	O	O	≤12.00	245	145	12	—
	T4	T4	≤12.00	305	195	11	—
	T6	T6	≤6.00	325	235	10	—
			>6.00～12.00	335	225	10	—
7AT15	T1	T62	≤80	470	420	—	6
	T6	T6	≤80	470	420	—	6
8A06	H112	T112	所有	≤120	—	—	20

①此处“T1”状态供货的管材，由供需双方商定提供其后试样状态的性能并在订货单（或合同）中注明，未注明时提供T1试样状态的性能。

9.7.4　铝及铝合金热挤压有缝圆管（GB/T 4437.2—2003）

用途：公路、桥梁和建筑等行业。有缝圆管、矩形管及正多边形管三个品种。

表 9.63 热挤压有缝管的牌号和状态

牌　　号	状　态	牌　号	状　态
1070A、1060、1050A、1035、1100、1200	O、H112、F	3003	O、H112、F
2A11、2017、2A12、2024	O、H112、T4、F	5A02	H112、F
5A06、5083、5454、5086	O、H112、F	6A02	O、H112、T4、T6、F
5052	O、F	6061	T4、T6、F
5A03、5A05	H112、F	6063	T4、TS、T6、F
6005A、6005	T5、F	6063A	T5、T6、F

表 9.64 热挤压有缝圆管的力学性能

合金牌号	供应状态	壁厚/mm	抗拉强度 R_m/MPa ≥	规定非比例伸长应力 $\sigma_{p0.2}$/MPa ≥	伸长率/%	
					L_0=50mm	A_5
1070A、1060	O	所有	60～95	—	25	22
	H112	所有	60	—	25	22
1050A、1035	O	所有	60～100	—	25	23
	H112	所有	60	—	25	23
1100、1200	O	所有	75～105	—	25	22
	H112	所有	75	—	25	22
2A11	O	所有	≤245	—	—	10
	H112	所有	350	195	—	10
2A12	O	所有	≤245	—	—	10
	H112、T4	所有	390	255	—	10
2A11	O	所有	≤245	—	—	10
	H112、T4	所有	350	195	—	10
2017	O	所有	≤245	≤125	—	16
	H112	所有	345	215	—	12
2A12	O	所有	≤245	≤125	—	10
	H112、T4	所有	390	255	—	10
2024	O	所有	≤245	≤130	12	10
	H112、T4	≤18	395	260	12	10
		>18	395	260	—	9
3003	O	所有	95～130	—	25	22
	H112	所有	95	—	25	22
5A02	H112	所有	≤225	—	—	—
5052	O	所有	170～240	70	—	—

续表

合金牌号	供应状态	壁厚/mm	抗拉强度 R_m/MPa ≥	规定非比例伸长应力 $\sigma_{p0.2}$/MPa ≥	伸长率/%	
					L_0=50mm	A_5
5A03	H112	所有	175	70	—	15
5A05	H112	所有	225	—	—	15
5A06	O、H112	所有	315	145	—	15
5086	O	所有	240～315	95	14	12
	H112	所有	240	95	12	10
6A02	O	所有	≤145	—	—	17
	T4	所有	205	—	—	14
	H112、T6	所有	295	—	—	8
6005A	T5	≤6.30	260	215	7	—
		>6.30			9	8
6005	T5	≤3.20	260	240	8	—
		>3.21～25.00			10	9
6061	T4	所有	180	110	16	14
	T6	≤6.30	265	245	8	—
		>6.30	265	245	10	9
6063	T4	≤12.5	130	70	14	12
		>12.5～25	125	60	—	12
	T5	所有	160	110	—	8
	T6	所有	205	180	10	8
6063A	T5	≤10.00	200	160	—	5
		>10.00	190	150	—	5
	T6	≤10.00	230	190	—	5
		>10.00	220	180	—	4

9.7.5　铝塑复合压力管（GB/T 18997.1、18997.2—2003）

① 分类　有搭接焊式和对接焊式两种。

② 用途　输送最大允许工作压力下的流体（冷水、冷热水的饮用水输配系统和给水输配系统、采暖系统、地下灌溉系统、工业特种流体、压缩空气、燃气等）；不适用于铝管未焊接或无胶黏层复合的塑料夹铝管材。对接焊式铝塑管适用于在较高温度和较大压力场合。

表 9.65 铝塑复合压力管的品种分类

<table>
<tr><th>型式</th><th colspan="2">流体类别</th><th>用途代号</th><th>铝塑管代号</th><th>长期工作温度/℃</th><th>允许工作压力/MPa</th></tr>
<tr><td rowspan="10">搭接</td><td rowspan="6">水</td><td>冷水</td><td>L</td><td>PAP</td><td>40</td><td>1.25</td></tr>
<tr><td rowspan="5">冷热水</td><td rowspan="5">R</td><td rowspan="3">PAP</td><td>60</td><td>1.00</td></tr>
<tr><td>75①</td><td>0.82</td></tr>
<tr><td>82①</td><td>0.69</td></tr>
<tr><td rowspan="2">XPAP</td><td>75</td><td>1.00</td></tr>
<tr><td>82</td><td>0.86</td></tr>
<tr><td rowspan="3">燃气</td><td>天然气</td><td rowspan="3">Q</td><td rowspan="4">PAP</td><td rowspan="3">35</td><td>0.40</td></tr>
<tr><td>液化石油气</td><td>0.40</td></tr>
<tr><td>人工煤气</td><td>0.20</td></tr>
<tr><td colspan="2">特种流体②</td><td>T</td><td>40</td><td>0.50</td></tr>
<tr><td rowspan="9">对接</td><td rowspan="5">水</td><td rowspan="2">冷水</td><td rowspan="2">L</td><td>PAP3、PAP4</td><td rowspan="2">40</td><td>1.40</td></tr>
<tr><td>XPAP1、XPAP2</td><td>2.00</td></tr>
<tr><td rowspan="3">冷热水</td><td rowspan="3">R</td><td>PAP3、PAP4</td><td>60</td><td>1.00</td></tr>
<tr><td rowspan="2">XPAP1、XPAP2</td><td>75</td><td>1.50</td></tr>
<tr><td>95</td><td>1.25</td></tr>
<tr><td rowspan="3">燃气</td><td>天然气</td><td rowspan="3">Q</td><td rowspan="3">PAP4</td><td rowspan="3">35</td><td>0.40</td></tr>
<tr><td>液化石油气</td><td>0.40</td></tr>
<tr><td>人工煤气</td><td>0.20</td></tr>
<tr><td colspan="2">特种流体②</td><td>T</td><td>PAP3</td><td>40</td><td>1.00</td></tr>
</table>

①采用中密度聚乙烯（乙烯与辛烯共聚物）材料生产的复合管。

②和 HDPE 的抗化学药品性能相一致的特种流体。

注：在输送易在管内产生相变的流体时，在管道系统中因相变产生的膨胀力不应超过最大允许工作压力，或者在管道系统中采取防止相变的措施。

9.8 一般工业用铝及铝合金挤压型材

9.8.1 按成分分类（GB/T 6892—2015）

一般工业用铝及铝合金挤压型材按成分分为Ⅰ、Ⅱ两类，其定义和典型牌号见表 9.66。

表 9.66 型材按成分分类

按成分分类	定义	典型牌号
Ⅰ类	1×××系、3×××系、5×××系、6×××系及镁限量平均值小于4%的5×××系合金型材	1060、1350、1050A、1100、1200、3A21、3003、3103、5A02、5A03、5005、5005A、5051A、5251、5052、5154A、5454、5754、6A02、6101A、6101B、6005、6005A、6106、6008、6351、6060、6360、6061、6261、6063、6063A、6463、6463A、6081、6082

续表

按成分分类	定 义	典型牌号
Ⅱ类	2×××系、7×××系及镁限量平均值不小于4%的5×××系合金型材	2A11、2A12、2014、2014A、2024、2017、2017A、5A05、5A06、5019、5083、5086、7A04、7003、7005、7020、7021、7022、7049A、7075、7178

9.8.2 拉伸力学性能（GB/T 6892—2015）

表 9.67 型材的室温纵向拉伸力学性能

牌号	状态	壁厚/mm	室温拉伸试验结果				布氏硬度参考值(HBW)
			抗拉强度 R_m/MPa ≥	规定非比例延伸强度 $R_{p0.2}$ /MPa ≥	断后伸长率[①②] /% ≥		
					A	A_{50mm}	
1060	O	—	60～95	15	22	20	—
	H112	—	60	15	22	20	—
1350	H112	—	60	—	25	23	20
1050A	H112	—	60	20	25	23	20
1100	O	—	75～105	20	22	20	—
	H112	—	75	20	22	20	—
1200	H112	—	75	25	20	18	23
2A11	O	—	≤245	—	12	10	—
	T4	≤10.00	335	190	—	10	—
		>10.00～20.00	335	200	10	8	—
		>20.00～50.00	365	210	10	—	—
2A12	O	—	≤245	—	12	10	—
	T4	≤5.00	390	295	—	8	—
		>5.00～10.00	410	295	—	8	—
		>10.00～20.00	420	305	10	8	—
		>20.00～50.00	440	315	10	—	—
2014 2014A	O、H111	—	≤250	≤135	12	10	45
	T4	≤25.00	370	230	11	10	110
	T4510 T4511	>25.00～75.00	410	270	10	—	110
	T6	≤25.00	415	370	7	5	140
	T6510 T6511	>25.00～75.00	460	415	7	—	140

续表

牌号	状态	壁　厚 /mm	室温拉伸试验结果				布氏硬度参考值（HBW）
			抗拉强度 R_m/MPa ≥	规定非比例延伸强度 $R_{p0.2}$ /MPa ≥	断后伸长率[①②] /% ≥		
					A	A_{50mm}	
2024	O、H111	—	≤250	≤150	12	10	47
	T3	≤15.00	395	290	8	6	120
	T3510 T3511	>15.00～50.00	420	290	8	—	120
	T8、T8510 T8511	≤50.00	455	380	5	4	130
2017	O	—	≤245	≤125	16	16	—
	T4	≤12.50	345	215	—	12	—
		>12.50～100.00	345	195	12	—	—
2017A	T4、T4510 T4511	≤30.00	380	260	10	8	105
3A21	O、H112	—	≤185	—	16	14	—
3003	H112	—	95	35	25	20	30
3103	H112	—	95	35	25	20	28
5A02	O、H112	—	≤245	—	12	10	—
5A03	O、H112	—	180	80	12	10	—
5A05	O、H112	—	255	130	15	13	—
5A06	O、H112	—	315	160	15	13	—
5005	O、H111	≤20.00	100～150	40	20	18	30
5005A	H112	—	100	40	18	16	30
5019	H112	≤30.00	250	110	14	12	65
5051A	H112	—	150	60	16	14	40
5251	H112	—	160	60	16	14	45
5052	H112	—	170	70	15	13	47
5154A	H112	≤25.00	200	85	16	14	55
5454	H112	≤25.00	200	85	16	14	60
5754	H112	≤25.00	180	80	14	12	47
5083	H112	—	270	125	12	10	70
5086	H112	—	240	95	12	10	65
6A02	T4	—	180	—	12	10	—
	T6	—	295	230	10	8	—
6101A	T6	≤50.00	200	170	10	8	70
6101B	T6	≤15.00	215	160	8	6	70

续表

牌号	状态	壁厚/mm		室温拉伸试验结果				布氏硬度参考值(HBW)
				抗拉强度 R_m/MPa ≥	规定非比例延伸强度 $R_{p0.2}$/MPa ≥	断后伸长率①②/% ≥		
						A	A_{50mm}	
6005	T1	≤12.50		170	100	—	11	—
	T5	≤6.30		250	200	—	7	—
		>6.30～25.00		250	200	8	7	—
	T4	≤25.00		180	90	15	13	50
	T6	实心型材	≤5.00	270	225	—	6	90
			>5.00～10.00	260	215	—	6	85
			>10.00～25.00	250	200	8	6	85
		空心型材	≤5.00	255	215	—	6	85
			>5.00～15.00	250	200	8	6	85
6005A	T5	≤6.30		250	200	—	7	—
		>6.30～25.00		250	200	8	7	—
	T4	≤25.00		180	90	15	13	50
	T6	实心型材	≤5.00	270	225	—	6	90
			>5.00～10.00	260	215	—	6	85
			>10.00～25.00	250	200	8	6	85
		空心型材	≤5.00	255	215	—	6	85
			>5.00～15.00	250	200	8	6	85
6106	T6	≤10.00		250	200	—	6	75
6008	T4	≤10.00		180	90	15	13	50
	T6	实心型材	≤5.00	270	225		6	90
			>5.00～10.00	260	215	—	6	85
		空心型材	≤5.00	255	215	—	6	85
			>5.00～10.00	250	200	—	6	85
6351	O	—		≤160	≤110	14	12	35
	T4	≤25.00		205	110	14	12	67
	T5	≤5.00		270	230	—	6	90
	T6	≤5.00		290	250	—	6	95
		>5.00～25.00		300	255	10	8	95

续表

<table>
<tr><th rowspan="3">牌号</th><th rowspan="3">状态</th><th rowspan="3" colspan="2">壁　厚
/mm</th><th colspan="4">室温拉伸试验结果</th><th rowspan="3">布　氏
硬　度
参考值
(HBW)</th></tr>
<tr><th rowspan="2">抗拉强度
R_m/MPa
≥</th><th rowspan="2">规定非比例
延伸强度 $R_{p0.2}$
/MPa ≥</th><th colspan="2">断后伸长率[①②]
/% ≥</th></tr>
<tr><th>A</th><th>A_{50mm}</th></tr>
<tr><td rowspan="7">6060</td><td>T4</td><td colspan="2">≤25.00</td><td>120</td><td>60</td><td>16</td><td>14</td><td>50</td></tr>
<tr><td rowspan="2">T5</td><td colspan="2">≤5.00</td><td>160</td><td>120</td><td>—</td><td>6</td><td>60</td></tr>
<tr><td colspan="2">>5.00~25.00</td><td>140</td><td>100</td><td>8</td><td>6</td><td>60</td></tr>
<tr><td rowspan="2">T6</td><td colspan="2">≤3.00</td><td>190</td><td>150</td><td>—</td><td>6</td><td>70</td></tr>
<tr><td colspan="2">>3.00~25.00</td><td>170</td><td>140</td><td>8</td><td>6</td><td>70</td></tr>
<tr><td rowspan="2">T66[③]</td><td colspan="2">≤3.00</td><td>215</td><td>160</td><td>—</td><td>6</td><td>75</td></tr>
<tr><td colspan="2">>3.00~25.00</td><td>195</td><td>150</td><td>8</td><td>6</td><td>75</td></tr>
<tr><td rowspan="4">6360</td><td>T4</td><td colspan="2">≤25.00</td><td>110</td><td>50</td><td>16</td><td>14</td><td>40</td></tr>
<tr><td>T5</td><td colspan="2">≤25.00</td><td>150</td><td>110</td><td>8</td><td>6</td><td>50</td></tr>
<tr><td>T6</td><td colspan="2">≤25.00</td><td>185</td><td>140</td><td>8</td><td>6</td><td>60</td></tr>
<tr><td>T66[③]</td><td colspan="2">≤25.00</td><td>195</td><td>150</td><td>8</td><td>6</td><td>65</td></tr>
<tr><td rowspan="4">6061</td><td>T4</td><td colspan="2">≤25.00</td><td>180</td><td>110</td><td>15</td><td>13</td><td>65</td></tr>
<tr><td>T5</td><td colspan="2">≤16.00</td><td>240</td><td>205</td><td>9</td><td>7</td><td>—</td></tr>
<tr><td rowspan="2">T6</td><td colspan="2">≤5.00</td><td>260</td><td>240</td><td>—</td><td>7</td><td>95</td></tr>
<tr><td colspan="2">>5.00~25.00</td><td>260</td><td>240</td><td>10</td><td>8</td><td>95</td></tr>
<tr><td rowspan="9">6261</td><td>O</td><td colspan="2">—</td><td>≤170</td><td>≤120</td><td>14</td><td>12</td><td>—</td></tr>
<tr><td>T4</td><td colspan="2">≤25.00</td><td>180</td><td>100</td><td>14</td><td>12</td><td>—</td></tr>
<tr><td rowspan="3">T5</td><td colspan="2">≤5.00</td><td>270</td><td>230</td><td>—</td><td>7</td><td>—</td></tr>
<tr><td colspan="2">>5.00~25.00</td><td>260</td><td>220</td><td>9</td><td>8</td><td>—</td></tr>
<tr><td colspan="2">>25.00~50.00</td><td>250</td><td>210</td><td>9</td><td>—</td><td>—</td></tr>
<tr><td rowspan="4">T6</td><td rowspan="2">实心型材</td><td>≤5.00</td><td>290</td><td>245</td><td>—</td><td>7</td><td>100</td></tr>
<tr><td>>5.00~10.00</td><td>280</td><td>235</td><td>—</td><td>7</td><td>100</td></tr>
<tr><td rowspan="2">空心型材</td><td>≤5.00</td><td>290</td><td>245</td><td>—</td><td>7</td><td>100</td></tr>
<tr><td>>5.00~10.00</td><td>270</td><td>230</td><td>—</td><td>8</td><td>100</td></tr>
<tr><td rowspan="7">6063</td><td>T4</td><td colspan="2">≤25.00</td><td>130</td><td>65</td><td>14</td><td>12</td><td>50</td></tr>
<tr><td rowspan="2">T5</td><td colspan="2">≤3.00</td><td>175</td><td>130</td><td>—</td><td>6</td><td>65</td></tr>
<tr><td colspan="2">>3.00~25.00</td><td>160</td><td>110</td><td>7</td><td>5</td><td>65</td></tr>
<tr><td rowspan="2">T6</td><td colspan="2">≤10.00</td><td>215</td><td>170</td><td>—</td><td>6</td><td>75</td></tr>
<tr><td colspan="2">>10.00~25.00</td><td>195</td><td>160</td><td>8</td><td>6</td><td>75</td></tr>
<tr><td rowspan="2">T66[③]</td><td colspan="2">≤10.00</td><td>245</td><td>200</td><td>—</td><td>6</td><td>80</td></tr>
<tr><td colspan="2">>10.00~25.00</td><td>225</td><td>180</td><td>8</td><td>6</td><td>80</td></tr>
</table>

续表

牌号	状态	壁厚/mm	室温拉伸试验结果				布氏硬度参考值(HBW)
			抗拉强度 R_m/MPa ≥	规定非比例延伸强度 $R_{p0.2}$/MPa ≥	断后伸长率[①②]/% ≥		
					A	A_{50mm}	
6063A	T4	≤25.00	150	90	12	10	50
	T5	≤10.00	200	160	—	5	75
		>10.00～25.00	190	150	6	4	75
	T6	≤10.00	230	190	—	5	80
		>10.00～25.00	220	180	5	4	80
6463	T4	≤50.00	125	75	14	12	46
	T5	≤50.00	150	110	8	6	60
	T6	≤50.00	195	160	10	8	74
6463A	T1	≤12.00	115	60	—	10	—
	T5	≤12.00	150	110	—	6	—
	T6	≤3.00	205	170	—	6	—
		>3.00～12.00	205	170	—	8	—
6081	T6	≤25.00	275	240	8	6	95
6082	O、H111	—	≤160	≤110	14	12	35
	T4	≤25.00	205	110	14	12	70
	T5	≤5.oo	270	230	—	6	90
	T6	≤5.00	290	250	—	6	95
		>5.00～25.00	310	260	10	8	95
7A04	O	—	≤245	—	10	8	—
	T6	≤10.00	500	430	—	4	—
		>10.00～20.00	530	440	6	4	—
		>20.00～50.00	560	460	6	—	—
7003	T5	—	310	260	10	8	—
	T6	≤10.00	350	290	—	8	110
		>10.00～25.00	340	280	10	8	110
7005	T5	≤25.00	345	305	10	8	
	T6	≤40.00	350	290	10	8	110
7020	T6	≤40.00	350	290	10	8	110
7021	T6	≤20.00	410	350	10	8	120
7022	T6、T6510 T6511	≤30.00	490	420	7	5	133
7049A	T6、T6510 T6511	≤30.00	610	530	5	4	170

续表

牌号	状态	壁　厚 /mm	室温拉伸试验结果				布　氏 硬　度 参考值 (HBW)
			抗拉强度 R_m/MPa ≥	规定非比例 延伸强度 $R_{p0.2}$ /MPa ≥	断后伸长率①② /% ≥		
					A	A_{50mm}	
7075	T6、T6510 T6511	≤25.00	530	460	6	4	150
		＞25.00～60.00	540	470	6	—	150
	T73、 T73510 T73511	≤25.00	485	420	7	5	135
	T76、 T76510 T76511	≤6.00	510	440	—	5	—
		＞6.00～50.00	515	450	6	5	—
7178	T6	≤1.60	565	525	—		—
	T6510	＞1.60～6.00	580	525	—	3	—
	T6511	＞6.00～35.00	600	540	4	3	—
		＞35.00～60.00	595	530	4		—
	T76、 T76510 T76511	＞3.00～6.00	525	455	—	5	—
		＞6.00～25.00	530	460	6	5	—

①如无特殊要求或说明，A 适用于壁厚大于 12.5mm 的型材，A_{50mm} 适用于壁厚不大于 12.5mm 的型材。

②壁厚不大于 1.6mm 的型材不要求伸长率，如有要求，可供需双方协商并在订货单（或合同）中注明。

③固溶热处理后人工时效，通过工艺控制使力学性能达到本标准要求的特殊状态。

9.9　铝合金网

用途：主要用于高速公路护栏、体育场所围网、马路绿化带防护网等。

9.9.1　铝板网

表 9.68　铝板网规格（Ⅰ）

菱形孔

人字形孔

续表

<table>
<tr><th rowspan="3">网孔形状</th><th rowspan="3">d</th><th colspan="3">网格尺寸</th><th colspan="2">网面尺寸</th><th rowspan="3">铝板网面理论质量/(kg/m²)</th></tr>
<tr><th>TL</th><th>TB</th><th>b</th><th>B</th><th>L</th></tr>
<tr><th colspan="5">mm</th></tr>
<tr><td rowspan="5">菱形</td><td>0.4</td><td>2.3</td><td>6</td><td>0.7</td><td rowspan="4">200～500</td><td rowspan="4">500
650
1000</td><td>0.657</td></tr>
<tr><td rowspan="3">0.5</td><td>2.3</td><td>6</td><td>0.7</td><td>0.822</td></tr>
<tr><td>3.2</td><td>8</td><td>0.8</td><td>0.675</td></tr>
<tr><td>5.0</td><td>12.5</td><td>1.1</td><td>0.594</td></tr>
<tr><td>1.0</td><td>5.0</td><td>12.5</td><td>1.1</td><td>1000</td><td>2000</td><td>1.188</td></tr>
<tr><td rowspan="6">人字形</td><td rowspan="2">0.4</td><td>1.7</td><td>6</td><td>0.5</td><td rowspan="5">200～500</td><td rowspan="5">500
650
1000</td><td>0.635</td></tr>
<tr><td>2.2</td><td>8</td><td>0.5</td><td>0.491</td></tr>
<tr><td rowspan="3">0.5</td><td>1.7</td><td>6</td><td>0.5</td><td>0.794</td></tr>
<tr><td>2.2</td><td>8</td><td>0.6</td><td>0.736</td></tr>
<tr><td>3.5</td><td>12.5</td><td>0.8</td><td>0.617</td></tr>
<tr><td>1.0</td><td>3.5</td><td>12.5</td><td>1.1</td><td>1000</td><td>2000</td><td>1.697</td></tr>
</table>

注：TL为短节距；TB为长节距；*d* 为板厚；*b* 为丝梗宽；*B* 为网面宽；*L* 为网面长。

表 9.69　铝板网规格（Ⅱ）

<table>
<tr><th rowspan="2">板材厚 D</th><th colspan="3">网格尺寸/mm</th><th colspan="2">标准成品尺寸/mm</th><th rowspan="2">计算质量/(kg/m²)</th></tr>
<tr><th>短节距 TL</th><th>长节距 TB</th><th>丝梗宽 b</th><th>网面宽 B</th><th>网面长 L</th></tr>
<tr><td rowspan="9">0.5</td><td>3</td><td>6</td><td rowspan="7">—</td><td rowspan="3">100
200</td><td rowspan="3">2000</td><td rowspan="3">1.76</td></tr>
<tr><td>3.2</td><td>8</td></tr>
<tr><td>5</td><td>10</td></tr>
<tr><td>6</td><td>12.5</td><td rowspan="2">1800</td><td rowspan="2">3000</td><td rowspan="4">1.08</td></tr>
<tr><td>7</td><td>14</td></tr>
<tr><td>8</td><td>16</td><td rowspan="2">2000</td><td rowspan="2">3340</td></tr>
<tr><td>9</td><td>20</td></tr>
<tr><td>12</td><td>30</td><td>1.35</td><td rowspan="12">1800
2000</td><td rowspan="12">3600
4000</td><td rowspan="3">0.88</td></tr>
<tr><td>10</td><td>25</td><td>1.12</td></tr>
<tr><td rowspan="3">0.8</td><td>10</td><td>25</td><td>1.12</td></tr>
<tr><td>12</td><td>30</td><td>1.35</td><td rowspan="3">1.41</td></tr>
<tr><td>15</td><td>40</td><td>1.68</td></tr>
<tr><td rowspan="3">1.0</td><td>10</td><td>25</td><td>1.12</td></tr>
<tr><td>12</td><td>30</td><td>1.35</td><td rowspan="3">1.76</td></tr>
<tr><td>15</td><td>40</td><td>1.68</td></tr>
<tr><td rowspan="4">1.2</td><td>10</td><td>25</td><td>1.13</td></tr>
<tr><td>12</td><td>30</td><td>1.35</td><td rowspan="3">2.12</td></tr>
<tr><td>15</td><td>40</td><td>1.68</td></tr>
<tr><td>18</td><td>50</td><td>2.03</td></tr>
</table>

续表

板材厚 D	网格尺寸/mm			标准成品尺寸/mm		计算质量/(kg/m²)
	短节距 TL	长节距 TB	丝梗宽 b	网面宽 B	网面长 L	
1.5	15	40	1.69	1800	3600	2.64
	18	50	2.03			
	22	60	2.47	2000	4000	
	29	80	3.25			3.53
2.0	18	50	2.03			
	22	60	2.47			
	29	80	3.26	1800	3600	4.42
	36	100	4.05	2000	4000	
	44	120	4.95	2500	5000	5.29
3.0	36	100	4.05			
	44	120	4.95			
	55	150	4.99	2000 2500	5000 6400	4.27
	65	180	4.60	2000 2500	6400 8000	3.33
4	22	60	4.5	1500～2000	2000～3000	12.84
	30	80	5		2000～4000	10.46
	38	100	6		2000～4500	9.91
5	24	60	6		2000～3000	19.62
	35	80	6		2000～4000	14.71
	38	100	7		2000～4500	14.67
	56	150	6		2000～6000	8.41
	76	200	6		2000～6000	6.19
6	32	80	7		2000～4000	20.60
	38	100	7		2000～4500	17.35
	56	150	7		2000～6000	11.77

9.9.2　铝合金花格网（YS/T 92—1995）

花格网的型材断面形状、网孔大小和形状、长度和宽度均用数字表示如下。

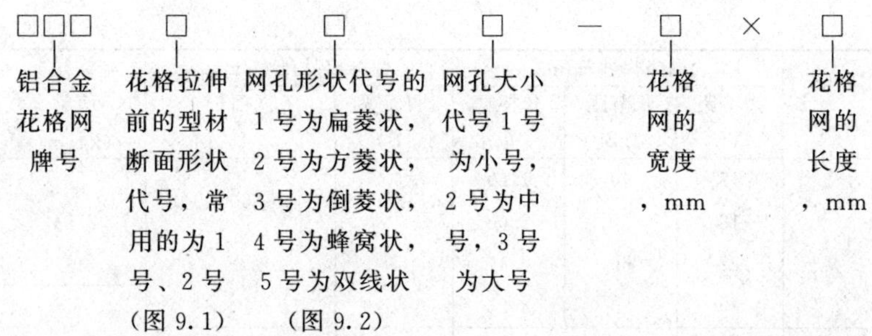

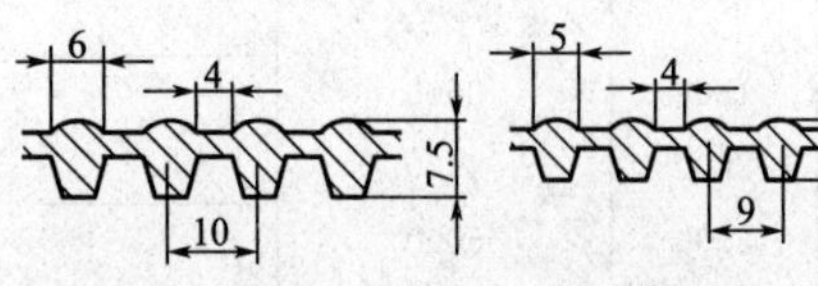

图 9.1 花格拉伸前的型材断面形状代号

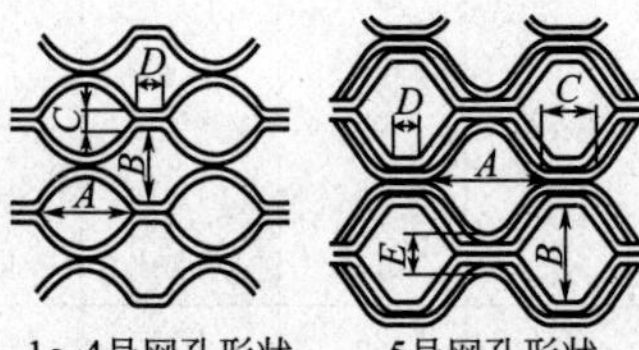

图 9.2 网孔形状代号

标记示例。型材断面形状代号为1号、网孔形状代号为2号、网孔大小为3号、宽度为1300mm、长度为5800mm的申川牌铝合金花格网，其标记为：SLG123-1300×5800。

表 9.70 铝合金花格网网孔尺寸

花格网型号	网孔尺寸/mm					花格网型号	网孔尺寸/mm				
	A	B	C	D	E		A	B	C	D	E
SLG112	106	63	16	20	—	SLG221	72	72	14	20	—
SLG113	124	77	16	20	—	SLG222	84	86	14	20	—
SLG121	72	72	16	20	—	SLG223	101	103	14	20	—
SLG122	84	86	16	20	—	SLG231	68	74	14	20	—
SLG123	101	103	16	20	—	SLG232	83	85	14	20	—
SLG131	68	74	16	20	—	SLG233	97	106	14	20	—
SLG132	83	85	16	20	—	SLG142	152	96	16	60	—
SLG133	97	106	16	20	—	SLG242	152	96	14	60	—
SLG212	105	63	14	20	—	SLG152	132	130	60	20	36
SLG213	124	77	14	20	—	SLG252	132	130	60	20	36

表 9.71　铝合金花格网尺寸及质量

宽度	长度	质量
mm		/kg
SLG112 型		
940	4200	11.7
940	5800	16.1
1000	4200	12.6
1000	5800	17.5
SLG113 型		
920	4200	9.8
920	5800	13.6
1000	4200	10.8
1000	5800	14.9
1100	4200	11.8
1100	5800	16.3
1200	4200	12.8
1200	5800	17.6
SLG121 型		
880	4200	11.6
880	5800	16.0
960	4200	12.7
960	5800	17.6
1050	4200	13.9
1050	5800	19.2
1140	4200	15.1
1140	5800	20.8
SLG122 型		
910	4200	10.5
910	5800	14.5
1020	4200	11.7
1020	5800	16.1
1120	4200	12.8
1120	5800	17.7
1220	4200	14.0
1220	5800	19.3
1320	4200	15.2
1320	5800	21.0
SLG123 型		
950	4200	9.3
950	5800	12.8
1070	4200	10.5
1070	5800	14.5
1190	4200	11.6
1190	5800	16.1
1300	4200	12.8
1300	5800	17.7
1420	4200	14.0
1420	5800	19.3
1540	4200	15.1
1540	5800	20.9
SLG131 型		
980	4200	13.3
980	5800	18.4
1060	4200	14.5
1060	5800	20.1
1160	4200	15.8
1160	5800	21.8
SLG132 型		
900	4200	10.6
900	5800	14.7
1000	4200	11.8
1000	5800	16.3
1100	4200	12.9
1100	5800	17.9
1200	4200	14.1
1200	5800	19.6
1300	4200	15.3
1300	5800	21.2
SLG133 型		
960	4200	9.6
960	5800	13.3
SLG133 型		
1100	4200	10.8
1100	5800	15.0
1200	4200	12.0
1200	5800	16.7
1300	4200	13.2
1300	5800	18.3
1450	4200	14.4
1450	5800	20.0
1600	4200	15.6
1600	5800	21.7
SLG212 型		
920	4200	8.7
920	5800	9.4
1000	4200	12.0
1000	5800	13.0
SLG213 型		
1000	4200	8.0
1000	5800	11.1
1100	4200	8.7
1100	5800	12.1
1200	4200	9.5
1200	5800	13.1
SLG221 型		
860	4200	8.6
860	5800	11.9
940	4200	9.5
940	5800	13.1
1030	4200	10.3
1030	5800	14.3
1120	4200	11.2
1120	5800	15.5
SLG222 型		
900	4200	7.8

续表

宽度	长度	质量
mm		/kg
SLG222 型		
900	5800	10.8
1000	4200	8.7
1000	5800	12.0
1100	4200	9.5
1100	5800	13.2
1200	4200	10.4
1200	5800	14.4
1300	4200	11.3
1300	5800	15.6
SLG223 型		
930	4200	6.9
930	5800	9.5
1050	4200	7.8
1050	5800	10.7
1170	4200	8.6
1170	5800	11.9
1280	4200	9.5
1280	5800	13.1
1400	4200	10.4
1400	5800	14.3
1520	4200	11.2
1520	5800	15.5
SLG231 型		
980	4200	9.9
980	5800	13.7
1060	4200	10.8
1060	5800	14.9
1160	4200	11.7
1160	5800	16.2
SLG232 型		
900	4200	7.9

宽度	长度	质量
mm		/kg
SLG232 型		
900	5800	10.9
1000	4200	8.7
1000	5800	12.1
1100	4200	9.60
1100	5800	13.3
1200	4200	10.5
1200	5800	14.5
1300	4200	11.4
1300	5800	15.8
SLG233 型		
960	4200	7.1
960	5800	9.9
1100	4200	8.0
1100	5800	11.1
1200	4200	8.9
1200	5800	12.4
1300	4200	9.8
1300	5800	13.6
1400	4200	10.7
1400	5800	14.8
1560	4200	11.6
1560	5800	16.1
SLG142 型		
1000	4200	9.2
1000	5800	12.7
1100	4200	10.2
1100	5800	14.1
1200	4200	11.2
1200	5800	15.6
1350	4200	12.2
1350	5800	17.0

宽度	长度	质量
mm		/kg
SLG142 型		
1460	4200	13.3
1460	5800	18.4
SLG242 型		
1000	4200	6.9
1000	5800	9.5
1100	4200	7.6
1100	5800	10.6
1200	4200	8.4
1200	5800	11.7
1300	4200	9.1
1300	5800	12.7
1400	4200	9.9
1400	5800	13.8
SLG152 型		
900	4200	11.1
900	5800	15.5
1000	4200	12.2
1000	5800	17.1
1060	4200	13.4
1060	5800	18.6
1200	4200	14.5
1200	5800	20.2
SLG252 型		
880	4200	8.3
880	5800	11.6
960	4200	9.1
960	5800	12.7
1020	4200	10.0
1020	5800	13.9
1120	4200	10.8
1120	5800	15.0

注：铝合金牌号为LD31，供应状态为RCS或CS，表面色彩有银白色、古铜色、金黄色等。

第10章 铜及铜合金

铜及铜合金具有优良的导电、导热、抗腐蚀和良好的成形性能，在电气、化工、机械、动力、交通等工业部门得到广泛的应用。

按其化学成分和颜色的不同，可分为紫铜（工业纯铜）、黄铜、青铜和白铜；按其制造方法不同，可分为变形铜及其合金、铸造铜及其合金。

10.1 工业纯铜

紫铜呈紫红色，纯度高于99.70%，密度为8.96g/cm^3，熔点为1083℃，具有极好的导电性（仅次于银）、导热性、延展性和耐蚀性，以及良好的低温性能，广泛用来制造电缆、散热器、冷凝器以及热交换器等。

紫铜的牌号用字母“T”加序号表示，无氧铜用“TU”加序号表示，用磷（P）脱氧的无氧铜“TUP”可用于制造重要的焊接结构。

表10.1 工业纯铜产品的用途

类别	合金代号	特　　性	用　　途
纯铜	T1 T2	杂质较少，有良好的导热、导电性能，耐腐蚀，加工性能和焊接性能好。含有微量氧，不能在高于370℃的还原性气氛中加工和利用（易引起“氢病”）	用于制造电线、电缆、导电螺钉、爆破用雷管和化工用蒸发器及各种管道等
	T3	杂质较多，含氧量比T1、T2高，导电性能比T1、T2低，更容易引起“氢病”	主要用作一般材料，如电气开关、垫片、油管、铆钉等
阴极铜	Cu-CATH-X	分为A级铜（Cu-CATH-1）、1号（Cu-CATH-2）和2号标准铜（Cu-CATH-3）三种。质量电阻率：前者≤0.15176Ω·g/m^2，其余≤0.15328Ω·g/m^2	用电解法生产，通常供重熔用，质量极高，可以用来制作电气产品

续表

类别	合金代号	特　　性	用　　途
无氧铜	TU1 TU2	无氧铜极少产生“氢病”,纯度高,导电、导热性能优良,塑性加工、焊接、耐蚀、耐寒性能良好	主要用于制造电真空器件
铜排	TP1 TP2	极少产生“氢病”,可在还原性气氛中加工使用。导电、导热、焊接、耐蚀性能良好。TP1中残留磷量比TP2少,故其导电、导热性能比TP2好	多以管材供应,主要用于汽油、气体管道、排水管、冷凝器、蒸发器、热交换器等
银纯铜	TAg0.1	含少量银,显著提高了纯铜的再结晶温度和蠕变强度,但又不降低纯铜导电、导热、加工性能,同时提高了纯铜的耐磨性、电接触性和耐蚀性能	用于耐热、导电器件,如微电机整流子片、发电机转子用导体、电子管材料等

10.2　铜合金

由于紫铜的力学性能不高，故在机械、结构零件中都使用铜合金。它是在纯铜为基体中加入一种或几种其他元素所构成的合金，其导电、导热性好，对大气和水的抗蚀能力高；塑性好，容易成形；具有优良的减摩性和耐磨性（如青铜及部分黄铜），高的弹性极限和疲劳极限（如铍青铜等）。铜还是抗磁性物质。

铜合金的分类方法有三种：

① 按合金系划分　可分为黄铜、青铜和白铜，各自有若干小的合金系。

a.（普通）黄铜是以锌为主要合金元素的铜合金，其颜色随含锌量的增加由黄红色变成淡黄色。在此基础上加入其他合金元素（如硅、铝、铅、锡、锰等）时称为特殊黄铜。普通黄铜的牌号用字母“H”加铜含量百分数表示；特殊黄铜用“H”加主添元素化学符号和铜含量及添加元素含量表示，余量为锌；铸造用黄铜在“H”前冠“Z”。

黄铜的导电性能比紫铜差，但强度、硬度和耐腐蚀性能均比紫铜高，可以热加工和冷加工，广泛用来制造各种结构零件，如散热器、冷凝器管道、船舶、汽车和拖拉机零件、齿轮、垫圈、弹簧、螺纹零件等。根据性能和用途不同，可分为压力加工黄铜和铸造黄铜两类。

b. 青铜呈青灰色，是铜锡合金（锡青铜）、铜铝合金（铝青铜）、铜硅合金（硅青铜）、铜铍合金（铍青铜）等的通称，常在其前冠以第一主要添加元素。青铜的牌号以字母“Q”为首，后面标注主要合金元素的化学元素符号和所加元素的平均含量百分数。

根据工艺性能、用途的不同，青铜也可分为压力加工和铸造两类，生产上最常用的青铜是铸造锡青铜和铸造铝青铜。

青铜具有很高的耐腐蚀性，良好的力学性能、铸造性能和耐磨性能，用于制造各种耐磨零件和与酸、碱、蒸汽等腐蚀介质接触的零件。

c. 白铜是铜镍合金，如含锰、锌、铁、铝等元素的铜镍合金，则分别称为锰白铜、锌白铜、铁白铜、铝白铜等。有工业用、结构用和电工用等多种。

工业中应用的白铜一般含 5%～30%的镍（Ni）。根据用途，白铜分为耐腐蚀结构用白铜和电工白铜两类。前者的力学性能和耐腐蚀性较好，用于制造精密机械、化工机械和船舶零件；后者具有特殊的导电性能，用于制造精密电工测量仪器、变阻器和热电偶等。

白铜的导热性接近于碳钢，因此比较容易焊接，并且不要求预热。但焊接时应严格控制铅、磷和硫的含量，以免产生热裂纹。

白铜的牌号用字母“B”为首，后面标注镍（Ni）含量百分数；特殊白铜用“B”加合金元素化学符号再加镍含量及合金元素含量来表示。如 BMn40-1.5 表示含 40%镍、1.5%的锰的锰白铜。

② 按功能划分　可分为导电导热用、结构用、耐蚀用、耐磨用、易切削和弹性等铜合金。

③ 按材料形成方法划分　可分为铸造和变形铜合金（许多铜合金可兼用）。

10.2.1　加工铜的分类和代号（GB/T 5231—2012）

适用于以压力加工方法生产的铜及铜合金加工产品及其所用的铸锭和坯料。

表 10.2　加工铜的分类和代号

分　类	名　称	代　号	牌　号	Cu+Ag(min)/%
无氧铜	00 号无氧铜	C10100	TU00	99.99
	0 号无氧铜	T10130	TU0	99.97
	一号无氧铜	T10150	TU1	99.97
	二号无氧铜	T10180	TU2	99.95
	三号无氧铜	C10200	TU3	99.95
银无氧铜	0.06 银无氧铜	T10350	TU00Ag0.06	99.99
	0.03 银无氧铜	C10500	TUAg0.03	99.95
	0.05 银无氧铜	T10510	TUAg0.05	99.96
	0.1 银无氧铜	T10530	TUAg0.1	99.96
	0.2 银无氧铜	T10540	TUAg0.2	99.96
	0.3 银无氧铜	T10550	TUAg0.3	99.96
锆无氧铜	0.15 锆无氧铜	T10600	TUZr0.15	99.97
纯铜	一号铜	T10900	T1	99.95
	二号铜	T11050	T2	99.90
	三号铜	T11090	T3	99.70
银铜	0.1-0.01 银铜	T11200	TAg0.1-0.01	99.90
	0.1 银铜	T11210	TAg0.1	99.50
	0.15 银铜	T11220	TAg0.15	99.50
磷脱氧铜	一号磷脱氧铜	C12000	TP1	99.90
	二号磷脱氧铜	C12200	TP2	99.90
	三号磷脱氧铜	T12210	TP3	99.90
	四号磷脱氧铜	T12400	TP4	99.90
碲铜	0.3 碲铜	T14440	TTe0.3	99.90
	0.5-0.008 碲铜	T14450	TTe0.5-0.008	99.80
	0.5 碲铜	C14500	TTe0.5	99.90
	0.5-0.02 碲铜	C14510	TTe0.5-0.02	99.85
硫铜	0.4 硫铜	C14700	TS0.4	99.90
锆铜	0.15 锆铜	C15000	TZr0.15	99.80
	0.2 锆铜	T15200	TZr0.2	99.50
	0.4 锆铜	T15400	TZr0.4	99.50
弥散无氧铜	0.12 弥散无氧铜	T15700	TUAl0.12	余　量

注：其他元素含量未注明。

10.2.2　加工高铜合金的分类和代号（GB/T 5231—2012）

加工高铜合金是指含铜量在 96.0%～99.3%的铜合金。

表 10.3　加工高铜合金的分类和代号

分类	名　称	代　号	牌　号	分类中命名的添加元素含量/%
镉铜	—	C16200	TCd1	—
铍铜	1.9-0.4 铍铜	C17300	TBe1.9-0.4	1.80～2.00
	0.3-1.5 铍铜	T17490	TBe0.3-1.5	0.25～0.50
	0.6-2.5 铍铜	C17500	TBe0.6-2.5	0.4～0.7
	0.4-1.8 铍铜	C17510	TBe0.4-1.8	0.2～0.6
	1.7 铍铜	T17700	TBe1.7	1.6～1.85
	1.9 铍铜	T17710	TBe1.9	1.85～2.1
	1.9-0.1 铍铜	T17715	TBe1.9-0.1	1.85～2.1
	2 铍铜	T17720	TBe2	1.80～2.1
镍铬铜	—	C18000	TNi2.4-0.6-0.5	Ni1.8～3.0 Gr0.1～0.8
铬铜	0.3-0.3 铬铜	C18315	TCr0.3-0.3	0.20～0.6
	0.5 铬铜	T18140	TCr0.5	0.4～1.1
	0.5-0.2-0.1 铬铜	T18142	TCr0.5-0.2-0.1	0.4～1.0
	0.5-0.1 铬铜	T18144	TCr0.5-0.1	0.40～0.70
	0.7 铬铜	T18146	TCr0.7	0.55～0.85
	0.8 铬铜	T18148	TCr0.8	0.6～0.9
	1-0.15 铬铜	C18150	TCr1-0.15	0.50-1.50
	1-0.18 铬铜	T18160	TCr1-0.18	0.50～1.50
	0.6-0.4-0.05 铬铜	T18170	TCr0.6-0.4-0.05	0.4～0.8
	1 铬铜	C18200	TCr1	0.6～1.2
镁铜	0.2 镁铜	T18658	TMg0.2	0.1～0.3
	0.4 镁铜	C18661	TMg0.4	0.10～0.7
	0.5 镁铜	T18664	TMg0.5	0.4～0.7
	0.8 镁铜	T18667	TMg0.8	0.70～0.85
铁铜	1.0 铁铜	C19200	TFe1.0	0.8～1.2
	0.1 铁铜	C19210	TFe0.1	0.05～0.15
	2.5 铁铜	C19400	TFe2.5	2.1～2.6
铅铜	1 铅铜	C18700	TPb1	0.8～1.5
镍铜	2.4-0.6-0.5 镍铜	C18000	TNi2.4-0.6-0.5	1.8～3.0
镉铜	1 镉铜	C16200	TCd1	Cd0.7～1.2
钛铜	3.0-0.2 钛铜	C19910	TTi3.0-0.2	2.9～3.4

注：其他元素含量未注明。

10.2.3 加工黄铜的分类和代号（GB/T 5231—2012）

表 10.4 加工黄铜的分类和代号

分类	名称	代号	牌号	主元素/%	
				Cu	分类中命名的添加元素含量
普通黄铜	H95 黄铜	C21000	H95	94.0～96.0	—
	H90 黄铜	C22000	H90	89.0～91.0	—
	H85 黄铜	C23000	H85	84.0～86.0	—
	H80 黄铜	C24000	H80	78.5～81.5	—
	H70 黄铜	T26100	H70	68.5～71.5	—
	H68 黄铜	T26300	H68	67.0～70.0	—
	H66 黄铜	C26800	H66	64.0～68.5	—
	H65 黄铜	C27000	H65	63.0～68.5	—
	H63 黄铜	T27300	H63	62.0～65.0	—
	H62 黄铜	T28600	H62	60.5～63.5	—
	H59 黄铜	T28200	H59	57.0～60.0	—
硼黄铜	90-0.1 硼黄铜	T22130	HB90-0.1	89.0～91.0	0.05～0.3
砷黄铜	85-0.05 砷黄铜	T23030	HAs85-0.05	84.0～86.0	0.02～0.08
	70-0.05 砷黄铜	C26130	HAs70-0.05	68.5～71.5	0.02～0.08
	68-0.04 砷黄铜	T26330	HAs68-0.04	67.0～70.0	0.03～0.06
铅黄铜	89-2 铅黄铜	C31400	HPb89-2	87.5～90.5	1.3～2.5
	66-0.5 铅黄铜	C33000	HPb66-0.5	65.0～68.0	0.25～0.7
	63-3 铅黄铜	T34700	HPb63-3	62.0～65.0	2.4～3.0
	63-0.1 铅黄铜	T34900	HPb63-0.1	61.5～63.5	0.05～0.3
	62-0.8 铅黄铜	T35100	HPb62-0.8	60.0～63.0	0.5～1.2
	62-2 铅黄铜	C35300	HPb62-2	60.0～63.0	1.5～2.5
	62-3 铅黄铜	C36000	HPb62-3	60.0～63.0	2.5～3.7
	62-2-0.1 铅黄铜	T36210	HPb62-2-0.1	61.0～63.0	1.7～2.8
	61-2-1 铅黄铜	T36220	HPb61-2-1	59.0～62.0	1.0～2.5
	61-2-0.1 铅黄铜	T36230	HPb61-2-0.1	59.2～62.3	1.7～2.8
	61-1 铅黄铜	C37100	HPb61-1	58.0～62.0	0.6～1.2
	60-2 铅黄铜	C37700	HPb60-2	58.0～61.0	1.5～2.5
	60-3 铅黄铜	T37900	HPb60-3	58.0～61.0	2.5～3.5
	59-1 铅黄铜	T38100	HPb59-1	57.0～60.0	0.8～1.9
	59-2 铅黄铜	T38200	HPb59-2	57.0～60.0	1.5～2.5
	58-2 铅黄铜	T38210	HPb58-2	57.0～59.0	1.5～2.5
	59-3 铅黄铜	T38300	HPb59-3	57.5～59.5	2.0～3.0
	58-3 铅黄铜	T38310	HPb58-3	57.0～59.0	2.5～3.5
	57-4 铅黄铜	T38400	HPb57-4	56.0～58.0	3.5～4.5

续表

分类	名　称	代　号	牌　号	主　元　素/%	
				Cu	分类中命名的添加元素含量
锡黄铜	90-1 锡黄铜	T41900	HSn90-1	88.0～91.0	0.25～0.75
	72-1 锡黄铜	C44300	HSn72-1	70.0～73.0	0.8～1.2
	70-1 锡黄铜	T45000	HSn70-1	69.0～71.0	0.8～1.3
	70-1-0.01 锡黄铜	T45010	HSn70-1-0.01	69.0～71.0	0.8～1.3
	70-1-0.01-0.04 锡黄铜	T45020	HSn70-1-0.01-0.04	69.0～71.0	0.8～1.3
	65-0.03 锡黄铜	T46100	HSn65-0.03	63.5～68.0	0.01～0.2
	62-1 锡黄铜	T46300	HSn61-1	61.0～63.0	0.7～1.1
	60-1 锡黄铜	T46410	HSn60-1	59.0～61.0	1.0～1.5
铋黄铜	60-2 铋黄铜	T49230	HBi60-2	59.0～62.0	2.0～3.5
	60-1.3 铋黄铜	T49240	HBi60-1.3	58.0～62.0	0.3～2.3
	60-0.5-0.01 铋黄铜	C49260	HBi60-1.0-0.05	58.0～63.0	0.50～1.8
	60-0.5-0.01 铋黄铜	T49310	HBi60-0.5-0.01	58.5～61.5	0.45～0.65
	60-0.8-0.01 铋黄铜	T49320	HBi60-0.8-0.01	58.5～61.5	0.70～0.95
	60-1.1-0.01 铋黄铜	T49330	HBi60-1.1-0.01	58.5～61.5	1.00～1.25
	59-1 铋黄铜	T49360	HBi59-1	58.0～60.0	0.8～2.0
	62-1 铋黄铜	C49350	HBi62-1	61.0～63.0	0.50～2.5
锰黄铜	64-8-5-1.5 锰黄铜	T67100	HMn64-8-5-1.5	63.0～66.0	7.0～8.0
	62-3-3-0.7 锰黄铜	T67200	HMn62-3-3-0.7	60.0～63.0	2.7～3.7
	62-3-3-1 锰黄铜	T67300	HMn62-3-3-1	59.0～65.0	2.2～3.8
	62-13 锰黄铜	T67310	HMn62-13	59.0～65.0	10～15
	55-3-1 锰黄铜	T67320	HMn55-3-1	53.0～58.0	3.0～4.0
	59-2-1.5-0.5 锰黄铜	T67330	HMn59-2-1.5-0.5	58.0～59.0	1.8～2.2
	58-2 锰黄铜	T67400	HMn58-2	57.0～60.0	1.0～2.0
	57-3-1 锰黄铜	T67410	HMn57-3-1	55.0～58.5	2.5～3.5
	57-2-2-0.5 锰黄铜	T67420	HMn57-2-2-0.5	56.5～58.5	1.5～2.3
铁黄铜	59-1-1 铁黄铜	T67600	HFe59-1-1	57.0～60.0	0.5～0.8
	58-1-1 铁黄铜	T67610	HFe58-1-1	56.0～58.0	0.7～1.3
锑黄铜	61-0.8-0.5 锑黄铜	T68200	HSb61-0.8-0.5	59.0～63.0	0.4～1.2
	60-0.9 锑黄铜	T68210	HSb60-0.9	58.0～62.0	0.3～1.5
硅黄铜	80-3 硅黄铜	T68310	HSi80-3	79.0～81.0	2.5～4.0
	75-3 硅黄铜	T68320	HSi75-3	73.0～77.0	2.7～3.4
	62-0.6 硅黄铜	C68350	HSi62-0.6	59.0～64.0	0.3～1.0
	61-0.6 硅黄铜	T68360	HSi61-0.6	59.0～63.0	0.4～1.0

续表

分类	名称	代号	牌号	主元素/%	
				Cu	分类中命名的添加元素含量
铝黄铜	77-2 铝黄铜	C68700	HAl77-2	76.0～79.0	1.8～2.5
	67-2.5 铝黄铜	T68900	HAl67-2.5	66.0～68.0	2.0～3.0
	66-6-3-2 铝黄铜	T69200	HAl66-6-3-2	64.0～68.0	6.0～7.0
	64-5-4-2 铝黄铜	T69210	HAl64-5-4-2	63.0～66.0	4.0～6.0
	61-4-3-1.5 铝黄铜	T69220	HAl61-4-3-1.5	59.0～62.0	3.5～4.5
	61-4-3-1 铝黄铜	T69230	HAl61-4-3-1	59.0～62.0	3.5～4.5
	60-1-1 铝黄铜	T69240	HAl60-1-1	58.0～61.0	0.70～1.50
	59-3-2 铝黄铜	T69250	HAl59-3-2	57.0～60.0	2.5～3.5
镁黄铜	60-1 镁黄铜	T69800	HMg60-1	59.0～61.0	0.5～2.0
镍黄铜	65-5 镍黄铜	T69900	HNi65-5	64.0～67.0	5.0～6.5
	56-3 镍黄铜	T69910	HNi56-3	54.0～58.0	2.0～3.0

注：其他元素含量未注明。

10.2.4 加工青铜的分类和代号（GB/T 5231—2012）

表 10.5 加工青铜的分类和代号

分类	名称	代号	牌号	分类中命名的添加元素含量/%
锡青铜	0.4 锡青铜	T50110	QSn0.4	0.15～0.55
	0.6 锡青铜	T50120	QSn0.6	0.4～0.8
	0.9 锡青铜	T50130	QSn0.9	0.85～1.05
	0.5-0.025 锡青铜	T50300	QSn0.5-0.025	0.25～0.6
	1-0.5-0.5 锡青铜	T50400	QSn1-0.5-0.5	0.9～1.2
	1.5-0.2 锡青铜	C50500	QSn1.5-0.2	1.0～1.7
	1.8 锡青铜	C50700	QSn1.8	1.5～2.0
	4-3 锡青铜	T50800	QSn4-3	3.5～4.5
	5-0.2 锡青铜	C51000	QSn5-0.2	4.2～5.8
	5-0.3 锡青铜	T51010	QSn5-0.3	4.5～5.5
	4-0.3 锡青铜	C51100	QSn4-0.3	3.5～4.9
	6-0.05 锡青铜	T51500	QSn6-0.05	6.0～7.0
	6.5-0.1 锡青铜	T51510	QSn6.5-0.1	6.0～7.0
	6.5-0.4 锡青铜	T51520	QSn6.5-0.4	6.0～7.0
	7-0.2 锡青铜	T51530	QSn7-0.2	6.0～8.0
	8-0.3 锡青铜	C52100	QSn8-0.3	7.0～9.0
	15-1-1 锡青铜	T52500	QSn15-1-1	12～18
	4-4-2.5 锡青铜	T53300	QSn4-4-2.5	3.0～5.0
	4-4-4 锡青铜	T53500	QSn4-4-4	3.0～5.0

续表

分类	名　称	代　号	牌　号	分类中命名的添加元素含量/%
铬青铜	4.5-2.5-0.6 铬青铜	T55600	QCr4.5-2.5-0.6	3.5～5.5
锰青铜	1.5 锰青铜	T56100	QMn1.5	1.20～1.80
	2 锰青铜	T56200	QMn2	1.5～2.5
	5 锰青铜	T56300	QMn5	4.5～5.5
铝青铜	5 铝青铜	T60700	QAl5	4.0～6.0
	6 铝青铜	C60800	QAl6	5.0～6.5
	7 铝青铜	C61000	QAl7	6.0～8.5
	9-2 铝青铜	T61700	QAl9-2	8.0～10.0
	9-4 铝青铜	T61720	QAl9-4	8.0～10.0
	9-5-1-1 铝青铜	T61740	QAl9-5-1-1	8.0～10.0
	10-3-1.5 铝青铜	T61760	QAl10-3-1.5	8.5～10.0
	10-4-4 铝青铜	T61780	QAl10-4-4	9.5～11.0
	10-4-4-1 铝青铜	T61790	QAl10-4-4-1	8.5～11.0
	10-5-5 铝青铜	T62100	QAl10-5-5	8.0～11.0
	11-6-6 铝青铜	T62200	QAl11-6-6	10.0～11.5
硅青铜	0.6-2	C64700	QSi0.6-2	0.40～0.8
	1-3	T64720	QSi1-3	0.6～1.1
	3-1	T64730	QSi3-1	2.7～3.5
	3.5-3-1.5	T64740	QSi3.5-1.5	3.0～4.0

10.2.5 加工白铜的分类和代号（GB/T 5231—2012）

表 10.6　加工白铜的分类和代号

名称	代号	牌号	元素含量/%		
			Cu	Ni+Co	其次杂质
普通白铜(其次杂质为 Fe)					
0.6 白铜	T70110	B0.6	余量	0.57～0.63	0.005
5 白铜	T70380	B5	余量	4.4～5.0	0.20
19 白铜	T71050	B19	余量	18.0～20.0	0.5
23 白铜	C71100	B23	余量	22.0～24.0	0.10
25 白铜	T71200	B25	余量	24.0～26.0	0.5
30 白铜	T71400	B30	余量	29.0～33.0	0.9

续表

名称	代号	牌号	元素含量/%		
			Cu	Ni+Co	其次杂质
铁白铜(其次杂质为 Fe)					
5-1.5-0.5 铁白铜	C70400	BFe5-1.5-0.5	余量	4.8～6.2	1.3～1.7
7-0.4-0.4 铁白铜	T70510	BFe7-0.4-0.4	余量	6.0～7.0	0.1～0.7
10-1-1 铁白铜	T70590	BFe10-1-1	余量	9.0～11.0	1.0～1.5
10-1.5-1 铁白铜	T70610	BFe10-1.5-1	余量	10.0～11.0	1.0～2.0
10-1.6-1 铁白铜	T70620	BFe10-1.6-1	余量	9.0～11.0	1.5～1.8
16-1-1-0.5 铁白铜	T70900	BFe16-1-1-0.5	余量	15.0～18.0	0.50～1.0
30-0.7 铁白铜	C71500	BFe30-0.7	余量	29.0～33.0	0.40～1.0
30-1-1 铁白铜	T71510	BFe30-1-1	余量	29.0～32.0	0.5～1.0
30-2-2 铁白铜	T71520	BFe30-2-2	余量	29.0～32.0	1.7～2.3
锰白铜(其次杂质为 Mn)					
3-12 锰白铜	T71620	BMn3-12	余量	2.0～3.5	11.5～13.5
40-1.5 锰白铜	T71660	BMn40-1.5	余量	39.0～41.0	1.0～2.0
43-0.5 锰白铜	T71670	BMn43-0.5	余量	42.0～44.0	0.10～1.0
铝白铜(其次杂质为 Al)					
6-1.5 铝白铜	T72400	BAl6-1.5	余量	5.5～6.5	1.2～1.8
13-3 铝白铜	T72600	BAl13-3	余量	12.0～15.0	2.3～3.0
锌白铜(其次杂质为 Zn)					
18-10 锌白铜	C73500	BZn18-10	70.5～73.5	16.5～19.5	余量
15-20 锌白铜	T74600	BZn15-20	62.5～65.0	13.5～16.5	余量
18-18 锌白铜	C75200	BZn18-18	63.5～66.5	16.5～19.5	余量
18-17 锌白铜	T75210	BZn18-17	62.0～66.0	16.5～19.5	余量
9-29 锌白铜	T76100	BZn9-29	60.0～63.0	7.2～10.4	余量
12-24 锌白铜	T76200	BZn12-24	63.0～66.0	11.0～13.0	余量
12-26 锌白铜	T76210	BZn12-26	60.0～63.0	10.5～13.0	余量
12-29 锌白铜	T76220	BZn12-29	57.0～60.0	11.0～13.5	余量
18-20 锌白铜	T76300	BZn18-20	60.0～63.0	16.5～19.5	余量
22-16 锌白铜	T76400	BZn22-16	60.0～63.0	16.5～19.5	余量
25-18 锌白铜	T76500	BZn25-18	56.0～59.0	23.5～26.5	余量
18-26 锌白铜	C77000	BZn18-26	53.5～56.5	16.5～19.5	余量
40-20 锌白铜	T77500	BZn40-20	38.0～42.0	38.0～41.5	余量
15-21-1.8 锌白铜	T78300	BZn15-21-1.8	60.0～63.0	14.0～16.0	余量
15-24-1.5 锌白铜	T79500	BZn15-24-1.5	58.0～60.0	12.5～15.5	余量
10-41-2 锌白铜	C79800	BZn10-41-2	45.5～48.5	9.0～11.0	余量
12-37-1.5 锌白铜	C79860	BZn12-37-1.5	42.3～43.7	11.8～12.7	余量

注：其他元素含量未注明。

10.3 铜合金的硬度和用途

10.3.1 常用黄铜的硬度和用途

表 10.7 常用黄铜的硬度和用途

类别	牌号	硬度(HBS)		用途举例
		软	硬	
普通黄铜	H95	55	120	冷凝管、散热器管、散热片、汽车水箱带及导电零件等
	H90	53	130	汽车水箱带、水管、双金属片及工艺品等
	H85	53	135	虹吸管、冷却设备制件等
	H80	53	145	薄壁管、造纸网、皱纹管和建筑装饰用品等
	H70	55	150	复杂冷冲件和深冲件，如子弹壳、散热器外壳、波纹管、机械和电器零件等
	H68	55	150	
	H65	55	160	一般机械零件、铆钉、垫圈、螺钉、螺母、小五金等
	H62	56	164	
铅黄铜	HPb63-3			制造切削加工要求极高的钟表零件及汽车、拖拉机零件
	HPb61-1			制造高切削性能的一般结构零件
	HPb59-1	90	140	制造热冲压及切削加工零件，如销子、螺钉等
锡黄铜	HSn90-1	58	148	制造汽车、拖拉机弹性套管及耐蚀减摩零件
	HSn70-1			制造船舶、热电厂中高温耐蚀冷凝器
	HSn59-1			制造与海水和汽油接触的零件
铝黄铜	HAl67-2.5			制造船舶一般结构件
	HAl60-1-1	95	180	制造齿轮、涡轮、衬套及耐蚀零件
	HAl59-3-2			制造船舶、电动机及在常温下工作的高强度、耐蚀结构件
锰黄铜	HMn58-2	85	175	应用较广，如船舶制造、精密电器制造
	HMn57-3-1	115	175	制造耐蚀结构件、弱电用的零件
	HMn55-3-1	120	175	
铁黄铜	HFe59-1-1	88	160	制造受海水腐蚀的结构件，如垫圈、被套等
	HFe58-1	硬		船舶零件及轴承等耐磨零件等
	HFe58-1-1	硬		制造热压和高速切削件

表 10.8 一些黄铜的退火温度

合金名称	牌号	去应力退火温度/℃	再结晶退火温度/℃
普通黄铜	H96	—	540～600
	H90	200	650～720
	H80	260	650～700

续表

合金名称	牌 号	去应力退火温度/℃	再结晶退火温度/℃
普通黄铜	H70	260～270	520～650
	H68	260～270	520～650
	H62	270～300	600～700
	H59	—	600～670
锡黄铜	HSn70-1	300～350	560～580
	HSn62-1	350～370	550～650
铝黄铜	HAl77-2	300～350	600～650
锰黄铜	HMn58-2	—	600～650
铁黄铜	HFe59-1-1	—	600～650
铅黄铜	HPb59-1	285	600～650
镍黄铜	HNi65-5	300～400	600～650

10.3.2 常用青铜的硬度和用途

表 10.9 常用青铜的硬度和用途

类 别	牌 号	加工状态		用 途 举 例
压力加工锡青铜	QSn4-0.3	软 60	硬 170	压力计弹簧用各种尺寸的管材
	QSn4-3	软 60	硬 160	弹簧、管配件和化工机械的耐磨及抗磁零件
	QSn4-4-2.5	软 60	硬 170	承受摩擦的零件，如轴套、轴承、衬套等
	QSn6.5-0.1	软 80	硬 180	弹簧接触片，精密仪器耐磨零件和抗磁元件
	QSn6.5-0.4	软 80	硬 180	金属网、耐磨及弹性元件
	QSn7-0.2	软 75	硬 180	耐摩零件，如轴承、电器零件等
压力加工铝青铜	QAl5	软 60	硬 200	弹簧、耐蚀的弹性元件、齿轮摩擦轮
	QAl9-2	软 100	硬 170	高强度耐蚀零件，以及在 250℃以下工作的管配件
	QAl9-4	软 110	硬 180	高强度抗磨、耐蚀零件，如轴承、轴套、齿轮、阀座等
	QAl10-4-4	软 140	硬 200	高强度抗磨、耐蚀零件，如坦克用蜗杆、轴套、齿轮、螺母等
硅青铜	QSi1-3	软 80	硬 180	在 300℃以下工作的摩擦零件，发动机进、排气导向套
	QSi3-1	软 80	硬 180	弹簧、蜗轮、蜗杆、齿轮及耐蚀零件
	QSi3.5-3-1.5	—	—	高温条件下工作的轴套材料

10.3.3　常用白铜的性能和用途

表 10.10　常用白铜的性能和用途

组　别	代　号	力学性能			用　　途
		加工状态	R_m/MPa	A/%	
普通白铜	B25 B19 B5	软 硬 软 硬 软 硬	380 550 300 400 200 400	23 3 30 3 30 10	船舶仪器零件 化工机械零件
锌白铜	BZn15-20	软 硬	350 550	35 2	潮湿条件下和强腐蚀介质中工作的仪表零件
锰白铜	BMn3-12 BMn40-1.5	软 硬 软 硬	360 — 400 600	25 — — —	弹簧热电偶丝

10.4　铸造铜合金

铸造铜及铜合金牌号表示方法和合金名称按 GB/T 8063 规定，合金名称采用合金中主要元素的质量分数命名，如 5-5-5 锡青铜、38 黄铜、20-6-3-3 铝黄铜等。

铜合金铸造方法代号：S—砂型铸造；J—金属型铸造；La—连续铸造；Li—离心铸造；R—熔模铸造。

10.4.1　铸造铜合金的代号

铸造铜合金的铸造性能很好，它的牌号由“Z”和基体金属的化学元素符号 Cu（名义百分含量不标注）、主要合金化学元素符号（其中混合稀土元素符号统一用 RE 表示）以及表明合金化元素名义百分含量的数字组成。当合金化元素多于两个时，合金牌号中应列出足以表明合金主要特性的元素符号及其名义百分含量的数字。

合金化元素符号的排列次序，按其名义百分含量所大小。当其值相等时，则按元素符号字母顺序排列。当需要表明决定合金类别的合金化元素首先列出时，不论其含量多少，该元素符号均应紧置于基体元素符号之后。

合金化元素含量小于1%时，一般不标注；优质合金在牌号后面标注大写字母“A”；对具有相同主成分，需要控制低间隙元素的合金，在牌号后的圆括弧内标注ELI。

10.4.2 铸造铜合金的力学性能（GB/T 1176—2013）

表10.11 铸造铜合金的室温力学性能

类别	合金牌号（合金名称）	铸造方法	室温力学性能 ≥			
			抗拉强度 R_m/MPa	屈服强度 $R_{p0.2}$/MPa	伸长率 A/%	布氏硬度（HBW）
纯铜	ZCu99（99纯铜）	S	150	40	40	40
青铜	ZCuSn3Zn8Pb6Ni1（3-8-6-1锡青铜）	S	175		8	60
		J	215		10	70
	ZCuSn3Zn11Pb4（3-11-4锡青铜）	S、R	175		8	60
		J	215		10	60
	ZCuSn5Pb5Zn5（5-5-5锡青铜）	S、J、R	200	90	13	(60)
		Li、La	250	100	13	(65)
	ZCuSn10P1（10-1锡青铜）	S、R	220	130	3	(80)
		J	310	170	2	(90)
		Li	330	170	4	(90)
		La	360	170	6	(90)
	ZCuSn10Pb5（10-5锡青铜）	S	195		10	70
		J	245		10	70
	ZCuSn10Zn2（10-2锡青铜）	S	240	120	12	(70)
		J	245	140	6	(80)
		Li、La	270	140	7	(80)
	ZCuPb9Sn5（9-5铅青铜）	La	230	110	11	60
	ZCuPb10Sn10（10-10铅青铜）	S	180	80	7	(65)
		J	220	140	5	(70)
		Li、La	220	110	6	(70)
	ZCuPb15Sn8（15-8铅青铜）	S	170	80	5	(60)
		J	200	100	6	(65)
		Li、La	220	100	8	(65)
	ZCuPb17Sn4Zn4（17-4-4铅青铜）	S	150		5	55
		J	175		7	60
	ZCuPb20Sn5（20 5铅青铜）	S	150	60	5	(45)
		J	150	70	6	(55)
		La	180	80	7	(55)

续表

类别	合金牌号（合金名称）	铸造方法	室温力学性能 ≥			
			抗拉强度 R_m/MPa	屈服强度 $R_{p0.2}$/MPa	伸长率 A/%	布氏硬度（HBW）
青铜	ZCuPb30（30 铅青铜）	J				25
	ZCuA18Mn13Fe3（8-13-3 铝青铜）	S J	600 650	270 280	15 10	160 170
	ZCuAl8Mn13Fe3Ni2（8-13-3-2 铝青铜）	S J	645 670	280 310	20 18	160 170
	ZCuAl8Mn14Fe3Ni2（8-14-3-2 铝青铜）	S	735	280	15	170
	ZCuA19Mn2（9-2 铝青铜）	S、R J	390 440	150 160	20 20	85 95
	ZCuAl8Be1Co1（8-1-1 铝青铜）	S	647	280	15	160
	ZCuAl9Fe4Ni4Mn2（9-4-4-2 铝青铜）	S	630	250	16	160
	ZCuAl10Fe4Ni4（10-4-4 铝青铜）	S J	539 588	200 235	3 5	155 166
	ZCuAl10Fe3（10-3 铝青铜）	S J Li、La	490 540 540	180 200 200	13 15 15	(100) (110) (110)
	ZCuAl10Fe3Mn2（10-3-2 铝青铜）	S、R J	490 540		15 20	110 120
黄铜	ZCuZn38（38 黄铜）	S J	295 295	95 95	30 30	60 70
	ZCuZn21Al5Fe2Mn2（21-5-2-2 铝黄铜）	S	608	275	15	160
	ZCuZn25Al6Fe3Mn3（25-6-3-3 铝黄铜）	S J Li、La	725 740 740	380 400 400	10 7 7	(160) (170) (170)
	ZCuZn26Al4Fe3Mn3（26-4-3-3 铝黄铜）	S J Li、La	600 600 600	300 300 300	18 18 18	(120) (130) (130)
	ZCuZn31Al2（31-2 铝黄铜）	S、R J	295 390		12 15	80 90
	ZCuZn35Al2Mn2Fe1（35-2-2-1 铝黄铜）	S J Li、La	450 475 475	170 200 200	20 18 18	(100) (110) (110)

续表

类别	合金牌号（合金名称）	铸造方法	室温力学性能 ≥			
			抗拉强度 R_m/MPa	屈服强度 $R_{p0.2}$/MPa	伸长率 A/%	布氏硬度（HBW）
黄铜	ZCuZn38Mn2Pb2（38-2-2 锰黄铜）	S	245		10	70
		J	345		18	80
	ZCuZn40Mn2（40-2 锰黄铜）	S、R	345		20	80
		J	390		25	90
	ZCuZn40Mn3Fe1（40-3-1 锰黄铜）	S、R	410		18	100
		J	490		15	110
	ZCuZn33Pb2（33-2 铅黄铜）	S	180	70	12	（50）
	ZCuZn40Pb2（40-2 铅黄铜）	S、R	220	95	15	（80）
		J	280	120	20	（90）
	ZCuZn16Si4（16-4 硅黄铜）	S、R	315	180	15	90
		J	390		20	100
白铜	ZCuNi10Fe1Mn1（10-1-1 镍白铜）	S、J、Li、La	310	170	20	100
	ZCuNi30Fe1Mn1（30-1-1 镍白铜）		415	220	20	140

注：硬度一列（）内数据为参考值。

10.4.3　铸造铜及铜合金的特性和用途（GB/T 1176—2013）

表 10.12　铸造铜及铜合金的特性和用途

类别	合金牌号	主要特性	用途举例
纯铜	ZCu99（99 纯铜）	很高的导电、传热和延伸性能，在大气、淡水和流动不大的海水中具有良好的耐蚀性；凝固温度范围窄，流动性好，适用于砂型、金属型、连续铸造，适用于氩弧焊接	在黑色金属冶炼中用作高炉风、渣中小套，冷却板、壁；电炉炼钢用氧枪喷头、电极夹持器、熔沟；在非铁金属冶炼中用作闪速炉冷却用件；大型电机用屏蔽罩、导电连接件等
青铜	ZCuSn3Zn8Pb6Ni1（3-8-6-1 锡青铜）	耐磨性能好，易加工，铸造性能好，气密性能较好，耐腐蚀，可在流动海水下工作	各种液体燃料以及海水、淡水和蒸汽（≤225℃）中工作的零件，压力≤2.5MPa 的阀门和管配件
	ZCuSn3Zn11Pb4（3-11-4 锡青铜）	铸造性能好，易加工，耐腐蚀	海水、淡水、蒸汽中，压力≤2.5MPa 的管配件

续表

类别	合金牌号	主要特性	用途举例
青铜	ZCuSn5Pb5Zn5 (5-5-5 锡青铜)	耐磨性和耐蚀性好，易加工，铸造性能和气密性较好	在较高负荷，中等滑动速度下工作的耐磨、耐腐蚀零件，如轴瓦、衬套、缸套、活塞离合器、泵件压盖以及蜗轮等
	ZCuSn10P1 (10-1 锡青铜)	硬度高，耐磨性较好，不易产生咬死现象，有较好的铸造性能和切削性能，在大气和淡水中有良好的耐蚀性	可用于高负荷(≤20MPa)和高滑动速度(8m/s)下工作的耐磨零件，如连杆、衬套、轴瓦、齿轮、蜗轮等
	ZCuSn10Pb5 (10-5 锡青铜)	耐腐蚀，特别是对稀硫酸、盐酸和脂肪酸具有耐腐蚀作用	结构材料，耐蚀、耐酸的配件以及破碎机衬套、轴瓦
	ZCuSn10Zn2 (10-2 锡青铜)	耐蚀性、耐磨性和切削加工性能好，铸造性能好，铸件致密性较高，气密性较好	在中等及较高负荷和小滑动速度下工作的重要管配件，以及阀、旋塞、泵体、齿轮、叶轮和蜗轮等
	ZCuPb9Sn5 (9-5 铅青铜)	润滑性、耐磨性能良好，易切削，可焊性、软硬钎焊性均良好	轴承和轴套，汽车用衬管轴承
	ZCuPb10Sn10 (10-10 铅青铜)	润滑性能、耐磨性能和耐蚀性能好，适合用作双金属铸造材料	表面压力高、有侧压的滑动轴承，如轧辊、车辆用轴承、负荷峰值 60MPa 的受冲击零件，最高峰值达 100MPa 的内燃机双金属轴瓦，及活塞销套、摩擦片等
	ZCuPb15Sn8 (15-8 铅青铜)	在缺乏润滑剂和用水质润滑剂条件下，滑动性和自润滑性能好，易切削，铸造性能差，对稀硫酸耐蚀性能好	表面压力高、有侧压的轴承，可用来制造冷轧机的铜冷却管，耐冲击负荷达 50MPa 的零件，内燃机的双金属轴瓦，主要用于最大负荷达 70MPa 的活塞销套，耐酸配件
	ZCuPb17Sn4Zn4 (17-4-4 铅青铜)	耐磨性和自润滑性能好，易切削、铸造性能差	一般耐磨件，高滑动速度的轴承等
	ZCuPb20Sn5 (20-5 铅青铜)	有较高滑动性能，在缺乏润滑介质和以水为介质时有特别好的自润滑性能，适用于双金属铸造材料，耐硫酸腐蚀，易切削，铸造性能差	高滑动速度的轴承，以及破碎机、水泵，冷轧机轴承，负荷达 40MPa 的零件，抗腐蚀零件，双金属轴承，负荷达 70MPa 的活塞销套

续表

类别	合金牌号	主要特性	用途举例
青铜	ZCuPb30 (30铅青铜)	有良好的自润滑性，易切削，铸造性能差，易产生比重偏析	要求高滑动速度的双金属轴承、减磨零件等
	ZCuA18Mn13Fe3 (8-13-3铝青铜)	具有很高的强度和硬度，良好的耐磨和铸造性能，合金致密性能高，耐蚀性好，作为耐磨件工作温度不大于400℃，可以焊接，不易钎焊	适用于制造重型机械用轴套，以及要求强度高、耐磨、耐压零件，如衬套、法兰、阀体、泵体等
	ZCuAl8Mn13Fe3Ni2 (8-13-3-2铝青铜)	有很高的力学性能，在大气、淡水和海水中均有良好的耐蚀性，腐蚀疲劳强度高，铸造性能好，合金组织致密，气密性好，可以焊接，不易钎焊	要求强度高耐腐蚀的重要铸件，如船舶螺旋桨、高压阀体、泵体，以及耐压、耐磨零件，如蜗轮、齿轮、法兰、衬套等
	ZCuAl8Mn14Fe3Ni2 (8-14-3-2铝青铜)	有很高的力学性能，在大气、淡水和海水中具有良好的耐蚀性，腐蚀疲劳强度高，铸造性能好，合金组织致密，气密性好，可以焊接，不易钎焊	要求强度高，耐腐蚀性好的重要铸件，是制造各类船舶螺旋桨的主要材料之一
	ZCuAl9Mn2 (9-2铝青铜)	有高的力学性能，在大气、淡水和海水中耐蚀性好，铸造性能好，组织致密，气密性高，耐磨性好，可以焊接，不易钎焊	耐蚀、耐磨零件、形状简单的大型铸件，如衬套、齿轮、蜗轮，以及在250℃以下工作的管配件和要求气密性高的铸件，如增压器内气封
	ZCuAl8Be1Co1 (8-1-1铝青铜)	有很高的力学性能，在大气、淡水和海水中具有良好的耐蚀性，腐蚀疲劳强度高，耐空泡腐蚀性能优异，铸造性能好，合金组织致密，可以焊接	要求强度高，耐腐蚀、耐空蚀的重要铸件，主要用于制造小型快艇螺旋桨
	ZCuAl9Fe4Ni4Mn2 (9-4-4-2铝青铜)	有很高的力学性能，在大气、淡水和海水中耐蚀性好，铸造性能好，在400℃以下具有耐热性，可以热处理，焊接性能好，不易钎焊，铸造性能尚好	要求强度高、耐蚀性好的重要铸件，是制造船舶螺旋桨的主要材料之一，也可用作耐磨和400℃以下工作的零件，如轴承、齿轮、蜗轮、螺帽、法兰、阀体、导向套筒
	ZCuAl10Fe4Ni4 (10-4-4铝青铜)	有很高的力学性能，良好的耐蚀性，高的腐蚀疲劳强度，可以热处理强化，在400℃以下有高的耐热性	高温耐蚀零件，如齿轮、球形座、法兰、阀导管及航空发动机的阀座，抗蚀零件，如轴瓦、蜗杆、酸洗吊钩及酸洗筐、搅拌器等

续表

类别	合金牌号	主要特性	用途举例
青铜	ZCuAl10Fe3 (10-3 铝青铜)	具有高的力学性能,耐磨性和耐蚀性能好,可焊接,不易钎焊,大型铸件 700℃空冷可防止变脆	要求强度高、耐磨、耐蚀的重型铸件,如轴套、螺母、蜗轮以及 250℃以下工作的管配件
	ZCuAl10Fe3Mn2 (10-3-2 铝青铜)	具有高的力学性能和耐磨性,可热处理,高温下耐蚀性和抗氧化性能好,在大气、淡水和海水中耐蚀性好,可焊接,不易钎焊,大型铸件 700℃空冷可防止变脆	要求强度高、耐磨、耐蚀的零件,如齿轮、轴承、衬套、管嘴,以及耐热管配件等
黄铜	ZCuZn38 (38 黄铜)	具有优良的铸造性能和较高的力学性能,切削加工性能好,可以焊接,耐蚀性较好,有应力腐蚀开裂倾向	一般结构件和耐蚀零件,如法兰、阀座、支架、手柄和螺母等
	ZCuZn21Al5Fe2Mn2 (21-5-2-2 铝黄铜)	有很高的力学性能,铸造性能良好,耐蚀性较好,有应力腐蚀开裂倾向	适用高强、耐磨零件,小型船舶及军辅船螺旋桨
	ZCuZn25Al6Fe3Mn3 (25-6-3-3 铝黄铜)	有很高的力学性能,铸造性能良好,耐蚀性较好,有应力腐蚀开裂倾向,可以焊接	适用高强、耐磨零件,如桥梁支撑板、螺母、螺杆、耐磨板、滑块和蜗轮等
	ZCuZn26Al4Fe3Mn3 (26-4-3-3 铝黄铜)	有很高的力学性能,铸造性能良好,在空气、淡水和海水中耐蚀性较好,可以焊接	要求强度高、耐蚀零件
	ZCuZn31Al2 (31-2 铝黄铜)	铸造性能良好,在空气、淡水、海水中耐蚀性较好,易切屑,可以焊接	适用于压力铸造,如电机、仪表等压力铸件,以及造船和机械制造业的耐蚀零件
	ZCuZn35Al2Mn2Fe1 (35-2-2-1 铝黄铜)	具有高的力学性能和良好的铸造性能,在大气、淡水、海水中有较好的耐蚀性,切削性能好,可以焊接	管路配件和要求不高的耐磨件
	ZCuZn38Mn2Pb2 (38-2-2 锰黄铜)	有较高的力学性能和耐蚀性,耐磨性较好,切削性能良好	一般用途的结构件,船舶、仪表等使用的外形简单的铸件,如套筒、衬套、轴瓦、滑块等
	ZCuZn40Mn2 (40-2 锰黄铜)	有较高的力学性能和耐蚀性,铸造性能好,受热时组织稳定	在空气、淡水、海水、蒸汽(小于 300℃)和各种液体燃料中工作的零件和阀体、阀杆、泵、管接头,以及需要浇注巴氏合金和镀锡零件等

续表

类别	合金牌号	主要特性	用途举例
黄铜	ZCuZn40Mn3Fe1 （40-3-1 锰黄铜）	有高的力学性能，良好的铸造性能和切削加工性能，在空气、淡水，海水中耐蚀性能好，有应力腐蚀开裂倾向	耐海水腐蚀的零件，300℃以下工作的管配件，制造船舶螺旋桨等大型铸件
	ZCuZn33Pb2 （33-2 铅黄铜）	结构材料，给水温度为90℃时抗氧化性能好，电导率约为10～14MS/m	煤气和给水设备的壳体，机器制造业、电子技术、精密仪器和光学仪器的部分构件和配件
	ZCuZn40Pb2 （40-2 铅黄铜）	有好的铸造性能和耐磨性，切削加工和耐蚀性较好，在海水中有应力倾向	一般用途的耐磨、耐蚀零件，如轴套、齿轮等
	ZCuZn16Si4 （16-4 硅黄铜）	具有较高的力学性能和良好的耐蚀性，铸造性能好；流动性高，铸件组织致密，气密性好	接触海水工作的管配件以及水泵、叶轮、旋塞和在空气、淡水、油、燃料，以及工作压力1.5MPa、250℃以下蒸汽中工作的铸件
白铜	ZCuNi10Fe1Mn1 （10-1-1 镍白铜）	具有高的力学性能和良好的耐海水腐蚀性能，铸造性能好，可以焊接	耐海水腐蚀的结构件和压力设备，海水泵、阀和配件
	ZCuNi30Fe1Mn1 （30-1-1 镍白铜）	具有高的力学性能和良好的耐海水腐蚀性能，铸造性能好，铸件致密，可以焊接	用于需要抗海水腐蚀的阀、泵体、凸轮和弯管等

10.5　铜及铜合金型材

10.5.1　铜及铜合金板材（GB/T 2040—2017）

适用于一般用途的加工铜及铜合金板材。

板材的外形尺寸及其允许偏差应符合 GB/T 17793 中相应的规定。

表 10.13　铜及铜合金板的牌号、状态和规格

分类	牌号	代　号	状　　态	规　格/mm		
				厚度	宽度	长度
无氧铜 纯铜 磷脱氧铜	TU1、TU2	T10150、 T10180	热轧（M20）	4～80	≤3000	≤6000
	T2、T3、 TP1、TP2	T11050、 T11090、 C12000、 C12200	软化退火（O60）、 1/4 硬（H01）、 1/2 硬（H02）、 硬（H04）、特硬（H06）	0.2～12	≤3000	≤6000

续表

<table>
<tr><th rowspan="2">分类</th><th rowspan="2">牌号</th><th rowspan="2">代　号</th><th rowspan="2">状　　态</th><th colspan="3">规　格/mm</th></tr>
<tr><th>厚度</th><th>宽度</th><th>长度</th></tr>
<tr><td rowspan="2">铁铜</td><td>TFe0.1</td><td>C19210</td><td>软化退火(O60)、
1/4 硬(H01)、
1/2 硬(H02)、硬(H04)</td><td>0.2～5</td><td>≤610</td><td>≤2000</td></tr>
<tr><td>TFe2.5</td><td>C19400</td><td>软化退火(O60)、
1/2 硬(H02)、
硬(H04)、特硬(H06)</td><td>0.2～5</td><td>≤610</td><td>≤2000</td></tr>
<tr><td>镉铜</td><td>TCd1</td><td>C16200</td><td>硬(H04)</td><td>0.5～10</td><td>200～
300</td><td>800～
1500</td></tr>
<tr><td rowspan="2">铬铜</td><td>TCr0.5</td><td>T18140</td><td>硬(H04)</td><td>0.5～15</td><td>≤1000</td><td>≤2000</td></tr>
<tr><td>TCr0.5-0.2-0.1</td><td>T18142</td><td>硬(H04)</td><td>0.5～15</td><td>100～
600</td><td>≥300</td></tr>
<tr><td rowspan="12">普通黄铜</td><td>H95</td><td>C21000</td><td rowspan="2">软化退火(O60)、
硬(H04)</td><td rowspan="3">0.2～10</td><td rowspan="3">≤3000</td><td rowspan="3">≤6000</td></tr>
<tr><td>H80</td><td>C24000</td></tr>
<tr><td>H90、H85</td><td>C22000
C23000</td><td>软化退火(O60)、
1/2 硬(H02)、硬(H04)</td></tr>
<tr><td rowspan="2">H70、
H68</td><td rowspan="2">T26100
T26300</td><td>热轧(M20)</td><td>4～60</td><td rowspan="2">≤3000</td><td rowspan="2">≤6000</td></tr>
<tr><td>软化退火(O60)、
1/4 硬(H01)、
1/2 硬(H02)、硬(H04)、
特硬(H06)、弹性(H08)</td><td>0.2～10</td></tr>
<tr><td>H66、H65</td><td>C26800
C27000</td><td>软化退火(O60)、
1/4 硬(H01)、
1/2 硬(H02)、硬(H04)、
特硬(H06)，弹性(H08)</td><td>0.2～10</td><td>≤3000</td><td>≤6000</td></tr>
<tr><td rowspan="2">H63、H62</td><td rowspan="2">T27300、
T27600</td><td>热轧(M20)</td><td>4～60</td><td rowspan="4">—</td><td rowspan="4">—</td></tr>
<tr><td>软化退火(O60)、
1/2 硬(H02)、
硬(H04)、特硬(H06)</td><td>0.2～10</td></tr>
<tr><td rowspan="2">H59</td><td rowspan="2">T28200</td><td>热轧(M20)</td><td>4～60</td></tr>
<tr><td>软化退火(O60)、
硬(H04)</td><td>0.2～10</td></tr>
<tr><td rowspan="3">铅黄铜</td><td rowspan="2">HPb59-1</td><td rowspan="2">T38100</td><td>热轧(M20)</td><td>4～60</td><td rowspan="3">≤3000</td><td rowspan="3">≤6000</td></tr>
<tr><td>软化退火(O60)、
1/2 硬(H02)、硬(H04)</td><td>0.2～10</td></tr>
<tr><td>HPb60-2</td><td>C37700</td><td>硬(H04)、特硬(H06)</td><td>0.5～10</td></tr>
</table>

续表

分类	牌号	代 号	状 态	规 格/mm		
				厚度	宽度	长度
锰黄铜	HMn58-2	T67400	软化退火(O60)、 1/2 硬(H02)、硬(H04)	0.2～10	≤3000	≤6000
锡黄铜	HSn62-1	T46300	热轧(M20)	4～60		
锡黄铜	HSn62-1	T46300	软化退火(O60)、 1/2 硬(H02)、硬(H04)	0.2～10	≤3000	≤6000
	HSn88-1	C42200	1/2 硬(H02)	0.4～2	≤610	≤2000
锰黄铜	HMn55-3-1 HMn57-3-1	T67320 T67410	热轧(M20)	4～40	≤1000	≤2000
铝黄铜	HA160-1-1 HA167-2.5 HA166-6-3-2	T69240 T68900 T69200				
镍黄铜	HNi655	T69900				
锡青铜	QSn6.5-0.1	T51510	热轧(M20)	9～50	≤610	≤2000
			软化退火(O60)、 1/4 硬(H01)、 1/2 硬(H02)、硬(H04)、 特硬(H06)、弹性(H08)	0.2～12		
	QSn6.5-0.4、 Sn4-3、Sn4-03、 QSn7-0.2	T51520、 T50800、 C51100、 T51530	软化退火(O60)、 硬(H04)、特硬(H06)	0.2～12	≤600	≤2000
	QSn8～0.3	C52100	软化退火(O60)、 1/4 硬(H01)、 1/2 硬(H02)、 硬(H04)、特硬(H06)	0.2～5	≤600	≤2000
	QSn4-4-2.5、 QSn4-4-4	T53300、 T53500	软化退火(O60)、 1/2 硬(H02)、 1/4 硬(H01)、硬(H04)	0.8～5	200～ 600	800～ 2000
锰青铜	QMn1.5	T56100	软化退火(O60)	0.5～5	100～ 600	≤1500
	QMn5	T56300	软化退火(O60)、硬(H04)			
铝青铜	QA15	T60700	软化退火(O60)、硬(H04)	0.4～12	≤1000	≤2000
	QA17	C61000	1/2 硬(H02)、硬(H04)			
	QA19-2	T61700	软化退火(O60)、硬(H04)			
	QA19-4	T61720	硬(H04)			
硅青铜	QSi3 1	T64730	软化退火(O60)、 硬(H04)、特硬(H06)	0.5～10	100～ 1000	≥500

续表

分类	牌号	代　号	状　　态	规　格/mm		
				厚度	宽度	长度
普通白铜 铁白铜	B5、B19 BFe10-1-1 BFe30-1-1	T70380、 T71050、 T70b90、 T71510	热轧(M20)	7～60	≤2000	<4000
			软化退火(O60)、 硬(H04)	0.5～10	≤600	≤1500
锰白铜	BMn3-12	T71620	软化退火(O60)	0.5～10	100～ 600	800～ 1500
	BMn40.1.5	T71660	软化退火(O60)、硬(H04)			
铝白铜	BA16-1.5	T72400	硬(H04)	0.5～12	≤600	≤1500
	BA113-3	T72600	固溶热处理+冷加工(硬) +沉淀热处理(TH04)			
锌白铜	B2n15-20	T74600	软化退火(O60)、 1/2 硬(H02)、 硬(H04)、特硬(H06)	0.5～10	≤600	≤1500
	B2n18-17	T75210	软化退火(O60)、 1/2 硬(H02)、硬(H04)	0.5～5	≤600	≤1500
	B2n18-26	C77000	1/2 硬(H02)、硬(H04)	0.25～ 2.5	≤610	≤1500

表 10.14　板材的横向力学性能

牌号	状态	拉伸试验			硬度试验	
		厚度 /mm	抗拉强度 R_m/MPa	断后伸长率 $A_{11.3}$/%	厚度 /mm	维氏硬度 (HV)
T2、T3、TP1 TP2、TU1、TU2	M20	4～14	≥195	≥30	—	—
	O60 H01 H02 H04 H06	0.3～10	≥205 215～295 245～345 295～395 ≥350	≥30 ≥25 ≥8 — —	≥0.3	<70 60～95 80～110 90～120 ≥110
TFe0.1	O60 H01 H02 H04	0.3～5	255～345 275～375 295～430 335～470	≥30 ≥15 ≥4 ≥4	≥0.3	<100 90～120 100～130 110～150
TFe2.5	O60 H02 H04 H06	0.3～5	≥310 365～450 415～500 460～515	≥20 ≥5 ≥2 —	≥0.3	≤120 115～140 125～150 135～155

续表

牌号	状态	拉伸试验			硬度试验	
		厚度/mm	抗拉强度 R_m/MPa	断后伸长率 $A_{11.3}$/%	厚度/mm	维氏硬度(HV)
TCd1	H04	0.5～10	≥390	—	—	—
TQCr0.5 TCr0.5-0.2-0.1	H04	—	—	—	0.5～15	≥100
H95	O60 H04	0.3～10	≥215 ≥320	≥30 ≥3	—	—
H90	O60 H02 H04	0.3～10	≥245 330～440 ≥390	≥35 ≥5 ≥3	—	—
H85	O60 H02 H04	0.3～10	≥260 305～380 ≥350	≥35 ≥15 ≥3	≥0.3	≤85 80～115 ≥105
H80	O60 H04	0.3～10	≥265≥390	≥50 ≥3	—	—
H70、H68	M20	4～14	≥290	≥40	—	—
H70 H68 H66 H65	O60 H01 H02 H04 H06 H08	0.3～10	≥290 325～410 355～440 410～540 520～620 ≥570	≥40 ≥35 ≥25 ≥10 ≥3 —	≥0.3	≤90 85～115 100～130 120～160 150～190 ≥180
H63H62	M20	4～14	≥290	≥30	—	—
	O60 H02 H04 H06	0.3～10	≥290 350～470 410～630 ≥585	≥2.5	≥0.3	<95 90～130 125～165 ≥155
H59	M20	4～14	≥290	≥25	—	—
	O60 H04	0.3～10	≥290≥410	≥10 ≥5	≥0.3	≥130
HPb59-1	M20	4～14	≥370	≥18	—	—
	O60 H02 H04	0.3～10	≥340 390～490 ≥440	≥25 ≥12 ≥5	—	—
HPb60-2	H04	—	—	—	0.5～2.5	165～190
					2.6～10	
	H06	—	—	—	0.5～1.0	≥180

续表

牌号	状态	拉伸试验			硬度试验	
		厚度/mm	抗拉强度 R_m/MPa	断后伸长率 $A_{11.3}$/%	厚度/mm	维氏硬度(HV)
HMn58-2	O60 H02 H04	0.3～10	≥680 440～610 ≥585	≥30 ≥25 ≥3	—	—
HSn62-1	M20	4～14	≥340	≥20	—	—
	O60 H02 H04	0.3～10	≥295 350～400 ≥390	≥35 ≥15 ≥5	—	—
HSn88-1	H02	0.4～2	370～450	≥14	0.4～2	110～150
HMn55-3-1	M20	4～15	≥490	≥15	—	—
HMn57-3-1	M20	4～8	≥440	≥10	—	—
HA160-1-1	M20	4～15	≥440	≥15	—	—
HA167-2.5	M20	4～15	≥390	≥15	—	—
HA166-6-3-2	M20	4～8	≥685	≥3	—	—
HNi65-5	M20	4～15	≥290	≥35	—	—
QSn6.5-0.1	M20	9～14	≥290	≥38	—	—
	O60	0.2～12	≥315	≥40		≤120
	H01	0.2～12	390～510	≥35	—	110～155
	H02	0.2～12	490～610	≥8		150～190
	H04	0.2～3	590～690	≥S		180～230
		>3～12	540～690	≥5	≥0.2	180～230
	H06	0.2～5	1535～720	≥1		200～240
	H08	0.2～5	≥690			≥210
QSn6.5-0.4 QSn7-0.2	O60 H04 H06	0.2～12	≥295 540～690 ≥665	≥40 ≥8 ≥2	—	—
QSn4-3 QSn4-0.3	O60 H04 H06	0.2～12	≥290 540～690 ≥635	≥40 ≥3 ≥2	—	—
QSn8-0.3	O60 H01 H02 H04 H06	0.2～5	≥345 390～510 490～610 590～705 ≥685	≥40 ≥35 ≥20 ≥5 —	≥0.2	≤120 100～160 150～205 180～235 ≥210

续表

牌号	状态	拉伸试验			硬度试验	
		厚度/mm	抗拉强度 R_m/MPa	断后伸长率 $A_{11.3}$/%	厚度/mm	维氏硬度(HV)
QSn4-4-2.5 QSn4-4-4	O60 H01 H02 H04	0.8～5	≥290 390～490 420～510 ≥635	≥35 ≥10 ≥9 ≥5	≥0.8	—
QMn1.5	O60	0.5～5	≥205	≥30		
QMn5	O60 H04	0.5～5	≥290 ≥440	≥30 ≥3	—	—
QAl5	O60 H04	0.4～12	≥275 ≥585	≥33 ≥2.5	—	—
QAl7	H02 H04	0.4～12	585～740 ≥635	≥10 ≥5	—	—
QAl9-2	O60 H04	0.4～12	≥440 ≥585	≥18 ≥5	—	—
QAl9-4	H04	0.4～12	≥585		—	—
QSi3-1	O60 H04 H06	0.5～10	≥340 585～735 ≥685	≥40 ≥3 ≥1	—	—
B5	M20	7～14	≥215	≥20	—	—
	O60 H04	0.5～10	≥215 ≥370	≥30 ≥10	—	—
B19	M20	7～14	≥295	≥20	—	—
	O60 H04	0.5～10	≥290 ≥390	≥25 ≥3	—	—
BFe10-1-1	M20	7～14	≥275	≥20	—	—
	O60 H04	0.5～10	≥275 ≥370	≥25 ≥3	—	—
BFe30-1-1	M20	7～14	≥345	≥15	—	—
	O60 H04	0.5～10	≥370 ≥530	≥20 ≥3	—	—
BMn3-12	O60	0.5～10	≥350	≥25	—	—
BMn40-1.5	O60 H04	0.5～10	390～590 ≥590	—	—	—
BA16-1.5	H04	0.5～12	≥535	≥3	—	—
BA113-3	TH04	0.5～12	≥635	≥5	—	—

续表

牌号	状态	拉伸试验			硬度试验	
		厚度/mm	抗拉强度 R_m/MPa	断后伸长率 $A_{11.3}$/%	厚度/mm	维氏硬度(HV)
BZn15-20	O60 H02 H04 H06	0.5～10	≥340 440～570 540～690 ≥640	≥1.5	—	—
BZn18-17	O60 H02 H04	0.5～5	≥375 440～570 ≥540	≥20 ≥5 ≥3	≥0.5	— 120～180 ≥150
BZn18-26	H02 H04	0.25～2.5	540～650 645～750	≥13 ≥5	0.5～2.5	145～195 190～240

注：1. 超出表中规定厚度范围的板材，其性能指标由供需双方协商。

2. 表中的“—”表示没有统计数据，如果需方要求该性能，其性能指标由供需双方协商。

3. 维氏硬度试验力由供需双方协商。

表 10.15 板材的弯曲试验

牌　　号	状态	厚度/mm	弯曲角度	内侧半径/板厚
T2、T3、TP1 TP2、TU1、TU2	O60	≤2.0	180°	0
		>2.0	180°	0.5
H95、H90、H85、H80、H70 H68、H66、H65、H62、H63	O60	1.0～10	180°	1
	H02		90°	1
QSn65-0.4、QSn6.5-0.1、 QSn4-3、QSn4-0.3、QSn8-0.3	H04	≥1.0	90°	1
	H06		90°	2
QSi3-1	H04	≥1.0	90°	1
	H06		90°	2
BMn40-1.5	O60	≥1.0	180°	1
	H04		90°	1

10.5.2 铜及铜合金带材（GB/T 2059—2017）

适用于一般用途的加工铜及铜合金带材。

表 10.16 加工铜及铜合金带材的牌号、状态和规格

分　类	牌号	代　号	状　　态	厚度/mm	宽度/mm
无氧铜 纯铜 磷脱氧铜	TU1、TU2 T2、T3 TP1、TP2	T10150、T10180 T11050、T11090 C12000、C12200	软化退火(O60)、 1/4 硬(H01)、 1/2 硬(H02)、 硬(H04)、特硬(H06)	>0.15～<0.50	≤610
				0.50～5.0	≤1200

续表

分类	牌号	代号	状态	厚度/mm	宽度/mm
镉铜	TCd1	C16200	硬(H04)	＞0.15～1.2	≤300
普通黄铜	H95、H80、H59	C21000、C24000、T28200	软化退火(O60)、硬(H04)	＞0.15～＜0.50	≤610
				0.5～3.0	≤1200
	H85、H90	C23000、C22000	软化退火(O60)、1/2硬(H02)、硬(H04)	＞0.15～＜0.50	≤610
				0.5～3.0	≤1200
	H70、H68 H66、H65	T26100、T26300 C26800、C27000	软化退火(O60)、1/4硬(H01)、1/2硬(H02)、硬(H04)、特硬(H06)、弹硬(H08)	＞0.15～＜0.50	≤610
				0.50～3.5	≤1200
	H63、H62	T27300、T27600	软化退火(O60)、1/2硬(H02)、硬(H04)、特硬(H06)	＞0.15～＜0.50	≤610
				0.50～3.0	≤1200
锰黄铜	HMn58-2	T67400	软化退火(O60)、1/2硬(H02)、硬(H04)	＞0.15～0.20	≤300
铅黄铜	HPb59-1	T38100		＞0.20～2.0	≤550
	HPb59-1	T38100	特硬(H06)	0.32～1.5	≤200
锡黄铜	HSn62-1	T46300	硬(H04)	＞0.15～0.20	≤300
				＞0.20～2.0	≤550
铝青铜	QA15	T60700	软化退火(O60)、硬(H04)	＞0.15～1.2	≤300
	QA17	C61000	1/2硬(H02)、硬(H04)		
	QA19-2	T61700	软化退火(O60)、硬(H04)、特硬(H06)		
	QA19-4	T61720	硬(H04)		
锡青铜	QSn6.5-0.1	T51510	软化退火(O60)、1/4硬(H01)、1/2硬(H02)、硬(H04)、特硬(H06)、弹硬(H08)	≥0.15～2.0	≤610
	QSn7-0.2 Sn6.5-0.4 QSn4-3 QSn4-0.3	T51530 T51520 T50800 C51100	软化退火(O60)、硬(H04)、特硬(H06)	＞0.15～2.0	≤610
	QSn8-0.3	C52100	软化退火(O60)、1/4硬(H01)、1/2硬(H02)、硬(H04)、特硬(H06)、弹硬(H08)	＞0.15～2.6	≤610

续表

分　类	牌号	代　号	状　　态	厚度/mm	宽度/mm
锡青铜	QSn4-4-25 QSn4-4-4	T53300 T53500	软化退火(O60)、 1/4 硬(H01)、 1/2 硬(H02)、硬(H04)	0.80～1.2	≤200
锰青铜	QMn1.5	T56100	软化退火(O60)	>0.15～1.2	≤300
	QMn5	T56300	软化退火(O60)、 硬(H04)		
锌白铜	BZn15-20	T74600	软化退火(O60)、 1/2 硬(H02)、 硬(H04)、特硬(H06)	>0.15～1.2	≤610
	BZn18-18	C75200	软化退火(O60)、 1/4 硬(H01)、 1/2 硬(H02)、硬(H04)	>0.15～1.0	≤400
	BZn18-17	T75210	软化退火(O60)、 1/2 硬(H02)、硬(H04)	>0.15～1.2	≤610
	BZn18-26	C77000	1/4 硬(H01)、 1/2 硬(H02)、硬(H04)	>0.15～2.0	≤610

表 10.17　带材室温的力学性能

牌号	状态	拉伸试验			硬度试验
		厚度/mm	抗拉强度 R_m/MPa	断后伸长率 $A_{11.3}$/%	维氏硬度(HV)
TU1、TU2 T2、T3 TP1、TP2	O60	>0.15	≥195	≥30	≤70
	H01		215～295	≥25	60～95
	H02		245～345	≥8	80～110
	H04		295～395	≥3	90～120
	H06		≥350	—	≥110
TCd1	H04	≥0.2	≥390	—	—
H95	O60	≥0.2	≥215	≥30	—
	H04		≥320	≥3	
H90	O60	≥0.2	≥245	≥35	—
	H02		330～440	≥5	
	H04		≥390	≥3	
H85	O60	≥0.2	≥260	≥40	≤85
	H01		305～380	≥15	80～115
	H04		≥350	—	≥105
H80	O60	≥0.2	≥265	≥50	—
	H04		≥390	≥3	

续表

牌号	状态	拉伸试验			硬度试验
		厚度/mm	抗拉强度 R_m/MPa	断后伸长率 $A_{11.3}$/%	维氏硬度(HV)
H70、H68 H66、H65	O60	≥0.2	≥290	≥40	≤90
	H01		325～410	≥35	85～115
	H02		355～460	≥25	100～130
	H04		410～540	≥13	120～160
	H06		520～620	≥4	150～190
	H08		≥570	—	≥180
H63、H62	O60	≥0.2	≥290	≥35	≤95
	H02		350～470	≥20	90～130
	H04		410～630	≥10	125～165
	H06		≥585	≥2.5	≥155
H59	O60	≥0.2	≥290	≥10	—
	H04		≥410	≥5	≥130
HPb59-1	O60	≥0.2	≥340	≥25	—
	H02		390～490	≥12	
HPb59-1	H04	≥0.2	≥440	≥5	—
	H06	≥0.32	≥590	≥3	
HMn58-2	O60	≥0.2	≥380	≥30	—
	H02		440～610	≥25	
	H04		≥585	≥3	
HSn62-1	H04	≥0.2	390	≥5	—
QAl5	O60	≥0.2	≥275	≥33	—
	H04		≥585	≥2.5	
QAl7	H02	≥0.2	585～740	≥10	—
	H04		≥635	≥5	
QAl9-2	O60	≥0.2	≥440	≥18	—
	H04		≥585	≥5	
	H06		≥880	—	
QAl9-4	H04	≥0.2	≥635	—	—
HSn62-1	H04	≥0,2	390	≥5	—
QAl5	O60	≥0.2	≥275	≥33	—
	H04		≥585	≥2.5	
QAl7	H02	≥0.2	585～740	≥10	—
	H04		≥635	≥5	
QAl9-2	O60	≥0.2	≥440	≥18	—
	H04		≥585	≥5	
	H06		≥880	—	

续表

牌号	状态	拉伸试验			硬度试验
		厚度/mm	抗拉强度 R_m/MPa	断后伸长率 $A_{11.3}$/%	维氏硬度(HV)
QAl9-4	H04	≥0.2	≥635	—	—
QSn4-3 QSn4-0.3	O60	>0.15	≥290	≥40	—
	H04		540～690	≥3	
	H06		≥635	≥2	
QSn6.5-0.1	O60	>0.15	≥315	≥40	≤120
	H01		390～510	≥35	110～155
	H02		490～610	≥10	150～190
	H04		590～690	≥8	180～230
	H06		635～720	≥5	200～240
	H08		≥690	—	≥210
QSn7-0.2	O60	>0.15	≥295	≥40	—
QSn6.5-0.4	H04		540～690	≥8	
	H06		≥665	≥2	
QSn8-0.3	O60	>0.15	≥345	≥45	≤120
	H01		390～510	≥40	100～160
	H02		490～610	≥30	150～205
	H04		590～705	≥12	180～235
	H06		685～785	≥5	210～250
	H08		≥735	—	≥230
QSn4-4-2.5 QSn4-4-4	O60	≥0.8	≥290	≥35	—
	H01		390～490	≥10	—
	H02		420～510	≥9	—
	H04		≥490	≥5	—
QMn1.5	O60	≥0.2	≥205	≥30	—
QMn5	O60	≥0.2	≥290	≥30	—
	H04		≥440	≥3	
QSi3-1	O60	>0-15	≥370	≥45	—
	H04		635～785	≥5	
	H06		735	≥2	
B5	O60	≥0.2	≥215	≥32	—
	H04		≥370	≥10	
B19	O60	≥0.2	≥290	≥25	—
	H04		≥390	≥3	
BFe10-1-1	O60	≥0.2	≥275	≥25	—
	H04		≥370	≥3	

续表

牌号	状态	拉伸试验			硬度试验
		厚度/mm	抗拉强度 R_m/MPa	断后伸长率 $A_{11.3}$/%	维氏硬度(HV)
BFe30-1-1	O60	≥0.2	≥370	≥23	—
	H04		≥540	≥3	
BMn3-1.2	O60	≥0.2	≥350	≥25	—
BMn40-1.5	O60	≥0.2	390～590	—	—
	H04		≥635	—	—
BA16-1.5	H04	≥0.2	≥600	≥5	—
BA113-3	TH04	≥0.2	实测值		
BZn15-20	O60	>0.15	≥340	≥35	—
	H02		440～570	≥5	
	H04		540～690	≥1.5	
	H06		≥640	≥1	
BZn18-18	O60	≥0.2	≥385	≥35	≤105
	H01		400～500	≥20	100～145
	H02		460～580	≥11	130～180
	H04		≥545	≥3	≥165
BZn18-17	O60	≥0.2	≥375	≥20	—
	H02		440～570	≥5	120～180
	H04		≥540	≥3	≥150
BZn18-26	H01	≥0.2	≥475	≥25	≤165
	H02		540～650	≥11	140～195
	H04		≥645	≥4	≥190

注：1.超出表中规定厚度范围的带材，其性能指标由供需双方协商。

2.表中的"—"表示没有统计数据，如果需方要求该性能，其性能指标由供需双方协商。

3.维氏硬度的试验力由供需双方协商。

表 10.18 带材的弯曲试验

牌 号	状态	厚度/mm	弯曲角度	内侧半径/带厚
T2、T3、TP1、TP2、TU1、TU2、H95、H90、H80、H70、H68、H66、H65、H63、H62	O60	≤2	180°	0
	H02			1
	H04			1.5
H59	O60	≤2	180°	1
	H04		90°	1.5
QSn8-0.3、QSn7-02、QSn6.5-0.4、QSn6.5-0.1、QSn4 3、QSn4-0.3	O60	≥1	180°	0.5
	H02			1.5
	H04			2

续表

牌　　号	状态	厚度/mm	弯曲角度	内侧半径/带厚
QSi3-1	H04	≥1	180°	1
	H06		90°	2
BMn40-1.5	O60	≥1	180°	1
	H04		90°	1
BZn15-20	H04、H06	>0.15	90°	2

10.5.3 铜及铜合金箔材（GB/T 5187—2008）

① 普通箔材　适用于电子、仪表等工业部门用铜及铜合金轧制箔材。

表 10.19　箔材的牌号、状态和规格

牌　号	状　　态	厚度×宽度/mm
T1、T2、T3、TUI、TU2	M、Y_4、Y_2、Y	(0.012～<0.025)×≤300 (0.025～0.15)×≤600
H62、H65、H68	M、Y_4、Y_2、Y、T、TY	
QSn6.5-0.1、QSn7-0.2	Y、T	
QSi3-1	Y	
QSn8-0.3	T、TY	
BMn40-1.5	M、Y	
BZn15-20	M、Y_2、Y	
BZn18-18、BZn18-26	Y_2、Y、T	

注：M 表示软，Y_4 表示 1/4 硬，Y_3 表示 1/3 硬，Y_2 表示半硬，Y 表示硬，T 表示特硬，TY 表示弹硬，CYS 表示人工时效。

表 10.20　箔材的室温力学性能

牌　号	状态	抗拉强度 R_m/MPa	伸长率 $A_{11.2}$/%	维氏硬度(HV)
T1、T2、T3 TU1、TU2	M	≥205	≥30	≤70
	Y_4	215～275	≥25	60～90
	Y_2	245～345	≥8	80～110
	Y	≥295	—	≥90
H68、H65、H62	M	≥290	≥40	≤90
	Y_4	325～410	≥35	85～115
	Y_2	340～460	≥25	100～130
	Y	400～530	≥13	120～160
	T	450～600	—	150～190
	TY	≥500	—	≥180
QSn6.5-0.1 QSn7-0.2	Y	540～690	≥6	170～200
	T	≥650	—	≥190

续表

牌 号	状态	抗拉强度 R_m/MPa	伸长率 $A_{11.2}$/%	维氏硬度(HV)
QSn8-0.3	T	700～780	≥11	210～240
	TY	735～835	—	230～270
QSi3-1	Y	≥635	≥5	—
BZn15-20	M	≥340	≥35	—
	Y_2	440～570	≥5	
	Y	≥540	≥1.5	
BZn18-18 BZn18-26	Y_2	≥525	≥8	180～210
	Y	610～720	≥4	190～220
	T	≥700	—	210～240
BMn40-1.5	M	390～590	—	—
	Y	≥635		

注：1. 厚度不大于 0.05mm 的黄铜、白铜箔材的力学性能仅供参考。

2. 维氏硬度试验、拉伸试验任选其一，未作特别说明时，提供维氏硬度试验结果。

② 电解铜箔

表 10.21 电解铜箔的规格

规 格/(g/mm²)	44.6	80.3	107.0	153.0	230.0	305.0
名义厚度/μm	5.0	9.0	12.0	18.0	25.0	35.0
规 格/(g/mm²)	610.0	916.0	1221.0	1526.0	1831.0	—
名义厚度/μm	69.0	103.0	137.0	172.0	206.0	—

10.5.4 加工铜及铜合金板材（GB/T 17793—2010）

适用于一般用途的加工铜及铜合金板材。

表 10.22 加工铜及铜合金板材的牌号和规格

牌 号	状态	规 格/mm		
		厚度	宽度	长度
T2、T3、TP1、TP2、TU1、TU2、H96、H90、H85、H80、H70、H68、H65、H63、H62、H59、HPb59-1、HPb60-2、HSn62-1、HMn58-2	热轧	4.0～60.0	≤3000	≤6000
	冷轧	0.20～12.00		
HMn55-3-1、5HAl66-6-3-2、HMn57-3-1、HAl67-2、HAl60-1-1、HN165-5	热轧	4.0～40.0	≤1000	≤2000

续表

牌　　号	状态	规　格/mm		
		厚度	宽度	长度
QSn6.5-0.1、QSn6.5-0.4、QSn4-3、QSn4-0.3、QSn7-0.2、QSn8-0.3	热轧 冷轧	9.0～50.0 0.20～12.00	≤600	≤2000
QAl5、QAl7、QAl9-2、QAl9-4	冷轧	0.40～12.00	≤1000	≤2000
QCd1	冷轧	0.50～10.00	200～300	800～1500
QCr0.5、QCr0.5-0.2-0.1	冷轧	0.50～15.00	100～600	≥300
QMn1.5、QMn5	冷轧	0.50～5.00	100～600	≤1500
QSi3-1	冷轧	0.50～10.00	100～1000	≥500
QSn4-4-2.5、QSn4-4-4	冷轧	0.80～5.00	200～600	800～2000
B5、B19、BFe10-1-1、BFe30-1-1、BZn15-20、BZn18-17	热轧	7.0～60.0	≤2000	≤4000
	冷轧	0.50～10.00	≤600	≤1500
BAl6-1.5、BAl13-3	冷轧	0.50～12.00	≤600	≤1500
BMn3-12、BMn40-1.5	冷轧	0.50～10.00	100～600	800～1500

10.5.5 加工铜及铜合金带材（GB/T 17793—2010）

适用于一般用途的加工铜及铜合金带材。

表 10.23 加工铜及铜合金带材牌号和规格

牌　　号	厚度/mm	宽度/mm
T2、T3、TU1、TU2、TP1、TP2、H96、H90、H85、H80、H70、H68、H65、H63、H62、H59	>0.15～<0.5	≤600
	0.5～3	≤1200
HPb59-1、HSn62-1、HMn58-2	>0.15～0.2	≤300
	>0.2～2	≤550
QAl5、QAl7、QAl9-2、QAl9-4	>0.15～1.2	≤300
QSn7-0.2、QSn6.5-0.4、QSn6.5-0.1、QSn4-3、QSn4-0.3	>0.15～2	≤610
QSn8-0.3	>0.15～2.6	≤610
QSn4-4-4、QSn4-4-2.5	0.8～1.2	≤200
QCd1、QMn1.5、QMn5、QS13-1	>0.15～1.2	≤300
BZn18-17	>0.15～1.2	≤610
B5、B19、BZn15-20、BFe10-1-1、BFe30-1-1、BMn40-1.5、BMn3-12、BAl13-3、BAl6-1.5	>0.15～1.2	≤400

10.5.6 铜、铜合金/银、银合金复合带材（GB/T 26330—2010）

适用于制作微电机、继电器、保护器、电接插件和精密开关等电子元器件用的银、银合金/铜、铜合金二层复合材料，及金合金/

银合金/铜合金三层复合或多层复合等复合带材。产品分为特硬态（T）、硬态（Y）、半硬态（Y_2）、1/4 硬态（Y_4）、软态（M）五种状态。

复合带材的标记方法例：

GB/T 26330—AgNi10/QSn6.5-0.1—Y_2—高精度—0.08×(3.0+3.0)—0.80×27

GB/T 26330	AgNi10	QSn6.5-0.1	Y_2	高精度
标准号	复层牌号	基层牌号	供货状态	允差等级
0.08	3.0	3.0+3.0	0.80	27
复层厚度	复层宽度	复层数条数为 2	带厚	带宽

表 10.24　带材品种的组成形式

复　层	基　层					
	纯铜、无氧铜系	白铜系	MX 系	锡青铜系	黄铜系	其他
Ag	√	√	—	√	√	√
AgCu	√	—	—	√	√	√
Au/Ag	√	—	—	—	—	—
AuCuNi	√	—	—	—	—	—
AuCuNiRE	√	—	—	—	—	—
AgCuZnNi	√	—	—	—	—	—
AgCuZnNiRE	√	—	—	—	—	—
AgCuPdNi	√	—	—	—	—	—
AgCuPdNiRE	√	—	—	—	—	—
AgCuPdZnNiRE	√	—	—	—	—	—
AuAg/AgCuNi	√	—	—	—	—	—
AuAg/AgCuNiRE	√	—	—	—	—	—
AuAg/AgCuZnNi	√	—	—	—	—	—
AuAg/AgCuZnNiRE	√	—	—	—	—	—
AuAg/AgCuPdNiRE	√	—	—	—	—	—
AuAgCu/AgCuPdNiRE	√	—	—	—	—	—
AuAgCuRE/AgCuPdNiRE	√	—	—	—	—	—
AuAgCuPdRE/AgCuPdNiRE	√	—	—	—	—	—
AgPd	—	√	√	√	—	—
Pd、Ag、Cu、Pt、Au、Zn 合金	—	—	√	—	—	—

续表

复　层	基　层					
	纯铜、无氧铜系	白铜系	MX 系	锡青铜系	黄铜系	其他
Au、Ag、Ni、Cu、Pt 合金	—	—	√	—	—	—
$AgSnO_2$	√	—	—	√	—	—
AgCe	√	√	—	√	√	—
AgNi	√	√	—	√	√	√
AgSnLaCe	—	√	—	—	—	—

注：1. 表中带“√”为可供品种，其他品种可协商解决。

2. RE 为稀土元素的总称。

3. MX 为 Cu、Ni、Sn 合金。

10.5.7　铜及铜合金板（带、箔）材的重量

表 10.25　铜及铜合金板（带、箔）材的理论重量

厚度 /mm	重量/(kg/m²)		厚度 /mm	重量/(kg/m²)		厚度 /mm	重量/(kg/m²)	
	铜板	黄铜板		铜板	黄铜板		铜板	黄铜板
0.005	0.0445	0.0425	0.30	2.67	2.55	1.10	9.79	9.35
0.008	0.0712	0.0680	0.32	2.85	2.72	1.13	10.06	9.61
0.010	0.0890	0.0850	0.34	3.03	2.89	1.20	10.68	10.20
0.012	0.107	0.102	0.35	3.12	2.98	1.22	10.86	10.37
0.015	0.134	0.128	0.40	3.56	3.40	1.30	11.57	11.05
0.02	0.178	0.170	0.45	4.01	3.83	1.35	12.02	11.48
0.03	0.267	0.255	0.50	4.45	4.25	1.40	12.46	11.90
0.04	0.356	0.340	0.52	4.63	4.42	1.45	12.91	12.33
0.05	0.445	0.425	0.55	4.90	4.68	1.50	13.35	12.75
0.06	0.534	0.510	0.57	5.07	4.85	1.60	14.24	13.60
0.07	0.623	0.595	0.60	5.34	5.10	1.65	14.69	14.03
0.08	0.712	0.680	0.65	5.79	5.53	1.80	16.02	15.30
0.09	0.801	0.765	0.70	6.23	5.95	2.00	17.80	17.00
0.10	0.890	0.850	0.72	6.41	6.12	2.20	19.58	18.70
0.12	1.07	1.02	0.75	6.68	6.38	2.25	20.03	19.13
0.15	1.34	1.28	0.80	7.12	6.80	2.50	22.25	21.25
0.18	1.60	1.53	0.85	7.57	7.23	2.75	24.48	23.38
0.20	1.78	1.70	0.90	8.01	7.65	2.8	24.92	23.80
0.22	1.96	1.87	0.93	8.28	7.91	3.0	26.70	25.50
0.25	2.23	2.13	1.00	8.90	8.50	3.5	31.15	29.75

续表

厚度/mm	重量/(kg/m²)		厚度/mm	重量/(kg/m²)		厚度/mm	重量/(kg/m²)	
	铜板	黄铜板		铜板	黄铜板		铜板	黄铜板
4.0	35.60	34.00	17	151.3	144.5	36	320.4	306.0
4.5	40.05	38.25	18	160.2	153.0	38	338.2	323.0
5.0	44.50	42.50	19	169.1	161.5	40	356.0	340.0
5.5	48.95	46.75	20	178.0	170.0	42	373.8	357.0
6.0	53.40	51.00	21	186.9	178.5	44	391.6	374.0
6.5	57.85	55.25	22	195.8	187.0	45	400.5	382.5
7.0	62.30	59.50	23	204.7	195.5	46	409.4	391.0
7.5	66.75	63.75	24	213.6	204.0	48	427.2	408.0
8.0	71.20	68.00	25	222.5	212.5	50	445.0	425.0
9.0	80.10	76.50	26	231.4	221.0	52	462.8	442.0
10	89.00	85.00	27	240.3	229.5	54	480.6	459.0
11	97.90	93.50	28	249.2	238.0	55	489.5	467.5
12	106.8	102.0	29	258.1	246.5	56	498.4	476.0
13	115.7	110.5	30	267.0	255.0	58	516.2	493.0
14	124.6	119.0	32	284.8	272.0	60	534.0	510.0
15	133.5	127.5	34	302.6	289.0			
16	142.4	136.0	35	311.5	297.5			

注：计算修正系数：H59：0.9882；H62、H65、H68：1.0000；H90：1.0353；H96：1.0412；HAl60-1-1：0.9882；HAl67-2.5、HAl66-6-3-2、HAl77-2：1.0118；HMn55-3-1、HMn57-3-1、HMn58-2、HNi65-5：1.0188；HPb59-1、HPb63-3：1.0000；HSi80-3：1.0118；HSn62-1：0.9941。

10.6　铜及铜合金棒材

10.6.1　铜及铜合金拉制棒材（GB/T 4423—2007）

适用于圆形、矩形、方形和六角形铜及铜合金拉制棒材。

表 10.26　铜及铜合金拉制棒材的规格

牌　号	状　态	直径(或对边距离)/mm	
		圆、方、六边形	矩　形
H96、T2、T3、TP2、TU1、TU2	Y、M	3～80	3～80
H90	Y	3～40	—
H80、H65	Y、M	3～40	—
H68	Y_2	3～80	—
	M	13～35	—

续表

牌　　号	状　态	直径(或对边距离)/mm	
		圆、方、六边形	矩　形
H62、HPb59-1	Y_2	3～80	3～80
H63、HPb63-0.1	Y_2	3～40	—
HPb63-3	Y、Y_2	3～30 3～60	3～80
HPb61-1	Y_2	3～20	—
HFe58-1-1、HFe59-1-1、HSn62-1、HMn58-2	Y	4～60	—
QSn6-5-0.1、QSn6.5-0.4、QSn4-3、QSn4-0.3、QSi3-1、QAl9-2、QAl9-4、QAl9-3-1.5、QZr-0.2、QZr-0.4	Y	4～40	—
QSn7-0.2	Y、T	4～40	—
QCu1	Y、M	4～60	—
QCr0.5	Y、M	4～40	—
BZn15-20	Y、M	4～40	—
BZn15-24-1.5	T、Y、M	3～18	—
BFe30-1-1	Y、M	16～50	—
BMn40-1.5	Y	7～40	—

注：优选直径（mm）为 5、5.5、6、6.5、7、7.5、8、8.5、9、9.5、10、11、12、13、14、15、16、17、18、19、20、21、22、23、24、25、26、27、28、29、30、32、34、35、36、38、40、42、44、45、46、48、50、52、54、55、56、58、60、65、70、75、80。

10.6.2　铜及铜合金挤制棒材（YS/T 649—2007）

适用于一般用途的圆形、矩形（方形）和六角形铜及铜合金挤制棒。

表 10.27　铜及铜合金挤制棒材的规格

牌　　号	状态	直径或对边边长/mm		
		圆棒	矩形棒	方、六角棒
T2、T3	挤制(R)	30～120	20～120	30～120
TU1、TU2、TP2		16～300	—	16～120
H80、H68、H59		16～120	—	16～120
H96、HFe58-1-1、HAl60-1-1		10～160	—	10～120
HSn62-1、HMn58-2、HFe59-1-1		10～220	—	10～120
H62、HPb59-1		10～220	5～50	10～120
HSn70-1、HAl77-2		10～160	—	10～120
HMn55-3-1、HMn57-3-1、HAl66-6-3-2、HAl67-2.5		16～160	—	16～120

续表

牌号	状态	直径或对边边长/mm		
		圆棒	矩形棒	方、六角棒
QAl9-2	挤制(R)	10～200	—	30～60
QAl9-4、QAl10-3-1.5、QAl10-4-4		10～200	—	—
QAl11-6-6、HSi80-3、HNi56-3		10～160	—	—
QSi1-3		20～100	—	—
QCd1		20～120	—	—
QSi3-1		20～160	—	—
QSi3.5-3-1.5、Bfe10-1-1、BFe30-1-1 BAl13-3、BMn40-1.5		40～120	—	—
QSn4-0.3		60～180	—	—
QSn7-0.2、QSn4-3		40～180	—	40～120
QSn6.5-0.1、QSn6.4-0.4		40～180	—	30～120
QCr0.5		18～160	—	—
BZn15-20		25～120	—	—

注：供应长度：

直径或对边边长/mm	10～50	50～75	75～120	>120
供应长度/mm	1000～5000	500～5000	500～4000	300～4000

10.6.3　铜及铜合金铸棒（YS/T 759—2011）

适用于一般用途铜及铜合金水平连续铸造圆形棒材。

表 10.28　铸棒的牌号、状态、规格

牌号	状态	直径/mm	长度/mm
ZT2 ZHMn59-22	铸造(M0)	6～200	100～1000
ZHPb60-1.5-0.5 ZHSi75-3、ZHSi62-0.6、ZHBi62-2-1 ZQSn4-4-2.5、ZQSn4-4-4、ZQSn5-5-5 ZQSn6.5-0.1、ZQSn10-2			
ZQB13-10(C89325)、ZQBi5-6(C89320) ZQPb15-8			

表 10.29　铸棒的力学性能

牌号	抗拉强度 R_m /MPa ≥	规定非比例延伸强度 $R_{p0.2}$ /MPa ≥	断后伸长率 A /% ≥	布氏硬度 (HBW) ≥
ZHMn59-22	220	—	8	58
ZHPb60-1.5-0.5	200	—	10	65
ZHSi75-3	450	—	15	105
ZHSi62-0.6	350	—	20	95
ZHBi62-2-1	330	—	15	85

续表

牌　　号	抗拉强度 R_m /MPa ≥	规定非比例延伸强度 $R_{p0.2}$/MPa ≥	断后伸长率 A /% ≥	布氏硬度 (HBW) ≥
ZQSn5-5-5	250	100	13	64
ZQSn6. 5-0. 1	200	120	35	75
ZQSn10-2	270	140	7	80
ZQB13-10(C89325)	207	83	15	50
ZQBi5-6(C89320)	241	124	15	50
ZQPb15-8	140	—	10	—
ZT2	供　实　测　值			
ZQSn4-4-2. 5	供　实　测　值			
ZQSn4-4-4	供　实　测　值			

10. 6. 4　易切削铜合金棒（GB/T 26306—2010）

表 10. 30　棒材的牌号、状态、规格

牌　　号	状态	直径(或对边距)/mm	长度/mm
HPb57-4、HPb58-2、HPb58-3、HPb59-1、HPb59-2、HPb59-3、HPb60-2、HPb60-3、HPb62-3、HPb63-3	Y_2、Y	3～80	500～6000
HBi59-1、HBi60-1、3、HBi60-2、HMg60-1、HS175-3、HS180-3	Y_2	3～80	500～6000
HSb60-0. 9、HSb61-0. 8-0. 5	Y_2、Y	4～80	500～6000
HBi60-0. 5-0. 01、HBi60-0. 8-0. 01、HBi60-1. 1-0. 01	Y_2	5～60	500～5000
QTe0. 3、QTe0. 5、QTe0. 5-0. 008、QS0. 4. 0、QSn4-4-4、QPb1	Y_2、Y	4～80	500～5000

注：1. 直径（或对边距）不大于 10mm、长度不小于 4000mm 的棒材可成盘（卷）供货。

2. Y_2 表示半硬，Y 表示硬。

表 10. 31　棒材室温纵向力学性能

牌　号	状　态	对边距(或直径) /mm	抗拉强度 R_m /MPa	伸长率 A /%
HPb57-4 HPb58-2 HPb58-3	Y_2	3～20	350	10
		>20～40	330	15
		>40～80	315	20
	Y	3～20	380	8
		>20～40	350	12
		>40～80	320	15

续表

牌 号	状 态	对边距(或直径)/mm	抗拉强度 R_m/MPa	伸长率 A/%
HPb59-1 HPb59-2 HPb60-2	Y_2	3～20	420	12
		>20～40	390	14
		>40～80	370	19
	Y	3～20	480	5
		>20～40	460	7
		>40～80	440	10
HPb59-3 HPb60-3 HPb62-3 HPb63-3	Y_2	3～20	390	12
		>20～40	360	15
		>40～80	330	20
	Y	3～20	490	6
		>20～40	450	9
		>40～80	410	12
HBi59-1、HBi60-2、 HBi60-1.3、Mg60-1、 HSi75-3	Y_2	3～20	350	10
		>20～40	330	12
		>40～80	320	15
HBi60-0.5-0.01 HBi60-0.8-0.01 HBi60-1.1-0.01	Y_2	5～20	400	20
		>20～40	390	22
		>40～60	380	25
HSb60-0.9 HSb61-0.8-0.5	Y_2	4～12	390	8
		>12～25	370	10
		>25～80	300	18
	Y	4～12	480	4
		>12～25	450	6
		>25～40	120	10
QSn4-4-4	Y_2	4～12	430	12
		>12～20	400	15
	Y	4～12	450	5
		>12～20	420	7
HSi80-3	Y_2	4～80	295	28
QTe0.3、QTe0.5、 QTe0.5-0.008	Y_2	4～80	260	8
QS0.4.0、QPb1	Y	4～80	330	4

注：矩形棒按短边长分档。

10.6.5 铍青铜圆形棒（YS/T 334—2009）

表 10.32 铍青铜圆形棒的牌号、状态及规格

牌号	状态	规格/mm	
		直径	长度
QBe2 QBe1.9 QBe1.9-0.1 QBe1.7 QBe0.6-2.5(C17500)① QBe0.4-1.8(C17510)① QBe0.3-1.5① C17000 C17200 C17300	半硬态(Y_2) 硬态(Y) 硬时效态(TH04)	5～10 ＞10～20 ＞20～40	1000～3000 1000～4000 500～3000
	软态或固溶退火态(M) 软时效态(TF00)	5～120	500～5000
	热加工态(R)	20～30 ＞30～50 ＞50～120	500～5000 500～3000 500～2500

①无半硬态（Y_2）。

注：TF00 是指固溶处理＋沉淀热处理，TH04 是指固溶处理＋冷加工＋沉淀热处理。

表 10.33 铍青铜圆形棒的力学性能（热处理前）

牌号	状态	直径 /mm	抗拉强度 R_m/MPa	规定塑性延伸强度 $R_{p0.2}$/MPa	断后伸长率 A/% ≥	硬度 (HRB)
QBe2 QBe1.9 QBe1.9-0.1 QBe1.7 C17000 C17200 C17300	R	200～120	450～700	≥140	10	≥45
	M	5～120	400～600	≥140	30	45～85
	Y_2	5～40	550～700	≥450	10	≥78
	Y	5～10	660～900	≥520	5	≥88
		＞10～25	620～860	≥520	5	
		＞25	590～830	≥510	5	
QBe0.6-2.5 QBe0.4-1.8	M	5～120	≥240	—	20	20～50
	R	20～120				
QBe0.3-1.5	Y	5～40	≥440	—	5	60～80

表 10.34 铍青铜圆形棒的力学性能（时效热处理后）

牌号	状态	直径 /mm	抗拉强度 R_m/MPa	规定塑性延伸强度 $R_{p0.2}$/MPa	断后伸长率 A/% ≥	硬度 (HRC)
QBe1.7 C17000	TF00	5～120	1000～1310	≥860	—	32～39
	TH04	5～10	1170～1450	≥990	—	35～41
		＞10～25	1130～1410	≥960	—	35～41
		＞25	1100～1380	≥930	—	33～40

续表

牌号	状态	直径/mm	抗拉强度 R_m/MPa	规定塑性延伸强度 $R_{p0.2}$/MPa	断后伸长率 A/% ≥	硬度(HRC)
QBe2	TF00	5～120	1100～1380	≥890	2	35～42
QBe1.9 QBe1.9-0.1 C17200 C17300	TH04	5～10	1200～1550	≥1100	1	37～45
		>10～25	1150～1520	≥1050	1	36～44
		>25	1120～1480	≥1000	1	
QBe0.6-2.5 QBe0.4-1.8 QBe0.3-1.5	TF00	5～120	690～895	—	6	92～100①
	TH04	5～40	760～965	—	3	95～102②

①HRB。

10.6.6　再生铜及铜合金棒（GB/T 26311—2010）

适用于五金用的圆形、方形、六角形及其他异形再生铜及铜合金连铸、挤压、轧制、拉制棒材。

表 10.35　棒材的牌号、状态和规格

合金牌号	产品状态	直径(或对边距)/mm	长度/mm
RT3	Y、M	7～80	500～5000
RHPb59-2、RHPb58-2、RHPb58-3、RHPb56-4	Z、R、Y_2		
RHPb62-2-0.1	R、Y_2		

注：M表示软，Y_2表示半硬，Y表示硬，R表示挤制，Z表示铸。

表 10.36　室温力学性能（需方要求时）

牌　号	状态	抗拉强度 R_m/MPa ≥	伸长率 A/% ≥	牌　号	状态	抗拉强度 R_m/MPa ≥	伸长率 A/% ≥
RT3	M	205	40	RHPb57-3	Z	250	—
	Y	315	—		R	—	—
RHPb59-2	Z	250	—		Y2	320	5
	R	360	12	RHPb56-4	Z	250	—
	Y2	360	10		R	—	—
RHPb58-2	Z	250	—		Y2	320	5
	R	360	7	RHPb62-2-0.1	R	250	22
	Y2	320	5		Y2	300	20

10.6.7　铜及铜合金棒的重量

表 10.37　铜及铜合金棒的计算重量　kg/m

规格(直径或对边距离)/mm	纯铜棒(密度按 8.9g/cm^3 计算)			黄铜棒(密度按 8.5g/cm^3 计算)		
	圆棒	方棒	六角棒	圆棒	方棒	六角棒
3.0	0.0629	0.0801	0.0694	—	—	—
3.5	0.0856	0.1090	0.0944	—	—	—
4.0	0.112	0.142	0.123	—	—	—
4.5	0.142	0.180	0.156	—	—	—
5.0	0.175	0.223	0.193	0.167	0.213	0.184
5.5	0.211	0.269	0.233	0.202	0.257	0.223
6.0	0.252	0.320	0.277	0.240	0.306	0.265
6.5	0.295	0.376	0.326	0.282	0.359	0.311
7.0	0.343	0.436	0.378	0.327	0.417	0.361
7.5	0.393	0.501	0.434	0.376	0.478	0.414
8.0	0.447	0.570	0.493	0.427	0.544	0.471
8.5	0.505	0.643	0.557	0.482	0.614	0.532
9.0	0.566	0.721	0.624	0.541	0.689	0.596
9.5	0.631	0.803	0.696	0.602	0.767	0.664
10	0.699	0.890	0.771	0.668	0.850	0.736
11	0.846	1.077	0.933	0.808	1.029	0.891
12	1.01	1.28	1.11	0.96	1.22	1.06
13	1.18	1.50	1.30	1.13	1.44	1.24
14	1.37	1.74	1.51	1.31	1.67	1.44
15	1.57	2.00	1.73	1.50	1.91	1.66
16	1.79	2.28	1.97	1.71	2.18	1.88
17	2.02	2.57	2.23	1.93	2.46	2.13
18	2.26	2.88	2.50	2.16	2.75	2.39
19	2.52	3.21	2.78	2.41	3.07	2.66
20	2.80	3.56	3.08	2.67	3.40	2.94
21	3.08	3.92	3.40	2.94	3.75	3.25
22	3.38	4.31	3.73	3.23	4.11	3.56
23	3.70	4.71	4.08	3.53	4.50	3.89
24	4.03	5.13	4.44	3.85	4.90	4.24
25	4.37	5.56	4.82	4.17	5.31	4.60
26	4.73	6.02	5.21	4.51	5.75	4.98
27	5.10	6.49	5.62	4.87	6.20	5.37
28	5.48	6.98	6.04	5.23	6.66	5.77
29	5.88	7.48	6.48	5.61	7.15	6.19

续表

规格(直径或对边距离)/mm	纯铜棒(密度按 8.9g/cm³ 计算)			黄铜棒(密度按 8.5g/cm³ 计算)		
	圆棒	方棒	六角棒	圆棒	方棒	六角棒
30	6.29	8.01	6.94	6.01	7.65	6.63
32	7.16	9.11	7.89	6.84	8.70	7.54
34	8.08	10.29	8.91	7.72	9.83	8.51
35	8.56	10.90	9.44	8.18	10.41	9.02
36	9.06	11.53	9.99	8.65	11.02	9.54
38	10.09	12.85	11.13	9.64	12.27	10.63
40	11.18	14.24	12.33	10.68	13.60	11.78
42	12.33	15.70	13.60	11.78	14.99	12.99
44	13.53	17.23	14.92	12.92	16.46	14.25
45	14.15	18.02	15.61	13.52	17.21	14.91
46	14.79	18.83	16.31	14.13	17.99	15.58
48	16.11	20.51	17.76	15.38	19.58	16.96
50	17.48	22.25	19.27	16.69	21.25	18.40
52	18.90	24.07	20.84	18.05	22.98	19.91
54	20.38	25.95	22.48	19.47	24.79	21.47
55	21.14	26.92	23.32	20.19	25.71	22.27
56	21.92	27.91	24.17	20.94	26.66	23.09
58	23.51	29.94	25.93	22.46	28.59	24.76
60	25.16	32.04	27.75	24.03	30.60	26.50
65	29.53	37.60	32.57	28.21	35.91	31.10
70	34.25	43.61	37.77	32.71	41.65	36.07
75	39.32	50.06	43.36	37.55	47.81	41.41
80	44.74	56.96	49.33	42.73	54.40	47.11
85	50.50	64.30	55.69	48.23	61.41	53.19
90	56.62	72.09	62.43	54.07	68.85	59.63
95	63.09	80.32	69.56	60.25	76.71	66.44
100	69.90	89.00	77.08	66.76	85.00	73.61
105	77.07	98.12	84.98	73.60	93.71	81.16
110	84.58	107.7	93.27	80.78	102.8	89.07
115	92.44	117.7	101.94	88.29	112.4	97.35
120	100.7	128.2	110.99	96.13	122.4	106.0
130	—	—	—	112.8	143.6	124.4
140	—	—	—	130.8	166.6	144.3
150	—	—	—	150.2	191.2	165.6
160	—	—	—	170.9	217.6	188.4

续表

规格(直径或对边距离)/mm	纯铜棒(密度按 8.9g/cm³ 计算)			黄铜棒(密度按 8.5g/cm³ 计算)		
	圆棒	方棒	六角棒	圆棒	方棒	六角棒
其他铜及铜合金棒的计算修正系数	青铜和白铜：BFe30-1-1：1.000；BMn40-1.5：1.000；BZn15-20、BZn15-24-1.5：0.966；QAl9-2：0.853；QAl9-4、QAl10-3-1、QAl10-4-4、QAl11-6-6：0.843；QBe1.7、QBe1.9、QBe2：0.933；QCd1：0.989；QCr0.5：1.00；QSi1-3：0.966；QSi3-1：0.844；QSi3.5-3-1.5：0.989；QSn4-0.3：1.000；QSn4-3、QSn6.5-0.1、QSn6.5-0.4、QSn7-0.2：0.989			其他黄铜(密度≠8.5g/cm³)：H96：1.041；H80：1.012；H68、H65、H63、H62：1.000；H59：0.988；HAl77-2：1.012；HAl67-2.5、HAl66-6-3：1.000；HFe58-1-1、HFe59-1-1：1.000；HMn 55-3-1、HMn57-3-1：1.000；HNi65-5：1.000；HPb63-3、HPb63-0.1、HPb59-1：1.000；HSi80-3：1.012；HSn70-1：1.005；HSn62-1：1.000		

10.7　铜及铜合金管材

10.7.1　铜及铜合金挤制管（YS/T 662—2007）

适用于铜及铜合金挤制无缝圆形、矩形管材。

表 10.38　挤制管的牌号、状态、规格

牌　　号	状态	规　格　/mm		
		外径	壁厚	长度
TU1、TUZ、T2、T3、TP1、TP2	挤制(R)	30～300	5～65	300～6000
H96、H62、HPb59-1、HFe59-1-1		20～300	1.5～42.5	
H80、H65、H68、HSn62-1、HSi80-3、HMn58-2、HMn57-3-1		60～220	7.5～30	
QAl9-2、QAl9-4、QAl10-3-1.5、QAl10-4-4		20～250	3～50	500～6000
QSi3.5-3-1.5		80～200	10～30	
QCr0.5		100～220	17.5～37.5	500～3000
BFe10-1-1		70～250	10～25	300～3000
BFe30-1-1		80～120	10～25	

表 10.39　挤制圆形无缝管的规格　　mm

公称外径	公称壁厚													
	1.5	2.0	2.5	3.0	3.5	4.0	4.5	5.0	6.0	7.5	9.0	10.0	12.5	15.0
20,21,22	√	√	√	√		√								
23,24,25,26	√	√	√	√	√	√								
27,28,29			√	√	√	√	√	√	√					
30,32			√	√	√	√	√	√	√					
34,35,36			√	√	√	√	√	√	√					

续表

公称外径	公称壁厚													
	1.5	2.0	2.5	3.0	3.5	4.0	4.5	5.0	6.0	7.5	9.0	10.0	12.5	15.0
38,40,42,44			√	√	√	√	√	√	√	√	√	√		
45,46,48			√	√	√	√	√	√	√	√	√	√		
50,52,54,55			√	√	√	√	√	√	√	√	√	√	√	√
56,58,60						√	√	√	√	√	√	√	√	√
62,64,65,68,70						√	√	√	√	√	√	√	√	√
72,74,75,78,80						√	√	√	√	√	√	√	√	√
85,90										√		√	√	√
95,100										√		√	√	√
105,110												√	√	√
115,120												√	√	√
125,130												√	√	√
135,140												√	√	√
145,150												√	√	√
155,160												√	√	√
165,170												√	√	√
175,180												√	√	√
185,190,195,200												√	√	√
210,220												√	√	√
230,240,250												√	√	√
260,280												√	√	√

公称外径	公称壁厚												
	17.5	20.0	22.5	25.0	27.5	30.0	32.5	35.0	37.5	40.0	42.5	45.0	50.0
50,52,54,55	√												
56,58,60	√												
62,64,65,68,70	√	√											
72,74,75,78,80	√	√	√	√									
85,90	√	√	√	√	√	√							
95,100	√	√	√	√	√	√							
105,110	√	√	√	√	√	√							
115,120	√	√	√	√	√	√	√	√	√				
125,130	√	√	√	√	√	√	√	√					
135,140	√	√	√	√	√	√	√	√	√				
145,150	√	√	√	√	√	√	√	√					
155,160	√	√	√	√	√	√	√	√	√	√	√		
165,170	√	√	√	√	√	√	√	√	√	√	√		
175,180	√	√	√	√	√	√	√	√	√	√	√		
185,190,195,200	√	√	√	√	√	√	√	√	√	√	√	√	
210,220	√	√	√	√	√	√	√	√	√	√	√	√	
230,240,250		√		√	√	√	√	√	√	√	√	√	√
260,280		√		√	√	√							
290,300		√		√		√							

注："√"表示推荐规格，需要其他规格产品可由供需双方协商。

表 10.40　管材的纵向室温力学性能

牌　号	壁厚 /mm ≤	抗拉强度 R_m /MPa ≥	断后伸长率 A/% ≥	布氏硬度 (HBW)
T2、T3、TU1、TU2、TP1、TP2	65	185	42	
H96	42.5	185	42	
H80	30	275	40	
H68	30	295	45	
H65、H62	42.5	295	43	
HPb59-1	42.5	390	24	
HFe59-1-1	42.5	430	31	
HSn62-1	30	320	25	
HSi80-3	30	295	28	
HMn58-2	30	395	29	
HMn57-3-1	30	490	16	
QAl9-2	50	470	16	
QAl9-4	50	450	17	
QAl10-3-1.5	16	590	14	110～200
	16	540	15	135～200
QAl10-4-1	60	635	6	170～230
QSi3.5-3-1.5	30	360	35	
QCr0.5	37.5	220	35	
BFe10-1-1	25	280	28	
BF30-1-1	25	345	25	

10.7.2　铜及铜合金拉制管（GB/T 1527—2006）

适用于铜及铜合金拉制无缝圆形、矩形管材。

表 10.41　拉制管材的牌号、状态和规格

<table>
<tr><th rowspan="3">牌　号</th><th rowspan="3">状　态</th><th colspan="4">规　格/mm</th></tr>
<tr><th colspan="2">圆　形</th><th colspan="2">矩　形</th></tr>
<tr><th>外径</th><th>壁厚</th><th>对边距</th><th>壁厚</th></tr>
<tr><td>T2、T3、TU1、
TU2、TP1、TP2</td><td>M、M_2、Y、T
Y_2</td><td>3～360
3～100</td><td>0.5～15</td><td rowspan="4">3～100</td><td>1～10</td></tr>
<tr><td>H96、H90、H85、H85A、H80</td><td>M、M_2、Y_2、Y</td><td>3～200</td><td>0.2～10</td><td rowspan="3">0.2～7</td></tr>
<tr><td>H70、H70A、H68、H68A、H59、
HSn70-1、HSn62-1、HPb59-1</td><td>M、M_2、Y_2、Y</td><td>3～100</td><td>0.2～10</td></tr>
<tr><td>H62、H63、H65、H65A、HPb66-0.5</td><td>M、M_2、Y_2、Y</td><td>3～200</td><td>0.2～10</td></tr>
</table>

续表

牌　　号	状　　态	规　格/mm			
		圆　形		矩　形	
		外径	壁厚	对边距	壁厚
HPb63-0.1	Y_2	18～31	6.5～13	—	—
	Y_3	8～31	3.0～13		
BZn15-20	M、Y_2、Y	4～40	0.5～8	—	—
BFe10-1-1	M、Y_2、Y	8～160			
BFe30-1-1	M、Y_2	8～80			

注：1. 外径≤100mm的圆形直管，供应长度为1000～7000mm，其他规格的圆形直管供应长度为500～6000mm。

2. 矩形直管的供应长度为1000～5000mm。

3. 外径≤30mm、壁厚＜3mm的圆形管材和圆周长≤100mm或圆周长与壁厚之比≤15的矩形管材，可供应长度≥6000mm的盘管。

表10.42　拉制圆形无缝管的规格　　mm

公称外径	公称壁厚												
	0.2	0.3	0.4	0.5	0.6	0.75	1.0	1.25	1.5	2.0	2.5	3.0	3.5
3,4	√	√	√	√	√	√	√	√					
5,6,7	√	√	√	√	√	√	√	√	√				
8～15(间隔1)	√	√	√	√	√	√	√	√	√	√	√	√	
16～20(间隔1)		√	√	√	√	√	√	√	√	√	√	√	√
21～30(间隔1)			√	√	√	√	√	√	√	√	√	√	√
31～40(间隔1)			√	√	√	√	√	√	√	√	√	√	√
42,44,45,46,48,49,50						√	√	√	√	√	√	√	√
52,54,55,56,58,60						√	√	√	√	√	√	√	√
62,64,65,66,68,70							√	√	√	√	√	√	√
72,74,75,76,78,80										√	√	√	√
82,84,85,86,88,90,92,94,96,100										√	√	√	√
105～150(间隔5)										√	√	√	√
155～200(间隔5)												√	√
210～250(间隔10)												√	√
公称外径/mm	公称壁厚/mm												
	4.0	4.5	5.0	6.0	7.0	8.0	9.0	10.0	11.0	12.0	13.0	14.0	15.0
16～20(间隔1)	√	√											
21～30(间隔1)	√	√	√										
31～40(间隔1)	√	√	√										
42,44,45,46,48,49,50	√	√	√	√									

续表

公称外径/mm	公称壁厚/mm												
	4.0	4.5	5.0	6.0	7.0	8.0	9.0	10.0	11.0	12.0	13.0	14.0	15.0
52,54,55,56,58,60	√	√	√	√	√	√							
62,64,65,66,68,70	√	√	√	√	√	√	√	√	√				
72,74,75,76,78,80	√	√	√	√	√	√	√	√	√	√	√		
82,84,85,86,88,90,92,94,96,100	√	√	√	√	√	√	√	√	√	√	√	√	√
105～150(间隔 5)	√	√	√	√	√	√	√	√	√	√	√	√	√
155～200(间隔 5)	√	√	√	√	√	√	√	√	√	√	√	√	√
210～250(间隔 10)	√	√	√	√	√	√	√	√	√	√	√	√	√
260～360(间隔 10)	√	√	√										

表 10.43　纯铜圆形管材的纵向室温力学性能

牌号	状态	壁厚/mm	拉伸试验		硬度试验	
			抗拉强度 R_m/MPa ≥	伸长率 A /% ≥	维氏硬度(HV)	布氏硬度(HB)
T2、T3、TU1、TU2、TPI、TP2	软(M)	所有	200	40	40～65	35～60
	轻软(M_2)	所有	220	40	45～75	40～70
	半硬(Y_2)	所有	250	20	70～100	65～95
	硬(Y)	≤6	290		95～120	90～115
		>6～10	265		75～110	70～105
		>10～15	250		70～100	65～95
	特硬(T)	所有	360		≥110	≥150

注：1. 矩（方）形管材的室温力学性能由供需双方协商确定。需方有要求并在合同中注明时，可选择维氏硬度或布氏硬度试验。当选择硬度试验时，拉伸试验结果仅供参考。

2. 特硬（T）状态的抗拉强度仅适用于壁厚<3mm 的管材；壁厚>3mm 的管材，其性能由供需双方协商确定。

3. 维氏硬度试验负荷由供需双方协商确定。软（M）状态的维氏硬度试验仅适用于壁厚≥1mm 的管材。

4. 布氏硬度试验仅适用于壁厚≥3mm 的管材。

10.7.3　铜及铜合金毛细管（GB/T 1531—2009）

铜及铜合金毛细管分高级、较高级和普通级。高级适用于家用电冰箱、电冰柜、高精度仪表等工业部门的铜毛细管；较高级适用于较高精度仪器、仪表和电子工业用铜及铜合金毛细管；普通级适用于一般精度仪器、仪表和电子工业用铜及铜合金毛细管。

表 10.44 铜及铜合金毛细管的规格

牌号	供应状态	规格/mm		
		外径×内径	长度	
			盘管	直管
T2、TP1、TP2、H85、H80、H70、H68、H65、H63、H62	硬(Y)、半硬(Y_2)、软(M)	(ϕ0.5～6.1)×(ϕ0.3～4.45)	≥3000	50～6000
H96、H90、QSn4-0.3、QSn6.5-1	硬(Y)、软(M)			

10.7.4 焊割用铜及铜合金无缝管（GB/T 27672—2011）

表 10.45 无缝管的牌号、状态和规格

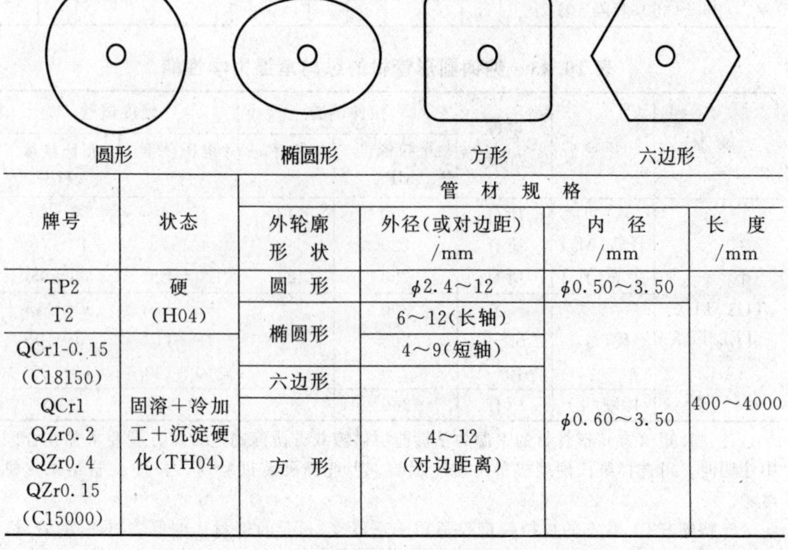

牌号	状态	管材规格			
		外轮廓形状	外径(或对边距)/mm	内径/mm	长度/mm
TP2 T2	硬 (H04)	圆形	ϕ2.4～12	ϕ0.50～3.50	400～4000
		椭圆形	6～12(长轴) 4～9(短轴)	ϕ0.60～3.50	
QCr1-0.15 (C18150) QCr1 QZr0.2 QZr0.4 QZr0.15 (C15000)	固溶＋冷加工＋沉淀硬化(TH04)	六边形	4～12 (对边距离)		
		方形			

表 10.46 无缝管的室温力学性能和电性能

牌号	状态	抗拉强度 R_m/MPa ≥	断后伸长率 A/% ≥	洛氏硬度 (HRB) ≥	电导率(IACS) /% ≥
TP2	硬(H04)	315	—	—	—
T2		315	—	—	—
QCr1-0.15	固溶＋冷加工＋沉淀硬化(TH04)	560	9	80	75
QCr1		560	9	78	75
QZr0.2 QZr0.4 QZr0.15		415	—	65	80

10.7.5　热交换器用铜合金无缝管（GB/T 8890—2015）

适用于火力发电、舰艇船舶、海上石油、机械、化工等部门制造热交换器及冷凝器。

表 10.47　管材的牌号、状态和规格

牌号	代号	供应状态	种类	规格/mm		
				外径	壁厚	长度
BFe10-1-1 BFe10-1.4-1	T70590 C70600	软化退火(O60) 硬(H80)	盘管	3～20	0.3～1.5	—
BFe10-1-1	T70590	软化退火(O60)	直管	4～160	0.5～4.5	＜6000
		退火至 1/2 硬(O82)、硬(H80)		6～76	0.5～4.5	＜18000
BFe30-0.7 BFe30-1-1	C71500 T71510	软化退火(O60) 退火至 1/2 硬(O82)	直管	6～76	0.5～4.5	＜18000
HAl77-2 HSn72-1 HSn70-1 HSn70-1-0.01 HSn70-1-0.01-0.04 HAs68-0.04 HAs70-0.05 HAs85-0.05	C68700 C44300 T45000 T45010 T45020 T26330 C26130 T23030	软化退火(O60) 退火至 1/2 硬(O82)	直管	6～76	0.5～4.5	＜18000

表 10.48　管材的室温力学性能

牌　号	状态	抗拉强度 R_m/MPa ≥	断后伸长率 A/% ≥
BFe30-1-1、BFe30-0.7	O60	370	30
	O82	490	10
BFe10-1-1、BFe10-1.4-1	O60	290	30
	O82	345	10
	H80	480	—
HAl77-2	O60	345	50
	O82	370	45
HSn72-1、HSn70-1、HSn70-1-0.01、HSn70-1-0.01-0.04	O60	295	42
	O82	320	38
HAs68-0.04	O60	295	42
HAs70-0.05	O82	320	38
HAs85-0.05	O60	245	28
	O82	295	22

10.8 铜及铜合金线材

10.8.1 铜及铜合金线材的牌号和规格(GB/T 21652—2017)

适用于各工业部门用的圆形、正方形、正六角形的铜及铜合金线材。

表 10.49 铜及铜合金线材的牌号、状态和规格

分类	牌号	代号	状态	直径(对边距)/mm
无氧铜	TU0	T10130	软(O60)、硬(H04)	0.05~8.0
	TU1	T10150		
	TU2	T10180		
纯铜	T2	T11050	软(O60)、l/2 硬(H02)、硬(H04)	0.05~8.0
	T3	T11090		
镉铜	TCd1	C16200	软(O60)、硬(H04)	0.1~6.0
镁铜	TMg0.2	T18658	硬(H04)	1.5~3.0
	TMg0.5	T18664	硬(H04)	1.5~7.0
普通黄铜	H95	C21000	软(O60)、1/2 硬(H02)、硬(H04)	0.05~12.0
	H90	C22000		
	H85	C23000		
	H80	C24000		
	H70	T26100	软(O60)、1/8 硬(H00)、1/4 硬(H01)、1/2 硬(H02)、3/4 硬(H03)、硬(H04)、特硬(H06)	0.05~8.5
	H68	T26300		特硬规格 0.1~6.0
	H66	C26800		软态规格 0.05~18.0
	H65	C27000		0.05~13
	H63	T27300		特硬规格 0.05~4.0
	H62	T27600		
铅黄铜	HPb63-3	T34700	软(O60)、1/2 硬(H02)、硬(H04)	0.5~6.0
	HPb62-0.8	T35100	1/2 硬(H02)、硬(H04)	0.5~6.0
	HPb61-1	C37100	1/2 硬(H02)、硬(H04)	0.5~8.5
	HPb59-1	T38100	软(O60)、1/2 硬(H02)、硬(H04)	0.5~6.0
	HPb59-3	T38300	1/2 硬(H02)、硬(H04)	1.0~10.0
硼黄铜	HB90-0.1	T22130	硬(H04)	1.0~12.0
锡黄铜	1-1Sn62-1	T46300	软(O60)、硬(H04)	0.5~6.0
	HSnb0-1	T46410		
锰黄铜	HMn62-13	T67310	软(O60)、1/4 硬(H01)、1/2 硬(H02)、3/4 硬(H03)、硬(H04)	0.5~6.0

续表

分类	牌号	代号	状　态	直径(对边距)/mm
锡青铜	QSn4-3	T50800	软(O60)、1/4 硬(H01)、1/2 硬(H02)、3/4 硬(H03)	0.1～8.5
			硬(H04)	0.1～6.0
	QSn5-0.2	C51000	软(O60)、1/4 硬(H01)、1/2 硬(H02)、3/4 硬(H03)、硬(H04)	0.1～8.5
	QSn4-0.3	C51100		
	QSn6.5-0.1	T51510		
	QSn6.5-0.4	T51520		
	QSn7-0.2	T51530		
	QSn8-0.3	C52100		
	QSn15-1-1	T52500	软(O60)、1/4 硬(H01)、1/2 硬(H02)、3/4 硬(H03)、硬(H04)	0.5～6.0
	QSn4-4-4	T53500	1/2 硬(H02)、硬(H04)	0.1～8.5
铬青铜	QCr4.5-2.5-0.6	T55600	软(O60)、固溶热处理＋沉淀热处理(TF00) 固溶热处理＋冷加工(硬)＋沉淀热处理(TH04)	0.5～6.0
铝青铜	QAl7	C61000	1/2 硬(H02)、硬(H04)	1.0～b.0
	QA19-2	T61700	硬(H04)	0.6～6.0
硅青铜	QSi3-1	T64730	1/2 硬(H02)、3/4 硬(H03)、硬(H04)	0.1～8.5
			软(O60)、1/4 硬(H01)	0.1～18.0
普通白铜	B19	T71050	软(O60)、硬(H04)	0.1～6.0
铁白铜	BFe10-1-1	T70590	软(O60)、硬(H04)	0.1～6.0
	BFe30-1-1	T71510		
锰白铜	BMn3-12	T71620	软(O60)、硬(H04)	0.05～6.0
	BMn40-1.5	T71660		
锌白铜	BZn9-29	T76100	软(O60)、1/8 硬(H00)、1/4 硬(H01)、1/2 硬(H02)、3/4 硬(H03)、硬(H04)、特硬(H06)	0.1～8.0
	BZn12-24	T76200		特硬规格 0.5～4.0
	BZn12-26	T76210		
	BZn15-20	T74600		0.1～8.0 特硬规格 0.5～4.0 软态规格 0.1～18.0
	BZn18-20	T76300		
	BZn22-16	T76400		0.1～8.0
	BZn25-18	T76500		特硬规格 0.1～4.0

续表

分类	牌号	代号	状态	直径(对边距)/mm
锌白铜	BZn40-20	T77500	软(O60)、1/4硬(H01)、1/2硬(H02)、3/4硬(H03)、硬(H04)	1.0~6.0
	BZn12-37-1.5	C79860	1/2硬(H02)、硬(H04)	0.5~9.0

表10.50 线材抗拉强度和断后伸长率

牌号	状态	直径(或对边距)/mm	抗拉强度 R_m/MPa	断后伸长率/%	
				A_{100mm}	A
TU0	O60	0.05~8.0	195~255	≥25	—
TU1 TU2	H04	0.05~4.0	≥345	—	—
		>4.0~8.0	≥310	≥10	—
T2 T3	O60	0.05~0.3	≥195	≥15	—
		>0.3~1.0	≥195	≥20	—
		>1.0~2.5	≥205	≥25	—
		>2.5~8.0	≥205	≥30	—
	H02	0.05~8.0	255~365	—	—
	H04	0.05~2.5	≥380	—	—
		>2.5~8.0	≥365	—	—
TCd1	O60	0.1~6.0	≥275	≥20	—
	H04	0.1~0.5	590~880	—	—
		>0.5~4.0	490~735	—	—
		>4.0~6.0	470~685	—	—
TMg0.2	H04	1.5~3.0	≥530	—	—
TMg0.5	H04	1.5~3.0	≥620	—	—
		>3.0~7.0	≥530	—	—
H95	O60	0.05~12.0	≥220	≥20	—
	H02	0.05~12.0	≥340	—	—
	H04	0.05~12.0	≥420	—	—
H90	O60	0.05~12.0	≥240	≥20	—
	H02	0.05~12.0	≥385	—	—
	H04	0.05~12.0	≥485	—	—
H85	O60	0.05~12.0	≥280	≥20	—
	H02	0.05~12.0	≥455	—	—
	H04	0.05~12.0	≥570	—	—
H80	O60	0.05~12.0	≥320	≥20	—
	H02	0.05~12.0	≥540	—	—
	H04	0.05~12.0	≥690	—	—

续表

牌号	状态	直径(或对边距)/mm	抗拉强度 R_m/MPa	断后伸长率/%	
				A_{100mm}	A
H70 H68 H66	O60	0.05～0.25	≥375	≥18	—
		>0.25～1.0	≥355	≥25	—
		>1.0～2.0	≥335	≥30	—
		>2.0～4.0	≥315	≥35	—
		>4.0～6.0	≥295	≥40	—
		>6.0～13.0	≥275	≥45	—
		>13.0～18.0	≥275	—	≥50
	H00	0.05～0.25	≥385	≥18	—
		>0.25～1.0	≥365	≥20	—
		>1.0～2.0	≥350	≥24	—
		>2.0～4.0	≥340	≥28	—
		>4.0～6.0	≥330	≥33	—
		>6.0～8.5	≥320	≥35	—
	H01	0.05～0.25	≥400	≥10	—
		>0.25～1.0	≥380	≥15	—
		>1.0～2.0	≥370	≥20	—
		>2.0～4.0	≥350	≥25	—
		>4.0～6.0	≥340	≥30	—
		>6.0～8.5	≥330	≥32	—
	H02	0.05～0.25	≥410	—	—
		>0.25～1.0	≥390	≥5	—
		>1.0～2.0	≥375	≥10	—
		>2.0～4.0	≥355	≥12	—
		>4.0～6.0	≥345	≥14	—
		>6.0～8.5	≥340	≥16	—
	H03	0.05～0.25	540～735	—	—
		>0.25～1.0	490～685	—	—
		>1.0～2.0	440～635	—	—
		>2.0～4.0	390～590	—	
		>4.0～6.0	345～540	—	—
		>6.0～8.5	340～520	—	—
	H04	0.05～0.25	735～930	—	—
		>0.25～1.0	685～885	—	—
		>1.0～2.0	635～835	—	—
		>2.0～4.0	590～785	—	—
		>4.0～6.0	540～735	—	—
		>6.0～8.5	490～685	—	—

续表

牌号	状态	直径(或对边距)/mm	抗拉强度 R_m /MPa	断后伸长率/%	
				A_{100mm}	A
H70 H68 H66	H06	0.1~0.25	≥800	—	—
		>0.25~1.0	≥780	—	—
		>1.0~2.0	≥750	—	—
		>2.0~4.0	≥720	—	—
		>4.0~6.0	≥690	—	—
H65	O60	0.05~0.25	≥335	≥18	—
		>0.25~1.0	≥325	≥24	—
		>1.0~2.0	≥315	≥28	—
		>2.0~4.0	≥305	≥32	—
		>4.0~6.0	≥295	≥35	—
		>6.0~13.0	≥285	≥40	—
	H00	0.05~0.25	≥350	≥10	—
		>0.25~1.0	≥340	≥15	—
		>1.0~2.0	≥330	≥20	—
		>2.0~4.0	≥320	≥25	—
		>4.0~6.0	≥310	≥28	—
		>6.0~13.0	≥300	≥32	—
	H01	0.05~0.25	≥370	≥6	—
		>0.25~1.0	≥360	≥10	—
		>1.0~2.0	≥350	≥12	—
		>2.0~4.0	≥340	≥18	—
		>4.0~6.0	≥330	≥22	—
		>6.0~13.0	≥320	≥28	—
	H02	0.05~0.25	≥410	—	—
		>0.25~1.0	≥400	≥4	—
		>1.0~2.0	≥390	≥7	—
		>2.0~4.0	≥380	≥10	—
		>4.0~6.0	≥375	≥13	—
		>6.0~13.0	≥360	≥15	—
	H03	0.05~0.25	540~735	—	—
		>0.25~1.0	490~685	—	—
		>1.0~2.0	440~635	—	—
		>2.0~4.0	390~590	—	—
		>4.0~6.0	375~570	—	—
		>6.0~13.0	370~550	—	—

续表

牌号	状态	直径(或对边距)/mm	抗拉强度 R_m/MPa	断后伸长率/%	
				A_{100mm}	A
H65	H04	0.05～0.25	685～885	—	—
		>0.25～1.0	635～835	—	—
		>1.0～2.0	590～785	—	—
		>2.0～4.0	540～735	—	—
		>4.0～6.0	490～685	—	—
		>6.0～13.0	440～635	—	—
	H06	0.05～0.25	≥830	—	—
		>0.25～1.0	≥810	—	—
		>1.0～2.0	≥800	—	—
		>2.0～4.0	≥780	—	—
H63 H62	O60	0.05～0.25	≥345	≥18	—
		>0.25～1.0	≥335	≥22	—
		>1.0～2.0	≥325	≥26	—
		>2.0～4.0	≥315	≥30	—
		>4.0～6.0	≥315	≥34	—
		>6.0～13.0	≥305	≥36	—
	H00	0.05～0.25	≥360	≥8	—
		>0.25～1.0	≥350	≥12	—
		>1.0～2.0	≥340	≥18	—
		>2.0～4.0	≥330	≥22	—
		>4.0～6.0	≥320	≥26	—
		>6.0～13.0	≥310	≥30	—
	H01	0.05～0.25	≥380	≥5	—
		>0.25～1.0	≥370	≥8	—
		>1.0～2.0	≥360	≥10	—
		>2.0～4.0	≥350	≥15	—
		>4.0～6.0	≥340	≥20	—
		>6.0～13.0	≥330	≥25	—
	H02	0.05～0.25	≥430	—	—
		>0.25～1.0	≥410	≥4	—
		>1.0～2.0	≥390	≥7	—
		>2.0～4.0	≥375	≥10	—
		>4.0～6.0	≥355	≥12	—
		>6.0～13.0	≥350	≥14	—

续表

牌号	状态	直径(或对边距)/mm	抗拉强度 R_m /MPa	断后伸长率/%	
				A_{100mm}	A
H63 H62	H03	0.05～0.25	590～785	—	—
		＞0.25～1.0	540～735	—	—
		＞1.0～2.0	490～685	—	—
		＞2.0～4.0	440～635	—	—
		＞4.0～6.0	390～590	—	—
		＞6.0～13.0	360～560	—	—
	H04	0.05～0.25	785～980	—	—
		＞0.25～1.0	685～885	—	—
		＞1.0～2.0	635～835	—	—
		＞2.0～4.0	590～785	—	—
		＞4.0～6.0	540～735	—	—
		＞6.0～13.0	490～685	—	—
	H06	0.05～0.25	≥850	—	—
		＞0.25～1.0	≥830	—	—
		＞1.0～2.0	≥800	—	—
		＞2.0～4.0	≥770	—	—
HB90-0.1	H04	1.0～12.0	≥500	—	—
HPb63-3	O60	0.5～2.0	≥305	≥32	—
		＞2.0～4.0	≥295	≥35	—
		＞4.0～6.0	≥285	≥35	—
	H02	0.5～2.0	390～610	≥3	—
		＞2.0～4.0	390～600	≥4	—
		＞4.0～6.0	390～590	≥4	—
	H04	0.5～6.0	570～735	—	—
HPb62-0.8	H02	0.5～6.0	410～540	≥12	—
	H04	0.5～6.0	450～560	—	—
HPb59-1	O60	0.5～2.0	≥345	≥25	—
		＞2.0～4.0	≥335	≥28	—
		＞4.0～6.0	≥325	≥30	—
	H02	0.5～2.0	390～590	—	—
		＞2.0～4.0	390～590	—	—
		＞4.0～6.0	375～570	—	—
	H04	0.5～2.0	490～735	—	—
		＞2.0～4.0	490～685	—	—
		＞4.0～6.0	440～635	—	—

续表

牌号	状态	直径(或对边距)/mm	抗拉强度 R_m /MPa	断后伸长率/%	
				A_{100mm}	A
HPb61-1	H02	0.5～2.0	≥390	≥8	—
		>2.0～4.0	≥380	≥10	—
		>4.0～6.0	≥375	≥15	—
		>6.0～8.5	≥365	≥15	—
	H04	0.5～2.0	≥520	—	—
		>2.0～4.0	≥490	—	—
		>4.0～6.0	≥465	—	—
		>6.0～8.5	≥440	—	—
HPb59-3	H02	1.0～2.0	≥385	—	—
		>2.0～4.0	≥380	—	—
		>4.0～6.0	≥370	—	—
		>6.0～10.0	≥360	—	—
	H04	1.0～2.0	≥480	—	—
		>2.0～4.0	≥460	—	—
		>4.0～6.0	≥435	—	—
		>6.0～10.0	≥430	—	—
HSn60-1 HSn62-1	O60	0.5～2.0	≥315	≥15	—
		>2.0～4.0	≥305	≥20	—
		>4.0～6.0	≥295	≥25	—
	H04	0.5～2.0	590～835	—	—
		>2.0～4.0	540～785	—	—
		>4.0～6.0	490～735	—	—
HMn62-13	O60	0.5～6.0	400～550	≥25	—
	H01	0.5～6.0	450～600	≥18	—
	H02	0.5～6.0	500～650	≥12	—
	H03	0.5～6.0	550～700	—	—
	H04	0.5～6.0	≥650	—	—
QSn4-3	O60	0.1～1.0	≥350	≥35	—
		>1.0～8.5		≥45	—
	H01	0.1～1.0	460～580	≥5	—
		>1.0～2.0	420～540	≥10	—
		>2.0～4.0	400～520	≥20	—
		>4.0～6.0	380～480	≥25	—
		>6.0～8.5	360～450	≥25	—

续表

牌号	状态	直径(或对边距)/mm	抗拉强度 R_m /MPa	断后伸长率/%	
				A_{100mm}	A
QSn4-3	H02	0.1～1.0	500～700	—	—
		>1.0～2.0	480～680	—	—
		>2.0～4.0	450～650	—	—
		>4.0～6.0	430～630	—	—
		>6.0～8.5	410～610	—	—
	H03	0.1～1.0	620～820	—	—
		>1.0～2.0	600～800	—	—
		>2.0～4.0	560～760	—	—
		>4.0～6.0	540～740	—	—
		>6.0～8.5	520～720	—	—
	H04	0.1～1.0	880～1130	—	—
		>1.0～2.0	860～1060	—	—
		>2.0～4.0	830～1030	—	—
		>4.0～6.0	780～980	—	—
QSn5-0.2 QSn4-0.3 QSn6.5-0.1 QSn6.5-0.4 QSn7-0.2 QS13-1	O60	0.1～1.0	≥350	≥35	—
		>1.0～8.5	≥350	≥45	—
	H01	0.1～1.0	480～680	—	—
		>1.0～2.0	450～650	≥10	—
		>2.0～4.0	420～620	≥15	—
		>4.0～6.0	400～600	≥20	—
		>6.0～8.5	380～580	≥22	—
	H02	0.1～1.0	540～740	—	—
		>1.0～2.0	520～720	—	—
		>2.0～4.0	500～700	≥4	—
		>4.0～6.0	480～680	≥8	—
		>6.0～8.5	460～660	≥10	—
	H03	0.1～1.0	750～950	—	—
		>1.0～2.0	730～920	—	—
		>2.0～4.0	710～900	—	—
		>4.0～6.0	690～880	—	—
		>6.0～8.5	640～860	—	—
	H04	0.1～1.0	880～1130	—	—
		>1.0～2.0	860～1060	—	—
		>2.0～4.0	830～1030	—	—
		>4.0～6.0	780～980	—	—
		>6.0～8.5	690～950	—	—

续表

牌号	状态	直径(或对边距)/mm	抗拉强度 R_m /MPa	断后伸长率/%	
				A_{100mm}	A
QSn8-0.3	O60	0.1～8.5	365～470	≥30	—
	H01	0.1～8.5	510～625	≥8	—
	H02	0.1～8.5	655～795	—	—
	H03	0.1～8.5	780～930	—	—
	H04	0.1～8.5	860～1035	—	—
QSi3-1	O60	>8.5～13.0	≥350	≥45	—
		>13.0～18.0		—	≥50
	H01	>8.5～13.0	380～580	≥22	—
		>13.0～18.0		—	≥26
QSn15-1-1	O60	0.5～1.0	≥365	≥28	—
		>1.0～2.0	≥360	≥32	—
		>2.0～4.0	≥350	≥35	—
		>4.0～6.0	≥345	≥36	—
	H01	0.5～1.0	630～780	≥25	—
		>1.0～2.0	600～750	≥30	—
		>2.0～4.0	580～730	≥32	—
		>4.0～6.0	550～700	≥35	—
	H02	0.5～1.0	770～910	≥3	—
		>1.0～2.0	740～880	≥6	—
		>2.0～4.0	720～850	≥8	—
		>4.0～6.0	680～810	≥10	—
	H03	0.5～1.0	800～930	≥1	—
		>1.0～2.0	780～910	≥2	—
		>2.0～4.0	750～880	≥2	—
		>4.0～6.0	720～850	≥3	—
	H04	0.5～1.0	850～1080	—	—
		>1.0～2.0	840～980	—	—
		>2.0～4.0	830～960	—	—
		>4.0～6.0	820～950	—	—
QSn4-4-4	H02	0.1～6.0	≥360	≥8	—
		>6.0～8.5		≥12	—
	H04	0.1～6.0	≥420	—	—
		>6.0～8.5		≥10	—
QCr4.5-2.5-0.6	O60	0.5～6.0	400～600	≥25	—
	TH04、TF00	0.5～6.0	550～850	—	—

续表

牌号	状态	直径(或对边距)/mm	抗拉强度 R_m /MPa	断后伸长率/%	
				A_{100mm}	A
QAl7	H02	1.0～6.0	≥550	≥8	—
	H04	1.0～6.0	≥600	≥4	—
QAl9-2	H04	0.6～1.0	≥580	—	—
		>1.0～2.0		≥1	—
		>2.0～5.0		≥2	—
		>5.0～6.0	≥530	≥3	—
B19	O60	0.1～0.5	≥295	≥20	—
		>0.5～6.0		≥25	—
	H04	0.1～0.5	590～880	—	—
		>0.5～6.0	490～785	—	—
BFe10-1-1	O60	0.1～1.0	≥450	≥15	—
		>1.0～6.0	≥400	≥18	—
	H04	0.1～1.0	≥780	—	—
		>1.0～6.0	≥650	—	—
BFe30-1-1	O60	0.1～0.5	≥345	≥20	—
		>0.5～6.0		≥25	—
	H04	0.1～0.5	685～980	—	—
		>0.5～6.0	590～880	—	—
BMn3-12	O60	0.05～1.0	≥440	≥12	—
		>1.0～6.0	≥390	≥20	—
	H04	0.05～1.0	≥785	—	—
		>1.0～6.0	≥685	—	—
BMn40-1.5	O60	0.05～0.20	≥390	≥15	—
		>0.20～0.50		≥20	—
		>0.50～6.0		≥25	—
	H04	0.05～0.20	685～980	—	—
		>0.20～0.50	685～880	—	—
		>0.50～6.0	635～835	—	—
BZn9-29 BZn12-24 BZn12-26	O60	0.1～0.2	≥320	≥15	—
		>0.2～0.5		≥20	—
		>0.5～2.0		≥25	—
		>2.0～8.0		≥30	—
	H00	0.1～0.2	400～570	≥12	—
		>0.2～0.5	380～550	≥16	—
		>0.5～2.0	360～540	≥22	—
		>2.0～8.0	340～520	≥25	—

续表

牌号	状态	直径(或对边距)/mm	抗拉强度 R_m /MPa	断后伸长率/%	
				A_{100mm}	A
BZn9-29 BZn12-24 BZn12-26	H01	0.1～0.2	420～620	≥6	—
		>0.2～0.5	400～600	≥8	—
		>0.5～2.0	380～590	≥12	—
		>2.0～8.0	360～570	≥18	—
	H02	0.1～0.2	480～680	—	—
		>0.2～0.5	460～640	≥6	—
		>0.5～2.0	440～630	≥9	—
		>2.0～8.0	420～600	≥12	—
	H03	0.1～0.2	550～800	—	—
		>0.2～0.5	530～750	—	—
		>0.5～2.0	510～730	—	—
		>2.0～8.0	490～630	—	—
	H04	0.1～0.2	680～880	—	—
		>0.2～0.5	630～820	—	—
		>0.5～2.0	600～800	—	—
		>2.0～8.0	580～700	—	—
	H06	0.5～4.0	≥720	—	—
BZn15-20 BZn18-20	O60	0.1～0.2	≥345	≥15	—
		>0.2～0.5		≥20	—
		>0.5～2.0		≥25	—
		>2.0～8.0		≥30	—
		>8.0～13.0		≥35	—
		>13.0～18.0		—	≥40
	H00	0.1～0.2	450～600	≥12	—
		>0.2～0.5	435～570	≥15	—
		>0.5～2.0	420～550	≥20	—
		>2.0～8.0	410～520	≥24	—
	H01	0.1～0.2	470～660	≥10	—
		>0.2～0.5	460～620	≥12	—
		>0.5～2.0	440～600	≥14	—
		>2.0～8.0	420～570	≥16	—
	H02	0.1～0.2	510～780	—	—
		>0.2～0.5	490～735	—	—
		>0.5～2.0	440～685	—	—
		>2.0～8.0	440～635	—	—

续表

牌号	状态	直径(或对边距)/mm	抗拉强度 R_m /MPa	断后伸长率/%	
				A_{100mm}	A
BZn15-20 BZn18-20	H03	0.1～0.2	620～860	—	—
		>0.2～0.5	610～810	—	—
		>0.5～2.0	595～760	—	—
		>2.0～8.0	580～700	—	—
	H04	0.1～0.2	735～980	—	—
		>0.2～0.5	735～930	—	—
		>0.5～2.0	635～880	—	—
		>2.0～8.0	540～785	—	—
	H06	0.5～1.0	≥750	—	—
		>1.0～2.0	≥740	—	—
		>2.0～4.0	≥730	—	—
BZn22-16 BZn25-18	O60	0.1～0.2	≥440	≥12	—
		>0.2～0.5		≥16	—
		>0.5～2.0		≥23	—
		>2.0～8.0		≥28	—
	H00	0.1～0.2	500～680	≥10	—
		>0.2～0.5	490～650	≥12	—
		>0.5～2.0	470～630	≥15	—
		>2.0～8.0	460～600	≥18	—
	H01	0.1～0.2	540～720	—	—
		>0.2～0.5	520～690	≥6	—
		>0.5～2.0	500～670	≥8	—
		>2.0～8.0	480～650	≥10	—
	H02	0.1～0.2	640～830	—	—
		>0.2～0.5	620～800	—	—
		>0.5～2.0	600～780	—	—
		>2.0～8.0	580～760	—	—
	H03	0.1～0.2	660～880	—	—
		>0.2～0.5	640～850	—	—
		>0.5～2.0	620～830	—	—
		>2.0～8.0	600～810	—	—
	H04	0.1～0.2	750～990	—	—
		>0.2～0.5	740～950	—	—
		>0.5～2.0	650～900	—	—
		>2.0～8.0	630～860	—	—
	H06	0.1～1.0	≥820	—	—
		>1.0～2.0	≥810	—	—
		>2.0～4.0	≥800	—	—

续表

牌号	状态	直径(或对边距)/mm	抗拉强度 R_m /MPa	断后伸长率/%	
				A_{100mm}	A
BZn40-20	O60	1.0～6.0	500～650	≥20	—
	H01	1.0～6.0	550～700	≥8	—
	H02	1.0～6.0	600～850	—	—
	H03	1.0～6.0	750～900	—	—
	H04	1.0～6.0	800～1000	—	—
BZn12-37-1.5	H02	0.5～9.0	600～700	—	—
	H04	0.5～9.0	650～750	—	—

注：表中的“—”，表示没有统计数据，如果需方要求该性能，其性能指标由供需双方协商。

10.8.2　铜及铜合金线材的重量（GB/T 21652—2017）

表 10.51　铜及铜合金线材的理论重量

直径/mm	铜及铜合金密度/(g/cm³)							
	8.2	8.3	8.4	8.5	8.6	8.7	8.8	8.9
	圆线理论重量/(kg/km)							
0.02	0.00258	0.00261	0.00264	0.00267	0.00270	0.00273	0.00276	0.00280
0.03	0.00580	0.00587	0.00594	0.00601	0.00608	0.00615	0.00622	0.00629
0.035	0.00789	0.00799	0.00808	0.00818	0.00827	0.00837	0.00847	0.00856
0.04	0.01030	0.01043	0.01056	0.01068	0.01081	0.01093	0.01106	0.01118
0.045	0.01304	0.01320	0.01336	0.01352	0.01368	0.01384	0.01400	0.01415
0.05	0.01610	0.01630	0.01649	0.01669	0.01689	0.01708	0.01728	0.01748
0.06	0.02319	0.02347	0.02375	0.02403	0.02432	0.02460	0.02488	0.02516
0.07	0.03156	0.03194	0.03233	0.03271	0.03310	0.03348	0.03387	0.03425
0.08	0.04122	0.04172	0.04222	0.04273	0.04323	0.04373	0.04423	0.04474
0.09	0.05217	0.05280	0.05344	0.05407	0.05471	0.05535	0.05598	0.05662
0.10	0.06440	0.06519	0.06597	0.06676	0.06754	0.06833	0.06912	0.06990
0.11	0.07793	0.07888	0.07983	0.08078	0.08173	0.08268	0.08363	0.08458
0.12	0.09274	0.09387	0.09500	0.09613	0.09726	0.09839	0.09953	0.1007
0.13	0.1088	0.1102	0.1115	0.1128	0.1142	0.1155	0.1168	0.1181
0.14	0.1262	0.1278	0.1293	0.1308	0.1324	0.1339	0.1355	0.1370
0.15	0.1449	0.1467	0.1484	0.1502	0.1520	0.1537	0.1555	0.1573
0.16	0.1649	0.1669	0.1689	0.1709	0.1729	0.1749	0.1769	0.1789
0.17	0.1861	0.1884	0.1907	0.1929	0.1952	0.1975	0.1997	0.2020
0.18	0.2087	0.2112	0.2138	0.2163	0.2188	0.2214	0.2239	0.2265
0.19	0.2325	0.2353	0.2382	0.2410	0.2438	0.2467	0.2495	0.2523

续表

直径/mm	铜及铜合金密度/(g/cm³)							
	8.2	8.3	8.4	8.5	8.6	8.7	8.8	8.9
	圆线理论重量/(kg/km)							
0.20	0.2576	0.2608	0.2639	0.2670	0.2702	0.2733	0.2765	0.2796
0.21	0.2840	0.2875	0.2909	0.2944	0.2979	0.3013	0.3048	0.3083
0.22	0.3117	0.3155	0.3193	0.3231	0.3269	0.3307	0.3345	0.3383
0.23	0.3407	0.3448	0.3490	0.3532	0.3573	0.3615	0.3656	0.3698
0.24	0.3710	0.3755	0.3800	0.3845	0.3891	0.3936	0.3981	0.4026
0.25	0.4025	0.4074	0.4123	0.4172	0.4222	0.4271	0.4320	0.4369
0.26	0.4354	0.4407	0.4460	0.4513	0.4566	0.4619	0.4672	0.4725
0.27	0.4695	0.4752	0.4809	0.4867	0.4924	0.4981	0.5038	0.5096
0.28	0.5049	0.5111	0.5172	0.5234	0.5295	0.5357	0.5419	0.5480
0.29	0.5416	0.5482	0.5548	0.5614	0.5680	0.5747	0.5813	0.5879
0.30	0.5796	0.5867	0.5938	0.6008	0.6079	0.6150	0.6220	0.6291
0.32	0.6595	0.6675	0.6756	0.6836	0.6917	0.6997	0.7077	0.7158
0.34	0.7445	0.7536	0.7627	0.7717	0.7808	0.7899	0.7990	0.8081
0.35	0.7889	0.7986	0.8082	0.8178	0.8274	0.8370	0.8467	0.8563
0.36	0.8347	0.8448	0.8550	0.8652	0.8754	0.8856	0.8957	0.9059
0.38	0.9300	0.9413	0.9527	0.9640	0.9753	0.9867	0.9980	1.009
0.40	1.030	1.043	1.056	1.068	1.081	1.093	1.106	1.118
0.42	1.136	1.150	1.164	1.178	1.191	1.205	1.219	1.233
0.45	1.304	1.320	1.336	1.352	1.368	1.384	1.400	1.415
0.48	1.484	1.502	1.520	1.538	1.556	1.574	1.592	1.611
0.50	1.610	1.630	1.649	1.669	1.689	1.708	1.728	1.748
0.53	1.809	1.831	1.853	1.875	1.897	1.919	1.941	1.964
0.55	1.948	1.972	1.996	2.019	2.043	2.067	2.091	2.114
0.56	2.020	2.044	2.069	2.094	2.118	2.143	2.167	2.192
0.60	2.319	2.347	2.375	2.403	2.432	2.460	2.488	2.516
0.63	2.556	2.587	2.618	2.650	2.681	2.712	2.743	2.774
0.65	2.721	2.754	2.787	2.821	2.854	2.887	2.920	2.953
0.67	2.891	2.926	2.962	2.997	3.032	3.067	3.103	3.138
0.70	3.156	3.194	3.233	3.271	3.310	3.348	3.387	3.425
0.75	3.623	3.667	3.711	3.755	3.799	3.844	3.888	3.932
0.80	4.122	4.172	4.222	4.273	4.323	4.373	4.423	4.474
0.85	4.653	4.710	4.767	4.823	4.880	4.937	4.994	5.050
0.90	5.217	5.280	5.344	5.407	5.471	5.535	5.598	5.662
0.95	5.812	5.883	5.954	6.025	6.096	6.167	6.238	6.309
1.00	6.440	6.519	6.597	6.676	6.754	6.833	6.912	6.990

续表

直径/mm	铜及铜合金密度/(g/cm³)							
	8.2	8.3	8.4	8.5	8.6	8.7	8.8	8.9
	圆线理论重量/(kg/km)							
1.05	7.100	7.187	7.274	7.360	7.447	7.533	7.620	7.707
1.10	7.793	7.888	7.983	8.078	8.173	8.268	8.363	8.458
1.15	8.517	8.621	8.725	8.829	8.933	9.037	9.140	9.244
1.2	9.274	9.387	9.500	9.613	9.726	9.839	9.953	10.07
1.3	10.88	11.02	11.15	11.28	11.42	11.55	11.68	11.81
1.4	12.62	12.78	12.93	13.08	13.24	13.39	13.55	13.70
1.5	14.49	14.67	14.84	15.02	15.20	15.37	15.55	15.73
1.6	16.49	16.69	16.89	17.09	17.29	17.49	17.69	17.89
1.7	18.61	18.84	19.07	19.29	19.52	19.75	19.97	20.20
1.8	20.87	21.12	21.38	21.63	21.88	22.14	22.39	22.65
1.9	23.25	23.53	23.82	24.10	24.38	24.67	24.95	25.23
2.0	25.76	26.08	26.39	26.70	27.02	27.33	27.65	27.96
2.1	28.40	28.75	29.09	29.44	29.79	30.13	30.48	30.83
2.2	31.17	31.55	31.93	32.31	32.69	33.07	33.45	33.83
2.3	34.07	34.48	34.90	35.32	35.73	36.15	36.56	36.98
2.4	37.10	37.55	38.00	38.45	38.91	39.36	39.81	40.26
2.5	40.25	40.74	41.23	41.72	42.22	42.71	43.20	43.69
2.6	43.54	44.07	44.60	45.13	45.66	46.19	46.72	47.25
2.7	46.95	47.52	48.09	48.67	49.24	49.81	50.38	50.96
2.8	50.49	51.11	51.72	52.34	52.95	53.57	54.19	54.80
2.9	54.16	54.82	55.48	56.14	56.80	57.47	58.13	58.79
3.0	57.96	58.67	59.38	60.08	60.79	61.50	62.20	62.91
3.2	65.95	66.75	67.56	68.36	69.17	69.97	70.77	71.58
3.4	74.45	75.36	76.27	77.17	78.08	78.99	79.90	80.81
3.5	78.89	79.86	80.82	81.78	82.74	83.70	84.67	85.63
3.8	93.00	94.13	95.27	96.40	97.53	98.67	99.80	100.9
4.0	103.0	104.3	105.6	106.8	108.1	109.3	110.6	111.8
4.2	113.6	115.0	116.4	117.8	119.1	120.5	121.9	123.3
4.5	130.4	132.0	133.6	135.2	136.8	138.4	140.0	141.5
4.8	148.4	150.2	152.0	153.8	155.6	157.4	159.2	161.1
5.0	161.0	163.0	164.9	166.9	168.9	170.8	172.8	174.8
5.3	180.9	183.1	185.3	187.5	189.7	191.9	194.1	196.4
5.5	194.8	197.2	199.6	201.9	204.3	206.7	209.1	211.4
5.6	202.0	204.4	206.9	209.4	211.8	214.3	216.7	219.2
6.0	231.9	234.7	237.5	240.3	243.2	246.0	248.8	251.6

第11章 其他非铁金属

11.1 镍及镍合金

11.1.1 镍及镍合金的牌号

镍及镍合金的牌号表示方法是用“N”加第一个主添加元素符号及除基镍元素外的成分数字组表示：

□	□	□	□	□	□
N—纯镍或镍合金 NY—阳极镍	主添加 元素	纯镍用序号 主添加元素 用%表示	添加元 素，用% 表示含量	有多个添加 元素时同前 中间加“-”	状　态 同铝合金

表 11.1　镍及镍合金牌号举例

组别	牌　　号	代号	组别	牌　　号	代号
纯镍	四号镍	N4	镍铜合金	28-2-1 镍铜合金	NCu28-2-1
阳极镍	一号阳极镍	NY1	镍铬合金	10 镍铬合金	NCr10
镍硅合金	0.19 镍硅合金	NSi0.19	镍钴合金	17-2-2 镍钴合金	NCo17-2-2
镍镁合金	0.1 镍镁合金	NMg0.1	镍铝合金	3-1.5-1 镍铝合金	NAl3-1.5-1
镍锰合金	2-2-1 镍锰合金	NMn2-2-1	镍钨合金	4-0.2 镍钨合金	NW4-0.2

11.1.2 镍及镍合金板（GB/T 2054—2013）

用于仪表、电子通信、各种压力容器、耐蚀装置以及其他场合。

表 11.2　镍及镍合金板的牌号、制造方法、状态及规格

牌　　号	制造方法	状态	规格/mm 矩形板材（厚×宽×长）	规格/mm 圆形板材（厚度×直径）
N4，N5(NW2201，UNS N02201) N6，N7(NW2200，UNS N02200) NSi0.19，NMg0.1，NW4-0.15 NW4-0.1，NW4-0.07 DN，NCu28-2.5-1.5 NCu30(NW4400，N04400) NS1101(N08800)，NS1102(N08810) NS1402(N08820)，NS3304(N10276) NS3102(NW6600，N06600) NS3306(N06625)	热轧	热加工态(R) 软态(M) 固溶退火态(ST)①	(4.1～100.0)× (50～3000)× (500～4500)	(4.1～100.0)× (50～3000)
	冷轧	冷加工态(Y) 半硬状态(Y_2) 软态(M) 固溶退火态(ST)①	(0.1～4.0)× (50～1500)× (500～4000)	(0.5～4.0)× (50～1500)

①固溶退火态仅适用于 NS3304（N10276）和 NS3306（N06625）。

表 11.3　镍及镍合金板的尺寸　mm

名　称	厚　度	宽度	长度
热轧板	4.1～100.0	50～3000	≤3000～4500
冷轧板	0.1～4.0	50～1500	—

表 11.4　镍阳极板的尺寸　mm

牌号	状　态	厚　度	宽　度	长　度
NY1	热轧(R)	6～20	100～300	400～2000
NY2	软(M)	4～20		
NY3	热轧后淬火(C)	6～20		

11.1.3　镍及镍合金带（GB/T 2072—2007）

用于仪表、电信及电子工业部门。

表 11.5　镍及镍合金带的牌号、状态及规格　mm

牌　　号	状态	厚度	宽度	长度
N4,N5,N6,N7,NMg0.1,NSi0.19, NSi0.2,NCu28-2.5-1.5,NCu30,NCu40-2-1, NW4-0.15,DN,NW4-0.1,NW4-0.07	软(M)、 半硬(Y_2)、 硬(Y)	0.05～0.15 0.15～0.55 0.55～1.20	20～250	≥5000 ≥3000 ≥2000

11.1.4　镍及镍合金管 (GB/T 2882—2013)

用于化工、仪表、电信、电子、电力等工业部门制造耐蚀或其他重要零部件。

表 11.6　镍及镍合金管的牌号、状态及规格

牌　号	状　态	规　格　/mm		
		外径	壁厚	长度
N2、N4、DN	软卷(M) 硬态(Y)	0.35～18	0.05～0.90	100～15000
N6	软态(M) 半硬态(Y_2) 硬态(Y) 消除应力状态(Y_0)	0.35～110	0.05～8.00	
N5(N02201)、 N7(N02200)、N8	软态(M) 消除应力状态(Y_0)	5～110	1.00～8.00	
NCrl5-8(N06600)	软态(M)	12～80	1.00～3.00	
NCu30(N04400)	软态(M) 消除应力状态(Y_0)	10～110	1.00～8.00	

续表

牌号	状态	规格/mm		
		外径	壁厚	长度
NCu28-2.5-1.5	软态(M) 硬态(Y)	0.35～110	0.05～6.00	100～15000
	半硬态(Y)	0.35～18	0.05～0.90	
NCu40-2-1	软态(M) 硬态(Y)	0.35～110	0.05～6.00	
	半硬态(Y_2)	0.35～18	0.05～0.90	
NSi0.19 NMg0.1	软态(M) 硬态(Y) 半硬态(Y_2)	0.35～18	0.05～0.90	

表 11.7　镍及镍合金管的公称尺寸　　mm

外径	壁厚										长度
	0.05～0.06	>0.06～0.09	>0.09～0.12	>0.12～0.15	>0.15～0.20	>0.20～0.25	>0.25～0.30	>0.30～0.40	>0.40～0.50	>0.50～0.60	
0.35～0.40	√										
>0.40～0.50	√	√									
>0.50～0.60	√	√	√								
>060～0.70	√	√	√	√							
>0.70～0.80	√	√	√	√	√						
>0.80～0.90	√	√	√	√	√	√	√				
>0.90～1.50	√	√	√	√	√	√	√	√			
>1.50～1.75	√	√	√	√	√	√	√	√	√		≤3000
>1.75～2.00		√	√	√	√	√	√	√	√		
>2.00～2.25		√	√	√	√	√	√	√	√	√	
>2.25～2.50		√	√	√	√	√	√	√	√	√	
>2.50～3.50		√	√	√	√	√	√	√	√	√	
>3.50～4.20			√	√	√	√	√	√	√	√	
>4.20～6.00				√	√	√	√	√	√	√	
>6.00～8.50				√	√	√	√	√	√	√	
>8.50～10						√	√	√	√	√	
>10～12						√	√	√	√	√	
>12～14								√	√	√	≤15000
>14～15								√	√	√	
>15～18									√	√	

续表

外径	壁厚											长度
	>0.60~0.70	>0.70~0.90	>0.90~1.00	>1.00~1.25	>1.25~1.80	>1.80~3.00	>3.00~4.00	>4.00~5.00	>5.00~6.00	>6.00~7.00	>7.00~8.00	
>2.25~2.50	√											≤3000
>2.50~3.50	√	√										
>3.50~4.20	√	√										
>4.20~6.00	√	√										
>6.00~8.50	√	√	√	√								≤15000
>8.50~10	√	√	√	√	√							
>10~12	√	√	√	√	√	√						
>12~14	√	√	√	√	√	√	√					
>14~15	√	√	√	√	√	√	√					
>15~18	√	√	√	√	√	√	√					
>18~20		√	√	√	√	√	√					
>20~30				√	√	√	√					
>30~35				√	√	√	√	√				
>35~40						√	√	√	√			
>40~60							√	√	√	√		
>60~90							√	√	√	√	√	
>90~110							√	√	√	√	√	

注："√"表示有此规格，其他为不推荐。

11.1.5 镍及镍合金棒材（GB/T 4435—2010）

适用于电子、化工等领域使用。

镍及镍合金棒的供应直径规格：冷加工棒为 3～18mm，热加工棒为 6～254mm。

热加工棒的成型方法有挤压、热轧和锻造。

表 11.8 棒材的牌号、状态和规格

牌号	状态	直径/mm	长度
N4、NCu28-2.5-1.5、N5、NCu30-3-0.5、N6、NCu40-2-1、N7、NMn5、NCu30、N8、NCu35-1.5-1.5	Y(硬) Y_2(半硬) M(软)	3～65	直径为 3～30mm 时，供应的长度为 1～6m；直径为>30～254mm 时，供应的长度为 0.3～6mm
	R(热加工)	6～254	

表 11.9 棒材的力学性能

牌 号	状态	直 径 /mm	抗拉强度 R_p/MPa	伸长率 A/%
			≥	
N4、N5、N6、N7、N8	Y	3～20	590	5
		＞20～30	540	6
		＞30～65	510	9
	M	3～30	380	34
		＞30～65	345	34
	R	32～60	345	25
		＞60～254	345	20
NCu28-2.5-1.5	Y	3～15	665	4
		＞15～30	635	6
		＞30～65	590	8
	Y_2	3～20	590	10
		＞20～30	540	12
	M	3～30	440	20
		＞30～65	440	20
	R	6～254	390	25
NCu30-3-0.5	Y	3～20	1000	15
		＞20～40	965	17
		＞40～65	930	20
	R	6～254	实测	实测
	M	3～65	895	20
NCu40-2-1	Y	3～20	635	4
		＞20～40	590	5
	M	3～40	390	25
	R	6～254	实测	实测
NMn5	M	3～65	345	40
	R	32～254	345	40
NCu30	R	76～152	550	30
		＞152～254	515	30
	M	3～65	480	35
	Y	3～15	700	8
	Y_2	3～15	580	10
		＞15～30	600	20
		＞30～65	580	20
NCu35-1.5-1.5	R	6～254	实测	实测

11.1.6　镍及镍合金的特性及用途

表 11.10　镍及镍合金的特性及用途

组别	代号	特　性	用　途
纯镍	N2 N4 N6 N8	熔点高(1455℃)，无毒；力学性能和冷热加工性能好；耐蚀性能优良，在大气、淡水、海水中化学性能稳定，但不耐氧化性酸	用作机械及化工设备耐蚀结构件、电子管和无线电设备零件、医疗器械及食品工业餐器皿等
	DV	为电真空用镍，除具备纯镍的一般特性外，还有高的电真空性能	用作电子管阴极芯和其他零件
阳极镍	NY1 NY2 NY3	为电解镍，质纯，有去钝化作用	在电镀镍中作阳极。NY1 适于作 pH 值小、不易钝化的场合；NY2 适于作 pH 值范围大，电镀形状复杂的场合；NY3 适于一般的电镀场合
镍锰合金	NMn3 NMn5	室温和高温强度较高，耐热性和耐蚀性好；加工性能优良；在温度较高的含硫气氛中的耐蚀性高于纯镍，热稳定性和电阻率也高于纯镍	用作内燃机火花塞电极、电阻灯泡灯丝和电子管的栅极等
镍铜合金	Ncu40-2-1	无磁性，耐蚀性高	适用于抗磁性材料
	Ncu28-2.5-1.5	在一般情况下，耐蚀性比 Ncu40-2-1 更好，尤其是非常耐氢氟酸；其强度和加工工艺性、耐高温性能好；在 750℃以下的大气中稳定	适用于制作高强度、高耐腐蚀零件，以及高压充油电缆、供油槽、加热设备和医疗器械等
电子用镍合金	NMg0.1 NSi0.19	电真空性能和耐蚀性好(但用作电子管氧化物阴极芯材料时，氧化层与芯金属接触面上易产生一层电阻的化合物，降低发射能力，缩短电子管寿命)	主要用于生产中短寿命无线电真空管氧化物阴极芯
	NW4-0.15 NW4-0.1 NW4-0.07	高温强度和耐震强度好；电子发射性能优良，用它制作的电子管氧化物阴极芯，接触面氧化层稳定性高	主要用于做高寿命、高性能的无线电真空管氧化物阴极芯等
热电合金	Nsi3	抗蚀性能高；在 600～1250℃时有足够大的热电势和热电势率	用作热电偶负极材料
	NCr10	在 0～1200℃时有足够大的热电势和热电势率，测温灵敏、准确且范围宽；电阻温度系数小，电阻率高；互换性好，辐射效应小，电势稳定；抗氧化，耐腐蚀	用作热电偶正极和高电阻仪器材料

11.2 镁及镁合金

11.2.1 镁及镁合金的特性

① 质轻 镁的密度是 1.74g/cm^3，镁合金的密度为 1.74～1.85g/cm^3，仅为常用碳钢的 25%左右，约比铝合金轻 36%，比锌合金轻 73%。

② 比强度、比刚度高 常用镁合金的比强度为 138 左右，比刚度为 256 左右，比强度高于铝合金的 116，而比刚度则相当，远胜于碳钢和 ABS，加之镁合金质轻，对同样强度的零部件，能做得比塑料更薄更轻；在强度相等时，替代铁的零部件能减重。

③ 导热性优良 镁合金的热导率虽略低于铝合金，但仍然远高于塑料，因此用于电子产品可有效的导热。

④ 良好的电磁屏蔽性 在200℃时，镁的磁导率为1.000012H/m，与钛相当，在很强大的磁场中也不会被磁化，作电子产品的外壳具有很好的电磁屏蔽作用。

⑤ 抗震且阻尼性能好 镁合金的弹性模量最小，而抗震系数最大，因而冲击能量的吸收性能好；在相同载荷下，减振性是铝的100 倍，钛合金的 300～500 倍，故在驱动和传动部件上大量运用。

⑥ 抗冲击 镁合金抗变形力大，由冲撞而引起的凹陷小于其他金属。

⑦ 优良的环保性能 镁合金压铸件废弃后，可以直接回收再利用，费用只有新料价格 4%，具有良好的环保性。

⑧ 节能 熔炼镁合金的能耗低，机加工也节能，相同条件下的能耗不足铝合金的 70%。

⑨ 尺寸稳定性 镁合金件不需要退火和消除应力就有很好的尺寸稳定性，在负载下有较高的抗蠕变强度。

⑩ 耐蚀性 镁属碱土金属类，在水溶液中呈强碱性，稳定性好，有抗盐雾腐蚀性能。

⑪ 储氢材料 由于质轻，镁系合金有很大的储氢优势，镁合金的储氢材料主要是 MgNi 系合金（含氢 3.6%，H_2 的单位体积容量高达 150kg/m^3）。

11.2.2　镁及镁合金的用途

① 汽车工业　机动车辆每减重 10%可以节省燃料 5.5%，还可减少废气的排放量，故汽车工业中采用镁合金的零部件主要有汽车车身、发动机阀盖、变速箱壳、仪表板基座、方向盘、座椅框架和汽车轮毂等。

② 3C 产业　由于电脑、通信和消费性电子的家电产业，越来越要求产品轻、薄、小、美观且易回收、环保，镁合金正是这类产品的理想材料。在电脑上，镁合金主要作结构壳件，使其质轻、散热性好、抗震性好、电磁屏蔽能力强。

③ 航空航天领域　镁合金的比强度、比刚度、抗蠕变性能、耐热性能和耐腐蚀性好，加之有质轻的特点，在航空航天中的应用也异常广泛。镁合金锻件被用于制造飞机的螺旋桨、发动机部件、支架结构和齿轮箱等。

④ 冶金业　镁是铁水预处理过程中使用的主要脱硫剂之一，在炼钛、铍、铀等过程中，可用镁作还原剂；合金制备中作为脱氧剂和净化剂使用。

⑤ 化工领域　最常见的牺牲阳极阴极保护法中，阳极镁用于轮船壳体的保护；在 Grignard 工艺中，镁用于制备有机化合物和金属有机复合物；在润滑油中作中和剂。

⑥ 兵器工业　现代兵器提倡武器的轻量化，在坦克装甲中，用镁合金制造坦克座椅骨架、变速箱箱体、发动机滤座等；在战术防空导弹中使用变形镁合金制造支座舱段、副翼蒙皮、壁板等部件；使用镁粉制造照明弹。

⑦ 核工业　镁的热中子吸收截面大约只有铝的 1/4，可将镁合金作为核燃料的包壳材料，使用在 CO 气体冷却的反应堆中；在反应堆中可充当包覆材料。

⑧ 其他消费品　在自行车上用镁合金作骨架，使自行车更轻便，更舒适；镁合金制造的照相机壳、盖等不仅使照相机变轻，结构变小，易于携带，而且提高了刚度、精度和耐久度；镁合金制作的手机外壳不仅使手机更美观，更重要的是抗震、耐磨、屏蔽功能优异。

镁及镁合金牌号举例：

表 11.11　镁及镁合金牌号举例

组别	牌号	代号	组别	牌号	代号
变形加工用镁合金	八号镁合金	MB8	铸造镁合金	一号镁合金	ZM1

11.2.3　镁及镁合金板、带材（GB/T 5154—2010）

包括纯镁带材、镁合金热轧或冷轧板材。

表 11.12　镁及镁合金板、带的牌号、状态和规格

牌号	状态	规格/mm		
		厚度	宽度	长度
Mg99.00	H18	0.20	3.0～6.0	≥100
AZ40M	O	0.80～10.00	400～1200	1000～3500
	H112、F	>8.00～70.00	400～1200	1000～3500
AZ41M	H18、O	0.40～2.00	≤1000	≤2000
	O	>2.00～10.00	400～1200	1000～3500
	H112、F	>8.00～70.00	400～1200	1000～2000
AZ31B	H24	>0.40～2.00	≤600	≤2000
		>2.00～4.00	≤1000	≤2000
		>8.00～32.00	400～1200	1000～3500
		>32.00～70.00	400～1200	1000～2000
	H26	6.30～50.00	400～1200	1000～2000
	O	>0.40～1.00	≤600	≤2000
		>1.00～8.00	≤1000	≤2000
		>8.00～70.00	400～1200	1000～2000
	H112、F	>8.00～70.00	400～1200	1000～2000
ME20M	H18、O	0.40～0.80	≤1000	≤2000
	H24、O	>0.80～10.00	400～1200	1000～3500
	H112、F	>8.00～32.00	400～1200	1000～3500
		>32.00～70.00	400～1200	1000～2000

表 11.13　板材室温的力学性能

牌号	状态	板材厚度/mm	抗拉强度 R_m/MPa	规定非比例延伸强度 $R_{p0.2}$/MPa	规定非比例压缩强度 $R_{p0.2}$/MPa	断后伸长率/%	
						$A_{5.65}$	A_{80mm}
			≥				
M2M	O	0.80～3.00	190	110	—	—	6.0
		>3.00～5.00	180	100	—	—	5.0
		>5.00～10.00	170	90	—	—	5.0

续表

牌号	状态	板材厚度/mm	抗拉强度 R_m/MPa	规定非比例延伸强度 $R_{p0.2}$/MPa	规定非比例压缩强度 $R_{p0.2}$/MPa	断后伸长率/%	
						$A_{5.65}$	A_{80mm}
			≥				
M2M	H112	8.00～12.50	200	90	—	—	4.0
		＞12.50～20.00	190	100	—	4.0	—
		＞20.00～70.00	180	110	—	4.0	—
AZ40M	O	0.80～3.00	240	130	—	—	12.0
		＞3.00～10.00	230	120	—	—	12.0
	H112	8.00～12.50	230	140	—	—	10.0
		＞12.50～20.00	230	140	—	8.0	—
		＞20.00～70.00	230	140	70	8.0	—
AZ41M	H18	0.40～0.80	290	—	—	—	2.0
	O	0.40～3.00	250	150	—	—	12.0
		＞3.00～5.00	240	140	—	—	12.0
		＞5.00～10.00	240	140	—	—	10.0
	H112	8.00～12.50	240	140	—	—	10.0
		＞12.50～20.00	250	150	—	6.0	—
		＞20.00～70.00	250	140	80	10.0	—
AZ31B	O	0.40～3.00	225	150	—	—	12.0
		＞3.00～12.50	225	140	—	—	12.0
		＞12.50～70.00	225	140	—	10.0	—
	H24	0.40～8.00	270	200	—	—	6.0
		＞8.00～12.50	255	165	—	—	8.0
		＞12.50～20.00	250	150	—	8.0	—
		＞20.00～70.00	235	125	—	8.0	—
	H26	6.30～10.00	270	186	—	—	6.0
		＞10.00～12.50	265	180	—	—	6.0
		＞12.50～25.00	255	160	—	6.0	—
		＞25.00～50.00	240	150	—	5.0	—
	H112	8.00～12.50	230	140	—	—	10.0
		＞12.50～20.00	230	140	—	8.0	—
		＞20.00～32.00	230	140	70	8.0	—
		＞32.00～70.00	230	130	60	8.0	—
ME20M	H18	0.40～0.80	260	—	—	—	2.0
	H24	＞0.80～3.00	250	160	—	—	8.0
		＞3.00～5.00	240	140	—	—	7.0
		＞5.00～10.00	240	140	—	—	6.0

续表

牌号	状态	板材厚度/mm	抗拉强度 R_m/MPa	规定非比例延伸强度 $R_{p0.2}$/MPa	规定非比例压缩强度 $R_{p0.2}$/MPa	断后伸长率/% $A_{5.65}$	断后伸长率/% A_{80mm}
			≥				
ME20M	O	0.40～3.00	230	120	—	—	12.0
		>3.00～10.00	220	110	—	—	10.0
	H112	8.00～12.50	220	110	—	—	10.0
		>12.50～20.00	210	110	—	10.0	—
		>20.00～32.00	210	110	70	7.0	—
		>32.00～70.00	200	90	50	6.0	—

注：当需方要求单向偏差时，应在合同中注明，其允许偏差值为表中数值的2倍。

11.2.4 3C产品用镁合金薄板（GB/T 24481—2009）

表11.14 板材的牌号、状态和规格

牌号	供应状态	规格/mm 厚度	宽度	长度
AZ31B、AZ40M、ME20M	O、H22、H14	0.40～0.8	100～600	300～1200
AZ41M	O、H24、H18	>0.8～2.0	100～700	300～1500
M2M				

表11.15 板材的力学性能

牌号	供应状态	板材厚度/mm	抗拉强度 R_m/MPa	规定非比例伸长应力 $R_{p0.2}$/MPa	伸长率 A_{50mm}/%
			≥		
AZ31B	O	0.40～0.8	225	130	12
		>0.8～2.0	225	130	12
	H22	0.40～0.8	245	190	6
		>0.8～2.0	240	180	6
	H14	0.40～0.8	260	—	6
		>0.8～2.0	260	—	2
A240M	O	0.40～0.8	240	150	12
		>0.8～2.0	255	140	12
	H22	0.40～0.8	255	190	6
		>0.8～2.0	255	180	6
	H14	0.40～0.8	270	—	2
		>0.8～2.0	270	—	2

续表

牌号	供应状态	板材厚度/mm	抗拉强度 R_m/MPa	规定非比例伸长应力 $R_{p0.2}$/MPa	伸长率 A_{50mm}/%
			≥		
AZ41M	O	0.40～0.8	240	150	12
		>0.8～2.0	235	140	12
	H24	0.40～0.8	275	200	6
		>0.8～2.0	270	190	6
	H16	0.40～0.8	290	—	2
		>0.8～2.0	290	—	2
ME20M	O	0.40～0.8	230	120	12
		>0.8～2.0	225	110	12
	H22	0.40～0.8	245	160	8
		>0.8～2.0	240	150	8
	H14	0.40～0.8	260	—	2
		>0.8～2.0	260	—	2
M2M	O	0.40～0.8	190	110	6
		>08～2.0	180	100	6
	H24	0.40～0.8	215	90	4
		>0.8～2.0	210	90	4
	H18	0.40～0.8	240	—	2
		>0.8～2.0	240	—	2

11.2.5　镁及镁合金挤压棒材（GB/T 5155—2013）

镁及镁合金挤压棒材分 A、B、C 三级，直径（对方棒、六角棒为内切圆直径）为 5～300mm。

表 11.16　镁及镁合金挤压棒材的牌号、状态和规格

合金牌号	状　态	合金牌号	状　态
AZ31B,AZ40M,AZ41M,AZ61A,AZ61M,ME20M	H112	AZ80A	H112,T5
		ZK61M,ZK61S	T5

表 11.17　棒材的室温纵向力学性能

合金牌号	状态	棒材直径[①]/mm	抗拉强度 R_m/MPa	规定非比例延伸强度 $R_{p0.2}$/MPa	断后伸长率 A/%
			≥		
AZ31B	H112	≤130	220	140	7.0
AZ40M	H112	≤100	245	—	6.0
		>100～130	245	—	5.0

续表

合金牌号	状态	棒材直径①/mm	抗拉强度 R_m/MPa	规定非比例延伸强度 $R_{p0.2}$/MPa	断后伸长率 A/%
			≥		
AZ41M	H112	≤130	250	—	5.0
AZ61A	H112	≤130	260	160	6.0
AZ61M	H112	≤130	265	—	8.0
AZ80A	H112	≤60	295	195	6.0
		>60～130	290	180	4.0
	T5	≤60	325	205	4.0
		>60～130	310	205	2.0
ME20M	H112	≤50	215	—	4.0
		>50～100	205	—	3.0
		>100～130	195	—	2.0
ZK61M	T5	≤100	315	245	6.0
		>100～130	305	235	6.0
ZK61S	T5	≤130	310	230	5.0

①对方棒、六角棒为内切圆直径。

11.2.6　镁及镁合金热挤压管材（YS/T 495—2005）

镁及镁合金热挤压管材的直径（外径或内径）为≤200.00mm，圆管壁厚为≤100.00mm；正方形、矩形、六角形和八角形管的公称宽度或高度为>12.5～180.00mm，壁厚为≤50.00mm。

表 11.18　镁及镁合金挤压管材的牌号和状态

牌号	状态	牌号	状态
AZ31B	H112	M2S	H112
AZ61A	H112	ZK61S	H112、T5

11.2.7　铸造镁合金

铸造镁合金的牌号表示方法是：

Z	Mg	Zn4	RE1	Zr
铸造代号	基体镁的化学元素符号	锌的化学元素符号和名义百分含量	混合稀土的化学元素符号和名义百分含量	锆的化学元素符号

11.3　铅及铅锑合金

11.3.1　铅及铅锑合金板（GB/T 1470—2014）

用途：用于放射性防护和工业部门。

轧制成材，厚度的尺寸精度分普通级和高精级两种。

表 11.19　铅及铅锑合金板的牌号和规格

牌　　号	厚度/mm	宽度/mm	长度/mm
Pb1、Pb2	0.5～110.0	≤2500	≥1000
PbSb0.5、PbSb1、PbSb2、PbSb4、PbSb6、PbSb8、PbSb1-0.1-0.05、PbSb2-0.1-0.05、PbSb3-0.1-0.05、PbSb4-0.1-0.05、PbSb5-0.1-0.05、PbSb6-0.1-0.05、PbSb7-0.1-0.05、PbSb8-0.1-0.05、PbSb4-0.2-0.5、PbSb6-0.2-0.5、PbSb8-0.2-0.5	10～110.0		

表 11.20　板材部分牌号的理论重量

厚　度/mm	理论重量/(kg/m²)					
	Pb1、Pb2	PbSb0.5	PbSb2	PbSb4	PbSb6	PbSb8
0.5	5.67	5.66	5.63	5.58	5.53	5.48
1.0	11.34	11.32	11.25	11.15	11.06	10.97
2.0	22.68	22.64	22.50	22.30	22.12	21.94
3.0	34.02	33.96	33.75	33.45	33.18	32.91
4.0	45.36	45.28	45.00	44.60	44.24	43.88
5.0	56.70	56.60	56.25	55.75	55.30	54.85
6.0	68.04	67.90	67.50	66.90	66.36	65.82
7.0	79.38	79.24	78.75	78.05	77.42	76.79
8.0	90.72	90.56	90.00	89.20	88.48	87.76
9.0	102.06	101.88	101.25	100.35	99.54	98.73
10.0	113.40	113.20	112.50	111.50	110.60	109.70
15.0	170.10	169.80	168.75	167.25	165.90	164.55
20.0	226.80	226.40	225.00	223.00	221.20	219.40
25.0	283.50	283.00	281.25	278.75	276.50	274.25
30.0	340.20	339.60	337.50	334.50	331.80	329.10
40.0	453.60	452.80	450.00	446.00	442.40	438.80
50.0	567.00	566.00	562.50	557.50	553.00	548.50
60.0	680.40	679.20	675.00	669.00	663.00	658.20
70.0	793.80	792.40	787.50	780.50	774.20	767.90
80.0	907.20	905.60	900.00	892.00	884.80	877.60

续表

厚度/mm	理论重量/(kg/m²)					
	Pb1、Pb2	PbSb0.5	PbSb2	PbSb4	PbSb6	PbSb8
90.0	1020.6	1018.8	1012.5	1003.5	995.40	987.30
100.0	1134.0	1132.0	1125.0	1115.0	1106.0	1097.0
110.0	1247.4	1245.2	1237.5	1226.5	1216.6	1206.7

11.3.2 铅及铅锑合金管（GB/T 1472—2014）

用途：用于化工、制药及其他工业部门用作耐蚀材料。

加工方式：轧制。

表 11.21 铅及铅锑合金管的牌号和规格

牌号	规格/mm		
	内径	壁厚	长度
Pb1、Pb2	5～230	2～12	直管≤4000
PbSb0.5、PbSb2、PbSb4、PbSb6、PbSb8	10～200	3～14	盘状管≥2500

表 11.22 纯铅管常用尺寸规格 mm

公称内径	公称壁厚									
	2	3	4	5	6	7	8	9	10	12
5、6、8、10、13、16、20	√	√	√	√	√	√	√	√	√	√
25、30、35、38、40、45、50		√	√	√	√	√	√	√	√	√
55、60、65、70、75、80、90、100			√	√	√	√	√	√	√	√
110				√	√	√	√	√	√	√
125、150					√	√	√	√	√	√
180、200、230							√	√	√	√

表 11.23 铅锑合金管的常用规格 mm

公称内径	公称壁厚									
	3	4	5	6	7	8	9	10	12	14
10、15、17、20、25、30、35、40、45、50	√	√	√	√	√	√	√	√	√	√
55、60、65、70		√	√	√	√	√	√	√	√	√
75、80、90、100			√	√	√	√	√	√	√	√
110				√	√	√	√	√	√	√
125、150					√	√	√	√	√	√
180、200							√	√	√	√

表 11.24　常用规格纯铅管理论重量

内径/mm	管壁厚度/mm									
	2	3	4	5	6	7	8	9	10	12
	理论重量/(kg/m)									
5	0.5	0.9	1.3	1.8	2.3	3.0	3.7	4.7	5.3	7.3
6	0.6	1.0	1.4	1.9	2.6	3.2	4.1	4.8	5.7	7.7
8	0.7	1.2	1.7	2.3	3.0	3.7	4.5	5.4	6.4	8.5
10	0.8	1.4	2.0	2.7	3.4	4.2	5.1	6.3	7.1	9.4
13	1.1	1.7	2.4	3.2	4.1	5.0	6.0	7.0	8.2	10.7
16	1.3	2.0	2.8	3.7	4.7	5.7	6.8	8.0	9.3	12.0
20	1.6	2.5	3.4	4.4	5.5	6.7	8.0	9.3	10.7	13.7
25		3.0	4.1	5.4	6.6	8.0	9.4	10.9	12.5	15.8
30		3.5	4.9	6.2	7.7	9.2	10.8	12.5	14.2	17.9
35		4.1	5.6	7.1	8.8	10.5	12.3	14.1	16.0	20.1
38		4.4	6.0	7.6	9.4	11.2	13.1	15.1	17.1	21.4
40		4.6	6.3	8.0	9.8	11.7	13.7	15.7	17.8	22.2
45		5.1	7.0	8.9	10.9	13.0	15-1	17.3	19.6	24.3
50		5.7	7.7	9.8	12.0	14.2	16.5	18.9	21.4	26.5
55			8.4	10.7	13.1	15.5	18.0	20.5	23.1	28.6
60			9.1	11.6	14.1	16.7	19.4	22.1	24.9	30.8
65			9.8	12.4	15.2	18.8	20.8	24.6	26.9	32.9
70			10.5	13.3	16.2	19.1	22.2	25.3	28.5	35.0
75			11.3	14.2	17.3	20.4	23.6	27.1	30.3	37.2
80			12.0	15.1	18.3	21.7	26.0	28.5	32.0	39.3
90			13.4	16.9	20.5	24.2	27.9	31.8	35.6	43.6
100			14.8	18.7	22.6	26.7	30.8	35.0	39.2	47.9
110				20.5	24.8	29.2	33.6	38.2	42.7	52.1
125					28.0	32.9	37.9	42.9	48.1	58.6
150					33.3	39.1	45.0	50.9	57.1	69.3
180							53.6	60.5	67.7	82.2
200							59.3	67.5	74.8	90.7
230							67.8	76.5	85.5	103.5

注：计算密度 11.34g/cm³。

表 11.25　铅锑合金管与纯铅管的理论重量换算系数

牌号	密度/(g/cm³)	换算系数	牌号	密度/(g/cm³)	换算系数
Pbl. Pb2	11.34	1.0000	PbSb4	11.15	0.9850
PbSb0.5	11.32	0.9982	PbSb6	11.06	0.9753
PbSb2	11.25	0.9921	PbSb8	10.97	0.9674

11.3.3 铅及铅锑合金棒和线材（YS/T 636—2007）

铅及铅锑合金线材是指直径>0.5～6.0mm者，棒材是指直径>6.0～180mm者。

表 11.26 棒、线材的牌号、状态和规格

牌号	状态	品种	规格/mm	
			直径	长度
Pb1、Pb2 PbSb0.5、PbSb2 PbSb4、PhSb6	挤制 (R)	盘线①	0.5～6.0	—
		盘棒	>6.0～<20	≥2500
		直棒	20～180	≥1000

①一卷（轴）线的重量应不少于0.5kg。

表 11.27 纯铅棒、线的理论重量

直径/mm	理论重量/(kg/m)	直径/mm	理论重量/(kg/m)	直径/mm	理论重量/(kg/m)	直径/mm	理论重量/(kg/m)
0.5	0.002	6	0.320	40	14.240	95	80.322
0.6	0.003	8	0.570	45	18.020	100	89.000
0.8	0.006	10	0.890	50	22.250	110	107.690
1.0	0.009	12	1.282	55	26.920	120	128.160
1.2	0.013	15	2.003	60	32.040	130	150.410
1.5	0.020	18	2.884	65	37.600	140	174.440
2.0	0.036	20	3.560	70	43.610	150	200.250
2.5	0.056	22	4.308	75	50.060	160	227.840
3.0	0.080	25	5.570	80	56.960	170	257.210
4.0	0.142	30	8.010	85	64.300	180	288.360
5.0	0.223	35	10.900	90	72.090		

铅锑合金棒、线的密度和理论重量的修正系数

牌号	密度/(g/cm^3)	换算系数	牌号	密度/(g/cm^3)	换算系数
Pb1、Pb2	11.34	1.0000	PbSb4	11.15	0.9850
PbSb0.5	11.32	0.9982	PbSb6	11.06	0.9753
PbSb2	11.25	0.9921			

11.3.4 锡、铅及其合金箔和锌箔（YS/T 523—2011）

用途：用于电气、仪表、医疗器械等工业部门制造零件使用。厚度尺寸有普通精度和较高精度两种。供应状态为轧制（R）。

表 11.28　锡、铅及其合金牌号举例

产品名称	金属或合金牌号举例		产品名称	金属或合金牌号举例	
	牌　号	代号		牌　号	代号
纯锡	二号锡	Sn2	锡铅合金 锡锑合金	13.5-2.5 锡铅合金 2.5 锡锑合金	SnPb13.5-2.5 SnSb2.5

表 11.29　箔材的牌号、状态和规格

牌　号	厚度/mm	宽度/mm	长度/mm
Sn1、Sn2、Sn3、SnSb1.5、SnSb2.5、SnPb12-1.5、SnPb13.5-2.5	0.010～0.100	≤350	≥5000
Pb2、Pb3、Pb4、Pb5、PbSb3-1、PbSb6-5、PbSb3.5、PbSn2-2、PbSn4.5-2.5、PbSn45、PbSn6.5			

11.4 锌及锌合金

表 11.30　锌及锌合金的牌号举例

产品名称	金属或合金牌号举例		产品名称	金属或合金牌号举例	
	牌　号	代号		牌　号	代号
纯锌	二号锌	Zn2	锌铜合金	1.5 锌铜合金	ZnCu1.5

11.4.1 电镀用阳极板（GB/T 2056—2005）

适于电镀用铜、锌、镉、镍和锡阳极板。

表 11.31　产品牌号、状态和规格

牌　号	状　态	规　格/mm		
		厚　度	宽　度	长　度
T2、T3	热轧(R) 冷轧(Y)	6.0～20.0 2.0～15.0	100～1000	300～2000
Zn1(Zn99.99) Zn2(Zn99.95)	热轧(R)	6.0～20.0	10～500	
Sn2、Sn3、Cd2、Cd3	冷轧(Y)	0.5～15.0		
NY1	热轧(R)	6～20		
NY2	热轧后淬火(C)	6～20		
NY3	软态(M)	4～20		

11.4.2 照相制版用微晶锌板（YS/T 225—2010）

适于无粉腐蚀用照相制版用微晶锌板。

表 11.32 微晶锌板的牌号、型号、规格

牌号	型号	非工作面状况	工作面状况	厚度/mm	宽度/mm	长度/mm
X_{12}	W_1	无保护涂层	非磨光	0.80～5.0	381～510	550～1200
	W_2		磨　光			
	W_3		抛　光			
	Y_1	有保护涂层	非磨光			
	Y_2		磨　光			
	Y_3		抛　光			

11.4.3 电池用锌板和锌带（YS/T 565—2010）

用途：用于制造锌-锰干电池负极焊接锌筒。

表 11.33 锌板和锌带的牌号、型号和规格

牌号	形状	型号	厚度/mm	宽度/mm	长度/mm
DX	板材	B25	0.25	100～510	750～1200
		B30	0.28～0.35		
		B50	0.40～0.60		
	带材	D25	0.25	91～186	10^5～3×10^5
		D30	0.28～0.35		
		D50	0.40～0.60		

11.4.4 锌箔（YS/T 523—2011）

表 11.34 锌箔的牌号、状态和规格

牌　　号	厚度/mm	宽度/mm	长度/mm
Zn2、Zn3	0.010～0.100	≤350	≥5000

11.4.5 锌棒及型材（YS/T 1113—2016）

用于电工、电气和金属机械加工行业，有热挤压态（M30）、拉制态（H04）、退火态（O60）和淬火人工时效态（TF00）四种。

表 11.35 锌棒及型材纵向拉伸性能

牌　号	状态	直径/mm（或对边距）	抗拉强度 R_m/MPa	断后伸长率 A_{100mm}/%
			≥	
Zn99.95	H04	3.0～65.0	120	10
	O60	>3.0～65.0	70	10

续表

牌　号	状态	直径/mm （或对边距）	抗拉强度 R_m/MPa	断后伸长率 A_{100mm}/%
			≥	
ZnAl2.5Cu1.5Hg	H04	3.0～15.0	250	10
		>15.0～65.0	280	10
	O60	3.0～15.0	220	12
		>15.0～65.0	250	12
ZnAl4Cu1Hg	H04	3.0～15.0	250	10
		>15.0～65.0	280	10
	O60	3.0～15.0	220	12
		>15.0～65.0	250	12
ZnAl10Cu1	H04	3.0～65.0	280	8
ZnAl10Cu2Hg	H04	3.0～65.0	280	5
		>15.0～65.0	330	5
	O60	3.0～15.0	250	8
		>15.0～65.0	280	8
ZnAl22	M30	>25.0～65.0	215	10
	H04	3.0～25.0	135	40
	O60	3.0～25.0	195	14
ZnAl22Cu1	M30	>25.0～65.0	275	10
	H04	3.0～25.0	245	20
	O60	3.0～25.0	295	15
ZnAl22Cu1Hg	M30	>25.0～65.0	310	5
	H04	3.0～25.0	295	10
	TF00	3.0～25.0	390	2
ZnCuTi	H04	3.0～15.0	160	15
		>15.0～65.0	200	15
	O60	3.0～15.0	120	20
		>15.0～65.0	160	20
ZnCu1.2	H04	3.0～65.0	160	20
ZnCu1.5	H04	3.0～65.0	160	20
ZnCu3Ti	H04	3.0～15.0	180	15
		>15.0～65.0	220	15
	O60	3.0～15.0	150	20
		>15.0～65.0	180	20
ZnCu4MnBi	H04	3.0～15.0	280	5
		>15.0～65.0	250	5
	O60	3.0～15.0	250	10
		>15.0～65.0	230	10

续表

牌　号	状态	直径/mm（或对边距）	抗拉强度 R_m/MPa	断后伸长率 A_{100mm}/%
			≥	
ZnCu7Mn	H04	3.0～15.0	330	5
		>15.0～65.0	300	5
	O60	3.0～15.0	280	10
		>15.0～65.0	250	10

注：1. 矩形棒材的对边距指窄边长度。

2. ZnAl22、ZnAl22Cu1、ZnAl22Cu1Mg 是超塑性锌合金。超塑处理规范：在350℃±15℃加热 1h，迅速淬水（最好冰盐水），然后在 200℃±15℃时效 10～30min。

11.4.6 铸造锌合金的力学性能（GB/T 1175—1997）

含锌不小于 60%，其他含有铝、铜或镁等组元的合金，牌号表示方法按 GB/T 8063 规定。

表 11.36 铸造锌合金力学性能

合金牌号	合金代号	铸造方法及状态	抗拉强度 R_m /MPa ≥	伸长率 A_e /% ≥	布氏硬度（HBS）≥
ZZnAl4Cu1Mg	ZA4-1	JF	175	0.5	80
ZZnAl4Cu3Mg	ZA4-3	SF	220	0.5	90
		JF	240	1	100
ZZnAl6Cu1	ZA6-1	SF	180	1	80
		JF	220	1.5	80
ZZnAl8Cu1Mg	ZA8-1	SF	250	1	80
		JF	225	1	85
ZZnAl9Cu2Mg	ZA9-2	SF	275	0.7	90
		JF	315	1.5	105
ZZnAl11Cu1Mg	ZA11-1	SF	280	1	90
		JF	310	1	90
ZZnAl11Cu5Mg	ZA11-5	SF	275	0.5	80
		JF	295	1.0	100
ZZnAl 27Cu2Mg	ZA27-2	SF	400	3	110
		ST3	310	8	90
		JF	420	1	110

注：工艺代号，S 表示砂型铸造，J 表示金属型铸造，F 表示铸态，T3 表示均匀化处理（320℃，3h 炉冷）。

11.5 钛及钛合金

表 11.37　钛及钛合金的牌号举例

产品名称	金属或合金牌号举例		产品名称	金属或合金牌号举例	
	牌　号	代号		牌　号	代号
工业纯钛	一号工业纯钛	TA1	钛合金	A 组五号钛合金 C 组四号钛合金	TA5 TC4

11.5.1 钛及钛合金板（GB/T 3621—2007）

表 11.38　产品牌号、制造方法、供应状态及规格

牌　号	制造方法	供应状态	规格		
			厚度/mm	宽度/mm	长度/mm
TA1、TA2、TA3、TA4、TA5、TA6、TA7、TA8、TA8-1、TA9、TA9-1、TA10、TA11、TA15、TA17、TA18、TC1、TC2、TC3、TC4、TC4ELI	热轧	热加工状态(R) 退火状态(M)	＞4.75～60.0	400～3000	1000～4000
	冷轧	冷加工状态(Y) 退火状态(M) 固溶状态(ST)	0.30～6	400～1000	1000～3000
TB2	热轧	固溶状态(ST)	＞4.0～10.0	400～3000	1000～4000
	冷轧	固溶状态(ST)	1.0～4.0	400～1000	1000～3000
TB5、TB6、TB8	冷轧	固溶状态(ST)	0.30～4.75	400～1000	1000～3000

表 11.39　板材横向室温力学性能

牌号	状态	板材厚度/mm	抗拉强度 R_m/MPa	规定非比例延伸强度 $R_{p0.2}$/MPa	断后伸长率[①] A/% ≥
TA1	M	0.3～25.0	≥240	140～310	30
TA2	M	0.3～25.0	≥400	275～450	25
TA3	M	0.3～25.0	≥500	380～550	20
TA4	M	0.3～25.0	≥580	485～655	20
TA5	M	0.5～1.0 ＞1.0～2.0 ＞2.0～5.0 ＞5.0～10.0	≥685	≥585	20 15 12 12
TA6	M	0.8～1.5 ＞1.5～2.0 ＞2.0～5.0 ＞5.0～10.0	≥685	—	20 15 12 12

续表

牌号		状态	板材厚度/mm	抗拉强度 R_m/MPa	规定非比例延伸强度 $R_{p0.2}$/MPa	断后伸长率[①] A/% ≥
TA7		M	0.8～1.5	735～930	≥685	20
			>1.6～2.0			15
			>2.0～5.0			12
			>5.0～10.0			12
TA8		M	0.8～10	≥400	275～450	20
TA8-1		M	0.8～10	≥240	140～310	24
TA9		M	0.8～10	≥400	275～450	20
TA9-1		M	0.8～10	≥240	140～310	24
TA10[②]	A类	M	0.8～10.0	≥485	≥345	18
	B类			≥345	≥275	25
TA11		M	5.0～12.0	≥895	≥825	10
TA13		M	0.5～2.0	540～770	460～570	18
TA15		M	0.8～1.8	930～1130	≥855	12
			>1.8～4.0			10
			>4.0～10.0			8
TA17		M	0.5～1.0	685～835	—	25
			>1.1～2.0			15
			>2.1～4.0			12
			>4.1～10.0			10
TA18		M	0.5～2.0	590～735	—	25
			>2.0～4.0			20
			>4.0～10.0			15
TB2		ST	1.0～3.5	≤980	—	20
		STA		1320		8
TB5		ST	0.8～1.75	705～945	690～835	12
			>1.75～3.18			0
TB6		ST	1.0～5.0	≥1000	—	6
TB8		ST	0.3～0.6	825～1000	795～965	6
			>0.6～2.5			8
TC1		M	0.5～1.0	590～735	—	25
			>1.0～2.0			25
			>2.0～5.0			20
			>5.0～10.0			20
TC2		M	0.5～1.0	≥685	—	25
			>1.0～2.0			15
			>2.0～5.0			12
			>5.0～10.0			12

续表

牌号	状态	板材厚度/mm	抗拉强度 R_m/MPa	规定非比例延伸强度 $R_{p0.2}$/MPa	断后伸长率[①] A/% ≥
TC3	M	0.8～2.0 ＞2.0～5.0 ＞5.0～10.0	≥880	—	12 10 10
TC4	M	0.8～2.0 ＞2.0～5.0 ＞5.0～10.0 10.0～25.0	≥895	≥830	12 10 10 8
TC4ELI	M	0.8～25.0	≥860	≥795	10

①厚度不大于 0.64mm 的板材，伸长率报实测值。

②正常供货按 A 类，B 类适应于复合板复材，当需方要求并在合同中注明时，按 B 类供货。

表 11.40　板材高温力学性能

合金牌号	板材厚度/mm	试验温度/℃	抗拉强度 R_m/MPa ≥	持久强度 R_{140h}/MPa	合金牌号	板材厚度/mm	试验温度/℃	抗拉强度 R_m/MPa ≥	持久强度 R_{140h}/MPa
TA6	0.8～10	350 500	420 340	≥390 ≥195	TA18	0.5～10	350 400	340 310	≥320 ≥280
TA7	0.8～10	350 500	490 440	≥440 ≥195	TC1	0.5～10	350 400	340 310	≥320 ≥295
TA11	5.0～12	425	620	—	TC2	0.5～10	350 340	420 390	≥390 ≥360
TA15	0.8～10	500 550	635 570	≥440 ≥440					
TA17	0.5～10	350 400	420 390	≥390 ≥360	TC3、TC4	0.8～10	400 500	590 440	≥540 ≥195

表 11.41　板材工艺性能

牌号	状态	板材厚 t/mm	压头直径/mm	弯曲角度 α/(°)	牌号	状态	板材厚 t/mm	压头直径/mm	弯曲角度 α/(°)
TA1	M	＜1.8 1.8～4.75	$3t$ $4t$	105	TA8	M	＜1.8 1.8～4.75	$4t$ $5t$	105
TA2	M	＜1.8 1.8～4.75	$4t$ $5t$		TA8-1	M	＜1.8 1.8～4.75	$3t$ $4t$	
TA3	M	＜1.8 1.8～4.75	$4t$ $5t$		TA9	M	＜1.8 1.8～4.75	$4t$ $5t$	
TA4	M	＜1.8 1.8～4.75	$5t$ $6t$		TA9-1	M	＜1.8 1.8～4.75	$3t$ $4t$	

续表

牌号	状态	板材厚 t/mm	压头直径/mm	弯曲角度 α/(°)	牌号	状态	板材厚 t/mm	压头直径/mm	弯曲角度 α/(°)
TA10	M	<1.8	$4t$	105	TA15	M	0.8～5.0	$3t$	30
		1.8～4.75	$5t$		TA17	M	0.5～1.0		80
TC4	M	<1.8	$9t$				>1.0～2.0		60
		1.8～4.75	$10t$				>2.0～5.0		50
TC4ELI	M	<1.8	$9t$		TA18	M	0.5～1.0		100
		1.8～4.75	$10t$				>1.0～2.0		70
TBS	M	<1.8	$4t$				>2.0～5.0		60
		1.8～3.18	$5t$		TB2	ST	1.0～3.5		120
TB8	M	<1.8	$3t$		TCI	M	0.5～1.0		100
		1.8～2.5	$3.5t$				>1.0～2.0		70
TA5	M	0.5～5.0	$3t$	60			>2.0～5.0		60
TA6	M	0.8～1.5	$3t$	50	TC2	M	0.5～1.0		80
		>1.5～5:0		40			>1.0～2.0		60
TA7	M	0.8～2.0		50			>2.0～5.0		50
		>2.0～5.0		40	TC3	M	0.8～2.0		35
TA13	M	0.5～2.0	$2t$	180			>2.0～5.0		30

注：板材按规定的压头直径和弯曲角经弯曲后，试样的表面不应产生开裂。

11.5.2　钛及钛合金棒（GB/T 2965—2007）

品种有锻造、挤压、轧制和拉拔的圆形和矩形棒材。

表11.42　钛及钛合金棒的牌号、状态和规格

牌　　号	供应状态	直径或截面厚度/mm	长度/mm
TA1、TA2、TA3、TA4、TA5、TA6、TA7、TA9、TA10、TA13、TA15、TA19①、TB2、TC1、TC2、TC3、TC4、TC4EL1、TC6②、TC9①、TC10、TC11①、TC12	热加工态(R)	>7～230	300～6000
	冷加工态(Y)		300～6000
	退火状态(M)		300～3000

①供应状态为热加工态（R）和冷加工态（Y）。

②退火态（M）为普通退火态。

表11.43　钛及钛合金棒材的纵向室温力学性能

牌号	抗拉强度 R_m/MPa ≥	规定塑性延伸强度 $R_{p0.2}$/MPa ≥	断后伸长率 A/% ≥	断面收缩率 Z/% ≥	牌号	抗拉强度 R_m/MPa ≥	规定塑性延伸强度 $R_{p0.2}$/MPa ≥	断后伸长率 A/% ≥	断面收缩率 Z/% ≥
TA1	240	140	24	30	TA3	500	380	18	30
TA2	400	275	20	30	TA4	580	485	15	25

续表

牌号	抗拉强度 R_m /MPa ≥	规定塑性延伸强度 $R_{p0.2}$/MPa ≥	断后伸长率 A/% ≥	断面收缩率 Z/% ≥	牌号	抗拉强度 R_m /MPa ≥	规定塑性延伸强度 $R_{p0.2}$/MPa ≥	断后伸长率 A/% ≥	断面收缩率 Z/% ≥
TA5	685	585	15	40	TC1	585	460	15	30
TA6	685	585	10	27	TC2	685	560	12	30
TA7	785	680	10	25	TC3	800	700	10	25
TA9	370	250	20	25	TC4	895	825	10	25
TA10	485	345	18	25	TC4ELI	830	760	10	15
TA13	540	400	16	35	TC6	980	840	10	25
TA15	885	825	8	20	TC9	1060	910	9	25
TA19	895	825	10	25	TC10	1030	900	12	25
TB2①	≤980	820	18	40	TC11	1030	900	10	30
TB2②	1370	1100	7	10	TC12	1150	1000	10	25

①淬火性能。

②时效性能。

表 11.44　钛及钛合金棒材的纵向高温力学性能

牌　号	试验温度 /℃	抗拉强度 R_m/MPa ≥	100h 持久强度 /MPa ≥	50h 持久强度 /MPa ≥	30h 持久强度 /MPa ≥
TA6	350	420	390	—	—
TA7	350	490	440	—	—
TA15	500	570	—	470	—
TA19	480	620	—	—	480
TC1	350	345	325	—	—
TC2	350	420	390	—	—
TC4	400	620	570	—	—
TC6	400	735	665	—	—
TC9	500	785	590	—	—
TC10	400	835	785	—	—
TC11	500	685	—	—	640
TC12	500	700	590	—	—

表 11.45　钛及钛合金棒材或试样坯的热处理制度

牌　号	加热温度,保温时间和冷却方式	牌　号	加热温度,保温时间和冷却方式
TA1、TA2、TA3、TA4	600～700℃,1～3h	TC3、TC4①	700～800℃,1～3h
TA5	700～850℃,1～3h	TC6	普通退火:800～850℃,保温 1～2h;等温退火:870℃±10℃,1～3h,炉冷至 650℃,2h,空冷
TA6、TA7	750～850℃,1～3h	TC9	950～1000℃,1～3h,空冷+530℃±10℃,6h,空冷
TA9、TA10	600～700℃,1～3h	TC10	700～800℃,1～3h
TA13	780～800℃,0.5～2h	TC11	950℃±10℃,1～3h,空冷+530℃±10℃,6h,空冷
TA15	700～850℃,1～4h	TC12	700～850℃,1～3h
TA19	955～985℃,1～2h;575～605℃,8h	TB2	淬火:800～850℃,30min,空冷或水冷 时效:450～500℃,8h,空冷
TC1、TC2	700～850℃,1～3h		

①含 TC4ELI。

注:未注明冷却方式处均为空冷。

11.5.3　钛及钛合金挤压管 (GB/T 26058—2010)

产品的化学成分应符合 GB/T 3620.1 中相关牌号的规定。需方复验时化学成分允许偏差应符合 GB/T 3620.2 的规定。

表 11.46　热挤压状态管材的牌号和规格

牌号	规定外径和壁厚时的允许最大长度/mm															
	外径/mm	壁　厚/mm														
		4	5	6	7	8	9	10	12	15	18	20	22	25	28	30
TA1 TA2 TA3 TA4 TA6 TA8-1 TA9 TA9-1 TA10 TA18	25、26	3.0	2.5	—	—	—	—	—	—	—	—	—	—	—	—	—
	28	2.5	2.5	2.5	—	—	—	—	—	—	—	—	—	—	—	—
	30	3.0	2.5	2.0	2.0	—	—	—	—	—	—	—	—	—	—	—
	32	3.0	2.5	2.0	1.5	1.5	—	—	—	—	—	—	—	—	—	—
	34	2.5	2.0	1.5	1.2	1.0	—	—	—	—	—	—	—	—	—	—
	35	2.5	2.0	1.5	1.2	1.0	—	—	—	—	—	—	—	—	—	—
	38	2.0	2.0	1.5	1.2	1.0	—	—	—	—	—	—	—	—	—	—
	40	2.0	2.0	1.5	1.5	1.2	—	—	—	—	—	—	—	—	—	—
	42	2.0	1.8	1.5	1.2	1.2	—	—	—	—	—	—	—	—	—	—
	45	1.5	1.5	1.2	1.2	1.0	—	—	—	—	—	—	—	—	—	—

续表

牌号	规定外径和壁厚时的允许最大长度/mm															
	外径/mm	壁厚/mm														
		4	5	6	7	8	9	10	12	15	18	20	22	25	28	30
TA1 TA2 TA3 TA4 TA6 TA8-1 TA9 TA9-1 TA10 TA18	48	1.5	1.5	1.2	1.2	1.0	—	—	—	—	—	—	—	—	—	—
	50	—	1.5	1.2	1.2	1.0	—	—	—	—	—	—	—	—	—	—
	53	—	1.5	1.2	1.2	1.0	—	—	—	—	—	—	—	—	—	—
	55	—	1.5	1.2	1.2	1.0	—	—	—	—	—	—	—	—	—	—
	60	—	—	—	—	11	10	—	—	—	—	—	—	—	—	—
	63	—	—	—	—	10	9	—	—	—	—	—	—	—	—	—
	65	—	—	—	—	9	8	—	—	—	—	—	—	—	—	—
	70	—	—	10.0	9.0	8.0	7.0	6.5	6.0	—	—	—	—	—	—	—
	75	—	—	10.0	9.0	8.0	7.0	6.5	6.0	—	—	—	—	—	—	—
	80	—	—	8.0	7.0	6.5	6.0	5.5	5.0	4.5	—	—	—	—	—	—
	85	—	—	8.0	7.0	6.5	6.0	5.5	5.0	4.5	—	—	—	—	—	—
	90	—	—	8.0	7.0	6.0	5.5	5.0	4.5	4.5	4.0	—	—	—	—	—
	95	—	—	7.0	6.0	5.5	5.0	4.5	5.5	5.0	4.5	4.0	—	—	—	—
	100	—	—	6.0	5.5	5.0	4.5	5.5	5.0	4.5	4.0	3.5	3.0	2.5	—	—
	105	—	—	—	5.0	4.5	4.0	5.0	4.5	4.0	3.5	3.0	2.5	2.0	—	—
	110	—	—	—	5.0	4.5	4.0	5.0	4.5	4.0	3.5	3.0	2.5	2.0	—	—
	115	—	—	—	5.0	4.5	4.0	5.0	4.5	4.0	3.5	3.0	2.5	2.0	—	—
	120	—	—	—	6.0	5.5	5.0	4.5	4.0	3.5	3.0	2.5	2.0	1.5	1.5	1.2
	130	—	—	—	5.5	5.0	4.5	4.0	3.5	3.0	2.5	2.0	1.5	1.5	1.2	1.0
	140	—	—	—	5.0	4.5	4.0	3.5	3.0	2.5	2.0	1.5	3.5	3.0	2.5	2.0
	150	—	—	—	—	—	—	—	3.5	3.5	3.5	3.0	2.5	2.5	2.0	1.5
	160	—	—	—	—	—	—	—	3.5	3.5	3.5	3.0	2.5	2.0	1.5	1.5
	170	—	—	—	—	—	—	—	3.5	3.0	2.5	2.5	2.0	1.8	1.5	1.2
	180	—	—	—	—	—	—	—	3.5	3.0	2.5	2.5	2.0	1.8	1.5	1.2
	190	—	—	—	—	—	—	—	3.0	2.5	2.5	2.0	1.8	1.5	1.2	1.0
	200	—	—	—	—	—	—	—	—	2.5	2.0	2.0	1.8	1.5	1.2	1.0
	210	—	—	—	—	—	—	—	—	—	—	2.0	1.8	1.5	1.2	1.0

注：管材的最小长度为 500mm。

表 11.47　热挤压状态管材的牌号和规格

牌号	供应状态	规定外径和壁厚时的允许最大长度/m								
		外径/mm	壁厚/mm							
			12	15	18	20	22	25	28	30
TC1 TC4	挤制 (R)	90	—	4.5	4.5	4.0	—	—	—	—
		95	—	5.0	4.58	4.0	—	—	—	—
		100	—	4.5	4.0	3.5	3.0	2.5	—	—
		105	—	4.0	3.5	3.0	2.5	2.0	—	—
		110	4.5	4.0	3.5	3.0	2.5	2.0	—	—

续表

牌号	供应状态	外径/mm	规定外径和壁厚时的允许最大长度/m							
			壁　厚　/mm							
			12	15	18	20	22	25	28	30
TC1 TC4	挤制(R)	115	—	—	—	3.0	2.5	2.0	1.5	1.2
		120	—	—	—	2.5	2.0	1.5	1.5	1.2
		130	—	3.0	2.5	2.0	1.5	1.5	1.2	1.0
		140	3.0	2.5	2.0	1.5	3.5	3.0	2.5	2.0
		150	3.5	3.5	3.5	3.0	2.5	2.5	2.0	1.5
		160	3.5	3.5	3.5	3.0	2.5	2.0	1.5	1.5
		170	—	—	—	—	—	—	1.5	1.2
		180	—	—	—	2.5	2.0	1.8	1.5	1.2
		190	—	2.5	2.5	2.0	1.8	1.5	1.2	1.0
		200	—	2.5	2.0	2.0	1.8	1.5	1.2	1.0
		210	—	—	—	—	—	—	—	1.0

注：1.管材的最小长度为500mm。

2.其他牌号的力学性能报实测值或由供需双方协商确定。

表11.48　热挤压状态管材室温的力学性能

合金牌号	室温力学性能		合金牌号	室温力学性能	
	抗拉强度 R_m/MPa	断后伸长率 A/%		抗拉强度 R_m/MPa	断后伸长率 A/%
TA1	≥240	≥24	TA9	≥400	≥20
TA2	≥400	≥20	TA10	≥485	≥18
TA3	≥450	≥18			

注：其他牌号的力学性能报实测值或由供需双方协商确定。

11.6　常用锡基和铅基轴承合金

轴承合金有锡基和铅基两种。

表11.49　锡基和铅基轴承合金牌号举例

类别	牌　号	代号	类别	牌　号	代号
锡基轴承合金	2-0.2-0.15铅锑轴承合金	ChPbSb2-0.2-0.15	铅基轴承合金	11-6锡锑轴承合金	ChSnSb11-6
	8-3锡锑轴承合金	ChSnSb8-3		0.25铅锑轴承合金	ChPbSb0.25

表11.50　常用锡基和铅基轴承合金代号及用途

组别	代　号	HBS≥	用　途　举　例
锡锑轴承合金	ZSnSb4Cu4	20	具有耐蚀、耐热、耐磨性能，适于制造高速度轴承及轴衬

续表

组别	代　号	HBS ≥	用　途　举　例
锡锑轴承合金	ZSnSb8Cu4	24	韧性与 ZSnSbCu4 相同，适用于制造一般大型机器轴承及轴衬，负荷压力大
铅锑轴承合金	ZPbSb16Sn16Cu2	30	用于浇注各种机器轴承的上半部
	ZPbSb15Sn5Cu3Cd2	32	用于浇注各种机器的轴承

11.7 其他非铁金属牌号

表 11.51　其他非铁金属牌号举例

产品名称	组别	牌　号	代号	产品名称	组别	牌　号	代号
金及其合金	纯金	二号金	Au2	银及其合金	纯银	二号银	Ag2
	金银合金	40 金银合金	AuAg40		银铜合金	10 银铜合金	AgCu10
	金铜合金	20-5 金铜合金	AuCu20-5		银镁合金	3 银镁合金	AgMg3
	金镍合金	7.5-1.5 金镍合金	AuNi7.5-1.5		银铂合金	12 银铂合金	AgPt12
	金铂合金	5 金铂合金	AuPt5		银钯合金	20 银钯合金	AgPd20
	金钯合金	30-10 金钯合金	AuPd30-10	金属粉末	镁粉	一号镁粉	FM1
	金镓合金	1 号金镓合金	AuGa1		喷铝粉	二号喷铝粉	FLP2
	金锗合金	12 号金锗合金	AuGe12		涂料铝粉	二号涂料铝粉	FLU2
铂及其合金	纯铂	二号铂	Pt2		细铝粉	一号细铝粉	FLX1
	铂铱合金	5 铂铱合金	PtIr5		特细铝粉	一号特细铝粉	FLT1
	铂铑合金	7 铂铑合金	PtRh7		炼钢、化工用铝粉	一号炼钢、化工铝粉	FLG1
	铂银合金	20 铂银合金	PtAg20				
	铂钯合金	20 铂钯合金	PtPd20	金属焊料	铜焊料	64 铜锌焊料	H1CuZn64
	铂镍合金	4.5 铂镍合金	PtNi4.5		锡焊料	39 锡铅焊料	H1SnPb39
钯及其合金	纯钯	二号钯	Pd2		银焊料	28 银铜焊料	H1AgCu28
	钯铱合金	10 钯铱合金	PdIr10		焊料合金	50 银基焊料	HL304
	钯银合金	40 钯银合金	PdAg40	镉	纯镉	二号镉	Cd2
	钯铜合金	40 钯铜合金	PdCu40				

11.8 铸造非铁金属及其合金

11.8.1 一般规定

GB/T 8063—1994 规定了铸造非铁金属（铝、镁、钛、铜、镍、钴、锌、锡、铅等）及其合金牌号的表示方法：

① 铸造非铁金属合金牌号由“Z”和基体金属的化学元素符号、主要合金化学元素符号（其中混合稀土元素符号统一用 RE 表示）以及表明合金化元素名义百分含量的数字组成。

② 当合金化元素多于两个时，合金牌号中应列出足以表明合金主要特性的元素符号及其名义百分含量的数字合金化元素符号的排列次序，按其名义百分含量所大小。当其值相等时，则按元素符号字母顺序排列。

③ 当需要表明决定合金类别的合金化元素首先列出时，不论其含量多少，该元素符号均应紧置于基体元素符号之后。基体元素的名义百分含量不标注；其他合金化元素的名义百分含量均标注于该元素符号之后。

④ 合金化元素含量小于1%时，一般不标注；优质合金在牌号后面标注大写字母“A”；对具有相同主成分，需要控制低间隙元素的合金，在牌号后的圆括弧内标注 ELI。

11.8.2 牌号举例

① 铸造镁合金

Z	Mg	Zn4	RE1	Zr
铸造代号	基体镁的化学元素符号	锌的化学元素符号和名义百分含量	混合稀土的化学元素符号和名义百分含量	锆的化学元素符号

铸造锡青铜：

Z	Cu	Sn3	Zn8	Pb6	Ni1
铸造代号	基体铜的化学元素符号	合金类别锡的化学元素符号及名义百分含量	锌的化学元素符号及名义百分含量	铅的化学元素符号及名义百分含量	镍的化学元素符号及名义百分含量

铸造纯钛

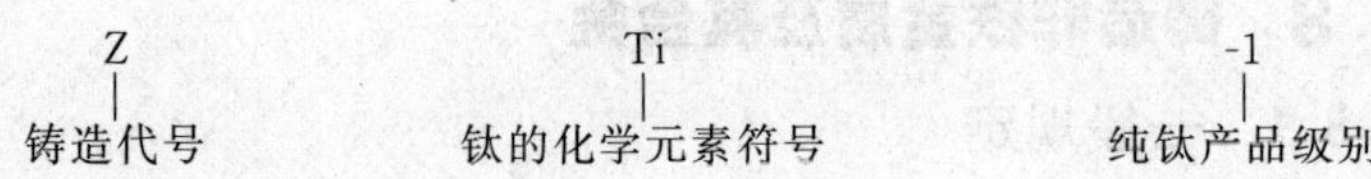

② 铸造钛合金

Z	Ti	Al5	Sn2.5	(ELI)
铸造代号	基体钛的化学元素符号	铝的化学元素符号和名义百分含量	锡的化学元素符号和名义百分含量	低间隙元素的英文缩写

为了使用本手册方便起见，编制了此索引，其内容包括钢材和有色金属的种类和产品牌号。钢材的索引分按数字开头和按字母开头两种；按数字开头的又分不同的系和组（不锈钢、耐热钢和电工钢亦按钢系对待）。索引中的“□”表示字母，“×”表示数字。

附录

附录1 钢材种类和产品牌号索引

一、数字开头牌号

（一）碳钢系

08、10、15（工业链条滚子用冷拉钢，表 5.190）

08、10～85（间隔 5）（优质碳素结构钢，表 4.4、表 4.5）

10、20（塑料模具用钢，表 6.24；化工设备用钢，表 5.160、表 5.161）

10～65（间隔 5）（优质结构钢冷拉钢材，表 4.150）

15～50（间隔 5）（锻件用碳素结构钢，表 4.29）

15～60（间隔 5）（大型碳素结构钢锻件，表 4.31）

20、35（承压设备用碳素钢锻件，表 5.134）

45H（保证淬透性结构钢，表 4.25）

65、70（重型机械用弹簧钢，表 4.54、表 4.55）

65、70、85（弹簧钢，表 4.51～表 4.53）

（二）铬钢系

1. 铬钢组

2Cr13、4Cr13（塑料模具用钢，表 6.23）

4Cr13、9Cr18（塑料模具用钢，表 6.24）

8Cr3（热作模具用钢，表 6.20、表 6.24）

2. 铬锰钢组

3. 铬锰钼钢组

4. 铬锰钛钢组

5. 铬锰硅钢组

6CrMnSi2Mo1、5Cr3MnSiMo1V（耐冲击工具钢，表6.9、表6.10）

7CrSiMnMoV（冷作模具用钢，表6.15、表6.16）

20CrMnSi～35CrMnSiA（合金结构钢，表4.12～表4.15）

30CrMnSi、35CrMnSi（锻件用合金结构钢，表4.30）

6. 铬钼钢组

1Cr5Mo（承压设备用合金钢锻件，表5.134）

3Cr2Mo（塑料模具用钢，表6.23、表6.24）

3Cr17Mo（塑料模具用钢，表6.23）

9Cr2Mo（轧辊用钢，表6.11）

9Cr18Mo（塑料模具用钢，表6.24）

12CrMo、15CrMo、12Cr2Mo、12Cr5Mo（化工设备用钢，表5.160、表5.161）

12CrMo～42CrMo（合金结构钢，表4.12～表4.15）

12CrMo～50CrMo（锻件用合金结构钢，表4.30）

12Cr12Mo（汽轮机叶片用钢，表5.144、表5.145）

12Cr2Mo1（承压设备用合金钢锻件，表5.134）

14Cr1Mo、15CrMo、35CrMo（承压设备用合金钢锻件，表5.134）

20CrMo（工业链条销轴用冷拉钢，表5.189）

25CrMo、35CrMo、42CrMo、50CrMo（大型合金结构钢锻件，表4.32）

30CrMo、34CrMo（无缝气瓶用钢坯，表5.143）

30Cr17Mo（塑料模具用钢，表6.25，表6.30，表6.31）

34CrMo1（锻件用合金结构钢，表4.30）

35CrMoA、42CrMoA（涡轮机高温螺栓用钢，表5.146、表5.147）

38CrMoAl（大型合金结构钢锻件，表4.32）

40CrMo（塑料模具用钢，表6.24）

7. 铬钼钒钢组

2Cr12MoV、2Cr11Mo1VNbN（涡轮机高温螺栓用钢，表5.146、表5.147）

3Cr3Mo3W2V、3Cr3Mo3VCo3、4Cr5Mo2V、4Cr5Mo3V（热作模具用钢，表6.17）

5Cr8MoVSi（冷作模具用钢，表6.15、表6.16）

7Cr7Mo2V2Si（冷作模具用钢，表6.15、表6.16）

9Cr2MoV（轧辊用钢，表6.11）

9Cr18MoV（塑料模具用钢，表6.23）

10Cr9Mo1VNb、12Cr1MoV、12Cr2Mo1V、12Cr3Mo1V（承压设备用合金钢锻件，表5.134）

12CrMoV（合金结构钢，表4.12～表4.15）

12CrMoV、12Cr1MoV、24CrMoV、35CrMoV、30Cr2MoV、28Cr2Mo1V（锻件用合金结构钢，表4.30）

12Cr1MoV、35CrMoV、25Cr2MoVA、25Cr2Mo1VA、38CrMoAl（合金结构钢，表4.12～表4.15）

14Cr11MoV、21Cr12MoV（汽轮机叶片用钢，表5.144、表5.145）

18Cr1Mo1VTiB、20Cr1Mo1VTiB、20Cr1Mo1VNbTiB（涡轮机高温螺栓用钢，表5.146、表5.147）

20CrMo1VA、20Cr1Mo1V1A、21CrMoVA、35CrMoVA、40CrMoVA、45Cr1MoVA、25Cr2MoVA、25Cr2Mo1VA、40Cr2MoVA（涡轮机高温螺栓用钢，表5.146、表5.147）

60CrMoV（热轧工作辊，表5.186～表5.188）

8. 铬钼钨钢组

3Cr3Mo3W2V、4Cr5MoWVSi、5Cr4W5Mo2V、5Cr5WMoSi（热作模具用钢，表6.17）

9. 铬钼硅钢组

4Cr3Mo3SiV（热作模具用钢，表6.17、表6.21）

4Cr5MoSiV、4Cr5MoSiV1（热作模具用钢，表6.17、表6.20、表6.21）

4Cr5MoSiV1、4Cr5MoSiV1A（热作模具钢，表6.30，表6.31）

5Cr4Mo3SiMnVA1（热作模具用钢，表6.17）

10. 铬镍钢组

1Cr17Ni2（塑料模具用钢，表6.24）

2Cr17Ni2（塑料模具用钢，表6.23）

12CrNi3A、20Cr2Ni4（塑料模具用钢，表6.24）

12CrNi2、12CrNi3、12Cr2Ni4、20CrNi、20CrNi3、20Cr2Ni4、30CrNi3、37CrNi3、40CrNi、45CrNi、50CrNi（合金结构钢，表4.12～表4.15）

15Cr2Ni2、20Cr2Ni4（锻件用合金结构钢，表4.30；大型合金结构钢锻件，表4.32）

40CrNi（锻件用合金结构钢，表4.30）

11. 铬镍钼钢组

08Cr4NiMoV、2CrNi3MoAlS（塑料模具用钢，表6.24）

1Cr11MoNiW1VNbN、2Cr12NiMo1W1V、2Cr11NiMoNbVN（涡轮机高温螺栓用钢，表5.146、表5.147）

2CrNi3MoAl、3Cr17NiMoV（塑料模具用钢，表6.23）

2CrNiMoMnV、5CrNiMnMoVSCa（塑料模具用钢，表6.23）

4CrNi4Mo、4Cr2NiMoV、5CrNi2MoV、5Cr2NiMoVSi（热作模具用钢，

表 6.17～表 6.19）

5Cr06NiMo（热作模具钢，表 6.30，表 6.31）

5CrNiMo（热作模具用钢，表 6.17～表 6.19、表 6.21、表 6.24）

8Cr3NiMoV、9Cr5NiMoV（轧辊用钢，表 6.11）

15CrNiMoV、34CrNi3MoV、37CrNi3MoV、（锻件用合金结构钢，表 4.30）

17Cr2Ni2Mo、30Cr2Ni2Mo、34Cr2Ni2Mo（锻件用合金结构钢，表 4.30；大型合金结构钢锻件，表 4.32）

18CrMnNiMoA、20CrNiMo、40CrNiMoA（合金结构钢，表 4.12～表 4.14）

18Cr11NiMoNbVN（汽轮机叶片用钢，表 5.144、表 5.145）

20CrNiMoA（矿用高强度圆环链用钢，表 5.176）

25CrNi3MoAl（塑料模具用钢，表 6.24）

28CrNi2MoV（大型合金结构钢锻件，表 4.32）

34CrNi3Mo、40CrNiMo（大型合金结构钢锻件，表 4.32）

34CrNi1Mo、34CrNi3Mo、40CrNiMo（锻件用合金结构钢，表 4.30）

45CrNiMoVA（合金结构钢，表 4.12～表 4.14）

50CrNiMo、60CrNiMo、70Cr3NiMo（热轧工作辊，表 5.186～表 5.188）

12. 铬镍及其他元素钢组

0Cr16Ni14Cu13Nb、20CrNi3AlMnMo（塑料模具用钢，表 6.24）

0Cr17Ni4Cu4Nb、2Cr25Ni20Si2（特殊用途模具用钢，表 6.26）

05Cr17Ni4Cu4Nb（汽轮机叶片用钢，表 5.144、表 5.145）

4Cr13NiVSi（塑料模具用钢，表 6.23）

18Cr2Ni4W（大型合金结构钢锻件，表 4.32）

18Cr2Ni4WA、25Cr2Ni4WA（合金结构钢，表 4.12～表 4.14）

22Cr12NiWMoV（汽轮机叶片用钢，表 5.144、表 5.145）

13. 铬钨钢组

3Cr2W8V（热作模具钢，表 6.30，表 6.31）

3Cr2W8V、4Cr5W2VSi（热作模具用钢，表 6.17、表 6.21）

4CrW2Si、5CrW2Si、6CrW2Si、6CrW2SiV（耐冲击工具钢，表 6.9、表 6.10）

9Cr06WMn（冷作模具钢，表 6.30，表 6.31）

9CrWMn（冷作模具用钢，表 6.15、表 6.16）

15Cr12WMoV（汽轮机叶片用钢，表 5.144、表 5.145）

30W4Cr2VA（弹簧钢，表 4.51～表 4.53）

14. 铬钒钢组

9Cr2V（轧辊用钢，表 6.11）

40CrV（合金结构钢，表 4.12～表 4.15）

5. 锰硼、锰钛钢组

20MnTiB、25MnTiBRE（合金结构钢，表 4.12～表 4.15）

20MnTiBH、40MnBH、45MnBH（保证淬透性结构钢，表 4.25）

40MnB、45MnB（合金结构钢，表 4.12～表 4.15）

6. 其他锰钢组

7Mn15Cr2Al3V2WMo（特殊用途模具用钢，表 6.26）

8MnSi（量具刃具用钢，表 6.7、表 6.8）

（五）镍钢系

00Ni8Co8Mo5TiAl（塑料模具用钢，表 6.23）

06Ni6CrMoVTiAl（塑料模具用钢，表 6.23）

1Ni3MnCuMoAl（塑料模具用钢，表 6.23）

1Ni3Mn2CuAl（塑料模具用钢，表 6.25，表 6.30，表 6.31）

10Ni3MnMoCuAl（PMS）（塑料模具用钢，表 6.24）

15NiCuMoNb（承压设备用合金钢锻件，表 5.134）

18Ni200、18Ni250、18Ni300、18Ni350（塑料模具用钢，表 6.24）

（六）硼钢系

40B、45B（优质结构钢冷拉钢材，表 4.150）

40B～50B（合金结构钢，表 4.12～表 4.15；优质结构钢冷拉钢材，表 4.150）

（七）硅钢系

1. 硅锰（锰硅）钢组

20SiMn、35SiMn、42SiMn（大型合金结构钢锻件，表 4.32）

20SiMn、35SiMn、42SiMn、50SiMn（锻件用合金结构钢，表 4.30）

25MnSiNiMoA（矿用高强度圆环链用钢，表 5.176）

27SiMn（合金结构钢，表 4.12～表 4.15）

27SiMn、35SiMn、42SiMn（优质结构钢冷拉钢材，表 4.150）

28MnSiB（弹簧钢，表 4.51～表 4.53）

35SiMn、42SiMn（合金结构钢，表 4.12～表 4.15）

55SiMnVB、60Si2Mn、60Si2MnA（弹簧钢，表 4.49～表 4.53）

60SiMnMo（热轧工作辊，表 5.186～表 5.188）

60Si2Mn、60Si2MnA（重型机械用弹簧钢，表 4.54、表 4.55）

2. 硅锰钒钢组

20SiMnV（优质结构钢冷拉钢材，表 4.150）

20SiMn2MoV、25SiMn2MoV、37SiMn2MoV（合金结构钢，表 4.12～表 4.15）

25MnSiMoVA（矿用高强度圆环链用钢，表 5.176）

37SiMn2MoV、50SiMnMoV（锻件用合金结构钢，表 4.30）

3. 硅铬、硅钼钢组

12SiMoVNb（化工设备用钢，表5.160、表5.161）

55SiCrA、60Si2CrA（弹簧钢，表4.51～表4.53）

60Si2CrA、60Si2CrVA（重型机械用弹簧钢，表4.54、表4.55）

60Si2CrVA（弹簧钢，表4.51～表4.53）

（八）不锈钢和耐热钢

008Cr27Mo、008Cr30Mo2（铁素体型不锈钢和耐热钢，表7.4、表7.12）

015Cr21Ni26Mo5Cu2（奥氏体型不锈钢，表7.2、表7.10）

019Cr18MoTi、019Cr19Mo2NbTi（铁素体型不锈钢和耐热钢，表7.4、表7.12）

019Cr18MoTi、019Cr19Mo2NbTi（铁素体型不锈钢和耐热钢，表7.12）

022Cr11Ti、022Cr11NbTi（铁素体型耐热钢，表7.7）

022Cr18Ti、022Cr18NbTi（铁素体型不锈钢和耐热钢，表7.4、表7.12）

022Cr11NbTi、022Cr12、022Cr12Ni、022Cr18NbTi（铁素体型不锈钢和耐热钢，表7.12）

022Cr11Ti、022Cr18Ti（铁素体型不锈钢和耐热钢，表7.12）

022Cr12Ni9Cu2NbTi（沉淀硬化型不锈钢和耐热钢，表7.14；经时效处理的耐热钢，表7.90；经固溶处理的沉淀硬化型耐热钢，表7.89、表7.91）

022Cr17Ni12Mo2N、022Cr19Ni10、022Cr19Ni10N、022Cr19Ni13Mo3、022Cr19Ni16Mo5N、022Cr25Ni22Mo2N（奥氏体型不锈钢，表7.2、表7.10）

022Cr19Ni5Mo3Si2N、022Cr22Ni5Mo3N、022Cr23Ni4MoCuN、022Cr23Ni5Mo3N、022Cr25Ni6Mo2N、022Cr25Ni7Mo3WCuN、022Cr25Ni7Mo4N、022Cr25Ni7Mo4WCuN（奥氏体-铁素体型耐热钢，表7.11）

022Cr19Ni5Mo3Si2N、022Cr22VNi5Mo3N、022Cr23Ni4MoCuN、022Cr25Ni6Mo2N、022Cr25Ni7Mo4WCuN、022Cr25Ni7Mu4N（奥氏体-铁素体型不锈钢，表7.3、表7.11）

022Cr22Ni5Mo3N、022Cr23Ni5Mo3N、022Cr25Ni7Mo4N（机械结构用双相型不锈钢焊接钢管，表7.45～表7.47）

03Cr25Ni6Mo3Cu2N（奥氏体-铁素体型不锈钢、耐热钢，表7.3、表7.11）

04Cr13Ni5Mo（马氏体型不锈钢和耐热钢，表7.13；马氏体型和沉淀硬化型不锈钢，表7.5、表7.13）

04Cr13Ni8Mo2Al（沉淀硬化型不锈钢和耐热钢，表7.14）

05Cr15NbCu4Nb、05Cr17Ni4Cu4Nb（沉淀硬化型不锈钢和耐热钢，表7.14）

05Cr17Ni4Cu4Nb（经沉淀硬化处理的耐热钢，表7.90）

05Cr19Ni10Si2N（奥氏体型不锈钢，表7.2、表7.10）

06Cr11Ti、06Cr13Al（铁素体型不锈钢和耐热钢，表7.12）

06Cr13（马氏体型不锈钢和耐热钢，表7.13；马氏体型和沉淀硬化型不锈钢，

表 7.5、表 7.13；机械结构用马氏体型不锈钢焊接钢管，表 7.45～表 7.47）

06Cr13Al（铁素体型耐热钢，表 7.7）

06Cr15Ni25Ti2MoAlVB（沉淀硬化型耐热钢，表 7.9、表 7.97）

06Cr15Ni25Ti2MoAlVB、06Cr17Ni7AlTi（沉淀硬化型不锈钢和耐热钢，表 7.14）

06Cr17Ni12Mo2、06Cr17Ni12Mo2N、06Cr17Ni12Mo2Nb、06Cr18Ni11Ti、06Cr18Ni12Mo2Cu2、06Cr19Ni10、06Cr19Ni10N、06Cr19Ni13Mo3、06Cr19Ni9NbN、06Cr23Ni13、06Cr25Ni20（奥氏体型不锈钢，表 7.2、表 7.10）

06Cr17Ni12Mo2、06Cr18Ni11Nb、06Cr18Ni11Ti、06Cr19Ni10、06Cr19Ni13Mo3、06Cr23Ni13、06Cr25Ni20（奥氏体型耐热钢，表 7.6、表 7.10）

06Cr17Ni7AlTi、06Cr15Ni25Ti2MoAlVB（经沉淀硬化处理的耐热钢，表 7.90）

06Cr18Ni13Si4（奥氏体型耐热钢，表 7.10）

07Cr12Ni4Mn5Mo3Al、07Cr15Ni7Mo2Al、07Cr17Ni7Al（沉淀硬化型不锈钢和耐热钢，表 7.14）

07Cr17Ni7Al（沉淀硬化型耐热钢，表 7.9）

07Cr15Ni7Mo2Al、07Cr17Ni7Al（经固溶处理的沉淀硬化型耐热钢，表 7.91）

07Cr17Ni7Al、07Cr15Ni7Mo2Al（马氏体型和沉淀硬化型不锈钢，表 7.5、表 7.13；经沉淀硬化处理的耐热钢，表 7.90）

09Cr17Ni5Mo3N（沉淀硬化型不锈钢和耐热钢，表 7.14）

10Cr12Ni3Mo2VN（马氏体型不锈钢和耐热钢，表 7.13）

10Cr15、10Cr17、10Cr17Mo、10Cr17MoNb（铁素体型不锈钢和耐热钢，表 7.12）

10Cr17（铁素体型耐热钢，表 7.7）

10Cr17、10Cr17Mo（铁素体型不锈钢和耐热钢，表 7.4、表 7.12）

10Cr18Ni12（奥氏体型不锈钢，表 7.2、表 7.10）

12Cr12、12Cr13（马氏体型和沉淀硬化型不锈钢，表 7.5、表 7.13；马氏体型耐热钢，表 7.8）

12Cr16Ni35（奥氏体型耐热钢，表 7.6、表 7.10）

12Cr17Ni7、12Cr18Ni9、12Cr18Ni9Si3（奥氏体型不锈钢，表 7.2、表 7.10）

12Cr21N15Ti（奥氏体-铁素体型不锈钢、耐热钢，表 7.3、表 7.11）

12Cr5Mo、12Cr12、12Cr12Mo、12Cr13（马氏体型不锈钢和耐热钢，表 7.13）

13Cr11Ni2W2MoV、13Cr13Mo、13Cr14Ni3W2VB（马氏体型不锈钢和耐热钢，表 7.13）

14Cr11MoV、14Cr12Ni2WMoVNb、14Cr17Ni2（马氏体型不锈钢和耐热

二、字母开头牌号

A部

AD140，AD140Ⅰ，AD160，AD160，AD180，AD190，AD200（轧辊半合金铸钢材质代号，表 3.95，表 3.96）

AH32～AH40（高强度船舶及海洋工程用结构钢，表 5.100、表 5.101）

AH420～AH690（超高强度船舶及海洋工程用结构钢，表 5.101、表 5.102）

AS40，AS50，AS60，AS60Ⅰ，AS65，AS65Ⅰ，AS70，AS70Ⅰ，AS70Ⅱ，AS75，AS75Ⅰ（轧辊合金铸钢材质代号，表 3.95，表 3.96）

B部

B（一般强度级船体用结构钢，表 5.100、表 5.101）

BD（内径 d×外径 D×高度 H）（标准螺栓镦粗模具用硬质合金毛坯，表 8.39）

BF（内径 d×外径 D×高度 H）（六方螺母冷镦模具用硬质合金毛坯，表 8.40）

BG（内径 d×外径 D×高度 H）（钢球用冷镦模具用硬质合金毛坯，表 8.41）

BS（内径 d×外径 D×高度 H）（标准螺栓缩径模具用硬质合金毛坯，表 8.38）

BTMCr××…，BTMNi4Cr×…（抗磨白口铸铁，表 3.64，表 3.65）

BTMCr18Mn3W（2），BTMCr18Mn2W（铬锰钨系抗磨铸铁，表 3.66，表 3.67）

Bϕ××38.5 或 Bϕ×××L（硬质合金圆棒毛坯，表 8.11）

C部

C1、C2（铸造用高纯生铁，表 3.8）

C2D1、C3D1、C4D1（制丝用非合金沸腾钢，表 5.46）

Ca××Si××（硅钙合金，表 3.35）

CBCr××（高铬铸铁衬板材质代码，3.4.13 节）

CC（Ⅰ、Ⅱ、Ⅲ、Ⅳ）（铬钼冷硬铸铁轧辊，表 3.69）

Cr06、Cr2、9Cr2（量具刃具用钢，表 6.7、表 6.8）

Cr4Mo4V（高温轴承钢，表 4.44～表 4.46）

Cr4W2MoV、6Cr4W3Mo2VNb、6W6Mo5Cr4V（冷作模具用钢，表 6.15、表 6.16）

Cr5Mo1V（冷作模具用钢，表 6.15、表 6.16）

Cr8Mo2SiV（冷作模具用钢，表 6.15、表 6.16）

Cr8、Cr12、Cr12W（冷作模具用钢，表 6.15、表 6.16）

Cr12（冷作模具钢，表 6.30，表 6.31）

Cr12MoV、Cr12Mo1V1（冷作模具用钢，表 6.15、表 6.16、表 6.30、表 6.31）

Cr18MoV、Cr14Mo4V（塑料模具用钢，表 6.24）

CrWMn（冷作模具用钢，表 6.15、表 6.16；冷作模具钢，表 6.30，表 6.31）

CR180P、CR220P、CR260P、CR300P（冷轧汽车用低碳加磷高强度钢板及钢带，表 4.98）

D 部

E 部

F 部

不高于 0.5，表 3.18）

FeCr××C×.0（中碳铬铁，C 不高于 4.0，表 3.18；高碳铬铁，C 不高于 10.0，表 3.18）、

FeCr55C10.0Ti0.0××、FeCr65C10.0Ti0.0××（低钛高碳铬铁，表 3.32）

FeCr××Si××（硅铬合金，表 3.33）

FeMn××（锰铁，表 3.16、表 3.17）

FeMn××C0.××（微碳锰铁，表 3.25）

FeMn××Si××（锰硅合金，表 3.28）

FeMo××（钼铁，表 3.21、表 3.22）

FeNCr××-A（B）（氮化铬铁，表 3.31）

FeP××（磷铁，表 3.43）

FeSi××、TFeSi××（硅铁，表 3.14、表 3.15）

FeTi××-A（B、C）（钛铁，表 3.23、表 3.24）

FeV××-A（B、C）（钒铁，表 3.19、表 3.20）

FH32～FH40（高强度船舶及海洋工程用结构钢，表 5.100、表 5.101）

FH420～FH690（超高强度船舶及海洋工程用结构钢，表 5.100、表 5.102）

FHY××·×××（粉末冶金用还原铁粉，表 8.2）

FMnZh××（富锰渣，表 3.30）

FNb-×（冶金用铌粉，表 8.5）

FNiR-×（粉末冶金用再生镍粉，表 8.7）

FSW×××·××（水雾化纯铁粉、合金钢粉，表 8.3）

FTa-×、FTaNb-×（冶金用钽粉，表 8.6）

G 部

G□××（地质、矿山工具用硬质合金，8.3.9 节）

G10CrNi3Mo、G20CrMo、G20CrNiMo、G20CrNi2Mo、G20Cr2Ni4、G20Cr2Mn2Mo、G23Cr2Ni2Si1Mo（渗碳轴承钢，表 4.35）

G20CrNi2MoA（铁路货车用渗碳轴承钢，4.12.4 节）

G55、G55Mn、G70Mn（碳素轴承钢，4.12.1 节）

GB/T19076-C-T××-K×××：烧结铜基合金材料代码，添加××%的锡，径向压溃强度×××MPa（表 8.69）

GB/T19076-F-××C2-×××H：烧结铁基材料代码，含碳×.×%，含铜 2%，在热处理状态下最小拉伸强度×××MPa（表 8.69）

GB/T19076-FD-××N4C-×××：烧结铁基合金材料代码，含×.×%碳的铁基合金，加入有扩散合金化添加剂镍（4%）和铜，最小屈服强度×××MPa（表 8.69）

GB/T19076-FL-××N2M-×××H：烧结预合金化镍（2%）钼钢代码，含碳×.×%，在热处理状态下，最小拉伸强度×××MPa（表8.69）

GB/T19076-FL-304-×××N：在含氮气氛中烧结的304不锈钢代码，最小屈服强度×××MPa（表8.69）

GB/T19076-FX-08C20-×××：烧结渗铜铁基材料代码，最小屈服强度×××MPa（表8.69）

GCr4、GCr15、GCr15SiMn、GCr15SiMo、GCr18Mo（高碳铬轴承钢，4.12.3节）

GCr15（铁路货车用冷拉轴承钢，4.12.4节）

GCr15、G13Cr4Mo4Ni4V（高温轴承钢，表4.44～表4.46）

GH××××（气阀用高温合金钢，表5.156～表5.159）

GL-S17C、GL-40Mn、GL-40Mn2（工业链条用冷轧钢，表5.191）

GS×××（轧辊石墨铸钢材质代号，表3.95，表3.96）

H部

H××（硬切削材料加工工具用硬质合金，表8.26、表8.27）

HCr（Ⅰ、Ⅱ、Ⅲ）（高铬离心复合球墨铸铁轧辊材质代码，表3.69）

HCrS（轧辊高铬铸钢材质代码，表3.95）

$\frac{\text{HLA310×83×3—YB 4081}}{\text{Q235A—GB/T 700}}$（护栏波形梁用冷弯型钢，表5.1.12节，HLA可为HLB）

HSS（轧辊高速钢铸钢材质代码，表3.95）

HT×××（灰铸铁，表3.45，表3.46）

HTLG-H、HTLG-P、HTLG-LF（冷硬铸铁辊筒，3.4.12节）

HTANi15…（奥氏体合金铸铁，表3.61，表3.62）

HTRCr×、QTRSi×（Mo）、QTRAl×Si×（耐热铸铁，表3.56，表3.57，表3.58）

HTSSi11Cu2CrR、HTSSi15R、HTSSi15Cr4R、HTSSi15Cr4MoR（高硅耐蚀灰铸铁，表3.60）

I部

IC（Ⅰ～Ⅴ）（铬钼无限冷硬铸铁轧辊材质代码，表3.69）

J部

JMn□□（金属锰，表3.26）

JZ40、JZ45（机车车轴用钢，表5.75～表5.78）

K部

K0、K1（凿岩工具用硬质合金制品，表8.62、表8.63）

K××（短切屑材料加工工具用硬质合金，表8.26、表8.27）

K××× (凿岩工具用硬质合金制品，表 8.62、表 8.63)

KTB×××-×× (白心可锻铸铁，表 3.54、表 3.55)

KTH×××-×× (黑心可锻铸铁，表 3.53、表 3.55)

KTZ×××-×× (珠光体可锻铸铁，表 3.53、表 3.55)

L部

L×× (炼钢生铁，表 3.6)

LC×× (千分尺测量头用硬质合金毛坯，表 8.37)

LC××-×××× (耐腐蚀合金管线钢管，表 5.172)

LC9 (塑料模具用钢，表 6.24)

LG×× (量规用硬质合金毛坯，表 8.32、表 8.33)

LH×× (环规用硬质合金毛坯，表 8.34)

LK×× (卡规用硬质合金毛坯，表 8.36)

LQ×× (高温高压构件用硬质合金，表 8.28、表 8.29)

LS×× (塞规用硬质合金毛坯，表 8.35；金属线、棒、管拉制用硬质合金，表 8.28、表 8.29)

LT×× (冲压模具用硬质合金，表 8.28、表 8.29)

LV×× (线材轧制辊环用硬质合金，表 8.28、表 8.29)

LZ×× (车辆车轴用钢，表 5.75～表 5.78)

M部

M×× (通用合金切削加工工具用硬质合金，表 8.26、表 8.27)

M×××× (煤炭采掘工具用硬质合金制品，表 8.52～表 8.61)

ML×× (Al) (非热处理型冷镦和冷挤压用钢、表面硬化型及调质型冷镦和冷挤压用钢，表 4.28)

ML20Cr、ML37Cr、ML40Cr、ML35Mn、ML20B、ML28B、ML35B、ML15MnB、ML20MnB、ML35MnB、ML15MnVB、ML20MnVB、ML37CrB (表面硬化型及调质型冷镦和冷挤压用钢，表 4.27)

MnCrWV (冷作模具用钢，表 6.15、表 6.16)

MQTMn□ (中锰球墨铸铁，表 3.52)

N部

N×× (有色金属、非金属材料加工工具用硬质合金，表 8.26、表 8.27)

NG×× (烧结金属过滤元件，表 8.13～表 8.18)

Ni25Cr15Ti2MoMn、Ni53Cr19Mo3TiNb (特殊用途模具用钢，表 6.26)

NMZ×× (铸造用磷铜钛低合金耐磨生铁，表 3.9)

P部

P×× (长切屑材料加工工具用硬质合金，表 8.26、表 8.27)

Q 部

R 部

S 部

耐蚀铸铁，表 3.59、表 3.60）

T 部

T××××（地质勘探工具用硬质合金制品，表 8.43～表 8.51）

T7～T13、T8Mn（刃具模具用非合金钢，表 6.5、表 6.6）

TG（或 NG）0××（烧结钛/镍或镍合金过滤元件，表 8.13～表 8.18）

TL10、TL14、TL18（脱碳低磷粒铁，表 3.11）

W 部

W（量具刃具用钢，表 6.7、表 6.8）

W6Mo5Cr4V2（冷作模具用钢，表 6.15、表 6.16）

W6Mo5Cr4V2、W6Mo5Cr4V3、W18Cr4V、W9Mo3Cr4V、W18Cr4VCo5（高速工具钢，表 6.12～表 6.14）

W18Cr4V、W2Mo8Cr4V、W6Mo5Cr4V4、W6Mo5Cr4V3Co8、W6Mo5Cr4V2、W6Mo5Cr4V3、W2Mo9Cr4V2、W6Mo5Cr4V2Co5、W7Mo4Cr4V2Co5、W2Mo9Cr4VCo8、W9Mo3Cr4V、W6Mo5Cr4V2Al（高速工具钢锻件，表 6.43、表 6.44）

Y 部

Y08～Y45（硫系易切削钢，表 4.18～表 4.20）

Y08MnS、Y45MnS（硫系易切削钢，表 4.18～表 4.20）

Y08Pb～Y15Pb（硫系易切削钢，表 4.18～表 4.20）

Y08Sn～Y45Sn、Y45MnSn（硫系易切削钢，表 4.18～表 4.20）

Y10Cr17（铁素体型不锈钢和耐热钢，表 7.12）

Y12Cr13、Y30Cr13、Y25Cr13Ni2、Y108Cr17（马氏体型不锈钢和耐热钢，表 7.13）

Y15Mn～Y45Mn（硫系易切削钢，表 4.18～表 4.20）

Y45Ca（硫系易切削钢，表 4.18～表 4.20）

Y45MnSPb（硫系易切削钢，表 4.18～表 4.19）

YT1～YT3（原料纯铁，表 3.2）

Z 部

Z14～Z34（铸造纯铁，表 3.7）

ZCoCr28Fe18C0.3（一般用途耐热钢和合金铸件，表 7.99）

ZCuBe2、ZCuBe2.4（塑料模具用钢，表 6.24）

ZDCr□×××××（A、B）（低铬合金铸铁磨球，3.4.14 节）

ZF-1（2、3、4）（耐磨损复合材料铸件，表 3.83，表 3.84）

ZG××Cr1（大型低合金铸钢，表 3.78）

ZG××CrMnMo（大型低合金铸钢，表 3.78）

ZG×××-×××（一般工程用铸钢，表 3.75、表 3.76）

ZG××CrMo，ZG××NiCrMo（大型低合金铸钢，表 3.78）

ZGCr29Si2、ZG25Cr18Ni9Si2、ZG25Cr20Ni14Si2、ZG30Cr7Si2、ZG40Cr13Si2、ZG40Cr17Si2、ZG40Cr20Co20Ni20Mo3W3、ZG40Cr22Ni10Si2、ZG40Cr24Si2、ZG40Cr24Ni24Si2Nb、ZG40Cr25Ni12Si2、ZG40Cr25Ni20Si2、ZG40Cr28Si2、ZG45Cr27Ni4Si2（一般用途耐热钢和合金铸件，表 7.99）

ZGD×××-×××（一般工程用低合金铸钢，表 3.77）

ZGMn13-1（2、3、4），ZGMn13Cr（2）（大型高锰铸钢，表 3.90）

ZGMS×××…（耐磨耐蚀铸钢，表 3.82）

ZKFeCr××C0.××（真空法微碳铬铁，C 后面数字不高于 0.100，表 3.18）

ZL101（塑料模具用钢，表 6.24）

Zn-4Al-3Cu 共晶型合金、铍锌合金和镍钛锌合金（塑料模具用钢，表 6.24）

ZNiFe18Cr15Si1C0.5、ZNiCr19Fe18Si1C0.5、ZNiCr25Fe20Co15W5Si1C0.46、ZNiCr28Fe17W5Si2C0.4、ZNiCr50Nb1C0.1（一般用途耐热钢和合金铸件，表 7.99）

ZQB（贝氏体球墨铸铁磨球，表 3.73）

ZQCr□A（B）（合金铸铁磨球，表 3.72）

ZQM（马氏体球墨铸铁磨球，表 3.73）

三、钢铁型材种类

（一）板材和带材

1. 数字开头的普通材料

（1）碳钢

08、08Al、10（冷轧低碳钢钢带，表 4.82、表 4.83）

08、08Al、10～20（间隔 5）（热轧优质碳素结构钢钢带，表 4.72、表 4.73；铠装电缆用钢带，表 5.233、表 5.234）

08、08Al、10～60（热轧优质碳索结构钢钢板和钢带，表 4.69）

08、08Al、10～70（间隔 5）（冷轧优质碳素结构钢薄钢板和钢带，表 4.89）

10～70（间隔 5）（优质碳素结构钢热轧厚钢板和钢带，表 4.70）

15～70（间隔 5）（优质碳素结构钢冷轧钢带，表 4.88）

85（弹簧钢热轧钢板，表 4.56；弹簧钢、工具钢冷轧钢带，表 4.57、表 4.58）

330CL、380CL、440CL、490CL、540CL、590CL（汽车车轮用热轧钢板和钢带，表 5.84）

370L、420L、440L、510L、550L、600L、650L、700L、750L、800L（汽车大梁用热轧钢板和钢带，表 5.90）

650KD、730KD、780KD、830KD、880KD、930KD、980KD、1150KD、1250KD（包装用钢带，表 5.246、表 5.247）

（2）铬钢

① 铬钢

15CrA、38CrA（轧制高级优质合金结构钢薄钢板，表 4.74）

15Cr～40Cr（热轧合金结构钢厚钢板，表 4.73；轧制优质合金结构钢薄钢板，表 4.74）

② 铬锰钢

20CrMnTi（合金结构钢薄钢板，表 4.75）

20CrMnSiA～35CrMnSiA（热轧合金结构钢厚钢板，表 4.73；轧制高级优质合金结构钢薄钢板，表 4.74）

30CrMnSi（合金结构钢薄钢板，表 4.75）

③ 铬钼钢

12CrMo～35CrMo（合金结构钢薄钢板，表 4.75）

15CrMoR、14Cr1MoR、12Cr2Mo1R、12Cr1MoVR（锅炉和压力容器用钢板，表 5.113、表 5.114）

12CrMoV、12Cr1MoV（合金结构钢薄钢板，表 4.75）

④ 铬镍、铬钒钢

20CrNi、40CrNi（合金结构钢薄钢板，表 4.75）

50CrVA、50CrVA（弹簧钢、工具钢冷轧钢带，表 4.57、表 4.58）

(3) 锰钢

① 锰钢

12Mn2A、16Mn2A、45Mn2A（轧制高级优质合金结构钢薄钢板，表 4.74）

16MnDR（低温压力容器用钢板，表 5.116）

20Mn～65Mn（优质碳素结构钢热轧厚钢板和钢带，表 4.70）

45Mn2（热轧合金结构钢厚钢板，表 4.73）

65Mn（弹簧钢热轧钢板，表 4.56；弹簧钢、工具钢冷轧钢带，表 4.57、表 4.58；热处理弹簧钢带，4.13.5 节）

② 锰钼钢

07MnMoVR（压力容器用调质高强度钢板，表 5.115）

18MnMoNbR（锅炉和压力容器用钢板，表 5.113、表 5.114；锅炉和热交换器用焊接钢管，表 5.136～表 5.140）

③ 锰镍钢

07MnNiVDR（压力容器用调质高强度钢板，表 5.115）

07MnNiMoDR（压力容器用调质高强度钢板，表 5.115）

09MnNiDR、15MnNiDR（低温压力容器用钢板，表 5.116）

12MnNiVR（压力容器用调质高强度钢板，表 5.115）

13MnNiMoR（锅炉和压力容器用钢板，表 5.113、表 5.114）

15MnNiNbDR（低温压力容器用钢板，表 5.116）

（4）镍钢

06Ni9DR、08Ni3DR（低温压力容器用钢板，表 5.116）

（5）硼钢

35B～50B（A）（合金结构钢薄钢板，表 4.75）

40B～50B（热轧合金结构钢厚钢板，表 4.73）

（6）硅锰钢

27SiMn（热轧合金结构钢厚钢板，表 4.73）

60Si2Mn、60Si2MnA（弹簧钢热轧钢板，表 4.56；弹簧钢、工具钢冷轧钢带，表 4.57、表 4.58）

60Si2MnA（热处理弹簧钢带，4.13.5 节）

（7）硅铬钢

60Si2CrVA（弹簧钢热轧钢板，表 4.56）

70Si2CrA（弹簧钢、工具钢冷轧钢带，表 4.57、表 4.58；热处理弹簧钢带，4.13.5 节）

2. 字母开头的普通材料

（1）A 部

AKA××、AKB××、AKC××、AKD××、AKE××、AKF××、AKG××、ALA××、ALB××、ALC××、ALD××、ALE××、ALF××、ALG××、ALH××、ALI××、ALJ××、ALK××、ALL××、ALM××、ALN××、ALO××、ANA××、ANB××、ARA××（冷弯波形钢板材质代号，表 5.4）

（2）B、C 部

BB41BFC、BB41BFD、BB503C、BB503D、BB503E（钢铁冶炼工艺炉炉壳用钢板，表 5.209～表 5.211）

BLA××、BLB××、BLC××、BLD××（冷弯波形钢板代号，表 5.4）

Cr06（弹簧钢、工具钢冷轧钢带，表 4.57、表 4.58）

CR180P、CR220P、CR260P、CR300P（冷轧汽车用低碳加磷高强度钢板及钢带，表 4.98）

（3）D 部

DC01、DC03、DC04、DC05、DC06、DC07（冷轧低碳钢钢板及钢带，表 4.82）

DC01EK、DC03EK、DC05EK（搪瓷用冷轧低碳钢板及钢带，表 5.257）

DR-7M，DR-8，DR-8M，DR-9，DR-9M，DR-10（冷轧电镀锡钢板和钢带，表 4.95）

DX××D+Z、DX××D+ZF（连续热镀锌低碳钢板及钢带，表4.106、表4.108）

DX××D+AZ（连续热镀铝合金镀层低碳钢或无间隙原子钢板及钢带，表4.119～表4.121）

（4）F、G部

FTa1（深冲用粉末冶金钽板，表8.9）

GH××××（高温合金热轧钢板，表7.92、表7.93）

GL-S17C、GL-40Mn、GL-40Mn2（工业链条用冷轧钢带，表5.191）

（5）H部

HC×××/×××DPD+Z、HC×××/×××DPD+ZF（连续热镀锌双相钢板及钢带，表4.106、表4.113；连续热镀锌相变诱导塑性钢板及钢带，表4.106、表4.114；连续热镀锌复相钢板及钢带，表4.106、表4.115）

HP×××（焊接气瓶用钢板和钢带，表5.141、表5.142）

HR×××F（汽车用冷成形高屈服强度钢板和钢带，表5.79）

HR×××/×××DP（汽车用高强度热连轧双相钢板及钢带，表5.81）

HR×××/×××HE（汽车用高强度热连轧高扩孔钢板和钢带，表5.80）

HR×××/×××MS（汽车用高强度热连轧马氏体钢板及钢带，表5.83）

HR×××/×××TR（汽车用高强度热连轧相变诱导塑性钢板及钢带，表5.82）

HX×××LAD+Z、HX×××LAD+ZF（连续热镀锌低合金钢板及钢带，表4.106、表4.110）

HX×××BD+Z、HX×××BD+ZF（连续热镀锌烘烤硬化钢板及钢带，表4.106、表4.112）

HX×××YD+Z、HX×××YD+ZF（连续热镀锌无间隙原子钢板及钢带，表4.106、表4.111）

（6）J、L部

JD1～4（家电用冷轧钢板和钢带，表5.217～表5.219）

JDR×××-××（家用电器用热轧硅钢薄钢板，表5.216）

L×××（PSL1石油天然气输送管用热轧宽钢带，表5.169、表5.170）

L×××（R、N、M）（PSL2石油天然气输送管用热轧宽钢带，表5.169、表5.171）

LT01～05（热镀铅锡合金碳素钢冷轧薄钢板，表4.100、表4.101）

（7）N、P部

NM×××（工程机械用高强度耐磨钢板，表4.78）

（8）Q部

Q195～Q275（冷轧碳素结构钢薄钢板及钢带，表4.86～表4.88）

Q195-F、Q215-AF（金属软管用碳素钢冷轧钢带，表 5.192、表 5.193）

Q235GJ～Q690GJ（建筑结构用钢板，表 5.1）

Q235GJ、Q345GJ、Q235GJZ、Q345GJZ（高层建筑结构用钢板，表 5.2）

Q355HY～Q690HY（海洋平台结构用钢板，表 5.103、表 5.104）

Q460C（D、E、F）～Q960C（D、E、F）（结构用高强度调质钢板，表 4.24）

Q460CF～Q800CF（低焊接裂纹敏感性高强度钢板，表 4.77）

Q×××FR（耐火结构用钢板及钢带，表 5.212～表 5.213）

Q×××PF（石油天然气输送管件用钢板，表 5.164、表 5.165）

Q×××q（桥梁用结构钢板，表 5.110）

Q×××R（锅炉和压力容器用钢板，表 5.113、表 5.114）

Q×××TC1（日用搪瓷用热轧钢板和钢带，表 5.253、表 5.254）

Q×××TC2B（C、D）（化工设备用搪瓷用热轧钢板和钢带，表 5.253～表 5.255）

Q×××TC3（环保设备用搪瓷用热轧钢板和钢带，表 5.253、表 5.256）

（9）S 部

S×××GD＋AZ（连续热镀铝合金镀层结构钢板及钢带，表 4.119～表 4.121）

S×××GD＋ZF（连续热镀锌结构钢板及钢带，表 4.106、表 4.109）

SM400ZL（钢铁冶炼工艺炉炉壳用钢板，表 5.209～表 5.211）

（10）T 部

T-1～T-5（冷轧电镀锡钢板和钢带，表 4.96、表 4.97）

T7（A）～T13（A）（弹簧钢、工具钢冷轧钢带，表 4.58、表 4.59）

T7A～T10A（热处理弹簧钢带，4.13.5 节）

T7～T13、T7A～T13A、T8Mn（碳素工具钢热轧钢板，表 6.36）

T8Mn，T8MnA（弹簧钢、工具钢冷轧钢带，表 4.58、表 4.59）

TCDS（日用搪瓷用热轧钢板和钢带，表 5.253、表 5.254）

TDC××D＋Z（A、E、F）、TS×××GD＋Z（A、F）（彩色涂层钢板及钢带，表 5.8～表 5.10）

TDC××D＋AZ、TS×××GD＋AZ（彩色涂层钢板及钢带，表 5.8～表 5.10）

（11）W、Y 部

W6Mo5Cr4V2、W9Mo3Cr4V、W18Cr4V、W6Mo5Cr4V2Al、W6Mo5Cr4V2Co5（高速工具钢板材，表 6.33）

W9Mo3Cr4V、W6Mo5Cr4V2、W18Cr4V（高速工具钢热轧窄钢带，表 6.35）

Y250～Y550（建筑用压型钢板，表 5.3）

3. 电工钢

5Q××××、10Q××××、15Q××××、20Q×××（冷轧取向电工

钢带，表4.63）

5W4500、10W1300、15W1400、20W1500、20W1700（中频用电工无取向钢带，表4.64）

35W×××、50W×××、65W×××［全工艺冷轧无取向电工钢带（片），表4.61］

35WG×××、50WG×××（高磁感冷轧无取向电工钢带，表4.62）

50WB×××、65WB×××（半工艺冷轧无取向电工钢带，表4.60）

4. 耐热钢和不锈钢

008Cr27Mo、008Cr30Mo2（经退火处理的铁素体型不锈钢板、带材，表7.24）

015Cr21Ni26Mo5Cu2、015Cr24Ni22Mo8Mn3CuN（经固溶处理的奥氏体型不锈钢板、带材，表7.22）

019Cr18MoTi、019Cr19Mo2NbTi（经退火处理的铁素体型不锈钢板、带材，表7.24）

02Cr19Ni10（经固溶处理的奥氏体型不锈钢板、带材，表7.22）

022Cr11Ti、022Cr11NbTi（经退火处理的铁素体型耐热钢板和钢带，表7.87）

022Cr11Ti、022Cr11NbTi、022Cr12、022Cr12Ni、022Cr18Ti、022Cr18NbTi（经退火处理的铁素体型不锈钢板、带材，表7.24）

022Cr12Ni9Cu2NbTi（经固溶处理的沉淀硬化型不锈钢板、带材，表7.26；沉淀硬化处理后的沉淀硬化型不锈钢板、带材，表7.27；沉淀硬化型冷轧不锈钢板、带材，表7.36；经固溶处理的沉淀硬化型耐热钢板及钢带，表7.89）

022Cr17Ni12Mo2、022Cr17N17（N）、022Cr19Ni10、022Cr19Ni10N（1/4H冷轧硬化不锈钢板、带材，表7.31）

022Cr17Ni7（N）、022Cr17Ni12Mo2、022Cr19Ni10、022Cr19N10N（1/2H冷轧硬化不锈钢板、带材，表7.32）

022Cr17Ni7、022Cr17Ni7N、022Cr17Ni12Mo2、022Cr17Ni12Mo2N、022Cr19Ni10N、022Cr19Ni13Mo3、022Cr19Ni13Mo4N、022Cr19Ni16Mo5N、022Cr24Ni17Mo5Mn6NbN、022Cr25Ni22Mo2N（经固溶处理的奥氏体型不锈钢板、带材，表7.22）

022Cr19N10Mo3Si2N、022Cr20Ni7Mo4N、022Cr22Ni5Mo3N、022Cr23Ni4MoCuN、022Cr23Ni5Mo3N、022Cr25Ni6Mo2N、022Cr20Ni7Mo4WCuN（经固溶处理的奥氏体-铁素体型不锈钢板、带材，表7.23）

03Cr25Ni6Mo3Cu2N（经固溶处理的奥氏体-铁素体型不锈钢板、带材，表7.23）

04Cr13Ni5Mo（经退火处理的马氏体型不锈钢板、带材，表7.25）

04Cr13Ni8Mo2Al（经固溶处理的沉淀硬化型不锈钢板、带材，表7.26；

沉淀硬化处理后的沉淀硬化型不锈钢板、带材，表 7.27；沉淀硬化型冷轧不锈钢板、带材，表 7.36）

05Cr17Ni4Cu4Nb（经固溶处理的沉淀硬化型耐热钢板及钢带，表 7.89）

05Cr19Ni10Si2N（经固溶处理的奥氏体型不锈钢板、带材，表 7.22）

06Cr13（经退火处理的马氏体型不锈钢板、带材，表 7.25）

06Cr13Al（经退火处理的铁素体型不锈钢板、带材，表 7.24；经退火处理的铁素体型耐热钢板和钢带，表 7.87）

06Cr17Ni12Mo2（奥氏体型弹簧用不锈钢冷轧钢带板、带材，表 7.45）

06Cr17Ni12Mo2、06Cr17Ni12Mo2N、06Cr17Ni12Mo2Nb、06Cr18Ni11Nb、06Cr18Ni11Ti、06Cr18Ni12Mo2Cu2、06Cr18Ni12Mo2Ti、06Cr19Ni10、06Cr19Ni10N、06Cr19Ni13Mo3、06Cr19Ni9NbN、06Cr23Ni13、06Cr25Ni20（经固溶处理的奥氏体型不锈钢板、带材，表 7.22）

06Cr17Ni12Mo2、06Cr17Ni12Mo2Ti、06Cr19Ni10、06Cr19Ni10N（1/4H 冷轧硬化不锈钢板、带材，表 7.31；1/2H 冷轧硬化不锈钢板、带材，表 7.32）

06Cr17Ni12Mo2、06Cr18NiNb、06Cr18Ni11Ti、06Cr19Ni9、06Cr19Ni13Mo3、06Cr20Ni11、06Cr23Ni13、06Cr25Ni20（经固溶处理的奥氏体型耐热钢板和钢带，表 7.86）

06Cr17Ni7AlTi（经固溶处理的沉淀硬化型不锈钢板、带材，表 7.26；沉淀硬化处理后的沉淀硬化型不锈钢板、带材，表 7.27；沉淀硬化型冷轧不锈钢板、带材，表 7.36）

06Cr17Ni7AlTi、06Cr15Ni25Ti2MoAlVB（经固溶处理的沉淀硬化型耐热钢板及钢带，表 7.89）

06Cr19Ni10（奥氏体型弹簧用不锈钢冷轧钢带板、带材，表 7.40）

07Cr17Ni7Al（沉淀硬化型弹簧用不锈钢冷轧钢带板、带材，表 7.40）

07Cr17Ni7Al、07Cr15Ni7Mo2Al（经固溶处理的沉淀硬化型耐热钢板及钢带，表 7.89）

07Cr19Ni10（经固溶处理的奥氏体型不锈钢板、带材，表 7.22；经固溶处理的奥氏体型耐热钢板和钢带，表 7.86）

09Cr17Ni5Mo3N（经固溶处理的沉淀硬化型不锈钢板、带材，表 7.26；沉淀硬化处理后的沉淀硬化型不锈钢板、带材，表 7.27；沉淀硬化型冷轧不锈钢板、带材，表 7.36）

10Cr15、10Cr17、10Cr17Mo（经退火处理的铁素体型不锈钢板、带材，表 7.24）

10Cr17（铁素体型弹簧用不锈钢冷轧钢带板、带材，表 7.40；经退火处理的铁素体型耐热钢板和钢带，表 7.87）

10Cr18Ni12（经固溶处理的奥氏体型不锈钢板、带材，表 7.22）

12Cr12、12Cr13（经退火处理的马氏体型不锈钢板、带材，表 7.25；经退火处理的马氏体型耐热钢板和钢带，表 7.88）

12Cr16Ni35、12Cr18Ni9、12Cr18Ni9Si3（经固溶处理的奥氏体型耐热钢板和钢带，表 7.86）

12Cr17Mn6Ni5N（奥氏体型弹簧用不锈钢冷轧钢带板、带材，表 7.40）

12Cr17Ni7（奥氏体型弹簧用不锈钢冷轧钢带板、带材，表 7.40）

12Cr17Ni7、12Cr18Ni9（1/4H 冷轧硬化不锈钢板、带材，表 7.31；1/2H 冷轧硬化不锈钢板、带材，表 7.32；H、2H 冷轧硬化不锈钢板、带材，表 7.34、表 7.35）

12Cr17Ni7、12Cr18Ni9、12Cr18Ni9Si3（经固溶处理的奥氏体型不锈钢板、带材，表 7.22）

12Cr21N15Ti（经固溶处理的奥氏体-铁素体型不锈钢板、带材，表 7.23）

14Cr18Ni11Si4AlTi（经固溶处理的奥氏体-铁素体型不锈钢板、带材，表 7.24）

16Cr23Ni13、16Cr25Ni20Si2（经固溶处理的奥氏体型耐热钢板和钢带，表 7.86）

16Cr25N（经退火处理的铁素体型耐热钢板和钢带，表 7.87）

17Cr16Ni2（经退火处理的马氏体型不锈钢板、带材，表 7.25）

20Cr13（经退火处理的马氏体型不锈钢板、带材，表 7.25；马氏体型型冷轧不锈钢板、带材，表 7.40）

20Cr25Ni20（经固溶处理的奥氏体型耐热钢板和钢带，表 7.86）

22Cr12NiMoWV（经退火处理的马氏体型耐热钢板和钢带，表 7.88）

30Cr13（经退火处理的马氏体型不锈钢板、带材，表 7.25；马氏体型型冷轧不锈钢板、带材，表 7.40）

40Cr13（经退火处理的马氏体型不锈钢板、带材，表 7.25；马氏体型型冷轧不锈钢板、带材，表 7.40）

68Cr17（经退火处理的马氏体型不锈钢板、带材，表 7.25）

（二）棒材

1. 数字开头

（1）普通合金钢

20Cr21Ni12N、33Cr23Ni8Mn3N、45Cr14Ni14W2Mo（气阀用奥氏体型钢及合金棒材，表 5.156～表 5.159）

50Cr21Mn9Ni4Nb2WN、53Cr21Mn9Ni4N、55Cr21Mn8Ni2N、61Cr21Mn10Mo1V1Nb1N（气阀用奥氏体型钢及合金棒材，表 5.156～表 5.159）

85Cr18Mo2V（气阀用马氏体型钢及合金棒材，表 5.156～表 5.159）

86Cr18W2VRE（气阀用马氏体型钢及合金棒材，表 5.156～表 5.159）

40CrA、42CrMoA（调质汽车曲轴用钢棒，表 5.91）

40Cr10Si2Mo、42Cr9Si2、45Cr9Si3、51Cr8Si280Cr20Si2Ni（气阀用马氏体型钢及合金棒材，表 5.156～表 5.159）

（2）不锈钢和耐热钢

008Cr27Mo、008Cr30Mo2（经退火处理的铁素体型不锈钢棒，表 7.69）

022Cr12（经退火处理的铁素体型不锈钢棒，表 7.69；经退火的铁素体型耐热钢棒，表 7.95）

022Cr17Ni12Mo2、022Cr17Ni12Mo2N、022Cr18Ni14Mo2Cu2、022Cr19Ni10、022Cr19Ni10N、022Cr19Ni13Mo3（经固溶处理的奥氏体型不锈钢棒，表 7.67）

03Cr18Ni16Mo5（经固溶处理的奥氏体型不锈钢棒，表 7.67）

03Cr25Ni6Mo3Cu2N（经固溶处理的奥氏体-铁素体型不锈钢棒，表 7.68）

05Cr15NbCu4Nb、05Cr17Ni4Cu4Nb（沉淀硬化型不锈钢棒，表 7.71）

05Cr15NbCu4Nb、05Cr17Ni4Cu4Nb（沉淀硬化型不锈钢棒，表 7.71）

05Cr17Ni4Cu4Nb（沉淀硬化型耐热钢、钢棒，表 7.9、表 7.97）

06Cr13（经热处理的马氏体型不锈钢棒，表 7.70）

06Cr13Al（经退火处理的铁素体型不锈钢棒，表 7.69；经退火的铁素体型耐热钢棒，表 7.95）

06Cr17Ni12Mo2、06Cr17Ni12Mo2N、06Cr17Ni12Mo2Ti、06Cr18Ni11Nb、06Cr18Ni11Ti、06Cr18Ni12Mo2Cu2、06Cr18Ni13Si4、06Cr18Ni9Cu3、06Cr19Ni9NbN、06Cr19Ni10、06Cr19Ni10N、06Cr19Ni13Mo3、06Cr23Ni13、06Cr25Ni20（经固溶处理的奥氏体型不锈钢棒，表 7.67）

06Cr17Ni12Mo2、06Cr18Ni11Ti、06Cr18Ni11Nb、06Cr18Ni13Si4、06Cr19Ni13Mo3、06Cr19Ni10、06Cr23Ni13、06Cr25Ni20（经热处理的奥氏体型耐热钢棒，表 7.94）

07Cr17Ni7Al（沉淀硬化型耐热钢棒，表 7.97）

10Cr17（经退火的铁素体型耐热钢棒，表 7.95）

10Cr17、10Cr17Mo（经退火处理的铁素体型不锈钢棒，表 7.69）

10Cr18Ni12（经固溶处理的奥氏体型不锈钢棒，表 7.67）

12Cr12、12Cr13（经热处理的马氏体型不锈钢棒，表 7.70）

12Cr16Ni35（经热处理的奥氏体型耐热钢棒，表 7.94）

12Cr17Mn6Ni5N、12Cr17Ni7、12Cr18Ni9、12Cr18Mn9Ni5N（经固溶处理的奥氏体型不锈钢棒，表 7.67）

12Cr5Mo、12Cr12Mo、12Cr13（经淬火＋回火的马氏体型耐热钢棒，表 7.96）

13Cr11Ni2W2MoV、13Cr13Mo（不锈钢盘条，表 7.72；经淬火＋回火的马氏体型耐热钢棒，表 7.96）

2. 字母开头

CW6Mo5Cr4V2、CW6Mo5Cr4V3（高速工具钢棒材，表 6.33）

GH××××（气阀用高温合金钢棒材，表 5.156～表 5.159）

PCB××（预应力混凝土用钢棒，5.1.10 节）

W3Mo3Cr4V2、W4Mo3Cr4VSi、W18Cr4V、W2Mo8Cr4V、W2Mo9Cr4V2、W6Mo5Cr4V2、W6Mo6Cr4V2、W9Mo3Cr4V、W6Mo5Cr4V3、W6Mo5Cr4V4、W6Mo5Cr4V2Al、W12Cr4V5Co5、W6Mo5Cr4V2Co5、W6Mo5Cr4V3Co8、W7Mo4Cr4V2Co5、W2Mo9Cr4Vco8、W10Mo4Cr4V3Co10（高速工具钢棒材，表 6.33）

Y10Cr17（经退火处理的铁素体型不锈钢棒，表 7.69）

Y12Cr13、Y30Cr13、Y108Cr17（经热处理的马氏体型不锈钢棒，表 7.70）

Y12Cr18Ni9、Y12Cr18Ni9Se（经固溶处理的奥氏体型不锈钢棒，表 7.67）

（三）盘条和钢丝

（1）普通钢

6J22、6J23、6J24（镍铬基精密电阻合金丝，5.1.17 节）

20Mn2（链式葫芦起重圆环链用钢丝，表 5.202、表 5.203）

20MnV（链式葫芦起重圆环链用钢丝，表 5.202、表 5.203）

23Mn2NiCrMoA、24Mn2NiCrMoA（链式葫芦起重圆环链用钢丝，表 5.202、表 5.203）

72A、75A、77A、80A、82A（预应力钢丝及钢绞线用热轧盘条，表 5.45）

72MnA、75MnA、77MnA、80MnA、82MnA（预应力钢丝及钢绞线用热轧盘条，表 5.45）

C××D（制丝用非合金钢一般用途盘条，5.1.22 节）

C2D1、C3D1、C4D1（沸腾钢和沸腾钢替代品低碳钢盘条，5.1.22 节）

C×D2 、C××D2（特殊用途盘条，5.1.22 节）

（2）不锈钢

① 盘条

06Cr13、10Cr17、10Cr17Mo、12Cr13、14Cr17Ni2、20Cr13、25Cr13Ni2、30Cr13、32Cr13Mo、40Cr13、68Cr17、85Cr17、90Cr18MoV、95Cr18、102Cr17Mo、108Cr17（不锈钢盘条，表 7.72）

C2D1、C3D1、C4D1（制丝用非合金沸腾钢替代品低碳钢盘条，表 5.46）

C×D、C××D（制丝用非合金钢盘条，5.1.22 节）

H04E、H05Mn2Ni2Mo、H05MnSiTiZrAl、H05SiCr（2）Mo、H08A（C）、H08CrMo（V）、H08CrNi2Mo、H08E、H08Mn、H08Mn2Mo（V）、H08Mn2Si（2Mo、3Mo）、H08MnCr5（9）Mo、H08MnCrNiCu、H08MnMo、H08MnSi、H08MnSiCrMo、H08MnSiTi、H09Mn（2）Si、H09MnSiMo、H10Cr（3）Mo、

H10Mn（2）、H10Mn2Mo（V）、H10Mn2NiMoCu、H10Mn2Si（Mo）、H10Mn2SiMoTi、H10Mn2SiNiMoTi、H10MnCr9（Ni）MoV、H10MnCrNiCu、H10MnMo（TiB）、H10MnNiMo、H10MnSi（3）、H10MnSiCrMo、H10MnSiMo（Ti）、H10MnSiNi（2、3）、H10SiCr（2）Mo、H11CrMo、H11Mn、H11Mn（2）Mo、H11Mn2Si、H11MnMoTiB、H11MnNiMo、H11MnSi、H12Mn、H13CrMo、H13Mn2、H13Mn2CrNi3Mo、H13Mn2NiMo、H13MnSiTi、H14Mn2NiMo、H15、H15Mn（2）、H15Mn2Ni2CrMo、H15MnNi2Mo、H18CrMo、H20MnCrNiMo、H30CrMnSi（焊接用钢盘条，表 4.144）

Y10Cr17、Y12Cr13、Y30Cr13、Y108Cr17（不锈钢盘条，表 7.72）

② 盘条和钢丝

H01Cr26Mo、H06Cr14、H08Cr11Ti、H08Cr11Nb、H10Cr17（铁素体焊接用不锈钢盘条，表 7.74；铁素体型焊接用不锈钢丝，表 7.85）

H02Cr20Ni25Mo4Cu、H02Cr20Ni34Mo2Cu3Nb、H02Cr27Ni32Mo3Cu、H03Cr19Ni12Mo2、H03Cr19Ni12Mo2Cu2、H03Cr19Ni12Mo2Si、H03Cr19Ni12Mo2Si1、H03Cr19Ni14Mo3、H03Cr21Ni10、H03Cr21Ni10Si、H03Cr21Ni10Si1、H03Cr24Ni13、H03Cr24Ni13Mo2、H03Cr24Ni13Si、H03Cr24Ni13Si1、H04Cr20Ni11Mo2、H05Cr18Ni5Mn12N、H05Cr20Ni6Mn9N、H05Cr22Ni11Mn6Mo3VN、H06Cr19Ni10TiNb、H06Cr19Ni12Mo2、H06Cr21Ni10、H07Cr20Ni34Mo2Cu3Nb、H08Cr19Ni10Ti、H08Cr19Ni12Mo2、H08Cr19Ni12Mo2Nb、H08Cr19Ni12Mo2Si、H08Cr19Ni12Mo2Si1、H08Cr19Ni14Mo3、H08Cr20Ni10Nb、H08Cr20Ni10SiNb、H08Cr20Ni11Mo2、H08Cr21Ni10、H08Cr21Ni10Si、H08Cr21Ni10Si1、H08Cr26Ni21、H09Cr21Ni9Mn4Mo、H10Cr16Ni8Mo2、H10Cr17Ni8Mn8Si4N、H10Cr21Ni10Mn6、H12Cr24Ni13Si1、H12Cr24Ni13、H12Cr24Ni13Mo2、H12Cr24Ni13Si、H12Cr26Ni21、H12Cr26Ni21Si、H21Cr16Ni35（奥氏体焊接用不锈钢盘条，表 7.74；奥氏体型焊接用不锈钢丝，表 7.85）

H03Cr22Ni8Mo3N、H04Cr25N15Mo3Cu2N、H15Cr30Ni9（奥氏体＋铁素体焊接用不锈钢盘条，表 7.74；奥氏体＋铁素体型焊接用不锈钢丝，表 7.85）

H05Cr17Ni4Cu4Nb（沉淀硬化焊接用不锈钢盘条，表 7.74；沉淀硬化型焊接用不锈钢丝，表 7.85）

H06Cr12Ni4Mo、H12Cr13、H31Cr13（马氏体焊接用不锈钢盘条，表 7.74；马氏体型焊接用不锈钢丝，表 7.85）

③ 钢丝

02Cr19Ni10、022Cr17Ni12Mo2、06Cr17Ni12Mo2、06Cr17Ni12Mo2Ti、06Cr19Ni13Mo3、06Cr19Ni9、06Cr20Ni11、06Cr23Ni13、06Cr25Ni20、10Cr18Ni12、12Cr17Mn6Ni5N、12Cr18Mn9Ni5N、12Cr18Ni9、16Cr23Ni13、20Cr25Ni20Si2（奥氏

体型不锈钢丝，表 7.75～表 7.79）

02Cr11Nb、06Cr11Ti、06Cr13Al、10Cr17、10Cr17Mo、10Cr17MoNb（铁素体型不锈钢丝，表 7.75～表 7.79）

12Cr12Ni2、12Cr13、20Cr13、20Cr17Ni2、30Cr13、32Cr13Mo、40Cr13（马氏体型不锈钢丝，表 7.75～表 7.79）

06Cr17Ni12Mo2、06Cr19Ni9、06Cr19Ni9N、07Cr17Ni7Al、10Cr18Ni9Ti、12Cr18Ni9、12Cr18Mn9Ni5N、12Cr17Mn8Ni3Cu3N（不锈钢弹簧钢丝，表 7.81）

CDW（混凝土制品用冷拔低碳钢丝代号，表 5.51、表 5.52）

CW6Mo5Cr4V2（高速工具钢丝，6.16 节）

DZA（B）3.40（3.75…）（棉花打包用电镀锌钢丝，表 5.248、表 5.249）

EZ-A（B）-2.80（3.40…）（棉花打包用电镀锌钢丝，表 5.250）

GCr15（工业缝纫机针钢丝，5.12.5 节）

HZ-A（B）-2.80（3.40…）（棉花打包用热镀锌钢丝，YB/T 5033-2001，表 5.262）

LB××（电工用铝包钢线，表 5.220～表 5.223）

ML022Cr17Ni13Mo3、ML022Cr18Ni9Cu3、ML03Cr16Ni18、ML03Cr18Ni12、ML04Cr16Mn8Ni2Cu3N、ML04Cr17Mn7Ni5CuN、ML06Cr17Ni12Mo2、ML06Cr18Ni9Cu2、ML06Cr19Ni9（奥氏体型冷顶锻用不锈钢丝，表 7.82～表 7.84）

ML04Al、ML08Al、ML10Al、ML15Al、ML15、ML18MnAl、ML20Al、ML20、ML22MnAl（冷拉冷镦钢丝）

ML04Al、ML08Al、ML10Al、ML15Al、ML15、ML18Mn、ML20Al、ML20、ML22Mn（冷拉＋球化退火＋轻拉冷镦钢丝）

ML04Cr17、ML06Cr12Nb、ML06Cr12Ti、ML06Cr17Mo、ML10Cr15（铁素体型冷顶锻用不锈钢丝，表 7.82～表 7.84）

ML10、ML15、ML15Mn、、ML18、ML18Mn、ML20、ML20Mn、ML16CrMn、ML20MnA、ML22Mn、ML15Cr、ML20Cr、ML18CrMo、ML20CrMoA、ML20CrNiMo（表面硬化型冷镦钢丝，表 4.176）

ML12Cr13、ML16Cr17Ni2、ML22Cr14NiMo（马氏体型冷顶锻用不锈钢丝，表 7.82～表 7.84）

ML15（轴承保持器用碳素结构钢丝，表 5.201）

ML25、ML25Mn、ML30Mn、ML30、ML35、ML40、ML35Mn、ML45、ML42Mn（调质型冷镦钢丝，表 4.177）

ML30CrMnSi、ML38CrA、ML40Cr、ML30CrMo、ML35Cr1Mo、ML42CrMo、ML40CrNiMo（冷镦调质型合金冷镦钢丝，表 4.178）

ML20B、ML28B、ML35B、ML20MnB、ML30MnB、ML35MnB、

（四）管材

1. 普通钢材

2. 合金钢材

07Cr19Ni10（高压锅炉用无缝钢管，表 5.121～表 5.125）

07Cr25Ni21NbN、07Cr19Ni11Ti、07Cr18Ni11Nb、08Cr18Ni11NbFG（高压锅炉用无缝钢管，表 5.121～表 5.125）

09Mn2VDG（低温管道用无缝钢管，表 5.117）

10Cr9Mo1NbN（高压锅炉用无缝钢管，表 5.121～表 5.125）

10Cr18Ni9NbCu3BN（高压锅炉用无缝钢管，表 5.121～表 5.125）

10MnDG、16MnDG（低温管道用无缝钢管，表 5.117）

12CrMo、15CrMo（石油裂化用无缝钢管，表 5.162、表 5.163）

12CrMoG、15CrMoG（高压锅炉用内螺纹无缝钢管，表 5.127～表 5.129）

12CrMoG、15CrMoG、12Cr2MoG（高压锅炉用无缝钢管，表 5.121～表 5.125）

12Cr1Mo、12Cr1MoV（石油裂化用无缝钢管，表 5.162、表 5.163）

12Cr1MoVG（高压锅炉用无缝钢管，表 5.121～表 5.125）

12Cr1MoVR（锅炉和热交换器用焊接钢管，表 5.136～表 5.140）

12Cr2Mo（石油裂化用无缝钢管，表 5.162、表 5.163）

12Cr3MoVSiTiB（高压锅炉用无缝钢管，表 5.121～表 5.125）

12Cr2Mo1R、14Cr1MoR、15CrMoR（锅炉和热交换器用焊接钢管，表 5.136～表 5.140）

12Cr5Mo1、12Cr5MoNT、12Cr9Mo1、12Cr9MoNT（石油裂化用无缝钢管，表 5.162、表 5.163）

13MnNiMoR（锅炉和热交换器用焊接钢管，表 5.136～表 5.140）

15MoG、20MoG（高压锅炉用无缝钢管，表 5.121～表 5.125）

15Ni1MnMoNbCu（高压锅炉用无缝钢管，表 5.121～表 5.125）

20MnG、25MnG（高压锅炉用无缝钢管，表 5.121～表 5.125）

20MnG、25MnG（高压锅炉用内螺纹无缝钢管，表 5.127～表 5.129）

27SiMn（液压支柱用热轧无缝钢管，表 5.194）

30CrMo、35CrMo、34CrMo4（气瓶用无缝钢管，表 5.131～表 5.133）

30MnNbRE（液压支柱用热轧无缝钢管，表 5.194）

30CrMnSiA（气瓶用无缝钢管，表 5.131～表 5.133）

34Mn2V（气瓶用无缝钢管，表 5.131～表 5.133）

35CrNi3MoV（聚乙烯用高压合金钢管，表 5.173）

37Mn（气瓶用无缝钢管，表 5.131～表 5.133）

ZT380～ZT740（钻探用无缝钢管，表 5.195、表 5.196）

3. 不锈钢

00Cr17Ni14Mo2（食品工业用无缝钢管，表 7.60）

表 7.45～表 7.47）

022Cr17Ni14Mo2、022Cr19Ni10（不锈钢小直径无缝钢管，表 7.62、表 7.63）

022Cr19Ni10、022Cr17Ni12Mo2（不锈钢极薄壁无缝钢管，表 7.64、表 7.65）

022Cr19Ni5Mo3Si2N、022Cr22Ni5Mo3N、022Cr23Ni5Mo3N、022Cr25Ni6Mo2N（奥氏体-铁素体型双相不锈钢焊接钢管，表 7.61）

04Cr17Nb（热交换器和冷凝器用铁素体不锈钢焊接钢管，表 7.50～表 7.52）

06Cr11Ni12Mo2Ti、06Cr13、06Cr13Al、06Cr17Ni12Mo2、06Cr17Ni12Mo2N、06Cr18Ni11Nb、06Cr18Ni11Ti、06Cr18Ni12Mo2Cu2、06Cr19Ni10、06Cr19Ni10N、06Cr19Ni13Mo3、06Cr19Ni9NbN、06Cr23Ni13、06Cr25Ni20（结构用不锈钢无缝钢管，表 7.44）

06Cr11Ni12Mo2Ti、06Cr13、06Cr17Ni12Mo2、06Cr17Ni12Mo2N、06Cr18Ni11Nb、06Cr18Ni11Ti、06Cr18Ni12Mo2Cu2、06Cr18Ni13Si4、06Cr19Ni10、06Cr19Ni10N、06Cr19Ni13Mo3、06Cr23Ni13、06Cr25Ni20（锅炉和热交换器用不锈钢无缝钢管，表 7.48、表 7.49）

06Cr11Ti、06Cr13、06Cr14Ni2MoTi（热交换器和冷凝器用铁素体不锈钢焊接钢管，表 7.50～表 7.52）

06Cr13、06Cr13Al、06Cr17Ni12Mo2、06Cr18Ni11Ti、06Cr18Ni11Nb、06Cr19Ni10、06Cr25Ni20（输送流体用不锈钢焊接钢管，表 7.55、表 7.56）

06Cr13Al（铁素体型机械结构用不锈钢焊接钢管，表 7.45～表 7.47）

06Cr17Ni12Mo2、06Cr18Ni11Nb、06Cr18Ni11Ti、06Cr19Ni10、06Cr25Ni20、12Cr18Ni9（奥氏体型机械结构用不锈钢焊接钢管，表 7.45～表 7.47）

06Cr17Ni12Mo2、06Cr18Ni11Ti、06Cr19Ni10（不锈钢小直径无缝钢管，表 7.62、表 7.63）

06Cr17Ni12Mo2、06Cr19Ni10（供水用不锈钢焊接钢管，表 7.53）

06Cr17Ni12Mo2Ti、06Cr18Ni11Ti、06Cr19Ni10（不锈钢极薄壁无缝钢管，表 7.64、表 7.65）

06Cr19Ni10、06Cr17Ni12Mo2（装饰用不锈钢焊接管，表 7.58）

06Cr9Ni13Mo3、06Cr13、06Cr13Al、06Cr17Ni12Mo2、06Cr17Ni12Mo2N、06Cr17Ni12Mo2Ti、06Cr18Ni11Nb、06Cr18Ni11Ti、06Cr18Ni12Mo2Cu2、06Cr19Ni10、06Cr19Ni10N、06Cr19Ni9NbN、06Cr23Ni13、06Cr25Ni20（输送流体用不锈钢无缝钢管，表 7.54）

07Cr17Ni12Mo2、07Cr18Ni11Nb、07Cr19Ni10、07Cr19Ni11Ti（锅炉和热交换器用不锈钢无缝钢管，表 7.48、表 7.49）

07Cr17Ni12Mo2、07Cr18Ni11Nb、07Cr19Ni11Ti（结构用不锈钢无缝钢管，表 7.34；输送流体用不锈钢无缝钢管，表 7.54）

1Cr18Ni9Ti（不锈钢小直径无缝钢管，表7.62、表7.63）

10Cr15、10Cr17（结构用不锈钢无缝钢管，表7.44；输送流体用不锈钢无缝钢管，表7.54）

10Cr17（锅炉和热交换器用不锈钢无缝钢管，表7.48、表7.49）

12Cr13、12Cr18Ni9（结构用不锈钢无缝钢管，表7.44；输送流体用不锈钢无缝钢管，表7.54）

12Cr17Ni7（装饰用不锈钢焊接管，表7.58）

12Cr18Ni9（锅炉和热交换器用不锈钢无缝钢管，表7.48、表7.49；输送流体用不锈钢焊接钢管，表7.55、表7.56）

16Cr23Ni13（锅炉和热交换器用不锈钢无缝钢管，表7.48、表7.49）

16Cr25Ni20Si2（结构用不锈钢无缝钢管，表7.44）

20Cr13（结构用不锈钢无缝钢管，表7.44）

20Cr25Ni20（锅炉和热交换器用不锈钢无缝钢管，表7.48、表7.49）

S22053、S304033、S30408、S31603、S31703（食品工业用无缝钢管，7.2.13节）

（五）型钢和钢筋

1. 型钢

20MnK、20MnVK、25MnK（矿山巷道支护用热轧U型钢，表5.177、表5.178）

L1T-□□□×□□×□□、L3W（V）-□□□×□×□□（履带用热轧型钢，表5.93、表5.94）

M×××（煤机用热轧异型钢，5.9.6节）

Q×××q（桥梁用结构型钢，表5.110）

Q×××T（铁塔用热轧角钢，表5.30、表5.31）

QU70～QU120（起重机用钢轨，表5.181、表5.182）

T××（×）（电梯导轨用热轧型钢，表5.27～表5.29）

U70Mn 、U70MnSi、U71Mn、U71MnSiCu、U74、U75V、U76NbRE（铁路及车辆用钢，表5.72、表5.73）

U71MnG、U75VC（高速铁路用钢轨，表5.74）

2. 钢筋

CRB550、CRB650、CRB800、CRB970（冷轧带肋钢筋，表5.32～表5.34）

HPB235、HPB300（钢筋混凝土用热轧光圆钢筋，表5.38、表5.39）

HRB×××、HRBF×××（钢筋混凝土用热轧带肋钢筋，表5.40～表5.42）

PSB×××（预应力混凝土用螺纹钢筋，表5.36、表5.37）

RRB400、RRB500、RRB400W（钢筋混凝土用余热处理钢筋，表5.43、表5.44）

附录2 非铁金属种类和产品牌号索引

一、数字开头牌号

×××Z.×（铸造铝合金锭牌号，字母“Z”为类型标识代号，用来标识化学成分近似相同的同种铝合金锭的不同类型）：

2××Z.×—以铜为主要合金元素的铸造铝合金锭

3××Z.×—以硅、铜和（或）镁为主要合金元素的铸造铝合金锭

4××Z.×—以硅为主要合金元素的铸造铝合金锭

5××Z.×—以镁为主要合金元素的铸造铝合金锭

7××Z.×—以锌为主要合金元素的铸造铝合金锭

8××Z.×—以钛为主要合金元素的铸造铝合金锭

9××Z.×—以其他元素为主要合金元索的铸造铝合金锭

6××Z.×—备用组

1×××、2×××、…、9×××（变形铝合金牌号），分类如下：

1×××—纯铝（铝含量不小于99.00%）（表9.3、表9.20～表9.27）

2×××—以铜为主要合金元素的铝合金（表9.4、表9.20～表9.24）

3×××—以锰为主要合金元素的铝合金（表9.5、表9.20～表9.27）

4×××—以硅为主要合金元素的铝合金（表9.6、表9.20，表9.24）

5×××—以镁为主要合金元素的铝合金（表9.7、表9.20～表9.27）

6×××—以镁和硅为主要合金元素并以 Mg_2Si 相为强化相的铝合金（表9.8、表9.20、表9.21）

7×××—以锌为主要合金元素的铝合金（表9.9、表9.20、表9.21）

8×××—以其他元素为主要合金元素的铝合金（表9.20、表9.21～表9.24）

9×××—备用合金组

二、字母开头牌号

Ag×—×号银

Ag□□××—××银□合金（后一个“□”为汉字）

Au×—×号金

Au□□××-×—××-×金□合金（后一个“□”为汉字）

B××—普通白铜，××为镍含量百分数（表10.10）

B□□××-×—特殊白铜。□□表示主要合金元素符号，××为镍含量百分数，-×为添加元素含量（表10.6、表10.10）。

Cd×—×号镉

Cu-CATH-X—阴极铜

FLG×—×号炼钢（或化工）铝粉

FLP×—×号铝粉

FLT×—×号特细铝粉

FLU×—×号涂料铝粉

FLX×—×号细铝粉

FM×—×号镁粉

H××—普通黄铜，××为铜含量百分数表（表10.4、表10.7、表10.8）

H□□××-×—特殊黄铜（□□表示主添元素化学符号，××为铜含量百分数，-×为添加元素含量，余量为锌）（表10.4、表10.7、表10.8）

H1AgCu××—××号银铜焊料

H1CuZn××—××号铜锌焊料

H1SnPb××—××号锡铅焊料

HL304—50银基焊料

L0、L0×—高纯铝（其后所附牌号数字愈大，纯度愈高，如L04的含铝量不小于99.996%）

L1、L2、L3、…—纯铝，牌号数字越小纯度越高

LQ×—×号硬钎焊铝

LT×—×号特殊铝

MB×—×号变形加工用镁合金

N×—×号镍（表11.10）

N□□-×-×—×-×镍硅合金

NY×—×号阳极镍

Pb×—×号铅

PbSb×—×号铅锑合金

Pd×—×号钯

Pd□□××—××钯□合金（后一个“□”为汉字）

Pt×—×号铂

Pt□□××—××铂□合金（后一个“□”为汉字）

Q□□×-×—青铜（□□表示主要合金元素符号，×为其平均含量百分数，-×为添加合金元素含量）（表10.5、表10.9）

T1、T2、T3—×号铜，数字越小，杂质越少（表 10.2）

TA1——号工业纯钛（TA1～TA4 为工业纯钛）

TA5—A 组五号钛合金（TA5～TA28 为 A 组，TB2～TB11 为 B 组，TC1～TC26 为 C 组）

TAg0.1—0.1 银铜（表 10.2）

TBe0.3-1.5—0.3-1.5 铍铜（表 10.3）

TC4—四号 α+β 型铁合金

TCd1—1 镉铜（表 10.3）

TCr0.3-0.3—0.3-0.3 铬铜（表 10.3）

TFe0.1—0.1 铁铜（表 10.3）

TMg0.4—0.4 镁铜（表 10.3）

TNi2.4-0.6-0.5—2.4-0.6-0.5 镍铜（表 10.3）

TP×—×号铜排（磷脱氧铜，表 10.2）

TPb1—1 铅铜（表 10.3）

TS0.4—0.4 硫铜（表 10.3）

TTe0.5-0.008—0.5-0.008 碲铜（表 10.3）

TTi3.0-0.2—3.0-0.2 钛铜（表 10.3）

TU×—×号无氧铜（数字越小，质量越高；表 10.2）

TUAg—银无氧铜（表 10.2）

TUAl0.12—0.12 弥散无氧铜（表 10.3）

TUP—用磷脱氧的无氧铜

TZr0.15—0.15 锆铜（表 10.3）

Z MgZn4RE1Zr—铸造镁合金

ZAlCu4、ZAlCu5Mn、ZAlCu5MnA、ZAlCu5MnCdA、ZAlCu5MnCdVA、ZAlMg10、ZAlMg5Si1、ZAlMg8Zn1、ZAlRE5Cu3Si2、ZAlSi12、ZAlSi12Cu1Mg1Ni1、ZAlSi2Cu2Mg1、ZAlSi5Cu1Mg、ZAlSi5Cu1MgA、ZAlSi5Cu6Mg、ZAlSi5Zn1Mg、ZAlSi7Cu4、ZAlSi7Mg、ZAlSi7Mg1A、ZAlSi7MgA、ZAlSi8Cu1Mg、ZAlSi8MgBe、ZAlSi9Cu2Mg、ZAlSi9Mg、ZAlZn11Si7、ZAlZn6Mg（铸造铝及其合金，表 9.12）

ZB□□××—铸造用白铜（表 10.11、表 10.12）

ZCu99—铸造纯铜（表 10.11、表 10.12）

ZCuSn3Zn8Pb6Ni1—铸造锡青铜（表 10.11、表 10.12）

ZH□□××—铸造用黄铜（表 10.28、表 10.29）

ZL1××—铝硅系列铸造铝合金，ZL2××—铝铜系列铸造铝合金、ZL3××—铝镁系列铸造铝合金、ZL4××—铝锌系列铸造铝合金的代号（表 9.12、表 9.15、表 9.17）

ZL101A（汽车车轮用铸造铝合金）

ZM×—×号铸造镁合金代号

ZMg Zn4 RE1Zr—铸造镁合金

ZQ□□××-×—铸造青铜（□□表示主要合金元素符号，×为其平均含量百分数，-×为添加合金元素含量）（表 10.11、表 10.12）

ZTiAl5Sn2.5—铸造钛合金

ZTi—铸造纯钛

ZZnAl×Cu×Mg×铸造锌合金（表 11.36）

三、有色金属型材

（一）板、带材

1. 铝及铝合金

铝及铝合金花纹板（表 9.30、表 9.31）

铝及铝合金波纹板（表 9.32）

铝及铝合金压型板（表 9.33）

建筑用泡沫铝板（表 9.34）

铝及铝合金铸轧带材（表 9.28、表 9.29）

2. 铜及铜合金

铜及铜合金板材（表 10.13～表 10.15）

加工铜及铜合金板材（表 10.22）

加工铜及铜合金带材（表 10.16、表 10.17）

加工铜、铜合金/银、银合金复合带材（表 10.24）

3. 镍及镍合金

镍及镍合金板（表 11.2～表 11.4、表 11.10）

镍及镍合金带（表 11.5、表 11.10）

4. 镁及镁合金

镁及镁合金板、带材（表 11.12、表 11.13）

3C 产品用镁合金薄板（表 11.14、表 11.15）

5. 铅合金及锌合金

铅锑合金板（表 11.19）

照相制版用微晶锌板（表 11.32）

电池用锌板和锌带（表 11.33）

6. 其他合金

钛及钛合金板（表 11.38～表 11.41）

电镀用的铜、锌、镉、镍和锡阳极板（表 11.31）

铜、铜合金/银、银合金复合带材（表 10.24）

（二）箔材

电力和空调用铝箔材（表 9.36）

空调器散热片用铝箔（表 9.39～表 9.41）

电力铝箔（表 9.38）

药品包装铝箔（表 9.42）

铜及铜合金箔材（表 10.19～表 10.21）

锡、铅及其合金箔和锌箔（表 11.28、表 11.29）

锌箔（表 11.34）

（三）棒材

1. 铝及铝合金

铝及铝合金挤压棒材（表 9.44～表 9.46）

铝及铝合金拉制棒材（表 9.47～表 9.49）

2. 铜及铜合金

铜及铜合金拉制棒材（表 10.26）

铜及铜合金挤制棒材（表 10.27）

铜及铜合金铸棒（表 10.27、表 10.29）

易切削铜合金棒（表 10.30、表 10.31）

铍青铜圆形棒（表 10.32～表 10.34）

再生铜及铜合金棒（表 10.35，表 10.36）

3. 其他合金

镍及镍合金棒材（表 11.7～表 11.9）

镁及镁合金挤压棒材（表 11.15、表 11.16）

铅及铅锑合金棒和线材（表 11.25、表 11.26）

钛及钛合金棒（表 11.42～表 11.45）

锌棒及型材（表 11.35）

（四）线材

铝及铝合金拉制圆线材（表 9.50～表 9.54）

铜及铜合金线材（表 10.49～表 10.51）

（五）管材

1. 铝及铝合金

铝及铝合金挤压无缝圆圆管（表 9.55）

铝及铝合金冷拉（轧）制有缝和无缝圆圆管（表 9.56）

铝及铝合金冷拉有缝和无缝正方形管（表 9.57）

铝及铝合金冷拉有缝和无缝矩形管（表 9.58）

铝及铝合金拉（轧）制无缝管（表 9.59、表 9.60）

2. 铜及铜合金

3. 其他合金

（六）其他

参考文献

[1] 才鸿年. 金属材料手册. 北京：化学工业出版社，2011.

[2] 温秉权. 金属材料手册. 第 2 版. 北京：电子工业出版社，2013.

[3] 刘胜新. 新编钢铁材料手册. 北京：机械工业出版社，2010.

[4] 孙玉福. 新编非铁金属材料手册. 北京：机械工业出版社，2010.

[5] 李成栋. 常用金属型材速查速算手册. 北京：化学工业出版社，2013.

[6] 宋小龙. 新编中外金属材料手册. 第 2 版. 北京：化学工业出版社，2012.

[7] 张丝雨. 最新金属材料牌号、性能、用途及中外牌号对照速用速查实用手册. 北京：中国科技文化出版社，2005.

[8] 陈永. 新编五金手册. 北京：机械工业出版社，2010.

[9] 安继儒. 实用金属材料速查速算手册. 北京：化学工业出版社，2009.

[10] 李维钺，李军. 中外金属材料速查手册. 北京：机械工业出版社，2009.

[11] 孙玉福，孟迪. 金属型材速查速算手册. 北京：机械工业出版社，2011.

[12] 孙玉福. 钢铁材料速查手册. 北京：机械工业出版社，2009.

[13] 戴起勋. 金属材料学. 北京：化学工业出版社，2005.

[14] 孙玉福，孟迪. 金属材料速查速算手册. 北京：机械工业出版社，2011.